石油工程新技术青年论坛论文集

曾义金　主编

中国石化出版社

图书在版编目(CIP)数据

石油工程新技术青年论坛论文集／曾义金主编．
—北京：中国石化出版社，2014.6
ISBN 978 - 7 - 5114 - 2854 - 7

Ⅰ.①石… Ⅱ.①曾… Ⅲ.①石油工程 - 工程技术 -
文集 Ⅳ.①TE - 53

中国版本图书馆 CIP 数据核字(2014)第 109067 号

中国石化出版社出版发行

地址:北京市东城区安定门外大街 58 号
邮编:100011　电话:(010)84271850
读者服务部电话:(010)84289974
http://www.sinopec-press.com
E-mail:press@ sinopec.com
北京柏力行彩印有限公司印刷
全国各地新华书店经销

*

787×1092 毫米 16 开本 51.25 印张 1270 千字
2014 年 6 月第 1 版　2014 年 6 月第 1 次印刷
定价:230.00 元

前　言

中国石化石油工程技术研究院成立于 2009 年 6 月 26 日，是中国石化集团公司直属研究院，主要从事石油钻井、完井、测井、录井、测试、储层改造及海洋石油工程等的发展规划、科研攻关、产品研发、推广应用。北京院本部下设战略规划所、钻井工艺研究所、钻井液研究所、固井研究所、完井研究所、储层改造研究所、测录井研究所、信息与标准化研究所 8 个研究所，实验中心、完井技术中心、工具材料研发中心、海外石油工程技术中心 4 个技术中心，京外下辖德州石油钻井研究所(德州大陆架石油工程技术有限公司)及石油工程胜利、中原两个分院。

为了搭建青年科技工作者的交流平台，活跃学术气氛，拓宽知识视野，加强学术交流，提高年青人员科研能力，发现、选拔和培养青年优秀人才，石油工程技术研究院每年举办一届石油工程新技术青年论坛。2014 年恰逢石油工程技术研究院建院五周年，我们把五年来的青年论坛优秀文章收集整理，经过专家审查精选后汇编成集，由中国石化出版社正式出版发行。

本论文集共收集论文 108 篇，涉及钻井、钻井液、固完井、储层改造、测录井、井下工具与仪器、信息与管理等内容，涵盖了石油工程的绝大部分领域，内容丰富翔实，集中反映了石油工程技术研究院青年科技人员在科技创新中的最新成果。希望更多的科研、技术人员能从本论文集中获得启迪，激发灵感，为我国石油工程技术的发展继续做出贡献。

目　录

钻井理论与工艺技术

钻井液技术

固井与完井技术

信息与管理

钻井理论与工艺技术

深水钻井技术简介

柯 珂

（中国石化石油工程技术研究院）

摘 要 深水油气资源是当今世界油气勘探开发的热点，各国都加强了在深水区块的开发力度，我国也不例外。深水钻井技术成为我国进军深水石油勘探开发的瓶颈，目前虽然处于起步阶段，但已经加大力度进行深水钻井技术的研究与应用。本文从深水钻井的特点入手，在分析深水钻井所面临的难点与挑战的基础上，分别从深水钻井装备及其设备配套、钻井工艺与技术两大方面简要介绍了深水钻井工艺流程及其关键技术。最后就本院在深水钻井核心技术的培育上进行了有益地思索和探讨。

关键词 深水；钻井装备；钻井工艺

前言

深水钻井是指在水深大于 500m 的海域进行钻井作业，而在水深大于 1500m 的海域钻井被称为超深水钻井[1]。20 多年的勘探实践证明，深水区是油气蕴藏极为丰富的领域[2]。特别是近 10 多年来，其勘探领域已扩展到水深 3000m 的深海区，深水钻井日趋活跃[3,4]。墨西哥湾、南美和西非大西洋沿岸已成为目前世界深水油气勘探的热点。巴西的坎坡斯盆地至 20 世纪 90 年代末已发现油气田 66 个，总储量 112.15×10^8 bbl（油当量），大部分位于水深 $400 \sim 2000m$ 的深水区。西非安哥拉的下刚果盆地于 1996 年在 1300m 的深水区发现了 Girssol 油田之后，又相继发现了 Dalia 等油田，其储量均在 $(7 \sim 15) \times 10^8$ bbl。据 1997 年统计，西非地区石油总储量为 173.4×10^8 bbl，其中 28.6×10^8 bbl 位于深水区。另据 Texaco/Famfa 石油公司报道，在尼日尔三角洲的 216 矿区 1400m 深水区也发现了大油田。墨西哥湾盆地也是深水区勘探最成功的地区之一，至 1998 年 1 月，在水深超过 300m 的区域已发现油气田 104 个，其中水深最深的达到了 2350m。东南亚及南中国海域近年来在深水区也不断有新的油气田发现，该海域的估算储量为 $(2.1 \sim 7.2) \times 10^8$ bbl（油当量）。我国的深水油气田勘探和开发也已经启动，2006 年 4 ~ 9 月由中海油与公司合作完成的南海荔湾3 - 1 - 1井取得了油气资源的重大发现。所有这些重大发现都说明深水或超深水具有广阔的油气储藏前景，因此深水钻井技术定将成为未来石油勘探开发的重点。

本文分别从深水钻井所面临的难点与挑战入手，从深水钻井装备、钻井工艺与技术两个方面简要介绍深水钻井技术的相关概念和方法，并就本院在深水钻井核心技术的培育上进行了有益探讨。

1 深水钻井的难点

深水钻井面临的总体挑战主要包括作业窗口窄、浅层地质灾害、海底低温、井控问题等[5]。深水钻井面临的这些困难与浅水钻井相比区别很大，特别是超深水海域有着浅水所不可想象的困难，需要特别的技术和手段给予应对。

1.1 水深的影响[6]

水深是深水钻井的主要难点之一。水深的增加了施工对钻井平台(船)可变载荷及相关负荷的要求，对隔水管等各项钻井设备也提出了更高的要求。

1.2 海底低温的影响[7]

在深水钻井作业中，低温迅速引起井下泥浆黏度和胶凝强度的上升、泥浆触变性的显著增加。从而造成泵压过高和高剪切速率下井底压力的过高。当海水深度到达海底泥水分界面时，海水温度过低可能导致水泥浆长期不凝固，并引起水泥浆的强度增加缓慢而延长了管柱释放时间[8]，对后续的生产作业产生影响。低温对钻井施工过程负面影响较大。

1.3 天然气水合物[9]

天然气水合物是在低温、高压的情况下才能将天然气和水形成固体状物质。在深水钻井作业过程中，气侵钻井液在一定的温度和压力条件下可能会生成水合物，天然气水合物的产生会堵塞节流压井管汇、导管、隔水管、防喷器组(BOP)和水下井口系统等，甚至可能会导致井控失效。天然气水合物的大量上返并在高温低压下的分解释放，对钻井安全及深水钻井作业的顺利进行构成威胁，并可能导致灾难性后果。

1.4 浅层气[10]

浅地层中存在浅层气和浅层水有其不确定性，其中浅层气在浅水和深水都可能存在，只是由于浅水区没有条件形成水合物，而在深水中浅层气就成了水合物形成的基础条件。

在油气钻探史上，浅层气已经造成一些非常严重的事故，例如井喷、火灾、沉船等。一些人认为水深流大，浅层气的影响不大，这种想法是错误的。深水的浅层气通常压力都较高，一旦发生浅层气井喷，气体呈漏斗状向上快速膨胀、扩散，影响的范围较大，后果同样严重。

1.5 浅层水[11~13]

浅水流为浅部地层高压含水细粒砂层，一般存在于泥线以下 150~1100m 的地带。由于浅水流中含有大量泥沙，所以会对钻井作业、设备和人员产生严重的威胁。可能会引起钻井液漏失、井筒腐蚀、固井质量变差、基底不稳定、井眼报废等浅层灾害，甚至威胁到钻井平台和人员的安全。

1.6 疏松不稳定的浅地层[14]

深水海床的地质状况有许多不稳定因素，其中包括了斜坡滑塌、地质疏松和流动泥浆等对钻井不利的情况。一般遇到深水松软海床会产生大量问题。更重要的是水下机器人（ROV）对海底能见度的要求。因为 ROV 在前期深水井段中起着很重要作用，所以海底能见度必须予以评价。海底坡度必须评价以保证井口和井口基盘的稳定性。

深水固井过程要保证对疏松地层的影响最小，对冲洗隔离液的要求较高，一般需要采用具有层流效果的冲洗隔离液，以保证井眼稳定。

1.7 低破裂压力梯度[15]

一般对于相同沉积厚度的地层来说，随着水深的增加，地层的破裂压力梯度在降低，致使破裂压力梯度和地层孔隙压力梯度之间的窗口较窄，加上低温下钻井液黏度的变化等因素，使得地层难以形成有效的支撑，容易发生漏失、坍塌，引起井下复杂情况。

1.8 深水井控问题[16]

由于深水地层破裂压力窗口窄使得深水钻探中井控各种变量的余量较小，若在操作过程中超过了这些余量，结果将比常规陆地或浅水下的相似情形要严重的多。并且深水钻探中压井、节流管线较长，其循环摩阻较大，而深水地层又比较脆弱，压井时必须充分考虑这部分压力损耗的影响。

1.9 环保政策及应对

任何钻井作业都应该有效的保护深海环境，在固井作业施工过程中使用的水泥浆体系及其处理剂，要求无生物毒性、且具有较好的生物降解性，减少或消除作业排放，使固井作业不至于对海洋生态产生影响，保护存在于深水环境下的深水海底生物群落。因此提高了施工过程中各种液体的排放标准。

2 深水钻井主要装备概述[17]

针对深水钻井特点的装备及配套主要包括深水钻井平台（船）、水面升沉补偿及张紧系统、隔水管系统、水下机器人、动力定位系统及导向系统等。

2.1 深水钻井平台（船）

钻井平台和钻井船都能完成深水钻井作业，两者的主要区别在于：半潜式钻井平台的稳定性能优良，所以抗风浪能力强；而钻井船的舱容巨大，后勤支持量小，而且一般具有自航能力，在遇到突发事件时，可以迅速离开作业水域，机动性优良。这两类钻井装置有着各自的优缺点，应该视具体情况选择。

钻井平台（船）已经从第一代发展到了第六代，而具有深水钻井作业能力的钻井平台船是从第三代开始，要在水深 1500 m 以深的海域作业就需要第四代以后的钻井平台（船）（表 1），当然也可以采用升级改造后的前几代（但必须有升级改造的能力）。

表1 第一代～第六代半潜式钻井平台(船)

序列	代表性设计公司或船东	适应水深/(m/ft)	建造或升级年代	备注
第一代	ODECO、SEDCO	90～180/ 300～600	20世纪60年代中晚期	半潜式钻井平台的建造初期。现在大部分已经淘汰
第二代	ODECO、SEDCO、Aker、FriedeGoldman、Korkut Engineers	180～610/ 600～2000	20世纪70年代中晚期	许多平台已经升级到第四、第五代,使适应水深超过600 m(2000 ft)
第三代	ODECO、Aker、Friede Gold-man	460～1520/ 1500～5000	20世纪80年代中晚期	许多第三代平台已经进行升级改造
第四代	Diamond Offshore、Atwood O-ceanics	1070～1520/ 3500～5000	20世纪90年代晚期～21世纪早期	普遍采用锚泊定位,采用动力定位较少。改造隔水管张紧系统,大钩承载、钻井液系统、锚泊系统进行升级
第五代	Transocean、Noble Drilling、Diamond Offshore、Ocean Rig ASA、SEDCO Forex	1520～3050/ 5000～10000	20世纪90年代晚期～21世纪早期	普遍采用动力定位,采用锚泊定位的较少。适应恶劣海况强、隔水管张紧能力大,钩载大、钻井液循环能力强和可变载荷大等
第六代	Aker、Bingo、Ensco、Friede Goldman、MSC	2280～3810/ 7500～12500	2000年后	全面推广双定位系统,即根据水深要求采用动力定位和锚泊定位。普遍采用钻井双作业系统、自动化程度高和钻井效率高等

截止到2007年3月的初步统计,总计有167条半潜式钻井平台在服役,占625条总钻井装置的25%,这些平台主要分布在美国墨西哥湾(33条)、北海(40条)、巴西海域(23条)、西非(18条)、地中海/黑海(6条)、墨西哥坎佩切湾(4条)、中国(5条)和其他海域(38条)。世界上浮式钻井船共有40条,占625条总钻井装置的6%,这些钻井船主要分布在巴西(7条)、美国墨西哥湾(6条)、东南亚/南亚(12条)、西非(9条)和其他海域(6条)。中国海域荔湾3-1-1井使用的钻井船为Transocean公司的discover 534 venture号钻井船,也是出现在中国海域的第一艘钻井船。

2.2 水面升沉补偿系统

(1)钻柱升沉补偿系统。

钻柱升沉补偿系统是针对钻井平台由于波浪的作用所产生的上下运动影响钻井作业而设置,包括了升沉补偿器和控制系统。在浮式钻井(半潜式平台或钻井船)作业中,平台(船)在海上处于漂浮状态。在风浪作用下,平台作平移、摇摆以及上下升沉运动。船体随波浪周期性上下运动使井架及大钩上悬吊着的整个钻柱也作周期性的上下运动,大钩载荷呈周期性变化,大钩拉力或高或低,使钻头一会儿提离井底,一会儿又直捣井底,不能保持正常钻进。为此,要保证平台(船)的正常钻进,钻柱的升沉必须进行补偿。而钻井升沉补偿装置正是为解决这一问题而设计,它不但能有效地控制钻柱上下运动,而且能达到恒定钻压的目的。钻柱升沉补偿的方法主要有四种:游动滑车与大钩间安装升沉补偿装置、天车上装升沉补偿装置、死绳上装设升沉补偿装置、升沉主动补偿绞车装置。

（2）张紧系统。

张紧器系统由油缸、滑轮组、储能器、钢丝绳和控制系统等组成。现在普遍使用的是活塞式张紧器，压缩空气（经油液）推动活塞。在液压缸活塞杆一端装有两个滑轮，在液缸的固定端也装有两个滑轮，滑轮组构成游动滑车系统。钢丝绳一端穿过滑轮系统后，固定在船体上。另一端固定在张紧绳提吊环上。活塞杆的伸出和缩进，改变了滑轮间的距离，形成钢丝绳的收放。改变推动活塞的空气压力就可以调节钢丝绳的张力。由此可见，张紧器的作用相当于一个弹力均匀而又可调节的气力"弹簧"。图1为几种不同受力的张紧器示意图。

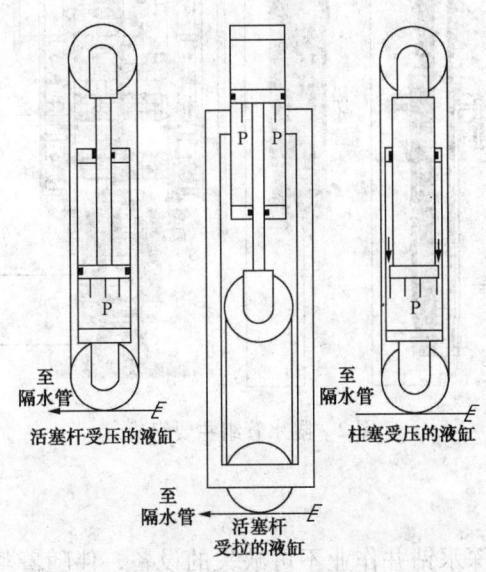

图1　几种不同受力的张紧器形式

2.3　隔水管系统

隔水管是海洋钻井中又一关键设备，主要用于隔开海水、钻具导向、循环钻井液。隔水管的主要生产商包括 Vetco、Cameron 等几家公司，Vetco 公司的深水隔水管已在100多条浮式钻井装置中安装使用。影响深水隔水管的因素包括周向应力、隔水管张紧力、隔水管磨损、疲劳损伤、提高起下效率、载荷分配等。

隔水管系统包括上、下隔水管组两部分（图2）。其中上隔水管组包括导流器、伸缩隔水管、张紧绳提吊环、上部挠性接头、中间挠性接头和挠性压井放喷管线等组成；下隔水管组包括导向臂、连接器、平衡式球型接头或挠性接头、井口连接器以及万能防喷器和挠性压井放喷管线组成。上、下挠性（或柔性）接头和伸缩隔水管以适应浮式钻井的升沉、摇摆、平移等综合运动；导流器和节流压井管线用于浅地层钻遇天然气时进行分流放喷和钻井作业。

由于钻井船的横摇幅度比纵摇幅度大的多，所以钻井船的隔水管在中间设置了中间挠性接头。而半潜式钻井平台的纵横摇摆一样，而且与钻井船相比的摇摆幅度小，所以通常半潜式钻井平台在隔水管上只设置上部挠性接头和下部挠性接头两个，而钻井船就需要在上中下三处设挠性接头。

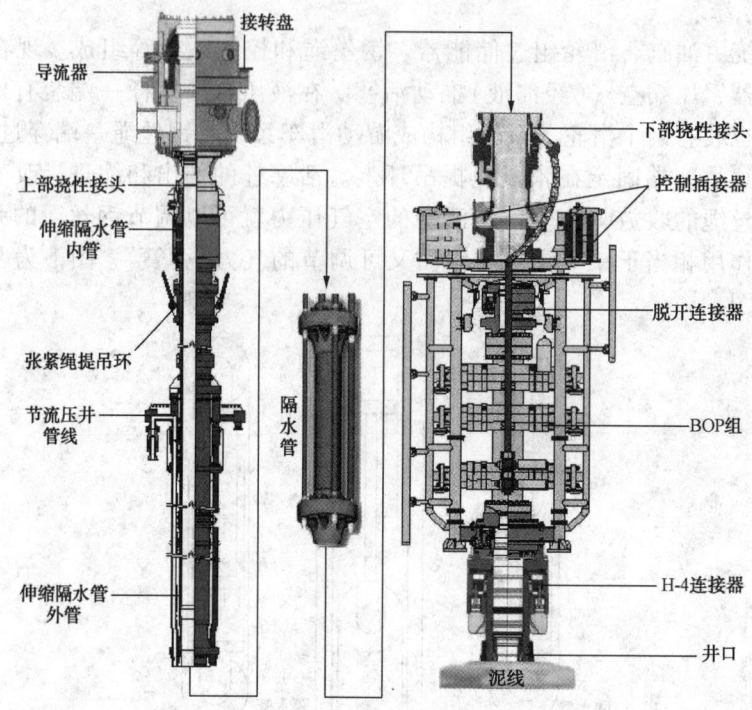

图2　隔水管组主要组成

2.4　水下机器人

水下机器人(ROV)是深水钻井作业不可缺失的设备,伴随着整个钻井过程,主要作业包括海底井口的察看、各种水下设备下入和连接的导向、观察连接情况和设备运行情况、设备水下试压、设备的连接作业和应急关断或开启阀门等作业。

深水钻井用 ROV 的常规配置有摄像头、照明灯、机械手、传感器和数据采集发送系统等各种工具,图3和图4分别是带机械手的 ROV 和钻井辅助作业中的 ROV。

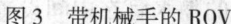

图3　带机械手的 ROV

图4　钻井辅助作业中的 ROV 和井口

除了钻井中的各种功能外,ROV 还能在完井、水下采油树安装中起到辅助、各种管线安装、修井等广泛用途。还有 ROV 在油气生产中的主要用途是检测钻井平台和其他水下设备的安全状况、破损、腐蚀、污染;海底管线的埋深、裂缝、管跨和必要的修复作业。

2.5 导向系统

深水作业中主要使用无导向绳的钻井水下设备,如图5。

无导向绳钻井水下设备主要适用于工作水深超过500 m的动力定位或锚泊定位的浮式石油钻井装置的配套,其导向方式系利用海底声学信标、船上的船位仪、水下机器人(ROV)并结合动力定位或锚泊定位系统调整船位将其导入。

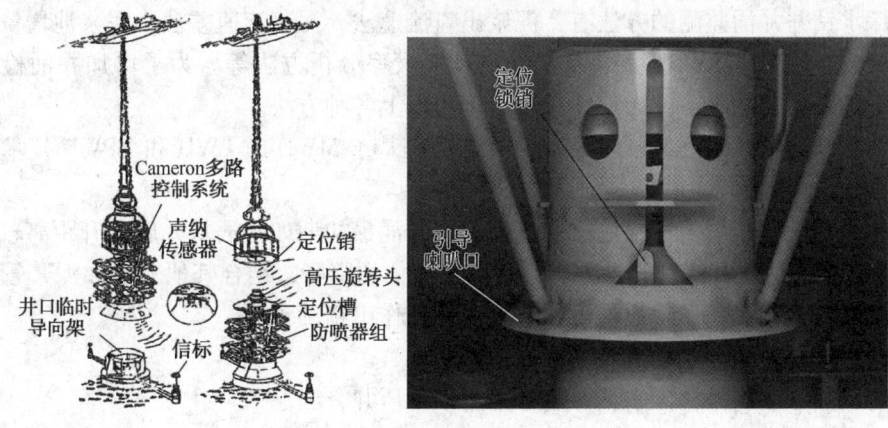

图5 无导向绳钻井导向系统

3 深水钻井技术工艺与技术

3.1 深水钻井导管下入设计技术[18]

深水钻井导管的作用一是封隔浅层松软地层,二是承重井口装备并协助建立井口。现代深水钻井导管下入方式普遍采用喷射挤入方式(图6)的下深确定方法,其下入深度主要是根据所钻井眼的海底泥土的剪切强度以及导管本身的重量共同来计算的。在导管的喷射钻进过程中,钻压和排量是决定导管下入质量的重要参数。钻压过小,将使导管停滞不前导致在相应井段冲出大肚子,反之则可能导致导管弯曲和井斜,使得泥浆从导管与地层之间返出;而排量过小,将会导致有过多的岩屑积淤在导管底部,增加上返环空阻耗,导致泥浆从导管与地层之间返出,反之则可能造成有部分泥浆直接从导管与地层之间返出。因此,在导管喷射下入过程中,需要根据实时数据调整和优化钻进参数,保证导管的顺利高质地下入。

3.2 深水钻井井控技术

1) 深水井控的主要特点

深水井控是深水钻完井的关键技术之一。同常

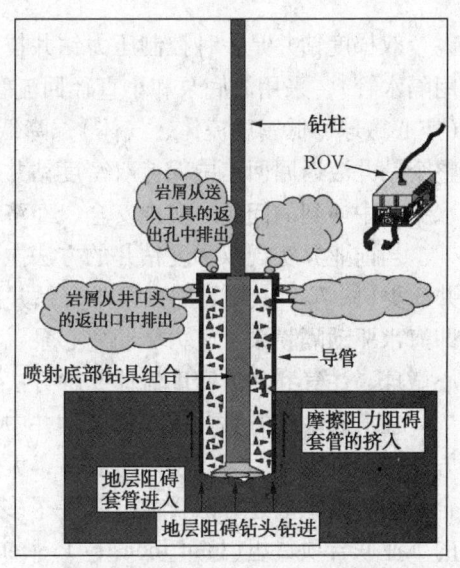

图6 导管喷射下入方式示意图

规井控过程相比较，其主要差别在于：①泥线处的高压低温环境以及井筒内的复杂温度环境，井筒中还易形成天然气水合物，对钻井液性能维护以及井筒内的压力控制带来了难题；②深水钻井井口多装在海底，井口回压高以及节流管线的明显压力损失，导致深水井控压井参数计算方法与陆地不同；③存在浅层水、气流；④破裂压力梯度小造成的窄密度安全窗口等。

2）深水井控技术与方法[19]

（1）深水井涌早期检测方法。

适合深水钻井井涌监测的方法有：泥浆出口流速法，泥浆流速差法，泥浆池增量法，立管压力监测法，MWD、LWD、APWD 法及贝叶斯概率分析方法等。为了增加井涌检测的可靠度，在条件许可的情况下，人们往往综合运用以上各种方法。

深水钻井井涌早期监测最及时最有效的方法是基于 MWD 或 LWD 和 APWD 技术的井涌早期监测方法。

深水井涌监测要采用多种方法结合进行。在井涌最初期如井涌从井底上升距离较小时由 MWD、LWD 或 APWD 方法首先得到。以后随着气体的膨胀，结合其他方法如泥浆管线出口流速法、泥浆流速差法、泥浆池增量法最终对井涌作出精确预测。

（2）深水压井方法。

除常规压井方法以外，深水钻井也常采用以下压井方法。

① 附加流速法。对于深水破裂压力小、安全密度窗口小、存在浅层流以及因为节流管线摩阻损失较大而容易压漏地层的情形，深水井控有时也采用附加流速法，其原理为注入密度和流变性较低的附加流速流体使其与钻井液混合。进入节流管线的混合液相对于钻井液来说在密度和流变性上都有所降低，因此节流管线中的静水压头和摩擦损失也相应减少。

② 动态压井方法。动态压井方法的原理是借助于流体循环时克服环空流动阻力所需的井底压力来平衡地层压力，主要适用于高压地层在井底、地层破裂压力小的薄弱地层不一定在井底以及存在浅层流的地层的井控中。

3.3 双梯度钻井技术[20]

双梯度钻井是一种控制压力钻井技术，该技术的主要思想是隔水管内充满海水（或不使用隔水管），采用海底泵和小直径回流管线旁路回输钻井液；或在隔水管中注入低密度介质（空心微球、低密度流体、气体），降低隔水管环空内返回流体的密度使之与海水相当，在整个钻井液返回回路中保持双密度钻井液体系，有效控制井眼环空压力、井底压力，克服深水钻井中遇到的问题，实现安全、经济的钻井。

当前业界实现双梯度钻井的方法主要分为无隔水管钻井、海底泵举升钻井液和双密度钻井 3 类（图 7）。其中，海底泵举升钻井液方法中使用的海底泵按类型和动力可以分为 3 种，即海水驱动隔膜泵、电力驱动离心泵、电潜泵。双密度钻井按照注入流体的不同又分为注空心微球、注气和注低密度流体 3 种方法。

在海底泵举升钻井液双梯度钻井中既可使用隔水管，也可不使用隔水管。而双密度钻井方法需要隔水管，无需使用海底泵，大大减少海底装置的数量。另根据需要，以上方法可联合使用。基于上述方法目前已发展了多个双梯度钻井系统：康纳和石油公司（Conoco）领导的工业联合项目组（Joint Industry Project，简称 JIP）研究的海底钻井液举升钻井（Subsea Mud lift Drilling，简称 SMD）系统，美国贝克休斯公司（Baker Hughes）和 Transocean Sedco Forex 公司研究的 Deep Vision 双梯度钻井海底泵系统，壳牌石油公司（Shell）的海底泵系统（Subsea Pumping System，简称 SSPS），毛勒技术公司（Maurer Technology Inc.，简称 MTI）的空心微球（Hollow Glass Spheres，简称 HGS）双梯度钻井系统，AGR Subsea 公司的无隔水管钻井液回收系统（Riserless Mud Recovery System，简称 RMR），路易斯安那大学（Louisiana State University，简称 LSU）的隔水管气举、稀释双梯度钻井系统等。

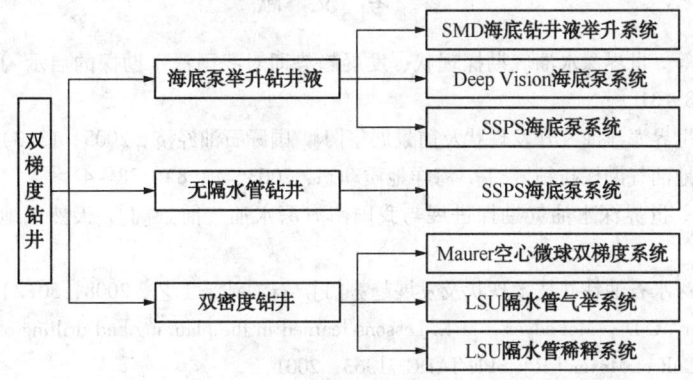

图 7　双梯度钻井方法的分类

与常规深水钻井技术相比，采用双梯度钻井技术能更好地解决深水钻井中所遇到的问题，具有节省成本和时间的优势，能以更低廉的成本、更短的建井时间、更安全的作业、更高的产量实现深水油气勘探开发。

采用双梯度钻井技术可扩展钻井装备的使用水深，使得第二、第三代钻井船可改进用于深水钻井。更重要的是，DGD 技术在钻上部井眼、丛式井、水平井方面有广阔的应用前景。先进的第五、第六代双井架、双套钻机的海洋移动式钻井平台辅助钻机可以集成 DGD 钻井系统，用于钻进上部井眼，抑制浅层钻井风险，实现安全钻井作业。

为了使双梯度钻井技术更好地为中国深水油藏开发服务，有必要本着"引进、消化、吸收、创新、运用"的原则，开展 DGD 基础理论研究、探索各种技术方案关键技术。对各种方案进行评价和优选，形成一整套指导中国深水双梯度钻井的技术体系和装备方案，为中国深水勘探和开发提供技术和装备支撑。

4　结论及建议

根据本文上述内容可知，深水钻井无论是从装备还是从工艺与技术上，都与浅水及陆地存有较大的不同。本院对深水钻井技术进行研究得出，必须加大对深水钻井特殊工具及专用设备、深水钻井相关基础理论、深水钻井关键技术的研究力度，综合应用，才能够形成具有自身特色的深水钻井核心技术。主要来说有以下几个方面：

（1）深水钻井基础理论研究方面，根据本院现有科研资源，可以展开浅水流与浅层气钻前预测方法、含相变井筒多相流流动规律、隔水管涡激疲劳理论及评价方法和水下井口安全可靠性评价方法的研究。

（2）部分深水钻井关键技术研究方面，逐步开展浅层地质灾害风险识别与评价技术、深水钻井井身结构优化设计技术、深水钻井井筒压力精细描述与控制技术、深水钻井隔水管寿命评估与防护技术。

（3）在深水钻井特殊工具及专用设备方面，在本院已有特色陆地钻井工具的基础上，配套改进，开展深水钻井用可膨胀管、随钻扩眼设备的研发工作。

（4）为顺利进行上述研究内容，本院建议可择机开展全尺寸井筒流动、基桩等海工实验室的建设工作。

参 考 文 献

1　吕福亮，贺训云等. 世界深水油气勘探现状、发展趋势即对我国深水勘探的启示[J]. 中国石油勘探，2007，12（6）：28~31

2　金秋，张国忠. 世界海洋油气开发现状及前景展望[J]. 国际石油经济，2005，13（3）：43~44

3　陈建文. 深水盆地油气勘探新领域[J]. 海洋地质动态，2003，19（8）：38~41

4　吴时国，袁圣强. 世界深水油气勘探进展与我国南海深水油气前景[J]. 天然气地球科学，2005，16（6）：693~696

5　杨进，曹诗敬. 深水石油钻井技术现状及发展趋势[J]. 石油钻采工艺，2008，30（2）：10~13

6　Charles D Whitson，C D，McFadyen，M K. Lessons learned in the planning and drilling of deep，subsalt wells in the deepwater Gulf of Mexico[R]. SPE/IADC 71363，2001

7　Stephen A Rohleder，W Wayne Sanders，Gray L Faul. Challenges of drilling an ultra–deep well in deepwater–spa prospect[R]. SPE/IADC 79810，2003

8　R W Jenkins，D A Schmidt，D Stokes，D Ong. Drilling the first ultra deepwater wells offshore Malaysia [R]. SPE/IADC 79807，2003

9　Kvenvolden K A，Lorenson T D. The global occurrence of natural gas hydrate：occurrence，distribution and detection[M]. Washington D C：American Geophysical Union，2001

10　Holmes R，Finlayson K，Griffiths M A，et al. Regional shallow gas distribution study[R]. Keyworth：British Geological Survey，1996

11　Lu Shaoming. Seismic characteristic of two deep–water drilling hazards：shallow–water flow sands and gas hydrate[D]. Texas：the University of Texas，2003

12　Huffman A R，Castagna J P. The petrophysical basis for shallow–water flow prediction using multicomponent seismic data[J]. The Leading Edge，2001，23（9）：1032~1036

13　Dutta N，Muke–i T，Prasad M，et al. Seismic detection and estimation of overpressures，Part II：Field applications[C]. CSEG，2002：58~73

14　吴时国，陈姗姗等. 大陆边缘深水区海底滑坡极其不稳定性风险评估[J]. 现代地质，2008，22（3）：430~437

15　S M Willson，S Edwards，P D Heppard，X Li，G Coltrin，D K Chester，H L Harrison & B W Cocales. Wellbore stability challenges in the deep Water，Gulf of Mexico：Case history examples from the Pompano field[R]. SPE 84266，2003.

16　Luiz Alberto S，Rocha，P Junqueira and J L Roque. Overcoming deep and ultra deepwater drilling challenges [R]. OTC 15233，2003

17　薄玉宝，褚道余，钱亚林等. 西非深海钻井装备优选及配套研究[R]. 中国石化集团科研项目报告附件（二），2008

18　苏堪华，管志川等. 深水钻井导管下入深度确定方法[J]. 中国石油大学学报（自然科学版），2008，32（4）：47~51

19　王志远，孙宝江等. 深水司钻法压井模拟计算[J]. 石油学报，2008，29（5）：47~51

20　陈国明，殷志明等. 深水双梯度钻井技术研究进展[J]. 石油勘探与开发，2007，34（2）：246~251

控制压力钻井技术在沙特 MTLH-1 井应用

邢树宾

(中国石化石油工程技术研究院)

摘　要　控制压力钻井技术(Managed pressure drilling, 简称 MPD)，通过先进的设备、监控系统结合高精度的水力计算数据对井底的压力进行监测和控制。本文阐述了控制压力钻井主要应用形式以及相关的使用设备，通过沙特 MTLH-1 井的钻井实践分析，详细的论证了应用控压钻井技术的优点与应用前景。

关键词　控压钻井；井底 ECD；MTLH-1 井；全过程欠平衡

前　言

控制压力钻井技术于 2004 年 IADC/SPE 阿姆斯特丹钻井会议上提出，该技术主要是通过对回压、流体密度、流体流变性、环空液位、水力摩阻和井眼几何形态的综合控制，使整个井筒的压力维持在地层孔隙压力和破裂压力之间，进行平衡或近平衡钻井，有效控制地层流体侵入井眼，减少井涌、井漏、卡钻等多种钻井复杂情况，非常适宜孔隙压力和破裂压力窗口较窄的地层作业。

1　MPD 的应用形式

随着控制压力钻井技术的兴起，国外逐渐形成了系统的工艺理论，发展了不同的控制压力钻井工艺技术，依据国际钻井商承包协会(IADC)的分类，MPD 主要分为四种：井底常压控压钻井、泥浆帽控压钻井、双梯度控压钻井以及 HSE 控压钻井。

1.1　井底常压控压钻井

井底常压钻井又称当量循环密度(ECD)控制，在钻井作业过程中使用钻井液密度低于传统工艺设计的钻井液密度，循环过程中井底压力等于环空摩阻与静液压力之和；停止循环时，环空摩阻压力由地表回压设备提供补偿值，这时井底压力等于静液压力与地表回压之和，保证井底压力大于地层孔隙压力小于漏失压力。图 1 是井底常压控压钻井的环空压力变化剖面示意图。

1.2　双梯度控压钻井

双梯度钻井(Double Gradient Drilling)技术是指钻井过程中在井眼环空中形成两种不同的压力梯度。双梯度钻井的目的是避免井底压力出现过平衡，防止其超过地层破裂压力。由于海上钻井具有一定水深的特点，因此双梯度钻井技术主要用于海洋深水钻井。图2是双梯度控压钻井的环空压力剖面示意图。

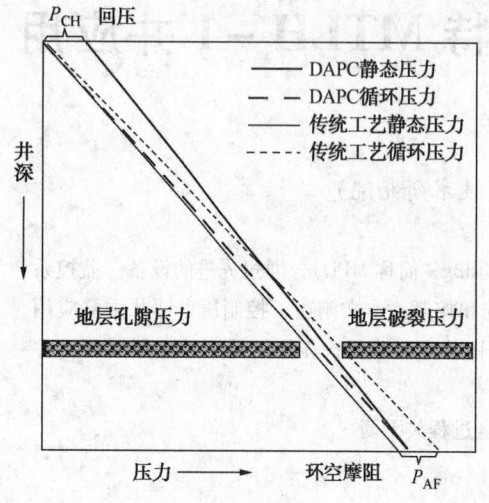

图 1　井底常压控压钻井的环空压力剖面

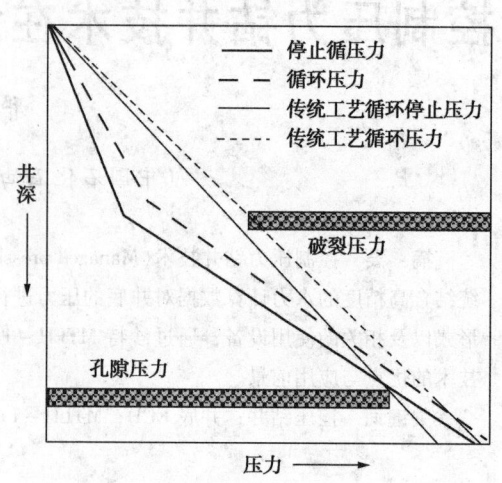

图 2　双梯度控压钻井的环空压力剖面

双梯度钻井一般是通过隔水管的 Booster 注入低密度物质，使井筒钻井液具有两个密度。无隔水导管的双梯度系统一般使用海底泵和一根与其相连至钻台的钻井液、岩屑输送管线。海底泵将岩屑和钻井液输送至钻台，这就克服了使用隔水导管时返回钻井液在隔水导管与钻杆间环空产生的摩阻，达到了双梯度钻井的目的。

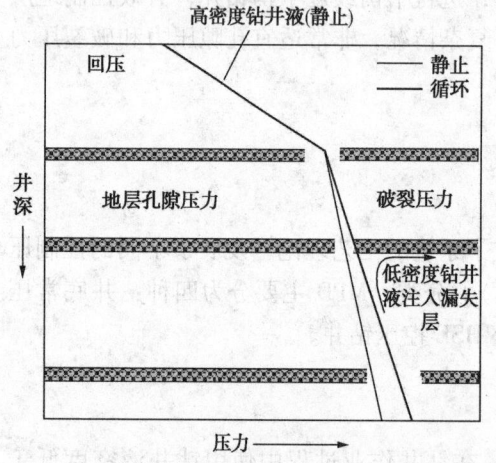

图 3　泥浆帽控压钻井的环空压力剖面

1.3　泥浆帽钻井技术

泥浆帽钻井技术（Pressured Mud – Cap Drilling）是用来解决钻遇枯竭地层、裂隙地层造成的钻井液恶性漏失问题的一种钻井方法。其主要特点是漏层之上采用高密度钻井液以平衡上部流体压力，循环时保持静止。采用廉价的低密度钻井液循环钻进时与岩屑在环空漏层位置进入地层，原理图如图3所示。

压力泥浆帽钻井作业过程中，使用旋转控制头将环空密封，向环空中注入一定深度高黏度、高密度的钻井液，形成作为屏障的泥浆帽，防止侵入井眼流体到达钻台，在需要的情况下，钻井技师还可通过调节回压实现对环空压力的控制。

泥浆帽钻井优点为该技术可在钻遇恶性漏失地层时，使井处于控制之下；使用低密度泥浆钻漏失层可提高机械钻速，且费用低。

1.4　健康、安全、环保 MPD（HSE MPD）

HSE 控压钻井作业主要用于含 H_2S 地层，使用闭合承压钻井液循环系统更为严格控制井底气体产出，通过专用的分离器处理 H_2S 等有害气体，降低地面危险等级。

2 MPD 主要设备

控制压力钻井与欠平衡钻井的关键设备主要包括井下套管阀 DDV（Downhole Deployment Valve）、旋转防喷器 RCD（Rotating Control Device）、四相分离器、自动节流阀和连续循环系统等。

2.1 井下套管阀（DDV）

井下套管阀（图 4）是一个井下隔离阀，在欠平衡作业中，井下套管阀关闭时可以隔绝阀上下的压力，当钻头位于套管阀之上时，可以不用旋转控制头进行起下钻作业，从而可以达到延长胶芯使用寿命的目的。DDV 阀固定在套管上并连同套管一起下入井中一定深度（图 5），其下入深度主要考虑欠平衡作业底部管串长度，套管阀的下深应大于钻井、测井、完井底部管串长度；负压差条件下作业管串受上顶力以及套管阀关闭前管串重量应大于最大上顶力。

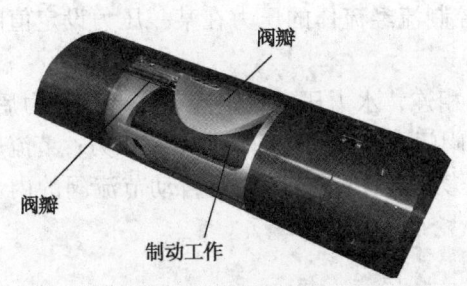

图 4 井下套管阀结构图

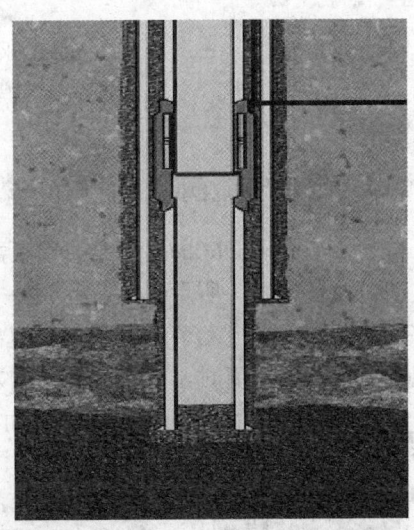

图 5 DDV 阀固定在套管上的示意图

2.2 旋转防喷器（RCD）

RCD 可以有效密封钻杆和相应尺寸的钻铤和井下工具，在旋转状态下隔离环空，使井中流体通过节流阀流出，以达到控制井口压力的目的。

2.3 四相分离器

四相分离器是用来分离油、气、水和固相的专用设备。欠平衡钻井中，四相分离器可以阻塞液流控制流速，使进入分离器的泥浆达到自然重力分离的慢速。

分离器原理如图 6 所示，分离器中有三个挡板，将分离器分为四个罐，从泥浆入口开始，挡板高度依次降低，第一个罐盛满后泥浆才越过挡板流入第二个罐，同样的第二个罐满后流入第三个罐，第三个罐满后流入第四个罐。由于重力作用，第一个罐密度最高，主要是岩屑，第二、第三、第四个罐密度逐渐降低，从而达到四相分离的效果。第一个罐里的岩屑通过螺杆泵打到震动筛，泥浆借助离心泵打到震动筛，油水分别泵到油罐和水罐，气体通过分离器顶部的排气管线排出。

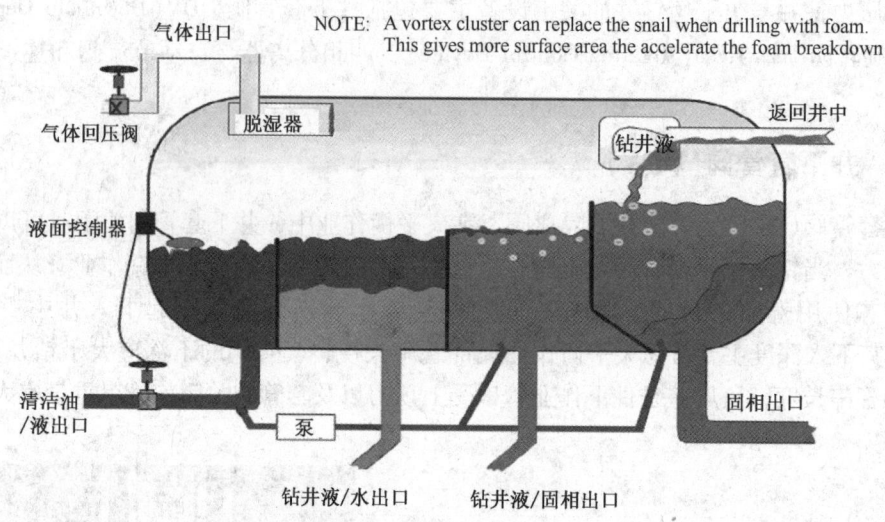

图 6　四相分离器原理图

2.4　自动节流阀

自动节流阀(AutoChock)利用节流原理来自动控制流经流体的压力在某一压力设定值附近波动，设备如图 7 所示。

控压钻井中，自动节流阀和环空返出泥浆管线相连，水力压力设定点设定节流压力后，节流压力低于设定值时，节流活塞会向左移动减小阀门开启度，进而增加节流压力；节流压力高于设定值时，活塞向右移动，从而实现控制压力动态恒定，图 8 是自动节流阀的内部剖面。

图 7　自动节流阀

图 8　自动节流阀的内部剖面

2.5 连续循环系统

连续循环系统(CCS)是一个可以实现不用停止钻井液在井内的循环来完成钻杆的上卸扣等连接工作的系统,该系统以钻台为基础,适用于任何带有顶驱钻井装置的井架。连续循环系统由5个部分组成:连续循环连接器(连接器)、泥浆分流及输送装置、顶驱连接工具、控制系统和液压动力系统。

连续循环连接器是一个高效的压力腔,安装在带转盘的钻机平台上,当钻柱通过它时,它将完成接单根和钻杆公扣和母扣的密封等工作,结构如图9所示。为了接单根,带有循环压力钻井液进入了压力腔,以平衡钻柱的内外压力,接头断开,首先要清洗公扣、母扣处的螺纹。泥浆分流及输送装置中的阀被连到泥浆泵和立根之间的分配管线上。这些阀需配有开关,并且能控制上扣过程中顶驱和连接器之间的泥浆流量。一个高压水龙头将管汇连到连接器侧面的一个入口处,管汇中的阀是液压驱动的,并且不用连接到主控制系统上。与连接器设计同步进行的是顶驱连接工具。用一个延伸、磨损短接连接到顶驱的底部,当上卸扣时需要一种设备将管柱在井架上立起来,这时需要顶驱。使用连续循环系统钻进和运行过程中,顶驱使得减震器内卡卡住的立根和接头旋转。但是当中间的接头断裂并且需要卸扣时不能完成反转。连续循环系统被司钻用一个电液控制系统来控制。司钻通过一个触摸式的显示屏操纵控制系统并且对整个过程中传递的数据进行解码。为了控制此系统,需要一套连续的软件,该软件可进行实时更新。液压动力系统以 Varco 公司的标准设计为基础,并且在 3000psi(20.7MPa)压力时可提供54gpm(0.003m³/s)排量。

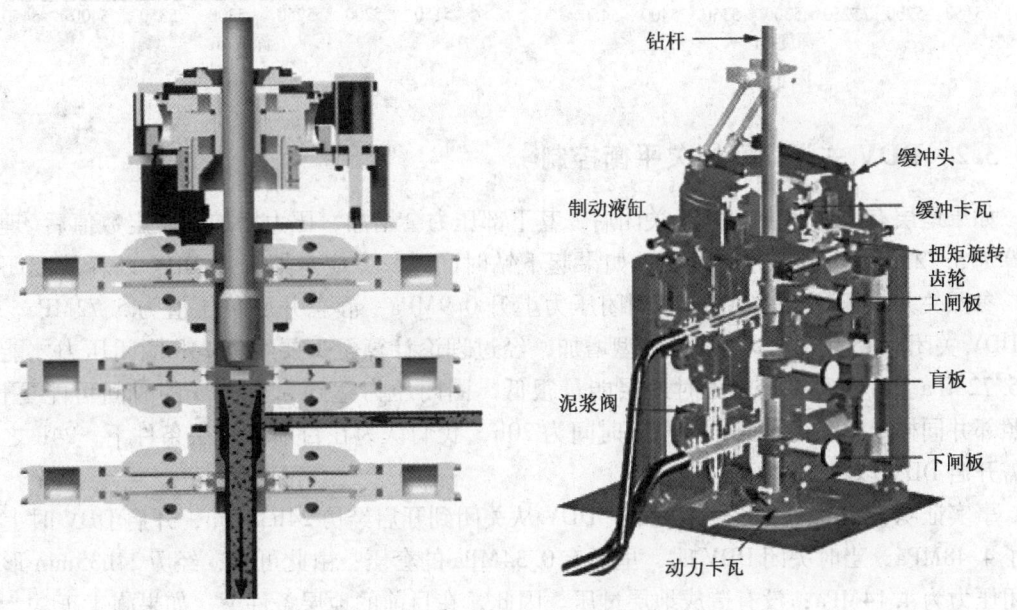

图9 连续循环系统结构图

3 沙特全过程欠平衡钻井实践

MTLH-1井是沙特B区块的一口重点探井,该井设计深度5407m,采用六开次的井身结构。实施欠平衡的井段为 5⅞″ 井眼，岩性主要是砂岩，中间有少量泥岩互层。从邻井资料来看，Sarah 组上部和下部都存在严重扩径现象，施工中的井壁稳定性也是该井段的难点。欠平衡钻进井壁没有泥饼的保护，一旦地层过平衡，将会对地层造成严重污染，因此井底压力的控制是全过程欠平衡施工成败的关键。

3.1 正常钻进欠平衡及井壁稳定控制

施工过程中的井口回压与排量参数如图 10 所示。5189~5245m 井段，排量维持在 19L/s 左右，井口回压开始为 2.76MPa，钻进到 5204m 降为 2.07MPa，从 5221m 开始调为 0.69MPa；5249~5275m 井段，该井段排量为 20~22L/s，回压为 0.69~1.03MPa；5275~5407m 井段，该井段使用的涡轮钻具，排量为 13L/s，开始回压为 2.41MPa，钻至 5349m 回压降到 1.38MPa。

由于对井口回压控制合理，井底 ECD 变化较小，均在 1.52g/cm³（预测孔隙压力下限）以下波动，实钻井底 ECD 如图 11 所示。

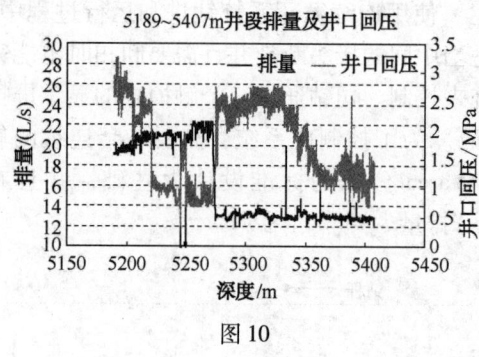

图 10

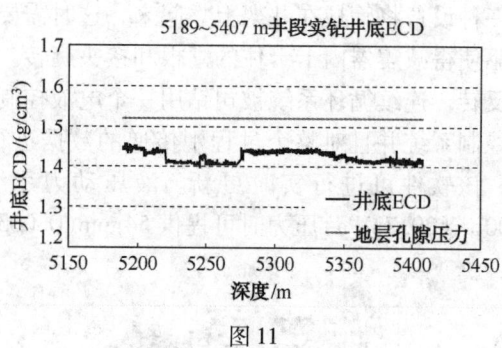

图 11

3.2 DDV 关闭期间的欠平衡控制

如果地层有流体涌出，DDV 关闭后，其下部压力会增加，压力增加到一定数值后（理论计算为 5.72MPa）会造成井底过压，如果起下钻时间过长，应定期开启 DDV 以释放圈闭压力。参照关井求压数据，2h10min 圈闭压力上升 0.9MPa，静态井底负压值为 5.72MPa，假设 DDV 关闭后圈闭压力以最快的线型增加，经过理论计算至少要经历 14h 圈闭压力才能达到 5.72MPa。考虑到关井求压时地层能量很低，圈闭压力达到 5.72MPa 的时间可能更长，参照邻井同样压差条件下的压力恢复时间为 20h，我们认为在目前的地层条件下，24h 之内无需开启 DDV 以释放圈闭压力。

事实证明，我们的判断是正确的，DDV 从关闭到开启经历 24h35min，开启 DDV 时上部加了 4.48MPa，当时关闭 DDV 时，里面有 0.34MPa 的套压；由此可知，经历 24h35min 形成圈闭压力为 4.14MPa，没有造成地层过压。因此，在目前的地层条件下，如果施工正常，起下一趟钻不会超过 24h，在这期间可以无需开 DDV 放压，从而可以减少 DDV 的开启次数，延长使用寿命。

3.3 取心钻进欠平衡控制

取心井段为 5245~5249m，钻进排量为 9.5L/s，井口回压为 1.38~1.93MPa（图 12）。

取心施工的井底 ECD 控制得也较为平稳(图13)。

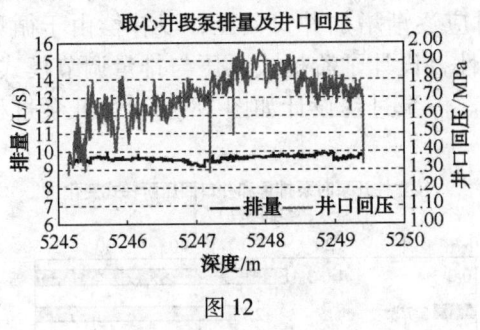
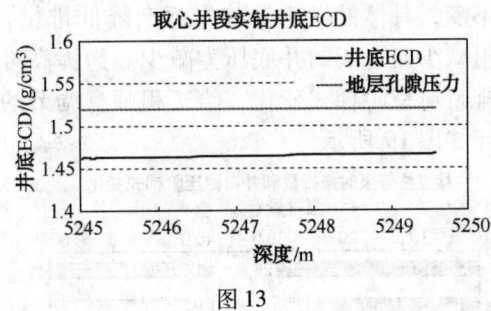

图12
图13

3.4 起钻过程欠平衡控制

起钻过程中,井底会由于钻杆快速上提产生抽吸压力,引起井底负压值增加,为了减小井底压力波动,需控制起钻速度。起钻速度为 6 ~ 9m/min,最大加速度为 60m/min²(图14),起钻过程井口加5.2~5.9MPa的回压,实际起钻中井底 ECD 如图15所示,井底 ECD 均小于 1.52g/cm³。

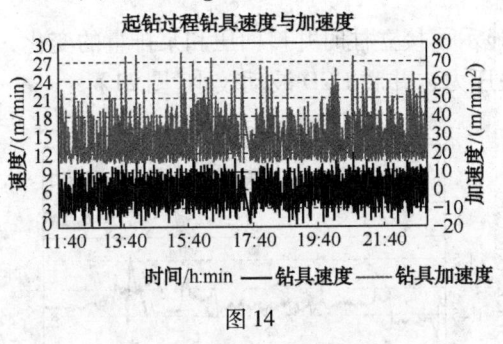
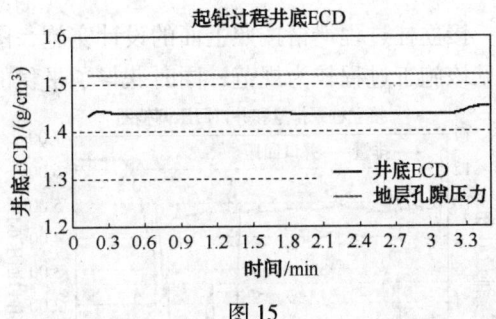

图14
图15

3.5 下钻过程欠平衡控制

下钻过程中,会产生激动压力,增加井底压力;起钻速度为 6 ~ 9m/min,最大加速度为 72m/min²(图16),起钻过程井口加5.9~6.2MPa的回压,实际起钻中井底 ECD 如图17所示。

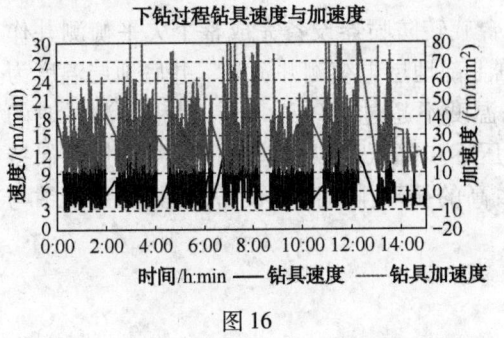
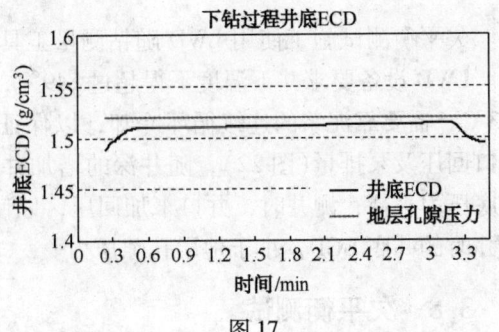

图16
图17

3.6 接立柱过程欠平衡控制

接立柱时,由于受停泵和开泵的影响,井底压力会出现波动,可能会对井壁稳定产生一定的影响。因此，要求在接立柱过程中尽量减少井底压力波动，即维持井底压力基本不变，具体的做法是首先逐渐降低排量，同时应逐渐增加井口回压，以补偿由于循环摩阻减少而造成的井底压力减少。为提高可操作性，设计了阶梯式泵压与排量调节模式，泵排量应呈阶梯式变化，给工程师有调节的时间。停泵过程设计如图 18 所示，开泵过程设计如图 19 所示。

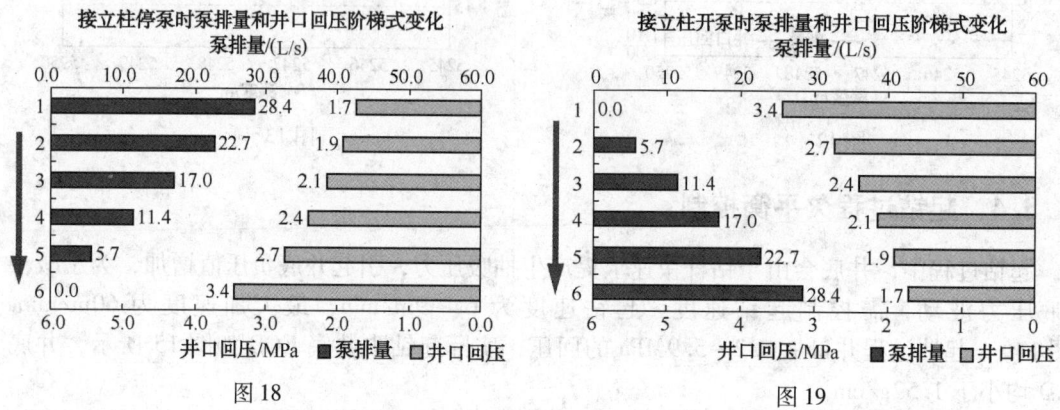

图 18   图 19

接立柱过程严格按照上面的设计实施，图 20 显示了接立柱时井口回压和泵排量的变化，可见该施工过程较为规范，同时获得了平稳的井底压力，井底 ECD 波动较小（图 21）。

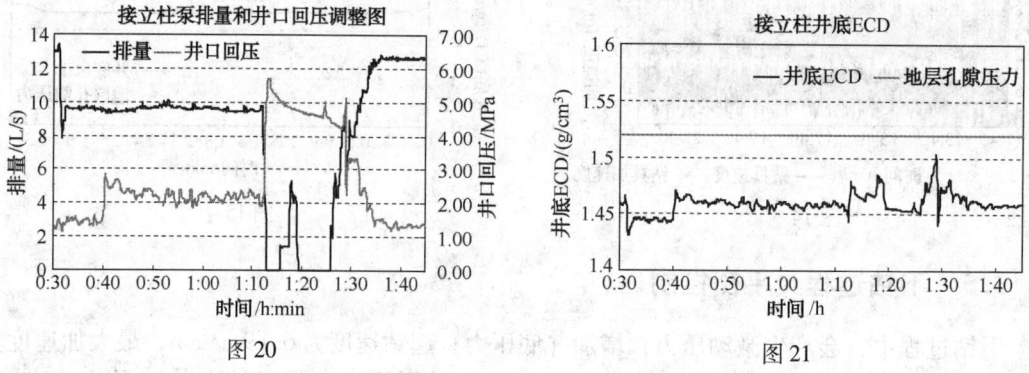

图 20   图 21

3.7   欠平衡测井

欠平衡测试施工使用 LWD 随钻测量工具，配合旋转防喷器设备完成整个欠平衡测井作业。LWD 设备要求井下温度不得超过 149℃，根据上部地层电缆测井资料，井底地层温度为 163℃；需要靠泥浆的连续循环冷却，以保证设备温度不超过 149℃。下钻过程及测井时的井口回压及泵排量（图 22），随井深的增加井口回压逐步降低，以抵消循环压降增加，保持井底压力平衡；测井时，井口未加回压，以使用较高的循环排量冷却设备。图 23 是下钻与测井时的井底 ECD，小于地层孔隙压力。

3.8   欠平衡测试

欠平衡测试时，下测试管柱过程需要控制井口压力，然而测试工具阀是通过环空压力控制的；设计测试管柱，保证测试工具阀的开启压力高出欠平衡井口控压的一定范围，以免在井口控压过程中启动测试管柱的阀门，影响测试作业。

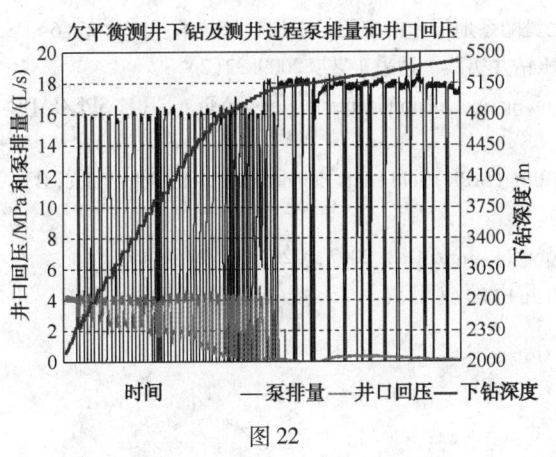

图 22

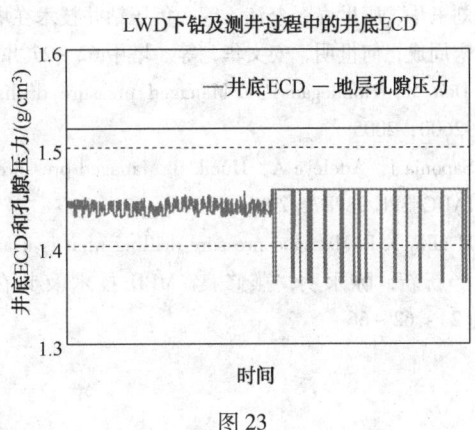

图 23

测试液为无固相盐水,近似为牛顿流,结合实际循环中的泵压排量参数,计算循环排量为 5L/s(测试设计要求排量不超过每分钟两桶)时的环空摩阻,与实际循环泵压较接近。

下钻到 4800m 后,测试队担心井口回压过大会激活主测试阀,要求井口回压不超过 2.75MPa;下钻过程中,4500m 以上井口回压为 4.12MPa,从 4500m 开始井口回压降为 2.75MPa,4800m 以下井口回压调整为 2.41MPa。下钻中有效地控制了井底 ECD。封隔器坐封成功后,开始环空试压,环空打压至 9.75MPa,憋压 10min,压力为 9.4MPa,环空泵入盐水 6bbl,卸压返出 6bbl,认为该压力下封隔器密封良好,通过环空试压,表明封隔器坐封成功并且密封良好,成功隔断封隔器上下环空,保证了此次试压过程中的地层欠平衡状态,可见整个测试管柱的下钻和封隔器坐封都保持了地层的欠平衡状态。

综合整个施工过程,包括钻进、接立柱、起下钻、DDV 关闭过程、测井以及测试的各个环节都把井底 ECD 控制在 1.52g/cm³(地层孔隙压力预测下限)以下,成功实现了全过程欠平衡施工作业;同时又有效地控制了井底负压值,保障了井壁稳定和井下安全;测试最终的分析结果显示表皮系数为 -3.44,表明作业过程中很好的保护了油气层,达到了全过程欠平衡的目的。

4 结论与建议

(1)控压钻井是解决窄压力窗口地层的钻井的一种有效手段,能够避免由于窄密度窗口带来的井漏、井塌、卡钻、井涌等井下复杂问题。

(2)从沙特 MTLH - 1 井的实践来看,全过程的井底压力控制的成功应用,有效的保障了井壁稳定和井下安全。为该区块的控压钻井技术的应用与推广,提供了宝贵的实践经验与参考价值。

(3)目前具有窄密度安全窗口特征条件的区块和油气钻井数量众大,因此有着广泛的市场需求,控制压力钻井技术应用前景十分广阔。

参 考 文 献

1 侯绪田,曾义金,郭才轩,等.常压井段负压钻井技术探讨.石油钻探技术:1999 27(1)

2 刘玉华，唐世春，李江，等．负压钻井技术在塔北奥陶系地层中的应用．石油钻探技术：1999 27(6)

3 宋周成，何世明，安文华，等。塔中62 - 27井控压钻井实践。钻采工艺：2009. 32(2)

4 Don M，Hannegan P E. Managed pressure drilling in marine environments - case studiesr［R］. SPE/IADC 92600，2005

5 Saponja J，Adeleye A，Hucik B. Managed pressure drilling(MPD)field trials demonstrate technology value［R］. IADC/SPE 98787，2006

6 M alloy K P. Managed pressure drilling what is it anyway［J］. world Oil，2007，228(3)：27～34

7 严新新，陈永明，燕修良．MPD技术及其在钻井中的应用［J］．天然气勘探与开发，2007，30 (2)：62～66

减速涡轮深部"防斜打快"技术研究

蒋金宝[1]，孙　雪[1]，张金成[2]，赵国顺[3]，王甲昌[2]

（1. 中国石化石油工程技术研究院中原分院；2. 中国石化石油工程技术研究院；
3. 中原石油勘探局塔里木钻井公司）

摘　要　西部地区油气资源丰富，但由于其埋藏较深，需要用深井超深井来开发。超深小井眼机械钻速低和井斜控制难度大等问题严重制约了深层油气藏的开发。本文首先分析了国内外"防斜打快"技术的研究及应用现状，在此基础上提出了减速涡轮"防斜打快"技术，并研制了小尺寸减速涡轮钻具。现场试验表明，减速涡轮复合钻井技术提速效果明显，与本井上下邻井段转盘钻井相比，机械钻速提高90%～150%，与邻井同井段钻盘钻井相比机械钻速提高1.2～1.7倍，井斜角从入井时的2.66°（5890.00m）降至0.33°（6225.00m），为西部超深小井眼防斜打快提供了一种新的技术途径。

关键词　超深小井眼；"防斜打快"；减速涡轮；试验

前言

西部地区深层钻井过程中遇到了许多难题，尤其是超深小井眼机械钻速低、井斜控制难度大等钻井难题表现最为突出（尤其在产层，一般要求井斜不能超过3°）。顺6井在储层层位（6100.00～6700.00m）发生井斜，井斜角为6.5°；于奇6井在7021.00m井斜角达到15.98°，被迫填井侧钻，损失915时；塔深1井在6930.00～7550.00m井斜角达到13°，机械钻速仅为0.86m/h。目前，常用的"防斜打快"技术有钟摆钻具组合、偏心钻具组合、螺杆复合钻井技术和垂直钻井系统。钟摆钻具和偏轴钻具效果不明显且使用范围小[1,2]。PDC＋螺杆钻具防斜打快效果明显，但其受高温限制且成本较高[3]。垂直钻井系统"防斜打快"效果最好，但成本高且适合超深小井眼的工具少[4~6]。因此，研究适合深部小井眼的"防斜打快"技术，对西部深层油气藏的勘探开发意义重大。

1　减速涡轮深部"防斜打快"技术研究

超深小井眼地层的温度和压力较高，部分地层（如奥陶系）破碎，井斜角对钻压敏感，需要采用低钻压钻进以达到防斜打直的目的。要在低钻压防斜的基础上提高钻速，可采用井下动力钻具提高钻头转速的方法来提高机械钻速。目前，井下动力钻具主要有螺杆钻具和涡轮钻具。螺杆钻具由于抗温受限，不适合深部地层"防斜打快"[7]。涡轮钻具不含橡胶材料，可以耐高温高压，适合深部"防斜打快"，这项技术在国外应用较为成功，如俄罗斯在鞑靼

资助项目：国家863项目（2006AA06A109）和中原油田博士后资助项目（2009301博）。

地区涡轮钻具钻井的机械钻速比转盘钻井高 3 ~ 5 倍，并成功完钻了一口 12000m 的超深井[8]。欧美各油田多采用 PDC 钻头 + 涡轮钻具钻进，与转盘相比机械钻速高 2 倍左右。由于种种原因，国内还没形成完善的涡轮钻井技术[9]。为了解决西部深层钻井机械钻速低、易井斜的问题，中原油田钻井院与中国石油大学（北京）研制出了适合深部地层小井眼的减速涡轮钻具，并初步形成了一套适合深部地层小井眼的减速涡轮"防斜打快"技术。

涡轮钻具是一种井底液动马达，涡轮壳体里面装有多级成对的涡轮定转子[10]（图 1）。其工作原理是钻井液在泵的作用下首先进入涡轮定子，涡轮定子使钻井液具有一定的方向和速度进入涡轮转子，涡轮转子就使钻井液的水力能量转变为涡轮钻具输出轴驱动井底钻头的转动机械能。

涡轮钻具属叶片式机械，它具有在高速下稳定工作的特性。在相同外形尺寸条件下，速度越高的涡轮叶栅可以得到较高的扭矩，但压力降必然增高，这对目前泵送设备而言负担太重，而且较高的转速会造成钻头选型困难。若涡轮叶栅设计成低速、低压降，则导致涡轮输出扭矩太低。要得到足够的扭矩，必需增加涡轮级数，即要增加涡轮钻具的长度和质量，这样会导致其应用范围受到限制，尤其是小尺寸的涡轮钻具。为了利用涡轮钻具在高速下稳定工作的特性，同时压力降又不要太高，研制了行星齿轮涡轮减速器，其减速原理如图 2 所示：高速涡轮节输出轴通过花键与中心轮相连接，其转速与扭矩经行星轮和内齿轮传递给行星架，行星架得到减速 i 倍后的转速与增加 i 倍后的扭矩（i 为减速比），行星架与减速器输出轴相连接，带动钻头旋转。

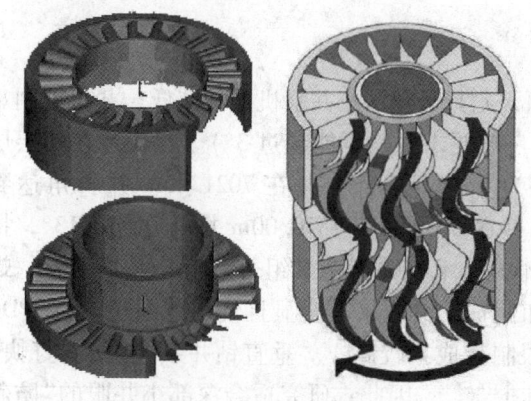
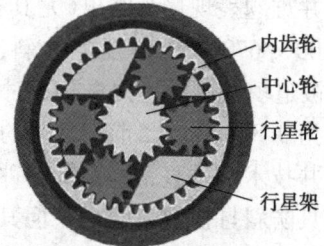

内齿轮
中心轮
行星轮
行星架

图 1　定子与转子示意图　　　　图 2　涡轮钻具行星减速齿轮减速原理示意图

2　减速涡轮"防斜打快"技术现场试验

为了验证减速涡轮钻井技术的"防斜打快"效果，2009 年 6 ~ 7 月在中国石化西北油田分公司塔河油田 TH12509 井进行了 ϕ127.0mm 耐高温减速涡轮"防斜打快"技术现场试验，该井设计井深 6570.00m，本次试验井段选为四开井段，井径为 ϕ165.1mm，试验井深 5946.00m。

2.1　钻具组合

由于实验井段为超深小井眼，其循环压耗较大。而本井三开井段为盐膏层专打专封，盐膏层以上井段(5785.00m 以上)套管尺寸为 Φ244.5mm，因此可采用复合钻具组合以降低环空压耗，即下部采用小尺寸钻具，上部采用大尺寸钻具(Φ139.7mm 钻杆)。利用自主编制的软件计算发现采用 3000m 的 Φ139.7mm 钻杆比 Φ127.0mm 钻杆的压耗降低 3MPa，为此，在本实验中上部井段采用了大约 3000m 的 Φ139.7mm 钻具。所用钻具组合为：Φ165.1mm PDC 钻头 + Φ127.0mm 减速器涡轮钻具 + 331 × 310 接头 + Φ120.7mm 钻铤 × 15 根 + Φ88.9mm 加重钻杆 × 9 根 + Φ88.9mm 钻杆 × 80 根 + 311 × 4A10 接头 + Φ127.0mm 钻杆 × 282 根 + 4A11 × 520 接头 + Φ139.7mm 钻杆。

2.2 排量的确定

减速涡轮复合钻井与普通钻井不同，在排量的设计中要尽可能发挥涡轮钻具的功率。涡轮的功率可用下式计算：

$$N_o = \frac{(P_r - \Delta P_g - \Delta P_b)Q\eta}{7.5} = \frac{(P_r - KQ^s - K_bQ^2)Q\eta}{7.5} \tag{1}$$

式中　P_r——总压耗，MPa；

　　　ΔP_g——钻具循环压耗，MPa；

　　　ΔP_b——钻头压耗，MPa；

　　　η——涡轮钻具效率。

结合涡轮的特性参数，通过公式(1)计算得到了减速涡轮钻具排量与功率的定量关系(图3)。由图3可得最优排量为：14 ~ 15L/s。

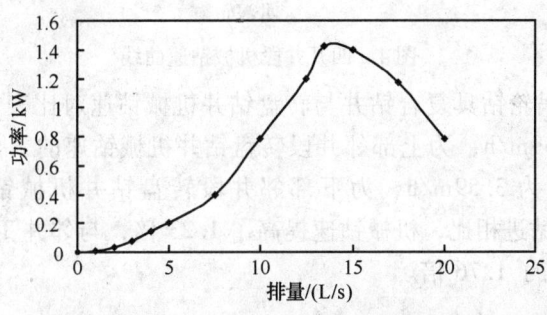

图3　排量与功率关系图

2.3 其他参数确定

考虑到井斜要求和复合钻井特点，钻压确定为 30 ~ 50kN，转盘转速确定为 30 ~ 50r/min。

为了监测减速涡轮钻具防斜效果，利用 9000m 绞车对减速涡轮钻井井段进行了单点和多点测斜。

3　实验结果分析

本次试验使用了 2 套 Φ127.0mm 减速涡轮钻具，其中一套(型号为 TDR1 - 127)由中原钻井工程技术研究院国家 863 项目组提供(全新)，另一套(型号为 TRO - 127)由中国石化西北油田分公司提供(旧涡轮钻具：2006 年 7 月 5 ~ 9 日曾在塔深 1 井五开 Φ165.1mm 井眼

8321.30～8405.00m 井段使用过）。试验井段为 5946.00～6314.00m，所钻地层为石炭系巴楚组（下泥岩段）、泥盆系东河塘组、志留系柯坪塔格组，岩性为泥岩和砂岩。

3.1 提速效果分析

TDR1－127 型涡轮钻具井下工作时间 125h，纯钻时 84h，进尺 301m，平均机械钻速 3.59m/h（试验后井口测试显示工具工作正常）。TDRO－127 型井下工作时间 36h，纯钻时 18.68h，进尺 67m，平均机械钻速为 3.59m/h（井口测试表明减速器损坏，工作时间较短的原因是在塔深 1 井使用后没有维修保养）。图 4 给出了四开井段机械钻速随井深的变化曲线。从图 4 可以看出，减速涡轮钻井的机械钻速明显高于上下邻井段转盘钻井的机械钻速。

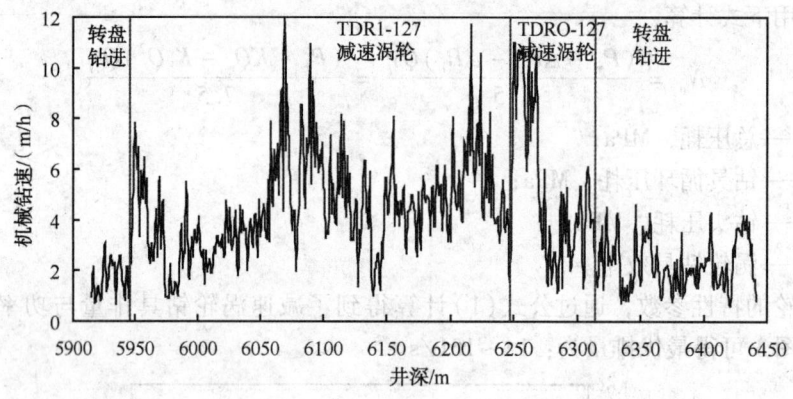

图 4　四开井段机械钻速曲线

表 1 给出了减速涡轮钻具复合钻井与转盘钻井机械钻速对比表，TDR1－127 型涡轮钻具平均机械钻速为 3.59m/h，为上部邻井段转盘钻井机械钻速的 2.5 倍。TDRO－127 型涡轮钻具平均机械钻速为 3.59m/h，为下部邻井段转盘钻井机械钻速的 1.9 倍。与邻井 TK1239 井同井段转盘钻进相比，机械钻速提高了 1.23 倍，与邻井 TK1225 井同井段转盘钻进相比，机械钻速提高了 1.76 倍。

表 1　减速涡轮钻具复合钻井与转盘钻井机械钻速对比表

井名	井段/m	钻井方式	钻遇地层与岩性	平均钻速/(m/h)
TH12509	5915.00～5946.00	转盘钻进	巴楚组下泥岩段：棕褐色灰质泥岩	1.40
	5946.00～6247.00	涡轮复合钻进（TDR1－127 涡轮）	巴楚组下泥岩段：棕褐色灰质泥岩（氧化泥岩）、灰色灰质泥岩与棕褐色泥岩呈略等厚互层； 东河塘组：细粒石英砂岩夹粉砂岩，浅灰、细粒砂岩与泥岩略等厚互层； 柯坪塔格组：粗粒砂岩与灰绿色泥岩呈略等厚互层	3.59
	6247.00～6314.00	涡轮复合钻进（TRO－127 涡轮）	柯坪塔格组：粗粒砂岩与灰绿色泥岩呈略等厚互层 桑塔木组：泥岩、泥灰岩互层	3.59

井名	井段/m	钻井方式	钻遇地层与岩性	平均钻速/(m/h)
TH12509	6314.00~6443.00	转盘钻进	柯坪塔格组：粗粒砂岩与灰绿色泥岩呈略等厚互层	1.88
TK1239	5826.00~6136.00	转盘钻进	巴楚组下泥岩段东河塘组 柯坪塔格组　桑塔木组	1.61
TK1225	6260.00~6564.00	转盘钻进	柯坪塔格组　桑塔木组 良里塔格组　恰尔巴克组 一间房组	1.30

3.2　降斜效果分析

从单点测斜仪和多点测斜仪的数据（表2）来看，使用减速涡轮之后，井斜角从5951.00m时的2.66°降至6225.00m时的0.33°，这说明该工具具有一定的降斜作用，为深部"防斜打快"提供了一个有效途径。

表2　四开井段井斜数据表

井深/m	测量方法	井斜角/(°)
5890	电测	2.66
6022	单点	1.93
6081	多点	1.37
6109	多点	1.29
6119	单点	1.25
6138	多点	1.22
6186	单点	1.21
6225	多点	0.33

4　结论

（1）分析了国内外"防斜打快"技术的研究及应用现状。钟摆钻具和偏轴钻具组合防斜效果不佳，且提速效果甚微；垂直钻井系统在中上部地层防斜效果较好，但目前适合超深小井眼的工具较少，且成本较高。

（2）针对西部深层地质条件和现有"防斜打快"技术的不足，提出了减速涡轮"防斜打快"技术，并研制了减速涡轮钻具，使用寿命较长（TDR1-127减速涡轮试验后井口测试工作正常）。

（3）试验结果表明减速涡轮钻井技术提速效果明显，与本井上下邻井段转盘钻井相比，机械钻速提高90%~150%；与邻井同井段钻盘钻进相比，机械钻速提高1.2~1.7倍。

（4）减速涡轮钻井技术防斜效果明显，井斜角从入井时的2.66°（5890.00m）降至0.33°（6225.00m）。

参 考 文 献

1 史玉才，管志川．偏轴钟摆钻具组合力学特性分析[J]．石油大学学报（自然科学版），2004，28（2）：42~48

2 汪海阁，苏义脑．直井防斜打快理论研究进展[J]．石油学报，2004，25（3）：86~90

3 陈养龙，魏风勇，王宏杰等．螺杆加 PDC 钻头复合钻进技术[J]．断块油气田，2002，9（4）：57~60

4 杨春旭，韩来聚，步玉环等．现代垂直钻井技术的新进展及发展方向[J]．石油钻探技术，2007，35（1）：15~19

5 王春生，魏善国，殷泽新．Power V 垂直钻井技术在克拉 2 气田的应用[J]．石油钻采工艺，2004，26（6）：4~8

6 张华卫，令文学．VertiTrak 垂直钻井技术在秋南 1 井的应用[J]．内蒙古石油化工，2008，（12）：121~123

7 马立，付建红，王希勇，等．防斜打快机理探讨[J]．石油矿场机械，2008，37（8）：70~73

8 陈洪兵，周龙昌，张雷等．俄罗斯减速涡轮钻具驱动 PDC 钻头在西西伯利亚油田的成功应用[J]．石油钻探技术，2005，33（2）：48~50

9 杨世奇，薛敦松，蔡镜仑等．涡轮钻井技术的新进展[J]．石油大学学报（自然科学版），2002，26（3）：128~132

10 冯定．涡轮钻具防斜打快钻井理论与技术研究[J]．石油钻探技术，2007，35（3）：9~11

基于变环境下的海相碳酸盐岩岩石声力学测试

陈军海

（中国石化石油工程技术研究院）

摘　要　海相碳酸盐岩结构复杂，所处井下地层环境也变化多样，致使岩石力学参数求取困难。为解决本难题，本文综合分析当前开展室内岩石声力学的测试技术，结合海相碳酸盐岩微结构特征，在变环境条件下开展了岩石声学力学响应特征测试，通过分析测试结果，得到了川东北海相碳酸盐岩地层岩石力学参数解释模型，为准确描述南方海相碳酸盐岩地层钻井地质环境描述提供了基础数据。

关键词　碳酸盐岩；变环境；声力学响应；测试技术

前言

我国海相碳酸盐岩地层分布广泛，有近 $300 \times 10^4 km^2$ 的碳酸盐岩分布区，勘探实践表明，我国的碳酸盐岩地层复杂，海相油气资源勘探开发过程中存在一系列复杂技术难题。确定海相碳酸盐岩地层岩石力学参数对优化井身结构、优选钻井液密度窗口和钻头及指导储层改造设计等起着至关重要的作用。求取地层岩石力学参数的方法主要有两种，一是岩石力学室内测试法，另外一种则是测井资料解释法。岩石力学实验是按国际岩石力学实验标准进行岩石力学参数测试的一种方法，该法直接、准确度高，但受取芯等条件的限制，只能确定地层中某几个点的岩石力学参数。声波在岩石中的传播速度与岩石的力学参数之间存在较好的关系[1~3]，这是利用测井资料确定岩石力学参数剖面的基本思路，该方法依据岩石力学实验结果建立岩石力学参数解释模型，再利用测井资料解释整个井段的岩石力学剖面，解释结果的准确度受客观因素和主观因素影响很大。对于碳酸盐岩地层，由于其埋深跨度大、非均质性强、裂缝溶洞发育影响因素比较多等复杂因素，岩石力学参数测试存在很大的发散性，利用少量的测试点来建立碳酸盐岩地层岩石力学参数求取模型本身就不合理，另外，由于碳酸盐岩埋藏深、取芯困难，开展大量的岩石力学实验就受到限制，这就需要寻找新的途径来进行碳酸盐岩地层岩石力学参数的求取。针对砂岩波速变化规律及影响因素实验研究已比较成熟[4~7]，针对碳酸盐岩，也有学者从声学实验研究入手分析了声学参数特征的变化规律[8,9]，所有这些研究都体现了可以从岩石的声力学实验入手来确定岩石的力学参数。鉴于前人研究，本文针对川东北碳酸盐岩露头岩心进行变环境条件下的岩石声力学测试，以寻求碳酸盐岩力学参数确定方法。

1 碳酸盐岩岩石声力学测试方案

1.1 碳酸盐岩岩样加工

测试岩样的加工方式对岩石的强度及弹性参数的测试结果影响很大，这是因为从地层取得的岩心并不一定能完全代表研究地层的性质，另外，岩心的特性在加工过程中可能被改变，尤其是对于结构复杂的碳酸盐岩更是如此，因此必须重视岩样的加工，确保能使其具有足够的代表性，并保持天然结构状态。要重视岩样的微构造描述，如节理裂隙发育程度、分布情况及其方位等；当然，岩样的加工还要考虑实验条件的限制，注意岩样的尺寸（如形状、高径比等）。碳酸盐岩结构复杂，为保证岩样结构的完整性，按照岩石力学实验规范的要求，加工实验岩样的尺寸为 $\Phi50mm \times 100mm$，误差 $\pm 0.5mm$。在实验过程中，为了避免实验结果的离散性，每组实验做 3 个试样，对处理结果取平均值。另外，为了获得变环境条件下声力学响应特征的变化规律，不同测试环境下的同一层位岩样均从同一块大岩心上取得。

本研究中的碳酸盐岩岩心取自川东北地区代表不同层位的地表露头，对应的层位从雷口坡组四段到飞仙关组一段，岩性主要是白云岩和灰岩。

1.2 碳酸盐岩岩石声力学测试方案

针对不同层位的岩样开展常温及模拟不同地层条件（围压和温度）下的抗压实验，获得不同条件下的岩石力学参数；改变温度和围压环境，进行纵波传播速度与静水压关系的测试，进而得到变环境条件下的碳酸盐岩声力学响应特征。根据地层条件，在本次研究中主要开展了 0、35MPa、70MPa 围压条件的抗压实验，模拟的地层温度为 100℃。

本次研究中的岩石带声波单三轴压缩实验机均是在 XTR01 型微机控制电液伺服实验机上进行，设备的主要技术参数是：最大轴向实验力 2000kN，最大工作油压 28MPa，最大轴向变形量 5.0mm，最大径向变形量 2.5mm，最大活塞位移量 100mm，最大侧向压力 100MPa，以上各示值的测量精度均 <1%。在单三轴实验过程中，采用位移控制方式，加载速率为 0.2mm/min，直到试样破坏后，卸压。声波测试采用 RSM – SYS5 型岩石超声波检测仪。试样声波测试步骤参照《水利水电工程岩石实验规程》（SB264—2001）进行，实验时采用直达波法（即直透法），纵波采用凡士林耦合，采样频率为纵波 0.2μs。

抗拉强度则利用巴西劈裂的方式进行测定，采用的设备为 TerrateK 公司的巴西劈裂仪。

2 变环境条件下的碳酸盐岩声力学测试

2.1 变环境条件下碳酸盐岩岩石声力学测试结果

针对加工好的岩样开展了常温条件下常规碳酸盐岩声力学测试及 35MPa、70MPa 两种围压条件下的岩石声力学测试，测试结果见表 1 和表 2；模拟 100℃ 地层温度条件下测试了 35MPa、70MPa 两种围压条件下的岩石声力学特征，测试结果见表 3。

表1 常温单轴压缩条件下的碳酸盐岩声力学测试结果

地层与岩性剖面			V_p/(m/s)	ρ/(g/cm³)	S_t/MPa	S_c/MPa	E_s/GPa	μ_s
组	段	岩性						
雷口坡组	T_2L^4	白云岩	3923	2.552	2.43	51.98	39.14	0.226
	T_2L^3	灰岩	5971	2.7	3.21	51.45	43.06	0.248
	T_2L^2	白云岩	5876	2.769	3.09	64.03	36.42	0.094
嘉陵江组	T_1j^4	白云岩	4425	2.709	3.24	67.45	30.44	0.225
	T_1j^3	灰岩	5184	2.696	4.86	131.31	69	0.219
	T_1j^2	白云岩	5249	2.669		104.6	73.18	0.29
	T_1j^1	灰岩	5522	2.712	1.95	102.67	78.22	0.182
飞仙关组	T_1f^4	灰岩	5168	2.706	2.92	73.46	35.82	0.168
	T_1f^3	灰岩	5936	2.725	2.82	88.39	66.59	0.22
	T_1f^2	灰岩	5776	2.694	3.63	65.83	57.75	0.169
	T_1f^1	白云岩	6197	2.705	2.53	62.36	61.97	0.254

注：V_p——纵波速度；S_c——抗压强度；S_t——抗拉强度；E_s——静态弹性模量；μ_s——静态泊松比。

表2 常温三轴压缩条件下的碳酸盐岩声力学测试结果

地层与岩性			V_p/(m/s)	S_c/MPa	E_s/GPa	μ_s	V_p/(m/s)	S_c/MPa	E_s/GPa	μ_s	C/MPa	ϕ/(°)
组	段	岩性	围压35MPa				围压70MPa					
雷口坡组	T_2L^4	白云岩	4080	213.06	35.48	0.2	4215	304.15	40.1	0.196	10.92	44.4
	T_2L^3	灰岩	6124	215.4	66.18	0.272	5934	314.14	55.55	0.205	11.46	41.48
	T_2L^2	白云岩	5988	245.6	72.69	0.273	6061	369.08	47.54	0.169	13.23	45.1
嘉陵江组	T_1j^4	白云岩	4955	273.03	62.43	0.276	5203	392.37	66.97	0.238	13.06	47.41
	T_1j^3	灰岩	5635	242.17	81.86	0.33	5730	355.88	53.94	0.243	29.65	41.4
	T_1j^2	白云岩	5263	238.62	69.54	0.283	5263	318.99	66.46	0.276	25.47	38.48
	T_1j^1	灰岩	5674	250.24	63.59	0.233	5824	387.06	66.44	0.245	22.06	43.49
飞仙关组	T_1f^4	灰岩	5260	257.35	77.35	0.255	5233	322.3	76.71	0.302	16.27	42.21
	T_1f^3	灰岩	5995	254.84	77.59	0.247	6109	348.85	73.96	0.338	19.46	42.48
	T_1f^2	灰岩	6582	185.2	85.48	0.269	6524	335.33	80.88	0.262	14.28	43.09
	T_1f^1	白云岩	6196	238.11	75.54	0.264	6273	277.17	78.48	0.255	13.95	41.79

注：V_p——纵波速度；S_c——抗压强度；S_t——抗拉强度；E_s——静态弹性模量；μ_s——静态泊松比；C——黏聚力；ϕ——内摩擦角。

表3 高温(100℃)三轴压缩条件下的碳酸盐岩声力学测试结果

地层与岩性剖面			V_p/(m/s)	S_c/MPa	E_s/MPa	μ_s	V_p/(m/s)	S_c/MPa	E_s/MPa	μ_s	C/MPa	ϕ/(°)
组	段	岩性	围压35MPa				围压70MPa					
雷口坡组	T_2L^4	白云岩	4340	223.99	38.82	0.307	4359	315.13	37.29	0.29	19.61	38.98
	T_2L^3	灰岩	6159	223.62	59.62	0.348	6273	298.19	61.36	0.297	12.97	38.63

续表

地层与岩性剖面			$V_p/$	$S_c/$	$E_s/$	μ_s	$V_p/$	$S_c/$	$E_s/$	μ_s	$C/$	$\phi/$
组	段	岩性	(m/s)	MPa	MPa		(m/s)	MPa	MPa		MPa	(°)
			围压 35MPa				围压 70MPa					
嘉陵江组	T_1j^4	白云岩	5896	241.68	70.47	0.21	6036	339.62	80.71	0.381		
	T_1j^1	灰岩	5401	275.17	59.94	0.343	5459	292.93	84.43	0.266	19.61	39.53
飞仙关组	T_1f^1	白云岩	/	222.51	58.01	0.306	/	358.73	69.53	0.281	19.61	38.38

注：V_p——纵波速度；S_c——抗压强度；S_t——抗拉强度；E_s——静态弹性模量；μ_s——静态泊松比；C——黏聚力；ϕ——内摩擦角。

2.2 碳酸盐岩岩石声力学测试结果分析

1）纵波速度与静水压的关系

常温及模拟地层温度条件下的碳酸盐岩岩石纵波速度测试中，按5MPa递增围压的方式进行了测试，记录了0～70MPa静水压条件下的碳酸盐岩岩石声波速度变化情况。其中图1为雷口坡组四段和一段的白云岩的测试结果，从图中可以看出：①在初始加载静水压过程中，纵波波速随静水压增加，其增幅比较明显，随着静水压的增加，波速增幅趋势逐渐减缓；天然条件下白云岩内部存在大量的空隙结构和微裂隙，结构疏松。施加静水压后，白云岩内部的空隙和微裂纹逐渐闭合，微裂纹对波速影响非常明显，波速显著增加；微裂纹闭合后，继续增加静水压，主要是使白云岩的内部结构更加紧密，在等向压缩过程中，白云岩骨架的变形不在那么明显，因此波速变化比较缓慢。②高温条件下静水压波速要高于常温条件，因为温度升高，热膨胀效应使得其内部的孔隙发生闭合而致密，促使声波速度提高。随着围压的增大，雷口坡四段的纵波速度增加的比较明显，而一段变化很小，这也说明与雷口坡四段相比，雷口坡一段的白云岩比较致密。

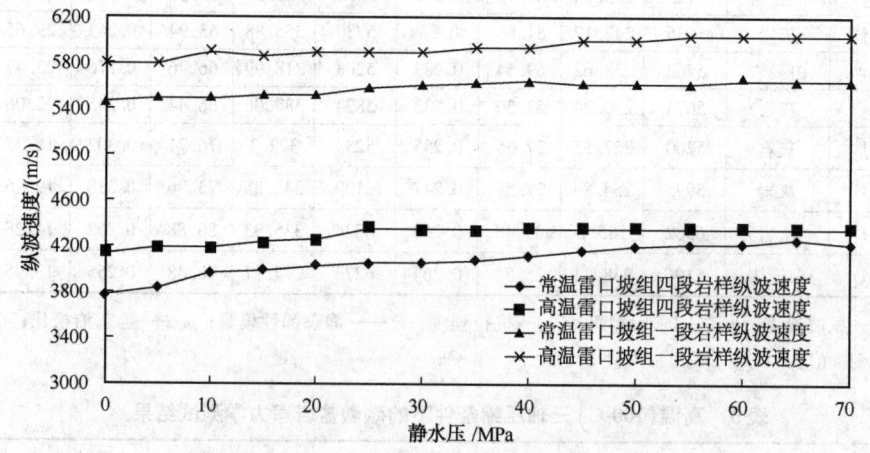

图1　雷口坡四段与一段岩样纵波波速与静水压关系曲线

2）强度参数与围压和温度的关系

由图2可以看出，随着深度与围压的增加，碳酸盐岩的抗压强度成正向增加，但嘉陵江三段至一段的单轴抗压强度明显高于上下层位。另外，在围压条件下，该层位的抗压强度却发生了降低，这不仅说明了碳酸盐岩岩石结构与分布的复杂性，也体现了其强度受环境影响很大。从图 3 给可以看出，随着温度的升高，岩石内部结构发生变化，岩石的强度降低，说明高温环境下碳酸盐岩地层井壁易发生破坏。

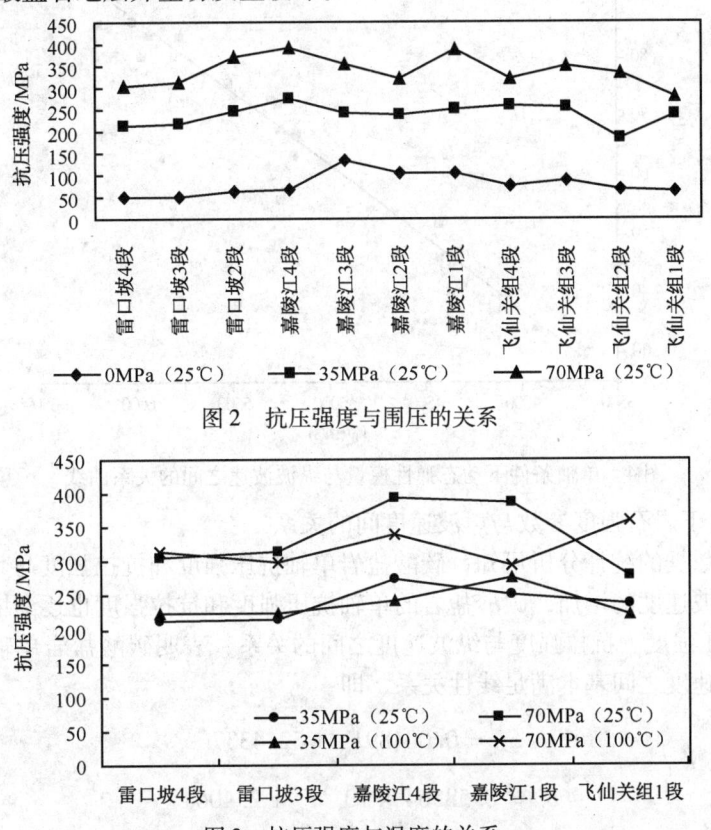

图 2　抗压强度与围压的关系

图 3　抗压强度与温度的关系

3）常温条件下弹性参数与纵波速度之间的关系

基于弹性理论，岩石的动态弹性模量 E_d 和动态泊松比 μ_d 与岩体中纵横波速度 V_p、V_s 之间存在着如下的关系：

$$E_d = \rho V_s^2(3V_p^2 - 4V_s^2)/(V_p^2 - V_s^2)$$

$$\mu_d = 0.5(V_p^2 - 2V_s^2)/(V_p^2 - V_s^2) \tag{1}$$

式中　ρ——岩石密度。

若已知 ρ、V_p、V_s，则可根据上式求出动态弹性模量和动态泊松比。但横波测量比较复杂，因为横波不能在液体中传播，对于海相碳酸盐岩这种特殊的岩石在测量横波时容易产生误差。通过对实验数据的分析表明，E_d 与 ρ、V_p 和 μ 之间存在比较好的关系：

$$E_d = \rho V_p^2(1 + \mu)(1 - 2\mu)/(1 - \mu) \tag{2}$$

根据上面关系式，结合表 1，可以得到如图 4 所示的碳酸盐岩静态弹性模量与动态弹性模量之间的关系：

$$E_s = 0.22924\rho V_p^2(1 + \mu)(1 - 2\mu)/(1 - \mu) + 33.05345 \tag{3}$$

式中，弹性模量 E_s 的单位为 GPa。

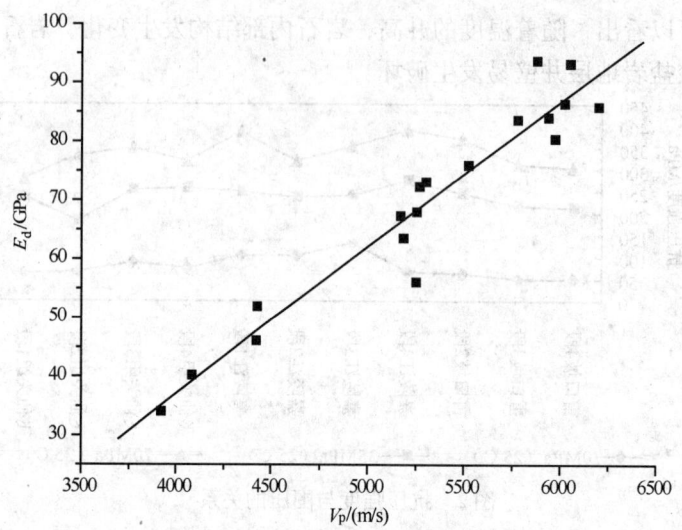

图4 单轴条件下动态弹性模量与纵波波速之间的关系曲线

4）常温条件下岩石强度参数与声波速度间的关系

通过对实验数据的统计分析可知，碳酸盐岩单轴抗压强度和抗拉强度与其纵波速度具有相关性，随着纵波速度的增加，碳酸盐岩的单轴抗压强度和抗拉强度也逐渐增大。图5和图6给出了单轴抗压强度、抗拉强度与纵波速度之间的关系，表明碳酸盐岩单轴抗压强度、抗拉强度与其纵波速度之间基本满足线性关系，即：

$$S_c = 0.00489V_p + 52.4337$$

$$S_t = 8.58564 \times 10^{-5}V_p + 2.4064 \tag{4}$$

式中 S_c、S_t——分别为碳酸盐岩单轴抗压强度和抗拉强度，MPa。

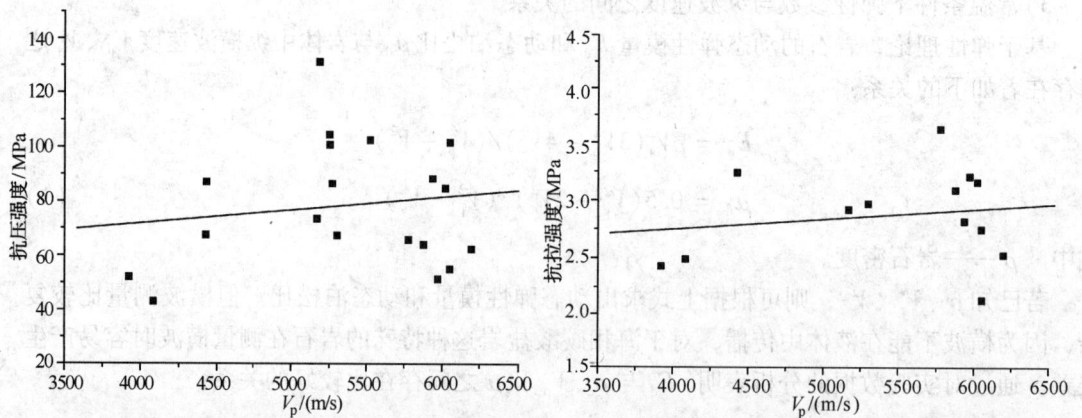

图5 碳酸盐岩单轴抗压强度与纵波速度关系图   图6 碳酸盐岩单轴抗拉强度与纵波速度关系图

图7、图8分别给出了35MPa及70MPa条件下碳酸盐岩抗压强度与纵波速度间的关系，从图可以看，出围压条件下，碳酸盐岩抗压强度与纵波速度之间存在着较好的线性关系。且70MPa条件下的线性关系要好于35MPa，体现出了随着围压增大（小于岩石骨架破坏应力），碳酸盐岩裂缝闭合致使岩石变的致密，声波传输与强度之间的关系变好。

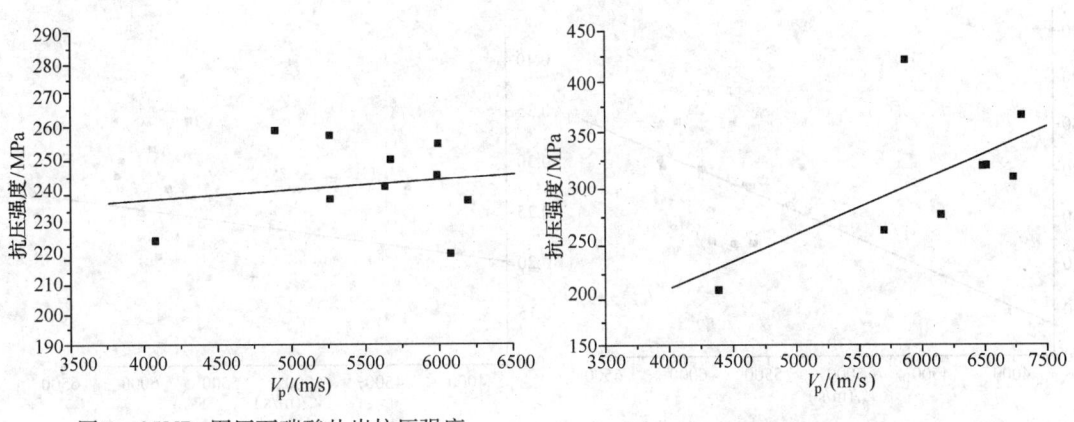

图 7　35MPa 围压下碳酸盐岩抗压强度　　　图 8　70MPa 围压下碳酸盐岩抗压强度
　　　　与纵波速度关系图　　　　　　　　　　　　与纵波速度关系图

5）高温围压与常温围压条件下的声波速度关系

实验结果表明，岩石声波速度与高温不同围压条件下岩石声波速度具有正相关性，可采用如下线性相关关系进行拟合：

$$V_{pwT} = aV_{p0} + b \tag{5}$$

式中　　V_{pwT} ——高温围压条件下的声波速度，m/s；

　　　　V_{p0} ——常规声波速度，m/s；

　　　　a 和 b ——待定系数。

通过对测试的结果进行回归分析，得到了不同围压下的高温条件的声波速度与常温声波速度的关系，具体系数见表 4。

表 4　不同围压下高温与常温条件下的声波速度关系系数

围压/MPa	a	b
0	0.6289	1837
35	0.5487	2474.9
70	0.5044	2850.4

6）地层环境条件下岩石力学参数的确定

（1）弹性参数的确定。

在地层条件下（模拟围压及温度），碳酸盐岩的静弹性模量和静泊松比随声波速度的增加而增加，基本上呈线性关系（图 9、图 10），两者的表达式为：

$$E_s = -21.85067 + 0.01561V_p$$

$$\mu_s = 0.11918 + 2.25441 \times 10^{-5}V_p \tag{6}$$

式中　　E_s ——静弹性模量，GPa；

　　　　μ_s ——静泊松比；

　　　　V_p ——声波速度，m/s。

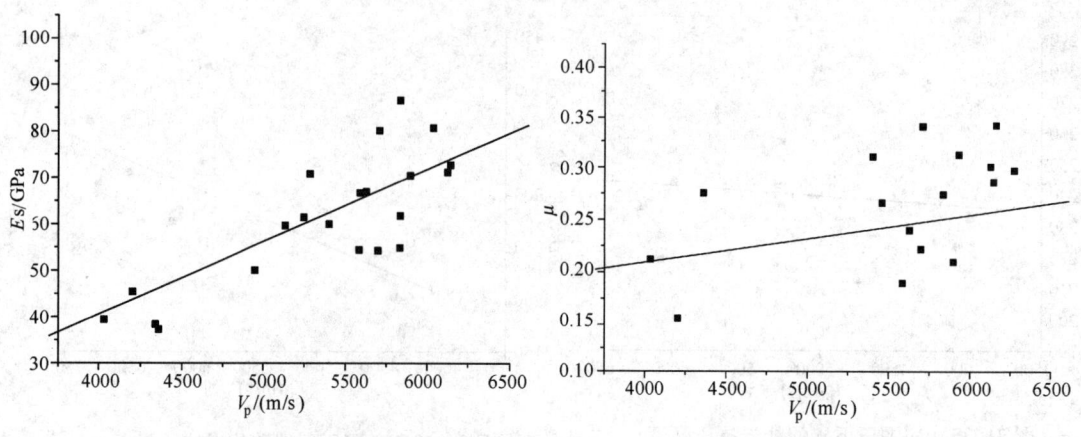

图9　地层条件下碳酸盐岩静弹性模量　　　　图10　地层条件下碳酸盐岩静泊松比
与声波速度关系曲线　　　　　　　　　与声波速度关系曲线

地层条件下碳酸盐岩静弹性模量和动弹性模量之间的关系曲线如图11所示，动静态弹性模量之间存在着正相关关系。在动弹性模量小于45GPa时，动弹性模量小于静弹性模量，这主要是由于裂隙、溶洞以及胶结填充物的影响，波速仍较大，但其力学性质却很弱；当动弹性模量大于45GPa时，动弹性模量均大于静弹性模量。动、静弹性模量间有很好的线性关系，其关系式为：

$$E_s = 28.22438 + 0.43617E_d \tag{7}$$

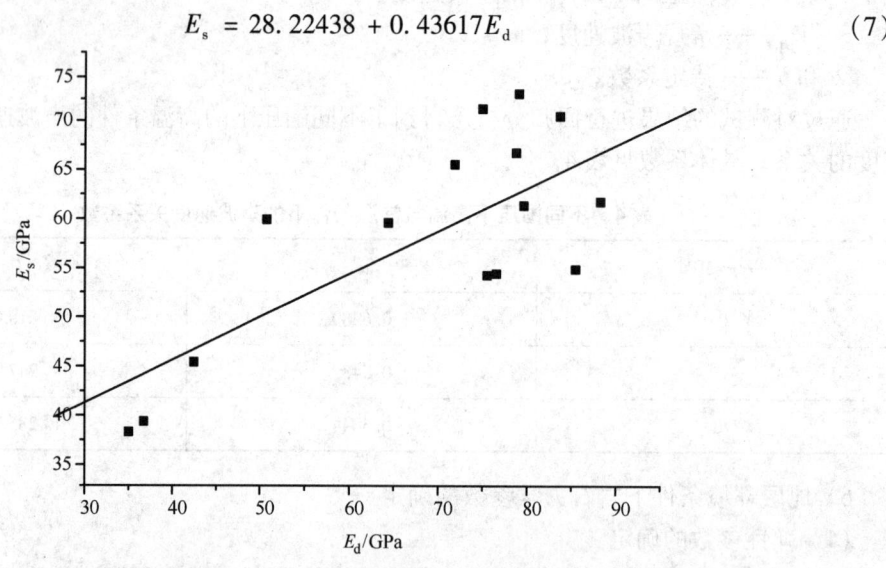

图11　地层条件下碳酸盐岩动静态弹性模量的关系曲线

（2）黏聚力及内摩擦角的确定。

分析实验结果可以看出地面条件下碳酸盐岩的黏聚力和内摩擦角与声波速度之间存在线性关系（图12、图13），基于此得到了黏聚力、内摩擦角与声波速度的表达式：

$$C = 11.46303 + 0.00118V_p$$
$$\phi = 29.10925 + 0.0021V_p \tag{8}$$

式中　C——黏聚力，MPa；

ϕ——内摩擦角，（°）。

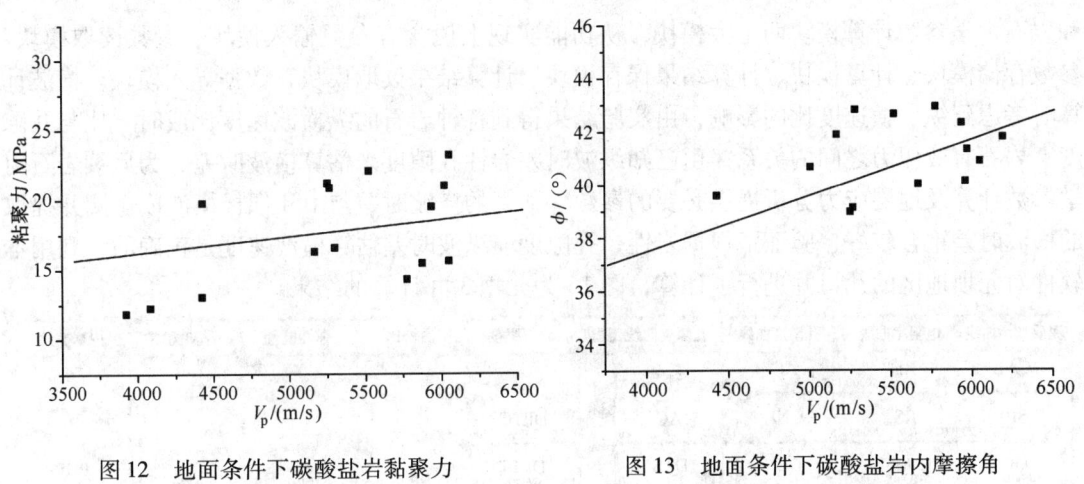

图 12　地面条件下碳酸盐岩黏聚力
　　　与声波速度关系曲线

图 13　地面条件下碳酸盐岩内摩擦角
　　　与声波速度关系曲线

联合常温及高温条件下的黏聚力和内摩擦角实验结果表明，地面与模拟地层条件下的碳酸盐岩黏聚力间和内摩擦角间呈正相关性（见图 14、图 15），可得到对应的关系式：

$$C_\mathrm{w} = 0.00805 + 0.96913C_\mathrm{T}$$

$$\phi_\mathrm{w} = -28.65187 + 1.79998\phi_\mathrm{T} \tag{9}$$

式中　C_w——地面条件下黏聚力，MPa；
　　　C_T——模拟地层条件下黏聚力，MPa；
　　　ϕ_w——地面条件下内摩擦角，（°）；
　　　ϕ_T——模拟地层条件下内摩擦角，（°）。

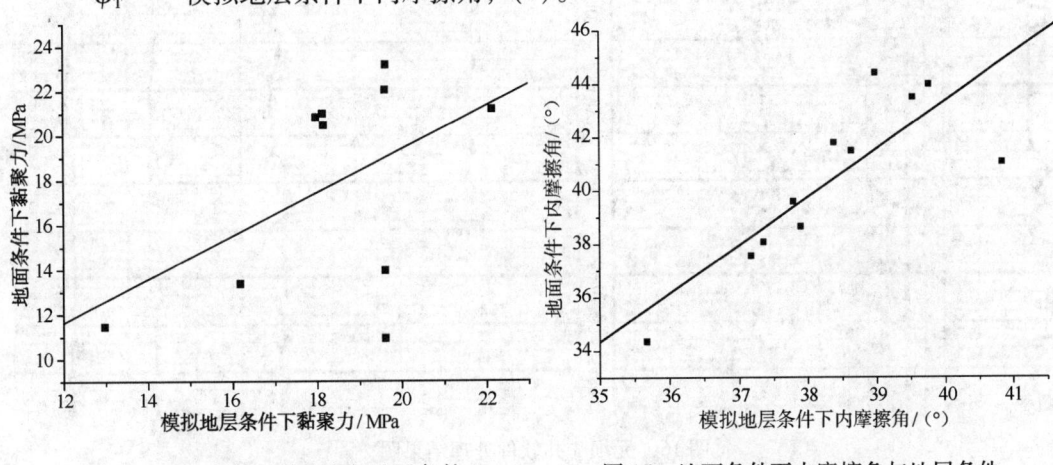

图 14　地面条件下黏聚力与地层条件
　　　下黏聚力间的关系

图 15　地面条件下内摩擦角与地层条件
　　　下内摩擦角间的关系

3　成果的初步应用

基于上面实验数据及建立的岩石力学参数求取模型，参考 FORWARD 软件的一些研究成果和编程思想，初步编写了碳酸盐岩岩地层岩石力学求取软件。本软件包含横波估算模块和岩石力学参数计算模块两个大模块，从功能实现上说含有参数输入模块、参数读取模块、参数存储模块、计算模块、计算结果保存模块、计算结果读取模块、数据导入模块。横波计算时考虑到纵、横速度比的影响，由实验结果得到各种岩石的纵横波速度比或时差比与孔隙度、岩石有效压力之间的关系，由已知纵波时差岩性孔隙度来估算横波时差，为后续岩石力学参数计算及地层应力分析提供必要的参数。估的横波时差与 DSI 偶极横波成像测井提取的横波时差重合较好，验证了根据岩性、孔隙度、纵波时差估算横波速度是正确的。利用本软件对元坝地区的几口井进行了计算，图 16 为元坝 3 井计算的结果。

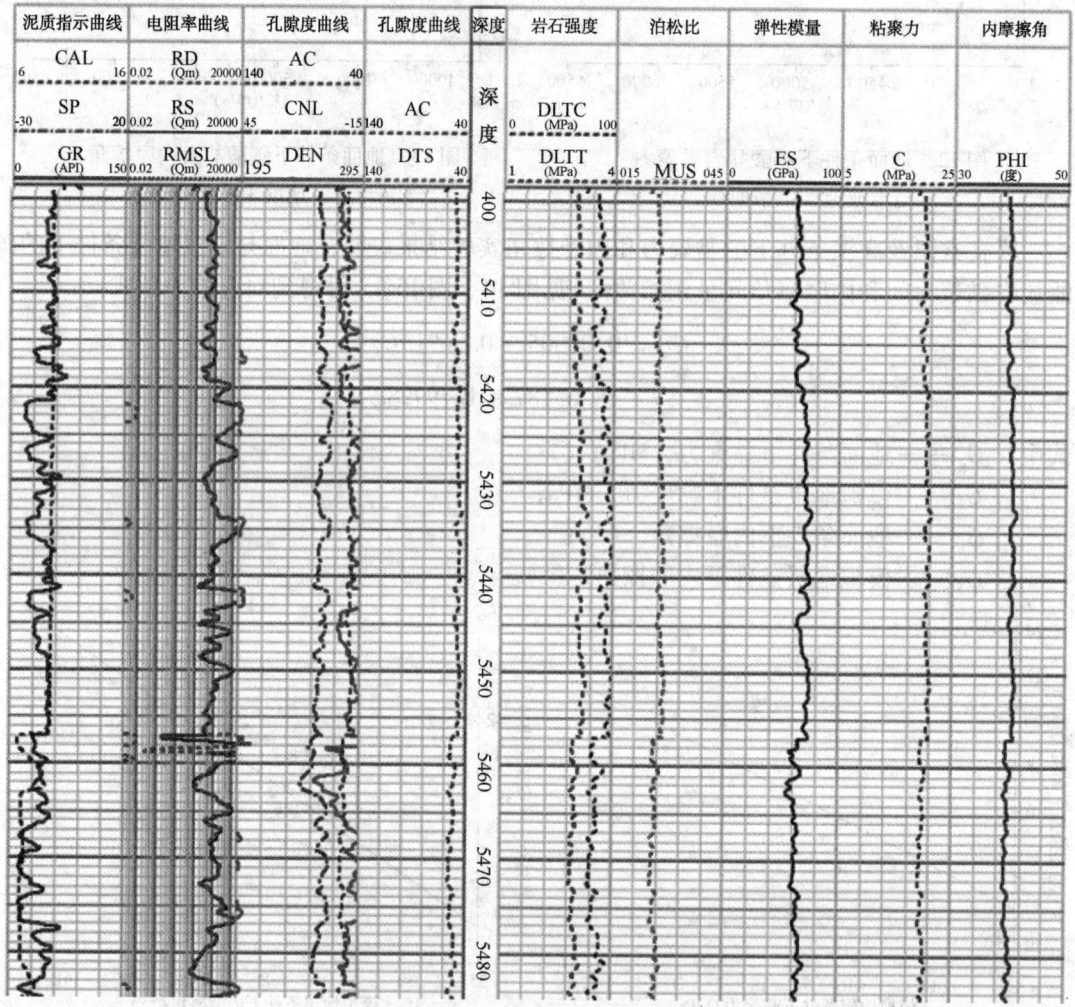

图 16　元坝 3 井软件处理结果图

4　结论与建议

（1）在井下岩心获取困难的情况下，可以通过钻取对应地层的露头岩心来进行碳酸盐岩岩石力学力学进行测试。利用井下对应层位岩心的力学测试结果进行修正，即获得井下岩心与露头岩心间的对应关系，将可以得到更加准确的力学模型。

（2）本研究中的纵波速度均为室内测试值，与井下测井资料存在一定差异，下一步继续开展研究，建立二者之间的关系，将建立起的常温条件与模拟井下条件下的岩石力学参数与纵波速度间的关系与井下测井资料建立联系，可以建立起不同环境条件下的准确度更高的岩石力学参数剖面。

（3）本研究只考虑了温压的影响，今后将继续开展考虑模拟渗透压力作用下的岩石声力学测试，将会得到更加贴合现场实际的声力学关系。

（4）实验研究表明，碳酸盐岩的微观构造的变化影响岩石的声力学特征，下一步可开展声力学测试与电镜扫描同时进行的实验研究，进而得到微观构造变化对声力学特征的影响规律。

参 考 文 献

1 Gstader S，Raynal J. Measurement of some mechanical properties of rock and their relationship to drillability[J]. Society of Petroleum Engineering Drilling Engineering 1，1966：165～171

2 Elena Kazatchenko，Mikhail Markov，et al. Joint inversion of conventional well logs for evaluation of double – porosity carbonate formations[J]. Journal of Petroleum Science and Engineering，2007，56(4)，252～266

3 刘新华. 岩石超声波与岩石物理力学性质的关系. 四川水力发电，1997，16(1)：38～42

4 施行觉，夏从俊. 储层条件下波速的变化规律及其影响因素的实验研究. 地球物理学报. 1998，41(2)：234～240

5 郭印同，杨春和. 川东北砂岩单三轴压缩过程中应力–波速变化规律的实验研究. 矿业研究与开发. 2009，29(3)：17～20

6 赵明阶，吴德伦. 单轴加载条件下岩石声学参数与应力的关系研究. 岩石力学与工程学报. 1999，18(1)：50～54

7 张浩，康毅力等. 变围压条件下致密砂岩力学性质实验研究. 岩石力学与工程学报. 2007，26(增2)：4227～4231

8 刘树根，单钰铭等. 塔河油田碳酸盐岩储层声学参数特征及变化规律. 石油与天然气地质. 2006，27(3)：399～404

9 孟庆山，汪稔. 碳酸盐岩的声波特性研究及其应用. 中国岩溶. 2005，24(4)：344～348

膨胀波纹管技术优化设想

刘 鹏

（中国石化石油工程技术研究院）

摘　要　膨胀波纹管技术作为一种新兴技术越来越受到石油工程界的重视，本文从提高工具的可靠性、简化施工工艺和降低施工难度作为出发点，探讨了改进波纹管成型方法、优化波纹管管串连接方式、简化膨胀施工程序这几个方面的可行性，提出了利用半面成型法和直缝管压制成型法来改进成型方法，采用了自动焊接代替手动焊接、螺纹连接取代焊接连接的思路，提出简化机械膨胀过程的参考方案，介绍了一种新型的膨胀管技术。

关键词　钻井；波纹管；成型方法；连接方式；施工程序

引言

井漏、井塌是钻井过程中常见的复杂现象，长期以来针对恶性漏失，主要是靠循环堵漏、注水泥浆等办法来解决，但效果不佳。特别是对长裸眼复杂井段发生的严重井漏，除下套管封固外，尚未有效的解决办法[1]。面对易垮塌地层，往往也得下入套管进行封隔，保证后续施工的顺利进行。为了解决钻井过程中出现的漏失、垮塌等复杂情况及修井过程中套管损坏的情况，俄罗斯鞑靼石油科研设计院于 20 世纪 70 年代成功研制了膨胀波纹管技术。膨胀波纹管技术是将圆管成型为异形波纹状，在小尺寸状态下顺利入井，再通过液压或机械的方法使其膨胀，来封堵复杂地层或修补已损套管等的一种新型技术。

在钻井过程中，膨胀波纹管技术可封固不同压力系统，解决同一裸眼段多套压力系统的矛盾；可封固又吐又漏压力敏感储层，可确保固井质量；可封固用常规方法难以奏效的井漏；可封固易塌层，可保障后续钻井安全。其优点是在不减小原井眼尺寸的情况下处理井下复杂情况，可以简化井身结构，减小套管层次，可明显降低钻井完井成本[2]。

1　膨胀波纹管技术现状

俄罗斯是研究膨胀波纹管技术最早的国家，也是目前技术最先进、应用最多的国家。俄罗斯初期研制出的膨胀波纹管，膨胀后的抗外挤强度下降到膨胀前的 30% ~ 40%。目前研制出的合金材料经冷轧后抗内压强度 15 ~ 30MPa，抗外挤强度 8 ~ 20MPa，可以在 ϕ132mm ~ ϕ215.9mm 井眼的复杂地层中实施封堵作业和在 ϕ146 ~ ϕ245mm 的套管中实施修补作业[3]。美国许多钻井公司近年来也在研究膨胀波纹管技术，主要用来堵漏以及用作井筒封隔器。中石化石油工程技术研究院根据国内的实际情况，成功研制出 ϕ215.9mm、ϕ241.3mm、ϕ311.2mm 三种大尺寸的膨胀波纹管，其抗内压强度 30 ~ 35MPa，抗外挤强度 6 ~ 10MPa，目前已经在韦 15 - 19 和垦东 411 - 斜 4 井得到成功应用，用于封堵漏层和易垮塌层。

膨胀波纹管现场堵漏施工的流程为：①先下多臂测井仪测堵漏井段井径；②根据漏失井段的长度，现场手工焊接波纹管，同时下专用扩眼器，扩眼后再测扩眼井段井径；③将波纹管组合下入预定井段；④投球憋压进行水力膨胀；⑤上提下放，倒扣取出送入工具；⑥先后下入三滚轮胀管器和球形胀管器进行机械膨胀；⑦下磨铣工具进行通径，保证原钻头能顺利通过[4]。从上述施工流程来看，膨胀波纹管入井前管串准备时间较长，入井后起下钻的次数较多，从而增加膨胀波纹管的现场施工时间。

本文将从提高波纹管质量的稳定性，缩短波纹管管串准备时间和减少起下钻次数几个方面进行探讨，为减少膨胀波纹管的现场施工时间，增强施工安全性提供一些解决办法。

2 膨胀波纹管技术的优化

2.1 波纹管成型工艺的改进

目前膨胀波纹管是无缝钢管经过扩孔后，利用模具冷压成型的，成型过程如图1所示。这种成型方法存在以下问题：①扩孔会造成管材的性能下降，导致波纹管的壁厚不均匀，局部存在残余应力；②压制成型会造成波纹管端面之间的吻合度不高，应力分布不均匀，增加了膨胀后的不圆度。为此，提出半面成型法和直缝管压制成型法来改进波纹管成型工艺。

1）半面成型法

利用模具直接将钢材压制成"3"字型形成一个半面，然后将两个半面焊接成直缝波纹管，如图2所示。这种方法成型后的波纹管，壁厚均匀，残余应力极少，每根管子的端面形状一致，有利于施工过程中管子之间的连接，膨胀后管子性能会有很大的提高。

图1 压制成型过程

焊缝示意图

图2 直缝波纹管的示意图

2）直缝管压制成型法

将管材直接加工成设计尺寸的直缝管，再按照图1的方法压制成型。此方法避免了扩孔对管材性能造成的损坏，成型后的管子壁厚均匀度也比较理想。

2.2 管串连接方式的优化

目前膨胀波纹管单根之间的连接主要是通过手工焊接完成的，国外在波纹管的环缝组焊上采用的是手工电弧焊，焊后现场采用氧乙炔焰进行加热处理。由于波纹管为异型管，且焊接要求较高，焊接完成的接头在施工和工作条件下必须具有与波纹管本体相应的强度和变形能力，故焊接时间较长。现场手工焊接一个焊缝需要 2 ~ 3h，随着膨胀波纹管单次下入深度的增加，焊缝数量可能会从几个增加到十几个，这会极大增加现场的施工时间，而且手工焊接的质量受环境和人为因素影响很大，焊接质量很难保证。为了缩短膨胀波纹管的管串准备时间，提高管串连接的可靠性，可以采用自动焊接取代手工焊接或采用螺纹连接的方式。

1）三维自动焊接/切割

三维自动焊接技术旨在提高波纹管焊接质量，并大幅提高焊接生产效率，同时降低焊接施工难度，提高生产自动化水平。由于波纹管断面轮廓为"8"字形，断面曲率变化大、最小曲率半径小，自动焊接装置必须能走出"8"字形运动轨迹。三维自动焊接/切割装置应该由焊接/切割自动执行装置、焊接/切割控制系统、自动焊接系统和自动切割系统等部分组成，如图 3 所示。三维自动焊接/切割装置需要能够满足波纹管的最小曲率要求，并能适应大曲率范围变化，能够在曲率较小的弧面和曲率较大的弧面时都能满足焊接/切割工艺的要求，同时在焊接/切割中能够根据需要进行切割角度的二维调节。

图 3　三维自动焊接示意图

三维自动焊接/切割装置可以根据现场的实际情况调整焊接速度和焊接工艺，一般情况下焊接一个焊缝需要 30 ~ 40min，这相对手工焊接速度来说有了极大的提高，并且自动焊接排除了一些人为的影响因素，使焊缝质量能得到保证。

2）螺纹连接

螺纹连接是目前钻井现场最便捷的连接方式，但目前采用螺纹连接主要存在两个问题。

① 连接螺纹必须是特殊螺纹，它要求管柱在膨胀前后、膨胀过程中保持螺纹的力学性能和密封性，保证抗压强度和抗拉强度满足安全要求[5]。

② 由于膨胀波纹管为异型管，采用螺纹连接会造成过渡接头的增加。目前过渡接头是通过焊接的方式与波纹管进行连接的，这会导致焊接数量大大增加，同时也增大了膨胀波纹管施工的危险性。

螺纹连接要达到现场应用的要求，还需要不断的深入研究。

2.3　膨胀施工程序的简化

目前膨胀波纹管的膨胀施工程序包括水力膨胀和两次机械膨胀，需要两次起下钻，这对于深井、超深井来说，将占用几天的时间。因此简化膨胀施工程序，减少起下钻的次数，这对于减少膨胀波纹管的施工时间是十分重要的。为此提出两种方式对施工程序进行简化。

1）可变径滚轮胀管器

目前三滚轮胀管器的尺寸是固定的，其直径比球形胀管器旋转后的直径小，这是为了减少胀管器在井下的受力，预防事故的发生。为此可以采用可调节外径尺寸的滚轮胀管器，首先采用较小外径进行机械膨胀，然后通过机械或者水力的方式，增大胀管器的最大外径，再次进行机械膨胀，实现一次起下钻完成两次机械膨胀的目的，取消球形胀管器的膨胀施工。

2）可变径径向胀管器

波纹管水力膨胀后，倒扣取出送入工具，将胀管器与磨鞋连接在一起送入井下，当磨鞋通过上过渡接头，胀管器在液压或机械力的作用下外径变大，同时给上过渡接头施加径向作用力进行机械膨胀。上过渡接头膨胀完成后，将胀管器的外径还原，继续向下运动、膨胀。当磨鞋达到下堵头，利用磨鞋将下堵头磨铣掉，然后对下过渡接头进行膨胀，膨胀完成后取出磨鞋和胀管器，下入通径磨鞋进行磨鞋。

该方法将下堵头的磨铣，两次机械膨胀合为一体，而且膨胀过程中对过渡接头、波纹管施加的是径向作用力，减少了膨胀过程中波纹管转动和向下移动的风险，具有很高的安全性。

2.4 新型膨胀管技术

目前膨胀管都是采用液压或机械方式膨胀管柱，其问题是钢材膨胀后管子的壁厚不均度及不圆度会增加，不同管段管子的不均匀变形程度也不同，加之井眼环境复杂，使膨胀管的使用寿命受到限制。为此，可以改变波纹管的膨胀方式，提高波纹管的性能和使用寿命。例如，美国研发的 CFEX 自膨胀管内壁呈蜂窝式结构，称之为"体积调节单元"，如图 4 所示。在膨胀前受外部的金属缚带制约，处于压缩状态，以减少管外径尺寸。当自膨胀管下入井中之后，可使用电力、机械力或化学处理方法消除金属缚带，膨胀管即进行自膨胀。膨胀完成后，残余应力释放到地层中，不会产生"回缩"现象。

图 4 CFEX 自膨胀管内壁

3 结论

膨胀波纹管技术的产生与发展是钻井技术的一个趋势。随着世界石油资源日趋紧张，未波及油藏与难开发油藏的钻井逐渐增加，对钻井技术提出新的要求[6]。膨胀波纹管在国内外的成功应用，已经表明其具有很好的应用前景和应用价值。随着膨胀波纹管技术的不断进步，配套工具的不断改进和完善，膨胀波纹管技术将最终实现用同一直径的钻头钻进，并用同一直径的套管完井的目标。

参 考 文 献

1 张彦平，田军，赵志强等. 波纹管堵漏技术在吐哈油田 L7 - 71 井的应用[J]. 石油钻采工艺，2005，27
(1)：21 ~ 22

2　陶兴华，马开华，吴波等．膨胀波纹管技术现场试验综述及存在问题分析[J]．石油钻探技术，2007 年，第 35 卷第四期：63 ~ 66

3　杨顺辉，黄永洪，陶兴华等．可膨胀波纹管技术在韦 15 – 19 井的应用[J]．石油钻探技术，2007 年，第 35 卷第三期：55 ~ 57

4　王治平，卓云，廖富国等．波纹管堵漏技术在黄龙 0042X1 井的应用[J]．天然气　工业，2008，28(5)：67 ~ 68

5　唐志军．膨胀管关键技术研究及首次应用[J]．石油钻采工艺，2004，26(3)：17 ~ 18

6　杨明．可膨胀管明显提高钻井效率[J]．世界石油工业，2000，7(3)：35 ~ 37

微裂缝地层力化耦合井壁稳定技术研究

蒋金宝　　侯树刚

（中国石化石油工程技术研究院中原分院）

摘　要　针对塔里木盆地二叠系、石炭系的微裂缝泥岩、玄武岩地层易发生井壁失稳造成井下复杂的问题，开展了微裂缝地层力化耦合井壁稳定技术研究与现场应用。首先分析了井壁失稳机理，认为钻井液滤液与地层水活度差引起的附加应力和微裂缝是导致井壁失稳的主要因素。利用实验模拟的方法，研究了力化耦合、微裂缝对井壁稳定的影响规律。力化耦合时的孔隙压力和流体浓度明显高于不耦合条件，微裂缝大幅度提高了压力和流体的传度速率，而孔隙压力和流体浓度上升导致坍塌压力升高，造成井壁失稳；岩心含水后微裂缝岩心抗压强度的下降幅度明显高于无裂缝岩心，抗压强度降低会直接导致井壁失稳。利用模拟的结果，提出了"合理密度支撑＋降低钻井液活度＋强化微裂缝封堵"的井壁稳定的基本思路，并据此优选钻井液体系、密度、降低活度材料和微裂缝封堵材料，形成了适合微裂缝地层的力化耦合井壁稳定技术。现场应用11口井，平均井径扩大率6.65%，与2008年（15.74%）相比降低58%，未因井壁失稳发生钻井故障，实现了微裂缝地层安全钻井。

关键词　微裂缝；力化耦合；井壁稳定；实验模拟；应用

前言

塔里木盆地二叠系、石炭系的微裂缝泥岩、玄武岩地层易发生井壁失稳，在钻进、起下钻及后续测井和下套管过程中易发生掉块阻卡。该地层掉块尺寸（一般在0.3～0.5kg，最重达1.8kg）和硬度（掉块遇水不软化）较大，井下复杂处理难度较大。由于二叠系玄武岩地层掉块，BK3井二开测井3次，历时9.8d，超7.0d；YB1井卡取心工具，处理事故用时27.5d。现场统计表明掉块卡钻约占总卡钻故障的10%～15%，但其损失台月约占45%～50%，处理难度较大。微裂缝地层井壁失稳已制约了该地区的安全钻井快速钻井。由于该地层含有微裂缝，且泥岩、玄武岩地层遇水后不水化，现有的泥页岩井壁稳定技术不适合该地层。为此，开展适合微裂缝地层的力化耦合井壁稳定技术研究具有重要意义。

1　井壁失稳机理分析

造成井壁失稳的因素很多，既有地质因素，也有工程因素。对于塔里木盆地微裂缝泥岩和玄武岩而言，地质方面一是地层含有微裂隙，甚至破碎，形成泥饼质量差或不能形成泥

资助项目：国家863项目（2006AA06A109）和中原油田博士后资助项目（2009301博）。

饼，造成钻井液滤液大量侵入，造成岩心强度降低；二是地应力较高，且各向异性大，易发生应力释放性坍塌。工程方面一是钻井液密度不能保证井壁力学稳定性；二是钻井液的封堵性能和化学性能不能满足要求；三是钻井施工原因，如抽吸压力过大、"狗腿角"过大等[1~3]。

图 1 给出了玄武岩照片及电镜分析照片，从图 1 可以看到岩心中含有明显的微裂纹。地层钻开后，在孔隙压力与钻井液柱压力差引起的渗透压力、地层水与钻井液活度差引起的渗透压力共同作用下，钻井液滤液进入微裂缝中，引起地层含水率上升，坍塌压力升高，造成井壁失稳[2,3]。

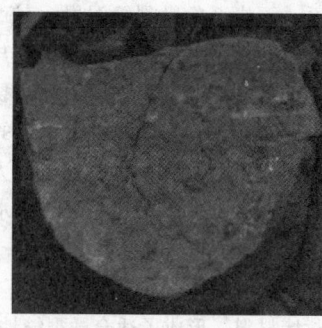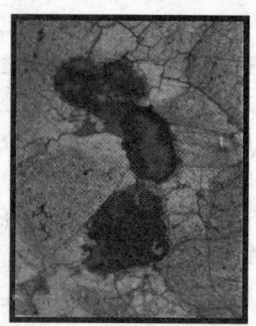

图 1　微裂缝岩心照片及扫描电镜照片

2　力化耦合井壁稳定模拟实验研究

为了定量分析孔隙压力与钻井液柱压力差引起的渗透压力、地层水与钻井液活度差引起的渗透压力以及微裂缝对井壁稳定的影响，开展了微裂缝地层力化耦合井壁稳定模拟实验研究。

2.1　实验思路与试验条件确定

本实验的基本思路为：测试不同岩心在不同滤液驱替时，不同位置的孔隙压力和浓度变化，利用试验结果评价力化耦合对井壁稳定影响；测试微裂缝岩心和不含微裂缝岩心不同时间、不同位置处的孔隙压力和流体浓度，测试不同含水率下微裂缝岩心和不含微裂缝岩心的单轴抗压强度，评价微裂缝对井壁稳定的影响规律。综合利用上述研究成果，探索微裂缝地层井壁稳定技术。

基于上述研究思路，优选两种岩心：含有微裂缝岩心和不含微裂缝岩心。由于天然岩心类材料本身具有非均匀性和各向异性，做实验时测量数据散布较大。在自然界中跟岩心性质最为接近的是水泥材料，材料性能比较均匀，且可以控制水泥试样的力学性质，使试样性能具有可重复性，因此本实验采用水泥试样来代替天然岩心。水泥实验中微裂缝通过炸药爆炸产生的爆炸激波破坏水泥试样产生。不含微裂缝试样的平均渗透率为 $5.5 \times 10^{-8}D$，微裂缝试样中裂缝的宽度约为 $1\mu m$，平均渗透率约为 $4.7 \times 10^{-6}D$。

综合考虑实验装备条件，施加在岩心端面的液体压力为 13MPa，岩心中的初始孔隙压力为 10MPa，即模拟的压差为 3MPa。本研究以钠离子为例研究钻井液滤液中离子的运移规律。表 1 给出了具体的实验参数。

表1　实验参数设计

岩　　心	含有微裂隙/不含微裂隙	岩　　心	含有微裂隙/不含微裂隙
施加岩心端面压力/MPa	13	驱替液中钠离子浓度/（mol/L）	2500
孔隙压力/MPa	10	岩心初始钠离子浓度/（mol/L）	0.02
钻井液黏度/cR	8		

2.2　力化耦合对井壁稳定影响规律

选用不含微裂隙的岩心，利用力化耦合实验仪测定不同位置处的孔隙压力和含水率。饱和实验及不耦合条件下的试验液体为蒸馏水，耦合实验为盐水。实验之前，将岩心进行水饱和并维持孔隙压力10MPa，然后在岩心的下端施加13MPa的流体压力（模拟钻井液柱压力）。图2和图3分别给出了不同位置处的孔隙压力和含水率的变化曲线[3]。

图2给出了耦合与不耦合条件下的孔隙压力对比曲线。从图2可以看出在距岩心端面4cm位置之前，耦合条件下的孔隙压力高于不耦合条件下的孔隙压力；耦合条件下最高孔隙压力未在端面，而是距端面一定距离处，且高于注入压力。两种岩心在距端面4.0cm后压力差别不大（均在10MPa左右）且与初始孔隙压力相当，说明施加的液柱压力还未对4.0cm以后的岩心产生明显影响。

从图3看以出，耦合对不同位置处的水浓度影响也较大，不耦合条件下10h水的侵入距离大约为0.45cm，而耦合条件下侵入距离达到1cm，是不耦合条件下的2倍。同一位置处（如0.2cm处），耦合条件下的水浓度明显升高，吸水量是不耦合条件下的3倍多。

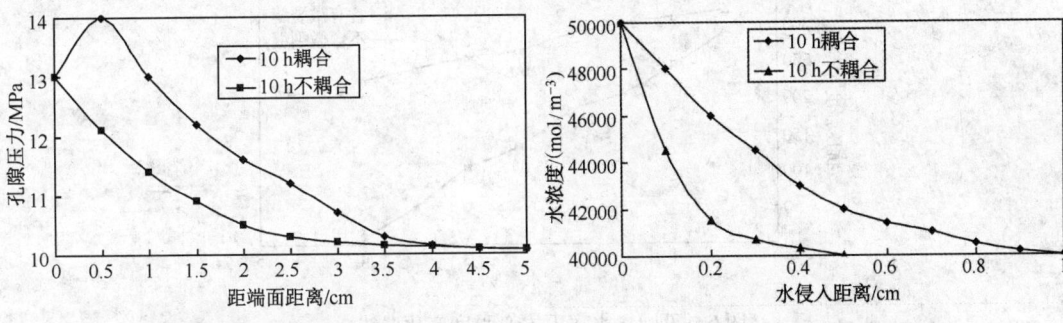

图2　耦合与不耦合条件下
不同位置处的孔隙压力曲线

图3　耦合与不耦合条件下
不同位置处的水浓度曲线

图2和图3表明，与不耦合相比，耦合条件下的孔隙压力和流体浓度较高，而孔隙压力和流体浓度的升高导致岩心有效应力降低，坍塌压力升高，井壁易失稳。另外，最高压力在距端面一定距离处，表明近井壁岩心比井壁岩心先失稳。

2.3　微裂缝对井壁稳定影响规律

利用盐水测试了微裂缝岩心和无裂缝岩心在不同时间、不同位置处的孔隙压力和流体浓度及不同含水率下的岩心强度，利用实验结果来探索微裂缝对井壁稳定的影响规律。

图4给出了孔隙压力的变化曲线。从图4可以看出，微裂缝的存在大幅度提高了孔隙压力的传递率，实验压差在5min内就可传递整个岩心，而不含微裂缝岩心10h岩心末端端面的压力还没有明显变化。

　　图5给出了不同岩心在不同时间、不同位置处的水浓度。从图5可以看出，在同一位置处，随着时间延长含水率上升；在同一时间，随着离端面距离的增大，水浓度逐渐降低；微裂缝对水浓度影响很大，30min水就贯穿整个岩心，而不含微裂缝的岩心10h的侵入深度才到1cm，由此可见微裂缝对钻井液滤液的运移起到至关重要的作用。

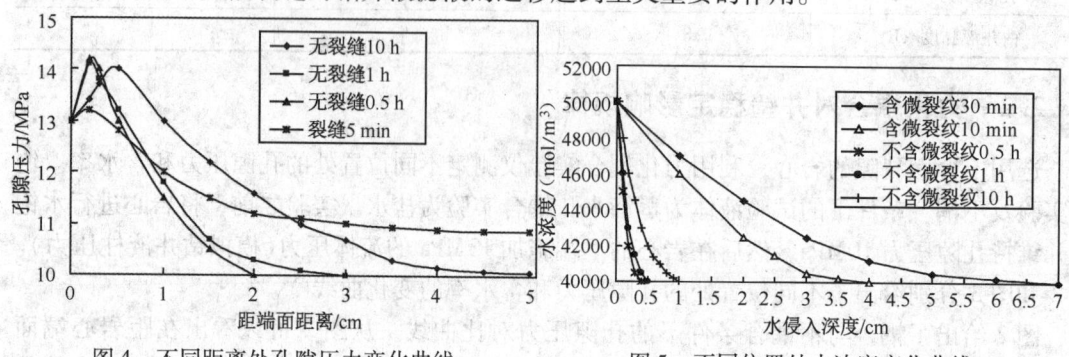

图4　不同距离处孔隙压力变化曲线　　　　图5　不同位置处水浓度变化曲线

　　图6给出了不同岩心强度随含水率的变化曲线。从图6可以看出，随着含水量增大，岩心强度迅速下降，但含有微裂纹的岩心强度下降速度明显高于不含裂缝岩心。对于不含微裂纹岩心，含水率每上升1%，岩心强度降低约10%，饱和水后的岩心强度约为原来的60%；含微裂纹岩心，含水率每上升1%，岩心强度下降20%左右，饱和水后岩心的强度不到原来的10%。因此，含水率上升对岩心强度的影响很大，尤其是含有微裂隙地层。

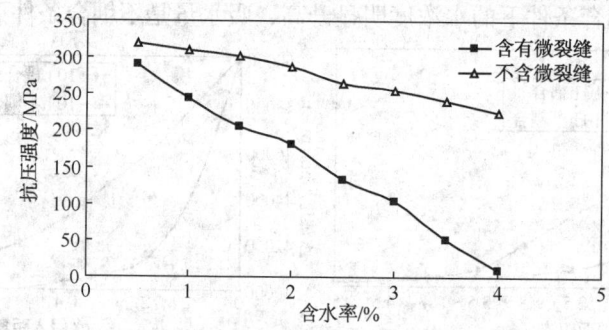

图6　不同含水率下岩心强度变化曲线

　　综合分析图4、图5和图6得出，微裂缝的存在大幅度提高了孔隙压力和流体的传递速率，且压力的传递速率明显高于流体的传递速率，而孔隙压力和流体浓度上升会直接引起井壁失稳。另外，随着含水率上升，微裂缝岩心强度的下降幅度明显高于无裂缝岩心，而岩心强度的降低将会直接引起坍塌压力上升，造成井壁失稳。

3　微裂缝地层井壁稳定技术研究

　　力化耦合的研究结果表明，考虑力化耦合时井壁易失稳，微裂缝的存在也会加剧井壁失稳。通过降低钻井液的活度来降低活度差引起渗流附加应力有助于减缓力化耦合对井壁稳定的影响；强化对微裂缝的封堵（包括压力和流体）也有助于保持井壁稳定。基于上述分析，提出了微裂缝地层井壁稳定基本思路：合理钻井液密度支撑＋降低钻井液滤液活度＋强化裂缝封堵（压力和流体）[4]。

钻井液体系优选为聚合醇磺化防塌钻井液、高钙盐体系、KCl聚磺体系等。钻井液密度为 1.30 ~ 1.40g/cm^3。优选 KCl、DS – 302、高价金属离子等材料来降低钻井液滤液活度，优选胶体乳化沥青、高温高压复合降滤失剂、超细碳酸钙、硅酸钠、聚合铝及零滤失处理剂、坂土等材料来实现对微裂缝的高效封堵[5~8]。

在工艺方面，尽可能简化钻具结构，尽量不带扶正器或动力钻具，防止坍塌卡钻；适当排量，在含微裂缝地层排量不易过大，降低对井壁冲刷易提高泥饼的封堵能力；适当钻井参数，钻压和转速不易过大，降低因机械碰撞造成井壁失稳的几率；尽量不在易失稳井段更换钻头、定点循环、检修设备等非钻进作业等[4]。

4   现场应用研究

表2给出了2010年现场应用井径扩大率统计，共应用11口井，井径扩大率最大为9.65%，最小为2.88%，平均井径扩大率6.65%，与2008年(15.74%)相比降低58%，未因井壁失稳发生钻井故障，实现了微裂缝地层安全钻井。

表2   微裂缝地层井径扩大率统计

井号	井段/m	井径扩大率/%	井号	井段/m	井径扩大率/%
TH12233	5017 ~ 6017	5.31	TP32	4575 ~ 5650	6.74
TH12140	5325 ~ 6025	8.94	TP220X	4410 ~ 5536	8.90

续表

井号	井段/m	井径扩大率/%	井号	井段/m	井径扩大率/%
TH12138	4950 ~ 5865	4.51	TP304X	4125 ~ 5375	3.46
TH12340	4925 ~ 5850	6.69	TH12343	5082 ~ 6057	2.88
TH12229	5325 ~ 6150	9.65	TP111	4525 ~ 5700	7.30
TH12147	5250 ~ 6100	8.80	2010年平均井径扩大率/%		6.65
2008年平均井径扩大率/%		15.74	井径扩大率降低幅度/%		58

5   结论

（1）分析了微裂缝地层井壁失稳的机理，认为钻井液滤液与地层水活度差引起的附加应力和由微裂缝的是导致微裂缝地层井壁失稳的主要因素。

（2）利用实验模拟的方法，研究了力化耦合、微裂缝对井壁稳定的影响规律。力化耦合时的孔隙压力和流体浓度明显高于不耦合条件，微裂缝大幅度提高了压力和流体的传度速率，且压力的传递速率明显高于流体，而孔隙压力和流体浓度上升导致坍塌压力升高，造成井壁失稳；岩心含水后微裂缝岩心抗压强度的下降幅度明显高于无裂缝岩心，抗压强度降低会直接导致井壁失稳。

（3）利用模拟的结果，提出了"合理密度支撑 + 降低钻井液活度 + 强化微裂缝封堵"的微裂缝地层井壁稳定的基本思路，并据此优选钻井液体系、密度、降低活度材料和微裂缝封堵材料。

（4）现场应用11口井，平均井径扩大率6.65%，与2008年（15.74%）相比降低58%，未因井壁失稳发生钻井故障，实现了微裂缝地层安全钻井。

参 考 文 献

1 蒋金宝，杜文军，张瑞英.BZ25-1油田井壁稳定性分析[J].钻采工艺，2010(2)：12~14

2 蒋金宝.BZ25-1油田井壁稳定性分析[D].山东东营：中国石油大学(华东)，2003

3 王京印.泥页岩井壁稳定性力学化学耦合模型研究[D].山东东营：中国石油大学(华东)，2007

4 王善举，周友元，马文英等.深井复杂地层井壁稳定技术研究[R].河南濮阳：中原石油勘探局，2006

5 李金锁，王宗培.塔河油田玄武岩地层垮塌漏失机理与对策[J].西部探矿工程，2006，18(5)：137~139

6 徐加放，邱正松，刘庆来等.塔河油田井壁稳定机理与防塌钻井液技术研究[J].石油钻采工艺，2005，27(4)：33~36

7 郭建国.塔河油田托普台地区钻井液技术[J].山东化工，2010，39(2)：35~37

8 方彬，王西江.塔河油田三叠系不稳定地层钻井液技术[J].西部探矿工程，2010，22(7)：83~84

膨胀管实现单一井径技术

刘　鹏　陶兴华

（中国石化石油工程技术研究院）

摘　要　随着勘探开发越来越多地进入深层复杂地层，钻井技术面临着前所未有的挑战。如何在保证井眼足够大的情况下钻至预定井深，并减少钻井时间和钻井成本，膨胀管技术为解决这一问题提供了新的解决途径。在膨胀管技术基础上发展起来的单一井径技术可以在不牺牲井眼直径尺寸的情况下封隔复杂地层，全井采用同一尺寸的套管完井，从而提高钻井速度，大幅度减少钻井完井时间。本文介绍了膨胀实体管、膨胀波纹管、膨胀筛管三种技术的发展情况和单一井径技术的发展及应用情况，提出了该技术的发展趋势。

关键词　膨胀实体管；膨胀波纹管；膨胀筛管；简化井身结构；单一井径

前言

膨胀管技术是将管柱下到井内，以机械或液压的方法使管柱发生永久性塑性变形，使井眼或生产管柱的内径扩大，优化套管层次，改善井身结构，节约钻井成本，是钻井、完井和修井的新方法。最早的膨胀管专利出现于 1865 年，直到 20 世纪 70 年代，俄罗斯 Tatneft 公司利用膨胀波纹管进行堵漏，膨胀管技术才真正进入研究阶段。多家公司于 20 世纪 90 年代纷纷加入这一领域，1998 年壳牌与哈里伯顿合资成立亿万奇公司，开始实体膨胀管技术的专门研究和应用实践。进入 21 世纪以来，膨胀管技术获得了突飞猛进的发展。至今，贝克石油工具公司、亿万奇公司、威德福公司、哈里伯顿、READ 油井服务公司、TIW 公司、Mohawk 能源公司、俄罗斯 Tefnet 公司等都已拥有各自不同的膨胀管技术和产品。

膨胀管技术目前主要形成了实体膨胀管（EST，expendable solid tubular，图 1）、膨胀波纹管（EPL，expendable profile liner，图 2）和膨胀筛管（ESS，expandable sand screen，图 3）三大类技术。实体膨胀管是用特殊材料制成的金属圆管，在井下利用机械或液压的方式推动膨胀锥在圆管中运动，将管材扩大到需要的尺寸。膨胀波纹管是将圆管压制成异型管，当其下入井下预定位置后，先后通过水力膨胀和机械膨胀，将异型管还原为圆管，贴紧井壁或套管壁。膨胀筛管是由膨胀外套、膨胀基管和过滤层组成，当筛管和封隔器下入预定位置时，通过涨锥使其径向膨胀，贴紧井壁或套管壁。

实体膨胀管最初仅作为钻井问题的一种后续解决方法，例如套管补贴和侧钻井完井技术。膨胀波纹管最初仅作为解决钻井过程中遇到的漏失问题，但随着膨胀管技术的发展，膨胀管性能的提高，现在已应用于井身结构设计和钻井方案中，在大斜度井、水平井、深井和热采井中广泛应用，为这些复杂结构井的建井提出了优化的解决方案。而等井径膨胀管技术的发展不仅能够解决由于渐缩式井身结构导致的尾管尺寸小、影响产油能力的问题，也可以在不牺牲井眼直径尺寸的情况下封隔复杂地层，并可减少限制井眼水平位移的摩阻力，从而提高钻井速度，大幅度减少钻井完井时间。

图1　实体膨胀管

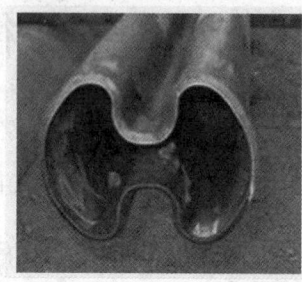

图2　膨胀波纹管

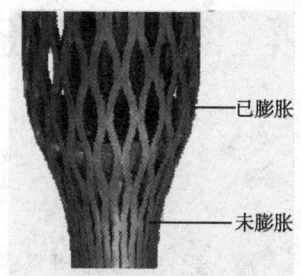

图3　膨胀筛管

1　膨胀管技术

1.1　实体膨胀管技术

膨胀管在井下都要在液压力或机械力的作用下发生膨胀过程，而膨胀过程涉及到复杂的金属变形机理以及金属力学问题，各部件的材料应具有足够的强度、良好的塑性、良好的冲击韧性和抗腐蚀、磨损及环境断裂的性能，对材料的选择和热处理工艺都提出很高的要求。实体膨胀管从1990年初Shell公司开始对管材实现膨胀变形的可能性研究之后，一直寻求既能实现管径膨胀变形，又能在膨胀变形后符合API标准要求的管材，从而代替套管使用，以满足石油工程要求。实体膨胀管的管材目前主要采用L80，膨胀后抗挤强度一般下降40%，壁厚降低3%左右，通过选择或调整可膨胀套管的材料，控制膨胀率等技术手段，可在完成胀管过程后获得与特定钢级套管相当的机械性能指标。目前单次下入膨胀管最长为1800m，显示了实体膨胀管良好性能和广阔应用前景。

为了提高实体膨胀管的性能，亿万奇正在研发LSX-80材料的实体膨胀管，其膨胀前属性与API标准的L-80相似，但LSX-80的合金成分使它具有更好延展性的同时保持强度不变。LSX-80是一种电焊缝管（ERW），在经历较大程度形变后仍能保持均一壁厚。亿万奇公司最新研发成果为厚壁膨胀管。厚壁膨胀管的管壁厚度增加25%～50%，抗挤毁能力增加30%～50%。虽然增加了壁厚，但厚壁膨胀管与膨胀锥的作用面积要比常规膨胀管大得多，故能使用较低的扩管压力。

国外根据膨胀管技术的用途将实体膨胀管技术分为用于处理井下复杂情况的裸眼系统、套管补贴系统、用于尾管悬挂或其他锚定机构的锚定悬挂系统三大类（图4）。处理井下复杂情况的裸眼系统能够代替应急套管，而且消除了井眼直径越来越小的不利后

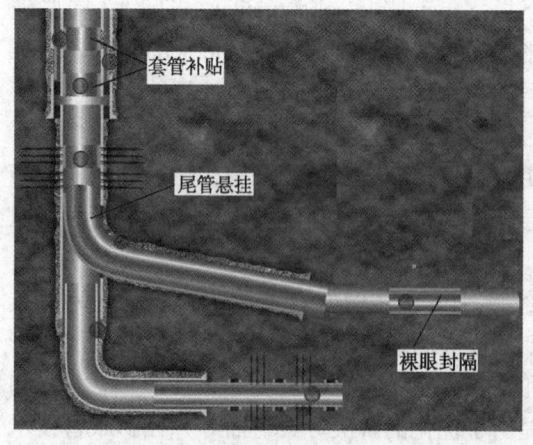

图4　实体膨胀波纹管应用示意图

套管补贴

尾管悬挂

裸眼封隔

果；套管补贴系统套管井中可以封隔射孔，减少进水量，也可以用来修补损坏的或腐蚀的套管；尾管悬挂系统集传统的尾管悬挂器和尾管上封隔器的功能于一体，避免了环形空间可能发生的漏失，而且增加了悬挂器和尾管内部的可用内径。

膨胀管技术的概念自 2000 年引入国内以来，中国石油勘探开发研究院和中石化胜利油田钻井院开展了该技术的研究工作。国内对于膨胀管技术的研究工作，以借鉴国外公司相关技术为起点，目前已完成了内径扩大 12% 左右变形量的实体膨胀管的研究工作，形成了较为成熟的 ϕ139.7mm、ϕ177.8mm 完井套管内的套损井补贴技术，并进行了超过 300 井次的现场应用。2008 年与 Enventure 公司合作，在塔河油田 TK1050 井完成的裸眼地层实体膨胀管现场服务，在 5170~5800m 井段，下入 ϕ139.7mm（EX80×7.72mm）实体膨胀管 630m，是国内现场使用实体膨胀管封隔地层作业井深最深、封隔井段最长的现场作业。

1.2 膨胀波纹管技术

Tatneft 研究院从 1975 年最早开始研究膨胀波纹管技术，目前已经申请了超过 40 篇俄罗斯专利和 57 篇国外专利，在俄罗斯和其他 13 个国家 600 余口井进行了现场应用，解决复杂井的钻井问题。与实体膨胀波纹管相比，膨胀波纹管的管材强度相对较低，但管材要求有更高均匀塑性变形能力，显著的加工硬化效果和无拉伸屈服平台。经过 20 多年发展，膨胀波纹管的性能有了极大的提高，应用范围也越来越广泛，形成裸眼井复杂层段膨胀封隔技术、裸眼井尾管膨胀技术、套管修补膨胀技术三种技术。裸眼井复杂层段膨胀封隔技术主要用于漏层、水层等复杂地层的封隔，减少井身结构的锥度，保持井眼稳定；裸眼井尾管膨胀技术，主要用于侧钻和加深井钻井作业；套管修补膨胀技术主要用于修补大段损坏套管和封堵废弃射孔段，尤其对于修补大段的已腐蚀套管特别有利。目前，膨胀波纹管技术广泛用于封隔漏失地层封隔高压水层、易垮塌地层，作为尾管悬挂装置，保护储层，补贴套管等多个方面，而且在定向井、水平井等复杂井中得到应用，取得良好的效果（图 5、图 6、图 7）。

中国石油勘探开发研究院于 1998 年引进俄罗斯膨胀波纹管技术，研究其应用于钻井过程中封隔漏失地层的可行性。随后，中国石化石油工程技术研究院开始研制 ϕ215.9mm 膨胀波纹管，并在韦 15-19 井成功封隔漏失地层。目前，中国石化石油工程技术研究院已经形成了 ϕ215.9mm、ϕ241.3mm、ϕ311.1mm 三种类型膨胀波纹管技术，并在 4 口井中进行现场应用，成功封隔了漏失地层和易垮塌地层，单次下入膨胀波纹管的最大长度为 54.7m，目前正在研发应用于深井斜井段易垮塌地层中的 ϕ149.2mm 膨胀波纹管。

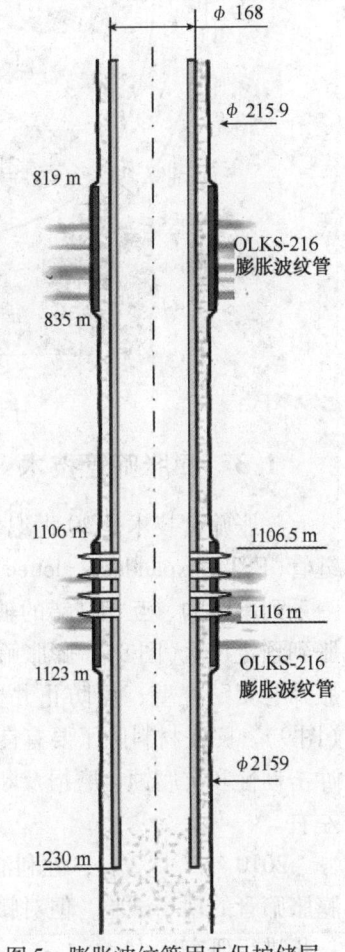

图 5　膨胀波纹管用于保护储层

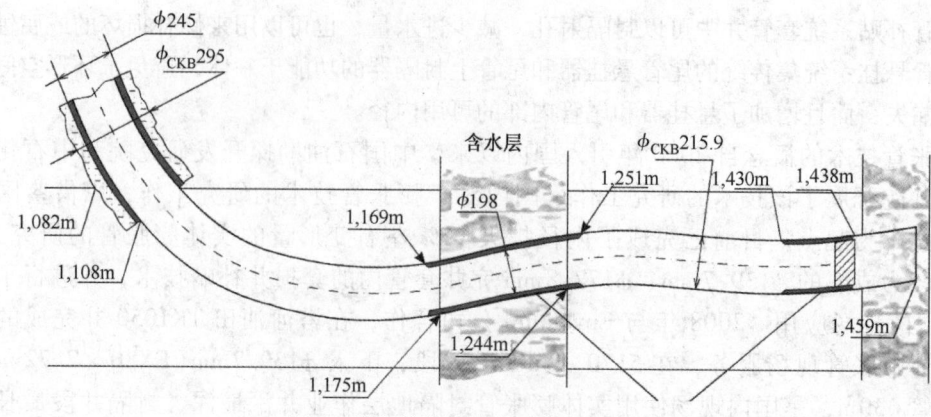

图6　膨胀波纹管在水平井封隔水层

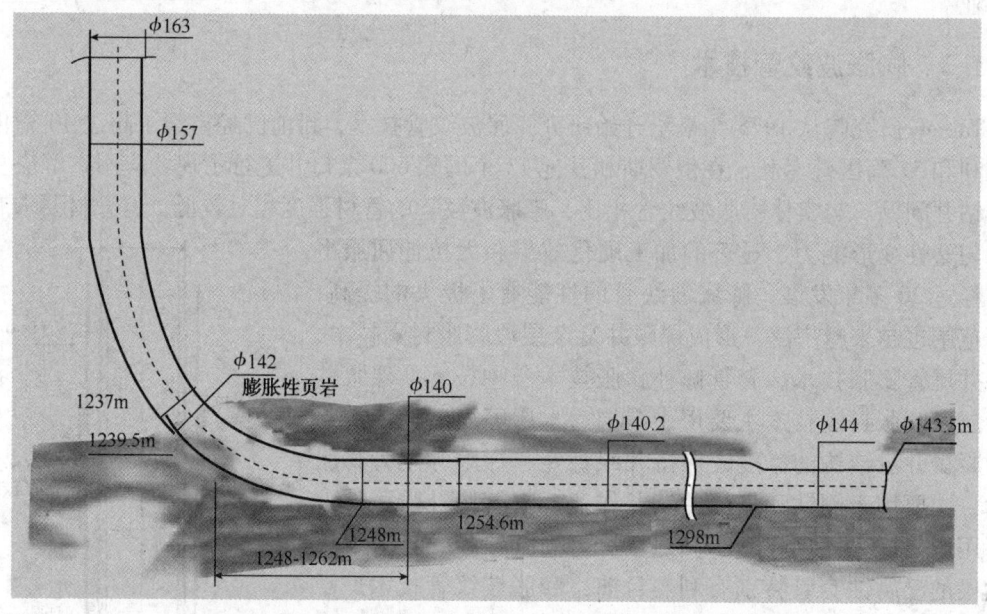

图7　膨胀波纹管在水平井封隔易垮塌地层

1.3　膨胀筛管技术

膨胀筛管技术是20世纪90年代中期Petroline公司在壳牌公司授权负责开发的可膨胀割缝管(EST, expandable slotted tube)基础上经过5年的研究形成的。膨胀筛管实质上是具有一系列串联的、互相交错的轴向割缝的管子,通过管体的膨胀心轴推压或者拖拉管体使其膨胀到预定尺寸(图8)。膨胀筛管主要用于封隔复杂层段、代替常规割缝衬管和防砂。由于膨胀筛管紧贴井壁,可防止井壁垮塌,降低环空间隙,其防砂效果要比砾石充填完井更好(图9)。膨胀材料除了要有良好的膨胀性能外,其材料必须具有足够的强度、良好的塑性、冲击韧性和抗腐蚀、磨损及断裂的性能。膨胀筛管管材目前主要采用316L,膨胀率为25%左右。

2010年7月2日,胜利油田钻井院在胜利油田孤岛采油厂GDN32-05井完成首例国产膨胀筛管的现场试验,但对膨胀筛管的管体材料选择、割缝结构布缝的合理性等方面需要进一步进行研究。

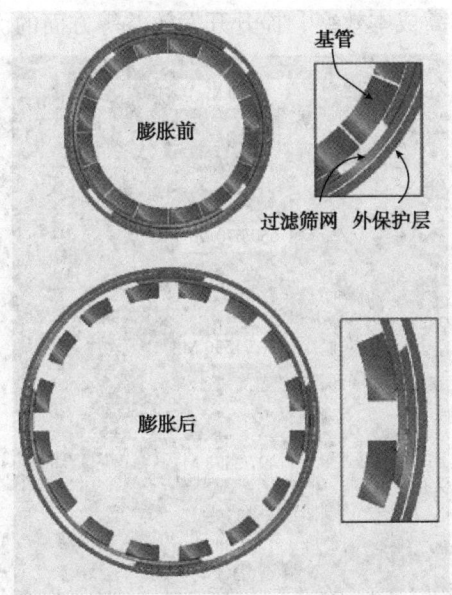

图 8　膨胀筛管膨胀过程模拟

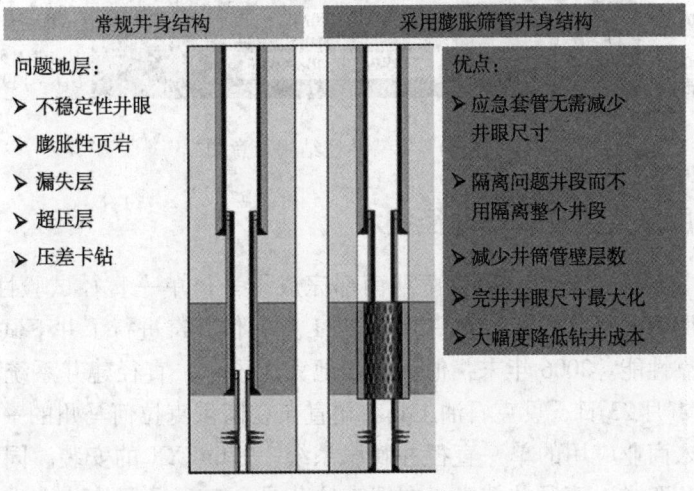

图 9　膨胀筛管技术的优点

2　单一井径技术的发展

　　随着膨胀管技术的不断突破与完善，单一井径建井技术也从概念变成了现实。单一井径建井技术是以膨胀管技术为基础发展起来的一种新型建井技术，即在井眼内下入多级同一尺寸的膨胀管并固井，从表层套管鞋到目的层形成单一井径井眼(图10)。单一井径建井技术不但可随时处理井下复杂情况，保证目的层的顺利钻达，更重要的是可大幅度降低钻井成本。壳牌公司认为，该技术降低了44%的钻井液用量、42%的水泥用量、42%的套管用量和59%的钻屑生成量。在海上钻井和建井中可节省33%～48%的建井费用。在对单一直径井和大位移井钻井技术相结合的建模研究中发现，单一直径井有潜力将大位移井的水平位移增加25%～100%，减少钻井成本30%～50%，充分显示了该技术在延长水平位移、减少油井数量、增加单井产量、提高成本效率、提升开发效益等方面的优势。

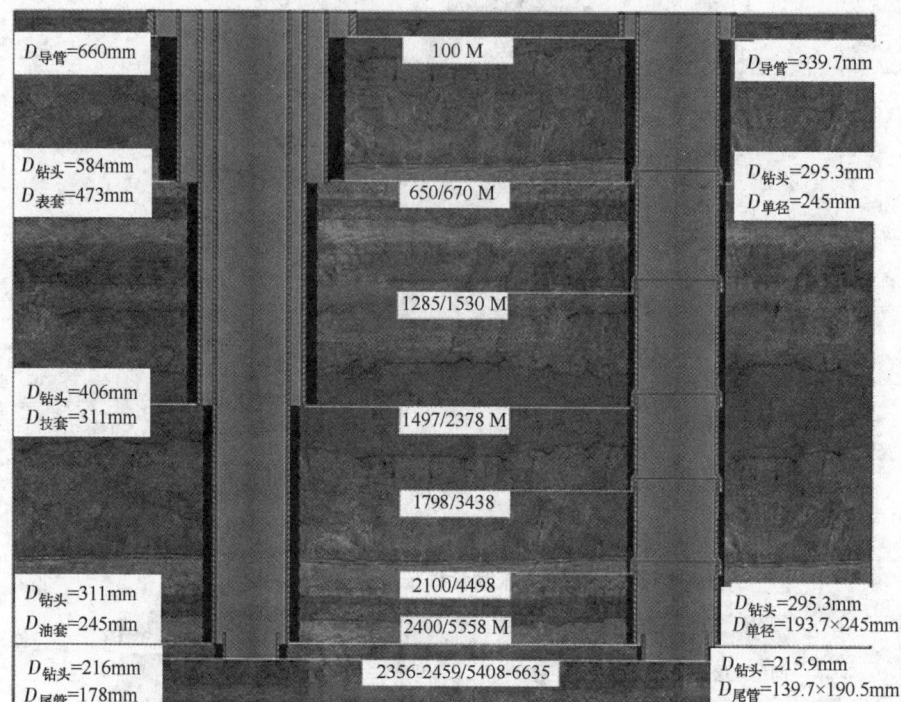

图 10　单一井径结构示意图

2.1　实体膨胀管实现单一井径技术

2002 年 7 月，亿万奇公司在得克萨斯南部完成了一口单一直径试验性概念井的施工，在施工过程中使用两次膨胀扩管系统。2004 年 11 月，亿万奇进行了井下试验，主要测试配套工具的安全可靠性能。2006 年末，他们成功地完成了单一直径建井系统主要工具的改进与完善。2007 年 1 月 23 日，贝克石油工具公司宣布在南俄克拉何马州的一口生产井中顺利完成世界首个投入商业应用的单一直径井膨胀系统——linEXX 的安装。同年 6 月，亿万奇公司宣布使用其 SET 单一直径井技术，在俄克拉荷马一口现场评价井中成功地将 3 节尾管膨胀至 10.4in 同一内径，膨胀总长度达 1750ft。这些实践标志着"单一直径井"从概念变为现实。目前，贝克休斯、威德福、亿万奇三家公司都推出了各自的单一直径系统，并获得了一定应用。

1）贝克休斯—linEXX 单一直径系统

贝克休斯—linEXX 单一直径系统既可以用于建立整个井眼，又可用于封隔问题层段，最终均能实现不损失井径。其实现方法主要依靠在普通套管底部预先安装一个特殊的凹形套管鞋（如图 11 中 RC9 - R 凹形套管鞋），这个套管鞋的内管径部分设计为内凹形，同时具有定位功能，可以使尾管定位于母套管的底部。膨胀管下入并定位于凹形鞋处后，启动自上至下的液压膨胀装置，使膨胀尾管坐于套管鞋内，从而实现膨胀后内径无损失。该系统是一次下入完成系统，可实现一次下入完成悬挂、膨胀、回收引鞋多步操作，可回收引鞋在膨胀完成之后由膨胀工具起出。

继首次将单一直径井投入现场试验以后，贝克休斯又将该技术用于深水井、大位移井等复杂完井作业中，在康菲的北海项目中，采用7in尾管代替5⅛in套管，节约了1.08亿美元的套管相关费用。

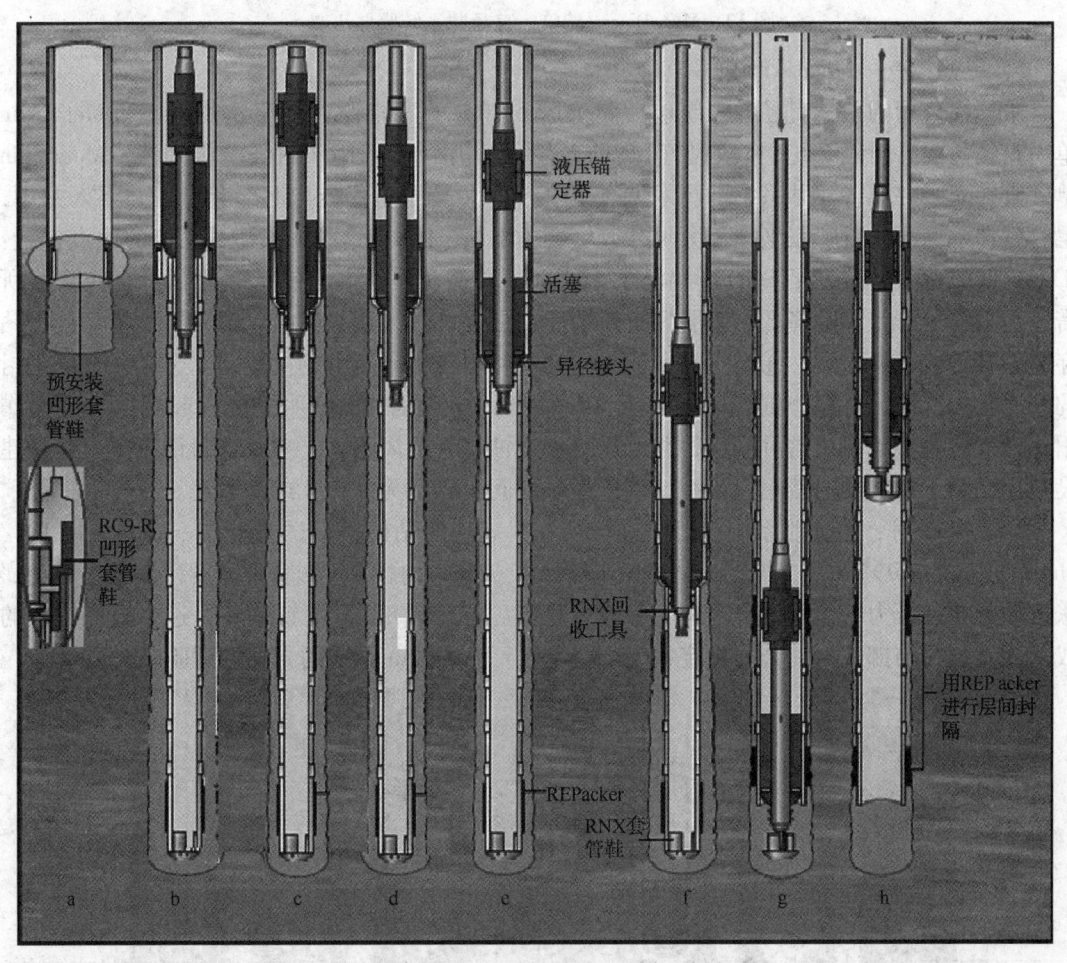

图11　linEXX 单一直径系统

2）亿万奇——MonoDiameter 单一直径井系统

亿万奇公司的单一直径膨胀管系统名为 MonoDiameter，是基于该公司 SET 实体膨胀管技术开发的。系统由切削工具、套管锚、加力器、扩张器、可变径膨胀锥、封隔器等部分组成（图12）。套管锚的在膨胀过程中支撑整套工具的负荷，通过滚珠轴承与尾管接触，减少对管子内壁的损害。加力器是管材膨胀及形成"喇叭口搭接区"的核心部件，其本质是一个42冲程的活塞筒，通过往复运动，为尾管膨胀提供动力。膨胀锥共有两个，尺寸分别为10.95in 和 10.4in，大锥用于形成"喇叭口搭接区"、完成尾管与母套管的金属－金属密封，小锥用于膨胀剩余部分套管。切削工具是一种向上的磨铣装置，用于磨铣膨胀后的剩余套管，但不会对套管造成伤害。采用该技术，亿万奇于 2007 年 4 月在俄克拉荷马的测试井中首次进行了现场试验。之后，在南得克萨斯为壳牌的服务中使用 MonoDiameter 技术进行了首次现场应用。

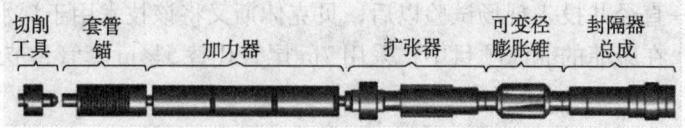

图 12 MonoDiameter 单一直径井系统膨胀工具

3）威德福——MetalSkin 单一直径井系统

威德福公司的单一直径井系统包括 MetalSkin 单一直径裸眼井尾管建井系统和 MetalSkin 单一直径裸眼井封隔系统（补救衬管）。前者用于建井、后者用于封隔裸眼地层。MetalSkin 单一直径裸眼井尾管建井系统的技术特点是将一个大尺寸套管鞋与上部套管一并下入井中，尾管延伸系统下入后膨胀坐挂于大尺寸套管鞋内部（图 13），这种膨胀建井系统的优点包括：①下入间隙更大，减少了 ECD 影响和下入时间，并避免了压差卡钻；②优化管材使膨胀所需压力更小、膨胀风险降低、膨胀后抗挤毁能力更强；③采用平头接口的大尺寸套管鞋，钻穿套管鞋后井径不损失；④高抗挤毁能力的套管可耐受极限压力的挑战；⑤金属－金属密封的膨胀接头抗压、抗拉、抗裂性能超越 API 标准；⑥液压辅助膨胀锥膨胀起到压力平衡作用，极大地改善了系统的可靠性，并且避免了冲蚀套管的风险；⑦橡胶密封件减少了井身建设费用以及下封隔器的费用。该系统可以提供层间封隔，无需扩孔或注水泥。

2009 年 5 月，该膨胀系统在挪威进行了一次成功的钻机模拟试验。在一口井中用 103/4in 套管来模拟 9⅝in 钻头扩孔后的裸眼。下入长 75m、内径 8in 膨胀管至设计深度，启动膨胀锥使其在液压力的作用下自下向上膨胀，膨胀后可允许 8½in 磨铣钻头通过。模拟试验的成功使威德福与挪威石油公司决定在 2010 年进行 MetalSkin 系统的先导性试验。

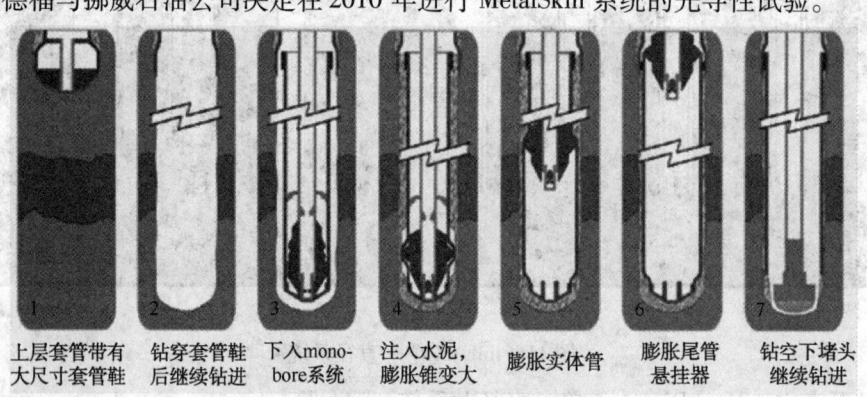

图 13 单一直径裸眼井尾管建井系统安装过程

2.2 膨胀波纹管实现单一井径技术

膨胀波纹管技术的初衷是在不减少井眼尺寸的情况下，封隔漏失地层，将膨胀波纹管作为临时井壁，保证后续正常钻进。因此，以膨胀波纹管为基础的单一井径技术与以实体膨胀管为基础的单一井径技术不同，该技术是利用膨胀波纹管封隔复杂地层，对于稳定高的地层不进行封隔，当钻至目的层后下入同一直径的套管。俄罗斯 Alimovskaya 地区的井 35，是目前世界上单口井中使用膨胀波纹管封隔井段最多的井，共进行 7 次膨胀波纹管的现场施工，封隔漏失地层和易垮塌地层，膨胀波纹管的下入长度总计 525.2m，在保证同一井眼尺寸的条件下，钻至 2372m 目的层，实现了单一井径（图 14）。

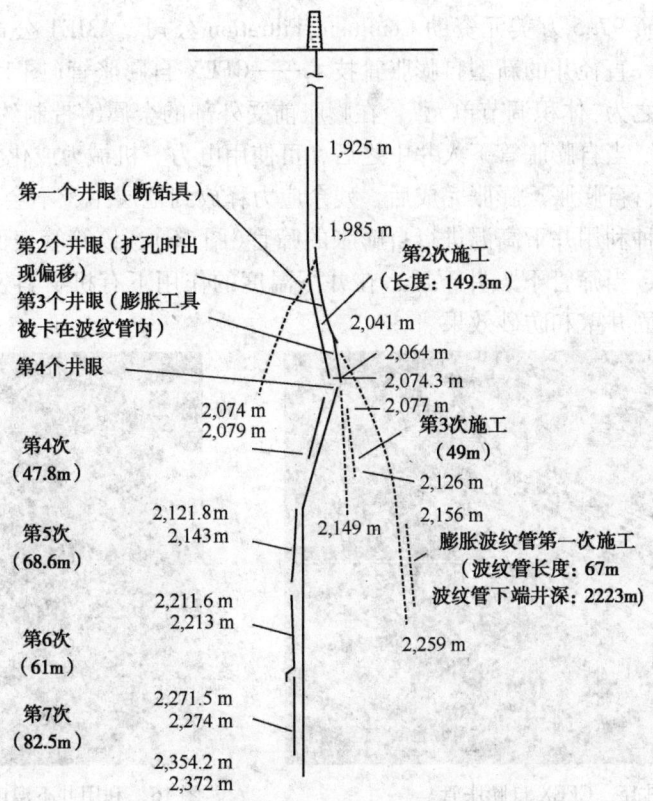

第一个井眼（断钻具）

第2个井眼（扩孔时出现偏移）

第3个井眼（膨胀工具被卡在波纹管内）

第4个井眼

第4次
（47.8m）

第5次
（68.6m）

第6次
（61m）

第7次
（82.5m）

1,925 m

1,985 m

第2次施工
（长度：149.3m）

2,041 m

2,064 m

2,074.3 m

2,077 m

第3次施工
（49m）

2,074 m
2,079 m

2,126 m

2,121.8m
2,143 m

2,149 m

2,156 m

膨胀波纹管第一次施工
（波纹管长度：67m
波纹管下端井深：2223m）

2,211.6m
2,213 m

2,259 m

2,271.5 m
2,274 m

2,354.2 m
2,372 m

图 14   膨胀波纹管在井 35 中施工示意图

3 发展趋势

在复杂的地下环境中，膨胀管技术依靠其自身的优势，从多个方面实现了钻井成本的节约并增加了油气井产量。首先，膨胀管技术能够很好的处理钻井复杂情况，有效的封隔复杂井段，保证正常的钻井作业，削减处理复杂情况时间与成本损失；其次，以膨胀管技术为基础的单一直径建井技术，可以省去复杂的套管系列、节约水泥的用量、减少岩石的切削量、提高钻速，节约成本；再者，将膨胀管技术用于修复损坏套管，是解决困扰石油界难题的有效途径，而使用膨胀防砂网完井代替普通防砂网和砾石充填完井方法，不仅可以节约成本，还具有长期效益。因此，膨胀管技术和单一井径技术具有广阔的发展前景和发展空间。

3.1 膨胀管技术的发展

常规的膨胀管是使用液压或机械方式膨胀管柱，此类技术的今后的发展方向主要集中在①管材的研究：使膨胀管具有更高的性能；②连接技术的研究：膨胀管的接头是整个膨胀系统中最薄弱的部分，膨胀管的接头可以承受更大的膨胀压力和具有更大的形变能力，并且在膨胀前－中－后期都保持密封的整体性；③膨胀工具的研究：使膨胀施工程序更加简化，施工时间更短，安全系数更高。但常规的膨胀管目前存在着钢材膨胀后管子的壁厚不均度及不圆度会增加，不同管段管子的不均匀变形程度也不同，加之井眼环境复杂，使膨胀管的使用寿命受到限制的问题。因此，自适应、自膨胀式的膨胀管技术将会是未来膨胀管技术的发展方向。

美国能源部出资 97.5 万美元资助 Confluent Filtration 公司、AMET 公司和西南研究院共同研发一种用于单一直径井的新型自膨胀管技术——CFEX 自膨胀管（图 15）。CFEX 的内壁呈蜂窝式结构，称之为"体积调节单元"，在膨胀前受外部的金属缚带制约，处于压缩状态，以减少管外径尺寸。当自膨胀管下入井中之后，可使用电力、机械力或化学处理方法消除金属缚带，套管即进行自膨胀。膨胀完成后，残余应力释放到地层中，不会产生"回缩"现象。贝克休斯研发了一种利用井下高温进行自膨胀的筛管（图 16），该筛管表面由特殊的带有孔隙的有机材料包裹，当筛管下入井下后，在井下温度的作用下有机材料发生膨胀与井壁贴紧，具有良好的紧固井壁和防砂效果。

图 15　CFEX 自膨胀管　　　　　　　　图 16　利用井下温度自膨胀的筛管

3.2　单一井径技术的发展

随着膨胀管技术的不断完善和发展，单一井径技术将在深井、深水、超深水等高难度钻井作业中发挥重要作用，也使深水钻井的钻井设备小型化成为可能。目前，单一井径技术研究主要是以实体膨胀管技术为基础，而膨胀波纹管技术在封隔漏失地层、水层等方面更具有优势，膨胀筛管在防止地层垮塌、防砂增产方面更有优势。因此，单一井径技术的发展应该结合膨胀波纹管技术、膨胀筛管技术的优势，在不损失井眼尺寸的情况下，利用膨胀波纹管解决漏失、水层等复杂情况，利用实体膨胀管作为临时套管，利用膨胀筛管防砂增产，共同实现单一井径。

参 考 文 献

1　杨海波，冯德杰，滕照正，等. 膨胀管套管补贴工艺及在胜利油田的应用[J]. 石油矿场机械，2007，36(5)：75~79

2　唐明，宁学涛，吴柳根，等. 膨胀套管技术在侧钻井完井工程的应用研究[J]. 石油矿场机械，2009，38(4)：64~68

3　唐明，吴柳根，宁学涛，等. 井径膨胀套管技术发展现状[J]. 石油矿场机械，2009，38(12)：12~17

4　温玉焕，李黔，伍贵柱. 膨胀防砂筛管技术及应用[J]. 钻采工艺，2005，28(6)：74~76

5　Rob Mckee, Jerry Fritsch. Successful Field Appraisal Well Makes Single – Diameter Wellbore a Reality[G]. SPE 112755，2008

6　Stonckmeyer C F, Tillman D L. Development and Commercial Deployment of an Expandable MonoBore Liner Extension[G]. SPE 102150，2006

7　Carl F Stoc km eyer，Mark K Adamt. Expandable – Drilling – Liner Technology：First Commercial Deployment of a MonoBore Liner Extension[G]. SPE 108331，2007

8　Carl F Stoc km eyer，Bryan Stirey，Alan Brent Emerson. Expandable MonoBore Drilling Liner Extension Technology：Applications and Implementations Following the First Commercial Introduction and Deployment[G]. SPE 113901，2008

9　Muhammad Shafiq，Athar Ali，Haider Al – Haj. Slim In – telligent Completions Technology Optimize Production in Maximum Contact，Expandable Liner and Quad Laterals Complex Wells[G]. SPE 120800，2008

10　Perry A Fischer. Single – Diameter Expandable Casing Applications Continue to Advance[J]. World Oil，2008（7）：37 – 40

复杂结构井侧钻工艺技术探讨

李梦刚　白彬珍

（中国石化石油工程技术研究院）

摘　要　定向井、水平井、大位移井、分支井、鱼骨井等复杂结构井钻井过程中都需要侧钻施工，因此侧钻工艺技术在复杂结构井施工中至关重要。本文在理论分析的基础之上，结合塔河油田、大牛地气田、元坝等地区的复杂结构井的施工经验，针对裸眼、套管两种井眼状况，对侧钻工艺技术进行总结，并详细分析了侧钻点的选择和侧钻施工中的钻具组合、钻井参数、钻头类型、井眼轨迹测量及控制、侧钻施工工艺等方面的内容，对后续复杂结构井的侧钻施工具有借鉴意义。

关键词　侧钻工艺技术；钻具组合；钻井参数；轨迹控制；施工工艺

前言

定向井、水平井、大位移井、分支井、鱼骨井等复杂结构井钻井过程中都需要侧钻施工，成功侧钻是斜井段顺利施工的保障，因此侧钻工艺技术在复杂结构井施工中至关重要。而随着油气勘探开发进程的加快，整装油气田、浅层油气田越来越少，勘探开发难度越来越大，油藏类型越来越复杂，油气资源向着深层、复杂地层方向发展，为了提高油气勘探开发效益，复杂结构井被广泛应用于石油钻采中，侧钻工艺技术也受到前所未有的重视。

复杂结构井侧钻工艺技术，按井眼状况可以分为裸眼侧钻工艺技术和套管开窗侧钻工艺技术。裸眼侧钻又可分为原井眼侧钻和有导眼井眼侧钻，套管开窗侧钻又可分为斜向器套管开窗侧钻和段铣套管开窗侧钻。

1　裸眼侧钻工艺技术

裸眼侧钻工艺技术主要包括侧钻点的选择，施工中钻具组合、钻井参数、钻头类型的优选，井眼轨迹的测量控制以及施工技术措施的制定。

1.1　侧钻点的选择

选择侧钻点应该遵循以下几个原则：

（1）侧钻点应选在比较稳定的地层，避免在岩石破碎带、漏失地层、流砂层或易坍塌等复杂地层侧钻。

（2）应选在可钻性较均匀的地层，避免在硬夹层侧钻。

（3）造斜点的深度应根据设计井的垂深、水平位移和剖面类型决定，并要满足采油工艺的需要。

(4)应尽可能避开方位自然漂移大的地层侧钻。

(5)认真读取导眼段井径数据,选择井径较小的井段侧钻,易于造台阶,利于侧钻。

(6)认真读取导眼段井斜、方位数据,选择井斜角减小、方位角变化大的井段侧钻。

原井眼侧钻时应遵循(1)~(4)条原则,有导眼时应增加(5)、(6)条原则。

1.2 钻具组合

复杂结构井侧钻钻具组合主要有 3 种:"直螺杆钻具 + 弯接头(2.5°或2.75°)"钻具组合、"单弯螺杆(1.75°~2.0°)或双弯螺杆(1°×1.5°)"钻具组合和使用"旋转导向系统"钻具组合。3 种钻具组合各有优缺点,应根据井眼状况合理选择侧钻钻具组合,以达到最好的钻进效果。

"直螺杆钻具 + 弯接头"钻具组合具有较大的钻头偏移距,如 2.5°弯接头 + ϕ172mm 直螺杆钻具(6.65m)的钻头偏移距可达 290mm,有利于快速钻出新井眼,在实钻中对于规则的 ϕ215.9mm 井眼只需钻进 7~9m 即可使钻头完全进入新井眼,但该钻具组合造斜率不稳定,不适于长井段钻进。

"单弯螺杆或双弯螺杆"钻具组合的钻头偏移距较小,如 ϕ172mm1.75°弯螺杆钻具(6.65m)的钻头偏移距只有 47mm,在实钻中对于规则的 ϕ215.9mm 井眼需钻进 13~15m 才能使钻头完全进入新井眼,但该钻具组合造斜率比较稳定,可以延长侧钻井段的长度,减少斜井段钻进的回次。

"旋转导向系统"钻具组合是目前最先进的导向钻具组合,不仅适用于常规定向钻进,也适用于侧钻施工,在施工参数、技术措施合理的情况下侧钻成功率高,但"旋转导向系统"国产化低,租赁成本高,经济效益较差。

原井眼侧钻时应选用"单弯螺杆或双弯螺杆"钻具组合;有导眼时应选用"直螺杆钻具 + 弯接头"钻具组合;在经济条件允许的情况下,最好选择"旋转导向系统"钻具组合。

1.3 钻井参数

侧钻施工中应选择比较保守的钻井参数,特别是钻压应尽量小,达到工具面角稳定,利于侧钻,快速钻入新地层。

1.4 钻头类型

为保证工具面的稳定性和对井壁侧向的有效切削,应选择牙轮钻头。

1.5 井眼轨迹测量及控制

井眼轨迹测量:应选用有线或无线随钻测量仪器进行井眼轨迹的跟踪测量。

井眼轨迹控制:合理选择钻具组合、钻井参数,坚持"边钻进、边测量、边计算、边预测"的方法,合理控制井眼轨迹的走向。

1.6 侧钻施工工艺

侧钻施工工艺是保证侧钻一次成功的关键,主要有以下几个方面:

(1)采用螺杆钻具、柔性钻具组合。

（2）送钻均匀，保持磁性／重力工具面稳定。

（3）小钻压、控时滑动钻进。

（4）及时观察岩屑返出情况，捞取岩屑，分析岩屑组分，准确判断侧钻施工效果。

（5）钻头完全进入地层后在保持工具面稳定的情况下，逐渐加压滑动钻进，确保侧钻一次成功。

2 套管开窗侧钻工艺技术

套管开窗侧钻主要采用斜向器侧钻和段铣套管两种方式，这两种侧钻方式各有所长，如表1所示。钻井设计中，应根据开窗成本、周期、开窗套管处水泥固井质量好坏和套管层数等实际情况确定具体的开窗方式。

表1 两种套管开窗方式优缺点比较

开窗方式	优　点	缺　点
斜向器开窗	（1）适用于大斜度井、多层套管井、套管损坏严重井，适用范围广泛 （2）磨铣铁屑量少，对钻井液性能要求不高 （3）套管开窗后无需打水泥塞 （4）侧钻成本低，建井周期短 （5）对原井施工条件要求不高	（1）斜向器座封必须牢靠，斜向器定向定位工作比较复杂 （2）侧钻出窗口后，在距原井较近的井段易受磁干扰 （3）窗口容易出故障 （4）套管重叠段容易出现固井质量问题
段铣开窗	（1）段铣后可在任意方向侧钻 （2）所用工具类型少，可更换段铣刀片，工具可重复使用 （3）工艺简单，不需要修磨窗口	（1）段铣铁屑量大且清除困难，对钻井液性能要求高 （2）刀片容易被卡，卡钻后处理困难 （3）开窗成本高，需要多次更换刀片，起下钻频繁 （4）侧钻后需要打水泥塞，对水泥强度要求高，钻完水泥塞后才可侧钻，侧钻周期长

2.1 侧钻点的选择

侧钻点与原井眼套管完好情况、地层岩性、水泥塞情况、工具造斜能力、开窗方式的选择等因素有关，侧钻点选择正确与否直接关系到侧钻井的成败。侧钻点的选择应遵循以下原则：

（1）应避开复杂地层及老井水淹区。

（2）应确保侧钻点以上套管完好，无变形、破裂和漏失。

（3）应尽可能深，以便缩短钻井周期、降低钻井成本，利于采油。

（4）选择斜向器方式开窗时应避开套管接箍。

（5）选择段铣方式开窗时应确保侧钻点及以下至少20m之内地层稳定、可钻性好，以便于造台肩和钻出新井眼，并且不易使侧钻井眼回到老井眼。

2.2 斜向器套管开窗侧钻技术（以 $\phi177.8mm$ 套管开窗为例）

斜向器开窗是在原井预开窗位置、方位固定一斜向器，迫使钻头向套管一侧钻铣，在套管壁上形成一个可以向套管外侧钻的窗口，这种开窗方式保持了套管原来的连接，套管不断开。斜向器开窗主要使用锚定式斜向器、陀螺测量仪器、复式铣锥或钻铰式铣锥等开窗工具。

1）开窗钻具组合

$\phi154mm$ 铣锥 + $\phi120.6mm$ 钻铤 + $\phi88.9mm$ 加重钻杆 + $\phi88.9mm$ 钻杆

2）磨铣参数及要求

（1）初始阶段。

磨铣参数：钻压 0~10kN，转速 30~60r/min，排量 10~14L/s，泵压 15~18MPa。

磨铣要求：从铣锥接触斜向器至铣锥底部与套管壁接触、磨铣出均匀接触面，采取轻压慢转；磨出均匀接触面后，改用中压中速磨铣。

（2）稳定阶段。

磨铣参数：钻压 15~30kN，转速 60~70r/min，排量 12~15L/s，泵压 17~20MPa。

磨铣要求：轻压慢转，均匀磨铣。

（3）出窗阶段。

磨铣参数：钻压 15~30kN，转速 60~70r/min，排量 12~15L/s，泵压 17~20MPa。

磨铣要求：磨铣中注意井内返出物，若出现水泥块或地层砂，再钻铣 1m 左右，提出钻具到窗口以上，反复划眼磨铣，修整窗口，直至上提和下放无阻卡为止。

2.3 段铣套管开窗侧钻技术（以 $\phi177.8mm$ 套管开窗为例）

段铣开窗是在原井预开窗位置，铣掉一段套管，露出该段地层，由此建立从原井眼向外侧钻窗口的工艺过程，段铣段长度一般为 15~30m。

1）段铣钻具组合。

$\phi149.2mm$ 钻头 + 段铣工具 + $\phi120.6mm$ 钻铤 + $\phi88.9mm$ 钻杆

2）施工参数及要求。

（1）切割套管作业。

切割参数：钻压 10~30kN，转速 60~70rpm，排量 12~15L/s，泵压 17~20MPa。

切割要求：下钻到底，应将钻机刹把刹死，排量 10~14L/s，慢慢启动转盘，转速 40~60rpm，段铣切割 20~30min，观察和记录泵压及扭矩变化；确认套管完全切割后开始段铣作业，段铣进尺 1~2m，根据循环迟到时间观察钻井液出口返出情况，必须确认套管是否被完全切割，活动修理上窗口。

（2）段铣作业要求。

段铣参数：钻压 10~30kN，转速 50~70rpm，排量 12~15L/s，泵压 17~20MPa。

段铣要求：段铣过程中，每进尺 0.5m 必须在低转速下循环 0.5h，循环期间不可上下活动钻具；及时检查钻井液出口铁屑返出情况和记录铁屑返出量；注意段铣参数的变化，防止铁屑卡刀和缠刀；进行张刀座刀试验，以检查段铣刀具磨损情况。

3 应用实例

3.1 直导眼侧钻工艺技术的应用

AT1-9H 井是塔河油田一口开发水平井，该井设计为钻进直导眼后再侧钻水平井的施工程序。其井斜曲线图和方位曲线图如图1所示。

1）侧钻点的选择

根据该井直导眼实钻地质分层、地层岩性、井斜、方位及井径等数据，选择侧钻点在白垩系下统卡普沙良群的砂岩井段内。

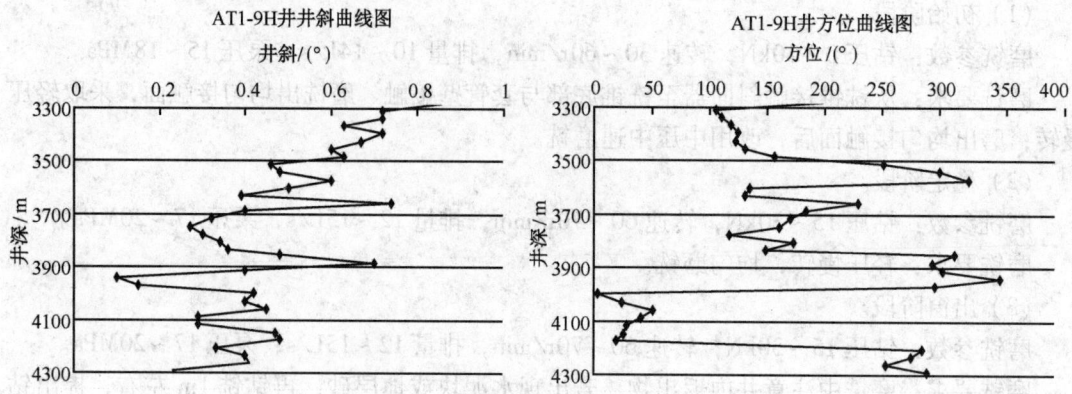

图1　AT1－9H井井斜、方位曲线图

2）钻具组合、钻头及钻井参数

AT1－9H井选择了"直螺杆钻具＋弯接头"钻具组合：ϕ215.9mmHJ517G 钻头＋ϕ172mm 直螺杆钻具＋2.5°弯接头＋ϕ165mm 无磁钻铤＋ϕ165mm 无磁悬挂短节＋ϕ127mm 加重钻杆＋ϕ127mm 钻杆，该钻具组合使用效果理想，自造斜点3971.00m 钻至井深3978.00m，返出的砂样中地层岩性占80%以上，判断已侧钻成功。

钻头类型：牙轮钻头。

钻井参数：钻压 0～20kN、排量 26L/s。

3）施工工艺

施工中采用成功率较高的控时钻进工艺，开始侧钻时控时钻进保持 2～3h/m，随时捞取砂样观察，待砂样中岩屑含量达到60%后，再逐渐增加钻压，钻时控制在 1.5～2h/m，待砂样中岩屑含量达到90%以上，逐渐加压至正常钻压。

3.2　水平井段悬空侧钻工艺技术的应用

大牛地气田 DF2 井由于油气显示不好，采用了水平井段悬空侧钻技术钻进分支水平井眼。

DF2 井严格按照悬空侧钻程序进行：划槽造台阶，定点修台阶，控时钻进，及时调整钻井参数，判断计算偏离老井眼的距离，相应提高机械钻速；最后确认已经侧钻成功，按正常机械钻速钻进。

采用与主井眼同样的钻具组合，具体措施如下：

（1）下钻至侧钻位置，保持工具面在 90R，缓慢上提下放钻具 3～5m，反复划槽2h。每次往下划槽不可超过侧钻点，保持钻压稳定，均匀送钻。

（2）造台阶。在划槽底部定点循环 1h。使用较小排量，保证造台阶成功，不可移动钻头位置。

（3）保持工具面稳定，以 0.5m/h 钻速钻进 4.0h，确保钻出有利于侧钻的台阶。

（4）再控制 1m/h 钻速钻进 4m，测得方位若增大，则增加钻压、加快钻进速度，并实时计算钻头偏移位移。

（5）当通过 MWD 测量确认方位已变化 1°~3°时，可以开始正常钻进，每次接单根时应小心通过分支处，以避免损坏分支口。

该井通过制定详细的施工技术措施，采用合理的技术手段，利用水平井悬空侧钻技术成功的钻成分支水平井眼。

3.3 斜向器开窗侧钻工艺技术的应用

国内各油田斜向器开窗侧钻时均需要 2~3 趟钻完成侧钻施工，但国外油公司均自行开发研制了一趟钻完成侧钻的斜向器及磨鞋系列。下面介绍威德福公司的斜向器开窗侧钻工艺技术。

1）斜向器（图 2）

威德福公司 WHIPBACK 型斜向器是机械坐封、无铰链连接、可回收或不可回收，适用于直井、斜井套管开窗施工。

该斜向器具有如下特点：①一趟钻即可完成侧钻施工；②可用于定向井中；③减少分段磨铣；④强力保险螺栓可确保斜向器的固定；⑤锚定装置可防止斜向器移动。

2）磨鞋（图 3）

威德福公司磨鞋均涂有碳化钨涂层，可快速磨铣掉一层或多层套管，根据功能可分为起始磨鞋、开窗磨鞋、西瓜皮式磨鞋、钻柱式磨鞋和锥形磨鞋等。

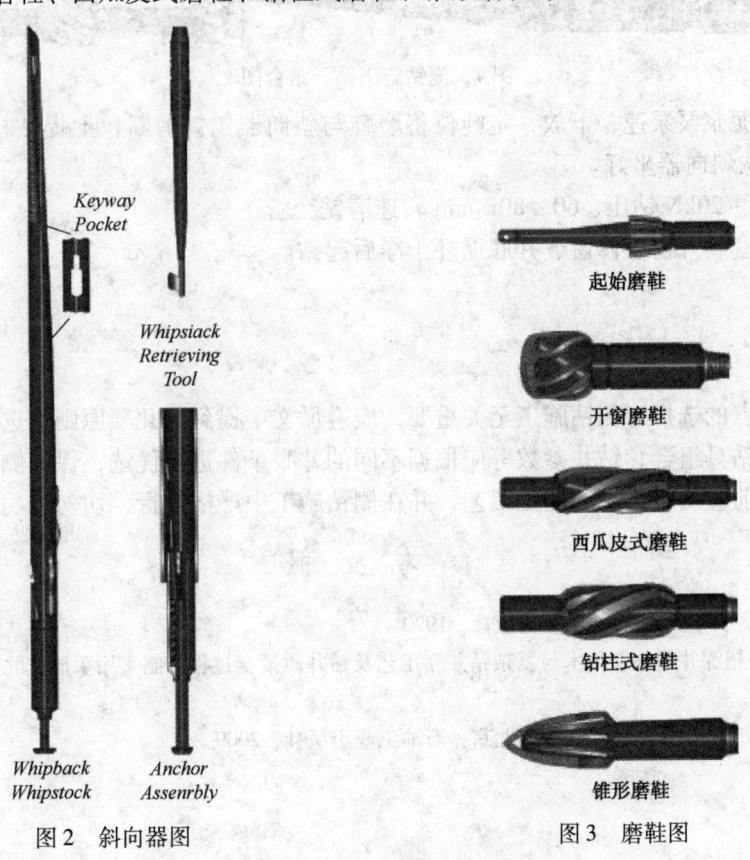

图 2　斜向器图　　　　图 3　磨鞋图

（1）起始磨鞋：起始磨鞋的颈部设计成锥形或圆柱形，这样就能使切削作用力加到套管上。

（2）开窗磨鞋：开窗磨鞋是在继起始磨鞋之后继续对套管开窗的 磨铣工具。右螺旋侧翼切削刃可使工具在开窗磨铣过程中不卡套管壁，工作平稳；底部凹面的圆窝结构有助于磨鞋找中扶正，防止过早滑出套管；铣鞋中心隆起的作用是当铣鞋底面中心恰好处于套管壁的正前方时，仍具有开窗磨铣作用。

（3）西瓜皮式磨鞋：其切削棱与井壁接触，每个棱末端设计成锥形，当开窗时，西瓜皮式磨鞋能够从顶部起加长窗口，并能清除初始切削时留下的毛刺。

（4）钻柱式磨鞋：与西瓜皮式磨鞋相似，切削刃差不多一样长，但它的棱较大，每一条棱的端部没有锥度，通常用于加长和磨光窗口。

3）施工工艺

（1）组合开窗井下工具，将 MWD 与磨鞋对好方位，地面测试 MWD。

（2）将斜向器放进转盘，并用专用铁杆支撑好，将磨鞋与斜向器用专用销钉固定好。如图 4 所示。

（3）连接磨鞋与斜向器之间的压力管线。

（4）平稳下钻至预定深度，活动钻杆释放扭矩，缓慢开泵，建立循环。

（5）MWD 定好方位，将斜向器下到预定深度，缓慢增加泵速至额定泵速并稳定 2min，使斜向器坐封。

图4　侧钻施工钻具结合图

（6）保持泥浆泵泵速，下放一定吨位将磨鞋与斜向器销钉剪断；上提钻柱约 1m，再下放约 0.5m 确认斜向器坐好。

（7）以 10～20kN 钻压、60～80r/min 转速磨铣套管。

（8）完成套管开窗、修窗、井底循环干净后起钻。

4　结论

（1）侧钻点的选择对侧钻施工至关重要，应遵循文中提到的几项原则优选侧钻点。

（2）侧钻钻具组合、钻井参数等应根据不同的井眼条件进行优选，保证侧钻的成功率。

（3）侧钻前应制定详细的施工工艺，并在侧钻施工中严格执行，切勿急功近利。

参 考 文 献

1　钻井手册(甲方). 北京：石油工业出版社，1990

2　刘景成. 深井超深井钻井新技术与复杂钻井新工艺及钻井质量全过程控制实用手册. 北京：中国知识出版社，2005

3　刘乃震，王廷瑞. 现代侧钻井技术. 北京：石油工业出版社，2009

气体钻井井壁稳定性理论初探

王宗钢 冯光通

（中国石化石油工程技术研究院胜利分院）

摘 要 近年来气体钻井技术逐渐得到了推广和应用，但井壁稳定问题成了限制气体钻井优势发挥的重要瓶颈之一。为了给气体钻井现场施工提供强有力的理论基础，描述井壁附近岩石的受力状态，通过利用柱面坐标，建立了竖直圆柱井筒围岩力学模型，分析了气体钻井中井壁附近岩石受力的特点，得到了简化条件下的井下岩石受力表达式，直观的解释了岩石在上覆岩层的压力下在水平方向上存在大小与上覆压力接近的压应力。同时得到气体钻井中井壁稳定问题与传统泥浆钻井中的根本区别是井壁附近岩石受力不是三向等围压状态，而是两向围压较大，一向较小；指出由于井下围岩压力占主导地位，岩石力学性质可能发生较大变化，故造成岩石失效准则的选取与判断错误，需要针对气体钻井井壁岩石受力状态的特点，从实验和理论两方面着手，对岩石的强度理论及失效准则进行深入讨论。

关键词 气体钻井；井壁稳定；断裂准则；三向围压；岩石力学

1 文献综述

随着我国社会经济的飞速发展，对能源的需求与日俱增，尤其是对石油产品的依赖更是日益增强。适应经济发展的速度，加快石油开采进度，提高钻井工程技术的水平，成为现今钻井技术面临的主要挑战，对确保我国能源供应和能源安全具有重要的战略意义。大力提高钻井工程技术水平成为了摆在钻井工程技术人员面前最重要的任务，只有不断提高钻井工艺技术水平，优质、高效的钻井，才能适应石油工业飞速发展的需要，满足国民经济日益增长的要求。为解决传统钻井工程中存在的漏、塌、卡、慢等技术难题，气体钻井技术在国外悄然兴起。气体钻井技术是一种由气体压缩设备在地面注入气体到井眼内，作为钻井循环介质的钻井技术。20 世纪 80 年代，随着旋转防喷器、旋转控制头等为代表的欠平衡钻井装备的发展，这项技术得到广泛应用。国内外应用发现，气体钻井技术较之常规钻井技术在相同地层条件下钻头寿命和机械钻速有大幅度提高。在同一地区，原先使用常规钻井液钻井见不到油气的地层，使用气体钻井发现了工业性油流和天然气。我国对这项技术的研究始于 20 世纪 80 年代末，目前已得到成功应用并进行大力推广，为国内大面积低孔、低渗、低压、低丰度油气藏勘探开发和解决钻井工程技术难题以及大幅度提高钻井速度提供了革命性的技术手段。

气体钻井在实践中暴露了诸多局限性，井壁稳定问题是限制气体钻井优势发挥的重要瓶颈之一。气体钻井条件下井眼内完全没有支撑力，在这种极端条件下井壁如何保持稳定，需要从力学上去深入研究和讨论。目前，在泥浆钻井条件下的坍塌压力计算为代表的井壁稳定性评估技术难以解释气体钻井条件下的井壁稳定特点。国内外井壁稳定研究目前主要集中在泥浆钻井条件下的力学分析、耦合等研究上，在气体钻井井壁稳定研究方面还没有专门做系统深入的研究，没有建立起适合于气体钻井条件的井壁稳定性预测模型，沿用的力学分析模型主要是依据井眼弹性分析结果进行的，以井壁围岩达到弹性极限状态为判据来计算坍塌压力的。此外，对气体钻井转换介质后井壁失稳的原因还没有从力学上澄清。现场普遍认识到这个问题的重要性，已经着手从泥浆的防塌方向探讨对策，但在对策制定上仍然缺乏依据和针对性。

井壁稳定性研究通常是确定地应力，然后计算井眼周围的应力分布，再根据强度准则确定出理论坍塌压力，即确定保持井壁稳定所需的泥浆密度的安全范围。Hubbert 和 Willis 将井周地层视为连续的各向同性线弹性体，并给出了直井井周应力的计算方法[1]；Fairhurst 等人进行了斜井应力计算和斜井井壁稳定性分析[2]；国内金衍和陈勉等对大位移井的井壁稳定力学分析进行了研究[3,4]；BP 公司总结了井壁稳定分析的方法和现场应用情况，指出按照线弹性模型分析井壁稳定性较为保守，通过采用不同的岩石强度准则来分析井壁稳定性，讨论了中间主应力对坍塌压力计算和合理泥浆密度确定的影响[5,6]。以上力学分析都假设了岩石材料为理想弹塑性的，采用莫尔－库仑强度准则等得到了均匀地应力下的弹塑性模型。国内李爱军等人在气体钻井现场中试验观察到井壁失稳现象作了初步探索，分析主要集中在现场现象的描述和讨论上[7~9]。近年来，蒋祖军等人开始尝试从力学上分析气体钻井的井壁稳定性，按照井壁应力集中是否达到了岩石弹性阶段的强度来判断井壁是否稳定[10~12]。当岩石应力状态超过了岩石的强度时，表现为井壁失稳；当岩石应力状态小于岩石的强度时，表现为井壁稳定。不同的钻井方式对围岩应力状态和岩石强度的影响不同。在空气钻井条件下，当钻开地层后，由于井筒的压力极低，无法取代原岩来平衡井壁上产生的应力，此时井壁稳定性完全取决于井壁岩石的强度[13]。

已有文献从井壁围岩的力学特性出发，讨论井壁稳定性的论述很多，主要有 4 个模型。①基于线弹性理论，通过库伦－摩尔强度准则计算坍塌压力法[14]；②应力状态修正模型[15]，利用测井资料计算，但必须考虑到钻井液的影响；③地层分类讨论模型[16]，气体钻井井壁稳定模型基于线弹性理论，地层进入塑性状态井壁就失稳，气体钻井条件下，井壁由于没有钻井液引起化学失稳问题，井壁稳定性会有变化；④细观损伤力学方法建立力学模型[16]，研究井眼钻开后井壁围岩的损伤演化过程，观察井眼周围损伤区内裂缝和微裂纹的分布情况，并通过室内真三轴模拟实验证实了井眼的损伤和井眼稳定的临界损伤（塑性）状态。

目前，国内外井壁稳定研究仍然处在起步阶段，工作主要集中在现场工作经验的积累，对气体钻井条件下的井壁稳定还没有力学方面的深入研究。目前沿用的力学分析模型主要是依据井眼弹性分析结果进行的，以井壁围岩达到弹性极限状态为判据来计算坍塌压力的，难以解释施工中气体钻井井壁失稳的原因。根据胜利石油管理局钻井工艺研究院在石油钻井工程中的实际生产需求以及钻井所岩石破碎工程力学实验室以往研究成果和经验的积累，通过建立简化的井壁围岩模型，对气体钻井井壁稳定问题进行力学分析，找到问题的根本原因，为进一步解决此问题提供依据。

2 竖直井眼简化模型建立与分析

图 1 为竖直井岩石受力的模型。不考虑岩石的不均匀性和地层压力异常，在一个无限大

的弹性岩石基体内，有一个半径为 r_0 的圆柱形孔。欲讨论岩石基体内任意一个微元的受力状态，需要用柱面坐标描述。考虑在柱面坐标下，井深为 H 处的岩石基体内任意微元，则该微元 z 方向受力为：

$$\sigma_z = \rho_r gH \tag{1}$$

其中，ρ_r 为上覆岩层竖直方向的平均密度，kg/m^3；g 为重力加速度，m/s^2；H 为井深，m。该微元在水平面内的受力如图 2 所示。

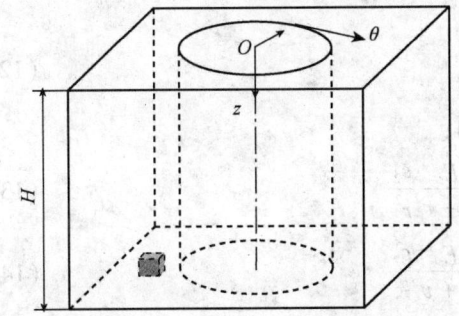
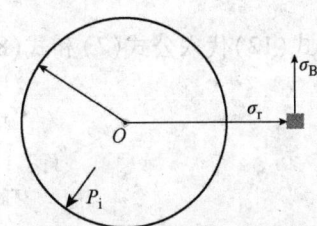

图 1 竖直井岩石受力三维模型　　　图 2 水平面内井孔附近岩石微元受力示意图

该微元受到径向、切向和圆柱轴向三个方向的压力，构成无切应力的三向围压状态。由应变的定义出发，得到其在极坐标系下的几何方程为：

$$\varepsilon_r = \frac{du_r}{dr} \tag{2}$$

$$\varepsilon_\theta = \frac{(r + u_r)d\theta - rd\theta}{rd\theta} = \frac{u_r}{r} \tag{3}$$

其中，u_r 为微元在径向的位移。

由广义胡克定律：

$$\varepsilon_{ij} = T_{ijkl}\sigma_{kl} \tag{4}$$

得到径向和切向的物理方程：

$$\varepsilon_r = \frac{1}{E}[\sigma_r - v(\sigma_\theta + \sigma_z)] \tag{5}$$

$$\varepsilon_\theta = \frac{1}{E}[\sigma_\theta - v(\sigma_r + \sigma_z)] \tag{6}$$

其中，E 为岩石的弹性模量，MPa。

由 (2) ~ (6) 式，我们可以得到应力 - 位移的关系：

$$\sigma_r = \frac{E}{1 - v^2}\left(\frac{du_r}{dr} + v\frac{u_r}{r}\right) + \frac{v}{1 - v}\sigma_z \tag{7}$$

$$\sigma_\theta = \frac{E}{1 - v^2}\left(v\frac{du_r}{dr} + \frac{u_r}{r}\right) + \frac{v}{1 - v}\sigma_z \tag{8}$$

极坐标下的无体力平衡方程为：

$$\frac{du_r}{dr} + \frac{u_r - u_\theta}{r} = 0 \tag{9}$$

将公式 (7) 代入式 (9) 中整理得到：

$$\frac{\mathrm{d}^2 u_r}{\mathrm{d}r^2} + \frac{1}{r}\frac{\mathrm{d}u_r}{\mathrm{d}r} - \frac{u_r}{r^2} = 0 \tag{10}$$

微分方程式(10)的解的形式为：

$$u_r = c_1 r + \frac{c_2}{r} \tag{11}$$

根据岩层的实际情况（即处在围压状态），当该微元远离井口时，径向的位移应为零，即：$u_r \mid r = \infty = 0$，所以 $c_1 = 0$。

$$u_r = \frac{c_2}{r} \tag{12}$$

将公式(12)代入公式(7)和式(8)中，整理得到：

$$\sigma_r = \frac{v}{1-v}\sigma_z - \frac{E}{1+v}\frac{c_2}{r^2} \tag{13}$$

$$\sigma_\theta = \frac{v}{1-v}\sigma_z + \frac{E}{1+v}\frac{c_2}{r^2} \tag{14}$$

又知在井壁上的任意一点，径向压力即为井内压力 p_i（图2），即：$u_r \mid r = r_0 = p_1$，所以 $c_2 = \frac{v(1+v)}{E(1-v)}r_0^2\sigma_z - \frac{1+v}{E}r_0^2 p_i$，联系公式(1)：$\sigma_z = \rho_r gH$，竖直圆柱井孔周围岩石受力状态为：

$$\begin{cases} \sigma_r = \frac{v}{1-v}\left(1 - \frac{r_0^2}{r^2}\right)\sigma_z + \frac{r_0^2}{r^2}p_i \\ \sigma_\theta = \frac{v}{1-v}\left(1 - \frac{r_0^2}{r^2}\right)\sigma_z - \frac{r_0^2}{r^2}p_i \\ \sigma_z = \rho_r gH \end{cases} \tag{15}$$

在式(15)中，考虑远离井筒一点的受力状态，即 $r = \infty$，则得到：

$$\begin{cases} \sigma_r = \frac{v}{1-v}\sigma_z \\ \sigma_\theta = \frac{v}{1-v}\sigma_z \\ \sigma_z = \rho_r gH \end{cases} \tag{16}$$

式(16)即为无限均匀岩石在未钻开时的应力状态，由此可知即使不存在任何地应力异常情况，在上覆岩层重力压力下，岩石在水平的两个方向存在大小相等的应力，并且幅值与上覆压力在同一量级，即岩石处在三向围压状态。

考虑井壁上一点，即 $r - r_0$，公式(15)变为：

$$\begin{cases} \sigma_r = p_i \\ \sigma_\theta = \frac{2v}{1-v}\sigma_z - p_i \\ \sigma_z = \rho_r gH \end{cases} \tag{17}$$

在传统的以泥浆为循环介质的钻井中，$p_z = \rho_s gH$，其中，ρ_s 为泥浆的密度，kg/m^3。p_i 的值也像 σ_z 一样随井深的增加而增加，保证了井壁附近岩石受力状态始终处在三向围压状态，且三个方向的压应力值在同一量级。而在气体钻井中，ρ_i（即循环气体的压力）的值恒定，不随井深变化而变化。随着井深的增加，当 ρ_i 的值相对上覆岩石压力 σ_z 较小可以忽略不计时，井壁表面附近岩石的受力不再是三向等压，而是两向（切向和竖直方向）压力较大，一向（径向）压力很小的状态：

$$\begin{cases} \sigma_r = p_i \approx 0 \\ \sigma_\theta \approx \dfrac{2v}{1-v}\sigma_z \\ \sigma_z = \rho_i gH \end{cases} \qquad (18)$$

与传统钻井技术相比，这种新的受力状态是气体钻井施工过程中遇到新的技术困难和挑战的根本原因。

3 围压下岩石力学性质的变化

得到井眼周围岩石受力状态之后，问题的重点就是岩石的力学性质了。图3为一典型弹塑性材料的应力–应变曲线。该曲线对应井壁围岩的力学状态主要分为4个部分：①弹性变形阶段，即从原点到左边第一个箭头之间。岩石处于弹性变形阶段直至出现屈服，对应的井壁围岩处在稳定阶段，未出现任何局部裂纹即失稳。②塑性变形阶段，即

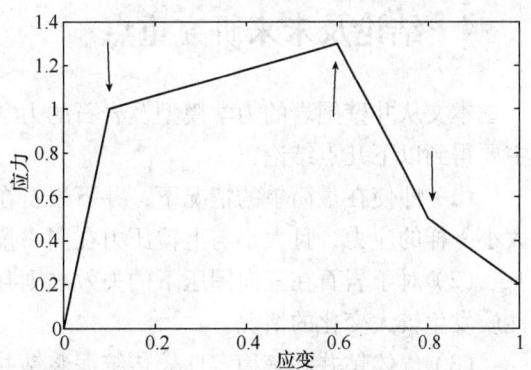

图3 典型弹塑性材料的应力–应变曲线

第一和第二个箭头之间。岩石处于塑性流动状态，对应井壁围岩仍处在稳定阶段，会出现一些微观裂纹，但仍未出现任何局部宏观裂纹及失稳，直至达到岩石的强度极限（最大应力点）。③失效过程，即第二和第三个箭头之间。岩石内部开始出现宏观裂纹并发展，直至完全断裂。对应井壁开始出现失稳，但是仍未坍塌。④断开阶段，即最后一部分，此时岩石虽然能够承受一定的应力，但实际上已经完全断开，对应井壁坍塌。对于没有表现出塑性流动性质的岩石，没有第二个阶段，岩石的屈服应力和强度极限几乎重合。岩石一旦达到强度极限，井壁立刻失稳。

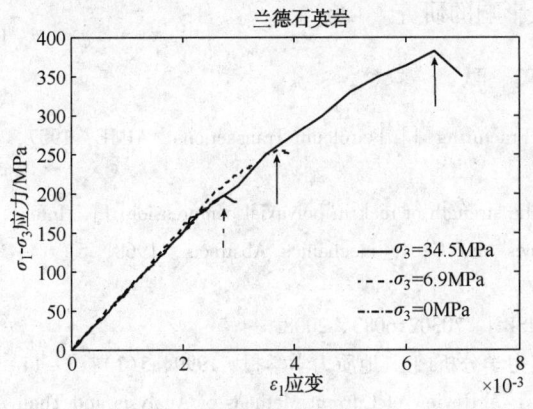

图4 兰德石英岩在围压下的力学性质

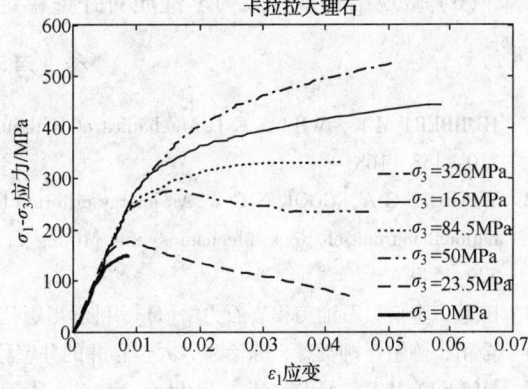

图5 卡拉拉大理石在围压下的力学性质

虽然研究人员已经意识到岩石在围压下力学性质会发生较大变化，甚至会出现脆–塑转

换现象，但对于岩石失效准则的选取及判断仍未有比较深入的研究工作。根据前面文献调研的结果，最常用的失效准则是莫尔－库仑强度准则，即最大剪应力准则，对于脆性的岩石此准则是适用的，但是在以围压为主导的应力状态下，岩石的力学性质一旦出现脆－塑转换，此传统的失效判定准则就不再适用。故在判断井壁围岩的失效时会出现较大误差，甚至会带来很严重的后果。例如图4中，兰德石英岩在围压下仍然保持脆性材料的性质，仅仅是强度极限的值增大，对此情况使用传统的失效判定准则不会发生太大偏差；然而对于图5中的卡拉拉大理石，在围压下从脆性转换为塑性，甚至在围压较大的情况下，塑性流动的应变达到很大的值也不出现失效，这种情况就需要新的实验和理论的支持。

4 结论及未来研究重点

本文从井壁围岩的力学模型及岩石的力学性质出发，讨论了气体钻井井壁稳定的问题，主要得到以下几点结论：

（1）即使在最简单的情况下，井下岩石在上覆岩层的压力下，水平面方向上也存在两个大小一样的应力，且大小与上覆压力在同一量级。

（2）对于岩石在三向围压下的失效准则判断实验及理论依据不足，尤其是对于岩石力学性质发生较大变化的情况。

（3）气体钻井井壁稳定性较传统泥浆钻井问题突出，是因为井壁附近岩石出现了两向围压较大、一向围压较小的新应力状态。

（4）对于气体钻井井壁附近岩石新应力状态下失效准则的选取和判断需要实验及理论的进一步支持。

未来研究工作的重点：

（1）加强对岩石在三向围压下的宏观力学性质的实验研究。

（2）模拟地下真实应力状态下井眼力学实验。

（3）岩石全应力－应变曲线和峰后力学特性的研究。

（4）岩石强度准则的讨论及应用。

（5）考虑岩石缺陷和应力集中的裂纹扩展模型建立及强度因子讨论。

（6）微观结构观察及力学性质对井壁稳定性影响的研究。

参 考 文 献

1 HUBBERT M K, WILLIS G D. Mechanics of Hydraulic Fracturing[J]. Petroleum Transactions, AIME, 1957, 210: 153~168

2 WIEBOLS G A, COOK N G W. An energy criterion for the strength of rock in polyaxial compression[J]. International Journal of Rock Mechanics and Mining Sciences and Geo－mechanics Abstracts, 1968, 5(6): 529~549

3 陈勉, 金衍. 石油工程岩石力学[M]. 科学出版社, ISBN: 7030216083, 2008

4 金衍, 陈勉, 柳贡慧, 陈治喜. 大位移井的井壁稳定力学分析[J]. 地质力学学报, 1999, 5(1): 4~11

5 MCLEAN M R, ADDIS M A. Wellbore Stability Analysis: A Review of Current Methods of Analysis and Their Field Application[C]. IADC/SPE Drilling conference, Houston Texas, February 27 – March 2 1990

6 HSIAO C, Halliburton Service, Growth of Plastic Zone in Porous Medium Around a Wellbore[C]. Offshore

Technology Conference, Houston Texas, May 2 – 5 1988

7 李爱军. 空气钻井井眼稳定问题初探[J]. 西部探矿工程, 1994, 6(1): 11~14

8 黄进军, 崔茂荣, 罗平亚. 雾化空气钻井井壁稳定性的实验研究[J]. 钻井液与完井液, 1995, 5(1): 23~27

9 项德贵, 孙梦慈, 陈志学. 青西油田空气钻井井眼稳定问题的探讨[J]. 断块油气田, 2005, 12(6): 68~71

10 蒋祖军, 张杰, 孟英峰, 等. 气体钻井井壁稳定性评价方法分析[J]. 天然气工业, 2007, 27(11): 68~70

11 邓虎, 杨令瑞, 陈丽萍, 等. 气体钻井井壁稳定性分析[J]. 天然气工业, 2007, 27(2): 49~51

12 张杰, 李皋. 地层出气对气体钻井井壁稳定性影响规律研究[J]. 石油钻探技术, 2007, 35(5): 76~78

13 GUO B, GHALAMBOR A. An innovation in designing underbalanced drilling flow rates: A gas – liquid rate window(GLRW) Approach[C]. IADC/SPE Drilling conference, Jakarta, Indonesia, September 8 – 102002

14 范希连, 袁骐骥, 王军波. 空气钻井选井分析[J]. 西部探矿工程, 2009, 5: 59~61

15 金衍, 陈勉, 卢运虎. 一种气体钻井井壁稳定性分析的简易方法[J]. 石油钻采工艺, 2009, 31(6): 48~52

16 邹灵战, 邓金根, 曾义金, 等. 气体钻井钻前水层预测与井壁稳定性研究[J]. 石油钻探技术, 2008, 36(3): 46~49

旋转磁场定向测距随钻测量方法与现场试验

宗艳波　郑俊华　王　磊　钱德儒

（中国石化石油工程技术研究院）

摘　要　非常规油气开采钻井过程，如煤层气开发水平对接连通井，稠油热采 SAGD 成对水平井等复杂结构井，精确测量两口井的相对距离和方位对控制钻头精确钻进具有重要意义。从近钻头磁短节与目标井靶点构成的闭环系统出发，本文提出一种旋转磁场导向定位测量方法，并利用自制仪器样机进行地面试验和矿场试验。地面试验结果表明 30m 以内的定位误差不超过0.1m，在现场试验中，与引进 RMRS 仪器相比，距离测量结果一致，而方位角误差小于 2°。表明利用划眼数据有利于提高测量精度。

关键词　非常规油气开采；复杂结构井；旋转磁场；随钻测量；导向定位

前言

高精度井眼轨迹测量技术是复杂结构井井眼轨迹精确控制与引导的关键[1]。随着特殊油气井开采和定向钻井技术应用范围的日益拓展，井眼轨道控制要求越来越精确，这对传统的着眼于单井眼轨迹的随钻测量技术提出了严峻挑战，其无法满足非常规油气开采中特殊结构井对钻井轨迹的精确测量需求，如煤层气开发中的水平对接连通井和稠油热采的 SAGD 成对平行井。

从钻头与目标井靶点构成的闭环系统角度出发，国内外先后提出几种直接测量钻头与目标靶点之间相对位置与方向的方法。Kuckes[2] 提出的旋转磁场测距系统（RMRS）在成对平行井和水平对接连通井的引导定位中取得较好效果，其有效测距范围达 40～50m；Rache[3]、AI‑Khodhori[4]、Oskarsen[5]、向军文等[6] 将该方法用于引导水平井对接连通，美国科学钻井公司的被动磁测距系统（MagTraC）用于防碰钻进时，其有效测距范围在 15～25m 内[7]，针对井间距测量还提出了磁场导向系统（MGT）、单芯电缆导向（SWG）技术；国内王以法和管志川[8] 总结了地下 GPS，地下雷达和地下 CT 三种可能的地下定位系统，指出发射波段严重制约着地下定位系统的性能；李子丰等[9] 提出一种利用声波进行井下雷达钻头定位的方法以测量近钻头和目标靶点间的相对位置；高德利等[10] 通过研究管柱形磁源空间磁场分布规律，初步研究了磁场矢量引导系统的有效测量范围。

笔者在对旋转磁场信号传播模型和导向定位模型进行机理研究的基础上[11]，研制了旋转磁场导向测量仪样机，包括近钻头永磁短节、目标探管和地面数据采集解算单元三部分。地面试验和矿场试验结果表明，旋转磁场导向测量仪与国外 RMRS 仪器的距离和方位测量结果相当。

基金项目：自家自然科学基金项目(51104006)。

1 旋转磁场定向测距原理

1.1 旋转磁场空间传播特性分析

磁偶极子位于坐标原点，根据毕奥－萨伐尔定律，其远场 $P(r,\theta,\phi)$ 的磁场强度 H 为

$$H = \frac{3M}{8\pi r^3}\sin2\phi\cos\theta i + \frac{3M}{8\pi r^3}\sin2\phi\sin\theta j + \frac{M}{8\pi r^3}(3\cos2\phi + 1)k \tag{1}$$

其中：r 为目标位置 P 到坐标系原点 O 的距离；M 为磁矩。式（1）为静态磁偶极子的空间任意点磁场强度表达式。在实际钻井过程中，永磁短节随钻头处于钻进与旋转复合运动状态，所产生的磁场为椭圆极化磁场，其磁场空间信号方向如图 1（a）所示。

1.2 旋转磁场定位测距算法

为利用可测交变磁场信号计算远场点 $P(r,\theta_0,\phi_0)$ 坐标，建立如图 1（b）所示的近钻头旋转磁场端与目标端的定位模型。其中 Y 轴与永磁体旋转轴向一致，P 为此空间远场任意一点，即目标井测量单元传感器所在位置。正交磁偶极子 M_c、M_s 分别与 U 轴和 V 轴重合，所以 M_c、M_s 与 W 轴构成直角坐标系，则 M_c、r、H_c 共面，M_s、r、H_s 共面。根据毕奥－萨伐尔定律，目标井靶点 P 的磁场强度 H_t 为 H_c 与 H_s 之和。

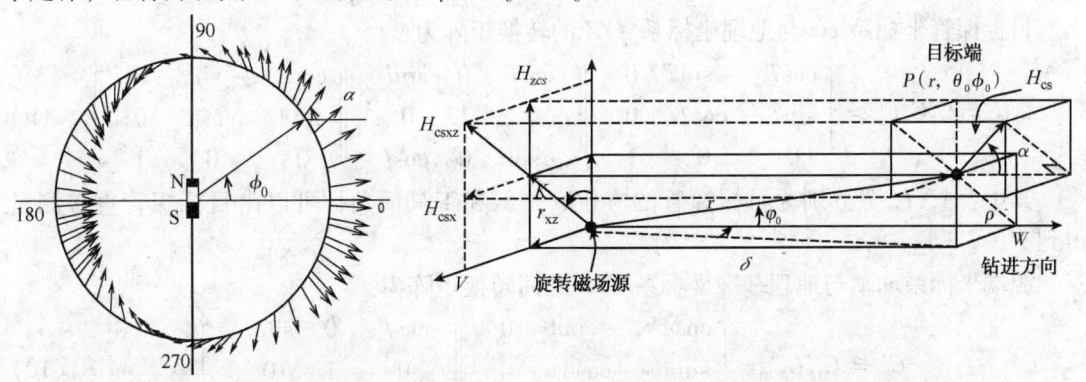

（a）旋转磁场空间传播特性示意图　　　　　　　（b）正交磁偶极子定位模型

图 1　旋转磁场空间传播特性与正交磁偶极子定位模型

由于 M_c 和 M_s 随旋转速度 ω 正弦变化，且相位相差 $\pi/2$，所以由正交磁偶极子所产生的磁场强度 H_c、H_s 的大小变化，而方向不变，则定义参考场 $H_{cs} = H_c \times H_s$，其方向与转速 ω 无关，可用来表征正交磁偶极子的固有特征，其表达式为

$$H_{cs} = \frac{M_c M_s}{(4\pi r^3)^2}(3\sin\phi_0\cos\phi_0\sin\theta_0 i + (3\cos^2\phi_0 - 2)j + 3\sin\phi_0\cos\phi_0\cos\theta_0 k) \tag{2}$$

其中：r 为原点 O 与目标点 P 之间的距离，ϕ_0 为 OP 与 Y 轴之间的夹角，称为相对方位角，θ_0 为 OP 在 XZ 平面的投影与 Z 轴的夹角，称为相对倾斜角。定义 H_{cs} 与 W 轴的夹角为特征方位角 α。则有：

$$\tan\alpha = \frac{\sqrt{H_{csx}^2 + H_{csz}^2}}{H_{csy}} = \frac{3\sin2\varphi_0}{3\cos2\varphi_0 - 1} \tag{3}$$

由式可计算出特征方位角 α 及所需的相对方位角 ϕ_0。

相对倾斜角 θ_0 与特征磁场信号 B_{cs} 在 UV 平面的投影与 U 轴的夹角 β 一致，可表示为：

$$\tan\theta_0 = \frac{H_{csx}}{H_{csz}} \tag{4}$$

另一方面，由于动态旋转，P 点磁场被椭圆极化，其磁场强度的最小值与距离 r 的关系为：

$$H_{min} = \min\left(\sqrt{H_x^2 + H_y^2 + H_z^2}\right) \tag{5}$$

$$r = \sqrt[3]{\frac{M}{4\pi H_{min}}} \tag{6}$$

定义目标靶点 P 在 VW 平面上与钻进方向 W 轴的夹角 δ 为方位偏差角，则：

$$\delta = \mathrm{tg}^{-1}(\mathrm{tg}\varphi_0 \sin\theta_0) \tag{7}$$

由式(3)、式(4)、式(6)可测得目标井靶点 P 在源端坐标系的坐标 (r, θ_0, ϕ_0)，进一步由极坐标系与直角坐标系之间的关系可得 P 点的直角坐标：

$$x = r\sin\phi_0 \sin\theta_0; y = r\cos\varphi_0; z = r\sin\phi_0 \cos\theta_0 \tag{8}$$

由公式(6)、式(7)或式(8)即可获得目标靶点与磁短节的相对距离和方位等位置关系。

1.3 坐标系转换

目标探管坐标系 xyz 与地理坐标系 XYZ 的转换矩阵为：

$$C = C_3 C_2 C_1 = \begin{bmatrix} \cos T & -\sin T & 0 \\ \sin T & \cos T & 0 \\ 0 & 0 & 1 \end{bmatrix} \begin{bmatrix} \cos I & 0 & \sin I \\ 0 & 1 & 0 \\ -\sin I & 0 & \cos I \end{bmatrix} \begin{bmatrix} \cos A & -\sin A & 0 \\ \sin A & \cos A & 0 \\ 0 & 0 & 1 \end{bmatrix} \tag{9}$$

其中：A，I，T 分别为目标探管的方位、井斜和工具面角，可以由目标探管直接测量得到。

源端坐标系 uvw 与地理基准坐标系 XYZ 之间转换矩阵为：

$$C' = C_1' C_2' = \begin{bmatrix} \cos A' & -\sin A' & 0 \\ \sin A' & \cos A' & 0 \\ 0 & 0 & 1 \end{bmatrix} \begin{bmatrix} \cos I' & 0 & \sin I' \\ 0 & 1 & 0 \\ -\sin I' & 0 & \cos I' \end{bmatrix} \tag{10}$$

其中：A'、I' 为磁短节的方位和井斜角，可通过近钻头端的 MWD 配合提供。则：

$$[U \quad V \quad W \quad 1]' = C_2' C_1' C_1^{-1} C_2^{-1} C_3^{-1} [x \quad y \quad z \quad 1]' \tag{11}$$

通过目标端 P 点的三轴磁通门可测得目标端感应到的 3 个轴向上的磁场大小 H_x、H_y、H_z，再通过坐标转换可得到源端产生的磁场在源端坐标系 uvw 中的三轴分量大小 H_u、H_v、H_w。利用这三轴分量，结合模型分析，即可得目标点坐标。

2 地面试验

为模拟钻进过程中钻头与目标井靶点的相对位置关系，建立如图2(a)所示的地面试验装置，包括3部分，分别为转速可调磁场台架、姿态可调数据采集系统及轨道正交的 50m ×

30m 试验场地。其中正交的两个轨道采用激光器进行定位,定位间隔 1m。其中,转速可调磁场台架转速范围可稳定在 30 ~ 300r/min 之间,覆盖了实际钻铤可能的转速区间。试验中设定旋转磁场转速为 120r/min,并利用自制目标探管实现数据采集。

实验方案如下:针对水平对接连通井,固定源端永磁体旋转轴方向与目标端测量系统在同一个轨道上相距不同距离,目标端与源端之间只存在东西偏移,没有南北偏移。试验结果如图 2(b)所示。

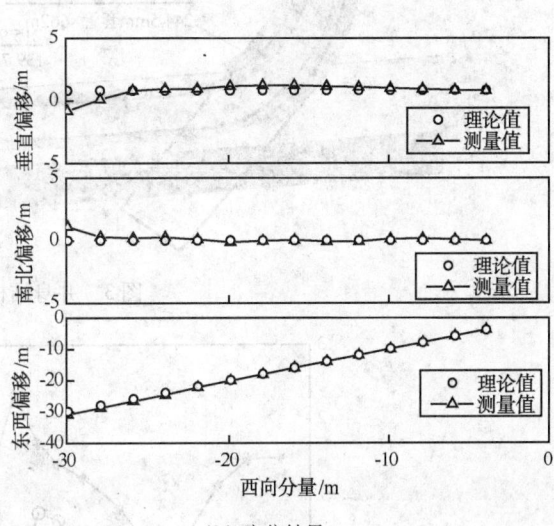

(a) 地面试验装置   (b) 定位结果

图 2   地面试验装置及定位结果对比

由图 2(b)所示试验结果可以发现,试验范围在 30m 以内时,三个方向的测量定位结果与实际值一致,表明样机在地面试验中的定位结果准确可靠。

3 现场试验

为了进一步验证所研制的旋转磁场导向测量仪在实际井中的引导能力,在某口水平对接连通井内利用国外 RMRS 仪器和自制旋转磁场导向测量仪进行对比。其井身结构如图 3 所示。

试验中首先使用国外探管进行定向,约每 3m 测量一次,控制钻头方位。钻头每钻进 10m 左右,将国外探管取出,放入自制探管,钻头位置回撤,在已钻井眼路径下,每隔约 3m 的距离进行定点测量,实验数据与引进的 RMRS 数据一一对应,结果对比如图 4 所示。由图 4 可知,从最远 80m 处到连通前,自制样机的偏航角与引进 RMRS 仪器的趋势相同,尤其是 60m 到 20m 之间;当距离 50m 以内时,引进仪器的偏航角误差基本小于 1°,而自制样机的误差均为正误差,且平均偏大 1.5°;当钻进至 10m 以内时,引进仪器的误差明显降低,其趋势收敛于 0°,而自制样机的误差收敛于 1.5°。上述结果表明自制样机提供的数据可靠,利用划眼数据进行优化计算比直接利用单点数据进行计算,有利于降低偏航角测量误差。

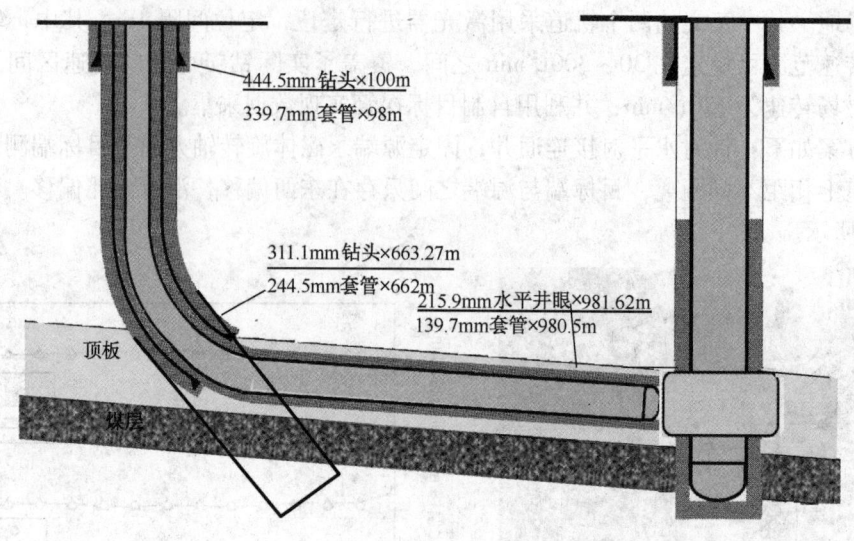

图3 井身结构示意图

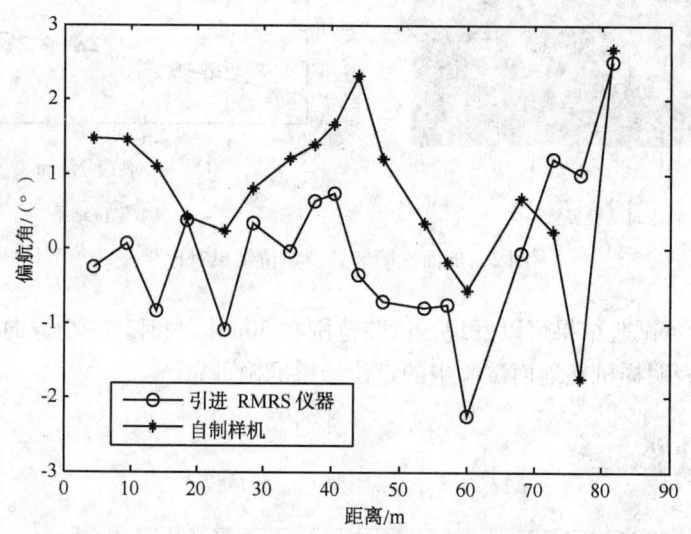

图4 自制导向测量仪与引进RMRS仪器测量结果对比

4 结论

针对煤层气开发水平对接连通井、SAGD成对平行井等特殊结构井钻井对井眼轨迹精确测量的迫切需要,通过研究旋转磁场的空间信号传播模型,提出了基于旋转磁场的井间导向测距方法,并研制了测量仪器样机。地面试验结果表明钻头与目标探管的距离越小其定位误差也越小,且当相距不超过30m时,定位误差不超过0.1m,矿场试验表明自制样机与引进RMRS仪器的距离一致,方位角误差平均1.5°,该误差的主要原因是自制样机的定位算法只使用了一个测点数据,而RMRS需要使用划眼数据。单一测点数据虽然方便,不影响进尺速度,但存在角度误差,而使用划眼数据进行优化有利于提高测量精度,但是影响钻井进尺速度。因此,需要进一步研究减少划眼距离的同时提高测量精度的方法。

参 考 文 献

1　张绍槐. 现代导向钻井技术的新进展及发展方向[J]. 石油学报，2003，24(3)：82~85

2　Kuckes A F. Rotating magnet for distance and direction measurements from a first borehole to a second borehole [P]. US patent 5589775，1996

3　Rach N. M. New rotating magnet ranging systems useful in oil sands，CBM developments[J]. Oil and gas Journal，2004，102(8)：47~49

4　AI‑Khodhori AI‑Khodhori S，AI‑Riyami H，Holweg P，et al. Connector/conductor wells technology in Brunei Shell petroleum achieving high profitability through multiwell bores and downhole connections. SPE paper 111441，SPE/IADC drilling conference，Orlando，Florida，USA

5　Oskarsen R T，Wright J W，Fitterer D，et al. Rotating magnetic ranging service and single wire guidance tool facilitates in efficient down hole well connections，SPE paper 119420，IADC/SPE drilling conference and exhibition，Amsterdam，Netherlands

6　胡汉月，向军文，陈海翔等. SmartMag 定向中靶系统工业试验研究，探矿工程(岩土钻掘工程)，2010，37(4)：6~10

7　Grills T L. Magnetic ranging technologies for drilling steam assisted gravity drainage well pairs and unique well geometries‑a comparison of technologies[C]. SPE 79005，2002

8　王以法，管志川. 新一代地下定位系统[J]. 石油学报，2002，23(1)：77~82

9　李子丰，戴江. 对接水平井及其井间导航轨道控制技术[J]. 天然气工业，2008，28(2)：70~72

10　王德桂，高德利. 管柱形磁源空间磁场矢量引导系统研究[J]. 石油学报，2008，29(4)：608~611

11　宗艳波，张军，史晓锋等. 基于旋转磁偶极子的钻井轨迹高精度导向定位方法[J]. 石油学报，2011，32(2)：147~151

泥页岩地层物理力学特性基础研究

王 怡

（中国石化石油工程技术研究院）

摘 要 本文针对四川盆地几套关键的泥页岩地层，系统地开展了基本的物理、力学特性研究，地层环境下考虑流体作用下的泥页岩性能研究以及裂缝性泥页岩的孔隙压力穿透特性等。泥页岩的矿物组分对物理力学特征影响显著，石英含量越高，强度及理化特性越好，黏土矿物中伊利石含量高有助于泥页岩的力学及化学稳定性，高石英隐晶含量的龙马溪组泥页岩是几套泥页岩中性质较稳定的地层，须家河组及沙溪庙组的泥页岩含丰富微裂缝且水敏性最为突出。

关键词 泥页岩；理化特性；岩石力学特性；压力传递

前言

泥页岩井壁稳定问题、裂缝性泥页岩漏失问题、页岩气评价及开发问题是制约泥页岩地层勘探开发的难题，这些问题都与泥页岩在赋存的地质环境、地层流体分布情况、地应力及工程因素条件下泥页岩所表现出的物理力学性能的变化规律有着密不可分的关系。因此，针对四川盆地陆相蓬莱镇组、沙溪庙组、须家河组以及海相龙马溪组泥页岩，开展了基本的物理、力学特性研究，地层环境下考虑流体作用下的泥页岩性能研究以及裂缝性泥页岩在不同压力环境下的压力穿透特征等，具有重要的理论意义和应用价值。同时，页岩气储层的复杂程度也逐渐引起工程技术人员的重视，泥页岩的物力学特性千差万别，各向异性显著，不同工区的工艺技术需求不同，因而需要加强页岩储层的针对性研究。

1 泥页岩页岩组构及理化特性分析

泥页岩本身的矿物组成、结构构造以及理化特征是其力学及化学性能、力学失稳模式至关重要的控制因素。因而，准确地测定分析页岩的成分、结构、理化性能，探讨它们的相互关系，对于研究页岩地层的失稳机理具有重要的意义。本文以漆辽剖面－龙马溪组页岩露头为研究对象，开展了相关特性分析。

1.1 泥页岩组构、孔渗等物性分析

通过开展几套地层的泥页岩全岩实验及黏土矿物 X 射线衍射实验，实验结果见图 1 和图 2，发现龙马溪组页岩石英含量最高，平均达到 71%，其次为蓬莱镇组、须四及须二段泥页岩，在 35% ~ 45% 之间。黏土矿物以伊利石为主，以龙马溪组伊利石含量高，达 99.42%，其次为伊蒙混层、高岭石和绿泥石，均不含水敏性蒙脱石。

其后又进一步开展了泥页岩的微观结构分析，以揭示黏土矿物晶体的排列方式及胶结结构。从电镜扫描结果（图3）可以看出，陆相泥岩黏土的定向排列特征突出，而海相页岩表观致密，石英矿物为二氧化硅隐晶，从粒级上归类属于泥质，这也是页岩不同于泥岩的特征之一。局部黏土定向排列，发育纳米级的溶蚀孔缝，其中有不溶残余物。

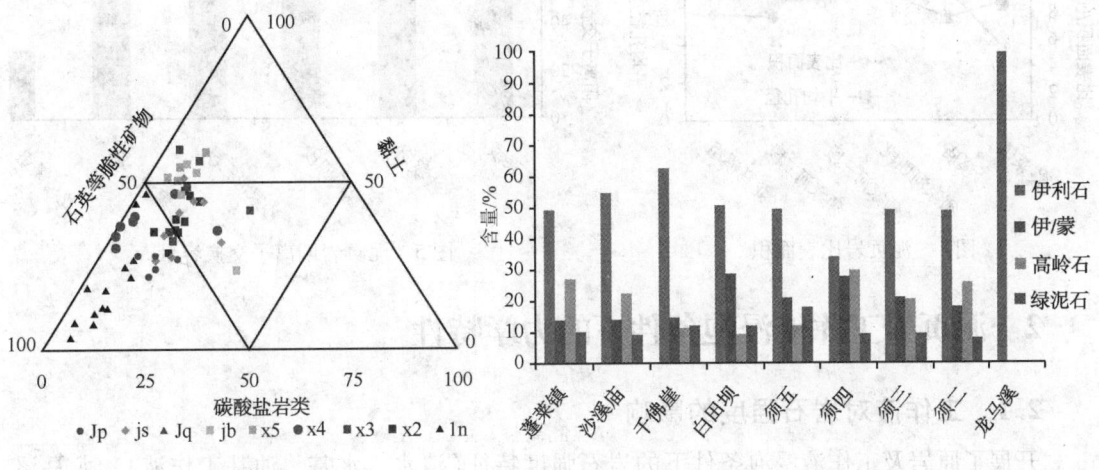

图1 岩石成分示意 　　　　　　　　　　图2 黏土矿物组分含量

蓬莱镇组、沙溪庙组、须家河组三段的泥页岩密度主要分布在 2.55 ~ 2.65g/cm³，孔隙度分布在 2.0% ~ 4.0%。须家河组二段泥页岩密度分布相对较分散，主要分布在 2.23 ~ 2.68g/cm³，孔隙度分布也相对较分散，主要分布在 1.0% ~ 3.0%。龙马溪组泥页岩密度主要分布在 2.35 ~ 2.52g/cm³，由于有机质含量较高为 3.41%，孔隙度主要分布在 1.4% ~ 2.7%。地层的渗透率以龙马溪组最低，小于 $0.001 \times 10^{-3} \mu m^2$，其他泥页岩地层在 $(0.001 ~ 0.006) \times 10^{-3} \mu m^2$ 之间，属低渗致密泥页岩。

(a) 陆相泥岩50μm 　　　　　　(b) 海相页岩100μm 　　　　　　(c) 海相页岩40μm

图3 扫描电镜结果

1.2 页岩理化特性分析

比表面积是衡量泥页岩吸附特性的一个重要参数。泥页岩比表面受泥页岩组分、孔隙率、颗粒排列方式、粒径和颗粒形状影响（图4），比表面积须家河三段、四段及沙溪庙组高于其他地层，纳米级孔缝分布较多，孔径龙马溪最大，平均匀为 9.12nm，但其阳离子交换能力仅为 30mmol/kg，相比陆相泥岩较低（>60mmol/kg），测试结果如图5所示。

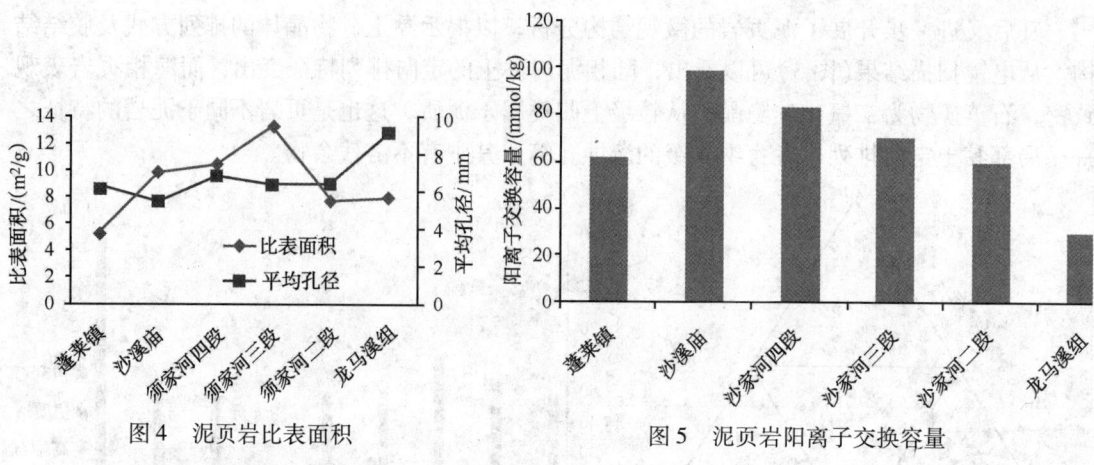

图4 泥页岩比表面积　　　　　图5 泥页岩阳离子交换容量

2 泥页岩工作液浸泡条件下的力学特性

2.1 工作液对岩石强度的影响

开展了原岩及工作液浸泡条件下的岩石强度特征(清水,水基,油基工作液),龙马溪组页岩储层受其组构及沉积环境影响,岩石强度较高,不同工作液浸泡对强度的影响有限,原岩及油基浸泡条件的强度略高(图6)。浸泡前后岩心质量变化不大,最大未达到0.4%,这是由于该页岩基本不含蒙脱石,因而吸水性不强的缘故。但是页岩的变形参数泊松比在浸泡后发生了小幅提高,而弹性模量发生了小幅降低,浸泡对岩石结构略有影响。而其他地层中,沙溪庙组和须二段的泥页岩受工作液的影响最为明显,清水或水基浸泡导致强度损失显著,甚至直接分散,这主要是黏土矿物含量高导致水化及含有丰富的裂缝造成(图7)。

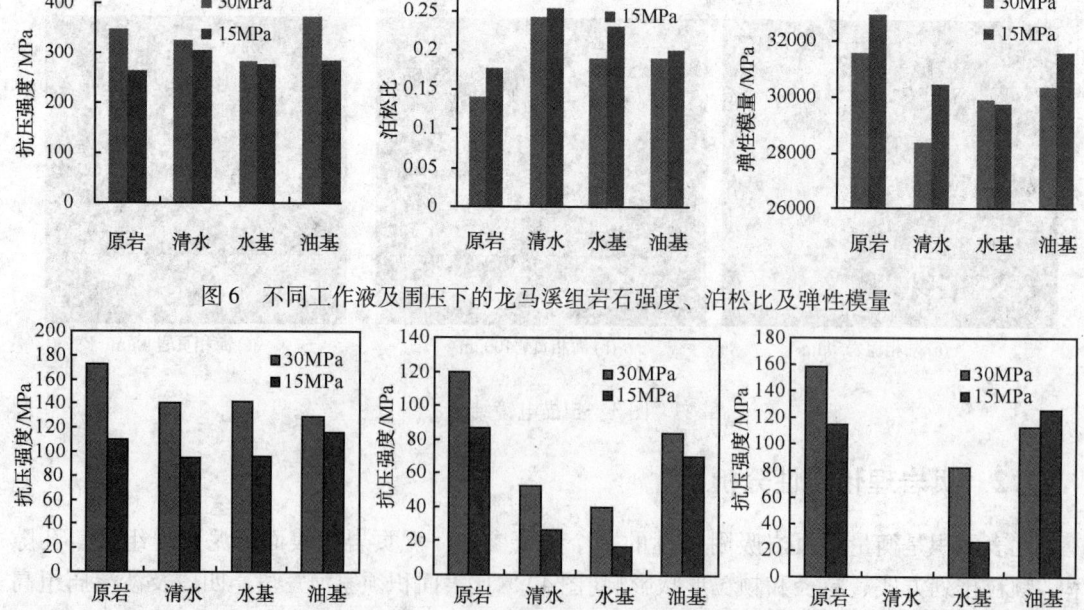

图6 不同工作液及围压下的龙马溪组岩石强度、泊松比及弹性模量

(a)蓬莱镇组　　　(b)沙溪庙组　　　(c)须二段

图7 不同工作液及围压下的陆相泥岩岩石强度

2.2　泥页岩脆性特征

岩石力学实验结果表明，泥页岩破坏时应变均小于3%。工程上以应变3%和5%为界限，将总应变小于3%者划归为脆性岩石。总应变在3%~5%者则为半脆性或脆－塑性岩石。因而，几套泥页岩为脆性泥页岩，破坏多以脆性劈裂为主(图8、图9)。泥页岩的脆性评价对于压裂方案设计及井壁稳定意义重大，为了进一步量化脆性指标，优选了基于应力应变规律的力学脆性指标及基于岩石矿物学的物理脆性指标。力学脆性指标采用清华大学刘恩龙、沈珠江提出的基于软化模量M定义的脆性指数B_1：

$$B_1 = 1 - \exp(M/E) \tag{1}$$

式中：E为弹性模量；M为应力应变曲线的峰后曲线模量。

$$B_1 = \begin{cases} 1 & M \to -\infty & \text{理想脆性} \\ 0.632 \sim 1 & -\infty < M < -E & \text{脆性很大} \\ 0.632 & M = -E & \\ 0 \sim 0.632 & -E < M < 0 & \text{脆性很小} \\ 0 & M = 0 & \text{理想塑性} \\ < 0 & M > 0 & \text{应变硬化} \end{cases} \tag{2}$$

基于矿物组成的岩石脆性指标：

$$B_2 = Q/(Q + C + Cly) \tag{3}$$

式中：Q为石英矿物含量；C为碳酸盐岩矿物含量；Cly为黏土矿物含量。

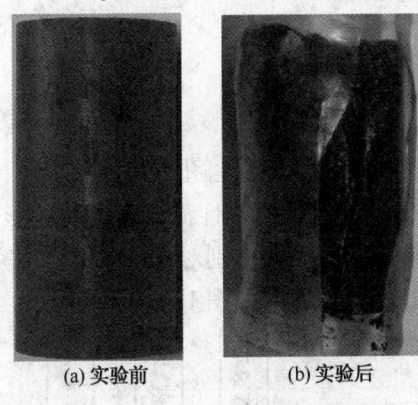

(a) 实验前　　(b) 实验后

图8　原岩三轴压缩试验前后照片

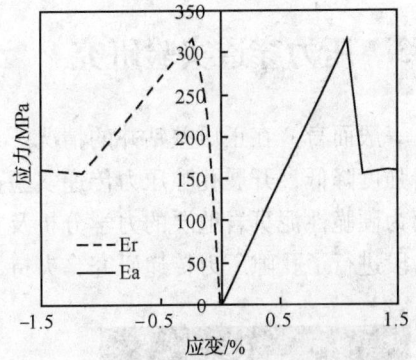

图9　三轴应力应变曲线

各套地层的脆性指数表明蓬莱镇及龙马溪组泥页岩脆性最佳(图10、图11)，特别是龙马溪组致密均质，不受裂缝系统干扰，因而统计了龙马溪组页岩在不同工作液作用下、不同围压作用下的力学脆性指数如图12所示，可以发现力学脆性指数B_1处于0.632~1之间，且B_1基本对实验采用的工作液及围压不敏感。另外，基于矿物组分的脆性指数为0.77。脆性指数B_1能反应围压、流体等的影响，脆性指数B_2反应原岩的脆性程度，简单实用，便于在压裂方案设计中应用。

北美页岩气勘探经验也表明，页岩储集层的石英含量通常较高，一般超过50%，有些高达75%。通常认为有机质及石英含量都很高的页岩，其脆性较强，容易在外力作用下形成裂缝导流通道。

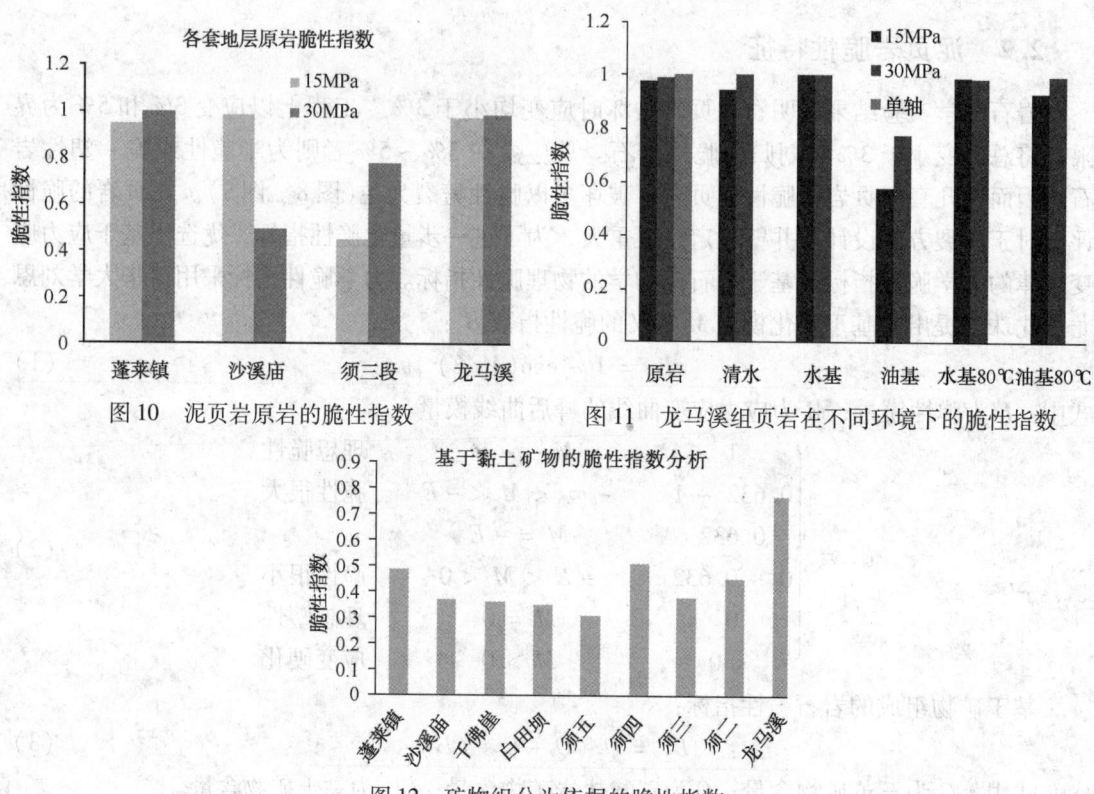

图 10　泥页岩原岩的脆性指数

图 11　龙马溪组页岩在不同环境下的脆性指数

图 12　矿物组分为依据的脆性指数

3　压力穿透实验研究

一般而言，在正压差钻井的情况下，钻井液压力侵入会引起泥页岩孔隙压力的增加、泥页岩强度降低，开展孔隙压力传递实验可进一步认识压力传递对硬脆性泥页岩失稳的影响，从而为硬脆性泥页岩地层的力学分析及井壁稳定提供依据。实验室分别对龙马溪组、须家河组二段进行了孔隙压力传递研究，夹持力 8MPa，孔隙压力 3MPa。如图 13、图 14 所示。

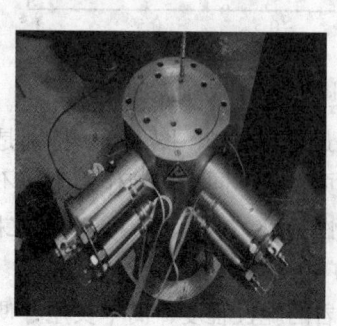

图 13　孔隙压力传递测定仪

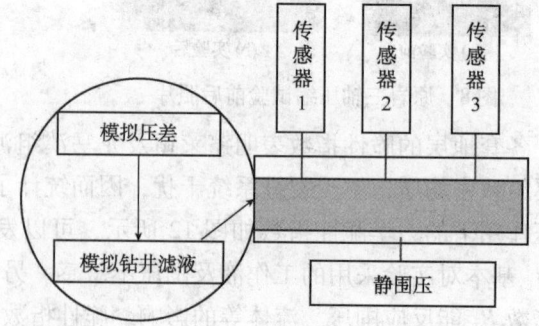

图 14　孔隙压力传递测定仪示意图

龙马溪组页岩岩心质均、致密，孔隙压力穿透困难，经过 10d 实验，穿透压力仍然很低，几乎不受水 – 岩化学作用的影响(图 15)。须二段泥页岩心在孔隙压力传递过程中裂缝发生了开启扩展，且压力曲线 1 几乎不存在启动压力，压力曲线 1 和压力曲线 2 启动压力为

0.274MPa、0.197MPa,很快发生了压力穿透,在卸压后,岩心发生破裂,孔隙压力传递过程将大大降低了岩石的强(图16)。实验表明在高压差下,因泥页岩地层原生裂缝的存在,会使得液体快速通过裂缝穿透岩样,并将裂缝撑开(图17)。因此,针对裂缝发育且脆性较大的泥页岩地层,优选合理的钻井液密度,防止井壁垮塌的同时,也可以避免频繁发生漏失。另外增加钻井液的封堵性能,可以有效降低钻井液向地层的渗漏,也可以避免井壁失稳现象的发生。

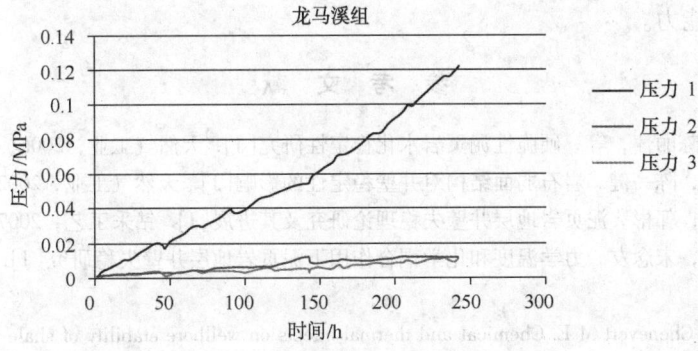

图15 龙马溪组孔隙压力传递实验曲线

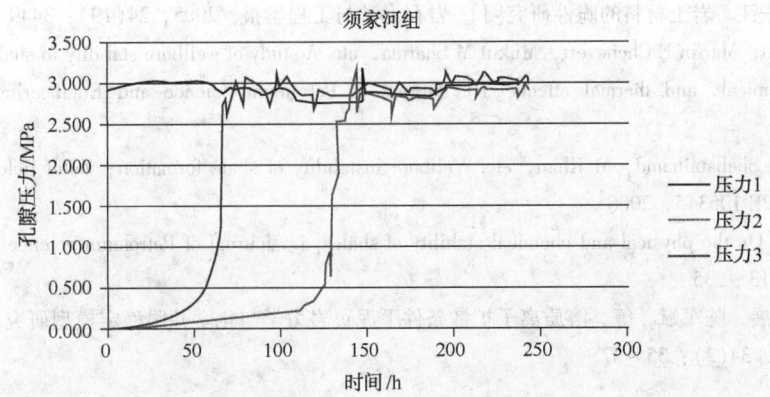

图16 须家河组二段孔隙压力传递实验曲线

 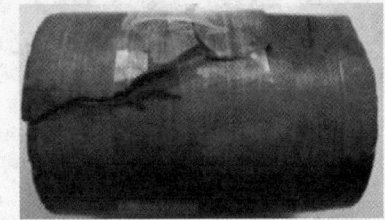

（a）试验前   （b）试验后

图17 须二段含裂缝岩心压力穿透实验

4 结论

本文首次系统的对四川盆地几套典型的泥页岩地层进行了物理力学特征分析,得到了以下几点认识:

（1）泥页岩的组构特征对其力学特征影响显著，在钻完井工程中应重点加强对这一特性的认识。

（2）泥页岩的石英与岩石强度成正相关，混层矿物含量对泥页岩水敏特性影响显著。

（3）几套地层泥页岩均属于脆性较强的岩体，其中龙马溪组页岩物理力学性质最好，水敏特性较低。沙溪庙组、须家河组泥页岩的性质较差，强度相对较低，水敏特性突出，含有较丰富的裂缝，且裂缝启动压力低，易失稳，在钻井过程中应特别注意压力控制，提高钻井液的封堵及抑制能力。

参 考 文 献

1 邓虎，孟英峰，陈丽萍，等. 硬脆性泥页岩水化稳定性研究[J]. 天然气工业，2006，26(2)：73~76

2 刘向君，叶仲斌，陈一健. 岩石弱面结构对井壁稳定性的影响[J]. 天然气工业，2002，22(2)：41~43

3 蔚宝华，王治中，郭彬. 泥页岩地层井壁失稳理论研究及其进展[J]. 钻采工艺，2007，5：17~20

4 王炳印，邓金根，宋念友. 力学温度和化学耦合作用下泥页岩地层井壁失稳研究[J]. 钻采工艺，2006，29(6)：1~4

5 Yu M，Chen G，Chenevert M E. Chemical and thermal effects on wellbore stability of shale formations[R]. SPE 71366

6 刘恩龙，沈珠江. 岩土材料的脆性研究[J]. 岩石力学与工程学报，2005，24(19)：3449~3453

7 Guizhong Chen，Martin E Chenevert，Mukul M Sharma，etc. A study of wellbore stability in shales including poroelastic，chemical，and thermal effects[J]. Journal of Petroleum Science and Engineering，2003(38)，167~176

8 H. Abass，A Shebatalhamd，M Khan，etc. Wellbore instability of shale formation；Zuluf field，Saudi Arabia[C]. Paper SPE 106345，2006

9 Eric van Oort. On the physical and chemical stability of shales[J]. Journal of Petroleum Science and Engineering 2003(38)：213~235

10 沈建文，屈展，陈军斌，等. 溶质离子扩散条件下泥页岩力学与化学井眼稳定模型研究[J]. 石油钻探技术，2006，34(2)：35~37

扭力冲击器减轻 PDC 钻头黏滑振动分析

王红波　舒尚文　孙起昱

（中国石化石油工程技术研究院中原分院）

摘　要　扭力冲击器能有效地提高 PDC 钻头在硬岩地层钻进时的寿命与破岩效率，但其改善 PDC 钻头工况的机理尚不明确。对 PDC 钻头单齿受力进行理论分析发现，随着切削齿切入岩层弧长的增加及岩层由软变硬，切削齿破岩所需要的临界钻压与扭矩逐渐变大，当整个钻头破岩所需要的临界钻压与扭矩超过钻机的输出钻压与扭矩时，PDC 钻头停止工作，钻杆扭转角不断增加，能量在钻杆中积累，从而发生黏滑振动。通过 ANSYS 软件仿真分析微钻头作用于岩层的瞬态过程，发现在扭力冲击作用下，钻杆的扭转角明显减少，PDC 钻头对岩层的攻击力呈线性增加。扭力冲击器通过减少钻柱中能量的积累，增加 PDC 钻头对岩层的攻击力，减轻黏滑振动的发生。

关键词　扭力冲击器；PDC 钻头；黏滑振动；ANSYS 软件；攻击力；扭转角

前言

PDC 钻头在我国得到了广泛的应用，在油田勘探、地质勘察、矿山找矿及水文勘探等领域都表现出了很大的优势，钻进效率远高于牙轮钻头及孕镶钻头，创造了良好的经济效益，因此受到了广泛的欢迎。在大量使用 PDC 钻头的过程中，PDC 钻头也暴露出了很多不良状态，导致钻头损坏、钻速降低甚至无进尺，传统的钻进方式一直没能解决这一钻进难题，但组合扭力冲击器后，PDC 钻头的工况得到很好的改善，特别是基本消除了 PDC 钻头的黏滑振动，本文对 PDC 钻头黏滑振动的原因及扭力冲击器减轻 PDC 钻头黏滑振动原因进行了分析。

1　PDC 钻头单齿受力分析

PDC 钻头分胎体式和钢体式两种，PDC 复合片焊接在胎体或钢体上，成为切削齿的一部分承担主要的切削任务。PDC 钻头钻进过程中的受力分析包括两方面，即钻头对地层的攻击力与自身受到的力。钻杆将扭矩与钻压传递到钻头上通过 PDC 复合片对岩层产生切削作用，而岩层也对 PDC 产生反作用，对单个切削齿与岩块进行受力分析，如图1、图2所示。

切削齿除受到的力主要包括来自钻头体上的钻压 P、扭矩 T 与 Q（与 T 及 P 垂直）、岩块对切削面的反作用力 P_2'、切削齿底部磨损面与岩块间的相互作用力 P_3 与 F_3。微小岩块受力包括钻井液的压持力 P_h、切削齿的作用力 P_2、破裂面上的支撑力 P_1 与摩擦 F_1，其中切削齿的作用力 P_2 与岩块对切削面的反作用力 P_2' 是一对相互作用力。由于岩石材料的各向异性及不良工况造成的钻头弹跳、黏滑及回转，使这些力具有一定的周期性、不规则性及复杂性。

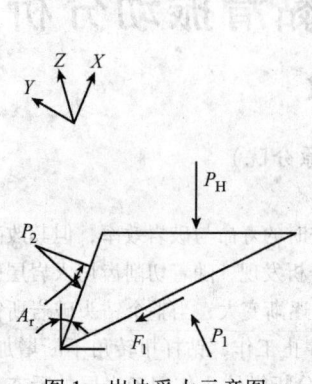
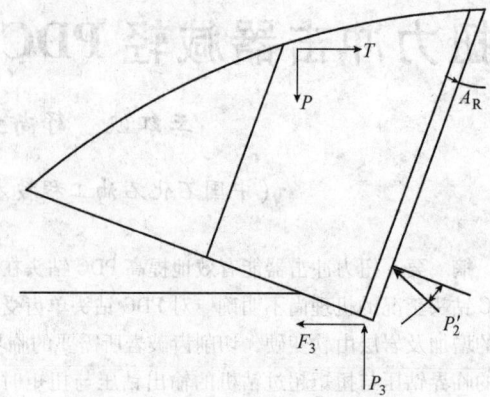

图 1 岩块受力示意图　　　　　　　图 2 切削齿受力示意图

根据力学平衡关系对岩块进行分析，根据文献[9~11]得出如下公式。

切削齿工作面与刃前岩石作用力的计算公式为：

$$P_2 = \frac{\frac{1}{2}c \cdot S_2 \cos\varphi_0 + P_h\sin(\varphi_0 + \psi)}{\cos(A_r + \varphi_0 + \varphi_2 + \psi)} \tag{1}$$

式中　c——岩石内聚力；

　　　S_2——岩石剪切滑移面面积；

　　　φ_0——岩石内摩擦角；

　　　ψ——岩石剪切滑移面与切削面夹角（ $\psi = 45° - \dfrac{\varphi_0 + A_r + \varphi_2}{2}$ ）；

　　　A_r——切削齿后倾角；

　　　φ_2——切削面与岩石的内摩擦角。

$$\begin{cases} P = P_2\sin(A_r + \varphi_2) + P_3 \\ T = P_2\cos(A_r + \varphi_2)\cos A_s + \mu_3 P_3 \\ Q = P_2\cos(A_r + \varphi_2)\sin A_s \end{cases} \tag{2}$$

式中　μ_3——切削齿底部磨损面与岩石间摩擦系数；

　　　A_s——切削齿旁通角。

$$P_3 = \Delta w \cdot \sigma_s \left[\frac{h}{\cos A_r} + \frac{1}{3}\left(w_1 - \frac{h}{\cos A_r}\right) \right] \tag{3}$$

式中　Δw——切削齿宽度；

　　　w_1——磨损面厚度；

　　　h——金刚石层厚度；

　　　σ_s——岩石单轴抗压强度。

通过上述理论公式，结合具体的岩性参数及岩石钻头结构可以推导出单个切削齿使岩石破裂所需要的临界钻压与扭矩。

1）PDC 切入岩石弧长对受力影响

钻头与岩石接触的弧长越大，则切削面积越大，弧长的大小一般受钻压及岩石的压入硬度影响。根据现场实际钻井工艺参数，元坝地区钻井液密度取 1.18g/cm³，破岩面井深取 3300m，固定砂岩内摩擦角为 50°，黏聚力为 40MPa，变化钻头切入岩石的弧长，由公式（1）～（3）计算不同弧长单齿破岩临界的钻压与扭矩（表1）。根据表中数据绘制出弧长影响临界钻压与扭矩关系图（图3）。

表1　改变切入弧长单齿钻进参数

切入弧长/mm	接触面积/mm²	岩石破裂角 ψ	压持面积/mm²	压持力 P_h/N	切削齿与岩石作用力 P_2/N	钻压/N	扭矩/Nm
1.00	0.021	5.48	0.21	7.91	70.56	71.3	84.9
2.00	0.171	5.48	1.68	63.94	569.99	576.3	685.7
3.00	0.590	5.48	5.79	220.99	1970.07	1991.8	2369.9
4.00	1.453	5.48	14.26	544.07	4850.32	4903.8	5834.8
5.00	3.001	5.48	29.45	1123.99	10020.21	10130.7	12054.1
6.00	5.639	5.48	55.35	2112.10	18829.10	19036.7	22650.9

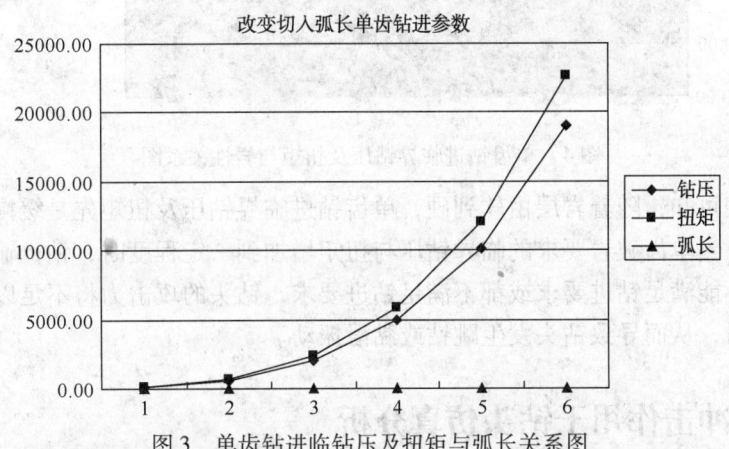

图3　单齿钻进临钻压及扭矩与弧长关系图

由图表可知，单齿钻进临界钻压及扭矩随着切入弧长的长度增长很快，对于该微型钻头，当切入弧长接近 5mm 时，临界钻压及扭矩已经很大。

而对于现场钻进用的全面钻头，齿数较多，将各齿临界钻压与扭矩之和视为驱动该钻头所需要的钻压及扭矩。在切入岩石的弧长达到一定的数值时，传统钻进钻机输出的钻压与扭矩两者之一不能满足钻进要求或都不满足钻进要求钻头的攻击力将不足以破碎岩石，这是切入弧长过大时钻头发生跳钻或黏滑振动的原因。

2）岩性对 PDC 受力影响

岩层岩性发生变化，由软到硬，表征参数内摩擦角及黏聚力也由小变大。根据现场实际钻井工艺参数，为了方便比较，钻井液密度都取 1.18g/cm³，破岩面井深取 3300m，固定切入砂岩弧长为 3mm，改变砂岩的内摩擦角与黏聚力，由公式（1）～式（3）计算单齿破岩临界的钻压与扭矩（表2），根据表中数据绘制出岩性参数影响临界钻压与扭矩关系图（图4）。

表2　改变岩性单齿钻进参数

砂岩内摩擦角 φ	岩石黏聚力/MPa	岩石破裂角 ψ	压持面积/mm²	压持力 P_h/N	切削齿与岩石作用力 P_2/N	钻压/N	扭矩/Nm
10.00	8.00	25.48	1.04	49.05	311.5	175.9	213.6
20.00	16.00	20.48	1.37	60.32	438.2	305.5	361.3
30.00	24.00	15.48	1.91	79.07	632.9	518.8	609.8
40.00	32.00	10.48	2.93	116.02	992.7	919.3	1084.6
50.00	40.00	5.48	5.79	220.99	1970.1	1991.8	2369.9
60.00	48.00	0.48	67.91	2519.12	22864.5	24498.2	29432.6

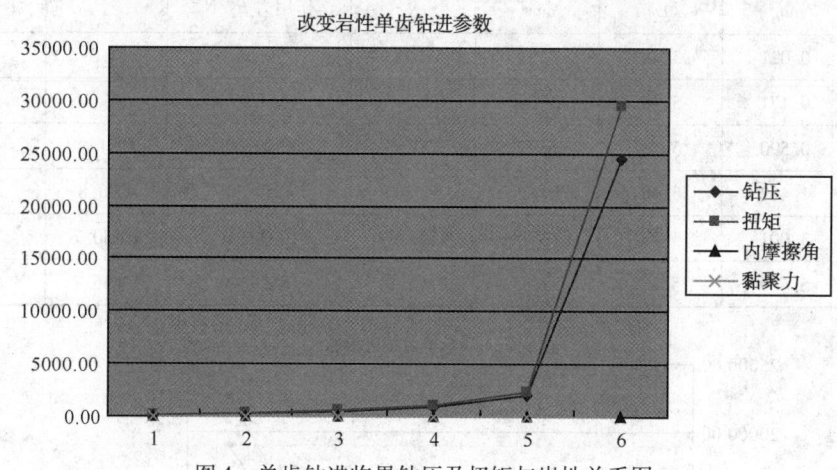

图4　单齿钻进临界钻压及扭矩与岩性关系图

由以上图表可知，随着岩层由软到硬，单齿钻进临界钻压及扭矩先是缓慢增长，然后快速增长。同理，当单齿破岩要求的临界钻压与扭矩增加到一定程度时，钻机输出的钻压与扭矩将两者之一不能满足钻进要求或都不满足钻进要求，钻头的攻击力将不足以破碎岩石，钻头将停滞或打滑，从而导致钻头发生跳钻或黏滑振动。

2　扭转冲击作用于钻头仿真分析

分析扭转冲击作用 PDC 钻进采用室内实验十分困难，而现场先导试验也只能从宏观上说明扭转冲击钻进效果好，难以进行深层次的解释，因此本文借助 ANSYS 软件分析扭转冲击改善 PDC 钻头工况的机理。

2.1　传统方式 PDC 钻头钻进仿真分析

PDC 钻头传统的钻进方式包括转盘转进、组合螺杆钻进及涡轮转钻进等方式，从钻具受力分析，实质是扭矩与钻压被传递钻头上产生破岩作用。

1）基本设定

为了简化计算，参照有关文献，作如下设定：

（1）不考虑钻井液作用、孔壁及岩心对钻头的摩擦阻力、振动使钻头所受的力。

（2）将刚体与 PDC 复合片作为一个整体进行分析，该整体材料性质相同。

（3）仅取出一段钻杆进行与钻头相连进行受力分析。

（4）认为岩石是均质的。

2）基于 Ansys 软件仿真分析

建模过程主要包括单元类型选择、材料定义、导入模型与网格划分、建立接触对、加载边界条件并求解。

（1）选择单元类型。

选择单元类型为 SOLID187，SOLID187 是一个八节点的四面体单元，每个节点有 3 个平移自由度 UX、UY、UZ，接触面选用 Targe170 与 Conta174，Targe170 模拟 PDC 钻头目标面，Conta174 模拟岩石接触面。分布式负荷可作用于这个单元的各个侧面，用这个单元求解的输出结果包括节点位移，X、Y、Z 向的正应力，剪应力及主应力。

（2）定义材料属性。

钻头体的材料属性用 PDC 复合片材料代替，定义了弹性模量、泊松比、密度及摩擦系数[12]。

钻杆材料的材料性能参照普通钢材。

岩石选择细砂岩作为模拟对象，细砂岩成分较均质，实验过程假设岩石呈脆性破坏，破坏前为弹性变形，总体材料属性如表3所示。

表3　材料参数表

名称 \ 参数	弹性模量/GPa	泊松比	密度/（g/cm³）
切削齿	750	0.07	4.42
钻杆	210	0.3	7.85
砂岩	50	0.23	2.31

（3）导入模型并划分网格。

采用 PROE 软件建立三维模型，然后导入 ANSYS 软件。钻头有三个切削齿，选用的 PDC 直径为 8mm。模型中复合片后倾角为 15°，旁通角 5°，PDC 在钻头中出刃高度为 4.5mm。岩石模型选用立方体形状，根据圣维南原理，为了避免边界效应，岩石长为钻头直径的 10 倍。钻头与岩石接触形状选取半月形。图 5 为钻杆及钻头组成的钻具模型，图 6 为钻具作用于岩石模型。

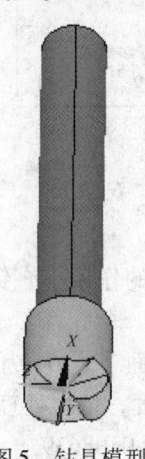

图5　钻具模型

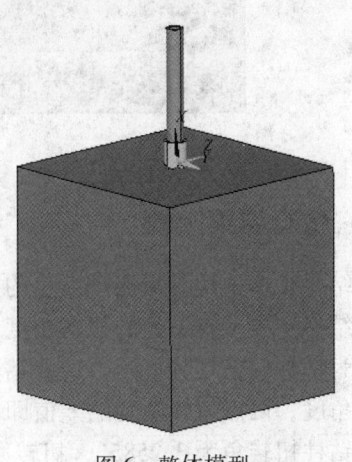

图6　整体模型

网格划分时先整体划分为四面体网格，再局部细化，最后优化网格。

（4）定义接触对。

在 contact manager 下定义接触对，分别选择钻头体与岩石体，接触类为面面接触，定义好刚度与侵入深度后，建立接触对，选择接触对为 standard，允许复合片与岩石间发生相对滑动。

参照有关文献，定义刚性结点 A，将与钻杆尾部环形表面建立接触对，保持 A 点与环形面各个方向的自由度相同。

（5）施加必须的边界条件并求解。

关于位移约束，将岩石除去与钻头接触面以外的五个表面全部约束住。

对于力的加载，给刚结点 A 施加垂直于环形面的集中压力及扭矩，集中力与扭矩将通过环形面传递到各切削齿，作用在岩石面上。

2.2 扭转冲击作用下钻进仿真分析

对扭转冲击作用下仿真分析，采用前述的传统钻进模型，另外定义刚性结点 B，将与钻头尾部环形表面建立接触对，保持 B 点与环形面各个方向的自由度相同。

对力的加载，除了在 A 点上施加与传统钻进相同的钻压及扭矩外，在 B 点上再加载扭矩作为冲击作用，然后再进行仿真求解。图 7 为无冲击作用时岩石 Mises 应力云图。

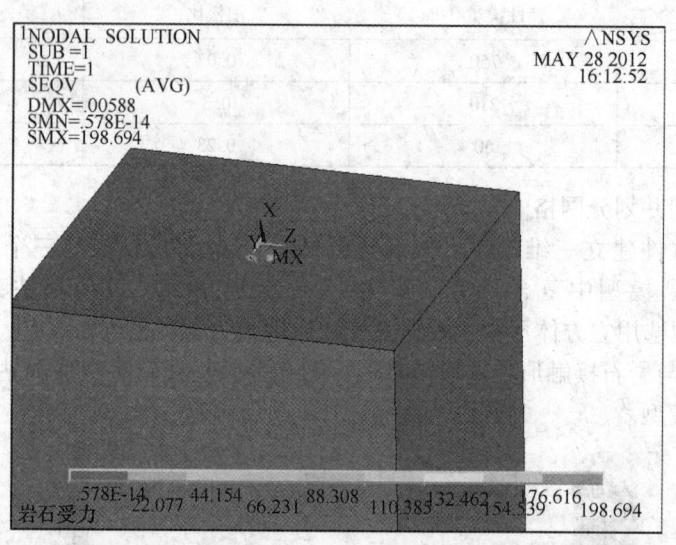

图 7　岩石 Mises 应力云图

2.3 仿真结果比较

仿真结果很多，但黏滑振动发生的条件在于在转盘与岩石的作用下，钻柱发生了扭转，因此仿真结果主要考查钻柱的扭转角度。

图 8 为钻杆网格划分稿图。选取钻杆顶面节点 17778 及底面节点 64 为参照，提取这两点的扭转角度，两点扭转角度的差值即为钻柱围绕轴心扭转角度，依次处理仿真分析结果得到：传统钻柱扭转角为 3.2585°，扭转冲击作用下钻柱扭转角为 0.08639°。

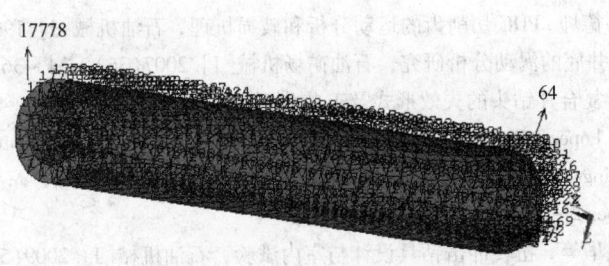

图 8　钻杆网格划分示意图

扭转角度的大小表明了钻柱中能量累积的大小，由结果可知，存在扭转冲击时钻柱中积累的扭转能量远小于无冲击，减轻了黏滑对钻进的影响。

先施加一定的钻压与扭矩进行钻进，然后保持钻井参数不变，施加扭转冲击作用，比较钻头对岩层攻击力的变化。经过大量的仿真分析后，提取结果列入表 4，并绘制出冲击力与钻头攻击力的关系曲线（图 9）。由图中可知，该钻头的攻击力与其受到的冲击力基本呈线性关系。

表 4　扭转冲击力与 PDC 钻头攻击力关系表

冲击力/N·mm	0	40	80	120	160	200
钻头攻击力/MPa	198.694	228.073	230.525	232.982	260.774	263.289

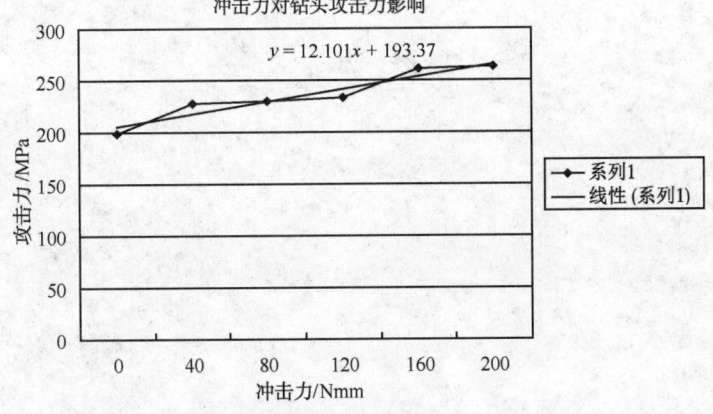

图 9　扭转冲击力与 PDC 钻头攻击力关系曲线图

3　结论

（1）单个 PDC 受力随切入岩层弧长增加及岩石由软变硬逐渐增加。

（2）PDC 钻头上所有切削齿破岩所需要的临界钻压与扭矩之和超过了钻机转盘的输出力时，会导致 PDC 钻头黏滑振动等不良工况的发生。

（3）扭转冲击增加了 PDC 钻头的攻击力，提高了其破岩能力。

（4）扭转冲击明显降低了钻柱中积累的扭转能量，减轻了黏滑振动。

参 考 文 献

1　王红波，刘娇鹏，鲁鹏飞，等. PDC 钻头发展与应用概况. 金刚石与与磨料磨具工程［J］. 2011（4）：75 ~ 78

2　王红波，舒尚文，孙起昱，等. PDC 钻头不良工况分析，金刚石与与磨料磨具工程［J］. 2012（2）：52 ~ 56

3 李树盛，王镇泉，马德坤．PDC 切削齿的运动分析和破损机理．石油机械[J]．1997(25)：17～19

4 杨庆理．PDC 钻头在井底的涡动分析研究，石油矿场机械[J]．2007(36)：34～36

5 李宜海．聚晶金刚石复合片钻头的失效形式及工艺分析，煤矿现代化[J]．2008(4)：56～56

6 Eva María，Navarro – López，Rodolfo Suárez. Practical approach to modelling and controlling stick – slip oscilla-tions in oilwell drillstrings. Proceedings of the 2004 IEEE International Conference on Control Applications Tai-pei，Taiwan，September 2～4，2004

7 祝效华，汤历平，吴华等．扭转冲击钻具设计与室内试验，石油机械[J]．2009(5)：69～73

8 孙起昱，张雨生，李少海等．钻头扭转冲击器在元坝10井的试验．石油钻探技术[J]．2010(6)：84～87

9 叶枫，宋涛．PDC 钻头切削齿的受力模型的建立．科技信息[J]．2007，(34)397～398

10 张晓亮．基于 PROE 软件的典型地质 PDC 钻头的应力分析．西安科技大学硕士论文．2009.4

11 石志明．PDC 齿切削载荷的测试与分析．西南石油大学硕士学位论文．2006.5

12 王红波．基于硬岩钻进的胎体 PDC 取心钻头的研究[D]．中国地质大学(武汉)．2010.7

13 白葳，喻海良．通用有限元分析 ANSYS 8.0 基础教程[M]，清华大学出版社．2005.5

14 玄丽萍．基于有限元 ANSYS 的浅孔钻仿真．西华大学硕士学位论文．2010.5

径向水平井自驱动射流钻头流动特性数值模拟研究

李帮民　侯树刚　杨忠华　郑卫健

（中国石化石油工程技术研究院中原分院）

摘　要　径向水平井技术是一项老井改造、挖潜剩余油气的油气田增产技术，该技术中自驱动射流钻头起到水平井眼钻井的作用，其结构设计对于径向水平井施工起到了关键作用。本文基于计算流体力学理论，数值模拟了不同敏感参数对自驱动射流钻头附近流场流动特性的影响规律，并建立了自驱动射流钻头自驱力预测模型，模型精度满足工程实际需要。本文研究成果为今后自驱动射流钻头结构优化设计奠定了理论基础。

关键词　径向水平井；自驱动；射流钻头；数值模拟；自驱力

前言

超短半径径向水平井钻井技术是一项挖潜老区剩余油气、扩大油气井泄流面积的一种油气田增产及改造技术，可为低渗、稠油、老油田和边际油田提供一种经济高效的开采途径。国外已得到大范围的推广应用，增产效果显著[1~3]。目前国内仅部分油田（如大庆、胜利、中原等）引入了该项技术，但现场的相关技术服务及配套设备均由国外公司提供[4~7]，未见国内成熟的配套设施开展现场应用。现场施工过程中，该技术井下关键工具主要包含开窗钻头、万向轴、螺杆马达、自驱动射流钻头等，其中自驱动射流钻头对于径向水平井水平井段施工成败与否起到了关键作用[8~14]。

本文基于计算流体力学理论，数值模拟了不同敏感参数对自驱动射流钻头附近流场流动特性的影响，得到了钻头入口排量、喷距等敏感参数对自驱动射流钻头流量、出口速度、压降等流动特性的影响规律，并基于数值模拟结果建立了自驱动射流钻头自驱力预测模型，为今后进一步自主研制自驱动射流钻头提供了理论依据。

1　计算方法

1.1　物理模型

自驱动射流钻头结构特征主要包括前射流喷嘴、后射流喷嘴和与高压软管连接的螺纹结构（图1，此处省略了螺纹结构）。其中，前射流喷嘴形成的高压水射流起到破碎钻头前端岩

基金项目： 中石化先导试验项目"超短半径水平井井下工具研制"项目（编号：JPJ12005）资助。

石的作用，后射流喷嘴形成的高压水射流起到孔眼扩径、提供钻头自进力、稳定钻头的作用。

本文采用 FLUENT 计算流体力学软件，针对自驱动射流钻头附近流场特性开展了数值模拟研究(图2)，为钻头附近流场流体区域网格划分图，网格划分过程中采用了分块网格技术，提高了计算精度，降低了网格数量。计算过程中入口边界条件采用质量流量入口，出口采用自由流动边界，壁面处采用无滑移边界。

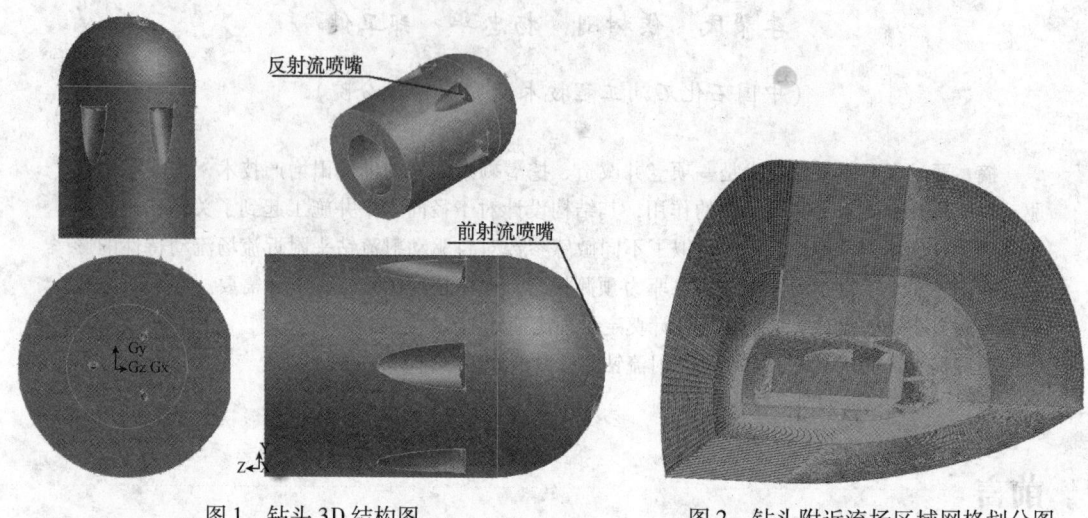

图1　钻头 3D 结构图　　　　　图2　钻头附近流场区域网格划分图

1.2　数学模型

对于所有的流动，FLUENT 软件都是求解连续性方程和守恒方程，当涉及到温度变化时附加求解能量守恒方程。本文自驱动射流钻头实际工况下采用清水为流体介质，因此仅考虑单相流动，求解控制方程如下。

(1)连续性方程：

$$\frac{\partial \rho}{\partial t} + \rho \nabla \cdot V = 0 \tag{1}$$

式中　ρ——流体密度，kg/m³；

　　　t——时间，s；

　　　V——流速，m/s。

(2)动量守恒方程：

$$\frac{\partial (\rho v)}{\partial t} + \mathrm{d}(\rho v \cdot v) = \rho g + \mathrm{d}T \tag{2}$$

式中　v——速度矢量，m/s；

　　　T——时间，s；

　　　g——重力加速度，m/s²。

由于本文考虑到清水在高压作用下经过自驱动射流钻头直径较小的流到形成高速射流流动，因此计算湍流时采用 REALIZABLE $\kappa - \varepsilon$ 模型，该湍流模型对于平面射流与圆形高速射流的散布率预测更加精确，其湍动能及其耗散率输运方程如下：

$$\frac{\partial}{\partial t}(\rho k) + \frac{\partial}{\partial x_j}(\rho k u_j) = \frac{\partial}{\partial x_j}\left[\left(\mu + \frac{u_t}{\sigma_k}\right)\frac{\partial k}{\partial x_j}\right] + G_K + G_b - \rho\varepsilon - Y_M + S_k \qquad (3)$$

$$\frac{\partial}{\partial t}(\rho\varepsilon) + \frac{\partial}{\partial x_j}(\rho\varepsilon u_j) = \frac{\partial}{\partial x_j}\left[\left(\mu + \frac{u_t}{\sigma_k}\right)\frac{\partial k}{\partial x_j}\right] + \rho C_1 S\varepsilon - \rho C_2 \frac{\varepsilon^2}{k + \sqrt{\nu\varepsilon}} + C_{1\varepsilon}\frac{\varepsilon}{k}C_{3\varepsilon}G_b + S_\varepsilon \qquad (4)$$

式中，k 为湍动能；ε 为湍流耗散率；$C_1 = \max\left[0.43, \frac{\eta}{\eta+5}\right]$；$\eta = Sk/\varepsilon$，$G_k$ 为由于平均速度梯度导致的湍动能；G_b 为由于浮力影响导致的湍动能；Y_M 为可压缩湍流脉动膨胀导致的总的耗散率；$C_{1\varepsilon}$，C_2，$C_{3\varepsilon}$ 为常数；σ_k，σ_ε 分别是湍动能和耗散率的普朗特常数。

2 计算结果及分析

自驱动射流钻头性能主要表现在破岩效率、井径扩大率和自驱力 3 个方面，本文仅针对不同入口排量条件和不同喷距两个敏感参数，数值模拟了钻头前后喷嘴形成的高压水射流及附近流场流动特性，从而分析前、后射流喷嘴形成的高压水射流流速特性对破岩规律、扩眼规律和自驱力的影响。

2.1 排量对环空流场的影响

自驱动射流钻头径向水平钻进时，需根据钻头前后射流喷嘴直径的不同改变入口排量，本文前、后射流喷嘴直径均为 0.65mm，前、后喷嘴数量分别为 3 个和 6 个。因此，本文分别数值模拟了 0.5L/s、0.75L/s、1L/s、1.25L/s、1.5L/s 五组入口排量对钻头附近流场流动特性的影响规律。

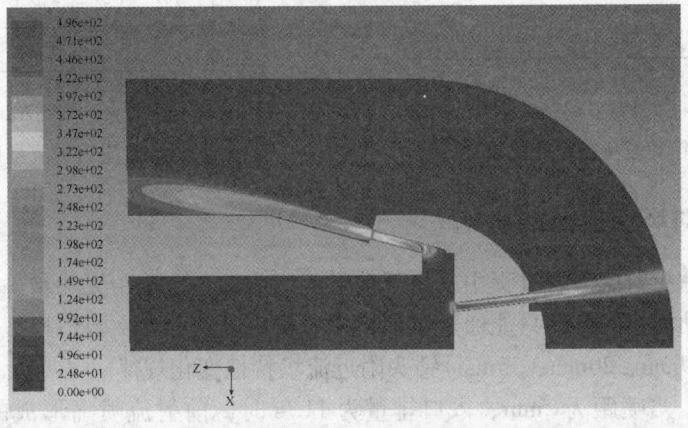

图 3 不同排量条件下钻头附近流场速度分布云图

当喷距一定时，由数值模拟结果可知，随着入口排量的增大，前、后射流喷嘴流速逐渐增大，且速度分布规律基本相同(图 3)。入口排量不同时，后射流喷嘴入口处均存在一较大涡漩，该涡流增大了后射流喷嘴的压降，降低了后射流喷嘴的流量，导致前、后射流喷嘴流量分配的不均匀(图 4)，前射流喷嘴流量与平均流量之比约为 1.33，后射流喷嘴流量与平均流量之比约为 0.98(图 5)。由此可见，该涡旋增大了前射流喷嘴流量及流速，提高了前射流破岩效率。前、后射流喷嘴轴心处最大流速如表 1 所示，由此可知，当入口排量为 1L/s 时，前、后射流喷嘴形成的高压水射流最大动压可达到 100MPa 左右，而国内储层一般均为渗透性较好的砂岩或灰岩[15,16]，前人通过实验获得有效的破碎该类岩石所需的射流冲击力约在其门限压力的1.5倍以上（门限压力约为30MPa），即45MPa左右。

表1　不同排量条件下前后射流喷嘴最大流速

入口排量/(L/s)	0.5	0.75	1	1.25	1.5
前射流喷嘴轴线处最大流速/(m/s)	248	372	496	620	745
后射流喷嘴轴线处最大流速/(m/s)	210	315	420	525	630
前射流喷嘴动压/Pa	3.0752×10^7	6.9192×10^7	1.23×10^8	1.922×10^8	2.7751×10^8
后射流喷嘴动压/Pa	2.2050×10^7	4.9613×10^7	8.82×10^7	1.378×10^8	1.9845×10^8

同时后射流喷嘴形成的高压水射流在出口存在一定的附壁效果，降低了后高压水射流的作用面积，分析原因可知，该附壁效应是由于后射流喷嘴倾角较小导致的（本文给出的后射流喷嘴与轴心处夹角为15°）。今后自驱动射流钻头结构参数优化过程中，应适当增大后射流喷嘴与轴心处夹角，避免后射流形成附壁效应，提高后射流喷嘴扩径效率。

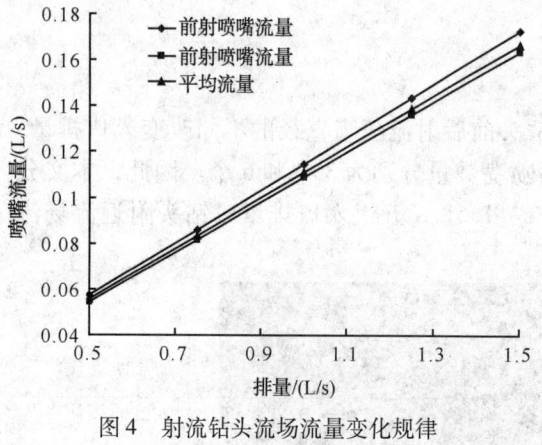

图4　射流钻头流场流量变化规律　　　　　　图5　射流钻头流量比变化规律

2.2　喷距对环空流场的影响

自驱动射流钻头射流破岩过程中，由于前射流流速较大，喷距无法精确测定，喷嘴对自驱动射流钻头流动规律的影响只能通过数值模拟分析。因此，本文数值模拟了不同喷距条件下（2mm、5mm、9mm、20mm、35mm）钻头附近流场特性变化规律。

如图6所示，当喷距为2mm、入口排量为1L/s时，前射流喷嘴形成的高速射流射流核可作用在前端岩石上，且流速达到了156m/s左右，漫流层速度可达100m/s左右，钻头前端轴心处存在一较大漩涡区，但漩涡区较为贴近岩石壁面，形成的负压有利于破碎轴心处地层，避免形成锥形未破碎区域。随着喷距的增大，作用在岩石上的射流流速逐渐降低，且由图7可知，喷距的变化仅对作用在前端岩石的射流速度和漫流层速度有较大影响，对钻头本身流量分配影响较小。如图8所示，当钻头入口排量不同时，喷距的变化对钻头压降的影响较小，即在自驱动射流钻头结构参数设计过程中，可忽略喷距对钻头流场特性的影响，应着重考虑前射流喷嘴直径与夹角结构参数对前射流流场轴心处压力分布的影响。

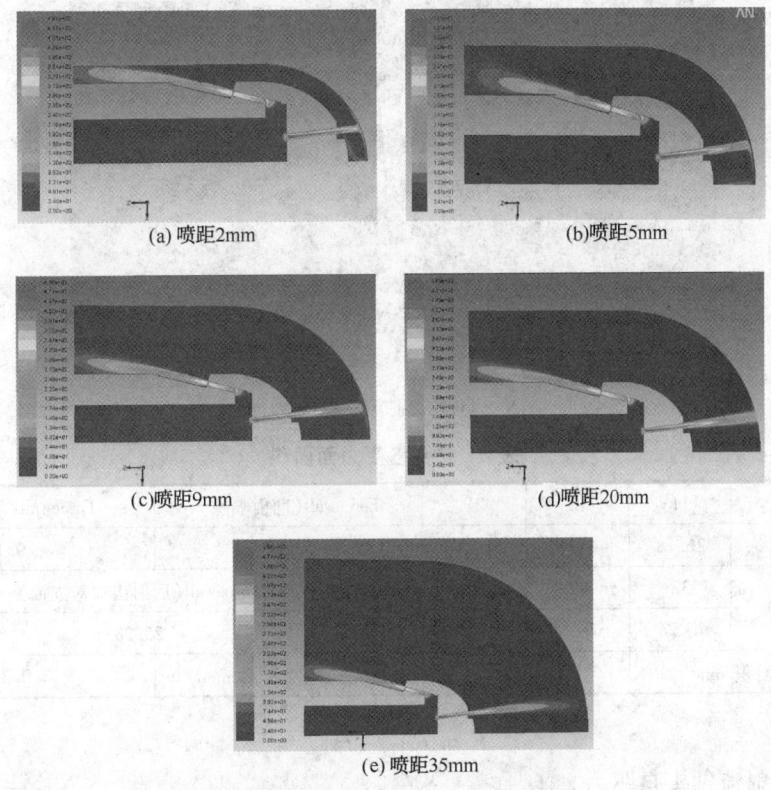

图 6　钻头附近流场速度分布云图（1L/s）

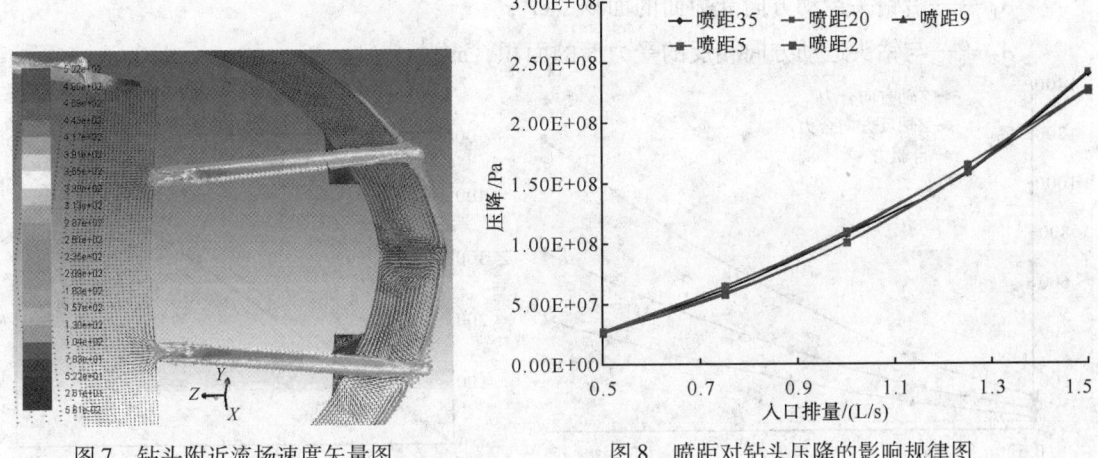

图 7　钻头附近流场速度矢量图　　　　　图 8　喷距对钻头压降的影响规律图

2.3　自驱力数值模拟

自驱动射流钻头可通过作用在钻头表面的压力差，使得钻头在水平井眼中向前运动，分析可知，影响自驱力大小的关键因素主要为前/后喷嘴过流面积差[17]，因此本文通过分析钻头表面各个面所受的压力，推导得到了自驱动射流钻头自驱力预测模型。

图 9 为自驱动射流钻头轴向上受力面，表 2 给出了各受力面的面积，通过公式（5）可计算得到钻头自驱力。

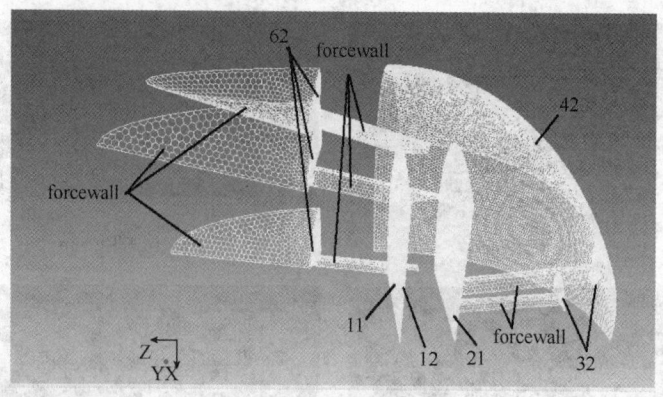

图9　自驱动射流钻头受力面

表2　钻头各受力面面积

受力面	11	12	21	Forcewall(前射喷嘴)	Forcewall(后射喷嘴)
面积/mm²	26.18	44.244	44.244	5.227	9.16
受力面	32	42	62	Forcewall(后射出口对立面)	
面积/mm²	1.57	678.59	5.52	25.28	
前射流喷嘴面积/mm²	0.332		后射流喷嘴面积/mm²	0.332	

$$F = PA_1 - PA_2 \qquad (5)$$

式中　F——射流钻头自驱力，N；

　　　P——压力，Pa；

　　　A_1——沿钻头运动方向受力面的面积，m²；

　　　A_2——与钻头运动方向相反的受力面的面积，m²。

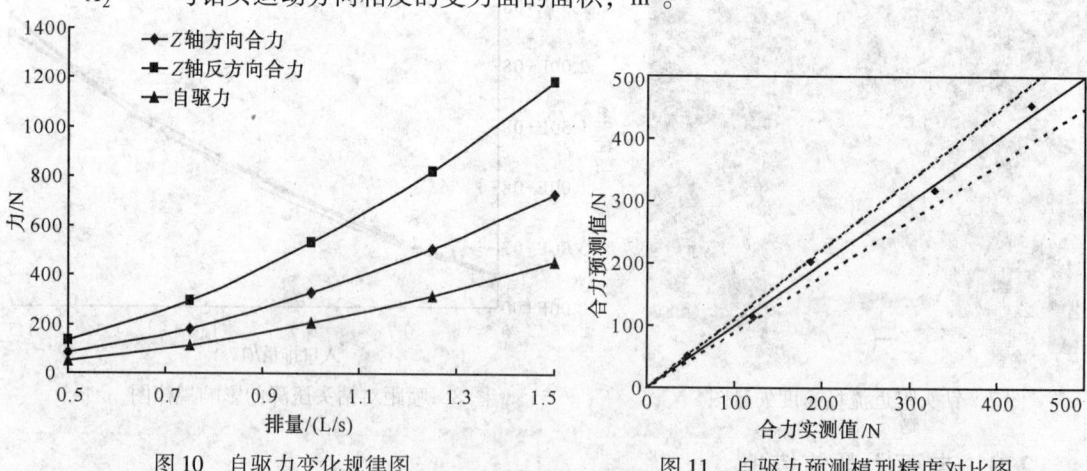

图10　自驱力变化规律图　　　　　　图11　自驱力预测模型精度对比图

如图10所示，通过FLUENT计算可知，随着入口排量的逐渐增大，钻头所受Z轴方向合力和Z轴反方向合力均逐渐增大(本文计算条件下，钻头运动方向与Z轴方向相反)，且Z轴反方向合力均大于Z轴方向合力，两者之差即为钻头自驱力，同时由图可知入口排量越大，自驱力越大。在本文计算条件下(入口排量为1L/s时)，沿钻头运动方向所受合力约为204.6552N，即自驱力约为204.6552N，当入口排量为1.5L/s时，自驱力可达445N左右。

通过数学回归可得自驱动射流钻头自驱力预测模型[公式(6)]，分析可知，该模型平均误差仅为3.1%，最大误差为9.144%（图11），适用于工程计算。

$$F \approx 1.97\Delta P(n_b\pi R_b^2/\cos\phi_b - n_f\pi R_f^2/\cos\phi_f) \tag{6}$$

式中　F ——钻头自驱力，N；

　　　ΔP ——压降，Pa；

　　　n_b ——后射流喷嘴数量，个；

　　　R_b ——后射流喷嘴半径，m；

　　　φ_b ——后射流喷嘴与轴心处夹角，(°)；

　　　n_f ——前射流喷嘴数量，个；

　　　R_f ——前射流喷嘴半径，m；

　　　ϕ_f ——前射流喷嘴与轴心处夹角，(°)。

3　结论与认识

本文基于计算流体力学理论，分析了入口排量、喷距对自驱动射流钻头附近流场流动特性的影响规律，初步得到以下几点结论：

（1）在本文计算条件下，当入口排量为1L/s时，自驱动射流钻头前射流喷嘴形成的高压水射流动压可达100MPa，高于国内渗透性较好的砂岩或灰岩的1.5倍门限压力以上，可实现高压水射流破岩的目的。

（2）当后射流喷嘴与轴心处夹角为15°时，后射流喷嘴形成的高压水射流存在附壁效应，降低了后射流的作用面积，减小了后射流扩径效果，今后自驱动射流钻头结构参数优化过程中应适当增大后射流喷嘴与轴心处夹角。

（3）喷距的变化对自驱动射流钻头流量分配及钻头压降的影响较小，当喷距为2mm时，钻头前端轴心处存在一较大漩涡区，但该漩涡区域较贴近与岩石壁面，有利于形成负压辅助破岩。

（4）分析可知，钻头自驱力与前、后射流喷嘴直径和钻头压降有关。在本文计算条件下，基于数值模拟结果建立了自驱动射流钻头自驱力预测模型，该模型平均误差仅为3.1%，适用于工程计算要求。

参 考 文 献

1 张义，鲜保安，赵庆波等．超短半径径向水平井新技术及其在煤层气开采中的应用[J]．中国煤层气，2008，3：20～24

2 梁壮，葛勇，李洁等．水力喷射径向水平井技术在煤层气开发中的应用[J]．辽宁工程技术大学学报（自然科学版），2011，3：349～352

3 张恒，王大力，王广新．径向水平井在大庆油田应用的可行性探讨[J]．西部探矿工程，2009，9：73～76

4 马东军，李根生，黄中伟等．连续油管侧钻径向水平井循环系统压耗计算模型[J]．石油勘探与开发，2012，4：494～499

5 易松林，马卫国，李雪辉等．径向水平井钻井综合配套技术试验研究[J]．石油机械，2003，01：1～4

6　刘衍聪，岳吉祥，陈勇等．超短半径径向水平井转向机构仿真研究［J］．中国石油大学学报（自然科学版），2006，02：85～89

7　施连海，李永和，郭洪峰等．高压水射流径向水平井钻井技术［J］．石油钻探技术，2001，05：38～42

8　陈世春，王树超．小井眼侧钻短半径水平井钻井技术［J］．石油钻采工艺，2007.03：11～14

9　周卫东，师伟，李罗鹏．径向水平钻孔技术研究进展［J］．石油矿场机械，2012.04：1～6

10　魏银好，张东速，王磊．牵引式旋转水射流自进力的计算［J］．煤矿机械，2007，28（8）：14～15

11　王慧艺，周卫东．旋转射流钻头的叶轮设计［J］．石油大学学报，1997，21（4）：43～48

12　林凤波，尚庆春，薛玲等．水力开窗径向水平孔技术研究与试验［J］．石油钻探技术，2002，30（5）：25～26

13　李根生，易灿，吴波．双射流喷嘴破岩扩孔的实验研究［J］．石油钻探技术，2001；29（3）：9～11

14　宋剑，李根生，胡永堂等．同轴直射流与旋转射流组合的双射流湍流流场数值模拟［J］．水动力学研究与进展，2004，19（5）：672～676

15　刘永建．喷射钻井技术理论基础与实践［M］．黑龙江：黑龙江科学技术出版社，1993，345

16　J J Kolle，K Theimer，A Theimer，et al. Coiled Tubing Jet Drilling With a Downhole；Intensifier［J］．SPE/ICoTA Tubing and Well Intervention Conference and Exhibition，2008

17　孙家骏．水射流切割技术［M］．中国矿业大学出版社，北京，1992

高温地热、干热岩发电钻井技术应用前景和发展趋势

王　磊　孙明光　张东清　张仁龙

（中国石化石油工程技术研究院）

摘　要　钻井技术是高温地热、干热岩发电的关键技术，钻井工程技术水平的发展情况直接决定了未来高温地热和干热岩资源的开发形式和规模，钻井技术的突破将有力地促进中国高温地热发电产业快速发展。目前高温地热、干热岩钻井技术面临的挑战包括：高温带来的井控问题，钻井液问题，固井与成井问题，钻头、钻井工具、仪器的问题，井眼轨道测量与控制问题，高温条件下破岩效率问题及干热岩储层改造问题。为了满足高温地热、干热岩发电对钻井工程要求，研究高温条件下岩石力学特性和破岩方式，研发新型的耐高温钻头、钻井工具和仪器、井下测量工具，特种固井水泥、新型管材将成为热门。高温条件下井筒流体的温度状态控制技术、高温定向钻井技术、耐高温钻井液、泡沫钻井技术、高温条件大规模压裂技术成为急需取得突破的技术。"EGS"和"UGGW"是未来将大规模商业化推广的两种高温地热、干热岩发电的系统模式，也对钻井工程技术提出了对应的需求，引领了钻井工程技术在地热开发领域中的发展方向。

关键词　高温地热、干热岩发电；高温地热钻井；EGS；UGGW

1　高温地热、干热岩电力资源特点

中国国民经济的高速发展下碳排放已居世界第一，继续增大碳排放量，国际压力势必越来越大。在低碳经济模式下，高效开发利用深层清洁地热资源，已经被普遍接受。近年来利用高温地热、干热岩资源进行发电，高效环保的产生高品位的能源已经成为各个发达国家研究的主要对象，美国、德国、日本都已经取得了较大的技术突破。我国这方面的研究和技术储备目前还处于起步阶段，与世界先进水平差距较大。

高温地热、干热岩因发电热利用率较高，是一种较高效的利用方式。早期普遍尝试采用浅层高温地热发电是在世界一些地热田钻数百米的浅井，就可以获得200℃以上的热水（汽），从而实现高温地热发电。其基本特征是采出热水属地表浅层地下水动力系统，补给路径短。实践发现，这类地热发电存在的问题是：①地热能不稳定，出水量与温度变化较大，因此发出电量稳定性也较差，不利于电网运行；②地下水在热源处经过的路径短，因此采出量与采出水温度都会较快衰减，发电难以持久。

深层高温地热、干热岩的发电的特征是地下水通过地质断裂向下补充到热储层，再沿裂缝达到可采层位，或通过人工改造的方式制造裂缝或通道，人工形成热储层和取水采热的循环通道，其钻井深度通常超过2000m。其特点是：①采出热水温度高，甚至高达300℃以上，发电效率高；②单井采出的热能多，单井发电能可达数兆瓦以上；③稳定采出热水时间

长可稳定发电达 30 年以上，如果干热岩采用人工改造的方式发电则持续的时间将大大增加；④可以在浅层回灌，或者通过注入井直接注回人工热储，对环境影响极小。

2 高温地热、干热岩发电钻井技术面临的挑战

不论是利用深部高温地热资源发电，还是利用干热岩资源，采用"EGS"增强型地热系统或者"UGGW"地下闭式循环地热交换系统进行大规模发电，都对现有的钻井技术提出了更高的要求和挑战。

2.1 高温带来的井控问题

高温地热发电必须在能产出大量超高温度热水的地区钻井，才能获得高的发电能力。地层裂缝发育是这类地区的典型特点，钻井时往往要钻遇裂缝发育带，这种情况下高温热蒸汽会喷出。当发生井漏时，上部钻井液返出速度变慢，地层对循环流体加热作用增强，可能导致上部循环流体汽化喷出。而当发生地下热水涌向井筒的情况时，如果循环冷却液体量没有足够大，会导致循环流体汽化喷出。地下热蒸汽一旦喷出，不仅生产难以进行，还可能危及井队员工安全。

2.2 高温带来的钻井液问题

常规钻井液中蒙脱石在 150℃以上温度范围内，进入地层后会形成一种低标号的水泥，蒙脱石颗粒随时间增长继续固化，造成地层裂缝堵塞，完井后没有产水能力[1]。因此常规钻井液体系不适合于高温地热钻井。高温地热钻井时，由于不能使用蒙脱土，使携带岩屑、井筒降温等难度增大。

2.3 高温带来的固井与成井问题

高温将导致井内套管产生较大的热应力，同时管材强度下降，如图 3 所示。对于固井施工来说，高温导致固井浆的水泥凝固时间难以控制，并可能导致固井失败。固井后，水泥石在高温的情况下强度持续衰退，随着生产的进行，套管不断产生热胀冷缩，伴随着管柱的震动，水泥会逐渐粉化。而套管也会在高温情况下产生强度衰退，使得套管难以达到设计的性能[2]，产生大量的套管损坏问题[3]。同时，目前的固井水泥也不能满足保温隔热或者高导热的需求。

2.4 高温带来的钻头、钻井工具、仪器的问题

由于聚晶金刚石（PDC）钻头切削齿还不能适应坚硬的火成岩变质岩地层，因此高温地热井钻井深部、干热岩钻井目前最好使用牙轮钻头。而牙轮钻头受密封件耐高温性能的影响，在超高温条件下寿命极低。钻井常用的工具仪器耐温也有限，常规螺杆等井下工具中橡胶件耐高温通常仅 120℃，不适合于高温地热钻井的环境。

2.5 高温带来的井眼轨道测量与控制问题

高效开发高温地热资源、干热岩资源需要采用定向井技术，井眼轨道测量非常关键。轨道测量需要用到的随钻测量（MWD）等仪器的电子元件耐高温极限为 180℃，这显然不适应

超高温地热井和干热岩钻井的需要。目前在泡沫钻井条件下，由于泡沫的隔热能力，采用单点测斜方式，可以满足测斜仪器下入与工作要求。但对于钻井液钻井可能就难以满足要求。

2.6 高温条件下破岩效率问题

由于高温地热、干热岩钻井一般钻遇的都是极硬的火成岩变质岩，地层硬度级别高，面临可钻性差、对钻压敏感、没有足够钻压时钻速极慢以及钻头磨损严重的问题。目前，PDC钻头以及涡轮钻具配金刚石钻头在该类地层提速并没有取得突破，提高速度难度大。另外高温地层钻进时跳钻严重，对钻具损害大。

2.7 干热岩储层改造问题

"EGS"的技术关键之一就是干热岩的储层改造问题，目前储层改造的方式主要有水力压裂法、爆破法、热应力法。其中石油钻井广泛采用的水力压裂法最有发展前景，但是由于干热岩体具有超高温、致密坚硬等特征，对干热岩体实施储层改造所需要的工艺方法、压裂液和支撑液、裂缝扩展模型、实时裂缝监测等技术都提出了新的挑战。

3 高温地热、干热岩发电钻井技术发展趋势

为了满足高温地热、干热岩发电的工程需求，钻井技术有如下发展趋势。

3.1 高温条件下岩石力学特性和破岩方式

高温或超高温条件的井筒压力体系特点、井筒围岩稳定状态情况、岩石破坏机理等方面与常温下是不同的，目前国内外的学者在充分考虑热应力和交变应力的影响下，对岩石力学的特点、井壁围岩稳定的状态、岩石的破坏机理等方面进行了研究[23]，加速形成了高温地热资源开采、高温岩体井筒围岩的稳定性控制技术和高温高压下复杂岩层情况下的高效破岩技术，以便高效的开发高温地热资源和干热岩资源。

高温坚硬岩体的破岩方式，诸如切削与冲击复合破岩、高压水射流破岩、高温碎裂破岩、激光破岩等极具诱惑力的破岩方式都是正在运行的研究课题。国际上提出的线性钻井技术[24]（图1）已形成并开始进入商业化运行，使开发高温地热资源和干热岩的成本大大降低。

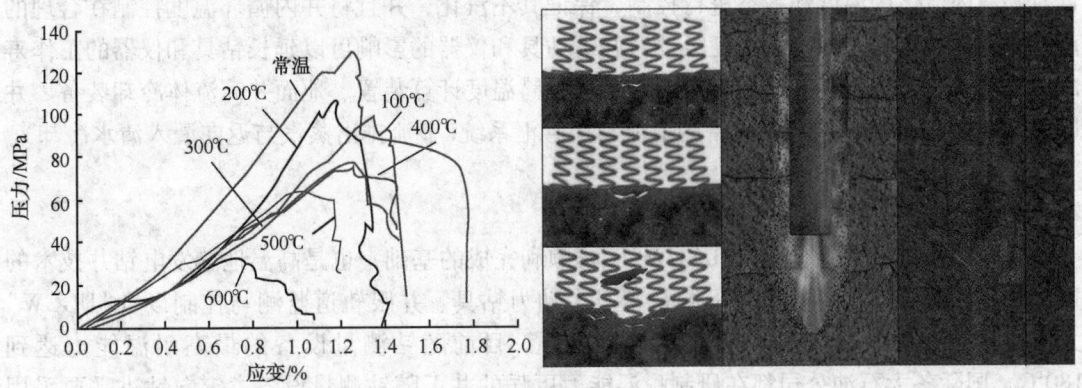

图1　600℃范围内花岗岩交变热应力情况下的应力应变关系和线性钻井示意图

3.2 耐高温钻头、钻井工具(图2)

针对常规钻头密封件中橡胶不能抗高温导致钻头寿命短的问题，采用金属密封代替橡胶密封，可以有效提高抗温能力。为提高钻速，除增大钻压外，使用耐高温螺杆、涡轮、旋转冲击器等可以显著的提高在火成岩和花岗岩地层中的钻进速度。通过研制耐高温的橡胶材料可以提高螺杆的耐温性能，扩大使用范围；涡轮钻具没有橡胶密封件，因此理论上可以适应更高的地层温度；新型的旋转冲击器，可以使用耐高温橡胶或使用无橡胶原件也可以适应较高的温度。

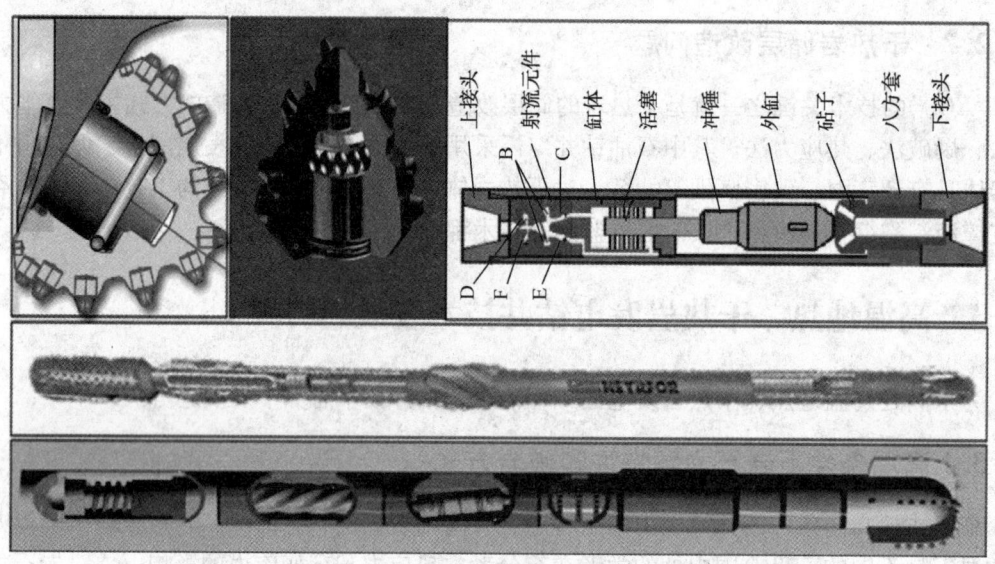

图2　金属密封钻头、耐高温螺杆、涡轮、旋转冲击器

3.3 高温条件下井筒流体的温度状态控制

为了满足井控和施工的需要，必须在钻进施工过程中对井筒中流体的温度和状态进行控制，尽量保证流体到达井口不汽化，井内循环温度可以达到井下工具的工作条件的要求。通过控制系统监测井口温度情况，准确了解井筒内温度情况，采用井筒压力控制和井口冷却装置对井筒内流体的温度和状态进行控制，保证其不汽化，并且将井内循环温度控制在合理的范围内，在一定程度上降低温度条件对井下钻具和仪器的影响可以延长钻具和仪器的工作寿命。控制系统一般包括井口温度监测装置、井筒温度计算装置、地面井筒流体冷却装备、井口控压装置(旋转防喷器)、完备的节流与压管汇系统(节流排出蒸汽与返向灌入清水冷却)。

3.4 高温定向钻井技术

高温定向技术是"EGS"和"UGGW"工程顺利完成的基础，也是高温地热发电钻井技术的重要一环，需要解决高温条件下测量工具、动力钻具、井眼轨道监测与控制以及"UGGW"大位移井防磨降阻极限延伸和双井对接问题。目前随钻测量设备的最高耐温能力达到180℃，国际各大石油公司都在研制耐温能力更强的井下随钻测量设备。定向钻进需要采用井下动力钻具，国内耐高温螺杆钻具可以耐210℃高温，基本满足简单高温地热定向钻井的需求。更高温度下的钻进可以采用涡轮钻具。

3.5 耐高温钻井液、泡沫钻井技术

目前国内外都在研究提高钻井液抗温能力的工艺和配方。就目前来讲泡沫钻井工艺能够有效的提高钻速和解决井漏问题，成为高温地热井和干热岩开发的热门技术。对于300℃以上温度，国内外应用较成功的是采用泡沫钻井液体系。中国石油曾在肯尼亚成功施工过高温地热井，地层温度达350℃。该井钻井过程中交替采用了泡沫循环与注水冷却措施，防止循环流体过热导致液体汽化。该技术每采用清水钻进一段时间后，就打入一段泡沫，解决岩屑携带问题。安排专人监测返出钻井液的流量与温度，如果温度超过设定的警戒值，则立即关井，从环空与钻具内同时注入清水冷却。

抗高温泡沫体系、发泡工艺、泡沫的回收利用以及冷却消泡工艺是目前泡沫钻井工艺的研究方向，此外还需要空气压缩机、增压机等设备。

3.6 特种固井水泥和新型管材

高温地热井、干热岩的开发迫切需要研制新型的特种固井水泥浆体系，包括耐高温水泥浆体系、低密度水泥浆体系、高导热率水泥浆体系等。同时对管材也提出了新的要求，随着温度的增加管材的强度不断降低(图3)，需要强度更高或者新型材料的管材。为了满足开发的需要还需要研究预应力套管、非金属套管、高导热管材等。

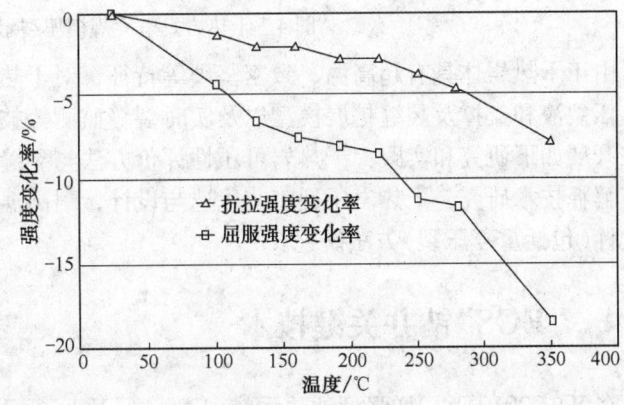

图3 紧密加沙法现场和V140强度随温度变化曲线

目前国内公司一般采用紧密加砂法提高水泥的抗温能力，一般水泥中加砂量在30%~40%，可以适应稠油热采井采用300℃过热蒸汽进行吞吐开采的要求，但仍不能满足高温地热水(汽)开采要求。需要采用下列技术措施：采用加砂(硅粉)水泥、紧密堆集水泥浆技术可以提高水泥石抗温能力；加入空心玻璃微珠不仅可以降低水泥浆密度，减少固井时漏失，还可以大幅度提高水泥环的保温能力，有利于提高采出水温度；采用抗高温缓凝剂控制高温情况下水泥浆凝固时间；采用正注、间歇反挤法保证在固井漏失情况下套管外完整充填，即使水泥已粉化，仍能实现套管外的可靠封隔。

3.7 高温条件大规模压裂技术

通过大规模压裂技术形成人工热储是干热岩资源发电的核心关键技术(图4)，例如在硬

质的花岗岩中钻成高温深井，对低渗透性结晶岩体进行水力压裂激发，造成水力传导裂缝，建立地热井之间的连通。岩石中本来具有天然节理或早期裂缝，但由于水岩作用，部分或全部已被封闭，水力压裂可以重新开启这些天然裂隙并使之相互连通，同时增强未封闭裂隙通道的渗透性，甚至在储层岩体中创造新的裂隙。还可以通过增加生产井数量和裂缝区体积来扩大储层规模，制造更大的流体换热面积，降低储层阻抗改善裂隙储层的导流能力，通过提升注入压力增加储层的产水速率，增加钻井深度到达更热的岩体。

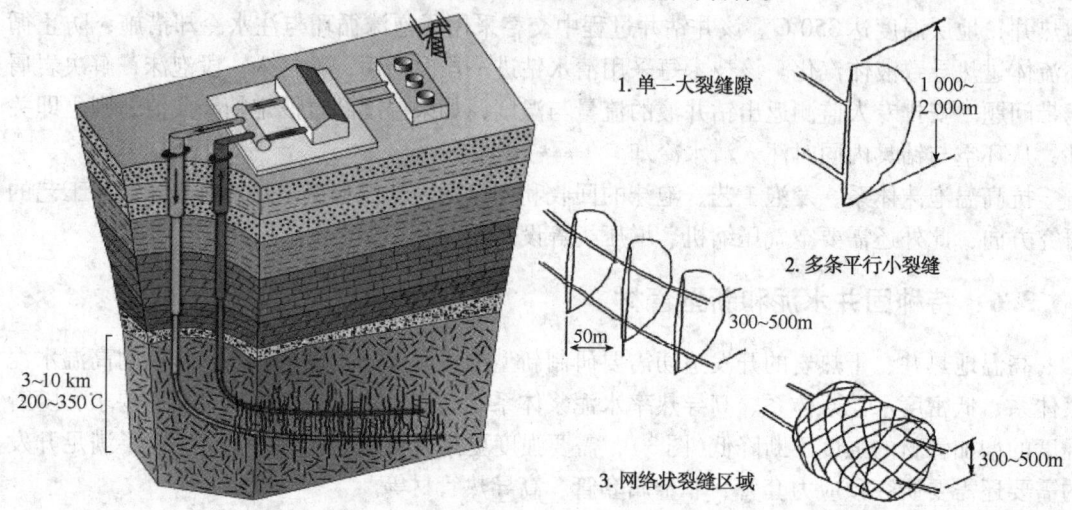

图4　干热岩发电大规模压裂示意图

由于干热岩体具有超高温、致密坚硬等特征，对干热岩体实施储层改造所需要的工艺方法、压裂液和支撑及裂缝扩展模型以及实时裂缝监测等技术都提出了新的挑战。目前国内外正在开展如下研究和实践：干热岩可压性评价方法与裂缝扩展模式研究，干热岩压裂裂缝监测与解释技术研究，干热岩压裂工艺优选与设计，耐高温压裂流体与支撑剂研发，干热岩压裂设计（包括重复压裂）方法研究。

4　"EGS"钻井关键技术

在WGC2010上，增强型地热系统（EGS——Enhanced Geothermal Systems）作为地热领域的两个发展方向之一，引起了各国学者的极大关注[4]。"EGS"（图5）开发目标是地下3000～100000m处赋存的深层地热，基本原理是首先钻进能够到达该深度范围内的深井，采用水力压裂等作业措施在高温岩体中造成具有高渗透性的裂隙体系，即"人造"出一个"热储"，然后在地面上从一口（或几口）井中将冷水注入，经孔隙—裂隙换热构造加热后再从另一些井中抽出至地面，利用产生的高温热水或蒸汽进行发电[5-9]。这种出现于美国的深层地热开采最早称为"干热岩"（Hot Dry Rock）技术，与现有EGS概念不同之处主要在于，当时估计深层结晶质岩体是致密、非渗透、没有流体存在的，因此认为HDR和传统的水热型地热系统之间除了以提取地热能为目标以外几乎没有什么共同点[10,11]。但随着人们意识到HDR的思路正是模仿了天然水热型地热系统，而水热型地热系统通过回注可以延长天然地热田的寿命时，HDR和水热性地热之间的共同点变得越来越多[12,13]。特别是后期钻探发现，深层岩体中可能存在发育较好的天然裂缝体系并存在流体，"湿热岩体"（Hot Wet Rock）的概念由此诞生[7~9]。现在，人们通常认为地热资源从高渗透性的水热型地热系统到 HWR，再到非渗透性的 HDR，构建了一个连续的地热谱系[8,10,11]。而 EGS 的含义也已突破了最初的提法，不再单纯强调岩石本身的性质，更注重通过增强天然裂隙或人造裂隙网络的方法来提高岩石渗透率，从而达到商业目的。

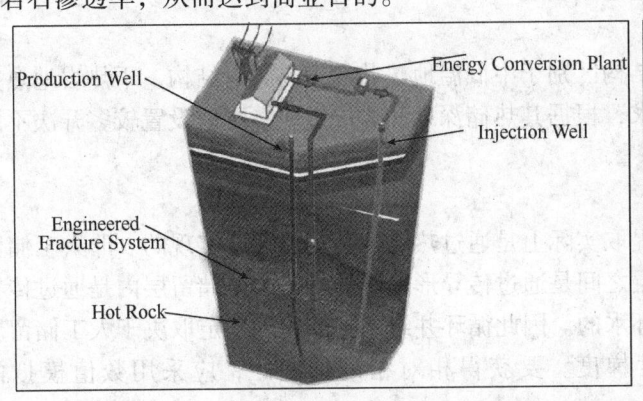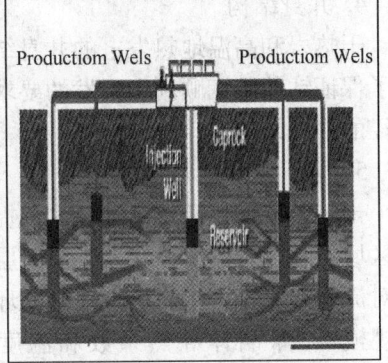

图 5 "EGS"示意图

"EGS"钻井关键技术有 3 个主要部分组成，包括钻井布局设计、干热岩地热深层钻井施工技术、干热岩人工储留层的建造。干热岩地热深层钻井施工技术前文已经叙述，重点介绍另外两个重点。

4.1 钻井布局设计

钻井布局设计的基本内容包括井位置选择、合理的井深、循环井间距(包括水平间距与压裂连通的垂直间距)、井身结构和井眼轨迹、井位布局。

1. 开发干热岩的合理井深

对于开发利用干热岩系统，合理的钻井深度就是在钻进技术水平和钻井成本允许的前提下可以达到的系统所需的干热岩体的深度；开发利用干热岩地热能源时，要求的钻井深度与利用热能的效率密切相关。钻井深度进入干热岩越深则交换的温度就越高，与此同时，人们总希望一个干热岩地热井可以在相对长的时间内稳定地提取地热，从而可以大大降低成本，由此井深的确定主要由所涉及岩体的温度、技术水平和钻井成本这 3 个因素来决定。从美国和日本开发干热岩的经验来看，其主要应用热能发电，人工储留层建造在 350℃以上的深度上。

2. 人工储层范围

在干热岩体层温度确定的前提下，人工储留层的空间范围是决定开发系统出力与寿命的关键因素。据国外干热岩地热开发经验，一个好的可供 10MW 发电机组发电的人工储留层体积至少应达到$(500~1000)×10^6m^3$。按照现行定向水平井通过垂直裂缝连通的人工储留层建造技术方案，注水井与生产井水平段的垂直距离 500m 和水平距离 600~1000m 段内全部用裂缝连通，即可形成 500~1000mm³ 体积的人工储留层[13]。

3. 井位选择、间距与水平井方向

由于人工储留层建造是通过巨型水压致裂或巨型爆破技术实现的，而裂缝发展方向往往受到地应力场方向所控制，按照现代地应力场分布规律，3 个主应力中有一个水平主应力是最小的。为便于建造人工储留层，尤其是采用水压致裂技术，其裂缝扩展面垂直于最小主应力方向。因此，在建造人工储留层时，一般采用水平井段实施压裂或者爆破。按照这个原则，水平井的方向应该沿最小主应力方向。从经济角度考虑，注水井和生产井是通过水平井段连通的，因此两井的垂直段相距 30～50m 即可，这样更便于地热电厂的运行与管理，同时也可以缩短高温水和低温水的输送管线长度[14]。

4. 井身结构

干热岩和高温地热发电的井身结构区别于中低温地热井的简易井身结构。干热岩地热井为了保证钻井施工顺利和开发的要求，根据其热储深度和岩层性质，可以设置较多开次不同井径的井身结构。

5. 循环井组的水平间距

干热岩体地热开发系统地热的提取实际上是通过热的两种传输形式实现的。非人工储留层区域的干热岩体地热和人工储留层之间是通过传导形式传热的；人工储留层内是通过传导和对流的方式将岩体热量传输给循环水的。因此循环井组水平间距的确定取决于人工储留层的规模半径、岩体导热系数和温度梯度。要获得相对精准的间距，应采用数值模拟的方法[16]。

在干热岩体地热提取过程中，随着岩体温度的降低，岩体会出现大量的热破裂事件。岩体热破裂发生，使人工储留层热交换能力变得更强，更主要的是原先以纯传导方式传热的人工储留层周围岩体，因为破裂而使渗透性急剧增加，大量水渗入该区域，而使仅以传导形式传热的区域演变成以传导和对流复合形式的热交换区域。甚至可能使不同的井组连通，形成事实上的特大巨型人工储留层，而使得干热岩地热更易开发。所以，还可以进一步加大井组间距，从而使得钻井成本进一步降低[17]。

4.2 干热岩人工储留层建造

人工储留层建造是干热岩岩体地热开发最关键的步骤，人工储留层建造的好坏直接关系到高温岩体地热开发的成本和经济性。多年来国际界采用巨型水压致裂法建造人工储留层，在原生裂隙极不发育的、相对均质和各向同性的高温花岗岩体中，水压致裂产生的裂缝往往严格地受应力场的控制，裂缝的扩展方向一般都垂直于最小主应力方向。因此确切掌握高温岩体地层的天然应力状态又是建造人工储留层的重要环节。目前测量地应力大小和方向的方法有多种，如应力解除法、应力恢复法、钻孔崩落分析法、水压致裂法等；地震学的震源机制推断法、横波分裂法、井孔管道波偏振分析法等；还有大地电位法、压裂裂缝生胶推靠法、井下超声波电视法、压裂波三点交会法、崩落椭圆法和定向取心岩石应变测量法6种。

人工储留层应该满足的基本要求是：①载热流体和高温岩体之间要有足够大得热交换面积，以保证所建地热开发系统具有较长的使用寿命与较大的出力；②在高温岩体中形成足够大的孔洞和裂缝，以使抽出的载热流体达到较高的温度，并具有较高的抽取速率，从而提高经济效益；③所形成的裂隙对载体热流体产生最小阻力，这样可以降低地热开发井的能耗，减小载热流体的循环损失[20]。

目前，建造人工储留层方法主要有3种：水力压裂法，爆破法，热应力法。按照形成热交热表面的破岩方式的不同，人工储留层可分为6种形式。6种人工热储的地热开采循环系统如图6所示，其中前3种为利用地下爆破法形成的人工储留层，后3种为水力压裂方法建立的人工储留层。

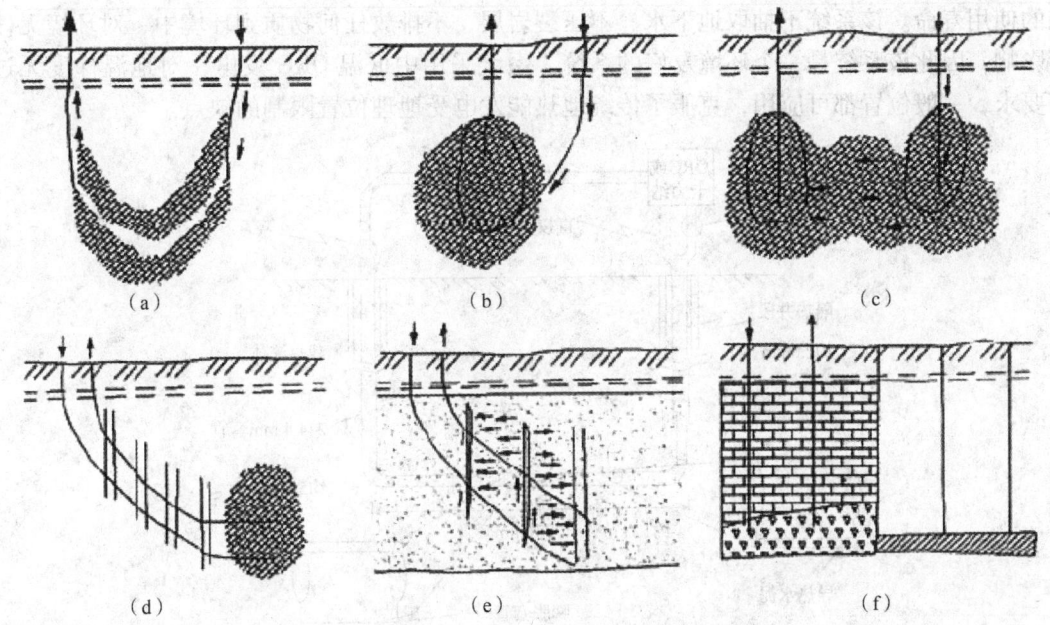

图6　干热岩人工热储开采循环系统6种模式

通过工程实例和理论证明，巨型水压致裂技术是最有效和适用范围最广的人工储留层建造方法。采用巨型水压致裂技术，可以在深部高温岩体中产生在三维空间上完全破裂的体积裂缝。巨型水力压裂使深部含有天然裂隙或节理的干热岩同时产生了两种破裂方式，即张性破裂与剪切破裂。由于低黏性水的注入，提高了节理裂隙的空隙压力，从而降低了使节理裂隙保持闭合的有效压力，有效压力的降低导致剪切破裂，这种非常规的激发形成了体积裂隙。这是水压致裂建造高温岩体地热开发人工储留层的主要机制，许多巨型水压致裂地震波检测结果，均佐证了这一机制[18]。

5 "UGGW"钻井关键技术

"UGGW"地下闭式循环地热交换系统是德国政府从"投资未来项目"中筹集2600万欧元设立了15个项目，主要资助地热发电。虽然目前还没有进行商业化，对成本和收益的综合分析也还没有明确，但是"UGGW"代表了未来地热发电的一种模式和理念。

5.1 "UGGW"工作原理

"UGGW"系统的工作原理图如图7所示[19]。该系统由地上发电部分和地下钻井工程部分组成。钻井工程部分由2个垂深约5500m、水平段6000m的水平井连接而成。全井下套管，因此形成一闭式循环系统。当系统工作时，低温流体泵入地下，流体流经水平井段时被加热至150℃以上，然后上升至地面上流入发电装置进行发电。钻井工程部分的关键技术包括大位移水平井钻井技术、双井对接技术、固完井技术。该系统是闭式系统，地下部分的全井段下入套管，当岩石和载热流体之间存在温度梯度时，载热流体将被加热，因此不受地热水的资源量和温度的限制；循环的载热流体和岩石之间没有任何物质交换，岩石仅仅释放出热量，使系统不受地质构造和水质的影响，从而降低了系统对设备的要求，提高了设备和系统的使用寿命。该系统不抽取地下水、不压裂岩层、不排放任何物质到环境中，对环境无任何影响，因此该系统是一个环境友好的系统。系统采用中低温 ORC 发电，对地温梯度无过高要求，一般位置都可应用，克服了传统地热能发电受地理位置限制的缺点。

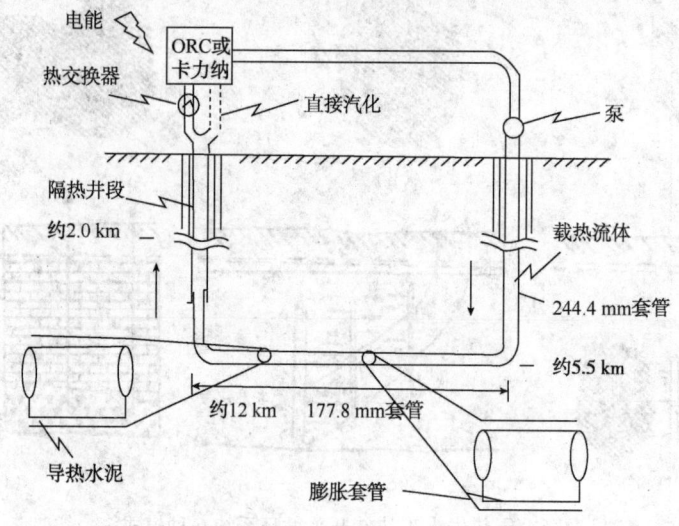

图 7　UGGW 系统的工作原理图

5.2　"UGGW"大位移水平井钻井技术

建立"UGGW"地下系统必须采用现代化的钻井技术。根据现有定向钻井技术，几千米的井靶区半径可准确在几米范围内，通过信号跟踪如利用两个地层的分界，可准确到几个分米。两口水平井的对接，则需要通过在其中一口井发射信号进行，可以是声信号，也可以是电磁波信号。对于"UGGW"系统，需要研究更合适的信号及信号发射和接收仪器，同时研究更合适的定向钻井技术，即要研究使两口井连接的技术。

目前的大位移井钻井技术在石油开发上已经相对成熟，但是在 5000m 垂深、温度 180℃条件下，水平延伸长度达到 6000m 还没有工程实例。必须优化设计井眼轨迹，采用悬链线技术对井身剖面结构进行优化，应用该技术 215.9mm 尺寸的井眼在同样的载荷下能提高10% 的水平位移；必须使用具有先进测量和控制技术的钻机；在钻进过程中需要采用有效的防磨降阻的技术手段，模拟计算显示，在同样井深条件下，如果能避免钻具与井壁接触，在上部垂直的井段，作用在钻头上的摩擦和扭矩能减少约 20%。应用自动控制的垂直钻井技术，在同样的载荷下可比传统的钻井技术多钻进 1000m[20]。

5.3　"UGGW"双井地下链接技术

双井水平段的地下连接是"UGGW"建造的主要潜在风险因素，为减少整个项目的风险，对双井连接技术有如下技术要求：①对双井井眼轨迹和对接节点的目标位置要保持有限的最大偏差；②双井的水平段的连接区域钻进进程要精确确定；③双井的垂深要满足要求，达到地热温度符合发电要求的位置；④双井连接的导向仪器要满足在要求的温度和深度下准确的发射信号，接收信号；⑤要对双井水平段连接区域进行修整和清理，保证下套管和固井的顺利进行。同时为能够进行完井作业，2 个钻孔之间的切角应小于 5°[21]。

5.4 "UGGW"固完井技术

对于"UGGW"，其固完井技术关键在于：①如何在造斜段成功下入套管，如何克服大摩阻下入套管；②在直井段要使用隔热水泥浆体系，在水平段要使用高导热水泥浆体系；③在长距离的水平井注水泥而不压裂地层。如果地层足够稳定，可以不注水泥，但要考虑用导热性能很好的材料填充其环空。

在下套管的方式上，需要研发切实有效的工艺方法，国际著名石油公司提出使用膨胀套管，并且提出并实践了漂浮下套管、套管钻进等技术手段。

由于载热流体在水平井段吸热、上升井段放热，为提高载热流体的温度和系统的工作效率，因此在载热流体上升井段要求使用隔热水泥，在载热流体吸热井段即水平井段要求使用导热水泥。目前国内外对固井水泥的研究不能满足该系统的要求，必须对地热固井的导热水泥和隔热水泥进行系统和深入的研究。对于导热水泥，在水泥中加入石墨和玻璃纤维或加入碳化硅和碳纤维时效果较好。对于隔热水泥，加入漂珠和微硅的水泥配方效果最好。通过模拟计算，使用导热水泥和隔热水泥固井，载热流体从岩层中所吸收的热量能提高10%左右，并且吸热的效率有明显增加。

6 结论

（1）高温地热、干热岩发电是地热发电中效率最高的方式，也是未来发展潜力最大的地热利用方式，钻井工程技术高温地热、干热岩发电的基础和重要组成部分，钻井工程技术水平的发展情况直接决定了未来高温地热和干热岩资源的开发形势和规模。

（2）高温地热、干热岩发电钻井技术面临的挑战包括：高温带来的井控问题，钻井液问题，固井与成井问题，钻头、钻井工具、仪器的问题，井眼轨道测量与控制问题，高温条件下破岩效率问题、干热岩储层改造问题。

（3）目前为了满足高温地热、干热岩发电对钻井工程要求，越来越多的研究机构开始加大力度对高温条件下岩石力学特性和破岩方式进行研究，研发新型的耐高温钻头、钻井工具和仪器、井下测量工具，研制特种固井水泥和新型管材。加速形成高温条件下井筒流体的温度状态控制技术，高温定向钻井技术，耐高温钻井液、泡沫钻井技术，高温条件大规模压裂技术。

（4）"EGS"和"UGGW"是未来将大规模商业化推广的两种高温地热、干热岩发电的系统模式，分别对钻井工程技术提出了对应的需求，引领了钻井工程在地热开发领域中的发展方向。

参 考 文 献

1 赖晓晴，楼一珊，屈沅治等．超高温地热井泡沫钻井流体技术[J]．钻井液与完井液，2009，26（2）：37～38

2 王建军，冯耀荣，闫相祯等．高温下高钢级套管柱设计中的强度折减系数[J]．北京科技大学学报，2011，33（7）：883～887

3 陈勇，练章华，乐彬等．考虑地应力耦合的热采井套管损坏分析[J]．钻采工艺，2007，30（5）：13～16

4 尹立河. 地热利用迎来又一个高峰——2010 年世界地热大会见闻[J]. 国土资源，2010(6)

5 US. Massachusetts Institute of Technology. The Futureof Geothermal Energy[EB/OL]. 2007，01

6 赵阳升，万志军，康建荣. 高温岩体地热开发导论[M]. 北京：科学出版社，2004

7 杨丰田，庞忠和. 澳大利亚利用增强型地热系统开发深层地热资源[N]. 科学时报，2008 - 08 - 11 (B02)

8 康玲，王时龙，李川. 增强地热系统 EGS 的人工热储技术[J]. 机械设计与制造，2008(9)：141 ~ 143

9 杨吉龙，胡克. 干热岩(HDR)资源研究与开发技术综述[J]. 世界地质，2001，20(1)：43 ~ 51

10 李虞庚，蒋其垲，杨伍林. 关于高温岩体地热能及其开发利用问题[J]. 石油科技论坛，2007(1)：28 ~ 40

11 ABE H，DUCHANE D V，PARKER R H，et al. Presentstatus and remaining problems of HDR/HWR system design[J]. Geothermics，1999，28(4 ~ 5)：573 ~ 590

12 王贵玲，刘志明，蔺文静等. 中国地热资源潜力评估地热能开发利用与低碳经济研讨会——第十三届中国科协年会第十四分会场论文摘要集，2011

13 杨吉龙，胡克. 干热岩(HDR)资源研究与开发技术综述[J]. 世界地质. 2001(1)

14 李虞庚，蒋其垲，杨伍林. 关于高温岩体地热能及其开发利用问题[J]. 石油科技论坛，2007(1)

15 曾梅香，李俊. 天津地区干热岩地热资源开发利用前景浅析[A]. 中国地热资源开发与保护 - 全国地热资源开发利用与保护考察研讨会论文集[C]. 2007

16 康玲，王时龙，李川. 增强地热系统 EGS 的人工热储技术[J]. 机械设计与制造 2008(9)

17 郭进京，周安朝，赵阳升. 高温岩体地热资源特征与开发问题探讨[J]. 天津城市建设学院学报，2010 (6)

18 国土部公益性行业科研专项经费项目实施方案：我国干热岩勘查关键技术研究[Z] 2010

19 汪民，在全国浅层地热能与地热资源管理工作会议上的讲话，2009(8)

20 詹麒. 国内外地热开发利用现状浅析[J]. 理论与实践，2009(7)

21 Martin Kaltschmitt，Gerd Schrêder. Zusammenfassender Vergle2ich ausgew¾hlter Geothermie - Projekte zur Stromerzeugung[C]. Symposium：Geothermische Stromerzeugung - Eine Investition in die Zukunft，20 ~ 21，J uni 2002

22 H Wolff，S Schmid. Geothermische Stromerzeugung Projekt - Untert gig Geschlossener Geothermischer W¾rmetauscher[C]. Symposium：Geothermische Stromerzeugung - Eine Investition in die Zukunft，20 ~ 21，J uni 2002

23 邰保平，赵金昌，赵阳升等. 高温岩体地热钻井施工关键技术研究[J]. 岩石力学与工程学报，2011，30(11)：2234 ~ 2243

24 Potter Drilling Presentation：Non - contact Drilling Technology for Geothermal Wells

自进式多孔射流钻头自进能力研究

马东军　郭瑞昌

（中国石化石油工程技术研究院）

摘　要　以流体力学理论为基础，分析了自进式多孔射流钻头的自进机理，主要包括射流反推力作用和反向射流降压效应。通过实验方法得到了流量、射流钻头正反流量比、正向喷距和井筒直径等参数对自进力的影响规律。结果表明：在实验条件下，自进力随着流量的增大而近似线性关系增大，随着射流钻头的正反流量比的增大而近似线性关系减小；随着正向喷距的变化，自进力基本不变；自进力随着井筒直径的增大呈先增大后减小的趋势，当井筒直径为 36～49mm 时产生的自进力较大，当筒直径大于 62mm 时自进力已基本不变。在实验条件下，流量范围为 0.71～0.99L/s 时，射流钻头正反流量比范围为 1/6～2/3，正向喷距范围为 10～50mm，井筒直径为 30～70mm 时，射流钻头所产生的自进力范围为 51.1～228.1N。

关键词　自进力；射流钻头；流量；流量比；喷距；井筒直径

前言

套管内转向径向水平井技术起步于 20 世纪末，其特点是在转向处径向水平井的曲率半径小于套管内径，可在套管内完成由垂直向水平方向的转向。其工艺流程是首先用磨铣钻头在套管内钻孔，然后利用自进式射流钻头牵引高压软管从所钻孔通过，进而进入地层钻小直径的水平井[1~9]。此技术相比常规钻井方法大大节约了施工成本，同时又扩大了油气层裸露面积，提高了单井油气产量，在老井和新井中都能应用，特别适用于老油田增产和开发小油田、边际油田等，是目前钻井行业发展的一个新方向[10~12]。该技术已经在国外成功应用[13~15]，应用潜力巨大。

套管内转向径向水平井技术采用高压软管作为钻管，由于高压软管韧性较大、轴向力（即钻压）传递能力弱，从地面向井下送进较为困难。因此采用自进式射流钻头牵引高压软管向前钻进。自进式射流钻头既要完成破岩钻孔的任务，又要对高压软管产生一定向前的自进力，进而达到连续向前钻进的目的。通常在自进式射流钻头上布置多个正向和反向孔眼，正向孔眼射流用于破岩钻孔，为射流钻头提供前进的通道；反向孔眼射流用于产生向前的推力，对于射流钻头和高压软管整个系统而言即为自进力。目前国内外学者对套管内转向径向水平井技术中射流钻头的自进能力进行了初步研究。P. Buset[7] 等实验研究了在垂直条件下自进式多孔射流钻头所产生自进力的规律。而在真实径向水平井钻进条件下，射流钻头所产生的自进力为水平方向，因此其研究成果的适用性不够强，有必要对水平条件下自进式多孔射流钻头的自进能力进行系统研究。笔者以流体力学理论为基础，首先分析了自进式多孔射流钻头的自进机理；然后通过实验方法研究了在水平条件下流量、射流钻头正反流量比、正向喷距和井筒直径等因素对自进力的影响规律。本文可为套管内转向径向水平井技术提供理论基础，还可为自进式多孔射流钻头结构设计提供依据。

1 自进式多孔射流钻头自进机理

自进式多孔射流钻头结构图如图1所示，其上除了布置了多个正向孔眼外还布置了多个反向孔眼。正向孔眼主要用于破岩钻孔，反向孔眼用于为射流钻头和高压软管提供一定的自进力，同时还有扩孔和清岩的作用。为了保证能使射流钻头产生向前的力，则反向孔眼流量分配需大于正向孔眼。通常认为射流钻头的自进机理有以下两方面：①射流喷射产生的反推力；②高速反向射流带走其周围流体，使得射流钻头后部环面附近产生局部低压，由于压力差作用射流钻头会受到一个向前的力。

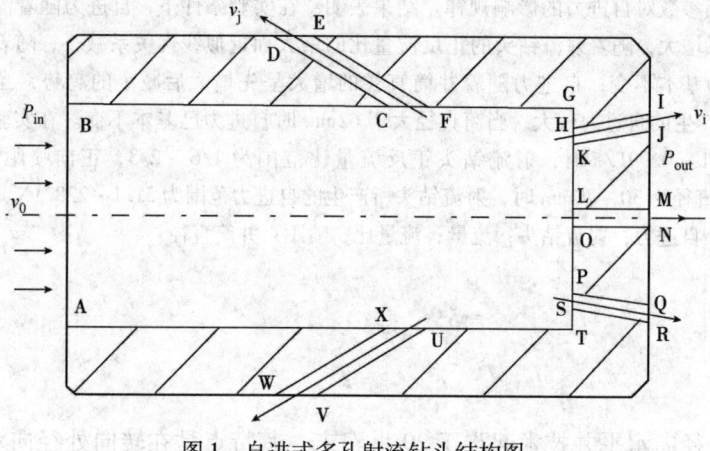

图1　自进式多孔射流钻头结构图

1.1　射流反推力作用

选取射流钻头内部流场作为研究对象。如图1所示，按顺时针顺序选取图内点 A，B，C…V，W，X 所围区域为控制体 S，根据动量定理，单位时间内控制体的动量变化等于作用于控制体上外力之和。在稳定流条件下得到动量方程为[16]：

$$\int_S \rho u u_n \mathrm{d}A = \sum F \tag{1}$$

由于所选控制体关于 x 轴的对称，其在 y 轴方向的动量变化可以相互抵消，故只需分析控制体内 x 轴方向的动量变化和受力情况，故将式(1)投影于 x 轴可得：

$$\int_S \rho v_x v_n \mathrm{d}A = \sum F_x \tag{2}$$

式中　v_x——x 轴方向的分速度，m/s；

　　　　v_n——流体速度，m/s；

　　　　F_x——作用于控制体上的力在 x 轴方向的分量，N。

规定射流钻头前进方向(图1中为自左向右)为正方向，式(2)中方程右边代表控制体内 x 轴方向上的动量变化，具体表现为射流钻头正、反向孔眼出口处 x 轴方向动量值减去射流钻头内部流道入口处 x 轴方向动量值，即：

$$\int_S \rho v_x v_n \mathrm{d}A = \sum_{i=1}^m \rho v_i^2 A_i \cos\theta_i + \left(-\sum_{j=1}^n \rho v_j^2 A_j \cos\theta_j \right) - \rho v_0^2 A_0 \tag{3}$$

式中　　ρ——流体密度，$\mathrm{kg/m^3}$；

　　　　v_i——第 i 个正向孔眼射流速度，$\mathrm{m/s}$；

$A_i = \dfrac{\pi}{4}\mathrm{d}_i^2$——第 i 个正向孔眼面积，$\mathrm{m^2}$；

　　　　θ_i——第 i 个正向孔眼与射流钻头中心轴线夹角，$(°)$；

　　　　m——正向孔眼数量；

　　　　v_j——第 j 个反向孔眼射流速度，$\mathrm{m/s}$；

$A_j = \dfrac{\pi}{4}\mathrm{d}_j^2$——第 j 个反向孔眼面积，$\mathrm{m^2}$；

　　　　θ_j——第 j 个反向孔眼与射流钻头中心轴线夹角，$(°)$；

　　　　n——反向孔眼数量；

　　　　v_0——射流钻头内部入口流体速度，$\mathrm{m/s}$；

$A_0 = \dfrac{\pi}{4}\mathrm{d}_0^2$——射流钻头内部入口过流面积，$\mathrm{m^2}$。

式（2）左边代表作用于控制体边界上 x 轴方向上的外力矢量和，在 x 轴方向，射流钻头受到内、外流体对控制体边界的压力，高压软管阻碍其前进的力，即高压软管对射流钻头的拉力，此力大小和射流钻头产生的自进力相等，方向相反，为作用力与反作用力的关系，则式（2）左边可表示为：

$$\sum F_x = -F_h + \int_{AB+CD+WX} P_{in}\mathrm{d}S - \int_{EF+GH+KL+OP+ST+UV} P_{in}\mathrm{d}S - \int_{IJ+MN+QR} P_{out}\mathrm{d}S \tag{4}$$

式中　F_h——高压软管对射流钻头的拉力，N；

　　　P_{in}——射流钻头内部压强，Pa；

　　　P_{out}——射流钻头外部压强，Pa。

将式（4）化简并积分，整理可得：

$$\sum F_x = -F_h + (P_{in} - P_{out})\sum_{i=1}^m A_i \tag{5}$$

结合式（2）、式（3）和式（5），可得到高压软管对射流钻头的拉力：

$$F_h = \sum_{j=1}^n \rho v_j^2 A_j \cos\theta_j - \sum_{i=1}^m \rho v_i^2 A_i \cos\theta_i + \rho v_0^2 A_0 + (P_{in} - P_{out})\sum_{i=1}^m A_i \tag{6}$$

根据作用力与反作用力原理，射流钻头对高压软管的作用力与 F_h 相等，方向相反，这个力就是射流钻头产生的自进力 F_z，可以带动射流钻头和高压软管在径向井中前进。因此射流钻头产生的自进力 F_z 可用下式计算：

$$F_z = -\sum_{j=1}^n \rho v_j^2 A_j \cos\theta_j + \sum_{i=1}^m \rho v_i^2 A_i \cos\theta_i - \rho v_0^2 A_0 - (P_{in} - P_{out})\sum_{i=1}^m A_i \tag{7}$$

各孔眼的流速与各自的局部阻力系数相关，建立射流钻头内部入口和正、反孔眼出口处的伯努利方程：

$$\begin{cases} Z_{in} + \dfrac{P_{in}}{\gamma} + \dfrac{v_{in}^2}{2g} = Z_{out} + \dfrac{P_{out}}{\gamma} + \dfrac{v_i^2}{2g} + \zeta_i \dfrac{v_i^2}{2g} \\ Z_{in} + \dfrac{P_{in}}{\gamma} + \dfrac{v_{in}^2}{2g} = Z_{out} + \dfrac{P_{out}}{\gamma} + \dfrac{v_j^2}{2g} + \zeta_j \dfrac{v_j^2}{2g} \end{cases} \tag{8}$$

式中 Z_{in} ——射流钻头入口处比位能，m；

　　　Z_{out} ——孔眼出口处比位能，m；

　　　ζ_i ——第 $i(i=1，2，3\cdots m)$ 个正向孔眼的局部阻力系数，无因次；

　　　ζ_j ——第 $j(j=1，2，3\cdots n)$ 个正向孔眼的局部阻力系数，无因次。

由于射流钻头尺寸较小，可认为 Z_{in} 与 Z_{out} 相等，将式(8)整理可得：

$$\begin{cases} v_i = \sqrt{\left(\dfrac{P_{in}}{\gamma} + \dfrac{v_{in}^2}{2g} - \dfrac{P_{out}}{\gamma}\right) \cdot \dfrac{2g}{1+\zeta_i}} \\ v_j = \sqrt{\left(\dfrac{P_{in}}{\gamma} + \dfrac{v_{in}^2}{2g} - \dfrac{P_{out}}{\gamma}\right) \cdot \dfrac{2g}{1+\zeta_j}} \end{cases} \tag{9}$$

根据式(9)，即可求出各个孔眼出口流速。

1.2　反向射流降压效应

在径向水平井正常钻进过程中，向后喷射的高速射流从反向孔眼喷出，射流会从它周围卷吸流体，由于射流钻头前面和四周均为岩石，外界流体补充困难，以至在射流钻头后部一环形区域形成低压。由于反向射流是多股均匀分布的，所以在一定条件下可在射流钻头后端产生一个密闭环境的环形低压区。此区域压力低于井底环境压力，由于压差作用，会对射流钻头和高压软管产生一个向前的力，即为反向射流降压效应的自进力产生机理。

以图 1 中 E 点为例，在反向射流作用下，E 点流体由于被卷吸而产生低压效应，由于高速射流卷吸作用，E 点流体流速可近似等于反向射流速度 v_j，对 E 点应用伯努利方程计算其流体压强，可得：

$$P_E = P_{out} - \rho \frac{v_j^2}{2} \tag{10}$$

式中 P_E ——E 点流体压强，Pa；

　　　P_{out} ——射流钻头外部压强，Pa。

由式(10)可知，E 点流体压强主要由反向射流速度 v_j 决定的，v_j 越大，则在 E 点的流体压强越低，密封效果越明显。

由于径向水平井钻进过程中井底流场比较复杂，目前还无法仅通过理论方法给出反向射流的衰减规律，因此假设反向射流沿喷射方向距离孔眼出口处的流速为 v_{jr}，故反向射流方向距离孔眼出口 r 处的流体压强可用下式表示：

$$P_r = P_{out} - \rho \frac{v_{jr}^2}{2} \tag{11}$$

式中 r ——沿喷射方向距离反向孔眼 j 的垂直距离，m。

由式(11)即可求出反向射流外边界周边任意一点流体由于射流卷吸作用所产生的低压。

同时由于反向射流降压作用，会减小射流钻头前端的外部压强，将减小后的外部压强 P_{out} 代入式（7）中，也可得到更大的射流钻头自进力 F_z。

2　实验装置与方法

2.1　实验装置

（1）高压泵：高压柱塞泵 1 台，额定压力为 60MPa，额定排量为 100L/min，柴油机功率为 90kW。

（2）数显式推拉力计：量程为 500N，最小分度值为 0.1N，示值误差为 ±0.5%。

（3）模拟井筒及实验台架：选用不锈钢材料设计了 5 个不同尺寸的模拟井筒，长度均为 1.5m，内径分别为 30mm、36mm、48mm、62mm 和 70mm。实验台架高为 0.5m，长为 1.5m，可用于固定模拟井筒，确保模拟井筒在实验时不发生移动或转动。

（4）液流设备：选用高压软管作为实验管线。实验高压软管长 20m，外径为 17mm，内径为 10mm，最高耐压强度达 50MPa。

（5）多孔射流钻头：多孔射流钻头长度为 30mm，外径为 18mm。其上布置正反方向孔眼的直径均为 1mm，反向孔眼数量统一为 6 个，反向孔眼与射流钻头中轴线夹角为 30°；正向孔眼分别为 4 个、3 个、2 个和 1 个（即射流钻头正反流量比为 2/3、1/2、1/3 和 1/6），正向射流方向与射流钻头中轴线平行。

2.2　实验方法

实验装置示意图如图 2 所示。模拟井筒水平放置，固定于实验台架上。实验台架固定于地面上，保证实验时模拟井筒不发生移动或转动。连接高压软管的多孔射流钻头放置于模拟井筒内，将拉力测试线一端连接于多孔射流钻头后端接头，另一端连接于拉力计上。拉力计固定于另一实验台架上，两实验台架高度相同，以确保拉力测试线水平。实验时，两个实验台架均固定在地面上不动，通过拉力测试线长度来确定射流钻头的正向喷距。经实验测量，当柴油机的转数相同时，无论连接哪种射流钻头，高压泵的排量大小都相差不大。因此在实验中，通过固定柴油机转数的方法来保证应用不同射流钻头时流量相同。

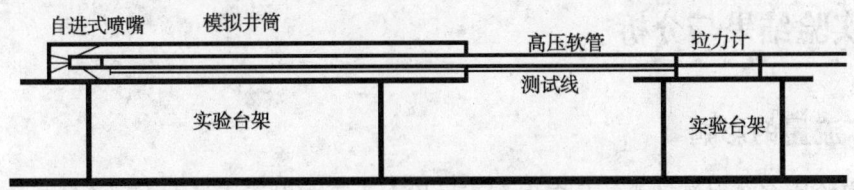

图 2　实验装置示意图

用以下实验方法研究多孔射流钻头自进力的影响规律：

（1）通过改变柴油机转数的方法来调节泵排量，研究流量参数对射流钻头自进力的影响规律。

（2）通过更换多孔射流钻头的方法来改变射流钻头正反流量比，研究正反流量比参数对射流钻头自进力的影响规律。

（3）通过调节射流钻头与模拟井底之间的距离，研究正向喷距参数对多孔射流钻头自进力的影响规律。

（4）通过更换模拟井筒的方法来改变井筒直径，研究井筒直径参数对多孔射流钻头自进力的影响规律。自进力测试实验如图3所示。

图3　自进力测试实验图片

自进力测试实验参数取值：①流量选择为0.71L/min、0.75L/min、0.82L/min、0.91L/min和0.99L/min；②正反流量比为2/3、1/2、1/3和1/6；③正向喷距选择为10mm、20mm、30mm、40mm和50mm；④井径选择为30mm、36mm、49mm、62mm和70mm。

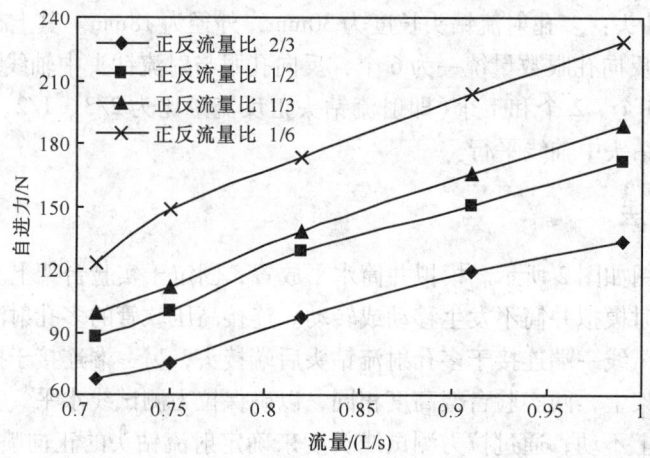

图4　流量对自进力的影响规律

3　实验结果与分析

3.1　流量的影响

因为实验用多孔射流钻头的反向射流流量均大于正向射流流量，由理论分析可知，射流钻头会产生向前的自进力，并且随着流量的增大自进力也随之增大。自进力测试实验也验证了这一点，如图4所示。选取正反流量比为2/3、1/2、1/3和1/6的射流钻头进行实验，当正向喷距为10mm，井筒直径为49mm时，自进力随着流量的增大也随之增大，近似成线性关系变化。以正反流量比为2/3的射流钻头为例，流量为0.71L/s时，产生的自进力为67.8N；流量为0.75L/s时，产生的自进力为74.8N；流量为0.82L/s时，产生的自进力为96.9N；流量为0.91L/s时，产生的自进力为118.7N；流量为0.99L/s时，产生的自进力为

133.2N。这是因为随着流量的增大，射流的总动量也随之增大，反向射流产生的反推力更大，反向射流产生的降压效果也更加明显。故可以产生更大的自进力。在实验条件下，流量从 0.71L/s 增加到 0.99L/s，4 种不同正反流量比的射流钻头所产生的自进力范围为 67.8～228.1N。

3.2　射流钻头正反流量比的影响

当流量不变时，射流钻头的正反流量比对自进力的影响就显得比较重要。通过实验测量我们发现，射流钻头所产生的自进力随着正反流量比的增大而减小，近似成线性关系变化。如图 5 所示，以喷距为 10mm，井筒直径为 49mm，流量为 0.99L/s 时为例，正反流量比为 2/3 的射流钻头所产生的自进力为 133.2N；正反流量比为 1/2 的射流钻头所产生的自进力为 171.9N；正反流量比为 1/3 的射流钻头所产生的牵引力为 188.5N；正反流量比为 1/6 的射流钻头产生所产生的牵引力为 228.1N。这是因为随着正反流量比的减小，反向射流的流量分配比例增大，反向射流所产生的反推力也增大，同时反向射流的降压效应也越明显，故可以产生更大的自进力。在实验条件下，射流钻头流量比从 1/6 增大到 2/3，排量在 0.71～0.99L/s 时范围，所产生的自进力范围为 67.8～228.1N。

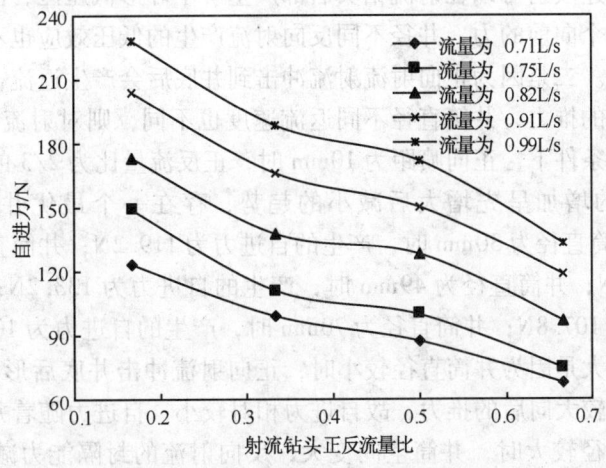

图 5　射流钻头正反流量比对自进力的影响规律

3.3　正向喷距的影响

喷距是高压水射流技术中的一个重要参数，正向喷距是指射流钻头前端面与井底之间的距离。如图 6 所示，在实验条件下，选取正反流量比为 2/3 的射流钻头作为研究对象，井筒直径选取 49mm，随着正向喷距的增大，在同一流量下射流钻头产生的自进力变化不大，基本持平。以流量为 0.91L/s 时为例，喷距为 10mm 时，自进力为 118.7N；喷距为 20mm 时，自进力为 119.6N；喷距为 30mm 时，自进力为 117.8N；喷距为 40mm 时，自进力为 118.9N；喷距为 50mm 时，自进力为 119.1N。这主要是因为射流所产生的反冲力大小仅与喷嘴出口处流速有关，与接触靶物时的速度无关，故反冲力大小与正向喷距无关，同时井筒直径大小不变，改变正向喷距并不影响反向射流的降压效应，所以正向喷距对自进力的影响不大。在实验条件下，井筒直径 49mm，排量范围为 0.71～0.99L/s，喷距从 10mm 增加到 50mm 时，正反流量比为 2/3 的射流钻头所产生的自进力范围为 67.8～135.2N。

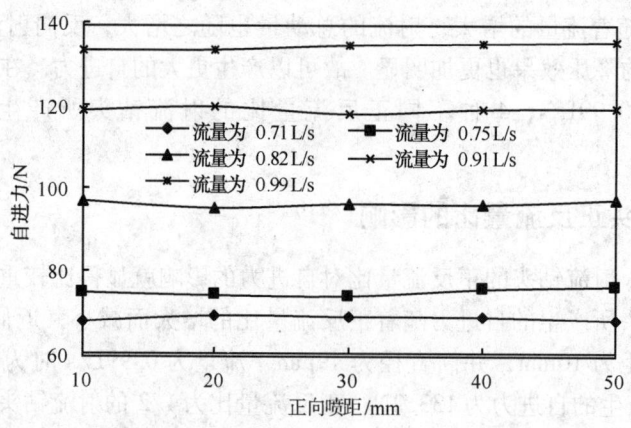

图 6　正向喷距对自进力的影响规律

3.4　井筒直径的影响

经研究发现，井筒直径参数主要因为以下两种原因影响自进力的大小，一是因为均匀分布的多股反向射流快速喷射可以在射流钻头后部产生一个环形低压区，由于压差作用，会使射流钻头和软管有一个向前的力，井径不同反向射流产生的低压效应也不同，故对射流钻头产生的自进力有影响。二是因为正向射流射流冲击到井底后会产生返流，返流会对射流钻头前端面产生一个向后的推力，井筒直径不同返流速度也不同，则对射流钻头的推力也不同。如图 7 所示，在实验条件下，正向喷距为 10mm 时，正反流量比为 2/3 的射流钻头产生的自进力随着井筒直径的增加呈先增大后减小的趋势，存在一个最优井筒直径。以流量为 0.99L/s 时为例，井筒直径为 30mm 时，产生的自进力为 119.2N；井筒直径为 36mm 时，产生的自进力为 136.1N；井筒直径为 49mm 时，产生的自进力为 133.2N；井筒直径为 62mm 时，产生的自进力为 107.8N；井筒直径为 70mm 时，产生的自进力为 105.2N。自进力随着井筒直径的增加先增大是因为井筒直径较小时，正向射流冲击井底后形成的返流速度较快，对射流钻头端面产生较大向后的推力，故自进力相对较小；自进力随着井筒直径的增加后又减小是因为当井筒直径较大时，井筒空间变大，反向射流的封隔能力减弱，其降压效应变差，故自进力也减小。当井筒直径为 62mm 和 70mm 时，射流钻头所产生的自进力已经相差不大，说明在实验条件下，井筒直直径为 62mm 时，反向射流的降压效应已经不明显。当井筒直径为 36 ~ 49mm 之间时，射流钻头所产生的自进力较大。在实验条件下，井筒直径从 30mm 增加到 70mm，，排量范围为 0.71 ~ 0.99L/s 时，正反流量比为 2/3 的射流钻头所产生的自进力范围为 51.1 ~ 136.1N。

4　结论

通过理论分析和实验得出了自进式多孔射流钻头的自进机理，主要包括射流反推力作用和反向射流的降压效应。通过实验研究，提示了流量、射流钻头正反流量比、正向喷距和井筒直径等参数对多孔射流钻头自进力的影响规律。在实验条件下，保持其他参数不变，随着流量的增大，射流钻头产生的自进力随之近似线性关系增大；随着射流钻头的正反流量比的增大，自进力随之近似线性关系减小；正向喷距对射流钻头产生的自进力的影响较小，随着

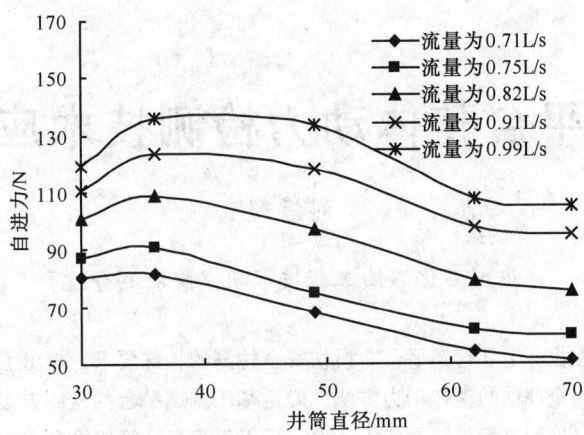

图7 井筒直径对自进力的影响规律

喷距的增大自进力基本不变；随着井筒直径的增大，射流钻头产生的自进力呈先增大后减小的趋势。当井筒直径为 36~49mm 时，所产生的自进力较大。当井筒直径大于 62mm 时，自进力大小已基本不变。在实验条件下，流量范围为 0.71~0.99L/s 时，射流钻头正反流量比范围为 1/6~2/3，正向喷距范围为 10~50mm，井筒直径为 30~70mm 时，射流钻头所产生的自进力范围为 51.1~228.1N。

参 考 文 献

1 Carl L. Method of and Apparatus for Horizontal Drilling：USA，5413184[P].1995 – 5 – 9

2 Carl L. Method of and Apparatus for Horizontal Drilling：USA，5853056[P].1998 – 12 – 29

3 Carl L. Method of and Apparatus for Horizontal Drilling：USA，6125949[P].2000 – 10 – 3

4 Michael U. Horizontal Drilling for Oil Recovery. USA，5934390[P].1999 – 8 – 10

5 Roderick D M，Dwight N L. Lateral Jet Drilling System：USA，6189629B1[P].2001 – 2 – 20

6 William G B. Method and Apparatus for Jet Drilling Drainholes from Wells：USA，6263984B1[P].2001 – 7 – 24

7 Buset P，Riiber M，Arne Eek. Jet Drilling Tool：Cost – Effective Lateral Drilling Technology for Enhanced Oil Recovery[R]. SPE68504，2001

8 Henry B M. Horizontal Directional Drilling in Wells：USA，6889781B2[P].2005 – 5 – 10

9 Henry B M，Paris E B，Chris S. Horizontal Directional Drilling in Wells：USA，6964303B2[P].2005 – 11 – 15

10 黄昌武. 2009 年中国石油天然气集团公司十大科技进展[J]. 石油勘探与开发，2010，37（2）：180

11 李小地，赵喆，温志新，等. 世界石油工业上游发展趋势[J]. 石油勘探与开发，2010，37（5）：623~627.

12 黄昌武. 2010 年中国石油天然气集团十大石油科技进展[J]. 石油勘探与开发，2011，38（2）：144

13 Raul A C，Juano F T B. First Experience in the Application of Radial Perforation Technology in deep wells[R]. SPE1071822007，2007

14 M. Bruni，H. Biassotti，G. Salomone. Radial Drilling in Argentina[R]. SPE107382，2007

15 Stanislav U，Alexander B，Evgeny T. First Result of Cyclic Stimulations of Vertical Wells with Radial Horizontal Bores in Heavy Oil Carbonates[R]. SPE115125，2008

16 袁恩熙. 工程流体力学[M]. 北京：石油工业出版社，1986：75~78

导管架平台整体动力检测技术应用测试

刘海超

（中国石化石油工程技术研究院胜利分院）

摘　要　针对在役海上导管架平台非损伤安全检测的特殊要求，提出了用于桩基振动测试的浅海导管架平台安全评估的整体动力方法，确定基于测试平台的检测方案，进行测试平台的整体动力检测。通过检测过程与结果分析，确定了用于浅海导管架平台安全评估的整体动力方法的可行性。

关键词　导管架；振动响应；检测

前言

针对在役海上导管架平台[1]非损伤安全检测的特殊要求，提出了基于桩基振动测试的浅海导管架平台安全整体动力检测解决方案。方案采用多点分布式无线传感器系统的设计理念，通过结合近年来国内国际传感器技术、电子信息技术、数据传输技术及信号处理技术等领域的新技术、新进展，使用自主研发的便携式平台振动采集系统，对浅海导管架平台在自然环境激励或人工激励条件下的平台桩基振动情况进行定期的精确测量。通过对不同时期测量结果的处理和对比分析，可以确定平台多阶模态参数随时间的变化趋势，进而可以对海上导管架平台这样的处于复杂环境荷载条件下的复杂结构进行整体安全评价与诊断。本次测试的目的主要是通过测量浅海平台在人工激励条件下的平台桩基振动，分析目标平台的振动模态，建立目前状态下平台的基础测试与测量数据，为未来的巡检测试建立比较基准。

1　导管架平台整体动力检测技术及设备

海洋导管架平台可以看作是由刚度、质量、阻尼矩阵组成的力学系统，平台结构一旦出现弱化或损伤，其对应系统的频响函数和模态参数等也随之改变，这种变化可视为结构发生损伤的间接指示。基于振动测试的海洋平台无损检测法是指通过测量海洋平台在环境激励下的振动响应，分析待测结构的多阶固有频率及模态，进而通过对比历史记录，研究并建立固有频率或模态的变化与结构的刚度、疲劳、嵌固点强度等涉及平台整体安全关键要素的对应关系，从而达到对海洋平台进行健康诊断与损伤识别的目的。这类技术代表了未来大型工程结构非侵入式无损检测与诊断的技术趋势，并已在桥梁检测等领域得到了广泛应用[2]。

传统的振动检测仪系统采用模拟拾振器与系统中心采集站分离的集中采集与控制工作模

式，具有传感器布线困难、系统扩展能力弱、对中心站可靠性要求严格、施工成本高等问题，不太适合在海洋平台高湿、高腐蚀、或极端温度等恶劣环境下使用。本次测试所采用的测试仪器为自主研发的便携式平台振动采集系统（图1）。系统采用基于无线传感器网络技术的海洋平台多点空间振型同步采集方案（图2），将智能传感器和无线网络的理念引入到海洋平台结构安全振动检测应用中来，以数字化的智能振动检测单元代替传统的模拟拾振器，以分布式无线自组织传感器网络替代了测点与主机之间

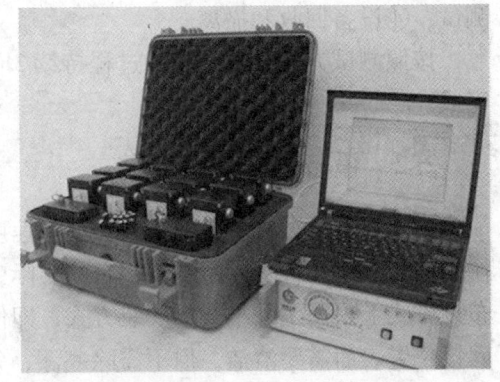

图1 便携式平台振动采集系统

的连接电缆，在对海洋平台空间整体复杂振型实现精确同步遥测的同时，提高了系统冗余度和可靠性，简化了现场操作施工程序，极大地增强了系统的环境耐受能力[3,4]。

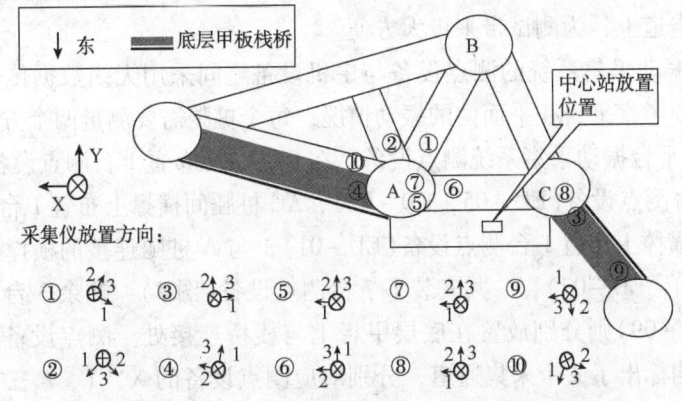

图2 振动采集系统平面布置图

测点设备采用低功耗的设计思路，由电池供电，可连续工作48h以上；主控站点则可采用平台动力供电或大容量电池供电的方式以保证其一周以上的长时间工作。整套设备具有体积小、重量轻、环境耐受力强、自持工作时间长、现场布设方便灵活等特点。

2 测试方案

选取胜利埕岛海域某一导管架平台作为测试平台。

2.1 测试方案

便携式平台振动采集系统通过测量浅海导管架平台在自然环境激励或人工激励条件下的平台桩基振动情况，进而分析平台多阶模态参数随时间的变化趋势。振动源形成一般分为以下3种：①典型天气过程（南台北冰）环境特征与振动响应的同步观测；②船拉或船撞激振；③人工锤击。

针对测试平台的实际工况条件，本次测试主要以第二种方式进行平台的固有特性的测量，据此设定测试方案。测量过程预设如下：①登台及设备安装；②靠船激励测试；③连续

测试；④设备回收和撤离。

按照测试方案，整个测量过程持续 3h，包括海上乘船时间，本次测试于一个工作日内完成。

2.2　设备的布设与安装

由于本次测试主要关注平台振动加速度测量，因此根据实际需要，选择了加速度传感器作为信号敏感元件。针对测试平台的实际工况条件，便携式平台振动采集系统在测点的安装布设方式上采用了胶结式的安装方式，即使用环氧树脂胶将安装底板固接在平台待检位置。固接位置表面需要清洁，但不需除底漆，每个测位安装布设时间约为 5～10min，系统视测点数目多少可在 1～2h 内布设完毕，环氧树脂胶完全胶结时间视环境温度不同需 0.5～2h。测量点位经优选后固定不变，以便于下次巡检时的快速安装定位及多次巡检结果的直接对比。

便携式平台振动采集系统的主机设备采用外接电池供电，无需现场再准备外接电源，可直接放置在带栏走道上，为测试带来极大方便。

便携式平台振动采集系统的测点设备与主机设备之间采用无线数据传输方式而无需布线。本次测量主要考察平台在平面内的振动情况，每个桩腿需要测量两个方向上的数据。测试共使用了 10 台平台振动采集系统测点设备，在 C 主桩腿布置 1 台测点设备(ED-08)，在 A 主桩腿布置 2 台测点设备(ED-05，ED-07)，AC 桩腿间横撑上布置 1 台测点设备(ED-06)，AB 桩腿间横撑上布置 1 台测点设备(ED-01)，与 A 桩腿连接的横撑上各安装了 1 台测点设备(ED-10，ED-02)，一共安装了 7 台测点设备(图 2)。剩余 3 台测点设备(ED-04，ED-04，ED-09)则分别放置在底层甲板上与栈桥连接处。测点设备平面布置如图 2 所示，每个测点均标出了 3 个采集通道，分别对应测点设备的 X、Y、Z 三个通道的传感器敏感方向。

3　数据整理与分析

考虑到环境激励条件下的平台振动数据振幅很小、数据质量不高，这里主要对靠船激励振动响应的 15min 数据进行了分析处理。

处理结果显示了 1 号到 10 号测点设备所记录到的 15min 靠船激励振动响应数据。为了降低信号中的高频干扰成分对观测结果造成影响，我们设置低通滤波器的截止频率为 5Hz。对每一个测点设备，分别显示了全段数据的合成幅度图、测点设备的三轴振动传感器在 XYZ 方向上测量到的振动时程曲线及其局部放大曲线、XYZ 方向上 25 个 35s 分段数据的时程曲线及其频域特征。通过分析测试数据可知：

(1) 正常海况下，环境激励所产生的平台振动非常微弱，合成幅度大约在 0.5mg 左右，基本无法满足测试分析的需要。而靠船激励所产生的振动合成幅度则达到 5～10mg，可以满足测试分析的需要。

(2) 观察靠船激励所产生的振动合成幅度可见，在靠船瞬间产生的合成振动幅度形成相对较大的峰值，随后显示为衰减震荡。比较任两组波形可见峰值形成的时间完全一致，但不同测试位置记录的峰值幅度不尽相同，这显示了记录不同测位振动响应的必要性，也使未来更加深入的对比分析成为可能。

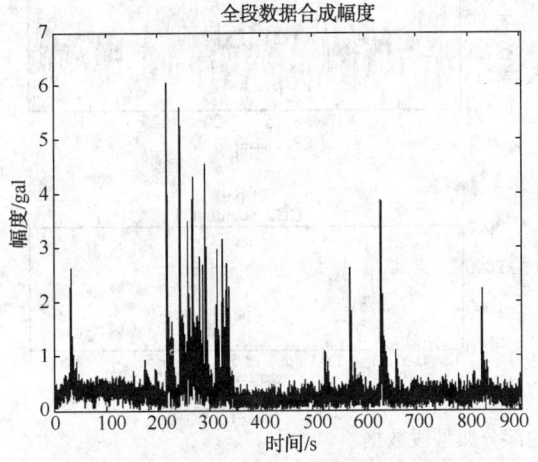

图 3　1 号测点设备全段记录合成幅度　　　　图 4　2 号测点设备全段记录合成幅度

（3）测点设备的垂向通道所感应到的振动信号非常微弱，峰值幅度约为 0.3mg，这与常识相吻合，这一通道的测量与记录可以认为意义不大。

（4）分析测试数据可见，在 1、2、4、5、6、7、8、10 等多个测点设备的测试数据中，1.1Hz 和 1.35Hz 处有明显的能量成分，对应了平台的低阶振动模态。更高阶的模态受到平台振动幅度的限制，仍淹没在噪声中，难以有效识别。

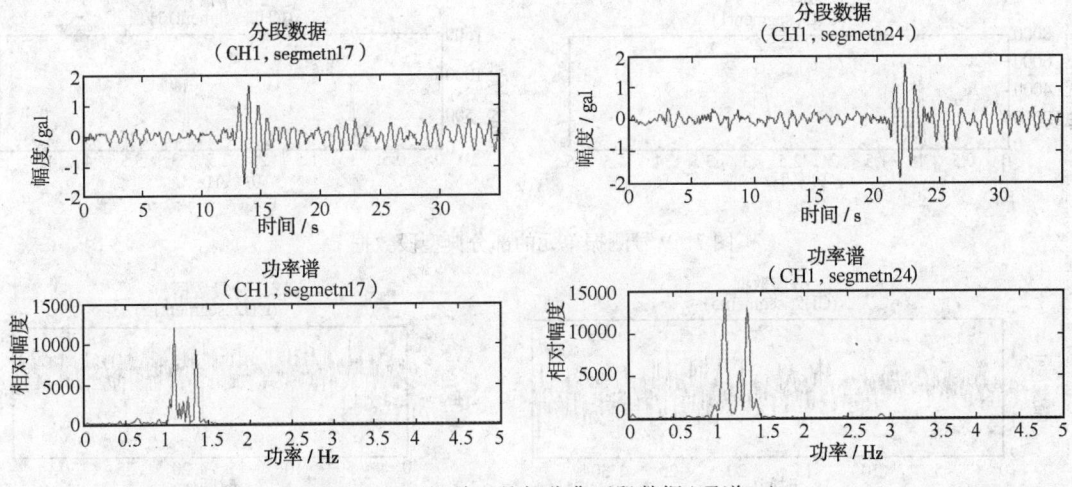

图 5　1 号测振单元的部分典型段数据（通道一）

3 号测点设备不同数据段所显示的频域成分比较杂乱，规律性很差。这是由于它被放置在了栈桥与平台相接的一端，其振动受到待测平台、栈桥、及栈桥对端一个单桩支撑的共同作用，耦合振动情况突出。设置这个测位的目的就是帮助确定某些特殊的能量成分来源。

（5）观察 9 号测点设备的振型，它在 1.05Hz 和 2.85Hz 处有较为明显的能量成分，明显是由此处的单桩腿支撑及栈桥引起的。这也解释了 3 号测点设备数据中对应成分的来源。

（6）6 号测点设备的测试数据中也出现了与 3 号和 9 号相似的 2.85Hz 的能量成分。而其附近的 1、2、5、10 等测点设备的数据中均无此现象，需要进一步的分析。

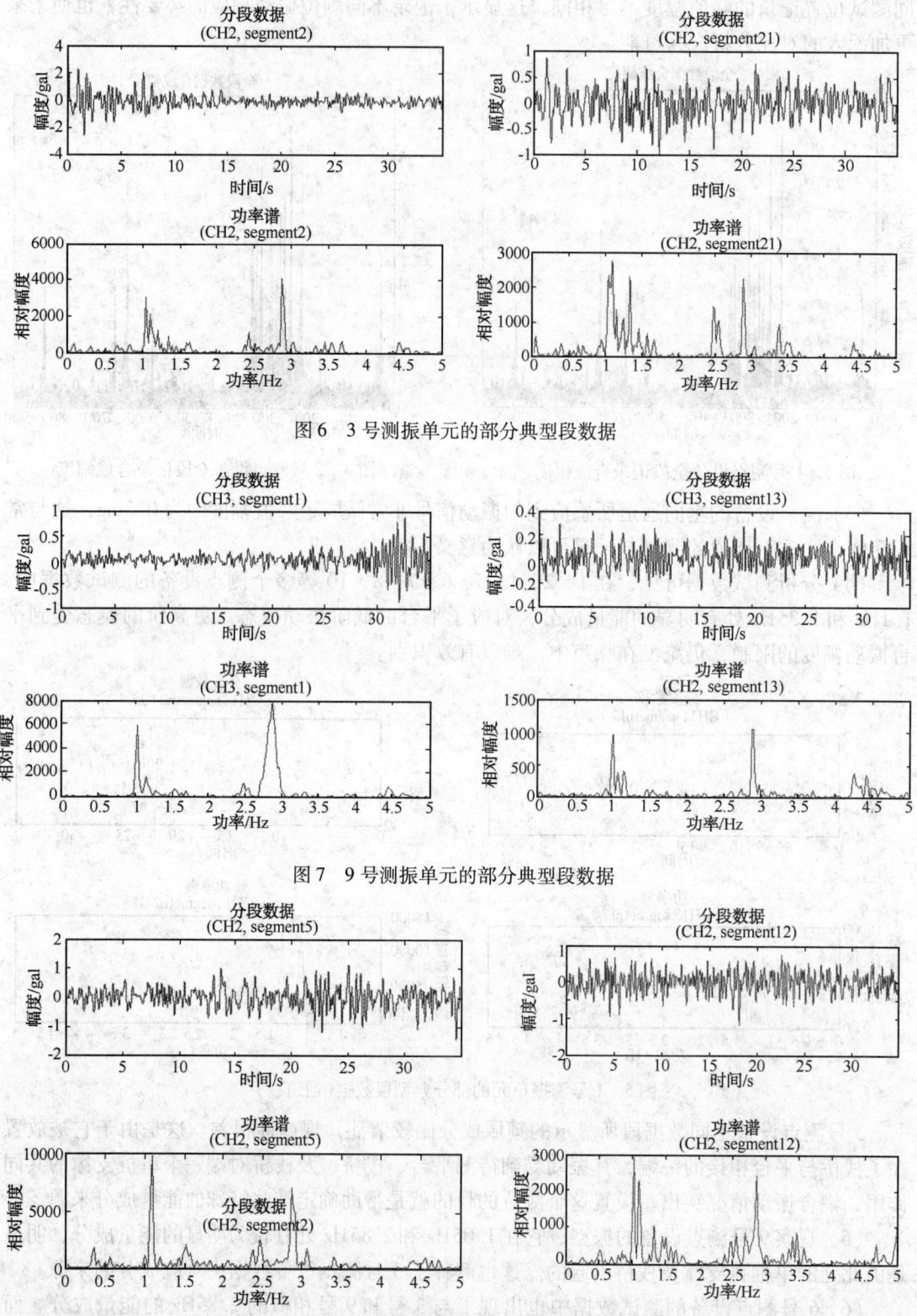

图6 3号测振单元的部分典型段数据

图7 9号测振单元的部分典型段数据

图8 6号测振单元的部分典型段数据

4　结论

本次测试对测试平台的靠船激励振动响应数据进行了多测点联合采集。通过对测试过程的记录及测试数据的分析，我们初步得出以下结论：

（1）采用小型作业渔船进行轻触式靠船激振的方案在满足平台安全要求的同时，所产生的平台振动幅度可以满足平台振动模态分析的需要。相应的施工方案具有可行性和可操作性。

（2）测试平台的低阶振动模态得到了很好的分离与识别，平台目前状态下的基础测试与测量数据为未来的进一步巡检测试建立了良好的比较基准。

（3）测振方案强调通过简单的、重复性好的、操作性强的定期巡检对导管架平台整体安全状况做出早期评价乃至预警；而不是通过建立复杂的平台有限元模型，利用种种复杂的模态识别方法，识别出尽可能高阶的振动模态，从而达到识别局部损伤的目的。

（4）便携式平台振动采集系统具有体积小、重量轻、灵敏度高、环境耐受力强、自持工作时间长、现场布设方便灵活等特点，可以满足这一类平台快速振动巡检的应用要求。

（5）本次测试所采用的测试方案经验证具有成本低、安全可靠、重复性好、操作简单快捷、不需外部附加条件等优点，适用于较大规模的浅海小型导管架平台群的安全巡检应用，具有较大的普及推广价值。

参 考 文 献

1　张谦. 含局部损伤导管架平台结构强度分析[D]. 青岛：中国海洋大学，2010
2　王乐，杨智春，谭光辉等. 基于固有频率向量的结构损伤检测实验研究[J]. 机械强度，2008，30（6）：897～902
3　白羽. 梁、板、网架结构损伤诊断研究[D]. 昆明，昆明理工大学，2008
4　王素丽，高洁. VB 开发环境下的微振动检测系统研制[J]. 国外电子测量技术，2012，31（6）：59～62

尾管钻井技术进展和前景

张 瑞 阮臣良

（中国石化石油工程技术研究院）

摘 要 尾管钻井作为一种高效低成本控制井眼的先进钻井技术，能够有效的解决窄钻井边界、缩颈、漏失和井壁不稳定等钻井问题，减少钻井时间和降低作业成本，特别适用于深水和衰竭油气藏钻井。本文介绍和分析了威德福公司的钻头可钻式尾管钻井系统、Tesco 公司的重复悬挂可回收式钻井系统和 Baker Hughes 公司的旋转导向尾管钻井系统的工作原理、特点和最新技术进展，并简要介绍了我国尾管钻井技术的发展，探讨了尾管钻井技术在我国的发展方向和应用前景。

关键词 尾管钻井；尾管悬挂器；旋转导向；随钻测量

前言

尾管钻井作为一种高效低成本控制井眼问题的先进钻井技术，适用低压带、页岩层、煤层以及多压力带地层，在钻井提速、降本增效及解决循环漏失问题等方面具有很好效果，越来越受到油气钻井业的重视。尾管钻井是指用常规钻井工艺钻到一定井深后，将钻杆柱与尾管钻井系统连接，用该系统代替常规的钻杆进行钻进[1]。该技术可以在一次钻井过程中同时完成钻井，下套管和固井作业，能够有效的减少钻井时间和降低作业风险。运用尾管钻井技术可以有效的解决窄钻井边界、缩颈、漏失和井壁不稳定等钻井问题，典型的尾管钻井技术特别适用于深水和衰竭油藏钻井[2]。

近年来，随着尾管悬挂器技术、旋转导向技术和金属对金属密封等技术的不断发展，尾管钻井技术也逐渐与之相结合，贝克休斯、威德福、TESCO 等公司纷纷投入研发，先后推出更为先进的尾管钻井技术及商业化产品，并成功进行了现场运用。

1 国外尾管钻井技术进展

尾管钻井与套管钻井是两种不同的概念，套管钻井是由套管承受由井底到地面的全部钻柱载荷以及钻进时所需的旋转扭矩。而尾管钻井系统仅需足够长的套管来封隔裸眼段，而无需上部的套管柱，主要由钻杆和送入工具承受载荷和提供钻井时所需的旋转扭矩。这样，尾管钻井对尾管及地面钻机的要求明显降低，更加适用于深水平台钻井及高硬地层的钻井。因此，尾管钻井的主要技术难点就是井下工具系统。近些年，贝克休斯、威德福等公司都推出了各具特色的尾管钻井井下工具系统。

1.1 威德福公司——可钻钻头式尾管钻井系统[3,4]

威德福公司(Weatherford)作为尾管钻井技术的先驱,开发了的可钻钻头式尾管钻井系统(图 1)。其井下工具系统主要由套管钻头、旋转尾管悬挂器和送入工具等组成。该系统最大的特点在于不需要多余的内管柱来驱动钻头进行钻井,而是通过送入工具中的液压丢手工具将钻进所需的载荷和扭矩直接传递到尾管悬挂器和尾管上,直接由尾管驱动套管钻头进行钻井操作。该系统相比于其他的尾管钻井系统结构更为简单,操作更为方便。然而,由于钻头直接与尾管相连,导致钻井结束后井下钻具不能回收,无法进行固井操作。威德福公司开发的可钻式钻头,很好的解决了这一难题[5]。该钻头本身具有可钻性,可以被任何一种牙轮钻头或 PDC 钻头钻掉,在钻达设计井深后,不需要对钻头进行任何回收处理,就可以立即实施固井作业。目前该可钻式钻头已经发展到第三代(图2),主要由铜质本体、铝质内核、金刚石切削齿和铜质刀翼、侧翼保径垫以及尾端扶正器所组成,其刀翼是不可钻的,但是经过投球操作即可将其脱落,从而使钻头转化为可钻。

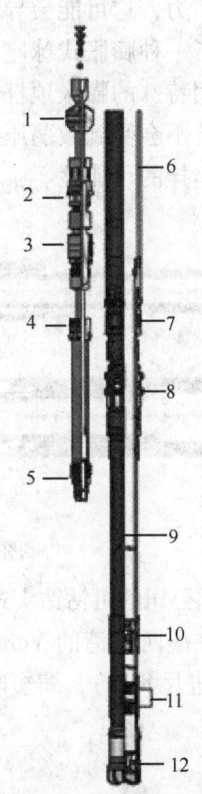

图 1 威德福公司的尾管钻井系统
1—浮式塞帽;2—旋转坐封工具;3—丢手工具;
4—密封芯子;5—尾管胶塞;6—回接筒;
7—顶部封隔器;8—尾管悬挂器;9—尾管;
10—球座;11—浮箍;12—钻鞋

图 2 威德福公司的 DS Ⅲ型可钻式钻鞋

另外，为了控制漏失和保持井壁的稳定，尾管钻井时需要很高的循环效率和压力，并不断的改变井内压力，这可能会导致传统的剪切式球座剪切值偏差较大或提前剪断等问题。威德福公司开发了一种膨胀式球座系统（图3），该球座采用特殊的可膨胀金属制造，只有在悬挂器坐挂后采用特殊的膨胀顶杆将其打开使憋压球通过，并形成通径，避免了球座的钻除。同时该球座系统不会受到激荡压力的影响，能够提供更高的悬挂器坐挂压力，减小钻井过程中悬挂器提前坐挂的可能性。

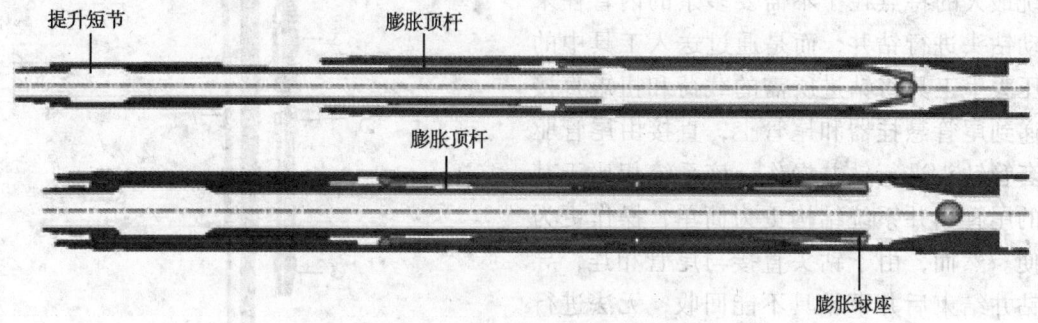

图3　威德福公司的膨胀式球座系统

目前威德福公司的可钻钻头式尾管钻井系统已进行了多次现场运用，其中$9\frac{5}{8}$in×$12\frac{1}{4}$in尾管钻井系统在墨西哥湾的Veracruz地区克服陡倾、井漏和井壁不稳定等问题，钻井深度2881~2962m（进尺81m），缩短时间39.5d，节约日费450万美元；中海油在印尼合同区块东南苏门答腊的Banuwati A-3井运用7in×$8\frac{1}{2}$in尾管钻井系统解决井漏问题，钻井深度3040~3145m（进尺105m），节约经费100万美元[6]。

1.2　Tesco公司——重复悬挂、钻具可回收式尾管钻井系统

钻具不可回收式的尾管钻井系统，虽然通过研发可钻的套管钻头解决了固井问题，但该套管钻头的耐久性和地层适应性严重影响尾管钻井系统的性能和适应性。加拿大的Tesco公司作为套管钻井技术的领跑者，最先研发出了钻具可回收式的套管钻井系统，在套管钻井过程中可以用钢丝绳或钻杆回收和更换井下钻具组合[7]。该技术很好的提高了套管钻井的钻进深度和对不同地层的适应性。近些年，Tesco公司将该项技术应用到尾管钻井技术中，研发了一种新型的重复悬挂、钻具可回收式尾管钻井系统[8,9]（图4）。该系统主要由尾管下人工具、可多次悬挂式尾管悬挂器、套管锁定短节和井下钻具组合等结构，可

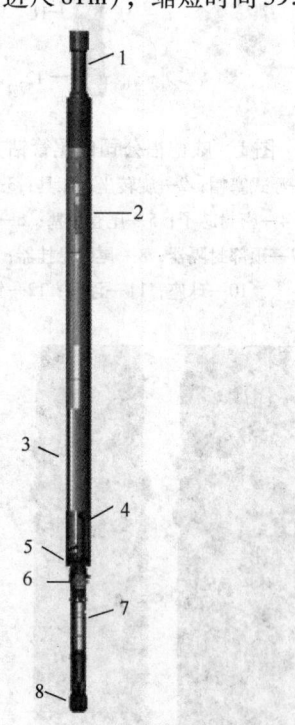

图4　Tesco公司的尾管钻井系统
1—钻杆接头；2—可多次悬挂的尾管悬挂器；
3—尾管；4—锁定短节；5—尾管引鞋；6—井下马达；
7—导向或测井工具组合；8—钻头

以在钻井过程中随时更换井下钻具，而不需要将套管提出井口。

工作中，平台操作人员根据预先计算好的尾管悬挂深度，在井口连接套管柱并通过套管卡瓦悬挂在井口，然后钻柱通过钻杆接头与尾管钻井系统连接，并通过钻井锁定机构锁紧，将尾管钻井系统下入井内并开始钻进。当需要更换井下钻具组合时，通过可重复悬挂式尾管悬挂器将尾管柱悬挂在套管内壁上，通过钻杆将钻具提出并更换，然后重新下入井底并锁定，解挂悬挂器继续进行钻进。其中可重复悬挂式尾管悬挂器的悬挂次数不少于3次，井下钻具组合可根据需要增加旋转导向或测井设备，实现旋转导向钻井或控压钻井。

目前，Tesco 公司已经研发出 7in×9⅝in 和 9⅝in×13⅜in 两种规格的多次悬挂、钻具可回收式尾管钻井系统，其中，9⅝in×13⅜in 钻井系统在墨西哥 Cameron 地区进行了两次系统的试验，成功实现了尾管悬挂器的坐挂及钻具的回收和更换，钻井深度704～1007m（进尺303m），实现悬挂器重复悬挂和钻具回收6次[9]。

1.3　贝克休斯公司——旋转导向尾管钻井系统

贝克休斯公司（Baker Hughes）结合其特有的尾管悬挂器技术也开发出了多种尾管钻井系统，其中包括不可回收式尾管钻井系统、膨胀悬挂式尾管钻井系统和世界最先进的旋转导向尾管钻井系统等。2010 年，世界上第一套旋转导向尾管钻井系统（SDL）在北海的 Norwedian 区块试验成功。

1. 不可回收式旋转尾管钻井系统[10]

尾管钻井系统的洗井、扩眼和钻进深度很大程度上受限于钻井过程中的循环压力，循环压力往往会设置的较低来保证悬挂器不会提前坐挂或送入工具提前丢手。贝克休斯公司的不可回收式旋转尾管钻井系统与威德福公司的可钻钻头式尾管钻井系统类似，包括尾管钻井系统和可钻除的 PDC 尾管钻头。但是，其最大的特点在于其尾管悬挂器采用了一种特殊的液压平衡系统保证悬挂器在很高的循环压力下不会提前坐挂（图5）。该系统由相对于球座镜像对称的两个液缸组成，钻进过程中两个液缸的压力 P1 和 P2 相等，驱动力相互抵消不会坐挂悬挂器，从而允许更高的循环压力来带走钻屑。只有当投球到达球座时尾管悬挂器才能坐挂，因为此时只有球座上方的液缸 P1 作用，而下方的液缸由于位于球座下方而失效。该 9⅝in 系统在墨西哥 Gulf 区块成功运用，克服了超深水高应力岩层的钻井难题，钻井深度为7913m，26h 内一次性钻进190m，节约 26d 钻井时间和数百万美元的费用。

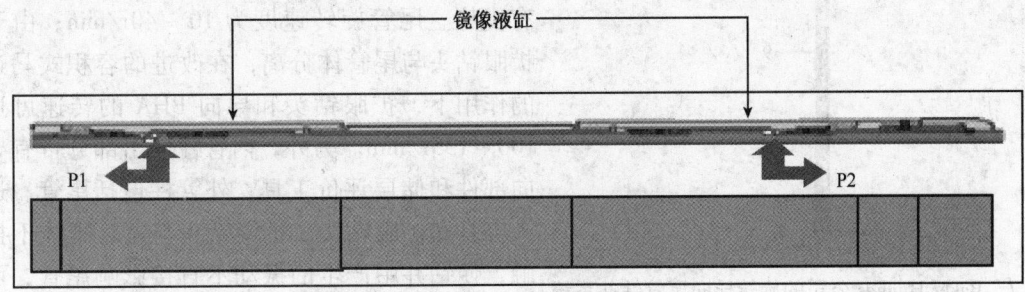

图5　贝克休斯公司液压平衡系统

2. 膨胀悬挂器式尾管钻井系统[11,12]

贝克休斯公司在其不可回收式尾管钻井系统的基础上还开发了一种新的膨胀悬挂器式尾管钻井系统（图6）。该系统是将原先的悬挂器改为膨胀式尾管悬挂器，该膨胀式尾管悬挂器可以解决和减小采用传统尾管悬挂器钻井所带来的问题，同时具有以下好处：①光滑的外径可以允许更快的循环，达到更好的洗井效果；②较少的外部组件较小岩屑对悬挂器和顶部封隔器的损坏；③顶部封隔器为液压驱动，减少了机械坐封设备；④送入工具完全密封，防止了岩屑的进入；⑤悬挂器不会受到压力激荡的影响，同时送入工具也不会受到不同压力的影响。

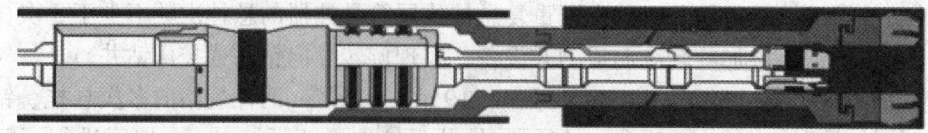

图6　贝克休斯公司膨胀悬挂式尾管钻井系统

该9⅝in 和 7in 膨胀尾管钻井系统现已在墨西哥 Marine 区块首次成功运用 3 口井，有效的解决了井壁漏失的问题，系统最大下深 3378m，最大钻进深度 114m，尾管长度最大达到 2700m，膨胀悬挂器成功坐挂并封隔套管环空。

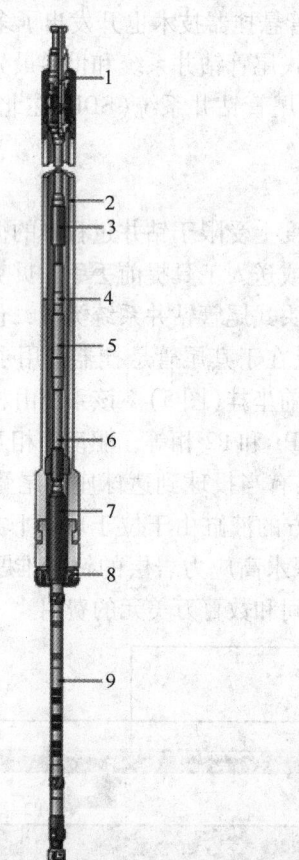

图7　Baker Hughes 公司的旋转导向尾管钻井系统
1—送入工具；2—尾管；3—推进器；4—电池短节；
5—双向连接和动力模块；6—井下马达；
7—扩眼钻头驱动短节；8—扩眼钻头；
9—导向钻具组合

3. 旋转导向尾管钻井系统(SDL)[13]

2006~2009 年，Baker Hughes 公司与挪威 Statoil 公司结合旋转导向钻井技术和尾管钻井技术共同研发了旋转导向尾管钻井系统(steerable drilling liner system，SDL)。该系统由送入工具、推进器、井下马达、扩眼钻头、扩眼钻头驱动短节、导向 BHA、尾管和钻杆等组成(图7)。并结合了 Baker Hughes 公司的 EZLine 尾管钻井系统、Auto Trak 旋转导向系统、X - treme 井下马达、EZ Case 套管钻井专用钻头等技术，连接内管柱与扩眼钻头的扩眼钻头驱动短节是根据性能需要特殊设计的。该系统是目前世界上最为先进的尾管钻井系统。

内管柱包括钻杆、井下马达和导向 BHA 等，通过井下马达提供扭转力，在深井钻井中有优势。尾管旋转速度为 10~40r/min；由于扩眼钻头与尾管体分离，在改进的容积式马达的作用下，扩眼钻头和导向 BHA 的转速可达 100~135r/min。另外，内管柱伸出部分带有导向部件和储层评价工具。外管柱包括尾管、送入工具和扩眼钻头。扩眼钻头与尾管本体不接触，使钻井中产生的振动不直接影响尾管，可延长尾管寿命。特殊设计的扩眼钻头驱动短节带有类似 Auto Trak 系统的导向伸缩块，这些伸缩块由液压驱动，连接于扩眼钻头和内管柱之间，可以提供所需的钻压和钻头扭矩，也可以根据需要从地面输送信号关闭和开启。SDL 系统的特别之处在于，它通过释放扩眼钻头驱动短节和尾管送入工具更换导向 BHA 时，尾管仍留在井底；再一次连接时，只需将内管柱下至目标位置让尾管送入工具重新锁定，如果需要还可上下移动内管柱钻先导井眼。

目前，已开发出 7in（适用于 $8\frac{1}{2}$in 井眼）和 $9\frac{5}{8}$in（适用于 $12\frac{1}{4}$in 井眼）两种规格的旋转导向尾管钻井系统，并在俄克拉荷马的贝克休斯试验区块进行了全流程试验，具有良好的钻井性能，其中钻井穿透率 10m/h，最大钻进深度 300m，旋转导向能力 3°/30m。

2 国内尾管钻井技术现状及前景展望

尾管钻井技术在国外经历了二十多年的发展，已经得到了成功的运用，而国内一些研究机构也正在开展相关工作。其中，大庆钻探工程公司钻井工程技术研究院在承担的国家 863 科研攻关项目子项目——《尾管钻井技术研究》中进行了研究，其结构是类似于威德福公司的不可回收式尾管钻井系统。其研究解决了尾管悬挂器及附件必须具有钻井功能、尾管钻井所配钻头必须满足深井硬地层和低钻压条件的要求、满足尾管与技术套管的环空密封性能的要求、浮箍可承受钻井过程中的长时间冲蚀且能防止固井后水泥浆倒灌等关键技术，实现了先坐挂再丢手最后旋转固井的设计思想，成功地完成了地面模拟试验，顺利地通过了同时具有 CMA（中国计量认证）和 CNAS（中国合格评定国家认可委员会）资格的检测机构所进行的全面行业性能检测，具备了尾管钻井最大钻深能力达到 4500m、尾管长度达到 200m 的能力[14]。

另外，中国石化石油工程技术研究院依托《内嵌卡瓦旋转尾管悬挂器研究》项目，也开展了尾管钻井技术的探索性研究，其新研制的多功能尾管悬挂器基本达到了尾管钻井技术对悬挂器的要求。主要由液压丢手工具、尾管顶部封隔器、内嵌卡瓦旋转尾管悬挂器和钻式偏心引鞋等组成（图 8），其中 $9\frac{5}{8}$in × 7in 的旋转尾管悬挂器的承载能力达到 250t，液压丢手的最大抗扭能力达到 40kNm，顶部封隔器的密封能力达到 70MPa。该尾管悬挂器系统作用是在尾管下入过程中旋转，减小遇阻的可能性，同时在固井过程中旋转，提高固井质量。钻式偏心引鞋可以在钻进过程中起到导向和扩眼的作用。同时，该系统也是最为接近与尾管钻井的悬挂器系统，只需要将钻式引鞋更换为可钻式套管钻头即可成为一种不可回收式尾管钻井系统。2013 年初，该 $9\frac{5}{8}$in × 7in 多功能尾管悬挂器在中海油涠洲区块成功运用 4 口井，其中在 wz6 - 12 - A3S 井的运用中克服了井眼轨迹复杂、地层易掉块坍塌等复杂井况，取得了尾管旋转下入、悬挂器坐挂、液压丢手、固井作业及坐封封隔器的一次性成功，整套管串的最大上提载荷 120t，最大旋转扭矩 20kNm，累计旋转时间超过 10h，钻进深度 1160m。这也进一步证明了该尾管悬挂器系统达到了尾管钻井的要求。

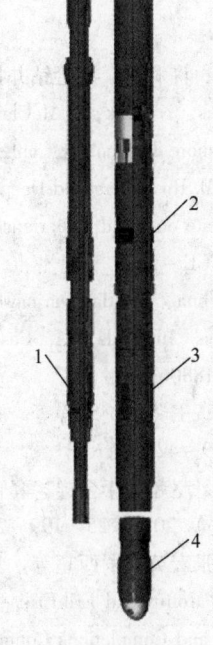

图 8　多功能尾管悬挂器系统

1—液压丢手；2—尾管顶部封隔器；

3—尾管悬挂器；4—钻式偏心引鞋

可以看出，目前国内的尾管钻井研究还处于起步阶段，主要局限在不可回收式的尾管钻井技术，而更为先进的可回收尾管钻井技术将是未来的发展方向。同时，尾管钻井技术是一个庞大的系统工程，需要多方面的发展及更多技术的结合才能更好的发挥其技术优势，例如结合随钻测量技术可以开发出旋转导向尾管钻井系统，结合控压钻井技术可以开发精细控压尾管钻井技术，结合金属膨胀和金属密封技术可以研发膨胀尾管钻井技术，结合气体钻井技术提高钻进深度等，这些都想成为未来国内尾管钻井的发展方向。

目前，国内各大老油田在钻井过程中都会出现井漏和井壁不稳定等问题[15]，传统的堵漏方式有时很难达到预期的效果。因此，尾管钻井在我国大庆和胜利等老油田的衰竭油气藏地区和南海深水区块将有很大的运用前景，以便有效地解决井漏、井壁不稳等钻井问题，大大减少钻井时间和节约钻井成本。

3 结束语

尾管钻井技术作为一种全新的钻井工艺技术，发展升级迅速，新产品新技术不断出现，应用范围不断扩大。贝克休斯公司结合可回收式尾管钻井系统和旋转导向技术开发的旋转导向尾管钻井系统（SDL）是目前最为先进系统，Tesco公司的重复悬挂器可回收式尾管钻井系统也具有其独特的技术特点，很好的解决了钻井过程中更换钻头的问题。而国内的尾管钻井技术仍然处于起步阶段，主要局限在不可回收式的尾管钻井系统。因此，快速跟踪国外的研究进展，在消化吸收国外研究成功的基础上，结合更多新的钻井技术自主研发更为先进尾管钻井系统具有十分重要的意义。

参 考 文 献

1 陈维荣，许利辉. 尾管钻井技术及应用[J]. 石油钻探技术. 2003，31(2)：66~70
2 M Davies, L Clark, E McClainand J Thomas. A Staged Approach to the introduction of Casing and Liner Drilling. Offshore Technology Conference, 2006, OTC 17845
3 Steven M. Rosenberg and Deepark M. Gala. Liner Drilling Technology as a Tool to Reduce Non-productive Time: An Update on Field Experiences in the Gulf of Mexico. AADE National technical Conference, 2011, AADE-11-NTCE-79
4 LiaoJianhua, Andrias Darmawan and Zhao Chao. Use of Liner Drilling Technology as a Solution to Hole Instability and Loss Intervals: A Case Study Offshore Indonesia. SPE/IADC Drilling Conference, 2009, SPE/IADC 118806
5 刘建立，王奖臻，邹静等. 威德福公司可钻式钻鞋的结构特点及现场应用[J]. 石油钻探技术. 2007，35(5)：39~42
6 廖建华，赵超，李金祥. 套管、尾管钻井技术在中海油东南亚公司东南苏门答腊区块的应用[J]. 中国科技博览. 2012，25：199~200
7 贺涛，张宏英，罗西超等. 套管钻井技术进展和前景[J]. 石油机械. 2011，39(10)：166~169
8 Michael Moffitt and ErikEriksen. Liner Drilling with a Multi-set Hanger and Retrievable BHA. SPE Deepwater Drilling and Completions Conference, 2010, SPE 137088
9 E Eriksen, D Herrera and M Moffitt. Development of a Liner Drilling System Incorporating a Retrievable Bottom Hole Assembly. SPE/IADC Middle East Drilling Technology Conference and Exhibition, 2011, SPE/IADC 148607

10　JimKunning and Yafei Wu. Non – Retrievable Liner Drilling System Successfully Deployed to Overcome Challenging Highly Stressed Rubble Zone in a GOM Ultra – Deepwater Sub – Salt Application. SPE Annual Technical Conference and Exhibition, 2009, SPE 124854

11　A Belloso, J Scott, J M Rivera and J Pina. Use of Liner Drilling Technology To Ensure Proper Liner Setting：A Mexico Case Study. SPE Latin American and Caribbean Petroleum Engineering Conference, 2012, SPE 153450

12　J Mota, D Campo and J Menezes. Rotary Liner Drilling Application in Deepwater Gulf of Mexico. SPE/IADC Drilling Conference, 2006, SPE/IADC 99065

13　A torsvoll, J Abdollahi and T Weltzin. Successful Development and Field Qualification of a $9\frac{5}{8}$in and 7 in Rotary Steerable Drilling Liner System that Enables Simultaneous Directional Drilling and Lining of the Wellbore. SPE/IADC Drilling Conference and Exhibition, 2010, SPE/IADC 128685

14　刘玉民，赵博，杨智光等．尾管钻井技术研究与试验[J].钻采工艺.2010,33(1)：1~3

15　姚晓，周保中，赵元才等．国内油气田漏失性地层固井防漏技术研究[J].天然气工业.2005,25(6)：45~48

基于井眼坍塌信息的地应力反演方法研究

王 怡 陈军海 陈曾伟

（中国石化石油工程技术研究院）

摘 要 准确获取深部地层地应力的大小和方向，对于钻井轨迹设计、井壁稳定、压裂增产等具有重要意义。本文重点研究了利用井眼坍塌求取地应力的方法，提出结合测井资料分析采用数值模拟方法反演水平最大地应力大小的方法。研究表明：利用井眼坍塌求取地应力大小的数值模拟方法可行，该方法能够真实反映深部地层的应力环境、地层岩石的力学特性及钻进作用，能够比较准确的确定水平最大地应力的大小，且方法简单易行。

关键词 井眼坍塌；地应力；反分析；数值模拟

前言

原场地应力的大小和方向对于井壁稳定、后期压裂意义重大。目前采用的地应力求取方法主要是室内实验方法、现场测试方法及分层地应力解释等。室内实验测试受模拟条件及井下岩心的限制，无法完全满足工程需要；而现场测试虽然精度较高，但费用高，且只针对特定井段，缺乏普遍性；分层地应力解释等计算方法应用方便，但计算结果受主观因素影响大，精度偏低。

钻井中井壁坍塌是应力状态、流体环境及岩石特性共同影响作用的结果，因而井眼坍塌信息能够反映原场地应力的作用情况[1~6]，包括地应力的大小及方向，参考文献1对利用测井资料进行主应力方位的确定进行了有益的探讨，而地应力信息中最难确定的是最大水平主应力的大小。本文则重点研究利用井眼坍塌信息确定最大主应力大小的方法。

1 井眼坍塌与水平地应力大小的理论关系

地应力是影响井壁坍塌方向及塌落程度的根本力源，应用弹性力学理论分析，可以得到井壁周围岩石所受的各有效主应力分布状态：

$$\begin{cases} \sigma_{rr} = P_i - \alpha P_p \\ \sigma_{\theta\theta} = (\sigma_H + \sigma_h) - 2(\sigma_H - \sigma_h)\cos2\theta - \sigma_\theta^T - P_i - \alpha P_p \\ \tau_{r\theta} = 0 \end{cases} \tag{1}$$

式中，σ_{rr} 为井眼周围所受径向应力；$\sigma_{\theta\theta}$ 为井眼周围所受周向应力；$\tau_{r\theta}$ 为井眼周围所受切应力；P_i 为井内钻井液柱压力；σ_H 为最大地应力；σ_h 为最小地应力；σ_θ^T 为温度应力；θ 为井

基金项目：国家重点基础研究发展计划(973 计划)：深井复杂地层安全高效钻井基础研究(编号：2010CB226700)。

基金项目：国家科技重大专项：海相碳酸盐岩油气井井筒关键技术(课题编号：2011ZX05005 - 006)。

眼周围某点径向与最大水平主应力方向的夹角；P_p 为地层孔隙压力；α 为有效应力系数。

由公式(1)不难发现，井壁的应力状态受地应力大小等因素影响和制约，而利用井壁围岩的应力状态可以用于判断井壁的屈服破坏情况。模拟实验发现[2]，井壁坍塌后的稳定状态并不是一次达到的(图1)，经多次井壁坍塌形成的井眼，其坍塌深度虽然在多次坍塌过程中不断加大，但最大的坍塌宽度基本稳定。斯坦福大学的 Zoback 等人发现[3]，起始崩落点正满足井壁剪切破坏条件，即该点的最大主应力及切向应力已达到了地层的强度，Barton 等基于起始崩落点的极限平衡条件推导出了利用崩落宽度计算水平最大主应力的计算表达式：

$$\sigma_c = \sigma_{\theta_b} = \sigma_H + \sigma_h - 2(\sigma_H - \sigma_h)\cos2\theta_b - \sigma_\theta^T - \alpha P_p - P_i \tag{2}$$

进而可以得到利用井壁崩落宽度来确定地应力的方法：

$$\sigma_H = \frac{(\sigma_c + \alpha P_p + P_i + \sigma_\theta^T) - (1 + 2\cos2\theta_b)\sigma_h}{1 - 2\cos2\theta_b} \tag{3}$$

$$W_{bo} = 180° - 2\theta_b \tag{4}$$

式中，W_{bo} 为井壁坍塌宽度；θ_b 为井壁发生坍塌的起始角度。

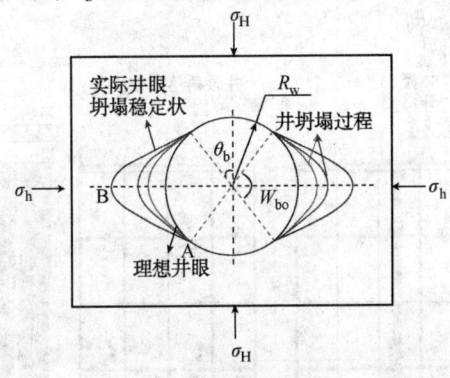

图1　井壁坍塌进程

通过分析井筒的力学状态对井壁破坏程度的影响，将地层孔隙压力、岩石机械力学性质、钻井条件等参数输入到建立的地应力反演模型中，就可以反演确定出最大水平主应力大小的范围。

2　井眼坍塌信息的地应力大小数值模拟反演方法

反演地应力大小的解析方法简单易行，但是限于平面线弹性假设的基础上，同时忽略了地层孔隙压力场同应力场之间的耦合作用。而数值模拟反演方法能够采用反映地层的力学特性的本构关系(如弹塑性)和破坏准则，模拟地层在不同参数影响下的受力变形及破坏规律，特别是能够模拟地层的孔隙压力场和应力场的耦合作用及井下实际工况，较真实的再现地层实际的受力及变形状态，而且能够满足流固耦合效应不能忽略的高渗透率地层的地应力反演的需要。根据井壁坍塌过程中最大的坍塌宽度基本稳定的认识，建立了水平最大地应力大小的数值模拟反演步方法，步骤如下：

(1)基于地层倾角测井、成像测井结果选择地层相对均质、具有一定深度的稳定的应力型坍塌层段，并确定坍塌的方位及宽度，具体选取原则大体可以概括为以下几点：

① 应力型井壁崩落椭圆段往往具有明显的扩径现象，以四臂地层倾角测井为例，双井径数据表现出具有明显的井径差。最大井径明显大于钻头直径，双井径之间的差值要大于给定的某一常量，一般可取 1.5in 左右。同时还选择 1 号极板方位处于不旋转状态下的测井资料进行甄选，避免仪器测量过程带来的影响。井径资料识别坍塌层段及方位如图 2(a) 所示，2000 ~ 2350m 层段具有稳定的坍塌层段，双井径中较大的井径方位就是井壁坍塌的方位，明确指示出水平最小地应力方位。同时结合成像测井，有效识别坍塌井段并选择井壁坍塌宽度，如图 2(b) 所示，应力型坍塌层段往往沿井周具有一组暗色对称的条带分布，条带的宽度即坍塌宽度。

应力型井壁崩落椭圆段的选择过程中，结合双井径及成像测井特别需要区别冲刷扩径以及键槽现象。冲刷扩径通常是指井壁周向的完全垮塌，四臂地层倾角测井仪测得的两组井径都大于钻头尺寸，最小的井径应与钻头直径相近，当二者之差的绝对值要大于 0.5in 时(此值为区域经验值)，视为冲刷造成，而非应力型坍塌；键槽是由于钻具磨损、碰撞井壁引起的非对称的单侧井壁垮塌，一般发生在钻具的顶部或底部。

② 井壁崩落椭圆段具有一定的长度，从几十米到上百米不等，而在这段长度上长轴，亦即坍塌方位的取向应基本一致。

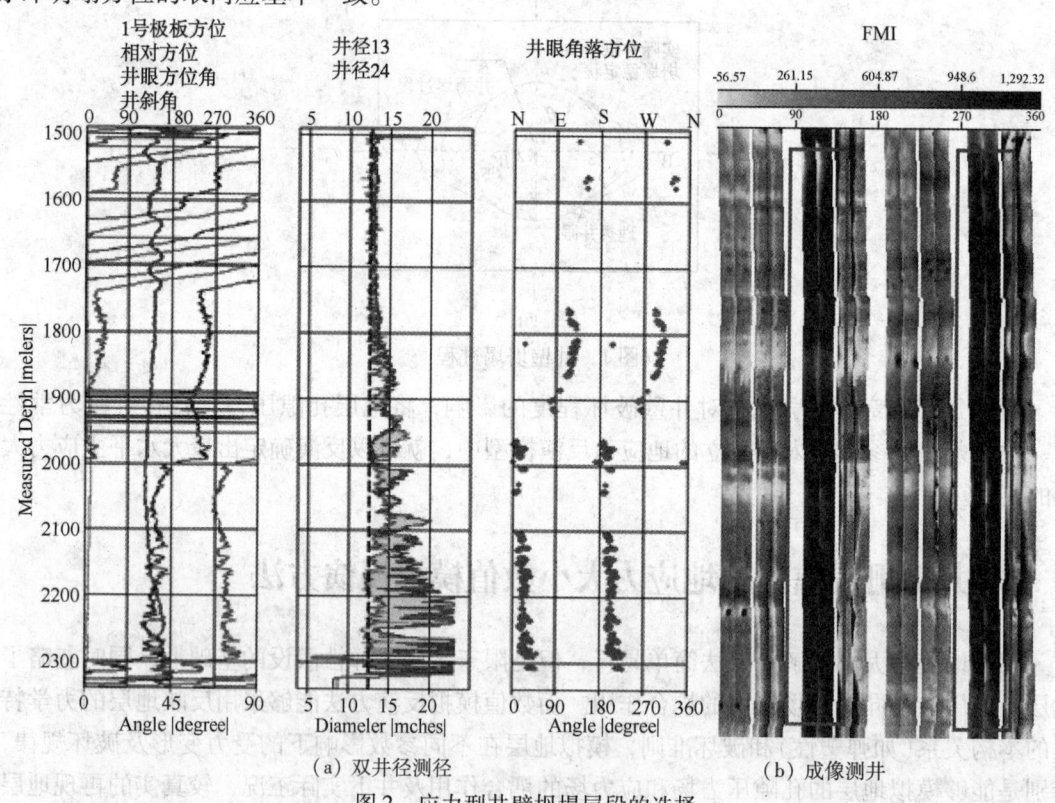

（a）双井径测径　　　　　　（b）成像测井

图 2　应力型井壁坍塌层段的选择

（2）根据测井资料及现场测试等确定出影响井眼坍塌形式的重要影响因素的量值，包括：水平最小主应力、上覆岩层压力、岩石强度参数及变形参数、地层压力、地层物性参数（孔隙度，渗透率）、钻井液密度、井眼尺寸。这些参数通常可以通过现有技术手段及资料获取：①最小水平应力的大小可以根据地层破漏实验获取、限定；②上覆岩层压力可通过对岩石密度测井曲线的积分来求取，也可从声波提取伪密度曲线进行积分求取；③岩石力学参数等的选取可以利用现场提供的纵波测井、密度测井、地层压力等资料，寻找动、静力学特性参数之间的关系，并建议采用部分岩芯实验加以校正，以确定区域岩石力学参数的求取模型，获取岩石力学参数的连续剖面。

（3）初步确定合理的水平最大主应力的反演范围（下限应不低于最小水平主应力的大小，上限可以参考区域最大的地应力量值确定），根据水平最大主应力的反演范围，并选取合理的地应力间隔值，制定合理的应力场模拟试验方案。

（4）对所要进行地应力反演的地层建立起该垮塌层段的数值反演分析的三维空间几何模型，模型空间范围尺寸应大于井眼直径的 10～20 倍以避免边界效应对反演精度的影响。

（5）对几何空间模型施加原场应力边界条件、孔隙压力场，同时对地层模型材料赋原始地层强度、变形参数，渗透率等物理力学参数；并进行初始应力场及孔隙压力场的模拟。

（6）模拟井眼形成，打开既定尺寸的井眼，并对井壁施加钻井液柱压力，选择破坏准则后，进一步应力平衡计算得到井眼打开后的应力场、位移场、孔隙压力场及井壁失稳破坏结果，从井壁失稳破坏的结果中提取井壁坍塌宽度的信息。

（7）按照水平最大主应力的反演模拟方案遵照（4）、（5）步进行不同方案数值模拟分析，就可以得到一定水平最大地应力条件下与井眼坍塌形式的关系，进一步回归出水平最大地应力的大小与坍塌宽度的关系。

（8）将实际的井眼坍塌宽度带入该关系后，即可推算合理的水平最大地应力的大小。

以元坝某井为例，通过井径资料分析，2100～2400m 存在稳定的应力性坍塌层段。选择 2310m 深度的砂岩地层作为地应力大小的反演层位，井壁垮塌宽度 90? 左右，则选取 2300～2320m 深度范围的井眼围岩为三维空间反演几何模型，其中井眼尺寸为 314.3mm，几何模型的尺寸为 20m×20m×20m，能够有效避免边界效应的影响。根据测井及现场测试资料初步确定上覆岩层压力 σ_V 2.58g/cm^3，水平最小主应力 σ_h 为 2.25g/cm^3，地层孔隙压力 P_p 为 1.3g/cm^3，钻井液柱压力 1.4g/cm^3，黏聚力 20MPa，内摩擦角 30°，渗透率为 10.2mD，地层的泊松比 μ 为 0.3，弹性模量 E 为 40GPa。进一步设定水平最大主应力 σ_H 梯度范围处于 2.75～4.0g/cm^3 之间，σ_H 模拟方案以 0.25g/cm^3 的增量递增，即水平地应力差值不断增加（0.5～1.5g/cm^3），开展流固耦合条件下的数值模拟实验，数值模拟实验采用莫尔库伦失稳准则进行剪切破坏判断，数值模拟的坍塌及应力场分布如图 2～图 5 所示。

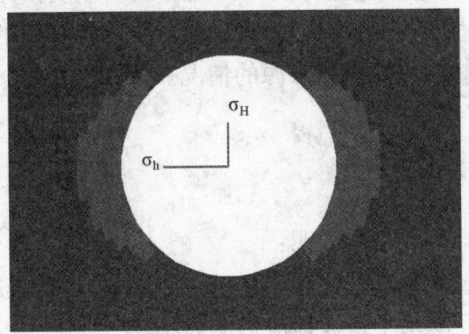

图2　井周破坏区分布（粉色代表失稳位置）

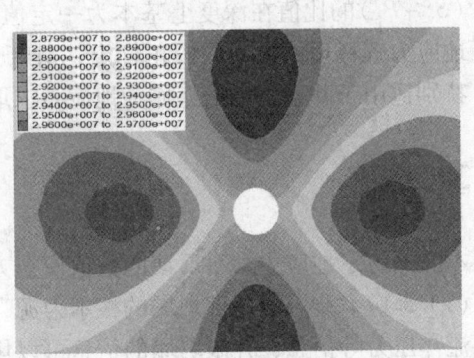

图3　井周地层孔隙压力分布规律（Pa）

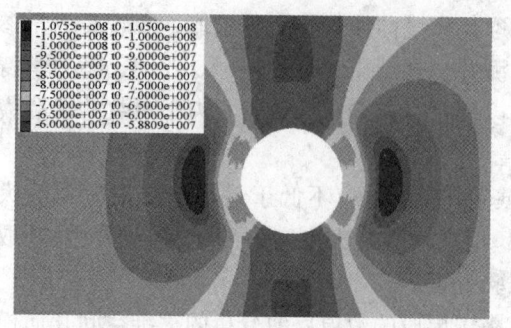

图4 井周最大主应力分布(Pa)

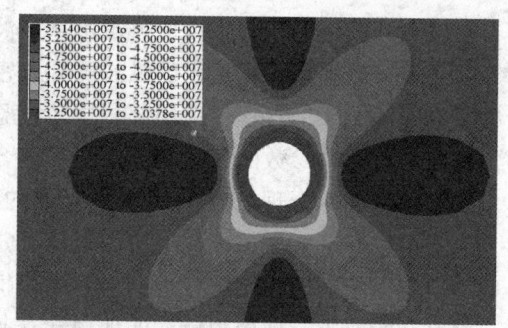

图5 井周最小主应力分布(Pa)

数值模拟实验得到的坍塌宽度与 σ_H 的变化关系如图6所示，并采用多项式进行了拟合，相关系数达到 0.984。当 σ_H 为 3.25g/cm³时，坍塌宽度为 90.24°，接近实际的井壁垮塌宽度，若考虑5%的坍塌宽度误差条件下的 σ_H 的取值范围约在 3.1~3.26g/cm³ 之间，现场压裂测试及室内岩石力学测试分析结果表明实际最大水平地应力大小在 3.15g/cm³ 左右，可见数值模拟实验的结果同样适用于地应力的反演分析研究。采用该方法对不同井深的应力型井壁坍塌层段开展了水平地应力大小的反演分析，详细结果如表1所示。

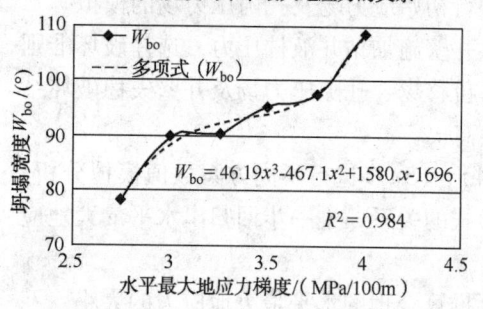

图6 井壁坍塌宽度与水平最大地应力的关系

表1 水平最大主应力大小的反演结果

井深/ m	孔隙压力/ (g/cm³)	σ_v/ (g/cm³)	σ_h/ (g/cm³)	岩石强度/ MPa	泊松比	坍塌宽度/ (°)	σ_H/ (g/cm³)
2310	1.3	2.58	2.25	47	0.3	90	3.1~3.26
3300	1.43	2.59	2.28	58	0.27	100	3.2~3.24
4216	1.48	2.63	2.34	65	0.25	85	3.21~3.39

利用井眼坍塌信息进行地应力反演，可以有效获得应力型坍塌层段多点的水平地应力大小的量值，可以基于地应力有效应力比恒定的理论[2]，即 $(S_{Hmax}-P_p)/(S_v-P_p)$ 以及 $(S_{Hmin}-P_p)/(S_v-P_p)$ 的比值在深度上基本为一定值，获得连续地应力剖面，也可以利用反演结果进行地应力解释理论模型的校正标定，对于地应力场的精细描述不失为一种行之有效的方法，特别适用于井壁坍塌信息作为地应力求取相对单一的信息来源的情况。

3 结论

本文探讨了地应力大小反演的数值模拟方法，研究结果表明：

（1）地应力是影响井壁坍塌的根本力源，井壁坍塌包含了包括地应力大小、岩石强度、地层流体压力等信息，井眼坍塌的信息可以用来反演水平最大地应力的大小。

（2）数值模拟反演方法同解析反演方法相比，前者能反映地层的真实三维应力环境，及岩石的受力变形特性，反演的结果精度较高，同时能考率应力场和流场的耦合效应，同样适用于水平最大地应力大小的反演，为区域地应力分布的研究及地应力剖面的建立提供可靠的参考。

总之，利用井眼坍塌信息进行地应力反演可以用于地应力模型的校核修正及精细描述，对于安全快速钻井、后期压裂增产有重要意义。

参 考 文 献

1 赵永强. 成像测井综合分析地应力方向的方法[J]. 石油钻探技术，2009，37(6)：39~43

2 M D Zoback, D Moos, L Mastin. and R N Anderson. Wellbore breakouts and in situ stress[J]. Journal of Geophysical Research, 1985, 90(B7)：5523~5530

3 M D Zoback, C A Barton, M Brudy, et al. Determination of stress orientation and magnitude in deep wells[J]. International Journal of Rock Mechanics & Mining Sciences, 2003, 40：1049~1076

4 B Lund, M D Zoback. Orientation and magnitude of in situ stress to 6.5km depth in the Baltic Shield[J]. International Journal of Rock Mechanics and Mining Sciences, 1999, 36：169~190

5 杨宇，兰三谷，郭春华等. 川西低渗气藏单井地应力计算方法综合研究[J]. 天然气工业，2006，26(4)：32~34

6 刘之的，夏宏泉，汤小燕等. 成像测井资料在地应力计算中的应用[J]. 西南石油学院学报，2005，27(4)：9~12

欠平衡钻井随钻压力监测与
储层评价技术研究与应用

赵向阳[1]　孟英峰[2]　李　皋[2]　侯绪田[1]　杨　谋[2]　于玲玲[1]

（1 中国石化石油工程技术研究院，北京 100101；
2 西南石油大学 油气藏地质与开发国家重点实验室 四川成都 610500）

摘　要　欠平衡方式打开储层时，地层流体通过渗流进入井筒，地面的油气监测数据，能及时反映储层信息。通过压力监测系统、地面流量监测系统和随钻实测的地层压力，结合现场数据，利用所建立的欠平衡井筒与储层耦合多相流动模型，计算合理的工艺参数，监测欠平衡状态，对欠平衡钻井压力精稳控制，确保欠平衡钻井安全和良好的储层保护效果提供了依据。结合欠平衡随钻储层评价系统，计算欠平衡井段的渗透率和欠平衡压差下的产气量和地层产能。随钻压力监测和储层评价结果与井下压力计或 PWD、地层测试数据稳和较好。该技术实现了对地层 – 井筒流体耦合流动、地层压力、钻遇介质特征和流体特征的全面监控，井下复杂和潜在的危险在所得到的监测信息上实时反映，通过综合分析判断有利于早期识别、及时控制井下复杂事故的发生，提高欠平衡钻井安全性和经济效益。

关键词　欠平衡钻井；随钻压力监测；随钻储层评价；理论研究；现场应用

前言

通常对目的层进行测试以获得渗透率、流体类型和地层压力等信息是由电缆地层测试或钻杆测试来完成的。但是，电缆地层测试和钻杆测试中断了欠平衡钻井作业，延长钻井周期，提高钻井成本。同时，目前所采用的常规录井手段无法判知井下的压力状态，通过气测录井也不能得出地层产量信息，也无法反映出井底是否仍处于欠平衡钻进状态。欠平衡钻井随钻储层评价将地层和井筒看成一个系统，通过监测注入参数和返出参数，采用随钻过程井筒多相流模型及地层渗流模型来获得井筒压力剖面和储层参数[1~5]，指导欠平衡施工。

1　随钻监测系统组成

欠平衡钻井过程中，要想获知地层产量信息、解释地层参数和实时监控井筒欠平衡条件，需要随钻监测的主要参数项包括产出流体监测、压力监测、钻井参数监测和钻井液性能参数监测等，随钻压力监测与储层评价见图 1，随钻监测仪器系统组成如图 2所示。

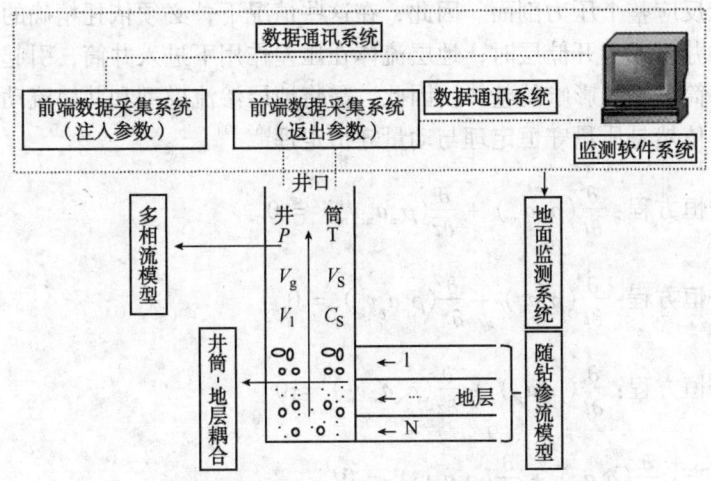

图 1　欠平衡钻井随钻压力监测与储层评价技术原理图

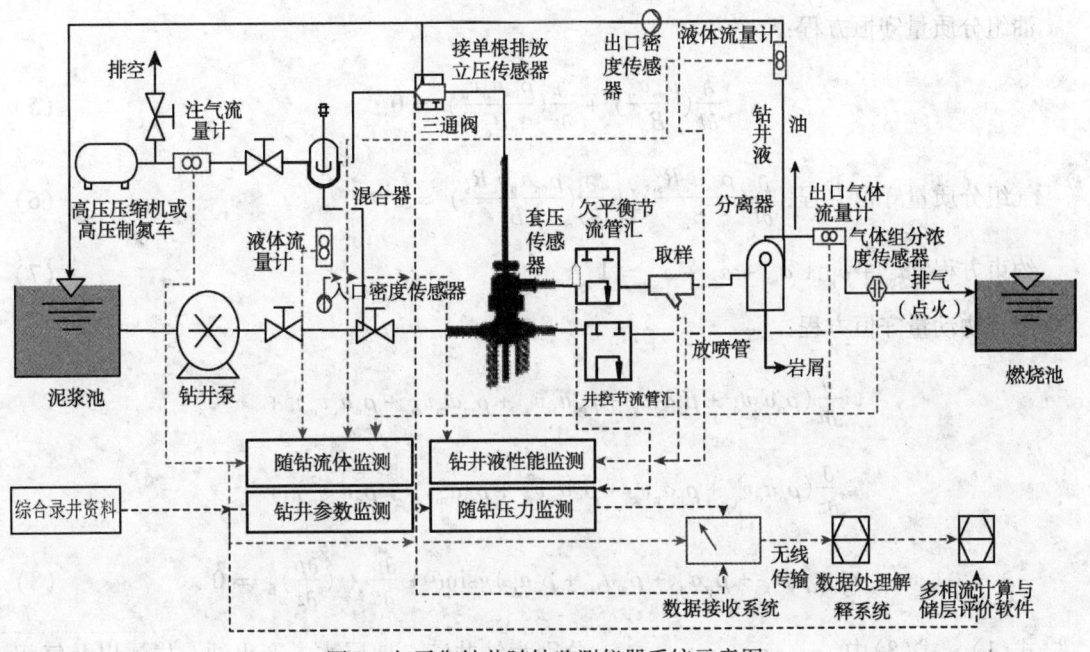

图 2　欠平衡钻井随钻监测仪器系统示意图

2　欠平衡钻井随钻压力监测技术原理

2.1　井底流动压力随钻监测与计算

目前，国内外对井下压力测量的手段包括存储式压力计和 PWD。存储式压力监测仪无法为随钻过程提供参考依据；PWD 在线式压力监测仪可以提供随钻井底压力数据，但对井内停止循环的状态，一旦井内没有了钻柱或停止了循环，实时监测功能便随之消失了。当井内含气量较大时，PWD 传输也会受到影响。目前的 PWD 及其配套技术也只是解决了钻进过程中的井内欠平衡控制问题，并未解决欠平衡钻井中井内循环停止后的控制问题，而且压力只能测一点，不能反应整个压力剖面。因此，在这些情况下，必须依托精确的流动模型。

当用欠平衡钻井方式打开储层时，地层流体在压差作用下进入井筒，引起井筒压力的重新分布，储层与井筒是相互影响的整体。因此，需将地层渗流模型和井筒流动计算模型相互耦合。耦合的根据依然是质量守恒定理与动量守恒定理[6~10]。

钻井液质量守恒方程：$\frac{\partial}{\partial t}(\rho_m a_m) + \frac{\partial}{\partial z}(\rho_m a_m v_m) = 0$ 　　　　(1)

注入气质量守恒方程：$\frac{\partial}{\partial t}(\rho_g a_g) + \frac{\partial}{\partial z}(\rho_g a_g v_g) = 0$ 　　　　(2)

地层水质量守恒方程：$\frac{\partial}{\partial t}(\rho_w a_w) + \frac{\partial}{\partial z}(\rho_w a_w v_w) = 0$ 　　　　(3)

岩屑质量守恒方：$\frac{\partial}{\partial t}(\rho_c a_c) + \frac{\partial}{\partial z}(\rho_c a_c v_c) = 0$ 　　　　(4)

油组分质量守恒方程：

$$\frac{\partial}{\partial t}\left(\frac{\rho_{os} a_o}{B_o}\right) + \frac{\partial}{\partial z}\left(\frac{\rho_{os} a_o v_o}{B_o}\right) = 0 \tag{5}$$

气组分质量守恒方程：$\frac{\partial}{\partial t}\left(\frac{\rho_{os} a_o R_s}{B_o}\right) + \frac{\partial}{\partial z}\left(\frac{\rho_{os} a_o v_o R_s}{B_o}\right) = 0$ 　　　　(6)

约束方程：$a_m + a_g + a_w + a_o + a_c = 1$ 　　　　(7)

混合物动量守恒方程：

$$\frac{\partial}{\partial t}(\rho_o a_o v_o + \rho_g a_g v_g + \rho_w a_w v_w + \rho_m a_m v_m + \rho_c a_c v_c) +$$

$$\frac{\partial}{\partial z}(\rho_o a_o v_o^2 + \rho_g a_g v_g^2 + \rho_w a_w v_w^2 + \rho_m a_m v_m^2 + \rho_c a_c v_c^2) +$$

$$(\rho_o a_o + \rho_g a_g + \rho_w a_w + \rho_m a_m + \rho_c a_c)g\sin\theta + \frac{\partial p}{\partial z} + \left(\frac{\partial p}{\partial z}\right)_{fr} = 0 \tag{8}$$

式（1）~式（8）中，ρ_m、ρ_w、ρ_o、ρ_c、ρ_g 分别为钻井液、地层水、产出油、岩屑以及气相密度，kg/m^3；a_m、a_w、a_o、a_c、a_g 分别为钻井液、地层水、产出油、岩屑以及气相在环空混合物中所占的体积分数；v_m、v_w、v_o、v_c、v_g 分别为钻井液、地层水、产出油、岩屑以及气相在环空中的返速，m/s；R_s 为溶解气油比，m^3/m^3；B_o 为产出油的体积系数；ρ_c、ρ_{gc} 为产出油气在标况下的密度，g/cm^3。

影响井底压力的因素主要有：钻井液密度、钻井液流变性、回压、液面高度、排量、井眼几何尺寸等。目前应用的水力学模型都假设密度和黏度是常数，没有考虑温度对其的影响。对于高温深井，钻井液密度和黏度随着温度的变化而变化，用地面的测试数据来计算井下压力存在很大误差。为了实现对井下压力预测更加精细、准确，模型应该综合考虑高温深井温度场、高温高压密度特性，流变性、岩屑溶度、地层出气后环空多相流动等对井底压力的影响，建立精确模型（图3），为精细计算井下压力提供理论指导。

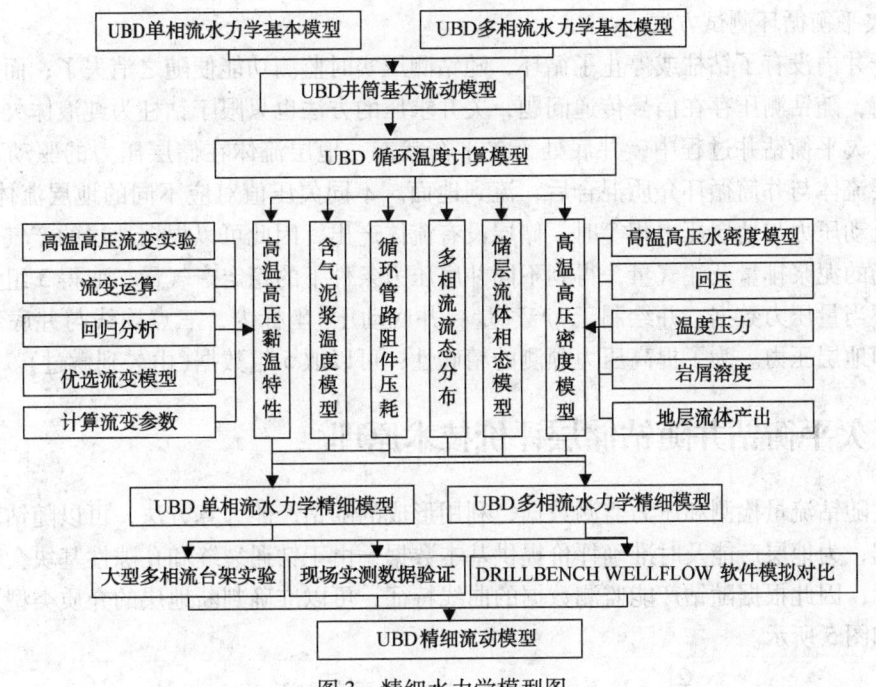

图3　精细水力学模型图

2.2　地层压力测试原理

1. 随钻地层压力测试系统

目前，国外的随钻地层压力测量工具，最具代表性的是 Schlumberger 公司推出的 Stetho Scope 系统和 Halliburton 公司的 Geo – Tap 系统以及 BakerHughes 公司的 TesTrak 系统。工作原理是：将测试工具按照钻柱组合接在钻柱中，下入井内，测试时从地面下传信号，将该测试工具启动机构打开，伸缩机构伸出顶在井壁上，在紧贴井壁处形成一个较小的封闭、能够实现与环空井眼密封的空间，依靠液压机构将探测装置刺入井壁，利用负压回缩机构在密封空间内部产生负压，让地层流体进入密封空间，静止一段时间，压力恢复达到平衡，实测的压力即为地层压力。如图4所示。

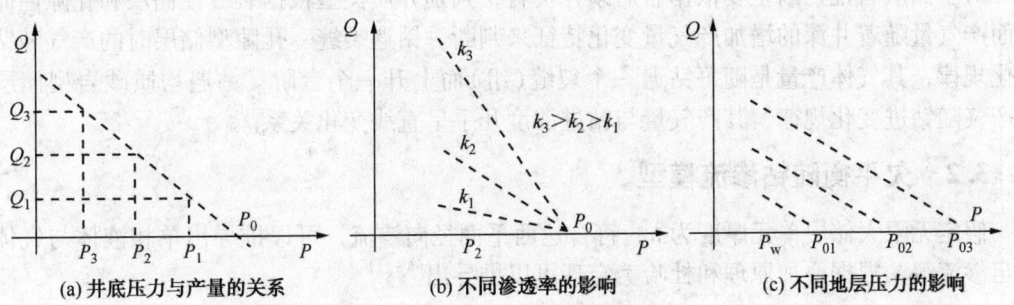

(a) 井底压力与产量的关系　　　(b) 不同渗透率的影响　　　(c) 不同地层压力的影响

图4　随钻储层评价确定地层压力

2. 常规关井求压方法

根据综合录井信息、地面压力、流量监测数据等确认钻开了储层，有油气进入井筒，停泵，关井，求取地层压力。

3. 欠平衡循环测试方法

对于井内没有了钻柱或停止了循环，随钻测压实时监测功能便随之消失了；而且对于充气欠平衡，随钻测压存在信号传递问题，关井求压的方法也只限于钻柱为纯液体欠平衡钻井过程中。欠平衡钻井过程中，井底处于欠平衡状态，地层流体在储层压力的驱动下流入井筒，地层流体与井筒循环介质混合后，流到地面。不同欠压值对应不同的地层流体产出量。当井底流动压力与地层压力相等时，储层没有流体产出，因此可以根据地层的产气量，根据改变现场的泥浆排量及注气量，得到不同井底压力条件下的稳定产气量，取得3组产气量与井底循环当量压力数据，并绘制于"产气量－井底动压"坐标内，三点连线与井底动压坐标的交点即地层压力。为了提高压力预测的精确性，可以取5组数据（由欠到微过）。

3 欠平衡钻井随钻储层评价技术原理

通过随钻流量检测和压力监测数据，利用形成的随钻产能计算方法，可以随钻获取地层产量数据，为地层产能及时准确评价提供基本数据；由于钻遇裂缝和孔隙性基块会有不同的产量显示，因此根据随钻产能监测数据的曲线特征，可以准确判断地层的介质类型及其供气能力。如图5所示。

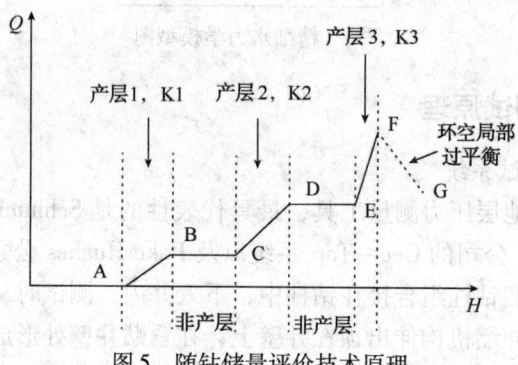

图5　随钻储量评价技术原理

3.1 储层介质类型判断

对于储层岩性判断主要依据岩屑录井资料，判别介质类型根据裂缝性储层和孔隙性储层地面产气量随着井深的增加产气量变化特征来判断。钻遇裂缝－孔隙型储层时的产气随钻进变化规律，其气体产量是随每钻遇一个裂缝（组）而上升一个台阶；钻遇均质砂岩型储层时的产气随钻进变化规律，其产量与钻进深度几乎呈直线变化关系。

3.2 欠平衡随钻渗流模型

假定无限大储层单元厚度为 h，符合达西平面径向渗流，可以推导出单相液体与气体不稳定渗流解，根据叠加原理和杜哈美定理可以推导出[6~11]

$$\Delta p = p_i - p(r,t) = -\frac{\mu}{4\pi kh}\sum_{j=1}^{n}\left\{(q_j - q_{j-1})Ei\left(-\frac{r^2}{4\eta(t-t_{j-1})}\right)\right\}（液体） \tag{9}$$

$$\Delta m^{\cdot} = m_i^{\cdot} - m^{\cdot}(r,t)$$
$$= -\frac{1}{2\pi kh}\frac{p_{sc}T}{Z_{sc}T_{sc}\rho_{gsc}}\sum_{j=1}^{n}\left\{(q_j - q_{j-1})Ei\left(-\frac{r^2}{4\eta(t-t_{j-1})}\right)\right\}（气体） \tag{10}$$

将(9)和(10)变形即可得到渗透率公式。

$$k = -\frac{\mu}{4\pi h(p_i - p(r,t))} \sum_{j=1}^{n}\left\{(q_j - q_{j-1})Ei\left(-\frac{r^2}{4\eta(t-t_{j-1})}\right)\right\} \text{（液体）} \tag{11}$$

$$k = -\frac{1}{2\pi h(m_i^{\cdot} - m^{\cdot}(r,t))}\frac{p_{sc}T}{Z_{sc}T_{sc}\rho_{gsc}}\sum_{j=1}^{n}\left\{(q_j - q_{j-1})Ei\left(-\frac{r^2}{4\eta(t-t_{j-1})}\right)\right\} \text{（气体）} \tag{12}$$

但是上式仍然是关于渗透率的隐式公式，可以用迭代求解。在获得渗透率以后，根据对应时间节点上的欠压值，该储层单元后续时间节点产量可以直接求得。同理可以依次求得后续储层单元渗透率。

式(9)~式(12)中，p_i 为原始地层压力，MPa；k 为地层渗透率，mD；h 为储层厚度，m；μ 为流体黏度，mPa·s；η 为导压系数；q 为产量，m^3/d；P_{sc} 为标况下的压力，MPa；T_{sc} 为标况下的温度，℃；Z_{sc} 为标况下的压缩因子；ρ_{gsc} 为标况下气相密度，kg/m^3。

4　现场应用

欠平衡随钻压力监测与储层评价在 A 井、B 井、C 井进行了现场试验，较为全面的有机整合了地层参数识别、井筒压力和流动状态监控，提升了欠平衡钻井的精稳控制和安全性，所建立的井筒与储层多相流耦合模型、欠平衡随钻渗流模型与现场吻合较好。

1. 欠平衡随钻压力监测现场应用（图6）

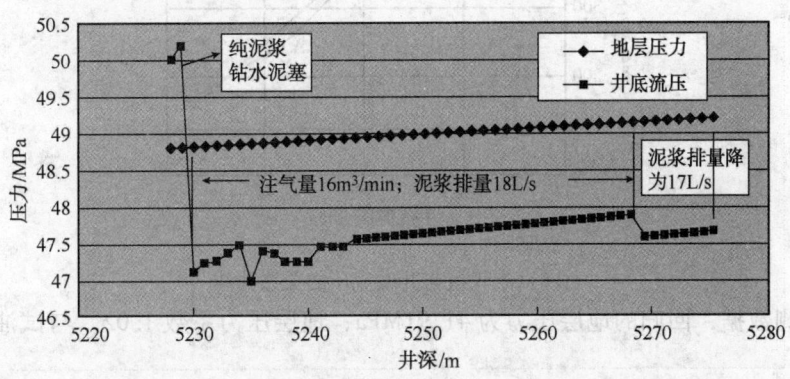

图6　实测地层压力与计算井底动压分布曲线

通过以上数据可以看出，通过压力监测系统得到立压和套压、地面流量监测系统和所测得地层压力数据，结合现场数据，利用欠平衡钻井耦合多相流动模型，计算注入参数，监测井底欠平衡状态，指导欠平衡钻井施工，模型计算结果与实测结果吻合。

2. 地层压力监测数据及分析（表1、图7、图8）

表1　地层压力测试数据表

迟到井深/ m	工况	注气量/ （m^3/min）	注液量/ （L/s）	井底压力/ MPa	泥浆密度/ （g/cm^3）	立压/ MPa	套压/ MPa	产气量/ （Nm^3/min）
4097	接立柱	之前20	之前16	37.777	1.04	0	0	540
4097	循环	20	16	39.858	1.04	15	0.6	240
4097	循环	18	18	40.768	1.04	16	0.7	164.24

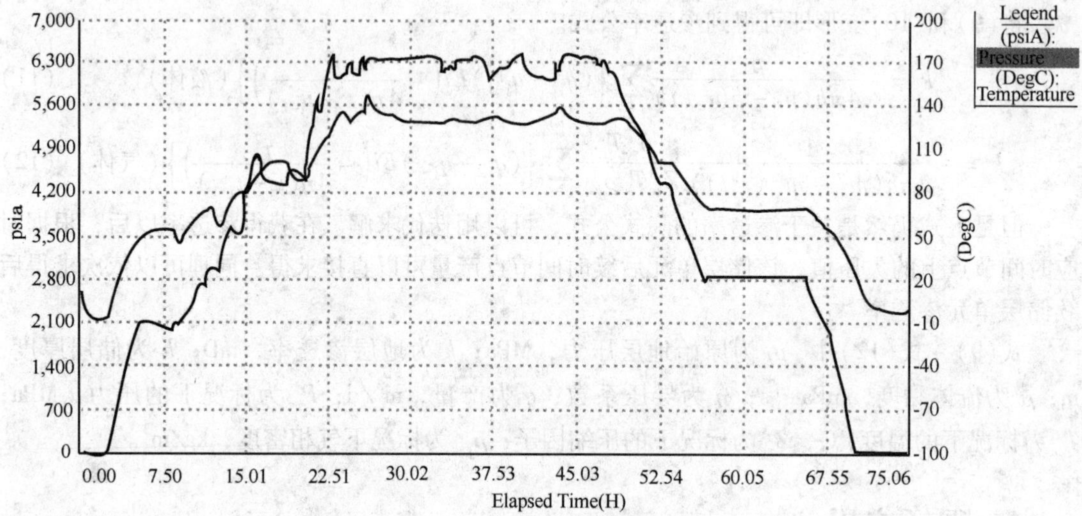

图 7　井底压力测量曲线

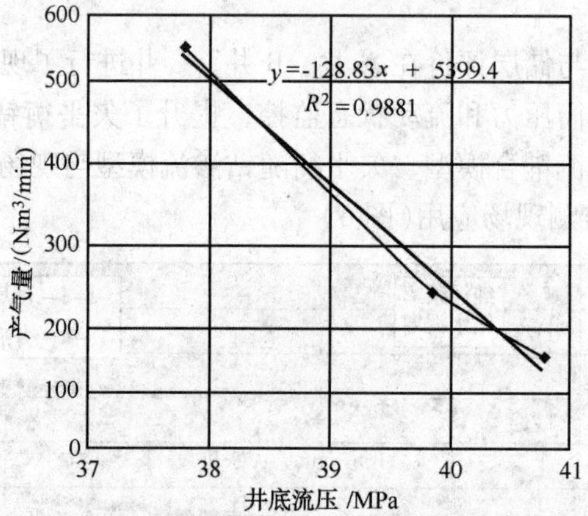

$$y = -128.83x + 5399.4$$
$$R^2 = 0.9881$$

图 8　产气量与井底流压的关系曲线

　　根据实测数据，回归的地层压力为 41.91MPa，地层压力系数 1.02，与试油测试的地层压力相同。

　　3. 随钻储层渗透率及介质特性

　　从图 9～图 11 可以看出，A 井储层介质类型为主要为裂缝型，结合现场岩屑录井判断岩性为灰褐色灰岩。B 井井奥陶系渗透率范围 0.001～32mD，平均渗透率在 0.741mD，为特低孔特低渗储层，裂缝发育是本井高产的关键。

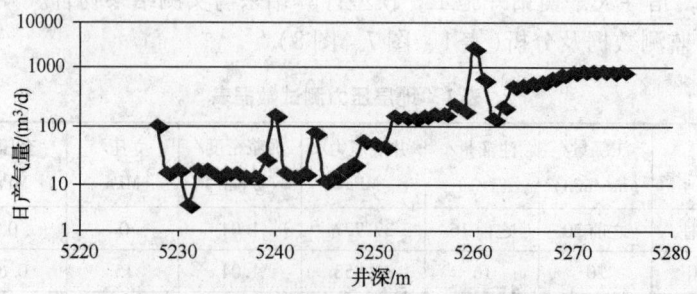

图 9　A 井欠平衡井段随钻产气量分布曲线

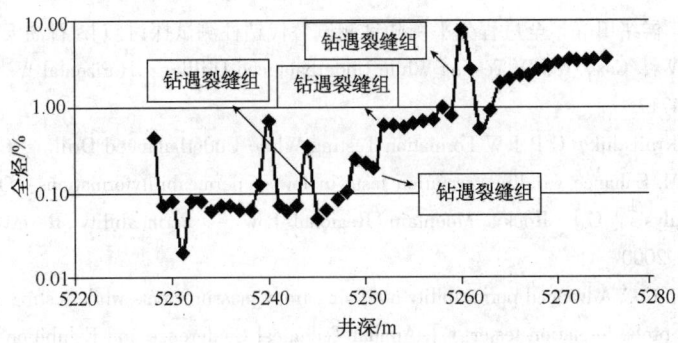

图 10　A 井欠平衡井段全烃分布曲线

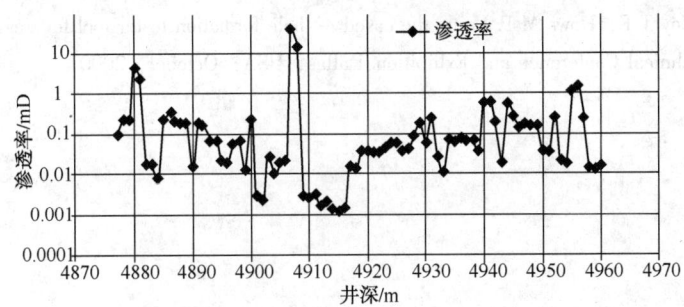

图 11　B 井欠平衡井段渗透率分布曲线

5　结论

（1）欠平衡钻井随钻压力监测与储层评价系统测试系统和理论模型现场应用效果显著，模型计算结果与测试结果吻合，实现了对井筒流体流动、地层压力、钻遇介质特征和流体特征的全面监控，提高欠平衡钻井安全性和经济效益。

（2）通过压力监测系统、地面流量监测系统和所测得地层压力数据，结合现场数据，利用欠平衡钻井模拟器和储层评价系统，计算合理的注入参数，计算渗透率和欠平衡压差下的产气量，确保欠平衡钻井安全和良好的储层保护效果。

（3）随钻监测与实时储层评价技术较之国内以往的各项随钻测试技术而言，较为全面的有机整合了地层参数识别、井筒压力和流动状态监控，提升了欠平衡钻井的精稳控制和安全性。

参 考 文 献

1　Wendy Kneissl. Reservoir Characterization Whilst Underbalanced Drilling［C］. paper SPE 67690

2　Erlend H, Vefring. Reservoir Characterization during Underbalanced Drilling：Methodology, Accuracy, and Necessary Data［C］. paper SPE 77530

3　D Bias. An Improved Model to Predict Reservoir Charateristics During Underbalanced Drilling［C］. paper SPE 84176

4　赵向阳，孟英峰，李皋等．充气控压钻井气液两相流流型研究［J］. 石油钻采工艺，2010

5　Kruijsdijk，C P J W，Cox，R J W Testing While Underbalanced Drilling：Horizontal Well Permeability Profiles［C］. paper SPE 54717

6 安本清，赵向阳，侯绪田等. 全过程欠平衡随钻测试替代钻柱测试探讨[J]. 石油天然气学报，2011

7 Kruijsdijk，C P J W，Cox，R J W Testing While Underbalanced Drilling：Horizontal Well Permeability Profiles [C]. paper SPE 54717

8 Kardolus，C B，Kruijsdijk，C P J W Formation Testing While Underbalanced Drilling[C]. paper SPE 38754

9 Jaedong L，John M. Enhance wireline formation tests in low – permeabilityformations：Quality control through formation rate analysis [C]. Rocky Mountain Regional/Low – Permeability Reservoirs Symposium and Exhibition. March，2000

10 Mark A P，Wilson C C. Advanced permeability a nd anisotropy measurements while testing and sampling in real – time using a dual probe formation tester[C]. Annual Technical Conference and Exhibition. Dallas，USA，October，2000

11 Hurst S M，McCoy T F，Hows M P. Using the cased – hole formation tester tool for tressure transient analysis [C]. Annual Technical Conference and Exhibition. Dallas，USA，October，2000

复杂条件下套管受力模型及套损分析

廖东良　赵文杰

（中国石化石油工程技术研究院）

摘　要　在油田开采过程中，尤其是开采中后期，套管经常发生损伤，套管损伤的原因有地质原因也有工程原因，地质原因主要是地层岩性和地应力引起，工程原因主要是固井、射孔、注水和压裂等引起套损。文中通过分别考虑套管、水泥环和地层为弹性介质或塑性介质的情况，建立了他们相对应的弹性和塑性数学物理模型和射孔条件下的流固耦合模型，有利于综合考虑复杂条件下的套管受力数值模拟计算；分析了射孔、水泥环、地应岩性和应力大小对套管的受力影响，并通过油田实例验证了这些影响因素对套管的损害；最后提出了一些保护套管损害的措施和建议。

关键词　套管损害；水泥环；地应力；弹塑性地层

前言

套损现象是油田开发过程中普遍遇到的一个问题，据统计，套管损坏一般发生在油水井投产后 4~5 年，尤其是稠油开采过程中，套管损坏率占有 10%~40%，甚至有些稠油油田达到 60%，还有在膏盐岩地层，由于地层流变性使套损现象非常严重。套损形态以缩径变形为主，套管错断井占 6% 左右，其他为弯曲和腐蚀破漏等。套管损坏的影响因素十分复杂，包括构造应力、层间滑动、地层蠕变、塑性流变等地质因素，也包括固井、射孔、注水、作业、采油工艺等工程因素。因此要了解套损的原因，需要对地层地质和井下情况作详细的分析，才能得出合理的结论。

当地层被钻进之后，在井眼周围会出现应力集中，井壁周围应力受原地应力大小、地层孔隙压力、井内液柱压力、岩石特性和井眼几何形状的因素的影响，井壁表面的径向、切向和垂向应力大小可以得到解析解。当井在固井之后，套管、水泥环和地层就组合成一个弹塑性体，对于新井来说，套管上的作用力为零，由于岩石的非弹性，在远场应力的长期作用下，套管壁上的作用力将从无到有，最后达到远场应力作用下的应力集中。在地层经过射孔之后，套管的抗挤压强度受到影响，而且地层的破裂压力也会受到影响，远场的应力也会进一步向孔眼集中。当套管所受的外载超过了套管的抗外载强度时就发生套管损坏。

1　套管受力模型

套管下入到地层之后经过固井，通过水泥环与地层相连，受到地应力长时间连续作用，会导致套管受到一定的挤压，从而导致套管发生应变，其应变关系如图 1 所示，所受应力在较小的数值范围内，满足弹性场规律，在较大的应力范围内满足塑性场规律，当应变超过套管的破裂点之后套管发生破裂和断裂。当射孔之后，在生产过程中套管会进一步产生应力集中，套管的性质也会受到一定的影响。

套管受力模型考虑了 3 种情况，分别是考虑地层、水泥环和套管为弹性时各部分的受力模型；地层、水泥环和套管为塑性时各部分的受力模型（图 2）；射孔孔眼在应力下的受力模型。

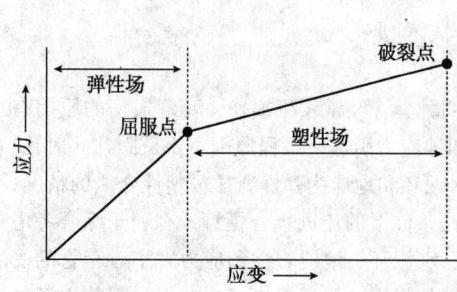

图 1　套管应力–应变关系图

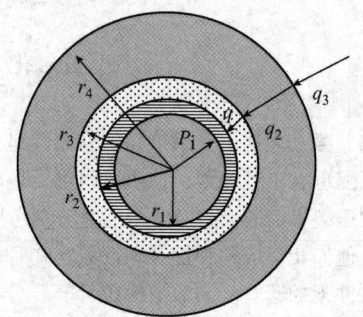

图 2　套管、水泥环和地层模型图

1.1　套管、水泥环、地层为弹性时受力模型

套管为弹性时，根据拉梅公式，可以计算套管内的应力分布：

$$
\begin{cases}
\sigma_r = \dfrac{r_1^2 r_2^2 (q_1 - q_i)}{r_2^2 - r_1^2} \dfrac{1}{r^2} + \dfrac{r_1^2 q_i - r_2^2 q_1}{r_2^2 - r_1^2} \\[2ex]
\sigma_\theta = -\dfrac{r_1^2 r_2^2 (q_1 - q_i)}{r_2^2 - r_1^2} \dfrac{1}{r^2} + \dfrac{r_1^2 q_i - r_2^2 q_1}{r_2^2 - r_1^2}
\end{cases}
\tag{1}
$$

根据平面应力条件下厚壁筒径向位移公式，得出套管外壁处的径向位移为：

$$
u_{so} = \frac{1 + \nu_s}{E_s} \left[-\frac{r_1^2 r_2^2 (q_1 - q_i)}{r_2^2 - r_1^2} \frac{1}{r_2} + \frac{r_1^2 q_i - r_2^2 q_1}{r_2^2 - r_1^2} r_2 \right]
\tag{2}
$$

水泥环为弹性时，根据拉梅公式，可以计算水泥环内的应力分布：

$$
\begin{cases}
\sigma_r = \dfrac{r_2^2 r_3^2 (q_2 - q_1)}{r_3^2 - r_2^2} \dfrac{1}{r^2} + \dfrac{r_2^2 q_1 - r_3^2 q_2}{r_3^2 - r_2^2} \\[2ex]
\sigma_\theta = -\dfrac{r_2^2 r_3^2 (q_2 - q_1)}{r_3^2 - r_2^2} \dfrac{1}{r^2} + \dfrac{r_2^2 q_1 - r_3^2 q_2}{r_3^2 - r_2^2}
\end{cases}
\tag{3}
$$

应力–应变满足其几何方程为：

$$
\begin{cases}
\varepsilon_r = \dfrac{du}{dr} \\[2ex]
\varepsilon_\theta = \dfrac{u}{r}
\end{cases}
\tag{4}
$$

则可以进一步计算出水泥环内、外壁的径向位移为：

$$
\begin{cases}
u_{ci} = \dfrac{1 + \nu_c}{E_c} \left[\dfrac{r_2 r_3^2 + r_2^3 (1 - 2\nu_c)}{r_3^2 - r_2^2} q_1 - \dfrac{2(1 - \nu_c) r_2 r_3^2}{r_3^2 - r_2^2} q_2 \right] \\[2ex]
u_{co} = \dfrac{1 + \nu_c}{E_c} \left[\dfrac{2(1 - \nu_c) r_3 r_2^2}{r_3^2 - r_2^2} q_1 - \dfrac{r_3 r_2^2 + r_2 r_3^2 (1 - 2\nu_c)}{r_3^2 - r_2^2} q_2 \right]
\end{cases}
\tag{5}
$$

地层为弹性时，根据拉梅公式，地层应力分布为：

$$
\begin{cases}
\sigma_r = \dfrac{r_3^2 r_4^2 (p_0 - q_2)}{r_4^2 - r_3^2} \dfrac{1}{r^2} + \dfrac{r_3^2 q_2 - r_4^2 p_0}{r_4^2 - r_3^2} \\[3mm]
\sigma_\theta = -\dfrac{r_3^2 r_4^2 (p_0 - q_2)}{r_4^2 - r_3^2} \dfrac{1}{r^2} + \dfrac{r_3^2 q_2 - r_4^2 p_0}{r_4^2 - r_3^2}
\end{cases}
\tag{6}
$$

根据平面应力条件下厚地层径向位移公式，得出地层内壁处的径向位移为：

$$
u_{fi} = \frac{1 + \nu_f}{E_f}\left[\frac{r_3 r_4^2 + r_3^3 (1 - 2\nu_f)}{r_4^2 - r_3^2} q_2 - \frac{2(1 - \nu_f) r_3 r_4^2}{r_4^2 - r_3^2} p_0 \right]
\tag{7}
$$

套管、水泥环和地层三者之间满足位移和应力连续条件：

$$
\begin{cases}
q_3 = q_2 + \sigma_{sc}\ln\dfrac{r_3}{r_2} \\[3mm]
q_0 = q_4 + \sigma_{sf}\ln\dfrac{r_4}{r_3}
\end{cases}
\tag{8}
$$

$$
\begin{cases}
u_{s0} = u_{ci} \\
u_{c0} = u_{fi}
\end{cases}
\tag{9}
$$

1.2　套管、水泥环、地层为塑性时受力模型

套管为塑性时，套管的径向应力和方位应力满足平衡条件：

$$
\frac{d\sigma_r}{dr} + \frac{\sigma_r - \sigma_\theta}{r} = 0
\tag{10}
$$

满足屈服条件为：

$$
\sigma_r - \sigma_\theta = \sigma_{ss}
\tag{11}
$$

根据公式(10)、式(11)可以得出塑性套管的应力分布：

$$
\begin{cases}
\sigma_r = -\sigma_{ss}\ln\dfrac{r}{r_1} - q_i \\[3mm]
\sigma_\theta = -\sigma_{ss}\left(1 + \ln\dfrac{r}{r_1}\right) - q_i
\end{cases}
\tag{12}
$$

水泥环为塑性时，其应力分布为：

$$
\begin{cases}
\sigma_r = -\sigma_{sc}\ln\dfrac{r}{r_2} - q_2 \\[3mm]
\sigma_\theta = -\sigma_{sc}\left(1 + \ln\dfrac{r}{r_2}\right) - q_2
\end{cases}
\tag{13}
$$

地层为塑性地层时，

$$
\begin{cases}
\sigma_r = -\sigma_{sf}\ln\dfrac{r}{r_3} - q_4 \\[3mm]
\sigma_\theta = -\sigma_{sf}\left(1 + \ln\dfrac{r}{r_3}\right) - q_4
\end{cases}
\tag{14}
$$

在套管、水泥环和地层塑性区内，考虑平面应变，以及体积的不可压缩性，他们的径向位移利用几何方程满足：

$$\frac{1}{r}\frac{d(ru)}{dr}=0 \tag{15}$$

同样加上应力和位移满足连续条件，加上式（10）~式（15）就构成了套管、水泥环和地层为塑性时的应力和位移求解模型。

1.3 射孔后套管受力模型

在油藏注水和开发过程中，射孔孔眼受到岩层的固体变形和油藏流体的双重影响，因此此时的套管受力为流固耦合模型，套管孔眼出满足有源条件下的渗流方程为：

$$\begin{cases} \dfrac{\partial(\sigma_{xx}-\alpha P)}{\partial x}+\dfrac{\partial\sigma_{xy}}{\partial y}+\dfrac{\partial\sigma_{xz}}{\partial z}+f_x=0 \\[2mm] \dfrac{\partial\sigma_{xy}}{\partial x}+\dfrac{\partial(\sigma_{yy}-\alpha P)}{\partial y}+\dfrac{\partial\sigma_{xz}}{\partial z}+f_y=0 \\[2mm] \dfrac{\partial\sigma_{xz}}{\partial x}+\dfrac{\partial\sigma_{xy}}{\partial y}+\dfrac{\partial(\sigma_{zz}-\alpha P)}{\partial z}+f_z=0 \end{cases} \tag{16}$$

结合应力、应变关系有：

$$\begin{pmatrix}\sigma_{xx}\\\sigma_{yy}\\\sigma_{zz}\\\sigma_{yz}\\\sigma_{xz}\\\sigma_{xy}\end{pmatrix}=\frac{E}{(1+\nu)(1-2\nu)}\begin{bmatrix}1-\nu&\nu&\nu&0&0&0\\\nu&1-\nu&\nu&0&0&0\\\nu&\nu&1-\nu&0&0&0\\0&0&0&0.5-\nu&0&0\\0&0&0&0&0.5-\nu&0\\0&0&0&0&0&0.5-\nu\end{bmatrix}\begin{pmatrix}\varepsilon_{xx}\\\varepsilon_{yy}\\\varepsilon_{zz}\\\varepsilon_{yz}\\\varepsilon_{xz}\\\varepsilon_{xy}\end{pmatrix} \tag{17}$$

再结合初始应力边界条件和应力边界条件就构成了射孔后套管在开发过程中的受力模型。

2 复杂条件下套管受力影响

套管的受力总体上可以看作是弹性材料的受力，只有当受力达到一定的范围时才发生塑性变形。射孔后套管材料特性会有一定改变，套管受力会有一定的变化；水泥环的性质对套管受力会有较大影响，当水泥与地层胶结良好、胶结差时其性质会有较大不同；地层应力对套管的受力影响主要表现在地应力的大小和各向异性，尤其是在注水开发后地应力会发生一定变化；地层岩性长时间在地应力作用下也会对套管产生一定的挤压。下面分4种情况分析套管的受力作用。

2.1 射孔对套管的受力影响

根据射孔后套管受力模型，利用有限元软件，首先建立射孔在一定应力下的物理模型，然后通过有限元方法进行数值求解，计算出射孔孔眼周围应力分布。

套管射孔物理模型如图3（a）所示，模型参数如表1所示。布孔方式一般采取螺旋布孔，其射孔相位角 $\alpha=60°$，井眼直径 $D=177.8\text{mm}$，孔眼间隔 $h=10.39\ \text{mm}$ 的套管为例，取模型的长度 $L=500\text{mm}$，孔眼直径 $d=10\text{mm}$，孔密 $n=36\ \text{m}$，水泥层厚度30mm。

表1 套管、水泥环、地层参数

参数	内半径/in	密度/(kg/m³)	纵波速度/(m/s)	横波速度/(m/s)	弹性模量/(10⁴MPa)	泊松比
套管	6.35	7500	6098	3354	20.85	0.26
水泥环	7.15	1920	2823	1729	3	0.15
地层	10	2062	2320	1500	2	0.23

取地应力为 $\sigma_H = 20\text{MPa}$，$\sigma_h = 10\text{MPa}$。

通过数值模拟计算探讨射孔参数和地层温度对套管受力的影响，计算结果如图3(b)、(c)所示。图3(b)中射孔参数导致套管的应力在孔眼周围集中比较明显，最大应力可能增加 1.3~1.5 倍。图3(c)中显示了温度对套管应力也有较大影响，当温度增加50℃时，温度效应使最大应力增大 26.5%。随着温度的降低，其影响程度逐步减弱。通过数值模拟发现，射孔参数变化使套管抗压强度损失在 4%~8% 范围内。

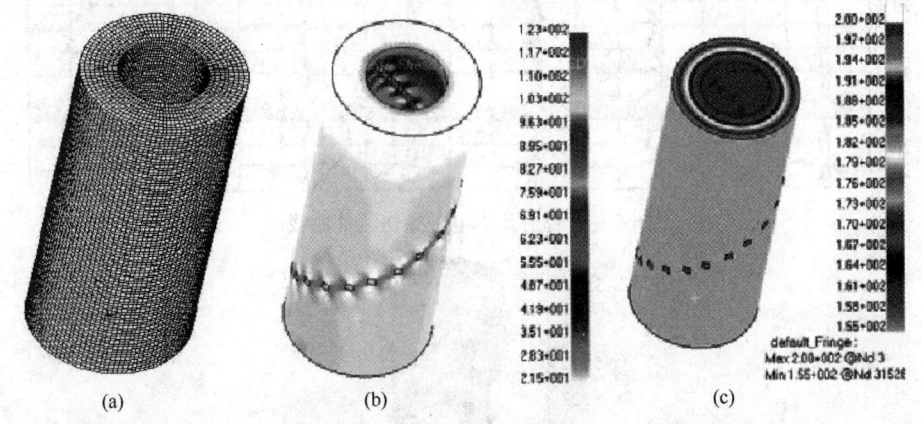

图3 套管网格化模型、射孔孔眼周围及套管应力、温度分布

在油层与盖层结合处，通常由于沉积构造作用，发育了泥岩破碎带，如果射孔段在该结合处附近，浸水后容易膨胀。图4为某井的电磁探伤曲线，图中射孔段为 2019.0~2022.0m，2024.0~2028.0m，2071.0~2075.0m，射孔段 2071.0~2075.0 出套管破损严重，其他两端不严重，在射孔段 2019.0~2022.0m 上方，2015~2019.0m 处电磁探伤曲线负异常变化大，套管破损比射孔更严重，出现漏失。其原因是该段泥岩质较纯、脆易碎，泥质含量较高，胶结较疏松，浸水后发生膨胀，发生变形，致使套管出现漏失。

2.2 水泥环对套管的受力影响

水泥环对套管受力影响取决于水泥环厚度、水泥环与地层材料的差异系数以及地层与套管的刚度比这3个因素，其中刚度比起着重要作用。当刚度比 $\lambda \geq 1-2\nu$（ν 为水泥环泊松比）时，用较高弹性模量的水泥固井可以降低套管载荷；当刚度比 $\lambda < 1-2\nu$ 时，用较低弹性模量的水泥固井可以降低套管载荷。一般情况下，增加水泥环的厚度可以降低套管载荷。水泥环与套管光滑接触情况下，套管载荷非均匀程度降低，基本上呈均布载荷。均匀载荷下套管的变形远小于非均匀载荷下套管的变形，套管抗挤强度约为非均匀载荷下的 5~7 倍，因而选取适当的水泥环弹性模量，不仅可以降低成本，还能减小套管应力。非均匀载荷下，

载荷椭圆度越大，套管的应力越大，套管越易损坏，增大水泥环弹性模量能够降低套管的应力，提高套管抗挤强度。

当固井质量不好时，引起地层坍塌，使套管发生变形，当某种构造原因作用在特定地层时也会使水泥受到破坏。如图5所示的软岩层上覆于较硬的地层构造脊部附近，相对运动造成胶结水泥受损和套管被挤扁。

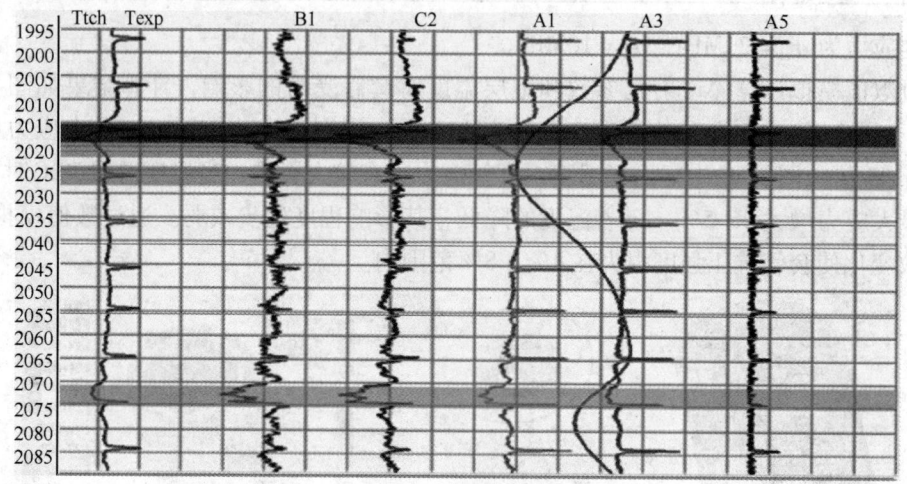

图4　套管射孔中电磁探伤测井曲线

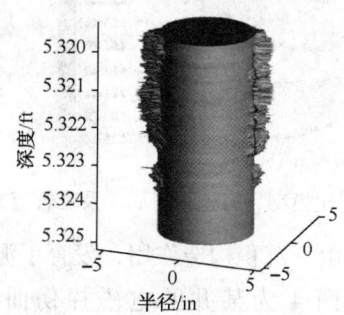

图5　水泥环对套管稳定性的影响

2.3　地应力对套管的受力影响

地应力存在3种形式，一般情况下为$\sigma_H > \sigma_V > \sigma_h$，当存在逆断层是，3个地应力关系可能变为$\sigma_V > \sigma_H > \sigma_h$，当断层为正断层时，他们的关系可能变成$\sigma_H > \sigma_h > \sigma_V$，在注水情况下，3个地应力的关系可能非常复杂。地层直井中的套管，其纵向变形受到限制，因此可不考虑地应力沿纵深的变化，那么地层中套管受力问题可简化为水平应力引起的平面应变问题，长期在应力作用下会引起套管的变形，图6是套管在地应力的作用下发生扭曲变形。断层错位形成地应力导致套管损坏，由于原始地层压力的降低和水的侵蚀，破坏了断层结构力的相对静止状态，造成断层蠕动和上、下断层发生滑动位移，对穿过断层的套管造成剪切，使得套管变形损坏。

油层出砂亏空或地层压力下降导致套管损坏，地层压力变化与有效应力变化满足关系式（18）。在油井开采过程中，疏松砂岩的细粉砂粒流入井内，使得位于出砂层段的套管附近形成空洞和坑道。当上覆地层压实和地层压力下降时，周围岩石的应力平衡遭到破坏，空洞上已卸载岩石就可能坍塌，导致对套管的挤压而引起套损，这是引起常规疏松砂岩油藏中套管损坏的主要原因之一。

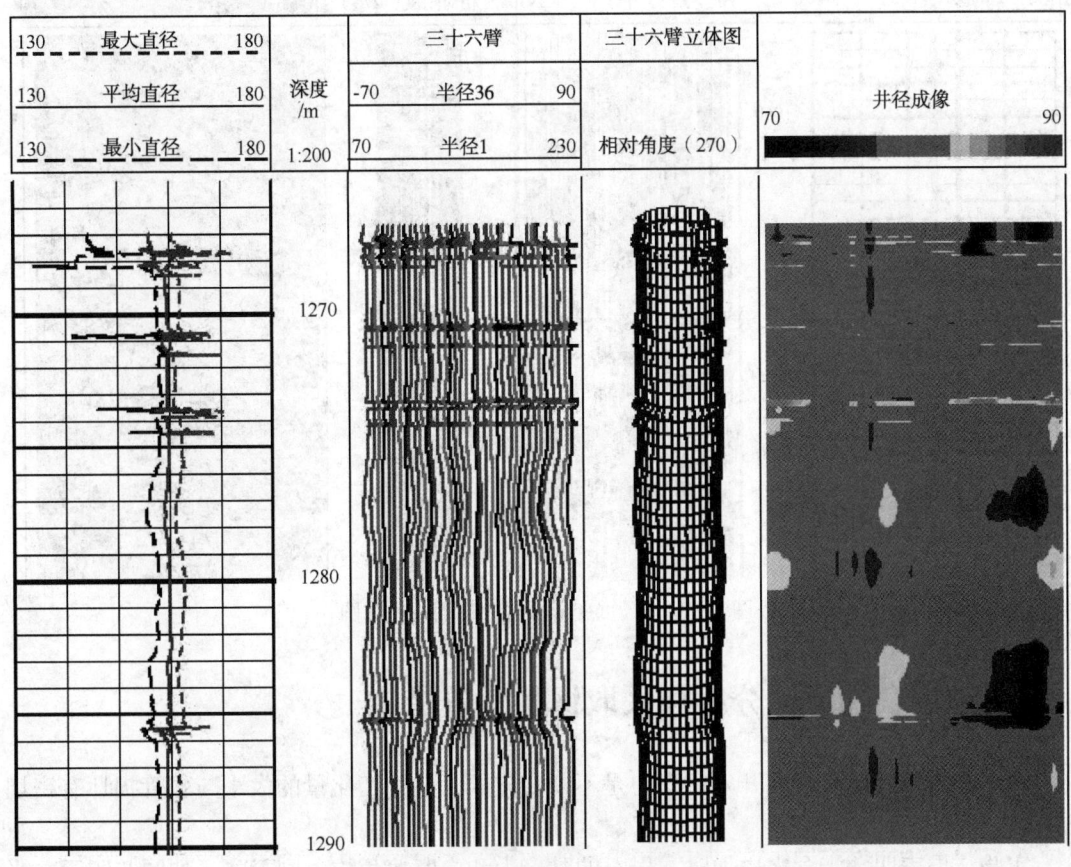

图6　套管在地应力作用下发生扭曲变形

$$\Delta\sigma = \frac{1-2\nu}{1-\nu}\Delta P \tag{18}$$

2.4　地层岩性对套管的受力影响

岩膏地层在远场地应力的作用下，产生蠕变变形，随着时间的推移，地层的蠕变和滑移对套管产生异常高的非对称性载荷，使套管承受非均匀挤压作用，最终导致套管损坏。

断层附近的破碎带，岩性上看泥岩质较纯性脆易碎，泥质含量较高，胶结较疏松，浸水后容易膨胀，发生变形等。地应力大小和分布对油气藏勘探、开发发挥了重要作用。利用正交偶极子声波测井确定地应力的依据是应力造成横波各向异性。大面积岩层顺层滑动可能导致成片套损，高压水上窜可能导致套管拉断，压降梯度过大可能导致套管挤压变形，甚至挫断。如图7所示，1057.44～1058.44m处多臂井径测井曲线显示最大井径为136mm，最小井径为110mm，表明该处严重扭曲变形，可能挫断。

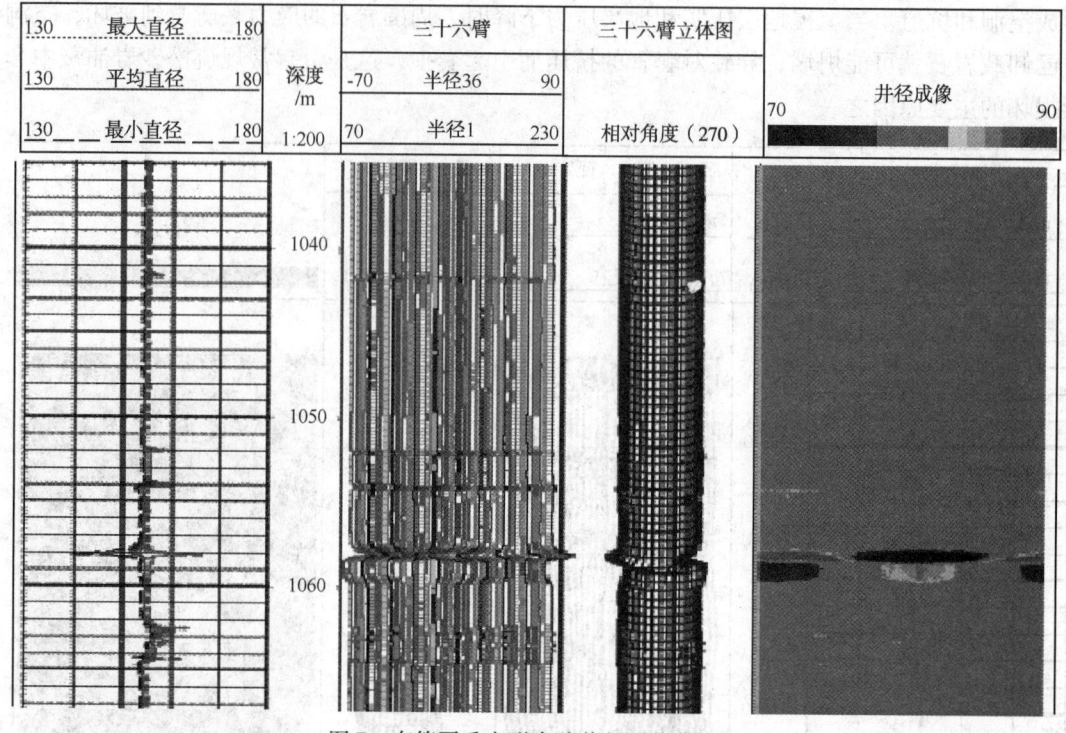

130 最大直径 180				
130 平均直径 180	深度/m	三十六臂	三十六臂立体图	
130 最小直径 180	1:200	-70 半径36 90		井径成像
		70 半径1 230	相对角度（270）	70 90

图7 套管严重变形多臂井径测井曲线图

3 油田套损原因分析和采取保护套管措施

岩石的力学特性参数在开发过程中是不断变化的，这些变化量的大小与套管损坏有密切的关系。

实验结果表明，当含水增加时，岩石的黏聚力和内摩擦角均急剧下降。如图8所示，当含水量增加，会加大泥岩的流变速度，从而加快套管外载的增长速度，缩短其达到稳定值的时间。

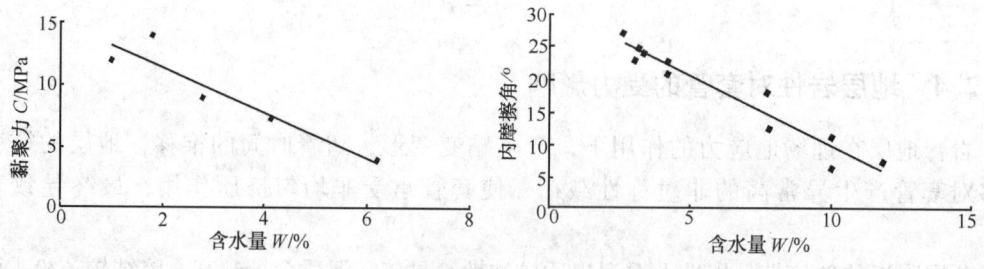

图8 岩石含水量与黏聚力、内摩擦角之间的关系

注水压力对套损有较大影响，尤其是注水进入泥岩段时泥岩吸水软化，泥岩体积膨胀，产生体积力，尤其是蒙脱石遇水体积膨胀，膨胀倍数一般为5倍左右，使地层在泥岩软化带发生的水平方向变形最大达40mm，而垂直方向位移最大达到了12cm。同时，泥岩体积膨胀使其成岩胶结作用力逐步消失，在井眼周围的地层中产生应力集中，形成周向应力当最大周向应力和最小周向应力的作用迫使井眼发生椭圆变形时，处于井眼中的套管就会受挤压而变

形。所以应该适当应适当降低注水压力。

从岩石物理性质来看，注水压力增加使岩石的抗剪强度减小，随着注水压力的升高，油层孔隙中的压力也相应的升高，而岩石的剪切强度随孔隙压力的升高而减小。当孔隙中液体压力等于岩石承受的垂向应力时，岩石的剪切强度变得很小，受外力易剪切破裂，套管被推挤变形。从图9中看出，防喷流量越大，则套管所受的挤压力越大，而且相同流量时，地层渗透率越大，套管所受的挤压力越小。

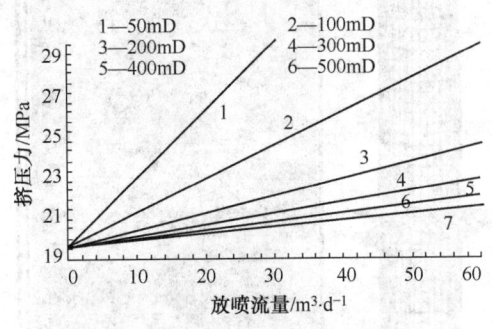

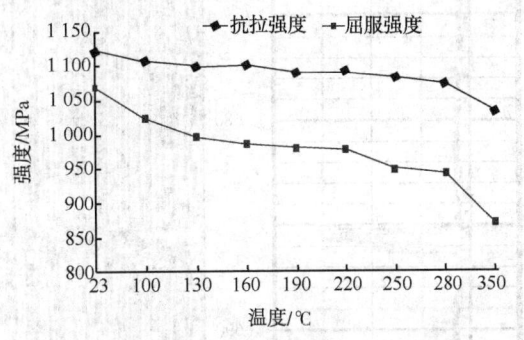

图9　地层温度对套管强度的影响　　　图10　井放喷流量与套管挤压力之间的关系

地层温度和生产动态也会对套损产生影响。图10为V140套管材料在不同温度下的试验结果，可以看出，随着温度的增加，套管抗拉强度和屈服强度呈下降趋势，当温度达到350℃时，强度下降达15%。实际上，超过弹性极限后，弹性模量也不为常数，弹性极限低于屈服强度。随着温度的增加，弹性模量下降，260℃下N80套管的弹模比室温时下降20%左右，这样容易使套管膨胀变形量增大。

超高压油层中开采油气会导致油层和相邻泥岩中的流体压力的大幅度下降，原来由孔隙流体承受的上覆岩层负载转加到沉积层骨架，使粒间压力增大，造成严重的地层变形，随着地层变形，油井套管可能出现严重的变形。

盐膏层在一定的载荷下其应变随时间会发生非线性变化，产生蠕变变形，或当地层倾角越大，越易滑动，剪切力越大，当剪切力大于处于滑动地层中的套管的抗剪强度时，套管即被剪切变形。

套管抗外挤强度大于井筒最大周向应力的原则选择油层段套管，套管钢级P110，壁厚9.17mm，射孔后套管抗外挤强度72.63MPa，在地层不坍塌的情况下，环空不注水泥更利于保护套管，增加油井使用寿命。盐层区块可以尝试不注水泥达到保护套管的目的。

为了保护套管，延长套管的使用寿命，使油田的生产效率最大化，建议通过以下措施来防止套损：在易发生套损层段采用双层组合套管，针对引发套损的力基本是一次性的特点，在非油层易发生套变的井段采用双层组合套管，以提高固井质量和套管强度，并留有释放应力的空间。在泥岩段保持良好的固井质量。在套管结合处，套管的强度较低，在该处易发生破损。如图11所示，在第69根套管的底部，通过多臂井径发现破漏点在684.9~687m处，即套管柱底部。

射孔应该沿着最大水平地应力方向进行射孔，压裂改造时防止裂缝窜入泥岩隔层，控制压裂缝缝高，并在含泥质高的油田在开发早起注入防膨剂。

套管内压对套管应力影响较大，应在生产中尽量保持套管内压和外载相近，以有效减小套管应力，提高套管抗挤压强度。注水方案合理地保持地层压力平衡，注水压力增加迫使微

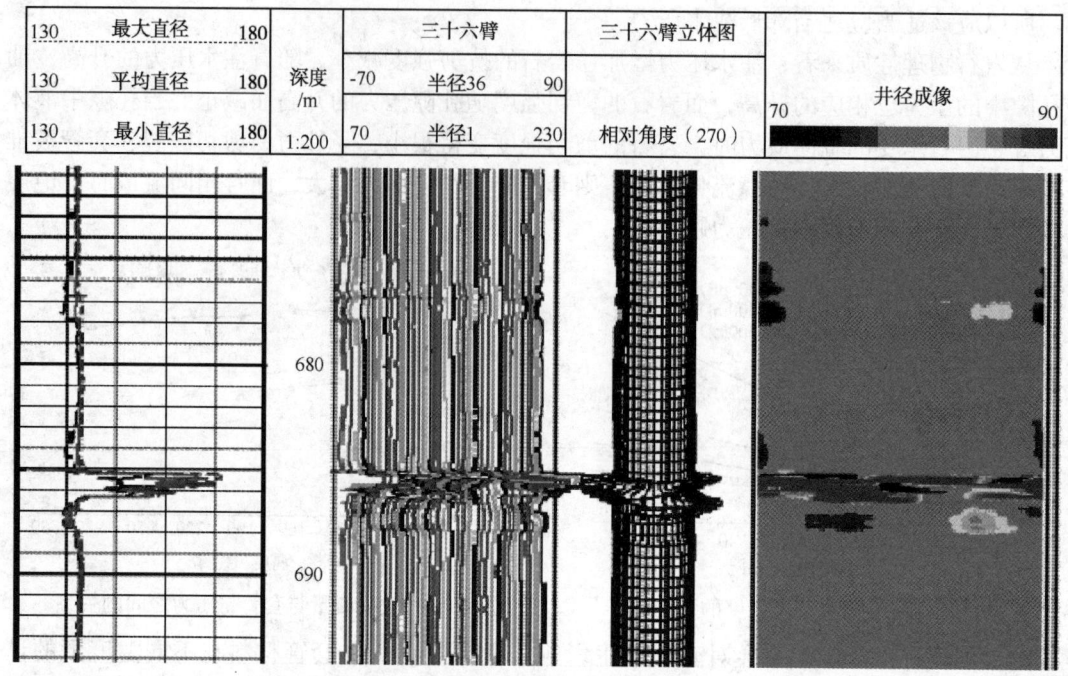

130	最大直径	180	深度/m 1:200	三十六臂		三十六臂立体图	井径成像	
130	平均直径	180		-70	半径36	90	相对角度（270）	70 90
130	最小直径	180		70	半径1	230		

图 11　套管破漏多臂井径测井曲线图

裂缝和闭合性裂缝开始吸水，因此注入压力应以满足注水量和防止套管变形为合理注入压力，注水压力严格控制在油层破裂压力以下。

4　结论

复杂条件下的套管受力情况，分别考虑套管、水泥环和地层为弹性介质或塑性介质的情况，建立他们的弹性模型和塑性模型，在实际应用过程中，通过单独考虑套管、水泥环和地层的弹塑性，组成所需要的模型，极大地方便了套管井的复杂情况。

射孔下的套管受力模型，射孔孔眼受到岩层的固体变形和油藏流体的双重影响，因此此时的套管受力为流固耦合模型，通过数值模拟结果发现套管受力受地应力、射孔参数、温度、套管和水泥环参数的影响，射孔参数变化使套管抗压强度损失在4%～8%范围内。

本文分析了水泥环、地应岩性和应力大小对套管的受力情况。结果发现水泥环的弹性性质和厚度对套管具有一定的降低套管载荷的作用；塑性和流变性地层对套管受力有很大影响，甚至引起套管的挫断变形；地层压力的变化会定量地引起应力的变化，因此开采后或注水过程中压力的变化将造成应力的改变，使套管受力发生变化。

油田开采过程发生许多套损情况，主要原因是构造应力改变、地层岩性、地层蠕变、塑性流变等地质原因，也包括固井、射孔、注水等工程原因，并给出了保护套管的具体措施和建议。

参　考　文　献

1　Tang X M, Cheng N, Cheng A. Identifying and estimating formation stress from borehole monopole and cross - dipole acoustic measurements[C]. 40th Annual Meeting Transaction: Society of Professional Well Log Analysts,

1999. 781 ~ 786

2 殷有泉，陈朝伟，李平恩. 套管 – 水泥环 – 地层应力分布的理论解[J]. 力学学报，2006，38（6）：835 ~ 842

3 邓金根，田红. 非均匀外载作用下油井套管强度特性的实验研究[J]. 岩土力学，2005. 26（6）：855 ~ 858

4 霍志欣，王木乐等. 非均匀地应力下的套管损坏机理[J]. 石油矿场机械，2008. 37（3）：65 ~ 69

5 林元华，曾德智等. 软岩层引起的套管外载计算方法研究[J]. 岩石力学与工程学报，2007. 26（3）：538 ~ 542

6 刁顺，杨春和，刘建军等. 渗流诱发套损机制与数值计算[J]. 岩土力学，2008. 29（2）：327 ~ 332

7 裴桂红，纪佑军. 油水井套损的地质因素分析[J]. 武汉工业学院学报，2009. 28（3）：102 ~ 105

8 陈朝伟，蔡永恩. 套管 – 地层系统套管载荷的弹塑性理论分析[J]. 石油勘探与开发，2009. 36（2）：242 ~ 246

基于 Excel 的钻井数据质量控制和分析应用

石 宇

（中国石化石油工程技术研究院，北京 100101）

摘 要 在推广部署 Landmark 钻井数据管理系统的过程中，报表数据质量控制（QA/QC）是决定月报、年报分析结果的准确性的关键因素，尽管 OpenWells 本身也有一定的数据校验的工具，但是这个工具不能对一些复杂的关系进行校验。在运用 iWellFile 进行钻井数据分析的时候，发现 iWellFile 存在一些缺陷和有待提高的地方。针对此，本文探讨了结合 SQL 脚本，通过 VBA 编程获取数据库数据，运用 Excel 工具，进行数据校验和分析利用。通过在多口井的数据校验和总部月报年报应用，取得很好的效果，满足工作需要。

关键词 VBAExcel 钻井数据；QA/QC 数据分析

前言

当我们对海外项目部传回的 OpenWells 报表数据进行分析的时候，统计的结果和项目上手工报的出入很大，通过查看报表数据，发现报表数据质量参差不齐，具体表现在：①有些基本的数据项不填，比如没有填写日报中计算机械转速的纯钻时间；②报表前后数据互相矛盾，比如日报中的纯钻时间和当日作业描述中的时间不一致；③一些数据没有按照要求来填写，比如 NPT Level 没有按照要求填写，应该填"1"的填成"0"了，导致该 NPT 事件没有统计入非生产时间中。

等等诸如此类的问题普遍存在，正是由于这些问题导致了基于报表数据的统计结果和基于各项目手工提交数据的统计结果的差异。

iWellFile 是 Landmark 公司的一个基于 Web 的数据分析平台，功能很强大，能将 Open-Wells、Data Analyzer、Profile 等模块的分析结果通过网络的方式向用户展示。用户不需要安装任何软件，只需要有管理员分配的一个账号，就可以在有网络的地方访问报表数据。

但是 iWellFile 还是存在一些问题和有待改进的地方，比如：①图表的显示样式比较单一，在美工方面还有待提高；②有些图的坐标轴名称显示有问题，比如有关成本的图中的成本坐标的名称本应该是累计成本，写成了日费；③无法或者相当困难自定义一些个性化的 KPI，比如月度 NPT 在 iWellFile 中定义起来就有点困难，虽然平均 NPT 很容易获取。

这些问题和缺陷的存在，都制约了该系统在海外项目的全面推广。虽然这些问题和改进意见也通过 Landmark 公司的技术服务人员反馈给软件研发部门（R&D），但是什么时候解决，还是个未知数。而时间不允许我们这么等下去，为了克服这两个困难，通过摸索和实践，探索出了一个可行有效的方法。即结合 SQL 脚本，通过 VBA 编程获取数据库数据，运用 Excel 工具，进行数据校验和分析利用。

1 分析数据校验/KPI 计算方法

1.1 数据校验

根据钻井行业作业标准和惯例，设计数据校验规则或方法。下面以制定开钻时间校验规则为例作一个简要说明。

行业中的一般认为（第一次）开钻是指下入导管后，第一只钻头开始钻进的时间点[1]。在填写 OpenWells 日报的时候，在对现场作业描述的时候，每一个现场作业工况都有特定的作业代码，国内外大型的能源公司一般都有自己的作业代码。其中某海外项目部一口井的 2013/11/6 开钻当天的作业描述入表1。

表1 现场施工作业描述

From	To	Phase	Code	Subcode	MD from(m)	MD to(m)	Operation
8：00	11：00	14SUDR	DRILL	ROTVER	0	53	Drilling surface hole to 53m
11：00	11：30	14SUEV	CIRC	CNDFLD	53	53	Circulating/Wiper trip
11：30	12：30	14SUEV	TRIP	COND	53	53	Circulating/POOH
12：30	14：00	14SURC	CSG	RUNCSG	53	53	Run244.5mm casing (P110 * 11.05mm)
14：00	15：30	14SURC	CMT	PRIM	53	53	Cementing: spacer – 2m³, slurry – 7m³, density – 1.85g/cm³, displacement – 1.3m³
15：30	0：00	14SURC	CMT	WOC	53	53	WOC& N/U BOP

从表中可以看出开钻时间（SPUD Date）为 2013 年 11 月 6 日上午 8 点，那么我们在填写该井的开钻时间的时候应该填 2013 年 11 月 6 日上午 8 点。为了校验我们填写该井的开钻时间填得是否正确，需要提取该井的开钻时间和日报中的现场施工作业描述，通过一定计算，比较两处时间是否相等，从而判断出填报的数据是否有问题。

1.2 数据分析

根据提出的需求，分析 KPI 的计算方法，查看目前在用标准，确定计算公式，分析计算所需的基础数据。

比如按照要求需要提取全公司的每月机械转速，那么首先需要明确机械转速的定义和计算方法，《钻井技术经济指标及计算方法（SY_ T 5841 – 2005）》关于"机械钻速"定义如下：机械钻速——钻头在井底破碎岩石，形成井眼的速度。机械钻速是衡量钻井技术水平的一项重要指标[1]，计算公式如下：

$$V_{p} = \frac{F}{T_{pd}}$$

式中 V_{p}——机械钻速，m/h；

F——钻井进尺，m；

T_{pd}——纯钻时间，h。

从上面计算公式中可以看出，要计算机械钻速，需要 2 个基本数据：钻井进尺 F 和纯钻时间 T_{pd}。而我们需要计算每月的机械钻速，仅有这两个数据还是不够的，还需要知道是钻井进尺 F 和纯钻时间 T_{pd} 是哪一天的，即是哪一天的报表，也就是报表时间，有了报表时间、钻井进尺 F 和纯钻时间 T_{pd} 就可以统计出某一月的钻井进尺和纯钻时间，进而利用公式计算出某一月的机械钻速。

2　编写 SQL 脚本

首先，介绍下 Data Analyzer 这个工具，它是 Landmark 公司提供的一个功能很强大的查询分析工具，非计算机专业背景的现场工程技术人员也能轻易的查询所需数据，该工具还能根据构建的查询能自动生成 SQL 脚本。

根据上面的分析，利用 Data Analyzer 构建数据查询 SQL 脚本，并对条件语句做适当处理，以适应不同条件下的自适应处理。比如，我针对 A 公司做的 SQL 脚本，将来某一天我要查询 B 公司的数据，需要手工修改 SQL 脚本，这样处理不是很方便，对于那些对 SQL 不熟悉的朋友，这个修改工作是很难想象的。为了克服这个问题，我们可以把公司名字都以某一个字符串来代替公司条件过滤，比如 QQFilterQQ，在 VBA 中执行 SQL 脚本前将存于某一位置的公司名字替换 QQFilterQQ。比如：

```
//构建具体过滤条件
If Worksheets("Dashboard").Range("E6") = "" Then
companyFilter = ""
Worksheets("Dashboard").Range("E7") = ""
Else
companyFilter = " AND(CD_ POLICY.customer_ name = '" + Worksheets("Dashboard").Range("E6")
+ "')"
End If

If Worksheets("Dashboard").Range("E7") < > "" Then
companyFilter = companyFilter + " AND(CD_ PROJECT.project_ name = '" + Worksheets("Dashboard")
.Range("E7") + "')"
Else
companyFilter = companyFilter
End If
……
//读取存在"SQLstatements"表单中 A4 单元格中的 SQL 脚本
sqlstring = Worksheets("SQLstatements").Range("A4")
//具体过滤条件替换公司设置过滤条件 QQFilterQQ
sqlstring = Replace(sqlstring,"QQFilterQQ", companyFilter)
……
```

其他的一些经常需要修变动的条件参数(比如报表时间)，都可以采用类似的处理方法来处理，以提高工具的易用性。

3 编写 VBA 程序代码提取数据库数据

首先，利用 ODBC(odbcad32. exe)建立链接到目标数据库 EDM 的数据源 DSN。

然后，在 VBA 中编写代码，利用构建的数据源连接到目标数据库，其中连接数据库字符串为：sConnString = "ODBC；DSN = DSNNAME；UID = USERNAME；PWD = PASSWOR"。

最后，读取第二步中的 SQL 脚本，并进行一定处理后，提交给数据库执行，获取所需数据后保存在 Excel 表单中某一位置，以供后续处理。

其主要流程如图 1 所示：

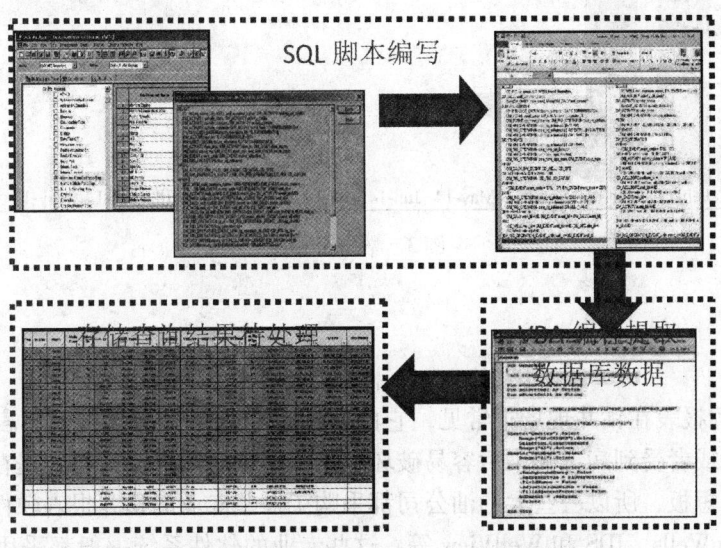

图 1 VBA 程序代码提取数据库数据主要步骤

4 利用 Excel 提供的丰富的函数和画图功能对数据分析处理

充分利用 Excel 丰富的计算公式和画图功能，对从数据库中提取的数据做相应处理和计算，实现数据校验(图 2)和分析利用(图 3)。特别值得一提的是 SUMPRODUCT 在进行多条件运算的时候，功能很强大，在数据校验和数据分析中经常用到。

OFICIAL WELL NAME		OK
SPUD DATE	2013/11/6	OK
Country		WRONG
State/Province		WRONG
DATUM	ORIGINAL KB	OK
ELEVATION(M)	113.00	OK
GROUND ELEVATION	108.35	OK

COMMON WELL NAME		OK
Tight Group Name	UNRESTRICTED	OK
Target Formation		WRONG
County		WRONG
Coordenada(N/S)	0.00	WRONG
Coordenada(E/O)	0.00	WRONG

图 2 数据校验

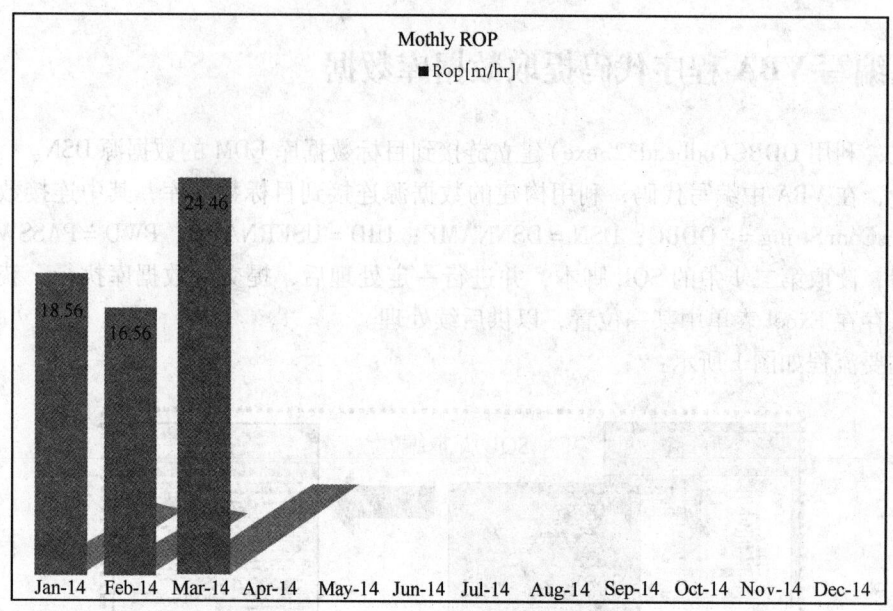

图 3　数据分析

5　结论

Excel 格式的报表在钻井现场很常见，它的易用性和数据分析多样性不言而喻，但是该格式文件在拷贝或者受到病毒感染后容易破坏，不利于长时间保存，特别是在数据集成分析利用上也是一个短板，所以一些大的油公司都采购了一些专业的钻井报表软件系统，目前比较流行的有 OpenWells、IDS 和 WellView 等。这些专业的软件系统一般都采用关系型数据库作为数据的存储方式，同时也提供了丰富的数据分析模板。但是用户个性化数据分析方面难度比较大，对软件开发商的依赖性比较大，数据分析模板定制的成本也比较高。

充分利用 Excel 在数据处理分析上的灵活多样性和数据库在数据存储上的可靠、高效和完整特性，将两者的优势结合起来，为钻井数据处理分析提供了一种新的思路和方法。实践证明，该思路和方法行之有效。

参 考 文 献

1　路保平，苏勤. 钻井技术经济指标及计算方法. SY_ T 5841 – 2005

孔隙型碳酸盐岩地层孔隙压力计算方法探讨

张洪宝　张华卫

（中国石化石油工程技术研究院）

摘　要　灰岩地层纵波速度对地层压力变化敏感性较低，若采用传统针对砂泥岩地层的模型进行孔隙压力计算可能导致较大计算误差。本文探讨了基于泥页岩沉积压实规律的传统计算方法在灰岩地层的应用效果，计算结果表明传统方法对于成压机制单一，存在泥页岩夹层的灰岩压力检测依然有效；对于成压机制复杂，且无法提取泥岩点的大段灰岩地层，采用多元速度模型和有效应力定力也可以达到一定的检测精度。本文以伊朗 Y 油田为例，进行了孔隙型灰岩地层孔隙压力计算方法的讨论，该油田上部地层主要为砂泥岩夹孔隙型灰岩地层，中下部为大段孔隙型灰岩地层。针对该油田孔隙型灰岩地层岩性、异常高压形成机制、地球物理响应特点，形成了一套孔隙型灰岩地层压力综合检测方法。方法在 Y 油田 20 口井得到应用，检测精度达 90% 以上，为井身结构和钻井参数优化提供了重要地质参数。

关键词　伊朗 Y 油田；孔隙型灰岩；地层压力；声波速度；有效应力

前言

灰岩地层压力预测和检测一直是世界级未解决的难题，主要原因为灰岩颗粒较硬，纵波速度对地层压力变化的敏感性较低，可在速度变化非常小的情况下维持严重的次生压力条件[1]。传统基于泥页岩沉积压实规律的计算方法应用于灰岩地层时计算结果严重偏低，且不能反映真实压力变化趋势。

针对灰岩地层，Vahid Atashbari 等人提出利用孔隙度和实测岩心压缩系数计算地层压力，但受取心数量限制，不能得到单井连续剖面[2]；朱伟等人在压力计算时考虑了横波速度的影响，但是油田大部分井都没有横波测井资料，若采用纵波速度重构横波速度，精度不能保证[1]；P. R Weakley 提出提取泥岩点数据的方法进行灰岩孔隙压力计算，该思路目前已广泛应用，但对于泥岩点较少或成压机制非泥页岩欠压实的灰岩地层不适用[3]。

伊朗 Y 油田钻探深度 4500m 左右，上部主要为砂泥岩夹灰岩地层，中下部地层以大段灰岩为主，灰岩地层裂缝较少，含有少量晶洞，孔隙度可达 20% 以上，属于孔隙性灰岩地层，测井声波时差数据受裂缝影响较小，在纵波速度剖面上，压力变化趋势不明显。在理论研究的基础上，针对该油田地质特点，分段进行压力检测，对于中部具有泥岩夹层的灰岩地层，优选传统方法进行检测；对于大段孔隙型灰岩地层，采用多元速度模型和有效应力定理进行检测，计算精度可满足现场工程需要。

1　异常孔隙压力形成机制

异常高压形成机制判断是科学选择孔隙压力计算方法的基础，根据已钻井岩心试验、地层温度、实测压力、测井曲线等资料，明确了纵向不同地层主要成压机制。

（1）泥页岩欠压实作用。油田上部地层孔隙型灰岩渗透性较好，且层间存在一定厚度泥岩，采用泥岩点速度－密度交会图方法判别其成压机制为泥页岩不平衡压实作用[4]。

（2）高温导致流体膨胀。4000m 以上地温梯度为 2.61℃/100m；4000m 以深 F 层地温梯度 3.46℃/100m，最高温度达 160℃，渗透率较低，顶部泥岩盖层为封闭空间的形成提供了有效封隔，高温在该地层异常高压形成过程中起主要作用。

2 地层压力计算方法研究

2.1 具有泥岩夹层的灰岩地层孔隙压力计算方法优选

对于上部灰岩地层，利用自然伽马测井曲线，提取泥岩点纵波数据，利用传统基于泥页岩沉积压实规律的速度模型结合有效应力定理进行压力检测，几种经典的孔隙压力计算方法包括 Eaton 方法、简易方法、Bowers 方法[5~7]。下面通过实测数据对不同方法进行对比。

图 1 为 3 种方法拟合效果对比，简易方法通过区分描述压实不同阶段速度随有效应力变化规律，更加符合该油田泥页岩沉积压实规律，优选此方法作为上部泥岩地层压力计算方法，通过线性插值计算灰岩点孔隙压力，式（1）为具有泥岩夹层的灰岩地层压力计算模型[6]。

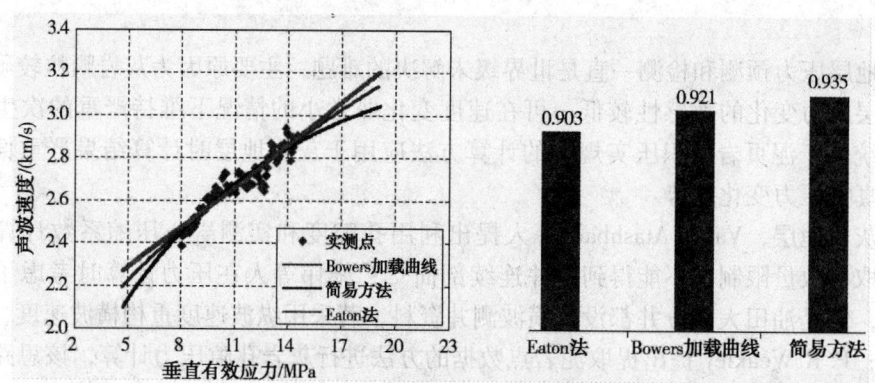

图1 3 种方法拟合效果对比

$$\begin{cases} P_p = P_v - P_e \\ V_p = a_1 + a_2 P_e - a_3 e^{-a_4 P e} \end{cases} (V_{sh} \geq 70\%) \\ P_{plime} = (P_{p2} - P_{p1})\left(\frac{H_{lime} - H_1}{H_2 - H_1}\right) + P_{p1} (V_{sh} < 70\%) \qquad (1)$$

2.2 大段孔隙型灰岩地层孔隙压力计算方法研究

深部 F 地层异常高压形成机制以高温导致的流体膨胀为主，泥页岩欠压实为次，该地层岩性以大段孔隙型灰岩为主，泥岩点相对较少，传统基于泥页岩压实规律的计算方法不适用，可能导致较大计算误差。

根据某井实测地层压力及声波测井数据，绘制纵波速度和垂直有效应力交会图（图2）可以看出，声波速度和有效应力符合一定变化规律，表明利用纵波速度计算孔隙型灰岩地层压力是可行的，但是实测点在趋势线两侧存在一定波动，主要原因为声波速度受有效应力之外的其他因素的影响，包括泥质含量、孔隙度、流体类型等。因此，我们提出计算孔隙型灰岩地层压力的技术思路：

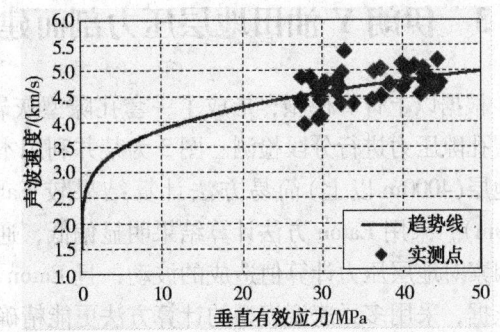

图2 某井灰岩地层声速和垂直有效应力交会图

（1）对测井数据进行环境校正，保证数据质量。

（2）利用伽马、密度测井曲线计算泥质含量、孔隙度剖面。

（3）根据实测地层压力数据（表1），利用多元回归的方法，确定声波速度同影响因素的经验关系式：

$$V_p = f(P_e, V_{sh}, \phi) \tag{2}$$

（4）根据有效应力定理，结合新钻井测井数据，利用以上关系，计算灰岩地层孔隙压力。

表1 有效应力及关联地层参数（部分）

有效应力/MPa	声速/(km/s)	泥质含量	孔隙度	密度/(g/cm³)
33.028	5.3199	0.38	0.028	2.662
33.02	5.8543	0.029	0.026	2.681
33.011	5.8045	0.039	0.072	2.642
33	5.2241	0.048	0.028	2.695
32.95	4.8033	0.118	0.024	2.658
32.935	4.5828	0.333	0.057	2.683

通过多元回归拟合，确定区域声波速度和有效应力、孔隙度、泥质含量的关系及模型参数：

$$V_p = b_1 + b_2\phi + b_3\sqrt{V_{sh}} + b_4\ln(P_e) \tag{3}$$

Y油田拟合参数：$b_1 = 3.33$，$b_2 = -6.6422$，$b_3 = -0.1401$，$b_4 = 1.5051$，拟合精度：90.074%。

该速度模型通过量化泥质含量、孔隙度对灰岩速度的影响，凸显速度-有效应力变化趋势，提高有效应力计算精度，从而提高孔隙压力检测精度。综合考虑多种影响因素的孔隙型灰岩速度模型由实测数据回归得出，更加符合原始地层特点，可适用于复杂成压机制下的压力计算，使无泥岩夹层大段孔隙型灰岩地层的孔隙压力计算有了理论依据。

3 伊朗 Y 油田地层压力剖面建立及应用情况

根据以上计算模型，形成了一套孔隙型灰岩地层压力综合检测技术，对伊朗 Y 油田复杂地层孔隙压力进行分段检测。图 3 为某井利用本文方法和传统的 Eaton 方法计算结果对比，上部地层（4000m 以上）简易方法计算结果较 Eaton 法更为接近实测压力；在 F 地层（4000～4500m），采用 Eaton 方法计算结果明显偏低，通过调整 Eaton 法趋势线截距难以消除泥质含量等因素对地层压力计算值造成的波动，且 Eaton 法等传统方法应用于纯灰岩地层压力计算无理论依据，采用多元速度模型的计算方法更能精确反映实际压力变化趋势，具有明显应用优势。

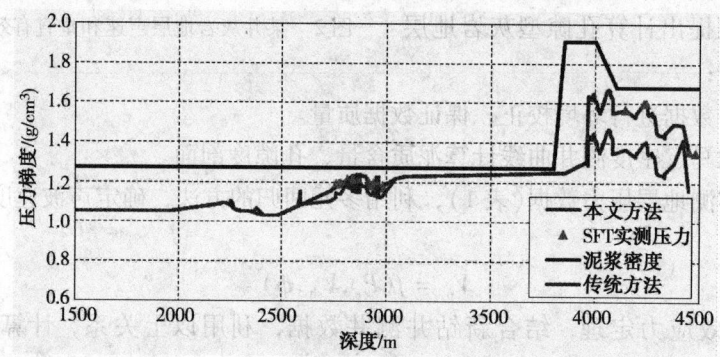

图 3 某井地层孔隙压力计算结果

孔隙型灰岩综合检测技术应用于 Y 油田 20 口井地层压力检测，精度达 90% 以上，在单井地层压力检测的基础上，采用空间插值方法建立了油田区域三维地层孔隙压力数据体（图4），为 Y 油田井身结构和工艺参数优化提供了重要地质参数。油田底部 4000～4500m 左右 F 地层压力为上高下底的倒置压力体系，通过地层压力检测，得到了精确的压力分布剖面，证实了采用一层套管揭开该地层两套压力体系的方案是可行的，仅此一项，累计节约套管 4000m 以上，极大降低了钻井成本。

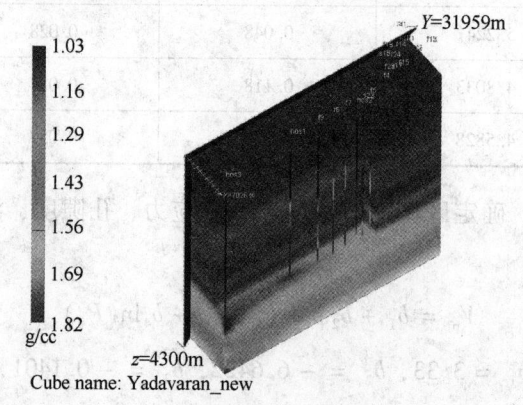

图 4 多井插值地层孔隙压力三维数据体（原始比例）

4 结论

（1）基于泥页岩沉积压实规律的传统计算方法在成压机制单一、存在泥岩夹层的碳酸盐岩地层依然具有良好的应用效果。简易方法速度模型通过区分描述泥页岩压实不同阶段声波速度随有效应力变化规律，较其他传统方法更加符合 Y 油田泥页岩沉积压实规律，在测井质量较好时具有更高的检测精度。

（2）对于 Y 油田下部大段孔隙型灰岩，无法提取泥岩点，传统方法不再适用，采用综合考虑多种影响因素（有效应力、泥质含量和孔隙度）的速度模型可以提高压力检测精度，使得该地层孔隙压力计算有了理论依据，该方法对于其他油田孔隙型灰岩地层压力检测也有一定参考意义。

符号注释：

P_p——孔隙压力，MPa；P_v——上覆岩层压力梯度，MPa；P_e——垂直有效应力，MPa；V_p——纵波速度，km/s；a_1，a_2，a_3，a_4——模型参数，无因次；P_{plime}，H_{lime}——灰岩点孔隙压力梯度及深度，g/cm^3，m；P_{p1}，P_{p2}，H_1，H_2——泥岩点孔隙压力梯度及深度，g/cm^3，m；V_{sh}——泥质含量，%；ϕ——孔隙度，%；b_1，b_2，b_3，b_4——模型参数，无因次。

参 考 文 献

1　Vahid Atashbari，Mark Tingy. Pore Pressure Prediction in a Carbonate Reservoir. SPE150836，2012

2　朱伟，於文辉，李克友 . 碳酸盐岩地层压力预测方法研究［J］. CPS/SEG Beijing 2009 International Geophysical & Exposition

3　P. R Weakley. Determination of Formation Pore Pressures in Carbonate Environments From Sonic Logs. SPE90 – 09，1990

4　叶志，樊洪海，蔡军 . 一种异常高压形成机制判别方法与应用 . 中国石油大学（自然科学版），2012，36（3）：102 ~ 107

5　Eaton B A. The Equation for Geopressure Prediction from Well Logs. SPE5544，1975

6　樊洪海 . 利用声速检测欠压实泥岩异常高压的简易方法及应用［J］. 石油钻探技术，2001，29(5)：9 ~ 11

7　Bowers，G L. Pore Pressure Estimation From Velocity Data：Accounting for Overpressure Mechanisms Besides Under Compaction. IADC/SPE27488，1994

高温高压活跃沥青层控压钻井技术研究与应用

赵向阳　侯绪田　杨顺辉　于玲玲　鲍洪志

（中国石化石油工程技术研究院）

摘　要　伊朗雅达油田 Kazhdumi 地层属于高温高压含硫化氢活跃沥青层，由于沥青分布与侵入规律不明、流体特征差异和地层压力差异较大，其中 F13 井、APP2 井、F21 井因沥青侵入被迫提前完井，未能实现设计钻探目的。由于国内外没有成功的经验可以借鉴，沥青侵入处理过程中尝试了常规的惰性材料堵漏技术、注水泥堵漏技术、水玻璃堵漏技术、化学固结堵漏技术、沥青固化技术，均未能有效解决沥青侵入问题。由于控制压力钻井技术可以精确的控制环空压力，当井口存在套压时，可以实现井口带压强钻。本文对活跃沥青层控压钻井技术进行了适应性评价，优选了控压方式、控压设备与参数，同时优化了相应的配套技术，如专打专封井身结构、欠饱和盐水泥浆、简化钻具组合等。控压钻井配套技术在 S03 井成功钻穿沥青层，共计用时 25 天，进尺 371.5m，实现了控压钻进、接立柱、起下钻、控压堵漏、下套管、注水泥等工艺，完善了扩展了控压钻井使用范围，同时为沥青层安全钻进找到了一种有效的应对措施。

关键词　高温高压；活跃沥青层；控压钻井；适应性评价；现场应用

1　沥青层地质环境因素描述技术

雅达油田沥青主要存在于 Kazhdumi 地层，埋藏深度 3500m 左右，地层温度约为 110℃，岩性以沥青页岩、灰岩和泥质灰岩为主。由于 Kazhdumi 地层未列为开发目的层，地质方面的研究甚少。通过分析工程资料，对沥青层的地层压力、连通通道、沥青特性及沥青层分布规律取得了一定的认识。

1.1　地层压力与温度

雅达油田未钻遇活跃沥青层的 F9 井、F15 井 SFT 测井结果显示 Kazhdumi 层地层压力当量钻井液密度分别为 $1.19g/cm^3$、$1.29g/cm^3$，多口井使用 $1.35 \sim 1.40g/cm^3$ 的钻井液密度安全钻穿 Kazhdumi 层；但钻遇到活跃沥青层的 APP2 井、F13 和 F21 井，出现溢流关井，求取的地层压力当量钻井液密度为 $1.58 \sim 1.65g/cm^3$；F19 井和 F3 井使用 $1.70g/cm^3$ 左右钻井液密度安全钻穿 Kazhdumi 层，但中完期间仍有部分沥青侵入井筒。S03 井关井求压地层压力系数 $1.77 \sim 1.88sg$。由此看出，雅达油田 Kazhdumi 层地层压力各井间的差异性很大，活跃沥青地层压力不低于 $1.58 \sim 1.65g/cm^3$。地温梯度为 2.89 ℃/100m；预计 Kazhdumi 地层温度为：110℃左右。

基金项目：国家重大专项31项目04课题01任务"复杂地层安全快速钻井关键技术研究"（编号：2011ZX05031 - 004 - 001）部分研究内容。

1.2 地层流体产出特征

Sarvak 产 H_2S，摩尔百分数为 0.3（2000 ~ 3000ppm），地层温度为 93℃。Fahliyan 地层 H_2S 气体含量较高，H_2S 的摩尔百分数为 0.5 ~ 0.9（1000 ~ 10000ppm），地层温度 140℃。WD - 2 Kazhdumi 地层测试资料显示硫化氢含量 80ppm。

1.3 连通通道与沥青分布规律

岩屑录井显示 Kazhdumi 层存在微裂隙发育，是灰岩、泥质灰岩的典型通道特征。Kazhdumi 层的埋藏深度以北部 APP2 井埋深最深，F24 井埋深最浅；Kazhdumi 层的平均厚度 147.4m，井间的沥青发育情况存在较大的差异性，钻遇的沥青发育段越长，造成的钻井问题越严重。

1.4 沥青特性

通常沥青有 3 种存在形态：玻璃态、高弹态、黏流态，并随温度的变化，各形态间会相互转化。沥青特性存在较大的差异性，F4 井非活跃沥青层沥青样硬脆，断口光亮，不具流动性，呈现"玻璃态"；F19 井、F13 井等活跃沥青层沥青样黏稠、流动性差、黏附钻具和筛布，呈现"高弹态"；而 APP2 井活跃沥青层沥青样流动性好，不聚结、不黏附钻具和筛布，呈现出"黏流态"。S03 井沥青开始时稀沥青，后面是稠沥青。

2 活跃沥青层控压钻井技术适应性评价

2.1 活跃沥青层控压钻井技术必要性评价

安全钻穿沥青层问题一直是困扰国勘伊朗雅达项目钻井工程的主要技术难题。由于沥青分布与侵入规律不明以及流体特征差异和地层压力差异较大，截至目前，项目早期和一期已钻 Fahliyan 直井 25 口，有 9 口井钻遇明显沥青侵。严重的沥青侵问题，给现场施工带来巨大挑战，严重影响了钻井进度和安全，其中 F13 井、APP2 井、F21 井因沥青侵入被迫提前完井，未能实现设计钻探目的。沥青侵入处理过程中尝试了常规的惰性材料堵漏技术、注水泥堵漏技术、水玻璃堵漏技术、化学固结堵漏技术、沥青固化技术，均未能有效解决沥青侵入问题。F13 井、APP2 井、F21 井沥青侵入现象：先发生溢流，压井过程中发生井漏；发现溢流后油气会很快到达井口，压井漏失很快（压井所采用密度 1.30 ~ 1.65g/cm³）。无论是高密度钻井液（1.73g/cm³），还是低密度钻井液（1.32g/cm³）都不能阻止沥青进入井筒；发现溢流时的溢流量不大，但循环返出大量的沥青，似乎裂缝性或溶洞性地层发生了严重的重力置换。如 F13 井漏失钻井液 28 m³，溢流 2 m³，根据密度估算置换出沥青 30m³。

控制压力钻井技术可以精确的控制环空压力，实现窄安全密度窗口的安全钻进，当井口存在套压时，可以实现井口带压强钻。因此有必要开展雅达油田沥青层控压钻井技术应用，为安全钻穿沥青层寻求有效技术[1~5]。

2.2 活跃沥青层控压钻井技术可行性评价

尽管 MPD 也不能完全解决置换问题，但在 ECD 大于地层压力的前提下可使用低密度钻井液钻井，以减少置换。不含 H_2S 时可进行"循环"MPD；高含 H_2S 时可转为"重浆帽"MPD。

1. 采用恒定井底压力控制方法（图1）

若技术套管封住了漏层或不存在漏层，控制井底压力略大于地层压力。保持井内压力近似恒定，减小压力波动，避免漏、涌发生。Kazhdumi 地层的地层压力不确定性较大，APP2、F21、F3、F13 打钻密度分别为 $1.37g/cm^3$、$1.38g/cm^3$、$1.45g/cm^3$、$1.52g/cm^3$，均出现了溢流。按理钻井液密度必须大于 $1.52\ g/cm^3$，但由于不知漏失层是否已经封住，因此，按漏失压力设计钻井液密度。按设计的钻井液密度进行控压钻进，溢流后不关井，而是通过循环节流逐步调高套压的方法控制溢流、并验证漏失压力。若没有压稳地层，同时发生漏失则采用强钻。若压稳地层又不漏失，则调整钻井液密度，不控制回压，保持井底压力大于地层压力100psi。接单根、起下钻时依次通过钻井泵、压井管汇、四通、节流管汇流程施加回压，回压等于环空压耗，保持井底压力恒定[6~10]。

2. 加压泥浆帽控制方法（图2）

沥青侵入量很大，或 H_2S 浓度超标，或者循环失返，尝试采用加压泥浆帽控制方法。在环空中注入一段高密度的钻井液，但是相比平衡地层压力所需的钻井液密度要偏低。钻进期间关闭环空，并且通过井口套压的指示对井下情况进行判断。牺牲液（通常为清水）泵入钻柱后，最终携带岩屑进入地层裂缝或者溶洞，高黏、高密度的带压"泥浆帽"平衡地层压力，并防止气体滑脱上升[11~14]。

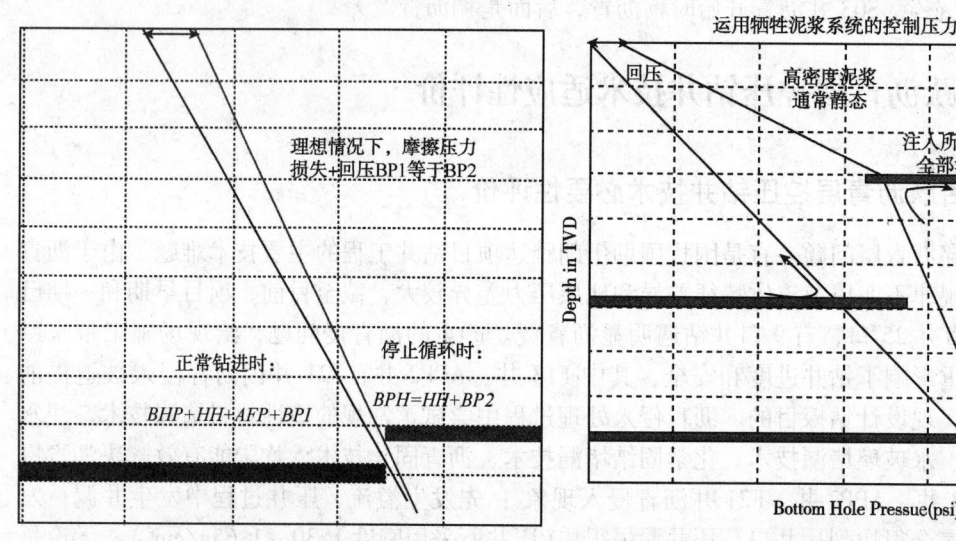

图1　井底恒压钻井原理图　　　　图2　压力泥浆帽钻井原理图

2.3　活跃沥青层控压钻井参数设计与设备配套

1. 井底恒压 MPD 参数设计方法

井底常压控制方法就是在钻进、起下钻、接单跟过程中，保持井底压力恒定的钻井方式。钻进过程中，井底压力由三部分组成：泥浆液柱压力、摩阻压力、回压。停止循环时，井筒循环摩阻消失，因此可以采取加大回压的方式保持井底恒定的压力。

井底常压 MPD 在井口增加了动态的回压，使钻井液的调整范围有所变化。设计最小密度时，考虑回压大小，设计最大密度时，假设回压值为0。考虑回压的钻井液密度窗口计算公式：

$$\rho_{min} = \frac{P_{孔} - P_{回1} - P_{摩}}{gH} \tag{1}$$

$$\rho_{max} = \frac{P_{破} - P_{摩}}{gH} \tag{2}$$

$$\Delta\rho_{bhcp} = \rho_{max} - \rho_{min} = \frac{P_{破} - P_{孔} + P_{回1}}{gH} \tag{3}$$

2. 加压泥浆帽 MPD 参数方法

加压泥浆帽技术指在泥浆帽钻井技术基础上在井口施加一定回压控制，在带压泥浆帽钻井过程中，从地面向钻杆/套管环空内注入液态"泥浆帽"，如图 3 所示。泥浆帽钻井采用轻质泥浆（即 sac 钻井液）钻衰竭层段，并从环空泵入重泥浆，将流体压回漏失地层。继续钻进，所有轻质泥浆和侵入井眼的地层流体均被压入衰竭地层。因此，泥浆帽钻井作业时，即使所有钻井液都已漏失，也能很好实现井控。

泥浆帽漏失流量-压力特性模型如下：

$$\Delta p = aQ + bQ^2 \tag{4}$$

式中　Δp——对漏层的压差，MPa；

　　　Q——单位时间内的液流量（漏强），m^3/s；

　　　a、b——取决于地层参数和注入液指标的系数。

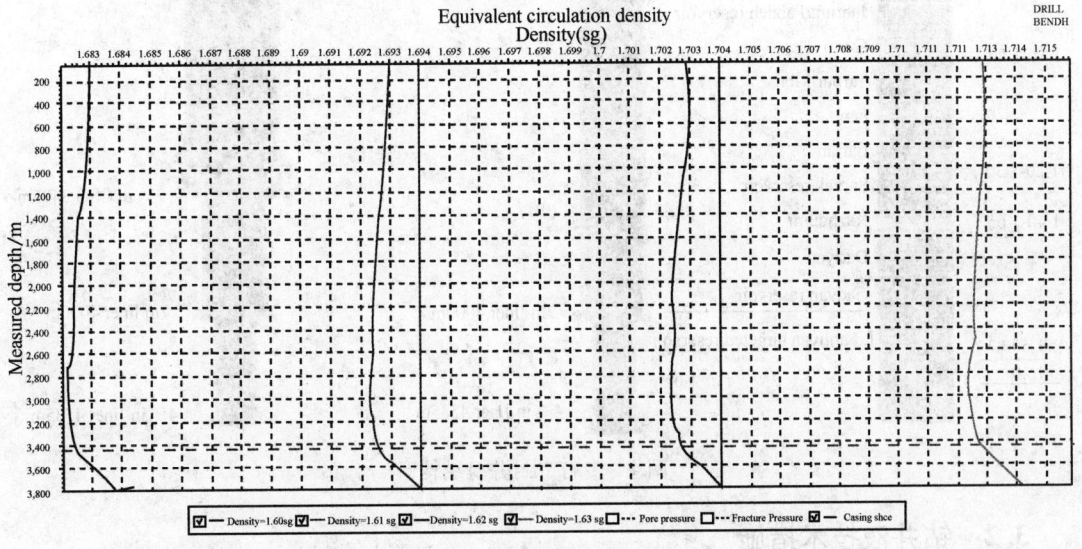

图3　S03 井排量 562gpm，无回压下不同密度下环空压力变化曲线

3. 控压设备与井口装置

根据雅达油田特殊的国家环境，西方公司控压装置无法进入伊朗，根据国内技术和设备优势，选用了胜利控压设备。主要包括旋转控制头、MPD 节流管汇。

（1）旋转控制头（SLXFD35/35）底座 1 套；额定压力：动态 2500psi，静态 5000psi；额定转速：100r/min。

（2）专用节流管汇：通径 103mm，压力等级：-35MPa。

四开井口装置：套管头 $13\frac{3}{8}$in×10K ×$9\frac{5}{8}$in×10K-70+DS 35-70 钻井四通+FZ35-70 变径闸板+DS 35-70 钻井四通+2FZ35-70 双闸板+FH35-35 环形防喷器+SLXFD35-35 旋转防喷。

3 活跃沥青层控压钻井配套技术

3.1 采用专打专封井身结构

采用专打专封井身结构，排除了同一裸眼段漏喷同存的可能，即 Sarvak 漏失、K 层溢流。专打专封井身结构为处理活跃沥青层提供了安全保障，包括后面的高密度压井、敞口起钻等(图4)。

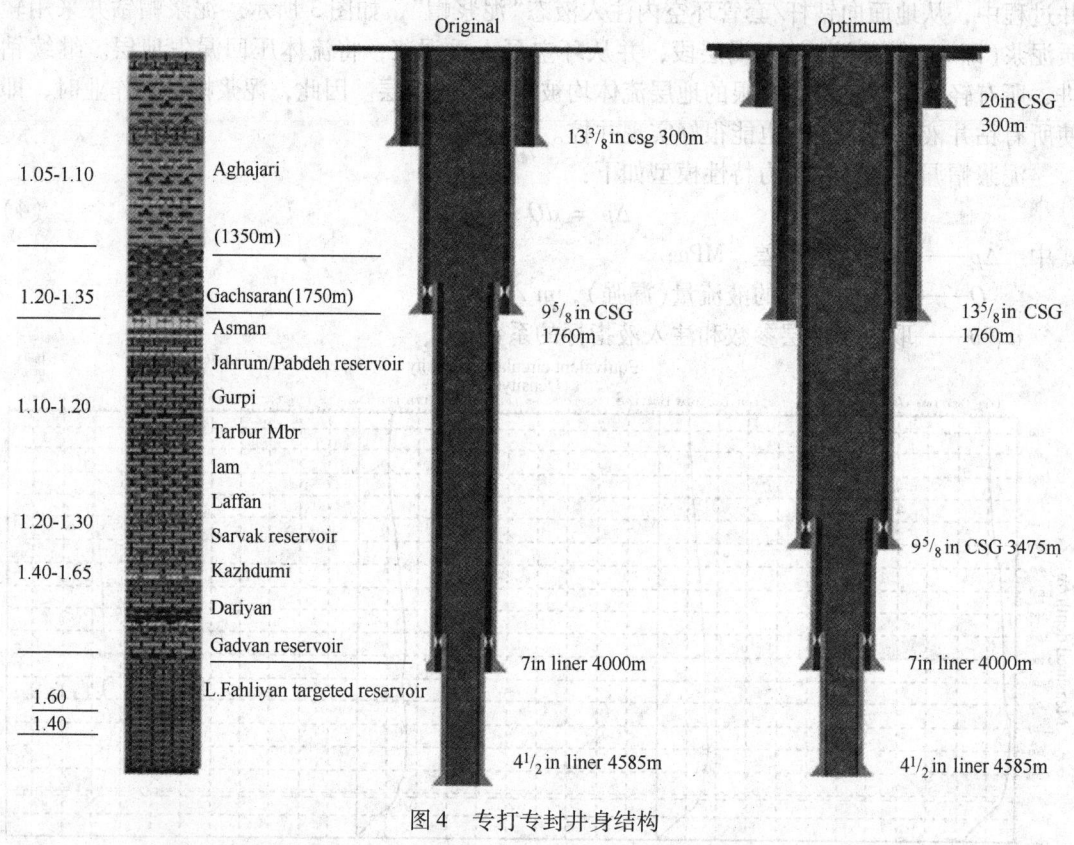

图4 专打专封井身结构

3.2 钻井液技术措施

本井为了减少沥青对钻井液的污染，采用盐水泥浆体系，泥浆维护总的原则是"逐量补充，定量置换"。在此理念上具体维护处理如下：

(1)揭开沥青层后，在泥浆槽中均匀混入柴油(5~10m³/d)，后期根据沥青污染情况适当调整柴油加量。

(2)均匀加入 0.2%~0.3% SNSP-1 和 SNSP-2。

(3)补充的新泥浆要求 10% NaCL + 1% $Zn_2(OH)_2CO_3$ + 0.3% NaOH + 0.2% Emusifer(W/O、O/W)，保证 PH=11，增强钻井液容纳空间。

(4)正常钻进过程中沥青和气体对泥浆的污染不是很严重，但是只要井下有静止时间，即使短暂的接立柱，都会有流体和气体侵入泥浆，静止时间越长，侵入越严重。所以污染的泥浆得及时全部排放，同时补充新泥浆。

（5）排放一段后，泥浆密度下降很快，应及时上提钻井液密度至平衡值，为防止钻井液密度降低，地层内沥青迅速井入钻井液，造成二次污染。

（6）密切监测进出口密度和体积变化，漏斗黏度如果有上升的趋势，每班的维护就应该是"逐量补充"，如果泥浆流动性能维持住，就继续以"逐量补充"为主，入口沥青污染严重，流动困难，立即转入"定量置换"。

（7）在不影响泵上水和堵水眼的前提下，随钻中加入3%左右刚性颗粒堵漏材料，以中钙和细核桃壳为主，粗钙、细钙和短纤维为辅。循环加压挤入地层。以达到减小、堵住沥青通道和减缓沥青侵入的目的。

（8）施工过程中实行 MPD 控压，使用气分离器、真空除气器有效的分离泥浆中的气体，降低污染程度。

（9）使用除砂除泥器有效清除细小钻屑及包裹在钻屑上的沥青甚至泥浆中的软化的流体沥青。降低劣质固相，有利于控制流动性和黏度。

3.3 简化钻具组合，为过胶芯起下钻创造条件

8⅜inPDC 钻头 + 扶阀 + MPD 单流阀 + 6⅛in 钻铤 × 3 根 + 5in 加重钻杆 × 8 柱 + 6½in 震击器 + 5in 加重钻杆 × 1 柱 + 5in 钻杆，钻头采用大水眼，避免堵漏作业堵塞水眼。

4 现场应用与效果评价

S03 井，5 月 17 日 12¼in 井眼从 1657.5m 开始钻进，6 月 12 日钻至 3437m，起钻，下套管，进行分级固井作业，装井口和 MPD 设备，进行防喷器和控压设备试压。6 月 19 日下钻探塞 3196m，钻至 3440m 进行 FIT EMW 1.80sg。6 月 21 日钻至 Kazhdumi 地层顶界 3494.20m，沥青返出振动筛。钻至 3501.47m，入口密度 1.60，出口密度降至 1.55，开始控压钻进，6 月 25 日控压钻进至 3637m 进入 Burgan。6 月 26 日控压钻进 3684m 进入 Dariyan，6 月 30 日控压钻进至 3808.5m，7 月 6 日下尾管固井中完。本井实现了控压钻进、控压循环、控压接立柱、控压堵漏、全程过胶芯起下钻、控压注水泥等工艺。

4.1 沥青层钻井液技术

本井施工过程中，使用了盐水泥浆、柴油乳化泥浆、随钻堵漏浆、高黏稠浆等各种类型的钻井液。钻开沥青层后，为了平衡地层压力，抑制沥青侵入程度，逐步提高泥浆密度。

1. 第一次体密度由 $1.60g/cm^3$ 提高至 $1.62g/cm^3$

Kazhdumi 地层 3494.20～3503.35m 井段，已经钻开沥青层，仍然使用 $1.60g/cm^3$ 泥浆，气测 TOG 值逐步升高，返出泥浆油气侵后，MW 出口 1.55～1.56g/cm^3，为了平衡地层压力，同时避免压漏地层，由此少量提高泥浆密度至 $1.62g/cm^3$，同时井口施加回压 100～150psi。使用 MW1.62g/cm^3 泥浆，控压钻至 3505.50m。

2. 第 2 次密度由 $1.64g/cm^3$ 提高至 $1.66g/cm^3$。

控压钻进至井深 3543m，节流加压 500psi，油气显示活跃，气测全烃值仍然较高，第 2 次提高泥浆密度，由 $1.64g/cm^3$ 提高至 $1.66g/cm^3$。

3. 第 3 次密度由 $1.66g/cm^3$ 提高至 $1.70g/cm^3$

使用 MW1.66g/cm^3 泥浆钻完 Kazhdumi 沥青层，继续控压钻进至井深 3717.70m，静止油气仍然明显。第 1 次关井求压后计算地层 EMW 为 $1.77g/cm^3$，再考虑历经两次承压堵漏后，地层承压能力有所提高，密度由 $1.66g/cm^3$ 提高至 $1.70g/cm^3$。

4. 第 4 次泥浆密度由 $1.65g/cm^3$ 提高至 $1.76g/cm^3$

使用 MW1.70g/cm^3 泥浆，钻至井深 3808.50m 结束控压钻进作业。第 2 次关井求压，计算地层压力 EMW 为 $1.86g/cm^3$。开始循环调整泥浆，混入 LCM 堵漏浆，逐步加重，泥浆密度由 $1.65g/cm^3$ 到 $1.76g/cm^3$。

5. 第 5 次泥浆密度由 $1.76g/cm^3$ 提高至 $1.78g/cm^3$

7 月 2 日 8：00 循环提比重，MW1.76g/cm^3 至 $1.78g/cm^3$，脱气密度 $1.84g/cm^3$。

6. 第 6 次泥浆密度由 $1.78g/cm^3$ 提高至 $1.82g/cm^3$

7 月 8 日 6：00 ~ 21：00 开泵下到尾管顶部 3284.7m，循环，全烃最高 100%，入口密度 $1.70g/cm^3$，出口密度 $1.35 ~ 1.40g/cm^3$，全烃 14 ~ 38%，黏度 48 ~ 52mPa·s。关井，节流循环，21：00 ~ 24：00 压井，压井液密度 $1.82g/cm^3$，泥浆出口密度 $1.65 ~ 1.78g/cm^3$。关井记录立压和套压变化，计算 3280mEMW1.87g/cm^3。

4.2 沥青和气体侵入量

表 1 S03 井沥青混浆返出统计

日期	井深/m	入口密度/(g/cm^3)	出口密度/(g/cm^3)	沥青及污染泥浆/m^3	备 注
6.22	3535	1.62	1.47 ~ 1.60	16	两次短起下钻 2.5h 后
6.23	3572	1.66	1.50 ~ 1.62	40	更换两次密封总成 2h 后
6.24	3600	1.66	1.42 ~ 1.58	12.56	接立柱 13min
6.25	3653	1.66	1.50 ~ 1.58	42.94	接立柱 12min，更换 MPD 密封总成 1h
6.26	3690	1.66	1.51 ~ 1.60	11.93	接立柱 13min
6.27	3717.70	1.66	1.54 ~ 1.62	6.04	关井求压 45min
6.28	3723.50	1.70	1.59 ~ 1.65	17.01	更换 MPD 密封总成 30min
6.29	3780	1.70	1.49 ~ 1.60	38.96	短起下钻 7h，接立柱 12min
6.3	3808.5	1.76	1.54 ~ 1.72	16.22	更换 MPD 密封总成及关井求压 1.25h
7.1	3808.5	1.76	1.72	36.41	起钻、关井求压 9.25h
7.2	3808.5	1.78	1.50 ~ 1.73	91.43	起钻、溢流观察 14h – 44.52m^3；下钻 1.25h – 44.52m^3；下钻 1.75h – 2.39m^3
7.3	3808.5	1.78	1.50 ~ 1.74	14.98	溢流检查、短起下钻下钻 3.5h
7.4	3808.5	1.78	1.71 ~ 1.74	64.95	溢流检查、起钻、下钻 24h
7.5	3808.5	1.78	1.55 ~ 1.70	55.65	起钻、下尾管 31.75h
7.6	3808.5	1.78	1.65 ~ 1.76	24.96	下尾管 2h

从 S03 施工过程来看，有时进出口存在密度差，泥浆池体积稳定，说明存在重力置换，但是实际施工中，提高密度可以有效的对付气侵，所以重力置换和高压沥青层气侵是同时存在的。

4.3 控压堵漏效果

为了封堵沥青层，减少地层油气侵入，本井进行了 2 次定点高套压承压堵漏作业。

第一次：6 月 25 日 20：30 ~ 26 日 4：15，分 3 种高压情形憋压承压堵漏，节流回压分别为 500psi、700psi 和 900psi。

LCM 堵漏浆配方：0.5% SDL + 0.5% CaCO$_3$（M）+ 0.5% CaCO$_3$（C）+ 0.5% WALLNUT。

第二次：27 日 22：15 ~ 28 日 1：30，节流加压 700psi，循环泵入 LCM 堵漏浆封堵沥青层。

高套压堵漏在一定程度上减少了沥青的侵入，但仅靠堵漏并不能完全制止沥青的侵入，还需要提高密度或施加井口回压。

从 S03 控压堵漏效果来看，25 ~ 26 日不同回压下 500psi、700psi、900psi 下的堵漏，后面施工全烃降至 4% ~ 10%，26 日后面四五个小时的施工过程无跑浆发生，控压堵漏起到了一定的作用，但是随着沥青进入井筒，进入地层的堵漏材料被排挤出来，全烃升高。

4.4 硫化氢问题

1. 第 1 次发现 H$_2$S

6 月 28 日 19：00 ~ 29 日 2：15，井深 3723.50m，短起下钻静止作业 7.25h。2：15 开泵，3：00 后效返出，气测 TOG100%，H$_2$S 监测报警，第一次监测到 H$_2$S，浓度 16ppm。井队立即关井，之后下降至 2ppm，直至 0ppm。3：30 开井循环，4：30 气测 TOG100%，H$_2$S 浓度 2ppm，继续循环直至为 0。

2. 第 2 次出硫化氢

6 月 30 日 21：30 ~ 7 月 1 日 6：45，井深 3808.50m，短起下钻，关井静止作业 10.25h。2：45 开泵循环观察，硫化氢最大 167ppm，关井，然后降至 5ppm。

3. 第 3 次出硫化氢

7 月 3 日 5：30 ~ 4 日 6：15 全程起下钻静止作业 24.75h。6：15 开泵循环，6：57 返出后效，第 3 次监测到：7：10 H$_2$S 报警，持续循环，7：15 H$_2$S 浓度达到 200ppm，达到 H$_2$S 监测仪极限浓度，10min 后 H$_2$S 浓度降为 0。

Kazhdumi 沥青层存在 H$_2$S 气体。钻进中未能发现 H$_2$S 气体的存在，是因为静止时间短，进入的少量 H$_2$S 被泥浆中的脱硫剂反应除掉了。当静止时间过长，H$_2$S 气体逐渐聚积增多，泥浆中的脱硫剂不足以完全反应消除 H$_2$S 气体，过量的 H$_2$S 气体最终在循环时返出地面，由此被监测到。

5 结论

（1）控压钻井技术可以通过灵活调节回压控制井底压力，实现了带压钻进，为沥青层的钻进提供了好的解决思路。专打专封的井身结构可以避免同一裸眼段多压力体系漏喷同存的发生，是安全钻穿沥青层的有力保障。

（2）通过施加回压、提高泥浆密度、随钻和控压堵漏等技术措施，在一定程度上抑制沥青侵入速度，减少钻井液消耗。通过控压循环、随钻加入除硫剂、泵稠浆封堵沥青层等技术措施，降低了 H$_2$S 返出浓度，保障了钻井施工安全进行。S03 实现了控压钻进、控压循环、控压接立柱，控压堵漏，控压起下钻、控压注水泥等工艺。

（3）在沥青侵严重的井中，即使采用了尾管顶部封隔器，还是建议尾管固井结束后要实行憋压候凝措施，以减少发生气窜的风险，提高固井质量。

参 考 文 献

1　Helio S, Joe K. Simple managed pressure drilling method brings benefits[J]. WorldOil, 2007, 228(3)：12～17

2　Svein Syltø, Svein Erik Eide, Steinar Torvund. Highly Advanced Multitechnical MPD Concept Extends Achievable HTHP Targets in the North Sea. SPE/IADC 114484, 2008

3　李枝林. 充气液 MPD 理论及应用研究[D]. 西南石油大学博士学位论文，2008，（6）

4　王延民. 精细控压钻井井筒流动及压力传递规律研究[D]. 西南石油大学博士学位论文，2009，（6）

5　赵向阳，孟英峰，李皋 等. 充气控压钻井气液两相流流型研究，石油钻采工艺，2010，（2）

6　Don Hannega, Richard J Todd, David M. Pritchard et al. MPD——Uniquely Applicable to Methane Hydrate Drilling, SPE/ IADC 91560, 2004

7　Georgr H Medley, Patrick B. B. Reynolds, Distinct variations of managed pressure drilling exhibit appication potential. World Oil, March 2006, 227(3)：41～44

8　George H Medley, Dennis Moore, Sagar Nauduri, etal. Simplifying MPD：Lessons Learned. SPE/IADC 113689, 2008

9　S A Silvang, C Leuchtenberg, I C Gil, etal. Managed Pressure Drilling Resolves Pressure Depletion Related Problems in the Development of the HTHP Kristin Field. IADC/SPE 113672, 2008

10　Don M Hannegan. Managed Pressure Drilling in marine Environments – Case Studies. SPE/IADC 92600, 2005

11　D Reitsma, E van Riet. Utilizing an Automated Annular Pressure Control System for Managed Pressure Drilling in Mature Offshore Oilfields, SPE 96646, 2005

12　Chen Sh, Xinmin Niu. Managed – Pressure Drilling Reduces China Hard – Roc Drilling by Half. SPE/IADC 105490, 2007

13　D Hannegan. Case Studies – offshore Manage Pressure Drilling. SPE 101855, 2006

14　Shaikh Abdul Mujeer Abdual Rehman. 3D Managed – Pressure Drilling Around a Sault Dome Using Coiled Tubing：A Case Study – Challenges and Solutions. SPE 102608, 2006

非常规油气田长水平段降低摩阻技术研究

郑德帅　冯江鹏　牛成成　李梦刚　王　钧

（中国石化石油工程技术研究院海外中心，北京100101）

摘　要　非常规油气开发需要在储层内布置长水平井段，长水平井段井眼钻进摩阻高导致轨迹控制困难、机械钻速低，是致密气等非常规开发成本高的重要原因。本文对长水平段摩阻进行了分析，研究了钻柱的弹性与最大静摩擦力的影响；为了降低钻柱摩阻实现优快钻井，分析了底部钻具组合复合钻井的造斜特性，优化了底部钻具组合，提高水平段复合钻进比例；分析了钻柱水力振荡器的结构及使用；研究了可控导向钻进系统的原理，分析了其优缺点。上述3种技术在加拿大 daylight 非常规油气田应用结果表明，其大幅度提高了长水平段钻井效率，降低了钻井周期和成本，为国内非常规油气田高效开发提供了借鉴。

关键词　非常规油气；长水平段；摩阻；轨迹控制；机械钻速

前言

超长水平段有利于非常规油气藏的开发，但同时给钻井工程带来了技术上的挑战和居高不下的成本，因此需要研究形成一套针对非常规油气藏超长水平段的优快钻井技术[1]。长水平段水平井配合分段压裂技术可以显著提高油气泄流面积，是提高非常规油气井单井产量的有效开发手段之一。长水平段水平井钻进技术的难点是如何克服或降低井下摩阻，提高水平井段的机械钻速降低钻井成本，并在常规导向技术条件下尽量延伸水平段的长度[2]。

长水平段钻进时，常规的井眼轨迹控制是利用单弯螺杆的滑动导向钻进和复合钻进交替进行来实现的。由于长水平段钻柱与井壁之间的摩阻很大，滑动钻进时摩擦力阻碍钻压传递致使机械钻速低[3]。复合钻进时绝大部分摩擦力被转盘的扭矩克服，钻压传递顺利机械钻速较高，因此要研究在保证井眼轨迹控制能力的条件下，尽可能提高导向钻具复合钻进与导向钻进的比例[4]。因此需要分别研究不同单弯螺杆钻具组合在滑动导向钻井和复合钻进时的造斜率，导向钻进时的造斜率目前研究的已经相对成熟，苏义脑、高德利等人提出了一系列造斜预测模型已经基本满足工程需要[5~7]。单弯螺杆钻具组合复合钻进时的造斜率则研究的相对较少，钻井实践表明，复合钻进造斜率除与底部钻具组合有关外，地层岩石力学性质也是重要的因素[8]。

采用新工具降低水平井段摩阻，提高钻压传递能力也是一项重要的手段，目前应用较为广泛的是水力振荡器与可控导向钻进系统，但是需要对适应性进行评价。

1　长水平段钻柱摩阻分析

长水平井段水平井钻井难点就是井下摩阻大机械钻速低，因此优快钻井的核心技术就是克服或降低钻进时的摩阻，提高机械钻速降低成本。长水平段钻进时，钻柱与井壁之间的接触力很大，接近与钻柱本身的重量，同时钻柱与井壁之间的摩擦系数也高达 0.2 ~ 0.3，因此会产生很大的摩擦力。基于运动学基本原理，摩擦力总是与运动趋势相反，向钻头施加钻压的过程中，摩擦力会严重阻碍钻压的传递形成"托压"现象。

实际钻进过程中，摩擦力的影响更为复杂。首先，由于数千米的钻柱本身具有一定的弹性，加之在压缩条件下钻柱在井眼内产生弯曲甚至更为严重的屈曲，其形态像弹簧一样，使得钻柱整体的弹性很大；其次，钻柱与井壁之间的最大静摩擦力一般比动摩擦力高出 25% 左右，这是钻柱出现"黏—滑"现象的重要原因。由于上述两种因素的作用，在钻台逐渐释放钻柱传递钻压时，弹性的钻柱不断吸收贮存能量，静摩擦力也阻碍了钻柱的运动，当释放的钻压刚刚超过最大静摩擦力时，钻柱开始滑动，此时的摩擦力变成了滑动摩擦力，瞬间大幅度小于释放的钻压，在钻柱弹性作用下，钻柱出现突然滑动，钻头处的钻压出现一个高峰值，可能导致钻头的损害、螺杆钻具的失速，继续释放钻压重复上述过程。

为顺利、平缓的传递钻压，需要采用降低摩擦阻力的技术手段。当钻柱旋转时，钻柱的周向旋转的速度远大于轴向的速度，因此钻柱与井壁之间的摩擦力主要由钻柱的扭矩克服，轴向上摩擦力很小，就可以实现有效的传递钻压；通过产生钻柱的震荡，使钻柱不断处于运动状态，可以避免最大摩擦力的不利影响；采用高润滑性能的钻井液体系，降低钻柱与井壁之间的摩擦系数，亦是降低摩阻的有效手段。

2　导向钻具组合的优化

导向钻具优化的原则是在保证水平段井眼轨迹控制能力的条件下，尽可能提高复合钻进与滑动导向钻进的比例，其核心技术是单弯螺杆钻具组合在复合钻进时的造斜率预测研究。从理论上上讲，单弯螺杆钻具复合钻进时的造斜率为零时为最优，这时就可以完全复合钻进直至完成水平段。但实际上，造斜率与底部钻具组合复合钻进时的力学特性以及地层的岩石力学性质相关，因此随着稳定器磨损或者地层岩石力学性质变化，其造斜率随之变化，井眼轨迹偏离设计轨道，就需要滑动导向钻进进行纠正。

单弯螺杆钻具组合复合钻进时，相对滑动钻进时有两大特点：一是受到重力对底部钻具组合弹性变形的影响，单弯螺杆产生的侧向力随着钻柱的旋转而变化，因此其旋转一周的合力并不为零，这就意味着复合钻进时将同样具备一定的造斜能力；二是单弯螺杆产生的侧向力随着钻柱的旋转施加于井壁四周，而不是滑动钻进时的一个方向，这就可能带来井径扩大。

导向钻具组合在钻头处产生的侧向力是评价钻具组合造斜性能的重要参数，获取侧向力的重要方法是利用纵横弯曲连续梁理论公式进行计算[5]，该方法已经非常成熟。下列为常用的钻具组合配置：ϕ215.9mm 钻头 + 1.25°ϕ172mm 单弯螺杆（自带 215mm 稳定器）+ 普通稳定器（或没有）+ 165mm 无磁钻铤 1 根 + MWD 定向接头 + ϕ127mm 加重钻杆 + ϕ127mm 钻杆。

图 1 是计算出的导向钻具工具面在井底旋转 360°产生的各个角度的井斜力 F_x 和方位力

F_f，所有侧向力的合力 F_h 可以作为判断导向钻具组合造斜特性的参数[11]。

$$F_h = \overrightarrow{\sum F_x} + \overrightarrow{\sum F_f}$$

通过计算，上述单弯螺杆钻具组合的合力为 1kN 左右，方向垂直向下（即降斜力），由于重力的方向是垂直方向的，只影响井斜力，当旋转一周时，方位力合力为零。

根据纵横弯曲连续梁理论和大量钻井实践，稳定器与井眼之间的间隙对于侧向力的影响很大。对于单弯螺杆钻具组合，可以选择的是上稳定器，通过选择不同的直径或调节稳定器的位置，可以改变钻具组合的造斜能力。

图 2 的计算结果显示，复合钻进时钻具组合的合力远小于滑动钻进时的侧向力，这就是意味着旋转复合钻进时，造斜率要比滑动钻进时小；复合钻进时侧向力合力不为零，随着上稳定器直径的变小，合力在增大。上稳定器与螺杆自带的稳定器之间的距离对于侧向力合力影响大，随着两稳定器之间的距离变大，合力由负值变为正值，并逐渐增大，因此复合钻进时有可能是增斜钻进也可能是降斜钻进（图 3）。

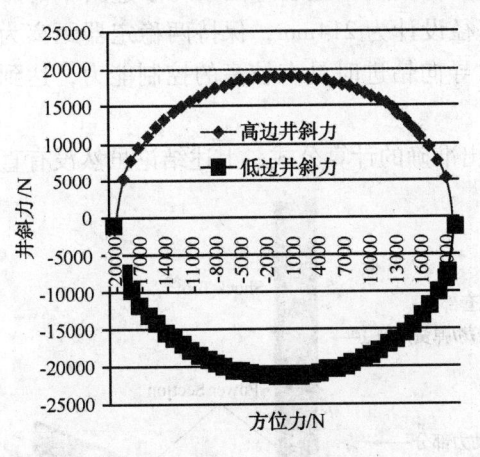

图 1　旋转一周产生的井斜力、方位力

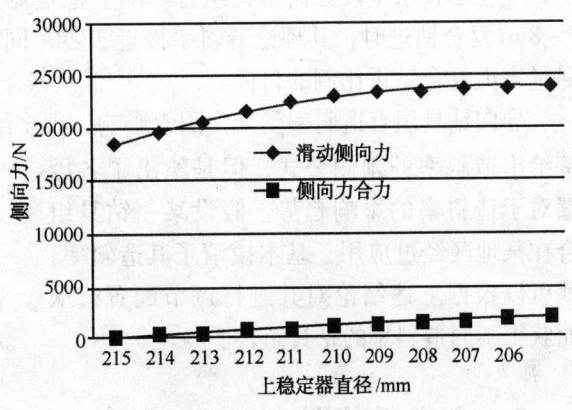

图 2　上稳定器直径对两模式侧向力的影响

单弯螺杆钻具组合复合钻进时，较大的侧向力不断切削井壁四周，造成井眼扩大，地层越疏松扩径越严重，井径扩大后底部钻具组合力学特性会发生变化。

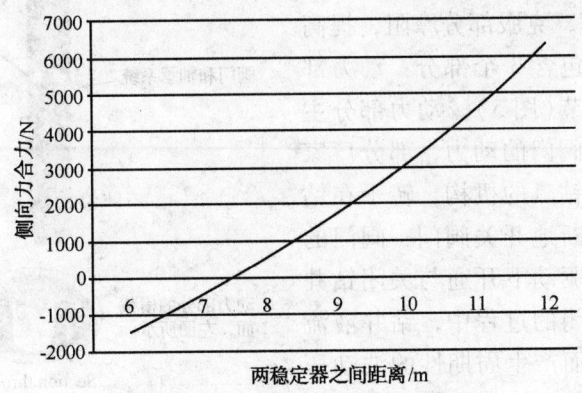

图 3　上稳定器的位置对侧向力的影响

地层可钻性是岩石重要的力学性质，牛洪波等人统计了水平井段岩石可钻性与底部钻具组合的造斜率的关系[10]——可钻性级值越高，复合钻进造斜率越高，验证了图4的计算结果。

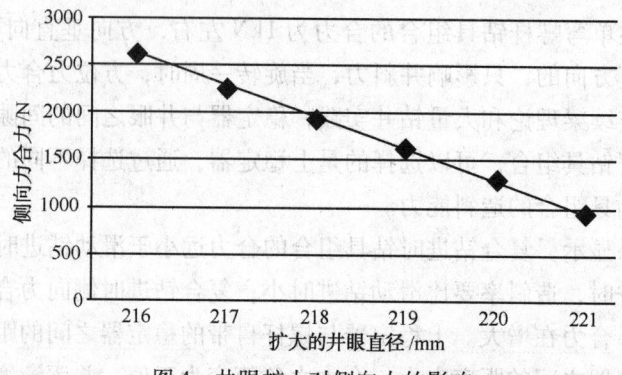

图4 井眼扩大对侧向力的影响

通过对单弯螺杆导向钻具组合稳定器位置、直径以及所钻地层等因素对于造斜率的影响，优化了长水平段导向钻具组合。即上稳定器直径设计为214mm，保持两稳定器距离为7~8m。复合钻进时，其理论造斜率接近于零，同时导向钻进时具有较高的控制能力，达到尽量增大复合钻进比例的目标。

导向钻具组合造斜率受众多因素影响，很多给出准确的计算公式，上述结论虽然没有直接给出造斜率的预测公式，但是给出了各因素对于造斜率的影响趋势。假设某一钻具组合在某地区经过应用，基本摸清了其造斜率，就可以根据上述结论对其进行调节配置，从而获得不同造斜率的钻具组合。

3 水力震荡器

水力振荡器类似于可以随钻连续工作的震击器，利用水力能量转换为震动机械能，通过对BHA施加震荡，克服部分摩阻，提高钻压传递效果。主要包含3个部分：动力部分、阀门以及震荡短节（图5）。动力部分主要用于产生高频开关阀门的动力，部分厂家采用的是类似于螺杆钻具的机构，转子在钻井液驱动下公转，不断地开关阀门；阀门的作用是在动力部分的驱动下开通与关闭钻井液通道，在开启与关闭的过程中，钻井液流通面积不断变化，从而产生周期性的波动压力；震荡短节在波动压力下在钻柱上产生轴向的振动。

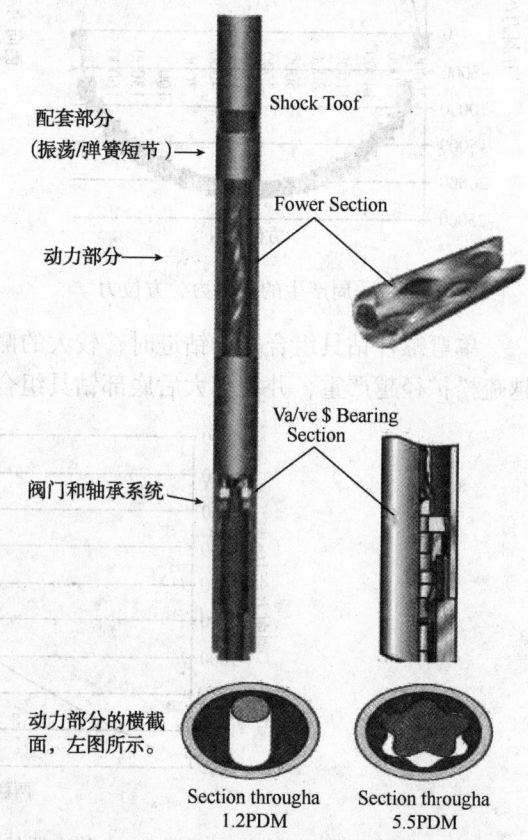

图5 水力振荡器结构示意图

在钻柱中加入水力振荡器，使得一定长度的钻柱产生了轴向周期性的振动，轴向振动能够波及一定距离的钻柱，这段钻柱与井壁的摩擦力被轴向振动所克服，同时处于不断运动状态的钻柱也避免了最大静摩擦力的影响，因此水力振荡器提高了钻压的传递效率。

加拿大日光油田在使用时，接在钻头以上 500 ~ 600m 左右位置。工具的使用一定程度上提高了钻压传递效率，可以但由于工具压降通常在 6MPa 左右，限制了工具的应用范围。国内大庆油田在使用时将水力振荡器加载距离钻头 20m 左右，摩阻减小 20 ~ 40kN。水力振荡器的位置如何布置目前需要进一步研究[12]。

4   可控导向钻进系统

长水平段钻进时，滑动钻进托压严重，为保证井眼轨迹的控制，必须有一部分滑动导向钻进。为解决这个问题，研发了可控导向钻进系统。滑动钻进时，井下马达会对钻柱产生一个反扭矩，由于钻压波动以及岩石的不均质性，反扭矩在波动变化，因次靠近钻头的一部分钻柱是处于井下马达反扭矩的作用之下的，如图 6 所示的蓝色区域。由于受到摩擦力的平衡，反扭矩只能波及到某一点，这点以上，钻柱完全受到摩擦力控制处于静止状态，如图 6 所示的红色区域。如果利用顶驱在钻头上持续不断顺时针旋转一定的圈数，然后逆时针旋转一定的圈数，以此带动一部分钻柱处于旋转状态（如图 6 所示的绿色部分），就可以降低钻柱的摩阻，如果旋转圈数过小则难以起到作用，如果过大将会影响工具面的角度。通过建立模型，根据井眼轨迹、钻柱结构、立管压力等参数，计算出准确的圈数数值，则可以在保证工具面稳定的情况下，最大程度降低摩阻。

图 6   可控滑动钻进原理示意图

可控导向钻井系统主要有硬件与软件组成。软件根据采集的数据计算需要对钻柱的旋转圈数，硬件通过控制顶驱对钻柱进行顺时针、逆时针旋转。由于摩擦力的复杂性，软件模型的计算精度尚需要进一步研究，为保证钻进的安全，保证反转时不脱扣等复杂事故的出现，可控导向钻井系统一般采取保守的措施，这也限制了降低摩阻作用的发挥。

5   现场应用

中国石化收购的加拿大日光能源公司，主要开发非常规深盆致密气和凝析油。由于开发非常规油气藏，尽量扩大井眼与储层的接触面积，因此需要储层内钻成较长的水平段，2013年 5 月完钻的 Pembina 区 12 - 2 井，目的层是 Cardium 组致密砂岩油，水平段长达 2973m，采用40级压裂。

上述降低摩阻钻井技术在 Daylight 公司的 Warburg 地区和 Brazeau 地区进行了应用，钻井周期和成本都得到了改善。以 Warburg 地区的的平均井深为 3000m 的井为例，2010 年和 2011 年的平均钻井周期为 18d，而 2012 年则为 8d，降低了 48%。钻井成本，2012 年 Warburg 钻井成本 585 美元/m，比 2011 年的 765 美元/m 降低了 24%；Brazeau 地区更深一些，成本降低了 32%（表1）。

表1 典型地区钻井成本对比

地 区	每米成本		降低百分比
	2012 年	2011 年	
Warburg	585	765	24%
Brazeau	528	778	32%

6 结论与认识

（1）钻柱的弹性与最大静摩擦力现象是长水平井钻井时钻柱与井壁之间复杂摩阻的重要原因，使得钻压的传递困难，并呈现波动性，钻压高峰值会损坏钻头和井下工具。

（2）导向钻具复合钻井时的造斜能力随着上稳定器直径的减小而增大，随着两个稳定之间的距离的增大而增大，随着地层钻性性的增大而增大。

（3）水力振荡器与可控导向钻井系统可能有效提高钻压的传递效率，但水力震荡器的安防位置目前需要进一步研究，而可控导向钻井系统的软件模型需要进一步研究。

参 考 文 献

1 韩来聚，周延军，唐志军. 胜利油田非常规油气优快钻井技术[J]. 石油钻采工艺，2012，34（3）：11～15

2 韩来聚，牛洪波，窦玉玲. 胜利低渗油田长水平段水平井钻井关键技术[J]，石油钻探技术 2012，40（3）：7～13

3 李梦刚，楚广川，张涛等. 塔河油田优快钻井技术实践与认识[J]. 石油钻探技术，2008，36（4）：18～21

4 牛洪波. 大牛地气田长水平段井眼轨迹控制方法[J]天然气工业，2011，31（10），64～69

5 苏义脑. 钻井力学与井眼轨道控制文集. 北京：石油工业出版社，2008，126～128

6 苏义脑. 水平井井眼轨道控制. 北京：石油工业出版社，2000.78～79

7 周全兴. 中曲率水平井钻井技术. 北京：科学出版社，2000.174～175

8 甲方手册编写组. 甲方手册（上册）. 石油工业出版社，1990

9 许孝顺. 墨西哥 epc 区块优快钻井技术[J]. 石油钻探技术，2011，39（5）：53～57

10 闫振来，牛洪波，唐志军. 低孔低渗气田长水平段水平井钻井技术[J]. 特种油气藏，2010，17（2）：105～111

11 彭国荣，狄勤丰. 滑动导向钻具组合复合钻井导向能力预测方法研究[J]. 石油钻探技术，2000，28（6）：4～5

12 李博. 水力振荡器的研制与现场试验[J]. 石油钻探技术，2014，42（1）：112～115

尾管负压试压方法研究与应用

张华卫　赵向阳

（中国石化石油工程技术研究院）

摘　要　使用尾管开采高压油气藏时，尾管重叠段的负压试压的成功与否关系到该段尾管是否能成为油井屏障的关键，而国内一直没有对尾管重叠段负压测试的推荐做法和解释程序作出明确规定，通过查阅相关的技术标准和著名石油公司的推荐做法，对何种情况下需要尾管重叠段进行负压试压。如何进行负压试压以及如何对试压结果进行解释进行深入研究建立了一套完整的尾管负压试压方法，包括参数计算方法、工艺流程、解释方法等。文中提出的尾管试压方法在伊朗 Y 油田得到应用，证明可行并能满足现场试压的需要。

关键词　尾管负压试压；参数计算方法；工艺流程；解释方法；现场应用

前言

套管试压是钻井作业中必不可少的一项工作，国内外各大油公司、服务公司和相关标准对套管试压进行了明确的规定[1~3]，纵观国内的试压做法，主要集中在套管内正压试压，对如何进行尾管包括重叠段的负压试压基本上没有相关规定和推荐做法。由于尾管包括重叠段的负压测试是油井的完整性重要部分，只有尾管包括重叠段经过了正压和负压测试才能作为一个可靠的安全屏障，防止油气进入井筒，保证油气井的安全。墨西哥湾漏油事故[4,5]的一个重要原因就是生产套管（尾管）负压试压不合格，因此尾管试压方法对指导钻井生产具有重要意义。根据尾管负压测试的需求性分析，从尾管测试、生产及弃井在内各个工况的受力分析入手，提出对尾管负压值的计算方法，负压试压的推荐做法，最后对提出的方法进行了现场应用。

1　尾管（重叠段）负压试压必要性分析

负压试压（Inflow Test）就是让尾管或者套管在试压过程中承受负压（negative pressure），验证水泥和套管的密封性。什么情况下进行负压试压，不同的油公司可能会有所差异，基本原理是基本一致的，就是在整个油井的生命周期（钻井、完井、测试、生产以及后期的弃井）内，如果尾管或套管的外部压力高于内部压力或者怀疑尾管固井作业不成功，尾管包括重叠段在内便需要进行负压试压以验证油井的整体性[6]。主要有以下几种情况：

（1）尾管的固井作业过程中，有尾管固井作业失败的证据或者现象。

（2）尾管重叠段的固井质量太差，声波变密度测井显示没有 20m 以上的连续的良好段。

（3）尾管内有高压的油气层，完井或者测试过程中需要顶替成低密度的完井液[5]，造成尾管承受负压。

（4）钻井和固井结束后不直接进入完井作业，下入较短的压井管线或不下入进行临时弃井（Suspension）以等待随后的完井作业。

（5）尾管封固段内有高压的砂岩油藏。

（6）钻穿尾管附件进行下一开次钻井，下一开需要的钻井液密度小于本层尾管钻井过程中的使用的钻井液密度。该种情况，可以直接在下一开次钻井作业之前，全井替成下开次钻井液后进行溢流检查，如果溢流检查正常便可以认为负压试压合格，进行下一开次的施工，文中对这种情况不再单独分析。

2 尾管（重叠段）负压试压参数计算方法

尾管负压试压主要需要计算负压值、负压测试用的顶替液体的密度以及试压过程中需要顶替的顶替液体的长度等。

2.1 负压值计算方法

确定负压试压的试压值，首先计算尾管段每一点在整个生命周期内承受的负压值，计算公式如式（1）所示：

$$\Delta P_{i,neg} = (\rho_p - \rho_c) \times D_{TVD}) \times 0.0098 \tag{1}$$

式中 $\Delta P_{i,neg}$ ——尾管段某点的负压值，MPa；

ρ_p ——管段某井深的孔隙压力梯度，kg/m³；

ρ_c ——完井和测试作业过程中所用完井液的最小压力密度或下一开次所用最小钻井液密度，kg/m³；

D_{TVD} ——尾管某点的垂深，m。

通过对比各点的负压值，其中最大值为尾管段的负压试压值 ΔP。

$$\Delta P = Max(\Delta P_{i,neg}) \tag{2}$$

式中 $\Delta P_{i,neg}$ ——尾管段某点的负压值，MPa；

ΔP ——尾管段负压试压的负压值，MPa；

Max ——最大值函数。

2.2 负压试压工作流体选择与顶替流体深度计算

负压试压通常顶替清水，柴油或者氮气来实现井筒内的负压。可以通过以下几步来确认产生负压的顶替流体。

（1）通过公式（2）确定最大负压值处的垂深。

（2）通过公式（3）计算负压试压中顶替液体的最大密度。

$$\rho_{test} = (\rho_{max} - \rho_{mud}) \times D_{max} + \rho_{mud} \times D_{liner} - \Delta P/0.0098)/D_{liner} \tag{3}$$

式中 ρ_{test} ——顶替流体的密度，kg/m³；

ρ_{max} ——最大负压值处的孔隙压力梯度，kg/m³；

ρ_{mud} ——负压试压是井筒内钻井液的密度，kg/m³；

ΔP ——尾管段负压试压的负压值，MPa；

D_{liner}——尾管悬挂器顶以上 50m 处垂深，m；

D_{max}——最大负压值处的垂深，m。

（3）根据流体密度，确定负压试压用流体的顶替流体

若 $\rho_{test}>1000$，采用清水；若 $1000\geqslant\rho_{test}>850$，采用柴油；若 $\rho_{test}\leqslant850$，可以考虑降低井筒内钻井液密度至孔隙压力。

确定顶替流体是液体后，通过公式（4）计算顶替流体的进入钻具内的垂深，进而根据顶替流体的垂深，井眼轨迹以及钻具的内容积计算需要顶替的顶替流体的体积。

$$D_{test}=\frac{(\rho_{mud}\times D_{max}+\frac{\Delta P}{0.0098}-\rho_{max}\times D_{max})}{\rho_{mud}-\rho_{test}}\qquad(4)$$

式中　ρ_{test}——顶替流体的密度，kg/m^3；

ρ_{max}——最大负压值处的孔隙压力梯度，kg/m^3；

ρ_{mud}——负压试压是井筒内钻井液的密度，kg/m^3；

ΔP——尾管段负压试压的负压值，MPa；

D_{max}——最大负压值处的垂深，m；

D_{test}——顶替流体进入垂深，m。

3 尾管（重叠段）负压试压工艺方法

通过研究，确定了尾管重叠段负压试压工艺，主要流程如下：

（1）组试压钻具：钻杆＋可回收式封隔器（RTTS）＋循环阀（可选）＋安全接头＋钻杆。

（2）下钻到位，保证可回收封隔器位置或者循环阀位置在顶替液的垂深以下，如果可能可以将试压钻具组合底部下到悬挂器以上 15m，以减少其他可能的流体侵入。

（3）封隔器做封，打开循环阀，使用顶替液从钻具内部顶替钻井液，顶替液的体积根据上面公式计算获得，当顶替液到位后关闭循环阀；环空加压 7MPa，验证封隔器是否坐封。

（4）如果试压组合中没有循环阀，首先钻具内顶替钻井液，顶替液到位后，坐封，验封。

（5）关闭钻具的下安全阀，接循环头及流体收集装置，打开下安全阀，记录单位时间内流体的流出量和累积的流出量。到达负压试压时间（一般为 4h）后，根据流出量和时间判定负压试压是否合格，如果曲线比较难于判断是否合格，可以延长负压试压时间，最大建议不超过 8h。

（6）解封可回收式封隔器，反循环或者正循环将顶替液顶替成钻井液后，起钻。

4 尾管（重叠段）负压试压解释方法

对于负压试压结果，可以采用传统方法和 Horner 方法进行解释，判定负压试压是否成功。

传统方法将液体的返出的流速与试压时间（从流出开始）进行画图，其中图 1 中左图为试压不合格的曲线，右图为试压合格的曲线。图 1（左图）中，考虑到试压过程中热膨胀过

程,流体流速开始稳定趋向稳定的流速,便可以初步判定该试压结果是失败。图1(右图)中随着时间的验证,热膨胀作用的减弱,流速逐步趋向于零。使用传统方法,需要很长的时间才能得到比较稳定的流速来判断试压结果。通常是每5min或者10min计算一次流量。

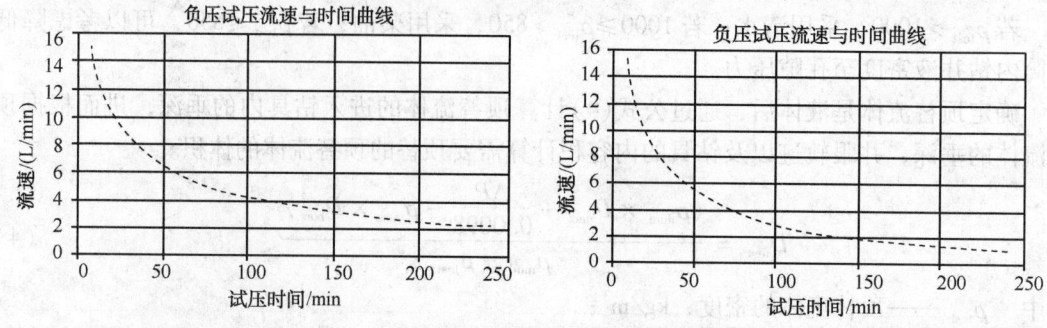

图1　负压试压结果示意图(常规方法)

为了节省钻机时间,可以使用Horner方法进行解释。试压时间[公式(5)]变换成Horner时间与流速进行作图,根据图判断试压结果是否合格。如图2所示,通过流量散点的趋势线与X轴或者Y轴的交点来判定结果是否合格。图2中的左图,交点在Y轴,表示时间无限长后,仍然有流体流出,表明负压试压是失败的。如果交点在X轴,表明有限的时间内,已经没有流体流出。如图2中右图,表明负压试压是成功的。通常是每5min或者10min计算一次流量,计算一次Horner时间。

$$T_{\text{Horner}} = \ln \frac{T + dT}{dT} \tag{5}$$

式中　T_{Horner}——Horner时间,无因次;

　　　T——负压试验中开始顶替到开始流动的时间,min;

　　　dT——负压试验中从开始流动的累积试压时间,min;

　　　$\ln(\ )$——自然对数。

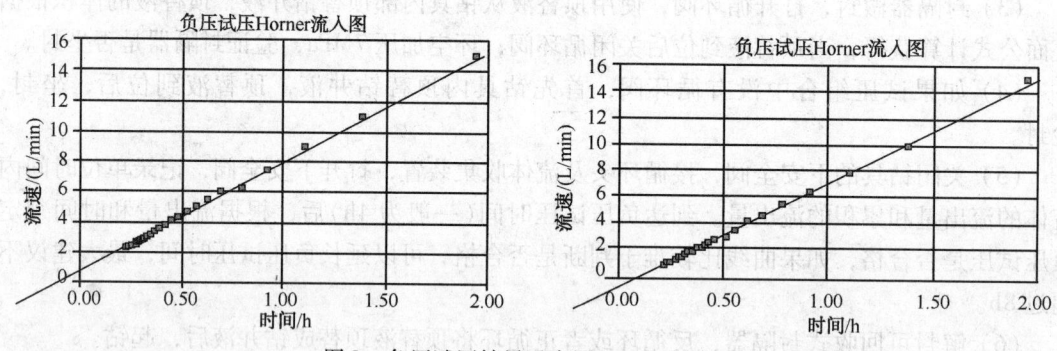

图2　负压试压结果示意图(Horner方法)

5　尾管负压试压方法现场应用

伊朗Y油田主要目的层为F层油层,为高压高含硫化氢油层,埋深在4000~4500m。其中多采用四级井身结构,其中177.8mm和144.3mm为两层尾管。Y52井为其中一口F层生产井,以Y52井为例,说明尾管负压试压在Y油田的应用情况。

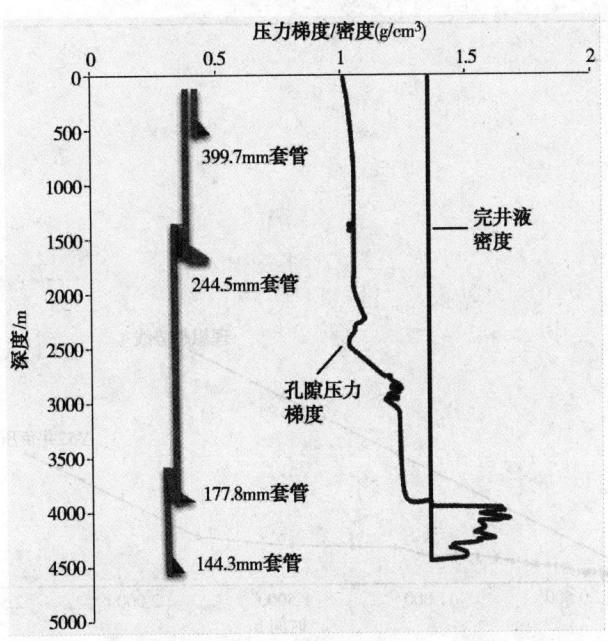

图3　Y52 井孔隙压力，完井液密度以及井身结构示意图

通过图 3，预测的孔隙压力和完井液密度以及井身结构设计，在 144.3mm 尾管承受负压。因此尾管及尾管重叠段需要进行负压试压，通过公式（1）和公式（2）计算，井深 4066m 处负压最大，该处孔隙压力梯度为 $1.67 \times 10^3 \, kg/m^3$，试压时钻井液密度是 $1.72 \times 10^3 \, kg/m^3$；通过公式（3）计算，需要的顶替液体的最大密度是 $1.34 \times 10^3 \, kg/m^3$，选用清水作为顶替液；通过公式（4）计算，顶替的深度不低于 2060m。

根据章节 4 的步骤进行负压试压作业，177.8mm 可回收式封隔器坐封位置为 2100m，顶替时间为 90min，负压试压测试进行了 240min，其中流速与测试时间以及 Horner 时间如表 1 所示。

表1　Y52 井负压试压数据（部分）

流速/(L/min)	时间/min	Horner 时间
0.48	10	2.398
0.13	40	1.253
0.11	70	0.887
0.08	100	0.693
0.06	130	0.571
0.04	160	0.486
0.04	190	0.423
0.02	240	0.348

使用 Horner 方法进行试压结果的解释（图 4），可以明显看出趋势线将交与 X 轴，该次试压是成功的。

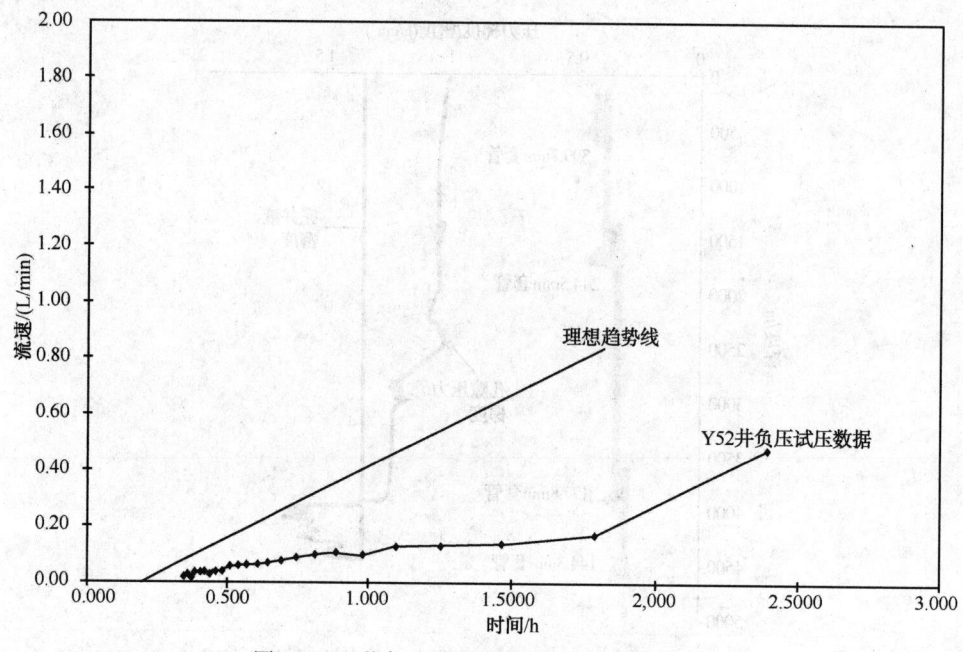

图4　Y52 井负压试压结果解释（Horner 方法）

6　结论与建议

（1）尾管包括重叠段负压试压的必要性进行分析，根据尾管的受力情况提出了负压试压参数的计算方法，提出了负压试压的工艺流程，并对负压试压的结果提出了相应的解释方法。

（2）通过在伊朗 Y 油田的应用，建立的尾管试压方法能够指导生产，满足现场试压的要求。

（3）文中提出的负压试压方法对其他油田和区块进行负压试压有一定参考和借鉴意义。

参 考 文 献

1　钻井手册（甲方）. 北京：石油工业出版社，1990

2　李洪乾，王人旭. 套管试压影响因素分析［J］. 石油钻探技术，1994，22（4）：45～46

3　套管柱试压规范 SY/T 5497 – 2007. 石油与天然气行业标准. 北京：石油工业出版社，2008

4　Macondo. The Gulf Oil Disaster. Chief Counsel's Report，2011

5　Tanu Garg，Swtha Gokavarapu. Lessons Learnt From Root Cause Analysis of Gulf of Mexico Oil Spill 2010. SPE 163276. 2013

6　S McAleese. Operational Aspects of Oil and Gas Well Testing，Volume 1. Elsevier Science. 2004

一种微波辅助破岩装置的研制

魏 振 王宗钢

（中国石化石油工程技术研究院胜利分院）

摘 要 微波破岩作为一种热能破岩方法，利用微波近场效应和热失控效应，可以使处理的材料变软乃至熔化。微波破岩不会给钻头带来新的冲击、磨损等附加损害，相反，使用微波对岩石进行预处理，降低了钻头的破岩难度，延长了钻头的使用寿命。本微波发生装置通过产生微波、传导微波，将微波在热点附近聚集，弱化岩石强度。使用此微波发生装置对木材和岩石等材料进行穿孔实验，同时利用有限元软件对微波加热岩石的过程进行仿真模拟实验，证明利用微波近场能量和热失控效应所进行的微波辅助破岩方案是可行的。

关键词 微波破岩；弱化；熔化装置；仿真

前言

1970 年，美国矿山局实验并开发了一种微波 – 水力综合破岩方法，将微波和水力两种能量组合，微波的热裂和热弱作用扩大了水力切割的范围，突破了水力破岩上的深度极限。然而，该种综合破岩方法对温度和湿度等方面有不良影响。此外，由于没有钻头的切削作用，水力破碎下的岩石体积较大，不易循环携出，过大的岩块对钻杆等设备的磨损也较大，限制了其工业应用，还需进行改进。

2002 年，以色列特拉维夫大学的 E. Jerby 等人研制了一种采用局部微波辐射钻穿硬不导电材料的方法。

2004 年，英国诺丁汉大学的 S W Kingman 等人研究了微波预处理对铅锌矿石破碎程度的影响，但是，其实验实在一台多模式谐振腔微波加热器中进行的，不适于钻井工程领域的应用。

从目前微波破岩装置的研制来看，如何将大功率微波发生装置小型化、工业化是关键。本文研制的微波发生装置将前人的研制成果进行了改进，有利于微波的传导，极具推广价值。

1 微波辅助破岩原理

微波辅助破岩最主要的思想是将微波能量汇聚，产生强电场，强电场对与放置其中的非导体材料会有很大的能量输送，并且这些能量都是以热量的方式进行传递，因此可以在待处理材料表面局部产生一个轻微的热点，这主要利用了微波的近场效应。高温的物体对微波有更好的吸收效果，也就是说，当材料表面的某个局部温度升高后，在微波的照射下，这部分材料会吸收大部分微波能量，导致温度进一步提高，这就是热失控效应。微波辅助破岩主要就是利用了微波近场和热失控这两个效应。

2 微波辅助破岩装置的研制

微波辅助破岩装置主要由微波发生器、微波传导器和微波聚能器三部分组成。表1给出了高能微波发生器的一些性能参数对比以及已经在工业中的应用。根据微波发生器的功率和应用范围，最终选择磁控管作为微波发生器。根据微波发生功率和尺寸，我们最终选择了LG公司生产的磁控管2M226作为实验室微波发生装置，其微波发生功率为2kW，最大长度为60mm，最大宽度为40mm。

表1 高能微波发生器工作状态及应用

微波发生器		工作频率	功 率	尺 寸
磁控管	脉冲	20MHz～120GHz	20kW～30MW	1.0～4.6m
	连续	(915±25)MHz (2450±50)MHz	400～5000W	60～190mm
速调管	脉冲	220MHz～18GHz	25～55MW	2.0～4.5m
	连续	220MHz～36GHz	25kW～1MW	1.1～4.2m
行波管	脉冲	10MHz～40GHz	20kW～10MW	1.5～5.5m
	连续	10～38GHz	12.5～30W	550mm
回旋管		20～250GHz	30kW～20MW	1.2～4.5m

微波辅助破岩装置的核心部件由磁控管、矩形波导管、同轴波导管、调谐反射镜和电极针组成。图1为微波聚能器的示意图。

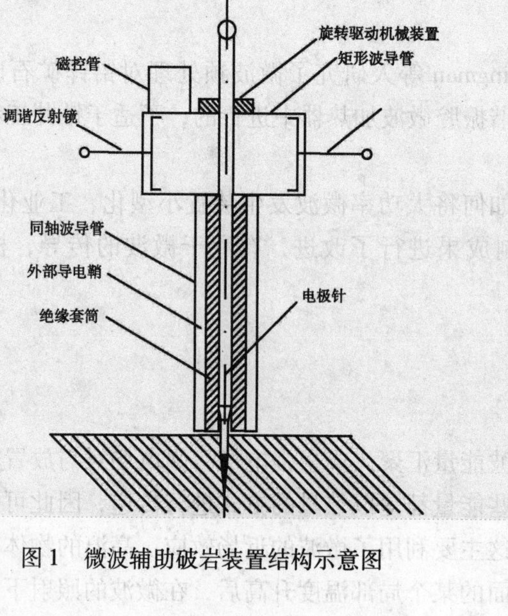

图1 微波辅助破岩装置结构示意图

其实际过程主要包括以下步骤：

第一步：通过磁控管产生微波辐射；

第二步：产生的微波辐射通过矩形波导管进行传输，并通过矩形波导管内部的调谐反射镜调节波导管的尺寸，以保证微波沿电极针方向最大化集中；

第三步：微波辐射通过同轴波导管的传导在电极针尖端聚集，电极针尖端与材料接触后，接触点以下的材料内部会形成一个局部高温区，而且还会不断吸收能量，最终导致材料变软，甚至熔化；

第四步：将电极针插入软化后的材料中，就形成一个孔洞。

表2　LG磁控管2M226性能参数

磁控管型号	LG 2M226	灯丝电流	10A
频率	2460MHz	输出功率	900W
阳极电压峰值	4.2kV	质量	0.9kg
平均阳极电流	300mA	外观	40mm×36mm×60mm
灯丝电压	3.3V		

当用非紧凑式微波辅助破岩装置(图2)进行实验时，并没有达到预期的实验效果，分析其原因，是因为在磁控管与矩形波导之间的协调反射镜设计不当所致，后来将微波辅助破岩装置进行改进，采用紧凑式设计方法(图3)，实验获得成功。

图2　非紧凑式微波辅助破岩装置设备　　　　图3　紧凑式微波辅助破岩装置设备

3　微波辅助破岩实验

实验过程中分别运用了两个微波辅助破岩装置对材料进行了处理。处理材料种类和过程相同。

实验过程如下：

(1)调整电路，保证电源部分工作良好；

(2)组装微波辅助破岩装置；

(3)连接微波辅助破岩装置与电路，保证微波正常发生；

(4)将微波辅助破岩装置对准待处理材料进行钻孔；

(5)记录数据；

(6)关机。

由于是验证实验，实验目的在于验证原理与可行性，因此没有过多的进行数据记录，只是记录了时间和钻孔尺寸。表3为不同样品实验结果对比。

表3 不同样品实验结果对比

材　　料	钻孔结果	钻孔时间	实验结果
塑料	完全穿孔	5s	开机过3~4s塑料开始冒烟，5s内完成了穿孔
木头	穿孔	10s	开机3~4s木头开始冒烟，10s左右开始燃烧
大理石岩样	未穿孔	1min	温度升高约300℃，强度降低不明显
致密砂岩	未穿孔	1min	温度升高约380℃，强度降低不明显
花岗岩	未穿孔	1min	温度升高约400℃，强度降低不明显
泥页岩	未穿孔	1min	温度升高约350℃，强度降低不明显
大理石岩样	未穿孔	3min	温度升高约310℃，强度降低不明显
致密砂岩	未穿孔	3min	温度升高约400℃，强度降低不明显
花岗岩	未穿孔	3min	温度升高约420℃，强度降低不明显
泥页岩	未穿孔	3min	温度升高约360℃，强度降低不明显

4　仿真模拟实验

由于实验采用的微波发生装置的微波发生功率不足以破岩岩石，因此，进行仿真模拟实验进行进一步论证。通过建立微波近场效应和热失控效应的电磁方程和热传导方程，对微波加热岩石的过程进行模拟，加热岩样选取大理石岩样。

电磁方程如下所示：

$$\begin{cases} \dfrac{\partial E_r}{\partial t} = -\dfrac{1}{\varepsilon_0 \varepsilon'}\left(\dfrac{\partial H_\varphi}{\partial z} + \sigma_d E_r\right) \\ \dfrac{\partial E_z}{\partial t} = -\dfrac{1}{\varepsilon_0 \varepsilon'}\left(\dfrac{1}{r}\dfrac{\partial}{\partial r}(r H_\varphi) - \sigma_d E_z\right) \\ \dfrac{\partial H_\varphi}{\partial_t} = \dfrac{1}{\mu_0}\left(\dfrac{\partial E_z}{\partial r} - \dfrac{\partial E_r}{\partial z}\right) \end{cases} \quad (1)$$

热传导方程如下所示：

$$\rho_m c_m \frac{\partial T}{\partial t} = k_t\left[\frac{1}{r}\frac{\partial}{\partial r}\left(r\frac{\partial T}{\partial r}\right) + \frac{\partial^2 T}{\partial z^2}\right] + \frac{dk_t}{dT}\left[\left(\frac{\partial T}{\partial r}\right)^2 + \left(\frac{\partial T}{\partial z}\right)^2\right] + P_d \quad (2)$$

式中，E_r 和 E_z 分别表示电场的径向和轴向分量；H_φ 表示磁场的轴向分量；σ_d 表示电导率，与介电损耗相关；ρ_m 表示材料密度；c_m 表示材料热容；k_t 表示材料热导率。

通过改变电场强度，对不同电场强度下微波加热大理石的温度升高情况进行了仿真模拟，其模拟结果如图4~图6及表4所示。

图4　电场 $E=2.5\times10^3V/m$ 时微波加热效应

图5　电场 $E=5.6\times10^3V/m$ 时微波加热效应

图6　电场 $E=7.1\times10^3V/m$ 时微波加热效应

表4　对不同电场强度下微波加热大理石的温度升高情况

材料	电场强度/(V/m)	微波发生功率/kW	时间/s	温度/℃
大理石	2.5	2.0	0.5	460
大理石	5.6	10.0	0.5	864
大理石	7.1	15.0	0.5	1510

根据模拟结果计算了温度对岩石抗压和抗剪强度的影响，如图7、图8所示。

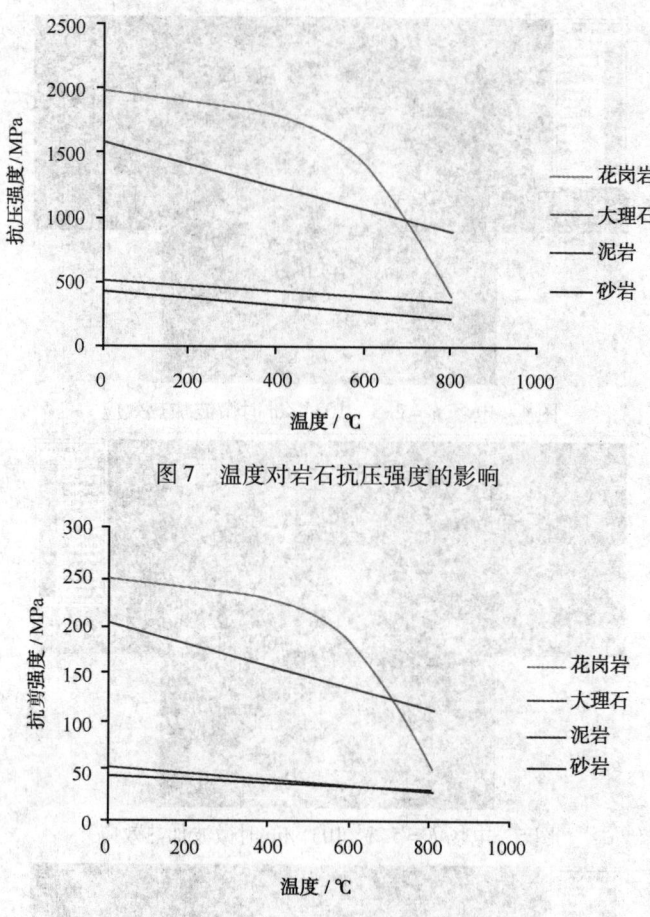

图 7　温度对岩石抗压强度的影响

图 8　温度对岩石抗剪强度的影响

5　结论

通过微波辅助破岩室内实验和仿真模拟实验，可以得出如下结论：

（1）不同岩性对微波近场能量的热失控效应阈值差异较大。

（2）微波辅助破岩装置内导体的温度大概只有 500℃，足够可以使得塑料融化，木头燃烧，但微波发生装置功率不足以产生显著的辅助破岩效果。

（3）微波辅助破岩实验证明，利用微波近场能量和热失控效应所进行的微波辅助破岩方案是可行的。

（4）从室内实验和模拟结果可以看出，温度升高到 800℃ 左右，岩石强度明显降低，岩样熔化所需要的内导体头部温度在 1500℃ 左右。

（5）微波初始加热时间对岩石热失控效应影响不大，微波发生功率对被加热岩石的温度和强度影响较大。

（6）要提高微波辅助破岩实装置内导体头部的温度，既要对微波聚能结构优化，还要相应的提高磁控管的功率。

（7）从结果中可以看出，对于岩石等热失控效应阈值较高的材料，发生热失控效应所对应的磁控管功率在 10kW 以上。

参 考 文 献

1 王同良，高德利．世界石油钻井科技发展水平与展望[J]．石油钻采工艺，2000，02：1～6

2 吴立，张时忠，林峰．现代破岩方法综述[J]．探矿工程(岩土钻掘工程)，2000，02：49～51

3 毛光宁．采用微波辅助钻进硬岩的技术[J]．隧道译丛，1994，11：5～11

4 张强．岩石破碎技术发展趋势[J]．有色矿山，1996，06：20～22

5 李文成，杜雪鹏．微波辅助破岩新技术在非煤矿的应用[J]．铜业工程，2010，04：1～4

6 D P Lindroth，W R Berglund，R J Morrell and J R B lair. Microwave assisted drilling in hard rock [J]. Tunnels & Tunneling, 1993(6)：24～27

7 Scoble M. Machinemining of narrow hardrock orebodies [J]. CIMBulletin. 1990, 83, (935)：105～112

8 Robert L, Schmlat. Advance in Hardrockmining [J]. E & MJ. 1990, (10)：36～38

9 K Thirumalai. Water Jet Cutting and Excavation of Hard Rockby Thermohydraulic Method[P]，1974

10 三尺清夫．电磁波岩石破碎试验[J]．日本矿业会志，1979，(3)

11 DN Whittles, S W Kingman, D J Reddish. Application ofnumericalmodeling for prediction ofthe influence of power densityon microwave–assisted breakage [J]. 2003. 71～91

超短半径径向水平井套管开窗关键工具的研制

李帮民　候树刚　杨忠华

（中国石化石油工程技术研究院中原分院）

摘 要 超短半径径向水平井技术是一项老井改造、挖潜剩余油气的油气田增产技术，该技术主要包括套管开窗工艺和径向喷射工艺。本文针对套管开窗工艺，基于机械设计、结构力学等理论，自主研制了套管开窗关键工具，主要包括开窗钻头、万向轴、转向器、锚定装置。开展了万向轴抗拉强度与抗扭强度测试试验、整机可靠性试验和同深度不同方位多孔眼套管开窗试验等，验证了工具的可靠性，为今后超短半径径向水平井技术在油田的应用与推广提供了技术支撑。

关键词 超短半径；套管开窗；转向器开窗；钻头；万向轴；室内实验

前言

超短半径径向水平井钻井技术是一项挖潜老区剩余油气、扩大油气井泄流面积的一种油气田增产及改造技术，可为低渗、稠油、老油田和边际油田提供一种经济高效的开采途径。国外已得到大范围的推广应用，增产效果显著[1~3]。目前国内仅部分油田（如大庆、胜利、中原等）引入了该项技术，但现场的相关技术服务及配套设备均由国外公司提供[4~7]，未见国内成熟的配套设施开展现场应用。

本文针对套管开窗关键工具，基于机械设计、结构力学等相关理论，自主设计了套管开窗关键工具，并采用显式动力学软件 LS - DYNA 软件分别对锚定装置、万象轴等关键工具进行了强度校核。基于理论理论研究成果，研制了超短半径径向水平井套管开窗关键工具并进行了可靠性实验，为今后该技术在油田的应用与推广提供了技术支撑。

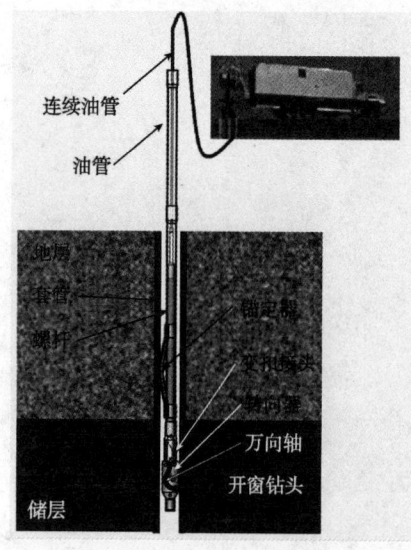

图 1　套管开窗工艺流程图

1　理论研究

该技术现场施工过程中主要包含套管开窗及径向喷射两种工艺，其中套管开窗工艺主要作用是在井下套管壁面和水泥环上钻出 20~30mm 的圆孔（图1），为径向喷射提供通道，主要工具包括螺杆、锚定装置、转向器、万向轴、转向器、开窗钻头等（图2）。

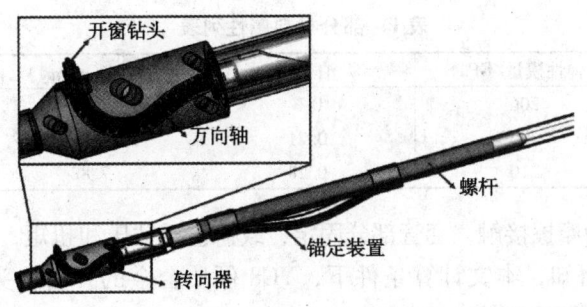

图2   套管开窗配套工具示意图

1.1   开窗钻头设计

开窗钻头结构参数设计是套管开窗工艺能否成功实施的关键因素之一。文献调研可知，开窗钻头结构类型主要包括两刀翼开窗钻头和三刀翼开窗钻头两种结构。两刀翼开窗钻头结构为片状，三刀翼开窗钻头前端为锥形，后端为圆柱形，相比而言，后者可一次钻穿套管和水泥环，开窗效率高，无需因更换钻头起下钻，降低了施工周期。

1. 结构参数设计

为了降低施工周期，提高套管开窗效率，本文将开窗钻头的研究以三刀翼开窗钻头为主（图3），为避免开窗过程中，套管环形破碎，提高开窗效率，自主研制的 Φ24mm 三刀翼开窗钻头采用双锥度设计，其主要结构参数包括：第一锥度、第二锥度及切屑刃厚度。通过理论计算可知，第一锥度应取 91°～135°之间，本文设计时取中间值 110°，第二锥角应取 135°。同时，切屑刃距钻头轴线的距离略大于同高度的其他位置，其间由连续圆弧面过渡，使得切屑刃具有一定厚度，保证该钻头足够的使用寿命。在开窗钻头上设计三道直流道排屑槽，保证了套管钻屑的及时排出。为了便于开窗钻头的更换，开窗钻头与万向轴之间采用螺纹连接。

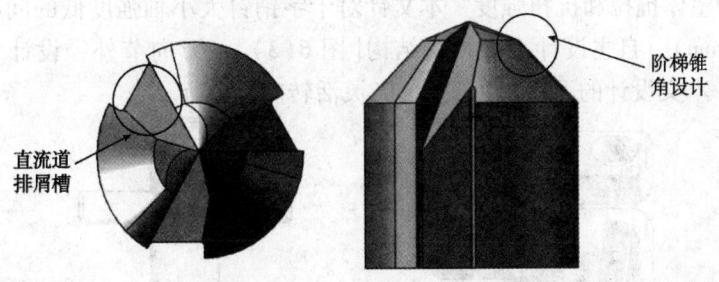

图3   三刀翼开窗钻头示意图

2. 强度校核

本文采用显式动力学软件 LS – DYNA[8,9] 对开窗钻头开展数值模拟，数模过程中采用 Johnson – Cook 破坏准则，钻头材质选用 YG8 硬质合金，套管材质选用 P110 钢，材料属性如表1所示。

三刀翼开窗钻头钻穿套管物理模型包括三个部分：套管（P110、壁厚 10.54mm）、三刀翼开窗钻头、圆柱刚体（为了便于施加载荷）、物模及其网格分布图（图4）。

表1　部分材料属性列表

材　　　质	弹性模量/GPa	泊松比	密度/(g/cm³)	屈服强度 σ_s/MPa
P110	206	0.3	7.9	758～965
YG8	700	0.21	14.5～14.9	≥1500
42CrMo	210	0.28	7.82	≥930

该模型接触类型为摩擦接触，套管部分固定，载荷包括钻压和扭矩，其中扭矩110N·m，钻压2t。由数模结果可知，本文计算条件下，YG8硬质合金的开窗钻头可能顺利钻穿套管（图5），满足开窗钻头强度要求。

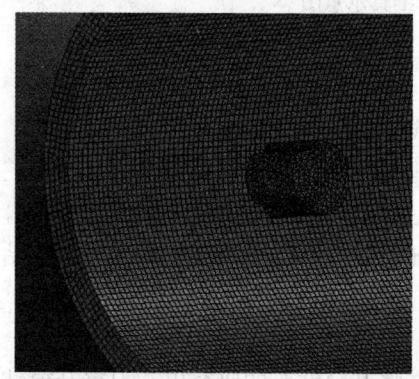 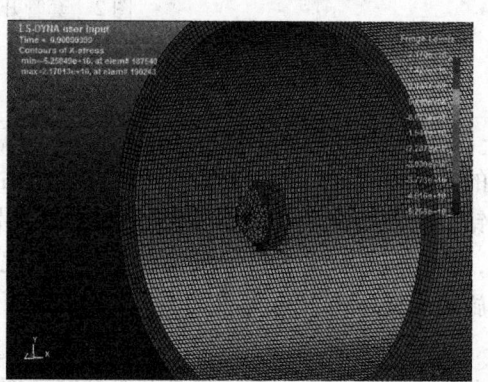

图4　三刀翼开窗钻头几何模型及网格分布图　　图5　三刀翼开窗钻头钻穿P110套管

1.2　万向轴设计

套管开窗工艺实施过程中，万向轴主要作用是为钻头传递扭矩和钻压，要求万向轴转向灵活、结构强度较高，可承受较大的扭矩和拉力。

1. 结构参数设计

文献调研可知，目前采用的万向轴主体为不同数量的万向节通过十字销钉连接（图6）。为了提高万向轴整体抗拉和抗扭强度，本文针对十字销钉大小轴强度低的问题（大小轴直径分别为7mm、4mm），自主设计了加强块结构[图6(3)]，万向节外径设计为24mm。通过CAD建模可知，本文设计的万向轴可实现90°灵活转向（图7）。

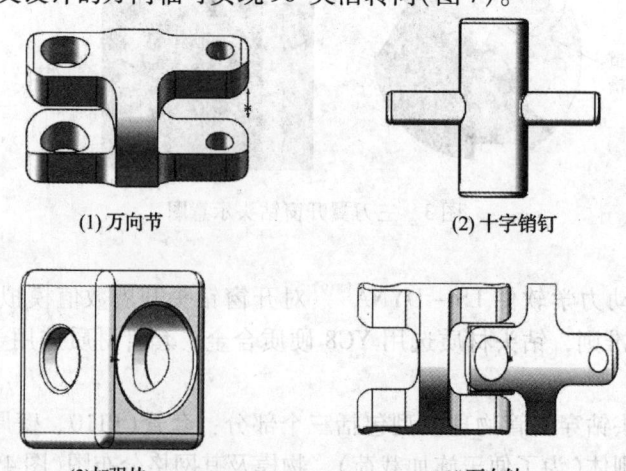

(1) 万向节　　　　　　　　　　(2) 十字销钉

(3) 加强块　　　　　　　　　　(4) 万向轴

图6　万向轴结构示意图

2. 强度校核

本文采用 ANSYS 隐式动力学软件对万向轴进行分析，数学模型如图 7 所示。转向器轨道设置为刚体，内径为 30mm，各方向自由度为 0，万向轴材质选用 42CrMo（材料属性如表 1 所示），施加载荷包括钻压和扭矩，其中扭矩 110N·m，钻压 2t。

数值模拟结果如图 8 所示，万向轴可顺利通过 30mm 转向器轨道，在轨道中旋转时，应力主要集中在入口、出口和中间曲率半径较大处。但本文计算条件下，当万向轴采用 42CrMo 材质时，满足抗扭强度要求，未出现十字销钉断裂等情况，验证了本文加强块结构设计的可靠性。

1.3 转向器设计

5½in 套管开窗工艺实施过程中，转向器的主要作用是实现万向轴的 90°转向，从而为成功实施开窗钻头套管开窗奠定基础，因此，转向器中轨道参数的设计起到了至关重要的作用。

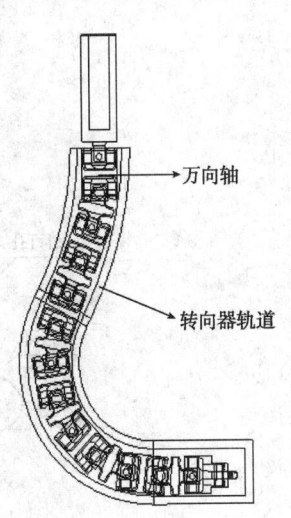

图 7 万向轴几何模型

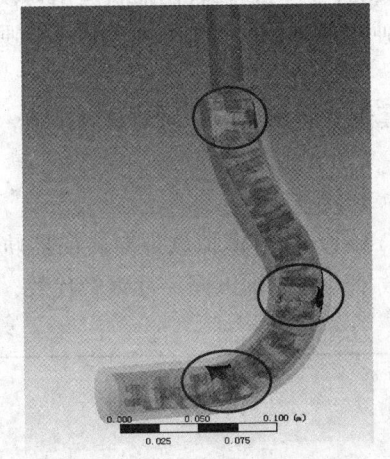

图 8 万向轴强度校核结果

1. 结构参数设计

5½in 套管内径仅为 124.3mm，对转向器轨道设计影响较大，文献调研可知，为了实现 5½in 套管内 90°转向，转向器轨道普遍采用双曲率轨道设计，其主要结构参数包括（图 9）：垂直导入段长 L_0，弯曲导入段半径 R_1，直线段长 L_1，弯曲转向段半径 R，反向弯曲段半径，矫直段长，轨迹曲线总宽 ϕ，导弯偏角，矫直偏量。

基于机械设计理论，确定了转向器整体宽度 118mm，轨道直径 30mm，总长在 0.24 ~ 0.32m 之间，轨道宽度为 0.09m，转向半径在 50 ~ 80mm 之间，矫直偏量在 ±3mm。转向器整体结构如图 10 所示，除轨道参数设计之外，主要结构特征包括：

图 9 转向器轨道参数示意图

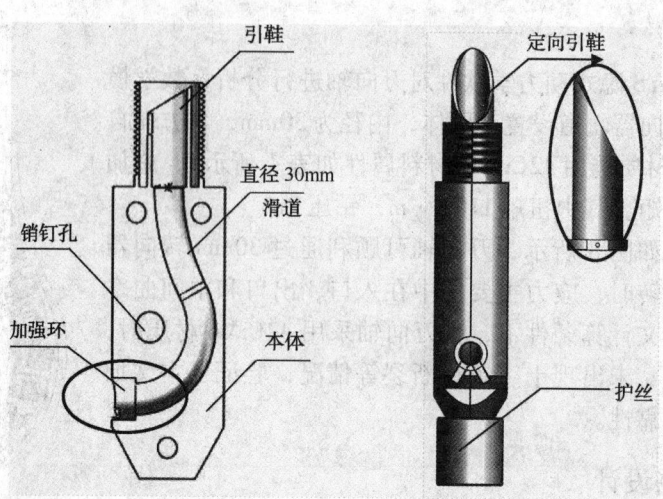

图10 转向器整体结构示意图

（1）为了便于转向器出口方位的确定，增加了与陀螺定位仪坐键配套的定向引鞋。

（2）基于万向轴强度校核数值模拟研究结果发现，万向轴在转向器轨道出口段承受扭矩较大，及摩阻大，因此，在转向器轨道出口设计独立的加强坏，单独采用 YG8 硬质合金材质，提高了转向器出口的耐磨度。

（3）为了便于套管开窗、径向喷射过程中，套管钻屑和地层钻屑的及时排除，在转向器出口位置设计了排屑槽。

2. 转向器轨道阻力系数数值模拟

为了进一步确定转向器轨道阻力系数，基于 ANSYS 数值模拟软件对转向器轨道进行了数值模拟研究。数值模拟过程中，为了提高计算效率，万向轴以同尺寸钢管代替，材质设定为刚性，计算结果如图 11 所示。

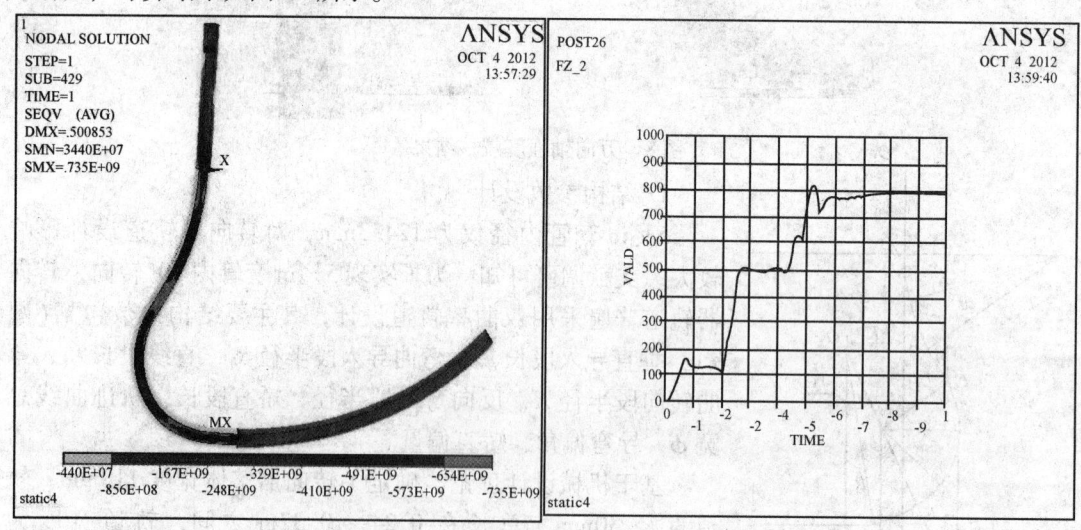

(1)钢管通过转向器应力分布云图　　　　　　(2)阻力变化规律图

图11 转向器整体结构示意图

数值模拟结果表明，钢管在转向器轨道通过时，应力主要集中在第 1 次和第 2 次反向弯曲转向以及矫直出口附近。在阻力变化曲线上也可以明显看出，在第 2 次反向弯曲转向及矫直出口段，阻力急速增加。通过回归分析法得到了钻管穿过转向器的阻力公式，即：

$$F_z = 33.775 - 0.457\theta - 0.508R + 0.179\delta - 0.0000625\theta R - 0.00425\theta\delta +$$
$$0.00575\Delta R + 0.0085\theta^2 + 0.00305R^2 + 0.0475\delta^2$$

基于该公式，进一步优化了转向器轨道参数，确保了万向轴通过转向器时候阻力最小。

1.4 自调节式锚定装置设计

锚定装置主要作用是为了确保转向器出口能够紧贴套管内壁，防止套管开窗过程中，由于转向器的转动或跳动，造成开窗效率低、开窗钻头损坏等问题。

1. 结构设计

文献调研可知，锚定装置普遍采用双弹片结构设计，主要包括弹片两端固定、弹片一边固定一边滑动两种结构类型。通过研究可知，当弹片两端固定时，由于弹片弹性变形造成弹片两端应力较大(图 12)，易造成弹片两端焊接部位失效[10]。因此，本文采用弹片一边固定一边滑动的结构形式，及自调节性锚定装置(图 13)，主要结构包括：两个 65Mn 弹片、油管、变扣接头等，可通过变扣接头对弹片活动端起到限位作用，在避免应力过大的同时提高了弹片侧向推力。

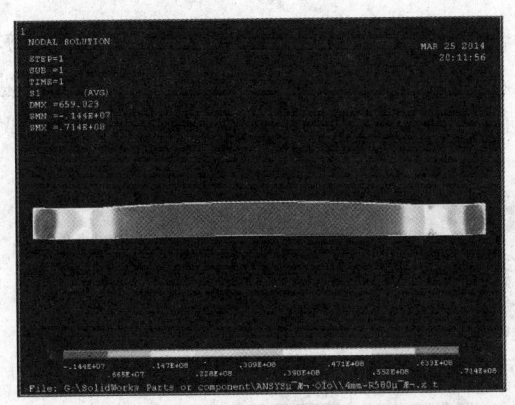

图 12 弹片两端固定时应力分布云图

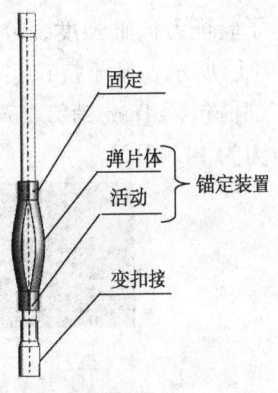

图 13 自调节型锚定装置

2. 数值模拟

为了进一步确定弹片倾角对锚定装置侧向推力的影响规律，本文基于 ANSYS 数值模拟软件开展了数值模拟研究，分析了不同弹片倾角条件下，侧向推力及施加钻压的变化规律。自调节式锚定装置物理模型及网格示意图(图 14)。

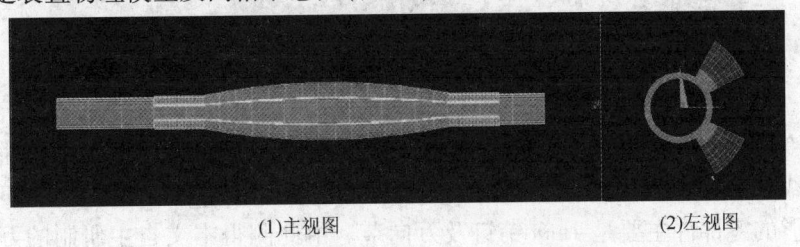

(1)主视图　　　　　　　(2)左视图

图 14 自调节式锚定装置物理模型及网格图

数值模拟结果如图15所示，随着弹片倾角的逐渐增大，侧向推力和钻压均逐渐增大，当弹片倾角大于30°时，由于倾角过大造成弹片发生疲劳破坏。因此，考虑到转向器等设备自重，建议自调节式锚定装置能够提供的侧向推力在150~200kg之间，即弹片倾角选择范围应在20°~25°之间。

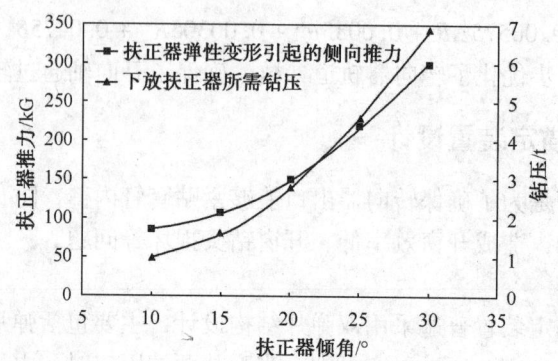

图15　自调节式锚定装置推力及钻压与弹片倾角关系曲线

2　样机及室内实验

2.1　万向轴强度测试实验

为了验证万向轴强度，分别开展了万向轴抗拉强度和抗扭强度室内实验。万向轴实物图如图16(1)所示，基于抗拉实验可知，当拉力缓慢提升至14.49kN时，万向轴发生断裂，断裂的零部件包括4mm销钉、7mm销钉及加强块，由此可知本文自主研制的万向轴可承受的最大拉力为14.49kN。

(1)万向轴加工实物图

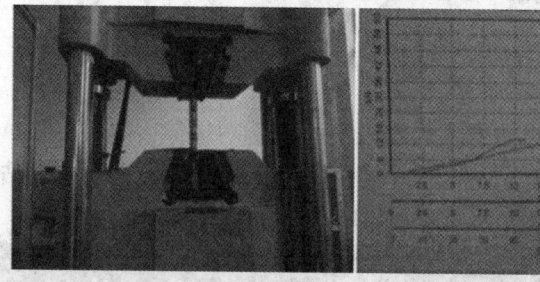

(2)抗拉试验装置实物图　　　　(3)抗拉强度测试曲线

图16　抗拉强度测试试验

抗扭强度测试实验结果表明，施加扭力达到248N·m后，万向轴发生扭曲变形，左端已偏离原轴线，径向扭转1/4圈，约90°[图17(2)]。其余部位发生一定的塑性变形。其中，发生变形的零部件主要是4mm销钉及万向节。由此测得本文自主研制的万向轴最大抗扭强度为248N·m。

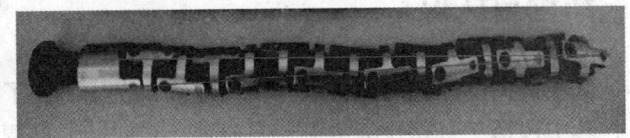

(a)扭力仪　　　　　　　　　　　　(b)测试后万向轴

图 17　抗扭强度测试试验

2.2　整机可靠性试验

为了进一步验证本文自主研制的套管开窗工具可靠性，开展了整机可靠性试验(图18)。实验过程中，采用螺杆型号为5LZ43×7.0，螺杆外径43mm，扭矩120~18N·m、转速120~360r/min、排量0.5~1.5L/s。

试验过程中，除螺杆外，其他套管开窗设备均为自主研制的，试验过程中如图19所示。试验结果表明，本文自主研制的套管开窗工具单孔眼平均用时78min，能够满足套管开窗要求。试验过程中，在单孔眼开窗的基础上，开展了同水平位置不同方位的套管开窗试验，成功实施相同水平位置3个孔眼的套管开窗试验(图20)，孔眼直径分别为27.03mm、24.03mm、24.04mm，其中27.03mm采用的27mm三刀翼开窗钻头。

图 18　整机可靠性
试验装置图

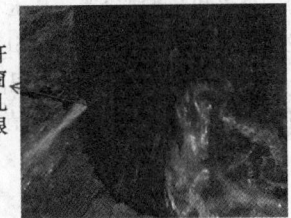

(a)三刀翼开窗钻头　　　　　(b)套管铁屑　　　　　(c)套管半穿透

图 19　试验过程相关图

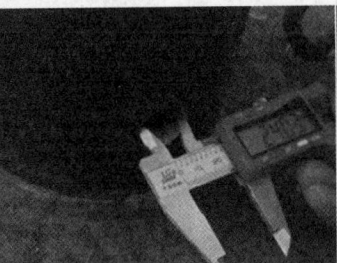
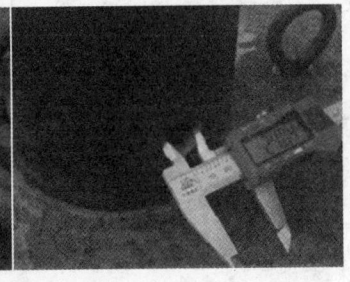

图 20　同水平位置不同方位套管开窗孔眼实物图

3　结论与认识

本文基于机械设计、结构力学等相关理论，自主研制了超短半径径向水平井套管开窗关键工具，其中包括三刀翼开窗钻头、万向轴、转向器、自调节式锚定装置等，并通过室内实验验证了本文给出的套管开窗工具的可靠性，实验研究结果表明：万向轴抗拉强度和抗扭强度分别为 14.49kN 和 248N·m，满足套管开窗要求，可顺利实现套管开窗工艺及同水平深度不同方位的多孔眼套管开窗工艺，为今后超短半径径向水平井技术在油田的顺利应用与推广提供了技术支撑。

参 考 文 献

1　张义，鲜保安，赵庆波等．超短半径径向水平井新技术及其在煤层气开采中的应用[J]．中国煤层气，2008．3：20~24

2　梁壮，葛勇，李洁等．水力喷射径向水平井技术在煤层气开发中的应用[J]．辽宁工程技术大学学报（自然科学版），2011，3：349~352

3　张恒，王大力，王广新．径向水平井在大庆油田应用的可行性探讨[J]．西部探矿工程，2009，9：73~76

4　马东军，李根生，黄中伟等．连续油管侧钻径向水平井循环系统压耗计算模型[J]．石油勘探与开发，2012，4：494~499

5　易松林，马卫国，李雪辉等．径向水平井钻井综合配套技术试验研究[J]．石油机械，2003，01：1~4

6　刘衍聪，岳吉祥，陈勇等．超短半径径向水平井转向机构仿真研究[J]．中国石油大学学报（自然科学版），2006，02：85~89

7　施连海，李永和，郭洪峰等．高压水射流径向水平井钻井技术[J]．石油钻探技术，2001，05：38~42

8　王金龙，王清明，王伟章．ANSYS12.0 有限元分析与范例解析[M]．机械工业出版社，2010.4

9　陈精一．ANSYS 工程分析实例教程[M]．中国铁道出版社，2006.8

10　刘惟信．汽车设计[M]．北京：清华大学出版社，2001：158~200

集减振、脉冲和冲击于一体的钻井提速工具研究

刘 鹏

（中国石化石油工程技术研究院，北京，100101）

摘 要 通过研究井下钻柱振动情况和减振技术，研究常用水力脉冲式提速工具的工作原理，分析可对钻头产生轴向或径向冲击力的冲击式提速工具的结构，提出了一种以井下纵向振动作为动力源，可同时实现脉冲射流和轴向冲击的多功能提速工具。该工具既能减少钻柱纵向振动带来的危害，又能提高清理井底岩屑的效率，还可以实现冲击辅助破岩，从而极大提高机械钻速。该工具结构中易损件极少，结构可靠，满足对工具寿命和强度的要求。

关键词 减振、脉冲、冲击、提速

前言

减少井下复杂事故、提高机械钻速、节省钻井成本是钻井技术不断发展的动力。为此，国内外对井下复杂事故进行了大量的研究，研发了各种钻井提速工具。目前的研究表明，井下钻柱振动是引起钻具失效的主要原因，而且导致钻压不能均匀地加在钻头上，使钻头的寿命和机械钻速都大为降低[1]。大量的试验证明：脉冲射流和冲击钻进能够大幅度的提高机械钻速。本文通过分析目前钻柱振动研究成果，研究现有脉冲射流式和冲击式钻井提速工具，提出了一种以钻柱振动为动力源，同时实现脉冲射流和旋转冲击的新型提速工具。

1 钻柱纵向振动研究

从 20 世纪 50 年代以来，国内外研究人员提出了多种理论研究方法，并进行了大量实验对井下的钻柱振动情况进行研究，形成了微分方程法、能量法、加权残值法、有限差分法、纵横弯曲连续梁法、有限元法等研究方法[2]。井下的钻柱振动主要包括纵向振动、横向振动和扭转振动等形式，钻柱纵向振动主要由井底不平、钻头牙齿间歇压入岩石和岩石间歇破碎引起的，会造成井底钻压波动，减少钻头总进尺和降低机械钻速等危害，剧烈频繁的振动还会引起连接螺纹发生疲劳断裂[3]。

1.1 钻柱纵向振动规律

钻井过程中，钻柱的井下运动情况极其复杂，钻柱振动具有非平稳随机振动的特征，其规律仍无法完全掌握，但通过对钻柱振动的模拟计算及试验研究得出了一些振动规律。一般情况下，钻头振动的振幅与钻压和转速成正比例关系，钻压减小，振动幅度减小；转速提

高，振动幅度增大。钻柱振动的基频一般与钻头或井下动力工具的转速一致，但钻柱振动的频率中通常包含有钻头转速几倍的频率存在[4]。如果钻头出现了磨损、断齿等失效形式，钻柱振动可能会出现某些周期信号，振动的不对称性和振幅波动也将更加明显。

1.2 纵向振动利用工具

现场常采用减振器来减少钻柱纵向振动带来的危害，它利用减振元件吸收或减小钻井过程中钻头动载和钻柱内的动应力，从而保护钻头和钻具。根据减振原理的不同，主要有液压减振器和机械减振器。液压减振器以可压缩的液体作为弹性元件，机械减振器采用碟形弹簧等作为弹性元件，用于减小和吸收钻头的纵向冲击和钻柱的纵向振动。虽然钻井过程中要尽量减少钻柱振动带来的危害，但钻柱振动也有可利用的一面，如振动解卡、振动减阻等。中国石油大学(华东)研发的井底减振增压器(图1)，将钻柱纵向振动引起的井底钻压波动作为能量来源，通过钻柱的纵向振动带动柱塞上下运动，将少部分钻井液压缩通过钻头上的特制喷嘴产生100MPa以上高压射流，来提高破岩效率。该装置在胜利油田和新疆地区进行了6口井的现场应用，与邻井相同地层相比提速效果都在20%以上[5]，证明了利用钻柱纵向振动作为动力来源切实可行。

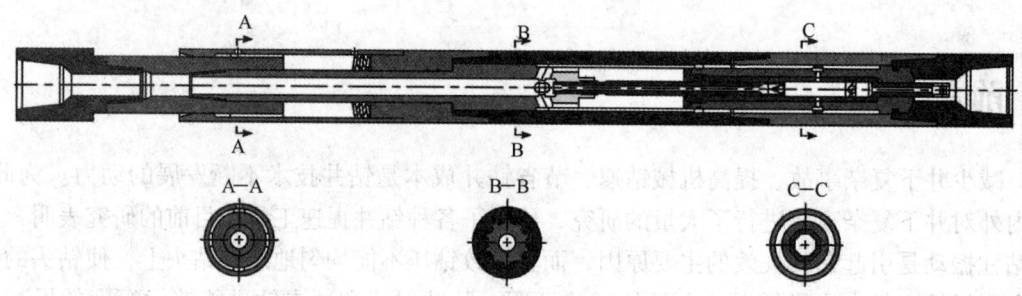

图1　井底减振增压结构图

2　水力脉冲式提速工具

水力脉冲式提速工具是将管柱内的连续流转化为水力脉冲射流，改善井底流场，减少液柱对岩石的压持效应，减少岩屑的重复破碎，从而提高破岩效率。国外的脉冲工具主要有Tempress公司和Waltech公司的负压脉冲工具，国内也研发了多种脉冲式提速工具。本文针对现场应用较为广泛的3种进行介绍，这3种工具在现场应用过程中都取得较明显的提速效果，证明了通过改变钻井液过流面积实现的水力脉冲射流可以有效提高机械钻速。

频率可调脉冲射流装置(图2)。当钻井液通过涡轮动力系统时，将钻井液的动能转化为中心轴旋转机械能。中心轴的旋转带动密封块的旋转，密封块与导流平板的扰流通孔形成具有一定频率开、闭的钻井液通道，形成一定频率的脉冲流体[6]。

水力脉冲空化射流装置(图3)。当下钻到底进行钻井液循环时，一部分钻井液进入导流体带动叶轮旋转；当叶轮转子与定子互相封闭时，通道面积最小；当转子与定子互相流通时，流道面积最大，从而造成流道面积周期性变化，在下游形成持续的高压脉动射流[7]。

吸振式井下液压脉冲发生装置(图4)。利用钻柱的纵向振动及钻压波动，周期性压缩柱塞缸里面的钻井液从而产生脉冲射流。当钻柱向下振动时，当柱塞头的运动速度大于柱塞缸内钻井液的流速时单向阀关闭，柱塞缸内的钻井液压力增加；当柱塞头的速度小于柱塞缸内钻井液的流速时，单向阀开启，钻井液常压流入钻头；当钻柱向上振动时，单向阀开启，柱塞缸内压力低于正常压力，形成压力周期性增大与降低实现脉冲射流。

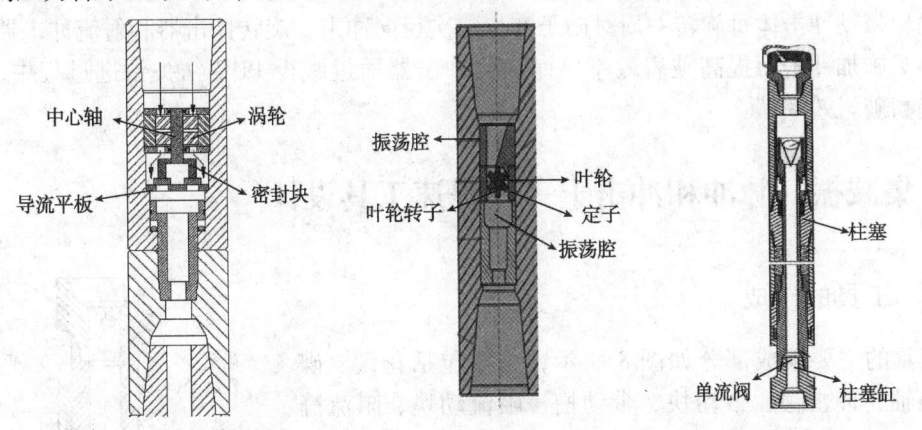

图2　频率可调脉冲射流装置　　图3　水力脉冲空化射流装置　　图4　吸振式井下液压脉冲发生装置

3　冲击式提速工具

　　冲击式提速工具是通过给钻头施加一个额外的冲击能量，使钻头承受周期性的冲击载荷，从而提高破岩效率。根据冲击力作用方向不同可以分为轴向冲击和径向冲击，轴向冲击是通过换向元件或井下马达等带动冲击体往复运动，从而给钻头施加轴向的冲击力；径向冲击工具主要是扭力冲击器，通过钻井液的液能驱动，实现冲击锤相对、连续的回转冲击运动，产生均匀、稳定高频径向冲击扭矩，由可相对钻具周向摆动的驱动轴，直接传递到钻头[8]。现场应用较为广泛的三种冲击器的结构如图5~图7所示。

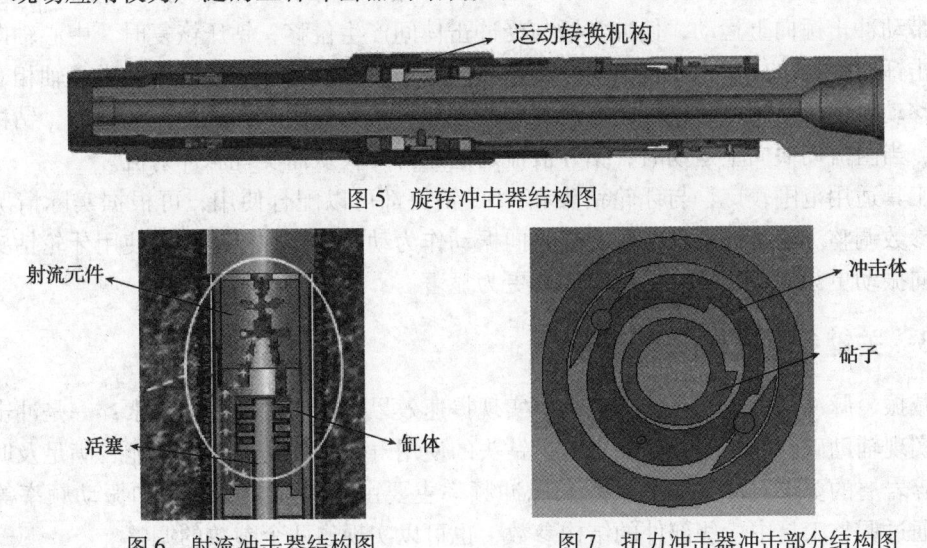

图5　旋转冲击器结构图

图6　射流冲击器结构图　　　　图7　扭力冲击器冲击部分结构图

图 5 所示的旋转冲击器是以螺杆钻具为动力来源，通过凸轮等运动转换机构，将部分旋转动能转化为冲击体的轴向往复运动，对钻头进行冲击作用。图 6 所示的射流冲击器是利用射流元件的附壁效应和双稳射流元件的切换原理[9]，钻井液交替从射流元件的两个出口射出，推动活塞在缸体中上、下往复运动，活塞带动冲击体实现冲击。图 7 所示的扭力冲击器是通过涡轮带动冲击体每旋转一周对砧子产生一次径向冲击。旋转冲击器和射流冲击器主要通过对钻头施加冲击力提高破岩效率，而扭力冲击器通过减少 PDC 钻头钻进过程中的卡、滑情况提高破岩效率[10]。

4 集减振、脉冲和冲击于一体提速工具设计

4.1 工具的组成

该工具的主要组成部分如图 8 所示，主要包括花键、碟簧、中心轴、冲击锤、带动块、带动槽、阻流动块、阻流静块、受冲击体、八方等部件组成，其中上接头与钻具相连，受冲击体与钻头相连。

4.2 工作原理及适用性

工具未被施加钻压时（起始位置如图 8 所示），冲击锤未与受冲击体接触，阻流动块位于阻流静块上端，碟簧处于自由状态；钻进过程中，在钻压的作用下，中心轴向下移动，压缩碟簧，根据作用力和反作用力，将钻压向下传递，直至传递到钻头上。井口转盘或井下动力钻具的扭矩通过花键将扭矩传递至外筒，外筒通过八方带动钻头旋转。钻具未发生

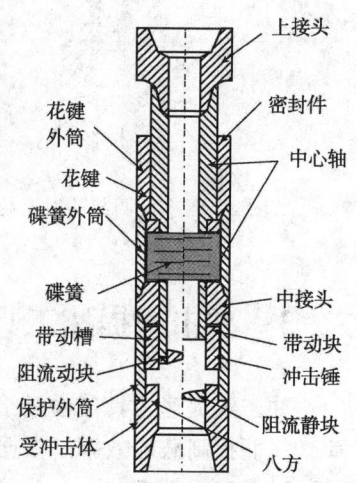

图 8 集减振、脉冲和冲击于一体的提速工具结构

振动时，冲击锤与受冲击体接触，但不产生冲击作用，当钻具向上振动时，实际钻压减少，中心轴带动冲击锤向上运动，使冲击锤与受冲击体间产生位移，钻压恢复时，中心轴向下运动，冲击锤对受冲击体产生冲击作用；当钻具向下振动时，实际钻压增大，中心轴相对冲击锤向下移动，使阻流动块移动到阻流静块相同位置，从而关闭钻井液的流通通道，钻柱内压力升高，当阻流动块向上运动时，钻井液流通通道打开，从而实现脉冲射流。

该工具适用范围较广，与牙轮钻头和 PDC 钻头都可以配合使用，可根据实际情况对工具进行参数调整。由于该工具采用钻柱纵向振动作为动力源，在硬地层和使用牙轮钻头的地层中纵向振动更为明显，可能提速效果会更为显著。

4.3 关键参数设计

集减振、脉冲和冲击于一体的工具要实现提速效果，主要考虑两个因素：一是冲击功是否能够实现辅助破岩的目的，同时不减少钻头的使用寿命；二是脉冲频率能否满足及时清理井底破碎岩屑的要求。冲击功的大小和脉冲频率主要由钻具的振动幅度和振动频率等所决定，但通过调整工具中一些部件的结构参数，也可以实现这两个参数的调整。

（1）冲击功调整。冲击功的大小除了与钻具振幅相关外，还与冲击锤的质量，中心轴向

下运动的速度相关。根据钻头种类、钻头抗冲击性、地层岩性、地层强度等参数，调整冲击锤的质量；同时，可以调整中心轴上带动块与冲击锤上带动槽间的上、下距离，实现不同的冲击功，从而在不同条件下调整冲击锤对钻头的冲击功。

（2）脉冲频率调整。形成的脉冲射流频率除了与钻具振动频率相关外，还与挡块的数量和间距、挡块的横截面积相关。通过调整挡块的数量和位置，可以实现一次振动情况下，发生多次脉冲射流；通过调整挡块的横截面积可以实现调整钻井液流通通道关闭和打开的时间，从而满足不同条件下，对脉冲频率的要求。

5 总结

本文提出了一种集减振、冲击和脉冲于一体的钻井提速工具，其以钻具的井下振动作为动力来源，实现中心轴的轴向往复运动，从而带动冲击锤对钻头形成冲击作用，改变了钻井液的过流面积，从而实现了脉冲射流，提高清理井底岩屑的效率。该提速工具可以实现针对不同的情况进行冲击功、脉冲频率等参数的调整，满足不同条件的应用要求，同时，其易损件极少、安全系数高，将会是现场应用中有效的提速工具。

参 考 文 献

1 屈展，刘德铸. 钻柱振动问题及其理论研究进展[J]. 石油机械，1996，24(2)：54~57
2 李国庆，王洪军，刘修善等. 钻柱振动模态分析方法及其应用[J]. 石油钻探技术，2007，35(6)：54~56
3 周学芹. 钻井井下钻柱振动特性分析及减振技术研究[D]. 大庆石油学院，2010：6~10
4 Omojuma E, Osisanyas Ahmeed R Pynamic analysis of stick. slip motion of drillstring while drilling [C]. SPE20930. 2011
5 管志川，刘永旺，魏文忠等. 井下钻柱减振增压装置工作原理及提速效果分析[J]. 石油钻探技术，2012，40(2)：8~13
6 贾涛，徐丙贵，李梅. 钻井用液动冲击器技术研究进展及应用对比[J]. 石油矿场机械，2012，41(12)：83~87
7 史怀忠，李根生，牛继磊. 多重组合水力脉冲空化射流钻井提速研究[J]. 钻采工艺，2012，36(2)：15~23
8 Fu J, Li G, Shi H, et al. A novel tool to improve the rate of penetration - hydraulic pulsed cavitating jet generator[R]. SPE Drilling and Completion, SPE 162726 - PA, 2012
9 张海平，索忠伟，陶兴华. 液动射流式冲击器结构设计及试验研究[J]. 石油机械，2011，39(7)：1~4
10 杨利，郭先敏. 钻机与井下工具新进展[J]. 断块油气田，2013，20(5)：674~677

钻井优化设计方法及其应用

孙连忠

（中国石化石油工程技术研究院，北京，100101）

摘　要　钻井费用是勘探开发过程中最主要的成本来源，提高机械钻速和降低非生产时间可实现钻井费用的有效控制，因此钻井优化设计关系到钻井作业的优劣成败。目前钻头优选和钻井参数优化是两个相互独立的过程，难以考虑岩性、地层不均质性、钻井参数、钻井液类型及密度等因素变化对钻头使用效果的影响，还存在进一步优化的空间。本文将钻头优选和钻井参数优化进行整体分析，在待优化钻井设计中考虑多种参数的井间差别来推荐正确的钻头和合理的钻井参数，以实现高效低成本钻井。

关键词　钻井优化；钻头选型；钻井参数；机械比能；机械钻速

前言

提高机械钻速和降低非生产时间是降低钻井周期和钻井成本的重要手段，钻头选型和钻井参数优化等钻井优化设计关系到钻井作业的优劣成败。钻头使用效果与钻头类型及结构参数、地质环境因素和钻井参数等因素密切相关，合适的钻头在合理的钻井参数才能提高破岩效果。因此，本文将钻头优选和钻井参数优化进行整体分析，在待优化钻井设计中考虑多种因素的井间差别来推荐正确的钻头和合理的钻井参数，以实现高效、低成本钻井。

1　钻头选型方法

目前国内外学者在钻头选型方面进行了大量研究工作，提出了二十多种方法，其中岩石力学参数分析和钻头使用效果评价是钻头选型方法的重要基础[1]。岩石力学参数推荐法只是给出了钻头优选的范围，而使用效果评价法则可能会使潜在的合理钻头落选，同时没有考虑邻井间的差异，可能造成已钻井中的最优钻头在新井中失去优势。因此，将岩石力学参数推荐法和钻头使用效果评价法结合起来，并考虑岩石矿物组分、钻头磨损情况和钻井参数优化等方面的影响，在综合分析的基础上适当的人为调整是目前钻头选型的主要趋势。本文钻头选型流程如图1所示。

首先计算岩石强度、可钻性、研磨性等岩石力学参数，利用知识库和钻头库确定钻头类型、IADC编码以及布齿密度、切削齿尺寸、刀翼数量、保径和喷嘴等结构特征，为钻头选型划定总体范围。目前采用的岩石力学参数主要是描述地层的宏观特性，当岩地层性变化较大时岩石力学参数的计算精度会降低，岩石的矿物成分及其含量等微观特性与岩石强度[2,3]、可钻性[4]、研磨性[5]等岩石宏观力学性质具有很好的相关性，不但可以对岩石力学参数进行校正，在邻井资料较少的区块或探井中还可以确定岩石力学参数。

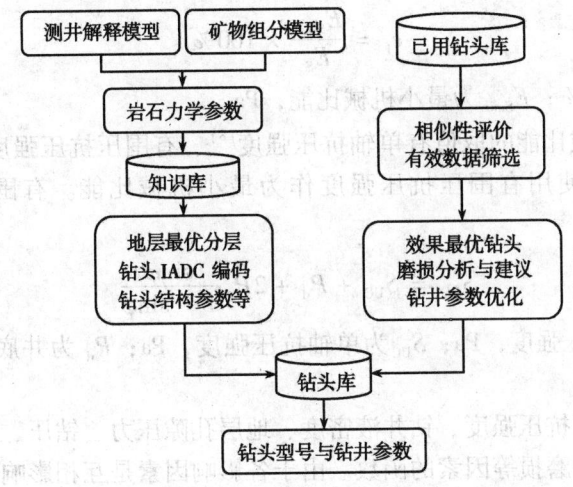

图 1   钻头选型流程图

在已用钻头使用效果分析时，根据相似原则对邻井数据进行筛选[6]，筛选指标主要有钻头尺寸、岩性、井眼轨迹与定向施工、底部钻具组合与井下动力钻具、钻井液类型与密度，选取数据较为准确的钻头机械钻速、技术效益指数[7]（机械钻速与进尺的乘积）和机械比能[8]等技术指标优选出某一层段使用效果最好的几只钻头，并对钻头磨损情况进行深入分析，提出钻头改进或调整的可行方案，且不局限于已用钻头的范围。

除钻头类型和结构参数外，钻头的使用效果还与钻井参数密切相关。钻压和转速极大的影响着钻头的运动状态。据估计在全球范围内接近 50% 的钻头进尺或纯钻时间受到黏滑和涡动等井下振动的不利影响[9]，导致钻头过早磨损和机械钻速偏低。此外，即便使用效果最好的已用钻头也会存在优化和提升空间，而且这些钻头还因井间差别在新井中产生不同的预期效果，因此，在钻头选型过程中还应考虑待钻井的实际情况，并进行钻井参数优化。由于钻井参数也与钻头、钻井方式和地层特性等因素有关，应该将钻头优选和钻井参数优化进行整体分析，同时根据现场反馈不断重复优化过程以改进钻头使用效果。

2   钻井参数优化方法

机械比能是单位时间内移除单位体积岩石所消耗的能量。根据破岩能量机械比能的表达式为[8~10]：

$$E_S = \frac{4W}{\pi D^2} + \frac{480 n T_b}{D^2 R} \tag{1}$$

$$T_b = \frac{\mu W D}{3} \tag{2}$$

式中，E_S 为机械比能，Pa；n 为钻头转速，r/min；T_b 为钻头扭矩，N·m；D 为钻头直径，m；R 为机械钻速，m/h；W 为钻压，N；μ 为钻头滑动摩擦系数，表征了钻头攻击性的强弱[11]，一般牙轮钻头取 0.25~0.3，PDC 钻头取 0.5~0.85[12, 13]。

将钻井所需的最小机械比能与实际机械比能之比定义为机械效率[8]，其表达式为：

$$e_f = \frac{E_{Smin}}{E_S} \times 100\% \tag{3}$$

式中，e_f 为机械效率，%；E_{Smin} 为最小机械比能，Pa。

在文献中最小机械比能的取值有单轴抗压强度[8]、有围压抗压强度[10]和前两者的平均值[14]3 种形式，本文使用有围压抗压强度作为最小机械比能。有围压抗压强度的表达式为[15]：

$$S_{CC} = S_{UC} + P_d + 2P_d \frac{\sin\varphi}{1-\sin\varphi} \tag{4}$$

式中，S_{CC} 为有围压抗压强度，Pa；S_{UC} 为单轴抗压强度，Pa；P_d 为井底压差，Pa；φ 为内摩擦角，rad。

机械效率是有围压抗压强度、钻井液密度、地层孔隙压力、钻压、转速、水力参数、井深、钻头结构参数及其磨损等因素的函数。由于各影响因素是互相影响的变量，因此机械效率可采用多元线性模式：

$$e_f = a + bS_{CC} + c\Delta\rho D_w + dW + en + fF_j \tag{5}$$

式中，$\Delta\rho$ 为钻井液密度与地层压力梯度当量密度之差，kg/m^3；D_w 为井深，m；F_j 为射流冲击力，N；a、b、c、d、e、f 为拟合系数。

将机械比能模型变形可获得钻速方程：

$$R = \frac{160\pi\mu nWD}{E_S\pi D^2 - 4W} = \frac{40\pi\mu nWD}{\dfrac{25\pi D^2 S_{CC}}{e_f} - W} \tag{6}$$

实钻数据显示机械钻速和机械比能符合指数函数关系曲线，机械比能越低，机械钻速越高，技术效益指数也越高（图2、图3）。但是机械比能最小并不能作为钻井参数优化的标准，机械钻速、机械比能与钻压的关系曲线如图4所示。钻压较小时钻头的机械钻速和机械比能都很小，随着钻压的增加，机械钻速先增加后减小，而机械比能在很低的水平上缓慢增加直至钻压过大时才急剧增加，因此机械比能维持在基线水平且机械钻速最高时（区域3）钻

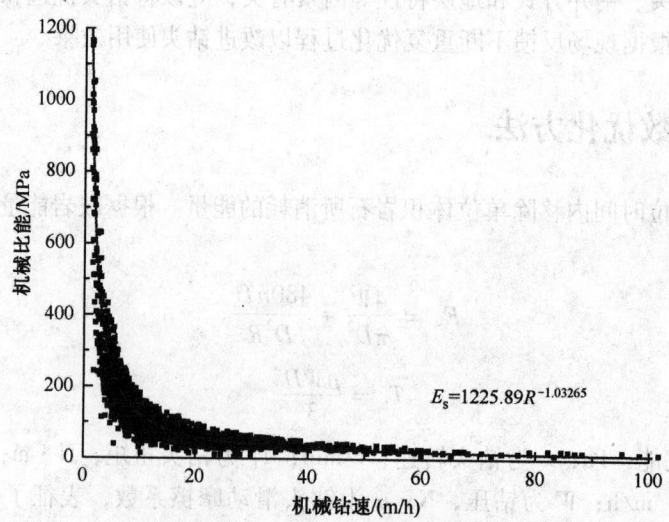

$$E_S = 1225.89R^{-1.03265}$$

图2　钻速-比能关系曲线

头处于高效破岩状态,这与传统认识(区域2)不同。由于上文中钻速方程和机械效率模型中都含有钻井参数,在一定条件下改变钻压和钻头转速即可获得使机械比能尽可能小且机械钻速尽可能高的最优钻井参数组合。尽管本文方法没有考虑钻头与钻柱的振动等因素,由于这些不利因素会在实钻数据中有所反映,优化的钻井参数在一定程度上降低了黏滑和涡动等井下振动的发生。此外,本文方法还可以对影响机械钻速的其他关键因素进行分析,从而有针对性地指导钻井措施的实施,有利于科学钻井和施工。

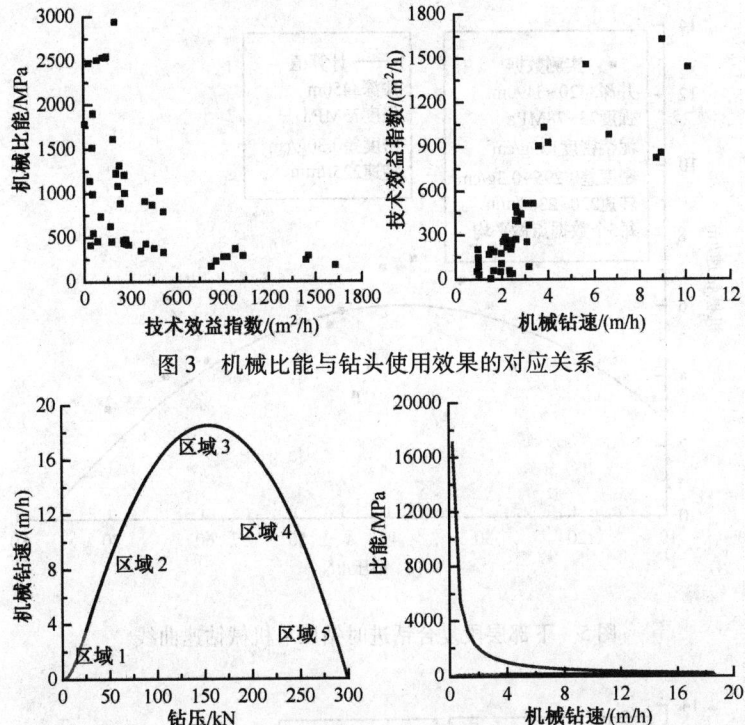

图3 机械比能与钻头使用效果的对应关系

图4 钻压-钻速曲线与钻速-比能曲线的对应关系

表1 311.2mm 井段钻头推荐结果

层 段	选型建议	效果最优钻头	钻头磨损	优化设计结果
阿图什组-安居安组	低密度布齿,切削齿 19~24mm,齿前角 10°~20°,刀翼 4~5 个,IADC 码 222~333	ES1935SG MS1952SS	磨损等级<2,钻头泥包	ES1935SG,MS1952SS 复合钻进方式,钻压 60~80kN,转盘转速 <90r/min
克孜洛依组-古近系	中等密度布齿,切削齿 16~19mm,齿前角 17°~25°,刀翼 5~6 个,IADC 码 323~433	ES1935SG MS1952SS	磨损等级2~3,钻头泥包	ES1635SG,MS1655SS 复合钻进方式,钻压 30~40kN,转盘转速 <90r/min

3 实例分析

本文以新疆麦盖提区块 311.2mm 井段为例对钻头选型和钻井参数优化的基本思路进行阐述。本井段 PDC 钻头的使用效果较好,根据地层岩石力学性质和使用效果可将 311.2mm

井段分为两层，推荐结果如表 1 所示。上部层段采用大刀翼、牙齿出露高、深排屑槽、短螺旋保径的 ES1935SG 或 MS1952SS 钻头；下部层段沙泥岩交错，可钻性变差，钻头牙齿普遍磨损，将钻头等级适当提高，采用 ES1635SG 或 MS1655SS；本井段使用 PDC 钻头配合高速螺杆可提高钻头使用效果。

以 ES1935SG PDC 钻头为例进行钻井参数分析，首先对钻井参数优化方法进行验证，钻井参数分析结果与现场实际效果在趋势和数值上具有较好的一致性（图5、图6），图5、图

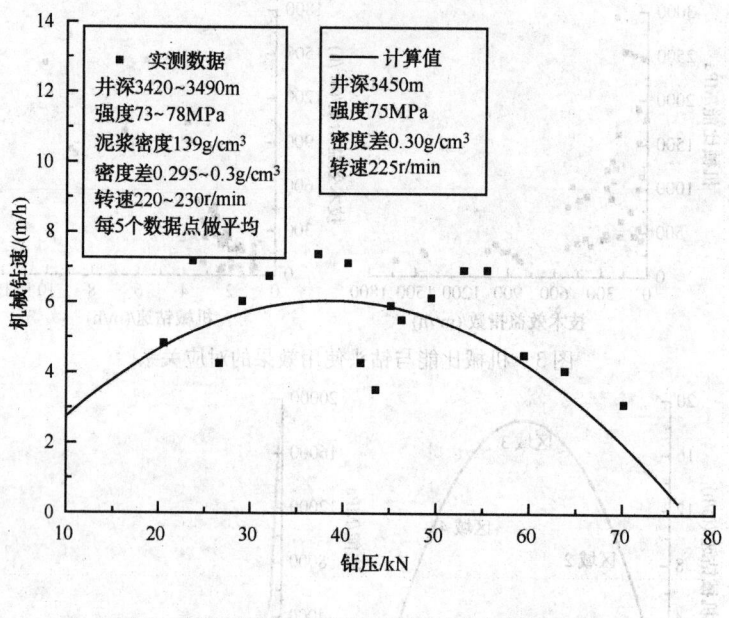

图 5   下部层段复合钻进时钻压－机械钻速曲线

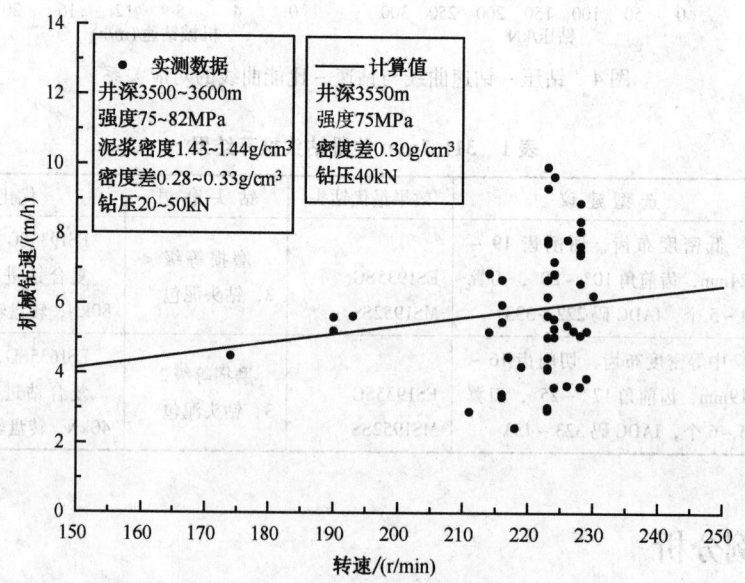

图 6   下部层段复合钻进时转速－机械钻速曲线

6、图 7、图 8 中强度特指有围压抗压强度。在常规转盘钻进的上部层段存在一个最优钻井参数组合，有围压抗压强度、井底压差对机械钻速和最优钻井参数的影响较大，当这些参数增大从而引起机械钻速降低时，最优钻井参数的数值也会随之降低(图 7)，因此在本钻头使用过程中若遇到由上述因素引起的机械钻速降低时切不可盲目增加钻压，以免使钻头受力状况恶化并降低钻头的使用效果。由图 8 可知，在下部层段该钻头配合螺杆复合钻进时，在高转速下依靠转速的增加来进一步提高机械钻速将不会起到明显效果，钻压成为影响机械钻速的关键参数；与强度较高的砂岩相比，该钻头在泥岩中的使用效果相对要差，还需进一步优化水力性能和和钻头设计以提高岩屑清除效率和消除钻头泥包。

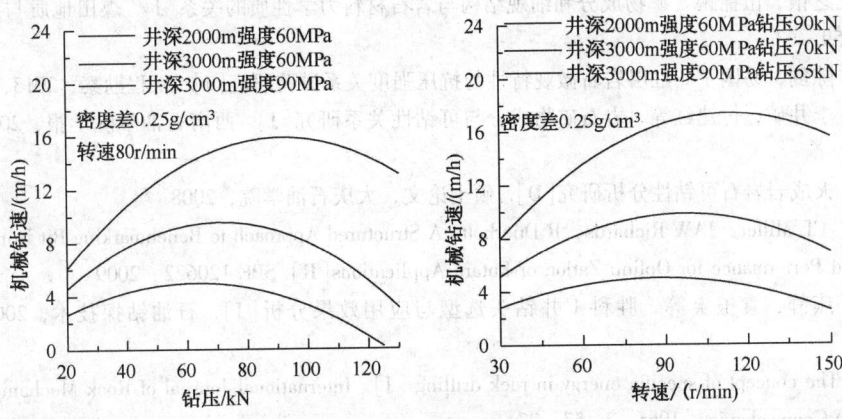

图 7　上部层段转盘钻时机械钻速预测

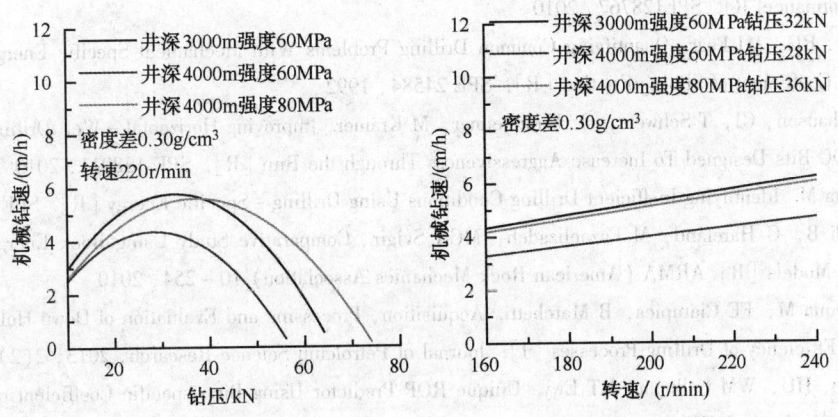

图 8　下部层段复合钻进机械钻速预测

4　结论

（1）将钻头选型与钻井参数优化作为一个整体进行待钻井优化设计，可进一步提高钻头使用效果，有利于提高钻井效率和降低成本。

（2）结合岩石力学参数推荐法和钻头使用效果评价法，考虑岩石矿物组分、钻头磨损等方面的影响，并进行适当的人为调整和不断循环改进，是本文钻头选型方法的主要思路。

（3）使机械比能尽可能小且机械钻速尽可能高的钻井参数可使钻头处于高效破岩状态，以此为标准利用机械比能模型建立了钻井参数优化方法，并可用于影响机械钻速的关键因素分析。

（4）本文方法没有考虑钻头泥包、钻头磨损、井下振动等因素的影响，还需配合水力性能设计、钻柱动态力学分析等工程设计和优化技术，进一步提高钻头破岩效率。

参 考 文 献

1 张辉，高德利．钻头选型方法综述[J]．石油钻采工艺，2005，27(4)：1~5

2 赵斌，王芝银，伍锦鹏．矿物成分和细观结构与岩石材料力学性质的关系[J]．煤田地质与勘探，2013，41(3)：59~63

3 李硕标，陈剑，易国丁．红层岩石微观特性与抗压强度关系试验研究[J]．工程勘察，2013，(3)：1~5

4 熊继有，李井矿，付建红等．岩石矿物成分与可钻性关系研究[J]．西南石油学院学报，2005，27(2)：31~33

5 王洪英．火成岩岩石可钻性分析研究[D]．硕士论文，大庆石油学院，2008

6 Briggs N，CL Miller，JAW Richards，R Duerholt. A Structured Approach to Benchmarking Bit Runs and Identifying Good Performance for Oplinu Zation of Futare Applications[R]. SPE 120622，2009

7 李晓明，燕静，袁玉宝等．胜科 1 井钻头选型与应用效果分析[J]．石油钻探技术，2007，35(6)：22~26

8 Teale R. The concept of specific energy in rock drilling [J]. International Journal of Rock Mechanics andmining Sciences &Geomechanics，1965，2：57~73

9 Wu，X，LC Paez，UT Partin，M Agnihotri. Decoupling Stick/Slip and Whirl to Achieve Breakthrough in Drilling Performance[R]. SPE128767，2010

10 Pessier，RC，MJ Fear. Quantifying Common Drilling Problems With Mechanical Specific Energy and a Bit – Specific Coefficient of Sliding Friction [R]. SPE 24584，1992

11 Beuershausen，CJ，T Schwefe，C. Weinheimer，M Kramer. Improving Horizontal – Well Drilling Performance With PDC Bits Designed To Increase Aggressiveness Through the Run [R]. SPE 128911，2010

12 Armenta M. Identifying Inefficient Drilling Conditions Using Drilling – Specific Energy [R]. SPE 116667，2008

13 Rashidi B，G Hareland，M Fazaelizadeh，MCA Svigir. Comparative Study Using Rock Energy and Drilling Strength Models [R]. ARMA（American Rock Mechanics Association）10~254，2010

14 Bevilacqua M，FE Ciarapica，B Marchetti. Acquisition，Processing and Evaluation of Down Hole Data for Monitoring Efficiency of Drilling Processes [J]. Journal of Petroleum Science Research，2013，2(2)：49~56

15 Caicedo，HU，WM Calhoun，RT Ewy. Unique ROP Predictor Using Bit – specific Coefficient of Sliding Friction and Mechanical Efficiency as a Function of Confined Compressive Strength Impacts Drilling Performance [R]. SPE 92576，2005

控压钻井自动调节节流阀设计与研制

王 果

（中国石化石油工程技术研究院，北京，100101）

摘 要 随着控压钻井技术的不断推广，对控压钻井自动节流阀的性能要求越来越高。本文针对钻井节流阀的研究现状，提出了一种新型节流阀设计方法，可实现压差随开度精细调节，并进行了仿真分析与理论验证；通过执行机构优化设计，提高执行机构的准确性与响应速度；通过节流阀的性能实验，验证了节流阀理论设计的正确性；最后通过耐冲蚀实验研究，保证了节流阀长期连续工作条件下的寿命。控压钻井自动节流阀的成功研制，打破了国外相关技术的垄断，为精细控压钻井技术的应用奠定基础。

关键词 节流阀；线性调节；控压钻井；执行机构；冲蚀实验

前言

为了解决压力衰减、窄密度窗口、高温高压、高渗透裂缝性油藏等原因造成的井涌、井漏、卡钻、井壁坍塌等井下复杂情况和钻井问题，需要应用精细控压钻井技术，将井底压力的变化控制在较小的范围内，可有效缩短钻井周期，使钻井作业更安全。

精细控压钻井是一种复杂的钻井工艺，需要一整套先进的设备[1]，主要包括旋转控制头、液气分离器、自动节流管汇、回压泵等。其中直接接触钻井液并对井筒压力进行控制的是自动节流管汇上的控压节流阀及其控制系统，而控压节流阀的主要性能参数直接影响控压钻井工艺实施的效果。因此，一种控制精度高、可靠性强、使用寿命长的控压钻井节流阀是控压钻井技术成功实施的有力保障。目前，国内生产的钻井节流阀还依旧停留在针形、楔形、筒形等几种简单的"直线式"轮廓阀芯上，执行机构大多为手动和液动控制两种，其在流量控制精度、响应速度、耐冲蚀性能上与国外节流阀差距较大，不能满足控压钻井技术的需求。

本文针对国内现有钻井节流阀的缺点，借鉴国外先进技术研制出一种控制精度高、可靠性强、使用寿命长的新型节流阀，对于降低控压钻井核心设备配套成本，打破国外技术垄断，推广控压钻井技术，具有重要的研究意义和应用价值。

1 阀芯结构优化设计

控压钻井工艺实施过程中，要求节流阀能够精确地控制井筒压力，即阀芯轮廓应满足压降与开度呈线性关系，以便于通过精确控制节流阀开度来调控井底压力。本文通过节流阀应满足的流量特性、控压节流压降需求和阀芯几何条件建立数学模型，推导出阀芯轮廓曲面方程，从而设计出满足控压调节需求的节流阀阀芯结构。

1.1 阀芯轮廓设计模型

1. 压差随开度线性变化的目标方程

阀门前后压差 ΔP 与阀芯开度 L 成线性关系：

$$\frac{\Delta P}{\Delta P_{\max}} = K \frac{L}{L_{\max}} + C \tag{1}$$

式中，K、C 为常数；ΔP 为阀门前后压差，MPa；$\Delta P_{\max}$ 为节流阀最大压差，MPa；L 为阀芯当前位移，mm；$L_{\max}$ 表示阀芯最大位移，mm。公式（1）为阀门前后压差和阀门开度呈线性关系的目标方程，这一约束条件可以保证对节流压差进行精确调控。

设钻井节流阀出口压力为大气压，则节流阀处于最大和最小开度时，有以下边界条件：

$L = L_{\max}$ 时，$\Delta P = 0$；$L = L_{\min} = 0$ 时，$\Delta P = \Delta P_{\max}$，代入上述方程：

$$\begin{cases} \dfrac{0}{\Delta P_{\max}} = K \dfrac{L_{\max}}{L_{\max}} + C \Rightarrow K + C = 0 \\ \dfrac{\Delta P_{\max}}{\Delta P_{\max}} = K \dfrac{0}{L_{\max}} + C \Rightarrow C = 1 \end{cases} \tag{2}$$

由公式（2）可知 $K = -1$，$C = 1$，故压降与开度的线性关系式可表示为：

$$\Delta P = \left(1 - \frac{L}{L_{\max}}\right) \Delta P_{\max} \tag{3}$$

2. 过流面积随开度变化的关系式[2,3]

如图 1 所示，当给定阀芯位置时，设阀芯与阀座之间的最小距离为 MN，则过流面积就是图中的锥环面 MNN_1M_1 的侧面积。

锥环面 MNN_1M_1 面积计算公式：

$$A_r = \pi(R + r)L_{MN} \tag{4}$$

式中，A_r 为锥环侧面积，cm^2；R 和 r 分别为锥环上下圆半径，cm；L_{MN} 为阀芯阀座最小间距，cm，$L_{MN} = \dfrac{x}{\cos\theta}$。将几何条件代入公式（4）则得：

$$x^2 - Dx + \frac{A_r}{\pi}\cos\theta = 0 \tag{5}$$

式中，D 为阀座内通径，cm；θ 为 MN 和 M_1N_1 的夹角，（°）；x 为阀芯轮廓线上 N 点的横坐标，cm。

3. 节流压差关于过流面积的关系式

如图 2 所示，由伯努利方程[4,5]可知：

$$\frac{p_1}{\rho g} + \frac{v_1^2}{2g} = \frac{p_2}{\rho g} + \frac{v_2^2}{2g} \Rightarrow h = \frac{\Delta p}{\rho g} = \frac{v_2^2 - v_1^2}{2g} \tag{6}$$

结合流体流动连续性：

$$Q = A_1v_1 = A_2v_2 \tag{7}$$

联立式（6）、式（7）则得：

$$A_r = A_2 = \sqrt{\frac{Q^2 A^2 \rho}{2A^2 \Delta P + Q^2 \rho}} \qquad (8)$$

式中，A_r 为锥环侧面积(过流面积)，cm^2；A 为最大过流面积，cm^2；Q 为排量，m^3/h；ρ 为流体密度，g/cm^3；ΔP 为阀门前后压差，MPa。

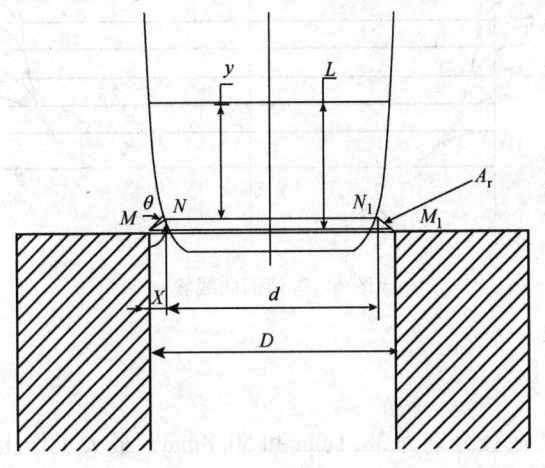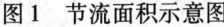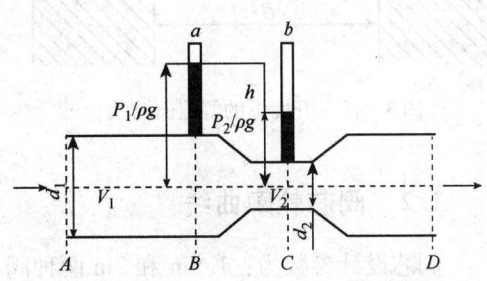

图 1　节流面积示意图　　　　　　图 2　节流口压力示意图

4. 阀芯轮廓数学模型

联立公式(3)、式(5)、式(8)得阀芯阀座等值面积曲线方程：

$$x^2 - Dx + \frac{\cos\theta}{\pi} \sqrt{\frac{Q^2 A^2 \rho}{2A^2 \left(1 - \frac{L}{L_{max}}\right)\Delta P_{max} + Q^2 \rho}} = 0 \qquad (9)$$

公式(9)表示某一开度下，以 M 点为基准，θ 在取值范围内所对应的侧表面积相等的截锥体母线所形成的曲线(等值面积曲线)。在等值面曲线上的点与点 M 构成的过流积相等，如 MC_1、MC_2、MC_3 等(图 3)。

令

$$F = x^2 - Dx + \frac{\cos\theta}{\pi} \sqrt{\frac{Q^2 A^2 \rho}{2A^2 \left(1 - \frac{L}{L_{max}}\right)\Delta P_{max} + Q^2 \rho}} \qquad (10)$$

则 $F = 0$ 表示各开度下等值面积曲线所组成的等值面积曲线簇，如图 4 所示。由于阀芯轮廓线和所有等值面曲线都相切，所以阀芯轮廓曲线满足：

$$\begin{cases} F = 0 \\ \dfrac{\partial F}{\partial \theta} = 0 \end{cases} \qquad (11)$$

求解式(11)即可得出阀芯轮廓方程。

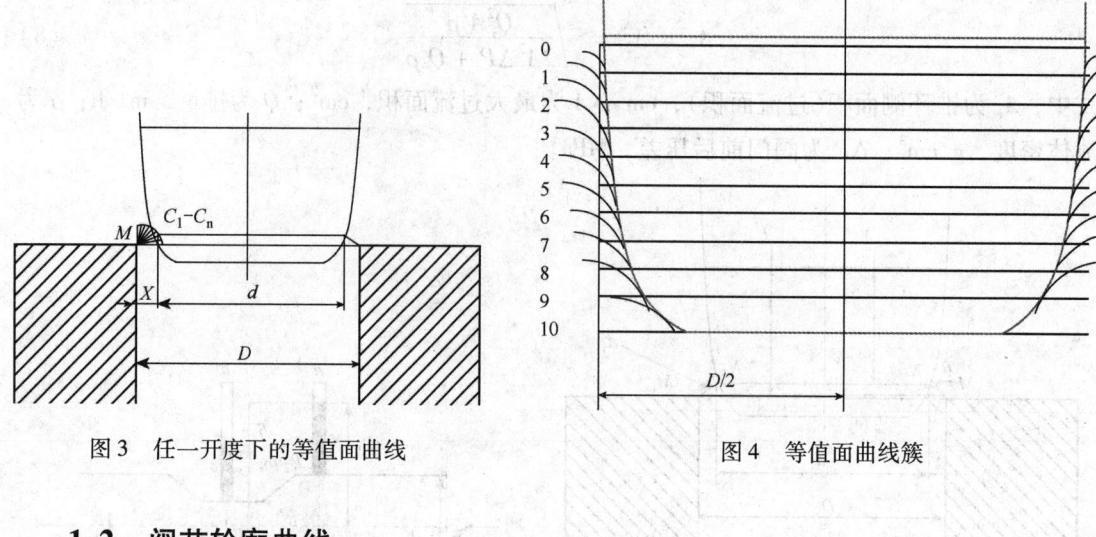

图 3 任一开度下的等值面曲线　　　　　　　图 4 等值面曲线簇

1.2 阀芯轮廓曲线

阀芯设计参数为：1.5in 和 2in 两种阀芯，通径分别为 38.1mm 和 50.8mm，最大工作压力 35MPa，最大节流压差 10MPa，工作排量为 72m³/h，工作介质密度 1.7g/cm³，有效工作行程 30mm。将 1.5in 阀芯和 2in 阀芯设计参数分别代入公式(11)，并利用 MATLAB 解方程，并把 0~30mm 的开度值按间隔 1mm 赋给 L，以此求出节流阀从 L=0mm 到 L=30mm 开度下的阀芯轮廓点，然后进行拟合，分别得 1.5in 和 2in 阀芯轮廓曲线方程和轮廓曲线图(图 5、图 6)。

$$\begin{cases} L = 0.0136x^6 - 0.3779x^5 + 4.3449x^4 - 26.7854x^3 + 94.9475x^2 - \\ \quad 187.8259x + 141.2072(1.559 \leqslant x \leqslant 6.506) \quad (1.5\text{in 阀芯}) \\ L = -2.1721x^5 + 26.496x^4 - 130.27x^3 + 326.88x^2 - \\ \quad 428.56x + 218.06 \quad (1.198 \leqslant x \leqslant 3.064) \quad (2.0\text{in 阀芯}) \end{cases} \quad (12)$$

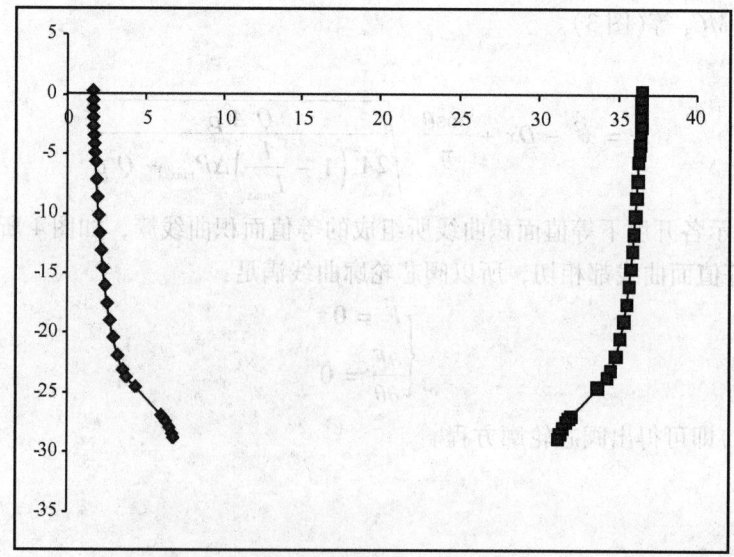

图 5 阀芯 1.5in 拟合曲线

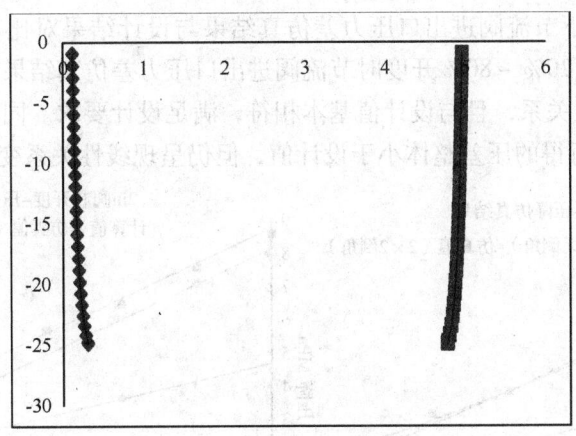

图 6　阀芯 2in 拟合曲线

1.3　节流性能仿真分析

1. 仿真模型

在对节流阀内部流场研究的基础上，建立了 20% ~ 80% 不同开度下三维流场模型，运用流体软件 Fluent 进行仿真模拟[6~9]，其中 20% 开度下的流场模型如图 7 所示。仿真分析参数：节流阀进出口流量为 20L/s，流体介质密度为 1.7g/cm³，黏度为 0.02Pa·s。采用 ANSYS 的前处理软件 ICEM CFD 来划分网格，采用四面体单元进行离散，在阀芯、阀座处进行了局部加密。三维流场和网格划分情况如图 7、图 8 所示。

图 7　三维流场模型

图 8　三维网格模型

2. 仿真结果对比分析

图 9 为不同开度下节流阀进出口压力差仿真结果与设计结果对比。由图可以看出，阀座在无倒角的情况下，20% ~ 50% 开度时节流阀进出口压力差仿真结果略低于设计值，60% 开度时与设计值相等，70% ~ 80% 开度时仿真结果略高于设计值。但从图上可以看出，20% ~ 80% 开度下整体压降变化曲线呈线性关系，且与设计值基本相符，满足设计要求。同样，对阀座倒角为 2 × 2 时，20% ~ 80% 所得的压差小于设计值，但仍呈现线性关系变化。

图 10 为不同开度下节流阀进出口压力差仿真结果与设计结果对比。由图可以看出，阀座在无倒角的情况下，20% ~80% 开度时节流阀进出口压力差仿真结果整体高于设计值，且压降随开度整体呈线性关系，且与设计值基本相符，满足设计要求。同样，对于阀座倒角为 2×2 时，20% ~80% 所得的压差整体小于设计值，但仍呈现线性关系变化。

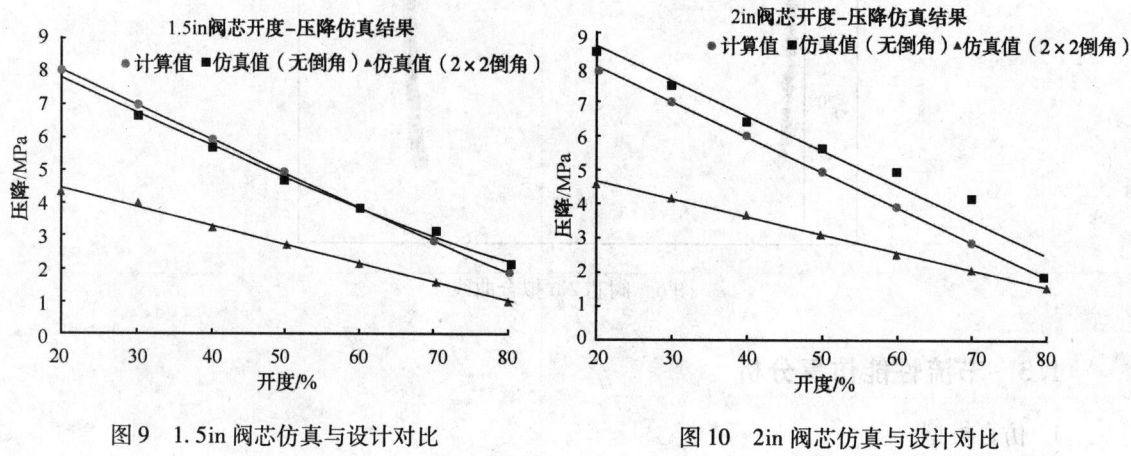

图 9 1.5in 阀芯仿真与设计对比   图 10 2in 阀芯仿真与设计对比

2 执行机构优选设计

国内的执行机构主要以手动、液动为主，调节精度低、响应速度慢等缺点。国外的种类则较为丰富，可分为电动、蜗轮蜗杆式、电磁阀式和自动步进执行器等，都具有很宽的流量范围控制能力，且随着阀门开启度的增加流量近乎线性地增加，具有精度高、所需扭矩小等特点。

根据控压钻井对节流阀的精确控制需求，这里采用液动马达 + 蜗轮蜗杆执行机构（也可手动）。蜗轮传动式执行机构都遵循抗反冲补偿标准，液动执行部分是一个拥有手动过载能力的液动马达驱动执行机构。同时对执行机构的控制精度、响应速度、精度补偿等方面优选与核算。

2.1 丝杠选型设计

设计参数：节流阀最大压力 35MPa；阀芯直径 50.8mm，有效行程长度 30mm，空载行程最大响应时间 10s；阀杆直径 30mm（即阀芯端面受力直径）；阀芯与阀杆连接销钉直径为 15mm，材料为 40Cr，抗拉强度 980MPa，抗剪强度 490MPa。

阀芯（丝杠）运动速度公式：

$$v = \frac{L}{T} \qquad (13)$$

式中，L 为阀芯有效行程，mm；T 为阀芯全行程时间，min；v 为阀芯运动最小速度，mm/min。

阀芯（丝杠）载荷公式：

$$W = P \times S_B \times f \qquad (14)$$

式中，P 为节流阀压力，MPa；S_B 为阀芯端面有效受力面积，mm^2；f 为阀芯载荷系数，取 1.3。

销钉剪切应力：

$$\tau = \frac{W}{s} \tag{15}$$

式中，τ 为销钉剪切力，Pa；W 为阀芯载荷，N；s 为销钉截面积，mm^2。

所需输入转速

$$n_1 = \frac{v}{L_1} \times i \tag{16}$$

式中，n_1 所需最小转速，r/min；v 为丝杆升降速度，m/min；L_1 为丝杆螺距，mm；i 为减速比。

所需输入扭矩：

$$T_1 = \frac{W \times L_1}{2\pi \times i \times \eta} + T_0 \tag{17}$$

式中，T_1 所需扭矩，N·m；W 为当量载荷 N；η 为执行机构综合效率；T_0 为空载扭矩 N·m。

所需输入功率

$$P_1 = \frac{T_1 \times n_1}{9550} \tag{18}$$

式中，P_1 为所需功率，kW；T_1 为所需扭矩，N·m；n_1 为所需转速，r/min。

由公式(13)计算节流阀执行机构最小举升速度为 $v = 180$mm/min。因此选取博能传动公司 JWM100 系列丝杆，举升速度 375mm/min，最大举升负荷 98000N，输入功率 2.8kW，螺纹外径 $\Phi = 50$mm，螺距 $L_1 = 10$mm，减速比 $i = 1:8$。由于只需要丝杆上下运动，且输入端一侧需连接液压马达，所以选择 DM 型(带止旋机构，丝杆不转动)，如图 11 所示：

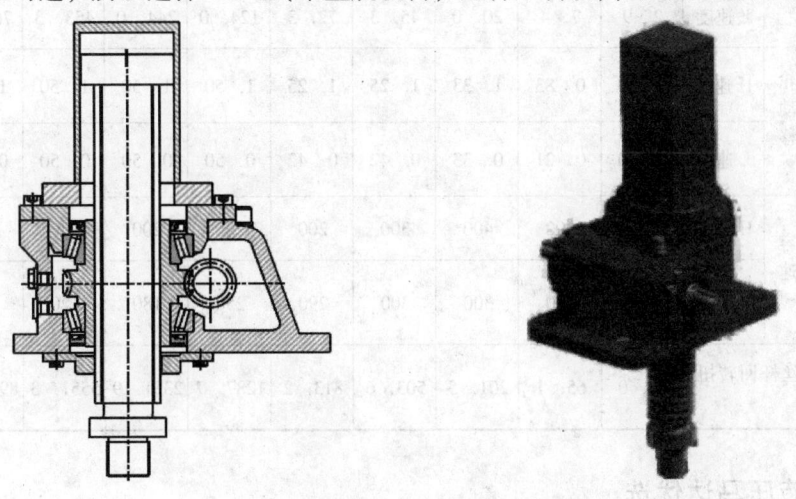

图 11　博能 DM 型带止旋机构升降机

根据公式(15)计算销钉所能承受的最大载荷为 183MPa，由此计算出销钉的安全系数 = 490/183 = 2.67，满足安全要求。根据式(16)、式(17)和式(18)，代入数据得出 $n_1 = 144$r/

min；$T_1 = 31.1\text{N} \cdot \text{m}$；$P_1 = 0.47\text{kW}(1.4 > 0.47)$，转速、扭矩和功率小于执行机构额定数值，满足要求。执行机构选型手册见表1。

表1 执行机构选型手册

型　号		JWM010	JWM025	JWM050	JWM100	JWM150	JWM200	JWM300	JWM500	JWM750	JWM1000
最大载荷/kN		9.80	24.5	49.0	98.0	147	196	294	490	735	980
丝杆外径/mm		20	26	40	50	55	65	85	120	130	150
丝杆底径 d/mm		14.8	19.7	30.5	38.4	43.4	49.3	67	102	112	127
丝杆螺距 L/mm		4	5	8	10	10	12	16	16	16	20
减速比 i	H速度	5	6	6	8	8	8	10⅔	10⅔	10⅔	12
	L速度	20	24	24	24	24	24	32	32	32	36
综合效率 n/%	H速度	21	21	22	21	20	20	15	13	13	13
	L速度	12	12	14	15	14	13	11	10	8	8
容许输入最大功率/kW	H速度	0.49	1.0	2.0	2.8	3.1	5.0	8.4	13.4	14.4	21.4
	L速度	0.36	0.46	0.63	1.4	2.2	3.2	4.6	5.7	7.2	9.4
空载扭矩 T_0/N·m		0.29	0.62	1.4	2.0	2.6	3.9	9.8	19.6	29.4	39.2
容许输入输扭矩 ∗/N·m		19.6	49.0	153.9	292.0	292.0	292.0	735.0	1372.0	1964.0	2450.0
最大载荷时所需输入轴扭矩 ∗∗/N·m	H速度	6.2	16.1	48.7	90.7	149.0	238.1	400.1	856.0	1380.5	2040.9
	L速度	2.9	7.4	20.0	45.3	72.3	124.0	244.0	453.3	761.3	1278.3
输入轴每回轮一圈丝杆（活动螺母）轴向位移量/mm	H速度	0.80	0.83	1.33	1.25	1.25	1.50	1.50	1.50	15.0	1.67
	L速度	0.20	0.21	0.33	0.42	0.42	0.50	0.50	0.50	0.50	0.56
最大载荷时容许输入轴回转速度/mm	H速度	750	600	400	300	200	200	200	150	100	100
	L速度	1200	600	300	300	290	250	180	120	90	70
最大载荷时丝杆回转扭矩/N·m		20.0	65.1	201.5	503.6	813.2	1287.7	2351.9	5551.3	8921.8	13878.3

2.2 液压马达优选

由 2.1 小节的计算可知，所需输入转速 $n_1 = 144\text{r/min}$；扭矩 $T_1 = 31.1\text{N} \cdot \text{m}$；功率 $P_1 = 0.47\text{kW}$，根据适用工况选取中意 BMP 型液压马达（表2）：

表2 中意 BMP 型液压马达选型手册

型号		BMP－50 BMPH－50	BMP－80 BMPH－80	BMP－100 BMPH－100	BMP－125 BMPH－125	BMP－160 BMPH－160	BMP－200 BMPH－200	BMP－250 BMPH－250	BMP－315 BMPH－315	BMP－400 BMPH－400
排量/(mL/r)		52.9	79.3	98.2	120.9	158.7	196.4	241.8	317.3	392.9
最大压降/MPa	连续	14	14	14	14	14	14	11	9	7
	间断	17.5	17.5	17.5	17.5	17.5	17.5	14	11	9
	尖峰	20	20	20	20	20	20	16	13	11
最大扭矩/N·m	连续	89	150	191	235	307	365	378	378	378
	间断	1105	185	231	292	376	440	465	465	465
	尖峰	130	215	268	336	430	506	537	537	537
转速范围(连续)/(r/min)		10~800	10~770	9~615	9~480	8~385	7~810	5~250	5~195	5~155
最大流量(连续)/(L/min)		40	60	60	60	60	60	60	60	60
最大输出功率(连续)/kW		7	10	10	10	10	8	6	5	4
重量/kg		5.6	5.7	5.9	6.0	6.2	6.4	6.6	6.9	7.4

型号：BMP－50 P1 AII Y1/2/5/8，2孔菱形法兰；Φ25平键轴，平键8×7×32；最大压降14MPa，尖峰20MPa；最大连续扭矩89N·m，尖峰130N·m；转速范围10~800r/min；最大连续功率7kW；重量5.6kg。

3 节流阀实验分析

3.1 节流阀性能实验分析

节流阀性能实验是模拟控压钻井节流工作条件对节流阀的压差进行监测，检验新型节流阀在开度20%~80%的范围内的线性控压节流能力[10~13]，据此优化节流阀阀芯阀座参数。

1. 性能试验条件

实验原理方案如图12所示，通过使用高压柱塞泵、流量计、压力传感器、位移传感器及液压站等设备以及现有试验管路，对新型节流阀阀芯的节流性能进行模拟实验。开泵后，通过分组记录流量计和压力传感器的读数，检验各个开度下阀门的前后压差，从而绘制节流阀性能曲线。

主要实验参数为：柴油机额定功率879kW，额定转速为1200r/min；3NB－800三缸柱塞泵，输入功率800HP，额定压力15MPa，缸套内径170mm，冲程长度230mm，最大排量115m³/h；LSYB－2088压力传感器，精度0.5，输出信号4~20mA，量程0~20MPa；电磁流量计精度0.5，最大量程900m³/h；位移传感器精度0.08%，输出信号4~20mA，最大量程100mm；电动油泵高压压力63MPa，高压流量0.4L/min；低压压力2MPa，低压流量

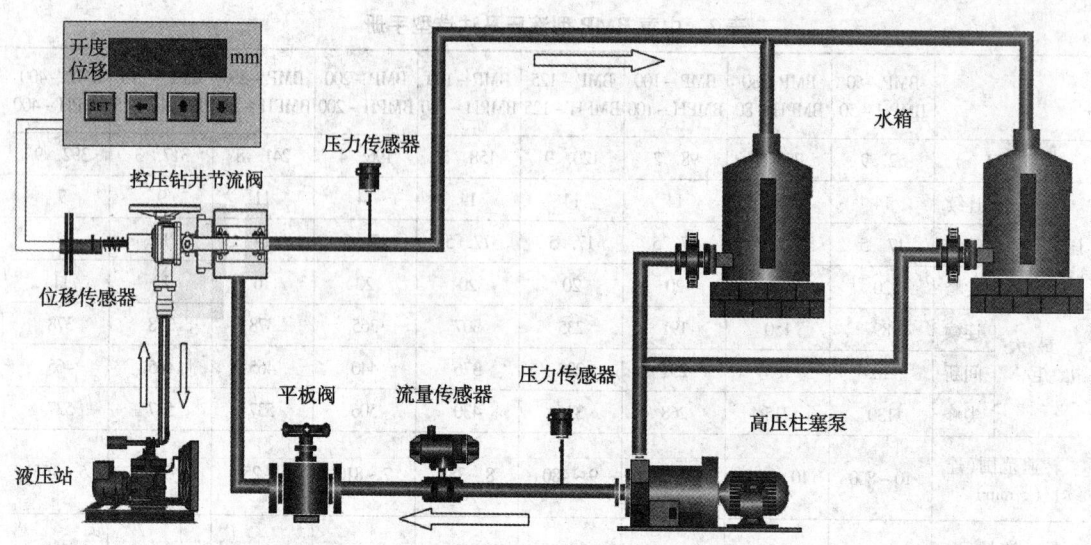

图12　改进后的实验原理图

2.5L/min；节流阀通径 50.8mm，阀芯有效行程 30mm，阀芯尺寸 38.1mm 和 50.8mm 两种。

2. 性能实验结果

样机性能实验结果（$L - \Delta P$ 和 K_v）和理论计算、fluent 分析结果对比如图13、图14所示。1.5in 阀芯的整个行程中 $L - \Delta P$ 线性关系较好；相同工况下的 $L - \Delta P$ 理论曲线及 K_v 曲线试验结果存在差异，可能是由于阀芯实际尺寸偏大或阀座通径偏小造成。2in 阀芯整个行程中 $L - \Delta P$ 线性关系较好。实验结果与理论推导和 fluent 分析结果吻合度较高。

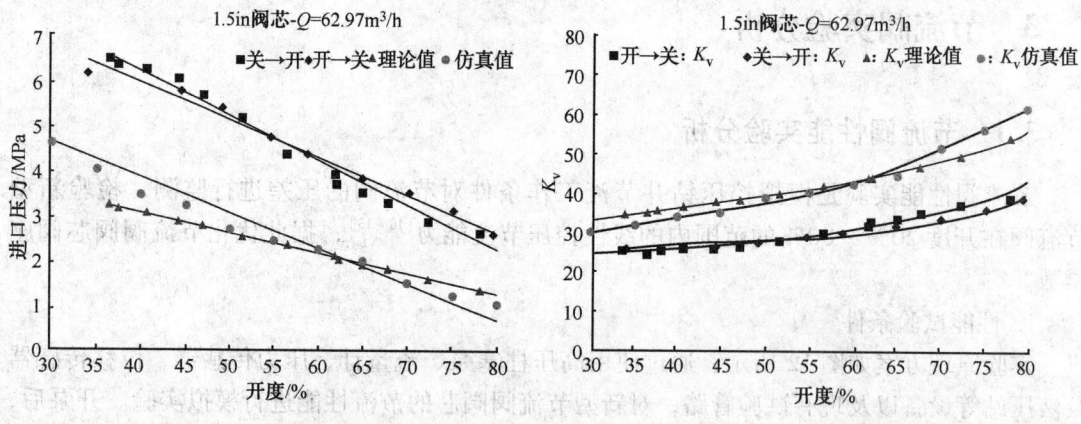

图13　新型 1.5in 阀芯 $L - \Delta P$ 关系及 K_v 曲线

压力不稳原因分析：①柱塞泵的压力特性和对管线造成的冲击；②数据采集方面，部分开度可能未在压力相对稳定的情况下开始采集；③实验过程中，憋压产生的压力以及节流阀阀体固定问题，导致阀体振动严重，使阀芯产生微小位移，导致压力波动不稳；④加工误差造成阀芯曲线差异，导致压降曲线跳动。

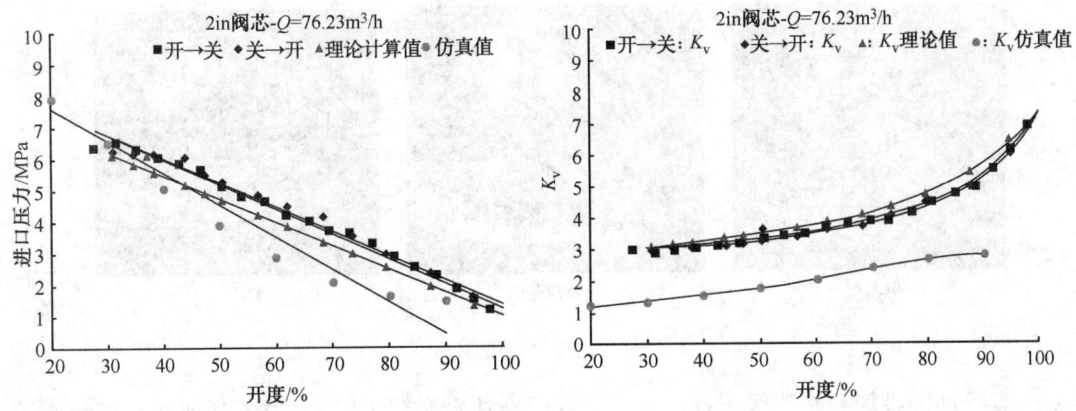

图 14　新型 2in 阀芯 $L - \Delta P$ 关系及 K_v 曲线

3.2　节流阀抗冲蚀实验分析

1. 冲蚀实验条件

节流阀冲蚀实验[14,15]是在相同工况下进行，冲蚀前后对阀芯阀座进行称重、表面照片拍摄、三维尺寸记录等对比分析。考虑到阀芯受到冲蚀后，表面形貌变化可能在开始阶段较明显。故每种材料阀芯的冲蚀记录时间定为 5h + 15h + 20h + 30h + 30h + 20h，每一时段结束后进行一次记录（重量、表面形态、三维尺寸等），共 120h。如图 15 所示。

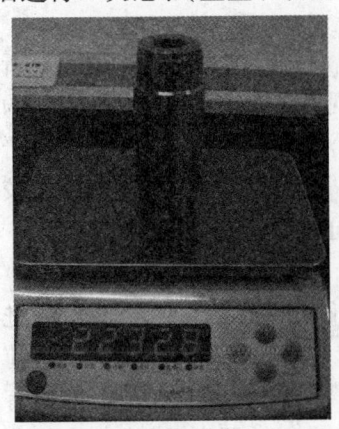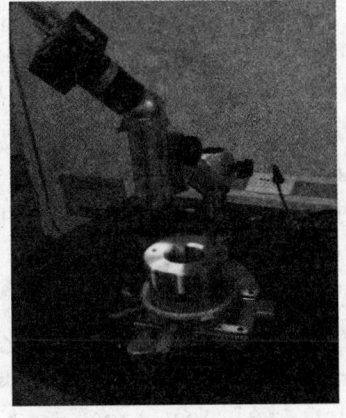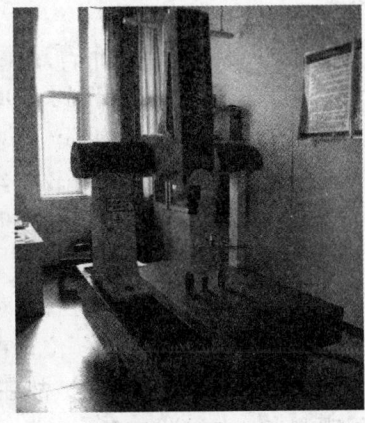

图 15　冲蚀实验测量方法

冲蚀实验参数：阀芯阀座直径为 50.8mm；阀芯阀座材料为 40Cr 材料、调质 40Cr 材料和 40Cr 基体 + TiN 陶瓷膜表面处理材料 3 种；冲蚀流体为无水 $CaCl_2$ + 陶瓷颗粒配制，陶瓷颗粒直径 40 目（0.45mm），液体密度为 1.68g/cm³，溶液表层含砂体积比为 0.67%；冲蚀位置阀芯开度 40%（12mm），实测压差为 6.7MPa，流量 68.6m³/h；总的冲蚀时间为 120h。

2. 冲蚀实验结果

1）冲蚀位置对比

用三种材料的阀芯（图 16）在经受 40h 左右冲蚀后，阀芯阀座上各个标定位置区别明显。

| 40Cr | 调质40Cr | TiN |

图16　三种材料的阀芯

正对位置受冲蚀破坏相对严重；背对冲蚀位置受破坏轻微（图17）。由于其他两种材料阀芯颜色对比不明显，此处只列出 TiN 镀膜材料照片。3 种材料的破坏特点是十分类似的。

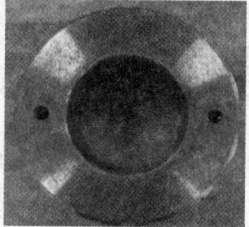

| 阀芯正对冲蚀 | 阀芯背对冲蚀 | 阀座入口冲蚀 | 阀座出口冲蚀 |

图17　阀芯阀座冲蚀情况

由图17可知，在面向高速流体的位置，冲蚀破坏最严重；而背向高速流体的位置，所受破坏大大减弱，甚至出现了 40h 内未被明显破坏的位置。此现象充分说明阀芯各个部位的耐冲蚀能力受到节流阀内部流场方向和流体速度的影响，面向液体进口一侧冲蚀破坏最严重。阀座上表面的冲蚀破坏较均匀，通径内呈现出明显的差异。阀座通径进口端冲蚀破坏较弱，出口端冲蚀破坏严重。这说明液体在通过阀座时有明显的向外发散趋势。

2）表面微观形貌对比

取冲蚀破坏最明显的位置为观测初始点，以端面为起点，沿阀芯轴线方向，每 5mm 进行一次拍照记录。对比同一位置在被冲蚀前后的表面形貌变化。由于在 50% 开度下只有前 15mm 以内的冲蚀效果明显，故在每个位置只取 5mm、10mm 两个观测点进行拍照。即共有 4 组观测点，在被冲蚀 5h、20h、40h、70h、100h，120h 之后，进行拍照记录（表3 为部分显微照片对比结果）。

表3　阀芯表面显微照片（正对冲蚀位置；$d=5mm$，部分照片）

观测点1：正对冲蚀位置（$d=5mm$）——冲蚀最严重区域			
冲蚀总时间/h	40Cr	调质40Cr	TiN
0			

观测点1：正对冲蚀位置（$d=5$mm）——冲蚀最严重区域		
冲蚀总时间/h	40Cr	调质40Cr	TiN
5			
40			
70			
120			

冲蚀情况分析：冲蚀5h后，40Cr阀芯上的锈迹被冲刷掉，调质40Cr阀芯表面光泽消失、变粗糙，TiN阀芯表层镀膜开始脱落；随着冲蚀的继续，40Cr阀芯表面粗糙度升高、开始出现点坑，调质40Cr阀芯表面凹坑逐渐变小，TiN阀芯的镀膜材料脱落明显；冲蚀70h后，40Cr阀芯表面点坑现象明显，TiN镀膜开始出现点坑，调质40Cr阀芯表面未现明显变化。120h后，40Cr阀芯表面点坑面积明显增大，TiN镀膜阀芯表面出现明显点坑现象；调质40Cr阀芯表面形态稳定，未出现明显变化。

整体情况分析：阀芯顶端受冲蚀破坏最为严重，且点蚀现象由阀芯端面到阀芯柱面呈现由强变弱趋势。其原因是冲蚀实验中阀芯行程为40%（12mm），冲蚀部分主要集中在阀芯端面处，而阀芯柱面受冲刷作用较弱。经过120h冲蚀后，40Cr阀芯表面形态明显改变；TiN阀芯镀膜层损失明显，出现点坑现象；调质40Cr阀芯在前20h出现表面形态改变，之后无明显改变，未出现点坑现象。

3）质量损失对比

通过记录冲蚀前后的质量变化，绘制了质量变化曲线图（图18）。由图可知，40Cr、调质40Cr、TiN镀膜3种材料阀芯阀座在120h冲蚀后的质量损失分别约为26.72g、14.10g，16.02g、8.67g和17.54g、13.78g。3种材料都在前5h冲蚀中出现较快的质量损失速率，5h

之后损失速率下降。

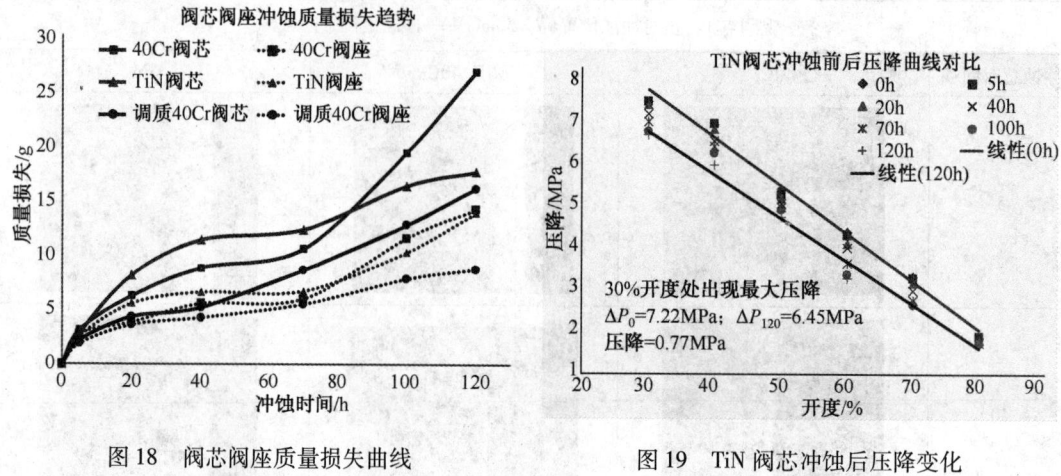

图 18　阀芯阀座质量损失曲线　　　　图 19　TiN 阀芯冲蚀后压降变化

　　总的来说，40Cr 阀芯的损失质量明显高于另外两者，达到 26.72g。TiN 镀膜阀芯和调质 40Cr 阀芯的损失总量相近，表现出较好的耐冲蚀能力。另外，TiN 材料在前 40h 质量损失速率较调质 40Cr 快；40h 之后有所下降，并逐渐趋近调质 40Cr 材料的质量损失速率。造成此现象的原因可能是镀膜工艺使镀膜阀芯的基体材料发生了力学性能变化。

　　对于阀座，3 种阀座的质量损失总量相当。在冲蚀 120h 之后，40Cr 和 TiN 两种材料的质量损失速率整体相似，调质 40Cr 的质量损失速率略低。

　　4）压降趋势对比

　　每次冲蚀实验开始后，记录稳定的进出口压力值。得到 0h、5h、20h、40h、70h、100h、120h 后的压降曲线，图 19、图 20、图 21 中只对冲蚀时间为 0h 和 120h 后的压降数据进行线性拟合。

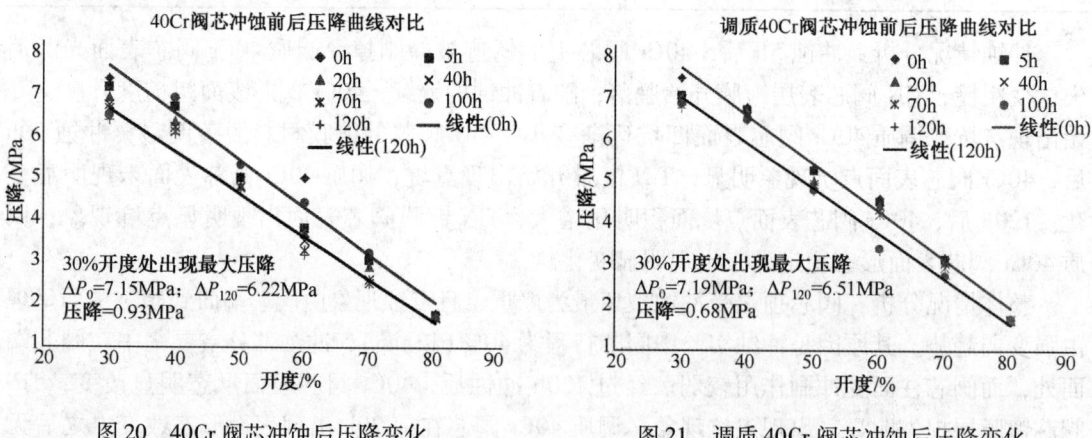

图 20　40Cr 阀芯冲蚀后压降变化　　　　图 21　调质 40Cr 阀芯冲蚀后压降变化

　　如图 19、图 20、图 21 所示，经过 120h 的冲蚀，TiN 阀芯压降从 7.22MPa 降至 6.45MPa，下降 0.77MPa；40Cr 阀芯从 7.15MPa 降至 6.22MPa，下降 0.93MPa。调质 40Cr 阀芯从 7.19MPa 降至 6.51MPa，下降 0.68MPa。其中 40Cr 阀芯的压降总量最大，调质 40Cr 和 TiN 镀膜阀芯的压降总量相当。总之，3 种阀芯在经受 120h 冲蚀后，最大压降（30% 开度）为0.93MPa，未超过1MPa，TiN 镀膜阀芯和经过调质处理的40Cr 阀芯都比未经处理的40Cr 阀芯表现出更好的耐冲蚀特性。

5）阀芯轮廓变化对比

两种阀芯在冲蚀 0h 和 120h 后，分别用三坐标测量仪进行工作面直径测量。轮廓变化趋势如图22、图23、图24 所示。

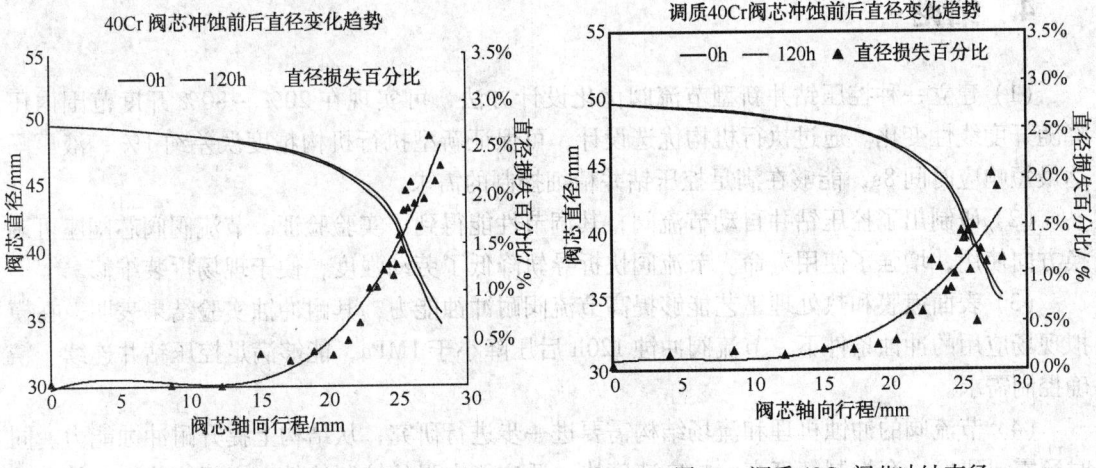

图22　40Cr 阀芯冲蚀直径　　　　　　　　图23　调质40Cr 阀芯冲蚀直径

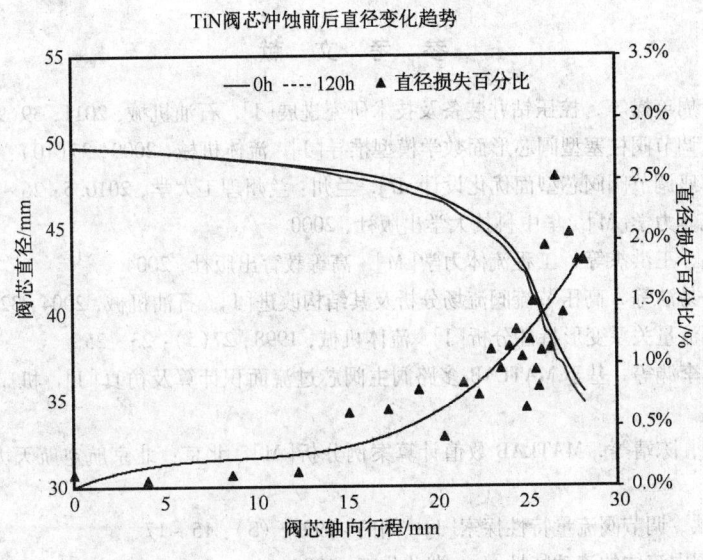

图24　TiN 阀芯冲蚀直径

如图22、图23、图24 所示，在被冲蚀120h 后，3 种阀芯受冲蚀部位（行程约12mm 以下）都出现了不同程度的轮廓变化，即阀芯表面材料的流失。TiN 镀膜和调质40Cr 阀芯轮廓损失量约为原直径的2% 左右（调质40Cr 损失量最低），TiN 镀膜阀芯在阀芯端部（行程28mm 后）出现轻微的不光滑轮廓，说明在这一区域表面损失不均匀。40Cr 阀芯轮廓损失量为原直径的2.5% 左右，比另外两者略大。调质40Cr 阀芯在前20mm 行程中轮廓变化量最小（约0.25%），20mm 行程后轮廓变化量上升，最大损失约为原直径2%。TiN 镀膜阀芯整体损失量与调质 40Cr 相当，但行程 20mm 之后出现明显的不平滑轮廓。未经处理的 40Cr 阀芯在 20mm 行程之后损失量开始快速上升，最高达到原直径的 2.6%。综上所述，在经过 120h 冲蚀后，TiN 镀膜阀芯和调质 40Cr 阀芯直径变化量均在 2% 左右，未经处理的 40Cr 阀芯轮廓损失量超过 2.5%，耐冲蚀能力较前两者略差。

4 结论

（1）建立一种控压钻井新型节流阀优化设计方法，可实现在 20% ~ 80% 开度范围内压降随开度线性变化。通过执行机构优选设计，可保证新型执行机构精度误差约 1%，液压马达最短响应时间 8s，能够在满足控压钻井精细控制的需求。

（2）研制出了控压钻井自动节流阀，其调节性能得到了实验验证。节流阀阀芯阀座可调换方向使用，增强了使用寿命。节流阀快拆导轨降低了劳动强度，便于现场拆装维修。

（3）表面镀膜和热处理工艺能够提高节流阀耐冲蚀能力，其耐冲蚀实验结果表明，在模拟现场应用的冲蚀条件下，节流阀冲蚀 120h 后压降小于 1MPa，能够满足控压钻井连续、精确控制需求。

（4）节流阀的冲蚀机理和流场结构需要进一步进行研究，从结构上提升耐冲蚀能力。同时还需要研发一套控制精度高、响应速度快、适应能力强的控制软件，实现该节流阀的自动精细控制。

参 考 文 献

1　刘伟，蒋宏伟，周英操等. 控压钻井装备及技术研究进展[J]. 石油机械，2011，39(9)：8 ~ 12

2　杨明，安培文. 调节阀柱塞型阀芯形面数学模型推导[J]. 流体机械，2009，37(10)：34 ~ 37

3　张双德. 直通单座调节阀阀芯型面优化设计[D]. 兰州：兰州理工大学，2010.5：26 ~ 27

4　莫乃榕. 工程流体力学[M]. 华中科技大学出版社，2000

5　陈卓如，金朝铭，王洪杰等. 工程流体力学[M]. 高等教育出版社，2004

6　练章华，刘干，易浩等. 高压节流阀流场分析及其结构改进[J]. 石油机械，2004，32(9)：22 ~ 24

7　杨纪伟. 调节阀流量关系变形特性分析[J]. 流体机械，1998，27(5)：23 ~ 25

8　罗艳蕾，邱雪，李渊等. 基于 MATLAB 多路阀主阀芯过流面积计算及仿真[J]. 机床与液压，2011，39(23)：130 ~ 132

9　刘寅立，王剑亮，陈靖等. MATLAB 数值计算案例分析[M]. 北京：北京航空航天大学出版社，2011：160 ~ 164

10　张玉润，陈意秋. 调节阀流量特性探索[J]. 阀门，1997，(3)：15 ~ 17

11　李德志. 调节阀中流体的流动特性[J]. 湖北化工，1999(6)

12　张柏松. 调节阀流量特性及口径计算[J]. 油气储运，1997，16(11)：18 ~ 20

13　邢丽娟，杨世忠. 调节阀特性及选择方法[J]. 煤矿机械，2007，28(5)：164 ~ 167

14　张祥来，刘清友. 井控节流阀冲蚀机理及结构优化[J]. 天然气工业，2008，28(2)：83 ~ 84

15　王德贵，李永飞，严金林等. 防刺短节对节流阀流量特性影响规律的研究[J]. 阀门，2012(1)：8 ~ 10

超声波共振冲击钻井技术

马东军

（中国石化石油工程技术研究院，北京，100101）

摘　要　本文以超声波原理为基础，提出了超声波共振冲击钻井技术，该技术以超声波共振冲击钻井装置为实施载体。该钻井装置主要由本体、电能接口、压电驱动器、调幅器、自由块、冲击盘等组成，针对钻井装置各部件的功能及要求分别进行了分析。介绍了钻井装置的工作原理，其根据逆压电效应，对压电材料施加超声波频率的正弦电场，压电材料会产生超声波频率振动，振动通过扩幅器扩放大后传播至自由块，当振动频率与自由块固有频率相同时，自由块发生共振效应，进而产生高频次的向下冲击，通过冲击盘将冲击能量传递给钻头。并对下步研究工作进行了展望，拟采用理论研究、数值模拟与实验研究相结合的方法来开展后续研究工作。

关键词　超声波；共振；旋转；冲击；钻井

基金项目　中国石油化工集团科技部前瞻项目"无钻机钻井技术前瞻研究"。

前言

随着我国油气勘探开发的深入，钻井深度越来越深，难度越来越大，特别是深井、超深井存在着机械钻速低、钻井周期长、钻井费用高等问题。因此，如何有效的提高机械钻速，减少钻井成本成为目前亟待解决的问题[1,2]。国内外学者不断探索新的钻井方法，并对此进行了不少研究[3~6]。研究和试验表明，在钻头旋转的同时给其施加周期性冲击力来提高机械钻速是一种经济而又有效的方法。目前应用比较广泛的是液动式射流冲击器，其通过将流体的能量转换为冲锤冲击的能量，是一种机械式冲击方式。但其存在工具内部元件易冲蚀、活动部件易损坏等问题，使用寿命有限，制约了该技术的应用[7]。

超声波共振冲击技术已经应用于冲击钻、医疗、岩石取芯和行星勘探等领域[8]。其原理是根据逆压电效应，对压电材料施加超声波频率的正弦电场，压电材料会产生超声波频率振动，振动通过扩幅器扩放大后传播至自由块，当振动频率与与自由块固有频率相同时，自由块发生共振效应，进而产生高频次的向下冲击动作。超声波共振冲击技术的优点包括：依靠较低的功率即可完成冲击动作；产生的冲击频率较高，每秒可达20000次以上；其产生振动的振幅较小，故对上部工具的振动伤害也较小。笔者把超声波共振冲击技术应用于石油钻井工程中，提出了超声波共振冲击钻井技术，对该技术实施载体—超声波共振冲击钻井装置的结构和工作原理进行了分析，并对超声波共振冲击钻井技术的下步研究工作进行了展望。

1　装置结构

超声波共振冲击钻井装置在现场应用时，将其安装于钻铤（或井下动力钻具）和钻头之

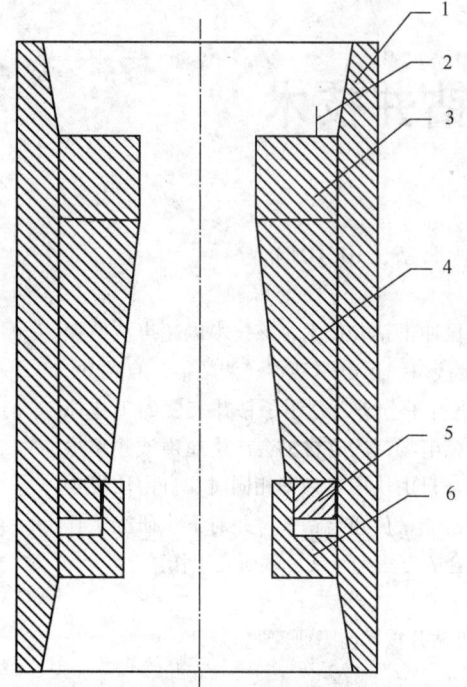

图 1　超声波钻井装置结构图
1—本体；2—电能接口；3—压电驱动器；
4—调幅器；5—自由块；6—冲击盘

间，则钻井装置所产生的冲击可直接作用于钻头上，达到旋转冲击钻井的效果。超声波共振冲击钻井装置结构主要由本体、电能接口、压电驱动器、调幅器、自由块、冲击盘等组成（图 1）。下面分别对各部件特性进行介绍。

1.1　本体

超声波共振冲击钻井装置本体作为其他部件的承载结构，在井下复杂条件下需要满足抗扭、抗压、抗拉等要求。在本体内从上至下依次布置电能接口、压电驱动器、调幅器、自由块、冲击盘，本体上端布置公接头用于连接钻铤（或动力钻具），下端布置母接头用于连接钻头。

1.2　电能接口

电能接口用于为压电驱动器提供高频电能，进而驱动压电驱动器产生机械振动。由于自由块固有频率相对较高，一般可达到 20000Hz 以上，故电能频率也要与之相匹配，则此时由压电驱动器产生的高频机械波为超声波。在井下，为电能接口输送高频电能建议可应用以下 3 种方式：①通过电缆（如无钻机獴式钻井技术）或智能钻杆（钻杆内部布置电缆）从地面直接供给普通频率交流电，然后通过超声波驱动电源转化为与压电驱动器相匹配的高频电能；②在井下钻杆内预置直流电池，通过超声波驱动电源转化为与压电驱动器相匹配的高频电能；③利用钻井液在钻柱内流动时的能量，通过井下涡轮发电机发电，再通过超声波驱动电源转化为与压电驱动器相匹配的高频电能。

1.3　压电驱动器

压电驱动器是依据压电材料的逆压电效应原理制成的机械波驱动器，图 2 为超声波技术中几种常见的压电驱动器。逆压电效应是指当在压电材料的极化方向上施加电场，这些压电材料也会发生变形，电场去掉后，压电材料的变形随之消失，如果在压电材料施加周期性电场，则压电材料就会周期性发生变形并产生与电场相同频率的机械波。常见的压电材料有压电晶体、压电陶瓷等。超声波共振冲击钻井装置中所应用的压电驱动器形状不同于普通压电驱动器，应设计为环状体，内部中空，为钻井液提供流动通道，当对压电驱动器施加周期性电能时，压电驱动器可产生周期性伸长和缩短，即开始振动，由此产生向下传播的机械波。

1.4　调幅器

由压电驱动器产生的机械振动幅度一般为几微米，而在超声波疲劳实验中，辐射面的振

图 2　超声波技术中几种常见的压电驱动器

动幅度一般需要几十到几百微米，这时就需要放置调幅器来放大由压电驱动器产生的机械振动幅度。图 3 为超声波技术中几种常见的调幅器。在超声波共振冲击钻井装置中，调幅器置于压电驱动器下端、自由块上端，调幅器将压电驱动器产生的机械振动扩大并向下传播，然后作用于自由块上，当机械振动频率与自由块固有频率相匹配时，自由块产生共振效应。调幅器内部为中空设计，为钻井液提供流道，按母线形状可分为内阶梯、内指数、内圆锥、内高斯、内傅里叶、内余弦等类型，若将这些单一形状调幅器组合起来进行设计，则是复合型调幅器。调幅器的长度设计必须满足式（1）条件，目的是使调幅器末端位于相对静止的波节面上，即节点上，以保证传播给自由块的机械波能量损失最小。

$$L = \frac{\lambda(2n + 1)}{4} \tag{1}$$

式中　L——调幅器的长度，m；

　　　λ——波长，m；$n = 0, 1, 2 \cdots$。

图 3　超声波技术中几种常见的调幅器

1.5　自由块

自由块设计为一环状体，位于冲击盘与调幅器下端所围成的自由腔内，可以上下自由活动。当由调幅器传播的机械振动频率与自由块固有频率相匹配时，自由块就在自由腔内产生共振效应，当自由块向下振动接触到冲击盘时，即完成一次冲击动作，由于属于高频冲击

（每秒 20000 次以上），所以对自由块材质要求较高，综合考虑建议选用钛合金材料来制作自由块。

1.6 冲击盘

冲击盘的主要功能与液动射流式冲击器中的砧子类似，为冲击功的接收装置。冲击盘与本体紧密连接，冲击盘设计为中空结构，中心为钻井液提供流动通道。冲击盘内部设有自由腔，用于放置自由块，自由块在自由腔内可上下自由活动。冲击盘与本体紧密连接，当冲击作用于冲击盘时，即可将冲击作用传递给本体以及下部钻头。冲击盘每秒需要承受 20000 次以上的冲击作用，因此需要选用强度较高的材料，同时加厚冲击盘底部。

2 工作原理

超声波共振冲击钻井装置工作原理如下，如图 1 所示。当工具正常工作时，首先通过电能接口输送高频(大于 20000Hz)电能到压电驱动器，压电驱动器由特殊压电材料制成，根据逆压电效应可将电能接口输送的高频电能转换成为相同频率的机械振动，机械振动会通过调幅器放大后传递到自由块上端，当机械振动频率与自由块固有频率相同时，自由块会在冲击盘内发生共振效应，此时自由块就会对冲击盘产生向下的冲击动作，冲击盘与装置本体固定，则冲击动作可直接传递给工具下部的钻头，钻头在正常旋转的同时受到轴向向下的冲击，即可达到旋转冲击钻井的效果。由于机械振动频率大于 20000Hz(为超声波范围)，所以每秒内装置可对下部钻头产生 20000 次以上的冲击作用。

3 下步工作

超声波共振冲击钻井技术是一项新兴的钻井技术，目前还处于起步阶段，技术的原理虽可行，但还有很多研究工作需要完成，以确定超声波共振冲击钻井装置是否满足苛刻的钻井条件，进而能在现场进行应用。关于下步研究工作，笔者提出了自己的研究思路，建议采用理论研究、数值模拟与实验相结合的方法来开展后续研究工作。

3.1 理论研究

以机械设计、电子科学和超声波等理论为基础，结合井下实际条件，分别开展本体、电源、压电驱动器、调幅器、自由块和冲击盘的结构设计与选材。

3.2 数值模拟

采用数值模拟的方法，应用有限元软件(如 ANSYS 等)，对应理论研究所设计的装置结构建立物理模型，以验证所设计参数的合理性，分析装置性能，为装置的结构优化提供依据。

3.3 实验研究

经过理论研究和数值模拟验证后，再根据相似准则设计加工较小尺寸的实验装置进行室内实验研究，并根据室内实验结果可对装置结构进行进一步优化。然后加工实际尺寸的原理样机，拟在模拟井中进行试验。并利用模拟井试验结果可对装置结构进行深度优化，最后加工实际尺寸的工程样机，进行现场试验。

4 结论

以超声波原理为基础提出了超声波共振冲击钻井技术，设计了超声波共振冲击钻井装置，其主要由本体、电能接口、压电驱动器、调幅器、自由块、冲击盘等组成，并对钻井装置各部件的功能及要求进行了分析。该钻井装置的工作原理为：首先通过电能接口输送高频电能至压电驱动器，压电驱动器根据逆压电效应可将电能接头输送的高频电能转换成为相同频率的机械振动，机械振动会通过调幅器放大后传递到自由块上端，当自由块固有频率与振动频率相同时，发生共振效应，冲击盘受到自由块向下的冲击动作，并将冲击能量传递给钻头。还对下步研究工作进行了展望，拟采用理论研究、数值模拟与实验研究相结合的方法来开展后续研究工作。

参 考 文 献

1 沈忠厚. 现代钻井技术发展趋势[J]. 石油勘探与开发. 2005. 32(1)：89～91
2 汪海阁，郑新权. 中石油深井钻井技术现状与面临的挑战[J]. 石油钻采工艺，2005，27(2)：4～8
3 李广国，索忠伟，王甲昌等. 射流冲击器配合 PDC 钻头在超深井中的应用[J]. 石油机械，2013，41(4)：31～34
4 文平，陈波，雷巨鹏. 液动冲击旋转钻井技术在玉门青西油田的应用[J]. 天然气工业，2004，24(9)：64～67
5 陶兴华. 提高深井钻井速度的有效技术方法[J]. 石油钻采工艺，2001，23(5)：4～8
6 孙钰杰. YDC－168 型旋冲钻井工具工作原理与现场应用[J]. 广东石油化工学院学报，2012，22(1)：57～59
7 高建强，陈朝达. 液动冲击旋转钻具存在的问题及解决途径[J]. 西安石油学院学报，1998，13(3)：62～64
8 Mircea Badescu, Yosehp Bar－Cohen, Stewart Sherrit, et al. Percussive Augmenter of Rotary Drills (PARoD) [J], SPIE Smart Structures and Material, March 2012, paper #8345－121

一种确定岩石抗压强度的新方法：刻划测试

韩艳浓

（中国石化石油工程技术研究院，北京，100101）

摘　要　岩石抗压强度是重要的岩石力学特性参数，通常测量方法是利用单轴或三轴力学实验测得。虽然该测量方法得到了广泛的应用，但是这些方法具有显而易见的缺点，例如耗费时间长、所需岩样多、试样加工困难、岩石非均质性对实验结果影响严重等。近年来，一种通过对岩样表面进行无损伤刻划测量岩石抗压强度的全新方法在国外得到了广泛应用，该方法具有选样灵活、岩样利用率高、准确便捷等优点，并能够提供具有高分辨率的连续抗压强度剖面。本文对刻划测试理论和实验设备进行了详细介绍，分别对均质砂岩和非均质泥页岩开展了刻划测试实验，并与常规强度测试方法进行了对比，对刻划测试方法的可靠性进行了研究。

关键词　刻划测试；抗压强度；破碎比功；强度；非均质性

前言

早在 20 世纪 90 年代初，美国明尼苏达大学即开始了岩石刻划测试研究，并研制了岩石强度刻划装置 RSD（Rock Strength Device），该装置被命名为袋熊（Wombat）。随后，比利时 Epslog S. A. 公司与美国 TerraTek 公司便分别与明尼苏达大学开展合作，将该装置进行了商业化改造设计。而在过去的 10 多年里，美国明尼苏达大学、英国帝国理工学院、比利时蒙斯埃诺大学、法国道达尔岩石力学实验室、挪威 IKU Sintef 公司以及澳大利亚联邦科学与工业研究组织（CSIRO）等世界各地的实验室对 300 多种类型的沉积岩进行了大规模的刻划测试，进行了深入的理论与应用研究，利用刻划手段评价岩石力学特性参数的方法已在欧美等发达国家得到了广泛的应用[1~7]。

然而在我国刻划测试相关理论研究与应用基本尚属空白。目前国内通常采用抗压方式测试岩石强度，这种常规方法对标准实验岩样的尺寸、端面平整度及完整性要求很高，标准岩样加工困难，且岩样需求量大、利用率低。另外，传统岩石力学实验机只能测试某一深度点处的岩石抗压强度，利用得到几组稀疏的实验结果来确定岩石的力学性能，从而推广应用到整个储层中去，对于非均质性较强的复杂地层而言，这种方法不可能很好的描述整个储层的非均质特性[8]。因此，随着我国页岩气等非常规油气资源勘探开发战略步伐的加快，传统实验方法在泥页岩、碳酸盐岩等非均质性较强的复杂地层普遍应用就存在很大的限制。然而，这些复杂地层又通常是钻井、固井、完井、压裂改造等一系列井筒关键工程施工过程中复杂难题较多的井段，地层岩石的强度参数则是指导这些工程克服与解决复杂难题的基础依据。刻划测试方法已在国外页岩气等非常规领域得到了推广应用，这种全新的岩石强度测试方法不同于传统岩石力学实验机测试某一深度点的岩石强度，它能够提供连续、高分辨率的岩石强度剖面，既克服了复杂地层标准岩样不易加工等难题，又能对岩石强度非均质性进行评价，同时兼具选样灵活、岩样利用率高（无损伤刻划）、准确便捷等优点。

经过与美国 TerraTek 公司多年的协商与努力，中石化石油工程技术研究院于 2013 年成功引进了国内首台全尺寸岩芯强度连续测试系统 MPTS，利用该系统实验得到的岩心强度连续刻划测试结果经过专业处理后可以在页岩气等非常规领域进行广泛的应用[8~10]：

（1）标定测井解释结果，并刻划测量值推广应用到整个储层中去。

（2）为进一步的室内岩石力学实验选取具有代表性的岩样段，或为传统岩石力学测试位置的选取提供指导意见。

（3）评价岩石结构或矿物成分的非均质性对岩石强度的影响。

（4）对地应力大小和井壁稳定性进行评估，给出安全泥浆密度窗口。

1 刻划测试理论模型

刻划测试（Scratch testing）是利用金刚石刀片沿岩石表面以一定的横切面积和速率切削（刻划）出一条沟槽并获得岩石抗压强度等岩石力学特性参数的过程。

英国帝国理工学院和美国明尼苏达大学进行了大量的刻划实验，通过研究发现：岩石破坏存在塑性破坏和脆性破坏两种形式，且岩石破坏形式主要与刻划深度有关，而岩石存在门限刻划深度，当刻划深度超过门限深度时，岩石破坏形式表现为塑性破坏[图 1（a）]，反之则为脆性破坏[图 1（b）]。在塑性破坏模式下，刻划消耗的能量与切割岩屑体积成正比，岩石固有破碎比功与其单轴抗压强度 UCS 数值相等。因此，利用刻划测试确定岩石抗压强度必须要采用塑性破坏模式进行刻划[1~5]。

(a)塑性破坏

(b)脆性破坏

图1 岩石刻划塑性及脆性破坏模式

1992 年 Detournay 和 Defourny 建立了塑性破坏模式下锋利刀片受力的现象学模型，在该模型下刀片底部摩擦忽略不计，在刻划过程中刀片受到力 F 的作用，（图 2），水平方向（即切向力方向）定义为 s，垂直方向（即正应力方向）定义为 n，则 F 可分解表述为[1]：

$$F_s = \varepsilon A \tag{1}$$

$$F_n = \xi \varepsilon A \tag{2}$$

$$A = wd \tag{3}$$

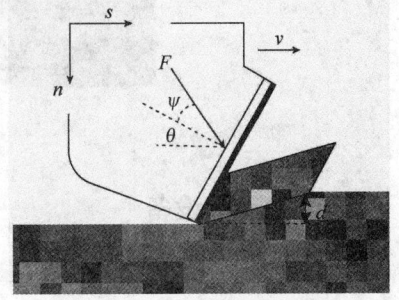
图2 锋利刀片受力模型

其中，w 为刀片的宽度；d 为刻划深度；A 为刻划面横切面积；θ 为刀片后倾角；ψ 为界面摩擦角；ξ 为正应力 F_n 与切应力 F_s 的比值，其值为常数。由式（4）得到：

$$\xi = \tan(\theta + \psi) \tag{4}$$

参数 ε 为岩石固有破碎比功，利用式（1）可以得到岩石的破碎比功 ε，即切应力 F_s 与刻划横切面积 A 的比值，研究表明其数值与岩石抗压强度相等。因此，利用现象学模型可以对刻划测试结果进行解释，并得到岩石的抗压强度。

2　岩样制备及实验设备

2.1　岩样制备

刻划测试岩样选取灵活：全尺寸岩心、切片岩心、残块、断块、井壁掉块、露头岩样等均可测试，支持岩样长度 2.0～50.0cm。测试岩样选自 W44 井均质砂岩和 NY1 井非均质泥页岩，具有很强的对比性。

岩样装配前选取好岩样刻划面，并确保岩样的埋藏方向和刻划方向保持一致。岩样夹持器能够自由调节以匹配不同尺寸的岩样，两组可调节夹板和皮条圈可以将岩样固定，岩样制备效果如图 3 所示。刻划测试岩样制备具有方便、快捷的特点，并且刻划测试为无损伤刻划，仅在岩样表面刻划宽度 5mm（或 10mm）、深度 1.08mm 左右的凹槽，不影响岩样的后续制样、测试，克服了常规岩石力学实验所需岩样多、试样加工困难的缺点，显著提高岩样利用率。

图 3　岩样固定示意图

2.2　实验设备

实验设备采用美国 TerraTek 公司全尺寸岩心强度连续测试系统 MPTS（Mechanical Profiler Test System）。该系统由实验台架、刀片与刀具固定架、岩样夹持器、垂向升降系统、水平方向驱动系统、信号控制系统、数据采集系统和数据分析系统 8 大系统组成(图4)。刀片与刀具固定在力传感器上，它本身附属于垂向升降系统，岩样夹持器固定在实验台架上，通过由步进电机和滚珠丝杠组成的水平方向驱动系统实现装置的水平移动。笔记本电脑上装有专业测试软件和数据分析软件，其作用主要有：①控制刀片进行移动，并记录刀片的位置和岩样长度；②记录刀片受到的切应力和正应力大小；③显示及分析岩心连续抗压强度曲线。

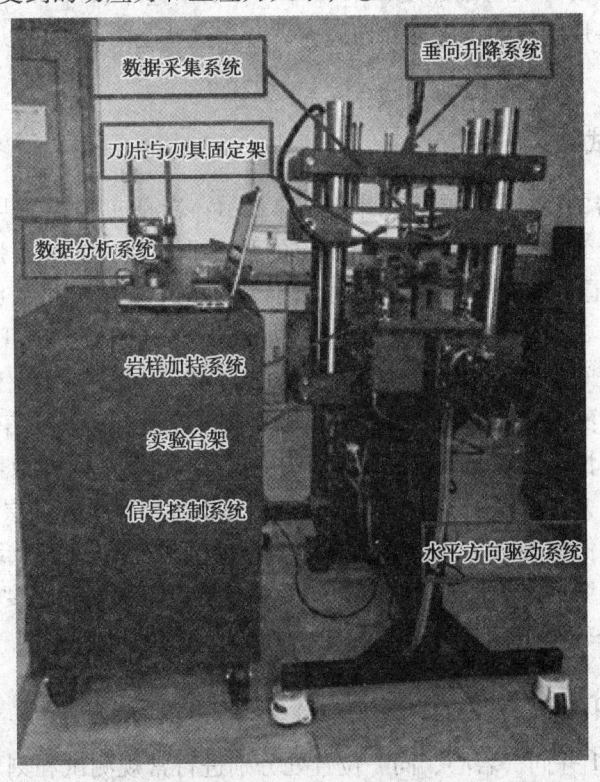

图4　全尺寸岩芯强度连续测试系统 MPTS

MPTS 测试岩样尺寸直径范围在 8in(200mm)左右，支持岩样长度范围 2.0~50.0cm。刻划速率可设置在 0.02~30mm/s 之间。通常情况下，数据采样率为 30Hz，刻划速度设为3mm/s，样品数据分辨率为 10pts/mm。刀具顶端是一个可替换的多晶金刚石刀片，宽度分为 5mm 和 10mm 两种。全尺寸岩心强度连续测试系统具体技术参数如表1所示。

表1　MPTS 技术参数

名　称	参数范围	名　称	参　数
岩心直径范围	15~200mm	水平位移分辨率	0.1mm
岩心长度范围	2.0~50.0cm	切割深度分辨率	0.001mm
力传感器量程	1~2000N	样品数据分辨率	10pts/mm
数据采样率	30Hz	最大数据传输率	1000pts/s

3   刻划测试结果及可靠性分析

全尺寸岩心强度连续刻划测试系统采用宽度为 5mm 的锋利刀片对岩石进行刻划测试。在刻划过程中，岩样的每次切割深度(0.180mm)和切割速率(3.0mm/s)为一恒定值，通过刀具力传感器测量刀片受到的正应力和切应力，利用这些受力结果可以得到岩石单轴抗压强度 UCS 连续剖面。

3.1   刻划测试结果

W44 井均质砂岩的连续强度测试结果(图5)显示：岩心抗压强度具有较好的均质性，但由于结构的非均质性变化，岩石也表现出一定的强度非均质性。抗压强度沿岩心长度(8 ~ 122mm)方向变化范围大致在 40 ~ 120MPa 之间。从图 5 中虚线处可以明显看出岩石结构变化的暗色分界线，以 3 条分界线为标志线，从左至右，按测量值大小可将抗压强度连续剖面划分为 4 段，强度区间分别为 90 ~ 120MPa、80 ~ 100MPa、60 ~ 85MPa 和 50 ~ 70MPa。

对于泥页岩、碳酸盐岩等非均质性较强的非常规复杂地层岩石而言，岩石的结构非均质性、矿物组分非均质性、层理和局部特征(即裂缝、剪切面)都强烈地耦合于岩石强度非均质性之中，常规实验方法获得的结果值总会过高或过低地估计了薄弱层、坚固层等岩石层段处的强度值，大大降低实验结果质量。图 6 为 NY1 井泥页岩刻划测试结果图，从图中可以看出岩石结构、矿物组分及层理发育强烈，抗压强度连续剖面显示强度非均质性表现十分剧烈，沿岩心长度(10 ~ 190mm)方向变化范围大致在 20 ~ 160MPa 之间。

3.2   可靠性分析

对 W44 井和 NY1 井同一岩心、同一位置处分别进行常规测试和刻划测试，实验结果如表 2 所示。通过误差分析可知：W44 井均质砂岩误差仅为 5.81% 和 3.13%，NY1 井泥页岩由于强烈非均质性的存在，误差为 9.47%；两种实验方法获得的结果值吻合度很高，利用刻划测试获得的岩石抗压强度的方法准确、可靠。

表 2   刻划测试与常规测试抗压强度结果对比

井 号	取心位置	常规单轴抗压强度/MPa	刻划区间强度平均值/MPa	误差/%
W44	位置1	56.41	59.69	5.81
	位置2	93.80	96.74	3.13
NY1	位置1	51.85	56.75	9.47

两种方法对比：常规实验方法很容易忽视岩石强度非均质性的重要性，且不能发掘常规测试获得的异常值的潜力；刻划测试结果能定量描述岩心细微和高度的强度非均质性，大大提高测试结果质量；同时可以弥补常规实验方法无法获取岩石强度剖面及难以普遍测试泥页岩等复杂地层岩石强度的不足。

因此，刻划测试在页岩气等非常规油气领域拥有极大的应用推广价值。

4 结论

通过对 W44 井均质砂岩和 NY1 井非均质泥页岩开展的常规单轴抗压强度实验和刻划强度测试对比实验，可以得到如下结论：

（1）刻划测试能够提供连续、高分辨率的岩石抗压强度剖面，具有选样灵活、岩样利用率高(无损伤刻划)、准确便捷等优点，可以弥补常规实验方法无法获取岩石强度剖面及难以普遍测试泥页岩等复杂地层岩石强度的不足。

（2）刻划测试可评价岩石结构、矿物成分等非均质性对岩石强度的影响，也可用来评估矿物组分、岩石结构、裂缝密度、沉积层序(层理)厚度和沉积岩其他重要结构特点的细微变化情况。

（3）对刻划测试方法的可靠性进行了研究，与传统强度测试方法进行了对比，刻划测试实验结果准确、可靠，既适用于砂岩等常规地层岩石强度测试，也适用于泥页岩等非常规复杂地层，在页岩气等非常规油气领域拥有极大的应用推广价值。

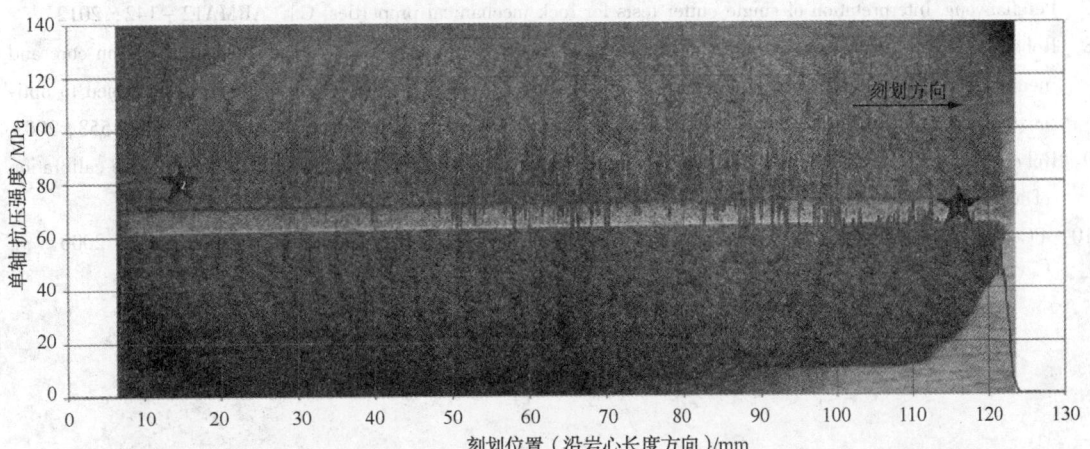

图5 W44 井均质砂岩抗压强度连续剖面图

（注：星号标记为常规单轴实验标准岩样垂直取心位置）

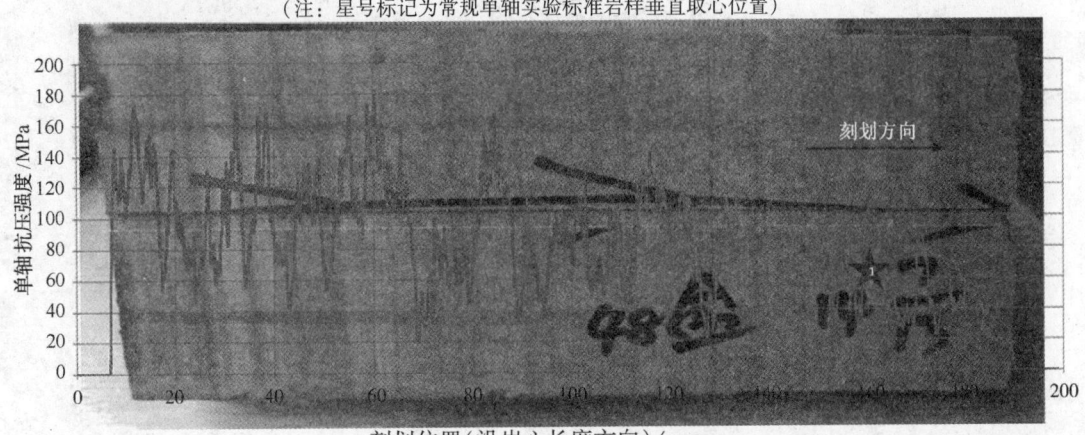

图6 NY1 井非均质泥岩抗压强度连续剖面图

（注：星号标记为常规单轴实验标准岩样垂直取心位置）

参 考 文 献

1 EDetournay, PDefourny. A phenomenological model for the drilling action of drag bits [C]. Int. J. Rock Mech. min. Sci&Geomech. Abstr, 29(1): 13 ~ 23, 1992

2 AlmenaraR. Investigation of the Cutting Process in Sandstones with blunt PDC cutters[D]. PhD thesis, Imperial College, London, 1992

3 AdachiJI, EDetournay, ADrescher. Determination of rock strength parameters from cuttingtests[C]. Rock Mechanics Tools and Techniques, Proc. Ofthe 2nd North AmericalRock MecahncisSymposium(NARMS'96), Montreal, 1517 ~ 1523, 1996

4 TRichard, EDetournay, ADrescher, et al. The scratch test as ameans to measure strength of sedimentary rocks [C]. SPE 47196, 1998

5 ScheiG, E Fjær, EDetournay, et al. The scratch test: an attractivetechnique for determining strength and elasticproperties of sedimentary rocks[C]. SPE 63255, 2000

6 MGhoshouni, TRichard. Effect of the back rake angle and groove geometry in rock cutting. [C]. The 5th Asian Rock Mechanics Symposium(ARMS5), 24 ~ 26 November 2008

7 Pei Jianyong. Interpretation of single cutter tests for rock mechanical properties[C]. ARMA12 – 142, 2012

8 Roberto Suárez – Rivera, Kasoon Tan, Bill Begnaud, et al. Continuous rock strength measurements on core and neural network modeling result in significant improvements in log – based rock strength prediction used to optimize completion design and improve prediction of sanding potential and wellbore stability[C]. SPE84558, 2003

9 Roberto Suárez – Rivera, JFStenebraten, FDagrain. Continuous scratch testing on core allows effective calibration of log – derived mechanical properties for use in sanding prediction evaluation[C]. SPE78157, 2002

10 PCerasi, JFStenebraten, EFSonstebo. Scratch testing of drilling mud filter cakes[C]. SPE100130, 2006

高速螺杆驱动孕镶钻头提速技术
在西部火成岩地层的应用

左灵 张锐

（中国石化石油工程技术研究院胜利分院）

摘 要 国外涡轮钻具驱动孕镶金刚石钻头钻井技术在国内的应用取得了明显的提速效果，为了实现该项技术的国产化，进一步提高国内西部火成岩硬地层的钻进效率，胜利油田研制成功了切削－研磨型孕镶金刚石钻头，并与国内知名螺杆厂家结合，开发出了国产高速螺杆，初步形成了高速螺杆驱动新型孕镶钻头提速技术，先后成功应用于新疆乌参1井和哈山3井的火成岩地层钻进，取得了钻头单只进尺与机械钻速双提高的预期效果。本文将给出新型孕镶金刚石钻头及高速螺杆的研制情况，介绍了这一新的提速技术在乌参1井和哈山3井的应用情况，为加快该技术的工业化进程与技术进步提供一定的借鉴。

关键词 孕镶金刚石钻头；高速螺杆；火成岩；单只进尺；机械钻速；提速技术；现场应用

前言

随着国内钻井深度的不断增加，油气勘探与开发钻遇难钻地层的几率也越来越大，如国内四川须家河、新疆准噶尔盆地石炭系、东北吉林营城组以下的火石岭等火成岩和砂泥岩等强研磨性地层，常规的牙轮与 PDC 钻头在这些地层中已无法获得令人满意的技术经济指标。

2009 年以来，国内多个油田采用国外的孕镶金刚石钻头配合国外高速涡轮钻井技术，在上述地层取得了明显的提速效果，但国外技术的普遍应用受到下列一些因素制约：①费用高，如一只 Φ311.15mm 孕镶金刚石钻头价格约为 100 万元，涡轮日租费也十分可观；②压耗高，如元坝地区，涡轮的自身压降通常会高于 13MPa，致使立管压力通常在 30MPa 左右，国内多数井队不具备这样的机泵条件；③风险高，为了获得足够高的工作稳定性，涡轮钻具不仅自带 2~3 个工具稳定器。而且还要求在钻具组合中安装钻铤扶正器，这样一来，就造成了许多存在掉块的井无法使用该项技术，即便使用，也要冒极大的风险，不乏为此而造成卡钻的案例。

针对上述问题，结合国内螺杆技术相当成熟而涡轮钻具未达到工业化应用水平的实际情况，提出了采用国产高速螺杆驱动新型孕镶钻头的提速技术，为西部火成岩地层提速寻找一个新的可行的技术手段。

1 新型孕镶金刚石钻头研制

1.1 钻头结构

图 1 给出了常规孕镶金刚石钻头和新型孕镶金刚石钻头的结构对比。

图1　常规孕镶金刚石钻头(左图)和新型孕镶金刚石钻头(右图，乌参1井用)

如图1所示，与传统的孕镶金刚石钻头相比，新型孕镶金刚石钻头采用了刀翼加齿柱的相结合的组合方式，这种新型结构的主要技术优势包括：

(1)圆柱形孕镶齿与刀翼式孕镶体相结合，综合了PDC钻头和孕镶钻头两者的技术优势，增加了钻头对地层的适应性，不仅具有金刚石钻头的性能特点，而且可以在硬地层中钻遇相对软的岩层时发挥PDC钻头的切削作用。

(2)钻头主刀翼在钻头心部搭接相连，中间焊置优质、低出露的PDC复合片，加强了钻头心部的切削能力，防止钻头心部过早掏心。

(3)采用水眼加辐射式流道相结合的水力结构，在钻头心部以水眼代替常规的水槽，增加了钻头心部的强度；辐射式水道的过流方式，使钻头冠部得到有效的冷却和清洗[2]。

(4)圆柱形齿柱钻进过程中能够在井底形成许多圆形沟槽，从而限制了钻头在井底的横移与涡动。

1.2　钻头设计

(1)针对地层的个性化设计。研制过程中，引入了个性化设计的理念。由于不同的地层需要不同的金刚石粒度、浓度与胎体配方，为此，首先加工了室内实验用微钻头，对火成岩岩样进行了室内实钻实验，从9种组配方案中优选出了最佳的组配方案，使其既能兼顾钻速，又能兼顾钻头有效工作时间。

(2)其他设计要点。其他诸如刀翼设计、布齿设计、水力设计、保径设计等均为钻头的常规设计理论，在此不再赘述。

1.3　钻头加工

1. 孕镶金刚石钻头制造工艺选择

冷压法制造胎体钻头常用两种工艺：橡皮膜工艺和压模工艺。其中前者一次基本成型，适于批量生产，制作出的钻头也比较精美，是钻头生产行业广为使用的一种工艺。但是由于研制的钻头没有完全定型，钻头结构存在不确定性，重复制作公模费时费力，且钻头冠部结构复杂，给公模的加工带来了一定的难度，而传统的压模工艺则比较灵活，适于钻头结构的改进，所以采用压模工艺来进行实验阶段的孕镶钻头的制造。

2. 烧结工艺参数确定

在冷压烧结工艺中，烧结温度和烧结时间是最为重要的两个工艺参数。

烧结时间与烧结温度、钻头规格、胎体材料的浸润性、压实程度等紧密相关，在实际操作中应通过烧结实验来确定，其原则应以胎体材料充分浸渍，时间越短越好。

2 高速螺杆钻具研制

与国内知名螺杆厂家结合，根据新型孕镶金刚石钻头工作参数要求和西部火成岩地层的特点、井眼条件等，先后设计出了 3 种型号的 $8\frac{1}{2}$in 井眼用高速螺杆钻具，技术参数如表 1 所示。

表 1 高速螺杆钻具技术参数

钻具型号	3LZ165×7.0Ⅷ	2LZ165×7.0Ⅷ−1	2LZ165×7.0Ⅷ−2
排量范围/(L/s)	15~28	24~28	24~28
每转排量/(L/r)	4	4	3.5
钻头钻速/(r/min)(5%漏失)	160~300	338~395	390~455
滑动速度/(m/s)	2.092~2.44	2.68~3.125	2.832~3.3
马达压降/MPa	4.8	6.4	6.4
工作扭矩/N·m	3500	3700	3220
定子长度/mm	5060	5060	5060
定子导程/mm	600	600	600
定子大径/mm	114.4	124.1	114.4
定子小径/mm	67.28	75.5	67.28

研制的高速螺杆主要特点如下：

（1）速度高，其中 2LZ165×7.0Ⅷ−2 型最高可达 455r/min。

（2）工作扭矩均在 3200N·m 以上，尽管低于常规螺杆，但由于孕镶金刚石钻头所需钻压相对低，因此，完全可以满足钻进要求。

（3）制动扭矩均在 6000N·m 以上，抗过载能力强。

（4）工具扶正器与工具为两体式，可根据井下情况选择性加入，使其能够适应更多的钻井工况。

3 现场应用情况

3.1 乌参 1 井

1. 作业工况

乌参 1 井位于新疆维吾尔自治区阿勒泰地区福海县境内，设计井深 7000m。该井于 2011 年 4 月 8 日四开，到 2011 年 9 月 15 日为止，钻达井深 5576m，四开累计进尺 1290m，用时 161d，日均进尺 8.01m/d。四开所钻地层为石炭系巴塔玛依内山组，除上部有少量凝灰质泥岩、凝灰质砂岩、火山角砾岩和细砾岩外，以下均为大段连续的巨厚凝灰岩。所用钻井液体系为聚磺防塌水基泥浆，主要性能参数为：密度 1.35 g/cm³。

截止到 2011 年 9 月 15 日，四开后共下入钻头 44 只，其中取心钻头两只，完成进尺 9.35m；通井钻头 7 只，完成进尺 1m；正常全面钻进钻头 35 只，其中国产牙轮 32 只，合资企业产 PDC 两只。35 只钻头的累计进尺只有 1279.65m，平均单只进尺仅为 36.56m，平均机械钻速也只有 0.70m/h。典型的钻头磨损严重程度如图 2 所示。

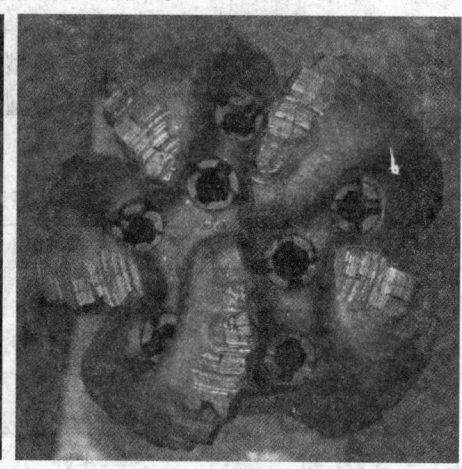

图2　四开前期钻进牙轮与 PDC 钻头出井照片

该井应用井深达到 5640m，循环压耗高，排量最高只能达到 25L/s，不仅不利于钻屑携带，而且直接影响马达的工作转速，即钻头的工作转速；井底温度超过 150℃，对动力钻具的定子橡胶耐温性提出了更高的要求；最大井斜 14.22°，停泵非旋转上提摩阻达 200kN，不利于钻压传递与井下工况判断；地层异常致密、坚硬且可钻性极低；掉块严重，不能下入随钻打捞杯、减震器和扶正器，无法保证钻头的工作稳定性，而且作业过程中存在极高的卡钻风险。

2. 作业措施

根据该井实际工况和上述作业难点，主要采取了下列一些特殊的技术措施[3]：

（1）为了确保孕镶金刚石钻头的顺利下入，采用 PDC 钻头通井。

（2）任何时候开泵必须使用钻杆滤清器，以防马达和钻头水眼堵塞（接单根前应及时取出滤清器）。

（3）井底造型：钻头距井底 5~9m，首先小排量开泵循环，井口有钻井液返出后缓慢下放钻具，正常排量清洗井底 10min，以小钻压（10~20kN）进行井底造型 1m，逐渐将排量增大到设计值，将钻压增加至设计值。

（4）正常钻进。

① 正常钻进时钻压控制在 30~100kN 左右，送钻要均匀，严防溜钻，及时变换参数，时刻注意钻压、泵压、钻时及扭矩的变化情况，准确判断钻头工作情况。因涡轮钻进所需要钻压较小，司钻应结合钻进速度，及时校正司钻控制台相关仪表。

② 每次下放接近井底时，开泵循环钻井液，缓慢下放接触井底，轻压修磨井底后，再逐渐加至正常参数钻进。在井下正常情况下，尽量减少上提下放次数，以使钻头在井底平衡

工作,减少因多次重复接触井底造成的钻头损害。

③ 钻进中需停泵时,应先上提钻具不少于6m,以防岩屑下沉而卡住钻头或螺杆钻具。

④ 确保固控设备正常运转,减少泥浆固相对螺杆钻具的冲蚀。

⑤ 鉴于掉块存在的实际情况,顶驱转速不宜过高。

(5)起钻

① 起钻前必须充分循环,调整好钻井液性能,必要时建议打入泥浆稠塞或高密度塞携带钻屑或悬浮钻屑,尤其是掉块。

② 开始起钻的10柱,开泵上提,防止掉块回落卡钻。

3. 作业过程

1)PDC 钻头通井

9月14日10:00开始下新速通PDC钻头通井,通井期间,下钻过程中在5090m有遇阻显示活动钻具三次通过遇阻点,起钻在5090m有遇阻显示,上提正常悬重加摩阻182t,多次活动钻具,最大上提至210t(下放无显示)无法通过,之后钻具坐卡瓦转动12圈,转盘扭矩降低后上提钻具正常,通过遇阻点。

2)孕镶钻头钻进

9月16日12:00~13:30井口配钻具、试螺杆,15L/s时压降为2.5MPa,螺杆工作正常;14:00换钻头,到9月17日2:00下钻完,由于前面进行了PDC通井,因此整个下钻过程非常顺利,8:00~10:00,循环、冲洗井底、排稠浆;9月17日6:00加压1~3t完成钻头井底造型,造型期间,偶有憋跳,但不严重;造型结束后,进入正常钻进阶段,钻压最终优化到8~10t,顶驱转速40r/min,钻头转速范围为300~330r/min,排量在24L/s左右,泵压始终维持在23MPa上下。连续正常钻进至5640m后出现加压至正常钻进钻压10t后憋泵,活动钻具各参数正常,再次接触井底后小钻压钻进时泵压正常,加压钻进再次出现憋泵现象同时伴以扭矩波动(图3),遂决定循环起钻;循环3h后于9月19日12:00开始起钻,9月20日10:00起完;起钻在5090m和4975m遇阻较为严重,多次活动钻具最大上提至200t(多提18t)通过遇卡点。

入井钻具组合为:216mm 孕镶钻头 +3LZ165×7.0ⅧΦ172mm 高速螺杆 + 随钻测斜仪 + 6¼in 无磁钻铤×1 根 + 6¼in 钻铤×9 根 + Φ158mm 随钻震击器 + 6¼in 钻铤×3 根 + 加重钻杆×2 柱 + 钻杆(加装10只防磨接头)。

4. 作业结果

钻进井段5576~5640m,进尺64m,纯钻时间74h,平均机械钻速0.86m/h。

(1)与四开全部其他35只钻头相比,孕镶钻头的纯钻时间、单只进尺和机械钻速比四开全部其他35只钻头分别提高41.17%、74.34%和22.86%。

(2)孕镶钻头单只进尺是国产牙轮平均水平的1.74倍,是合资企业PDC平均水平的4.75倍。

(3)创自四开以来最高日进尺记录,是2011年9月15日前平均日进尺8.01m/d的2.75倍。

(4)高速动力钻具加孕镶钻头钻井的的主要特点之一是低钻压、高转速,这有利于井斜控制,起钻多点测斜数据表明,本趟钻将井斜从5567m的4.05°降到了5628m的3.14°(仪器距井底12m,因此测不到5640m的井斜),具有一定的防斜打直效果。

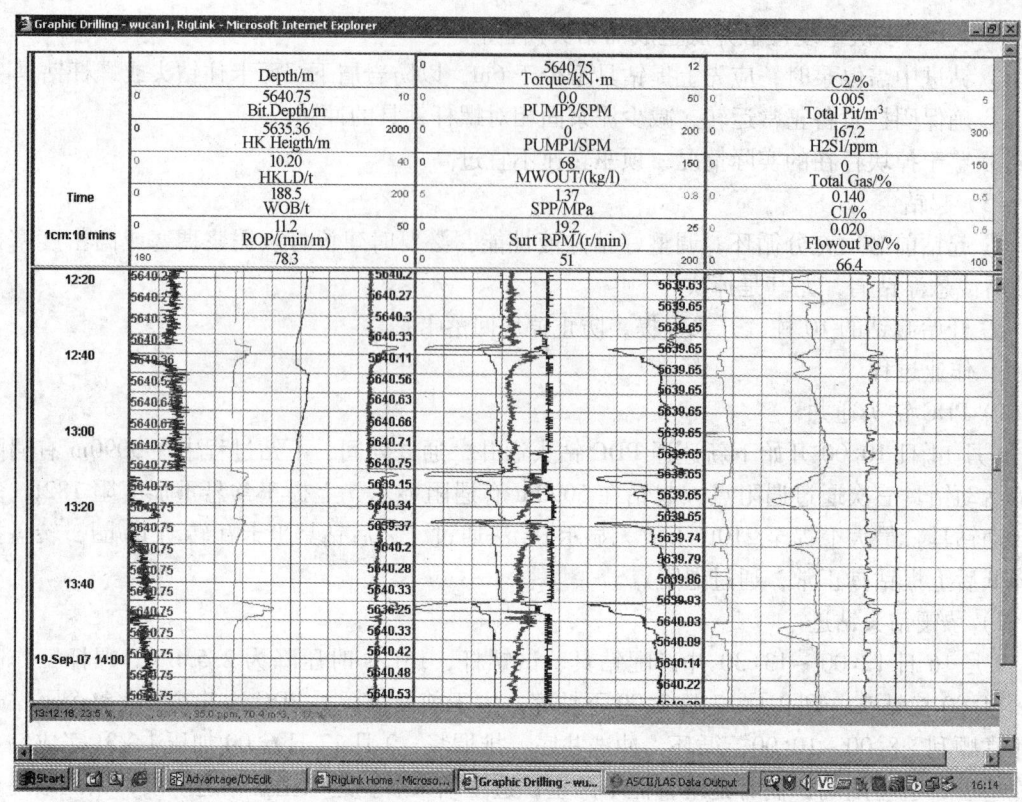

图3　综合录井仪记录下的扭矩与泵压(中间栏的红色线与棕色线)波动

5. 钻头出井分析

图4是钻头出井后的照片。

图4　孕镶金刚石钻头出井照片

钻头出井后，经测量与外观检查，情况如下：

（1）钻头保径尺寸和入井前一致，说明保径没有问题。

（2）从孕镶金刚石层的磨损情况来看，切削部位的最大磨损量为44%，最小磨损量为20%，说明金刚石的品质、粒度和胎体配方适合该井地层[4]。

（3）从孕镶块未出现掉块、脱层、金刚石脱落等现象来看，该钻头的制作、烧结工艺是可靠的。

（4）钻头心部两颗 PDC 片脱落，导致心部出现高 12mm、直径 30mm 的掏空。说明心部结构仍需改进，心部强度仍需强化。这也是起钻前憋泵与机械钻速降低的原因。

（5）钻头上部胎体保径出现掉块，分析原因有两个方面：一是由于胎体具有耐磨及硬脆特性，从断口较新来看，可能起钻过程中被井壁碰撞所致；二是应该从设计上适当增加保径条的宽度。

3.2 哈山 3 井

1. 钻头改进

根据乌参 1 井应用所暴露出的不足，2012 年对钻头进行了刀翼结构、心部结构、钻头配方、保径结构等 4 个方面的钻头改进完善，重点是解决钻头"掏心"问题，改进后用于哈山 3 井的钻头如图 5 所示。

2. 作业工况

哈山 3 井位于新疆维吾尔自治区克拉玛依市乌尔禾区西北部，设计井深 4600m，2013年 3 月 21 日三开，三开石炭系实钻岩性为玄武岩、辉绿岩和泥岩。

该井二开 Φ244.5mm 套管下到了 3414.98m，裸眼井段很短；作业井深浅，井底地层温度 62℃，有利于螺杆工作；而且由于沿程循环压耗低，因此排量不受限制，可保证螺杆在455rpm 高转速下工作；泥浆密度仅为 1.20g/cm^3，固相含量低，有利于螺杆工作。但同时也存在下列一些不利因素：井壁掉块。

尽管裸眼井段很短，但由于火成岩地层的硬脆性特点，井壁掉块严重，而且伴随整个钻进过程（图 6）。井下返出的掉块最大的为 20mm×20mm×8mm，井下的掉块可能更大，而且多数为不易折断破碎的块状掉块，这些掉块给作业带来了下列一些负面影响：

图5　改进后用于哈山 3 井的钻头　　　图6　井下返出掉块照片（中间白色物为一节粉笔）

① 憋泵。当掉块进入钻头水槽卡住钻头，就会造成螺杆制动并出现憋泵现象，这种情况平均每天至少发生一次，最高到 25MPa，这对钻井泵、泵电机、井下螺杆、钻头都会造成不利的影响，而且增加了作业的危险性。

② 阻卡。下钻、接单根、短起下及最终起钻期间，掉块均造成了程度不同的阻卡现象，最大上提力达到了 190t，比悬重 120t 多提了 70t，这带来了一定的卡钻风险，但由于措施得当，处理及时，没有造成大的问题。如接单根时必须先循环，再分段提出方钻杆，否则就会

出现上提困难，甚至开泵上提也无法提出的情形，其中 2013 年 3 月 30 日 9：00 钻进到 3523m 接单根，上提到 180 t 不能提出方钻杆，后经多次开泵循环、上提下放，最终 190t 提出，到 10：10 才完成接单根作业，下放到距离井底 17cm，泵压持续上升，重新上提钻具循环，加上反复扩划，直至 12：00 才恢复钻进，前后历时 3h。

③ 破碎井底掉块。作业期间，钻头几乎每次接触井底，都要先破碎井底的掉块。其中下钻到底，井底掉块高度 1.2m；3 月 28 日短起下后距离井底 4m 就可以加上钻压了，用时 2h 才破碎掉所有的掉块；此外，每次接单根后，井底都会形成几公分到几十公分高度不等的掉块层。这不仅对钻头构成了一定的威胁，而且也带来了憋泵、扭矩增大与波动等一些问题。

④ 扭矩增大与波动。掉块也造成了扭矩的增加与波动，最严重时，波动范围由正常的 11 ~ 12 kN·m 改变为 7 ~ 28 kN·m。

3. 作业过程

钻具结构为：215.9mm 孕镶钻头 ×0.25m + 2LZ165×7.0Ⅷ-2 高速螺杆 ×8.20m + 431 ×4A10×0.45m + Φ158.8mm 钻铤 ×167.39m + 4A11×410×0.45m + Φ127mm 加重钻杆 ×140.98m + Φ197mm 防磨接头 ×5.10m + Φ127mm 钻杆。

2013 年 3 月 24 日 18：00 开始下井，3 月 25 日 15：00 开始井底造型 1.5m，钻压 5 ~ 10KN，转盘转速 46r/min，扭矩 10 ~ 11 kN·m，泵压 16MPa；16：00 开始正常钻进，钻压 30 ~ 40kN，转盘转速 40r/min，扭矩 10 ~ 12 kN·m，泵压 16 ~ 17MPa；3 月 28 日 13：00 钻进到 3497m 将钻压增大到 40kN；3 月 28 日 16：15 循环、短起下，至 22：30 恢复钻进，参数同前，只有扭矩逐渐增加到了 13 kN·m；2013 年 3 月 31 日 7：15 钻时变慢后停止钻进，11：00 开始起钻，2013 年 4 月 1 日 2：30 起出钻头。

钻头与螺杆在井下的连续工作时间均为 176.5h，其中螺杆循环时间 136h。

所用钻井液体系为聚合物封堵（强抑制）防塌水基泥浆，主要性能参数为：密度 1.20g/cm³、黏度 108s、失水 3.2mL、塑性黏度 39mPa·s、切力 6/20、固相含量 12%、含砂量 0.3%、pH9。

4. 作业结果

截止到 2013 年 4 月 9 日，该井三开后共下入 4 只钻头，各钻头指标统计见表 2。

表 2　哈山 3 井三开 4 只钻头技术经济指标

三开钻头下井序号	钻头类型	井段/m	进尺/m	纯钻时间/h	平均机械钻速/（m/h）	备注
1	三牙轮	3435 ~ 3450.5	15.5	36.5	0.42	其中扫塞 82m，工作时间 10h，钻头起出牙齿全部完好。辉绿岩 15.5m，占比 100%
2	孕镶	3450.5 ~ 3537	86.5	122.5	0.71	泥岩 4m，占比 4.62%；辉绿岩 72.5m，占比 83.82%；玄武岩 10m，占比 11.56%
3	三牙轮	3537 ~ 3582	45	64	0.70	泥岩 13m，占比 28.68%；辉绿岩 1m，占比 2.21%；凝灰岩 8.32m，占比 18.36%；玄武岩 23m，占比 50.75%
4	三牙轮	3582 ~ 3601	19	32	0.59	螺杆复合钻

由表 1 可以看出，孕镶金刚石钻头进尺最多，机械钻速最高；与三开第一只入井牙轮相比，单只单趟钻进尺是它的 5.58 倍，机械钻速提高 69.05%（从地层岩性看，孕镶钻头与三开第一只入井牙轮的可比性最好）；与三开第二只入井牙轮相比，单只单趟钻进尺是它的 1.92 倍，机械钻速相当；与三开第三只入井牙轮相比，单只单趟钻进尺是它的 4.55 倍，机械钻速提高 20.34%。

5. 钻头出井分析

钻头出井后，通过清洗、观察、测量、综合分析后，得到如下一些认识与结论：

（1）钻头保径完好无损（图 7）。

（2）钻头冠部磨损情况：钻头肩部孕镶块磨损 1/3；钻头底部孕镶块磨损 1/3，其中两个齿磨损 1/2；钻头心部 PDC 复合片无脱落、崩碎，属正常磨损，其中中心部位 PDC 复合片完好，其余磨损 1/5 至 1/4（图 8）。从孕镶金刚石层的磨损情况来看，切削部位的最大磨损量不到 30%，钻头仍可下井使用。

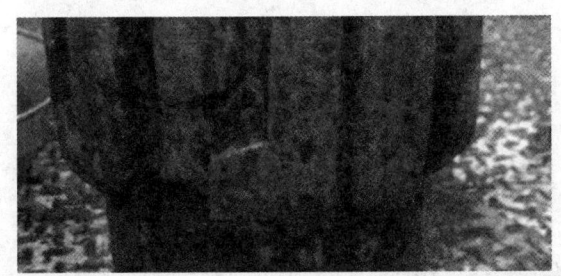

图 7 钻头出井后保径完好无损

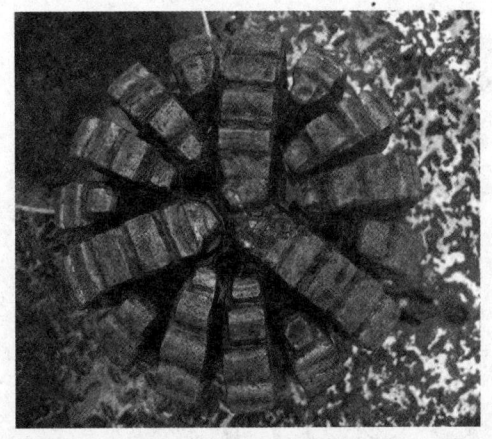

图 8 PDC 齿磨损情况

（3）从钻头使用效果来看，说明钻头结构设计合理，金刚石的品质、粒度和胎体配方适合该井作业地层，该钻头可以在本区块同类地层推广应用。

（4）钻头整休属于正常磨损。

（5）钻头起出后仍有 60% 的新度。

4 结论

（1）高速螺杆驱动孕镶金刚石钻头技术的应用，不仅明显地提高了机械钻速，而且单只进尺也明显高于牙轮、PDC 钻头。

（2）切削 – 研磨型孕镶金刚石钻头优于普通孕镶金刚石钻头。

（3）尽管目前与国外先进技术水平尚存在一定的差距，但该项技术已达到了工业化应用程度。

（4）建议研制加长、大扭矩、长寿命高速螺杆钻具，以适应孕镶钻头长寿命的匹配要求。

参 考 文 献

1 卢芬芳，徐昉，申守庆．史密斯 Neyrfor 公司的新型涡轮钻具技术[J]．石油钻探技术，2005(1)
2 曹立明，常晓峰，孟祥卿．涡轮钻具及孕镶钻头在元坝 124 井的应用[J]．中国石油和化工标准与质量，2011(10)
3 田林海，李生林，蒋健伟 罗刚．风城井区高速涡轮配合孕镶金刚石钻头钻井技术[J]．新疆石油科技，2011(1)
4 彭烨，王明华，关舒伟，王明瑞，陈曦．钻头孕镶体夹层对钻速的影响试验[J]．石油钻探技术，2012(3)

膨胀悬挂直连型套管小井眼二开次钻完井技术

吴柳根　唐　明　蔡　鹏

（中国石化石油工程技术研究院胜利分院）

摘　要　目前，在177.8mm套管内的小井眼窄间隙井钻遇漏失层、高压层、易塌层等复杂地层时，采用常规的技术手段和井身结构，下入套管封隔后难以实施二开次钻井及完井作业。针对采用膨胀套管充当技术套管封堵复杂地层则面临成本高、周期长等难题，提出了采用大通径膨胀悬挂器悬挂直连型尾管封堵复杂地层的钻完井方案，通过大通径膨胀悬挂器和新型随钻扩眼钻头设计研究，完善窄间隙固井和小井眼钻井工艺，探索出一套悬挂直连型尾管封堵及配套钻井工艺技术。该技术在东部地区完成现场试验3口井，在177.8mm套管内下入两层套管完井，成功封堵裸眼复杂地层。现场试验表明，该技术能有效解决小井眼二开次钻完井难题，提供了一种更为便利、安全的解决方案，为钻井过程中封堵复杂地层提供了新的技术手段。

关键词　膨胀悬挂器；小井眼；直连型套管；二开次；钻完井

前言

随着油气开发向深部地层和难动用区块发展，深井、超深井、复杂结构井和特殊工艺井易钻遇高压层、易坍塌地层及漏失层等复杂地层，由于井眼尺寸受限，下套管封隔复杂层位后，面临因井眼尺寸受限而使得后续钻进难度增大，并导致完井内径过小，后期射孔、防砂、采油及作业受到限制，甚至因无法正常完井而导致钻井方案难以实施，进而影响整体开发效果。

对于小井眼窄间隙井，采用常规的技术手段和井身结构，难以下入技术套管封隔漏失层实施二开次钻井及完井作业，在 Φ177.8mm 套管内（Φ152.4mm 或 Φ149.2mm 井眼）下入套管后难以实现二开次完井。此外，小井眼窄间隙井固井时面临套管环空间隙窄，固井质量难以保证，特别是存在漏失层时，固井水泥浆难以返至尾管头，层间难以实现有效封隔，后期采油尾管头易水窜而影响油气正常生产。

1　技术背景

塔河油田 Φ177.8mm 套管开窗侧钻时需要满足地质避水要求，开窗侧钻时面临泥岩坍塌掉块问题比较突出和井漏现象严重等难题，需下入技术套管对石炭系高压地层加以封隔，而下入 Φ127mm 套管则难以满足下步钻进要求，导致塔河油田奥陶系剩余油多年来难以解

基金项目： 中石化石油工程技术公司先导项目"膨胀套管堵漏技术应用研究"（课题编号 SG1303 - 07T）。

放。自 2009 年开始，针对小井眼窄间隙井钻遇复杂地层所面临的钻完井难题，对 Φ177.8mm 套管内二开次钻完井技术方案加以论证，首先确定采用 Φ139.7mm 膨胀套管充当技术套管，构建"临时井壁"，封隔复杂层后，下入 Φ130mm 钻头继续钻进至目的层。膨胀套管封堵技术于 2012 年首次在塔河油田实施获得成功，并先后应用于 7 口井，有效封隔了石炭系高压地层，安全顺利钻达奥陶系目的层[1,2]。

随着近年来钻井投资缩减，该类侧钻井开发总费用控制在新井的 60% ~ 70% 之间，由于膨胀套管及其对扩眼要求较高导致对井眼的钻后二次扩眼使得投资总额难以控制，制约了该类侧钻井的大规模应用。为了进一步缩减之间成本和钻井周期，寻求一种更为经济、可替代膨胀套管封堵的钻完井方案越来越迫切[3,4]。

2　技术方案

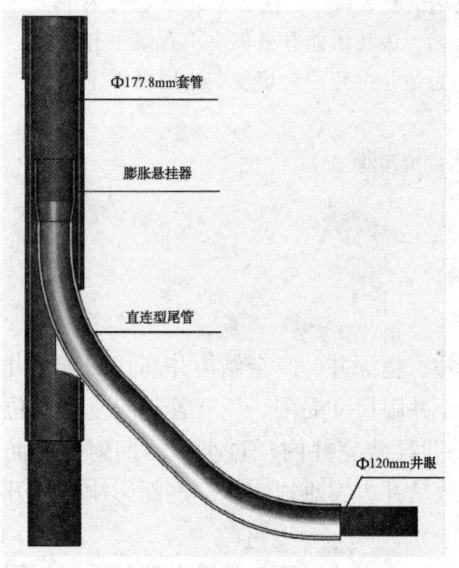

图 1　悬挂直连型尾管封堵二开次钻完井方案

针对小井眼窄间隙井所面临的的二开次钻完井难题，为进一步节约钻井费用，降低施工风险，提出了悬挂直连型套管代替膨胀套管的封隔方案(图1)，利用膨胀悬挂器悬挂大通径尾管和提供尾管头密封的优势，优化二开次钻井方案和满足特殊完井要求，解决复杂条件下尾管完井难题，从而为小井眼窄间隙完井提供新的技术手段和解决方案，实现设计、钻井和完井一体化。通过采用 Φ177.8mm × Φ139.7mm 膨胀悬挂器悬挂 Φ139.7mm 大通径直连型尾管进行封堵复杂层，再下入 Φ120.6mm 钻头继续钻进至目的层，实现二开次完井。

该方案的优势有：①解决钻井中辅助封隔高压层、漏失层等复杂难题，解决尾管头的环空漏失问题，保证后续钻进安全；②悬挂更大尺寸直连型尾管，实现小井眼窄间隙多下入一层技术套管，优化井身结构，增大完井内径；③解决小井眼窄间隙井固井质量差，难以通过水泥浆封隔漏失层的难题[5,6]。

3　关键技术

膨胀悬挂器最大可以悬挂与本体同尺寸的大通径尾管，可实现 Φ177.8mm 套管内下技套后二开次完井，从而为后续钻井提供宝贵的井眼空间，优化钻完井技术方案。为了安全顺利地实现二开次钻完井，需要对 Φ149.2mm 井眼加以扩眼作业，开发设计专门的大通径膨胀悬挂器，优选尾管及固井工艺，并进行小井眼钻具优选及工艺研究。

3.1　新型随钻扩眼双心钻头设计

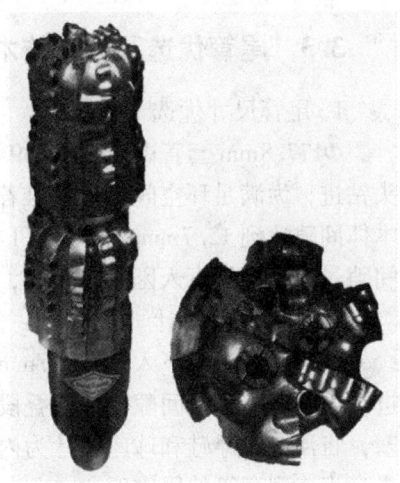

针对国外国民油井公司 CSDR5211S – B2 型随钻双心钻头价格昂贵、机械钻速偏低及扩眼尺寸不知等原因，结合地层特点，设计出 CK306BD 新型随钻随钻双心钻头（图 2）。该钻头采用 6 刀翼结构，通过独特的偏斜结构设计进行扩眼，并将钻头尺寸设计为 Φ149.2mm × Φ173mm，使理论扩眼直径由 165.1mm 增大至 173mm。通过对双心钻头进行优化扩眼刀翼设计和冠部结构，提高了随钻扩眼效率和机械钻速，增加了切削齿耐磨性和扩眼钻头稳定性。现场应用表明，该新型随钻扩眼钻头使扩眼井径平均增大了 8.4mm，满足了尾管下入及固井需求，无需钻后扩眼，进一步缩短钻井周期和降低钻井成本。

图 2　新型随钻扩眼钻头结构设计

3.2　大通径膨胀悬挂器设计

膨胀悬挂器膨胀坐挂后，与上部技术套管无缝连接，实现小间隙、大通径的尾管悬挂，可悬挂与悬挂器本体同尺寸尾管（表 1），为大通径尾管悬挂提供技术支撑。譬如膨胀悬挂器在 Φ177.8mm 套管内最大可悬挂 Φ152.4mm 的尾管；而机械式悬挂器在 Φ139.7mm 套管内无法悬挂 Φ95.25mm 以上尾管，在 Φ177.8mm 套管内最大可悬挂 Φ127mm 的尾管[7,8]。

表 1　膨胀悬挂器和常规悬挂器参数对比

类　　型	规格/mm 上部套管×所悬挂尾管	坐挂后内径/mm	最大可悬挂套管/mm	悬挂套管内径/mm
常规悬挂器	Φ177.8 × Φ127	Φ108.8	Φ127	Φ108.8
膨胀悬挂器	Φ177.8 × Φ152.4	Φ137	Φ152.4	Φ137

由于膨胀悬挂器所悬挂的 Φ139.7mm 尾管内径为 124.26mm，使得倒扣机构的加工空间受到限制，现有倒扣机构难以设计加工。为了避免悬挂尾管长度受限和悬挂器提前坐挂，对膨胀悬挂筒的喇叭口进行预扩孔设计，将倒扣机构设置在预扩孔的喇叭口处，并优化设计倒扣机构结构，保证膨胀悬挂器满足施工安全及坐挂后大通径的特殊设计要求。针对膨胀悬挂器上部套管壁厚不同及所悬挂的尾管类型差异，优化膨胀悬挂筒和膨胀锥的尺寸参数（表 2），以保证膨胀悬挂器顺利回接坐挂至上部套管内，实现有效密封[9,10]。

表 2　膨胀悬挂器技术参数优选

上部套管	膨胀悬挂器尺寸/mm			尾管/mm	钻头/mm
外径×壁厚/ （mm×mm）	膨胀前外径 （本体×启动器）	膨胀前内径	膨胀后内径		
177.8 × 11.51	127 × 143	111.96	128.0	139.7 直连型	149.2 扩眼
177.8 × 9.19	139.7 × 152	124.26	137.0	139.7 直连型	156 不扩眼

3.3 尾管优选及固井技术

1. 尾管尺寸优选

Φ177.8mm 套管内使用 Φ149.2mm 或 Φ156mm 钻头钻进，下开次需下入 Φ120.6mm 钻头钻进，为满足环空间隙 API 推荐范围内，设计使用 Φ139.7mm×7.72mm 套管，满足套管本体间隙达到 12.7mm，由于 API 标准 Φ139.7mm 套管接箍 Φ153.7mm，与 Φ177.8mm 套管间隙过窄，套管下入困难，因此，优选 Φ139.7mm×7.72mm 无接箍直连型尾管。

2. 固井附件设计

一开钻进后，下入 Φ139.7mm 尾管封隔漏失或高压地层，二开使用 Φ120.6mm 钻头钻进，固井面临环空间隙窄，重叠段间隙窄，无匹配固井配套工具附件。为方便尾管下入及钻塞，将浮箍、浮鞋和球座设计为内置式浮鞋，并设计出适用于无接箍直连型尾管的扶正器，提高直连型套管的居中度。

3. 固井工艺优化

针对一开井眼需进行膨胀悬挂及固井作业的工艺特点，优化超缓凝水泥浆体系，调整好水泥浆稠化时间，采用先固井后膨胀再候凝方式作业，固井时按正常要求进行固井，但需优化控制注水泥量不留上塞。同时，膨胀悬挂作业后先调整钻井液密度进行套管承压试验，再进行二开小井眼钻进。

3.4 小井眼钻井工艺

针对膨胀悬挂器悬挂大通径直连型尾管封堵，优化后二开小井眼钻具结构为 Φ120.6mmPDC 钻头 + Φ95mm 动力钻具 + Φ105mm 无磁钻铤 + Φ105mm MWD 短节 + Φ88.9mm 特制钻杆 + Φ88.9mm 加重钻杆 + Φ88.9mm 钻杆。采用 Φ120.6mm 钻头 + Φ118mm 螺旋扶正器通井，确保 Φ114.3mm 直连型套管或 Φ95.25mm 套管下入。

4 现场试验

Φ177.8mm 套管内下入技术套管的二开次完井方案，在前期论证和研究基础上，采用膨胀悬挂器悬挂 Φ139.7mm 直连型尾管实现小井眼窄间隙下入技术套管及辅助钻井堵漏，减少井眼内径损失，为后期实施采油及防砂等措施提供更大的空间，解决了常规悬挂器内径小无法悬挂大尺寸尾管的瓶颈，为可实现短重叠段和重叠段密封固井。现已完成 3 口井的先期试验，以滨 674－平 3 井为例，简单介绍悬挂大通径尾管技术应用情况(表 3)。

表3 膨胀悬挂直连型尾管技术应用情况

序号	井 号	膨胀悬挂器深度/m	尾管长度/m	尾管下深/m	备 注
1	滨 674－平 3	1249.95	372.51	1626.46	下入两层套管
2	草 13－斜 901	1365.11	132.65	1503.06	
3	盐 1 井	2632	231	2871	盐井

4.1 滨 674 – 平 3 井实施背景

该井最初为塔河油田深层侧钻井膨胀套管封堵试验井 TK6 – 463CH 在东部浅层地区的一口前期试验井,后改为常规水平井开发,设计二开 $\Phi177.8mm$ 技术套管下至火成岩顶面,三开悬挂外径 $\Phi114.3mm$ 打孔筛管完井。实钻时因三开钻遇断层,漏失严重,发生卡钻后开窗侧钻,常规手段难以在 $\Phi177.8mm$ 套管内下两层套管进行堵漏及完井作业。因此,该井在 $\Phi177.8mm$ 套管内采用 $\Phi156mmPDC$ 钻头开窗侧钻,膨胀悬挂 $\Phi139.7mm \times 7.72mm$ 无接箍尾管;四开采用 $\Phi120.6mm$ 钻头,悬挂 $\Phi114mm$ 无接箍打孔筛管完井,满足钻井堵漏及后期完井要求。

4.2 技术措施

为了保障 $\Phi177.8mm$ 套管内下入技术套管及完井套管顺利,保证四开小井眼钻具下入及钻井安全,制定了系列技术措施,保证非常规钻完井工艺正常实施。非标钻具准备:特制 $\Phi156mm$ 铣锥开窗及 $\Phi156mmPDC$ 钻头侧钻,四开采用 $\Phi120.6mmPDC$ 钻头钻进;完井工具特殊处理:$\Phi139.7mm$ 及 114.3mm 套管均采用无接箍直连型套管,固井附件均为小接箍双向倒角设计;套管安全下入措施:采用 $\Phi156mm$ 钻头 + $\Phi150mm$ 螺旋扶正器通井,并采用软件模拟管柱下入,确保套管正常下入。

4.3 现场实施

2012 年 10 月,滨 674 – 平 3 井三开完钻井深 1627m,钻井液密度 $1.12g/cm^3$,通井后尾管下入顺畅,直连型尾管下深 1626.56m,$\Phi177.8mm \times \Phi139.7mm$ 膨胀悬挂器坐挂位置 1249.95m,下入尾管 372.6m,固井正常,膨胀悬挂器膨胀坐挂顺利。

四开钻至漏失层 1659m,钻井液密度 $1.07g/cm^3$,边漏边钻 20m 后完钻,完钻井深 1679m,采用 114.3mm 直连型套管及打孔管完井,尾管长 59.11m,$\Phi139.7mm \times \Phi114.3mm$ 膨胀悬挂器采用筛管免钻塞式膨胀悬挂器,坐挂位置 1602.25m,管柱到位后投球,坐挂膨胀悬挂器,完成尾管柱的悬挂及密封。

4.4 实施效果

该井采用膨胀悬挂器在 $\Phi177.8mm$ 套管内未扩眼条件下,下入 $\Phi139.7mm$ 和 $\Phi114.3mm$ 两层套管实现二开次套管完井,成功封隔漏失层,满足钻井及完井要求,顺利投产,有效解决疑难井问题,为小井眼窄间隙井钻完井提供技术手段。

5 结论及建议

(1)膨胀悬挂器可在 $\Phi177.8mm$ 套管内悬挂大通径直连型尾管封堵复杂地层,进行二开次钻完井作业,并在东部油田得到现场应用验证,技术可行。

(2)针对 $\Phi177.8mm$ 套管壁厚不同,应根据井况条件,对膨胀悬挂器的技术参数加以优选,并对一开次所用钻头尺寸及是否需要扩眼进行适应性分析。

(3)需进一步完善优化膨胀悬挂器及配套工艺,加快在西部塔河油田 $\Phi177.8mm$ 套管内悬挂直连型尾管二开次钻完井应用，以应对膨胀套管封堵方案所面临的钻井成本偏高的问题。

（4）下一步将结合膨胀悬挂直连型尾管二开次钻完井应用情况，与膨胀套管封堵技术相对比，分析两种技术的特点，以便更为有效的解决小井眼复杂地层封堵难题。

参 考 文 献

1 何伟国，唐明，吴柳根. 塔河油田深层侧钻水平井膨胀套管钻井完井技术［J］. 石油钻探技术，2013，41（2）：62～66

2 唐明，吴柳根，赵志国等. 深层侧钻水平井膨胀套管钻井封堵技术研究［J］. 石油机械，2013，41（5）：25～29

3 朱春林，刘爱民，赵志国. 膨胀套管技术在塔河油田超深井侧钻井中的应用［J］. 科学技术与工程，2012，31（12）：8384～8387

4 胥豪，崔海林，张玲等. 塔河油田膨胀管钻井技术［J］. 石油钻采工艺，2013.40（4）：26～29

5 John McCormick, Alexis Carter, Rick Johnson. Large Bore Expandable Liner Hangers for Offshore and Deepwater Applications Reduces Cost and Increases Reliability：COM Case History，SPE/IADC 163410，2013

6 张煜，安克，张延明等. 完井修井膨胀悬挂器的研制与应用［J］. 石油学报，2011，32（2）：364～368

7 姚辉前，马兰荣，郭朝辉等. 可膨胀尾管悬挂器关键技术. 石油机械，2010，38（1）：73～76

8 司万春，郭朝辉，马兰荣. 可膨胀尾管悬挂器技术及其应用. 石油矿场机械，2006.35（6）：100～102

9 唐明，滕照正，宁学涛等. 膨胀尾管悬挂器研究及应用［J］. 石油钻采工艺，2009，31（6）：115～118

10 宁学涛，蔡鹏，唐明等. 海上深井膨胀悬挂器钻完井技术研究及应用［J］. 石油机械，2012，40（10）：54～58

钻井液技术

用微凝胶替代水基钻井液中膨润土技术初探

赵素丽

（中国石化石油工程技术研究院）

摘　要　本文通过研究指出常规水基钻井液面临的矛盾，并对膨润土的性质进行研究，提出利用微凝胶替代替代膨润土在钻井液中作用的思路。以微凝胶为基础配浆材料配制的钻井液，从根本上克服了钻井液既要保持膨润土细分散的胶体状态，又要保持泥页岩地层稳定、抑制钻屑在钻井液中分散所表现出来的矛盾。在使用各种强抑制剂、防塌剂提高井壁稳定的同时，不会破坏泥浆性能。本文通过研究，得出了微凝胶和膨润土流变性和造壁性都十分相似，证实了微凝胶替代膨润土的可行性。

关键词　聚合物微凝胶；膨润土替代品；膨润土

前言

随钻井技术的发展，油基钻井液、合成基钻井液、无固相钻井液等使用的越来越多，但水基钻井液由于其用途广、成本低、维护容易等因素，实际应用中仍然占据着主导地位。水基钻井液体系中，膨润土是基础配浆材料，钻井液中加入的各种处理剂，通过吸附在黏土表面拆散或絮凝黏土胶粒，从而保持钻井液合适的流变性、造壁性、润滑性和抑制性。归根结底，各种处理剂应用的主要目的就是使膨润土颗粒维持好的粒度和级配，使钻井液保持好的性能[1]。但在实际钻井过程中，钻井液接触到的是地层黏土矿物，由于地层黏土与膨润土矿物结构相同或相近，钻井液体系稳定性和井眼稳定性之间存在着不可调和的矛盾。本文对膨润土在钻井液中所起的主要作用进行研究，目的是寻找一种能替代膨润土的聚合物，从根本上解决水基钻井液面临的矛盾。

1　水基钻井液存在的矛盾

1.1　处理剂加入的恶性循环

为了保持钻井液稳定性，必须加入一定量的处理剂，例如为了保持钻井液的低失水、合适的流变性，需要加入一定量的降滤失剂、降黏剂等，这些处理剂吸附到膨润土上，通过分散膨润土颗粒而起作用[2]。但因为泥浆中黏土颗粒成分与井壁和地层黏土矿物成分相同，这些处理剂在分散钻井液中膨润土的同时也会对地层黏土进行分散，使钻屑不断分散在钻井液中，使钻井液固相含量增高、流变性变差、失水变大等。为保持钻井液稳定，又需要加入降黏剂、降失水剂等，形成新一轮的矛盾。

1.2 由于膨润土的存在使盐水钻井液维护难度加大

盐水钻井液中无机盐进入地层会抑制地层黏土水化膨胀，但也会压缩钻井液中膨润土的双电层，使膨润土水化膜变薄，黏土胶粒絮凝，失水变大[3]。为了维护钻井液性能稳定，必须配伍相应护胶剂或者降黏剂，一方面增加钻井液成本，另一方面也削弱了无机盐的抑制效果。抑制性特别强的无机盐（例如硅酸盐、铝酸盐），在稳定井壁效果很好的同时，对钻井液中的膨润土胶粒的作用也很强烈，导致钻井液的流变性及失水造壁性均不容易控制，尤其在高温情况下护胶聚合物从膨润土表面解吸或降解，将对钻井液产生不可逆转的影响，因此，限制了这些处理剂在深井中的应用。

1.3 固相含量逐渐升高趋势不可避免

钻井液中添加适量高分子絮凝剂的目的是使钻井液中的钻屑和劣质土处于不分散的絮凝状态，以便使用机械固控设备将其清除[4]。因为在絮凝劣质土的同时还要保持膨润土的分散状态，因此，目前一般应用的是选择性的絮凝剂如部分水解的聚丙烯酰胺、80A-51、VAMA 等，但是在钻井过程中，优质固相和有害固相之间并没有明显的界限，同时由于分散剂的存在、黏土的水化分散等。随时间增长总有一部分黏土能够完全分散到钻井液中，增加钻井液固相含量。如果钻井液体系中没有膨润土，则可以加入成本更加低廉的聚丙烯酰胺（PAM），不管体系中的黏土水化与否都可以进行絮凝，有效控制有害固相。

1.4 钻井液抗污染能力较差

预水化膨润土以胶体粒子存在，粒子之间的范德华力和静电斥力使之保持相对稳定，从而保持钻井液具有好的流变性和造壁性。一般来说，外界因素很难改变吸引力的大小，胶体粒子的间的静电斥力（ZETA）是影响体系稳定的主要因素[5]。因此，所有影响体系 ZETA 电位的因素都会对钻井液产生很大的影响。当钻井液遇到盐侵、钙侵时，由于高价离子压缩膨润土胶体粒子的扩散双电层，ZETA 电位降低，膨润土会产生絮凝、聚结，严重影响钻井液性能；当钻遇高温地层时，处理剂的降解或解吸使对膨润土颗粒的保护作用减弱，由于膨润土的高温分散会使钻井液严重增稠、失水变大，性能变坏。

1.5 总结

归根结底，现有的水基钻井液体系中，有利于钻井液体系稳定的处理剂不利于稳定井壁，有利于井眼稳定的处理剂不利于钻井液性能稳定。泥浆体系与井眼稳定之间的矛盾从根本上制约了井眼稳定技术的发展，尤其是高温、盐层等复杂井段，这个矛盾更加突出。

2 聚合物的选择

2.1 膨润土在钻井液中所起的主要作用

膨润土是钻井液的重要组成部分，预水化好的膨润土颗粒分散成胶体粒子，表面带有电荷,通过颗粒之间的静电斥力保持稳定。膨润土在钻井液中主要起提黏、提切作用,同时也起着降低失水的作用。从本质上讲,除密度外,水基钻井液性能主要由膨润土粒子的分散状态决定(流变性和造壁性),钻井液中加入处理剂的目的就是为了保持膨润土颗粒合适的大小和粒子级配[1]。

2.2 聚合物选择

拟选择的聚合物必须具有提黏提切、降失水等最基本的功效,通过资料调研,具有这部分性质的聚合物主要有黄原胶、聚合物微凝胶、纳米插层聚合物,它们之间的区别如表1所示[6]。

表 1 几种聚合物性能比较

聚 合 物	作 用	作用机理	优 点	缺 点
黄原胶	无固相钻井液的主要提黏剂,具有较好的增黏降滤失作用。	超会合结构。	泥浆易于配制、性能极易调整。	抗温效果差、价格昂贵。
聚合物微凝胶	具有较好的增黏降滤失作用	粒子间的静电斥力保持黏切与稳定	水化速度快,性能基本呈惰性,产品可系列化	广泛应用在医疗、农林业等方面,钻井液方面还没有应用的报道。
膨润土插层聚合物	具有膨润土和聚合物的双重性质,具有较好的增黏降滤失作用	既有膨润土颗粒之间的斥力,又有聚合物的分子间的内摩擦力。	增黏切、降失水性能好,抗温抗盐性好。	技术要求高,目前还没有工业化生产。

黄原胶是常规无固相钻井液的主要提黏提切剂,但价格昂贵且抗温性不好;膨润土纳米插层聚合物目前技术还不成熟,产品没有工业化生产[7];聚合物微凝胶在其他行业已得到广泛应用,且降失水、提黏提切机理与膨润土十分类似,因此作为本研究的首选聚合物。

2.3 聚合物微凝胶与普通聚合物的比较

聚合物微凝胶与普通聚合物具有不同的作用机理与性质,具体区别如表2所示。

表 2 聚合物微凝胶与普通聚合物的比较

项 目	常规聚合物	微 凝 胶
水中分散形式	直链或支链	自由分散成纳米级别单个粒子
浓度高时有无拉丝现象	有	无
特点	黏性	可变形性、黏性,有一定硬度
提黏机理	分子链间的缠结和内摩擦	依靠分子间的静电斥力
降失水机理	护胶或分散黏土颗粒	直接参与形成泥饼

聚合物微凝胶即具有聚合物的黏性、膨润土的提切能力，还具有类似沥青的封堵功能，可作为膨润土的替代物来配制新型的钻井液体系。

3 聚合物微凝胶代替膨润土具有的优势

3.1 聚合物可以系列化

研究过程中可分成"一般土"、"抗盐土"、"抗温抗盐土"等，钻井过程中可以根据地层需要选择不同的聚合物，例如对于盐层井可以选择抗盐性好的聚合物，而对于深井，重点考虑它的抗温性，这样既能保证安全钻井又能降低成本。

3.2 提高了处理剂的应用效果

常规水基钻井液中膨润土要求适度分散，而地层黏土要求不分散，钻井液处理剂要兼顾二者，因此选择出的处理剂可能达不到最佳效果。而微凝胶钻井液处理剂不通过在膨润土上吸附而产生作用，提高了处理剂的应用效果，降低了处理剂的"内耗"。

3.3 钻井液体系维护处理简单

以黏弹性微凝胶为基础配浆材料所开发的钻井液体系，与常规的聚合物钻井液相比，显著特点是不用膨润土配浆，从根本上克服了钻井液既要保持体系中膨润土细分散的胶体状态又要保持泥页岩的地层稳定、抑制钻屑在钻井液中分散所表现出来的矛盾，钻井液维护处理简单。

3.4 可以配制成高密度钻井液

因为体系没有膨润土，可以有效保护油气层、提高机械钻速，可以配制成高密度、低密度等特殊钻井液。

4 聚合物微凝胶效果评价

4.1 聚合物合成

根据地层温度、允许矿化度等优选单体，在一定条件下进行合成、交连，其中分子量的控制和交连度最关键，最终成凝胶体，干燥粉碎后既成产品，本研究选择的是丙烯酸单体，用铝盐交连，所的产品及在水中溶解情况如图1、图2所示。

4.2 聚合物与膨润土性质比较

聚合物与膨润土性质比较如表3所示，由表可知该微凝胶与膨润土性质相似，0.3%微凝胶聚合物溶液与4%膨润土常温下提黏提切、降失水性质相当，因为我们所选择的单体抗温性一般，因此聚合物抗温性稍差，可以通过与抗温性比较好的单体(例烯丙基磺酸钠)共聚来解决。

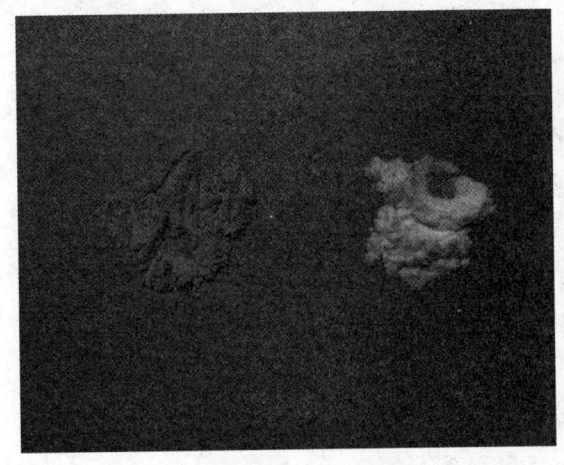

图1　膨润土和聚合物微凝胶外观图　　　　　图2　0.5%聚合物微凝胶溶液图

表3　聚合物微凝胶与膨润土性质比较

配方－性能	φ600/φ300	φ200/φ100	φ6/φ3	失水/mL
4%膨润土	14/10	8/6	3/2.5	36
120℃，16h	14/11	9.5/8	8/8	39
2%膨润土+0.2%微凝胶	14/8	5/3	1/1	25
120℃，16h	16/8.5	6/3.5	1/0.5	31
0.3%微凝胶	36/22	17/11	3.5/3	32
120℃，16h	25/14	9.5/5	0/0	41

4.3　所形成的泥饼对比图

由图3、图4可看出，0.3%聚合物微凝胶与4%膨润土所形成的泥饼很相似，它们都是胶体颗粒直接参与形成泥饼，其中聚合物所形成泥饼厚度略薄、更致密（因为溶液为透明，为了观察方便对它进行了染色）。

图3　4%膨润土泥饼与0.3%聚合物微凝胶泥饼对比图

图4 泥饼厚度对比图

　　为了更直观的观察膨润土浆和微凝胶溶液的渗滤情况，分别用注射器取 1mL4% 膨润土浆和 0.3% 微凝胶溶液，同时滴到滤纸中心，液体即向周围渗滤（图 5），以所滴液体中心点为圆点，定期测量渗滤半径，结果如图 6 所示。

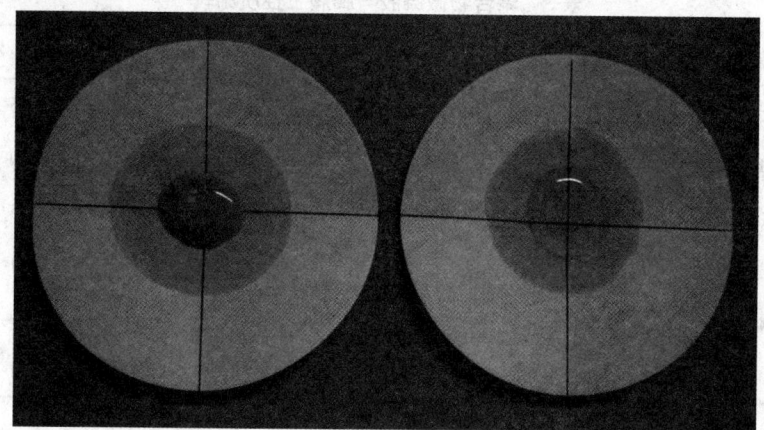

图5 4%膨润土和0.3%微凝胶渗滤对比图

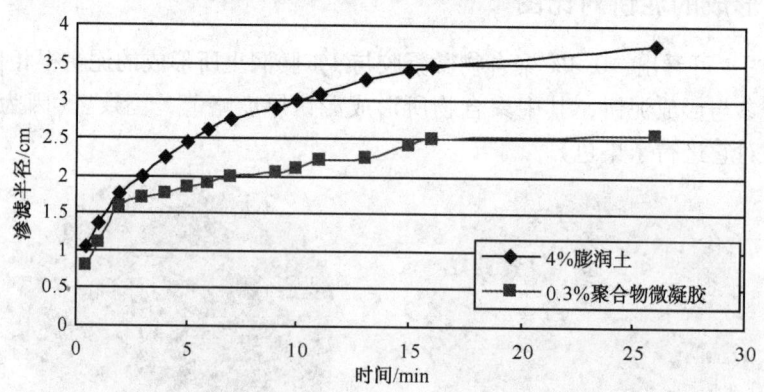

图6 4%膨润土与0.3%聚合物微凝胶渗滤半径对比

　　由图6可知，0.3% 聚合物微凝胶与 4% 膨润土浆水的瞬时扩散速度相差不多，但随着时间延长，微凝胶的扩散速度逐渐低于膨润土浆，最终微凝胶的扩散半径为 2.55cm，而膨润土扩散半径为 3.75cm。

5 膨润土替代品应用前景分析

由于膨润土和地层黏土成分基本一致，常规水基钻井液流变性与地层稳定性之间有不可调和的矛盾。本研究提出用聚合物微凝胶代替膨润土的思路，并室内初步合成了产品。该聚合物以单个粒子形式分散到水中，粒子本身的静电斥力使其保持悬浮稳定。该聚合物可以全部或部分代替膨润土，即能保持钻井液的黏切，又能有效封堵微裂隙、降低失水。该聚合物还可以系列化，可以根据地层需要调整单体进行合成。由该聚合物为基础配浆材料配制的钻井液处理剂不通过在膨润土上吸附而起作用，改变了处理剂作用机理，将引发处理剂方面的革命。聚合物微凝胶钻井液从根本上解决了钻井液性能与井眼稳定性之间的矛盾，同时又避免了传统无固相钻井液失水较高、抗温能力不强的缺点，经济和社会效益巨大。

参 考 文 献

1 王平全，周世良. 钻井液处理剂及其作用原理[M]. 北京：石油工业出版社，2003(9)，19
2 夏俭英. 钻井液有机处理剂[M]. 东营：石油大学出版社，1990(3)，104
3 鄢捷年. 钻井液工艺学[M]. 东营：石油大学出版社，2000(8)，155
4 王平全，周世良. 钻井液处理剂及其作用原理[M]. 北京：石油工业出版社，2003(9)，215
5 宋世谟 王正烈 李文斌. 物理化学[M]. 北京：高等教育出版社，1998(2)，422
6 王平全，周世良. 钻井液处理剂及其作用原理[M]. 北京：石油工业出版社，2003(9)，180
7 盛沛. 黏土型高吸水性复合材料的制备及其性能研究[D]. 武汉：武汉理工大学，2007，1~2

双网络吸水树脂堵漏剂的研制

赖小林 王中华 郭建华 刘文堂 姜雪清 周亚贤

（中国石化石油工程技术研究院中原分院）

摘　要　吸水树脂具有变形填充、吸水膨胀的特性，在钻井堵漏中发挥了重要作用。本文研制了一种新型吸水树脂——双网络吸水树脂（DNG），与传统吸水树脂的区别在于它具有极好的机械强度，在150℃的环境中热稳定性达到30d，可用于深井或超深井的堵漏作业。本文从DNG的研制思路、堵漏机理及性能评价等方面进行了阐述。

关键词　双网络吸水树脂；堵漏机理；抗压强度

中图分类号：TE39　　　　**文献标识码：A**

前言

井漏是钻井过程中普遍存在的现象。桥塞堵漏是有效的堵漏手段之一，其堵漏成败的关键在于堵漏颗粒的尺寸分布是否与漏失通道直径相匹配，其最佳尺寸范围是裂缝宽度或孔隙直径的1/7至1/3[1]。在钻井施工中，特别是探井钻井过程中，难以准确掌握漏失地层的裂缝宽度或孔隙尺寸，很难保证这些材料在地层中形成一个成功的桥塞。如果高浓度的桥堵材料也难以重新建立泥浆循环，可以使用水泥堵漏，单独使用或者与桥堵材料混合使用。水泥堵漏在封堵裂缝的同时也封堵了井筒，需要重新钻开，通常这样的操作需要重复好几次直到形成有效的封堵。在封堵住漏层之前，水泥浆常发生相分离的情况，水泥浆中比重较大的水泥颗粒倾向于从水中分离出来，发生相分离。此外，由于水泥浆在地层中的驻留性欠佳，往往在没有封堵住漏层之前就已漏入地层深处。

为了解决上述桥塞和水泥浆堵漏面临的难题，人们将吸水树脂用于堵漏施工。这类材料能够吸水膨胀[2]，并具有可变形性和聚结作用，能够挤入地层裂缝形成强而韧的堵漏层，在复杂漏失控制中发挥了重要作用[3,4]。随着油气资源勘探开发向深部地层发展，已有吸水树脂在深部地层的高温作用后发生基团变异、分子链断裂，难以满足堵漏需求。针对这一难题，本文从结构设计的角度出发，研制了一种新型吸水树脂——双网络吸水树脂堵漏剂（Double‐Network Gel，DNG），它具有极好的抗压强度和韧性，能够长期耐受150℃高温，可用于深井、超深井堵漏作业。

1　研制思路

DNG由两个相互独立的交联网络组成，维持水凝胶基本框架的交联的刚性第一网络，以及贯穿其中的交联度很低甚至不交联的柔性第二网络[5]。DNG 一般是分两步来制备的，第一步生成高交联密度的第一网络，第二步在第一网络中引入低密度的松散的第二网络。事实上第一网络是普通的化学交联的凝胶，存在着体系不均匀的特点，网络中间存在着团簇和间隙，这样的凝胶虽有一定的弹性应力，但力学性能不好。引入第二网络填补了第一网络的空隙，其作用是增加应变，限制第一交联网络的链节运动，受压时二者可以发生相对滑移，从而有效地分散了作用力，其结构如图 1 所示。这样"刚柔相济"的结果是使DNG 的机械强度有很大的提高，可以达到传统吸水树脂的十几倍。

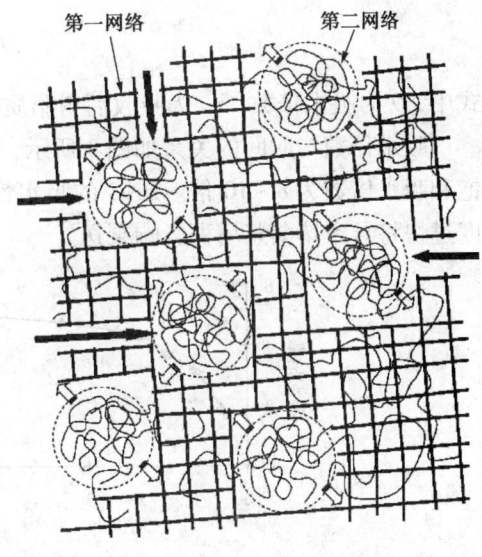

图 1　DNG 的结构示意图

2　DNG 的制备及性能

2.1　DNG 的合成

合成的方法分两步，第一步将磺酸基单体 A 溶于适量水中，加入适量的氢氧化钠中和，然后加入适量比例无机材料搅拌均匀之后，依次加入交联剂、引发剂搅拌均匀后常温下静置反应得到块状树脂，将树脂剪成小块备用；第二步是配单体 B 的水溶液，在溶液中加入交联剂和引发剂，将第一步所得树脂小块放入 B 溶液中浸泡，达到饱和吸液，取出后加热引发聚合得到 DNG 堵漏剂。所得产品为灰色块状固体树脂，具有很好的弹性和韧性(图 2)。

图 2　DNG 产品外观

2.2　吸水性能

将所得产物剪成 5mm×5mm×5mm 的立方小块，于 80℃烘箱中烘干后浸泡于足量的清水中，分别在 0.5h、1h、1.5h、2h、3.5h、5h 后和 1d、2d、3d 测定吸水后树脂质量，用下式计算吸水倍数：

$$Q = \frac{m_2 - m_1}{m_1}$$

式中，Q 为吸水倍数；m_2 为吸收后树脂质量，g；m_1 为吸收前树脂质量，g。

吸水倍数与时间的关系如图 3 所示，5h 内的吸水倍数为 4～5 倍，饱和吸水时间为 2d，饱和吸水倍数为 8～10 倍。DNG 的吸水性能对堵漏是适宜的，因为吸水倍数太高，吸水速度过快将导致堵漏浆增稠影响泵送。

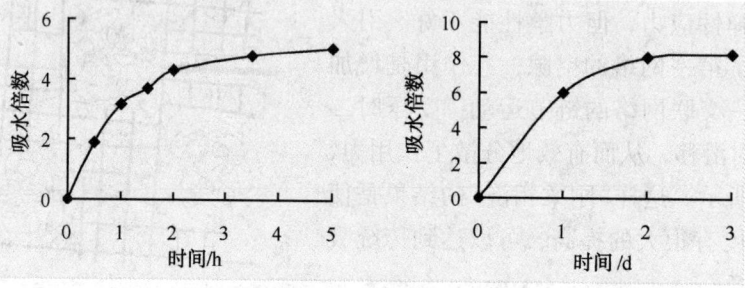

图 3　DNG 的吸水膨胀性能

2.3　抗压强度

将产物冷冻后切割成直径为 50mm，厚度为 10mm 的柱状小块，于湿度为 80% 的环境中解冻后在橡胶拉力试验机上以 3mm/min 进行压缩实验，测试产物的应力 - 应变数据，绘制应力 - 应变曲线，结果如图 4 所示。DNG 在形变为 95% 时依然保持完好的形态，抗压强度达到 16.2MPa，释压后快速弹回，而普通吸水树脂的抗压强度为 1MPa 左右，DNG 的强度是普通吸水树脂的十几倍。

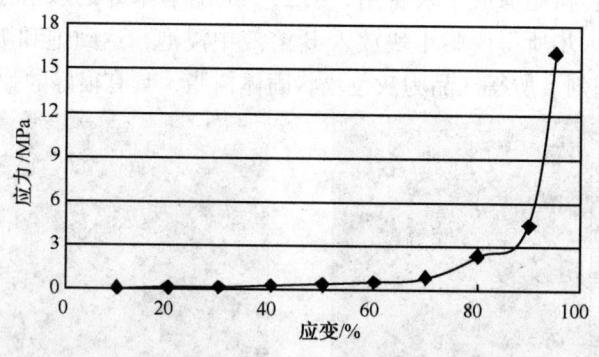

图 4　DNG 应力 - 应变关系

2.4　抗盐性、pH 耐受性

考察 DNG 在 0.9%、5%、18% NaCl 溶液及 4% NaCl、0.5% CaCl$_2$、1.3% MgCl$_2$ 复合溶液中 24h 内的吸水倍数，结果如图 5 所示，发现 DNG 在盐水中的吸水倍数与在清水中的差别不大，说明 DNG 具有较强的抗盐污染能力。

考察 DNG 在 pH 值为 1、3、5、7、9、11、13 的水溶液中 24h 内的吸水倍数，结果如图

6 所示，发现 DNG 在不同 pH 值溶液中的吸水倍数差别不大，说明 DNG 具有较强的 pH 耐受性，可以在各种 pH 值环境中使用。

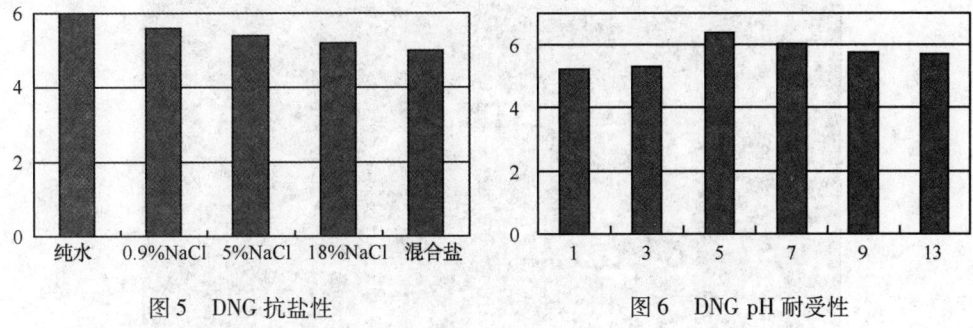

图 5　DNG 抗盐性　　　　　　　　　图 6　DNG pH 耐受性

2.5　抗高温性能

将 DNG 剪成小块在 150℃ 的井浆中老化，考察 DNG 性能变化。井浆参数：B3 - C147 井，Cl^-：$3.02 \times 10^4 mg/L$，MBC：49.88，ρ：$1.32g/cm^3$，API：3.2mL。结果如图 7 所示，DNG 在老化 30d 后依然保持完整的形态，但强度有所下降，老化 10d 后针入度低于 15%，30d 后针入度低于 65%，可以满足堵漏的要求，DNG 的 150℃ 的热稳定性达到 30d。

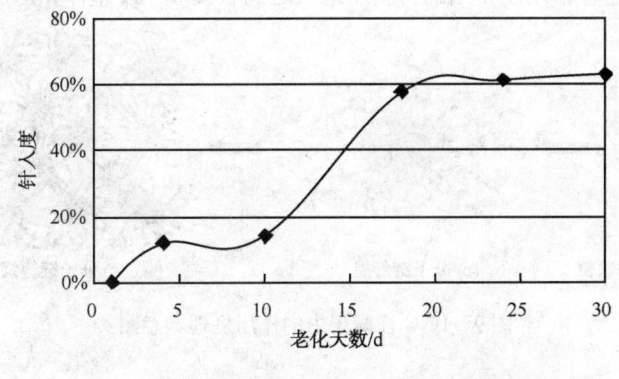

图 7　DNG 老化性能评价

3　DNG 堵漏机理

DNG 之所以能够成功封堵漏层，在于它具有以下一些特性：

1. 可变形性

DNG 具有较好的韧性和变形能力，在压差作用下能变形并被挤入地层孔道内，适应漏失层的形状而自动填充，堵塞裂缝，其堵漏过程如图 8 所示。DNG 所进入的裂缝区为一个压力过渡带，在压差的作用下，DNG 迅速聚集在裂缝区域，与此同时，DNG 受到挤压，体积减小，内部压力增加，做功产生能量，而一部分聚集在 DNG 里的能量释放，DNG 吸水膨胀，直到作用在 DNG 表面的内外压力平衡为止。

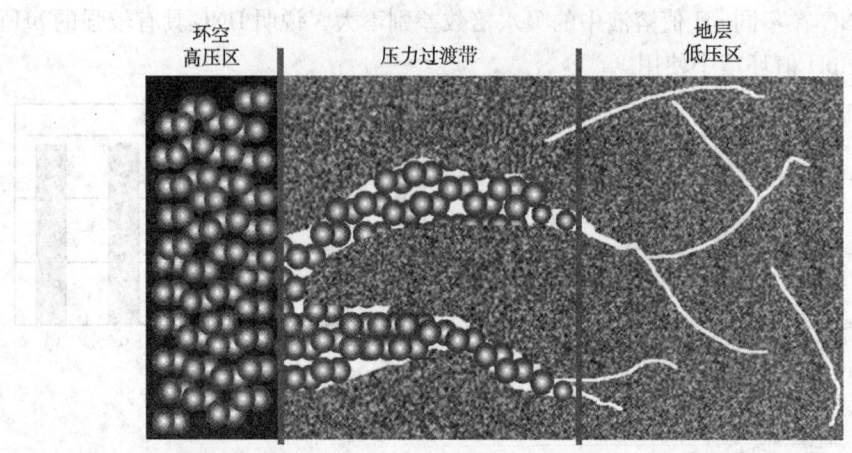

图 8　DNG 挤入漏层示意图

2. 吸附性

DNG 颗粒表面有很多高分子链，他们在地层水和温度的作用下舒展开来，形成类似板栗壳形状的结构，如图 9 所示。舒展开的高分子链上的亲水基团与水接触形成水合状态，舒展的高分子链还可以吸附到黏土颗粒、岩壁或堵漏浆中其他材料的表面上。同时堵漏浆中的其他细小颗粒也可以在树脂表面发生絮凝、团聚，DNG 颗粒之间的分子链也会发生缠绕、纠结作用，形成很强的内聚力。所有这些作用使得堵漏材料与地层之间联接成一个整体，形成有效封堵[6]。

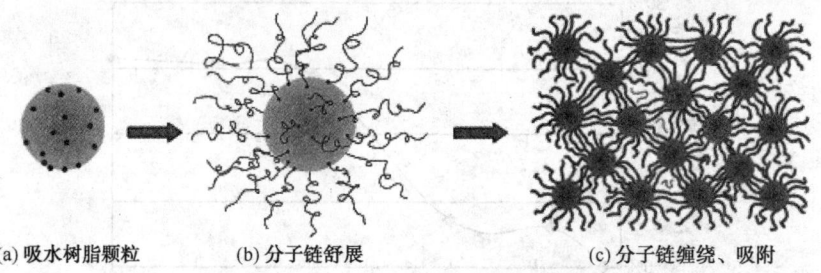

(a) 吸水树脂颗粒　　　　(b) 分子链舒展　　　　(c) 分子链缠绕、吸附

图 9　DNG 在漏层中的作用机理示意图

3. 吸水膨胀性

DNG 被压差挤入地层中，表面的分子链在地层环境中舒展开来，通过水合、吸附、缠绕、絮凝等作用与地层联结成一个整体后，继续吸水膨胀，产生次生压力，对地层进一步填充压实，形成一个高强度的封堵层，最终实现成功封堵(图 10)。

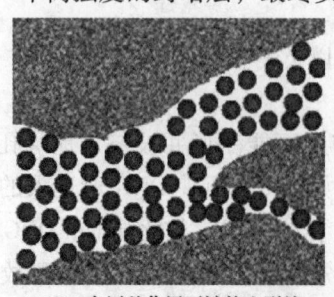
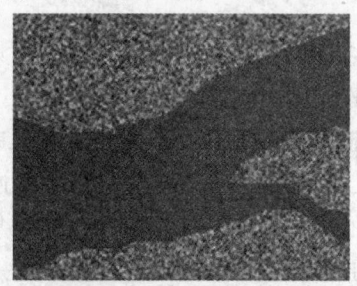

(a) DNG 在压差作用下被挤入裂缝　　　　(b) DNG 吸水膨胀并联结成一个整体

图 10　DNG 封堵漏层示意图

4　DNG 室内堵漏评价

在如图 11 所示模拟堵漏装置中，装入 5～10mm 的石子模拟大型漏失（堵漏浆配方：700mL8% 基浆 + 10% BKZ + 0.3% CPS2000 + 7% HPS + 3% XJ + 5% DNG），将堵漏浆倒入模拟堵漏装置中，采用高压计量泵驱替，记录装置的承压强度。如果配方中不加 DNG，则 700mL 堵漏浆全部漏失，无法形成封堵层；配方中加入 5% 的 DNG 后逐步形成封堵层，挤注过程中承压压力与挤注量的关系如图 12 所示。DNG 变形能力好，能够进入封堵层深处，形成较好的封堵层，承压强度 20MPa 以上，在水的作用下 DNG 表层的高分子链舒展并吸附于模拟漏层或其他堵漏材料表面，形成的封堵层是一个密实的整体，如图 13、图 14 所示。

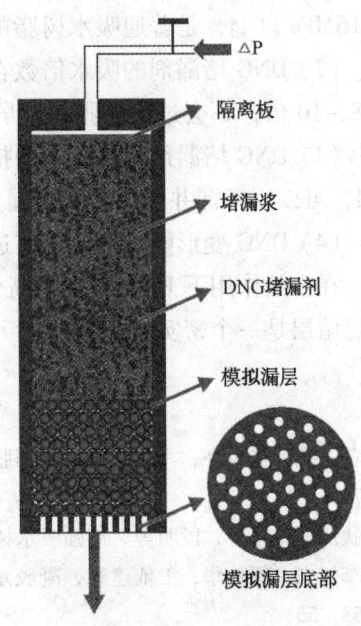

图 11　模拟堵漏评价装置示意图

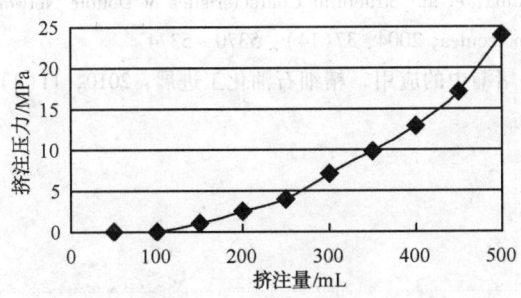

图 12　DNG 堵漏评价结果

图 13　封堵层实图

图 14　剖开的封堵层（红色区域为 DNG）

5　结论

（1）DNG 堵漏剂的双网络结构使其在形变为 95% 时依然保持完好的形态，抗压强度达到 16MPa 以上，是普通吸水树脂的十几倍，释压后快速回弹。

（2）DNG 堵漏剂的吸水倍数在 5h 内的吸水倍数逐渐增加到 4~5 倍，2d 后达到饱和吸水 8~10 倍，不会过快膨胀和过早达到饱和吸水，有利于堵漏施工。

（3）DNG 堵漏剂具有较好的抗盐污染和 pH 耐受性，150℃高温条件下的热稳定性达到30d，可以用于深井超深井的堵漏作业。

（4）DNG 变形能力好，能够进入封堵层深处，形成较好的封堵层，承压强度 20MPa 以上；在水的作用下 DNG 表层的高分子链舒展并吸附于模拟漏层或其他堵漏材料表面，形成的封堵层是一个密实的整体。

参 考 文 献

1　黄达全，陈少亮，马运庆等．可膨胀高效承压剂在堵漏作业中的应用．钻井液与完井液，2006，23（3）：71~73

2　狄丽丽，张智，段明等．超强吸水树脂堵漏性能研究．石油钻探技术，2007，35（3）：33~36

3　李旭东，郭建华，王依建等．凝胶承压堵漏技术在普光地区的应用．钻井液与完井液，2008，25（1）：53~56

4　刘四海，崔庆东，李卫国．川东北地区井漏特点及承压堵漏技术难点与对策．石油钻探技术，2008，36（3）：20~23

5　Yang – Ho Na, Takayuki Kurokawa, Yoshinori Katsuyama, et al. Structural Characteristics of Double Network Gels with Extremely High Mechanical Strength. Macromolecules, 2004, 37(14)：5370~5374

6　赖小林，王中华，郭建华等．吸水材料在石油钻井堵漏中的应用．精细石油化工进展，2010，11（2）：17~21

国外高性能水基钻井液的最新研究进展

王治法

(中国石化石油工程技术研究院)

摘要 国外高性能水基钻井液(HPWBM)因为在性能、费用、环境保护方面取代油基和合成基钻井液(OBM/SBM)而受到很大的关注。传统的水基钻井液在泥页岩井壁稳定、钻屑完整性、机械钻速、钻头泥包和摩阻减少方面远不如乳化泥浆,因此国外开展许多研究旨在减少传统水基钻井液与油基钻井液间的差距,由此研发了高性能钻井液。本文主要介绍了国外高性能水基钻井液的基本组成及主要处理剂作用机理、室内评价方法、优良性能数据和在世界部分油田的现场应用情况。

关键词 聚胺;铝络合物;机械钻速;井壁稳定 活性泥岩

前言

近年来,油气井的钻井技术上虽然已经有了很大的提高,但是随着全世界各油田的开发逐渐进入中后期,钻井作业的难度和油气井开发成本都在急剧地增加。像超深井钻井、延伸井、大位移水平井和深海钻井都存在着更多的技术难题、不可预测的风险和昂贵的钻井费用等难题。为减少这些难题,一般都会采用油基或合成基钻井液来降低钻进扭矩、减少起下钻困难、黏卡、机械钻速低和井眼稳定问题,但是由于环境保护的立法机构对钻井泥浆和钻屑的处理的指标要求越来越严,各大石油公司面临更大的挑站是处理油基泥浆和合成基泥浆及钻屑达到环保要求需要投入更多的人力和资金。为此,Baker Huges、MI 和 Halliburton 等公司都在研发一种在性能、费用、环境保护方面能取代油基与合成基钻井液的高性能水基钻井液。

1 基本组成、配方及主要处理剂作用机理

1.1 基本组成、配方

高性能水基钻井液由聚胺、铝络合物、钻速提高剂、可变形聚合物封堵剂、提黏剂、降滤失剂和润滑剂等组成。其中对页岩抑制起关健作用的聚胺处理剂和铝络合物,钻速提高剂主要是防止钻头泥包和减少扭矩和摩阻,可变形聚合物封堵剂主要是用来减少岩心压力传递,其他则为常规的泥浆处理剂。其典型的配方如下[1]:2%~4%聚胺+1%~2%铝络合物+2%~4%钻速提高剂+2%~3%可变形聚合物+0.15%~0.3%XC+0.2%~0.4%改性淀粉+0.1%~0.2%PAC。

1.2 主要处理剂的作用机理

1. 聚胺

高性能水基钻井液用聚胺作为抑制剂，它水溶、低毒，可与其他添加剂一起使用，不水解，具有成膜作用。聚胺盐有独特的分子结构(图1)，可充填在黏土层间，并把它们束缚在一起，有效地减少黏土的吸水倾向，胺分子通过金属阳离子吸附在黏土表面，或者是在离子交换中取代了金属阳离子形成了对黏土的束缚，其抑制页岩膨胀的机理不同于聚合醇的作用机理，正是由于胺基独特的束缚作用，层间水不会从层间排除。

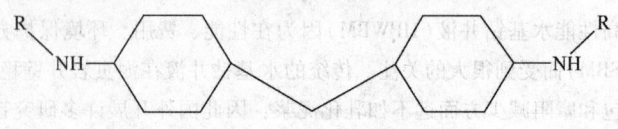

图1　聚胺的分子结构

2. 铝络合物

高性能水基钻井液中还加入了一种铝酸盐的络合物做为抑制剂，这种络合物在 pH 值为 $10 \sim 12$ 时，在钻井液中以 $Al(OH)_4^{-1}$ 的形式存在，当 pH 值为 $6 \sim 8$ 时，$Al(OH)_4^{-1}$ 的络合物又转化成白色羟化铝沉淀。根据铝络合物的这一原理，其在钻井液中是可溶的，但当它进入页岩内部后，由于碱浓度的降低以及与多价阳离子的反应，则会生成沉淀，因此可以用来增强其在页岩孔喉内或微裂缝内井壁稳定性[2]（图2）。

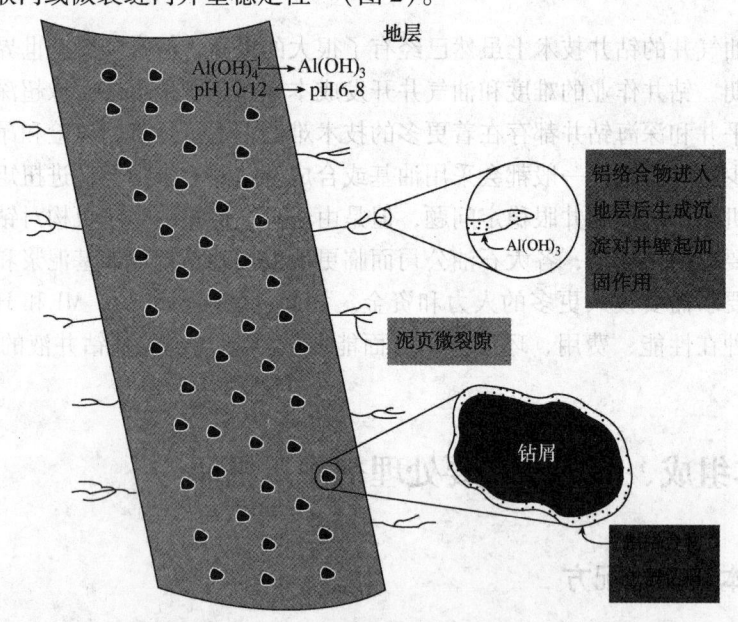

图2　铝络合物在页岩孔隙和微裂缝处沉淀而加强了井壁稳定

3. 钻速提高剂和可变形封堵聚合物

钻速提高剂主要是由表面活性剂和润滑剂组成的特殊混合物。该处理剂能覆盖在钻屑和金属表面，从而降低黏土水化和在金属表面黏结的趋势，防止水化颗粒聚沉，阻止钻头泥包，使发生水化的黏土不易在钢金属表面黏附，从而有利于提高机械钻速，可确保起下钻顺利。

高性能水基钻井液中还加入了一种微细且可变形的聚合物来封堵页岩孔隙、喉道和微裂缝，该聚合物即使在高浓度的盐溶液中依然能保持稳定的颗粒尺寸分布。特殊的颗粒尺寸分布再加上它的可变形特点，使其可以与页岩上的微孔隙相匹配并沿着裂缝架桥同时紧密充填，从而提高钻井液的封堵效率。

2 评价方法和性能数据

2.1 压力传递

压力传递实验仪器是用来测量极低渗透率下地层（泥页岩）由于钻井液滤液侵入而增加的压力，在高渗储层中由于钻井液滤液的侵入很快扩散到岩心中，所以岩心压力不受影响。但是在低渗地层中，由于钻井液的滤液侵入岩心压力下降的非常慢，并且随着滤液的侵入压力持续增加，压力增加减少了井壁围压的支撑，进而导致近井壁的坍塌。

实验室用 Pierre II 层的泥页岩做实验，对比普通的水基钻井液、合成基钻井液和高性能钻井液的岩心压力传递，其中水基钻井液的水相活度 A_w 为 0.84 合成基 A_w 为 0.75，实验结果如图 3 所示。[3]

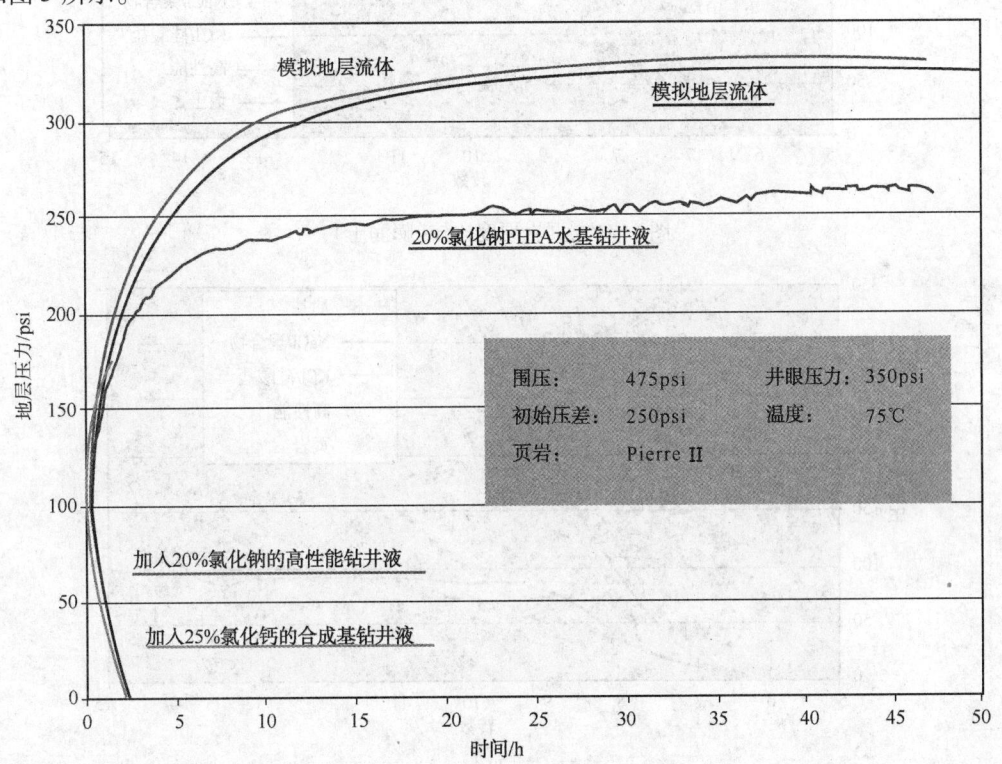

图 3　高性能钻井液与常规水基钻井液、合成基钻井液 PPT 比较

从实验结果可以看出，常规的水基钻井液岩心压力随时间变化达到一个平衡并保持一个稳定值，而高性能水基钻井液随时间变化岩心压力降低，这说明岩心中水从页岩进入高性能钻井液中。而高性能水基钻井液的页岩膜效率合成基钻井液相近。

2.2 新型硬度测试

高性能钻井液中使用了一种新型硬度测试仪，该硬度测试仪用来评价钻屑在钻井液中浸泡后的硬度，由于钻屑浸泡后的硬度和钻井液的抑制性相关，因此硬度测试仪测出的相关参数可直接反应钻井液的抑制性。

选用油基泥浆、氯化钠/聚合物钻井液、氯化钾/硅酸盐钻井液和高性能水基钻井液和测试样分别对比膨润土、Oxford、Foss Eikeland 和 Arme 泥页岩钻屑进行硬度测试。实验时分别称取 30g 一定目数的页岩钻屑，在 65℃ 下热滚 16h。热滚后的钻屑过 18 目的筛，用盐水清洗后，放入新型硬度测试仪器中进行实验，结果如图4(a)、图4(b)、图4(c)、图4(d)所示[4]。

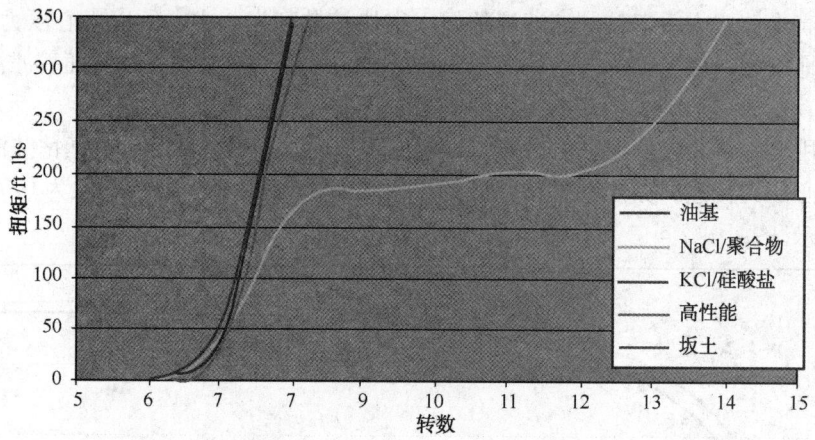

图4(a)　页岩硬度比较(膨润土)

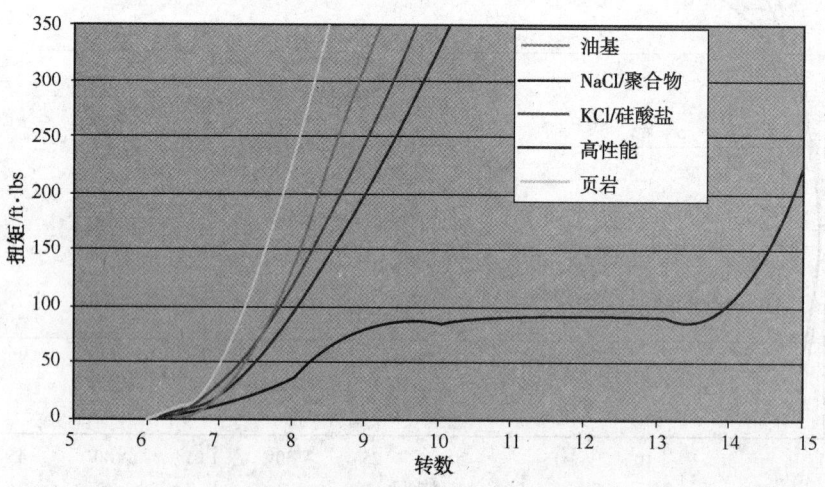

图4(b)　页岩硬度比较(Foss Eikeland 泥岩)

从上面实验可以看出，高性能水基钻井液的抑制性比 NaCl/聚合物的要好，与 KCl/硅酸盐钻井液和油基钻井液抑制性相近。

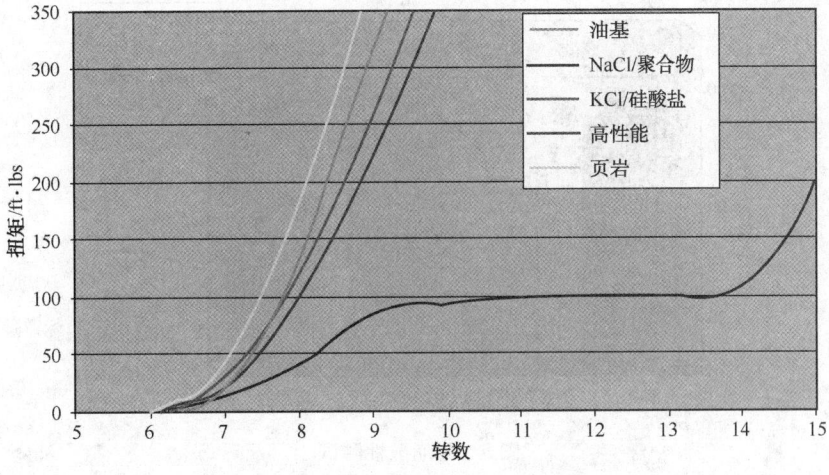

图 4(c) 页岩硬度比较(Oxford 页岩)

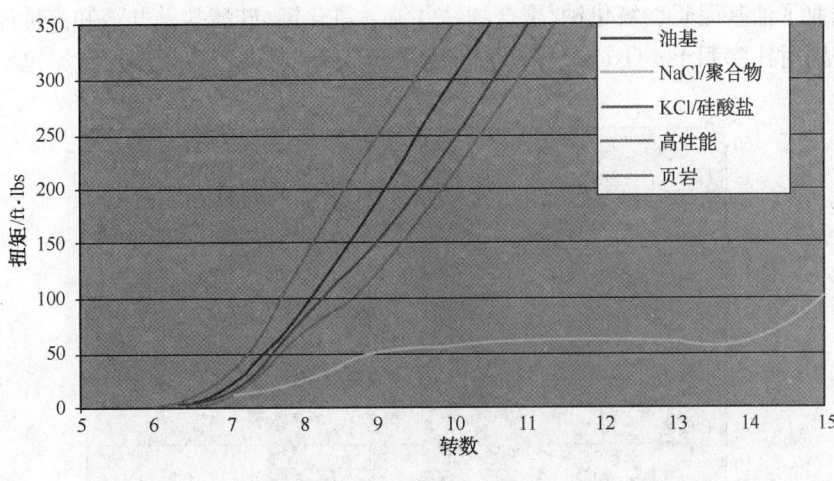

图 4(d) 页岩硬度比较(Arne 页岩)

2.3 耐崩散性测试

钻屑崩散性测试主要是使用崩散性实验仪,它主要用来进行各类钻屑回收率数据比较。选用油基泥浆、氯化钠/聚合物钻井液、氯化钾/硅酸盐钻井液和高性能水基钻井液和测试样分别对比膨润土、Oxford、Foss Eikeland 和 Arme 泥页岩钻屑进行硬度测试耐崩散性实验。先称取一定质量和固定目数的页岩钻屑,在65℃下热滚 16h。热滚后的钻屑过 18 目的筛网,用盐水清洗后称重,实验结果如图 5 所示[4]。

实验结果表明,高性能水基钻井液与其他抑制性钻井液相比抑制性效果更好,与油基钻井液接近。

2.4 防泥包测试

防泥包测试仪是最重要的实验评价高性能水基钻井液抑制性和防泥包的方法。测试时在热滚釜中加装一组钢棒,钻屑和钻井液均匀的分布在泥包测试棒的周围,在设定的温度下热

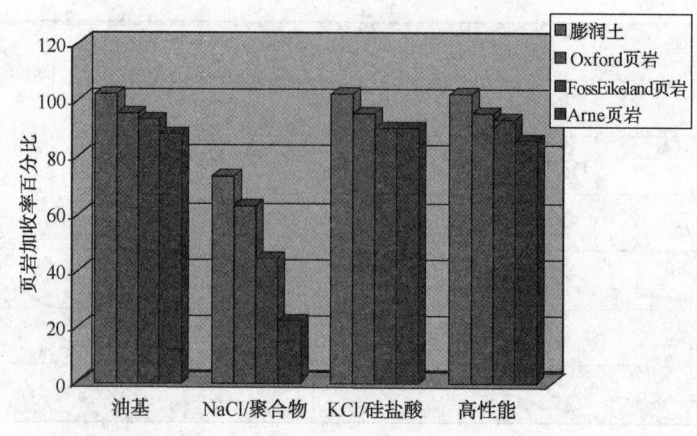

图 5　耐崩散性测试

滚一段时间后，取出后对比各种不同钻井液下的防泥包效果。

室内选取了油基泥浆、氯化钠/聚合物钻井液、氯化钾/硅酸盐钻井液和高性能水基钻井液测试样分别对比膨润土、Oxford、FossEikeland 和 Arme 泥页岩钻屑进行防泥包实验，结果如图 6 所示[4]。

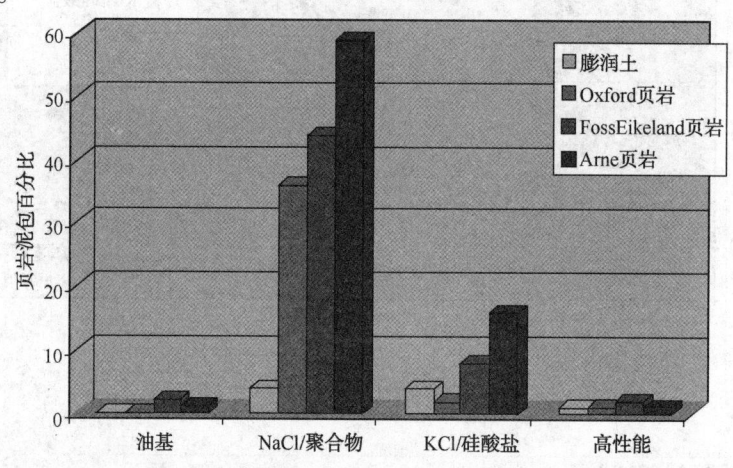

图 6　用防泥包测试仪比较页岩泥包能力

防泥包实验进一步说明，高性能水基钻井液与其他抑制性强的钻井液相比防泥包效果显著。

2.5　润滑性、固相容限和在不同盐浓度下回收率对比

用 Fann 摩阻测试仪测定 250 ft·lbs（338.75N·m）、400 ftlbs（542N·m）下油基泥浆、氯化钠/聚合物钻井液、氯化钾/硅酸盐钻井液和高性能水基钻井液的摩擦系数；分别测定不同加量的 OCMA 泥岩在 112℃/16h 老化污染后钻井液动切力；不同盐加量下膨润土、Oxford、Foss Eikeland 和 Arme 泥页岩分散性，实验结果如图 7、图 8、图 9 所示[4]。

从上面实验结果可以看出，高性能钻井液的润滑性比氯化钠/聚合物钻井液、氯化钾/硅酸盐钻井液要好的多，接近油基钻井液的润滑性；从 OCMA 泥岩污染后不同类型钻井液的动切力变化可知高性能钻井液的抗钻屑污染能力强，与油基钻井接近；用不同泥页岩钻屑分

散性实验表明，随着盐加量增加，高性能钻井液的抑制性增强。

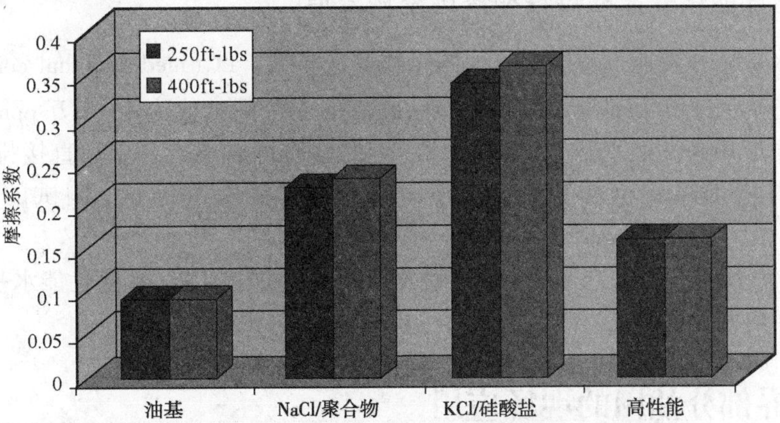

图 7　用 Fann 摩阻测试仪对比钻井的润滑性

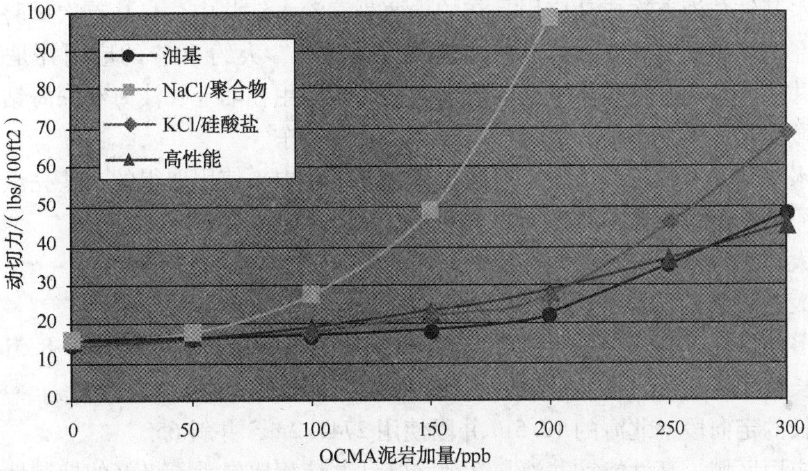

图 8　112℃/16h 老化后用动切力比较固相容限

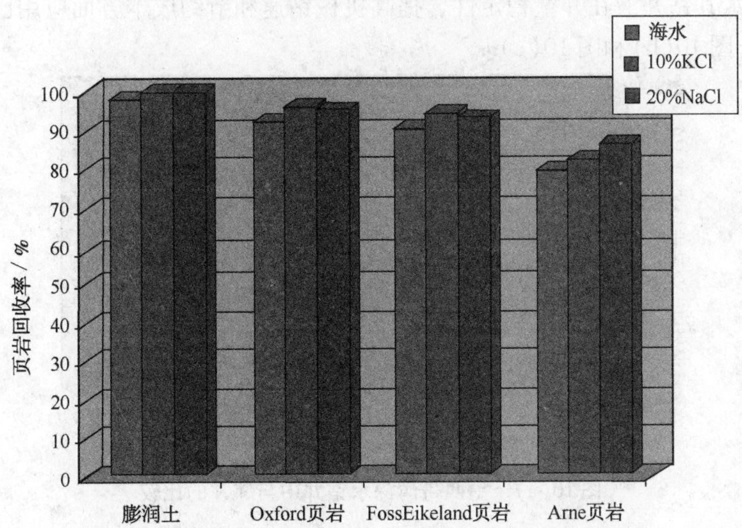

图 9　高性能钻井液在不同盐浓度下抑制性对比

2.6　高性能钻井液的毒性和渗透率恢复值

高性能水基钻井液通过美国和英国的生物鉴定测试，LC(median lethal concentration)$_{50}$ 测试的标准值为大于 3 万 ppm，而高性能钻井液的 LC_{50} 测试值为 46.5 万 ppm。在墨西哥湾和英国北海应用高性能水基钻井液和其产生的钻屑可以不需要处理直接排放，而合成基和油基钻井液则需要花更多的人力和昂贵的处理费用达到 LC_{50} 测试的标准才允许排放[3]。

对深海和浅海的几口井进行岩心渗透恢复值测试，实验结果表明高性能水基钻井液的岩心渗透恢复值均大于 90%。

3　世界部分油田的现场应用

高性能水基钻井液首次成功应用是在的墨西哥湾深水钻井中。自从首次试验后，高性能水基钻井液在全球试验有 400 多口井。在这些应用井中，大约 50% 的应用井是基于取代目前使用的钻井液或是油基钻井液。高性能水基钻井液应用在陆上、浅海和深海钻井中，应用井的作业区域括北美、南美、欧州、非州、中东和远东。

高性能水基钻井液独特的性能已使用在各种复杂井中，使用取得的一些亮点如下[4]：

（1）深海钻井记录：巴西 2917m 深海钻井。

（2）最大的钻井液密度：美国怀俄明州 2.16g/cm³。

（3）最大造斜角：>90° 应用在沙特、巴西。

（4）最多使用在五开次井中：墨西哥湾(20in，17in，14.5in，12.25in，8.5in)。

（5）最长使用井段：中国南海使用了 2890.2m。

（6）最长的定向段：北海的 17.5in 井段使用 2741.2m，井斜 65°。

在所有应用区域，高性能钻井液与其他水基钻井液相比展示了极好的抑制性和经济可操作性。高性能水其钻井液在井壁稳定性、提高机械钻速和节约成本方面应用已接近油基钻井液[图 10(a)、图 10(b)和图 10(c)]

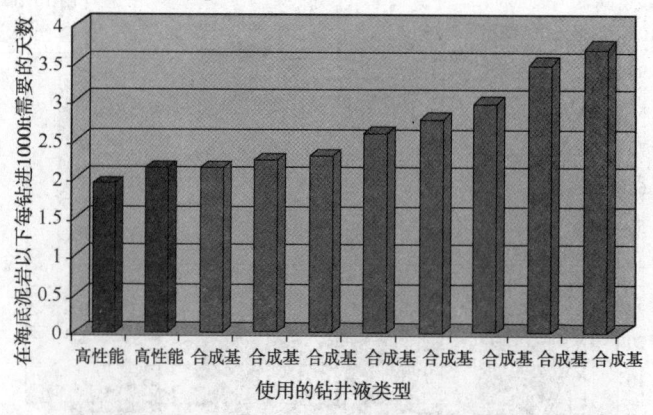

图 10(a)　墨西哥湾深水钻井中与邻井的比较

高性能钻井液在泥页岩抑制和钻头防泥包方面的优良性能已经允许使用更高性能的 PDC 钻头钻进，并且能确保泥岩段定向控制。高性能钻井液携带出的较大尺寸完好的钻屑

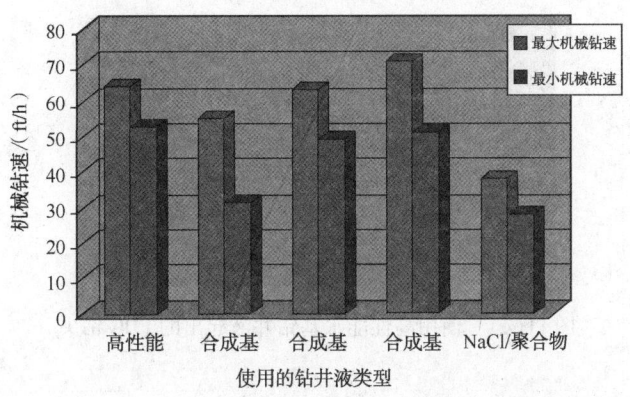

图 10(b)　墨西哥湾深水钻井中与邻井的比较

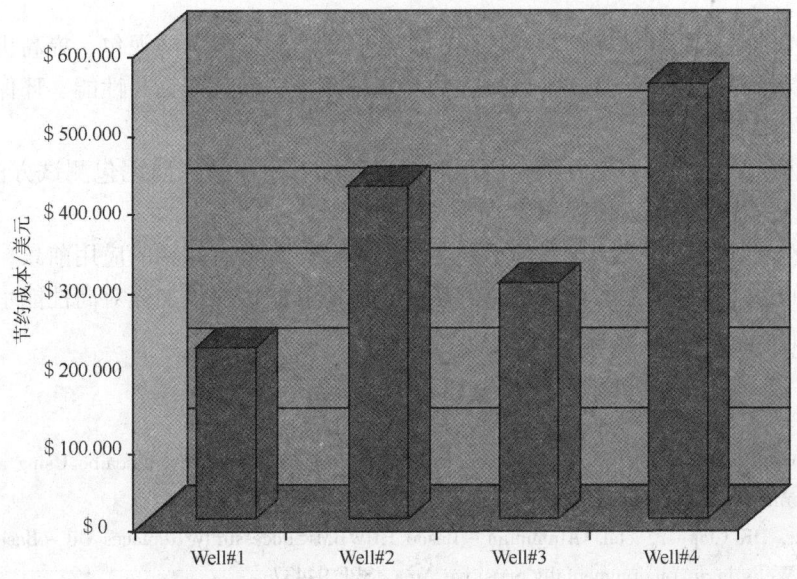

图 10(c)　墨西哥湾深水钻井中与油基钻井液相比使用高性能水基钻井液节省成本

［图 11(a)］很快被一级固控清除，确保钻井液不会受固相污染，而且由于高性能钻井液抑制泥岩分散的能力很强，起出的钻具和钻头也不会泥包［图 11(b)、图 11(c)］。

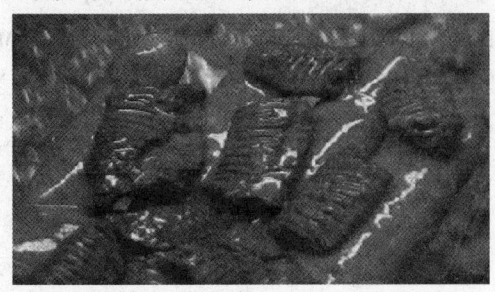

图 11(a)　高性能钻井液在墨西哥湾
17¹/₂ 井段 PDC 产生的钻屑

图 11(b)　邻井使用常规水基钻井
液起出的 PDC 钻头

图11(c) 使用高性能水基钻井液起出的PDC钻头

5 结论及建议

（1）高性能水基钻井液在抑制活性强的泥岩、页岩膜效率、防泥包、提高机械钻速方面实验表明，综合性能远好于常规抑制性强的水基钻井液，而且在钻井性能、环保和经济方面完全可以替代油基钻井液。

（2）在评价高性能水基钻井液时所用的新型硬度、耐崩散和防泥包测试方法简单易行，又很接近现场的实际情况，值得借鉴。

（3）高性能水基钻井液无论是陆上还是海上钻井，都具有广阔的应用前景，特别适合含大量泥岩段的重点探井使用。而国内对其研究才刚刚开始，应该加强对高性能水基钻井液关键处理剂的的研究以缩短与国外的差距。

参 考 文 献

1 Julio Montilva，Eric van Oort，etal. Improved Drilling Performance in Lake Maracaibo Using a Low – Salinity High – Performance Water – Based Drilling Fluid. AADE – 07 – NTCE – 21

2 MA Ramirez，DK Clapper，etal. Aluminum – Based HPWBM Successfully Replaces Oil – Based Mud to Drill Exploratory Wells in an Environmentally Sensitive Area. SPE 94437

3 William Dye，Ken Daugereau，etal. New Water – Based Mud Balances High – Performance Drilling and Environmental Compliance. SPE/IADC 92367

4 Steven Young，Gamal Ramses，etal. Drilling Performance and Environmental Compliance – Resolution of Both With a Unique Water – Based Fluid. SPE/IADC 103967

5 Mario A. Ramirez Saddok Benaissa，etal. Aluminum – Based HPWBM Successfully Replaces Oil – Based Mud To Drill Exploratory Well in the Magellan Strait，Argentina. SPE/IADC 108213

中空微珠在低密度钻井液中的应用前景及发展趋势

赵素丽

（中国石化石油工程技术研究院）

摘　要　加入减轻剂是配制低密度钻井液最简单的方式，常用的玻璃中空微珠由于壳层脆性大，密度高，钻井液循环过程中很容易破碎成为加重剂。通过对比几种不同壳层材料中空微珠的降密度效果，提出有机壳层中空微珠是钻井液用减轻剂的发展方向。中石化石油工程技术研究院采用乳液法制备出有机壳层中空微珠，在研磨条件下破碎率低，压力 35MPa、温度 90℃下不破碎，在钻井液中有很大的应用潜力。

关键词　有机壳层中空微珠；减轻剂；低密度钻井液 循环破碎

前言

经过几十年来的油气勘探开发，老油田都陆续进入开发中后期，勘探开发开始向低压低渗等勘探条件较差的区块转移。低压或衰竭油气层的开发、保护油气层等诸多问题亟待解决，在这种形势下低密度钻井液技术迅速发展。目前，密度低于 $1.0g/cm^3$ 的钻井液技术主要有混油、充气、使用泡沫泥浆、加入减轻剂等。

通过混油所形成的钻井液密度最低能降到 $0.83g/cm^3$，但是混油钻井液所使用的柴油对环境有污染，并且影响地质录井；而密度低于 $0.83~g/cm^3$ 的钻井液大都含有氮气、空气或天然气，使用时也存在钻井设备成本高、常规 MWD 应用困难、钻具腐蚀严重、水力计算困难等难题；使用减轻剂是配制低密度钻井液最简单的方法[1]。减轻剂是指密度低于 $1.0~g/cm^3$ 的物质，由于钻井液的密度一般大于 $1.0~g/cm^3$，因此减轻剂加入到钻井液后，排开同等体积钻井液的重量要大于减轻剂本身的重量，因此能够降低钻井液密度。

1　减轻剂现场应用情况

减轻剂主要为空心球体，内部充有氮气、空气或其他气体，20 世纪 90 年代以后，美国能源部及国外某些石油公司开始使用空心玻璃微珠配制低密度钻井液和低密度水泥浆，并进行了现场应用[1,2]。国内的广安 002－H1 井、沈 289 井及 DP3 井都应用 3M 公司的玻璃中空微珠来降低钻井液密度[3~5]，但是从现有资料来看，玻璃微珠在应用过程中破碎率很高是不可回避的问题。分析其原因可能为：①钻井液动态循环过程中玻璃微珠一方面要经受钻头水眼的高速剪切，一方面与钻具、井壁之间不停摩擦、碰撞，由于玻璃微珠外壳为脆性不可变形，很容易破碎；②玻璃微珠的壳体密度大于水，破碎后的玻璃微珠反而加重钻井液密度。

由于玻璃微珠的"先天不足",在应用中就出现钻井液密度难以控制、玻璃微珠消耗率大、成本高等问题。因此玻璃微珠在低密度钻井液中的应用并没有广泛推广开。低密度钻井液用减轻剂国内外基本上仍是空白。

针对这种情况,中石化石油工程技术研究院首次提出研发有机壳层中空微珠,即采用有机高分子材料作为中空微珠的壳层,因为有机材料不同于无机材料,它具有一定的韧性和弹性,因此可以降低钻井液循环过程中的破碎率。

2 不同壳层材料减轻剂应用效果对比

为了验证有机壳层中空微珠在钻井液中的应用效果,并预计它们的应用前景。选出粒径、空心度相差不大的,3种不同壳层材料的样品,分别就温度、研磨及抗压情况对微珠性能的影响进行了评价,结果如图1、图2、图3所示。

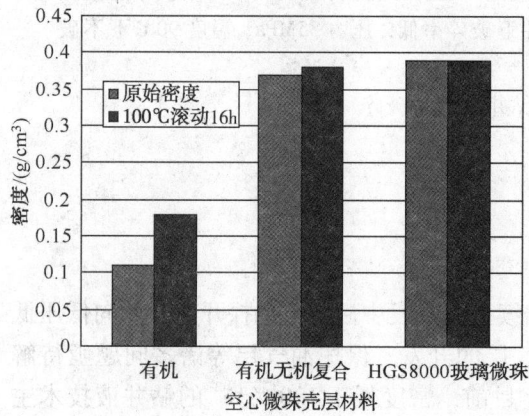

图1 温度对不同壳层空心微珠的影响

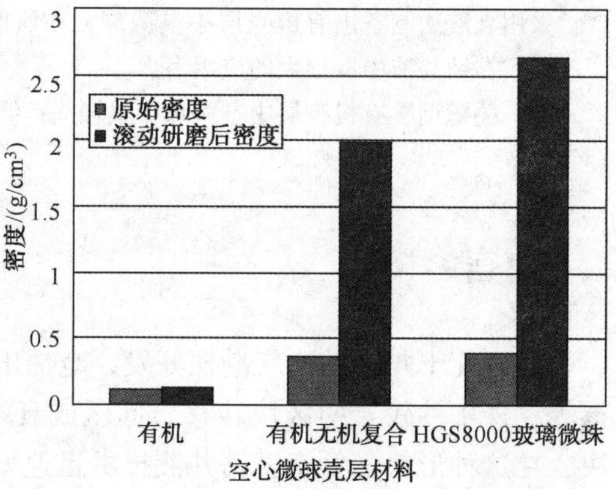

图2 研磨对不同壳层空心微珠的影响

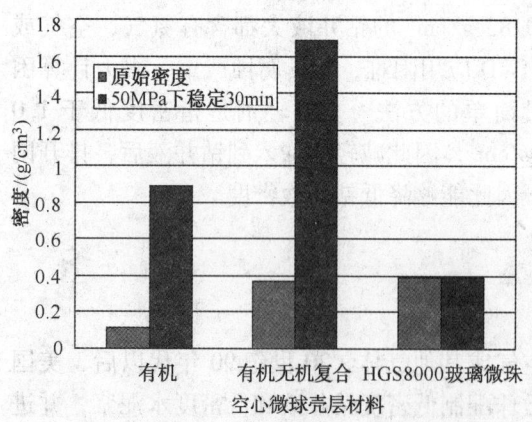

图3 压力对不同壳层空心微球的影响

由以上三图所见,同等粒径、中空度情况下,有机壳层中空微球的密度要低于玻璃中空微珠,复合材料介于两者之间。图1抗温实验表明复合材料微珠和玻璃微珠的抗温性好,100℃滚动16h后性能几乎没有变化,而有机微珠抗温性较差,随温度变化,其密度明显上升;图2研磨实验可见,玻璃微珠在研磨作用下几乎全部破碎,变成了钻井液的加重剂,而有机材料受研磨影响不大,复合材料介于两者之间;分析图3抗压实验可知,HGS8000玻璃微珠能够抗50MPa压力,在压力条件下几乎没有破碎,但有机微珠在压力下密度表现为壳层材料密度,说明在压力下几乎全部破碎,复合材料介于两者之间。

通过实验分析,玻璃微珠由于研磨破碎后变成钻井液的加重剂,限制了其在低密度钻井液中的应用;有机空心微珠研磨破碎率低,但抗温抗压性差,不过即使破碎了也不会增加钻井液密度，在钻井液中有很大的应用潜力；复合微珠壳层是由有机–无机材料复合而成的，由于无机材料的存在，其抗温抗压性好于单纯有机材料，但无机材料的引入，一方面提高了减轻剂的密度，一方面也增加了其研磨破碎率。

因此有机壳层材料中空微珠应是下一步钻井液用减轻剂的发展方向，复合材料壳层可作为过渡过程进行研究，但要成为在钻井液循环过程中能够保持相对稳定的减轻剂，有机壳层中空微球需要在抗温、抗压能力方面进一步提高。

3 有机壳层中空微珠制备方法及面临的难题

由于中空微珠的广阔应用前景，人们对其制备方法和生产工艺的研究也日益深入。不过总体来说，对于有机壳层中空微珠的研究要远远少于无机壳层中空微珠。有机壳层中空高分子微珠的制备方法主要有喷雾干燥法、乳液聚合法、自组装法和模板法，但目前高分子中空微珠制备技术仍然面临着很多难题。喷雾干燥法主要用来制备无机材料为壳层结构的中空微珠。乳液聚合法是研究的最早、较为成熟的一种制备方法，其生产工艺相对简单，发展前景好。国外也基于此方法开展了工业化生产，但国内大多数可以获得的资料均是以文献或专利的形式出现，产品的适用领域也主要是涂料、皮革、油漆等，还没有实现工业化。自组装法可以准确控制高分子中空微珠的形态，但是自组装法制备过程繁琐，耗时耗资，虽然近年来也可见到用此方法制备空心高分子粒子的相关报道，但大多数还不够成熟，很难实现大规模的工业化生产。模板法也可以准确控制高分子中空微珠的形态，但去模板的过程复杂，生产周期长，也很难实现工业化[6~9]。

中石化石油工程院对有机壳层中空微珠的制备方法进行研究，开发了具有很大工业化潜力的乳液法制备有机壳层中空微珠技术。

4 乳液法制备有机壳层中空微珠原理

乳液法利用 3 种不同的溶液：第一水相（W1）：极性溶剂 A + 乳化剂 + 分散剂；有机相（O）：单体 + 交连剂；第二水相（W2）：极性溶剂 B + 提黏剂 + 乳化剂 + 分散剂。首先将 W1 相加入到 O 相中，形成 W1/O 乳液，再将 W1/O 乳液加入到 W2 相，形成 W1/O/W2 乳液，经过两次乳化以后得到的 W1/O/W2 乳液中，有大量封装着水滴的单体小液滴，再加温使单体交连固化，过滤、真空干燥脱除封装水、壳层致密化就得到有机壳层中空微球，具体制备过程如图 4 所示。

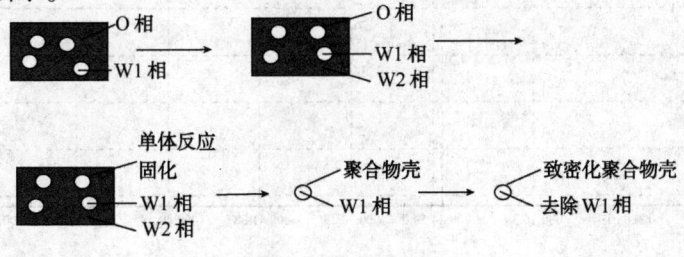

图 4　制备有机壳层中空微球过程

5 有机壳层中空微珠效果评价

对采用新型乳液法制备的有机壳层中空微珠进行评价，结果如图5、图6、图7所示。由以下三图可看出，制备的高分子中空微珠在单纯压力条件下，20MPa内密度基本不变；单纯温度条件下，90℃以内密度基本不变，在压力20MPa、温度50℃联合作用条件下，密度基本不变。

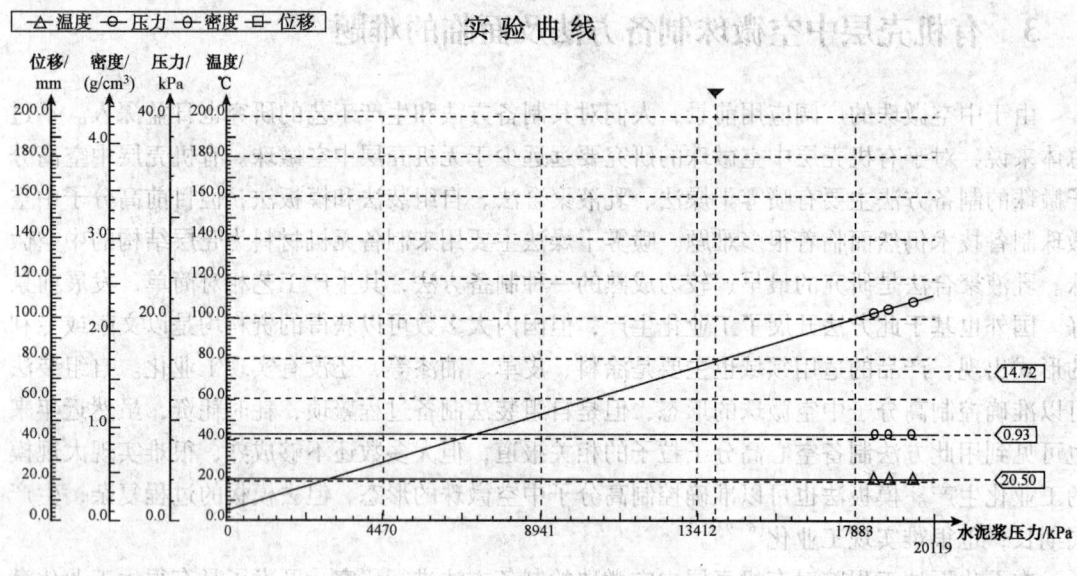

图5 抗压能力评价

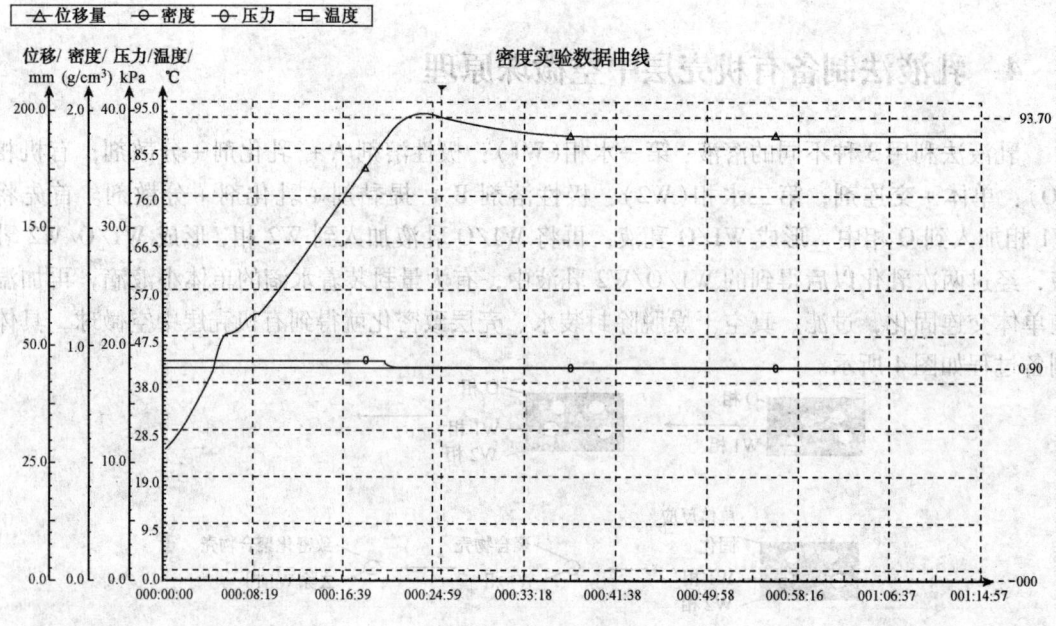

图6 抗温能力评价

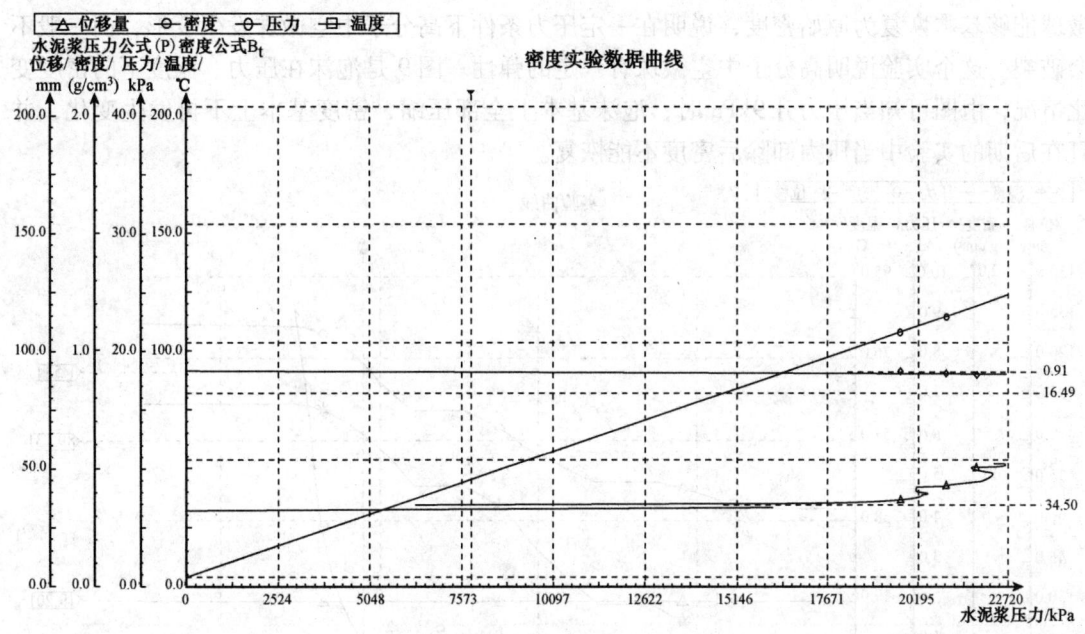

图7 抗温抗压能力联合评价

在压力20MPa、温度90℃联合作用条件下评价密度时，由于控压问题，压力保持在27MPa，后来又冲到35MPa，在此情况下观察到密度在压力急剧升高（5s之内即升至28MPa）时，密度也急剧上升，但后期随着时间延长，密度逐渐恢复，甚至当压力升至35MPa时密度也没有上升，当压力释放后，密度完全恢复（图8）。分析其原因可能为，当压力急剧升高时，由于高分子中空微珠应力滞后，体积被压缩，密度上升，但压力稳定后，由于温度上升及内部气体的反弹，体积又呈增加趋势，密度又逐渐下降；当消除外界压力后，高分子中空

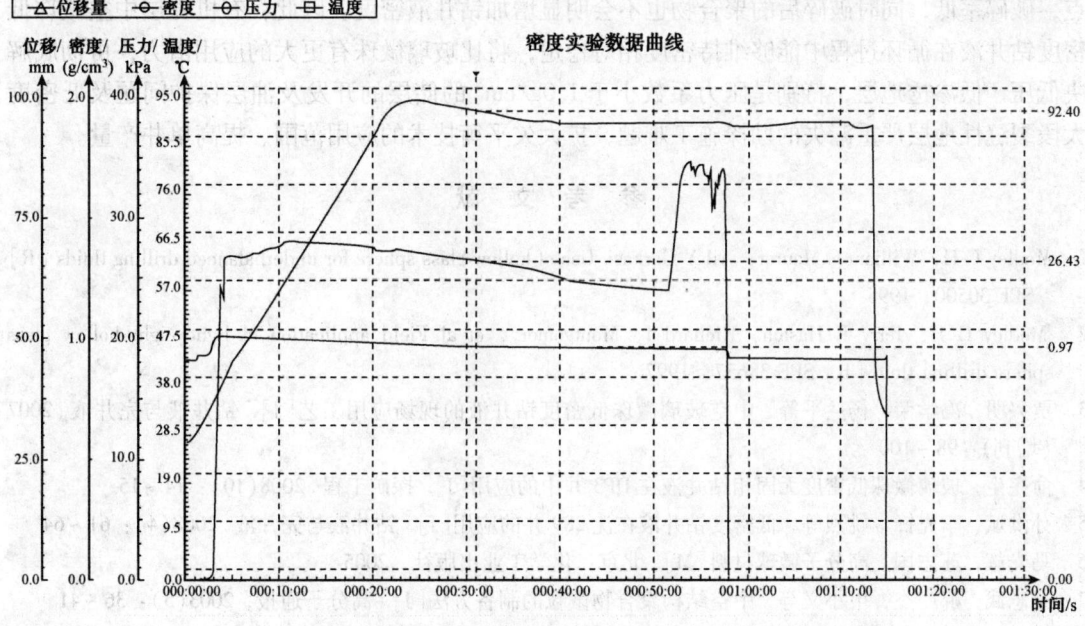

图8 高分子中空微珠压力反弹评价实验

微球能够基本恢复为原始密度，说明在一定压力条件下高分子中空微珠发生变形，而一般不会破裂。这个实验说明高分子中空微珠有一定的弹性。图9是泡沫在压力、温度下的密度变化情况，由图可知当压力升9kPa时，泡沫基本上全部压缩，密度基本上不再发生变化，并且在后期的实验中当压力卸除后密度不能恢复。

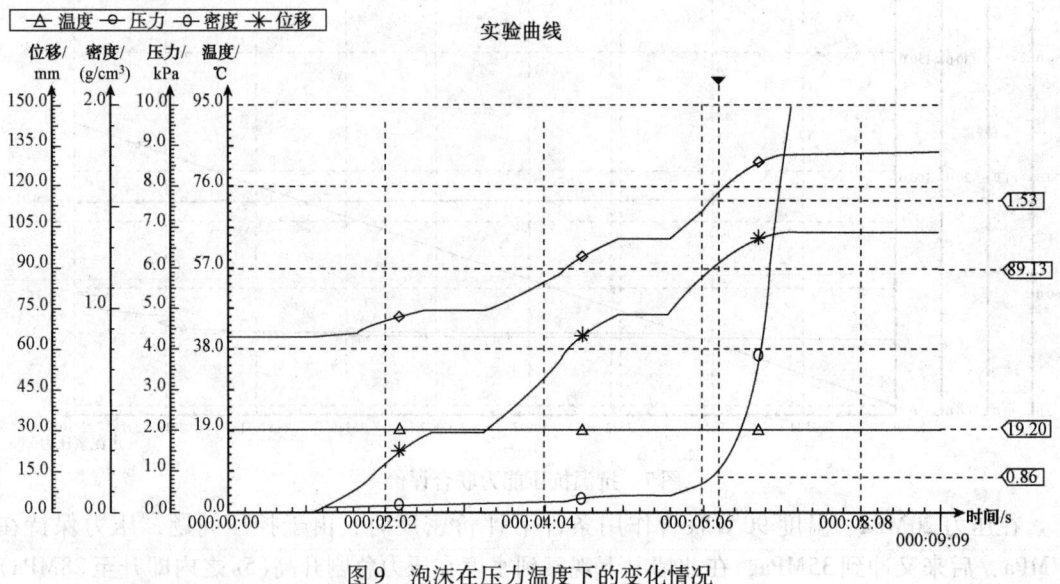

图9　泡沫在压力温度下的变化情况

6　有机壳层中空微珠在低密度钻井液中的应用前景分析

有机壳层中空微珠由于壳层聚合物具有一定的可变形性和韧性，能够避免玻璃微珠的缺点，破碎率低，同时破碎后的聚合物也不会明显增加钻井液密度。因此，有机壳层中空微珠低密度钻井液在循环过程中能够维持密度相对稳定，将比玻璃微珠有更大的应用潜力，可彻底解决低压、低渗透地层，特别是压力系数小于 $1.0g/cm^3$ 的储层的开发及油层保护问题及低密度大段裂缝性地层严重漏失的勘探施工难题，扩大欠平衡技术的应用范围、提高单井产量。

参　考　文　献

1　Medley G H, William C Maurer, Ail Y Garkasi. Use of hollow glass sphere for underbalanced drilling fluids [R]. SPE 30500, 1995

2　Medley G H, Jerry E Haston, Richard I, Montgomery, et al. Field application of lightweight hollow glass sphere drilling fluid [R] SPE 38637, 1997

3　贾兴明，冯学荣，杨兰平等. 中空玻璃微珠低密度钻井液的现场应用工艺[J]. 钻井液与完井液. 2007（增刊）：98～100

4　俞宪生. 玻璃微珠低密度无固相钻井液在 DP3 井中的应用[J]. 探矿工程. 2008(10)：14～15

5　孙洪斌，李先锋，姚烈等. 低密度钻井液在沈 289 井的应用[J]. 钻井液与完井液. 2008(4)：61～64

6　马光辉，苏志国. 高分子微球材料[M]. 北京：化学工业出版社，2005

7　梁志武，郝广杰，申小义等. 中空结构聚合物微粒的制备方法[J]. 高分子通报，2003(5)：36～41

8　杜凯，游丹. 聚合物空心微球制备技术[J]. 材料导报，1999，13(1)：46～47

9　白飞燕，方仕江. 模板法技术制备中空聚合物微球的进展[J]. 胶体与聚合物，2004，23(4)：26～30

抗 140 度高温改性淀粉的初步探索

杨　枝　王治法　梅春桂　李舟军

（中国石化石油工程技术研究院）

摘　要　改性淀粉因降失水性能好、价格便宜、环保无毒，在油田应用广泛，但其存在着抗高温性能差的不足。为了解决这一难题，在分析目前国内外抗高温淀粉研究现状的基础上，以原淀粉为骨架，通过醚化、交联、接枝等手段，初步合成得到了抗 140℃ 高温改性淀粉。室内评价和对比实验表明，该种改性淀粉在不同浓度的盐水基浆中均具有很好的抗温降滤失效果，与其他抗温改性淀粉相比具有明显的优势，抗温抗盐能力强，在不同浓度盐水基浆中，单剂抗温可达 140℃。

关键词　改性淀粉；抗高温；性能评价；探索

前言

改性淀粉作为一种钻井液处理剂，具有原料资源丰富、毒性低、同环境适应性好等特点，在钻井过程中可以起到降滤失、抗污染、增黏、易生物降解和保护储层等作用，在油田应用广泛。目前，随着石油钻探向底层深部推进，改性淀粉由于热稳定性差，在石油工业的进一步应用受到限制，而且，由于淀粉微观结构复杂，提高改性淀粉抗温性能的技术难度大，使得改性淀粉的研究与开发难以取得大的突破。

国外对改性淀粉抗温性的研究始于 20 世纪 80～90 年代，形成的抗温改性淀粉产品已成功应用于现场[1~5]，常用于盐水、无固相及无黏土相钻井液体系中，主要目的是为了降低滤失量。国内对改性淀粉抗温性的研究始于 20 世纪 90 年代后期，目前用于油田钻井液的抗高温改性淀粉的种类较少，抗温性能差，一般抗温只在 120℃ 左右[6~10]。

国内外抗高温改性淀粉研究现状表明，抗温 140℃ 以上的改性淀粉工业化产品较少，合成抗 140℃ 高温的改性淀粉并实现现场应用技术要求高、难度大，限制了其应用范围。为了充分发挥淀粉的优势，扩展其应用范围，有必要对淀粉进行抗高温改性研究。本文对淀粉进行了抗温改性研究，以原淀粉为骨架，通过醚化、交联、接枝等手段，初步合成出了抗 140℃ 高温改性淀粉，并与目前国内外现场应用效果良好的同类淀粉产品进行了抗温降滤失性能的室内对比评价。

1　抗 140℃ 高温淀粉的改性方法探索

1.1　抗 140℃ 高温淀粉的改性思路

改性淀粉作为一种石油钻井液降滤失处理剂，其自身结构中的醚键在 140℃ 温度下容易断裂，导致抗温能力降低，室内合成出抗140℃高温改性淀粉并工业化生产存在很大难度。从分子结构设计着手，要提高改性淀粉的抗温性能就要通过在原有淀粉分子结构上进行醚化、交联、接枝等方式和手段，影响所得产物的交联度与接枝效率，使得结构中的极性基团可保留自由水及水化水，从而增强改性淀粉的抗盐抗温能力和降失水作用。抗高温改性淀粉不仅有很好的抗盐抗温降失水作用，还具有很好的保护油气层、易于生物降解等作用，具备广泛的推广应用价值。

1.2　抗140℃高温淀粉的改性方法

首先将一定量的原淀粉、分散剂及催化剂溶液同时加入到三口烧瓶中，搅拌均匀后放到低温下的恒温水浴锅中，在高速搅拌过程中依次加入交联剂、有机酸进行交联取代、接枝反应，加热至一定温度，反应一段时间后得到初产品。将初产品放入烧杯中，加入一定量有机溶剂，搅拌至生成白色沉淀为止，然后将产品过滤并进行提纯干燥，粉碎后即得抗140℃高温改性淀粉。

2　抗140℃高温改性淀粉的性能评价

2.1　单剂抗温性能评价方法

4%盐水、15%盐水和饱和盐水样品分别在140℃下老化16h后，按API方法测定其30min失水量，滤失量≤14mL为效果良好。

1. 基浆配制

4%盐水基浆：在配制好的淡水基浆中加4%NaCl，高速搅拌20min，于室温下放置养护24h，即得4%盐水基浆。

15%盐水基浆：在配制好的淡水基浆中加15% NaCl，高速搅拌20min，于室温下放置养护24h，即得饱和盐水基浆。

饱和盐水基浆：在配制好的淡水基浆中加配制好的饱和盐水，高速搅拌20min，于室温下放置养护24h，即得饱和盐水基浆。

2. 性能测定

在配制好的盐水基浆中加入一定量的碳酸氢钠、评价土以及待测试样，高速搅拌20min，经140℃老化16h后，用六速旋转黏度计测定钻井液的流变参数，用钻井液失水仪测定钻井液的API滤失量。

2.2　单剂抗温性能对比实验

在配制好的盐水基浆中加入1% 不同抗高温淀粉(分别是国外1号、国内2号、国内3号和抗140℃高温改性淀粉)，测定其钻井液性能，抗温滤失量结果如图1、图2、图3所示，流变性能结果如表1、表2、表3所示。

1. 降滤失性能对比

从图1、图2、图3可以看出，在140℃高温下，抗高温改性淀粉在不同浓度的盐水基浆

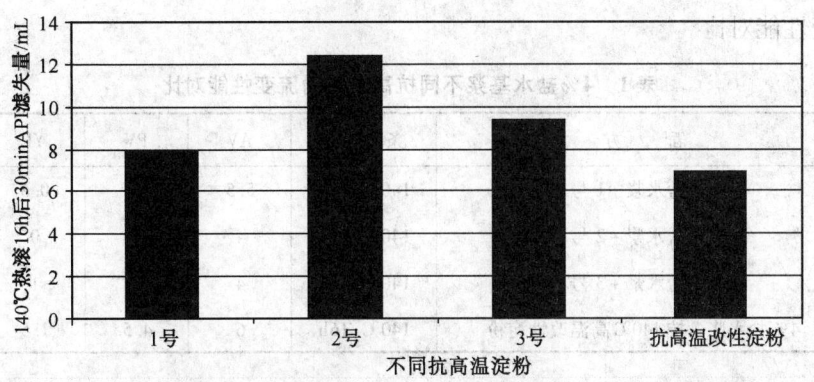

图1　不同抗高温改性淀粉在4％盐水基浆中抗温降滤失性能评价

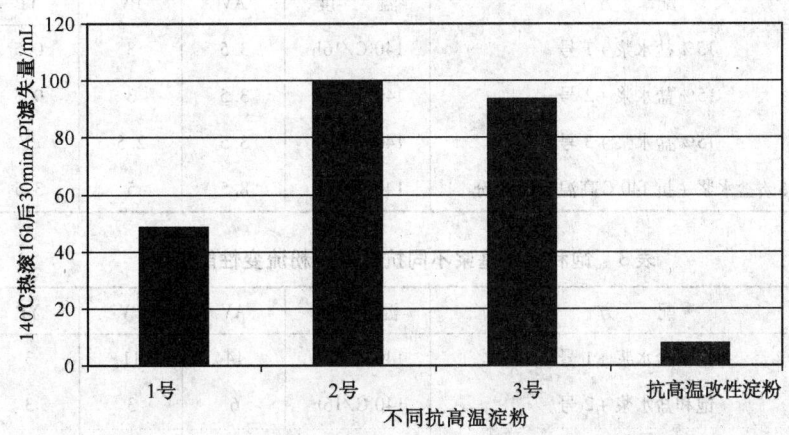

图2　不同抗高温改性淀粉在15％盐水基浆中抗温降滤失性能评价

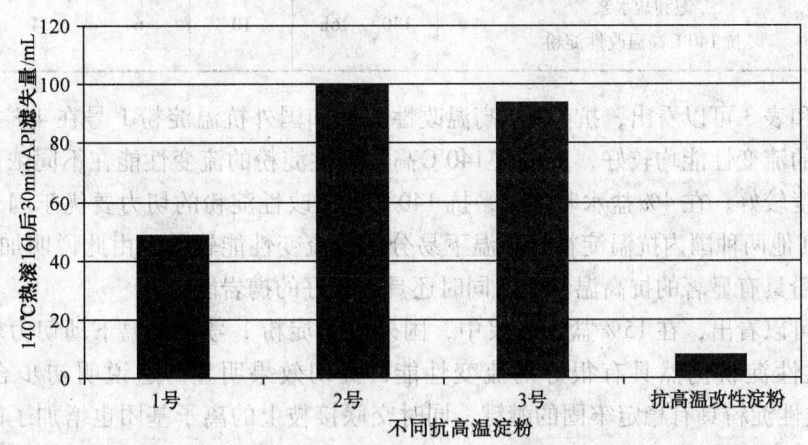

图3　不同抗高温改性淀粉在饱和盐水基浆中抗温降滤失性能评价

中都具有很好的抗温降失水的作用，单剂评价30min内的API失水均低于9mL，抗温降滤失效果明显比优选出的其他3种抗温淀粉显著，说明抗140℃高温改性淀粉具有很好的抗盐抗高温降失水的作用，单剂抗温性能评价可达140℃，可以作为一种新型环保型抗高温钻井液降滤失剂应用。

2. 流变性能对比

表1　4%盐水基浆不同抗高温淀粉流变性能对比

序号	配　方	条　件	AV	PV	YP	pH
1	4%盐水浆+1号	140℃/16h	5.5	5	0.5	6
2	4%盐水浆+2号	140℃/16h	4	4	0	8
3	4%盐水浆+3号	140℃/16h	4	3	1	7
4	4%盐水浆+抗140℃高温改性淀粉	140℃/16h	6	4.5	1.5	7

表2　15%盐水不同抗高温淀粉流变性能对比

序号	配　方	温　度	AV	PV	YP	pH
1	15%盐水浆+1号	140℃/16h	3.5	3	0.5	6.5
2	15%盐水浆+2号	140℃/16h	3.5	3	0.5	6
3	15%盐水浆+3号	140℃/16h	3.5	2.5	2	7
4	15%盐水浆+抗140℃高温改性淀粉	140℃/16h	8.5	5	3.5	7

表3　饱和盐水基浆不同抗高温淀粉流变性能对比

序号	配　方	温　度	AV	PV	YP	pH
1	饱和盐水浆+1号	140℃/16h	14	11	3	7
2	饱和盐水浆+2号	140℃/16h	6	3	3	6
3	饱和盐水浆+3号	140℃/16h	4.5	4	0.5	7
4	饱和盐水浆抗140℃高温改性淀粉	140℃/16h	10	6	4	6

从表1和表3可以看出，抗140℃高温改性淀粉和国外抗温淀粉1号在4%盐水和饱和盐水基浆中的流变性能均较好，其中抗140℃高温改性淀粉的流变性能在不同浓度盐水基浆中的稳定程度较好；在4%盐水基浆中，抗140℃高温改性淀粉的切力要优于国外抗温淀粉1号高，而其他两种国内抗温淀粉在高温下易分解，流变性能较差。由此说明加入抗140℃高温改性淀粉具有显著的抗高温性能，同时还具有很好的携岩能力。

从表2可以看出，在15%盐水基浆中，国外抗温淀粉1号在高温下动切力较低，而抗140℃高温改性淀粉仍然具有很好的流变性能，提切效果明显。这说明初步合成出的抗140℃高温改性淀粉具有稳定牢固的醚键，同时交联接枝上的离子基团也增加了改性淀粉的热稳定性，从而使抗140℃高温改性淀粉表现出很好的抗高温稳定性能。

2.3　新型无土相钻井液体系中的抗温性能对比

预先配制好无土相钻井液体系，并加入上述单剂评价效果较好的两种抗高温淀粉，即1号和抗140℃高温改性淀粉，充分搅拌后在140℃下热滚16h，测定其钻井液体系的流变性能、30min API滤失量和HTHP滤失量，结果如表4所示。

表 4 无土相钻井液体系不同抗高温淀粉流变性能对比

序号	配方	温度	AV	PV	YP	API 30min/mL	HTHP/mL	pH
1	基浆 +1 号	130℃/16h	39	16	23	4.2	15	7
2	基浆 + 抗 140℃高温改性淀粉	140℃/16h	31.5	21	10.5	3.2	12.6	8

基浆：水 +20% NaCl +0.2% XC +3.5% CaCO$_3$（中）+3.5% CaCO$_3$（细）+0.2% Na$_2$SO$_3$。

由表 4 中数据可以看出，加入国外 1 号抗温淀粉的新型无黏土相钻井液体系经 130℃热滚 16h 后的流变性能及失水量符合钻井液体系行标要求，随着温度的升高，超过 130℃后该体系的流变性能及失水量将发生改变，不能达到行业标准；而经过 140℃热滚 16h 后的抗 140℃高温改性淀粉的 API 与 HTHP 滤失量均低于 130℃热滚后的国外 1 号抗温淀粉产品的滤失量，优势较明显，说明初步合成的抗 140℃高温改性淀粉可以增强钻井液体系的抗温抗盐能力，抗温可达 140℃以上，是盐水、无土相、无固相钻井液体系中抗温降滤失剂的最佳选择。

3 结论与建议

（1）采用醚化、交联、接枝等分子结构设计，初步合成出了抗温降滤失性能良好的抗 140℃高温改性淀粉。

（2）抗 140℃高温改性淀粉在不同浓度的盐水基浆中均有良好的抗高温降滤失效果，且具有较好的抗温能力，在盐水基浆中单剂可抗 140℃高温，与目前较好的抗温淀粉相比，该抗温降滤失性能更好。

（3）抗 140℃高温改性淀粉在新型无土相钻井液体系中也具有很好的抗高温降滤失效果，可以明显提高体系的抗温抗盐能力，降低体系的滤失量，是盐水、无土相、无固相钻井液体系中抗温降滤失剂的最佳选择。

（4）本文初步对抗 140℃高温改性淀粉的室内合成小样与国内外抗温淀粉的工业化产品进行了对比实验，还需进一步对抗 140℃高温改性淀粉进行工业化研究，并与同类抗温淀粉工业化产品进行性能对比评价。

（5）抗高温改性淀粉作为一种天然可降解型抗温降滤失剂，其研究对于国内外深井水平井的储层保护和深水海洋钻井而言具有十分重要的意义，因此有必要继续对抗高温改性淀粉以及抗盐抗钙改性淀粉进行深一步研究并推广应用。

参 考 文 献

1 Dean Willberg, Moscow(RU), Kelth Dismuke. self – destructing filter cake[R]. US 2006/0229212, 2004

2 Tattiyakul J, Rao M A. Rheological behavior of cross – linked waxy mai ze starch dispersions during and after heating[R]. CarbohydratePolymers, 2009

3 Dobson, James W Mondshine, Kenneth B. Control of the fluid less of well drilling and servicing fwids[R]. US Patent：US5641728, 1995

4 Mwphey, Joseph Robert. Clear dense brine – based drilling fwids containing Vicosifying polymer and fluid loss control polymere[R]. Poland Patent：W09821291

5 Naheshima E H, Grossmann M V E. Functional properties of pregelatinized and cross – linked cassava starch obtained by extrusion with sodium trimetaphospha – te[J]. Carbohydrate Polymers, 2001

6 安俊健，李新平. 羧甲基淀粉钠(CMS)的合成与应用现状[J]. 造纸化学品与应用，2005

7 唐军，王勇等. 抗高温改性淀粉 KFD 降滤失剂的研制[J]. 新疆石油科技，1999

8 周玲革，赵红静. CSJ 复合离子型改性淀粉降滤失剂的研制[J]. 江汉石油学院学报，2004

9 杨艳丽，李仲谨等. 水基钻井液用改性玉米淀粉降滤失剂的合成[J]. 油田化学，2006

10 王中华. CGS – 2 具阳离子型接枝改性淀粉泥浆降滤失剂的合成[J]. 石油与天然气化工，1995

一种新的钻井液出口流量在线测量方法探讨

杨明清

（中国石化石油工程技术研究院）

摘　要　现有的钻井液流量的测量一般采用理论计算的方法，当钻井液流量发生变化时，无法及时得知相应的流量。现有的监测溢流和井漏方法存在着干扰因素多、发现滞后等缺点。本文给出一种新方法，该方法结构简单、成本低廉、便于操作、不易损坏，将现有设备稍加改造即可完成。该方法可以在线测量钻井液的排量，还可以实时监测溢流和井漏，预报时机明显提前，准确率明显提高。从理论上进行了论证，并指出具体实施方案。通过现场试验，用这种方法配合现有的方法综合使用，对监测溢流和井漏起到很好的作用。

关键词　钻井液流量；在线测量；溢流；井漏；方形孔口；圆孔；液面高度

前言

在现场，钻井液流量的测量，一般采用理论计算的方式。事先采用查阅相关资料或者实地测量的方式确定钻井液泵缸套的个数、每个缸套的直径、冲程，再人为数出单位时间的冲数，从而计算出钻井液的排量。钻井液的上水效率往往也只是采用估算的方式。当钻井液排量确定后，无法实时监测，当由于某种原因造成排量变化时，无法准确而及时得知。

溢流和井漏是钻井过程中常见的现象，若不能及时发现，可能会造成井塌、井喷等井下复杂情况，轻则影响钻井效率和效益，重则引发事故。目前，现场钻井液流量很难实现在线测量，判断溢流和井漏的方法一般依靠钻井液总池体积和钻井液出口相对流量的变化来判断[1]，这两种方法都存在着不同的缺点。

用出口钻井液流量的变化来监测溢流和井漏，存在着一定的缺点：①目前现场应用的流量传感器一般为靶式流量传感器，该传感器装在钻井液出口架空槽上，要求架空槽的直径要满足冲击靶在静止时能够垂直或接近垂直状态，并且在冲击靶活动范围内不会受到架空槽壁的阻碍；②长时间使用，钻井液会产生泥饼，黏附在冲击靶活动轴上，冲击靶的活动受到限制；③泥饼和沉砂还会黏附在架空槽内壁，沉砂还会沉在架空槽底部，阻碍冲击靶的活动；④如果靶板重量较轻，在钻井液的冲击下会产生较大的波动，如果靶板重量较重，则测量范围很小，影响测量准确度。

用钻井液池体积的变化来监测溢流和井漏，存在着一定的缺点：钻井液池体积的测量，是依靠钻井液面液位的测量来实现的，当钻井液罐的数量较多或者罐的水平截面积较大时，钻井液池体积的变化反映到液位上就会变得不很敏感，只有较大体积的钻井液变化时，才被监测到。而溢流和井漏的快速发现，对于尽早制定下部措施，避免造成更大的事故，具有重要意义[2]。

1　新的钻井液出口流量在线测量方法

如图1所示，从井口流出的钻井液，沿缓冲罐的底部流入缓冲罐内，在缓冲罐的侧面开1~2个方形孔口，孔口的上端开启，钻井液从该孔口流出至振动筛。同时钻井液会在缓冲罐内形成一定高度的液面，该液面高度的变化可以反应出钻井液流量的变化。当钻井液流量一定时，该液面高度是恒定的。当发生溢流或者井漏时，缓冲罐内钻井液面会相应升高和降低。所以缓冲罐内液面高度可以反应出钻井液流量的变化情况，通过计算，可以实时得到钻井液的流量。更重要的是，可以达到监测溢流和井漏的目的。

在具体实施过程中，综合录井仪有现成的信号线、采集通道、采集系统、标定及报警等功能。只需在缓冲罐上方安装液位传感器，即可实时监测缓冲罐内液面的变化情况，从而在线测量钻井液流量，并监测溢流和井漏的发生。

图2是在缓冲罐的侧面开1~2个圆孔，其道理和图1是一样的。该方法优点是：①目前，钻井现场的钻井液流量很难实现在线测量，而该方法可以在线测量钻井液的排量；②从上述观点可以看出，现有的监测溢流和井漏的方法存在着传感器易损坏、传感器由于受外界干扰精度较差、预报不及时等缺点，而该方法基本不存在传感器损坏的问题，并且在溢流或井漏刚刚发生，钻井液池体积未发生变化之前，该方法就可以判断出溢流和井漏，在预测时机上明显早于传统方法，而溢流和井漏的早期发现的意义是非常重大的。

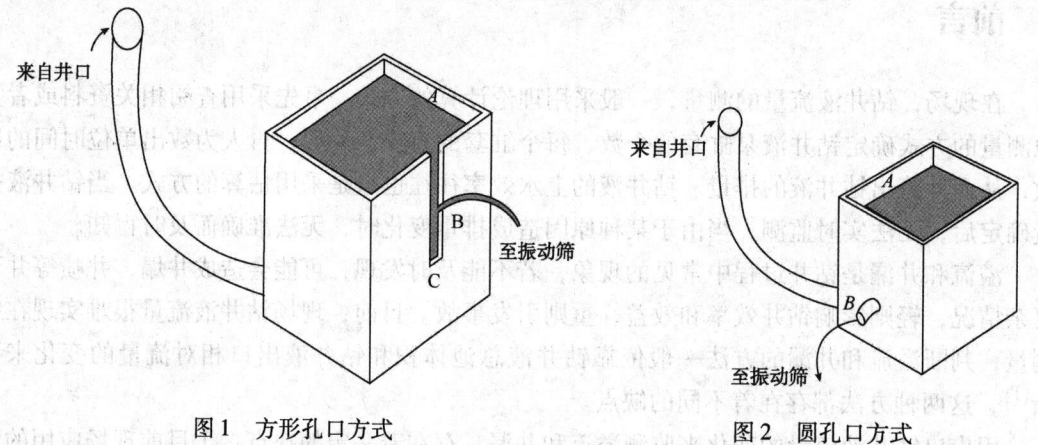

图1　方形孔口方式　　　　　图2　圆孔口方式

该方法只需要将现场现有的设备稍加改造即可完成。在钻井现场中，钻井液从井口流出，经过架空管线，沿缓冲罐的底部流入缓冲罐，再由缓冲罐上部流入振动筛，这些都与该方法相符合，不需要改造。唯一需要改造的是将缓冲罐的两侧割两个孔口即可。该装置结构简单，平时不需要维护保养，不易损坏，且成本低廉。

2　该方法的理论依据

2.1　方形孔口方式

图3为钻井液由方形孔口流出时的截面，设缓冲罐液面处为 A 点，方形孔口下沿为 C

点，在钻井液流出截面中任取一点，设为 B 点，在 A、B 两点间建立伯诺利方程[3]：

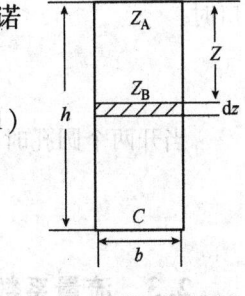

$$Z_A + \frac{P_A}{\gamma} + \frac{V_A^2}{2g} = Z_B + \frac{P_B}{\gamma} + \frac{V_B^2}{2g} \qquad (1)$$

式中　Z_A，Z_B——A 点、B 点钻井液的高度，m；

　　　P_A，P_B——A 点、B 点钻井液的压力，Pa；

　　　V_A，V_B——A 点、B 点钻井液的速度，m/s；

　　　γ——钻井液重度，N/m³；

　　　g——重力加速度，m/s²。

图3　流量计算示意图

由于 A 点暴露在空气中，钻井液相对静止，所以 $P_A = 0$、$V_A = 0$。B 点暴露在空气中，所以 $P_B = 0$。取缓冲罐液面为横坐标，沿缓冲罐液面垂直向下为纵坐标 Z，则 A、B 两点间的距离为 Z，由式(1)可得方形孔口截面中任一 B 点钻井液的速度为：

$$V_B = \sqrt{2gZ} \qquad (2)$$

由于钻井液具有较大黏度，钻井液在方形孔口流出时因相互碰撞和摩擦而损失一部分能量，造成实际流速小于理论流速。在方形孔口两侧，由于钻井液的惯性，钻井液并不平行流出，而是产生缩颈效应，流速也会有所降低。所以应乘以一个系数 K，定义为流量系数，其中 $K < 1$。则式(2)变为：

$$V_B = K\sqrt{2gZ} \qquad (3)$$

由式(3)可以看出，当 Z 取不同值时，该点速度 V_B 也不同。因此沿方形孔口垂直方向钻井液为不均匀分布。在 B 点取一微分面 dZ，设方形孔口的宽度为 b，截面中任一微分面的面积为：

$$dS = bdZ \qquad (4)$$

则该微分面元上的流量为：

$$dQ = V_B dS = K\sqrt{2gZ} \cdot bdZ = K\sqrt{2g} \cdot b\sqrt{Z}dZ \qquad (5)$$

A、C 两点间的距离即为液面高度，设为 h，则总流量为：

$$Q = \int_S dQ = K\sqrt{2g} \cdot b \int_0^h \sqrt{Z}dZ = \frac{2K\sqrt{2g}}{3}bh^{\frac{3}{2}} \qquad (6)$$

在现场应用中，有时用一个振动筛，有时用两个振动筛。当用两个振动筛时，设两个方形孔口的流量分别为 Q_1 和 Q_2，方形孔口宽度分别为 b_1 和 b_2，则公式(5)可改为：

$$dQ = dQ_1 + dQ_2 = K\sqrt{2g} \cdot (b_1 + b_2)\sqrt{Z}dZ \qquad (7)$$

总流量为：

$$Q = \int_S dQ = K\sqrt{2g} \cdot b \int_0^h \sqrt{Z}dZ = \frac{2K\sqrt{2g}}{3}(b_1 + b_2)h^{\frac{3}{2}} \qquad (8)$$

由式(6)和式(8)可以看出，钻井液流量与缓冲罐内液面 $h^{\frac{3}{2}}$ 成正比。当方形孔口的宽度 b 确定时，只要测出缓冲罐内液面高度 h，就可以计算出钻井液的排量。也可以及时发现溢流和井漏。

2.2　开圆孔方式

设圆孔直径分别为 d_1 和 d_2，由图2可以得出流量和圆孔直径的关系式，当开一个小口时：

$$Q = \frac{K\pi \sqrt{2gh} \cdot d^2}{4} \qquad (8-1)$$

当开两个圆孔时：

$$Q = \frac{K\pi \sqrt{2gh}(d_1^2 + d_2^2)}{4} \qquad (8-2)$$

2.3 流量系数 K 的确定

在上面公式中，流量系数 K 值的大小一般取决于两个因素，一个是由于钻井液在流出方形孔口时产生缩颈效应的影响，产生一个系数。影响该系数大小的因素主要是方形孔口处是否有管嘴以及管嘴的形状。如果没有安装管嘴，即薄壁泄流，根据相关资料可以查得其系数为 0.62；如果方形孔口处安装有扩张管嘴，则系数为 0.45；如果方形孔口处安装有外伸管嘴，则系数为 0.82；如果方形孔口处安装有流线型管嘴，则系数为 0.98。另一个是钻井液黏度的影响，由于钻井液的黏度大于水，造成实际流量值小于理论值。不同黏度的钻井液，其影响系数也不同，由相关资料查得，中等黏度的钻井液所产生的影响系数为 0.80 左右[3]。将两个系数相乘，即可得知流量系数 K 的值。

可以看出，不同形状的管嘴，不同性质的钻井液，其 K 的值差别是很大的。要准确测出流量 Q，需要知道准确的流量系数 K 的值，准确的 K 值可以采用实验的方法测出，事先已知流量 Q 及相应的液面高度，就可以计算出准确的 K 值。

3 缓冲罐孔口尺寸的确定

理论上，不论方形孔口的宽度如何，不同的流量都会形成一个相应高度的液面。但在实际应用中，液面的变化量受到一定的限制。首先，所形成液面高度的变化量范围不能太小，如果太小，会造成测量结果不够精确，误差较大，尤其在发生不太严重的溢流和井漏时，其次，所形成液面高度的变化量范围不能太大，如果太大，会给操作带来困难，如液位传感器难以安装、缓冲罐附近卫生难以保持、甚至钻井液倒流回井口的现象。

在正常钻进过程中，钻井液流量一般为 $0.03 \sim 0.05 \mathrm{m}^3/\mathrm{s}$，缓冲罐内液面高度为 0.2m 左右为宜，$g$ 取 $9.81 \mathrm{m/s}^2$，K 值暂取为 0.50。由公式(6)可得：

$$b = \frac{3Q}{2Kh^{\frac{3}{2}}\sqrt{2g}} \qquad (9)$$

当 $Q = 0.03$ m^3/s 时，$b = 0.23\mathrm{m}$；当 $Q = 0.05$ m^3/s 时，$b = 0.38\mathrm{m}$；由此计算可得，在正常情况下，如果只有一个方形孔口，方形孔口的宽度在 $0.23 \sim 0.38\mathrm{m}$ 为宜。由于现场有时用一个振动筛，有时用两个振动筛，并且不同的井，以及每口井不同的井段，钻井液性能也是不同的，综合考虑，最好在缓冲罐两侧各开宽度为 0.10m 左右的方形孔口。

当方形孔口确定后，可以得到流量 Q 随液面高度 h 的关系式为：

$$Q = \frac{2K\sqrt{2g}}{3}bh^{\frac{3}{2}} = 0.295h^{\frac{3}{2}} \qquad (10)$$

例如，当正常钻进时，$Q = 0.040\mathrm{m}^3/\mathrm{s}$，所形成的液面高度为 $h = 0.264\mathrm{m}$；当发生溢流

时，$Q = 0.060\text{m}^3/\text{s}$，所形成的液面高度为 $h = 0.346\text{m}$；当发生井漏时，$Q = 0.020\text{m}^3/\text{s}$，所形成的液面高度为 $h = 0.166\text{m}$；由此可以看出，通过实时监测缓冲罐内液面的高度，就可以实时监测溢流和井漏的发生，并实时计算出钻井液的排量。

当进行起下钻作业时，$h = 0$，$Q = 0$。当发生溢流时，$h > 0$，$Q > 0$。同样可以起到监测溢流的作用。

同样道理，由公式（8-1）可以得出：

$$d = \sqrt{\frac{4Q}{K\pi\sqrt{2gh}}} \qquad (9-1)$$

由此可以得出，当开一个圆孔时，直径在 0.20m 为宜；当开两个圆孔时，每个圆孔直径在 0.10m 为宜。

当圆孔直径确定后，可以得到流量 Q 随液面高度 h 的关系式为：

$$Q = \frac{K\pi\sqrt{2g}\cdot d^2}{4}h^{\frac{1}{2}} = 0.070h^{\frac{1}{2}} \qquad (10-1)$$

例如，当正常钻进时，$Q = 0.040\text{m}^3/\text{s}$，所形成的液面高度为 $h = 0.327\text{m}$；当发生溢流时，$Q = 0.060\text{m}^3/\text{s}$，所形成的液面高度为 $h = 0.735\text{m}$；当发生井漏时，$Q = 0.020\text{m}^3/\text{s}$，所形成的液面高度为 $h = 0.081\text{m}$。由此可以看出，对于钻井液相同的流量变化，采用开圆孔的方式，比采用方形孔口方式要敏感。

4 现场实验

在 W 井钻进过程中，采用一个方形孔口的方式，方形孔口的宽度为 0.45m，开单泵钻进，钻井液入口排量为 0.028m³/s，此时测得缓冲罐内钻井液面高度为 0.13m，由公式（6）可得 $K = 0.48$，所以该种情况钻井液排量和缓冲罐内液面高度的关系为：$Q = 0.638h^{\frac{3}{2}}$。将该公式编入程序，计算出缓冲罐内不同液面高度所对应的钻井液排量，采用"电压值-钻井液排量"多点标定，即可在线测量钻井液排量。

人为加大钻井液入口排量至 0.035m³/s，此时测得缓冲罐内钻井液面高度为 0.21m；停泵，钻井液排量逐渐下降为 0，则缓冲罐内钻井液面高度逐渐下降为 0。由此可以看出，用这种方法可以在线测量钻井液排量，也可以监测溢流和井漏的发生。

5 结论及建议

（1）采用此种方式可以在线测量钻井液出口流量，可以及时发现溢流和井漏。

（2）这种方法监测溢流和井漏，具有预报及时，准确率高等优点。

（3）如果地层比较活跃，可以适当缩小方形孔口或者圆孔的尺寸，增加其灵敏性。

（4）比较公式（8）和公式（8-1）可以看出：若采用方形孔口方式，流量 Q 与 $h^{\frac{3}{2}}$ 成正比；若采用圆孔方式，流量 Q 与 $h^{\frac{1}{2}}$ 成正比。所以，当发生井涌或者溢流时，采用圆孔方式会更灵敏地从液面高度反应出来。所以，如果现场条件允许的话，优先选用圆孔方式。

（5）综合录井仪有现成的信号线、采集通道、采集系统、标定及报警等功能。只需在缓冲罐上方安装液位传感器，并将现有的缓冲罐稍加改造，即可实时监测缓冲罐内液面的变化情况，从而在线测量钻井液出口流量，并监测溢流和井漏的发生。

参 考 文 献

1 陈庭根，管志川．钻井工程理论与技术．中国石油大学出版社，2000
2 蒋希文．钻井事故与复杂问题．石油工业出版社，2000
3 袁恩熙．工程流体力学．石油工业出版社，1982

可反应凝胶堵漏材料设计思路

李 娟 王中华 刘文堂 刘晓燕

（中国石化石油工程技术研究院中原分院）

摘 要 在分析可反应凝胶堵漏材料可反应性、耐温性、承压性和膨胀性等性能的基础上，结合材料结构与性能的关系，引入了活性基团、抗温抗盐的亲水性基团、杂环结构和柔性链结构，提出了具有良好的耐热性、高强度、可反应性的凝胶堵漏材料的设计思路，并从原料选择、聚合方法及引发剂的选择、反应温度、反应体系的 pH 值等方面对可反应性凝胶堵漏材料进行了合成设计。所设计的这种可反应性的凝胶堵漏材料除了具有普通凝胶堵漏材料的吸水膨胀和变形填充堵塞作用外，更重要的是具有可反应性，凝胶颗粒内部、凝胶颗粒之间在地层的温度下均可进一步反应，凝胶中带有的阳离子基团还可与带负电的岩石表面形成化学吸附，将漏失通道胶结成整体，有助于提高封堵强度和堵漏效率。

关键词 凝胶；堵漏材料；分子设计；可反应性；活性基团

前言

近年来，随着钻遇复杂地层越来越多，为了满足钻井工程各种复杂漏失的堵漏需要，促进堵漏技术的发展，堵漏材料的品种也不断增多。凝胶是高分子链之间以化学键形成的交联结构的溶胀体，溶胀而不溶解，抗稀释性好，可变形，能根据漏失通道的大小进行形状的调节，在钻井堵漏中发挥着重要的作用[1~3]。

基于凝胶堵漏材料的优点和在堵漏上取得的良好效果，本文提出一种可反应性凝胶堵漏材料的设计思路，根据材料结构与性能的关系和堵漏材料对性能的要求，设计合成出具有特定功能的凝胶堵漏材料，满足堵漏需求。这种可反应性堵漏材料除具有普通凝胶堵漏材料的吸水膨胀和变形填充作用外，更重要的是具有可反应性，通过凝胶颗粒表面活性基团的缩聚反应能实现堵漏材料颗粒之间的交联，还能与漏失通道、骨架材料表面的活性基团发生化学吸附，将堵漏材料与漏失通道胶结成一个整体，有助于提高封堵层的封堵强度和封堵效率。

1 可反应凝胶堵漏材料的设计依据

1.1 可反应性对堵漏材料的要求

可反应性是保证堵漏材料进入漏失地层后可继续反应，分子间采取以化学键结合的方式，有助于提高堵漏材料的封堵强度和封堵效率。这是可反应性凝胶堵漏材料区别于普通凝胶堵漏材料的突出优点。可反应性堵漏材料可将凝胶颗粒颗粒间以物理填充堵塞的形式转变成以化学键结合的方式，可大幅度提高堵漏材料分子间的作用力，避免在钻进过程中的激动压力下，造成堵漏材料的反吐，引起二次漏失。可反应性就要求堵漏材料中含有可反应的化学基团，如羧基、羟基、胺基等，在地层温度的作用下，能进一步的交联。

1.2 地层温度对堵漏材料的要求

从抗温方面，堵漏材料应具备：①具有合适的交联度；②分子链刚性强，分子主链上含有杂环的芳香族链节；③分子中不含或仅含有极少量的弱键或易水解的化学键，如醚键和酰胺键；即使因为某种特殊需求，需要引入这类化学键，还应同时引入抑制其分解或水解的单体，以提高其热稳定性[4,5]。

1.3 地层压力对堵漏材料的要求

发生漏失的必要条件之一是存在正压差。堵漏材料要封堵漏失通道，阻止工作液向地层漏失，因此，堵漏材料必须能承受一定的地层压力。即堵漏材料具有一定的抗变形能力，分子链间有适当的作用力。从结构上来说，堵漏材料应具有一定量的刚性链结构。

1.4 吸水膨胀性对堵漏材料要求

具有三维网络结构的高分子吸水后形成溶胀体，体积增大，可变形性好。要使水分子进入到大分子网络中，高分子中必须含有亲水性的基团，如：羟基、酰胺基、磺酸基、磷酸基等。由于凝胶堵漏材料的使用环境中通常含盐，因此凝胶还应具有一定的抗盐性，以保证其在盐水环境中的膨胀倍数。亲水性基团为离子型的聚合物吸水倍率大，但耐电解质能力差；亲水性基团为非离子型的吸水倍率小，但耐盐性好[6,7]。

2 可反应凝胶堵漏材料的分子设计

2.1 引入活性基团实现可反应性

选择具有活性基团的单体，通过加成反应引入活性基团，提高反应物的活性。这些活性基团在一定的温度下可发生缩聚反应，当反应条件撤去后，缩聚反应变得十分缓慢，甚至终止，得到预聚体。预聚体被泵送到漏失地层后，在地层温度和缩聚条件满足的条件下，又可进一步的反应，胶结成整体。

2.2 通过交联度提高聚合物的热稳定性

对于交联聚合物而言，影响其热稳定性的主要因素是其三维网络结构，三维网络结构越完善越致密，其耐热性越好。因而，这就需要从合成工艺上探索合适的反应条件，得到完善致密的三维网络结构的交联聚合物，通过调整其交联密度来调控其热稳定性。此外，交联聚合物中的环状结构和环上取代物也会对交联聚合物的热稳定性产生一定的影响。

1. 环状结构

在主链中引入环状结构可增加分子链的刚性，空间位阻的增大，削弱分子的热运动，提高耐热性[8]。杂环还可使分子链间产生偶极吸引力,改善聚合物的热稳定性;梯形聚合物主要特征是芳环之间无单键,而是环环相连或以 Si—C 键形成格子状聚合物,具有相当高的热稳定性[9]。但由于合成条件及工艺的限制,形成的梯形结构不完整。在高分子链中尽量减少单键,多引入双键、共轭双键、三键或环状结构(包括酯环、芳环或杂环),可显著提高聚合物的耐热性[10]。

2. 环上取代物

改变环间的连接基团或通过在环上引入取代基,可改善聚合物的物理、化学性质,以便于加工和应用。例如酚醛树脂磺化后,可改善酚醛树脂的水溶性,这些产物的热稳定性可能会有所降低,但其成型加工性得到了改善,拓宽了其应用范围。

2.3 引入抗盐性亲水基团提高抗盐性

吸水树脂的吸水能力主要取决于电解质的浓度、树脂的亲水性和交联度[11]。对于非电解质的吸水树脂而言,没有电解质所产生的渗透压第一项,因而电解质吸水树脂的吸水能力比非电解质强。堵漏材料中的磺酸基是亲水性的基团,遇水后,电离成不可移动的 SO_3^- 和可在网络内自由移动的抗衡离子 H^+。为了维持树脂网络的电中性,抗衡离子只能在聚合物网络内移动。在阴、阳离子静电吸引作用下,溶剂中的带相反电荷的离子被抗衡离子吸附到树脂网络内,在聚合物网络内形成双电层,导致树脂网络内外产生渗透压,促使水分进入到树脂网络内。随着水分的进入,树脂网络内的电荷浓度逐渐减小,直到平衡,吸水树脂达到饱和吸水量。凝胶堵漏材料的网络结构示意图如图 1 所示。

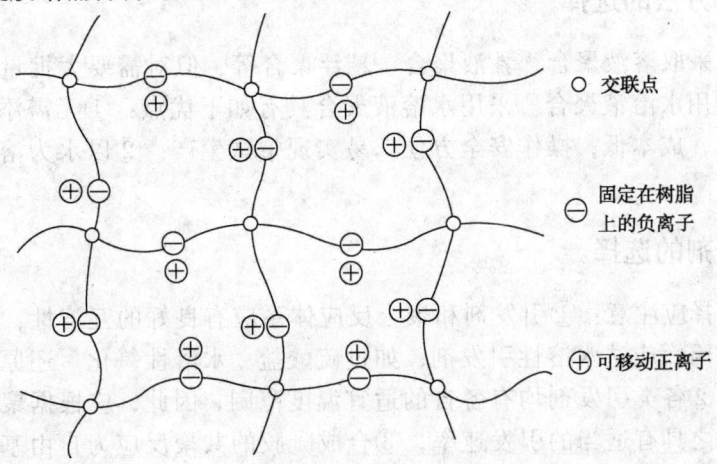

图 1　凝胶堵漏材料的空间分子网络结构示意图

吸水材料的吸水倍率除了与材料本身电荷密度、交联密度和对水的亲和力外,还与外部溶液的电解质的离子强度有关。在材料本身的结构和成分一定的情况下,吸水倍率的大小主要取决于外部溶液中电解质的离子强度。当电解质吸水树脂处于盐水中时,水分子进入网络的同时,溶液中的离子也随之进入到树脂网络中,树脂网络内外的渗透压差迅速减小,凝胶很快就达到溶胀平衡,外部溶液中离子强度越大,达到平衡的时间越短,吸水量越小。

离子强度 I 的定义为:

$$I = \frac{1}{2} \sum b_B Z_B^2$$

式中　b_B——溶液中的离子浓度，mol/L；

　　　Z_B——离子电荷数。

即将溶液中每一种离子浓度 b_B 乘以离子电荷数 Z_B 的平方，该乘积总和的一半即为离子强度。由此可见，溶液中二价离子如 Ca^{2+}、Mg^{2+} 的存在对吸水树脂吸水量的影响比一价离子如 Na^+ 对吸水树脂吸水量的影响要大得多[12]。

3　可反应凝胶堵漏材料的合成设计

3.1　单体选择

根据可反应性堵漏材料的要求，选择含有苯环或芳杂环结构的单体，通过加成反应引入活性基团，然后进行磺化反应引入抗温抗盐、亲水性好的磺酸基团。选择含有双键的单体进行共聚，其中一种单体含有阳离子基团，另一种共聚单体除含有双键外，还含有活性基团，其双键可与含有双键的阳离子单体共聚，活性基团可与磺化的单体进行缩聚，起到连接阳离子单体和磺化单体的桥梁作用。同时，这种既含有刚性的环状结构又含有柔性的碳链结构可保证材料具有一定的耐热性、足够的强度和柔韧性。

3.2　聚合方法的选择

共聚反应可采取溶液聚合、乳液聚合、悬浮聚合等，但对需要大批量生产的凝胶材料而言，适合采用水溶液聚合。采用水溶液聚合具有如下优点：①无需添加分散剂、乳化剂，工艺简单，成本低，操作安全方便，易实现中试生产；②以水为溶剂，溶剂无需回收，环保。

3.3　引发剂的选择

引发剂的选择应注意：①引发剂和聚合反应体系应有良好的互溶性，由于本实验采用水溶液聚合，因而应选水溶性引发剂，如过硫酸盐、水溶性氧化－还原体系、水溶性偶氮引发剂等；②各类引发剂均有各自的适宜温度范围，因此，应根据聚合反应温度来选择引发剂，使之具有适当的引发速率；③合成凝胶的共聚反应为自由基聚合反应，最常用的引发剂为氧化还原引发剂和热分解引发剂。水溶性偶氮类引发剂价格昂贵，不合适工业化生产。氧化还原引发剂价廉易得，反应条件温和，故本研究选择氧化还原为本实验的引发剂。

3.4　反应温度

制备凝胶的共聚反应属于自由基聚合，根据 Arrhenius 方程和自由基速率方程，当其他反应条件一定时，聚合温度越高，聚合反应的速率越大。根据自由基聚合的动力学链长公式，聚合温度的升高使得平均聚合物的降低。因此，在制备凝胶的自由基共聚反应中，选择合适的聚合反应温度十分重要。需结合共聚物成胶的时间和产物的性能选择合适的反应温度。

3.5 反应 pH 值

对于共聚体系与磺化体系的缩聚反应而言，先在酸性条件下进行初步缩聚，根据后期反应的需要确定合适的酸性缩聚时间，使大分子结构更加完善。H^+ 是缩聚反应的催化剂，有利于缩聚反应的进行。凝胶堵漏材料使用的环境是 pH 为 9 ~ 11 的碱性条件，在此条件下凝胶进一步缩聚反应进行缓慢，可保证足够的施工时间。此外，也可通过前期酸性条件下缩聚的程度来调节后期凝胶的可反应时间。

4 结语

本文在分析可反应性凝胶堵漏材料的性能对结构要求的基础上，从理论上设计了具有良好的耐热性、高强度、可反应性的堵漏材料，总结起来有如下几点：

（1）在大分子中引入双键和杂环结构，分子链不易断裂，耐热性好，强度高。同时引入大侧基也可提高聚合物的耐热性。在考虑大分子的耐热性和高强度的同时还兼顾了其柔性，适当引入柔性链以保证其具有一定的可变形性，满足堵漏材料在地层压差作用下的变形要求。

（2）引入了水化基团，使得树脂具有一定的亲水性，到达漏失地层后可发生吸水膨胀，迅速形成堵塞。同时引入的水化基团磺酸基还具有一定的抗温、抗盐性，确保其在高温高盐环境中的有效性。

（3）引入了活性基团，使得堵漏材料膨胀后可进一步的反应。在地层温度的作用下，凝胶颗粒内部和凝胶颗粒间均可发生缩合反应，将堵漏材料以化学键的方式胶结成一个整体。这是可反应性凝胶堵漏材料不同于物理填充的普通凝胶堵漏材料的突出特点。

（4）引入了阴、阳离子基团，形成了一种两性离子聚合物，其中的阳离子基团可与带负电的岩石表面产生强烈的化学吸附。聚合物自身的阴、阳离子基团也可产生静电吸附或自组装，还可吸附外来液中的带有负电荷的固相颗粒，共同形成封堵层。

参 考 文 献

1 Heying T L. Methods for reducing lost circulation wellbores[P]. US 6581701, 2003(6)

2 王正良，周玲革，胡三清. JPD 吸水膨胀型聚合物堵漏剂的研究[J]. 石油钻探技术，2004，32(1)：32 ~ 34

3 张歧安，徐先国，董维等. 延迟膨胀颗粒堵漏剂的研究与应用[J]. 钻井液与完井液，2006，23(2)：21 ~ 24

4 杨小华，王中华. 钻井液用高分子处理剂分子设计[M]. 精细与专用化学品，2010，18(1)：14 ~ 18

5 陈娟，严波，孙庆林，等. 新型降滤失剂 NJ - 1 的研究与应用[J]. 钻井液与完井液，2005，22(5)：36 ~ 38

6 Liu S, Jin Y F, Zhou X. Preparation of superabsorbent polymers with increase saline absorbency[J]. Journal of Dong Hua University, 2002, 19(4): 20 ~ 23

7 崔亦华，郭建维，崔英德. PAA/PVA SIPN 高吸水性树脂的制备及性能研究[J]. 广州化学，2007，32(3)：1 ~ 5

8 王中华. 超高温钻井液体系研究(Ⅰ)——抗高温钻井液处理剂设计思路[J]. 石油钻探技术, 2009, 37 (3): 1~7

9 李战雄, 王标兵, 欧育湘. 耐高温聚合物[M]. 北京: 化学工业出版社, 2007: 1~5

10 于艳, 刘鹏涛, 蹇锡高等. DHPZ - DA/DAPE/PPD/NDA 杂萘聚芳酰胺的合成及性能[J]. 高分子材料科学与工程, 2005, 21(2): 69~72

11 Flory P J. Principles of Polymer Chemistry [M]. New York, Cornell University Press, 1953: 588~591

12 刘永兵, 蒲万芬, 胡琴. 三元共聚复合吸水树脂的合成与性能[J]. 西南石油学院学报, 2005, 27(5): 62~64

抗温240℃钻井液降黏剂的合成及性能评价

谢建宇　王中华　张　滨　李　彬

（中国石化石油工程技术研究院中原分院）

摘　要　本文以丙烯酸（AA）和2－丙烯酰胺基－2－甲基丙磺酸（AMPS）共聚合成了抗240℃高温的钻井液降黏剂，对分子量调节剂用量、引发剂用量和单体比例等对共聚物的特性黏数和降黏率的影响进行了考察。通过IR对共聚物进行了表征，借助热分析考察了共聚物的热稳定性，并对其在泥浆中的性能进行了室内评价。结果表明，优化条件下共聚物降黏效果最好，在淡水基浆中加量为0.5％时，其高温降黏率可以达到95.3％，并且具有较好的抗盐、钙性能。

关键词　钻井液；丙烯酸/2－丙烯酰胺基－2－甲基丙磺酸共聚物；降黏剂；高温

降黏剂对于降低钻井液的黏度和切力，控制钻井液的流变性，提高钻井速度有着非常重要的作用。从20世纪30年代以来，研究人员已先后开发出多种类型的降黏剂产品[1~8]（如无机磷酸盐、丹宁、铁铬木质素磺酸盐和低分子量聚丙烯酸等），部分产品已成功应用于现场。但近年来随着国内深井、超深井数目的增多，由于地温梯度的影响，钻井液长时间处于200℃以上高温的条件下，存在着黏土高温分散、有机高分子化合物高温降解、处理剂高温交联等影响，导致钻井液流变性变差。而目前研制的降黏剂产品抗温性能一般在180℃以下，而抗温在200℃以上的品种相对较少[9~11]，这些产品在200℃以上的深井中使用时，钻井液的造壁性能变差，渗透性增强，滤失量升高。本文采用丙烯酸与2－丙烯酰胺基－2－甲基丙磺酸共聚，研制了一种可以抗240℃高温的共聚物钻井液降黏剂，对共聚物特性黏数与降黏性能的关系以及降黏剂在泥浆中的性能进行了考察，并进行了红外光谱及热分析。

1　实验部分

1.1　仪器及试剂

丙烯酸（AA），工业品；2－丙烯酰胺基－2－甲基丙磺酸（AMPS），工业品；分子量调节剂，分析纯；过硫酸铵，分析纯；氢氧化钠，分析纯。仪器有ZNN－D6型六速旋转黏度计，NICOLET 560付里叶变换红外光谱仪，TG－DTA型热分析仪。

1.2　合成

将7.56 g（0.105mol）AA和9.315 g（0.045mol）AMPS溶解于清水中备用，然后将一定分子量调节剂加入四口瓶中，再将引发剂过硫酸铵溶解于清水中备用，将体系加热至一定温度后，将单体溶液和引发剂溶液同时进行滴加，滴加结束后将体系加热至90℃反应

1h，得到质量分数 20%的聚合物溶液，最后将产品用 NaOH 中和、烘干，得到抗高温聚合物降黏剂。

1.3　性能测试

特性黏数测试：用乌氏黏度计在 25℃下测定清水的流出时间 t_0 和聚合物降黏剂溶液的流出时间 t，根据下式计算聚合物的特性黏数。c 为聚合物溶液质量浓度（g/mL）

$$\eta = \frac{\sqrt{2[(t-t_0)/t_0 - \ln(t/t_0)]}}{c} \tag{1}$$

降黏性能测试：在淡水基浆中加入质量分数 0.5%的降黏剂，高速搅拌 5min，在 240℃滚动老化 16 h 后，在室温下用旋转黏度计测定泥浆 ϕ_{100} 读数，并按下式计算降黏率。

$$降黏率 = \frac{(\phi_{100})_0 - (\phi_{100})_1}{(\phi_{100})_0} \times 100\% \tag{2}$$

$(\phi_{100})_0$ 不加降黏剂时淡水基浆六速旋转黏度计 100r/min 下的读数；$(\phi_{100})_1$ 加入降黏剂后六速旋转黏度计 100r/min 下的读数。

1.4　基浆配置

（1）淡水基浆：在 1L 水中加入 5g 碳酸钠和 70g 膨润土，高速搅拌 2h，室温下放置养护 24h，即得淡水基浆。

（2）聚合物泥浆：在 4%的淡水基浆中加入 0.5%的共聚物降滤失剂 CGW488（丙烯酸、丙烯酰胺和 2-丙烯酰氧基异戊烯磺酸钠共聚物），高速搅拌 5min，于室温下放置养护 24h，即得聚合物基浆。

（3）饱和盐水泥浆：在淡水基浆中加入 36%的氯化钠和 10%的评价土，高速搅拌 5min，于室温下放置养护 24h，即得饱和盐水基浆。

（4）含钙泥浆：在淡水基浆中加入 1%的氯化钙和 10%的评价土，高速搅拌 5min，于室温下放置养护 24h，即得含钙泥浆。

2　结果与讨论

2.1　合成条件优化

1. 分子量调节剂对抗高温降黏剂的影响

图 1 是分子量调节剂用量对降黏剂特性黏数及降黏效果的影响。

从图 1 可以看出，随着分子量调节剂用量的增加，降黏剂特性黏数降低；而在降黏剂的高温性能测试中可以看出，降黏剂的降黏率呈先升高再降低的趋势，在本文实验条件下分子量调节剂用量为 0.75%时效果较好。

2. 引发剂用量对抗高温降黏剂性能的影响

图 2 是引发剂过硫酸铵用量对降黏剂特性黏数及降黏效果的影响。

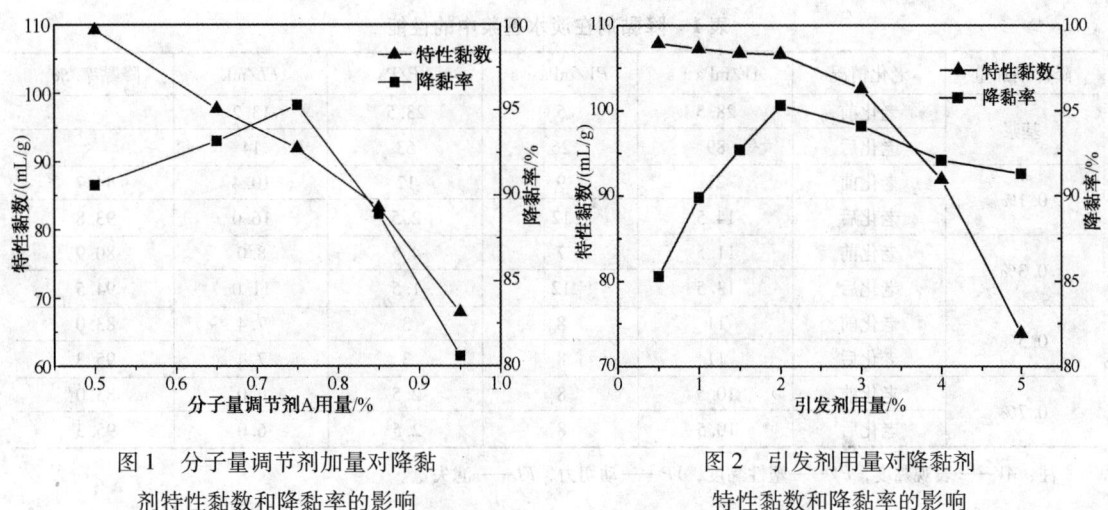

图1 分子量调节剂加量对降黏
剂特性黏数和降黏率的影响

图2 引发剂用量对降黏剂
特性黏数和降黏率的影响

从图2可以看出，随着过硫酸铵用量的增加，降黏剂的特性黏数呈下降趋势，而降黏剂的降黏率先增强再降低。在本文实验条件下，过硫酸铵用量为单体用量的2%较好。

3. 单体比例对抗高温降黏剂性能的影响

图3是单体比例对降黏剂特性黏数及降黏效果的影响。

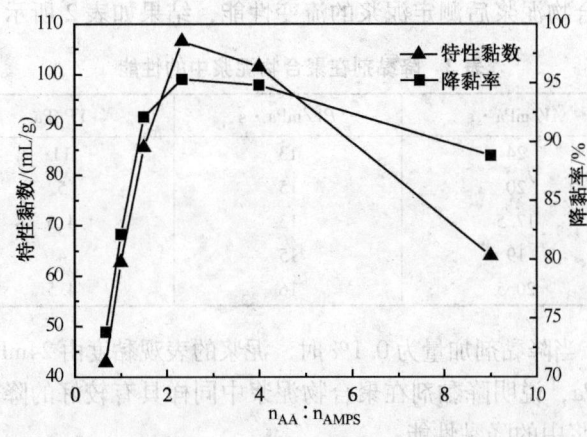

图3 n_{AA} 和 n_{AMPS} 比列对降黏剂特性黏数和降黏率的影响

从图3可以看出，随着AMPS用量的增加，降黏剂的特性黏数先升高再降低，而在降黏剂的高温性能测试中，降黏剂的降黏率呈先升高再降低的趋势，在本文实验条件下，合适的单体比例为 $n_{AA}:n_{AMPS}=2.33:1$。

2.2 性能评价

1. 在淡水基浆中的降黏性能

将降黏剂加入淡水基浆后测定泥浆在室温及240℃高温老化16h后的流变性能，结果如表1所示。

表1 降黏剂在淡水基浆中的性能

降黏剂加量	老化情况	AV/mPa·s	PV/mPa·s	YP/Pa	FL/mL	降黏率/%
基浆	老化前	28.5	5	23.5	13.2	
	老化后	89	26	63	14	
0.1%	老化前	21	9	12	10.4	44.7
	老化后	14.5	12	2.5	16.0	93.8
0.3%	老化前	11.5	7	4.5	8.0	80.9
	老化后	13.5	12	1.5	11.0	94.5
0.5%	老化前	11	8	3	7.4	83.0
	老化后	11	8	3	7.4	95.3
0.7%	老化前	10.5	8	2.5	6.0	83.0
	老化后	10.5	8	2.5	6.0	95.3

注：AV——表观黏度，PV——塑性黏度，YP——动切力，FL——滤失量。

从表1可以看出，当降黏剂加量为0.5%时，降黏剂的室温降黏率可以达到83.0%，说明降黏剂在淡水泥浆中具有较好的降黏作用；而经过240℃高温老化16h后，降黏剂的高温降黏率可以达到95.3%，泥浆表观黏度和动切力与基浆相比明显降低，说明降黏剂具有较好的抗高温性能。

2. 在聚合物泥浆中的降黏性能

将降黏剂加入聚合物泥浆后测定泥浆的流变性能，结果如表2所示。

表2 降黏剂在聚合物泥浆中的性能

降黏剂加量	AV/mPa·s	PV/mPa·s	YP/Pa	FL/mL
基浆	24	13	11	10.4
0.1%	20	15	5	10.4
0.3%	17.5	13	4.5	11.2
0.5%	19	15	4	11.4
0.7%	20.5	16	4.5	10.4

从表2可以看出，当降黏剂加量为0.1%时，泥浆的表观黏度由24mPa·s降至20mPa·s，动切力由11Pa降至5Pa，说明降黏剂在聚合物泥浆中同样具有较好的降黏作用。

3. 在饱和盐水泥浆中的降黏性能

将降黏剂加入饱和盐水泥浆后测定泥浆的流变性能，结果如表3所示。

表3 降黏剂在饱和盐水泥浆中的性能

降黏剂加量	AV/mPa·s	PV/mPa·s	YP/Pa	FL/mL
基浆	21	9	12	62
0.1%	16	7	9	60
0.3%	14	8	6	56
0.5%	14	7.5	6.5	48
0.7%	14.5	8	6.5	42

从表3可以看出，降黏剂具有一定的抗盐能力，在饱和盐水泥浆中也有较好的降黏作用。并且随着降黏剂用量增加，泥浆滤失量呈下降趋势，这说明降黏剂在饱和盐水泥浆中具有很好的分散作用。

4. 在含钙泥浆中的降黏性能

将降黏剂加入含钙泥浆后测定泥浆的流变性能，结果如表4所示。

表4 降黏剂在含钙泥浆中的性能

降黏剂加量	AV/mPa·s	PV/mPa·s	YP/Pa	FL/mL
基浆	12.5	5	7.5	54
0.1%	10	4	6	54
0.3%	9	4	5	48
0.5%	8.5	4	4.5	42
0.7%	8.5	4	4.5	36

从表4可以看出，降黏剂具有一定的抗钙能力，在含钙泥浆中也有较好的降黏作用，并且含钙泥浆的滤失量随着降黏剂加量的增加而降低。

5. 在钻井液体系中的性能

将研制的抗高温降黏剂分别加入淡水和饱和盐水钻井液体系中，经240℃老化16h后进行性能评价。

表5 降黏剂在钻井液中的降黏性能

配方	AV/mPa·s	PV/mPa·s	YP/Pa	Q_{10s}/Q_{10min}/Pa/Pa	FL/mL	$HTHP$(180℃)/mL
1#	125	99	26	8.5/17.5	3.0	/
1#+0.1%降黏剂	95	62	33	7/13	3.2	/
2#	140	96	44	15/34	3.2	26
2#+0.5%降黏剂	127.5	92	34.5	8/27	2.6	18

注：1#配方为(1~2)%搬土浆 + (1~4)%LP527 + (4~7)%SMC + (5~10)%SMP + (0.5~2)%MP488 + NaOH + 0.5% SP-80，用重晶石加重至密度2.57g/cm³；

2#配方为(1~3)%搬土浆 + (2~4)%LP527 + (1~2)%MP488 + (3~5)%SMC + (5~9)%HTASP-B + 36% NaCl + NaOH，用重晶石加重至密度2.3 g/cm³。

从表5中可以看出，加入0.1%的降黏剂，淡水钻井液体系表观黏度就可以从125mPa·s降低至95mPa·s。而在饱和盐水钻井液体系中加入降黏剂后，体系表观黏度可以从140mPa·s降低至127.5mPa·s；并且钻井液180℃的高温高压滤失量从26mL降低为18mL。这是由于，聚合物在钻井液中会与一些黏土颗粒聚结在一起形成粒子团，产生絮凝作用，而降黏剂加入体系后，具有一定的解絮凝作用，更有利于黏土颗粒的分散，使体系中的护胶剂更好的发挥作用，形成的滤饼结构比较密实，体系的高温高压滤失量显著降低。

2.3 红外光谱分析

将合成的降黏剂样品经纯化后，用红外光谱仪进行检测，图6中3408cm⁻¹是酰胺基（-CONH-）伸缩振动吸收峰，2933cm⁻¹是-CH₃伸缩振动吸收峰，1720cm⁻¹是-C＝O伸缩振动吸收峰，1186cm⁻¹和1046cm⁻¹为-SO₃伸缩振动吸收峰。

2.4 热分析

将合成的降黏剂样品经纯化后，用热分析仪进行热分析。从图7中可以看出，降黏剂在180℃开始分解，说明降黏剂具有较好的热稳定性。

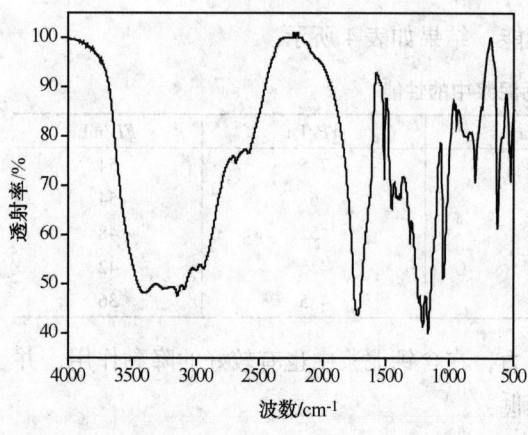

图6　AA/AMPS 共聚物降黏剂红外光谱图　　　　　图7　AA/AMPS 共聚物降黏剂的热分析图

3　结论

（1）以 AA 和 AMPS 共聚研制了抗高温钻井液降黏剂，当分子量调节剂用量为单体用量的 0.75%，引发剂用量为单体用量的 2%，单体用量比例为 $n_{AA}:n_{AMPS}=2.33:1$ 时，抗高温钻井液降黏剂的 240℃ 高温降黏率最高可以达到 95.3%。

（2）抗高温钻井液降黏剂在淡水泥浆、盐水泥浆、聚合物泥浆和含钙泥浆中均具有较好的降黏和分散作用，耐温抗盐能力强，可用于各种类型的水基钻井液体系。

参 考 文 献

1　范振中，娄燕敏，刘庆旺. 钻井液稀释剂 PX 的研制与评价[J]. 精细石油化工进展，2002，3(8)：25～26

2　赵雄虎. 无铬降黏剂 SLS 的合成及其性能评价[J]. 石油钻探技术，2004，32(1)：29～31

3　Zhang LM, Yin DY. Novel modified lignosulfonate as drilling mud thinner without environmental concerns[J]. Journal of Applied Polymer Science，1999，74(7)：1662～1668

4　Zhang LM, Yin DY. Preparation of a new lignosulfonate – based thinner：introduction of ferrous ions[J]. Colloids and Surfaces A：Physicochemical and Engineering Aspects，2002，210(1)：13～21

5　胡才志，梁发书，尹中等. AA – IPPA 聚合物的合成及性能研究[J]. 西南石油学院学报，2003，25(2)：61～63

6　罗跃，胡红亮，王志龙等. 钻井液用降黏剂磺化苯乙烯 – 马来酸酐聚合物的合成与评价[J]. 精细石油化工进展，2011，12(1)：13～15

7　周双君，舒福昌，史茂勇等. 有机硅钻井液降黏剂 HOS 的性能研究[J]. 精细石油化工进展，2008，9(9)：6～9

8　袁志平，陈林，景岷嘉. 抗温抗盐型钻井液降黏剂 JNJ – 1 的研究[J]. 天然气勘探与开发，2011，34(1)：56～59

9　樊泽霞，王杰祥，孙明波等. 磺化苯乙烯——水解马来酸酐共聚物降黏剂 SSHMA 的研制[J]. 油田化学，2005，22(3)：195～198

10　王利民. 一种超高温钻井液降黏剂的合成及性能研究[J]. 化学与生物工程，2010，27(4)：76～78

11　赵晓非，胡振峰，张娟娟等. 磺化苯乙烯——衣康酸共聚物超高温钻井液降黏剂的研制[J]. 石油天然气学报，2009，31(5)：105～108

高分子微球在石油工程中的应用展望

前言

高分子微球是高分子材料中非常重要的一类应用品种。早在 1955 年，范特霍夫[1]等就首次成功地制备出单分散聚合物微球，为高分子科学开辟了一个崭新的领域。聚合物微球的相关合成和应用一直是国内外学者们研究的热点。随着各个领域对材料的性能要求越来越高，具有特殊性质的微球材料得到了广泛的应用，深入到日常生活的方方面面，近十几年来，更已经进入到高精尖的技术领域，如医疗医药、生物化学、电子信息等。但是在石油工程领域，高分子微球材料的作用还有待进一步发掘，特别是球体材料独特的表面性质和形状，赋予了其未来在石油工程领域中的广阔应用前景。

1　高分子微球的概念及种类

高分子微球是指直径在纳米级至微米级、形态为球形或其他几何体的高分子材料或高分子复合材料，具有实心、空心、多孔、哑铃型、洋葱型等多种形貌。高分子微球因其特殊尺寸和结构在许多重要的领域起到了特殊而关键的作用。不同粒径不同形貌的微球也具有不同的功能，高分子微球的功能主要有以下几个方面：①微存储器，存储和保护某些物质，以便在需要的时候释放(多维控释)；②微反应器，使反应限制在特殊的多维空间内，生成特殊的物质；③微分离器，有选择的截取某种物质，让指定的物质通过；④微结构单元，微球作为材料整体的一个组成部分，使材料具有特殊的物理、化学特性，或提高强度、寿命和安全性。

高分子微球可以按照状态、尺寸和功能分类[2]：

（1）以状态分类：可分为微球或颗粒、高分子乳液、乳胶、聚合物胶体、微凝胶、粉体。

（2）以大小分类：可分为尺寸在纳米级的纳米微球和在数微米以上的微珠。

（3）以性能分类：分为微胶囊、复合微球、磁性微球、导电性微球。

纳米到微米级单分散的聚合物微球，具有比表面积大、吸附性强、表面反应活性高、凝聚作用大等特殊性能，被广泛应用在标准计量、生物化学、免疫医学、分析化学、化学工业、情报信息、微电子、电子信息、建筑材料、塑料添加剂和化妆品等领域，成为不可或缺的材料与工作介质。

2 高分子微球在石油钻井中的应用展望

2.1 高分子实心微球的应用

高分子实心微球即常说的塑料小球。随着石油化工行业的不断发展，高性能的塑料小球种类层出不穷，有些品种以其高抗温、耐磨、质轻等优点甚至已经替代传统的无机和金属材料。

1. 固体润滑剂

固体润滑剂相对于液体润滑剂而得名，是指能保护相对运动的物体表面不受损伤，并降低摩擦与磨损的有机高分子固体微球或薄膜[3]。固体薄膜如石墨润滑剂，润滑机理主要靠石墨片层间的滑动，而固体球类则是将滑动摩擦转化为滚动摩擦，将面接触变成点接触，具有运输便利、无荧光、润滑性能好等优点。

钻井过程中有时会出现卡钻、钻具扭矩大、钻柱磨损等情况。在钻井液中加入球状润滑剂可起到润滑井壁、防止黏附卡钻等作用，有效避免上述情况的发生。例如，张雪娜等[4]曾将玻璃微珠加入到钻井液中，发现玻璃微珠的加入可以很大程度地降低钻井液对钻杆的摩擦阻力，使钻头迅速下钻，提高机械钻速，并且减少钻头磨损[5]。在里海地区油井的实验中，使用了直径小于 0.9mm 的玻璃微珠，添加量为 5~20kg/m³，使提升钻杆所需的力矩减小了 30%。但是，玻璃微珠属于脆性材料，在钻井过程中极易受到钻具的剪切而破碎。高分子实心微球具有较好

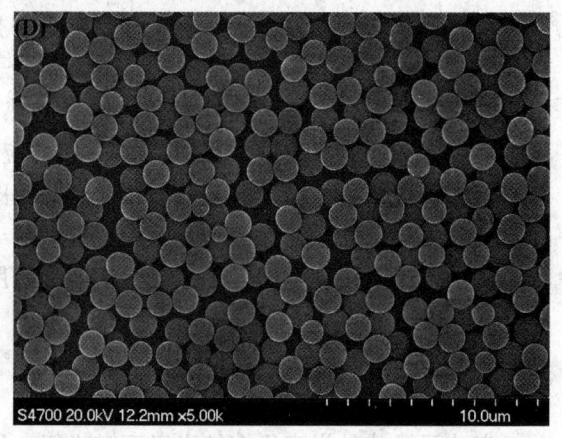

图 1　石油工程技术研究院研制的高分子固体润滑剂电子显微镜照片

的韧性。耿东士[6]等用苯乙烯和二乙烯基苯制备了高分子实心微球，并在华北油田进行了应用，取得了较好的效果，但二乙烯基苯价格昂贵，推广受到限制。

为降低生产成本，石油工程技术研究院利用生活中常见的"白色污染"垃圾及常见的工业高分子废弃物作为原料，采用简单易行的方法合成了一种由高分子实心微球组成的固体润滑剂，该润滑剂表面光滑、球形度好且粒径可控，如图 1 所示。利用 NF-2 型泥饼黏附系数测定仪对加入了该润滑剂的钻井液进行测试，结果显示其黏附系数随着润滑剂加入量的增加而不断降低，表明该润滑剂具有很好的降低摩擦阻力的效果，测试结果如表 1 所示。

表1　添加了高分子固体润滑剂后的钻井液泥饼黏附系数

加　　量	5min 的黏附系数	测试条件
0	0.10	
1	0.05	
2	0.03	常温常压
3	0.02	

下套管过程中，在钻井液中加入一定量的高分子实心微球同样也可以提高润滑性，尤其是在定向井、水平井、大斜度井的工况中。

2. 低密度支撑剂

随着石油开采业的发展，压裂增产技术已广泛地被应用于各种油气田的开发。其中，压裂增产技术的关键部分——支撑剂经过 60 多年的发展也获得许多突破。支撑剂可大幅度提高油气产量并延长油井寿命。

目前，国内外使用较多且正在使用的支撑剂主要有石英砂和陶粒两种[7]。石英砂是一种天然的支撑剂，主要原料为石英，具有分布广、油脂光泽、操作方便、热稳定性好等特点。但是石英砂的强度较低，其开始破碎的压力约为 20MPa，破碎后其倒流能力将降低到原来的 1/10，甚至更低，因此石英砂仅适用于低闭合压力油气层及浅井的水力压裂。陶粒是目前国内外使用最为广泛的支撑剂，主要原料为铝矾土，通过粉末制粒烧结而成，具有耐高温、耐高压、耐腐蚀、高强度、高导流能力等特点。

但是石英砂和陶粒的相对密度都高，石英砂的密度约为 $2.65 \mathrm{g/cm^3}$，陶粒的密度则更高（$2.8 \sim 3.0 \mathrm{g/cm^3}$）。携带高密度的支撑剂需要在压裂液中加入大量的瓜胶提高黏度，对设备的排量、功率等泵送条件要求均较高，且还需要破胶的过程，从而进一步提高了成本，因此，希望研制出一种可直接利用清水携带的低密度支撑剂。

高分子实心微球有望解决这个瓶颈问题。首先，绝大多数的高分子材料属于有机物，其密度一般在 $1.0 \sim 1.5 \mathrm{g/cm^3}$，与水接近，可直接用清水携带，对泵送设备的要求低；其次，不同于聚乙烯、聚丙烯等通用塑料，当今的高性能工程塑料具有非常好的综合性能，在很多领域可替代金属或无机材料。如热固性聚酰亚胺（PI），长期使用温度范围 $-200 \sim 300 \mathrm{℃}$，耐腐蚀、耐磨损、抗辐射、热稳定性好，同时其拉伸强度可高达 200MPa，是石英砂的约 10 倍。因此，将高分子实心微球应用于支撑剂具有较为广阔前景。

2.2 高分子空心微球的应用

1. 钻井液减轻剂

自 20 世纪 90 年代以来，世界范围内的新油气田勘探开发资源条件逐渐劣质化，并向低压、低渗、低产能方向发展；老油气田因长期高负荷开发，其地层压力逐渐降低；同时可持续发展理念要求石油开采中尽量提高渗透率恢复率，减少对产层的污染。以上因素对低压、低渗、低产能油气藏开采中的钻井液密度提出了新的要求，低密度钻井液减轻技术应运而生。

目前主要的减轻技术有混油、混气、加入减轻剂等。混油钻井液降密度有限（一般不低于 $0.85 \mathrm{g/cm^3}$，且易污染环境）；混气则需要特殊设备，抗压能力不高；加入减轻剂是降密度最方便的方法。目前国内外常用的减轻剂是 3M 公司的空心玻璃微珠，但实际使用后发现空心玻璃微珠减轻剂易破碎，破碎后转为实心物质反而加重钻井液。

为此，石油工程技术研究院提出利用高分子材料代替玻璃微珠的设想，并在科技部项目《高分子中空微珠低密度钻井液技术研究》进行研究，制备出具有中空结构的高分子微珠，有效降低了钻井液的密度，通过研磨性的评价发现高分子中空微珠抗研磨能力远远好于玻璃微珠，并在彰武 3-2 井进行了现场应用，取得良好效果，加入 1% 即可使钻井液的密度降低至 $0.98 \mathrm{g/cm^3}$。

2. 堵漏

石油开采过程中，由于地层压力过大、携带岩屑冲击等情况，有时会造成井壁破坏，钻井液漏失的情况，需要利用堵漏剂对裂缝进行封堵。

高分子的本质特性是熵弹性，即自然状态下会以熵最大的无规线团形式存在。当众多高分子链同处于一个溶液（除了稀溶液）环境下时，分子链与分子链之间会发生缠结，在其发生流动时会带动周围的水分子共同运动，从而产生一个庞大的流体力学体积。这一特性使高分子空心微球可以聚集并封堵地层的裂缝，达到保护储层的目的。通过在高分子空心微球的表面接枝其他分子链，形成类似树枝状的高分子结构，可以增强封堵的效果。

2.3 功能微球的应用展望

高分子材料还有很多相对于小分子材料更为特殊的性质，决定了其应用的潜力巨大。由于行业内在这方面研究尚浅，在此仅作概念性展望。

1. 聚合物溶胀微球

不同于小分子的溶解过程，一般的高分子在溶剂中是先溶胀再溶解，而交联的高分子在溶剂中是只溶胀不溶解。通过控制聚合反应的交联度，使材料发生部分交联。并在微球表面引入亲水基团。该微球加入到钻井液后，未交联的部分溶解，起到提黏提切的作用，交联的部分溶胀，形成固相粒子，起到降滤失的作用。

利用此种粒子，可同时替代传统的无固相钻井液中的黄原胶和超细碳酸钙，形成一种新型无固相钻井液体系。

2. 可降解型微球

钻井液在石油开采过程中存在较大的污染问题。可降解型微球如淀粉、纤维素、聚乳酸等，高分子主链上的酰胺基、酯基等较容易断裂，因此在钻井液回收或不慎泄露时不易对环境产生明显污染。同时这类聚合物通常还有增黏、降滤失等作用。

3. 缓释微胶囊

打钻过程中，地层具有不同的温度和压力梯度，有时需要一些处理剂在特定的条件下才发生反应。例如一些堵漏剂，在到达漏层位置时才发挥作用。因此可以合成核壳结构的微球，使其具有缓释的效果。控制核壳结构的外壳溶解时间，使内容物在特定的时候释放发生反应。

4. 异性高分子微球

除了球形以外，高分子微球还有很多其他的形状，而作用也随之发生神奇的改变。

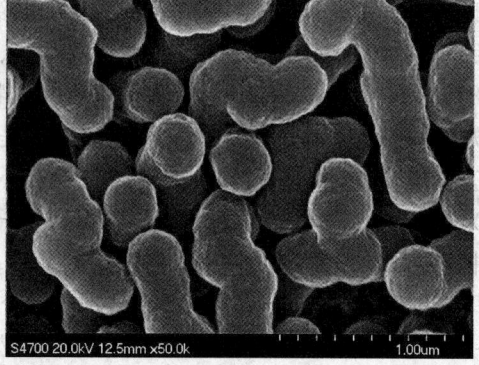

图 2 花朵状微球   图 3 短棍状粒子

如图 2 所示的花朵状微球，表面凸凹增大了比表面积，可以起到更好的吸附作用，携带更多自由水，可用在堵漏方面。如图 3 所示的短棍状微球，搅拌开启时由于棒状粒子的取向一致，黏度较低。而静止时粒子呈混乱状态分散在钻井液中，黏度较高，起到防止沉降的作用。

参 考 文 献

1 JW Vanderhoff, E B Bradford, H L Tarkowski. Polymerizaition and polycondensation process [M]. New York: American Chemical Society, 1962, 32 ~ 51
2 马光辉，苏志国. 高分子微球材料[M]. 北京：化学工业出版社，2005
3 杨宏伟，杜占合，郝敬团等. 有机固体润滑剂的性能及应用[J]. 用油全方位，2010.4(2)
4 张雪娜等. 中空玻璃微珠低密度钻井液性能探讨[J]. 钻井液与完井液，2007，24(6)，74 ~ 77
5 陈德铭，刘亚元，杨钢铁，等. 二连油田水平井钻井液技术[J]. 钻井液与完井液，2006，23(5)：70 ~ 73
6 耿东士，陈卫红，孙树清，等. 钻井液用固体润滑剂塑料小球的研究与应用油田化学，1993，10(2)：169 ~ 172
7 贾新勇. 我国支撑剂的发展应用及现状[M]

渤页平 1 井钻井液技术

高 杨 李海滨 刘从军 侯业贵 李 波 刘振东

（中国石化石油工程技术研究院胜利分院）

摘 要 渤页平 1 井是胜利油田首口页岩油水平井，该井二开下部井段及三开井段主要以泥页岩为主，层理和微裂缝发育，钻井过程中极易引起井壁失稳问题；同时，三开井段存在高压层、邻井有 H_2S 存在的记录等复杂地质特征加大了钻井施工的风险。渤页平 1 井二开钻井液采用强抑制性胺基钻井液体系，顺利钻过 300m 泥页岩段。三开钻井液体系的优选主要是结合国外页岩油气藏开发的经验，经过上百次的室内实验，最终确定了强封堵油基钻井液体系。该体系具有抗污染能力强和井壁稳定效果优越的特点，在整个三开施工过程中，未因钻井液出现任何复杂情况，起下钻无显示，无掉块返出，电测井段井眼扩大率小于 3%。

关键词 泥页岩；油基钻井液；井壁稳定

前言

渤页平 1 井是中石化集团公司部署在济阳坳陷沾化凹陷罗家鼻状构造带的第 1 口深层页岩油水平井，主探罗家地区罗 7 井区沙三下亚段泥页岩储层性能及含油气情况。该区块地质结构复杂，泥页岩层理和裂缝非常发育，易产生井壁坍塌，施工风险大，钻井和完井技术工艺复杂，无前期资料借鉴，给钻井液井壁稳定效果提出了很高的要求。

1 地质特征

渤页平 1 井位于济阳坳陷沾化凹陷罗家鼻状构造带罗 7 井区。本区块沙三段时期沉积了数百米的暗色泥页岩，新生界古近系地层被数条北西向延伸的盆倾断层切割，形成断阶带，该断层发育地带是泥质岩裂缝储集层的主要发育区。

由图 1 表 1 可以看出，该井沙河街组存在大段油页岩，且层理裂缝发育，沙三段泥质岩中主要存在 4 种裂缝[1]，即构造缝、层间页理缝、成岩收缩缝和异常压力缝。与致密的泥页岩相比，微裂缝和层理发育的泥页岩储层比表面积更大，钻井液沿层理方向进入地层内部后，与地层中黏土矿物水化膨胀的面积增大，更广范围内改变了地应力的分布，加剧了页岩地层的井壁失稳程度。

项目基金： 中石化科技攻关项目《非常规油气藏长水平段水平井钻完井技术研究》。

表1 地质分层

地层名称		地层岩性	地层位置		故障提示
组	段		底垂深/m	厚度/m	
平原组		棕黄色黏土及松散砂层	305.00	305.00	
明化镇组		上部浅灰色、灰黄色砂岩夹棕黄色泥岩；下部紫红色泥岩夹浅灰色粉砂岩	1190.00	885.00	本组及以上地层松软防坍塌卡钻
馆陶组		上部为紫红色、灰绿色、浅灰色泥岩夹砂岩；下部为厚层状灰白色砂岩夹灰绿色、浅灰色泥岩；底部为厚层状底砾岩	1790.00	600.00	砂层发育防憋漏
东营组		灰色、深灰色泥岩、油泥岩为主夹砂岩	2420.00	630.00	注意油气侵
沙河街组	沙一段	以灰色、深灰色泥岩、灰质油泥岩间互层，底部以灰褐色油页岩、油泥岩为主夹白云岩	2650.00	230.00	注意油气侵
	沙二段	鲕状白云岩夹灰色泥岩	2670.00	20.00	注意油气侵
	沙三上	深灰色泥岩、灰质泥质为主夹灰褐色油泥岩、油页岩	2735.00	65.00	注意油气侵
	沙三中	为深灰色泥岩、灰质泥质、灰褐色油泥岩、油页岩不等厚互层	2840.00	105.00	注意油气侵
	沙三下	为深灰色泥岩、灰褐色油泥岩、油页岩不等厚互层	2950.00（未穿）	110.00	注意油气侵

—————— 代表整合   ∧∧∧ 代表不整合   ----- 代表假整合

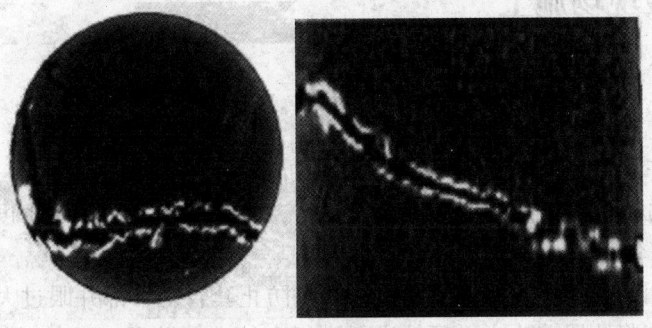

图1 沙三层位岩心 CT 扫描切片

综上所述，该区块储层具有以下特征：①储层岩石类型主要为泥质岩类，储层黏土矿物含量较高，要求钻井液具有较强抑制，减少黏土水化膨胀；②储层水敏性中等偏强，因此要求钻井液能够避免储层发生水敏性损害；③储层微裂隙和层理发育，给钻井液施工，特别是水基钻井液施工造成极大困难，极易造成井壁不稳定，给后期施工带来极大困难。

2　工程简况

渤页平 1 井于 2011 年 9 月 28 日 7：00 一开钻进，井深：Φ444.5mmSKG124 钻头 ×

401.00m；表层下入 Φ339.7mm×9.65mm×400.21m。于 2011 年 10 月 6 日 16：00 二开钻进，10 月 24 日 0：00 钻至井深 2984.00m 二开完钻；2011 年 10 月 25 日~27 日 1：00 顺利完成电测任务；2011 年 10 月 29 日 16：30 下入 Φ244.5mm×2983.33m 技术套管，20：30 固井结束，2011 年 11 月 11 日 13：00 现场完成三开前设备整改及油基钻井液顶替、循环调整，正式三开；2011 年 12 月 12 日 19：00 接甲方通知完钻，转入完井作业，完钻井深 4335.54m。

3 钻井液难点分析

根据地质特征及室内实验分析，最终确定二开使用强抑制胺基钻井液体系，三开使用强封堵油基钻井液体系。针对钻井液体系特点，主要存在以下技术难点：

（1）泥页岩井壁稳定：二开下部井段和三开长水平段均为泥页岩，该区块泥页岩层理裂缝发育，受机械力和化学作用后极易产生掉块，从而影响工程施工。

（2）高密度油基钻井液性能调控：三开钻井液密度达到 $1.75g/cm^3$，与水基钻井液处理剂不同，油基钻井液处理剂首先必须具备油溶特性，使用包括重晶石在内的常规处理剂前，必须对体系进行相应的处理，尤其是在高密度条件下，固相含量高，必须合理调整油水比及处理剂含量，调控钻井液性能，达到安全钻进的目的。

（3）长水平段油基钻井液井眼清洁：油基钻井液尤其是柴油基钻井液在高温条件下的切力较低，长水平段下的携岩能力差，容易形成岩屑床，造成憋泵、摩阻大等复杂情况。

（4）油基钻井液封堵性能：泥页岩裂缝导流能力强，油基钻井液进入通道后会长距离的进入地层，即会造成损耗量增大、成本升高，也会加剧井壁不稳定程度。

4 钻井液现场施工

4.1 一开、二开(0~2983m)

该区块上部井段为疏松黏土和流砂层，地层可钻性好、易坍塌，本井一开配浆开钻，钻进过程中，通过振动筛、除砂除泥一体机清除固相。钻进过程中钻井液密度 $1.05~1.10g/cm^3$，黏度 30~45mPa·s。

二开开始使用一开钻井液小循环钻进 80m，防止套管鞋下部井眼过大，改为大循环清水钻进；在钻穿易造浆地层前改小循环钻进，进行自然造浆阶段，使钻井液具有一定的结构；在基浆成型后，通过高分子聚合物、低分子抑制剂胶液(浓度 0.5%)控制钻井液中劣质固相处于弱分散状态；充分利用四级固控设备，及时清除有害固相，使钻井液加重前处于低黏低切、低固相状态。

钻进至东营组底(垂深 2415m)逐步转换为胺基强抑制钻井液体系，适度改善钻井液的分散状态，调整钻井液的流变性能；后期钻进过程中，随井深增加温度逐步升高，井底温度达到 120℃。高温情况下通过以下措施稳定体系性能：

（1）加入树脂及沥青类材料提高体系的抗温和封堵能力。

（2）通过调节 pH 值控制体系的分散程度。

（3）通过降低高分子聚合物的加量，逐步增加低分子聚合物含量的技术措施控制钻井液的塑性黏度及终切。

（4）随着井斜的增大，摩阻逐渐增加，在钻井过程中加入液体润滑剂提高钻井液的防黏和润滑能力。

（5）加入胺基强抑制剂，增强钻井液对沙河街地层尤其是沙三段300m泥页岩地层的抑制和防塌作用。

表2　二开钻井液基本性能

井深/m	$\rho/(g/cm^3)$	FV/s	API FL/mL	G 10s/10min (Pa/Pa)	pH	$C_s/\%$	YP/Pa	PV/mPa·s	HTHP
2045	1.13	33	15						
2505	1.14	37	6.4	1/6.5	8	0.3	3.5	9	
2712	1.2	40	3.8	1/6	8.5	0.2	4	11	
2850	1.43	51	3.6	1.5/13	9	0.2	7	20	
2860	1.48	52	3.4	1.5/12.5	9	0.2	7.5	20	
2870	1.50	52	3.4	1.5/13.5	9	0.2	7	20	
2880	1.51	51	3.4	1.5/13	9	0.2	6.5	21	14.2
2900	1.51	49	3.4	1.5/12	9	0.2	7.5	22	13
2984	1.52	52	3.2	1.5/13	9	0.2	7	21	13.4

与常规聚合物钻井液体系相比[2,3]，二开使用的胺基钻井液体系能够有效地抑制黏土矿物的膨胀，对岩石的强度影响较小，更有利于井壁稳定，应用效果明显（表2），二开施工中未出现任何坍塌掉块等复杂情况，保证了工程施工的顺利进行。

4.2　三开（2983～4335m）

1. 油基钻井液施工工艺（图2）

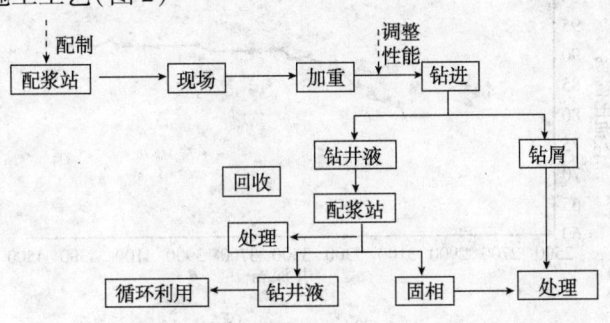

图2　油基钻井液工艺流程

2. 油基钻井液调控

三开使用油基钻井液钻进，整个钻井过程中以室内小型实验为依托，在保证体系乳化稳定性的基础上，调整油水比，增强封堵能力，提高体系的井壁稳定效果。

1）油基钻井液流变性调整

现场通过减少无用固相，降低塑性黏度，控制油水比，同时配合加入润湿剂改变其泥浆体系中固相的润湿性，达到破坏细微水滴吸附在固相颗粒上的目的，从而破坏颗粒间通过氢键结合形成的网状结构以达到流变性调整的目的。施工期间从环保及固控设备最大化使用角度考虑，综合油基钻井液携砂能力及泵排量与泵压承受能力，前期现场油基钻井液流变性尽量采用较低黏切，后期随井深增加，水平段增长，在适当调整油水比、增加亲油胶体含量措施下，油基钻井液黏切适当增加，以保证钻井液的携岩能力。

2）油基钻井液乳化稳定性调整

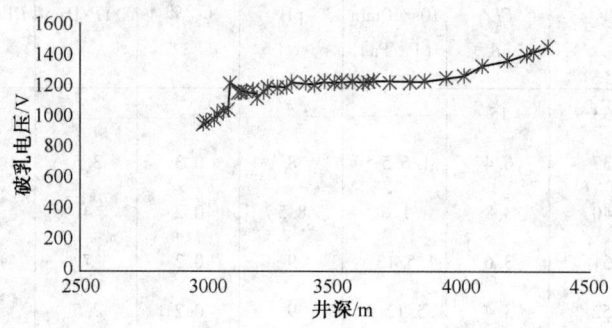

图3　三开井段破乳电压变化情况

钻井液的乳化稳定性是油基钻井液的根本，从图3中可以看出本井段随着井深增加，油基钻井液循环剪切时间的增长，钻井液的破乳电压呈增长至平稳趋势，由最初的947V增长至1500V左右，钻进期间钻屑及加重材料等固相不断进入钻井液中，以保证油基钻井液的乳化稳定性。现场有针对性补充乳化剂及润湿剂，配合跟入油基清浆，保证了油基钻井液的乳化稳定性。

3）油基钻井液活度及油水比调控

油基钻井液现场采用合理的钻井液密度及钻井液滤液活度防止地层水的侵入及油基钻井液中水相缺失，以保证钻井液合理的油水比；在日常维护中，根据所测的钻屑活度及油水比实时调整，使油基钻井液的活度始终保持在低于钻屑活度0.02~0.10的范围内（图4）。

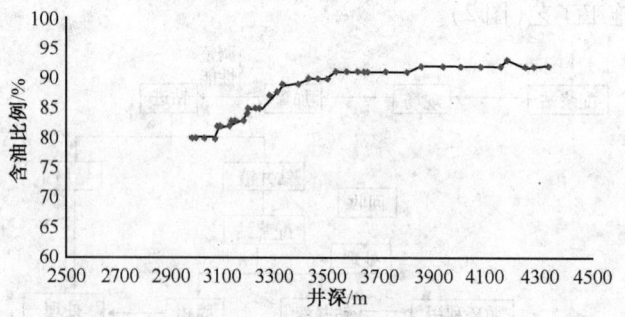

图4　油水比变化情况

三开初始油水比为80∶20，受钻井液润湿吸收及基液补充等影响，油水比维持在90∶10左右，现场主要采用不同浓度氯化钙水溶液缓慢补充进钻井液，以控制钻井液水相含量及降低活度。

4）油基钻井液封堵能力调控

本井长水平段页岩地层裂缝发育，井壁稳定的关键在合理的密度、较低的滤失量及有效的封堵，循环钻进期间，先期钻井液消耗量较大，在借鉴室内提高封堵能力实验的同时，增加补充惰性封堵材料，使后期日消耗量明显减少。现场钻进期间井眼稳定、返砂正常、无掉块，电测井径扩大率为3%以下。

5）碱度的控制

油基钻井液滤液碱度的调整通过粉细状氧化钙的加入实现，通过室内研究确定加量为2.2%，从而将油基钻井液滤液碱度控制在1~2.2mL，现场通过钻井液碱度的控制达到在碱性环境下乳化剂充分发挥作用、钻具防腐及消除有害气体对钻井液的影响。

6）抗污染性能调控

该井施工至4335m后油基钻井液受到严重的油气污染，为恢复钻井液性能，保证其具有较好的流动性和井壁稳定效果，加入30%浓度的 $CaCl_2$ 盐水 $20m^3$ 调整钻井液油水比，增加钻井液体系中的乳滴含量，使其能够在泥页岩微裂缝处形成有效的封堵层，减少滤失量。同时补充清浆，溶解原油中的胶质沥青质成分，防止这些组分影响体系的整体稳定。配制加入基浆 $40m^3$（1%主乳化剂＋1%辅乳化剂＋1.5%润湿剂＋3%降失水材料＋2%乳化封堵剂），保证钻井液的乳化封堵效果和润湿性，提高钻井液体系的乳液稳定性。

在整个处理过程中，钻井液体系表现出了优异的抗污染性能和井壁稳定效果，基本性能如表3所示。

表3　污染后油基钻井液性能变化

井深/m	密度/（g/cm³）	漏斗黏度/mPa·s	API/mL	HTHP/mL	PV/mPa·s	YP/Pa	GEL/（Pa/Pa）
4335	1.75	105	0.2	2.6	66	13.5	6.5/14
4335	1.78	107	0.2	2.4	68	13	6/14
4335	1.8	106	0.2	2.6	71	12	5.5/13
4335	1.81	103	0.2	2.6	72	12	6.5/15
4335	1.9	104	0.2	2.6	72	11.5	6.5/16
4335	1.91	102	0.2	2.6	73	12	6/17
4335	1.93	103	0.2	2.6	73	12	6.5/17
4335	1.91	75	0.2	2.6	56	12	5.5/11
4335	1.93	72	0.2	2.6	58	12	5.5/10.5

3. 钻井液基本性能（表4）

表4　三开钻井液基本性能

井深/m	密度/（g/cm³）	漏斗黏度/mPa·s	API/mL	ES/v	HTHP/mL	油水比	PV/mPa·s	YP/Pa	GEL/（Pa/Pa）
2984	1.75	51	1.6	947	5.2	80∶20	34	7	3.5/5.5
3189	1.75	59	0.3	1169	3.8	83∶17	38	9	3.5/7.5
3308	1.75	59	0.2	1187	3.6	85∶15	38	9	3.5/7.5

井深/m	密度/(g/cm³)	漏斗黏度/mPa·s	API/mL	ES/v	HTHP/mL	油水比	PV/mPa·s	YP/Pa	GEL/(Pa/Pa)
3614	1.75	62	0.2	1212	2.8	88:12	45	11	4.5/10.5
3651	1.75	66	0.2	1227	2.6	90:10	49	11	4.5/10.5
3752	1.75	73	0.2	1215	2.6	89:11	47	11	5/11.5
4003	1.75	75	0.2	1267	2.6	90:10	48	12	5.5/10.5
4078	1.75	75	0.2	1326	2.6	90:10	48	12	6/14.5
4248	1.75	77	0.2	1397	2.4	91:9	48	13	6/14.5
4279	1.75	86	0.2	1413	2.6	92:8	51	12	6.5/15.5
4335	1.75	105	0.2	1447	2.6	92:8	66	13.5	6.5/14

5 钻井液施工效果

5.1 二开钻井液施工效果

（1）二开钻井液良好的流变性保证了好的携岩效果，钻进过程中钻屑岩性返出及时棱角分明，粒径清晰，钻屑容易清洗。

（2）钻井液体系润滑性能通过合理的聚合物含量、润滑材料的配比使用、形成高强度泥饼等技术保证了定向段钻进过程中摩阻小、无明显托压现象；井斜在64°情况下起下钻摩阻保持在≤6t。

（3）针对沙三下油页岩、油泥岩、泥岩极易坍塌的状况，钻井液体系通过提高抑制性、强化封堵、保持良好流变性减少井壁冲刷、严格控制钻井液滤失量等技术措施，在钻进该层位时未出现掉块，通过井径显示，该段井径扩大率为6%，显示了较好的防塌效果。

5.2 油基钻井液施工效果

（1）本井三开完钻前，起下钻均正常，平均磨阻保持在6~8t，这是水基钻井液在泥页岩井段不能达到的。

（2）本井三开所钻井段为油泥岩、油页岩，裂缝发育，极易出现坍塌掉块；使用油基钻井液钻进期间，钻屑上返及时、均质、棱角分明，无掉块返出，电测井段井眼扩大率≤3%，井壁稳定效果明显。

（3）油基钻井液具有优质的抗污染能力及高密度条件下性能调控能力，三开油基钻井液施工极为顺利，在大量油气污染及为控制地层油气整体提高钻井液密度至1.93 g/cm³（包括为起钻压井配2.05 g/cm³以上钻井液）的情况下，经过针对性的调整，钻井液一直保持着合理的流变性及常规性能。

6 结论及建议

（1）经过本井的施工，油基钻井液具有的体系稳定、抑制性强、井壁稳定性好、润滑性强等特点适合泥页岩地层的水平井开发。

（2）油基钻井液受地层流体污染后，流型调整及性能调整，调控手段单一，需进一步研究，开发出合适的油基钻井液的流型调节剂。

（3）考虑到环保因素，油基钻井液钻屑的回收与处理需进一步优化。

参 考 文 献

1 慈兴华，刘宗林，王志战. 罗家地区泥质岩裂缝性储集层综合研究. 录井工，2006，17(1)：71~74

2 GstaderSRaynal. Measurement of some mechanical properties of rock and their relationship to rock drillability[C]. SPE JUL YI，1966

3 Knnethlmason. Three – cone bit selection with sonic logs[C]. SPE13256

阳离子烷基糖苷的合成及其钻井液性能

司西强　王中华　魏　军

（中国石化石油工程技术研究院中原分院）

摘　要　阳离子烷基糖苷是在烷基糖苷的基础上发展起来的一类新型阳离子表面活性剂。其兼具烷基糖苷和阳离子表面活性剂的双重性能，与阴离子表面活性剂配伍性好，得到表面活性剂行业及油田化学行业的高度重视。本文确定了阳离子烷基糖苷的合成方法、优选出了合成原料，优化了阳离子烷基糖苷的合成工艺条件，并对其钻井液相关性能进行了测试。结果表明，阳离子烷基糖苷钻井液在抑制性、抗温性、润滑性、滤液表面活性、抗污染性、降滤失性及储层保护等方面性能优良，对于阳离子烷基糖苷含量为6%的钻井液，岩屑一次回收率达96.35%，相对回收率达92.73%，相对抑制率达91.4%，抗温达160℃，极压润滑系数0.097，滤液表面张力为19.52mN/m，滤失量为4.0mL，抗盐抗钙、抗膨润土、抗钻屑、抗水侵及抗原油的性能良好，岩心的静态渗透率恢复值大于93%，动态渗透率恢复值大于92%，其各方面性能都优于烷基糖苷钻井液，预计在钻井施工中具有较好的应用前景。

关键词　钻井液处理剂；阳离子；烷基葡萄糖苷；季铵；抑制剂

前言

烷基糖苷（APG）是一类新型绿色表面活性剂，应用前景广阔[1~3]。主要应用于日化产品、纺织、皮革助剂、造纸助剂等多个行业。90年代初，烷基糖苷开始应用于钻井液中。最早将烷基糖苷应用于钻井液的报道出现在1994年2月在美国达拉斯召开的IADC\SPE钻井工程会议上，研究成果引起了与会者的广泛关注。之后，国内石油大学（北京）、石油大学（华东）及其他研究机构相继开展了相关研究，经过十几年的发展，已取得了一定进展[4,5]。

目前应用于钻井液中的烷基糖苷主要是甲基糖苷（MEG），已经形成比较成熟的体系，有许多成功应用于现场的报道[6,10]，在大庆、胜利、辽河、新疆等油田都得到了广泛应用。在中原油田的非常规油气钻井过程中也开始初步应用，如在中石化部署在中原油田的第一口非常规水平井卫383 FP1上已经成功应用，另外在文88 FP1和文133 FP1井正处于现场施工阶段，钻井液表现出良好的润滑性、流变性及稳定井壁的性能，但仍存在钻遇长段软泥岩地层出现泥岩分散、不同程度的井壁失稳现象。除甲基糖苷钻井液外，乙基糖苷钻井液和丙基糖苷钻井液正处于室内研究阶段[11,12]。

烷基糖苷应用到钻井液中虽然性能优良，但其加量大、成本较高、分子抗温性相对较差、抑制性有待提高，上述缺点限制了其在钻井液中的应用推广。故针对烷基糖苷的缺陷，通过分子设计，我们合成了性能优于烷基糖苷的阳离子烷基糖苷（CAPG），设计思路是通过在烷基糖苷分子上引入季铵阳离子基团来达到提高抑制性、抗温性，减小加量，降低成本的目的。合成出的阳离子烷基糖苷兼具烷基糖苷和季铵盐的双重性能，在钻井液中具有具有优异的性能，是钻井液处理剂的一个发展方向[13~15]。目前除中国石化集团中原油田钻井工程技术研究院(中原油田钻井液技术公司)正在开展钻井液用阳离子烷基糖苷的研究外，国内外还没有其他研究机构开展阳离子烷基糖苷在钻井液中的应用研究[16~19]，故首次将阳离子烷基糖苷引入钻井液将是一次较大的创新和挑战，具有较好的创新性，对国内外钻井液处理剂的升级及钻井液新体系的发展都将会产生积极的促进作用。

1 实验部分

1.1 实验药品及仪器

环氧氯丙烷(分析纯)、无水葡萄糖(分析纯)、烷基糖苷(分析纯)、烷基叔胺(分析纯)、烷基苯磺酸(分析纯)、30%氢氧化钠溶液，浓盐酸(分析纯)、去离子水、膨润土、岩屑等。

主要仪器为：六速旋转黏度计。智能磁力恒温搅拌器。四口烧瓶。烘箱。冷凝装置。高温滚子加热炉。老化罐。极压润滑仪。表面张力仪。中压失水仪。油田化学剂评价装置。傅里叶变换红外光谱仪。核磁共振仪。高速搅拌机。精密电子天平等。

1.2 合成方法

阳离子烷基糖苷的合成方法目前主要有3种：(1)一步法直接合成，直接把原料混合在一起在一定的条件下进行反应；(2)烷基糖苷和环氧氯丙烷先合成氯代醇烷基糖苷，然后氯代醇烷基糖苷再与烷基叔胺反应合成阳离子烷基糖苷；(3)以叔胺与环氧氯丙烷为原料，合成阳离子醚化剂3-氯-2-羟丙基三烷基季铵盐，阳离子醚化剂再和烷基糖苷反应制得阳离子烷基糖苷。

分别对通过方法(1)、方法(2)和方法(3)合成的阳离子烷基糖苷的抑制性能进行了测试，浓度为5%，结果如表1所示。

表1 不同合成方法合成产品的岩屑回收实验

样品名称	R_1(一次回收率)/%	R_2(二次回收率)/%	R(相对回收率)/%
清水	2.29	1.00	43.67
方法(1)	40.70	39.05	95.95
方法(2)	95.55	94.70	99.11
方法(3)	77.45	75.85	97.93

由表1中数据得出，方法(2)产品抑制性最优，一次回收率达95.55%，相对回收率达99.11%，方法(1)和方法(3)合成产品的岩屑一次回收率仅为40.70%和77.45%，方法(1)和方法(3)合成产品的抑制性能远远低于方法(2)产品的抑制性能。这是因为方法(1)未考虑反应过程中的酸碱性环境，合成产品收率不高，副产物较多，质量较差；方

法（3）产品收率不高，反应过程中引入浓盐酸，且用到有机溶剂，对环境造成一定的污染；而方法（2）反应条件较温和，直接采用水做溶剂，避免了有机溶剂对环境的污染，合成产品收率较高，质量较好。所以从产品性能、经济效益和社会效益综合分析，方法（2）产品收率较高，抑制性较好，且不会对环境造成不良影响。故优选方法（2）合成阳离子烷基糖苷。

2　原料及催化剂

2.1　烷基糖苷的优选

烷基糖苷中烷基碳链的长度对合成阳离子烷基糖苷的抑制性有较大影响。烷基碳链太长会降低产品的水溶性，导致在钻井液中配伍性较差，起泡严重，所以选择合适碳链长度的烷基糖苷来制备阳离子烷基糖苷。用葡萄糖及具有不同碳链长度的烷基糖苷合成了一系列阳离子烷基糖苷产品，由于烷基碳链长度大于4的烷基糖苷起泡严重，在钻井液中应用较少，所以选择葡萄糖、甲基糖苷、乙基糖苷、乙二醇糖苷、丙基糖苷及丁基糖苷来合成相应的阳离子烷基糖苷，分别表示为：CAPG – 葡萄糖、CAPG – 甲基糖苷、CAPG – 乙基糖苷、CAPG – 乙二醇糖苷、CAPG – 丙基糖苷和 CAPG – 丁基糖苷，对上述产品的5%水溶液进行岩屑回收实验，实验条件为120℃、16h，测试结果如表2所示。

表2　葡萄糖及不同烷基糖苷为原料合成产品的岩屑回收实验

样品名称	R_1（一次回收率）/%	R_2（二次回收率）/%	R（相对回收率）/%
清水	2.29	1.00	43.67
CAPG – 葡萄糖	57.05	56.45	98.95
CAPG – 甲基糖苷	95.55	94.70	99.11
CAPG – 乙基糖苷	63.10	62.45	98.97
CAPG – 乙二醇糖苷	80.95	79.40	98.09
CAPG – 丙基糖苷	94.90	94.65	99.74
CAPG – 丁基糖苷	94.05	93.55	99.47

由表2中数据可以看出，用葡萄糖、乙基糖苷和乙二醇糖苷合成产品的抑制性能相对较差，甲基糖苷合成产品的岩屑一次回收率最高，达95.55%，另外丙基糖苷和丁基糖苷合成产品的岩屑一次回收率也较高，达到94.90%和94.05%。考虑到甲基糖苷较易得到，而丙基糖苷和丁基糖苷市场上供应量不足，合成条件苛刻，且存在起泡现象，不适合在钻井液中使用，故综合考虑各种因素，优选甲基糖苷作为合成阳离子烷基糖苷的原料。

2.2　烷基叔胺的优选

在合成阳离子烷基糖苷的原料中，除了烷基糖苷，烷基叔胺的结构也对合成产品的性能有较大的影响。烷基叔胺中的烷基碳链越短，合成产品在井壁岩石上的吸附性越强，水溶性越好，抑制性能越好。分别对三甲胺、三乙胺和三丁胺合成产品的抑制性能进行了考察，合成产品分别表示为 CAPG－三甲胺、CAPG－三乙胺、CAPG－三丁胺，结果如表 3 所示。

表 3   不同叔胺合成产品岩屑回收实验

样 品 名 称	浓度/%	R_1(一次回收率)/%	R_2(二次回收率)/%	R(相对回收率)/%
清水	—	2.29	1.00	43.67
CAPG－三甲胺	5	95.55	94.70	99.11
CAPG－三乙胺	5	55.06	52.45	95.26
CAPG－三丁胺	5	58.90	58.15	98.73

由表 3 中数据可以看出，用三甲胺合成产品的抑制性最优，三乙胺和三丁胺合成产品的抑制性较差，这是因为三甲胺碳链长度较短，吸附性能较好，拉紧了岩石晶层，使岩石不易水化分散。故优选三甲胺做为合成阳离子烷基糖苷的原料。

为了进一步考察不同叔胺合成产品的抑制性，对浓度为 3% 样品的相对抑制率进行了考察。实验结果如表 4 所示。

表 4   相对抑制率性能评价

样 品 名 称	$\Phi600$	$\Phi300$	$\Phi200$	$\Phi100$	相对抑制率/%
空白	50	28	18	11	—
MEG	96	76	56	38	—
CAPG－三甲胺	3	1	0.5	0	100
CAPG－三乙胺	3.5	1.5	1	0.5	95.45
CAPG－三丁胺	—	—	—	—	—

由表 4 可以看出，用三甲胺合成的阳离子烷基糖苷抑制粘土水化膨胀的性能极好，达100%，用三乙胺合成的阳离子烷基糖苷其相对抑制率为 95.45%，而用三丁胺合成的阳离子烷基糖苷和甲基糖苷对膨润土水化膨胀不但没有抑制作用，反而起到使黏土水化膨胀增稠的作用。由相对抑制率实验测试结果可进一步确定三甲胺作为合成阳离子烷基糖苷的原料。

2.3　催化剂种类及用量

1. 催化剂选择

由于不同催化剂催化合成阳离子烷基糖苷的反应程度及产品质量均具有一定差异，故合成产品的性能也不同。分别对浓硫酸、浓磷酸、烷基苯磺酸、氨基磺酸、十二烷基磺酸等作为催化剂合成出的产品进行岩屑回收实验，浓度为 5%，实验结果如表 5 所示。合成产品分别表示为 CAPG－浓硫酸、CAPG－浓磷酸、CAPG－烷基苯磺酸、CAPG－氨基磺酸、CAPG－十二烷基磺酸。

表5　不同催化剂合成产品岩屑回收实验

样品名称	R_1(一次回收率)/%	R_2(二次回收率)/%	R(相对回收率)/%
CAPG – 浓硫酸	87.65	85.35	97.37
CAPG – 浓磷酸	89.00	86.75	97.47
CAPG – 烷基苯磺酸	95.55	94.70	99.11
CAPG – 氨基磺酸	85.80	80.85	94.23
CAPG – 十二烷基磺酸	98.95	94.15	95.15

　　由表5中数据可以看出，以浓硫酸、浓磷酸和氨基磺酸做为催化剂合成产品岩屑一次回收率分别为87.65%、89.00%和85.80%，都低于烷基苯磺酸作为催化剂合成产品的抑制性能。烷基苯磺酸或十二烷基磺酸催化合成的产品抑制性能优异，一次回收率均超过95%，但是烷基苯磺酸催化合成产品相对回收率接近100%，十二烷基磺酸催化合成产品相对回收率为95.15%，这说明十二烷基磺酸催化合成产品在岩屑表面的吸附性能不如烷基苯磺酸催化合成的产品，而且烷基苯磺酸催化合成产品的水溶液浸泡的岩心形貌不同于其他，其棱角规整，无磨损，而其他催化剂催化合成的产品水溶液浸泡的岩心表面比较光滑，说明其硬度不好，有磨损。故优选烷基苯磺酸作为合成阳离子烷基糖苷的催化剂。

　　2. 催化剂用量

　　优选出烷基苯磺酸作为合成阳离子烷基糖苷的催化剂后，对其最佳用量进行了考察，通过5% CAPG产品的岩屑回收实验结果来确定催化剂的最佳加量。实验结果如图1所示。

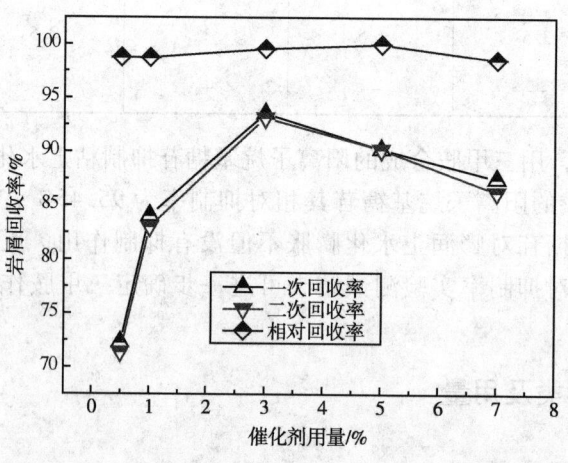

图1　烷基苯磺酸用量对合成产品的抑制性能影响

　　图1所示为烷基苯磺酸的用量对合成产品抑制性能的影响。由图可以得出，随着烷基苯磺酸用量的增加，合成产品的抑制性能先升高后降低，当对甲苯磺用量为烷基糖苷质量的3.0%时，合成产品抑制性能最优，岩屑一次回收率和二次回收率均达到94%以上，相对回

收率接近100%。故确定烷基苯磺酸的最佳用量为烷基糖苷质量的3.0%。

出现图1所示结果的原因分析如下：当催化剂的用量<3.0%时，催化剂提供的氢质子酸较少，使合成阳离子烷基糖苷的反应进行较慢，产品的产率较低从而导致其抑制性能较差；当催化剂的用量>3.0%时，氢质子酸的量较大，反应程度较剧烈，糖苷分子间发生聚合反应生成多糖苷，导致产品抑制性能变差。

3 合成工艺条件的优化

合成过程中反应条件变化对产品的性能影响较大，对合成过程中环氧氯丙烷水解条件、醚化反应的条件及季铵化反应的条件进行了考察，对合成出的产品分别进行了岩屑回收率测试，得到了合成阳离子烷基糖苷的最优化工艺条件。

3.1 环氧氯丙烷水解

考察了环氧氯丙烷水解温度和水解时间对合成产品性能的影响，得出环氧氯丙烷水解温度大于80℃，水解时间大于2.0h时合成的阳离子烷基糖苷性能最优。

3.2 醚化反应

考察了环氧氯丙烷与烷基糖苷摩尔比、醚化反应时间、醚化反应温度、烷基糖苷加料方式等对合成产品性能的影响，得出环氧氯丙烷与烷基糖苷摩尔比为1:(0.5~1.5)、醚化反应时间2.0~4.0h、醚化反应温度80~100℃、烷基糖苷间隔20min分两次加入时合成的阳离子烷基糖苷性能最优。

3.3 季铵化反应

考察了季铵化反应pH、环苷胺摩尔比、季铵化反应温度、季铵化反应时间及烷基叔胺加料方式等对合成产品性能的影响，得出季铵化反应pH为6~9、环苷胺摩尔比1:(0.5~1.5):(0.8~1.2)、季铵化反应温度40~60℃、季铵化反应时间5.0~8.0h及烷基叔胺40min内滴加完毕时合成出的产品性能最优。

4 阳离子烷基糖苷钻井液

4.1 配方优选

通过室内一系列的优选实验，选用大分子增黏剂、流型调节剂、降滤失剂、封堵剂、pH值调节剂、加重剂与CAPG配制钻井液，最终确定CAPG钻井液的优化配方为：自来水375mL + 6%CAPG + 0.6%LV - CMC + 0.6%XC + 0.4%HV - CMC + 3%无渗透WLP + 0.4%NaOH + 0.2%Na$_2$CO$_3$ + 24%工业盐 + 0.4%抗氧剂。如无特别说明，文中所用钻井液均为该配方。

4.2 钻井液性能

1. 抑制性能

抑制性好坏是评价钻井液对井壁稳定能力的一项衡量尺度，抑制性强则井眼稳定性好，抑制性差则井眼稳定性不好，以下用页岩滚动试验和相对抑制率来评价钻井液的抑制性能。

1）页岩滚动试验

实验条件为120℃、16h，清水与CAPG钻井液的页岩回收率如表6所示。

表6　清水及CAPG钻井液的页岩回收率

配　　方	一次回收率/%	二次回收率/%	相对回收率/%
清水	21.30	8.70	40.85
CAPG钻井液	96.35	89.35	92.73

由表6可知，120℃老化后，清水钻屑一次回收率仅21.3%，相对回收率仅为40.85%；而CAPG钻井液具有较高的回收率，一次回收率达96.35%，相对回收率达92.73%。这说明CAPG钻井液具有较好的页岩吸附能力和页岩包被能力，能够有效地阻止页岩的水化分散。

2）相对抑制率

对优选出的钻井液体系的相对抑制率进行了测试。测试结果如表7所示。

表7　相对抑制率性能评价

样品名称	加量/%	Φ600	Φ300	Φ200	Φ100	相对抑制率/%
空白	3	117	88	78	70	—
CAPG	3	54	37	25	6	91.4

注：空白土浆：自来水375mL + 2%膨润土 + 0.6%LV-CMC + 0.6%XC + 0.4%HV-CMC + 3%无渗透WLP + 0.4%NaOH + 0.2%Na_2CO_3 + 24%工业盐；CAPG土浆：空白土浆 + 6%CAPG。

由表7数据可知，钻井液中CAPG对膨润土具有较好的抑制水化分散作用，当浓度为6%时，其相对抑制率为91.4%，表现出较好的抑制黏土水化分散的作用。

2. 抗温性能

通过高温滚动前后的钻井液性能变化来评价CAPG钻井液的抗温性。选取温度点分别为110℃、130℃、150℃、160℃。不同温度时钻井液的流变性能及滤失性能如表8所示。

表8　CAPG钻井液在不同温度下的性能

温度/℃	老化情况(16 h)	AV/mPa·s	PV/mPa·s	YP/Pa	G'/G''/Pa/Pa	FL_{API}/mL	pH值
110	热滚1次	65.5	29	36.5	9.0/12.0	5.6	9.0
	热滚2次	77.5	40	37.5	10.5/13.5	4.4	9.0
	热滚3次	65.5	37	28.5	8.5/12.0	2.4	8.0

续表

温度/℃	老化情况 (16 h)	AV/mPa·s	PV/mPa·s	YP/Pa	G′/G″/Pa/Pa	FL_API/mL	pH 值
130	热滚 1 次	58	30	28	9.0/12.0	4.4	9.0
	热滚 2 次	60	31	29	9.0/12.0	4.4	9.0
	热滚 3 次	55	25	30	8.5/12.5	4.4	9.0
150	热滚 1 次	50	25	25	8.0/10.0	3.6	9.0
	热滚 2 次	42.5	21	21.5	6.0/6.5	3.2	9.0
	热滚 3 次	41.5	19	22.5	3.5/4.0	5.0	8.5
160	热滚 1 次	51.5	28	23.5	3.5/4.5	6.8	9.0
	热滚 2 次	49	27	22	3.0/3.5	4.0	9.0
	热滚 3 次	40	26	14	2.0/2.5	7.2	9.0

由表 8 中数据可以看出，随着热滚温度的升高，CAPG 钻井液的流变性和滤失量变化不大，黏度和切力有一定程度下降，但下降幅度不太明显，在 160℃高温滚动三次后，钻井液仍保持较好的流变性，仍有一定的静切力，可认为优选的 CAPG 钻井液配方可以抗 160℃高温。

3. 润滑性能

对加有 6% CAPG 的钻井液做润滑性评价。所用仪器为极压润滑仪。实验结果如表 9 所示。

表 9　CAPG 钻井液润滑性能

配　方	仪器示数	润滑系数	润滑系数降低率/%
清水	30	0.265	—
空白基浆	20	0.176	33.58
CAPG 钻井液	11	0.097	63.40

注：空白基浆：自来水 375mL + 0.6% LV - CMC + 0.6% XC + 0.4% HV - CMC + 3% 无渗透 WLP + 0.4% NaOH + 0.2% Na₂CO₃ + 24% 工业盐 + 0.4% 抗氧化剂；CAPG 钻井液：空白基浆 + 6% CAPG。

由表 9 中结果可以看出，加入 CAPG 后，钻井液润滑系数大大降低，由基浆的 0.176 降为 0.097，润滑系数降低率达 63.40%，表现出较好的润滑性能。CAPG 钻井液良好的润滑性能可使井下卡钻等复杂情况大为减少，为钻井的安全、快速钻进提供保证。

4. 滤液表面张力

分别对空白基浆、浓度为 6% 的 MEG 及 CAPG 钻井液的滤液表面张力进行测试。测试结果如表 10 所示。

表 10　基浆、MEG 及 CAPG 钻井液滤液的表面张力

钻　井　液	浓度/%	测试温度/℃	表面张力/(mN/m)
基浆	空白	20	52.18
MEG	6%	20	34.17
CAPG	6%	20	19.52

注：基浆：375mL 水 + 0.6% LV - CMC + 0.6% XC + 0.4% HV - CMC + 3% 无渗透 WLP + 0.4% NaOH + 0.2% Na₂CO₃ + 24% 工业盐 + 0.4% 抗氧化剂；MEG 钻井液：基浆 + 6% MEG；CAPG 钻井液：基浆 + 6% CAPG。

由表 10 中数据可以看出，CAPG 含量为 6% 的的钻井液滤液的表面张力仅为 19.52mN/m，体现出较好的表面活性，这是因为除了葡萄糖结构的亲水作用，季铵结构的引入使阳离子烷基糖苷碳氢链间的疏水作用得到加强，从而提高滤液表面活性。把 CAPG 应用到钻井液中后，将会对提高钻井液滤液返排效率和减轻深层低渗透储层水锁损害起到积极的作用。

5. 抗污染性能

为了考察 CAPG 钻井液抗盐抗钙、抗膨润土、抗钻屑、抗水侵及抗原油等污染的情况，对加入工业盐、氯化钙、膨润土、钻屑、水、原油前后的钻井液的性能进行了对比，得出 CAPG 钻井液抗污染能力的结论。

1）抗盐抗钙

分别对 24% NaCl、36% NaCl 及 5% 的 CaCl$_2$ 侵入钻井液体系后的性能变化进行了评价，于 130℃ 热滚 16h，测其各项性能。实验结果如表 11 所示。

表 11　CAPG 钻井液抗盐抗钙性能

污染条件	老化情况 (16 h)	AV/ mPa·s	PV/ mPa·s	YP/ Pa	G'/G''/ Pa/Pa	FL_{API}/ mL	pH 值
0	热滚后	56.5	29	27.5	8.0/11.5	4.4	9
24% NaCl	热滚后	54.0	32	22.0	8.0/11.0	4.0	9
36% NaCl	热滚后	51.0	33	18.0	8.0/11.0	3.8	9
5% CaCl$_2$	热滚后	37	18	19	7.0/10.5	2.6	9

由表 11 中所列数据可以得出，NaCl 的侵入对钻井液流变性的影响不大，CaCl$_2$ 的侵入使钻井液黏度有所降低，滤失量减小。总的来说，NaCl 和 CaCl$_2$ 的侵入对体系性能变化影响很小，CAPG 钻井液具有较好的抗 NaCl 和 CaCl$_2$ 污染的能力。

2）抗膨润土污染

钻井液在钻井循环过程中，不可避免地遇到膨润土水化现象。因此，需要对 CAPG 钻井液进行抗膨润土水化研究。在 CAPG 钻井液中，分别加入 5%、10% 的膨润土，于 130℃ 热滚老化，测其热滚后的各项性能。实验结果如表 12 所示。

表 12　CAPG 钻井液抗膨润土水化实验

膨润土 加量	老化情况 (16 h)	AV/ mPa·s	PV/ mPa·s	YP/ Pa	G'/G''/ Pa/Pa	FL_{API}/ mL	pH 值
0	热滚后	56.5	29	27.5	8/11.5	4.4	9
5%	热滚后	53	22	31	8.5/11.5	3.8	8
10%	热滚后	58.5	28	30.5	9.5/12	4	8

由表 12 可以看出，CAPG 钻井液中加入 5% 或 10% 的膨润土除了切力稍有上升外，没有对体系性能造成明显的影响，所以，可以认为膨润土的侵入对 CAPG 钻井液体系无不良影响，相反还会起到改善钻井液体系性能的作用。

3）抗钻屑污染

钻井液在钻井循环过程中，不可避免地遇到钻屑的污染。因此，对 CAPG 新型水基钻井液进行抗钻屑污染的研究。在 CAPG 钻井液中，分别加入 5%、10% 过 100 目筛的钻屑粉

（马 12 井 2765m），于 130℃热滚老化 16h，测其热滚前后的各项性能，如表 13 所示。

表 13　CAPG 钻井液抗钻屑污染实验

钻屑粉加量	老化情况(16 h)	AV/mPa·s	PV/mPa·s	YP/Pa	G′/G″/Pa/Pa	FL_{API}/mL	pH 值
0	热滚后	56.5	29	27.5	8/11.5	4.4	9
5%	热滚后	57	28	29	8.5/11.5	3.4	8
10%	热滚后	64.5	33	31.5	10/12.5	2.4	8

由表 13 中数据可以看出，钻屑粉的加入使钻井液的表观黏度和塑性黏度都有所提高，但提高幅度不大；切力也随着钻屑粉的加入量增加而上升，滤失量下降；这说明钻屑粉的侵入增加了体系的固含量，使体系的性能产生一定的变化，但变化幅度不大，说明 CAPG 钻井液具有较好的抗钻屑污染的能力。

4）抗水侵

由于地层水中含有各种矿物质，会对钻井液造成一定的影响。考察了 10% 和 20% 水的侵入对 CAPG 钻井液性能的影响，于 130℃热滚老化 16h，测其热滚前后的各项性能，结果如表 14 所示。

由表 14 中数据可以看出，水的侵入不会对钻井液造成不好的影响，只是对钻井液起到稀释作用，从而导致黏度、切力及滤失量都有一定程度的增加。所以水侵不会对 CAPG 钻井液造成严重的影响，当水侵发生时，只需在钻井液中补加处理剂的胶液即可恢复原性能。

表 14　CAPG 钻井液抗水侵实验

污染条件	老化情况(16 h)	AV/mPa·s	PV/mPa·s	YP/Pa	G′/G″/Pa/Pa	FL_{API}/mL	pH 值
0	热滚后	56.5	29	27.5	8/11.5	4.4	9
10%水	热滚后	40	20	20	6.5/9.0	4.4	9
20%水	热滚后	36	18	18	5.5/8.0	6.0	9

5）抗原油

在 CAPG 钻井液中加入 10% 原油，考察原油加入对钻井液性能的影响。于 130℃热滚老化 16h，测其热滚前后的各项性能，结果见表 15。

表 15　CAPG 钻井液抗原油污染性能

污染条件	老化情况(16 h)	AV/mPa·s	PV/mPa·s	YP/Pa	G′/G″/Pa/Pa	FL_{API}/mL	pH 值
0%	热滚后	56.5	29	27.5	8/11.5	4.4	9
10%原油	热滚后	59	33	26	9.0/11.5	2.6	9

由表 15 可以看出，CAPG 钻井液中加入 10% 原油后，体系的表观黏度、塑性黏度、动切力、静切力都有所上升，滤失量下降，这说明原油的侵入可以改善钻井液的性能，CAPG 钻井液作为一种仿油基钻井液与原油具有很好的配伍性。

6. 降滤失性能

分别对基浆、CAPG 浓度分别为 1%、3%、5%、11% 的钻井液滤失量进行了考察，于 130℃热滚老化 16h，结果如表 16 所示。

表 16　不同浓度 CAPG 对钻井液滤失性能影响

钻　井　液	FL_{API}/mL	钻　井　液	FL_{API}/mL
基浆	12.6	3#	4.0
1#	8.0	4#	3.6
2#	6.4		

注：基浆：自来水 396mL + 0.4% HV – CMC + 0.6% LV – CMC + 0.4% 黄原胶 + 2% 无渗透 WLP + 0.2% Na_2CO_3 + 24% 工业盐；1#：基浆 + 1% CAPG；2#：基浆 + 3% CAPG；3#：基浆 + 6% CAPG；4#：基浆 + 11% CAPG。

由表 16 可以看出，随着 CAPG 加量的增加，CAPG 钻井液的滤失量逐渐降低，当 CAPG 浓度为 6% 时，滤失量降至 4.0mL，CAPG 加入钻井液后具有较好的降滤失性能。

7. 储层保护性能

对 CAPG 含量为 6% 的钻井液进行岩心的动态及静态渗透率恢复值实验，所用岩心为桥 66 – 16 井天然岩心，结果如表 17、表 18 所示。

表 17　CAPG 钻井液的静态渗透率恢复值 (90℃)

岩　心	岩心直径/mm	岩心长度/mm	围压/MPa	$P_{前稳}$/MPa	$P_{后稳}$/MPa	渗透率恢复值/%
桥 66 – 16 – 05	25	25.5	6.0	0.116	0.124	93.55
桥 66 – 16 – 06	25	25.5	6.0	0.121	0.130	93.08

表 18　CAPG 钻井液的动态渗透率恢复值 (90℃)

岩　心	岩心直径/mm	岩心长度/mm	围压/MPa	$P_{前稳}$/MPa	$P_{后稳}$/MPa	渗透率恢复值/%
桥 66 – 16 – 03	25	25.5	6.0	0.202	0.208	97.12
桥 66 – 16 – 04	25	25.5	6.0	0.231	0.251	92.03

由表 17 和表 18 数据可以看出，被 CAPG 浓度为 6% 的钻井液静态或动态污染后，岩心的静态渗透率恢复值大于 93%，动态渗透率恢复值大于 92%，表现出较好的储层保护性能。

5　结论

（1）在烷基糖苷分子上引入季铵盐的结构，合成了阳离子烷基糖苷，克服了烷基糖苷在钻井液中加量大、抗温性较差、抑制性有待提高等缺陷，在钻井液中应用前景广阔。

（2）确定了阳离子烷基糖苷的合成方法；优选出了合成阳离子烷基糖苷的原料为甲基糖苷和三甲胺；催化剂为烷基苯磺酸，其最佳加量为 3%。

（3）得到了合成阳离子烷基糖苷的最优化工艺条件。环氧氯丙烷水解温度为大于 80℃，水解时间为大于 2h；醚化反应时环氧氯丙烷与烷基糖苷摩尔比为 1:(0.5 ~ 1.5)、醚化反应时间 2.0 ~ 4.0 h、醚化反应温度 80 ~ 100 ℃、烷基糖苷间隔 20min 分两次加入；季铵化反应

pH 为 6 ~ 9、环苷胺摩尔比 1∶(0.5 ~ 1.5)∶(0.8 ~ 1.2)、季铵化反应温度 40 ~ 60 ℃、季铵化反应时间 5.0 ~ 8.0 h 及烷基叔胺 40min 内滴加完毕。

(4)通过对各种处理剂进行优选,得到了优化的 CAPG 钻井液配方。钻井液一次回收率达 96.35%,相对回收率达 92.73%;可以抗 160℃ 高温;加入 CAPG 后,钻井液润滑系数大大降低,由基浆的 0.176 降为 0.097,润滑系数降低率达 63.40%;钻井液滤液的表面张力为 19.52mN/m,表面活性较好;对盐、钙、水、膨润土、钻屑、原油等都有很好的抗污染能力;CAPG 在钻井液中可起到较好的降滤失效果;钻井液具有较好的储层保护性能,静态渗透率恢复值 >93%,动态渗透率恢复值 >92%。CAPG 钻井液的各项性能均优于 APG 钻井液。

参 考 文 献

1 Weuthen M, Kahre J, Hensen H, et al. Cationic sugar surfactants[P]. US: 5773595, 1998(6)

2 Stuart B P, Harold L M, Joseph P P, et al. Alkoxylated alkyl glucoside ether quaternaries useful in personal care[P]. US: 5138043, 1992(8)

3 Allen DK, Tao BY. Carbohydrate – alkyl ester derivatives as biosurfactants[J]. Journal of Surfactants and Detergents, 1999, 2(3): 383 ~ 390

4 Zhang Y, Cheng Z, Yan JN, etal. Investigation on formation damage control of the methylglucoside fluids[A]. SPE 39442, 1998

5 吕开河, 邱正松, 徐加放. 甲基葡萄糖苷对钻井液性能的影响[J]. 应用化学, 2006, 23(6): 632 ~ 636

6 欧阳伟, 杨刚, 贺海等. MEG 钻井液技术在剑门 1 井超长小井眼段的应用[J]. 钻井液与完井液, 2009, 26(6): 21 ~ 23

7 黄达全, 宋胜利, 王伟忠等. MEG 钻井液在滨 26X1 井的应用[J]. 钻井液与完井液, 2008, 25(3): 36 ~ 38

8 雍富华, 余丽彬, 熊开俊等. MEG 钻井液在吐哈油田小井眼侧钻井中的应用[J]. 钻井液与完井液, 2006, 23(5): 50 ~ 52

9 付国都, 董海军, 牛广玉等. 双保仿油基改性 MEG 的研究与应用[J]. 钻井液与完井液, 2005, 22(B05): 8 ~ 10, 117 ~ 118

10 张琰, 钱续军. MEG 钻井液在沙 113 井试验成功[J]. 钻井液与完井液, 2001, 18(2): 27 ~ 29

11 赵素丽, 肖超, 宋明全. 泥页岩抑制剂乙基葡糖苷的研制[J]. 油田化学, 2004, 21(3): 202 ~ 204

12 蒋娟, 朱杰, 涂志勇等. 丙基葡萄糖苷钻井液研究[J]. 中国石油大学胜利学院学报, 2009, 23(4): 14 ~ 16

13 王中华. 钻井液用改性淀粉制备与应用[J]. 精细石油化工进展, 2009(9): 12 ~ 16

14 王中华. 水溶性改性天然产物钻井液处理剂的研究与应用[J]. 油田化学, 1998, 15(4): 378 ~ 381

15 王中华. 油田用淀粉接枝共聚物研究与应用进展[J]. 断块油气田, 2010(2): 239 ~ 245

16 司西强, 王中华, 魏军等. 钻井液用阳离子烷基糖苷的合成研究[J]. 应用化工, 2012, 41(1): 56 ~ 60

17 司西强, 王中华, 魏军等. 钻井液用阳离子甲基葡萄糖苷[J]. 钻井液与完井液, 2012, 29(2): 21 ~ 23

18 Xiqiang Si, Zhonghua Wang, Jun Wei, et al. Study on Synthesis of Cationic Methyl Glucoside Which Was Used in Drilling Fluid[A]. Prepr Pap – Am Chem Soc, Div Pet Chem, 2012, 57(1), 102 ~ 103

19 Xiqiang Si, Zhonghua Wang, Jun Wei, et al. Performance Test For Cationic Methyl Polyglucoside Which Was Used in Drillng Fluid[A]. Prepr Pap – Am Chem Soc, Div Pet Chem 2012, 57(1), 86 ~ 87

钻井液瞬间滤失的理论研究及应用

郑德帅　　冯江鹏

（中国石化石油工程技术研究院）

摘　要　井底压力和钻井液固相含量是影响机械钻速的两个重要而且是人为可控的因素，对于井底岩石的破碎而言，每次破碎的岩石只是靠近井底很薄的一层，在井底压力的作用下，含有固相颗粒的钻井液在井底新破碎的岩石上将发生瞬间滤失，岩石的孔隙压力将不再是原始地层孔隙压力，渗透率也会发生明显的变化。本文将建立一个理论的模型对于上述过程进行定量描述，并得出一定应用价值的结论。

关键词　井底压力；固相含量；瞬间滤失；机械钻速；dc 指数法

前言

钻井实践表明泥浆在井底的压力和钻井液固相含量是影响机械钻速的两个重要而且是人为可控的因素：井底压力越大，钻井液固相含量越高，越不利于提高机械钻速，而且钻井液中亚微米颗粒影响尤为显著，"小于 $1\mu m$ 的颗粒对钻速的影响为大于 $1\mu m$ 颗粒的 13 倍"[1]。对于井底岩石的破碎而言，每次破碎的岩石只是靠近井底大约为不到 10mm 的很薄的一层，在井底压力的作用下，含有固相颗粒的钻井液在井底新破碎的岩石上将发生瞬间滤失，液体进入岩石的孔隙后，孔隙压力将不再是原始地层孔隙压力，钻井液固相颗粒进入地层孔隙后，地层渗透率也会发生明显的变化。

1　理论模型的建立

靠近井底的地层孔隙压力对于岩石破碎效率有重要因素的作用[2]，当钻井液（或气体）代替了岩石柱后，地层压力 P_{p0} 与钻井液压力 P_m 并不相同，这样就会产生井底压差 ΔP：

$$\Delta P = P_m - P_{p0} \qquad (1)$$

在远离井眼的地层中，地层孔隙压力受到井眼内压力的影响很小。对于井眼的形成而言，钻头是通过不断地破碎靠近井底很薄的一层岩石，并且破碎的深度一般不足 1cm。所以由于地层存在渗透率，井底压差就会使钻井液（气）与地层流体之间相互影响，靠近井底地层

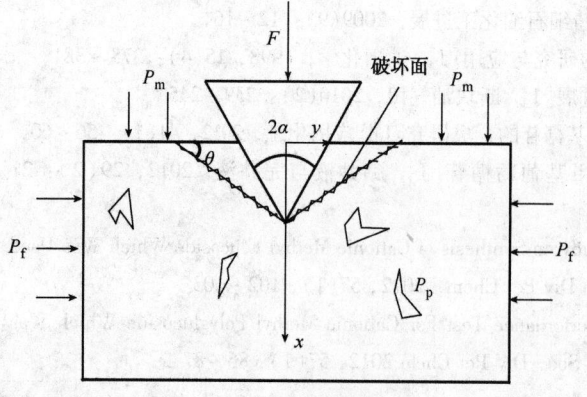

图1　井底受力图

中的孔隙压力变得与原始地层孔隙压力不同，因此实际压差并非名义压差。实际地层孔隙压力的变化与两个因素相关：一是距离井底的距离 x（如图1中的坐标），二是时间 t。根据渗流力学的基本原理，地层孔隙压力可以用一维不稳定渗流基本方程来计算[3]：

$$\frac{\partial P_p}{\partial t} - \frac{K}{\mu\phi C}\frac{\partial^2 P_p}{\partial x^2} = 0 \tag{2}$$

式中，P_p 是地层压力，MPa；K 是渗透率，μm^2；x 是深度坐标，m；t 是指时间，s；C 为总可压缩系数；μ 是钻井液（气）黏度，Pa·s。

结合实际的边界条件经过数学求解：

$$P_p(x,t) = \Delta P \cdot \left(1 - \frac{2}{\sqrt{\pi}}\int_0^\beta e^{(-\xi^2)}\mathrm{d}\xi\right) + P_p \tag{3}$$

式中
$$\beta = \frac{x}{2\sqrt{(K/\mu\varphi C)\cdot t}}$$

可以看出 β 包含了距离、地层渗透率、液体黏度及总可压缩系数等众多参数。

根据公式可以计算实际地层孔隙压力的分布。假设采用以下系数 $\mu = 0.01\mathrm{Pa}\cdot\mathrm{s}$；$\phi = 0.2$；$C = 4.34\times10^{-10}$；$t = 0.5\mathrm{s}$；$P_{p0} = 20\mathrm{MPa}$；$P_m = 25.5\mathrm{MPa}$；$\beta/x$ 分别取值为59、189、598（对应的地层渗透率为 1.2mD，0.12mD，0.012mD）。

图2表明距离井底 1~16mm 内的地层压力随着位置的变化而变化。β/x 较大时地层孔隙压力变化范围较小（小于 4mm），β/x 较小层孔隙压力变化范围较大。β/x 与地层渗透率是成反比的，因此低渗透率阻碍了井底压差的影响作用。而其他的因素诸如钻井液黏度的作用也

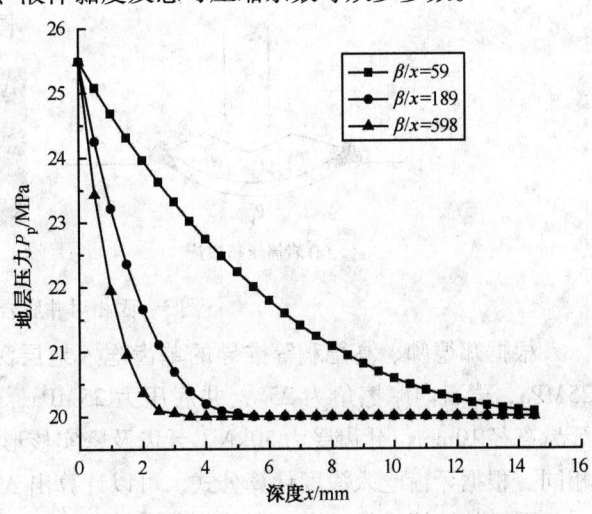

图2　地层因素对于地层压力分布的影响

可以根据和 β/x 的关系分析其对于靠近井底地层孔隙压力的影响。这些因素尤其是渗透率的影响将会在下面的岩石破碎中讨论。

2　相关的应用性研究

2.1　固相对机械钻速的影响

当 ΔP 为正时，井底已经破钻头破碎的岩屑会因为正压差的作用被压在井底，这种现象称之为岩屑的"压持效应"。压持效应增加了岩屑被排出井底的难度从而造成岩屑的重复破碎，这将阻碍钻头的进一步吃入岩石，因此将降低机械钻速[4]。

要形成压持效应的必要条件除了正压差之外，还因为钻井液无法及时补充到岩屑的底部使得岩屑上部受到钻井液压力而底部没有受到钻井液压力，从而被压持在井底。要达到这样

的条件有以下两种可能：一是在岩屑被切屑下来的瞬间，由于钻井液瞬时滤失，钻井液中自由水通过接触面进入地层和岩屑内部，但钻井液中的固相颗粒留在接触面，尤其是岩屑周围形成泥饼从而隔离了压强的传递。这需要钻井液中固相颗粒非常微小，这样形成致密泥饼或填充缝隙才能阻止钻井液的流动；二是钻井液的黏度很大，尤其是刚破碎的岩屑与地层的表面切合得很好，使得缝隙较小，当钻井液黏度很大时，由于进入微小缝隙摩阻较大使得短时间内缝隙内与井底的压强不能平衡从而形成压持效应。

以上分析可以看出，压差并不是压持效应的充分条件，钻井液性能也有很大关系。从提高钻速的角度来看，应尽量减少固相尤其是其中的微小颗粒以及降低钻井液黏度，以阻止岩屑压持效应的形成。

钻井液瞬间滤失导致液体以及微小颗粒瞬间进入靠近井底的地层内，迅速降低了地层的渗透率，从而阻止了滤失的进一步发生，这一过程类似于储层钻进中的地层伤害。由于地层喉道以及孔隙较小，大的岩屑等固相不会进入，而小的固相粒子则可以随着钻井液进入岩石的喉道内，堵塞喉道降低地层渗透率[图3(b)]。

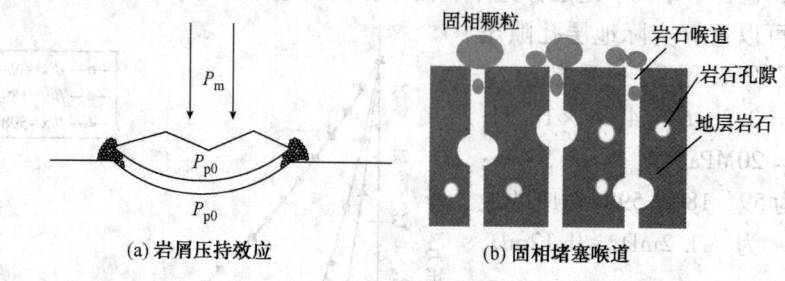

图3　固相对井底岩石的影响

根据郑德帅、高德利等推导的单齿吃入地层深度计算公式[5]，假设岩石的凝聚力 $c_\theta = 25MPa$，岩石内摩擦角为25°，井底压力25MPa，地层压力20MPa，地层侧向压为40MPa，牙齿直径10mm，牙齿受力50kN，牙齿及密实核形状夹角 $\theta = 30°$，$\alpha = 5°$，β/x 取值与上述相同。根据牙齿吃入深度计算公式，可以计算出 ΔP 及 β/x 对吃入深度的影响规律。

图4的计算结果显示，在其他条件相同的情况下，随着地层渗透率的升高，钻头牙齿的吃入深度在增加（井底正压差条件下）。钻井液的瞬间滤失将导致地层渗透率的降低，从而降低了机械钻速。钻井液中的亚微米颗粒是引起地层渗透率降低的主要原因，因此亚微米颗粒对于机械钻速的影响更为显著。

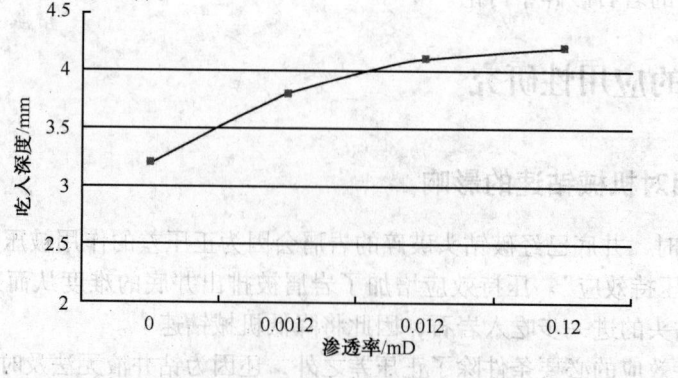

图4　地层渗透率对吃入深度的影响

2.2 dc 指数法的讨论

按照上述的数据还可以计算出不同压差条件下的吃入深度随 β/x 变化(图5)。当 β/x 小于某一定值(约为300)时,吃入深度与井底压差和 β/x 同时有关系。而当 β/x 大于一定值时,某一固定压差条件下的吃入深度不再变化,只与井底压差有关,与 β/x 的关系很小。

上述分析可以用于 dc 指数法的理论中。使用 dc 指数法检测地层孔隙压力时,最好在 β/x 大于300 的钻井条件下进行,因此 dc 指数法就是靠钻速的变化计算井底压差的,这时钻速的变化不受其他因素的影响,而基本只与压差相关,因此反演地层孔隙压力最为准确。如果 β/x 较小,影响钻速的因素很多,不只是井底压差,还可能包括地层渗透率的变化,如果用 β/x 较小条件下变化的钻速计算地层孔隙压力的,结果可能出现误差。

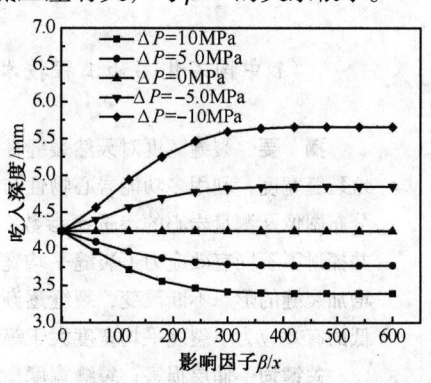

图5　影响因子 β/x 对吃入深度的影响

dc 指数法检测地层孔隙压力的大量经验表明,在地层渗透率低的泥页岩效果较好。轻压吊打情况下由于吃入深度太小则不宜使用 dc 指数法,根据公式(3),地层渗透率降低就增大了 β/x ,同样,小的机械钻速条件下,每次破碎岩石的深度小,在此深度范围内地层孔隙压力几乎变成了井底压力,这样将难以预测准确的地层压力。因此,用本理论的分析结论与经验是一致的,并且为经验做法提供了明确的指标。

参 考 文 献

1　陈庭根,管志川. 钻井工程理论与技术[M]. 东营:石油大学出版社,2000
2　李洪乾,呆传良,任耀秀. 压差对机械钻速的影响规律[J]. 钻采工艺,1995,18(2):10~15
3　尹兆娟,杨继峰,崔超等. 井底岩石压差的扩散特点及提高钻速研究[J]. 石油化工和设备 2009(7):14~19
4　徐小荷,余静. 岩石破碎学[M]. 北京:煤炭工业出版社,1984
5　郑德帅,高德利,张辉. 井底压差对岩石破碎的影响机制[J]. 中国石油大学学报(自然科学版). 2011, 35(2):69~73

有效应力作用下的裂缝宽度变化规律研究

李大奇[1]   刘大伟[2]

(1 中国石化石油工程技术研究院；2 中石油渤海钻探工程技术研究院)

摘 要 裂缝宽度对天然裂缝性储层保护和防漏堵漏技术十分重要。为了更准确地预测原地裂缝宽度，利用多功能岩心物性与图象分析系统，采集不同有效应力下的岩心端面裂缝宽度分布图像及测量岩心的渗透率参数，研究了裂缝机械宽度及平均宽度随有效应力的变化特征，并探讨了不同有效应力下裂缝平均宽度与裂缝等效水力宽度的关系。结果表明，随着有效应力增加裂缝的形态不断改变，裂缝逐渐闭合，且未充填缝的平均宽度变化率明显强于充填缝。在低的有效应力下裂缝平均宽度大于等效水力宽度，而在高的有效应力下两者趋于一致。

关键词 储层损害；裂缝宽度；岩心；图像；可视化

前言

地下岩石中的裂缝宽度预测及测量技术一直是石油工程中研究的重点和热点问题。裂缝宽度可以分为裂缝机械宽度、裂缝平均宽度和裂缝等效水力宽度，而裂缝机械宽度及裂缝平均宽度对裂缝性储层保护和漏失控制最为现实有用[1,2]。应力释放后的裂缝机械宽度可以通过野外地质调查、室内铸体薄片鉴定、扫描电镜观测和现场岩心观测等方法获得[3]。实际上，地下裂缝处于地应力环境之中，研究井筒周围原地裂缝机械宽度及其变化规律更有意义。目前，预测原地应力下裂缝宽度的方法有现场成像测井法、室内扫描电镜、CT 成像及显微镜与加压装置相结合法、裂缝测量与计算机模拟相结合法[4~6]。获得裂缝等效水力宽度的方法有室内岩心造缝模拟应力实验法和岩心描述 – 矿场测试相结合法[7]。然而，工程实践中获得原地应力下裂缝机械宽度是件费时费力的工作，而得到裂缝的等效水力宽度要相对容易的多。本文利用多功能岩心物性与图象分析系统，研究了变有效应力下未充填和充填裂缝的变形特征，探讨了裂缝平均宽度和裂缝等效水力宽度的关系，为通过裂缝等效水力宽度求取裂缝平均宽度建立了桥梁。

1 裂缝宽度可视化实验

1.1 实验设备

实验设备为多功能岩心物性与图象分析系统(MPPS – I)，该设备在原有加载岩石微观图像分析仪的基础上增加了岩心物性分析系统[3~6]。该装置集成了应力敏感性实验装置、显微

基金项目: 973 计划课题(2010CB226705)、国家科技重大专项(2008ZX05049 –003 –07HZ, 2008ZX05005 –006 –08HZ)。

镜、岩心物性分析装置的主要部件及功能，主要由加压系统、物性分析系统、图像测量系统、图像传输及采集系统组成(图1)。加压系统能够改变作用于岩样的有效应力，评价岩样的应力敏感性，显微镜能够对小于2μm的裂缝宽度进行观测，物性分析系统能够实时的测量岩心的基础物性。

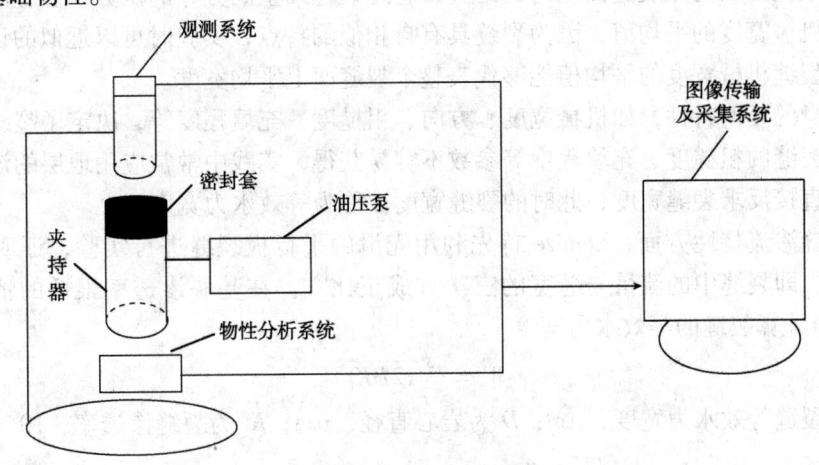

图1　多功能岩心物性与图象分析系统示意图

1.2　实验样品

实验样品选自四川盆地某典型碳酸盐岩油气藏，实验时选取埋藏深度、层位和基块渗透率致密的岩心进行人工造缝，实验岩心物性特征如表1所示。

表1　实验岩心物性特征

样号	层位	深度/m	长度/cm	直径/cm	孔隙度/%	渗透率/$(10^{-3}/\mu m^2)$	备注
1	T_2l	2699.89	5.73	2.51	0.59	0.0041	未充填
2	T_2l	2674.18	4.65	2.51	0.523	0.0198	未充填
3	T_2l	2746.33	4.90	2.51	1.310	0.0044	充填缝
4	T_2l	2746.30	4.53	2.51	0.859	0.0039	充填缝

1.3　实验方法

实验时把裂缝岩样装入岩心夹持器，把出露岩心一个端面的夹持器端面朝向裂缝显微镜目镜，让裂缝岩样端面与岩心夹持器端面平行，采用辅助光源，能够让与物镜连通图像信息采集系统清楚采集到岩心端面放大的图像信息。把摄像系统加载到显微镜目镜的位置，就能将观察的结果直接传输到计算机数据采集系统。应用测量系统可以测量对应裂缝宽度下的裂缝渗透率。

实验步骤如下：

① 选取直径为2.5cm，长度为5cm左右的岩心柱塞，进行人工造缝；

② 设定加载的有效应力点为：3MPa、5MPa、10MPa、15MPa、20MPa、25MPa；

③ 在 MPPS－I 测定某有效应力点下的裂缝岩样渗透率；

④ 采集该有效应力点所对应的裂缝图像；

⑤ 重复步骤③~④测量下一有效应力点对应的裂缝岩样渗透率及宽度；

⑥ 实验结果处理。

裂缝机械宽度认为是裂缝面之间的距离，它是裂缝面空间分布的函数。裂缝的平均宽度认为是裂缝机械宽度的平均值，因为裂缝具有自相似的特点，实验时可以近似的认为裂缝端面所观测的裂缝机械宽度的平均值能够代表整个裂缝面上平均宽度。

裂缝自身的几何特性，如机械宽度、方向、粗糙度、充填程度等，决定了裂缝的渗流特性。因地下裂缝的粗糙度、充填程度等参数不容易获得，实践中常常应用地层的渗透特性通过立方定律直接反求裂缝宽度，此时的裂缝宽度被称为等效水力宽度。

在单裂缝渗流特性方面，Lomize 首先利用光滑的平行板裂缝进行实验，证明了立方定律的有效性，即裂缝中的流量与缝宽的三次方成正比[8]。在基块渗透率很低的情况下，可以用公式(1)计算裂缝的等效水力宽度。

$$W = \sqrt[3]{12DK_f} \tag{1}$$

式中，W 为裂缝等效水力宽度，μm；D 为岩心直径，μm；K_f 为裂缝渗透率，$10^{-3}\mu m^2$。

2 实验结果及分析

2.1 裂缝宽度变化行为

图2和图3为应用多功能岩心物性与图象分析系统得到的裂缝机械宽度随有效应力的变化特征。可以看出，人工造缝岩样裂缝较平直，裂缝各位置的宽度变化率基本相同，均随着有效应力的增加，裂缝宽度减小，这与以往的应力敏感性实验中裂缝宽度随有效应力增加时的变化规律一致。

如图2、图3、图4所示，随着有效应力的增加，未充填缝和充填缝平均宽度都持续变窄，在初始加压阶段(3~10MPa)裂缝闭合较快，而在有效应力超过一定值(10MPa)后裂缝的闭合趋势减缓，有效应力与裂缝变化量近似于线性关系。有效应力为3MPa时的裂缝平均宽度远大于25MPa时的裂缝平均宽度。相比之下，未充填缝的平均缝宽变化率要强于充填缝的缝宽变化率，特别是在较低的应力状态下，表现最为明显。

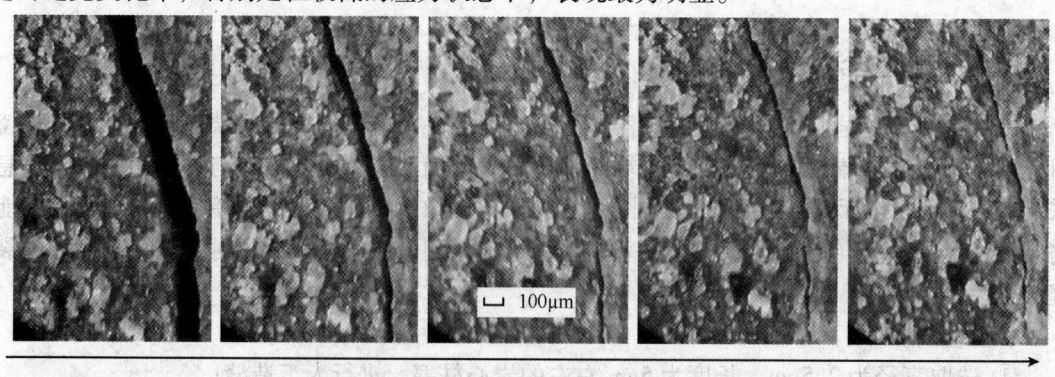

图2　不同有效应力下未充填人工裂缝宽度变化图(岩样1)

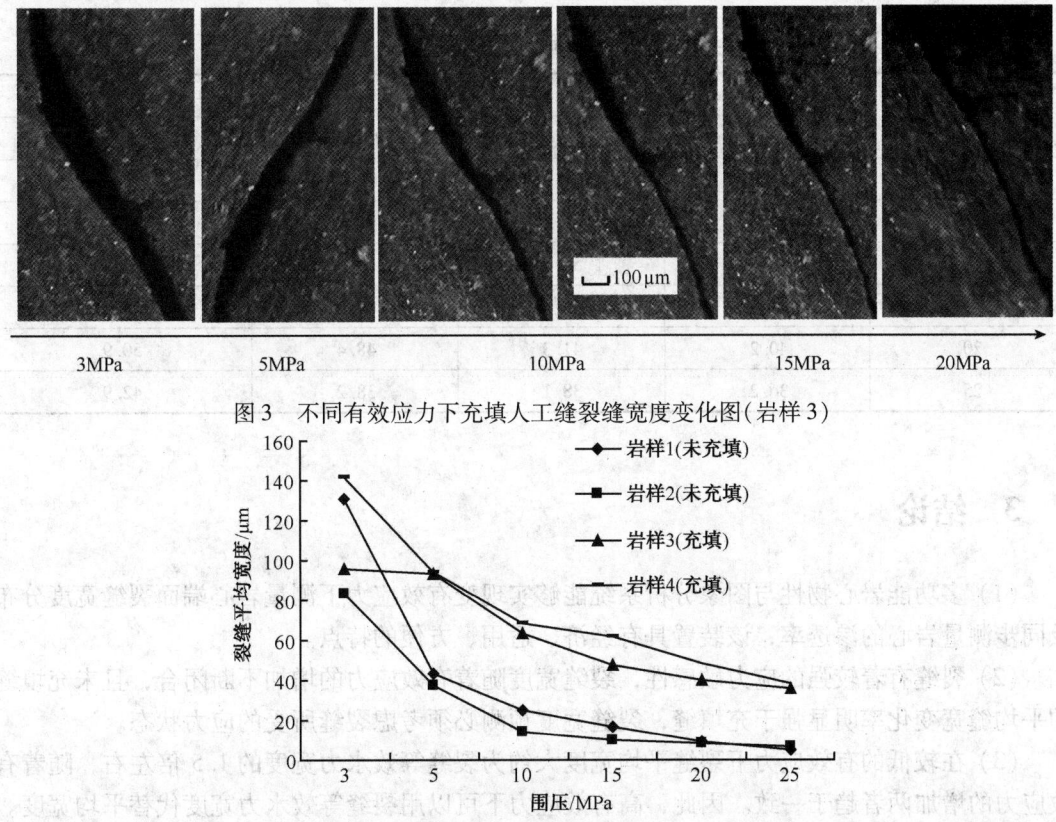

图3 不同有效应力下充填人工缝裂缝宽度变化图（岩样3）

图4 不同有效应力下裂缝机械宽度变化特征

2.2 平均裂缝宽度与等效水力学宽度

裂缝等效水力宽度和裂缝平均宽度的实验结果如表2、表3所示。随着有效应力增加，裂缝平均宽度与等效水力宽度的大小逐渐趋于一致。在3～15MPa区间内等效水力宽度小于平均宽度，等有效应力达到15MP以后，裂缝等效水力宽度与平均宽度已非常接近。初始阶段等效水力宽度偏小，是因为计算所得裂缝宽度是将储层裂缝简化为较理想的平行板；观测的端面裂缝在低应力状态下时，裂缝粗糙度较大，裂缝主要由岩心内部微凸体所支撑，故端面裂缝平均宽度大于等效水力宽度。有效应力达到大于15MPa以后，由于有效应力的增加，裂缝面逐渐变形，裂缝面的粗糙度降低（图2、图3），导致裂缝面机械宽度趋于一致，立方定律逐渐能够用来描述裂缝宽度特征。因此，裂缝平均宽度与等效水力宽度趋于一致。

表2 岩心模拟应力实验与图像观测裂缝宽度对比

有效应力/MPa	岩样 1		岩样 2	
	平均宽度/μm	等效水力宽度/μm	平均宽度/μm	等效水力宽度/μm
3	130.86	96.22	83.69	63.89
5	43.07	36.19	37.86	31.29
10	24.77	20.99	14.42	12.22
15	16.48	15.73	10.23	9.87
20	9.42	9.82	9.54	9.02
25	5.37	6.10	6.36	8.20

表3　岩心模拟应力实验与图像观测裂缝宽度对比

有效应力/MPa	岩样3		岩样4	
	平均宽度/μm	等效水力宽度/μm	平均宽度/μm	等效水力宽度/μm
3	95.8	78.6	141.6	100.5
5	92.9	78.1	94.3	74.8
10	63.7	54.0	68.5	59.6
15	47.4	45.3	61.8	58.3
20	40.2	41.3	48.4	50.9
25	36.2	38.1	38.2	42.9

3　结论

（1）多功能岩心物性与图象分析系统能够实现变有效应力下测量岩心端面裂缝宽度分布及同步测量岩心的渗透率，该装置具有经济、适用、方便的特点。

（2）裂缝有着较强的应力敏感性，裂缝宽度随着有效应力的增加不断闭合，且未充填缝的平均缝宽变化率明显强于充填缝，裂缝宽度预测必须考虑裂缝所受的应力状态。

（3）在较低的有效应力下裂缝平均宽度大约为裂缝等效水力宽度的1.5倍左右，随着有效应力的增加两者趋于一致。因此，高有效应力下可以用裂缝等效水力宽度代替平均宽度。

参 考 文 献

1　万仁溥. 现代完井工程[M]. 第三版. 北京：石油工业出版社，2000

2　王媛，速宝玉. 单裂隙面渗流特性及等效水力隙宽[J]. 水科学进展，2002，13(1)：61~68

3　张浩，康毅力，陈景山等. 储层裂缝宽度应力敏感性可视化研究[J]. 钻采工艺，2007，30(1)：41~43

4　谢强，姜崇喜，凌建明. 岩石细观力学实验与分析[M]. 北京：西南交通大学出版社，1997

5　崔中兴，仵彦卿，蒲毅彬等. 渗流状态下砂岩的三维实时CT观测[J]. 岩石力学与工程学报，2005(8)：1390~1395

6　练章华，康毅力，唐波等. 井壁附近垂直裂缝宽度预测[J]. 天然气工业，2003，23(3)：44-46

7　康毅力，罗平亚，徐进等. 川西致密砂岩气层保护技术——进展与挑战[J]. 西南石油学院学报，2000(3)：1~5

8　Lomize G. M. Flow in Fractured Rocks[M]. Gesenergoizdat, Moscow, 1951

水基钻井液用超低渗透处理剂
SPH-F 的合成与评价*

马　诚　甄剑武　王中华　谢　俊

（中国石化石油工程技术研究院中原分院）

摘　要　本文以水为溶剂，苯乙烯（St）、丙烯酸丁酯（BA）等单体为主要原料，过硫酸铵（APS）为引发剂，通过乳液聚合方法合成了固含量为20%～25%的水基钻井液用超低渗透处理剂 SPH-F。采用红外光谱和激光粒度分析仪对处理剂 SPH-F 的分子结构和粒径分布进行分析，室内评价了处理剂 SPH-F 对 CaCl$_2$ 含量为25%的无土相钻井液、烷基糖苷无土相钻井液、聚磺钻井液和聚合物钻井液的流变及滤失性能的影响。结果表明，处理剂 SPH-F 粒径分布在0.2～1μm之间，D_{50} 为0.41μm，D_{90} 仅为0.69μm，处理剂 SPH-F 的复配性能良好，抗温可达140℃，对有土相钻井液降滤失且不增稠。对于无土相钻井液，当处理剂 SPH-F 加量为2%～3%时，钻井液经 HTHP$_{130℃}$ 可控制在10.0mL 以内。另外，处理剂 SPH-F 还可以改善 CaCl$_2$ 无土相钻井液的触变性能。文中初步探讨了处理剂 SPH-F 的作用机理。

关键词　超低渗透钻井液；处理剂合成；钻井液性能；室内评价；作用机理

前言

通过在水基钻井液中加入一定量的处理剂形成超低渗透钻井液[1]，有利于解决在钻遇低渗储层以及深井长裸眼大段复杂泥页岩等地层时发生的井下复杂问题。美国环保钻井液技术公司（EDTI）研制出以 FCL2000 等处理剂为核心的超低渗透钻井液在阿根廷等地区取得了良好的应用效果；国内中国石油勘探研究院研制、华北石油管理局钻井工艺研究院也开展相关研究工作，但其总体性能与国外产品在存在较大差异[2,3]；另外，为提高水基钻井液抑制性和储层保护性能，中原油田、胜利油田、长城公司钻井液分公司及 Baroid 钻井液公司等机构开展了烷基糖苷无土相钻井液和高浓度 CaCl$_2$ 无土相钻井液的室内研究和现场应用[4~9]。无土相钻井液在实际应用过程中滤失量难以控制，因此需要有针对性的开发高性能处理剂，以适应无土相钻井液的应用需求[10]。

为充分发挥渗透钻井液和无土相钻井液的性能优势，本文通过乳液聚合方法，以苯乙烯（St）、丙烯酸丁酯（BA）等单体为主要原料，研制出一种水基钻井液用超低渗透处理剂 SPH-F，室内评价其对 CaCl$_2$ 含量为25%的无土相钻井液、烷基糖苷无土相钻井液、聚磺钻井液、聚合物钻井液的性能影响。文中初步分析了处理剂 SPH-F 的作用机理。

1 实验部分

1.1 主要试剂和仪器

所用试剂主要包括：苯乙烯(St)及丙烯酸丁酯(BA)，化学纯，经减压精馏后使用；过硫酸铵(APS)，化学纯，以上试剂均为国药集团化学试剂有限公司提供。高分子单体 M，实验室自制。

所用实验仪器主要包括：美国 Magna - 750 型傅里叶变换红外光谱仪；Winner2000ZD 型激光粒度分析仪，济南微纳颗粒仪器股份有限公司；六速旋转黏度仪、多联中压滤失仪、GGS42 - 2 型高温高压滤失仪等，青岛海通达专用仪器厂。

1.2 处理剂 SPH - F 合成

按质量比为 5:3:1 的比例，准确称量 St、BA 和高分子单体 M 于去离子水中，经 8000 ~ 10000r/min 剪切乳化后，立即转移至带有氮气置换和回流冷凝的反应器中，保持搅拌速度为 300 ~ 400r/min，当体系温度达到 65 ~ 70℃时，向其中加入引发剂 APS，保温反应 5 ~ 6h，即得本文所述的钻井液处理剂 SPH - F，其固含量为 20% ~ 25%。

1.3 处理剂 SPH - F 性能评价

1. $CaCl_2$ 无土相钻井液配制和性能评价

$CaCl_2$ 无土相钻井液配制：1.5% 降滤失剂 + 处理剂 SPH - F + 0.3% 增黏剂 IPN - V + 0.6% 聚合物 XC + 2% 超细 $CaCO_3$ + 0.1% NaOH + 25% $CaCl_2$，评价钻井液的流变及滤失性能。

2. 烷基糖苷无土相钻井液配制和性能评价

烷基糖苷钻井液配制：10% 烷基糖苷 + 1.5% 降滤失剂 + 处理剂 SPH - F + 1% 增黏剂 IPN - V + 0.3% 聚合物 XC + 2% 超细 $CaCO_3$ + 0.5% NaOH，评价钻井液的流变及滤失性能。

3. 有土相钻井液的取用和性能评价

取中原油田桥 43 - 1 井聚磺钻井液，取样井深 3471m，密度 1.37g/cm^3；董 1 井聚合物钻井液，取样井深 3912m，密度 1.30g/cm^3。分别加入 2% ~ 3% 的处理剂 SPH - F，调整密度并热滚老化 16h 后，评价钻井液的流变及滤失性能。

2 结果与讨论

2.1 处理剂 SPH - F 结构表征

处理剂 SPH - F 红外谱图如图 1 所示。在 2950cm^{-1} 处为 - CH_3 和 - CH_2 - 的 C - H 伸缩振动吸收峰，1728cm^{-1} 处的羰基 C = O 伸缩振动，1455cm^{-1} 处为 COO - 的振动吸收峰，1164cm^{-1} 处丙烯酸酯基中的 C - O - C 对称伸缩振动吸收峰；753cm^{-1} 处出现单取代苯环特征吸收峰。另外，谱图中仅在 1600cm^{-1} 处出现较弱的吸收峰，而 1600 ~ 1680cm^{-1} 处则未出

现烯键吸收峰。如上分析说明 St、BA 等单体都参与了共聚反应[11]。

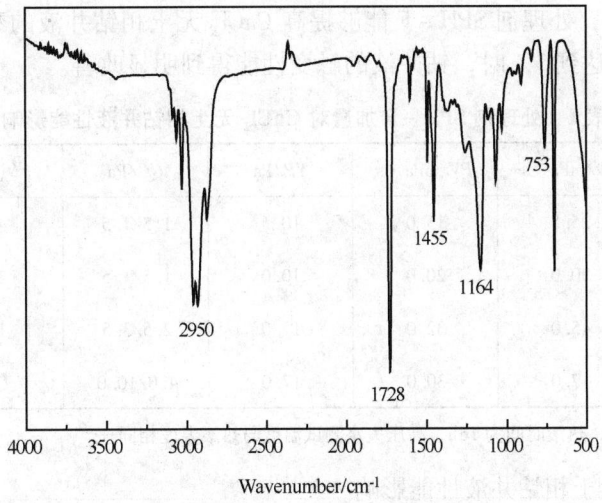

图 1　处理剂 SPH – F 红外谱图

2.2　处理剂 SPH – F 粒径分析

处理剂 SPH – F 粒径分布如图 2 所示（测试范围 $0.2 \sim 40\,\mu m$）。结果显示，处理剂 SPH – F 粒径分布较窄且粒径尺寸较小，主要集中于 $0.2 \sim 1\,\mu m$ 之间，其 D_{50} 为 $0.41\,\mu m$，D_{90} 仅为 $0.69\,\mu m$。因此，仅从粒径分布上看，处理剂 SPH – F 更有利于对细微孔径的封堵。

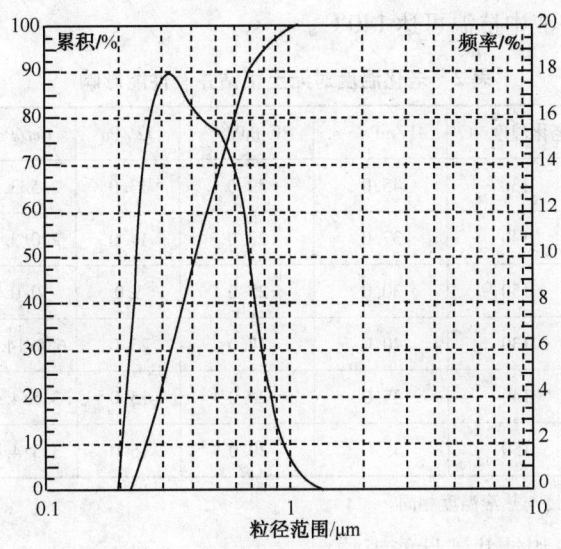

图 2　处理剂 SPH – F 粒径分布图

2.3　处理剂 SPH – F 对无土相钻井液性能影响

1. 处理剂 SPH – F 加量对 $CaCl_2$ 无土相钻井液性能影响

首先评价处理剂 SPH – F 加量对 $CaCl_2$ 无土相钻井液性能影响，结果如表 1 所示。从表 1 可知，处理剂 SPH – F 加量为 1% 时就能显著降低钻井液的中压失水及高温高压失水；当处理剂 SPH - F 加量达到 2% 时，钻井液的中压失水降至 1.0mL，高温高压失水降至 10mL 以下。另外可以看出，处理剂 SPH - F 能够提高 $CaCl_2$ 无土相钻井液的黏度和切力，尤其当处理剂 SPH - F 加量达到 3% 时，钻井液的触变性能得到明显改善。

表 1　处理剂 SPH - F 加量对 $CaCl_2$ 无土相钻井液性能影响

SPH - F 加量/%	AV/mPa·s	PV/mPa·s	YP/Pa	Gel/Pa	FL_{API}/mL	FL_{HTHP}/mL
0	25.5	15.0	10.5	1.5/1.5	4.0	100.0
1	30.0	20.0	10.0	1.5/1.5	2.0	22.0
2	45.0	32.0	13.0	2.5/3.5	1.0	9.0
3	47.0	30.0	17.0	4.0/10.0	0.5	6.0

注：热滚温度为 130℃，热滚时间为 16h，高压失水测试温度与热滚温度相同。

2. 老化温度对无土相钻井液性能影响

由表 1 数据可知，处理剂 SPH - F 加量为 2% 时即可有效控制 $CaCl_2$ 无土相钻井液的滤失性能，现以该加量条件下，进一步考察老化温度对 $CaCl_2$ 及烷基糖苷无土相钻井液性能影响，实验结果如表 2 所示。由表 2 可知，处理剂 SPH - F 在高温条件下与钻井液配伍性能良好。在 130℃ 条件下，处理剂 SPH - F 可将无土相钻井液的高温高压失水可以控制在 10mL 以内；在 140℃ 条件下，可将钻井液中压失水控制在 5mL 左右，高温高压滤失量控制在 20mL 以内。当测试温度达到 150℃ 时，钻井液性能失水急剧增加。因此，处理剂 SPH - F 在本文所述的无土相钻井液中抗温可达 140℃。

表 2　老化温度对无土相钻井液性能影响

钻井液体系	老化温度/℃	AV/mPa·s	PV/mPa·s	YP/Pa	Gel/Pa	FL_{API}/mL	FL_{HTHP}/mL
$CaCl_2$ 无土相钻井液	130	45.0	32.0	13.0	2.5/3.5	1.0	9.0
	140	37.0	23.0	14.0	2.0/3.0	5.0	18.0
	150	30.0	25.0	0/0	0/0	12.0	50.0
烷基糖苷无土相钻井液	130	40.0	17.0	23.0	6.5/14.0	2.0	8.0
	140	35.0	20.0	15.0	3.5/4.0	6.0	20.0
	150	35.0	20.0	15.0	3.5/4.0	6.0	40.0

注：高温高压失水测试温度与热滚温度相同。

3. 老化时间对无土相钻井液性能影响

评价了老化时间对 $CaCl_2$ 及烷基糖苷无土相钻井液性能影响，处理剂 SPH - F 加量为 2%，老化温度为 130℃，实验结果见表 3。由表 3 可知，经 16 ~ 32h 热滚后，$CaCl_2$ 无土相钻进液流变及滤失性能尚好；但经 48h 热滚后，钻井液的性能变差。分析主要原因在于钻井液各组分在高浓度 $CaCl_2$ 作用下失效，导致钻井液性能的恶化。从表中还可以看出，在老化 48h 的过程中，烷基糖苷无土相钻井液的黏度切力逐渐降低，但仍具有较优良的流变性能，此外，中压失水仍在可控范围之内，高温高压失水在老化 32h 后仍可控在 20mL 以内，但是

48h 后则达到 80mL。由以上数据可以表明，SPH – F 的抗老化时间达 32h，并能有效控制无土相钻井液的中压及高温高压滤失性能。

表 3　老化时间对无土相钻井液性能影响

钻井液体系	老化温度/℃	AV/mPa·s	PV/mPa·s	YP/Pa	Gel/Pa	FL_{API}/mL	FL_{HTHP}/mL
CaCl₂ 无土相钻井液	16	45.0	32.0	13.0	2.5/3.5	1.0	9.0
	32	38.5	24.0	14.5	1.5/2.0	2.0	14.0
	48	20.0	15.0	5.0	0/0	8.0	50.0
烷基糖苷无土相钻井液	16	40.0	17.0	23.0	6.5/14.0	2.0	8.0
	32	35.0	17.0	18.0	6.0/8.5	3.5	18.0
	48	28.0	15.0	13.0	5.5/7.0	4.8	80.0

注：数据为同一样品连续 130℃ 热滚后测试而得，高温高压失水测试温度与热滚温度相同。

2.4　处理剂 SPH – F 对有土相钻井液性能影响

室内评价处理剂 SPH – F 对聚磺钻井液和聚合物钻井液性能影响，处理剂 SPH – F 加量为 2% ~ 3%，实验结果如表 4 所示。由表 4 可知，处理剂 SPH – F 对各类钻井液表现出了良好的配伍性能，在有效加量内对钻井液不增稠，能够满足测试类型水基钻井液滤失量控制需求。

表 4　处理剂 SPH – F 对现场钻井液的性能影响

钻井液体系	AV/mPa·s	PV/mPa·s	YP/Pa	Gel/Pa	FL_{API}/mL	FL_{HTHP}/mL
聚磺钻井液	54.5	44.0	10.5	3.0/14.0	4.0	15.0
聚磺钻井液 + 2% SPH – F	49.5	34	15.5	1.5/13	1.6	6.0
聚合物钻井液	67.0	50	17.0	8.0/34	6.0	35.0
聚合物钻井 + 3% SPH – F	57.0	41.0	16.0	10.0/16	4.0	15.0

注：钻井液老化温度为 120℃，高温高压失水测试温度与热滚温度相同。

2.5　处理剂 SPH – F 作用机理分析

处理剂 SPH – F 降滤失机理如图 3 所示。处理剂 SPH – F 主要是由苯乙烯及丙烯酸酯类单体共聚而得，在水基钻井液中不溶解，仅以小粒径、高分散状态存在于钻井液体系中。在测试压力下，处理剂 SPH – F 既可以直接对较小空隙进行封堵，又可以在高温及压力作用下发生形变或粒子间的聚集，对较大的孔径进行封堵，因此处理剂 SPH – F 具有良好的降滤失性能。

处理剂 SPH – F 改善 CaCl₂ 无土相钻井液触变性能机理如图 4 所示。处理剂 SPH – F 粒径较小（小于一般超细钙粒径），当处理剂 SPH – F 在钻井液中达到一定浓度时，能够与钻井液体系中的聚合物发生连续、完整且动态可逆的吸附 – 链接 – 解附作用，因此钻井液在搅拌 – 静止过程中，易于形成触变性结构，较高浓度的处理剂 SPH – F 可提高钻井液的静切力。

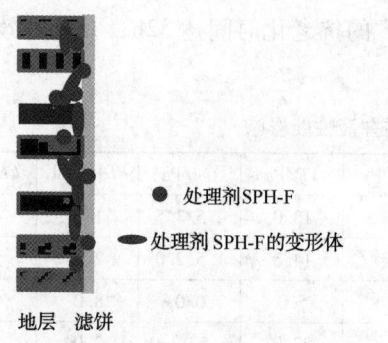

● 处理剂SPH-F
▬ 处理剂SPH-F的变形体

地层 滤饼

图3 处理剂 SPH－F 降滤失
机理示意图

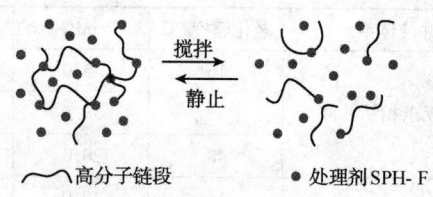

搅拌

静止

▬ 高分子链段   ● 处理剂SPH-F

图4 处理剂 SPH－F 改善 $CaCl_2$ 无土相
钻井液触变性能机理示意图

3 结论和展望

（1）合成了粒径在 $0.2 \sim 1\mu m$ 之间的水基钻井液用超低渗透处理剂 SPH－F。

（2）处理剂 SPH－F 抗温达 140℃，可有效无土相钻井液滤失性能。另外，处理剂 SPH－F 还可以改善 25% $CaCl_2$ 无土相钻井液的触变性能。

（3）处理剂 SPH－F 对聚磺钻井液及聚合物钻井液表现出了良好的配伍性能，在有效加量内对钻井液不增稠，能够明显降低钻井液高温高压滤失量。

（4）对于处理剂 SPH－F，尚需要进一步优化合成配方，提升处理剂 SPH－F 的抗温和耐温老化性能。

（5）需对处理剂 SPH－F 性能进一步系统评价。

参 考 文 献

1 Helio Santos, Jesus Olaya. No－Damage Drilling：How to Achieve Tbis Challenging Goal？［J］. SPE 77189. 2002

2 谢彬强，蒲晓琳. 超低渗透钻井液的研究［D］. 四川成都：西南石油大学，2006

3 贾辉，党庆功. 超低渗透剂成膜机理及承压能力的研究［D］. 黑龙江大庆：大庆石油学院，2010

4 赵虎，甄剑武，王中华等. 烷基糖苷无土相钻井液在卫383－FP1 井的应用［J］. 石油化工应用，2012，31 (8)：6～9

5 王清顺，汪志明，赵雄虎. 氯化钙/聚合物钻井液体系室内研究［J］. 钻井液与完井液，2003，20(5)：23～25

6 郭保雨，严波，孙强等. 钙－醇钻井液体系的室内研究及应用［J］. 石油钻探技术，2002，30(1)：31～33

7 孙举，苏雪霞，宋亚静等. 氯化钙弱凝胶无黏土相钻井液体系研究［C］. 全国钻井液完井液学组工作会议暨技术交流研讨会论文集，北京，2012，155～162

8 刘乐乐，罗向东. 氯化钙无土相钻井液体系在苏丹水平井中的应用［J］. 石油钻探工艺，2008，30(4)：117～120

9 Turner K. M., Morales L. J. Riserless Drilling With $CaCl_2$ Mud Prevents Shallow Water Flows［J］. SPE 59172, 2000

10 王中华. 页岩气水平井钻井液技术的难点及选用原则［J］. 中外能源，2012，17(4)：43～47

11 汪存东，罗运军，吕玉霞. 丙－苯纳米核壳乳液的合成及应［J］. 合肥工业大学学报（自然科学版），2010，33(10)：1485～1487

油基钻井液关键技术研究及应用

李 胜 林永学 王显光 何 恕

（中国石化石油工程技术研究院）

摘 要 针对彭页 3HF 井三开页岩井段井壁稳定、高摩阻、高扭矩、井眼清洁等钻井液技术难点，笔者所在研究团队室内研发了一套具有塑性黏度低、动切力高、低转速读数高、乳化稳定性好、封堵性强的高性能油基钻井液。该油基钻井液在彭页 3HF 井三开造斜段及水平段应用，钻进期间，高性能油基钻井液塑性黏度为 20 ~ 28mPa·s，动切力为 10 ~ 15Pa，具有显著的低黏高切的流变性；破乳电压高，性能稳定；封堵防塌能力强，无剥落、掉块且钻井液消耗量低；井眼清洁无岩屑床，摩阻、扭矩低，无托压现象。良好的钻井液性能确保彭页 3HF 井顺利完钻，完钻井深 4190m，水平段长 1150m，高性能油基钻井液累计进尺 1815m。

关键词 油基钻井液；页岩气；流变性；井壁稳定

前言

目前，我国页岩气资源勘探开发备受关注，勘探开发已全面铺开。页岩气具有特殊的成藏特征，页岩地层裂缝发育、水敏性强，长水平段钻井中不仅容易发生井漏、垮塌、缩径等问题，且由于水平段较长，还会带来摩阻、携岩问题，从而增大了产生井下复杂情况的几率。为解决井壁稳定、降阻减摩和井眼清洁等技术难题，目前国内页岩气水平井全部采用油基钻井液[1,2]。国内油基钻井液基本可满足页岩气水平井施工要求，但与国外公司提供的油基钻井液体系相比较，国内油基钻井液普遍存在黏度高、切力低、流变性能差、井眼净化能力不佳等不足。笔者所在团队通过科研公关，形成了具有低塑性黏度、高动切力、高动塑比的柴油基油基钻井液，在彭页 3HF 井页岩井段进行了成功应用，满足现场施工要求。

1 工程概况

彭页 3HF 井是中国石化在上扬子盆地武陵褶皱带彭水德江褶皱带桑柘坪向斜构造部署的一口页岩气评价井，井型为水平井，主要目的层位为下志留统龙马溪组，为防止页岩水化膨胀、垮塌并提高钻井液的润滑性，三开造斜段及水平段应用油基钻井液。

彭页 3HF 井于 2012 年 9 月 5 日开钻一开钻进，Φ444.5mm 钻头钻至井深 1052.37m，下入 Φ339.7mm 套管；10 月 3 日开始二开钻进，Φ311.1mm 钻头钻至井深 2372m，下入 Φ244.5mm 套管；10 月 30 开始三开钻进，完钻井深为 4190m，垂深 3021.35m，水平段长 1150m，三开钻井周期 34.42d，机械钻速为 4.50m/h，高性能油基钻井液进尺 1815m，彭页 3HF 井实钻井身结构如图 1 所示。

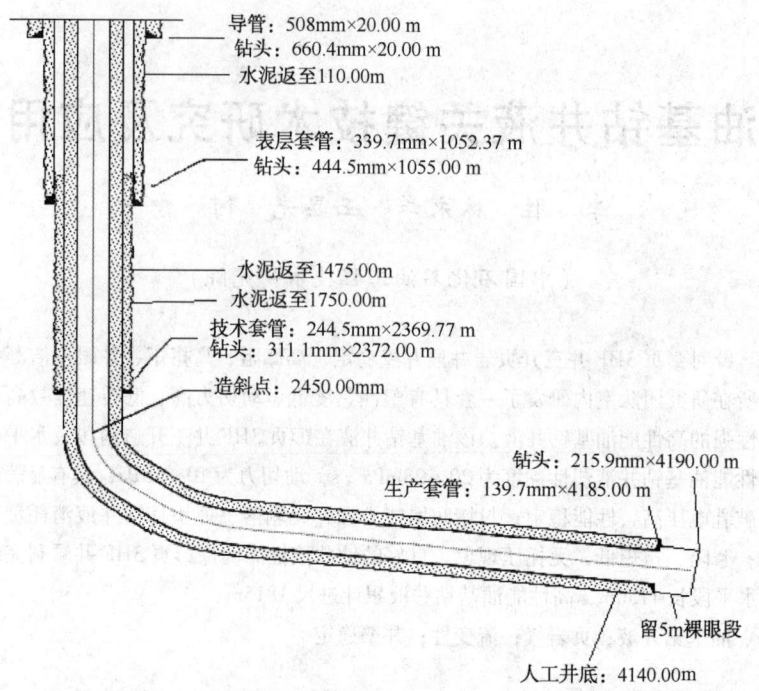

导管：508mm×20.00 m
钻头：660.4mm×20.00 m
水泥返至110.00m

表层套管：339.7mm×1052.37 m
钻头：444.5mm×1055.00 m

水泥返至1475.00m
水泥返至1750.00m
技术套管：244.5mm×2369.77 m
钻头：311.1mm×2372.00 m
造斜点：2450.00mm

钻头：215.9mm×4190.00 m
生产套管：139.7mm×4185.00 m

留5m裸眼段

人工井底：4140.00m

图1　彭页3HF井实钻井身结构

2　钻井液技术难点分析[3~6]

2.1　井壁稳定问题

彭页3HF井三开井段为志留系龙马溪组地层，主要为灰色泥岩，深灰色-灰黑色页岩、粉砂质页岩，灰黑色-黑色碳质页岩。彭页1井龙马溪组灰黑色页岩矿物组分分析结果表明，岩石黏土矿物含量为23.7%~36.8%，平均值为30.05%，黏土矿物以伊利石和伊/蒙混层为主，伊利石含量为48%~65%，伊/蒙混层含量为24%~38%，伊/蒙混层的混层比为5%~10%，虽然黏土矿物中无膨胀性矿物蒙脱石，不易水化膨胀，但是伊/蒙混层中少量的蒙脱石的水化膨胀能可大幅度降低页岩的整体强度，导致井壁失稳。彭水区块页岩矿物中脆性矿物含量高、易剥蚀且页岩地层微裂缝发育，钻井液滤液容易沿微裂隙进入页岩内部，滤液进入后会破坏泥页岩的胶结性。水或钻井液滤液极易进入微裂缝，破坏原有的力学平衡，导致岩石的碎裂。近井壁含水量和胶结的完整性改变了地层的强度，并使井眼周围的应力场发生改变，引起应力集中，井眼未能建立新的平衡而导致井壁失稳。为提高页岩气层的产量，需要进行分段压裂，对于要进行分段压裂的水平井，原则上其水平段方位应垂直于最大水平主应力方向或沿着最小水平主应力方向，井眼沿着最小主应力方向钻进不利于井壁稳定，因此要求钻井液具有良好的封堵性和抑制性。

2.2　高摩阻和高扭矩问题

彭页3HF三开设计定向造斜段造斜率为5°/30m，实际定向造斜时受地层倾角及地层岩性的变化，需调整井眼轨道，往往采用较高的造斜率进行定向造斜，由于其定向造斜段造斜率高，斜井段滑动钻进，定向时容易在井壁形成小台阶，造斜点至 A 靶点相对狗腿度较大，起下钻容易形成键槽。在水平井段定向滑动钻进时钻具与井壁摩擦力大，正常钻进时钻头扭矩大，必须要求钻井液具有良好的润滑性，以起到降阻减摩的作用。同时，由于井眼曲率大，水平段长，套管自由下滑重力小，摩阻大等原因，下套管过程中易发生黏卡，对钻井液性能的润滑、防卡能力提出了更高的要求。

2.3　井眼净化问题

彭页 3HF 井设计水平段长达 1100m，在水平井钻井过程中，当井斜角超过临界值时，岩屑在重力作用下下沉到下井壁，在液柱压力作用下难以离开下井壁，易形成岩屑床。随井斜角的增大岩屑滑向井壁底边的倾向也越大，特别是在井斜角 45°～60°时，在井壁底边容易形成岩屑床。在水平段施工过程中，钻井液不论是循环还是静止，岩屑"垂沉"现象常有发生，极易形成岩屑床，加剧了岩屑床的形成厚度，造成摩擦阻力增加、钻具悬重增加、扭矩增大、起钻困难、下钻划眼等井下复杂情况，甚至出现卡钻事故，因此要求钻井液具有携砂能力强。

3　高性能油基钻井液配方及性能评价

通过对页岩气水平井钻井液技术难点的分析，要求页岩气水平井钻井液必须具有封堵能力强、抑制性强、润滑性好、携砂能力强等特点，选择油基钻井液体系。通过室内研究，研发了主乳化剂 SMEMUL－1、辅乳化剂 SMEMUL－2，该大分子表面活性剂具有较大的分子伸展体积，其分子中同时具有多个亲水和亲油基团，亲水基团通过吸附作用，像锚一样嵌入分散相中，亲油基团在连续相中充分伸展，这种分子结构有效地增强了油水两相的乳化效果，而且由于其亲油基团在油相中更容易有序定向排布，显著地提高了连续相的结构力，从而提升体系黏切；同时研发了褐煤为初始原料改性处理的油基降滤失剂 SMFLA－O，与沥青类降滤失相比生物降解性更好，而且抗温更高。结合优选的有机膨润土、封堵剂 SMRPA、封堵剂 SMFibre－O 等室内形成了具有低塑性黏度、高动切力的封堵性柴油基钻井液，基本配方为：85 份 0 号柴油＋3.0％有机膨润土 SMOGEL－D＋2.5％主乳化剂 SMEMUL－1＋1％辅乳化剂 SMEMUL－2＋2.0％降滤失剂 SMFLA－O＋15 份 CaCl$_2$ 水溶液（25％ CaCl$_2$）＋1.5％ CaO＋3％封堵剂 SMRPA＋2％封堵剂 SMFibre－O。

3.1　基本性能

室内形成的高性能油基钻井液的基本性能如表 1 所示，测试温度为 50℃。由表 1 可知，高性能油基钻井液具有塑性黏度低、高切力高、动塑比高、低转速下读数高的流变特点，高温高压滤失量低，破乳电压高，乳化稳定性好。

表 1　高性能油基钻井液的基本性能

试验条件*	$\rho/(g/cm^3)$	$AV/mPa \cdot s$	$PV/mPa \cdot s$	YP/Pa	$\Phi6/\Phi3$	$HTHP$ 滤失量/mL	ES/V	EP 润滑系数
滚动前	1.35	33	24	9	9/8	/	1127	0.070
滚动后	1.35	37.5	26	11.5	10/9	2.4	1064	0.068

注：滚动条件为 120℃×16h。

3.2 膨胀率实验

选用彭页 3HF 井的邻井彭页 1 井 2141.86～2141.92m 井段的灰黑色页岩进行膨胀率、回收率实验。膨胀率实验用岩样制备：将评价钻屑磨成粉末，过 100 目筛，筛下组分在烘箱中 100±5℃下干燥烘干至恒重，称取 10±0.1g 岩粉在压样机模具中 40MPa 压力下保持 10min 制成柱体试样。在 OFIT 动态线性膨胀率仪上分别测定其在蒸馏水和高性能油基钻井液中 2h 和 16h 的膨胀率，结果如表 2 所示。回收率实验用粒径为 4～10 目的页岩钻屑在 120℃温度下热滚 16h 后，用 40 目筛回收，结果如表 2 所示，由 2 表可知优选出的高性能油基钻井液配方可有效抑制泥页岩水化膨胀和分散。

表 2 膨胀率、回收率实验结果

液体	膨胀率/%		120℃热滚 16h 的回收率/%
	浸泡 2h	浸泡 16h	
清水	5.6	7.4	74.5
高性能油基钻井液	0.2	0.3	98.2

3.3 抗钻屑污染实验

室内采用彭页 1 井 2141.86～2141.92m 井段的灰黑色页岩评价了高性能油基钻井液抗钻屑的污染实验，5～10 目的钻屑加量分别为 5%、7.5%、10%，实验表明如表 3 所示。可见随着钻屑加量的增大，钻井液的表观黏度、塑性黏度略有增高、动切力基本保持不变，高温高压滤失量降低，破乳电压略有下降，无钻屑污染时破乳电压为 1064V，钻屑加量为 10% 时破乳电压为 828V，钻井液电稳定性仍然较好说明该钻井液抗钻屑污染能力可达 10%。

表 3 不同油水比高性能油基钻井液性能

钻屑加量/%	ρ/(g/cm³)	AV/mPa·s	PV/mPa·s	YP/Pa	Φ6/Φ3	HTHP 滤失量/mL	ES/V
0	1.35	37.5	26	11.5	10/9	2.4	1064
5	1.37	38.5	27	11.5	10/9	2.2	1017
7.5	1.39	39	28	11	11/10	2.0	918
10	1.40	41	30	11	12/11	1.8	828

3.4 封堵性评价实验

室内采用无渗透砂床漏失实验装置评价了高性能油基钻井液的封堵能力。实验方法：向可视砂床漏失柱中装入预先洗净、烘干处理的 40～60 目砂粒，装填厚度为 21±0.5cm，铺平使其端面均匀，然后缓慢地倒入 400mL 的评价浆，在室温、0.7MPa 下测试 30min 评价浆侵入砂床的深度或漏失量，高性能油基钻井液加入封堵剂 SMRPA 和封堵剂 SMFibre-O 前后的封堵性评价实验结果如表 4 所示。可见，高性能油基钻井液加入封堵剂 SMRPA 和封堵剂 SMFibre-O 后，砂床侵入深度仅为 1.8cm，封堵剂 SMRPA 和封堵剂 SMFibre-O 在砂床表面形成了有效的封堵层，显著降低油基钻井液侵入深度，封堵能力得到明显改善。

表4 膨胀率、回收率试验结果

评价液	滤失量/mL	侵入深度/cm	评价液	滤失量/mL	侵入深度/cm
无封堵剂的高性能油基钻井液	0	7.2	加封堵剂的高性能油基钻井液	0	1.8

4 现场应用

4.1 钻井液配制

彭页3HF井二开下技术套管固井后，放掉地面循环罐中的水基钻井液，并将地面罐清理干净，将循环罐中的密封圈更换为耐油性密封圈。根据高性能油基钻井液配方，现场采用双罐配制油基钻井液，具体步骤如下：

（1）在1号罐中放入所需0号柴油，剪切搅拌的同时加入2.5%主乳化剂SMEMUL-1、1%辅乳化剂SMEMUL-2，剪切搅拌0.5h。

（2）在2号罐中配制浓度为25%的$CaCl_2$溶液。

（3）待1号罐中乳化剂分散均匀后，根据油水比计算量，将2号罐中$CaCl_2$盐水倒入1号罐，剪切搅拌2h。

（4）待1号罐剪切搅拌2h后，加3.0%有机膨润土SMOGEL-D，剪切搅拌1.5h。

（5）待1号罐剪切搅拌1.5h后，加1.5%CaO、2%降滤失剂SMFLA-O，剪切搅拌1h。

（6）待1号罐剪切搅拌1h后，加3%封堵剂SMRPA，2%封堵剂SMFibre-O，剪切搅拌0.5h。

（7）待1号罐剪切搅拌0.5h后，加重至设计密度，充分剪切搅拌。

现场按上述配制方法配制的油基钻井液性能如表5所示，从表5可看出，现场配制的高性能油基钻井液的性能与剪切条件有关，高速搅拌后，塑性黏度、动切力均有提高，动塑比由0.29提高至0.35，破乳电压由741V增至916V，可见高速剪切有利于改善油基钻井液的性能，故钻井液循环时水眼高速剪切可改善油基钻井液的性能。

表5 现场配制油基钻井液性能（油水比85:15）

条件	$\rho/(g/cm^3)$	$AV/mPa \cdot s$	$PV/mPa \cdot s$	YP/Pa	$\Phi6/\Phi3$	动塑比	ES/V
未高搅	1.32	31	24	7	7/6	0.29	741
高搅	1.32	35	26	9	9/8	0.35	916

4.2 钻井液维护

1. 流变性控制

油基钻井液的油水比是油基钻井液流变性控制的关键技术之一，高性能油基钻井液用0号柴油和$CaCl_2$水溶液调节油水比，通过提高油水比可降低油基钻井液的黏度，降低油水比可提高油基钻井液的黏度，彭页3HF井现场配制的用于维护、处理的不同油水比高性能油基钻井液的性能如表6所示，可见随着油水比的降低，塑性黏度、动切力略有增高，虽然破乳电压降低，但总体性能稳定。随着井深及井斜角的增加，通过提高有机膨润土SMOGEL-

D、油基降滤失剂 SMFLA - O、主乳化剂 SMEMUL - 1 等处理剂的加量提高油基钻井液的流变性，同时，通过振动筛、除砂器、除泥器、离心机四级固控降低油基钻井液中劣质固相的含量，降低油基钻井液塑性黏度。彭页 3HF 井三开井段 2375 ~ 4190m 井段钻进期间，油基钻井液塑性黏度为 20 ~ 28mPa·s，油基钻井液动切力为 10 ~ 15Pa，体现了高性能油基钻井液低塑性黏度高动切力的流变特点。

表6 不同油水比高性能油基钻井液性能

油水比	$\rho/(g/cm^3)$	AV/mPa·s	PV/mPa·s	YP/Pa	Φ6/Φ3	ES/V
85:15	1.32	31	24	7	7/6	741
80:20	1.32	34	26	8	8/7	691
75:25	1.32	38	29	9	9/8	656
70:30	1.32	41	31	10	10/9	627

2. 井眼净化

井眼净化是页岩气水平井油基钻井液钻井的关键技术之一，钻井液的动切力与塑性黏度的比值大小影响钻井液在环形空间的流态，两者比值越大则钻井液的流动剖面平板化程度越大，通过优化有机膨润土 SMOGEL - D、主乳化剂 SMEMUL - 1、油基降滤失剂 SMFLA - O 的加量，调节高性能油基钻井液的流变性能，增大动塑比，使钻井液的流核尺寸增大，从尖峰型层流转变为平板型层流，提高钻井液携带岩屑能力。彭页 3HF 井三开高性能油基钻井液动切力与塑性黏度的比值保持在 0.48 ~ 0.60 之间，为防止停泵时形成岩屑床，保持油基钻井液钻井液在低剪切速率下具有较高的钻井液切力，六速旋转黏度仪所测定的 6 转读数均高于 10。随着水平位移的增加，工程上配合进行短起下钻作业，每钻进一个立柱上下活动和转动钻具协助清砂外，每钻进 100m 泵入一段稠浆净化井眼，三开井段起下钻顺利，无岩屑床形成。

3. 井壁稳定

油基钻井液可提高水湿性页岩的毛细管压力，防止钻井液对页岩的侵入，井壁稳定性好，抑制能力强。彭页 3HF 井三开井段钻井液密度为 1.33 ~ 1.35kg/m³，合理的钻井液密度实现了对页岩井壁的力学支撑，在完成高性能油基钻井液替浆后加入 3% 封堵剂 SMRPA、2% 封堵剂 SMFibre - O，提高油基钻井液的封堵防塌性，钻进过程中不断补充降滤失剂及各种封堵剂，将油基钻井液高温高压滤失量控制在 2mL 以下，合理的技术措施使得彭页 3HF 井钻井液消耗量为 7.27m³/100m，而邻井彭页 4HF 井钻井液消耗量为 14.72m³/100m。合理钻井液密度、强封堵性、低高温高压滤失量确保 1150m 的页岩水平段井壁稳定，钻进期间无剥落、掉块，钻屑完整性良好。

4. 油基钻井液乳化稳定性控制技术

油基钻井液的核心问题是在使用过程中，必须确保乳状液的稳定性，衡量乳状液稳定性的定量指标主要是破乳电压，按一般要求，油包水乳化钻井液的破乳电压不得低于 400V。钻进过程中，钻屑和加重材料会消耗一部分主乳化剂 SMEMUL - 1、辅乳化剂 SMEMUL - 2，钻井液破乳电压会下降。根据小型评价试验，在配制高性能油基钻井液维护液时，补充 SMEMUL - 1 主乳化剂、SMEMUL - 2 辅乳化剂的加量。彭页 3HF 井三开油基钻井液破乳电压值如图 2 所示，可见随着井深的增加，破乳电压逐渐增高，稳定在 1600V 以上，表明高性能油基钻井液乳化效果好，稳定性良好。

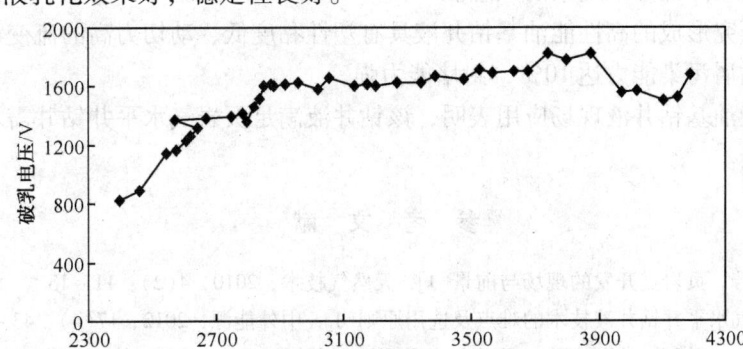

图2 彭页3HF井油基钻井液破乳电压值

4.3 钻井液应用效果

彭页3HF井三开2375～4190m井段所用高性能油基钻井液性能如表7所示。由表6及现场应用情况可知，三开油基钻井液乳化效果好，破乳电压高，性能稳定；具有突出的低塑性黏度、高动切力、高动塑比、高的低转速读数值等流变特性；未形成岩屑床，摩阻、扭矩低，起下钻顺利；封堵防塌能力强，滤失量低，井壁稳定，无剥落掉块，下套管顺利到底，三开机械钻速达4.50m/h，较彭页HF–1井机械钻速提高了31.96%。

表7 彭页3HF井三开高性能油基钻井液性能

取样井深/ m	ρ/ (g/cm³)	FV/ S	PV/ mPa·s	YP/ Pa	动塑比	$\Phi6/\Phi3$	Gel/ Pa/Pa	HTHP 滤失量/mL	ES/ V
2398	1.32	63	22	12.5	0.57	12/11	5/6	1.8	822
2576	1.32	57	23	12.5	0.54	11/10	5/6	1.6	1170
2751	1.33	62	26	13.0	0.50	12/11	5/6	1.6	1398
2956	1.33	60	24	12.0	0.50	11/10	5/6	1.4	1624
3134	1.34	61	24	12.5	0.52	12/11	5.5/6.5	1.4	1601
3269	1.34	63	24	14.0	0.58	13/12	6.5/8	1.2	1630
3478	1.35	68	27	14.5	0.54	14/13	6.5/8	1.2	1646
3568	1.34	68	25	13.5	0.54	13/12	6/7.5	1.2	1695
3738	1.33	70	26	15	0.58	14/13	7/10	1.4	1822
3873	1.33	70	26	14	0.54	14/13	6.5/9	1.2	1819
4103	1.33	68	26	12.5	0.48	13/12	6.5/9	1.2	1510
4190	1.33	68	26	13	0.50	14/13	6.5/9	1.2	1685

5 认识及建议

（1）彭水区块志留系龙马溪组页岩黏土矿物含量高达30.05%，以脆性矿物伊利石和伊/蒙混层为主，页岩微裂缝发育，要求钻井液具有良好的封堵性和抑制性。

（2）长水平段页岩水平井不仅要求钻井液具有良好的稳定井壁能力和润滑性，且要求具有强的携砂能力，降低井下复杂的风险。

（3）室内研究形成的高性能油基钻井液具有塑性黏度低、动切力高的流变特点，且乳化稳定性好，抗钻屑污染能力达10%，封堵能力强。

（4）高性能油基钻井液现场应用表明，该钻井液满足页岩气水平井钻井需求，具有良好的推广应用前景。

参 考 文 献

1　钱伯章，朱建芳. 页岩气开发的现场与前景[J]. 天然气技术，2010，4(2)：11～13

2　王中华. 页岩气水平井钻井液技术的难点及选用原则[J]. 中外能源，2012，17(4)：43～45

3　姜政华，童胜宝，丁锦鹤. 彭页 HF－1 页岩气水平井钻井关键技术[J]. 石油钻探技术，2012，40(4)：28～30

4　何振奎. 泌页 HF1 井油基钻井液技术[J]. 石油钻探技术，2012，40(4)：33～35

5　何涛，李茂森，杨兰平等. 油基钻井液在威远区页岩气水平井中的应用[J]. 钻井液与完井液，2012，29(3)：1～3

6　唐代绪，赵金海，王华等. 美国 Barnett 页岩气开发中应用的钻井工程技术分析与启示[J]. 中外能源，2011，16(4)：50～51

伊朗 Y 油田沥青质稠油
侵入钻井液处理技术

何青水

（中国石化石油工程技术研究院）

摘　要　伊朗 Y 油田钻井施工面临沥青质稠油侵害的难题，由于沥青质稠油胶质和沥青质含量高，严重影响钻井液流变性能。通过对沥青质稠油特性分析，认为其具备典型的劣质稠油特征，其自身黏度受温度变化影响剧烈。通过室内研究形成了以乳化剂、柴油为主的钻井液乳化降黏技术，能有效改善受沥青质稠油污染的钻井液流变性能；以交联硬化剂为主的沥青质稠油表面硬化技术，能明显减少沥青质稠油黏结钻具、筛网；以氧化硬化剂为主的沥青质稠油改性技术，在钻井液环境下提高沥青质稠油软化点 60℃以上，降低沥青质稠油的高温流动性。钻井液乳化降黏技术和沥青质稠油氧化硬化技术分别在 Y 油田 F19 井和 F17 井进行了应用，降低了沥青质稠油对钻井液的污染程度，提高了钻井效率。

关键词　沥青质稠油侵害；乳化降黏；交联硬化；氧化硬化

前言

伊朗 Y 油田位于伊朗西南部，具有储层埋藏深、地层压力和温度高、流体复杂等特点。该油田钻遇地层中存在一套潜在富含沥青质稠油的 Kazhdumi 地层，由于沥青质稠油空间分布规律不明，地层压力和沥青质稠油特征多样等因素给钻井施工带来极大困难。分析现场已钻井资料，根据沥青质稠油侵入情况和危害程度可以分为轻度－中度污染，主要危害表现在钻井液黏度、切力、固相含量增加以及黏糊振动筛筛网、跑浆和固井循环困难等，但不影响钻进施工；重度污染主要危害表现在无法继续钻进，井口溢流，部分井伴随发生严重漏失、高浓度硫化氢逸出、卡钻等。

针对沥青质稠油胶质和沥青质含量高，对钻井液流变性能影响大等问题，从钻井液技术角度开展了包括氧化硬化技术来封堵地层与井筒连通通道以预防沥青质稠油侵入、交联硬化技术改变沥青表面性质以便于地面固控设备清除沥青质稠油、钻井液乳化降黏技术以改善受污染钻井液的流变性能等方面的研究，取得了阶段认识，现场应用取得了较好的效果。

1　沥青质稠油对钻井液的危害

1.1　影响钻井液流变性

钻井液流变性受沥青污染影响较大，主要体现在黏度、切力等激增，导致钻井开泵困难、激动压力、循环压耗增加。主要原因包括：一方面在井底高温环境下，沥青以液相形态持续分散到钻井液中，增加了钻井液的液相黏度；另一方面在井筒上部和地面地温环境下，沥青以固相形态析出，导致钻井液固相含量升高，钻井液内摩擦力增大。

1.2 增加钻井液消耗量和成本

随着沥青质稠油持续侵入钻井液，钻井液流变性逐渐恶化。钻进过程中，振动筛处跑浆严重；工程短起下、起下钻过程中，沥青质稠油会严重污染大量钻井液，该部分钻井液无法入罐继续使用，放浆处理。

1.3 增加钻井废弃物处理的难度和成本

由于大量沥青质稠油被排放到钻井液池中，导致钻井废弃物中总烃含量远远超过了环境保护的控制要求，大大增加了钻井废弃物处理的难度和成本。

2 沥青质稠油特性分析

2.1 理化性能分析

室内对沥青质稠油样品的理化性能进行了测试，结果认为该沥青质稠油密度大，黏度高，残炭、灰分含量高，胶质、沥青质含量高，平均分子量大，软化点较高，具备典型的劣质稠油特性。实验结果如表1所示。

表1　沥青质稠油理化性能分析

实验项目	实验数据	实验项目	实验数据
密度(20℃)/(g/cm³)	1.01	饱和分	19.20
运动黏度(100℃)/(mm²/s)	16657	芳香分	22.20
运动黏度(120℃)/(mm²/s)	3280	胶质	29.51
残炭/%	17.9	庚烷沥青质	29.09
软化点/℃	52.0		

2.2 黏度与温度、压力变化特性

室内实验测试了沥青质稠油黏度随温度变化和压力的变化情况。实验结果表明该沥青质稠油样品的黏度受温度变化的影响较大，黏度随温度的增加呈指数递减关系，如图1所示；样品黏度受压力变化的影响较小，不同温度条件下，黏度随压力的增加呈线性增加关系，如图2所示。

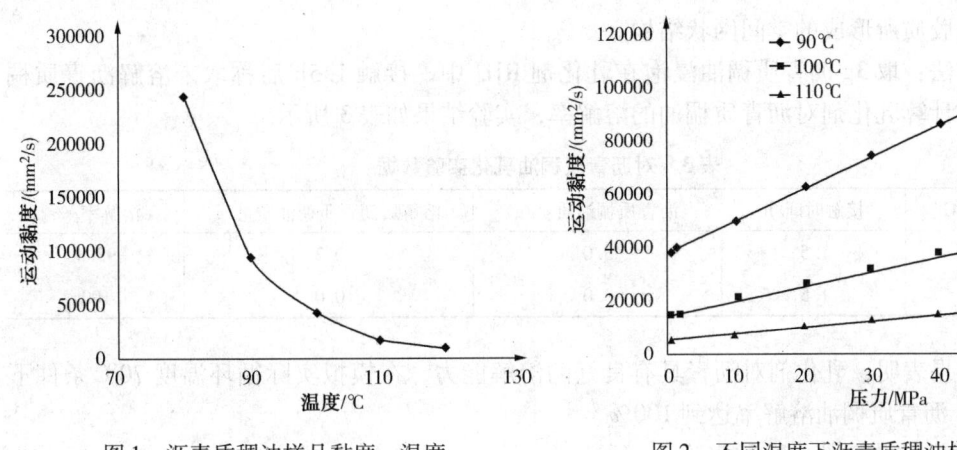

图1　沥青质稠油样品黏度－温度
变化曲线（50MPa）

图2　不同温度下沥青质稠油样品
黏度－压力变化曲线

3　沥青质稠油侵入钻井液处理技术

现场实钻过程中，钻井液受污染程度随钻井工况、作业时间、钻井方式、沥青质稠油发育成熟度等情况而不同。针对不同的沥青质稠油侵入程度，开展了钻井液乳化降黏技术、沥青质稠油交联硬化技术和氧化硬化技术系列研究。

3.1　沥青质稠油污染钻井液实验

分别取400mL密度为1.40g/cm³的现场实用欠饱和聚磺钻井液，加入不等量的沥青质稠油，70℃老化10h后测定流变性能和失水，结果如表2所示。

表2　沥青质稠油污染钻井液性能变化情况

污染量	表观黏度/mPa·s	塑性黏度/mPa·s	动切力/Pa	静切力/Pa	滤失量/mL
0	20	14	6	1.5/5	5.1
1%	31	21	10	4/8	4.8
2%	55	34	21	6/12	4.5
3%	67	42	25	8/14	4.0

通过沥青质稠油污染实验可以看出，欠饱和聚磺钻井液对沥青质稠油非常敏感，钻井液的表观黏度、塑性黏度、动切力和静切力急剧增加，滤失量有所下降。当沥青质稠油加量达到3%时，钻井液流变性破坏严重。

3.2　钻井液乳化降黏技术

沥青质稠油和钻井液的表面张力差别大，在常温或高温下不会互相混溶。通过乳化剂与柴油的协同作用，来减缓沥青质稠油对钻井液流变性的影响。

1. 沥青质稠油乳化实验

乳化剂降黏的作用机理是通过拆散沥青质和胶质分子平面重叠堆砌而成的聚集体，从而破坏沥青质胶质所形成的空间网状结构。

实验方法：取 3g 沥青质稠油浸泡在乳化剂 RHJ 中，接触 1.5h 后称取未溶解沥青质稠油的质量，计算乳化剂对沥青质稠油的溶解率，实验结果如表 3 所示。

表 3 对沥青质稠油乳化实验数据

实验温度/℃	接触时间/h	沥青质稠油质量/g	溶解后沥青质稠油质量/g	溶解率/%
60	1.5	3.0	0.2	93.3
70	1.5	3.0	0.0	100

实验结果表明，乳化剂对沥青具有良好的溶解能力，在模拟实际循环温度 70℃ 条件下浸泡 1.5h，沥青质稠油溶解率达到 100%。

2. 受污染钻井液乳化降黏实验

取现场沥青质稠油污染后的钻井液，加入 0.4% 乳化剂和不等量的柴油来调整污染钻井液的流变性能，同时加重以维持加入柴油前后钻井液密度。实验结果如表 4 所示。

表 4 受污染钻井液乳化降黏实验数据

序号	柴油加量/%	表观黏度/mPa·s	塑性黏度/mPa·s	动切力/Pa	静切力/Pa	密度/(g/cm³)
1	0	132	103	29	8/12	1.51
2	5	121	94	27	5/9	1.51
3	10	79	53	26	5/8	1.51
4	15	55	38	17	4/7	1.51
5	20	40	27	13	3/6	1.51

实验结果表明，加入柴油能有效改善受污染钻井液流变性能，加入柴油量越高，流变性能改善越佳。现场施工可根据钻井液受污染情况混入适量乳化剂和柴油。

3.3 沥青质稠油表面交联硬化技术

沥青质稠油表面交联硬化技术的处理思路是在一定的温度、时间下交联剂生成自由基，夺取沥青质稠油中的大分子链上的氢原子，形成大分子链自由基；相邻两个大分子链上的自由基耦合形成更大的分子结构；交联硬化剂自由基与沥青质稠油表面的大分子链自由基发生耦合，表面沥青质稠油分子量增大后变硬，失去黏结性，从而避免黏附钻具且容易在地面被固控设备清除。

实验方法：在钻井液老化罐内加入钻井液、沥青质稠油表面交联硬化剂 YHJ-5、沥青质稠油和模拟金属棒，放入滚子加热炉内，模拟循环温度 70℃ 下滚动 16h，称取金属棒前后质量，计算黏附在金属棒的沥青量。实验结果如表 5 所示。

表 5 沥青质稠油表面硬化剂防黏附效果

	实验配方			金属棒质量/g		金属棒黏附沥青质量/g
	钻井液/mL	YHJ-5/g	沥青/g	热滚前	热滚后	
加入前	360	0	25	342.35	352.02	9.67
加入后	360	31	25	340.12	340.12	0

实验结果表明，交联固化剂能够改变沥青质稠油表面性质，使其失去黏结性，有效防止沥青质稠油自身的聚集和对金属表面的黏附。

3.4 沥青质稠油氧化硬化技术

沥青质稠油氧化硬化技术的处理思路是钻遇活跃沥青质稠油层时，通过加入氧化硬化剂，使沥青质稠油组分发生深度缔合和交联，使近井筒周围通道内的活跃沥青质稠油变重，在井下温度压力下失去流动性和黏结性，自行封堵通道来阻断沥青持续侵入。沥青质稠油氧化固化作用是在长时间、高温下沥青分子中不饱和双键消失，链断裂产生自由基，产生新官能团，沥青分子量增大，软化点升高。

实验方法：使用沥青软化点测定仪测量沥青质稠油初始软化点；在钢制反应釜内加入沥青质稠油，加温高于软化点，在搅拌状态下加入氧化硬化剂，密封后移入高温滚子炉内，升温至模拟地层温度；反应 1h 后，取出反应釜，测量反应后沥青质稠油软化点。实验结果如表 6 所示。

表 6　沥青质稠油氧化硬化效果评价

序号	实验配方			实验温度/℃	反应时间/h	沥青软化点/℃		
	钻井液量/mL	沥青/g	YHJ－6/g			反应前	反应后	增加量
1	无	100	20	100	1	50	>150	>100
2	200	100	20	100	1	50	110	60

实验结果表明，沥青质稠油与氧化硬化剂 YHJ－6 反应作用后，在钻井液环境下沥青软化点最高可增加 60℃。

4 现场应用

钻井液乳化降黏技术在 F19 井进行了应用，改善了该井沥青质稠油污染后的钻井液流变性能，保障了顺利钻至中完井深。F19 井钻至 3370m 时，振动筛处返出受沥青质稠油污染的钻井液造成大量跑浆，钻井液性能破坏严重，密度由 $1.38g/cm^3$ 降低至 $1.12g/cm^3$，漏斗黏度由 57mPa·s 升高至 120mPa·s。现场逐渐提高密度至 $1.72g/cm^3$，并更换振动筛筛网至 40 目，振动筛处跑浆仍然较严重。

F19 井钻进至井深 3577m，开始转换为混油乳化钻井液，初始柴油加量为 3%，钻井液密度 $1.70g/cm^3$，漏斗黏度 55mPa·s，恢复正常钻进，振动筛处使用 140 目筛网无跑浆现象。钻进过程中，按照 $0.25m^3/h$ 流量补充柴油。钻进至 3735m 时，钻井液性能进一步恶化，入口密度 $1.68\sim1.70g/cm^3$，出口密度为 $1.50\sim1.61g/cm^3$，入口漏斗黏度 65mPa·s，出口漏斗黏度增至 95mPa·s 并持续上升。增加柴油加量，按每循环周混入 $10m^3$ 柴油和 $0.8m^3$ 乳化剂，钻井液入出口密度和黏度逐渐平衡。随着沥青质稠油持续不断的侵入钻井液，当沥青质稠油侵入量超过乳化混油钻井液的容纳能力时，钻井液性能就会出现严重恶化，需要继续提高柴油加量。现场应用发现，当钻井液的含油量超过 25% 后，钻井液性能无法继续通过混入乳化剂和柴油的方式加以改善，需要采用配制新浆置换老浆的方法来改善钻井液流变性能。通过以上的技术措施，F19 井顺利钻达中完井深 3985m。

沥青质稠油氧化硬化技术在 F17 井进行了现场试验，取得了良好的试验效果。F17 井沥青质稠油层位于 3370～3424m。钻进至 3370m 时，振动筛上发现沥青质稠油返出，约占岩屑返出量的 40%～60%。泵入 6m³ 硬化封堵段塞，配方：在用钻井液 + 3% CaCO₃(M) + 2% SNDF + 8% SDL + 1% SNFST + 5% Kwick Seal(F) + 3% Oyter Shell(F) + 5% Mixed Seal + 3% Wallnut(F) + 2% Walnut(M) + 10% YHJ-6，将沥青硬化封堵浆顶替到位，起钻至套管鞋处，大排量洗井 2h，利用循环附加压力将部分沥青硬化封堵浆挤入地层。对比使用沥青硬化封堵技术前后，活跃沥青侵入量明显降低，起下钻单位时间沥青侵害速度由 1.88m³/h 降低至 0.36m³/h。该井钻至设计深度后，顺利下入 7in 尾管，成功实施固井作业。

5 结论与建议

（1）伊朗 Y 油田沥青质稠油胶质、沥青质含量高，黏度受温度影响较大，是影响钻井液流变性的主要原因。

（2）钻井液乳化降粘技术通过加入乳化剂和柴油来改善钻井液流变性，但乳化混油钻井液对分散容纳沥青质稠油存在一个极限范围，现场钻井液维护中需要采用置换新浆的方法。

（3）氧化硬化剂有效提高了沥青质稠油软化点，降低了沥青质稠油高温流动性，进而减小其对钻井液施工和工程作业的危害。

（4）建议开展沥青质稠油层地层压力测试和分析工作，从压力控制的角度减少沥青质稠油向井筒内的侵入。

参 考 文 献

1 何青水，宋明全，肖超等．非均质超厚活跃沥青层安全钻井技术探讨[J]．石油钻探技术，2012，41(1)：20～24
2 景彦平．沥青结构及高聚物改性沥青机理研究[D]．陕西西安，长安大学，2006
3 郭京华，夏柏如，赵增新等．F19 井沥青侵及相关井下复杂情况的处理[J]．特种油气藏，2012，19(4)：134～137
4 任立伟，夏柏如，唐文权等．伊朗稠油沥青稠化封堵技术研究与应用[J]．科技导报，2013，31(23)：31～34
5 王治法，肖超，侯立中等．伊朗雅达油田复杂地层钻井液技术[J]．石油钻探技术，2012，29(5)：40～43

阿根廷 SJ 油田防塌钻井液技术研究

牛成成　肖　超

（中国石化石油工程技术研究院）

摘　要　阿根廷 SJ 油田以泥岩和凝灰岩为主，断层多、地层破碎，微裂缝发育，地层中蒙脱石和石英含量高，水敏性强。目前现场选用了 BIO – CAT 钻井液体系，该体系封堵抑制性差、抗温能力差、流变性、滤失性无法控制，不能满足安全钻井要求，导致易塌井段井径扩大率超过 100%，平均井径扩大率 30%，储层段泥饼厚达 1in，膨润土含量由 2% 上升到 10%。为了解决上述问题，在弄清了地层难点的基础上，优化出了 KCl 聚合物钻井液体系和配方。实验结果表明，优化后的体系比在用体系具有更强的抑制性和防塌能力，膨胀量降低 30%，回收率提高 20%，抗温 120℃，滤失量低、流变性易于控制，适合 SJ 油田钻井要求。

关键词　水敏性；井眼稳定；钻井液优化；强抑制性

中图法分类号： TE256　　　　**文献标识码：** A

前言

阿根廷 SJ 油田是中石化重点区块，产量约占中石化海外产量的 10%，其钻遇的地层主要为下第三系、上白垩统、下白垩系、侏罗统，如表 1 所示。油田主要含油层系为上白垩系、下白垩系，其中以上白垩系为主，其次为下白垩系。

表 1　SJ 油田钻遇地层简表

系	统	岩性简述
第三系	新生代	砂质泥岩
白垩系	上白垩系	由页岩、透镜体砂岩和凝灰质碎屑岩组成。为主要含油层系
	下白垩系	由页岩、透镜体砂岩和凝灰质碎屑岩组成。为次要含油层系
侏罗系		砂、泥岩互层。泥质砂岩

SJ 盆地在构造演化过程中受挤压和推覆（断层）切割作用的影响，地层倾角大、地层破碎、微裂缝发育，地层主要为泥岩和凝灰岩，蒙脱石和石英含量高，水敏性强，钻井过程中容易出现井塌、井漏、储层损害。目前该油田典型的井身结构是 16in 导管（0 ~ 150m）、9⅝in（150 ~ 700m）和 5½in（700 ~ 完钻井深）的两层套管，以直井为主。地层压力为正常孔隙压力，现场使用的钻井液比重为 $1.03 ~ 1.21g/cm^3$，地温梯度为 4.5℃/100m。

1　现用钻井液存在的问题

目前该油田一开使用的钻井液体系为 BOREMAX 体系，钻井过程正常，没有出现问题。

二开使用 BIO – CAT 钻井液体系，配方如表 2 所示。该体系虽有一定的抑制性，但钻井过程中仍然易发生复杂事故，因此本文主要针对二开钻井液体系进行优化。

表 2　BIO – CAT 体系钻井液配方

处理剂	密度/（kg/m³）	处理剂	密度/（kg/m³）
AGUA	855.54	MARGRAPHIT GRUESO	20.00
BENTONITA	25.00	MARFYBER	20.00
HIDROXIDO DE SODIO	2.00	CaCO3 M#200	0.00
MARPOL 507	3.00	MARPAC GOLD LV/HV	6.00
BIODRIL	12.00	FYBER SEAL F/G	10.00
MAR VIS XCD	1.50	BARITINA（3，8Pe）	100.00
MARCAT	5.00	BIOMAR	8.00
CaCO₃ MARMOL MED	10.00	SOLTEX	12.00
CaCO₃ MARMOL COARSE	30.00		

1. 井塌

SJ 油田钻井过程中多口井出现了严重井塌，测井仪器和套管频繁被卡。井眼不规则现象严重，平均井径扩大率达到近 30%，易塌井段井径扩大率超过 100%。贝克休斯分析后认为，在用钻井液体系与地层不配伍是井塌的主要原因。

2. 泥饼虚厚

测井资料表明，储层段泥饼厚度厚达 1in，缩径导致了测井仪器遇阻严重。储层段的厚泥饼也显示了钻井液失水大，滤液侵入地层深部损害储层。

3. 钻井液抑制性差

二开开钻时，钻井液的膨润土含量为 25kg/m³，但完钻时，钻井液膨润土含量超过 100kg/m³，钻头泥包严重，说明钻井液无法抑制地层造浆。

针对该地区地层岩性特点和钻井液使用技术难点，对 SJ 油田二开复杂地层的井壁失稳机理进行了深入研究，并开展了泥页岩理化性能分析、常规性能和抑制性能评价，优选出抑制性和封堵防塌能力更强的 KCL 聚合物防塌钻井液体系[1~3]。

2　井壁失稳机理分析

2.1　易塌井段岩心 X 射线衍射全岩分析和黏土矿物成分分析

对 SJ 油田易出现复杂情况的地层粘土矿物，进行 X – 射线衍射矿物组成分析，分析结果如表 3 所示。由矿物组成分析可知，易塌井段黏土矿物含量高达 30%，以强水敏矿物蒙托石和伊蒙混层为主，黏土矿物水化导致地层强度降低，容易诱发井眼坍塌。另外，样品中长石和石英含量高，硬脆性强，黏土矿物吸水膨胀后导致应力分布不均匀，也容易导致井眼坍塌。

表3　SJ油田易出现复杂情况地层的岩样矿物全岩分析结果

序号	石英	钾长石	钠长石	方解石	重晶石	黏土矿物总量/%	黏土矿物相对含量/%					混层比/%
							S	I/S	I	K	C	I/S
1#	38.7	/	26.1	3	/	32.2	/	58	2	4	36	30
2#	64.8		12	0.1		23.1	58	/	1	23	18	
3#	25.5	1.2	19.7	6.8	7.9	38.9	51	/	/	34	15	

注：1#岩样取自EH3111井2212m，2#岩样取自EH3111井1733m，3#岩样取自EH3111井1391m。

2.2　扫描电镜分析

采用扫描电镜对易塌井段有代表性的岩心样品（EH3111井）进行了微观结构分析，结果如图1所示。从电镜照片看，样品结构疏松，微裂缝发育，钻井过程中钻井液及滤液容易沿微裂缝进入地层深部，导致黏土矿物水化膨胀，引发井壁坍塌。

| (a) 100倍 | (b) 507倍 | (c) 1010倍 |

| (d) 4040倍 | (e) 5670倍 | (f) 7020倍 |

图1　扫描电镜黏土矿物微观结构

2.3　理化性能分析

1. 浸泡实验

对易塌井段有代表性的岩心样品（EH3111井）进行了浸泡实验，实验结果如图2、图3所示。

从浸泡实验可以看出，SJ油田地层具有很强的水敏性，建议在钻井过程中避免往泥浆中加入清水或者使用清水直接钻进。

2. 膨胀实验

对易塌井段有代表性的岩心样品（EH4103井）进行了膨胀量实验，结果如图4、图5

所示。

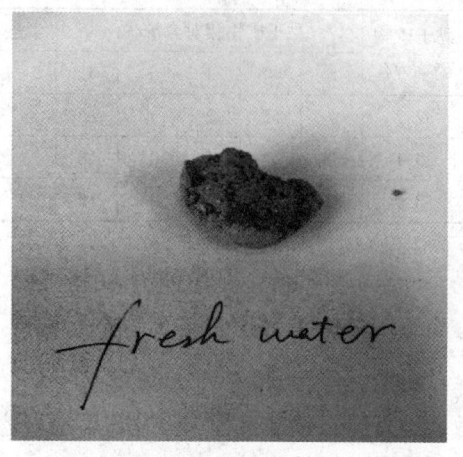 

图2　清水浸泡前的岩心照片　　　　图3　岩心清水浸泡24h后的照片

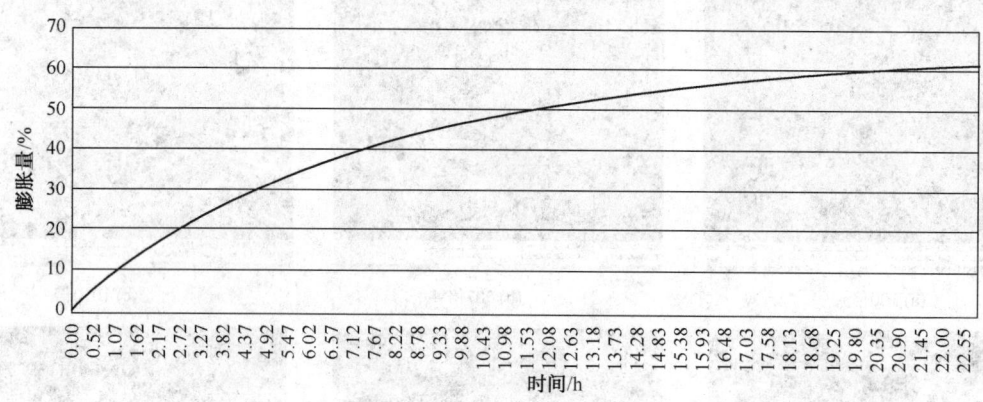

图4　在清水中的岩心的膨胀量（1690m）

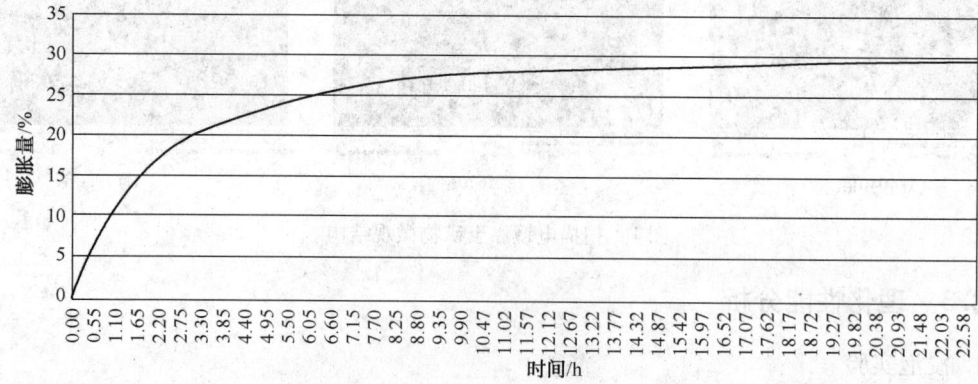

图5　在清水中的岩心的膨胀量（2670m）

　　从图4、图5可以看出，SJ油田的地层水敏性强，膨胀量随不同深度不同有所变化，其中1690m处为强吸水膨胀地层，清水膨胀量高达70%，2670m处清水膨胀量达35%，属易膨胀地层。钻井过程中钻屑容易分散到钻井液中导致膨润土含量增加，地层易水化导致强度降低而失稳。

3. 清水回收率实验

对易塌井段有代表性的岩心样品(EH4103 井)进行了清水回收率实验,实验结果如表 4 所示。

表 4　清水滚动回收率

井深/m	滚动前钻屑质量/g	滚动后钻屑质量/g	钻屑回收率/%
1532	19.9	2.04	10.3
1735	20.1	1.98	9.9
1895	19.8	2.1	10.6
2070	20.2	2.37	11.7
2410	20.2	1.94	9.6
2630	20.2	3.57	17.7

从回收率实验结果来看,该井钻屑回收率偏低,说明 SJ 油田钻屑分散性强,容易导致钻井液固相污染,井壁在清水或钻井液中长时间浸泡容易失稳。

2.4　现用钻井液技术存在问题

通过室内实验对现场用钻井液的主要处理剂进行了评价,结果如下:

(1)抑制剂对钻井液流变性影响巨大:聚胺在膨润土含量达到 4% 时,钻井液起泡严重并失去流动性。现场每口井用量只有 200 ~ 600kg,没起到抑制地层水化膨胀的效果。

(2)封堵能力:目前采用的 Soltex 含量为 1%,浓度过低,无法有效对破碎地层的微裂缝进行封堵。现场使用的纤维类增黏明显并使泥饼变得虚厚,韧性差。

(3)抗温能力:由于 SJ 油田井底温度高达 135 ~ 140℃。而现场用钻井液的高温高压失水达 20mL,高失水容易在砂岩段形成虚厚泥饼引起测井仪器阻卡。

3　新配方与现场配方性能比较

3.1　钻井液对策

(1)强化钻井液封堵防塌能力:使用 3T 非渗透剂、加大沥青类防塌剂 Soltex 用量到 2%,强化对破碎地层微裂缝封堵,防止钻井液渗漏,提高地层的承压能力和完整性。加强封固井壁及阻缓孔隙压力传递,防止泥页岩井壁失稳。同时使钻井液的液柱压力能作用在井壁上而不是裂缝上,维持井眼稳定。

(2)优选合适的抑制剂:必须选用抑制性能好的抑制剂,以减少泥页岩的水化、膨胀和分散,减弱水化效应;同时抑制剂必须对钻井液性能影响小,便于现场使用。

(3)提高钻井液的抗温能力:建议添加抗高温降滤失剂 SPNH 提高钻井液的高温稳定性,降低高温高压失水,防止在砂岩段形成虚厚泥饼,影响测井成功率,并能减少滤液沿微裂缝进入地层,造成地层水化膨胀、强度降低而坍塌[4~9]。

3.2 钻井液处理剂优选及配方确定

（1）封堵剂优选：根据国内堵漏剂的应用经验优选了 3T 随钻堵漏材料，该堵漏剂依靠其在井壁岩石表面浓集形成的桥塞和胶束，封堵岩石表面较大范围的孔喉。在井壁岩石表面形成致密非渗透封堵膜，对不同渗透性地层和微裂缝泥页岩地层形成有效封堵，阻止钻井液及其滤液渗透到地层中，同时能够提高井壁的承压能力，可以在较宽的密度范围内安全钻井。另外，3T 堵漏材料与常规钻井液处理剂配性好，因此，加入 3T 堵漏材料能有效提高钻井液的封堵能力[10]。

（2）抑制剂优选：借鉴国内抑制剂的应用经验，结合室内实验研究，优选出 KCl 作为强抑制性钻井液的抑制剂，如图 6 所示。对于 KCl 抑制泥页岩水化膨胀的机理，一般认为，K^+ 的半径与黏土硅氧四面体底面由氧形成的六角氧环的半径相近，且 K^+ 的水化能较小，较容易进入黏土晶层间隙，从而把水化半径和水化能较大的 Ca^+、Na^+ 等离子交换出来，进入六角氧环空腔的 K^+ 与黏土晶片进行较牢固的结合，从而抑制了黏土的水化膨胀。且 KCl 取材方便，成本较低，与钻井液的其他处理剂配伍性好，对钻井液性能影响较小，因此选用 KCl 作为该钻井液的抑制剂无论从效果上还是经济上都具有可行性[11,12]。

(a) 浸泡实验过程

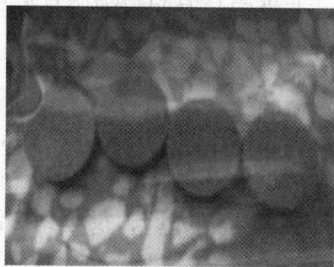
(b) 钻屑膨胀实验过程

(c) 钻屑回收率实验过程

图 6　抑制剂优选室内实验

（3）钻井液配方：在综合地层组构、理化性能和防塌性能分析以及现场钻井液主要处理剂评价的基础上，优化出了适合 SJ 油田的钻井液体系 – KCl 聚合物钻井液体系，其配方如表 5 所示。

表 5　KCl 聚合物钻井液体系配方

处理剂	密度/（kg/m³）	处理剂	密度/（kg/m³）
水	855.54	重晶石 BARITINA（3，8Pe）	100.00
BENTONITA	25.00	SOLTEX	20.00
氢氧化钠	2.00	MARPAC GOLD LV/HV	6.00
MARPOL 507	3.00	KCl	50
MAR VIS XCD	1.50	SPNH	20
3T	15		

该配方与现场钻井液配方相比，组分简单，所需钻井液材料少，便于维护。为了验证该配方在抗温性能和抑制性方面的优越性，分别将该配方钻井液和现场用钻井液进行了常规性能实验、浸泡实验、钻屑膨胀实验和钻屑回收率实验，并将实验结果进行了对比。

3.3 钻井液常规性能比较

常规性能对比实验结果如表7所示，结果表明，新配方具有更优异的抗温性能和流变性能，其抗温能力达到120℃，高温失水为14mL，比现场钻井液配方降低30%。

表7　新配方和现场配方钻井液常规性能对比

配方	ϕ_{600}	ϕ_{300}	ϕ_{200}	ϕ_{100}	ϕ_6	ϕ_3	GEL/Pa	FL/mL	pH	HTHP FL/mL
现场配方	94	61	47	30	10	4	2.5/4.5	5.6	9.5	120℃ 20
新配方	57	37	26	17	3	2	2/8	6	9.5	120℃ 14

3.4 钻井液抑制性比较

1. 浸泡实验结果比较

从 SJ 油田中选取具有代表性的岩心进行浸泡实验，浸泡24h后的结果如图7所示。实验结果表明，优化的钻井液配方侵入岩心深度较浅，浸泡24h后，岩心内部仍然坚硬，无水化现象；而现场用钻井液配方已侵入到岩心内部，导致岩心内部水化分散。造成这种现象的原因是：新配方中 K$^+$ 通过晶格固定和离子交换作用，更好的抑制了岩心中泥页岩的水化；加之新配方失水较低，并能在岩心壁上形成更致密的泥饼，能阻止钻井液滤液的进一步侵入。

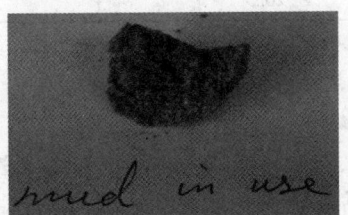

(a) 现场用钻井液浸泡前的岩心照片

(b) 优化后钻井液浸泡前的岩心照片

(c)现场钻井液浸泡24h后的照片

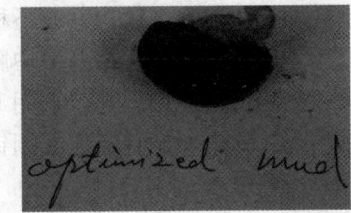

(d) 优化后钻井液浸泡24h后的照片

图7　浸泡实验结果对比

2. 钻屑膨胀实验结果比较

钻屑膨胀实验结果对比如图8所示，优化后的钻井液体系钻屑膨胀量由清水的30%下降到3%，与现场钻井液8%相比，防膨效果增强60%以上。

3. 钻屑回收率实验结果比较

钻屑回收率实验结果如表8所示，优化后的钻井液钻屑回收率26%～40%，比现场钻井液回收率提高5%～26%。说明优化后的钻井液能更好地防止钻屑分散。

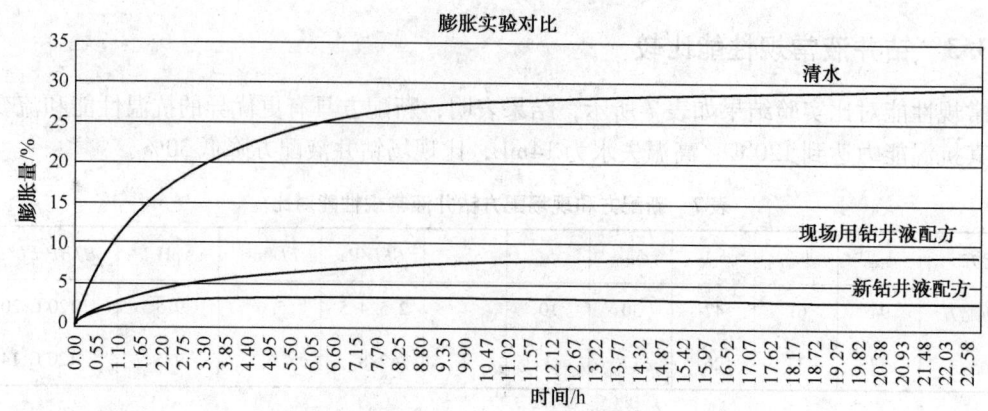

图8 膨胀实验对比图

表8 现场钻井液与优化后钻井液钻屑回收率对比

井深/m	现场钻井液钻屑回收率/%	优化后钻井液钻屑回收率/%	钻屑回收率提高率/%
1532	12.9	36.4	23.5
1735	12	34.5	22.5
1895	13.5	39.9	26.4
2070	14.5	39.3	24.8
2410	12.4	29.6	15.2
2630	21.2	26.9	5.7

4 结论

（1）阿根廷 SJ 油田易塌地层微裂隙发育、黏土矿物含量高，水敏性强是井眼不稳定的地层原因；现场用钻井液封堵抑制性不足，抗高温能力差是地层不稳定的外在原因；应提高钻井液封堵抑制性和抗温能力来解决井眼不稳定问题。

（2）现场选用的抑制剂聚胺在钻井液中膨润土含量高时（超过4%），对钻井液流变性和稳定性影响巨大，影响现场使用，建议选用 KCl 替代。

（3）研究出的 KCl 聚合物钻井液比在用钻井液具有更好的防塌抑制性能、抗温效果，流变性更好控制，更适用于 SJ 油田。

（4）建议在现场使用。

参 考 文 献

1 谢海龙. KCL 聚胺多元抑制防塌钻井液研究及应用[J]. 石油工业技术监督, 2013, 12(6)：57～60

2 刘榆, 李先锋, 卿鹏程. 海水基氯化钾钻井液在仙鹤4井的应用[J]. 油田化学, 2005, 22(2)：101～103

3 聂育志, 赵素丽, 刘金华等. KCL——聚胺强抑制性高密度钻井液体系室内研究[J]. 西部探矿工程, 2011(12)：79～83

4 毛惠, 邱正松, 黄维安等. 吐哈油田玉果区块防塌钻井液技术研究[J]. 石油化工高等学校学报, 2013, 26(5)：37～45

5 李迪洋，姜兰兰，姜艳艳 . 南堡油田防塌钻井液技术研究[J]. 科学技术与工程，2012，12(27)：7054~7057

6 张金龙 . 胜利海区深部地层防塌钻井液技术[J]. 钻井液与完井液，2013，30(5)：40~42

7 陈志学，樊洪海，史东辉等 . 巴喀地区防塌钻井液的研究[J]. 油田化学，2013，30(3)：331~335

8 李方，余越琳，蒲晓琳等 . 新型水基防塌钻井液室内研究[J]. 钻井液与完井液，2013，30(3)：1~3

9 乔东宇，宋朝晖，郑义平等 . 防漏防塌钻井液技术在滴西油田的应用[J]. 新疆石油天然气，2009，5(2)：37~40

10 许遵见，杜安，文兴贵等 . 非渗透抗压钻井液处理剂 KSY 的研究与应用[J]. 断块油气田，2006，13(1)：56~59

11 徐同台，陈其正，范维庆等 . 钾离子稳定井壁作用机理的探讨[J]. 钻井液与完井液，1998，15(3)：3~8

12 孙明波，侯万国，孙德军等 . 钾离子稳定井壁作用机理研究[J]. 钻井液与完井液，2005，22(5)：7~9

胜利油田桩 129 – 1HF 大位移井钻井液技术

张志财　赵怀珍　慈国良

（中国石化石油工程技术研究院胜利分院）

摘　要　桩 129 – 1HF 井是桩西采油厂首口非常规水平井，也是国内第一口大位移非常规油气藏井，完钻井深 5341m，水平位移 3168.78m，创胜利油田浅海水平位移最大纪录。该井具有摩阻扭矩大、携岩困难、井壁稳定问题突出等技术难点，针对以上难题，室内进行了相应的技术对策研究。通过研发高效润滑剂 BH – 1、优化钻井液粒度级配来改善钻井液的润滑性；通过优化流变参数、超短纤维井眼清洁技术来提高钻井液携岩能力和井眼清洁能力；优选胺基抑制剂和铝基聚合物来提高钻井液的强抑制、强封堵性。现场应用表明，全井施工安全顺利，钻井液抑制性能和润滑性能均满足页岩地层钻井施工要求，起下钻、电测和下套管均畅通无阻，无任何复杂情况发生，三开油层段井径平均扩大率仅为 3.85%，钻井周期比设计周期缩短了 22.09d，为今后 6000m 大位移井施工提供了宝贵经验。

关键词　大位移；井眼清洁；润滑；摩阻；井壁稳定

前言

近年来，国内非常规页岩油气资源的勘探开发备受瞩目，一大批页岩油气井相继完钻如建页 HF – 1 井、泌页 HF1 井、渤页平 1 井等[1~3]，页岩油气勘探开发多以大位移井、水平井为主。由于泥页岩水敏性强、微裂缝发育，易发生井壁失稳、起下钻遇阻等难题，而且水平段长，还存在摩阻、携岩及油层保护问题，使井下复杂情况发生几率大大增加。国外多采用油基钻井液或合成基钻井液[4~10]，国内胜利油田成功采用水基钻井液顺利完钻十余口非常规水平井，其中桩 129 – 1HF 是其中唯一一口大位移井。

桩 129 – 1HF 是胜利油田桩西采油厂首口非常规页岩油水平井，也是国内第一口大位移的非常规水平井，位于济阳坳陷沾化凹陷桩西潜山披覆构造桩 129 – 斜 10 块沙二段构造较高部位，地层岩性以泥岩、砂岩及砂泥岩互层为主。桩 129 – 1HF 采用三开井身结构，一开 1188m 时开始定向钻进，完钻井深 5341m，水平段长 654.39m，水平位移 3168.78m，创胜利油田浅海水平位移最大记录。在施工过程中未出现任何复杂情况，电测一次成功，井壁稳定效果显著。

1　技术难点分析

1. 井眼轨迹复杂，摩阻和扭矩大

桩 129 – 1HF 井井眼轨迹复杂，采用七段式轨道：直 – 增 – 稳 – 增 – 稳 – 增 – 平，轨迹调整频繁，钻具与井壁接触面积大，易贴在井眼下井壁，形成正压力，引起钻具上提下放阻力大，钻进过程中摩阻和扭矩大、加压困难；造斜段含大段泥岩，加之钻井液中的劣质固相经反复研磨后粒径变细，不易清除，导致体系黏切升高，泥饼质量变差，易造成滑动托压、钻具黏附卡钻等问题，影响钻井施工进度。

2. 携岩与井眼清洁问题

水平位移长、井眼尺寸大，井眼轨迹变化大，井眼清洁及携岩极为困难，加上地面设备能力有限，随着井斜和位移的增大，循环压耗逐渐增大，泵压升高，低环空返速下携岩困难，造成岩屑沉积，极易在下井壁形成岩屑床，井眼清洁难度加大。

3. 井壁稳定问题

东营组上部地层胶结疏松，蒙脱石含量高，易吸水膨胀造成缩径，造成起下钻困难；东营组和沙河街泥页岩地层微裂缝发育，易发生坍塌掉块；二开裸眼段长，机械钻速慢，钻井周期长，井壁失稳风险较大。

2 钻井液技术对策

2.1 携岩与井眼清洁技术

1. 流变参数计算

钻井液的流变参数是影响钻井液携岩能力的重要因素之一，通过确定钻井液携岩所需的最小静切力和环空返速的计算公式以及是否会产生岩屑床的计算公式来指导现场施工。

1）悬浮岩屑能力的计算

决定悬浮能力的是钻井液静切力和触变性，以岩屑颗粒为球状体为例，悬浮颗粒所需最小静切力 G_s 的计算公式[11]如下。

$$G_s = \frac{100d_c(\rho_s - \rho_m)K_1\sin\alpha}{6} \tag{1}$$

式中，G_s 为钻井液静切力（10min），Pa；d_c 为颗粒直径，cm；ρ_s 为颗粒密度，g/cm³；K_1 为颗粒间摩擦阻力系数；α 为井斜角，(°)；ρ_m 为钻井液密度，g/cm³。

2）岩屑床的厚度[12]计算

$$h_c = 0.015D_h(\mu_e + 6.15\mu_e^{0.5})(1 + 0.587\lambda)(V_c - V_a) \tag{2}$$

式中，V_c 为临界环空返速，m/s；μ_e 为钻井液有效黏度，mPa·s；V_a 为实际环空返速，m/s；D_h 为井眼直径，mm；λ 为钻杆偏心度，(°)。

3）环空返速

无论是层流还是紊流，提高环空返速均会改善井眼净化效果。环空返速大于临界环空返速时，岩屑床则不易形成。临界环空返速的计算公式如下。

$$V_c = 0.55\left(\frac{\rho_s - \rho_m}{\rho_m}d_c\right)^{0.667}\left(\frac{1 + 0.71\alpha + 0.55\sin 2\alpha}{(\rho_m\mu_e)^{0.333}}\right) \tag{3}$$

式中，μ_e 为钻井液有效黏度，mPa·s。

根据式 3 和桩 129 - 1HF 井的实际情况可计算出不同井眼尺寸所需的排量及环空返速情况，具体计算结果如表 1 所示。

表1　全井排量及环空返速情况

井眼尺寸/mm	排量/(L/s)	环空返速/(m/s)	井眼尺寸/mm	排量/(L/s)	环空返速/(m/s)
444.5	66	0.46	215.9	28 ~ 33	1.17 ~ 1.38
311.2	45 ~ 55	0.63 ~ 0.87			

2. 超短纤维携岩技术

超短纤维是一种切断长度小于 20mm 的惰性白色聚丙烯纤维，密度为 1.0g/cm³，可在钻井液中润湿，形成纤维网状结构悬浮岩屑，减缓岩屑沉降速度。图1是超短纤维在扫描电镜下的照片。实验室通过静态悬浮试验评价了超短纤维的悬浮性能，实验结果如表2所示。

图1　超短纤维扫描电镜照片

表2　超短纤维悬浮能力评价实验

超短纤维加量	0.1%	0.2%	0.3%	0.5%
玻璃球悬浮情况	≤2mm	≤4mm	≤8mm	≤8mm
钢球悬浮情况	—	≤2mm	≤6mm	≤6mm

悬浮能力评价实验表明，0.3% 加量的超短纤维可悬浮 8mm 的玻璃球或 6mm 钢球，表明超短纤维具有极好的分散性和悬浮性，在钻井液中可形成密集的网架结构，大幅提高钻井液的携岩能力。

实验室还进行了超短纤维对钻井液的性能影响评价实验。实验结果见表3。

表3　超短纤维对钻井液性能的影响

体系	AV/mPa·s	PV/mPa·s	YP/Pa	Gel/(Pa/Pa)	FL/mL
基浆	38	27	11	3/10.5	4.2
+0.1% 超短纤维	40	27.5	12.5	4.5/12	4.6
+0.2% 超短纤维	42.5	29	13.5	5/14	4.8
+0.3% 超短纤维	46	29.5	16.5	5/16	5.4

注：基浆配方：5% 土浆 +0.2% 烧碱 +0.3% PAM +3% SD101 +2% 防塌降滤失剂 +0.5% 磺酸盐共聚物 +1% LV – CMC。

实验结果表明，随着超短纤维含量的增加，钻井液的塑性黏度稍有升高，而动切力和终切明显增大，表明超短纤维可以提高钻井液的携岩能力。

2.2 润滑技术

1. 高效润滑剂

室内研制了一种液体高效润滑剂 BH - 1，该润滑剂具有良好的润滑效果，并与其他润滑剂进行了对比评价实验。

1）室温下润滑剂的润滑性评价实验

由图 2 可以看出，在具有同等条件加量下，润滑剂 BH - 1 的润滑系数和黏附系数均最小。

2）高温高压条件下润滑效果评价实验

通过 LEM - 4100 型高温高压润滑评价系统对相同加量（2%）的不同润滑剂在基浆中的高温润滑效果进行评价。不同润滑剂加入到基浆后的高温高压摩擦系数降低率如图 3 所示。实验结果表明，在 120℃高温、压力 2MPa 的条件下，高效润滑剂 BH - 1 的摩擦系数降低率最大，润滑效果最好。

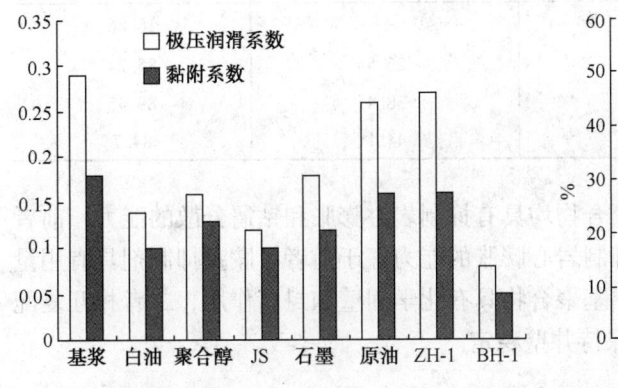

图 2　不同润滑剂对比评价实验　　　　图 3　高温高压摩擦系数评价实验

3）润滑剂加量优化实验

室内对高效润滑剂 BH - 1 的加量进行了优化实验，实验结果如图 4 所示。

由图 4 可以看出，随着润滑剂 BH - 1 加量的不断增大，润滑系数越来越低，当加量超过 3% 时，极压润滑系数逐渐趋于稳定，因此，润滑剂 BH - 1 的最优加量为 3%。

2. 优化粒度级配

加强固相控制，及时清除钻井液中有害固相，合理调整钻井液粒度级配，提高泥饼质量，改善泥饼润滑性，从而降低钻具和泥饼之间的黏附力，提高钻井液润滑性。

由表 4 中的实验结果可看出，通过调整钻井液中固相颗粒的粒度级配，形成更加致密、薄的滤饼，可以进一步降低钻井液的润滑系数，提高

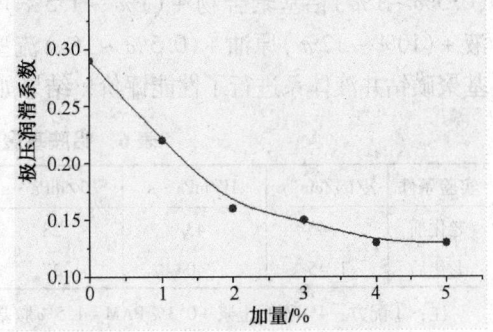

图 4　润滑剂加量优化实验

钻井液润滑性。

表4　粒度级配对钻井液润滑性的影响

体系	粒度中值/μm	FL/mL	润滑系数
基浆 A	10.75	6.8	0.135
A+1.5%1600目超钙(10μm)	10.68	7.0	0.138
A+1.5%2500目超钙(5μm)	8.25	4.2	0.110
A+2%纳米材料(300nm)	7.11	4.4	0.112
A+1.5%2500目超钙+2%纳米材料	8.06	3.6	0.105

2.3　页岩抑制剂的优选

利用胜利油田泥页岩岩屑对胺基抑制剂和铝基聚合物的抑制性能进行评价实验，并与7%的氯化钾溶液进行对比，结果如表5所示。

表5　页岩抑制剂的性能评价

配方	线性膨胀量/mm	膨胀降低率/%	一次回收率/%
淡水	15.68	—	16.86
淡水+7%KCl	11.52	26.5	85.24
淡水+2%胺基抑制剂	9.66	38.4	89.35
淡水+2%铝基聚合物	8.76	44.1	84.7

由表5中可知，胺基抑制剂和铝基聚合物均具有抑制岩心膨胀和钻屑分散的能力，前者抑制岩心分散的能力优于后者，而后者抑制岩心膨胀的能力好于前者。胺基抑制剂具有用量少，吸附能力强，作用周期长等优点；铝基聚合物具有化学固壁和封堵作用，二者相互复配可达到强抑制强封堵的效果[13,14]，从而保持井壁稳定。

2.4　体系配方评价

根据桩129-1HF井的地质特点及技术对策分析，室内开展了钻井液体系的配方研究，最终确定铝胺基聚磺钻井液体系的基本配方为：(3%~5%)膨润土浆+(0.3%~0.5%)PAM+(1%~2%)胺基抑制剂+(2%~4%)磺化酚醛树脂+(0.5%~1.5%)磺酸盐共聚物+(0.5%~1%)铝基聚合物+(1%~1.5%)超钙+(2%~3%)胶乳沥青+(1%~2%)纳米乳液+(10%~12%)原油+(0.5%~1%)流型调节剂3%~5%高效润滑剂BH-1。室内对铝胺基聚磺钻井液体系进行了性能评价，结果如表6所示。

表6　铝胺基聚磺钻井液体系的常规性能

实验条件	ρ/(g/cm³)	AV/mPa·s	PV/mPa·s	YP/Pa	Gel/Pa	FL_{API}/mL	FL_{HTHP}/mL	K_f
老化前	1.45	43	28	15	4.5/19	2.6	9.6	0.05
老化后	1.45	40	27	13	5.5/21	2.8	10.4	0.04

注：①配方：4%膨润土浆+0.3%PAM+1.5%胺基抑制剂+2%磺化酚醛树脂+1%磺酸盐共聚物+0.5%铝基聚合物+1%超钙+2%胶乳沥青+1.5%纳米乳液+0.5%流型调节剂+12%原油+3%BH-1+加重剂；②老化条件为150℃/16h；高温高压滤失量实验温度为140℃；K_f为黏附系数。

由表 6 可知，铝胺基聚磺钻井液体系在 150℃高温老化前后的中压滤失量和高温高压滤失量均较低，动塑比在 0.5 以上，说明体系抗温性能好，携岩能力强；而且老化前后的黏附系数均较低，完全可以满足大位移井的润滑要求。

3 现场应用情况

3.1 桩 129 – 1HF 井概况

桩 129 – 1HF 井位于济阳坳陷沾化凹陷桩西潜山披覆构造桩 129 – 斜 10 块沙二段构造较高部位，钻遇地层依次为平原组、明化镇组、馆陶组、东营组、沙一、沙二段地层，完钻层位沙二段。本井设计井深 5560.42m，采用三开井身结构。导管为 Φ660.4mm 钻至 52m，一开 Φ444.5mm 钻头钻至井深 1552m，下入 Φ339.7mm 表层套管至 1550.48m；二开 Φ311.1mm 钻头钻至井深 3882m，下入 Φ244.5mm 技术套管至 3880m；三开 Φ215.9mm 钻头钻至完钻井深 5341m，在 3600～4677m 下入 Φ139.7mm 尾管套管，在 4677～5339.33m 采用筛管完井。桩 129 – 1HF 井的井身结构如图 5 所示。

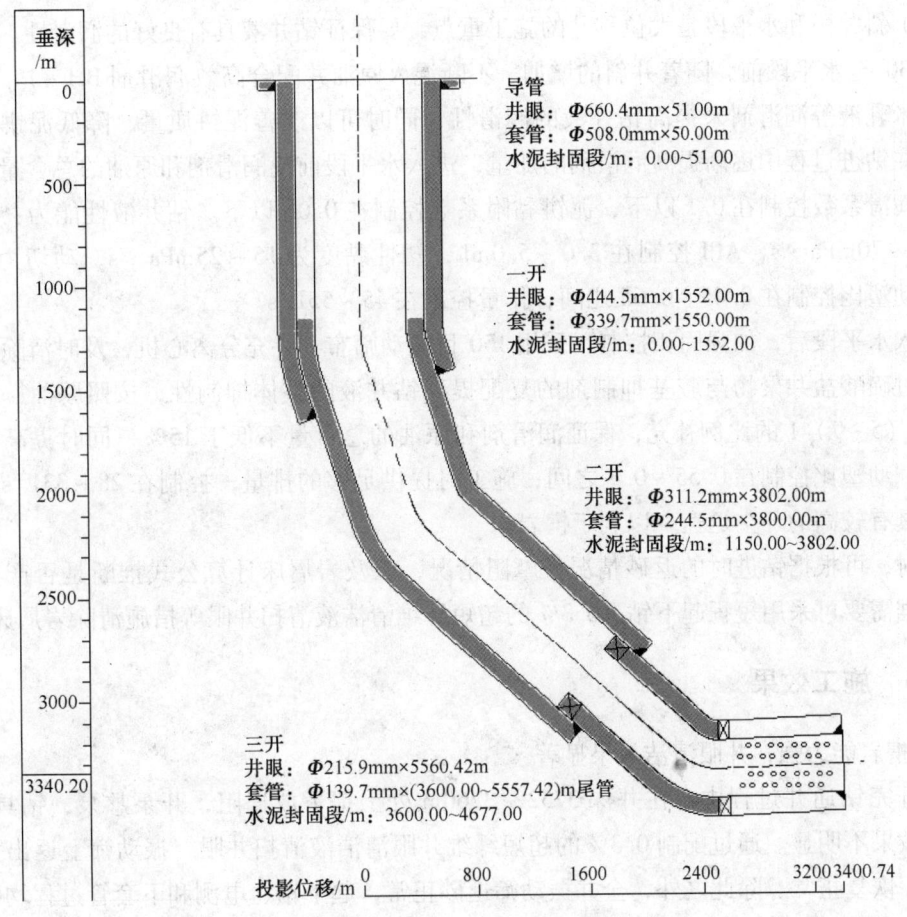

图 5 桩 129 – 1HF 井井深结构示意图

3.2 维护处理措施

（1）东营组上部地层岩性胶结疏松，易坍塌，采用大分子聚合物 PAM 和少量的胺基抑制剂相配合提高体系的抑制性，抑制地层造浆和水化分散，PAM 的含量控制在 0.3% 左右；进入东营组后，一次性加入 1% 的胺基抑制剂，提高钻井液的整体抑制性，并以胶液的形式不断补充，保持胺基抑制剂的有效含量在 1% 以上。

（2）合理使用好四级固控设备，及时有效的清除有害固相，并通过胶液的形式加入 LV - CMC，降低滤失量、改善泥饼质量，同时可以对钻井液有效护胶。

（3）由于三开井底温度较高（地质预计井底温度 145.1℃），因此加入抗温性能较好的磺化酚醛树脂、磺酸盐共聚物、胶乳沥青等处理剂，降低钻井液的高温高压滤失量，提高钻井液的高温稳定性，减少进入地层滤液。

（4）东营组及沙河街组中的泥岩多含微裂缝，加入铝基聚合物、胶乳沥青、超钙等封堵材料，以增强钻井液的封堵防塌能力，形成致密泥饼，提高井壁稳定性，同时有效地保护储层。

（5）斜井段和水平段是大位移井的施工重点，要保证钻井液具有良好的润滑性。在井斜角大于 30° 至水平段前，随着井斜的增加，不断混入原油并配合高效润滑剂 BH - 1、胶乳沥青、纳米乳液等润滑剂来提高钻井液的润滑性，同时可以改善泥饼质量、降低泥饼黏附系数，并在钻进过程中逐渐提高润滑剂的加量，进入水平段前使润滑剂和原油的总含量不低于 12%，润滑系数控制在 0.1 以下，泥饼黏附系数控制在 0.06 以下。钻井液性能为：漏斗黏度为 40 ~ 70mPa·s，API 控制在 3.0 ~ 5.0mL，塑性黏度为 15 ~ 25mPa·s，动切力为 5 ~ 15Pa，动塑比控制在 0.45 ~ 0.65 之间，排量控制在 45 ~ 55L/s。

进入水平段后，加强固相控制，采用 150 目振动筛布，并充分离心机，及时清除劣质固相；通过磺酸盐共聚物与胺基抑制剂的复配提高钻井液的整体抑制性，按照原油：润滑剂 BH - 1 = (5 ~ 7):1 的比例补充，保证润滑剂和原油的总含量不低于 15%，同时提高钻井液动塑比，动塑比控制在 0.55 ~ 0.7 之间；施工时提供足够的排量，控制在 28 ~ 33L/s，保证钻井液具有较高的环空返速，以利于携岩。

同时，可根据钻进时的返砂情况、摩阻情况，以及岩屑床计算公式推断是否产生岩屑床，根据需要可采用短程起下钻、0.3% 的超短纤维清洁液清扫井眼等措施清除岩屑床。

3.3 施工效果

1）携岩能力强，井眼清洁效果显著

二开完钻通井过程中，在井深 3752 ~ 3760m 处上提下放遇阻，开泵憋泵，钻具憋停，推稠塞效果不明显。通过配制 0.3% 的超短纤维井眼清洁液清扫井眼，振动筛上返出大量钻屑，井下恢复正常。除此之外，全井振动筛返砂正常，起下钻、电测和下套管过程均畅通无阻，一次到底。

全井钻井液性能如表 7 所示。

表7　全井钻井液流变性能

井深/m	井斜/(°)	密度/(g/cm³)	漏斗黏度/s	塑性黏度/mPa·s	动切力/Pa	动塑比	FL_{API}/mL
2417	53.91	1.13	46	12	5	0.42	8.4
2861	55.98	1.14	46	16	8	0.50	4.4
3358	61.02	1.19	54	16	8.5	0.53	3.6
3745	55.76	1.20	55	17	10	0.59	3.6
4340	65.60	1.31	64	24	15	0.62	2.8
4846	90.72	1.40	72	29	20	0.69	1.6
5099	91.62	1.42	70	27	17.5	0.65	2.0
5341	91.50	1.40	70	26	17	0.65	2.0

2）润滑性能优良

三开上提、下放摩阻变化曲线如图6所示。三开套管内上提摩阻达到了40t，裸眼段摩阻仅为5~7t，为解决套管内摩阻，现场通过提高液体高效润滑剂BH-1含量达到5%以上，配合固体润滑剂石墨粉，改变钻具与套管之间的摩擦状态，同时调整钻井液流变参数和合理的固相颗粒粒度级配，提高泥饼润滑性，使摩阻降低至20t，为三开后期顺利钻进提供了保障。

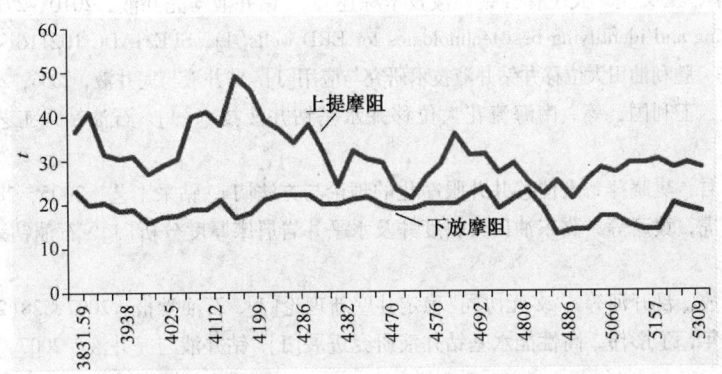

图6　三开上提、下放摩阻变化曲线

3）抑制性强，井壁稳定效果好

整口井施工过程中钻井液表现出良好的防塌抑制性能，返出钻屑棱角分明，没有糊筛布现象和钻头泥包现象，全井起下钻顺利，三开油层段井径平均扩大率仅为3.85%，远小于周边其他井。

4）机械钻速高

全井机械钻速为6.60m/h，设计钻井周期130.15d，实际钻井周期108.06d，提前周期22.09d完钻，钻井周期节约比例16.97%。

4　结论与认识

（1）通过优化钻井液流变参数、调整动塑比和环空返速，并利用超短纤维清洁技术，可有效改善钻井液的携岩能力和清洁井眼能力，消除岩屑床，保证了施工顺利。

（2）室内研发出高效润滑剂 BH-1，提高了钻井液的润滑性能，配合调整固相粒度级配，提高泥饼润滑性，大大降低了钻进过程中的摩阻和扭矩，为桩 129HF-1 井的井下安全提供了保障。

（3）胺基抑制剂的强抑制性和铝基聚合物的强封堵性能有效抑制泥页岩的水化膨胀，增强对微裂缝的封堵效果，有效地解决了泥页岩地层的井壁失稳问题，全井施工顺利，没有发生任何复杂情况，井径扩大率远小于周边其他井，三开油层段井径扩大率仅为 3.85%。

（4）全井机械钻速较高，钻井周期比设计周期缩短了 22.09d；桩 129-1HF 的成功完钻，为下一步 6000m 大位移井施工提供了宝贵经验。

参 考 文 献

1 刘德华，肖佳林，关富佳. 页岩气开发技术现状及研究方向[J]. 石油天然气学报，2011，31（1）：119~123
2 潘继平. 页岩气开发现状及发展前景——关于促进我国页岩气资源开发的思考[J]. 国际石油经济，2009（11）：12~15
3 崔思华，班凡生，袁光杰. 页岩气钻完井技术现状及难点分析[J]. 天然气工业，2011，31（4）：72~74
4 宋玉玲，董丽娟，李占武等. 国外大位移井钻井技术发展现状[J]. 钻采工艺，1998，21（5）：4~8
5 张金波，鄢捷年. 国外特殊工艺井钻井液技术新进展[J]. 油田化学，2003，20（3）：285~290
6 沈伟. 大位移井钻井液润滑性研究的现状与思考[J]. 石油钻探技术，2001，29（1）：25~28
7 蔡利山，林永学，王文立. 大位移井钻井液技术综述[J]. 钻井液与完井液，2010，27（3）：1~13
8 Gupta A. Planning and identifying best technologies for ERD wells[J]. SPE/IADC 102116，2006
9 王宝田，何兴华. 胜利油田大位移井钻井液技术研究与应用[J]. 钻井液与完井液，2006，23（2）：80~82
10 鄢捷年，杨虎，王利国，等. 南海流花大位移井水基钻井液技术[J]. 石油钻采工艺，2006，28（1）：23~28
11 杨晓莉，刘素君，樊晓萍. 大位移井井眼净化的理论与方法[J]. 钻采工艺，2005，28（6）：24~26
12 王文广，翟应虎，黄彦等. 冀东油田大斜度井及水平井岩屑床厚度分析[J]. 石油钻采工艺，2007，29（5）：5~7
13 邱正松，徐加放，吕开河等. "多元协同"稳定井壁新理论[J]. 石油学报，2007，28（2）：117~119
14 王建华，鄢捷年，丁彤伟. 高性能水基钻井液研究进展[J]. 钻井液与完井液，2007，24（1）：71~75

利用废聚苯乙烯泡沫制备
胶乳类封堵材料的探索研究

李晓岚　张丽君　郝纪双

（中国石化石油工程技术研究院中原分院）

摘　要　本文从分析国内外封堵材料的研究现状出发，以使用条件对材料的性能要求为依据，对其进行了结构设计和原料选择，提出了利用废苯乙烯泡沫制备双亲胶乳类封堵材料的研制思路，并进行了合成探索。结果表明，以废聚苯乙烯泡沫为原料制备的双亲胶乳粒径较小且具有良好的降滤失性能、承压性能和胶结性能。

关键词　废聚苯乙烯泡沫；微裂缝；封堵材料；双亲胶乳

前言

近年来，随着非常规油气藏勘探开发步伐进一步加快，钻遇硬脆性泥页岩地层的概率大大幅度增加，硬脆性泥页岩中发育的一部分微裂缝是导致井壁失稳的重要原因，在压差、毛细管力和化学势差的作用下，钻井液滤液沿微裂缝进入地层，导致黏土矿物水化膨胀，使得近井壁地带孔隙压力增加，同时由于液相的进入，导致微裂缝扩展延伸，降低泥页岩的结合强度和层理面之间的结合力，使泥页岩层理面或微裂隙裂开，一旦钻井液滤失量偏高时，就很容易发生井壁掉块，坍塌等井内复杂情况[1]。由此看来，液相的进入是导致硬脆性泥页岩地层发生井壁失稳的主要诱因。因此，在钻井液加入封堵材料对微裂缝进行物理化学封堵，截断钻井液中液相进入地层的通道，阻止压力的传递，是防止含微裂缝的硬脆性泥页岩地层发生井壁坍塌的有效手段[2]。

1　国内外研究现状

国内外常用的封堵材料主要有改性沥青、聚合醇、硅酸盐、铝盐等。其中沥青类封堵材料一般含有不溶于水的沥青且有一定的软化点。当井眼内有足够高的温度和压力时软化变形，并被挤入到井壁微裂缝中，与泥饼一起有效封堵地层。沥青对水、酸及碱有很高的稳定性，但其荧光较强，在不能将其荧光与地层原油的荧光区别开的情况下，不宜将其用于探井的钻进过程中[3]。聚合醇类封堵材料由于浊点效应，即在常温下可溶于水，当温度超过一定范围之后，其分子便聚集成塑性的团粒，在井眼压力作用下被挤入井壁缝隙，并逐渐把缝隙堵住[4]。因为井眼内钻井液的温度低于井底的地层温度，有时聚合醇在井眼内为溶解状态，随滤液进入井壁缝隙之后，可能由于温度已达到浊点以上而析出来堵塞缝隙，加有该类材料的钻井液被成为热活化钻井液乳浊体系（TAME），但由于其浊点和井内温度的不确定性，在国内未能得到规模应用。硅酸盐类封堵材料目前主要是硅酸钠或硅酸钾，在一定条件下能够进入地层孔隙形成三维凝胶结构和不溶沉淀物，快速在井壁处堵塞泥页岩孔隙和微裂缝，阻止滤液进入地层，同时减少了压力传递作用。另外，硅酸盐能与泥页岩中的黏土矿物发生反应，生成类似沸石的非晶质的联结非常致密的新矿物，增强井壁的稳定性，但此类材料存在对 pH 敏感的缺点，加有该材料的钻井液必须保持高 pH(>11)，一旦 pH 值降低钻井液的粘度、切力急剧上升，失去封堵性能[5]。

除了以上封堵材料以外，近年来国内先后开展了以小分子成膜剂[6]、核 - 壳类成膜封堵剂[7]、仿沥青的聚酯封堵剂[8]、有机缩合反应产物封堵剂[9]以及纳米可变形封堵剂[10]等材料的研究，但大部分材料目前仅处于室内研究阶段。

国外公司也先后开展了含封堵剂的高性能钻井液研究，如 Baker Hughes 公司近年来开展添加了胶乳的水基钻井液的研究，其所谓胶乳是以油溶性聚合物主的水分散体，在钻井过程中易在压差作用下在近井地带迅速黏结成膜，阻止钻井液进一步进入，从而起到井壁稳定作用[11]；M - I SWACO 公司针对非常规页岩气藏井壁问题开展了以纳米二氧化硅颗粒为封堵剂的纳米颗粒钻井液的研究，但目前还未推广应用[12]。

2 微裂缝封堵材料的研究思路

2.1 性能要求

泥页岩是由多种黏土矿物组成，硬脆性泥页岩一般以伊利石和蒙脱石为主，蒙脱石为膨胀性极强的黏土矿物，而伊利石则基本不膨胀，所以这两种黏土矿物遇水后吸水膨胀速率相差很大，所产生的膨胀压力亦相差很大，因而地层受力不均匀，易沿层理、裂缝的断面发生剥落坍塌[13]，因此封堵材料需具有一定的胶结性能，才能真正起到预防井壁失稳作用。另外，相关研究表明泥页岩微裂缝孔喉半径分布范围在 2.4nm ~ 9.3μm 之间[14]，因此作为微裂缝封堵材料首先粒径必须要足够小，为纳米或者微米级，或者在一定温度和压差下发生变形并封堵地层微裂隙才能进入到在近井壁带形成致密的内泥饼，提高对微裂隙的粘结力，并阻止钻井液滤液侵入地层。

2.2 结构设计

根据以上性能要求，拟设计以油溶性聚合物为主要成份的胶乳聚合物作为微裂缝封堵材料，其中油溶性单体包括硬单体和软单体，硬单体主要为带苯环的乙烯类单体，聚合后对应的硬链段具有高的玻璃化转变温度(T_g)可提供分子链刚性及抗温性能，软单体主要为带不饱和双键的酯类单体，聚合后对应的软链段具有较低的玻璃化转变温度可提供分子链的柔性即可变形性；另外考虑到油溶性聚合物在钻井液中的适应性问题，需增加亲水链段有利于在水基钻井液中的分散与在近井地带的吸附。

2.3 原料选择

(1) 苯乙烯类单体：带苯环的乙烯类单体目前用的最多的是苯乙烯，但由于苯乙烯单体具有一定的毒性且存在共聚效率和转化率的问题，因此拟利用废聚苯乙烯泡沫为原料制备双亲胶乳类封堵材料。聚苯乙烯泡沫由于适用方便、价格低廉，作为产品包装材料广泛应用在电视机、电冰箱等电气产品和其他商品的包装材料，但是由于聚苯乙烯泡沫在大自然中无法自行分解，废弃后随处可见，焚化处理又会产生有害气体污染环境，已经成为污染人们生活环境的"白色公害"。因此对废聚苯乙烯泡沫塑料的回收利用，既可减少环境污染，又能变废为宝，节约能源。

（2）带双键的酯类单体：主要包括醋酸乙烯酯、（甲基）丙烯酸甲酯、（甲基）丙烯酸丁酯等，这类单体既是废苯乙烯泡沫原料的溶剂，其自身又是提供软链段的共聚单体，且可增加聚合物之间的胶结性，赋予聚合物更好的封堵性能。

（3）亲水单体：主要包括(N，N－二甲基)丙烯酰胺，(甲基)丙烯酸等，这类单体含有较强的吸附和水化基团，其和油溶性单体具有较高的共聚效率，可赋予聚合物在钻井液具有更强的分散稳定性。

2.4　合成方法选择及工艺优化

（1）合成方法选择：采用以水为分散介质的正相乳液聚合，既环保又节约成本，且合成出的产物有效含量高，产物粒利于调控，分散性好，可直接使用。

（2）工艺优化：主要包括引发剂类型及加量、乳化剂类型及加量、反应温度、时间、"软硬"单体比例等。其中影响聚合物封堵性能的主要因素有玻璃化转变温度和聚合物的分子质量及其分布。玻璃化转变温度低的聚合物初胶结好，玻璃化转变温度高的聚合物的内聚强度高，有利于提高聚合物的胶结强度。玻璃化转变温度的调节主要通过调整"软硬"单体的比例来实现；聚合物分子质量降低，分子质量分布宽，可使聚合物具有良好的胶结性和胶结强度。

3　探索性实验

3.1　合成

首先将定量的废聚苯乙烯泡沫溶解在酯类溶剂中为有机相，其次依次称取一定量的去离子水、乳化剂和亲水单体于四口烧瓶中在搅拌下溶解为水相，水浴升至一定的温度时，在搅拌速度一定条件下，将有机相缓慢滴加进水相进行预乳化，乳化均匀后升温至反应温度并加入配制好的引发剂的溶液，反应一定时间后停止，得到白色乳液状产物FPS，如图 1 所示。

图 1　双亲胶乳（FPS）外观

3.2　表征及性能评价

1. 微观形态

图 2 是双亲胶乳的显微镜照片，从图中可看出，双亲胶乳呈现出较为规则的球形结构，粒径约在 1 ~ 10μm 之间，且较为均匀，

适用于微裂缝封堵。

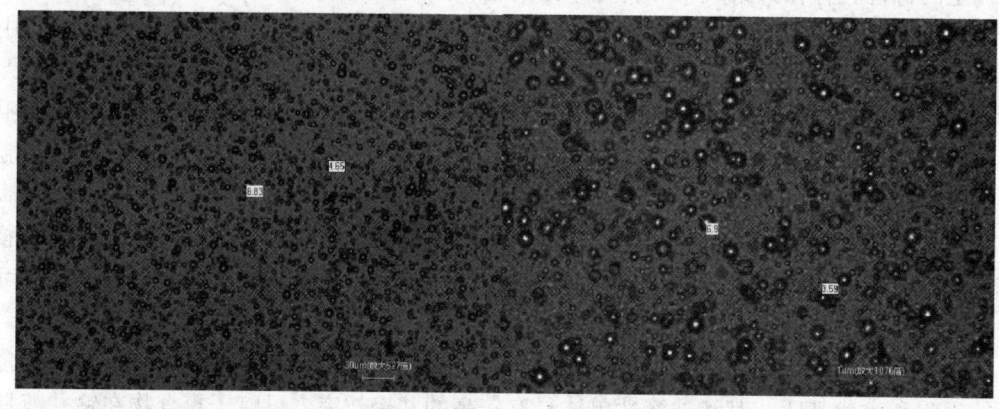

图2 双亲胶乳的微观形态

2. 降滤失及封堵能力

表1为不同加量的双亲胶乳在淡水基浆中的降滤失及封堵能力，从表中可以看出，双亲胶乳在淡水基浆中具有良好的抗高温性能和降滤失能力，且随着加量的增加滤失量呈减小趋势。另外从60~90目砂床漏失量结果可以看出，加有双亲胶乳的基浆在0.7MPa的压力下均没有产生漏失，说明其对较小孔径缝隙具有较好的封堵能力。

表1 双亲胶乳在4%淡水基浆中的性能

胶乳	加量/%	老化条件	AV/mPa·s	PV/mPa·s	YP/Pa	FL/mL	60~90目砂床漏失量/mL
基浆	0		4.5	3	1.5	45	400mL
FPS	0.5	180℃/16h	6.5	5	1.5	25	0(润湿6.5cm)
	1.0		7.5	5	2.5	17.6	0(润湿6.0cm)
	1.5		6	4	2.0	15.6	0(润湿9.5cm)
	2.0		8.5	6	2.5	13.6	0(润湿7.5cm)

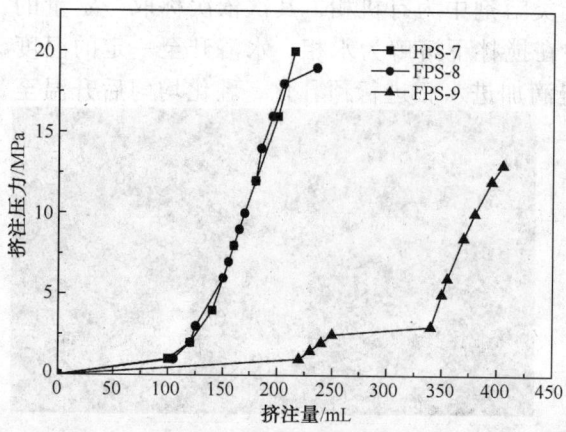

图3 挤注量-挤注压力变化曲线(1.0%)

3. 承压能力及胶结性

双亲胶乳在4%淡水基浆中的承压封堵强度和挤注量随压力变化曲线如图3所示。可以看出加有双亲胶乳后的基浆在60~90目砂床中均具有很高的承压强度，且能迅速起压，其中FPS-7挤注100mL时开始起压，到215mL时压力即达到20MPa。从拆除的封堵层照片(图4)可知双亲胶乳能够在砂床孔隙间迅速成膜形成封堵层，因此起压较快，并且形成的封堵层韧性较好，另外胶乳的进入使砂子具有一定的黏弹性，说明所制备的双亲胶乳胶结性能较好。

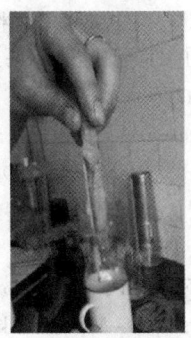

图4　双亲胶乳形成的封堵层及胶结性

4　结论及建议

4.1　结论

（1）结合微裂缝封堵材料的性能要求，对其进行了结构设计和原料选择，提出了利用废苯乙烯泡沫制备双亲胶乳类封堵材料的研制思路。

（2）初步探索实验表明，所制备的双亲胶乳粒稳定性好，粒径在 $1 \sim 10\mu m$ 之间，具有良好的封堵降滤失性能、承压性能及胶结性能。

4.2　建议

（1）建议在探索研究基础上优化合成工艺，并利用岩心渗透率及压力传递实验等手段对其封堵机理进入深入研究，为实际应用奠定理论基础。

（2）建议继续开展利用其他类型工业废料制备钻井液处理剂的研究，提高产品的性价比，且具有重要的社会价值。

参 考 文 献

1　汪传磊，李皋，严俊涛等．川南硬脆性页岩井壁失稳机理实验研究[J]．科学技术与工程，2012，12（30）：8012 ~ 8015

2　石秉忠．硬脆性泥页岩水化过程的微观结构变化[J]．大庆石油学院学报，2011，35（6）：28 ~ 34

3　丁锐．钻井液防塌剂的作用方式及分类[J]．石油大学学报（自然科学版），1997，22（6）：125 ~ 128

4　肖金裕，杨兰平，李茂森等．有机盐聚合醇钻井液在页岩气井中的应用[J]．钻井液与完井液，2011，28（6）：21 ~ 24

5　蔡利山，郭才轩．中国硅酸盐钻井液技术面临突破[J]．钻井液与完井液，2007，24（2）：1 ~ 5

6　徐同台，冯京海，朱宽亮等．成膜封堵低侵入保护油气层钻井液技术的探讨[J]．钻井液与完井液，2006，23（3）：66 ~ 68

7　徐博韬，向兴金，舒福昌等．钻井液用成膜封堵剂 HCM 的性能评价及现场应用[J]．化学与生物工程，2012，29（9）：1672 ~ 5425

8　向朝纲，蒲晓林，陈勇．新型封堵剂 FDJ - EF 封堵特性及其作用机理[J]．断块油气田，2012，19（2）：49 ~ 52

9　黄书红，蒲晓林，陈勇等．新型无荧光防塌封堵剂 HSH 的研制及机理研究[J]．钻井液与完井液，

2013, 30(1): 9~14

10 孙迎胜, 陈渊, 温栋良等. 纳米封堵剂性能评价及现场应用[J]. 精细石油化工进展, 2010, 11(11): 9~12

11 William S H, David Schwertner, Tao xiang, et al. Water – based drilling fluids using latex additives [P]. US 7393813, 2008

12 Riley M, Stamatakis E, Young S, et al. Wellbore Stability in Unconventional Shale – The Design of a Nano – paricle Fluid [C]. SPE 153729, 2012

13 王怡, 徐江, 梅春桂等. 含裂缝的硬脆性泥页岩理化及力学特性研究[J]. 石油天然气学报, 211, 33 (6): 104~109

14 M Milner, R McLin, J Petriello, et al. Imaging Texture and Porosity in Mudstones and Shales: Comparison of Secondary and Ion – Milled Backscatter SEM Methods [C]. SPE 138975, 2010

钻井液用聚醚胺基烷基糖苷的合成及性能

司西强　王中华　魏　军

（中国石化石油工程技术研究院中原分院）

摘　要　针对聚醚胺和烷基糖苷应用中出现的问题，通过分子设计，合成了聚醚胺基烷基糖苷。确定了产品的合成方法，优选了合成原料；对提纯样品进行了红外、核磁及元素分析，确定了产品分子结构；对产品性能进行了测试。结果表明：产品与常规水基钻井液配伍性好；0.1%产品水溶液对岩屑一次回收率>96%，相对回收率>99%；0.7%产品对钙土相对抑制率>95%；产品可使无土基浆和有土基浆的抗温性能由110℃提高到160℃；产品含量超过7%时，润滑系数<0.1；3%产品水溶液静态或动态污染岩心后，静态渗透率恢复值大于96%，动态渗透率恢复值大于91%。该产品具有超强抑制性，配伍性和其他各项性能优良，适用于长水平段泥页岩等易坍塌地层及页岩气水平井的钻井施工，应用前景较广。

关键词　钻井液处理剂；聚醚胺；烷基糖苷；合成；性能

井壁失稳是钻井施工中最常见的井下复杂情况，据统计，90%以上的井壁失稳发生在泥岩地层，井壁失稳与地层中黏土矿物的水化膨胀、分散等作用密切相关，从化学角度来说，在钻井液中加入强效抑制剂是解决井壁失稳的有效途径之一[1~5]。随着对井壁失稳机理认识的不断加深，近年来强抑制剂研究的针对性越来越强，发展较快。国外主要研究了环保强抑制的胺基抑制剂，形成了高性能水基钻井液，在墨西哥湾、美国、巴西等地区应用，效果较好。国内相关研究较多，特别是烷基糖苷[6~15]、阳离子季铵盐[16~18]及聚胺抑制剂[19]应用较多，但综合性能与国外相比还存在差距。烷基糖苷通过吸附成膜、疏水等发挥一定抑制作用，润滑性能优良，但其加量较大时才能充分发挥作用，成本较高，前期中原钻井院针对烷基糖苷在钻井液中存在不足，从另一个方向开展了阳离子烷基糖苷的研究[20~24]，目前已在现场应用12口井，正在继续推广应用，表现出较好的经济效益和社会效益。阳离子季铵盐抑制性好，但影响钻井液稳定性，环保性能有待提高；聚醚胺抑制剂抑制性好，但生产条件苛刻、成本较高，配伍性有待改善。目前国内外对烷基糖苷、聚醚胺分别在钻井液中的应用开展了大量研究，但尚未有将两者结合在一起形成一个聚醚胺基烷基糖苷分子整体进行应用的研究，聚醚胺基烷基糖苷产品预计具有聚醚胺和烷基糖苷复配无法达到的效果。聚醚胺基烷基糖苷产品的新颖性、前瞻性和技术创新性较强，将会形成一项钻井液处理剂新技术，解决现场易坍塌地层井壁稳定的难题，处理剂的升级换代及钻井液新体系新技术的形成和发展都将会产生积极的促进作用。

1　实验材料及仪器

实验材料：淀粉（分析纯）、葡萄糖（分析纯）、脂肪醇（分析纯）、烷基糖苷（分析纯）、乙二醇（分析纯）聚乙二醇400（分析纯）、聚乙二醇600（分析纯）、聚乙二醇800（分析纯）、环氧氯丙烷（分析纯）、环氧丙烷（分析纯）、环氧乙烷（分析纯）、有机胺（分析纯）、烷基苯磺酸(分析纯)、氢氧化钠，浓盐酸(分析纯)、浓硫酸(分析纯)、氨基磺酸(分析纯)、磷钨酸(分析纯)、去离子水、钠膨润土、钙膨润土、天然岩屑(马12井2765m处)等。

实验仪器：六速旋转黏度计、智能磁力恒温搅拌器、四口烧瓶、烘箱、冷凝装置、高温滚子加热炉、老化罐、极压润滑仪、表面张力仪、中压失水仪、高速搅拌机、精密电子天平、油田化学剂评价装置、傅里叶变换红外光谱仪、核磁共振仪、热重分析仪、元素分析仪等。

2 产品分子设计及室内合成

2.1 产品分子设计

为能够准确快速获得具有特定性能的产品，需对拟合成的产品进行分子设计。因为产品的功能来源于产品分子性质，产品分子性质取决于产品分子结构，因此在分子设计前，需要对拟合成产品分子的功能做一个限定，根据功能需要来筛选具有特定官能团的原料，并对合成条件进行预测。本节对聚醚胺基烷基糖苷的分子设计过程进行了概述。

1. 分子设计原则

作为一种新型高性能钻井液处理剂，聚醚胺基烷基糖苷产品分子设计应遵循以下原则：①原料廉价易得，天然可再生；②产品合成工艺条件温和、操作简单方便、易于工业化；③产品性能优异，应用成本低；④产品绿色环保，无生物毒性。

2. 分子设计依据

聚醚胺的井壁稳定能力已为业内普遍认可，但加入到钻井液中存在增滤失、影响钻井液稳定性等缺点；烷基糖苷凭借羟基吸附成膜效应、长链烷基疏水效应来发挥抑制作用，并且与钻井液具有较好的配伍性，但其抑制性能有待提高，在钻井液中加量较大(＞30%)时才能充分发挥作用。鉴于上述分析，对聚醚胺基烷基糖苷的分子结构进行设计，要求设计的产品分子结构上既具有烷基糖苷的基本结构单元，又具有聚醚胺的基本结构单元，将烷基糖苷和聚醚胺整合到同一分子结构中，与两者复配有本质不同，一方面，分子中聚醚胺结构的超强吸附及拉紧作用可充分保证强抑制性，另一方面，分子中烷基糖苷结构的位阻效应可充分保证钻井液的分散稳定性，同时通过吸附作用发挥一定的抑制性能。总的来说，聚醚胺和烷基糖苷两者作为一个聚醚胺基烷基糖苷分子上的两个不同的结构单元，实现了钻井液稳定性和抑制性两种性能的和谐统一，达到既不会破坏钻井液稳定性能，又能满足强抑制性能的目的。

2.2 产品室内合成

在聚醚胺基烷基糖苷分子设计思路的指导下，对产品合成路线进行了确定，合成工艺条件进行了优化。

1. 合成路线确定

产品合成路线的确定主要包括合成方法的确定、合成原料的优选和催化剂的种类及用量确定。只有合成路线确定后才能开展合成工艺条件的优化。

1) 合成方法确定

在前期阳离子烷基糖苷、两性离子烷基糖苷等系列糖苷衍生物研究的基础上，结合聚醚胺文献调研结果，提出合成聚醚胺基烷基糖苷产品的两种方法。方法(1)：阴离子开环聚合法；方法

（2）：阳离子开环聚合法。对两种方法合成产品的相对抑制率进行了评价，结果如表1所示。

表1　不同方法合成产品相对抑制率

样品	Φ100	相对抑制率/%	样品	Φ100	相对抑制率/%
空白	72	—	方法2	14	80.56
方法1	0.5	99.31			

注：聚醚胺基烷基糖苷加量0.5%，热滚条件：150℃，16h。

由表1结果可以看出，方法（1）合成产品抑制性能优异，在加量为0.5%的条件下，相对抑制率为99.31%，具有较好的抑制黏土水化分散的能力；方法（2）合成过程中采用碱催化，环氧化物在强碱环境中会发生关环反应，导致产品收率较低，影响性能，相对抑制率较低，为80.56%。经分析，确定方法（1）为合成聚醚胺基烷基糖苷的优选方法。

2）合成原料优选

产品合成方法确定之后，对合成所需原料进行了优选，主要包括烷基糖苷、环氧化物、多元醇、有机胺等，通过对上述原料合成产品的抑制性能进行评价，最终优选出的原料为：甲基糖苷、环氧氯丙烷、乙二醇、四乙烯五胺，催化剂为烷基苯磺酸，加量为烷基糖苷质量的6%。

2. 合成工艺优化

产品合成路线确定之后，对其合成工艺进行了优化，优化过程主要包括：①足够快的搅拌速度，消除原料扩散速度的影响；②聚醚烷基糖苷合成条件；③胺化反应条件。通过系统研究，得到优化工艺条件为：搅拌速度＞300r/min；环醇苷比为1:1:（0.5～1.0），聚醚烷基糖苷合成反应温度为90～100℃，反应时间为2～4h；聚醚烷基糖苷与有机胺摩尔比为1:（0.8～1.2），由于胺化反应放热剧烈，故有机胺加料方式为缓慢加入，在室温下反应，反应时间为＞1.5h。在优化合成工艺条件下制备了聚醚胺基烷基糖苷样品，经过提纯分离，得到纯度较高的产品，用于后续的表征分析及性能测试。

3　产品表征分析及结构确定

3.1　产品表征分析

1. 红外光谱分析

为了确定聚醚胺基烷基糖苷产品的分子结构，需要对产品进行红外光谱分析。通过对产品中特征官能团－OH、C－O－C、胺基、C－N键及糖苷键等对应的特征吸收峰进行分析来检验所得产物是否为目标产物。所用仪器为傅里叶变换红外光谱仪，所用方法为涂膜法。产品红外光谱表征结果见图1。

由图1可以看出，3380cm^{-1}为O－H键的伸缩振动峰，2830～2950cm^{-1}为甲基和

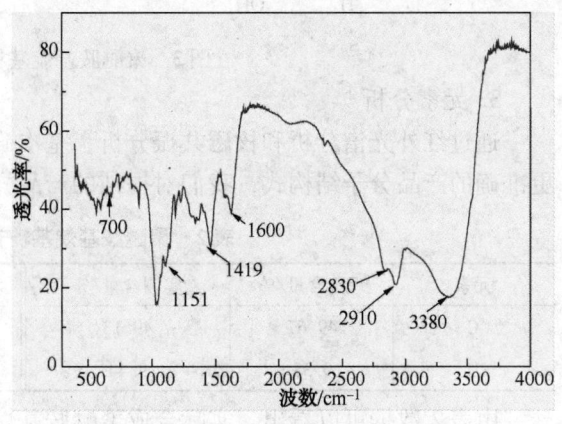

图1　聚醚胺基烷基糖苷红外谱图

亚甲基中 C–H 键的伸缩振动峰，可确定有糖苷结构；1151cm^{-1}为 C–O–C 的伸缩振动峰，1050~1100cm^{-1}为羟基中 C–O 键的伸缩振动峰，可确定含有聚醚结构；1419cm^{-1}为 C–N 键的吸收峰，1196cm^{-1}为 C–N 键的弯曲振动峰，3380cm^{-1}为 N–H 的吸收峰，可确定含有胺的结构。综合上述结果，聚醚胺基烷基糖苷产品分子结构中含有羟基、糖苷、醚键、C–N 键、胺基等特征结构，初步确定其分子结构为理论设计结构。下面通过核磁共振、元素分析等其他手段进一步确定产品分子结构。

2. 核磁共振分析

对聚醚胺基烷基糖苷产品进行了核磁共振分析，包括^{1}H 核磁共振和^{13}C 核磁共振。^{1}H 核磁共振谱图和^{13}C 核磁共振谱图如图 2 所示。

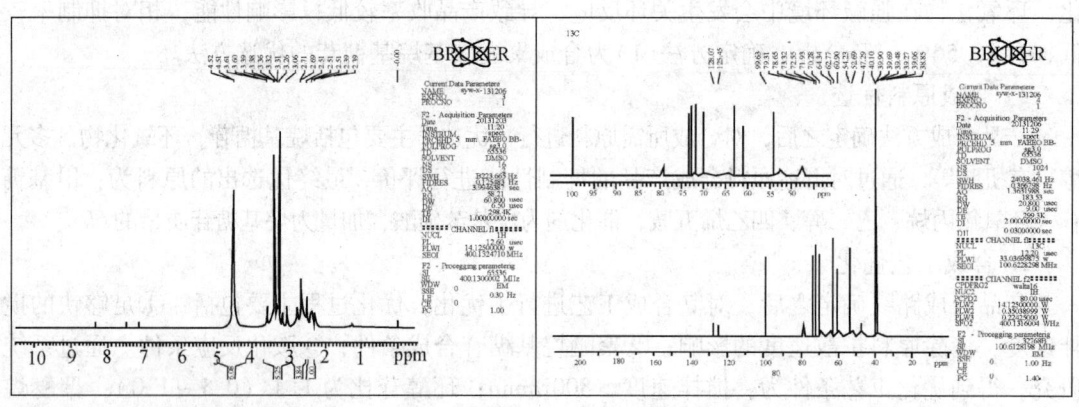

图 2   聚醚胺基烷基糖苷产品核磁共振谱图

通过对图 2 中聚醚胺基烷基糖苷的^{1}H 核磁共振谱图和^{13}C 核磁共振谱图进行分析，进一步确定了聚醚胺基烷基糖苷结构与理论设计相符，结构如图 3 所示。

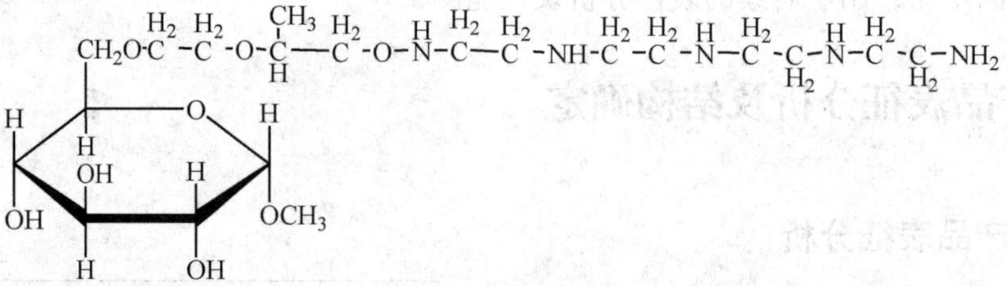

图 3   聚醚胺基烷基糖苷产品分子结构

3. 元素分析

通过红外光谱分析和核磁共振分析，基本确定了聚醚胺基烷基糖苷的分子结构，为得到更准确的产品分子结构式，我们对提纯的产品样品进行了元素分析，结果如表 2 所示。

表 2   聚醚胺基烷基糖苷产品元素分析结果

元素	理论含量/%	实测含量/%	元素	理论含量/%	实测含量/%
C	49.67	49.13	N	14.48	14.48
H	9.38	9.44	O	26.47	26.95

由表 2 数据可以看出，实际合成聚醚胺基烷基糖苷样品的元素分析结果与其理论分子结构的计算结果吻合较好，所以最终确定合成的聚醚胺基烷基糖苷分子结构如图 3 所示。

3.2 产品结构确定

通过对合成的聚醚胺基烷基糖苷产品样品进行红外、^{1}H 核磁共振、^{13}C 核磁共振和元素分析，最终确定合成的聚醚胺基烷基糖苷分子结构如图 3 所示，分子中含有糖苷、聚醚、多乙烯多胺、伯胺基等结构。

4 产品性能测试

聚醚胺基烷基糖苷作为一种新型高性能处理剂应用到钻井液体系中，首先要考虑的是处理剂本身的性能及配伍性能，在处理剂本身性能较好的情况下，考察处理剂在钻井液中的配伍性能是首要任务。本部分主要对聚醚胺基烷基糖苷的配伍性能、抑制性能、抗温性能、润滑性能、储层保护性能等进行了测试评价，为后续开展聚醚胺基烷基糖苷钻井液体系研究打下了坚实基础。

4.1 配伍性能

考察了合成的聚醚胺基烷基糖苷产品与无土相钻井液、低固相聚合物钻井液、聚磺钻井液的配伍性，以现场钻井液作为基浆，加入 3% 合成的聚醚胺基烷基糖苷，在 120℃ 的高温下热滚 16h，测试钻井液性能变化，评价聚醚胺基烷基糖苷与现场钻井液的配伍性。

1#：无土相钻井液，水 + 0.6% XC + 0.4% HV – CMC + 0.6% LV – CMC + 3% 无渗透 + 0.4% NaOH + 0.2% Na$_2$CO$_3$ + 24% 工业盐；

2#：无土相钻井液 388mL + 3% 聚醚胺基烷基糖苷；

3#：低固相聚合物钻井液，0.3% Na$_2$CO$_3$ + 0.5% ~ 1.0% LV – CMC + 0.1% ~ 0.2% 80A51 + 0.3% ~ 1.0% COP – LFL/HFL + 10% 原油；

4#：低固相聚合物钻井液 388mL + 3% 聚醚胺基烷基糖苷；

5#：聚磺钻井液，4% 土 + 0.2% Na$_2$CO$_3$ + 0.2% NaOH + 0.1% ~ 0.2% 80A51 + 0.5% ~ 1.0% LV – CMC + 0.3% ~ 1.0% COP – LFL/HFL + 适量盐 + 2% ~ 4% SMP 和 SMC；

6#：聚磺钻井液 388mL + 3% 聚醚胺基烷基糖苷。

由表 3 数据可以看出，聚醚胺基烷基糖苷与常规水基钻井液具有较好的配伍性能，加入钻井液后可起一定降滤失作用，在无土相钻井液中具有增黏作用，改善流型，在低固相聚合物钻井液和聚磺钻井液中具有降切力作用，对钻井液流型具有显著改善作用。

表 3   聚醚胺基烷基糖苷与不同钻井液体系配伍性

钻井液	AV/mPa·s	PV/mPa·s	YP/Pa	G′/G″Pa/Pa	FL/mL	密度/(g·cm^{-3})	pH 值
1#	48	22	26	10/13.5	6	1.14	8
2#	57.5	26	31.5	11/15	5.6	1.15	9
3#	93	57	36	15/20	4.6	1.27	8
4#	72	58	14	2.0/6.0	4.2	1.27	8
5#	49.5	39	10.5	4.5/23.5	2.8	1.43	9
6#	42.5	36	6.5	1.0/8.0	1.6	1.43	9

注：热滚条件为：120℃、16h。

4.2 抑制性能

1. 岩屑回收率

对不同含量的聚醚胺基烷基糖苷水溶液进行页岩回收率评价。岩心一次回收实验条件为：130℃，16h；岩心二次回收实验条件为：130℃，2h。结果如图4所示。

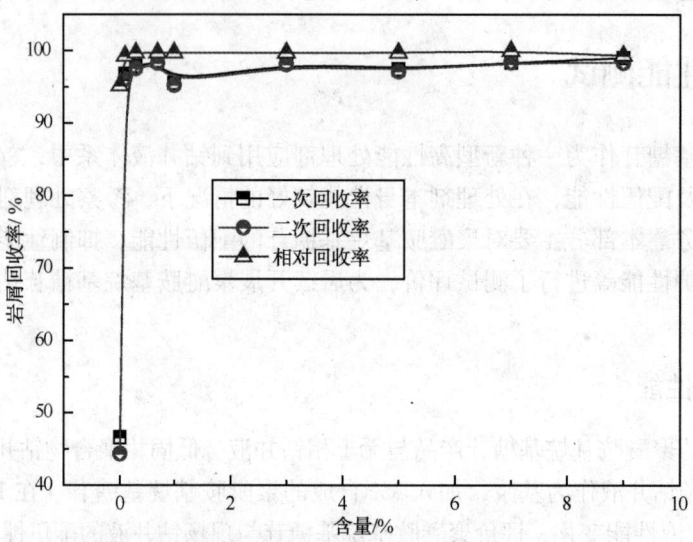

图4 聚醚胺基烷基糖苷含量对岩屑回收率影响

由图4可以看出，当聚醚胺基烷基糖苷含量超过0.1%，岩屑一次回收率大于96.80%，二次回收率大于96.10%，相对回收率大于99%。在含量较小的情况下即可对岩屑的水化分散起到较强的抑制作用。

2. 相对抑制率

对不同含量的聚醚胺基烷基糖苷进行相对抑制率评价。实验条件为：150℃，16h。结果如图5所示。

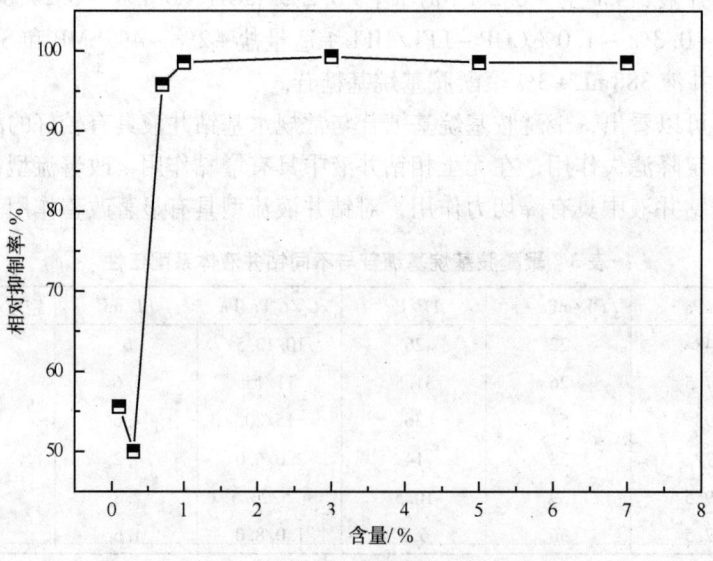

图5 聚醚胺基烷基糖苷含量对相对抑制率影响

由图 5 可以看出，当聚醚胺基烷基糖苷含量超过 0.7% 时，其对钙膨润土的相对抑制率大于 95%，可认为在聚醚胺基烷基糖苷含量大于 0.7%，即可较好地抑制黏土水化分散。

4.3 抗温性能

通过热滚前后的流变性能来评价聚醚胺基烷基糖苷的抗温性能。抗温性能的评价方法是将产品加入到无土基浆和有土基浆中，热滚后对其流变性能进行评价。抗温性能主要通过产品对聚合物的护胶作用来体现。

1. 无土浆

将聚醚胺基烷基糖苷按 10% 的量加入无土基浆中，分别测试无土浆在 90℃、110℃、130℃、150℃、160℃、170℃、180℃ 时的流变性能。结果如表 4 所示。

表 4　无土条件下聚醚胺基烷基糖苷抗温性

名称	温度/℃	老化情况	$AV/mPa \cdot s$	$PV/mPa \cdot s$	YP/Pa
无土基浆	常温	热滚前	40	20	20
	90	热滚 16h	24.5	11	13.5
	110	热滚 16h	13.5	9	4.5
	130	热滚 16h	8.5	8	0.5
	150	热滚 16h	7	6	1
	160	热滚 16h	3	2	1
	170	热滚 16h	1.5	1	0.5
	180	热滚 16h	3	2	1
聚醚胺基烷基糖苷无土浆	常温	热滚前	43.5	22	21.5
	90	热滚 16h	39.5	29	10.5
	110	热滚 16h	31	14	17
	130	热滚 16h	37	16	21
	150	热滚 16h	27.5	14	13.5
	160	热滚 16h	17	10	7
	170	热滚 16h	3.5	3	0.5
	180	热滚 16h	3.5	2	1.5

注：无土基浆：水 + 0.4% HV – CMC + 0.6% XC + 0.6LV – CMC + 0.4% NaOH；聚醚胺基烷基糖苷无土浆：水 + 10% 聚醚胺基烷基糖苷 + 0.4% HV – CMC + 0.6% XC + 0.6% LV – CMC + 0.4% NaOH。

由表 4 中数据可以看出，聚醚胺基烷基糖苷加入到无土基浆中后，聚醚胺基烷基糖苷无土浆的抗温性能较无土基浆显著提高，最高可抗 160℃ 高温，而无土基浆仅能抗 110℃，这说明聚醚胺基烷基糖苷的加入可与其他处理剂发生协同作用，大幅提高无土基浆的抗温性能。

2. 有土浆

配制6%的土浆 A，配制有土基浆。将聚醚胺基烷基糖苷按10%的量加入有土基浆中，分别测试有土浆在90℃、110℃、130℃、150℃、160℃、170℃、180℃时的流变性能。结果如表5所示。

由表5中数据可以看出，聚醚胺基烷基糖苷加入到有土基浆中后，聚醚胺基烷基糖苷有土浆的抗温性能较有土基浆显著提高，最高可抗160℃高温，而有土基浆仅能抗110℃左右，这说明聚醚胺基烷基糖苷的加入可与其他处理剂发生协同作用，大幅提高无土基浆的抗温性能，抗温能力提高50℃。

表5　有土条件下聚醚胺基烷基糖苷抗温性

名称	温度/℃	老化情况	AV/mPa·s	PV/mPa·s	YP/Pa
有土基浆	常温	热滚前	45	23	22
	90	热滚16h	37	17	20
	110	热滚16h	23.5	17	6.5
	130	热滚16h	24	19	5
	150	热滚16h	17.5	14	3.5
	160	热滚16h	10.5	10	0.5
	170	热滚16h	2.5	2	0.5
	180	热滚16h	4	3	1
NAPG有土浆	常温	热滚前	53.5	23	30.5
	90	热滚16h	51	24	27
	110	热滚16h	47.5	23	24.5
	130	热滚16h	46.5	23	23.5
	150	热滚16h	46	23	23
	160	热滚16h	37	19	18
	170	热滚16h	5	2	3
	180	热滚16h	4.5	4	0.5

注：有土基浆：200mLA + 200mL 水 + 0.4% HV - CMC + 0.6% XC + 0.6% LV - CMC + 0.4% NaOH + 0.2% Na_2CO_3；聚醚胺基烷基糖苷有土浆：200mLA + 160mL 水 + 10% 聚醚胺基烷基糖苷 + 0.4% HV - CMC + 0.6% XC + 0.6LV - CMC + 0.4% NaOH + 0.2% Na_2CO_3。

4.4　润滑性能

对不同含量的聚醚胺基烷基糖苷水溶液的润滑性进行了测试评价，测试结果如表6所示。

由图6可以得到，随着聚醚胺基烷基糖苷含量的升高，其水溶液的润滑系数逐渐减小，当CAPG含量为7%时，其润滑系数为0.1003，当含量继续升高到10%时，润滑系数降低为

0.0821，由润滑性能结果可以认为，聚醚胺基烷基糖苷不仅具有超强的抑制性能，而且也具有良好的润滑性能。

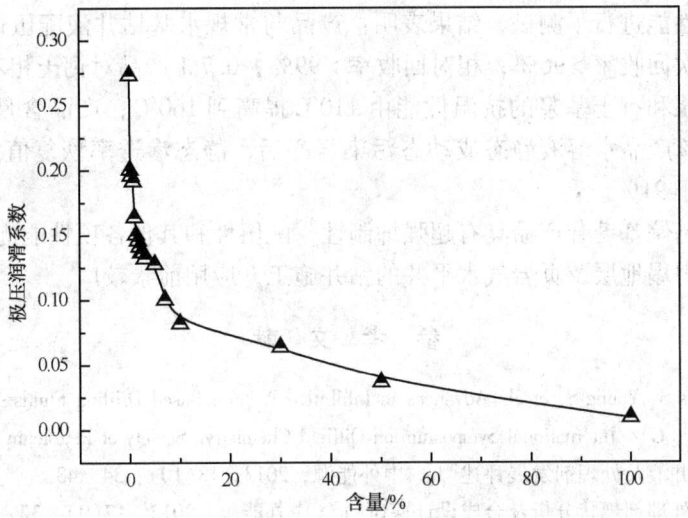

图6　不同含量的聚醚胺基烷基糖苷水溶液极压润滑系数

4.5　储层保护性能

对聚醚胺基烷基糖苷保护储层的性能进行了评价。考察3%聚醚胺基烷基糖苷水溶液对岩心进行静态和动态污染后的渗透率恢复值，通过渗透率恢复值来评价聚醚胺基烷基糖苷储层保护性能的好坏，选用中原某井天然岩心，岩心直径25mm，岩心长度25.5mm。结果如表6、表7所示。

表6　3%聚醚胺基烷基糖苷水溶液的静态渗透率恢复值(90℃)

岩心	围压/MPa	$P_{前稳}$/MPa	$P_{后稳}$/MPa	渗透率恢复值/%
1	6.0	0.142	0.145	97.93
2	6.0	0.148	0.153	96.73

表7　3%聚醚胺基烷基糖苷水溶液的动态渗透率恢复值(90℃)

岩心	围压/MPa	$P_{前稳}$/MPa	$P_{后稳}$/MPa	渗透率恢复值/%
3	6.0	0.175	0.192	91.14
4	6.0	0.183	0.198	92.42

由表6和表7数据可以看出，在3%聚醚胺基烷基糖苷水溶液静态或动态污染后，岩心的静态渗透率恢复值大于96%，动态渗透率恢复值大于91%，表现出较好的储层保护性能。

5　结论

(1) 针对聚醚胺和烷基糖苷应用中出现的问题，通过分子设计，合成了聚醚胺基烷基糖苷产品。

（2）确定了产品的合成方法，优选了合成原料；对提纯样品进行了红外、核磁及元素分析，确定了产品分子结构。

（3）对产品性能进行了测试，结果表明：产品与常规水基钻井液配伍性好；0.1%产品水溶液对岩屑一次回收率 >96%，相对回收率 >99%；0.7%产品对钙土相对抑制率 >95%；产品可使无土基浆和有土基浆的抗温性能由 110℃提高到 160℃；产品含量超过 7%时，润滑系数 <0.1；3%产品水溶液静态或动态污染岩心后，静态渗透率恢复值大于 96%，动态渗透率恢复值大于 91%。

（4）聚醚胺基烷基糖苷产品具有超强抑制性，配伍性和其他各项性能优良，适用于长水平段泥页岩等易坍塌地层及页岩气水平井的钻井施工，应用前景较广。

参 考 文 献

1 Patel A, Stamatakis S, Young S, et al. Advances in Inhibitive Water – Based Drilling Fluids——Can They Replace Oil – Based Muds? ［C］//International Symposium on Oilfield Chemistry. Society of Petroleum Engineers, 2007

2 王中华. 国内钻井液及处理剂发展评述［J］. 中外能源, 2013, 18(10)：34～43

3 王中华. 钻井液处理剂现状分析及合成设计探讨［J］. 中外能源, 2012, 17(9)：32～40

4 王中华. 2011～2012 年国内钻井液处理剂进展评述［J］. 中外能源, 2013, 18(4)：28～35

5 Simpson J P, Walker T O, Jiang G Z. Environmentally Acceptable Water – Based Mud Can Prevent Shale Hydration and Maintain Borehole Stability［A］. 1995, SPE 27496

6 Issam I, Ann P H. The application of methyl glucoside as shale inhibitor in sodium chloride mud［J］. Jurnal Teknologi, 2009, 50(F)：53～65

7 Zhang Y, Cheng Z, Yan J N, et al. Investigation on formation damage control of the methylglucoside fluids［A］. SPE 39442, 1998

8 吕开河, 邱正松, 徐加放. 甲基葡萄糖苷对钻井液性能的影响［J］. 应用化学, 2006, 23(6)：632～636

9 欧阳伟, 杨刚, 贺海等. MEG 钻井液技术在剑门 1 井超长小井眼段的应用［J］. 钻井液与完井液, 2009, 26(6)：21～23

10 黄达全, 宋胜利, 王伟忠等. MEG 钻井液在滨 26X1 井的应用［J］. 钻井液与完井液, 2008, 25(3)：36～38

11 雍富华, 余丽彬, 熊开俊等. MEG 钻井液在吐哈油田小井眼侧钻井中的应用［J］. 钻井液与完井液, 2006, 23(5)：50～52

12 付国都, 董海军, 牛广玉等. 双保仿油基改性 MEG 的研究与应用［J］. 钻井液与完井液, 2005, 22(B05)：8～10, 117～118

13 张琰, 钱续军. MEG 钻井液在沙 113 井试验成功［J］. 钻井液与完井液, 2001, 18(2)：27～29

14 赵素丽, 肖超, 宋明全. 泥页岩抑制剂乙基葡糖苷的研制［J］. 油田化学, 2004, 21(3)：202～204

15 蒋娟, 朱杰, 涂志勇等. 丙基葡萄糖苷钻井液研究［J］. 中国石油大学胜利学院学报, 2009, 23(4)：14～16

16 Weuthen M, Kahre J, Hensen H, et al. Cationic sugar surfactants［P］. US：5773595, 1998(6)

17 Stuart B P, Harold L M, Joseph P P, et al. Alkoxylated alkyl glucoside ether quaternaries useful in personal care［P］. US：5138043, 1992(8)

18 Allen D K, Tao B Y. Carbohydrate – alkyl ester derivatives as biosurfactants［J］. Journal of Surfactants and Detergents, 1999, 2(3)：383～390

19 王中华. 关于聚胺和"聚胺"钻井液的几点认识［J］. 中外能源, 2012, 17(11)：1～7

20 司西强, 王中华, 魏军, 等. 钻井液用阳离子烷基糖苷的合成研究［J］. 应用化工, 2012, 41(1)：56～60

21 司西强, 王中华, 魏军, 等. 钻井液用阳离子甲基葡萄糖苷［J］. 钻井液与完井液, 2012, 29(2)：21～23

22 Xiqiang Si, Zhonghua Wang, Jun Wei, et al. Study on synthesis of cationic methyl glucoside which was used in drilling fluid. Prepr. Pap. – Am. Chem. Soc. , Div. Pet. Chem. 2012, 57(1): 102~103

23 Xiqiang Si, Zhonghua Wang, Jun Wei, et al. Performance test for cationic methyl polyglucoside which was used in drilling fluid. Prepr. Pap. – Am. Chem. Soc. , Div. Pet. Chem. 2012, 57(1): 86~87

24 Xiqiang Si, Zhonghua Wang, Wei Jun, et al. Influence of Catalyst on the Synthesis of Cationic Alkyl Glucoside. Prepr Pap – Am Chem Soc, Div Energy Fuels, 2013, 58(2): 336~337

新型醇基钻井液抑制性能研究

褚　奇　李　胜　赵素丽

（中国石化石油工程技术研究院）

摘　要　通过抑制膨润土造浆实验对由甘油或聚乙二醇200溶液为液相的钻井液的抑制性进行评价，结果表明，以甘油或聚乙二醇200溶液为液相的钻井液体系的抑制膨润土造浆能力明显强于常规强抑制钻井液体系。页岩膨胀实验结果证明了向钻井液液相中混入甘油或聚乙二醇200，可以有效抑制页岩水化膨胀，且其含量越高，抑制能力越强。以上实验表明，向钻井液液相中混入有机醇来提高钻井液抑制性的具有可行性，从而为进一步提高现有钻井液的抑制性提供了新的思路。

关键词　醇基钻井液；抑制性；井壁稳定

前言

在已开发的钻井液体系中，油基钻井液具有抑制性强、稳定井壁、提高机械钻速、抗污染能力强、润滑性能优良等优点，一直是泥页岩钻井的首选。然而，由于油基钻井液存在成本较高、易污染环境和洗井能力不理想的缺点，在一定程度上影响了油基钻井液的大规模推广[1~4]。为此，国内外研究人员不得不寻求低成本的环保型水基钻井液体系。近年来，国内外出现了以聚胺钻井液体系和烷基葡糖糖苷钻井液体系作为强抑制钻井液体系的理念[5~7]，并深入研究里其作用机理，在现场实践上取得了一定的突破，但无论从室内还是到现场实践的实际抑制性能效果，均无法与油基钻井液媲美。因此，笔者以提高钻井液抑制性和降低钻井液成本为出发点，通过改变钻井液液相组成，探索以醇为基液的钻井液体系应用可行性，为开发新型的强抑制钻井液体系提供技术支持。

1　抑制膨润土造浆实验

抑制膨润土造浆及维持钻井液流变性的能力是评价页岩抑制剂最简单有效的方法之一。实验步骤如下：用复合液（含不同醇的水溶液、甲基葡糖糖苷、乙基葡糖糖苷）或自来水配制含钠基膨润土5.0%的钻井液基浆，定量加入不同种类的钻井液抑制剂，高速搅拌30min，调节体系pH≥9.0，70℃热滚16h后测试钻井液的流变性。再加入5.0%的钠基膨润土，热滚后测试其流行性，如此反复直至测不出读数[8]。

1.1　与常规抑制剂的对比实验

由图1可知，在清水中，随着膨润土加量的增加，3转读数迅速增大，说明膨润土在清水中具有较强的水化膨胀分散作用，有利于膨润土构架空间网络结构。相比而言，在相同膨润土加量条件下，加入抑制剂的实验浆的 3 转读数则明显小于清水实验浆的 3 转读数。当膨润土加量分别达到 20.0% 时，加有 3.0% KCl 实验浆的 3 转读数才缓慢上升，说明 KCl 通过晶格固定作用可有效抑制膨润土的水化作用，且浓度越高，抑制作用越明显。在相同的膨润土加量条件下，加入 1.0% 聚胺 AL–1 实验浆的 3 转度数明显较低，表明含 1.0% 聚胺 AL–1 的实验浆抑制膨润土水化分散的能力强于 3.0% KCl 的抑制膨润土水化分散的能力。

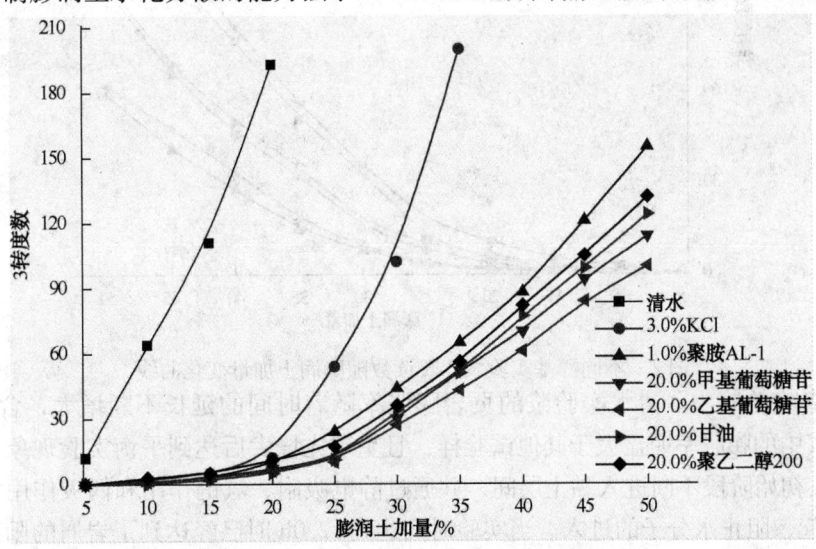

图 1 不同实验浆 3 转读数随膨润土加量变化曲线

相比而言，含 20.0% 甲基葡萄糖苷、20.0% 乙基葡萄糖苷、20% 甘油和 20% 聚乙二醇 200 的实验浆只有当膨润土加量大于 25.0% 时 3 转读数才明显增大，且增大趋势相对缓慢，说明增加钻井液液相的组成比通过添加钻井液抑制剂更有助于提高钻井液的抑制性。与甲基葡糖糖苷和乙基葡糖糖苷相比，甘油和乙二醇抑制膨润土造浆的能力稍弱，但从用量和价格方面综合考虑，利用甘油和乙二醇抑制膨润土造浆，继而提高钻井液的抑制性能是具有可行性的。

1.2 不同醇基钻井液的对比实验

利用甘油和聚乙二醇 200 配制不同比例液相的钻井液体系进行膨润土污染实验，实验结果如图 2 所示。

由图 2 可知，随着膨润土加量对俄增大，不同醇基钻井液实验浆的 3 转读数不断升高。提高钻井液液相中甘油或聚乙二醇 200 的比例有助于降低实验浆的 3 转度数，说明提高钻井液中醇的使用比例，对提高钻井液的抑制性是有利的。另外，在相同膨润土加量和相同醇比例条件下，甘油基实验浆的 3 转度数明显小于聚乙二醇 200 基实验浆的 3 转度数，表明甘油作为钻井液液相组成部分更有利于提高钻井液的抑制性。

2 抑制页岩膨胀实验

2.1 与常规抑制剂的对比实验

由图 3 可见，含不同抑制剂的实验浆对抑制页岩膨胀的效果大多呈现随时间延长不断增大

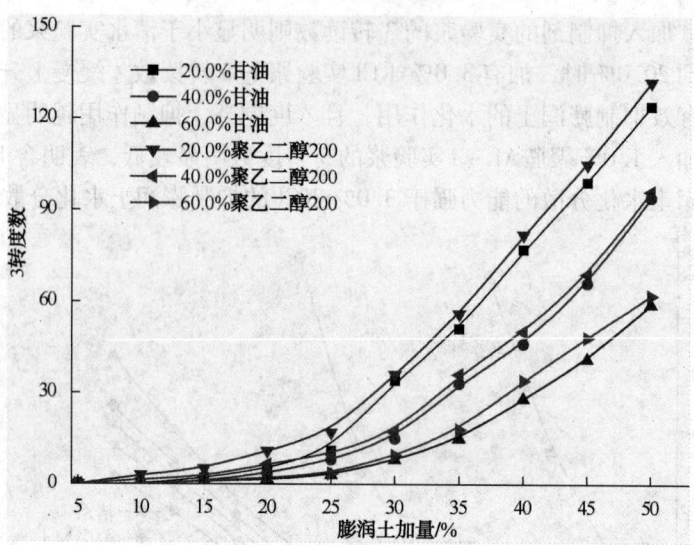

图2 不同醇基实验浆3转读数随膨润土加量变化曲线

的趋势。在各实验浆中，清水实验浆的页岩膨胀率随着时间的延长不断增大，含1.0%聚胺
AL-1实验浆中的膨胀率明显大于其他试验样，且呈现先增大后达到平衡实验现象，从而说明
聚胺FB40在初始阶段不断进入黏土层间，并通过静电吸附、氢键作用和偶极作用将黏土的片
层束缚在一起，阻止水分子的进入。当实验时间达到12.0h时已经达到了岩屑的阳离子交换容
量，聚胺分子不再进入黏土层间，从而不再引起页岩的水化膨胀。这种实验现象也验证了有关
线性膨胀率评价页岩抑制性的方法不适用于胺基抑制剂性能评价的文献报道[10]。

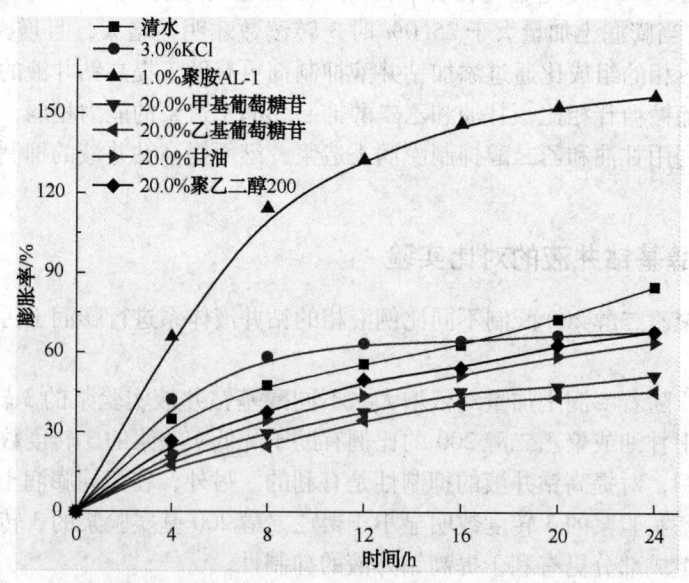

图3 不同实验浆的页岩膨胀率随时间变化曲线

　　相对而言，含20.0%乙基葡糖糖苷实验浆中的膨胀率最小，含20.0%甲基葡糖糖苷实
验浆的膨胀率次之，表明乙基葡糖糖苷和甲基葡糖糖苷抑制膨润土膨胀的能力较强。与清水
实验浆相比，含20.0%甘油和20.0%聚乙二醇200也具有明显的抑制膨润土膨胀的能力，
且其抑制能力强于3.0%KCl。鉴于甘油和聚乙二醇200的成本优势和性能，有必要对甘油

基和聚乙二醇 200 基钻井液展开深入研究。

2.2　不同醇基溶液的页岩膨胀率对比实验

利用甘油和聚乙二醇 200 配制不同比例溶液进行页岩膨胀实验，实验结果如图 4 所示。

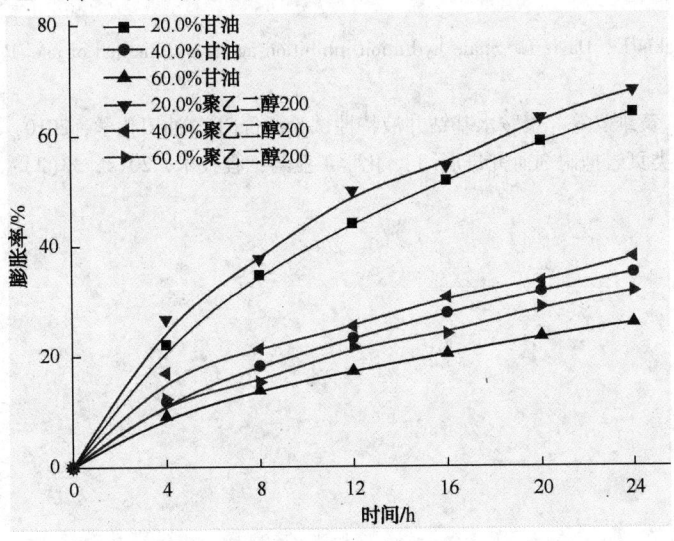

图 4　不同醇基实验浆页岩膨胀率随时间变化曲线

由图 4 可以看出，随着时间的延长，不同醇基溶液的页岩膨胀率不断增大，增加溶液中醇的比例，有利于提高抑制页岩膨胀的能力。相同时间和配比条件下，甘油溶液控制膨胀率的能力较聚乙二醇 200 强，因此可以推断，利用甘油配制钻井液体系对于提高钻井液的抑制性具有更大潜力。

3　结论

（1）膨润土污染实验表明，改变钻井液液相组成，即增加钻井液液相中醇的含量比在钻井液中添加抑制剂更有利于抑制膨润土的造浆能力。

（2）页岩膨胀实验表明，改变钻井液液相组成，即增加钻井液液相中醇的含量比在钻井液中添加抑制剂更有利于抑制膨润土的水化膨胀。

（3）新型醇基钻井液抑制作用机理以及构建钻井液液相的醇与其他抑制剂及其他处理剂的配伍性需进一步研究。

参 考 文 献

1　Chee P T, Brian G, Sheik S R, et al. Effects of swelling and hydration stress in shale on wellbore stability[C]. SPE 38057, 1997: 345～349

2　Dye W, Augereau K, Hansen N, et al. New water–based mud balances high–performances drilling and environmental compliance[C]. SPE 92367, 2006: 255～267

3　李涛. 长水平段水平井钻井液技术研究[D]. 中国石油大学(华东)硕士学位论文, 2010, 20～26

4　李建山，李谦定，杨呈德. 环保型钻井液技术研究与发展方向[J]. 西安石油学院学报(自然科学版), 2002, 17(2): 59～64

5 钟汉毅，邱正松，黄维安等．胺类页岩抑制剂特点及研究进展[J]．石油钻探技术，2010，38(1)：104~108

6 钟汉毅，黄维安，邱正松等．聚胺与氯化钾抑制性的对比实验研究[J]．西南石油大学学报(自然科学版)，2012，34(3)：150~156

7 司马强，雷祖猛，赵龙等．烷基糖苷的合成及其钻井液研究进展[J]．精细与专用化学品，2011，19(5)：42~47

8 Patel A D, Stamatakis E, Davis E. Shale hydration inhibition agent and method of use[P]. US：64848821 B1，2002(11)

9 钟汉毅，邱正松，黄维安等．聚胺水基钻井液特性试验评价[J]．油田化学，2010，27(2)：119~123

10 储政．国内聚胺类页岩抑制剂研究进展[J]．化学工业与工程技术，2012，33(2)：1~4

N–烷基丙烯酰胺研究进展

孔 勇 李舟军 杨 帆

（中国石化石油工程技术研究院）

摘 要 将烷基引入丙烯酰胺合成出 N–烷基丙烯酰胺，其聚合物不仅具有亲水性官能团，同时分子中含有少量疏水基团，能显著提高聚合物的耐温抗盐性能。N–烷基丙烯酰胺的卓越性能受到科研工作者的青睐，已广泛应用于钻井液、水泥浆、压裂液、三次采油、环境敏感性水凝胶、定型树脂等领域。目前国外企业已成功研发出多种 N–烷基丙烯酰胺单体的合成技术，并实现了相关产品的工业化生产。而国内除 N，N–二甲基丙烯酰胺（DMAM）实现工业化生产外，其他 N–烷基丙烯酰胺单体合成研究依旧处于室内研究阶段，相关产品主要依赖进口。本文主要介绍 N–烷基丙烯酰胺单体及相关产品的国内外研究进展，并简要介绍近期室内研究进展。目前已初步完成 N，N–二乙基丙烯酰（DEAM）和 N，N–二丁基丙烯酰胺（DBAM）的室内合成，产品性能达到国外产品水平。

关键词 N–烷基丙烯酰胺；油田化学；钻井液；水泥浆；压裂液；水凝胶

前言

丙烯酰胺类聚合物广泛应用于钻井液、水泥浆、压裂液、三次采油等领域，已成为油田化学品中用量较大的一类聚合物。但是酰胺键高温下容易水解，盐溶液中分子构象卷曲，丙烯酰胺聚合物存在耐温和抗盐能力差问题，影响了丙烯酰胺聚合物在复杂地层的应用效果。将烷基引入丙烯酰胺单体合成出 N–烷基丙烯酰胺单体，其聚合物不仅具有亲水性官能团，同时分子中含有少量疏水基团，在水溶液中具有强烈的疏水缔合作用能显著提高聚合物的耐温抗盐性能，同时也能保持聚合物较好的水溶性（图1）。由于 N–烷基丙烯酰胺单体独特的物理化学性质，受到人们的广泛关注。

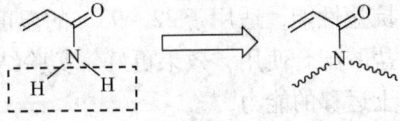

图1 N–烷基丙烯酰胺分子设计

1 钻井液中的应用

20 世纪 80 年代以来，国外众多公司已使用 N–烷基丙烯酰胺单体，开发出多种高性能钻井液处理剂。Milchem 公司利用 2–丙烯酰胺基–2–甲基丙磺酸（AMPS）、N，N–二甲基丙烯酰胺（DMAM）和丙烯酰胺（AM）进行共聚，研制出新型钻井液降滤失剂[1]。该处理剂可用于淡水钻井液、海水钻井液和钙处理钻井液等多种钻井液体系。在井温高达 260℃ 的现场实验中，展示出了良好的抗高温降滤失性。Nalco 化学公司将褐煤、2–丙烯酰胺基–2–甲基丙磺酸（AMPS）、CAN 和 N，N–二甲基丙烯酰胺（DMAM）进行接枝共聚，研制出高效褐煤改性钻井液降滤失剂[2]。

受制于 N - 烷基丙烯酰胺单体合成进展缓慢，国内关于 N - 烷基丙烯酰胺聚合物的研究直到 20 世纪 90 年代末期才有出现相关报道，且依旧停留在室内研究或小试阶段。王中华和杨小华等人以 N，N - 二甲基丙烯酰胺(DMAM)单体与 2 - 丙烯酰胺基 - 2 - 甲基丙磺酸(AMPS)、丙烯酰氧丁基磺酸(AOBS)、2 - 丙烯酰氧 - 2 - 乙烯基甲基丙磺酸钠(AOEMS)、丙烯酰胺(AM)、丙烯酸(AA)等单体共聚，分别制备了多种钻井液降滤失剂和降黏剂[3~6]。评价实验表明，与未添加该种单体的 AMPS/AM 共聚物相比，这些处理剂耐温、抗盐、抗钙能力有明显提高，与常规处理剂有很好的配伍性，在淡水、盐水和饱和盐水钻井液中均具有较好的作用。

2　水泥浆中的应用

Halliburton 公司以 N，N - 二甲基丙烯酰胺(DMAM)与 2 - 丙烯酰胺基 - 2 - 甲基丙磺酸(AMPS)共聚，开发出一系列水泥降失水剂及抗高温水泥浆体系[7]。新型水泥降失水剂产品具有较强的抗水解能力，可以在很宽的温度和 pH 范围内使用。同时，该产品还具有缩短水泥浆的凝固时间，提高其抗压强度的作用。抗高温水泥浆体系具有在高温高压等条件下稠化时间长，滤失量低等特点。

刘讯、潘敏等以丙烯酰胺(AM)、N，N - 二甲基丙烯酰胺(DMAM)与 2 - 丙烯酰胺基 - 2 - 甲基丙磺酸(AMPS)为原料合成了新型油井水泥降失水剂[8]。在 90℃ 时能将淡水水泥浆的失水量控制在 50mL 左右，对盐水水泥浆的失水量也有较强的控制作用，该降失水剂在温度 150℃ 以内能保持水泥浆体系具有较低的滤失量，在高密度水泥浆中表现出较高稳定性和配伍性。

3　压裂液中的应用

Halliburton 公司开发出基于 DMAM 聚合物的黏土稳定剂。该共聚物具有良好的抗温、抗盐性能，适用于 32~93℃ 的温度范围。在酸化过程中，将 DMAM 黏土稳定剂与土酸或者盐酸配合使用，效果更好。实验结果表明 DMAM 共聚物较 AMPS 共聚物具有更好的抑制黏土运移的能力[9]。

Halliburton 公司还以 DMAM 和 2 - 丙烯酰胺基 - 2 - 甲基丙磺酸(AMPS)共聚合成出压裂液增黏剂，使用该增黏剂配成的压裂液，性能优于含有机金属交联剂的瓜胶或羟丙基瓜胶商品压裂液，且具有容易配制、初始黏度适宜、耐高温和耐高剪切等特点[10]。

4　三次采油中的应用

美国 Goodyear 公司制备了 N，N - 二甲基丙烯酰胺(DMAM)、乙烯基苯磺酸钠和 N - 羟甲基丙烯酰铵的共聚物，该共聚物可于提高采收率，尤其在富含钙和镁离子的盐水中，该聚合物具有良好的增黏作用[11]；美国氰胺公司以 AMPS 和 DMAM 的共聚物作为采油增黏剂，这种增黏剂在高温、高盐以及强烈机械剪切的作用下具有良好的稳定性[12]；美国标准油公司采用马来酸酐(MA)和 N，N - 二乙基丙烯酰胺(DEAM)为原料合成出防垢剂，该处理剂在储层高温、低 pH 值和地层高矿化度等苛刻的条件下，仅使用少量的防垢剂即可达到满意效果[13]。

王中华等人分别以 N，N – 二乙基丙烯酰胺（DEAM）、N，N – 二甲基丙烯酰胺（DMAM）、N，N – 二丁基丙烯酰胺（DBAM）等 N – 烷基丙烯酰胺单体与丙烯酰胺（AM）、2 – 丙烯酰胺基 – 2 – 甲基丙磺酸（AMPS）、甲基丙烯磺酸钠（SAMS）等单体共聚合成了驱油聚合物，均取得良好效果[3,14~16]。

5　环境敏感水凝胶中的应用

环境敏感性水凝胶是区别于传统水凝胶而存在的一种新型高分子智能材料。环境敏感性水凝胶对外界环境变化能自动感知并能作出响应变化的特点，使其具有一系列传统材料所没有的突出性能，这类材料在分子器件、调光材料、生物医学等高新技术领域将会获得广泛应用，尤其是在药物控制释放领域。

N，N – 二乙基丙烯酰胺（DEAM）、N – 异丙基丙烯酰胺（IPAM）、N – 正丙基丙烯酰胺（NPAM）和 N – 叔丁基丙烯酰胺（TBAM）等 N – 烷基丙烯酰胺单体类凝胶聚合物在吸收数倍于自身重量的水后能够形成亲水凝胶，这种亲水凝胶具有强烈的温度敏感性，即温度对这种凝胶的溶胀与收缩影响较大[17]。由于温敏性亲水溶胶具有这样特殊的性质，目前已被用于蛋白质和多糖等大分子稀溶液的分离、浓缩。此外，N – 烷基丙烯酰胺类聚合物还可根据实际需求，制成具有不同功能的膜，这类功能膜主要用于固定化酶促反应与温控药物酶的包埋等领域。

6　定型树脂中的应用

随着生活水平的提高，人们对发型的美观越来越重视。早期的天然虫胶和聚乙烯吡咯烷酮（PVP）等定型产品由于黏连性和抗湿性问题突出，难以满足人们的需要。N – 烷基丙烯酰胺用于定型树脂合成的重要的单体，可以增加共聚物的刚性及定型作用，提供共聚物的吸湿性，还能加强共聚物对头发的亲和力，大大改善了原有的定型产品的缺陷。以 N – 叔丁基丙烯酰胺、N – 十二烷基丙烯酰胺与丙烯酸、丙烯酸乙酯或甲基丙烯酸甲酯通过悬浮聚合得到的三元共聚物性能明显优于传统定型树脂[18]。

7　其他领域中的应用

N – 烷基丙烯酰胺聚合物由于具有良好的染色性、抗水解性、抗静止性、水渗透性和黏合性，可广泛应用于化纤、塑料、造纸、黏合剂、精细化工、摄影器材等领域[19]。N – 烷基丙烯酰胺聚合物引入乙酸纤维、聚酯、聚胺酯、聚酰胺和聚氯乙烯等纤维材料可明显改善纤维的吸湿性、染色性、光泽和手感等。N – 烷基丙烯酰胺与各种聚烯烃进行接枝共聚或交联共混可提高塑料的抗拉强度、冲击强度，改善塑料的黏合性和亲水性。将 N – 烷基丙烯酰胺单体对传统聚倍半硅氧烷、丙烯酸酯接枝共聚改性可得到优异黏合性的压敏黏合剂，可用于防水油布的的聚氯乙烯涂覆织物的表面。N – 烷基丙烯酰胺还可制造用于高的灵敏度、分辨率及衍射效率的反射全息记录的感光树脂。此外，N – 烷基丙烯酰胺还可用于制备体育用品以及航空航天工业等方面的碳纤维增强复合材料、生物医药方面的接触透镜和人造器官、造纸行业中的阻垢剂以及电子器件的绝缘涂料等。

8 目前的研究成果

通过调控 N 原子取代烷基的种类和个数，考察烷基链长度、空间体积效应，人们已经研发出多种的丙烯酰胺单体。目前，日本 Kohjin 公司、美国氰氨公司、B. F. Goodrich 公司、德国 CPC 公司等国外企业已实现 N，N - 二甲基丙烯酰胺（DMAM）、N，N - 二乙基丙烯酰胺（DEAM）、N - 异丙基丙烯酰胺（IPAM）、N - 异丁基丙烯酰胺（IBAM）等产品工业化[20~24]。国内在 N - 烷基丙烯酰胺单体合成方面的研究起步较晚，除 N，N - 二甲基丙烯酰胺（DMAM）实现工业化以外，N，N - 二乙基丙烯酰胺（DEAM）、N - 异丙基丙烯酰胺（IPAM）、N - 叔丁基丙烯酰胺（TBAM）等其他产品还处于室内研究阶段[25~28]，相关产品依赖进口。

项目组通过充分调研 N - 烷基丙烯酰胺合成方法，在室内初步完成了 N，N - 二乙基丙烯酰胺和 N，N - 二丁基丙烯酰胺的合成，产率达到 85% 以上，产品的核磁和红外数据均已达到国外产品水平（图 2），仍需进一步开展配方优化、合成工艺优化、提高产率、提高聚合活性等研究工作。

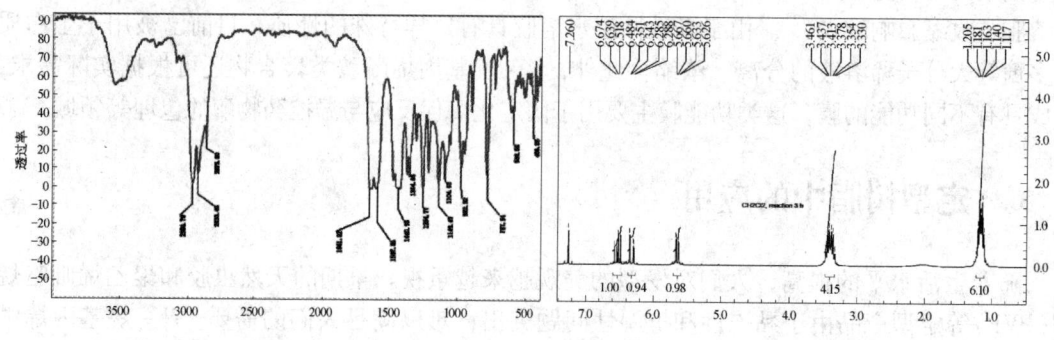

图 2　合成的 N，N - 二乙基丙烯酰胺的核磁和红外谱图

采用自由基聚合方法，以 DEAM 单体与其他单体共聚，单体表现出良好的反应活性；合成的 DEAM 共聚物，具有很好的热稳定性，热分解温度达到 350℃（图 3）；DEAM 共聚物具有很好的降滤失效果，抗盐达到饱和，抗钙达到 4%。

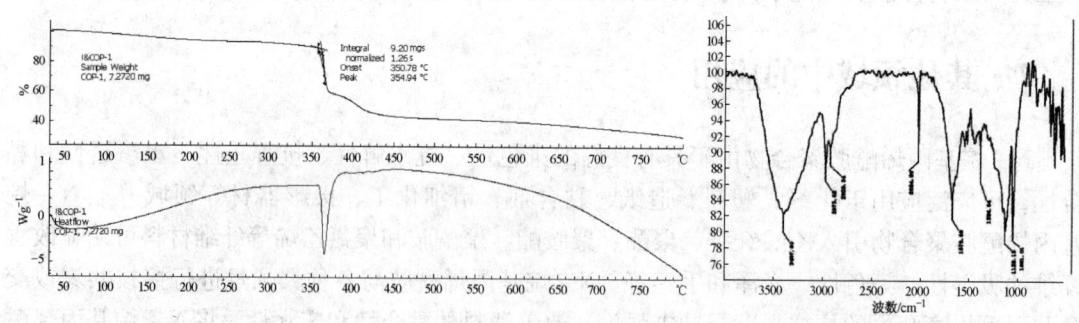

图 3　合成的 N，N - 二乙基丙烯酰胺共聚物的热分析和红外谱图

9 小结

N - 烷基丙烯酰胺聚合物不仅具有亲水性官能团，同时分子中含有少量疏水基团，具有

良好的染色性、抗水解性、抗静止性、水渗透性和黏合性。N－烷基丙烯酰胺单体不仅广泛应用于钻井液、水泥浆、压裂液、三次采油等油田化学处理剂，还可被应用于环境敏感性水凝胶、定型树脂、化纤、塑料、造纸、精细化工、摄影器材等领域。

为摆脱N－烷基丙烯酰胺单体及相关产品对国外公司的依赖，我们项目组开展了N－烷基丙烯酰胺单体的合成和应用研究工作，目前初步完成N，N－二乙基丙烯酰胺（DEAM）和N，N－二丁基丙烯酰胺（DBAM）的室内合成，产品性能均达到国外产品水平。为加快N－烷基丙烯酰胺相关油田化学品的开发进程，还需在完善合成工艺优化的基础上尽快进行N－烷基丙烯酰胺单体的放大实验及工业化生产，促进或加快相关油田化学品的研究及现场应用。

参 考 文 献

1 Jiten C, Frank Zamora, Bobby J King, Rita J, McKinley. Well Cementing Methods Using Compositions Containing Liquid Polymeric Additives. US6268406, 2001(7)

2 David M Giddingd, Charles D Williamson. Terpolymer composition for aqueous drilling fluids. US4678951, 1987(7)

3 王中华. N，N－二乙基丙烯酰胺及其共聚物的合成[J]. 陕西化工，1998，27(2)：19～21，24

4 王中华. AMPS/AM/DMAM 共聚物钻井液降滤失剂的合成[J]. 天津化工，1998(4)：28～30

5 王中华，杨小华. AMPS/DMAM/AM 共聚物钻井液降黏剂的合成与性能[J]. 石油化工应用，2009，18(2)：20～22

6 王中华，王旭，杨小华. 超高温钻井液体系研究(Ⅱ)——聚合物降滤失剂的合成与性能评价[J]. 石油钻探技术，2009，37(4)：1～6

7 Michael L Stephens, Howard F Efner. Cement composition and process therewith. US6124383, 2000(9)

8 刘讯，潘敏，邓生辉. 高温高压固井降失水剂的研究[J]. 钻井液与完井液，2007，24(5)：38～40

9 John K Borchardt. Methods for stabilizing fines contained in subterraneanformations. US4563292, 1986(6)

10 Marlin D Holtmyer, Charles V Hunt, Non－aqueous viscosified carbo dioxide and method of use. US4964467, 1990(10)

11 Castner Kenneth Floyd. An injection water viscosifier for enhanced oil recovery. EP94898, 1983(11)

12 Ryles Roderick Glyn, Mobility control reagents with superior thermal stability. EP233533, 1987(8)

13 Lawrence E Ball, Abolghassen Eskamani, Eleanor J Fendler. Polymers derived from α，β－unsaturated polycarboxylic acids or anhydrides and N－substituted acrylamides, and use in reducing scale. US5164468, 1992(11)

14 占程程，赵林. AM/AMPS/DMAM 三元共聚物的合成及性能研究[J]. 应用化工，2005，34(11)：677～679

15 顾民，吕静兰，李伟等. 甲基丙烯磺酸钠－N，N－二甲基丙烯酰胺－丙烯酰胺耐温抗盐共聚物的合成[J]. 石油化工，2005，34(5)：437～440

16 王云芳，孔瑛，辛伟等. N，N－二丁基丙烯酰胺及其共聚物的合成[J]. 高分子材料科学与工程，2004，20(6)：106～108，112

17 金曼蓉，吴长发，张桂等. 聚N－烷基丙烯酰胺类凝胶及其温敏特性[J]. 高分子学报. 1995，3(1)：321～326

18 皮王辉，文秀芳. 发用定型剂配方原理与组成[J]. 日用化学工业. 2005，35(3)：184～187

19 李霞，徐焕志，于良民等. 丙烯酰胺衍生物及其应用[J]. 精细与专用化学品. 2005，13(24)：5～9

20 Ratchford W P, Lengel J H, Fisher C H. Preparation of N－Alkyl Acrylamides and Methacrylamides by Pyrolysis of the Corresponding Acetoxy Amides. J Am Chem Soc, 1949, 71, 647～651

21 Allen A L, Tan K J, Fu H, etal. Solute－and Temperature－Responsive "Smart" Grafts and SupportedMembranes Formed by Covalent Layer－by－Layer Assembly. Langmuir 2012, 28, 5237～5242

22　Xu J，Jiang X，Liu S．Synthesis of Low – PolydispersityPoly（N – ethylmethylacrylamide）byControlled Radical Polymerizationsand Their Thermal Phase Transition Behavior．Journal of Polymer Science Part A Polymer Chemistry，2008，46：60～69

23　Gresley A L，Abdullah A，Chawla D，et al．Diacrylamides as selective G – quadruplex ligands in in vitro and in vivo assays．Med Chem Commun，2011，2：466～470

24　Yun J I，Kim H R，Kim S K，etal．Cross – metathesis of allyl halides with olefins bearing amide and ester group．Tetrahedron，2012，68，1177～1184

25　宋岩，田振生，杜延生等．酰氯法合成 N，N—二丁基丙烯酰胺的探索研究［J］．化工科技，2012，20（6）：26～28

26　付玲，付建伟，庄银凤等．N – 异丙基丙烯酰胺的合成与表征［J］．广东化工，2007，34（7）：22～24

27　陈文明，于振宁，阎立峰．N – 异丙基丙烯酰胺与 N – 异丙基甲基丙烯酰胺的酸催化合成改进［J］．精细化工，1998，15：46～48

28　朱红军，王锦堂，郭振良等．N – 烷基丙烯酰胺的合成［J］．南京化工大学学报．1996，18，65～69

废弃钻井液处理用聚合物纳米微球团粒初探

赵汩凡

（中国石化石油工程技术研究院）

摘　要　本研究成功制备了一种新型的聚合物纳米微球团粒体用于吸附分离废弃钻井液中的低浓度重金属。首先，通过分散聚合合成单分散的聚合物纳米微球，纳米微球具有特定的化学组成和良好重金属结合能力的官能团。随后，向纳米微球分散液中添加相应的交联剂，经离子键交联、共价键交联、氢键作用等纳米微球形成互穿网络结构，纳米微球间相互聚并形成多孔性交联团粒，在团粒体内部依然保持纳米微球的较大的接触面积和吸附活性点。室内实验表明，制备得到的纳米微球团粒体的对重金属离子的吸附能力与市售的大孔树脂 D-001 相当，但具有更快的吸附速度，吸附量更大。该聚合物纳米微球团粒体对镍、铬、铜的优异吸附性能，实现高效快速大量连续分离金属并可回收再利用，为解决废弃钻井液中的低浓度重金属分离与回收提供了新的解决方案。

关键词　纳米微球团粒体，二次交联，自组装，水处理

1　背景介绍

1.1　现有含重金属废水的处理方法

废弃钻井液中含有石油、重金属、石油类碳氢化合物以及各种有毒有害物质，对所处区域的环境造成了污染，这一污染问题也越来越受到人们的重视[1,2]。目前，国内外已经形成了相关的钻井液处理技术[3~5]。但是，废弃钻井液中的重金属离子一般浓度较低，不易处理，但对环境的影响，深远不容忽视。有必要采取相应的处理措施解决这一问题。对于低浓度重金属离子废液，可采用离子交换树脂或者大孔吸附树脂来处理，仍存在诸多问题。离子交换树脂分离效率低，处理成本高，无法满足于大排放量废液处理要求。大孔树脂因其高比表面积，通常达到几百 m^2/g，具有足够的吸附面积和较高的理论吸附能力，然而其外疏内密的多孔性结构限制了重金属离子的扩散与吸附，达到吸附平衡所需时间长，单位时间处理量有限，吸附效率有待提高。在离子交换树脂和大孔吸附树脂的生产过程中，多采用二乙烯基苯等油溶性交联剂或者甲苯等致孔剂，还需经过磺化、水解、去除致孔剂等后处理工艺，所得产品中较多有机残留，需用大量水清洗，极易形成二次污染。

对于废液中重金属的分离问题，各国的研究者都进行了大量的探索与研究工作。为了从废液中分离金属，应用较广泛的方法主要有化学沉淀法、离子交换法和吸附法。化学沉淀法[6]是通过添加金属捕捉剂使金属离子沉淀析出生成重金属污泥，从而降低废液中的重金属含量，起到净化的目的。一方面去除效率有待提高，同时产生的重金属污泥仍需后续处理，易出现二次污染。离子交换法[7]是采用具有不同表面官能团的合成树脂微球来吸附分离金属。已经商业化的高分子基离子交换树脂具有良好的机械强度，但是其多孔性结构使得分离需要较长时间，并且吸附量有限。吸附法[8,9]是通过金属氧化物、介孔材料等与金属离

子发生静电作用或者形成络合物以达到分离金属的目的。近年来，还出现了采用天然物质如藻类、葡萄枝等吸附分离金属的相关研究[10,11]。采用此类材料虽然可以用于分离中低浓度废液，但是分离与回收的效率偏低，这就使得分离经济成本居高不下。对于此类中低浓度金属离子的分离与回收，仍存在较大困难，急需找到一种经济合理并且高效的解决方案。

1.2　聚合物纳米微球团粒体的提出

丙烯酰胺类聚合物及其共聚物因其具有的特定官能团与重金属离子发生相互作用，具有良好的重金属离子吸附能力，可作为一种处理中低浓度重金属废液的候选材料。通过将丙烯酰胺类聚合物制备成纳米微球，获得高比表面积，用作吸附材料能够提供足够接触面积，起到增加吸附活性点的作用，有助于实现高效快速吸附。但是纳米微球的尺寸过小，难于应用于现有实际工艺条件。在尽量不损失高比表面积的前提下，将纳米微球团聚成大尺寸颗粒是解决这一问题的方法之一。如何制备此类团粒文献中并无相关报道。本研究提供一种简便制备具有高效快速吸附重金属离子特性的聚合物大尺寸团粒的方案。

1.3　聚合物纳米微球团粒体的可控制备

通过控制在水溶性体系中合成得到的纳米微球相互间团聚，且无需致孔剂，制备多孔性亚毫米级交联团粒。该方案主要分为两个阶段。第一阶段是制备纳米微球阶段，在水溶性体系中，采用沉淀聚合法制备丙烯酰胺类共聚物交联纳米微球；第二阶段是纳米微球聚并阶段，向纳米微球分散液中分三次加入不同交联剂，通过离子键交联、共价键交联、氢键作用等形成互穿网络结构，促使纳米微球间相互聚并形成亚毫米级团粒。纳米微球首先经离子键、共价键交联相互聚集，随着半互穿网络的形成而聚并，最后通过反应交联的第二网络，聚并后的纳米微球进一步团聚成具有多孔性结构的大尺寸团粒。整个过程不添加致孔剂和溶胀剂，纳米微球间直接形成较大孔隙赋予所得团粒均匀的多孔性结构，也就是说，能够部分保持初始纳米微球的高比表面积，并且不存在致孔剂等有机残留的问题。

1.4　聚合物的选择

选用功能型丙烯酰胺类单体作为吸附重金属离子的载体，其特征在于具有与重金属离子相互作用的羧基、酰胺基、羟基等特定官能团。不同丙烯酰胺类单体组成的共聚物，赋予单个纳米微球多种特定官能团，提供更多吸附活性点，增强吸附能力。特定官能团与重金属离子相互作用得到络合物，在吸附点附近形成弱碱性微环境，能够持续吸附重金属离子，从而获得较高吸附容量。

2　实验部分

2.1　单体溶液的配制

将占反应体系5%的丙烯酰胺溶入占反应体系89%的去离子水和无水醇类混合溶剂中，搅拌使之溶解后，加入占反应体系1%的水溶性阴离子单体，待完全溶解后，加入占反应单体总质量0.5%的交联剂甲基丙烯酰氧乙基三甲基氯化铵，再加入占反应体系5%的分散稳定剂，充分搅拌至溶液澄清无固体不溶物，采用1wt%氢氧化钠水溶液将溶液调整至pH=7。

2.2　聚合物纳米微球的合成

将占反应单体总质量 0.2% 的引发剂加入到配置好的溶液体系中，搅拌均匀后，通入惰性气体置换反应体系中的氧气，使反应在脱氧条件下进行，缓慢升温至 50℃，并保持 5h，反应体系逐渐由无色透明变为半透明乳液状态，其中交联微凝胶为类球形。

2.3　聚合物纳米微球团粒体的制备

将占反应单体总质量 1% 的聚集诱导剂和占反应单体总质量 2% 的交联剂甲基丙烯酰氧乙基三甲基氯化铵加入到制备得到的聚合物纳米微球乳液中，搅拌均匀后，补加占反应单体总质量 0.1% ~ 1.0% 的引发剂，通入惰性气体使反应在脱氧条件下进行，反应温度为 50℃，并保持 2h。在酸性条件下，将占反应单体总质量 0.1% 的交联剂甲基丙烯酰氧乙基三甲基氯化铵加入到反应体系中，保持反应 2h。将占反应单体总质量 0.1% 的交联剂甲基丙烯酰氧乙基三甲基氯化铵加入到反应体系中，搅拌均匀后，补加占反应单体总质量 0.1% 的引发剂，通入惰性气体使反应在脱氧条件下进行，反应温度为 50℃，并保持 2h。反应体系逐渐由半透明乳液变为白色悬浮液状态，过滤干燥后得到白色团粒。

2.4　测试与表征

透射电镜样品制备。取一滴聚合物纳米微球溶液置于覆盖有 Formar 膜的铜网上，用 1wt% 磷钨酸溶液（pH 值已调节至中性）染色 5min 后，用滤纸吸掉多余样品液体，常温干燥，在 JEM200CX 透射电镜上观察，电流加速电压为 120kV。

扫描电镜样品制备。取一滴聚合物纳米微球溶液置于样品台上，待其自然干燥后，喷金，用 Hitachi S－4300 扫描电镜观察。

光散射和 zeta 电位测试在 Malvern Zeta Nano－ZS 系统上进行。

聚合物纳米微球团粒体的比表面积在 QUADRA 系统上进行。

重金属浓度测试使用 VARIAN 710－ES 等离子体发射光谱仪测试。

3　结果与讨论

通过分散聚合得到聚合物纳米微球形态如图 1 所示，呈圆球状。聚合物纳米微球的平均粒径达到 163nm，粒径成单分散分布，粒径分布如图 2 所示。

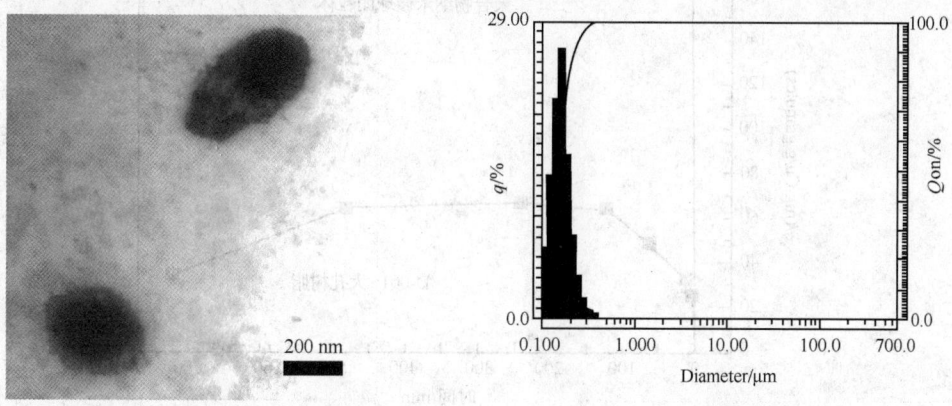

图 1　聚合物纳米微球的透射电镜照片　　　　图 2　聚合物纳米微球的粒径分布

图 3　聚合物纳米微球团粒体的扫描电镜照片

通过二次可控交联得到聚合物纳米微球团粒体，其微结构如图 3 所示。从图中可见，聚合物纳米微球经过二次交联仅仅实现部分聚并，由多个聚合物纳米微球形成一个较大的团粒体，经光散射测定团粒体的平均粒径为 300μm。

通过氮气吸附实验发现，制备得到的聚合物纳米微球团粒体，虽然是通过纳米微球间形成互穿网络结构聚并而成，但是仍然就有较高的比表面积，其比表面积达到 $9.52m^2/g$。这表明，向纳米微球分散液中添加相应的交联剂后，经离子键交联、共价键交联、氢键作用等纳米微球形成互穿网络结构，团粒体内部仍具有良好的多孔结构，有助于保持纳米微球的吸附特性。

制备得到的聚合物纳米微球团粒体具有良好的重金属离子吸附特性，与现有大孔树脂 D – 001 的重金属离子吸附性能进行了比较，具体结果如图 4 所示。聚合物纳米微球团粒体表现出良好的铜离子吸附特性，具有吸附速度快、吸附量大、装药量小、可重复利用的特点。这主要是由于，纳米微球团粒体具有内部多孔结构，且尺寸较大（ca. 50nm），有利于重金属离子的扩散和吸附。

4　结论

通过控制在水溶性体系中合成得到的纳米微球相互聚并，成功制备了纳米微球的多孔性亚毫米级交联团粒体。首先，在水溶性体系中采用分散聚合法制备丙烯酰胺类共聚物交联纳米微球。随后，向纳米微球分散液中加入不同交联剂形成互穿网络结构，促使纳米微球间相互聚并形成亚毫米级团粒。整个过程不添加致孔剂和溶胀剂，纳米微球间直接形成较大孔隙赋予所得团粒均匀的多孔性结构，也就是说，能够部分保持初始纳米微球的高比表面积，并且不存在致孔剂等有机残留的问题。所制备的纳米微球团粒体内部依然保持纳米微球的较大的接触面积和吸附活性点，具有良好的重金属吸附性能，吸附速度快，吸附量大，相关参数

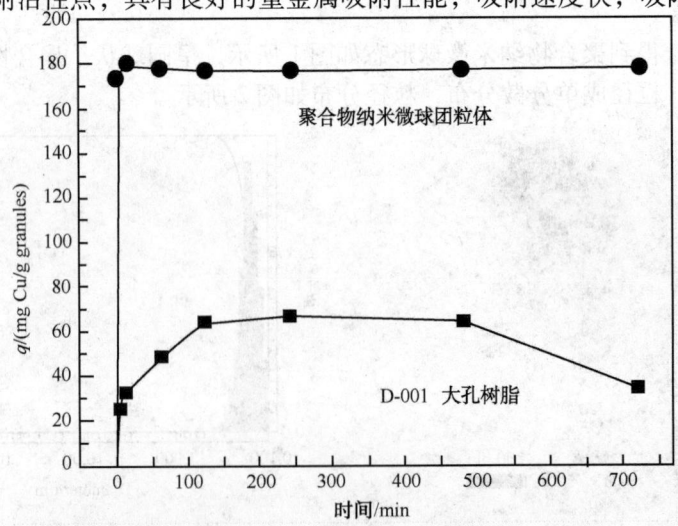

图 4　聚合物纳米微球团粒体的重金属离子吸附性能

优于市售 D - 001 大孔树脂，可实现高效快速大量连续分离金属并可回收再利用。

参 考 文 献

1 杨敏，汪严明，王东升等．常用钻井泥浆处理剂对钻井废水 COD 值的贡献及其混凝处理效果评价［J］. 过程工程学报，2012，2(3)：283 ~ 288

2 吴烨，王雯璐．钻探工程废弃钻井液处理技术及进展［J］. 探矿工程(岩土钻掘工程)，2013，40 (3)：14 ~ 16

3 何龙，林宣义，方永春等．油田废弃钻井液处理技术的思路与实践［J］. 石油和化工设备，2013，16(6)：70 ~ 72

4 卢予北，范晓远，吴烨等．云南腾冲科学钻探废弃钻井液固化处理技术研究［J］. 探矿工程(岩土钻掘工程)，2013，40(8)：14 ~ 18

5 杨明杰．钻井废泥浆综合治理技术研究［J］. 矿物岩石，2003(3)：109 ~ 112

6 Kurniawan T A, Chan G Y S, Lo W H etal. Physico - chemical treatment techniques for wastewater laden with heavy metals［J］. Chem Eng J, 2006, 118, 83 ~ 98

7 Rivas, B. L.; Pooley, S. A.; Maturana, H. A. etal. Metal ion uptake properties of acrylamide derivative resins ［J］. Macromol. Chem. Phys. 2001, 202, 443 ~ 447

8 Yavuz C T, Mayo J T, Yu W W, etal. Low - field magnetic separation of monodisperse Fe_3O_4 nanocrystals［J］. Science 2006, 314, 964 ~ 967

9 Zhang Q, Pan B, Pan B, etal. Selective sorption of lead, cadmium and zinc ions by a polymeric cation exchanger containing nano - $Zr(HPO_3S)_2$［J］. Environ Sci Technol, 2008, 42, 4140 ~ 4145

10 Vijayaraghavan K, Teo T T, Balasubramanian R, etal. Application of Sargassum biomass to remove heavy metal ions from synthetic multi - metal solutions and urban storm water runoff［J］. J Hazard Mater. 2009, 164, 1019 ~ 1023

11 Villaescusa I, Foil N, Martinez M, etal. Removal of copper and nickel ions from aqueous solutions by grape stalks wastes. Water Res. 2004, 38, 992 ~ 1002

国外页岩钻井液技术新进展

邸伟娜　叶海超

（中国石化石油工程技术研究院）

摘　要　作为石油工程的重要组成部分，钻井液技术直接关系到钻井作业成功与否。国内掀起新一轮页岩油气勘探开发热潮。为了降低成本、满足环保要求，寻找能够替代油基钻井液的高性能水基钻井液成为当务之急。本文跟踪了近三年国外页岩钻井液技术的新进展，包括防漏堵漏纳米钻井液、页岩用水基钻井液、维持井眼稳定的纳米钻井液、纳米添加剂等技术，旨在通过研究为中石化页岩水基钻井液技术的发展提供参考。

关键词　页岩；钻井液技术；新进展

前言

近年来，随着油气勘探开发对象越来越复杂、目的层不断加深、环保要求越来越苛刻，石油工程面临着巨大的挑战[1]。作为石油工程的重要组成部分，钻井液技术直接关系到钻井作业是否成功。此外，在中石化焦石坝页岩气发现的推动下，国内掀起了新一轮页岩油气勘探开发热潮[2]。为了降低成本、满足环保要求，寻找能够替代油基钻井液的高性能水基钻井液成为当务之急。本文跟踪了近三年国外页岩钻井液技术的新进展，包括页岩防漏堵漏纳米钻井液、页岩用水基钻井液、维持页岩井眼稳定的纳米钻井液等技术，旨在通过研究为中石化页岩水基钻井液技术的发展提供参考。

1　防漏堵漏纳米钻井液体系[3]

钻井液漏失费用是钻井成本的主要支出之一。由于物理化学和机械特性还达不到最佳状态，目前的微观和宏观类的堵漏剂还不能成功减少漏失。这增加了非生产钻井时间，影响了钻井的经济性。针对以上问题，加拿大卡尔加里大学 Mohammad F. Zakaria 等人研发了一种含有纳米堵漏材料（NP）的钻井液，能够在页岩地层中起到很好的防漏堵漏作用。

页岩中引起漏失的孔隙尺寸为 $10nm \sim 0.1\mu m$，作为堵漏材料，纳米粒子（NP）由于其 $1 \sim 100nm$ 的尺寸范围、流体力学特性及与地层的潜在相互作用可以满足特殊要求。NP 的主要应用是控制向地层的漏失，从而控制地层伤害。NP 可以用作堵漏剂、流变调节剂、降滤失剂和页岩抑制剂，并且，由于其很高的表面积体积比，泥饼基质中的颗粒通过传统的清除体系在完井阶段很容易除去。

1.1　纳米钻井液特性

纳米钻井液基液为油水混合物：90% 油：10% 水（V/V）。在其中加入相同量的水相纳米粒子和油相纳米粒子，根据 API30 - min 的实验结果对不同钻井液的滤失特性进行评价。同时，使用标准的 FANN 压滤机和滤纸采集数据。每个样品进行三组平行测定，实验结果的置信区间为 95%。

1. 电子显微镜观察结果

水相纳米粒子的电镜照片和相应的粒度分布直方图如图 1 所示。直方图表明粒度分布落在 1 ~ 30nm 范围，一些较大尺寸的聚集体除外。电镜图像表明水相纳米粒子在尺寸和形状上是不统一的。水相纳米粒子在制备时没有加入表面活性剂。NP 在室温下聚集不是由于磁吸引力，而是由于粒子的高界面能。一旦与钻井液混合，其中的表面活性剂将限制了水相纳米粒子的聚集。

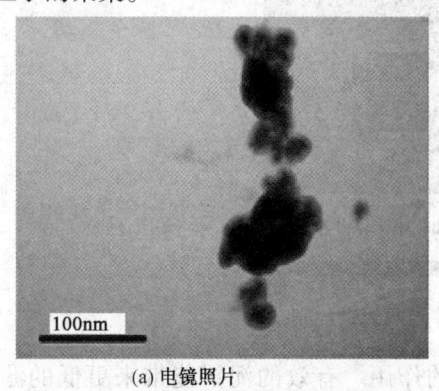

(a) 电镜照片 (b) 水相纳米粒子的相应粒度分布直方图

图 1 水相纳米粒子粒度分布直方图及电镜照片

2. NP 基钻井液稳定性

通过目测评定 NP 基钻井液的稳定性。图 2 给出代表未加入 NP 和 NP 基流体的原始钻井液的样品图片。图中没有下沉或聚集的迹象，甚至是在室温下放置 6 周之后，这证明加入 NP，不会发生聚集或下沉。因此，不需要加入额外的添加剂来稳定 NP 基钻井液。

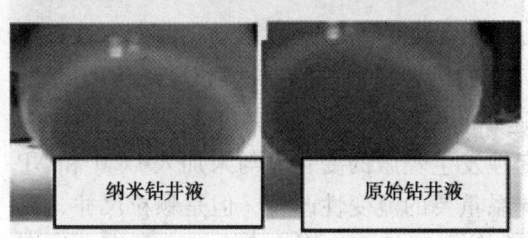

图 2 NP 基和原始钻井液的对比图片

3. 室温下的滤失性能

滤失性能取决于钻井液中胶体材料的数量和物理状态。当用钻井液中含有足够多胶体材料时，滤失可以降低很多。钻井液的初滤失是固相颗粒和微粒入侵地层的过程之一，由于在近井地带形成的内部泥饼，可能会引起严重的地层伤害。此外，钻井液中较高的颗粒絮凝会导致较厚的泥饼，从而增大了压差卡钻和钻杆卡钻问题的可能性。这突出了在钻井液设计中应用分散 NP 的重要性，可以达到初滤失几乎为零、滤失量低和高质量滤饼的目标。

首先，商业化 NP 被加入到商业化油基钻井液中，并以此作为对比记录。商业化 NP 降低滤失的能力很弱(表 1)。在商业 NP 基钻井液泥饼上形成大量小"鱼眼"，在图 3 中很明显。油相 NP 粒子可以更好地与钻井液相互作用，因此具有更好的堵漏性能（表2）。"鱼眼"在水相纳米粒子和油相纳米粒子试验中几乎没有出现。

表1 应用商业 NP 时原始钻井液样品的 API 室温滤失

样品	纳米钻井液	时间/min	LPLT 滤失/mL		滤失减少量/%
			原始钻井液	原始钻井液加入商业 NP	
90:10(V/V) 油:水	商业纳米钻井液(20~40nm)	7.5	1.7 ±0.6	1.7 ±0.6	0
		30	4.5 ±0.6	4.2 ±0.6	6.67

图3　商业 NP 和油相 NP 钻井液的泥饼比较

NP 逐步地在滤饼表面沉积，且起到"关闭阀"的作用。有效的泥饼能带来更低的滤失（表2）。不含 NP 和 LCM 的钻井液（DF）被作对比基准，用于评价不含堵漏材料的水相纳米粒子和油相纳米粒子钻井液的滤失性能。根据原始 DF，只含有 LCM 的钻井液超过 30min 的滤失体积减少了9%，而含有水相纳米粒子的钻井液减少了70%，含有油相纳米粒子的钻井液减少了80%以上。页岩含有大量的纳米级孔隙，由于其微小尺寸，常规 LCM 不能完全封堵。因此，需要更小的颗粒来封堵纳米孔隙。NP 与地层相互作用，从内部和外部逐渐堵塞孔隙。

表2　油相和水相 NP 基钻井液 API 室温滤失性能对比研究

样品	时间/min	LPLT 滤失/mL			
		原始钻井液	原始钻井液加入堵漏材料	原始钻井液加入油相纳米颗粒	原始钻井液加入水相纳米颗粒
90:10(V/V) 油:水	7.5	2.0 ±0.2	1.4 ±0.2	0.15 ±0.1	—
	30	3.96 ±0.2	3.6 ±0.1	1.25 ±0.2	0.9 ±0.2

4. NP 基钻井液流变性

具有良好泵送能力的钻井液在高剪切速率下表现出较低的黏度，在低剪切速率下具有较高的黏度。钻井液的这个性质被广泛应用，如起下钻作业时需要高黏度、钻井过程中需要低黏度携带井眼底部钻屑。图4中表观黏度和剪切速率的关系在低剪切速率下类似于非线性曲线，在高剪切速率下接近线性。NP 的加入使流变性发生轻微的变化。与未加入 LCM 和 NP 的基准钻井液相比，虽然 NP 的加入不足以引起体系重要的流变性改变，但是颗粒尺寸、粒子表面性质、粒子电动电势、表面活性剂、pH 值和粒子间相互作用力会在改变黏度上发挥重要作用。

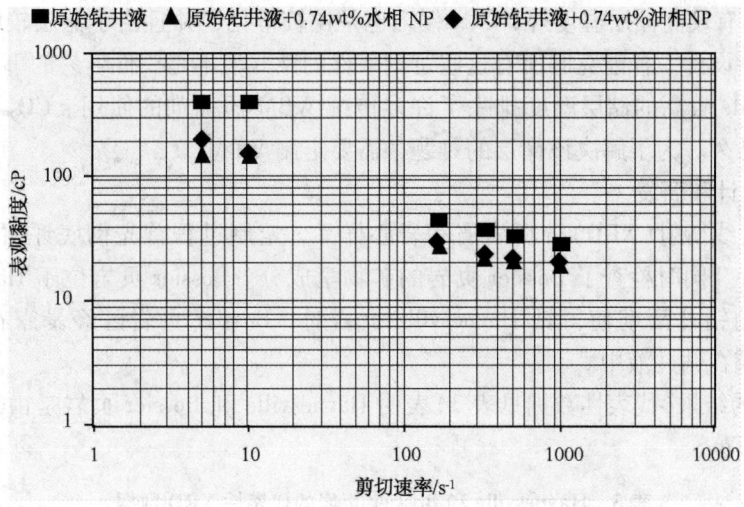

图4　含有水相纳米粒子和油相纳米粒子钻井液的流变行为

1.2　结论

首次配制了含有 NP 的油基钻井液。根据以上的实验结果，这些水相或油相 NP 具有很好封堵地层的能力，能够降低滤失、减小地层伤害和污染。对易碎地层，如具有纳米级多孔结构的页岩，NP 基油基钻井液适应性很好。这是因为 NP 具有合适的尺寸来堵塞孔喉，从而减小滤失，提高井眼稳定性。此外，还可以减少压差卡钻事故，因为 NP 形成了分散很好的薄泥饼，还能提高机械钻速，显著降低钻井成本。

2　用于页岩储层的水基钻井液体系[4]

近年，非常规页岩气储层钻井活动急剧增加。页岩储层钻井液的选择经常是油基钻井液（NAF）。虽然 NAF 具有页岩稳定性、润滑性和抗污染性等优点，但是环境影响和附带成本存在严重问题。这些缺点使得作业者寻求用水基钻井液（WBM）来进行非常规气储层钻井。哈里伯顿的 Jay P. Deville 等人利用页岩矿物学和井底温度（BHT）等非常规页岩气储层中的关键因素，打破"用一种水基钻井液来实现全球页岩气开发"的思想，提出基于给定页岩参数详细分析的客制化服务。分析不仅包括页岩形态和岩性，还包括钻井方案、环境因素和其他储层专用考虑因素。

2.1　Haynesville 页岩钻井液的定制过程及应用

Haynesville 页岩是巨大的天然气储层，覆盖面积约为 9000km²，位于路易斯安那州西北和德克萨斯州东部。最近预测显示该页岩技术可采资源量为 251Tcf，使之成为北美最大的页岩储层之一。Haynesville 页岩为上侏罗系的黑色、富含有机质页岩。Haynesville 储层钻井活动非常活跃，仅在路易斯安那州目前就有 128 口井在钻、883 口生产井。

Haynesville 与北美其它大多数页岩储层的区别在于其异常苛刻的井底条件。Haynesville 页岩的实际垂深范围约为 10500 ~ 14000ft，储层温度甚至超过 380 ℉（193.3℃）。据观察

Haynesville 除具有较高储层温度外，CO_2 侵入也是比较常见，并且由于储层较深通常需要较高的泥浆密度。设计一种能克服所有这些苛刻条件的钻井液不是一件容易的事。由于热降解问题，Haynesville 较高的储层温度排除了许多传统 WBM 添加剂的使用。CO_2 对 WBM 造成严重破坏由来已久。为了解决该储层的难题，需要定制 WBM。

1. WBM 设计和研发

通过 X–射线衍射（XRD）分析岩屑和岩心样品，定制过程首先彻底评估了 Haynesville 页岩矿物学成分。同时检查了 Bossier 页岩的矿物学成分。Bossier 页岩位于 Haynesville 页岩的上方，目前的钻井活动使得钻 Haynesville 页岩时，Bossier 页岩已经暴露在外。这使得 Bossier 长期暴露在钻井液中。

XRD 分析的结果（代表性数据见表3）表明 Haynesville 和 Bossier 页岩是由黏土、碳酸盐岩、黄铁矿和石英。

表3　Haynesville 和 Bossier 页岩的代表性 XRD 数据

组成/wt%	Haynesville	Haynesville	Bossier	Bossier
石英	19	24	27	23
斜长石	2	2	3	3
方解石	7	13	6	6
黄铁矿	—	17	21	27
伊利石	67	42	40	37
白云石	5	—	1	2
绿泥石	微量	微量	2	2
蒙脱石	—	—	微量	微量

从设计水基钻井液的角度看，决定性的信息是黏土含量，更重要的是黏土特性。数据表明研究的 Haynesville 和 Bossier 页岩样品黏土含量几乎全部是伊利石，几乎没有检测到蒙脱石。在伊利石黏土中，钾代替了钠在黏土晶格结构中的位置。这个看起来很小的变化起了很大的作用，因为伊利石黏土并不像蒙脱石黏土那样容易水化膨胀，然而伊利石却容易分散。掌握了这个信息，我们认为不用再担心应用水基钻井液时页岩水化膨胀的问题，应该集中精力应对储层的热力学难题。

设计淡水配方仅由具有高热力学稳定性的添加剂构成（表4）。一般的钻井液添加剂，包括黏土、重晶石和水，用来控制体系黏土的热力学絮凝。应用表面活性剂化学来减少粒子间作用力，从而达到更高的泥浆密度及容纳更多的低比重固相。磺化丙烯酰胺基三元聚合物用来控制地层滤失。最后，加入缓冲剂来抵抗 CO_2 侵入。缓冲剂能够充分控制 CO_2，同时不会引起合成聚合物水解。

表4　Haynesville 页岩定制 WBM

产品/(lbm/bbl)	15.5lbm/gal	17.5lbm/gal
水	243	216
黏土	10	10
高温抗絮凝剂	3	4

续表

产品/(lbm/bbl)	15.5lbm/gal	17.5lbm/gal
表面活性剂	2	3
降黏剂	5	5
页岩稳定剂	5	5
滤失控制聚合物	2	2
烧碱	0.5	0.5
缓冲剂	1.5	1.5
重晶石	380	490

2. WBM 室内试验

根据已有的配方，开始进行室内实验。根据 API 程序标准，加重到 17.5lbm/gal 的 Haynesville 配方在 400 ℉下静态老化 48h。老化之后，测量标准流变学和滤失性能参数。表 5 给出了系列泥浆测试数据，包括 17.5lbm/gal 基础配方、老化后基础配方、含 CO_2（CO_2 加压到 200psi）老化后基础配方、含有 6% 和 12% 低比重固体（LGS）的配方。作为定制过程中的关键部分，用于研究的 LGS 是由 Haynesville 和 Bossier 页岩的钻屑制成的，D_{50} 小于 10μm。用于以上研究的是 50：50 的 Haynesville 和 Bossier 钻屑混合物。使用真实岩心或钻屑样品更容易实现从实验室到现场的无缝转化。

表 5　定制 Haynesville WBM：流体性能

17.5lbm/gal	基浆	基浆（老化）	基浆 + CO_2	基浆 + 6% LGS	基浆 + 12% LGS
150 ℉热滚/h	3	3	3	3	3
400 ℉静态老化/h	—	48	48	48	48
pH	10.5	9.1	8.7	9.0	8.9
API 失水/mL	4.0	4.4	5.0	4.6	3.4
400 ℉ HTHP 失水/mL	20	20	18	16	
剪切强度/(lbm/100ft^2)	—	75	95	90	135
范氏 35 数据					
温度	120 ℉				
塑性黏度/cP	55	37	42	49	74
屈服点/(lbm/100ft^2)	12	11	5	18	34
10s/10m/30m 胶/(lbm/100ft^2)	5/7/9	4/5/6	3/5/7	6/7/8	10/16/18
600r/min	122	85	89	116	182
300r/min	67	48	47	67	108
200r/min	47	34	32	49	80
100r/min	27	19	18	29	49
6r/min	5	4	3	6	12
3r/min	3	3	2	4	9

表 5 中的数据明确表明定制钻井液能很好处理苛刻的温度问题。没有样品出现凝胶问题，甚至是含有 CO_2 的样品。考虑到泥浆的老化效应和固体含量，塑性黏度和剪切强度仍

然非常低。甚至在含有高达 12% LGS 时，泥浆仍然保持有功能特性。值得注意的是，对一个抗高温 WBM 来说，API 和高温高压(HT/HP)滤失值非常低。这些结果明确证明通过定制化方法能够研发形成一种热力学稳定、抗 CO_2、且具有高 LGS 的 WBM。

进一步的室内实验揭示了定制 Haynesville 配方钻井液在更加真实井底温度和压力条件下的流变性能。建立了测试矩阵，使用范氏 75 高温高压流变仪来监测钻井液流变学参数变化，温度和压力分别从 120 ℉、0psi 慢慢升至 400 ℉、10000psi。一旦达到最高温度和压力值，样品会在该温度和压力下保养 24h。之后，温度和压力慢慢降至 120 ℉、0psi。测试结果(表6)表明即使是在极端温度和压力下，仍然没有出现热凝胶现象。观察 Tau0 值(悬浮特性测量值)随着上升和下降周期的变化能够证明这是非常稳定的钻井液。

表 6　定制 Haynesville WBM：HT/HP 流变性

17.5l bm/gal	120 ℉ 0psig	200 ℉ 5000psig	300 ℉ 7500psig	400 ℉ 10000psig	24hr 400 ℉ 10000 psi	400 ℉ 10000psig	300 ℉ 7500psig	200 ℉ 5000psig	120 ℉ 0psig
Tau0	12	10	12	14		12	10	10	10
600r/min	146	104	84	71		87	97	125	169
300r/min	85	62	51	43		53	60	77	102
200r/min	63	49	42	36		43	48	60	78
100r/min	40	33	31	28		31	34	40	50
6r/min	11	12	13	13		13	12	13	15
3r/min	11	10	12	13		12	11	11	12

热力学稳定性确立之后，检查了设计配方与 Haynesville、Bossier 地层常见的高含量伊利石页岩的兼容性。前面也提到了，本质上伊利石黏土比蒙脱石黏土不易于水化膨胀，但是易于水化分散。为解决潜在的问题，进行了页岩冲蚀研究。在该研究中，Bossier 岩心经过研磨并按大小分类，这样碎屑能通过 5 号筛网而不能通过 10 号筛网。将约 30g 的一定尺寸的页岩加入到 350mL Haynesville 定制 WBM 样品中。大部分截留在 10 号网筛上的页岩在热滚 16h 后与老化前的量进行回收率计算(表7)。热滚后称重之前，页岩样品完全干燥。数据表明老化后页岩回收率几乎百分之百，也说明了页岩样品在 Haynesville 定制 WBM 中最小的分散和分解。

表 7　定制 Haynesville WBM：页岩冲蚀

钻井液密度/(lbm/gal)	回收率/%	钻井液密度/(lbm/gal)	回收率/%
15.5	98.0	16.5	98.7
17.5	98.5		

页岩完整性的进一步证据如图 5 和图 6 所示。图 5 展示了 Haynesville 定制 WBM 中的 Haynesville 页岩在页岩冲蚀实验过后的状态，而图 6 描述了柴油基 OBM 中 Haynesville 页岩在相同的页岩冲蚀实验后的状态。可以说明定制 WBM 和 OBM 具有相同的页岩完整性。

自下而上的应用方法能够使 WBM 配方在钻遇类似 Haynesville 页岩时表现出良好的性能。在 Haynesville 恶劣的热力学环境下，定制的钻井液性能非常稳定，且抗固相和 CO_2 污染。

图 5　定制 WBM 中页岩冲蚀试验后　　　　图 6　OBM 中页岩冲蚀试验后

3. WBM 现场应用情况

为 Haynesville 页岩定制的 WBM 在路易斯安那州的红河县应用。Haynesville 页岩的这一特殊地区是热力学要求最高的地区之一。在 Bossier 页岩顶部 10700ft 的地方向井眼内引入定制钻井液体系，直到 Haynesville 页岩总深达到将近 17800ft。由于复杂的井身设计，钻井液在裸眼中停留了 45d。在该过程中，出现了大量的、恒定量的 CO_2 侵入（>8000ppm）。钻井液很好地处理了这些入侵，对流变性能影响很小。在入侵量最大的时候（除气装置失效），钻井液流变性能有一些增加，但是这个问题很容易就被配方基液中的添加剂解决了，还钻遇 BHT 大于 350 ℉的情况。机械钻速与邻井差不多。测量的现场钻井液的典型性能数据如表 8 所示。

表 8　定制 Haynesville WBM：典型现场性能

参数	深度/ft	
	12, 442	14, 864
流体密度	15.0lbm/gal	16.6lbm/gal
pH	10.4	9.3
API 失水/mL	5.0	2.0
300 ℉ HTHP 失水/mL	16.2	14.0
范氏 35 数据		
温度	120 ℉	
PV/cP	41	49
YP/（lbm/100ft²）	19	17
10s/10m/30m 凝胶/（lbm/100ft²）	7/13/16	8/12/13
600r/min	101	115
300r/min	60	66
200r/min	45	48
100r/min	30	30
6r/min	8	8
3r/min	7	7

2.2　结论

除 Haynesville 页岩外，还在 Fayetteville 和 Barnett 页岩进行了客制化服务。定制 WBM 应

用推理的、自下而上的方法，允许精确匹配所钻地层的钻井液化学品添加剂。三大页岩区块定制钻井液的良好的室内实验数据和现场性能验证了钻井液设计方法的可行性。定制钻井液的成功给操作者带来一种环境友好且具有潜在经济优势的 NAF 的替代品，此前它已经主导了非常规页岩气钻井市场。研发定制 WBM 的原理包括收集关键井和地层的数据以及地层样品的特殊实验室试验数据。由此可知，定制 WBM 有可能被研发并且部署到全球任何页岩气储层。

3　维持页岩井眼稳定性的新型纳米粒子钻井液[5]

为了解决页岩地层井眼失稳问题，M－I SWACO 公司的 Meghan Riley 等人研发了一种改性纳米硅水基钻井液（WBM），它配方简单，维护方便，展现出优秀的流变特性，能够保持井眼稳定且环境友好。纳米粒子能够物理封堵纳米级孔隙，从而降低页岩渗透性。纳米硅材料工业来源丰富，经过改造可以满足地层要求。文中以 Marcellus 页岩为例说明。

3.1　Marcellus 页岩特性

Marcellus 是美国重要的页岩气田。表 9 给出了 Marcellus 页岩某深度典型的地质组成和性质。可知 CEC 值相对较低，这与反应性有关，如较低的蒙脱石含量。

表 9　Marcellus 页岩的地质情况

Marcellus 页岩岩心	6711.05~6711.6ft	Marcellus 页岩岩心	6711.05~6711.6ft
蒙脱石	4%	伊利石	25%
石英	47%	长石	10%
黄铁矿	5%	绿泥石	6%
铁白云石	3%	CEC，（meq/100gr）	3
渗透率/mD	19@3000psi	渗透率/mD	6@6000psi
孔隙度	10%	总有机质含量	9%

饱和度和低渗透率的结合导致近井地带孔隙流体压力的增加，只有很少量的滤液渗透进入井眼。因此，这造成了较不稳定的井眼条件。在图 7 中，保存完好的 Marcellus 岩心在 150 ℉暴露在淡水中。数天之后，产生了宽度为 5~45μm 的裂缝，主要平行于层理面。这些结果说明 Marcellus 页岩与水不怎么反应，但是还是易于产生裂缝，能够导致井眼失稳，特别是在长水平井段。

图 7　150 ℉淡水中 Marcellus 页岩的微裂缝

3.2　纳米硅的生产方法

在过去的几年中，纳米硅土的定义一直有争议。纳米粒子被定义为直径小于 100nm 的物体。最近，被提出更多的其他定义是基于表面积而不是直径，也不存在明确尺寸的界限。硅土是二氧化硅的俗名，以不同的形式存在：非晶和晶态、多孔和无孔、无水和羟基化。从结构的观点看，硅原子处于与4个氧原子四面体配位，可以由此形成众多不同的结构。硅土主要从水溶液中合成，通过分离单体硅酸，或者从某种硅化合物的蒸汽中分离得到；许多其他合成路线也可以得到。图8给出了数个工业上可用的生产硅土的方法。

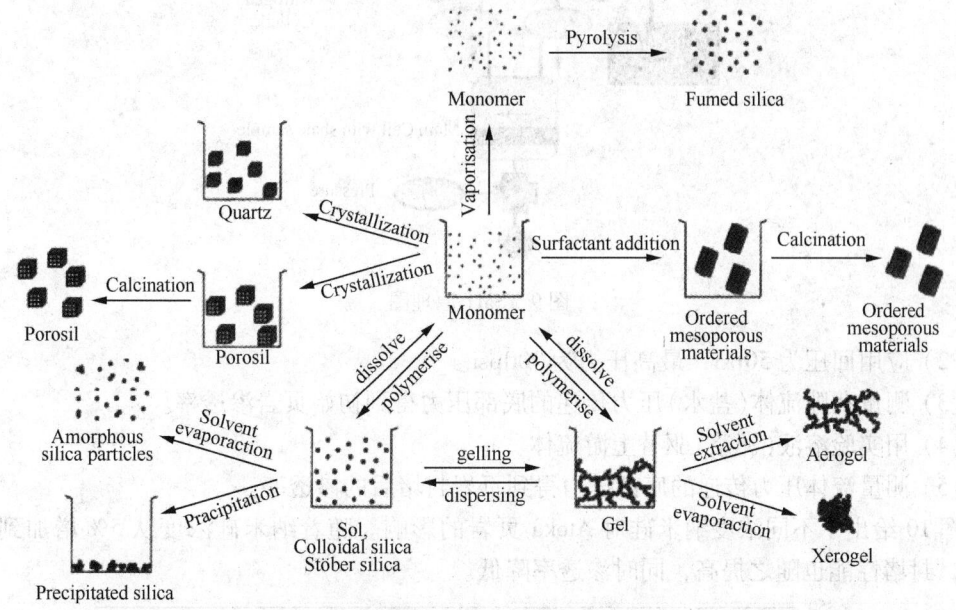

图8　可用的生产硅土的工业方法

传统纳米硅土的分散体系由两相组成：分散相和连续相。如果形成的分散体系不稳定，那么粒子将凝聚、沉淀。通常，在被吸附到分散粒子上之后，分散剂可以通过空间位阻或静电方法防止相分离。在钻井液中应用纳米硅粒子作为封堵材料来减小水向纳米级孔隙的渗透，添加剂的设计主要需要考虑两个因素：成本和配伍性。纳米硅成本要尽量低，且还必须与其他钻井液添加剂相配伍，而不改变溶液流变性，热力学稳定性良好，能够抗固相污染。

3.3　页岩膜试验

页岩膜实验(SMT)，也叫做压力穿透实验，用来研究纳米硅粒子对页岩进行物理封堵所产生的影响。SMT仪器的图解如图9所示。在恒压($P2$，$P3$)下，实验流体被泵送流过页岩样品的上表面，同时应用小部分恒定体积来测量容器底部的压力恢复值。实验用页岩样品的渗透率可以通过底部压力恢复值($P1$)来解读。同一页岩样品渗透率的变化，相对于不同的试验流体(盐水和WBM)，被看作是钻井液中固体和纳米硅粒子物理封堵(也就是页岩稳定性)的指示剂。WBM与初始盐水间渗透率下降越显著，固体和纳米粒子的物理封堵效果越好。

通常，盐水和WBM都在SMT试验中测试。首先测试盐水，以确定页岩样品的初始渗透率。然后测试钻井液，以评价钻井液的物理封堵(页岩稳定性)性能。实验步骤如下：
（1）将盐水装入容器中匹配页岩 a_w（水活度）。

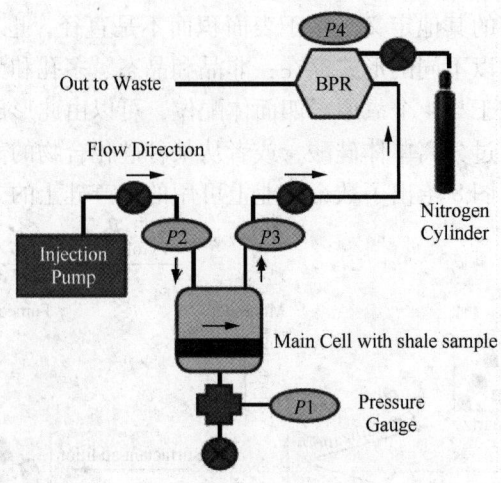

图 9   SMT 原理图

（2）应用回压为 50psi，最高压力为 300psi。

（3）测量孔隙流体（盐水）压力传递的底部压力得到初始页岩渗透率。

（4）用实验溶液（泥浆）驱替上游流体。

（5）测量流体压力传递的底部压力得到页岩封堵后的渗透率。

图 10 给出了不同浓度纳米硅对 Atoka 页岩的影响。随着纳米硅浓度从 5% 增加到 29%（wt），封堵性能也随之提高，同时渗透率降低。

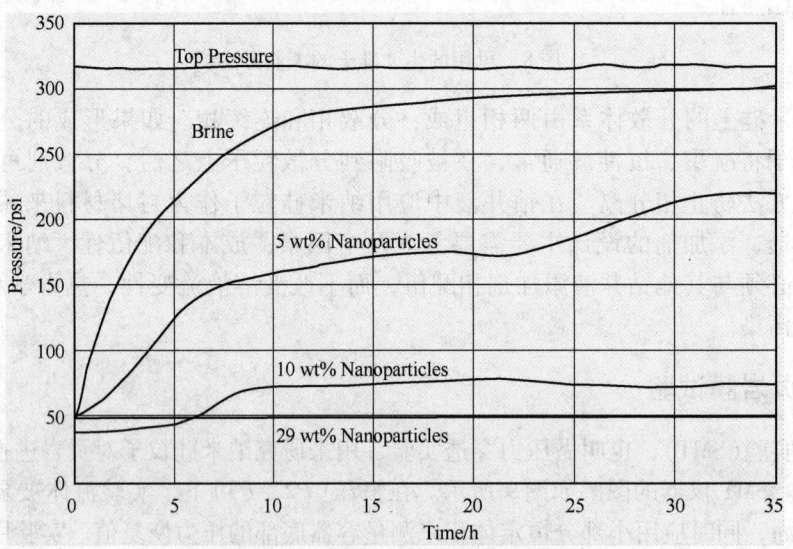

图 10   不同浓度纳米硅的封堵效果

3.4   结论

改性纳米硅水基钻井液（WBM）配方和维护简单，表现出优秀的流变性，保持井眼稳定性，且对环境友好。普遍且经济适用的新型纳米材料实现了钻井液所需的流变特性和页岩气储层的井眼稳定性。

4 纳米技术在钻井液中的应用[6]

当把纳米技术应用到钻井液完井液领域时，需要考虑纳米技术能够解决哪些现有化学技术不能解决的问题，且在胶体或微型状态下纳米结构能够带来哪些好处。M–I SWACO 的 Jim Friedheim 等人在研究中探讨了将氧化石墨烯、碳纳米管等纳米材料加入到钻井液中，希望在页岩稳定性、抗高温、流变性和滤失等方面有所帮助。

4.1 氧化石墨烯

流变性和滤失控制是可以应用纳米技术的钻井液的两个基本方面。由于强烈的粒子与粒子间的相互作用，一些纳米材料可以作为增黏剂。将氧化石墨烯(GO)直接加入膨润土和重晶石的淡水泥浆可以描述该纳米粒子对黏度的影响。表 10 给出了对钻井液流变参数方面的影响，向泥浆中加入 2~6lb/bbl(0.6%~1.7%)的 GO。

表 10 膨润土和重晶石泥浆中加入 GO

参数	1	2	3	4
淡水/mL	329	327	326	321
凝胶/(lb/bbl)	5	5	5	5
GO/(lb/bbl)	0	2	4	6
重晶石/(lb/bbl)	80	80	80	80
OCMA 黏土/(lb/bbl)	10	10	10	10
流变温度/℉	120	120	120	120
6 转读数/cP	1	4	11	17
3 转读数/cP	0	3	12	15
凝胶 10–s/(lb/100ft^2)	1	5	13	25
凝胶 10–min/(lb/100ft^2)	2	6	13	14
塑性黏度/cP	4	8	7	3
屈服值/(lb/100ft^2)	–1	4	16	42

由表 10 可知，GO 能够有效使钻井液增黏，甚至在加量很小(仅为 2lb/bbl)时，效果都非常明显。基于 GO 的片状结构很容易变形以适应地层的轮廓，很像塑料包装(图 11)，进行了进一步的实验来观察其滤失控制能力。

表 11 给出了将 GO 加入淡水泥浆体系，热滚老化(150 ℉下 16h)后的结果。GO 既影响流变性又影响失水，好像相对来说很有效。这些结果中有一个下降趋势很明显，就是 5lb/bbl 胶和 1bl/bbl 的 GO 效果相同，这样形成了性能和成本的基准线。

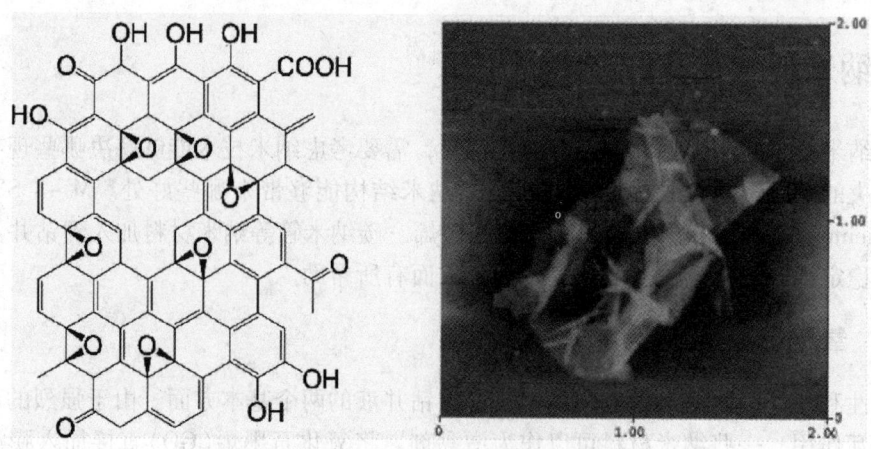

图 11　GO 结构示意图（左）和显微图像（右）

表 11　GO 的加入到重晶石淡水泥浆中

参数	1	2	3	4
淡水/g	160	159	159	159
GO/g	0	0	1	1.5
凝胶/g	0	5	0	0
重晶石/g	39	39	39	39
OCMA 黏土/g	5	5	5	5
150 ℉下热滚 16h 后				
流变温度/℉	120	120	120	120
6 转读数/cP	1	5	9	28
3 转读数/cP	1.5	5	9	27
凝胶 10s/(lb/100ft^2)	2	7	10	27
凝胶 10min/(lb/100ft^2)	2	9	15	38
塑性黏度/cP	3	4	8	9
屈服值/(lb/100ft^2)	−1	2	11	37
API 失水/(mL/30min)	83	23.6	23.4	16.8

经研究发现，氧化石墨烯直接作为页岩抑制剂，对稳定页岩发挥的作用并不明显；而其作为运输工具，能将特定的页岩抑制剂携带到达页岩表面的恰当位置，从而最大限度地稳定页岩。此外，氧化石墨烯通过了糠虾环保实验，符合 HSE 要求。随着研究的深化，氧化石墨烯将在水基钻井液中得到更广泛的应用。

4.2　碳纳米管

在温度低于120℃时，有很多添加剂可以解决钻井液的流变性和滤失问题，但当温度超过200℃，几乎没有合适的添加剂能够达到要求。作为超 HTHP 无水反转稳定剂评价的碳纳米管（CNTs）有成功的希望。在不同浓度下对众多类型的 CNTs 进行筛选之后，选出两种CNTs 进行 600 ℉配方的最后评价。表 12 给出了在 600 ℉实验的配方。在超 HTHP 条件下，即使在很低的加量，在稳定流变剖面上，两种 CNT 材料都表现出了积极的结果。

表 12　600 ℉应用两种不同 CNTs 的无水反转流体配方

参数	1	2	3
合成基钻井液/(lb/bbl)	135.6	125.2	125.2
有机土/(lb/bbl)	3	3	3
石灰/(lb/bbl)	10	10	10
HT 乳化剂/(lb/bbl)	25	25	25
润湿剂/(lb/bbl)	5	5	5
水/(lb/bbl)	7	6.5	6.5
$CaCl_2$/(lb/bbl)	25	23.5	23.5
CNT#1/(lb/bbl)	0	0.48	0
CNT#2/(lb/bbl)	0	0	0.48
补充基液/(lb/bbl)	0	11.52	11.52
HT 有机 FLC/(lb/bbl)	10	10	10
OCMA 黏土/(lb/bbl)	15	15	15
重晶石/(lb/bbl)	300	300	300
EMI 1996/(lb/bbl)	5	5	5
微粒子/(lb/bbl)	50	50	50
密度/(lb/gal)	14.0	14.0	14.0
含油量/%	80.9	80.7	80.7
含水量/%	19.1	19.3	19.3

以上 3 种钻井液的试验结果如表 13 所示。基液不能承受 600 ℉加热老化，丧失了全部低剪切流变性，导致重晶石全部沉降。与此相反，CNT#1 和 CNT#2 钻井液在老化后都比较稳定，特别是 CNT#1 钻井液表现出显著的低剪切黏度(6&3 转下 9&11cP)、屈服值(8lb/100ft^2)和凝胶强度(16&16lb/100ft^2)。但是，钻井液的失水控制还存在问题，需进一步研究。

表 13　应用两种不同 CNT 无水反转钻井液 600 ℉下热滚后的结果

参数	1	2	3
老化时间/h	16	16	16
温度/℉	600	600	600
动切力/静切力/(D/S)	D	D	D
流变性温度/℃	150	150	150
6 转读数/cP	2	9	4
3 转读数/cP	1	11	3
凝胶 10 - s/(lb/100ft^2)	3	16	6
凝胶 10 - min/(lb/100ft^2)	3	16	9
塑性黏度/cP	25	36	33
屈服值/(lb/100ft^2)	-3	8	4
电学稳定性/V	553	1265	614

4.3 结论

氧化石墨烯在水基钻井液失水和流变性控制方面都有一定的作用,碳纳米管抗高温性能较强,在高温下具有较好的流变性控制能力,但失水控制能力有待进一步研究。对纳米材料的改性可能会产生具有独特性能的新材料。但是纳米技术在钻井液领域的应用还需要做更多的研究。

5 认识和建议

(1)为了降低成本,同时满足环保要求,全球钻井液研究人员都在寻求能够取代油基钻井液用于页岩钻井的高性能水基钻井液。加拿大卡尔加里大学、哈里伯顿、斯伦贝谢公司都对纳米材料在钻井液中的应用研究投入了大量的人力、物力,特别是斯伦贝谢公司,尝试多种不同纳米材料对钻井液的影响。

(2)卡尔加里大学开发了一种高性能防漏堵漏纳米钻井液体系,具有很好封堵地层的能力,能够阻止滤失、减少地层伤害和污染,同时减少压差卡钻事故,提高机械钻速,降低钻井成本。

(3)哈里伯顿公司利用页岩矿物学和井底温度(BHT)等非常规页岩气储层中的关键因素,打破"用一种水基钻井液来实现全球页岩气开发"的思想,提出基于给定页岩参数详细分析的客制化服务。定制 WBM 应用推理的、自下而上的方法,允许精确匹配所钻地层的钻井液化学品添加剂。Haynesville、Fayetteville 和 Barnett 三大页岩区块定制钻井液的良好的室内实验数据和现场性能验证了钻井液设计方法的可行性。

(4)M-I SWACO 公司将纳米硅材料加入钻井液中形成改性纳米硅水基钻井液(WBM),该钻井液配方和维护简单,表现出优秀的流变性,保持井眼稳定性,且对环境友好。普遍且经济适用的新型纳米材料实现了钻井液所需的流变特性和页岩气储层的井眼稳定性。

(5)M-I SWACO 公司在研究中探讨了将氧化石墨烯、碳纳米管等纳米材料加入到钻井液中,结果表明氧化石墨烯在水基钻井液失水和流变性控制方面都有一定的作用,碳纳米管抗高温性能较强,在高温下具有较好的流变性控制能力,但失水控制能力有待进一步研究。对纳米材料的改性可能会产生具有独特性能的新材料。但是纳米技术在钻井液领域的应用还需要做更多的研究。

参 考 文 献

1 路保平等.中国石化海外油气勘探开发的工程技术难题与对策[J].石油钻探技术,2010,38(5):12~17

2 从绿色能源畅想到页岩气大突破——涪陵页岩气田勘探开发系列报道之一.http://www.sinopecnews.com.cn/news/content/2014-03/26/content_1389603.shtml

3 Mohammad F Zakaria, MaenHusein, GeirHareland. Novel Nanoparticle-based drilling fluid with Improved Characteristics[J]. SPE156992, 2012

4 Jay P Deville, Brady Fritz, Michael Jarrett, Halliburton. Development of Water-Based Drilling Fluids Customized for Shale Reservoirs[J]. SPE 140868, 2011

5 Meghan Riley, Emanuel Stamatakis, Steve Young, Katerine Price Hoelsher, et al. Wellbore Stability in Unconventional Shale-The Design of a Nano-particle Fluid[J]. SPE 153729, 2012

6 Jim Friedheim, Steve Young, Guido De Stefano, et al. Nanotechnology for oilfield applications-Hype or Reality[J]? SPE 157032, 2012

固井与完井技术

水平井变密度射孔计算模型研究

赵 旭 庞 伟 丁士东

（中国石化石油工程技术研究院）

摘 要 射孔是水平井完井的主要方式，由于流体在水平井筒内的流动为变质量流，在水平井筒内必然因流体的流动而引起压力损失，主要包括摩擦压力损失、加速压力损失以及混合压力损失。本文以渗流理论和流体力学相关知识为基础，考虑地层流体和井筒流体的相互耦合作用以及现场的实际需要，对水平井变密度射孔技术进行了研究，推导出了以椭圆形泄油面积结合矩形泄油面积为基础的水平井变孔密射孔的油藏渗流模型、井壁入流模型及井筒压降模型，并分析了孔眼密度变化对水平井产量及井筒压降的影响。本文的研究为油田现场应用水平井变密度射孔完井提供了理论依据。

关键词 水平井；变孔密；油藏渗流；变质量流动；井筒压降

前言

随着水平井技术的不断进步，水平井井数大幅度增加，水平井射孔完井的研究工作越来越引起重视。在水平井筒内，沿流动方向有一个压力降，井筒压力降梯度使得井和周围油藏之间的压力差（即生产压差）增加了下游流量。特别是对水平段较长的水平井来说，这将造成水平井筒内非常严重的非均匀流动，其结果将是油藏在低压的井筒下游端以高得多的产量开采，而在高压的上游端产量则小得多。对于高渗油藏来说，这个压力降更是不能忽略，很容易引起气锥和水锥。目前，国内水平井的产量通常出自薄油层，大都带有底水并具有气顶，且地层的各项异性均比较严重。而解决气水锥进问题的一个主要方法是对油藏流入井内的液体进行节流。而射孔孔眼就起到节流阀的作用，通过调节射孔密度，即调节节流阀的个数，控制流入井筒的液量，从而实现水平井井筒内均匀流动，达到油藏均匀开采的目的[1~4]。基于此，本文通过对水平井变密度射孔原理和设计理论与方法的调研，建立了水平井单相流变密度射孔优化模型，研究了水平井变密度射孔技术的设计原理及应用效果。

1 数学模型的建立

国外学者 Dikken[5] 指出水平井水平段内的压降是不可忽略的。从 Dikken 的模型中可以看出，流体从油藏流到水平井井筒 x 处的压降等于流体从油藏流到水平井井筒趾端 x_{wb} 的压降与从趾端再流到 x 处的水平段压降之和，即：

$$\Delta p(x) = \Delta p(x_{wb}) + \left[p_w(x_{wb}) - p_w(x) \right] \tag{1}$$

将井流压降 Δp 可以看作两部分组成：一部分为油藏到井筒有效半径之间的压降 Δp_r，

即看成是油藏渗流问题，可由理想的线源解获得；另一部分为从井筒有效半径流到井筒的压降 Δp_s，即流体流经射孔孔眼产生汇流而造成的压降损失，则式(1)可写为：

$$- \left[p_w(x) - p_w(x_{wb}) \right] = \left[\Delta p_r(x) - \Delta p_r(x_{wb}) \right] + \left[\Delta p_s(x) - \Delta p(x_{wb}) \right] \quad (2)$$

通过公式(2)可以看出，油气藏中流体向水平井筒中的流动过程可以分为 3 个过程，分别为油藏渗流阶段、井壁入流阶段、井筒内流体变质量流的阶段(图1)。针对这 3 个流动阶段将水平井射孔完井模型分 3 个子模型，通过分别建立描述这 3 个阶段的数学模型来分别计算这 3 个流动阶段所引起的压力降：

① 油藏渗流模型，指由油藏边界到污染带边界的渗流；

② 井壁入流模型，指从污染带边界到套管内壁的流动；

③ 井筒中流体变质量管流模型。

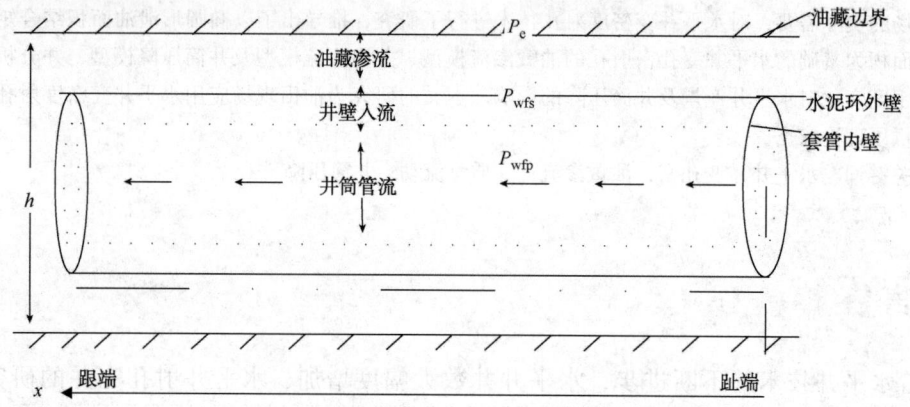

图1　水平井射孔完井物理模型示意图

图中，h 为油层厚度，m；P_e 为油藏边界压力，MPa；P_{wfs} 为水泥环外边界压力，MPa；P_{wfp} 为井筒内压力，MPa；$P_{wfs} - P_{wfp}$ 为流体通过射孔孔眼或筛管孔眼造成的压力降

1.1　水平井井筒入流模型

水平井井筒入流所导致的压降 Δp_s 主要是由于油藏流体经过射孔孔眼进入井筒中的流动所引起的，根据非达西流理论，采用 Forchheimer 方程来表示，假设射孔孔眼为圆柱形孔腔，整理可得[6]：

$$P_{wfs}(i) - P_{wfp}(i) = \Delta p_s = \frac{\mu q_i}{2\pi k L_p M_p} \ln \frac{1}{2 r_p M_p} + \frac{\beta \rho q_i^2}{(2\pi L_p M_p)^2} \left(\frac{1}{r_p} - 2 M_p \right) \quad (3)$$

式中，μ 为流体黏度，mPa · s；q_i 为第 i 个网格内水平井筒单位长度上的产量，m³/(s · m)；k 为油藏的绝对渗透率，μm²；β 为非达西流速度系数，无因此；h 为油层厚度，m；L_p 为射孔穿透深度，m；M_p 为射孔密度函数；r_p 为孔眼内径，m；ρ 位流体密度，kg/m³。

1.2　水平井油藏渗流模型

目前计算水平井产能时，大多数是假设水平井泄油面积为椭圆形或矩形。徐景达[7]经过理论推导，认为椭圆形泄油面积是最理想的情况，计算出来的水平井产能比实际产能偏大；而矩形泄油面积是最差的情况，计算出来的水平井产能最小。为了更合理的计算水平井的产能，本文中将水平井的泄油面积分为两个部分(图2)，采用合理组合椭圆形泄油面积模型和矩形泄油面积模型的方法，将水平井水平段长度所控制的油藏采用矩形泄油面积模型，而在水平段两端的边油藏采用椭圆形泄油面积模型。这样计算出来的水平井产能介于最理想和最差的情况之间，会更接近实际产能[8~10]。

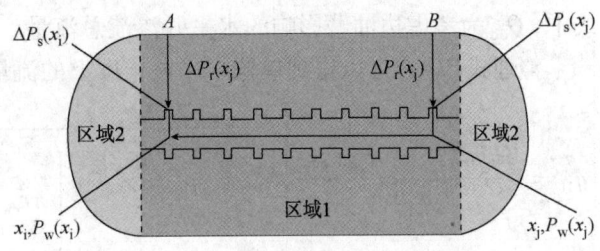

图2 水平井泄油面积示意图

半圆形泄油面积(空间中是半球形)部分的产量按球面向心流计算，能够得出第 i 个网格内产量公式为:

$$Q_{1i} = \frac{2\pi k[P_e - P_{wfs}(i)]}{\mu_o B_o \left(\frac{1}{r_{ew}} - \frac{1}{r_e} + S_{vt} \right)} \tag{4}$$

式中，k 为渗透率，μm^2，只考虑单相流体流动，若为地层各向同性，则为地层绝对渗透率，若为地层各向异性，则 $k = (k_h^2 k_v)^{1/3}$，其中 k_h、k_v 分别为水平方向和垂直方向渗透率，μm^2；P_e 为边界压力，Pa；$P_{wfs}(i)$ 为等效井筒半径处的压力，Pa；μ_o 为原油黏度，$Pa \cdot s$；B_o 为原油体积系数，m^3/m^3(标)；r_e 为供给半径，m；r_{ew} 为等效井筒半径，m，$r_{ew} = r_w + C_1 L_p$，其中 r_w 为井筒半径，m；C_1 一般取 0.4；S_{vt} 为对应的垂直井的表皮系数，无因次；Q_{1i} 为趾端(或跟端)半球形泄油面积得到的产量，m^3/s。

矩形泄油面积(空间中是矩形体)，得到第 i 个网格内的矩形泄油部分的产量公式为:

$$Q_{2i} = \frac{2\pi k l_o[P_e - P_{wfs}(i)]}{\mu_o B_o \left[\frac{\pi r_{ew}}{h} + \ln\left(\frac{h}{2\pi r_{ew}} \right) \right]} \tag{5}$$

考虑渗透率各向异性和水平井偏心距的影响，(5)式修正为:

$$Q_{2i} = \frac{2\pi k h[P_e - P_{wfs}(i)]}{\mu_o B_o \left\{ \frac{\pi r_{ew}}{l_o} + I_{ani} \frac{h}{l_o} \ln\left[\frac{\left(\frac{I_{ani}h}{2} \right)^2 - (I_{ani}\delta)^2}{I_{ani}\left(\frac{h}{2\pi r_{ew}} \right)} \right] + I_{ani} \frac{h}{l_o} S_{vt} \right\}} \tag{6}$$

式中，I_{ani} 为地层各向异性系数，$I_{ani} = \sqrt{\frac{k_h}{k_v}}$；$\delta$ 为井筒偏心距，m；h 为油层厚度，m；Q_{2i} 矩形泄油面积得到的产量，m^3/s；l_o 为第 i 个网格内水平井水平段的长度，m。

则有考虑边油藏影响的水平井的产能为:

$$Q_{3i} = Q_{1i} + Q_{2i}$$

$$= \frac{2\pi k h[P_e - P_{wfs}(i)]}{\mu_o B_o} \left\{ \frac{1}{\left(\frac{h}{r_{ew}} + h S_{vt} \right)} + \frac{1}{\left(\frac{\pi r_{ew}}{l_o} + I_{ani} \frac{h}{l_o} \ln\left(\frac{\left(\frac{I_{ani}h}{2} \right)^2 - (I_{ani}\delta)^2}{I_{ani}\left(\frac{h}{2\pi r_{ew}} \right)} \right) + I_{ani} \frac{h}{l_o} S_{vt} \right)} \right\} \tag{7}$$

式中，Q_{3i} 为考虑边油藏影响的水平井渗流总流量，m^3/s。

整理式（7），可以得到单位水平段长度上的流量：

$$q_{1i} = \frac{2\pi k h (P_e - P_{wfs}(i))}{\mu_o B_o} \left\{ \frac{1}{\left(l_o \dfrac{h}{r_{ew}} + l_o h S_{vt}\right)} + \frac{1}{\left(\pi r_{ew} + I_{ani} h \ln\left(\dfrac{\left(\dfrac{I_{ani}h}{2}\right)^2 - (I_{ani}\delta)^2}{I_{ani}\left(\dfrac{h}{2\pi r_{ew}}\right)}\right) + I_{ani} h S_{vt}\right)} \right\}$$

(8)

式中，q_{1i} 为考虑边油藏影响的水平井单位长度上的渗流流量（每米上的流量），$m^3/(s \cdot m)$。

由于边油藏仅是对水平井跟端和趾端的产能有影响，且影响的范围也很小，因此在水平段的大部分位置主要受到矩形面积油藏的渗流的影响，对（8）式进行整理去掉边油藏影响项，可得未考虑边油藏影响的水平井单位长度上的渗流流量方程为：

$$q_{2i} = \frac{2\pi k h (P_e - P_{wfs}(i))}{\mu_o B_o} \cdot \frac{1}{\left(\pi r_{ew} + I_{ani} h \ln\left(\dfrac{\left(\dfrac{I_{ani}h}{2}\right)^2 - (I_{ani}\delta)^2}{I_{ani}\left(\dfrac{h}{2\pi r_{ew}}\right)}\right) + I_{ani} h S_{vt}\right)}$$

(9)

式中，q_{2i} 为考虑边油藏影响的水平井单位长度上的渗流流量（每米上的流量），$m^3/(s \cdot m)$。

1.3 井筒变质量管流模型

常规水平管井筒管流压降有摩擦压降和加速度压降，而由于井壁入流，水平井井筒中为变质量管流，此时压降包括摩擦压降（井筒粗糙度导致的摩擦压降和射孔孔眼存在导致的附加摩擦压降）、加速度压降、混合压降（孔眼流体与井筒中流体混合产生的压降）[11,12]。

$$P_{wfp}(i-1) - P_{wfp}(i) = (f + f_{perf})\frac{l_o \rho v_i^2}{2D_{in}} + \rho v_{i-1}^2 \left[(M_p l_o)^2 \left(\frac{r_p}{r_w}\right)^4 \left(\frac{v_i}{v_{i-1}}\right)^2 + 2M_p l_o \left(\frac{r_p}{r_w}\right)^2 \frac{v_i}{v_{i-1}} \right] + \Delta P_{mix}(i)$$

(10)

当 $0 \leqslant \dfrac{q_i l_o}{Q_i} \leqslant 0.0025$ 时，

$$\Delta P_{mix}(i) = f_{perf}\frac{\rho v_i^2}{2D_i} - 0.031 \frac{\rho v_i D_i}{\mu} \frac{q_i l_o}{Q_i}$$

当 $\dfrac{q_i l_o}{Q_i} > 0.0025$ 时，

(11)

$$\Delta P_{mix}(i) = 760 \frac{q_i l_o}{Q_i}$$

式中，f 是不考虑射孔影响时井筒管壁流动阻力系数，无因次；f_{perf} 是射孔孔眼导致的井筒管壁附加流动阻力系数，采用 Haaland 方法计算；v_i 为井筒中第 i 个网格流速，m/s；D 为井筒直径，m；Q_i 为井筒第 i 个网格出口端流量，m^3/s；$P_{wfp}(i)$ 为井筒第 i 个网格井底流压，Pa；$\Delta P_{mix}(i)$ 为井筒第 i 个网格混合压降，Pa。

2 实例分析

前面从理论上分析了水平井水平段内摩擦阻力对水平井产能的影响，下面将采用塔河油田的一口生产井的实际数据对水平井水平段长度的影响进行更深入的分析：

塔河油田碎屑岩某水平油井的基本参数如下：水平井井筒半径 r_w 为 0.108m，油层厚度 h 为 16.3m，水平平均渗透率 K_h 为 $108\mu m^2$，垂直平均渗透率 K_v 为 $73\mu m^2$，流体黏度 μ 为 2.78mPa·s，原油体积系数 B 为 1.3404，原油密度 ρ 为 757.9kg/m³，生产压差为 0.78MPa，采用射孔笼统打开油层完井，水平段趾端的孔密为 16 孔/m，根据前面所建立的变密度射孔计算模型，结果如下：

采用等密度射孔所得计算出的产量为 114.72m³/d，而采用等密度射孔所得计算出的产量为 83.406m³/d，经过变密度射孔调整后的水平井筒内的入流流动剖面如图 3 所示。

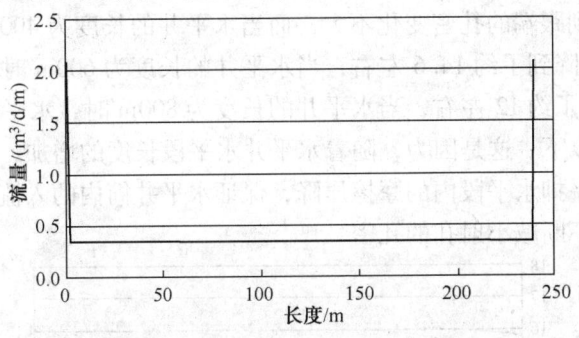

图 3 经过变密度射孔调整后的流动剖面

通过产量对比可以看出在相同的油藏和生产条件下，变密度射孔的产量要明显低于等密度射孔的产量。这是因为变密度射孔控制了水平井的入流剖面，在生产压差大的位置减小了射孔的密度，进而减小了此位置的产量，使得水平井筒内的各处的入流量相等，这势必造成在在相同的油藏和生产条件下变密度射孔的产量要小。图 3 显示了经过变密度射孔调整后的水平井筒的入流剖面，由图中可以看到，在水平段的跟端和趾端的一小段位置上，水平井的入流量较大，而在其他的位置上水平井的入流量相对较小，入流剖面基本一致。这是因为在水平井的跟端和趾端的位置上，其受到边油藏的影响促使水平井两端的产量急剧增大，而在水平井其他的位置上受边油藏的影响相对较小，在变密度射孔的调节下，水平井的入流剖面基本一致，这也说明变密度射孔可以起到控制水平井筒流入剖面，防控底水脊进的作用。而且通过对变密度射孔水平井入流剖面分析，能够得出在进行变密度射孔设计时应尽量避射水平井的跟端和趾端，减少边油藏对水平井入流剖面的影响。

渗透率和水平井长度是影响水平井产能的重要因素，图 4 和图 5 显示了在渗透率和水平段长度与变密度射孔之间的变化关系。

图 4 显示的是不同渗透率条件下孔密随水平段长度的变化关系。从图中可以看出，随着渗透率的增大，孔密随水平井趾端到跟端的变化显著增大，当地层的渗透率为 10mD 时，整个水平段的孔密变化不大，当地层的渗透率为 100mD 时，水平井趾端到跟端的孔密由 16 变化到了 15，而当地层的渗透率为 400mD 时，水平井趾端到跟端的孔密由 16 变化到了 13 以下，这说明，地层的渗透率对水平井变密度射孔的影响是显著的，在油田现场进行变密度射

孔的设计中要充分考虑到不同位置渗透率对产能的影响。

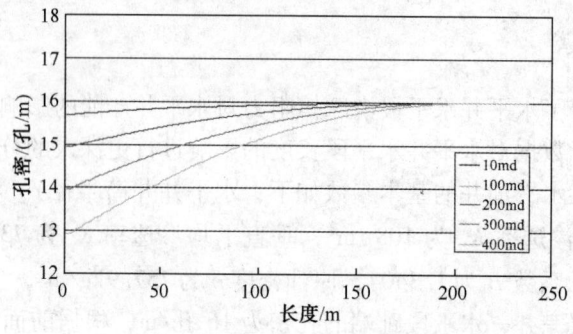

图4 不同渗透率条件下孔密随水平段长度变化关系图

图5显示的是水平井水平段长度与变密度射孔之间的变化关系。从图中可以看出，随着水平段长度的增加，孔密随水平井趾端到跟端的变化明显增大，当水平井的长度为200m时，水平段内由趾端到跟端的孔密变化不大，而当水平井的长度为400m时，水平井趾端到跟端的孔密由16逐渐降到了约14.6左右，当水平井的长度为600m时，水平井趾端到跟端的孔密由16逐渐降到了约12左右，当水平井的长度为800m时，水平井趾端到跟端的孔密由16逐渐降到了10以下。这是因为，随着水平井水平段长度的增加，水平段内的摩擦压降也急剧增大，而为了平抑水平段内的摩擦压降，保证水平井筒内的入流剖面一致，势必要在水平井的趾端至跟端不断减小射孔的孔密。

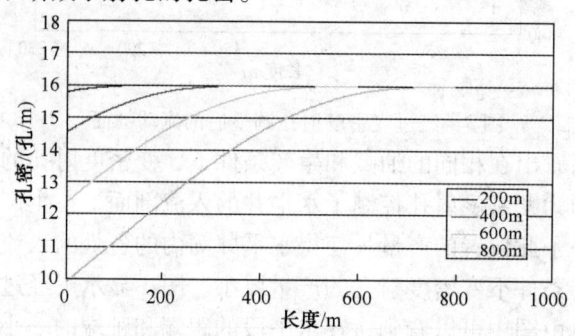

图5 水平井水平段长度与孔密的变化关系图

通过分析图4和图5能够得出地层渗透率和水平段长度均是水平井变密度射孔设计中的重要影响因素，地层渗透率和水平段长度的较小变化，能够引起水平井射孔密度的急剧变化。

3 结论与建议

（1）调节射孔密度可以有效地调整水平井生产剖面。根据井的完井方式、气液总产量、井内流体性质和储层性质，要实现水平井均匀的流入剖面以减缓可能出现的水气锥进，从而最终提高油藏的开采效率，射孔密度从水平井趾端到跟端应是逐渐减小的。

（2）在相同的油藏条件和生产条件下，水平井的变密度射孔的产量低于等密度射孔的产量，这说明在油藏条件好、底水差的油藏不适用变密度射孔，只有在油藏厚度较薄、底水气顶能量充足的情况下，需要对水平井筒的入流剖面进行控制时变密度射孔才具有应用价值。

（3）水平井水平段的两端受边油藏的影响较为严重，其所在的位置产量较大很难进行入流剖面的控制，在进行变密度射孔设计时，应尽量避射水平井的跟端和趾端。

（4）地层渗透率和水平段长度均是水平井变密度射孔设计中的重要影响因素，地层渗透率和水平段长度的较小变化，能够引起水平井射孔密度的急剧变化。

参 考 文 献

1 李华. 水平井变密度射孔和分段射孔完井技术研究[D]. 东营：中国石油大学（华东），2007

2 周生田，马德泉，刘民. 射孔水平井孔眼分布优化研究[J]. 石油大学学报（自然科学版），2002，26（3）：52～54

3 汪志明，徐静，王小秋. 水平井两相流变密度射孔模型研究. 石油大学学报（自然科学版）[J]. 2005，29（3）

4 周生田，张琪. 水平井水平段压降的一个分析模型[J]. 石油勘探与开发，1997，24（3）：49～52

5 Dikken B J. Pressure Drop in Horizontal Wells and Its Effect on Production Performance [J]. Journal of Petroleum Technology, November 1990：1426～1433

6 庞伟. 水平井变密度射孔参数优化设计[D]. 东营：中国石油大学（华东），2007

7 徐景达. 关于水平井的产能计算——论乔希公式的应用[J]. 石油钻采工艺，1991，13（6）：67～74

8 王瑞和，张玉哲，步玉环等. 射孔水平井产能分段数值计算，石油勘探与开发[J]. 2006，33（5）：630～633

9 孟红霞，陈德春，海会荣等. 水平井分段射孔完井方案优化，油气地质与采收率[J]. 2007，14（5）：84～87

10 高海红，王新民，王志伟. 水平井产能公式研究综述[J]. 新疆石油地质，2005，26（06）：723～726

11 王树平，李治平，江永奎等. 水平井变孔密分段射孔井筒压降计算模型[J]. 石油天然气学报，2007，29（2）：104～107

12 郑俊德，魏兆胜，王常斌等. 水平井水平段的压降计算[J]. 大庆石油学院学报，1996，20（3）：25～29

国外智能完井技术分析

阮臣良

（中国石化石油工程技术研究院）

摘　要　智能完井技术能够动态监测井下储层状态、远程控制井下开采，从而起到改善油藏管理和节省物理修井时间的作用。20 世纪 90 年代，国外就开始研究智能完井技术，BakerHughes、Schlumberger、ABB 和 Roxar 等几家公司都开发了进行井下监控的智能完井技术，并得到了大面积的推广应用。随着我国水平井、分支井及滩海油气田开发力度的加大，迫切需求引进或研究智能完井技术，在节约修井和提高采收率方面发挥其优势。

关键词　智能完井；传感器；层段控制阀；穿线封隔器

前言

自 1997 年 8 月世界首次应用智能完井技术以来，经过十几年的改进和推广，智能完井技术作为一项先进的完井思路逐渐被油田作业者所关注。智能完井是利用井下传感器，实时动态采集井下的温度、压力和流量等参数，从而分析井下的生产状态、油藏状态和全井生产链数据资料，并根据油井生产情况对油井进行遥控配产和提高油井产量的完井系统。

智能完井最重要的作用就是改善油藏管理。在避免由不同油层压力导致窜流这一情况下，智能完井能够在一个井眼内独立控制多个储层的开采量，使一口井同时独立开采多个油层成为可能。

智能完井另一个重要的作用在于节省物理修井时间。在多油层、多分支井的开采后期，由于某一个油层（井眼）的含水率升高而导致整个井的产量下降。智能完井通过远程控制关闭或节流含水率较高的油层（井眼），方便快捷的重新分配各油层（井眼）的产量，避免了针对该水层的修井作业。在滩海和深海平台上，由于作业时间限制和修井费用昂贵，更能体现出智能完井系统的优越性。

目前，智能完井系统广泛应用于陆地和海洋的水平井、分支井的多层段采油作业，利用其动态监测和远程操作的功能，为作业者创造巨大的经济效益。

1　智能完井系统组成[1]

智能完井系统需要同时完成井下数据监测和远程控制井下开采两大功能。根据智能完井各单元在整个系统中所起到的作用，将智能完井系统分为井下传感器单元、穿线式封隔器单元、层段控制阀单元、数据传输和控制系统，地面中央控制系统五大部分。

1.1　井下传感器单元

井下传感器单元用来收集井下储层的温度、压力和流量等参数，主要由温度、压力、流量及组分等传感器组成，未来将发展三维可视系统。

目前传感器主要有电子传感器和光纤传感器，这两种传感器在其他领域的技术已经很成熟，而油井使用的传感器除了要面对井下高温高压的恶劣环境，还要最大程度的提高其可靠性，因为要更换井下传感器必须起出整个管串，费用昂贵。光纤传感器具有数据传输速度快、耐高温、耐腐蚀且不受电磁信号的干扰等优点，相对电子传感器，其可靠性更高，逐渐成为油田作业者进行智能完井的首选。

1.2　穿线式封隔器单元

封隔器在完井中的作用是封隔临近的储层，避免高压油气的窜层，实现多个储层的独立开采。智能完井用的穿线式封隔器与常规完井封隔器有所不同，需要设计控制线和传输线的穿过通道。

目前穿线式封隔器主要分为液压式管内封隔器和自膨胀裸眼封隔器。穿线液压管内封隔器利用油管内外压力使封隔器坐封，同时设立双向锚定机构，能将油管串固定在井内。穿线液压管内封隔器的关键技术是如何实现控制线和传输线可靠地穿过和拼接，封隔器穿线后的密封能力及线缆拼接后的安全性是整个智能完井系统可靠性的关键因素之一。自膨胀裸眼封隔器具有密封压力高，自我修复能力强的特点，用于智能完井时，线缆能够完整地穿过封隔器，无需剪断和拼接，待封隔器膨胀坐封后，能够自行密封其与管线之间的间隙，提高了整个智能完井系统的可靠性。

1.3　层段控制阀单元

层段控制阀单元是智能完井系统的重要组成组分和技术关键。其作用是接受地面指令，通过控制滑套开口大小来控制井下一个或多个储层的开启、关闭和节流，以达到优化井下开采的目的。

层段控制阀的结构和功能多种多样，按照开启/关闭的方式可分为：液压直接式、电动液压式、电动式。液压直接式层段控制阀是在环形的活塞上下各连接一根液压管线，通过调节两根液压管线的压力来控制活塞的上下运动，从而带动滑套打开或关闭。每个液压式滑套需要与两根液压管线相连，所以 N 个液压控制滑套至少需要 N + 1 条液压管线进行控制。电动液压式层段控制阀的工作原理类似于电磁阀，通过电磁阀来控制动力液压油进入活塞的上腔或下腔，从而控制滑套的开关。一般情况下电动液压式智能完井系统只需一根电缆和一根液压管线便能实现多个油层的智能控制。电动式层段控制阀直接利用电缆作为控制管线。

1.4　数据传输和控制系统

数据传输和控制系统的作用是传输井下数据信号，传达地面控制指令。其主要包括控制管线(如液压管线、电缆等)、传输管线(如光纤、电缆等)，另外还包括管线连接保护装置及解码器等。

解码器用于液压式智能完井系统，用来减少液压控制管线的数量。穿线式封隔器由于其尺寸的限制，允许穿过的管线数量是一定的，势必会影响其智能控制储层数量。解码器的作用是利用较少的地面液压控制管线实现较多的层段控制阀的数量，如利用三条地面液压管线实现井下 6 个层段控制阀的智能控制。

1.5　地面中央控制系统

地面中央控制系统主要包括计算机、电源、泵组及计算机软件。

地面中央控制系统是智能完井系统的大脑，负责收集、归纳及分析井下传感器的数据，掌握井下储层的实时动态，并模拟出最佳的开采方案，发出指令远程控制井下的生产作业。

2　国外智能完井技术现状

20 世纪 90 年代后期，BakerHughes、Schlumberger、ABB 和 Roxar 等几家公司都开发了对井下进行监控的智能完井技术。Halliburton 公司和北海石油服务工程公司合作开发的 SCRAMS(地面控制油藏分析管理系统)，被认为最早的电了液压智能完井系统，于 1997 年应用于北海的 Saga 张力腿平台上。1997 年 Baker Oil Tools 和 Schlumberger 公司联合开发了电子智能流量控制系统，被称为"InCharge"。Baker Oil Tools 还独立研制了一个液压式智能完井系统——"InForce"。这两种系统于 1999 年和 2000 年在巴西的 Roncador 油田和挪威的 Snohe 油田得到了现场应用。

随着智能完井技术的成熟，该技术在国外得到了大面积的推广应用，全世界已经安装了上千套智能完井系统，在采油井和注水井中均得到了应用。据估计，在过去的 5 年里(2000~2005 年)，智能完井系统每年安装井数以 27% 的速度增长。

3　国外几种典型智能完井技术介绍

3.1　SmartWell 智能完井系统[2]

SmartWell 完井系统为 Halliburton 公司研发的液压式智能完井系统，1998 年第一套 SmartWell 成功应用于 Brunei 油田。该系统主要包括地面分析和控制系统、液压式层段控制阀(ICV)、HF-1 型穿线式管内封隔器、永久式井下传感器、液压控制管线和电缆传输管线(图 1)。SmartWell 通过井下传感器采集每个储层的压力和温度数据，并且能够液压控制井下层段控制阀，优化油藏生产方式。

HF-1 型穿线式管内封隔器用于封隔临近的两个储层，是在常规的采油封隔器的基础上添加了穿过液压控制线和电缆传输线的贯穿孔。该型封隔器最多允许穿过 5 条线缆，其中包括 1 条电缆和 4 条液压控制线，最多能够实现 3 个油层或

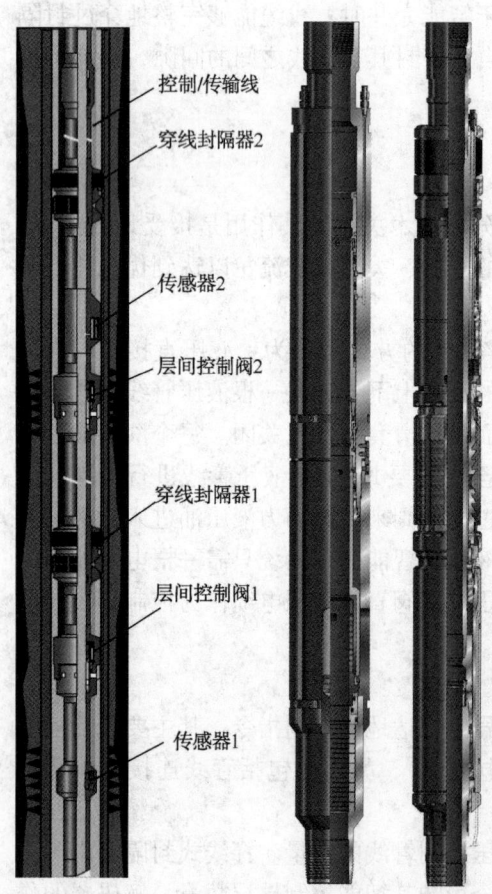

图 1　SmartWell 完井系统及层段控制阀、穿线封隔器

控制/传输线
穿线封隔器2
传感器2
层间控制阀2
穿线封隔器1
层间控制阀1
传感器1

分支井的智能开采。

SmartWell 系统的层段控制阀为液压直接式层段控制阀，利用两条液压管线进行控制，只能够进行打开和关闭的操作，采用了金属密封技术，最大密封能力达到 105MPa，耐温能力达到 177℃。

传感器采用了高精度、高分辨率的电子传感器技术，具有体积小，耐温能力高(150℃)的特点，其设计使用年限为 5 年。

3.2 InForce 智能完井系统[3]

InForce 完井系统(图 2)是 Baker Hughes 公司生产的液压智能完井系统，利用 HCM 遥控液压滑套、隔离封隔器以及井下永久计量监测仪来实现远距离流量控制，缩短了改变井下条件前的探测和反应时间。

InForce 系统的井下永久石英计量仪监测井下实时压力和温度数据，由一条单芯电缆给各个计量仪提供电力和通信渠道，最终将信号传输给地面 SCADA 控制系统，SCADA 控制单元可以通过自动或手动方式，通过专用的液压控制线在地面遥控井下层段控制阀的打开或关闭，每个滑套需要两条液压控制线驱动。

InForce 系统将 HCM 遥控液压滑套进行改良，设计了外罩式液压滑套装置，该装置能够控制管内流体的通过(图 3)。该设计成功将控制下方储层的层段控制阀上移至封隔器的上方，避免了液压管线穿过封隔器，在一定程度上提高了系统的可靠性。

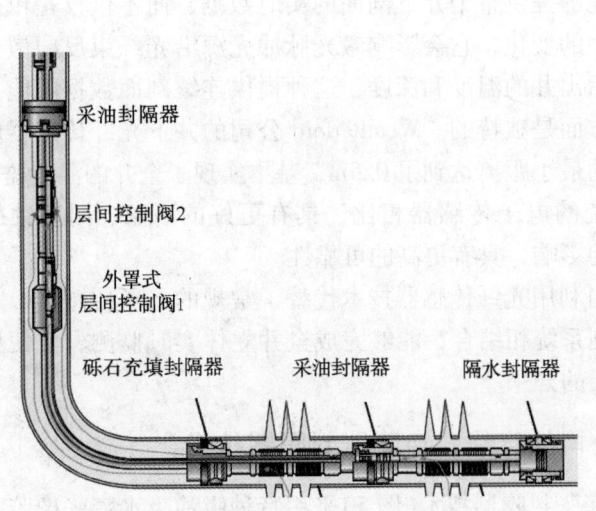

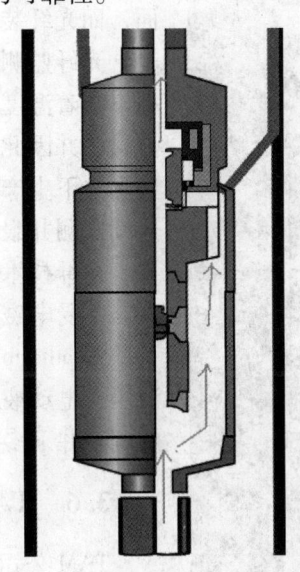

图 2　InForce 智能完井系统　　　　图 3　外罩式 HCM 遥控液压滑套

3.3 SCRAMS 智能完井系统[2]

SCRAMS(地面控制油层分析和管理系统)是 Halliburton 公司的电动液压智能完井系统，1997 年 8 月首次成功应用在北海的 Saga 油田的海上平台。

SCRAMS 智能完井系统(图 4)将液压控制线和电缆硫化在扁平的橡胶带中，液压控制线为 SCRAMS 提供液压驱动力，通过电缆控制的电磁阀，再把这个力传递给层段控制阀活塞的每一侧。相比 SmartWell 系统，SCRAMS 系统由于采用了先进的电动液压控制方式，减少了控制管线的数量，整个井眼只需要一根液压和一根电缆管线便能智能控制井下的开采。SCRAMS 系统为提高可靠性，设计了冗余的液压和电缆的控制传输系统，利用两套独立的液压和电缆管线同时完成滑套的无级流量控制，以便准确控制流入或流出油层的液体。

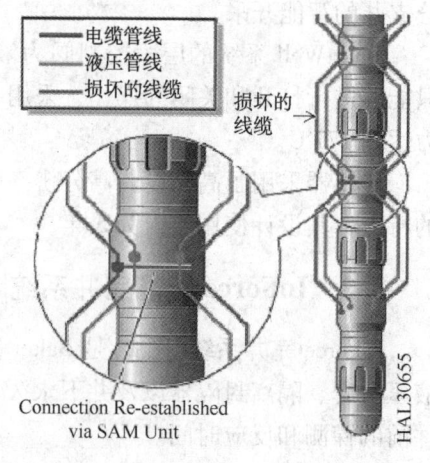

图 4　SCRAMS 智能完井系统

3.4　InCharge 智能完井系统[4]

InCharge 系统首次完全依靠电力驱动和传输的智能系统，完全实现了电气化。该系统可实时监测储层位置的油管和环空的压力、温度和流量。系统的无级流量控制器允许对单层流量无级调节，操作者可利用电缆灵活调整每个储层的单层流量。该系统利用一根 1/4in 的电缆作为控制线和传输线，能够同时监测和控制井下 12 个储层的智能开采。

3.5　Weatherford 的光纤技术[5]

传统的温度测试仪器是从某一单点测取井下温度，然后再通过控制电缆将数据传送至地面，而光纤装置则同时起到传感器的作用。

光纤监测装置能够提供整个井下剖面的实时数据，而不仅仅是单点数据。随着温度在井中的变化，它会影响激光脉冲光源沿光纤束反向散射的方式，并因此而指示出井的温度和深度，这种提供连续剖面数据的能力在监测井下生产状况方面是独特的。Weatherford 公司的井下光纤传感器能够连续监测井眼温度的最小距离达到了 0.5m，基本实现了全井的温度监测。

光纤技术与传统的电子传感器相比，具有更好的耐温、耐腐蚀的特点，不受电磁信号的影响，具有更高的可靠性。

Weatherford 公司利用光纤传感器技术代替了常规的电子传感器，与纯液压、电动液压控制系统相结合，能够完成全井立体实时监测，方便快捷的调整井下多个储层的开采。

3.6　TAM 公司的穿线式自膨胀封隔器技术[6]

TAM 公司的自膨胀封隔器技术（图 5）采用特种吸油吸水膨胀橡胶，在裸眼完井中具有自我修复能力强、膨胀系数高、密封压力大的特点。穿孔式自膨胀封隔器是预先在封隔器橡胶层割槽，在封隔器入井时将液压控制管线或电缆完整的穿过橡胶层，无需切割和拼接，待自膨胀封隔器到达设计位置吸油（水）坐封后，其会自行密封线缆和橡胶层之间的间隙。

图 5　TAM 智能完井系统

在其他的智能完井系统中，智能完井系统失效很大一部分原因是由于线缆拼接后的密封不严。TAM 公司的穿线式自膨胀封隔器技术在使用时无需切断和链接线缆，具有较高的可靠性。

4 前景展望

　　智能完井系统在储层实时监测和地面远程控制井下生产方面具有无可比拟的先进性。虽然在开发早期的投入成本较大[一般智能完井系统报价为(200~500)万元]，但在油气井后期的生产管理和维护费用方面节省了大量的开支。利用远程控制功能，使油井的维修工作减少到最低；此外还能够远程关闭含水率较高的产层，减少了地面产出水的处理费用；优化生产结构，较大幅度的提高最终采收率。随着我国分支井、水平井、气井及海上油田开发力度的加大，智能完井系统的优势越来越明显，势必会掀起我国完井方式的革命。

　　我国智能完井技术方面研究才刚刚起步，完整的智能完井技术仍属空白。可以通过科研机构与油田部门、高等院校等多学科、多专业知识人才相结合，在消化吸收国外技术，自主研发智能完井工具的关键部件，如井下控制阀、穿线式管内封隔器和裸眼封隔器等。从原理较简单、成本较低的液压式智能完井系统寻找突破，逐步实现智能完井系统的国产化。

5 结论

　　(1)智能完井系统对各单元的可靠性要求很高，可靠性较高的电子层段控制技术、光纤传感技术及自膨胀封隔技术是未来智能完井技术发展的方向。

　　(2)智能完井系统价格昂贵，针对我国油田的单井产量较少的现状，应开发成本较低的智能完井系统，并实现智能完井系统关键零件(穿线管内封隔器、层段控制阀及井下传感器等)的国产化，进一步降低成本。

参 考 文 献

1 倪杰，李海涛，龙学渊.智能完井新技术[J].海洋石油，2006，26(2)：84~88
2 Hallibueton. Intelligent Well. http：//www. halliburton. com/ps/default. aspx? navid=825&pageid=2018&prodgrpid=PRG%3a%3aK4OOJP15 ，2010
3 An Inforce Intelligent Well Systems Applications Guide. Baker Oil Tools 公司样本
4 Baker Oil Tools Intelligent Well Systems. Baker Oil Tools 公司样本
5 Weatherford. Intelligent well system[EB/OL]. http：//www. weatherford. com/weatherford/groups/public/documents/completion/cmp_ intelligentwellsystems. hcsp，2010
6 TAM FREECAP Swellable Packers. TAM 公司自膨胀封隔器样本

基于 . Net 三层架构的固井优化设计软件开发

方春飞

(中国石化石油工程技术研究院)

摘 要 本文阐述 CODS 软件的开发环境及 CODS 系统的开发过程，同时以 CODS 系统为例探讨了 . Net 三层架构的具体实现。本文还简述了 CODS 的主要功能模块以及界面开发方案。

关键词 . Net；三层架构；固井优化设计

中图分类号： G350   **文献标识码：** A

前言

随着中石化固井工程最新标准的推广与应用，国内目前迫切需要一款和最新固井标准相匹配的固井优化设计软件，为此中石化石油工程技术研究院固井完井所开发了固井优化设计与注水泥动态模拟系统(以下简称 CODS 系统)(图 1)，以便更好的协助和指导固井现场设计与施工。该软件同时还融合了固井完井所多年来的科研成果。该软件基于微软 . Net2. 0 的三层架构的企业模式进行开发。

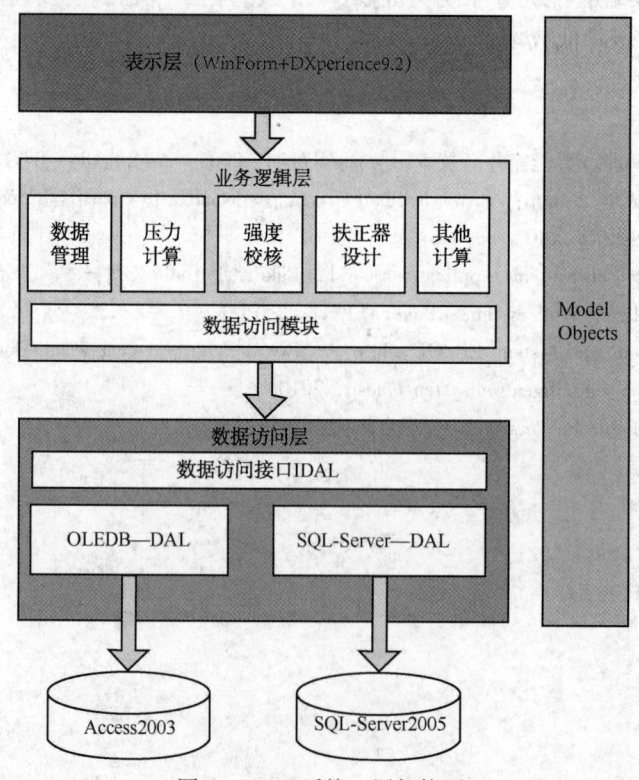

图 1　CODS 系统三层架构图

1 CODS 系统三层架构分析(图 2)

三层架构是在传统的 Client/Server 结构中加入一个"中间层[1]",也即业务层。应用程序就由表示层、业务逻辑层、数据访问层组成,利用三层架构将整个 CODS 系统分为不同的逻辑模块,并将数据访问和计算业务逻辑分别分配到不同的层中,增加了系统的复用性和扩展性。

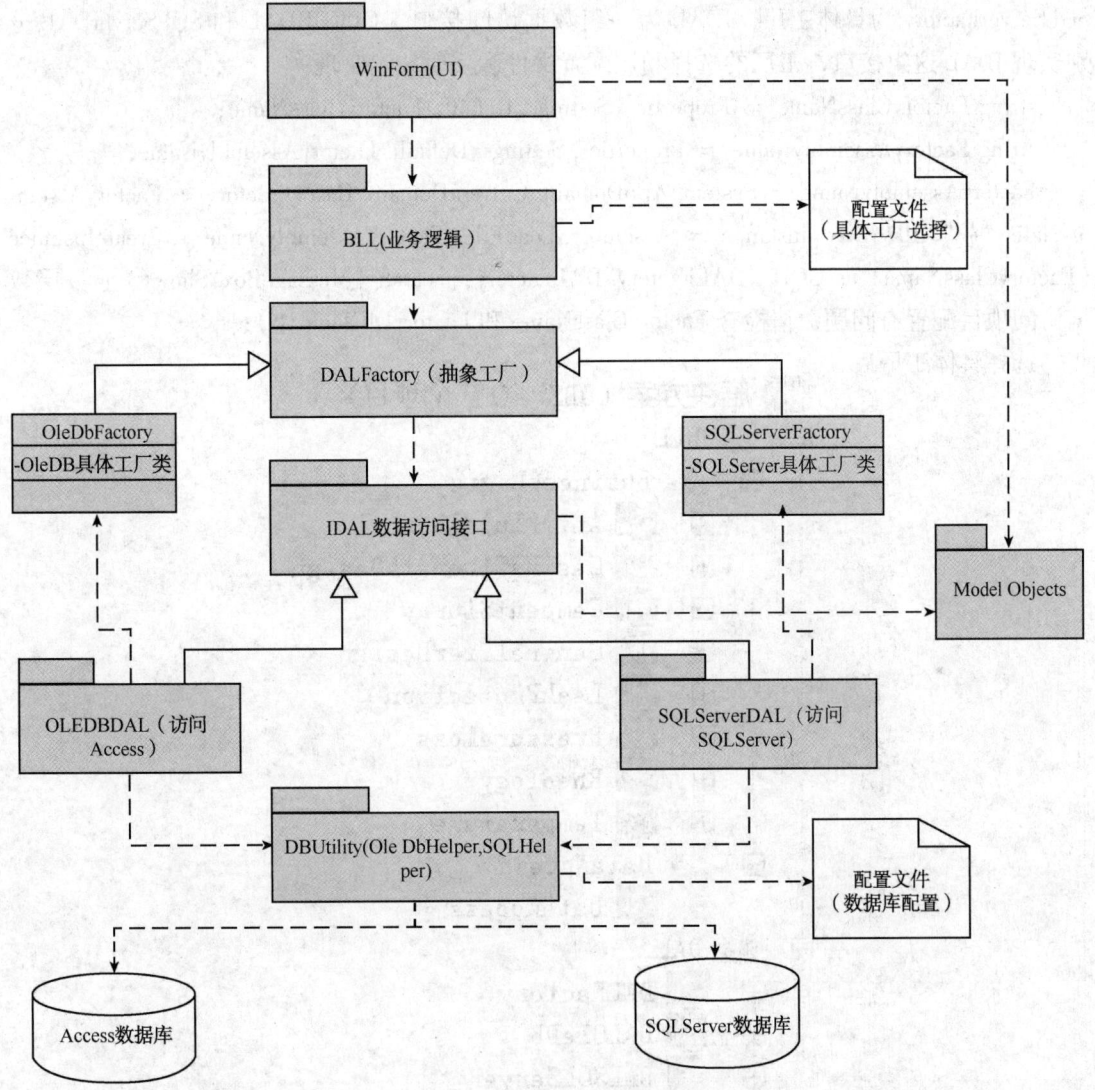

图 2　CODS 系统各个组件之间的调用关系图

数据访问层:该层为 CODS 系统提供数据访问功能,同时向业务逻辑层提供数据。考虑到利用抽象工厂设计模式并通过对配置文件的反射技术动态切换工厂,从而动态创建数据访问对象,以便软件能够在 Access 数据库和 SQL – Server 数据库之间动态切换。

业务逻辑层:该层包含 CODS 核心的数据管理和计算功能模块,它们包含对来此表示层的数据验证和处理,并包含了 CODS 系统的所有计算模块。为了将业务逻辑和数据访问隔离开,该层特意分出了一个数据访问模块,业务层所有的数据获取都由数据访问模块来完成,同时该模块还直接向表示层提供所需的数据。

表示层：CODS 系统（图 3）以 WinForm 表示组件作为 UI 显示层，该层直接为用户提供计算服务界面，接受用户的输入，调用业务逻辑层功能，该层只负责数据的接受和显示。

三层架构中，每层只和相邻的层通讯，层与层之间的传输的数据均以实体类 Model 为载体，下层不依赖于上层。

在数据访问层中，采用了抽象工厂的模式，DALFactory 为抽象工厂，OleDbFactory 和 SQLServerFactory 为具体工厂，IDAL 为一组数据访问接口，OLEDBDAL 和 SQLServerDAL 分别实现 IDAL 这组接口，工厂的选择利用配置文件和反射技术实现[2]

string FactoryClassName = Properties. Settings. Default. FactoryClassName；

string FactoryAssemblyName = Properties. Settings. Default. FactoryAssemblyName；

FactoryAssemblyName = System. AppDomain. CurrentDomain. BaseDirectory + FactoryAssemblyName + ". dll"；try｛instance = Assembly. LoadFile（FactoryAssemblyName）. CreateInstance（FactoryClassName）as CODS. DALFactory. DALFactory；｝catch｛MessageBox. Show（"业务层数据访问项目配置有问题，请检查 FactoryClassName 和 FactoryDllName！"）；｝

选择具体工厂后

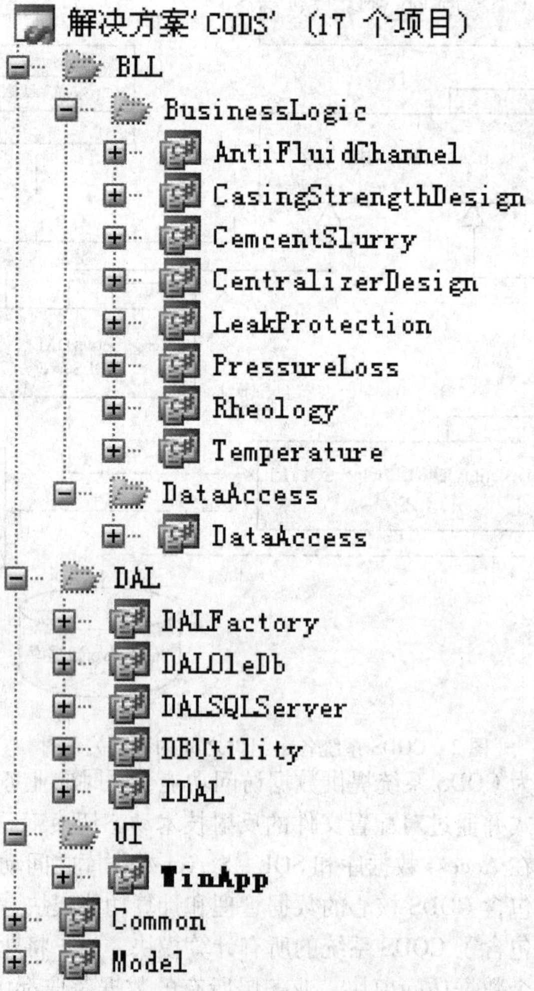

图 3　CODS 项目组织结构图

2 固井优化设计软件主要功能模块

软件主要分两大部分：固井优化设计和注水泥动态模拟。

固井优化设计包括如图 4 所示六大功能模块：

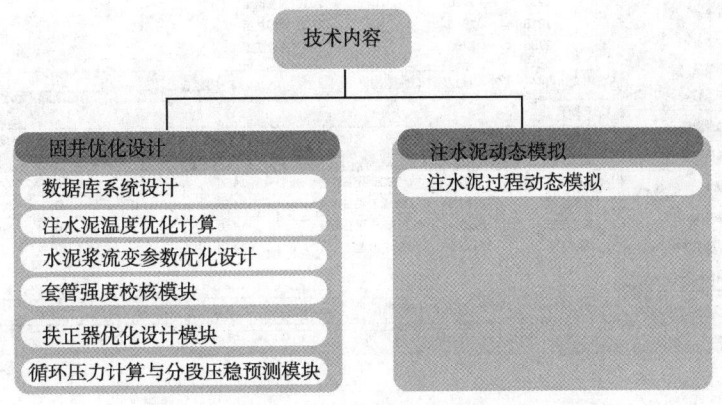

图 4 CODS 系统主要功能模块

数据库系统设计：该模块包括工程设计数据库和水泥浆配方数据库。工程设计数据库包括单井基本信息、井身结构、井斜数据、入井管串、钻井资料、地层压力数据、浆柱结构、施工工艺流程等，水泥浆配方包含水泥浆配方数据、隔离液配方数据、冲洗液配方数据、外加剂材料数据。

注水泥温度优化设计模块：该模块包含最新固井标准推荐的井底循环温度计算公式，同时包含 API 推荐计算温度公式和 API 井底循环温度表，同时能够根据不同的地区进行井底循环温度计算结果修正。

水泥浆流变参数计算模块：该模块包括 API 推荐流变计算公式，并能够利用最小二乘法线性拟合优选流变模式，同时以图形的形式显示拟合后的剪切速率–剪切应力曲线。

套管强度校核模块：根据最新固井标准推荐的方法，对下入的套管串进行强度校核。

扶正器安放设置模块：根据井眼条件和下入的管串优化设计扶正器安放设计，同时能够对工程师提供的扶正器设计方案进行居中度检查。

循环压力计算与压稳预测模块：给定排量和井深，计算并绘制该井深处在注水泥过程中环空压力变化曲线，同时提供井底和井口在注水泥过程中的压力变化曲线。

注水泥过程动态模拟：根据井身结构，井径数据和浆柱结构和施工排量，以图形动画的方式显示注水泥过程，能够直观的根据以上参数显示任意时刻井筒中浆体分布。

3 软件开发及其实现

CODS 系统是基于 . Net2. 0 的 VS2005 作为软件开发环境，数据库选择了 Access2003 和 SQLServer2005。界面采用 Winform + DXperience9 搭建，为浮动面板的风格。整体界面如图 5 所示。

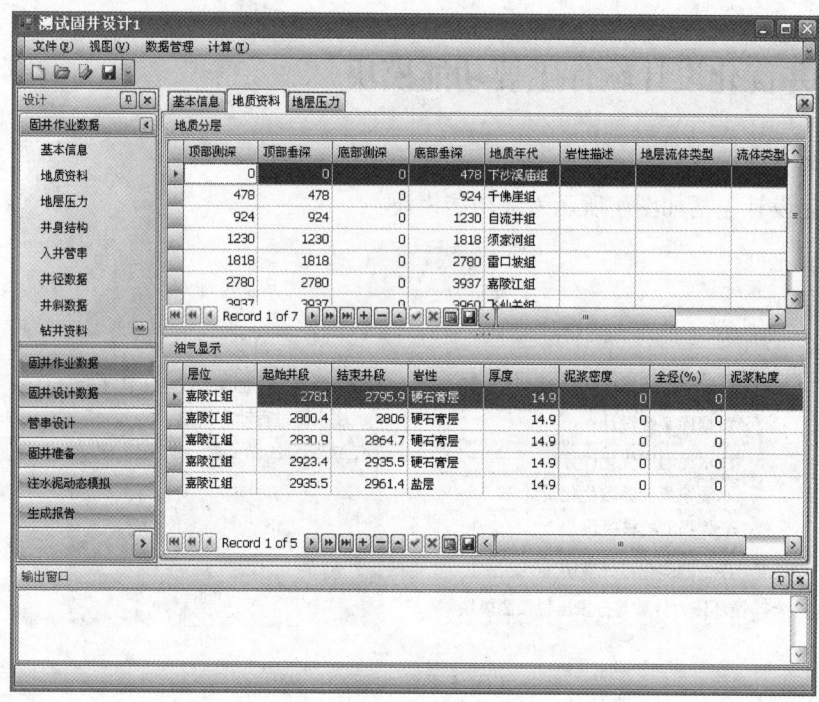

图 5 CODS 系统软件整体界面

图 6 左边为导航栏，包含了固井优化设计所需的所有数据，用户输入完固井设计数据后，点击生成报告按钮，软件将自动计算并生成 Word 版的固井设计报告，报告格式完全按照最新的固井标准推荐格式。CODS 还在菜单栏中提供单独模块的计算功能，方便用户能够使用特定的计算功能。

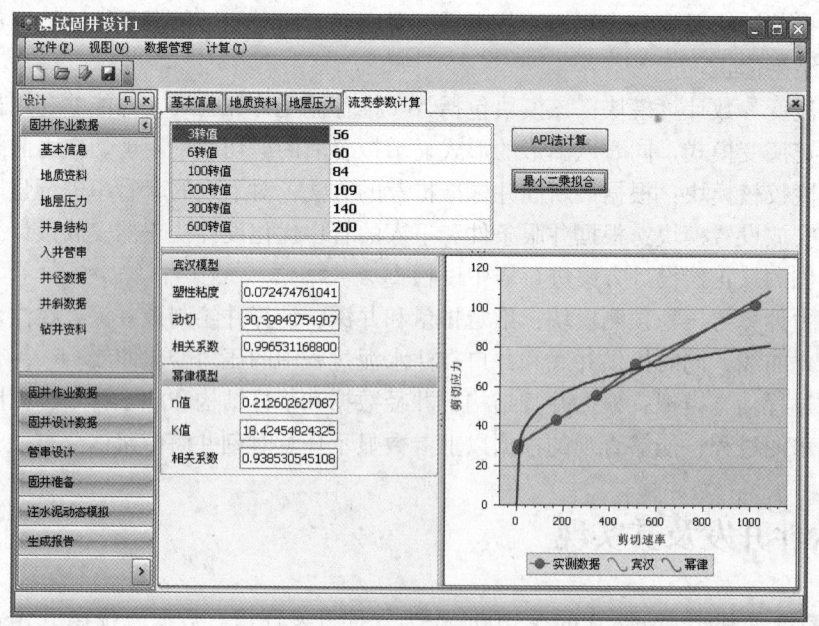

图 6 CODS 系统流变参数优选与计算

4　结束语

本文通过对 CODS 系统架构的分析，探讨 .Net 下三层架构的实现，同时阐述了 CODS 系统的主要功能模块以及界面开发方案。CODS 系统是根据最新的固井标准来进行开发，所采用的模型也是标准中推荐的计算模型。该系统能够根据用户的输入数据自动计算并生成 Word 报告，能够更好指导现场固井施工。

参 考 文 献

1　李红芹 . 基于三层架构的 . Net 数据库业务系统开发 . 计算机与现代化，2009.10：121
2　李天平 . Net 深入体验与实战精要 . 电子工业出版社 . 2009.6：519

水平井分段完井采油技术研究与应用

彭汉修

（中国石化石油工程技术研究院）

摘　要　经过"八五"以来的科技攻关和技术配套，国内水平井完井技术取得了长足的进步，由单一的固井射孔完井发展为适应不同油藏类型的多种完井方式。但为了进一步提高采收率，减缓边底水的锥进，近几年还开展了长胶筒管外封隔器分段完井技术、水泥充填长胶筒封隔器分段完井技术、遇油遇水膨胀封隔器分段完井技术、水平井分段变密度射孔技术、低渗透油藏分段压裂完井技术等。同时，水平井开采技术发展迅速，实现了任意层段卡堵水和选择性采油，满足了油田选择性开采的需要。本文分析了这些技术的特点和叙利亚、塔河等油田开发过程中存在的主要问题，提出了今后技术发展的方向和攻关目标。

关键词　水平井；分段；完井；采油；压裂

1　水平井分段开发技术现状

水平井分段完井采油技术近年来在国内得到了大力推广和应用，过十几年的研究攻关和试验，实现了两个方面的转变：一是完井工艺技术上的转变，即由过去单一的固井射孔完井方式发展成适应不同油藏类型和储层的裸眼防砂完井、衬管完井等配套完井工艺，具有完善程度高、完井成本低、防止油层二次污染以及提高水平井产能和采收率的优点；二是采油工艺技术上的转变，即由全井射孔投产发展成满足油藏及工艺要求的分段开采工艺技术，实现了分段采油、分段卡堵水，提高了采收率[1]。国内在以下两个方面取得了突破：遇油遇水膨胀封隔器分段完井技术和低渗透油藏水平井分段压裂完井技术。形成了八项配套技术：长胶筒管外封隔器分段完井技术、水泥充填长胶筒封隔器分段完井技术、遇油遇水膨胀封隔器分段完井技术、水平井分段变密度射孔技术、水平井分段压裂完井技术、水平井分段采油技术、水平井智能完井技术、热采水平井均衡注汽及注汽参数优化技术[2]。

通过关键技术的研究攻关、完善配套和规模化推广应用，水平井分段完井采油技术应用取得了一系列新进展、新成果。新技术的应用有效减缓了边低水的锥进，延长了油井的低含水生产周期，提高了油藏的采收率。水平井分段完井采油技术已成为新区高效开发、老区挖潜提高采收率的重要手段[3]。

2　水平井分段完井技术

2.1　长胶筒管外封隔器分段完井技术

长胶筒管外封隔器分段完井技术是国外普遍采用的水平井分段完井方式(图1)[4]，该技术是在完井阶段下入管外封隔器,然后下入内管工具对封隔器实施胀封,起到分段生产的目的。其优点是技术成熟、操作简单、费用低,适用于油层段有泥岩夹层的、非热采的井中。胜利油田于 2007 年开始进行水平井长胶筒管外封隔器分段完井现场试验以来,已成功推广应用近百口,油井的低含水开采期可延长 5 ~ 10 个月,取得了较好的应用效果。

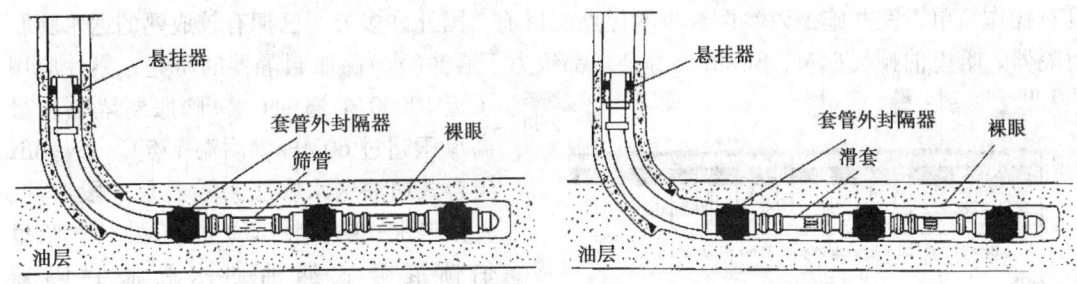

图 1   水平井长胶筒管外封隔器分段完井示意图

2.2   水泥充填长胶筒封隔器分段完井技术

为了延长封隔器的使用寿命,解决封隔器的失效问题,国内外均开展了水泥充填长胶筒封隔器分段完井技术研究[5]。该技术是在完井阶段下入长胶筒(胶筒 2 ~ 3m)管外封隔器,投产时,利用水泥涨封管柱将封隔器涨封,并在封隔器中充填水泥,使封隔器井段凝固后形成一段水泥环,起到分段生产的目的(图 2)。水泥充填封隔器技术的应用,从根本上解决了封隔器的失效问题,保证了封隔器长久的密封性。国外在 20 世纪 80 年代末开始使用该技术,90 年代广泛应用于特殊工艺井(如水平井)及特殊油藏(如灰岩裂缝油藏),国内也开展了水泥浆充填封隔器技术研究。但是,由于胀封工具和工艺的限制,目前该技术还主要应用于套管完井当中。胜利油田采油院近几年开展了筛管完井水泥填充长胶筒封隔器分段完井技术的研究,这种技术的实施难点在于:既要保证高密度水泥浆充填管外封隔器,有效分段,又不能造成高密度水泥浆泄露,污染储层和筛管。根据充填工艺的不同,目前完成了双层管膨胀工艺和单管膨胀工艺,并在冀东油田进行了 2 口井的现场应用。

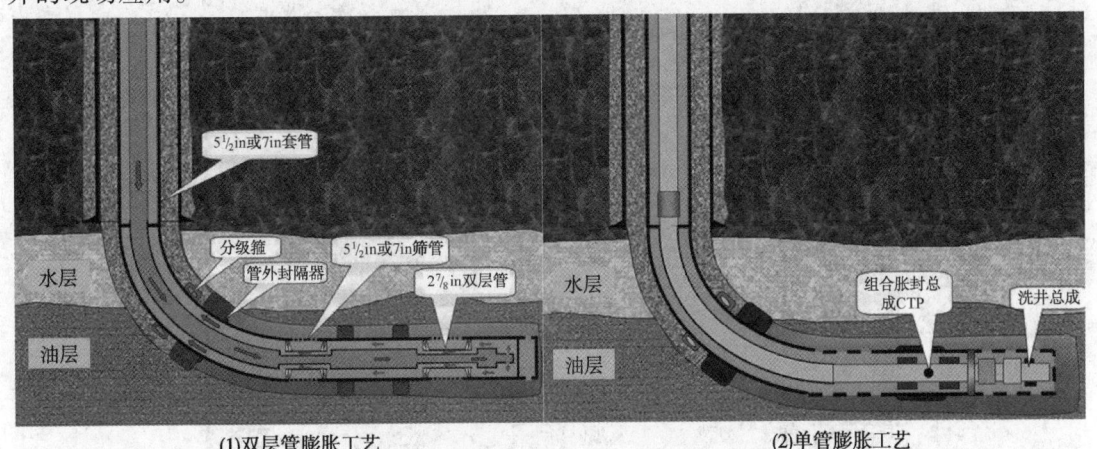

(1)双层管膨胀工艺   (2)单管膨胀工艺

图 2   水泥充填长胶筒封隔器分段完井示意图

2.3　遇油遇水膨胀封隔器分段完井技术

以遇水膨胀橡胶为核心技术的遇水膨胀封隔器隔离技术可以代替常规分层方式使用，国外众多著名公司均开展了该项技术的研究工作。该技术是在完井阶段下入遇油遇水膨胀封隔器，工具入井后，利用橡胶的遇油（水）膨胀性能在井下自动涨封，起到分段生产的目的。具有操作简单、完井施工风险性极小的优点。目前，国外许多公司已拥有较成熟的遇水膨胀封隔器。哈里伯顿、TAM、SwellFix 等公司都致力于遇油（水）膨胀封隔器的研究，累计应用了近10000个遇油（水）膨胀封隔器，最高承压超过60MPa，耐温175℃。Swellfix 组合式遇油遇水膨胀封隔器是一段遇油、一段遇水式膨胀胶筒的组合（图3）。哈里伯顿混合式遇油遇水膨胀封隔器（Genisis）是将遇水膨胀和遇油膨胀材料融合在一起，而不是一段遇水膨胀、一段遇油膨胀，具有膨胀速度快、耐高压的特点。国内的胜利、华北、中石油勘探院等也开展了相关的研究，并在现场进行了应用。

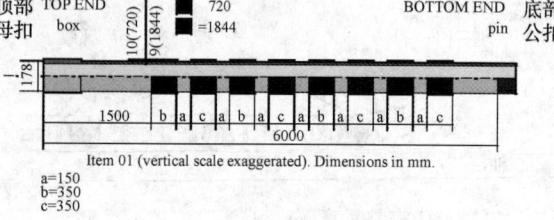

图3　Swellfix 组合式遇油/水膨胀封隔器结构示意图

2.4　水平井分段变密度射孔技术

针对长井段水平井全井段射孔完井存在的中后部油层段的产能得不到充分发挥、局部水淹后卡堵水困难等问题，研发了水平井分段射孔、分段生产技术，配套了相关软件（图4）。根据油藏特点、测井资料、井身轨迹、固井质量等资料，优化设计水平井分段数量、段长、产能、射孔参数，提高了各射孔段的开发效果，有利于各种工艺措施的实施，提高了采收率。该技术在胜利、塔河、大港等油田的复杂断块油藏进行了广泛应用，效果明显。以大港油田为例，该技术在大港油田的水平井中现场应用20余井次，见水时间都得到了不同程度的减缓，取得了显著的效果，为底水油藏水平井控制底水上升提供了宝贵的经验[6,7]。

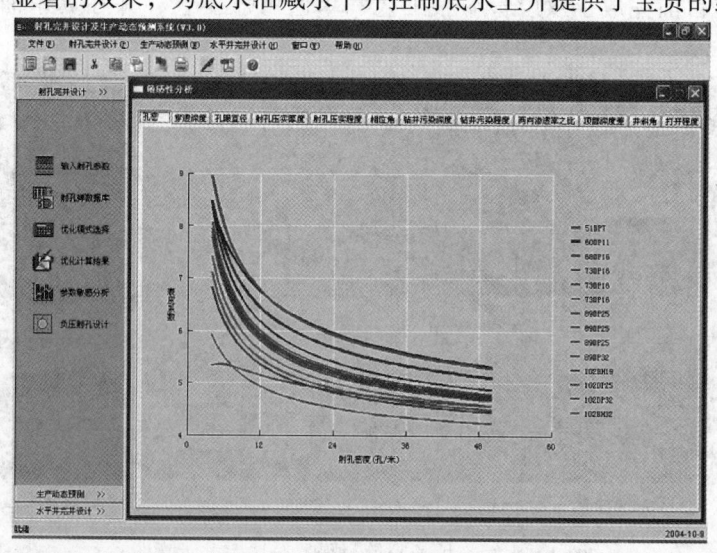

图4　水平井分段射孔优化设计软件

2.5 低渗透油藏水平井分段压裂完井技术

为了提高低渗、特低渗透油藏储量动用程度和采收率，胜利油田开展了套管限流压裂、封隔器分段压裂等水平井压裂技术研究和试验，完成了高 89 – 平 1、史 127 – 平 1、商 75 – 平 1、DP35 – 1 等井的水平井分段压裂施工，并取得重要进展[8]。

1. 限流压裂技术（图 5）

针对滩坝砂油藏储量丰度低、纵向薄层多和重力作用裂缝下穿的特点，在高 89 等区块开展了水平井分段压裂先导试验。结合地应力研究和单井控制可采储量等经济政策界限论证，优化水平井段轨迹和长度；研究分段压裂方式对油层渗流能力、泄油面积及产能的影响，开展限流射孔优化和水平井压裂裂缝动态模拟研究，进行了现场小型压裂测试试验。高 89 – 平 1 井水平段 202m，分三段限流压裂，自喷转抽后日产油稳定在 14t，动液面也基本稳定，产量递减率明显低于大型压裂投产的直井。

图 5　限流压裂工艺示意图

2. 封隔器分段压裂技术（图 6）

在综合分析国外机械分段压裂技术的基础上，根据胜利油田油藏及工艺特点，进行了水平井封隔器分段压裂管柱设计研究。研制了小直径、大膨胀比、高压差 SPK344 封隔器跨隔密封技术，实现了一次管柱逐段压裂；设置井下压力、温度测试仪，为压裂施工提供准确的数据记录；压裂完成后可实现反洗井；配套安全接头，减少发生意外事故时的处理难度。水平井分段压裂管柱满足 2 ~ 3 段压裂工艺要求，封隔器工作压差 50MPa，耐温 150℃。利用该技术在 DP35 – 1 井进行了 3 井次水平井分段压裂试验，均取得成功。

3　水平井分段开采技术

3.1　水平井分段生产技术

胜利油田开发了 3 种水平井分段生产工艺管柱（图 7），在多个采油厂实施 200 余井次，卡水成功率在 90% 以上[9]。

（1）封上采下机械卡堵水管柱：该工艺管柱采用带双向卡瓦支撑 SPY441 封隔器封堵下部油层，应用液压丢手工具实现丢手，承压能力 25MPa，适用于逐级上返投产的水平井。

（2）任意层段封堵工艺管柱：工艺管柱采用皮碗封隔器实现封闭层的封堵，应用液压丢手工具实现丢手。全部管柱支承在人工井底，上部采用防落物管柱插入丢手接头，防止管柱移动，承压 20MPa，可实现水平段任意层段的封堵。

（3）水平井段选择性采油管柱：采用多级封隔器将水平井段隔开，合理设置各层液控开关的开启/关闭压力，当换层开采时，从套管打压至开采层液控开关的开启压力，实现多层系、分段的合采或选择性开采。

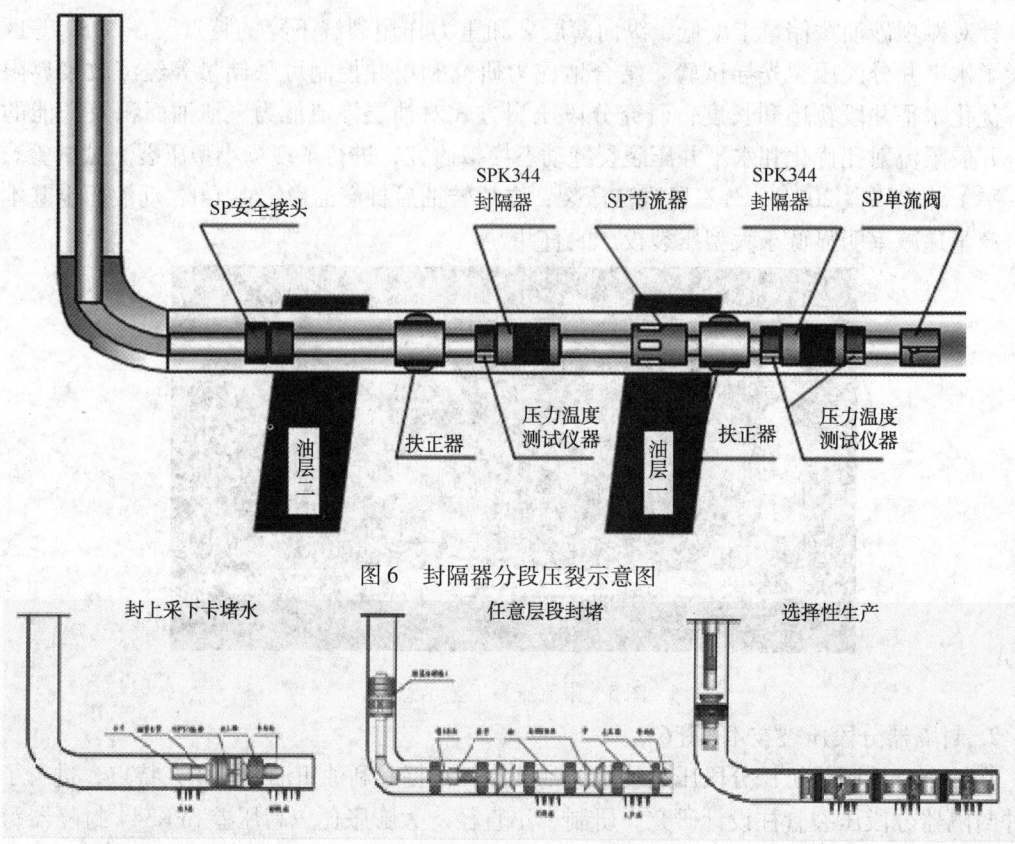

图 6　封隔器分段压裂示意图

图 7　分段生产管柱示意图

3.2　稠油热采水平井均匀注汽技术

　　胜利油田近几年投产的水平井中，稠油油藏水平井占了一半多。针对油层埋藏深、边底水活跃、原油性质多样等特点，采用了水平井滤砂管裸眼防砂＋酸洗堵漏完井工艺（图 8），配套了水平井高效注蒸汽热采工艺技术，在胜利油田稠油区块进行了大面积推广，解决了郑411、坨 826 块等特超稠油油藏采用常规热采直井无法经济有效动用的难题，使单 54 等薄层油藏开发得到突破，并在草 104、金 17 等敏感性油藏取得较好应用效果。该技术具有如下特点：①实现了水平段全段均匀注汽，提高了油井产量和油层动用程度；②通过水平井井筒热力计算，结合油藏数值模拟进行注汽工艺参数优化；③采用大排量注采一体化泵举升工艺，充分利用注汽后地层处于高温状态的有利条件，不动管柱直接转抽，并可实现多轮次的注汽生产。

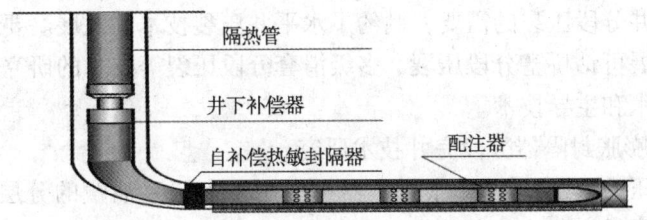

图 8　稠油热采水平井开采工艺管柱

3.3　水平井智能完井技术

智能完井技术可广泛应用于非均质储层的水平井、分支水平井、深海油井等[10]。胜利油田于 2006 年开展智能完井技术的研究工作，包括可控式分层采油与直读式分层测试两大系统。它通过对测试数据的处理分析，在地面对井下油层生产进行人工干预。研制出了基于液压控制智能完井系统(图 9)，配套了可用于电潜泵、螺杆泵、柱塞泵采油的完井管柱，可用于水平井的分段采油、控水。

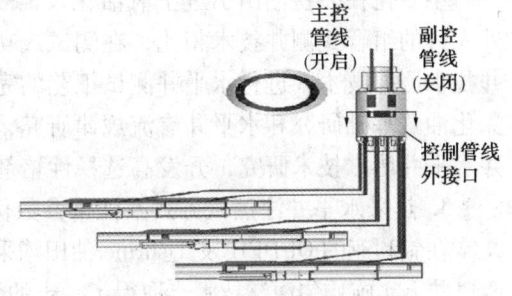

图 9　液压控制调整分配装置图

4　存在问题及下步研究方向

4.1　存在问题

国内的水平井分段完井及采油技术已得到了一些应用，也取得了一定的成效，但在叙利亚、塔河等中石化的一些重点区块，水平井技术与国外相比还有不小的差距：

(1) 据统计，在叙利亚 Tishrine 油田，2010 年共有水平井 425 口水平井，开井 183 口，关井 242 口，长关井中有 108 口井是由于高含水水淹关井。目前正常生产井中有 36 口井含水大于 80%。急需攻关水平井找堵水的配套技术。

(2) 低渗透油藏水平井分段压裂技术还处于研究试验阶段，技术不成熟。

(3) 稠油水平井生产效果不理想，注蒸汽方式及注采参数需要优化。

(4) 现有的水平井找堵水技术无法满足现场需要。

4.2　下步研究方向

当前，在叙利亚、塔河等中石化重点区块的新区开发以稠油、低渗透等低品位油藏为主，老区油水关系复杂，剩余油分布零散，开发难度越来越大，油藏条件对水平井完井及采油技术的要求也越来越高。现有的技术系列不能很好地满足复杂多样的油藏类型和工艺要求，必须进一步加大科技创新力度，加大新技术的集成配套。

1. 水平井分段完井技术

(1) 低渗透油藏水平井分段压裂技术研究。

近十年来，在水平井分段压裂改造方面，开展了限流、液体胶塞、水力喷射、井下工具等分段压裂工艺技术的研究与现场试验，已取得许多成功与经验，但还存在一些问题亟待解决，不能满足水平井分段压裂的需要，制约了水平井压裂技术的发展。要针对水平井压裂改造存在的问题，开展可钻桥塞分段压裂、多级滑套分段压裂等技术的研究攻关，形成中石化水平井压裂核心技术和主导技术。

（2）遇油（水）膨胀封隔器分段完井技术研究。

耐高温、耐高压的遇油（水）膨胀封隔器可应用于多层系油藏的分层完井，筛管完井、防砂完井的分层，降低完井的复杂程度，进行安全高效完井。引进国外遇油（水）膨胀封隔器进行应用的同时，中石化石油工程技术研究院已完成遇油（水）膨胀橡胶配方的研制，进行了室内模拟实验和评价，体积膨胀率大于50%。

2. 水平井找堵水技术研究与应用

中石化在一些油田引进了氧活化及 PND 等含油饱和度测井技术，进行了试验，但与国外先进的组合式测井技术相比，在测试成功率和技术配套上还有较大差距。下步要优化水平井找水测井技术，进行水平井测试工艺的完善配套，同时探索更加有效的水平井找水手段；深化油藏基础研究和水平井渗流规律研究，建立简单实用的出水规律预测模型；开展筛管完井水平井堵水技术研究，开发高选择性堵剂和化学环空封隔器堵水技术。

3. 热采水平井注蒸汽方式及注采参数优化技术

在叙利亚的 OUDEH 及 Tishrine 油田均采用了蒸汽吞吐来提高油井产量，从 2010 年开始在两口井上实施均匀注汽技术，取得了一定的效果，但离要求还有不小的距离。要加快研究适合叙利亚等区块的热采水平井注汽方式及注采参数优化技术，努力提高油井的产能和效益。

5　结束语

水平井分段完井及采油配套技术满足了疏松砂岩油藏、稠油油藏及低渗透水平井生产的需要，形成了新的工作思路和技术方法，使难动用储量得到了开发利用，提升了水平井的开发水平。预计中石化在"十二五"期间水平井将会以每年约 600～800 口井的速度增长。石油工程技术研究院将通过思想解放与观念转变，挖掘水平井潜力，充分发挥水平井在提高储量动用水平、大幅度提高采收率技术方面的优势，为中石化的持续稳定发展做出更大的贡献。

参 考 文 献

1　王增林，张全胜. 胜利油田水平井完井及采油配套技术[J]. 油气地质与采收率，2008，15(6)：1～5

2　周志齐，张毅. 胜利油田热采水平井注汽工程优化设计及实践[J]. 油气采收率技术，1996，3(4)：72～79

3　韩来聚，薛玉志，李公让等. 胜利油田钻井油气层保护分析与认识[J]. 油气地质与采收率，2007，14(5)：1～4

4　刘猛，董本京，张友义，水平井分段完井技术及完井管柱方案[J]. 石油矿场机械，2011，40(1)：28～32

5　张言杰等. 水泥浆充填管外封隔器技术及其应用[J]. 石油钻探技术，2003，31(2)：27～28

6　李洪山，王树强. 水平井底水油藏变密度射孔技术优化研究[J]. 油气井测试，17(3)：42～44

7　孟红霞，陈德春，海会荣等. 水平井分段射孔完井方案优化[J]. 油气地质与采收率，2007，14(5)：84～87

8　黄波，马收，刘言亭等. 腰英台油田特低渗透油藏压裂技术研究及应用[J]. 油气地质与采收率，2007，14(4)：101～102

9　曹雪梅，李文波，孙骞. 水平井不动管柱换层段开采工艺技术研究[J]. 油气井测试，2004，13(6)：28～30

10　M Konopczynski, W Moors, J Hailstone. ESPs and Intelligent Completions [A]. SPE00077656, 2002

哥伦比亚 Moriche 油田蒸汽吞吐
水平井割缝筛管完井设计

庞 伟 岳 慧

（中国石化石油工程技术研究院）

摘 要 为更好的提供 Moriche 油田水平井完井技术服务，综合 Moriche 油田和国内类似油田完井设计现状，考虑水平井蒸汽注入、焖井、生产阶段的传热与传质分析，建立了蒸汽吞吐稠油水平井割缝筛管完井参数优化模型，分析了割缝宽度、筛管外径、割缝密度、割缝长度、单元割缝数、圆周割缝数、割缝堵塞对水平井产能的影响。结果表明：水平井产能随着割缝宽度、筛管外径、割缝密度、割缝长度、单元割缝数的增大而增大，且变化逐步趋于平缓；对割缝筛管完井水平井产能影响大的因素是割缝长度、割缝密度、割缝堵塞厚度；割缝稍微堵塞即可造成很大的产能损失；在高油价条件下可以考虑放大割缝宽度适度出砂。该设计为蒸汽吞吐水平井割缝筛管完井参数优化与产能预测提供了理论和方法，对工程院在海外市场完井技术支持的深入有一定推动作用。

关键词 Moriche 油田；蒸汽吞吐；水平井；割缝筛管；完井；参数优化

前言

2012 年 3 月，中石化工程院专家赴哥伦比亚就圣湖能源公司 Moriche 油田目前开发存在的问题确定了合作内容，这是工程院首次取得非国勘作业的海外项目的技术支持任务。Moriche 油田年产量约 200 万吨，主要为稠油。目前生产井主要为直井，今后计划应用水平井进行蒸汽吞吐大规模开发，2013～2014 年将布 40 多口水平井。考虑该油田目前完井现状并参考国内外类似稠油油田完井情况[1~7]，设计该油田水平井为割缝筛管完井，并建立耦合蒸汽吞吐的注入、焖井、生产阶段的传热和传质模型，进行完井参数优化设计。

1 模型建立

1.1 假设条件

（1）水平段与顶、底盖层平行，不考虑重力超覆影响；注汽管柱只下入到水平井跟端，油管、隔热管和套管同心；不考虑接箍造成的热损失；水平井跟端处注入的蒸汽压力、温度、流量保持不变。

（2）注入流体在油层中沿水平段径向一维流动，垂直于水平段方向传热系数无限大而平行方向为 0；油层温度在加热范围内为蒸汽温度而之外则为地层温度；井筒与井壁之间为一维稳态传热而井壁与地层间为一维不稳态传热。

（3）岩石与孔隙流体之间瞬时建立热平衡；焖井后，水蒸汽全部凝结成热水，油层中仅有油、水两相。

（4）长为 L 的水平段均分为 N 等份，不同微元段之间注入（产出）流体参数不同但在同一段上相同；模型均以跟端为起点。

（5）生产阶段，忽略气体流动，为油、水两相拟稳态流动。

1.2 蒸汽注入阶段模型

根据 Williams[8] 提出的井底注汽压力与注入速度之间的关系，得第 j 个井筒微元段单位长度上注入地层蒸汽量为：

$$i_{isj} = \rho_{mj} \cdot (p_{sj} - p_r) \cdot \frac{2\pi \sqrt{k_h k_v} \cdot \frac{L}{N}\left(\frac{k_{ro}}{B_o \mu_o} + \frac{k_{rw}}{B_w \mu_w}\right)}{\ln \frac{0.571 A_s^{0.5}}{r_w} - 0.75 + \sqrt{\frac{k_h}{k_v}} \frac{h}{L} S} \cdot \frac{2\ln \frac{A_s}{r_w^2} - 3.86}{\ln \frac{A_s}{r_w^2} - 2.71} \tag{1}$$

式中，i_{isj} 为第 j 个井筒微元段单位长度上注入地层蒸汽量，$kg/(m \cdot s)$；ρ_{mj} 为微元段内蒸汽密度，kg/m^3，由 Beggs – Brill 方法计算；p_{sj} 为微元段蒸汽平均注入压力，MPa；p_r 为注汽前油层压力，MPa；k_h、k_v 分别为油层水平、垂向渗透率，m^2；S 为割缝筛管完井表皮系数；k_{ro}、k_{rw} 分别为油、水相对渗透率，无因次；B_o、B_w 分别为油、水体积系数，m^3/m^3；μ_o、μ_w 分别为原油、地层水的黏度，$Pa \cdot s$；A_s 为微元段泄油面积，m^2；r_w 为井筒半径，m。

根据质量守恒方程，第 j 个井筒微元段蒸汽质量流量为：

$$i_{sj} = i_{so} - \sum_{k=1}^{j-1} i_{isk} \tag{2}$$

式中，i_{sj}、i_{so} 分别为第 j 个微元段、井筒跟端蒸汽质量流量，kg/s。

根据动量定理以及蒸汽压力与温度之间的关系[9]，得第 j 个井筒微元段蒸汽压力为：

$$p_{sj} = p_{s0} - \sum_{k=1}^{j-1} \frac{\frac{2f\rho_{mk} i_{sk}^2}{\pi D^3} - 2\rho_{mk} \cdot i_{sk} \cdot i_{isk}}{\frac{\rho_{mk} \pi^2 D^4}{16} + i_{sk}^2 \left(\frac{44.15 p_{sk}^{-0.79}}{T_{sk}} - \frac{1}{p_{sk}}\right)} \tag{3}$$

式中，p_{s0} 为跟端蒸汽注入压力，MPa；f 为管壁摩擦系数[10]；D 为筛管内径，m；T_{sk} 为第 k 个井筒微元段平均温度，℃。

根据蒸汽压力与温度之间的关系，得第 j 个井筒微元段蒸汽温度为：

$$T_{sj} = 210.2376 p_{sj}^{0.21} - 30 \tag{4}$$

根据能量守恒、蒸汽温度与压力关系[9]，得第 j 个井筒微元段蒸汽干度为：

$$x_j = \exp\left[-\frac{C_2}{C_1} \frac{L}{N}(j + 0.5)\right] \cdot \left\{-\frac{C_3}{C_2} \exp\left[\frac{C_2}{C_1} \frac{L}{N}(j + 0.5)\right] + x_0 + \frac{C_3}{C_2}\right\} \tag{5}$$

式中，x_j、x_0 分别为第 j 个井筒微元段、井筒跟端蒸汽干度，小数；C_1、C_2、C_3 是井筒微元段上蒸汽混合物中饱和蒸汽的焓、饱和水的焓、地层温度、井筒与地层间的热阻、蒸汽流入地层的速度等因素的函数。

1.3 焖井阶段模型

参照文献[12]得到焖井结束时每个微元段对应的加热区平均温度、平均地层压力、含油饱和度。

1.4 生产阶段模型

生产 τ 秒时第 j 个微元段地层平均温度为：

$$T_j = T_e + (T_{sj} - T_e) \left[\frac{1}{1 + \frac{5\alpha(\tau + \tau_b)}{r_{hj}^2}} \left(1 - \frac{\int_0^\tau H_f \mathrm{d}t}{2\pi r_{hj}^2 \frac{L}{N} M_R (T_{sj} - T_e)} \right) - \frac{\int_0^\tau H_f \mathrm{d}t}{2\pi r_{hj}^2 \frac{L}{N} M_R (T_{sj} - T_e)} \right]$$

(6)

式中，τ、τ_b 分别为生产时间、焖井时间，s；α 为地层热扩散系数，W/m²；r_{hj} 为第 j 个微元段加热半径，m；M_R 为油层热容量，kcal/(m³·℃)；H_f 为单位时间内产液带出的热量，kcal/s。

生产 τ 秒时地层平均压力为：

$$p_r = p_{r0} - \frac{G - O_{qc} - W_{qc}}{V \cdot C_e}$$

(7)

式中，p_{r0} 为焖井结束时的地层平均压力，MPa；G 为累积注入量，m³；O_{qc} 为累积产油量，m³；W_{qc} 为累积产水量，m³；V 为生产区域的油藏体积，m³；C_e 为岩石综合压缩系数，1/MPa。

生产 τ 秒时第 j 个微元段平均含油饱和度为：

$$S_{oj} = S_{oi} \frac{\rho_{oi}}{\rho_o} - \frac{V_{po} B_o}{\phi \pi r_{hj}^2 \frac{L}{N}}$$

(8)

式中，S_{oi} 为原始含油饱和度；ρ_{oi} 为原始状况下地下原油密度，kg/m³；ρ_o 为生产到某阶段时地下原油密度，kg/m³；V_{po} 为采出油在地面状况的体积，m³；ϕ 为孔隙度，小数。

视井筒微元段为一口水平井，在划分的每个时间段内由 Joshi 公式的得第 j 个微元段入流量为：

$$q_{lj} = \frac{2\pi k_h \left(\frac{k_{ro}}{B_o \mu_o} + \frac{k_{rw}}{B_w \mu_w} \right) h (p_r - p_{wfj})}{\cosh^{-1} \left(\sqrt{0.5 + \sqrt{0.25 + 2\left(\frac{r_{hj}}{L/N}\right)}} \right) + \frac{\sqrt{k_h/k_v} h}{L/N} \ln\left(\frac{h}{2r_w}\right) + \frac{\sqrt{k_h/k_v} h}{L} S}$$

(9)

根据生产过程中的能量守恒[13]，得生产时间为 τ 秒时第 j 个井筒微元段平均温度为：

$$T_{wfj} = \exp\left(-\frac{b_2}{b_1} \frac{L}{N} (j + 0.5) \right) \cdot \left[-\frac{b_3}{b_2} \exp\left(\frac{b_2}{b_1} \frac{L}{N} (j + 0.5) \right) + T_{wf0} + \frac{b_3}{b_2} \right]$$

(10)

式中，T_{wf0} 为井筒跟端温度，℃；b_1、b_2、b_3 是含水率、油(水)比热、流体热膨胀系数、流体密度、流体的质量流量等的函数。

根据生产过程中的动量守恒[13]，得生产时间为 τ 秒时第 j 个井筒微元段压降为：

$$\frac{\mathrm{d}p}{\mathrm{d}l} = \frac{\dfrac{2f\rho_{\mathrm{lj}}m_{\mathrm{lj}}^2}{\pi D^3} + \dfrac{8m_{\mathrm{lj}}q_{\mathrm{lj}}}{\rho_{\mathrm{lj}}\pi D^2} - \dfrac{m_{\mathrm{lj}}^2\beta_{\mathrm{t}}\exp(\beta_{\mathrm{t}}T_{\mathrm{wfj}})}{f_{\mathrm{w}}\rho_{\mathrm{w}}C_{\mathrm{w}} + (1 - f_{\mathrm{w}})\rho_{\mathrm{o}}C_{\mathrm{o}}} \dfrac{\dfrac{\mathrm{d}T_{\mathrm{wf}}}{\mathrm{d}l}}{\dfrac{\pi D^2}{4}}}{\dfrac{\pi D^2}{4}} \quad (11)$$

1.5　蒸汽吞吐水平井割缝筛管完井参数优化模型

按照开采过程，蒸汽注入阶段模型、焖井阶段模型、生产阶段模型耦合构成了蒸汽吞吐水平井割缝筛管完井参数优化模型。其中蒸汽注入阶段模型模拟油藏动态加热过程，焖井阶段模型为生产阶段模型提供初始参数，根据生产阶段模型的产能计算来分析割缝筛管完井参数对产能的影响。

2　计算与分析

2.1　计算与分析的基础参数

Moriche 油田油藏深度 450 ~ 750m；油层温度 40.5 ~ 48.9℃、压力梯度为 1；油藏方案中设计水平段长 600m 左右，本文以 600m 为例；平均储层厚度为 21m、孔隙度为 22% ~ 26%、渗透率为 (300 ~ 2000) × 10⁻³μm²；40.5℃ 时原油黏度为 1200mPa·s；该井蒸汽吞吐开采，取第 20 天的模拟生产结果进行分析。

待优化参数基本值为：筛管外径 177.8mm，割缝密度 240 条/m，割缝长度 100mm，单元割缝数 1 条/单元，圆周割缝数 40 条/圆周，割缝堵塞厚度 1.5mm，优化其中的某一个时，其他参数不变。

2.2　完井参数优化设计

1. 割缝宽度优化

图 1 为割缝宽度对水平井采液指数的影响，可以看出割缝宽度对产能有很大影响，在高油价条件下可以考虑放大割缝宽度适度出砂生产，仅依据其对产能的影响，该井应选 0.4mm 左右的缝宽。而割缝宽度直接决定割缝筛管防砂效果，因此还要结合地层出砂粒度来分析确定割缝宽度。目前尚无粒度分析资料，具体缝宽待具体井数据完备后再行确定。

2. 筛管外径优化

图 2 为筛管外径对水平井采液指数的影响，可以看出：①不论是热采还是冷采，采液指数都随筛管外径增大而增加，但趋势逐渐变缓；②热采时筛管外径对采液指数影响较小，冷采时影响较大，Φ219.08mm 外径的筛管得到的产能比 73.5mm 的高约 33%，一个吞吐周期内温度逐渐降低，故筛管外径对产能的影响介于热采和冷采两种情况之间。同时，由于热采工艺需要一般选择 Φ177.8mm 及以上的筛管。故该井筛管完井时优选 Φ177.8mm 外径的筛管。

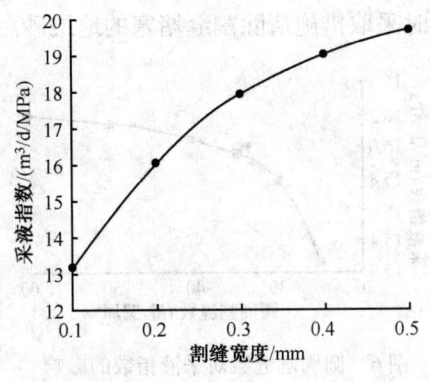

图1 割缝宽度对采液指数的影响

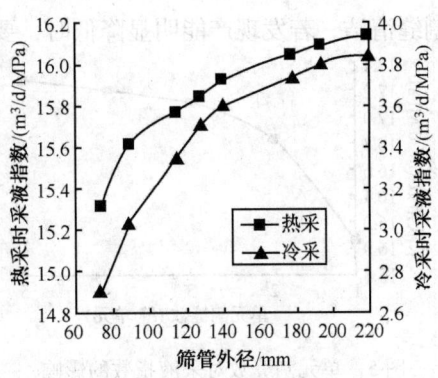

图2 筛管外径对采液指数的影响

3. 割缝密度优化

图3为割缝密度对水平井采液指数的影响，可以看出：其他参数一定时采液指数随割缝密度增大而增加，大于200条/m后增加趋势变缓，故割缝密度选择200条/m左右。

4. 割缝长度优化

图4为割缝长度对水平井采液指数的影响，可以看出：其他参数一定时采液指数随割缝长度增大而增加，割缝长度增大到100~125mm后，采液指数增大幅度变小，故割缝长度选择100~125mm。

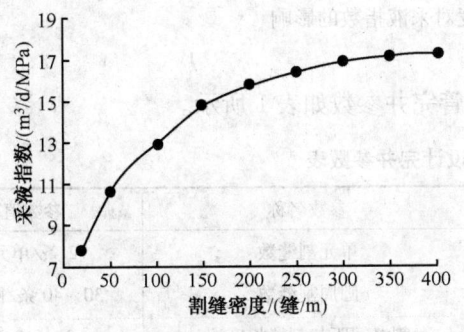

图3 割缝密度对采液指数的影响

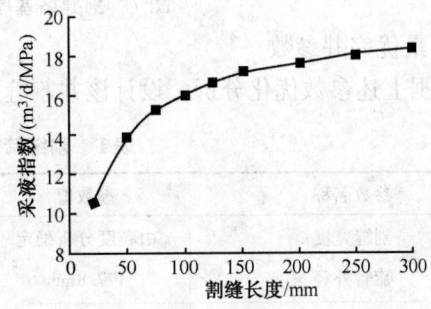

图4 割缝长度对采液指数的影响

5. 单元割缝数优化

图5为每个割缝单元割缝数对水平井采液指数的影响，可以看出：单缝（单元割缝数为1）比多缝（单元缝数大于1）时的采液指数低5%左右；单元割缝数大于2后其对采液指数影响变缓。故从产能考虑，在加工工艺和强度满足要求时，最好设计单元割缝数为2。

6. 圆周割缝数优化

图6为每个圆周上割缝条数对水平井采液指数的影响，可以看出：其他参数一定时每个圆周上的割缝数对采液指数影响很小；不过为满足强度要求，当圆周上割缝数变化较大时，要相应调整割缝长度，而割缝长度对产能影响很大，故应首先设计缝长，再确定圆周割缝数。

7. 割缝堵塞分析

图7为割缝堵塞厚度对水平井采液指数的影响，可以看出：割缝被地层砂堵塞厚度对采液指数影响很大；只要割缝被堵塞，即使只堵塞1mm，采液指数已损失约15%。所以要尽

量确保割缝清洁，若发现产能明显降低时，要及时采取措施清除割缝堵塞的地层砂。

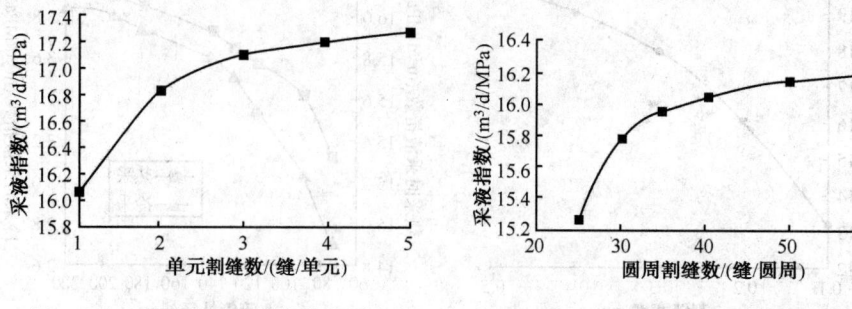

图 5 单元割缝数对采液指数的影响   图 6 圆周割缝数对采液指数的影响

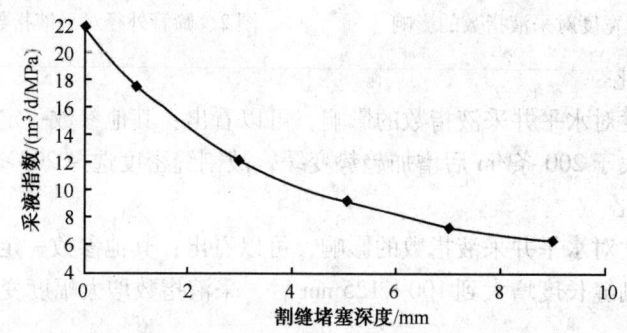

图 7 割缝堵塞厚度对采液指数的影响

8. 最优完井参数

根据上述参数优化分析，设计该井割缝筛管完井参数如表 1 所示。

表 1 割缝筛管设计完井参数表

参数名称	参数值	参数名称	参数值
割缝宽度	由粒度分析确定	单元割缝数	2 条/单元
筛管外径	177.8mm	圆周割缝数	30~40 条/圆周
割缝密度	200 条/m	割缝间距与割缝长度比	0.4~0.6
割缝长度	100~125mm		

3 结论

考虑割缝参数的影响，综合水平井蒸汽注入、焖井、生产阶段传热与传质分析，建立了稠油蒸汽吞吐水平井割缝筛管完井参数设计模型，以 Moriche 油田的参数进行了分析。分析表明：①水平井产能随着割缝宽度、筛管外径、割缝密度、割缝长度、单元割缝数的增大而增大，且变化逐步趋于平缓；对割缝筛管完井水平井产能影响大的因素是割缝长度、割缝密度、割缝堵塞厚度；割缝堵塞造成很大的产能损失；若加工工艺和筛管强度允许，每个割缝单元尽量割 2 条缝；②割缝宽度要由粒度分析结果确定，在高油价条件下可以考虑放大割缝宽度适度出砂。

取全取准该油田的油藏、完井资料，将完善后的设计方案应用于 Moriche 油田水平井完井设计并检验生产效果，是下步将要开展的工作。

参 考 文 献

1 夏健，苗延平，王东明等. 华北油田水平井完井技术研究与应用[J]. 石油钻采工艺，2009，31(S0)：72～75

2 SLACK M W, ROGGENSACK W D, WILSON W. Thermal deformation – resistant slotted – liner design for horizontal wells[R]. SPE 65523，2000

3 BENNION D B, GUPTA S, GITTINS S. Protocols for slotted liner design for optimum SAGD operation [J]. Journal of Canadian Petroleum Technology，2009，48(11)：21～26

4 景瑞林，尹强，田宝国. 割缝筛管防砂技术研究[J]. 石油钻采工艺，2001，23(2)：72～75

5 于洋洋，韩英，张建忠等. 用主成分分析法确定防砂筛管的缝宽[J]. 断块油气田，2007，14(5)：64～66

6 汪志明，杨芳，魏建光. 割缝衬管完井适度出砂临界缝宽研究[J]. 石油钻探技术，2008，36(3)：1～4

7 齐月魁，刘艳红，常青等. 水平井割缝筛管完井技术应用[J]. 钻采工艺，2000，23(5)：98～100

8 WILLIAMS R L, RAMEY H J, BROWN S C. An engineering economic model for thermal recovery method[R]. SPE 8906，1980

9 倪学峰，程林松. 水平井蒸汽吞吐热采过程中水平段加热范围计算模型[J]. 石油勘探与开发，2005，32(5)：108～112

10 SU Z, GUDMUNDSSON J S. Pressure drop in perforated pipes: Experiments and analysis [R]. SPE 28800，1994

11 王一平，李明忠，高晓等. 注蒸汽水平井井筒内参数计算新模型[J]. 西南石油大学学报(自然科学版)，2010，32(4)：127～132

12 张明禄，刘洪波，程林松等. 稠油油藏水平井热采非等温流入动态模型[J]. 石油学报，2004，25(4)：62～66

13 李明忠，高晓，巴燕等. 蒸汽吞吐水平井产液过程井筒传热与传质研究[J]. 石油钻采工艺，2010，32(3)：89～93

低密度泡沫水泥浆密度
变化模型推导与修正

刘 建 吴事难 丁士东

（中国石化石油工程技术研究院）

摘 要 为准确描述低密度泡沫水泥浆密度随井深变化关系，建立低密度泡沫水泥浆在 0.1~20MPa 压力范围内密度随压力和温度变化的数学模型，根据真实气体状态推导出低密度泡沫水泥浆密度随压力和温度的变化理论模型，通过实验对理论模型进行验证和修正。模型定量分析低密度泡沫水泥浆密度与压力成正比关系，与温度成反比关系，定量分析压力影响大于温度对密度的影响；泡沫的初始状态决定着泡沫水泥浆密度随温度和压力变化趋势，带压形成的泡沫水泥浆不可压缩性能好，密度波动较小；通过泡沫体积分数修正理论模型和实测值之间的差值，最终得到密度变化模型与实测值吻合；对修正后的数学模型进行隐函数积分，能得到井下任意深度泡沫水泥浆密度和静液柱压力。

关键词 泡沫；水泥；低密度；压力；温度；数学模型

前言

物理方法产生的泡沫水泥是在水泥中通过机械方法充入氮气或空气，加入表面活性剂来稳定泡沫的一种低密度水泥[1]。泡沫水泥以液相为连续相气相为分散相，利用表面活性剂包裹气体形成均匀稳定的气泡分布在水泥浆中，从而达到降低水泥浆密度的目的，这种降低水泥浆密度的方式简单易操控。低密度泡沫水泥浆密度受温度和压力的影响较大[2]，对低密度泡沫水泥浆密度的准确预测是泡沫低密度固井技术安全与成功的前提，而建立预测低密度泡沫水泥浆气体压缩变化规律则至关重要。

对于泡沫低密度水泥浆密度模型，早在 20 世纪 80 年代就有人提出，其中 Andre Leibsohn Martins 和 Wellington Campos[3] 基于真实气体方程和依据泡沫质量分数确定的泡沫水泥浆密度的方程 $[\rho_{FOAM} = (1 - \alpha)\rho_{Liq} + \alpha\rho_{Gas}]$ 给出了任意深度泡沫水泥浆密度计算模型，依据这种方法可以计算恒定注气量时任意深度泡沫水泥浆静液柱压力；90 年代 H Garcia Jr 和 E E Maidla[4] 等人以上述方程为基础，采用微元体分析的方法，考虑了井筒摩擦阻力在内的计算方法给出了泡沫水泥浆密度的计算模型；国内卞先孟[5]、朱礼平[6] 等人也先后泡沫低的密度水泥浆的密度模型进行了较为深入的研究。但是前人所做的模型并没有考虑气体分散相与液体连续相在受压之后之间的相互作用以及泡沫水泥的是否带压混配对泡沫的影响，本文着重对低密度泡沫水泥浆在受到温度和压力影响之后的变化规律进

项目基金：中石化科技攻关项目"泡沫低密度水泥固井技术研究"（编号：P09005）部分研究成果。

行研究探讨。

通过大量文献调研发现，分布在泡沫水泥浆中的气泡会随着压力和温度的变化而发生变化，体现气体变化的特征；但由于液相连续相的存在，气泡大小受到压力和温度的影响并不完全体现理想气相特征，在一定的温度和压力作用的情况下，气泡的抗压缩能力要远远大于单一气相的抗压缩能力[7]，气体压缩规律不是完全符合真实气体的压缩方程，需要通过实验建立数学模型，并验证其正确性。本文对低密度泡沫水泥浆密度在 0.1～20MPa 和较浅井段的变化规律进行研究。

1   泡沫水泥密度模型的建立

建立数学模型首先必须理想化实验条件，因此：①假设泡沫水泥浆中浆体为连续体，气体为分散体，气泡大小一致且均匀分散在水泥浆中，压力可以在泡沫低密度水泥浆和气泡内各点传递，且各点压力保持一致；②假设基浆不可压缩，发起气泡沫所用的氮气体积等于发起泡沫的体积；③忽略气体质量不计；④假设泡沫低密度水泥在加温加压过程中，其内泡沫的性质不受液体连续相的影响。

引入真实气体方程 $PV = ZnRT$。式中，Z 为氮气气体压缩系数，其大小随着 N_2 所处的环境压力和温度改变而发生变化；P 为压力；V 为气体体积；T 为开尔文温度；n 为 N_2 气体摩尔数；R 为气体常量。由于恒定注气量，n 为固定值，T 为定值，R 为定值。方程中变量只有 P、V 和 Z 为变量。杨继盛在《采气工艺基础》[8] 中提到，在任意温度和压力条件下真实气体在 0～35MPa 内的 Z 因子如图 1 所示。

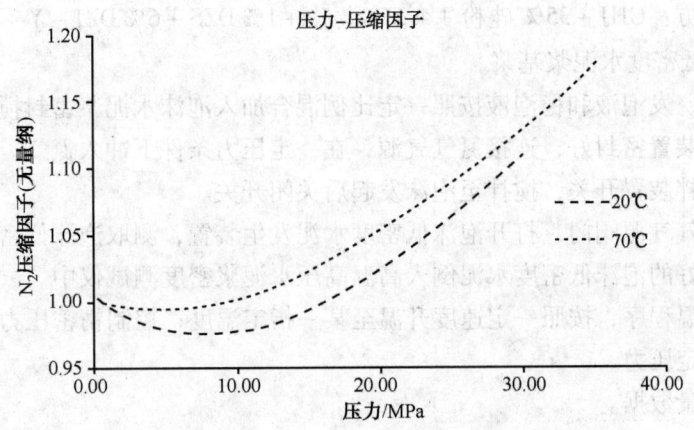

图 1   气真实体压缩因子随温度和压力变化关系曲线

通过推导得到理论状态下泡沫水泥浆的密度变化模型为：

$$\rho(P,T) = \rho_b - \frac{\rho_b \alpha \delta(P,T)}{\delta(P_0,T_0) - \alpha \delta(P_0,T_0) + \alpha \delta(P,T)}$$

式中，ρ_b 为泡沫水泥浆基浆的密度；$\delta(P,T)$ 为气泡可压缩系数，α 为泡沫质量分数（泡沫和泡沫水泥浆的体积比）。对模型进行分析，发现：

（1）$\delta(P,T)$ 随着温度和压力的变化而变化，当温度升高时，$\delta(P,T)$ 增大，$\rho(P,T)$ 变

小；当压力增大时 $\delta(P,T)$ 变大，$\rho(P,T)$ 增大并且趋近于 ρ_b 基浆密度，即，密度与压力成正比关系，与温度成反比关系。

（2）$\delta(P,T)$ 为泡沫水泥浆气体压缩因子，该因子与泡沫尺寸分布（BSD）和泡沫的初始状态即泡沫在带压还是常压下产生。

（3）泡沫质量分数是反映密度变化的自变量。

（4）模型的推导是基于真实气体方程，而泡沫水泥浆中气泡的变化规律区别于真实气体方程，需要进行验证和修正。

2 验证实验

2.1 实验仪器

氮气瓶、充氮水泥浆密封搅拌装置、常温常压密度计、高温高压泡沫水泥浆密度测试仪、精密压力源。

2.2 实验药品

嘉华 G 级水泥、自来水、微硅、硅粉、发泡剂、稳泡剂、缓凝剂、分散剂和降失水剂。

2.3 实验步骤

（1）基浆配方：GHJ + 35% 硅粉 + 4.5% 微硅 + 1% DZS + 6% DZJ – Y + 0.4% DZH – 2 + H_2O，配制泡沫低密度水泥浆基浆。

（2）将基浆、发泡液和稳泡液按照一定比例混合加入泡沫水泥浆密封搅拌装置中。

（3）将搅拌装置密封好，连接氮气气源，在一定压力条件下冲入氮气。

（4）打开搅拌装置开关，搅拌至泡沫发起后关闭开关。

（5）关闭氮气气源阀门，打开泡沫低密度水泥发生装置，测取泡沫低密度水泥密度。

（6）将配制的泡沫低密度水泥倒入高温高压水泥浆密度测试仪中。

（7）设置升温程序，按照一定速度升温至某一指定温度；控制精密压力源，按照一定速度加压至某一指定压力。

（8）记录测量数据。

3 实验结果分析

3.1 温度对泡沫低密度水泥浆密度的影响

当恒定压力时，通过实验发现：泡沫低密度水泥浆密度受温度的并不明显，实际测量值基本上与理论值一致，在95℃高温下，低密度泡沫水泥浆密度理论模型与实际测量值基本一致，如图2所示。

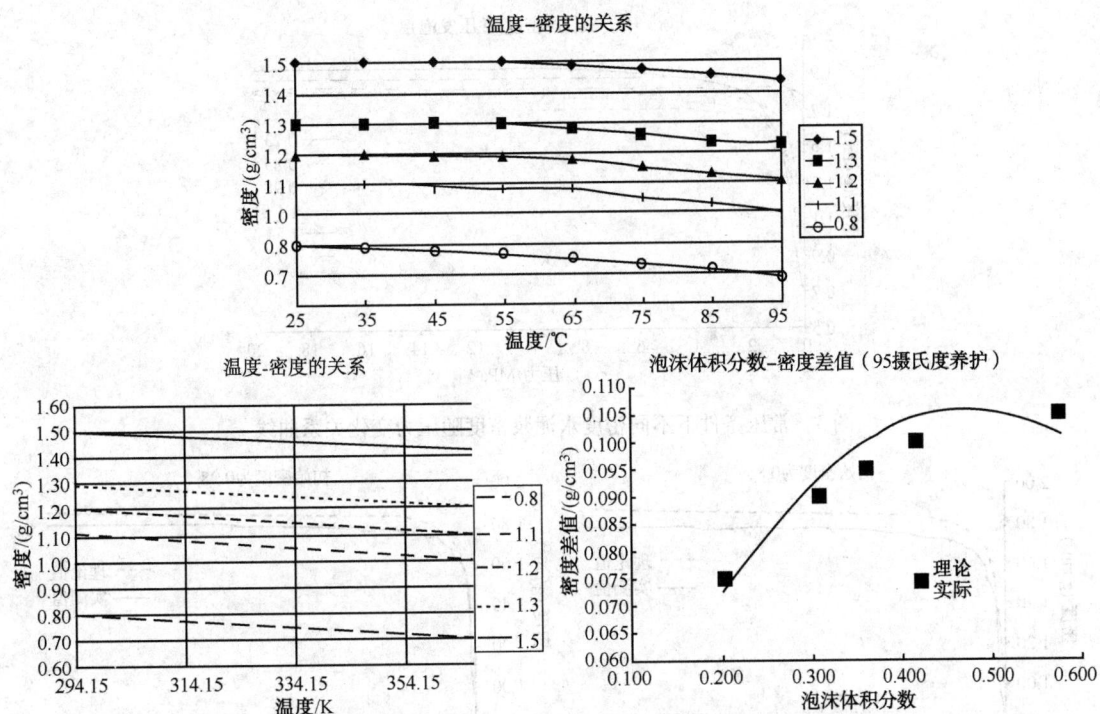

图 2　温度泡沫低密度水泥浆的影响，左图为理论变化曲线，
上图实际测量曲线，右图为理论曲线与实测点拟合

3.2　压力对泡沫低密度水泥浆密度的影响

1. 常压发泡

泡沫低密度水泥浆密度随压力的变化可以分为 3 段[3]，当压力小于 0.5MPa 时，泡沫水泥浆的密度随着压力变化较大，曲线陡峭；当压力大于 0.5MPa 而小于 5MPa 时，泡沫水泥浆密度随着压力升高而上升，但趋势放缓，曲线弯曲；当压力大于 5MPa 时密度几乎不在发生变化，呈现为水平直线，理论上压力无限大泡沫水泥浆的密度趋近于原浆密度，如图 3 所示。泡沫水泥浆密度变化模型中泡沫压缩因子与泡沫产生的初始状态有关，实验分别在常压发泡和带压发泡的条件下进行实验，实验发现：泡沫水泥浆实测值和理论预测值差距较大，实际测量值都较理论预测值低，如图 4 所示。在持续加压过程中，泡沫水泥浆的密度会随着压力的增加而增大，但是受到液体连续相的影响和气体压缩性质的变化，随着压力的增大，实际泡沫低密度水泥浆可压缩性要小于理论值，即泡沫水泥浆受压后趋于稳定的密度要低于理论值。

2. 带压发泡

泡沫在不同的初始状态下稳定性不同，泡沫质量一定时，给定的压力越大，泡沫半径越小，排液速度越低，泡沫尺寸分布（BSD）越窄，产生的泡沫结构越小越密实。为了能获得细密均匀成膜气泡，需要预先在发泡时给泡沫一定的压力，可以减少泡沫水泥浆受压后的收缩量，减轻泡沫水泥浆的密度波动；另一方面，给泡沫施加一定的预应力，使泡沫的孔径变小、泡膜增厚、刚性增强，特别是水泥浆中泡的形状越圆滑，受力越均匀，越不容易产生应力集中，因此在带压条件产生的泡沫具备高坚韧性、均匀性、分散性和小孔径性等特点，对水泥石强度就越有利。实验中在 0.4MPa 的条件下带压发泡，然后将泡沫和水泥浆均匀混合。

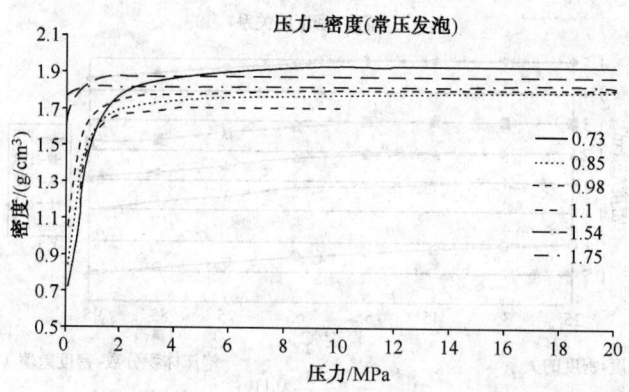

图3 常压条件下不同密度水泥浆密度随压力变化关系曲线

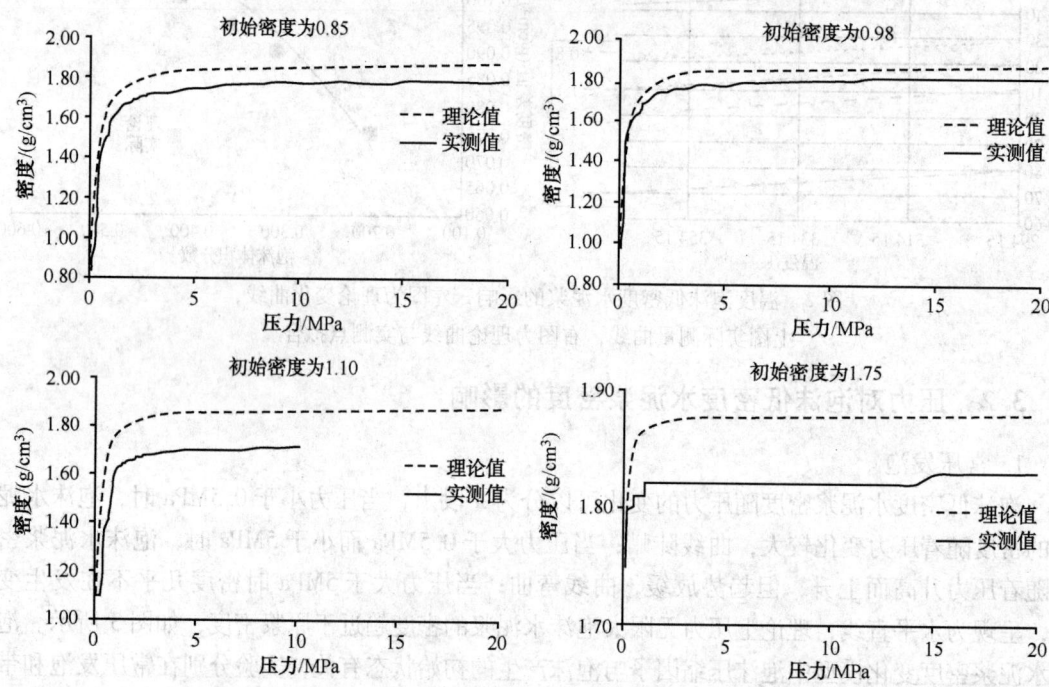

图4 常压条件下泡沫水泥浆密度随压力变化理论值和实测值对比曲线

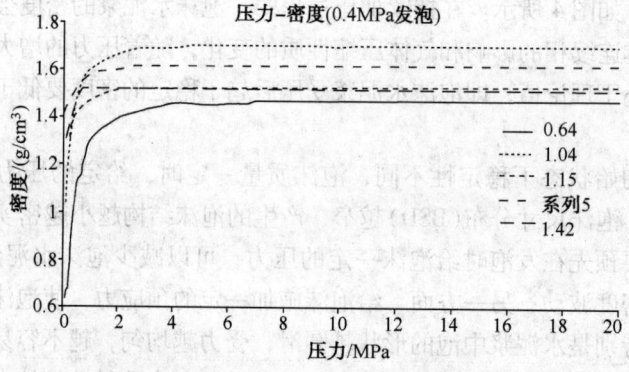

图5 带压条件不同密度水泥浆密度随压力变化关系曲线

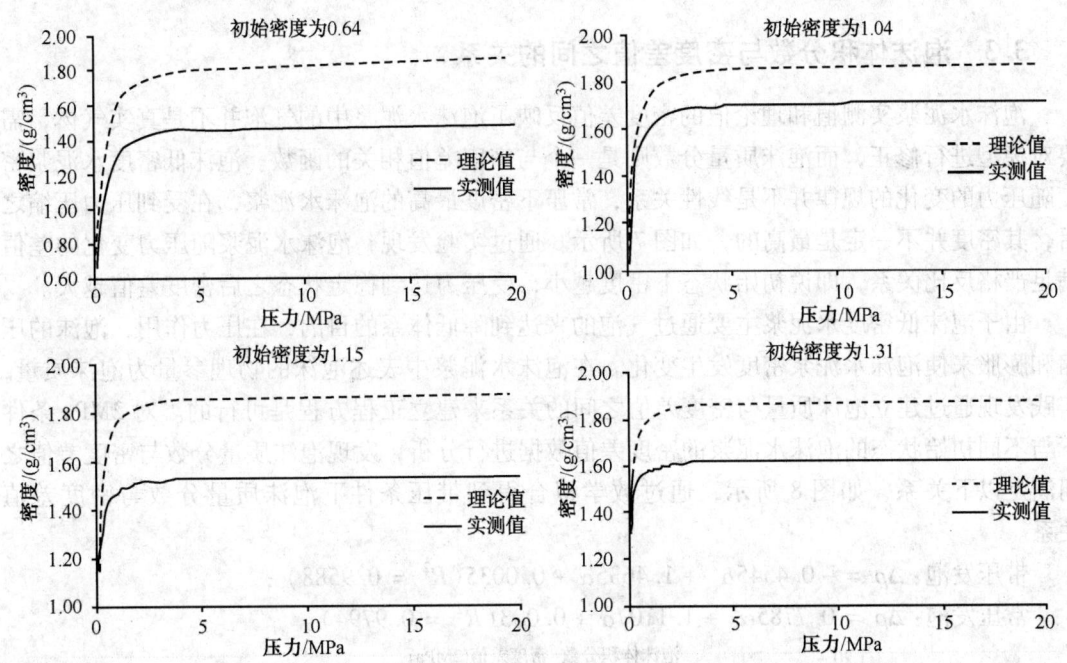

图 6 带压条件下泡沫水泥浆密度随压力变化理论值和实测值对比曲线

如图 7 所示，在带压条件泡沫水泥浆密度随压力变化规律基本上与常压下的变化规律一致，但密度波动较常压的小。对比图 4 和图 6 发现，带压条件下泡沫水泥浆实测值和理论值的差值较常压发泡的大，两者都与泡沫的初始状态相关，当泡沫的初始状态具有一定的预应力时，泡沫细小而密实随压力的变化较小，泡沫水泥浆密度也随压力的波动较小。

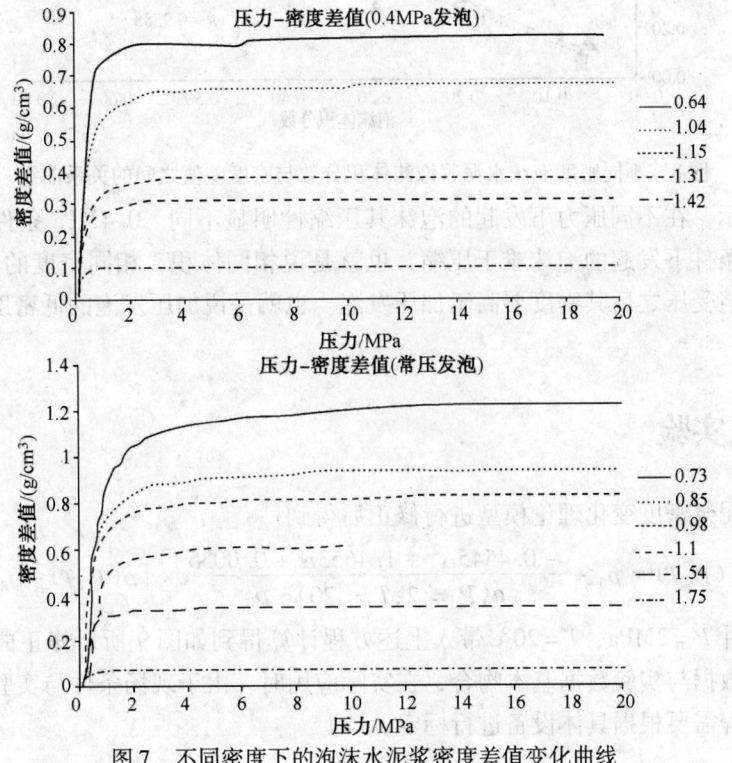

图 7 不同密度下的泡沫水泥浆密度差值变化曲线

3.3 泡沫体积分数与密度差值之间的关系

泡沫水泥浆实测值和理论值的密度差值反映了泡沫水泥浆中的气泡并不是真实气体，需要对模型进行修正，而泡沫质量分数则是一个与密度差值相关的函数。泡沫低密度水泥浆密度随压力的变化的规律并不是线性关系，常压下密度最高的泡沫水泥浆，在受到压力压缩之后，其密度并不一定是最高的，如图 7 所示。通过实验发现，泡沫水泥浆随压力变化的差值满足严格反比关系，即说初始状态下密度越小，受压力达到稳定状态之后密度差值越大。

由于泡沫低密度水泥浆主要通过气泡的来达到降低体系的目的，在压力作用，泡沫的压缩和膨胀来使泡沫水泥浆密度发生变化。在泡沫水泥浆中表述泡沫的物理参量为泡沫质量，实践发现通过建立泡沫质量与密度差值之间的关系来建立工程方程是可行的。对 2MPa 条件下与不同初始状态的泡沫水泥浆的密度差值数据进行分析，发现泡沫质量分数与密度差值之间满足以下关系，如图 8 所示，通过数学拟合得到带压条件下泡沫质量分数与密度差值关系。

带压发泡：$\Delta\rho = -0.4545\alpha^2 + 1.4635\alpha + 0.0035 (R^2 = 0.9588)$；

常压发泡：$\Delta\rho = 0.7785\alpha^2 + 1.1107\alpha + 0.003 (R^2 = 0.9794)$。

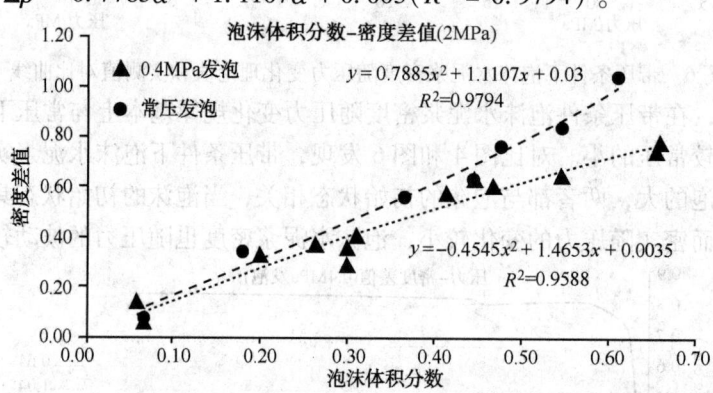

图 8 不同密度泡沫水泥浆泡沫体积分数与密度差值之间的关系曲线

如上图所示，在不同压力下发起的泡沫其压缩性明显不同。0.4MPa 条件下发起的泡沫要比大气压力条件下发起的泡沫难于压缩，也就是说相同体积，相同密度的两种泡沫泥浆，常压发泡的泥浆受压之后其密度要高于加压发泡。也就是说加压发泡的低密度水泥浆抗压能力更强。

4 修正实验

对泡沫水泥浆密度变化理论模型进行修正后得到：

$$\rho_{gc}(P,T) = \rho_0 + \frac{-0.4545\alpha^2 + 1.4653\alpha + 0.0035}{\rho(P=2,T=20) - \rho_0} \times \left[\rho(P,T) - \rho_0\right]$$

把初始条件 $P = 2MPa$、$T = 20℃$ 带入上述方程计算得到如图 9 所示修正曲线，该方法进行拟合得到的数据与实验数据基本吻合，在实际应用时，由于现场条件与实验室操作环境的不同，修正方程需要根据具体设备进行标定。

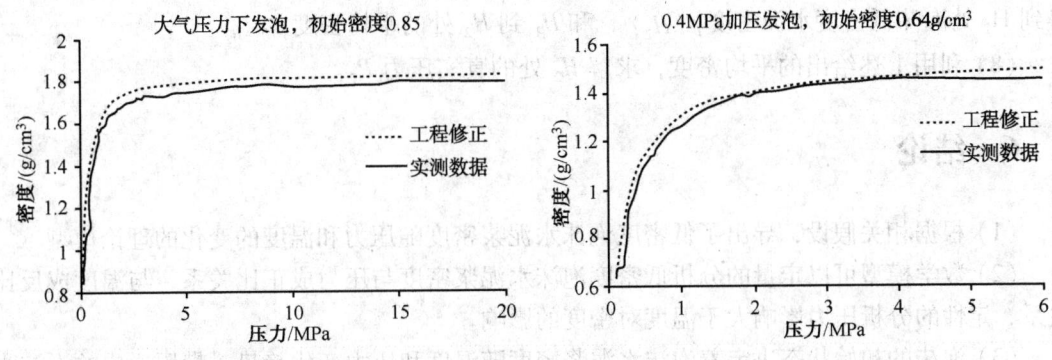

图9　修正后的泡沫水泥浆密度随压力变化理论值和实测值对比曲线

5　任意深度泡沫低密度水泥浆密度算法

5.1　低密度泡沫固井现场施工应用方式

在固井过程中[9]，对井底压力的精确掌控是固井安全与成功的保障，但由于无法精确测量井筒各个深度点的压力和温度，为预测井底各个深度的泡沫低密度水泥浆的密度，利用计算机来计算井筒中各个深度点的压力。

（1）恒定泥浆注入速度，恒定注入气体速度，这样得到的泡沫水泥浆在井口密度恒定，但是入井之后，随着井的深度增加，压力增大，泡沫水泥浆收到压缩，其密度也就越大。

（2）恒定泥浆注入速度，变注入气体速度，这样得到的泡沫水泥浆在井口的密度并不恒定，但是可以随着施工的进行有计划的提高注入气体速度，这样可以减少泡沫水泥浆在井筒内的密度变化。

5.2　低密度泡沫水泥浆密度变化模型现场计算方式

本文设定恒注入气体速度方法的计算不同深度的泡沫水泥浆密度。令井深为 H，其中使用泡沫水泥固井的井段为 H_1 到 H_2，泡沫低密度水泥在 H_1 处的初始密度为 ρ_1；令密度为 ρ_2，这里以 H_2 处为例求取 H_2 处水泥浆密度和压力。计算步骤如下：

（1）利用前面提到算法，求的 H_1 处 Z_1。

（2）利用公式 $P_2 = \rho_1 g H_1 + P_1$ 求得 H_2 处压力 P_2。

（3）利用公式 $\delta(P, T) = \dfrac{ZT}{P}$ 求得，H_1 处 δ_1，H_2 处 δ_2。

（4）将 δ_1，δ_2 代入公式 $\rho(H_2) = \rho_b - \dfrac{\rho_b \alpha \delta_2}{\delta_1 - \alpha \delta_1 + \alpha \delta_2}$ 求得 H_2 处密度为 $\rho(H_2)$。

（5）求取 H_1 到 H_2 处的平均密度：$\rho_{H_1-H_2} = \dfrac{\displaystyle\int_{H_1}^{H_2} \rho(H)\,\mathrm{d}H}{H_2 - H_1}$（这里压力变化由 P_1 到 P_2，温度由 T_1 到 T_2，带入积分求取平均密度）。

（6）返回（2）步骤用 $\rho_{H_1-H_2}$ 替换 ρ_1 进行计算。

（7）重复上述步骤，直至相邻两次 $\rho(H_2)$ 之差满足工程精度为止满足工程精度为止。

得到 H_2 处泡沫低密度水泥密度 $\rho(H_2)$，和 H_1 到 H_2 处的平均密度 $\rho_{H_1-H_2}$。

（8）利用上述给出的平均密度，求解 H_2 处的真实压力 P_2。

6 结论

（1）根据相关假设，导出了低密度泡沫水泥浆密度随压力和温度的变化的理论模型。

（2）数学模型可以定量的分析低密度泡沫水泥浆密度与压力成正比关系，与温度成反比关系，定性的分析压力影响大于温度对密度的影响。

（3）泡沫的初始状态决定着泡沫水泥浆密度随温度和压力变化趋势，带压形成的泡沫水泥浆不可压缩性能好，密度波动较小。

（4）通过泡沫体积分数修正理论模型和实测值之间的差值，最终得到密度变化模型与实测值吻合。

（5）对修正后的数学模型进行隐函数积分，能得到井下任意深度泡沫水泥浆密度和静液柱压力。

参 考 文 献

1 刘崇建，黄柏宗等. 油气井注水泥理论与应用[M]. 北京：石油工业出版社，2001，9：126~147
2 屈建省，宋有胜等. 新型泡沫水泥的研究与应用[J]. 钻井液与完井液，2000，7(4)：11~14
3 Andre Leibsohn Martins, Wellington Campos. A MODEL TO DESIGN THE FOAM CEMENT JOB[J]. SPE, 2(1)：43~48
4 H GareiaJr, E E Maidla. Annular Pressure Predictions Throughout Foam Cement Operations[J]. SPE, 1993 (March 21 – 23)：1~6
5 卞先孟，王铭等. 欠平衡钻井泡沫水泥浆静液柱压力分析[J]. 钻采工艺，2006.3：28~36
6 朱礼平. 液氮泡沫水泥固井工艺及施工技术研究[D]. 四川：西南石油大学. 2007：27~34
7 秦积瞬，孟红霞. 泡沫钻井液密度–压力–温度关系测定[J]. 石油钻探技术，2001，29(3)：42~44
8 杨继盛. 采气工艺基础[M]. 北京：石油工业出版社，1995，12：23~25
9 R L Root, N D Barrett, L B Spangle. Foamed Cement – a New Technique to Solve Old Problems[J]. SPE, 1982：1~4

附录：密度变化理论模型推导

在两种不同温度压力状态下，真实气体状态方程：

$$P_0 V_0 = Z_0 n R T_0 \tag{1}$$

$$PV = ZnRT \tag{2}$$

整理得到：

$$V_g = \left(\frac{\dfrac{ZT}{P}}{\dfrac{Z_0 T_0}{P_0}} \right) \times V_{g0} \tag{3}$$

$$\delta(P, T) = \frac{ZT}{P} \tag{4}$$

$$V_g = \left(\frac{\delta(P, T)}{\delta(P_0, T_0)} \right) \times V_{g0} \tag{5}$$

令泡沫水泥浆基浆的密度为 ρ_b；配制好的泡沫水泥浆在混泡压力 P_0，T_0 条件下的密度为 ρ_0；氮气体积为 V_{g0}；当压力变化为 P，T 时密度为 ρ；泡沫体积为 V_g；基浆体积为 V_b。

设基浆 $m_b = 1$，那么基浆的体积为 $V_b = \dfrac{m_b}{\rho_b} = \dfrac{1}{\rho_b}$； $\tag{6}$

当压力为 P_0 时，

$$\rho(P_0, T_0) = \frac{m_b}{V_b + V_{g0}} = \frac{1}{\dfrac{1}{\rho_b} + V_{g0}} \tag{7}$$

整理得：

$$V_{g0} = \frac{1}{\rho_0} - \frac{1}{\rho_b} \tag{8}$$

当压力为 P 时，

$$\rho(P, T) = \frac{m_b}{V_b + V_g} = \frac{1}{\dfrac{1}{\rho_b} + V_g} \tag{9}$$

将 $V = \left(\dfrac{\delta(P, T)}{\delta(P_0, T_0)} \right) \times V_0$ 和 $V_{g0} = \dfrac{1}{\rho_1} - \dfrac{1}{\rho_b}$ 代入得到：

$$\rho(P, T) = \frac{m_b}{V_b + V_g} = \frac{1}{\dfrac{1}{\rho_b} + \left(\dfrac{\delta(P, T)}{\delta(P_0, T_0)} \right) \times \left(\dfrac{1}{\rho_0} - \dfrac{1}{\rho_b} \right)} \tag{10}$$

由于泡沫质量：$\alpha = \dfrac{V_{g0}}{V_{g0} + V_b} = \dfrac{\dfrac{1}{\rho_0} - \dfrac{1}{\rho_b}}{\dfrac{1}{\rho_0}} = 1 - \dfrac{\rho_0}{\rho_b}$，即：$\rho_0 = \rho_b \times (1 - \alpha)$ $\tag{11}$

综合上述两式得到泡沫低密度水泥密度随压力和温度变化关系理论公式：

$$\rho(P, T) = \rho_b - \frac{\rho_b \alpha \delta(P, T)}{\delta(P_0, T_0) - \alpha \delta(P_0, T_0) + \alpha \delta(P, T)} \tag{12}$$

激光射孔工艺室内实验研究

姚志良　彭汉修

（中国石化石油工程技术研究院）

摘　要　激光射孔是一种新型的射孔技术，它不仅可以避免传统射孔技术由于压实效应导致的射孔孔壁渗透率降低，而且由于激光射孔是通过激光对孔壁的热作用形成孔眼，由于岩石中矿物的气化以及热应力的作用可以使孔壁渗透率得到提高，有利于油气的渗出。本研究应用万瓦级大功率激光器进行了大量的室内激光射孔实验，研究激光射孔参数对岩样渗透率、剪切模量、弹性模量、泊松比、破岩效率、射孔深度和孔径的影响。实验结果表明：衡量射孔质量的主要指标是孔深、孔径和破岩效率。激光射孔过程中，激光功率和照射时间是影响射孔深度、孔径和破岩效率的最主要因素，而调节离焦量可获得更加理想的小孔成型。岩石在受激光照射后，岩石的渗透率提高了30%左右，其弹性模量和剪切模量降低50%左右。

关键词　砂岩；碳酸盐岩；激光射孔；工艺参数；渗透率

前言

射孔作业是油气田勘探和开发的一个非常重要的环节，据有关资料介绍，射孔完井方式约占油气生产井和注入井的90%以上。随着钻井深度的不断加大，对完井技术的要求越来越高，传统的钻井完井技术方式已不能满足这一发展需求。为了提高钻井效率、降低钻井成本，同时减少储层的污染，发展快速钻井完井技术成为油气田开发快速发展的迫切需要。

激光技术是20世纪60年代在量子物理学、光子光谱学及无线电电子技术基础上兴起的一门多学科结合的技术。这种基于受激辐射而获得的特殊光具有一些重要的特性，如亮度高、单色性方向性好等[1~4]。激光作用时间在4～10s之间时，聚焦功率密度将在104～106W/cm² 的范围内。激光加工具有高精度、高质量、高效率、非接触性、洁净无污染、参数精密控制和高度自动化等特性。激光加工技术是目前国际上极为活跃并富有成果的高新前沿研究领域，是21世纪材料加工的主要方法之一，其在工业中所占比重已成为衡量一个国家工业加工水平高低的重要指标之一，随着激光技术的发展，其越来越多应用到石油工业中[5~9]。

传统的射孔技术（子弹式射孔器、鱼雷式射孔器、聚能式射孔器等）虽然几经改进和发展，但其基本原理都是通过对岩石的挤压实现射孔，形成油气通道。与传统的射孔方法相比，激光射孔主要优势为，利用传统射孔技术进行射孔，由于压实效应的存在，孔壁渗透率降低，而激光对孔壁的热作用导致孔壁的渗透率得到提高，有利于油气的渗出[10~12]；另外，随着激光器功率的不断提高，以及其良好的方向性，射孔深度可以得到保障；同时，光纤激光器的诞生使得光纤的远距离传输成为可能[13]。

在激光/岩石/流体相互作用原理方面，美国科罗拉多矿业学院以 Graves R M 教授为代表的研究组研究发现，岩石的破坏形式主要由破碎、熔融、汽化等，但随着激光工艺参数的不同，其破坏形式呈现多样性[14]；长江大学的易先中发现在激光钻井破岩中，温度场的剧烈变化是引起岩石微观物性、宏观性质发生改变的根本因素[15,16]。激光破岩的温度场是建立岩石相变过程中，热应力场、应变场、渗透率、孔隙度、导电性等物性参数变化规律的重要参量[17~21]。

基于上述的研究，本文探讨了激光照射对岩石渗透率、弹性模量和泊松比以及激光功率、照射时间等工艺参数对岩石激光射孔的影响规律，并就激光射孔过程中出现的缺陷机理做出了深入分析，该项技术将为以后激光射孔在石油行业的广泛应用提高有利参考。

图1　激光射孔室内实验装置（部分）

1　激光射孔室内实验装置及方案

1.1　实验装置

本实验所采用的设备为 10kW 光纤激光器。实验中，激光头安装在 ABB 机器人上，通过机器人来调整射孔位置，为避免损坏设备，附加一定的侧吹装置。图 1 是实验所用激光头和机器人。

该实验材料以国内常见的石油储层岩石（砂岩和碳酸盐岩）为研究对象，如图 2 所示。

(a)圆柱状砂岩岩样　　**(b)长方体状砂岩岩样**　　**(c)圆柱状碳酸盐岩岩样**　　**(d)长方体状碳酸盐岩岩样**

图2　激光射孔用砂岩及碳酸盐岩岩样

如图 2 所示，实验制备了两种岩石种类的样本：砂岩岩样和碳酸盐岩岩样，每种岩石有两种尺寸：圆柱形岩样（$\Phi50\text{mm} \times 100\text{mm}$）、方块形岩样（$150\text{mm} \times 200\text{mm} \times 200\text{mm}$），其中圆柱形岩样用于研究激光对岩样渗透率、剪切模量、弹性模量、泊松比、岩石比能等属性的影响，方块形岩样用于研究激光对岩样破岩效率、射孔深度和孔径的影响。

1.2　实验方案

本实验中，激光垂直于岩石表面竖直向下进行射孔，通过激光的高能束使岩石瞬间气化，汽化的岩石向上排除。增加侧吹气装置，使小孔上部形成负压，以辅助岩石蒸汽的排出。实验中所用的参数如表 1 所示。

表1　实验参数

设备	变量	变量取值
ABB 机器人	激光功率/kW	7、8、9、10
YAG 光纤激光器	照射时间/s	1、3、5、7、9
（10kW）	离焦量/mm	50

2　激光射孔工艺参数对岩石性能的影响

2.1　岩样形貌分析

从图3可以看到，砂岩在压力作用下，岩样的断裂线呈不规则分布，部分岩样表面呈楔形断裂，这与砂岩的形成机理有关，砂岩的形成主要由于海水的冲洗，并在地壳运动下形成的沉积岩，砂粒颗粒比较大，孔隙度比较大，因此，在受到压应力作用下沿间隙度大的地方开裂，这导致岩样表面的裂缝极不规则。

(a)压缩前　　　　　　　　　　　　　　(b)压缩后

图3　压缩前后砂岩岩样对比（未进行激光照射）

从图4可以看到，在激光照射后的砂岩在外力压缩后，岩样表面沿激光辐射区域开裂，断面相对规则，这可能是由于砂岩成分相对均匀，激光辐射岩石后引起表面应力集中，再加上岩石内部本来存在的内部缺陷加剧，导致岩样沿辐射方向开裂。

(a)压缩前　　　　　　　　　　　　　　(b)压缩后

图4　压缩前后激光照射砂岩岩样对比

碳酸盐岩的压缩前后形貌如图5所示可以看到，碳酸盐岩压缩后，岩样沿轴向开裂，岩样局部表面出现断裂，部分岩样断层出现开裂现象。产生上述现象的原因主要有两方面：一是岩石内部存在裂隙，在压应力作用下，裂隙度逐渐加大，当岩样表面的载荷超出岩石的最大承载载荷时，岩样表面就出现裂纹，进而形成裂缝，最后在岩样的表面断裂；二是因为碳酸盐岩是化学沉积岩，组织相对比较致密，但成分不均匀，当受到外来压力作用，由于材料的成分差异，引起岩石内部应力集中，从而导致岩样表面开裂。

(a)压缩前　　　　　　　　　　　　　　(b)压缩后

图5　压缩前后碳酸盐岩岩样对比(未进行激光照射)

从图6可以看到，激光照射后的碳酸盐岩压缩后，岩样沿轴向开裂，裂纹相对比较直，少量出现在激光扫射区域，断面多数出现在中心面上。这是由于碳酸盐岩在地质作用下，借助于生物化学作用形成的岩石，成分呈层状分布，组织致密，激光辐射后，内部存在的裂隙岩不同层的交接处开裂。

(a)压缩前　　　　　　　　　　　　　　(b)压缩后

图6　压缩前后激光照射碳酸盐岩岩样对比

2.2　激光对岩石渗透率的影响

由表2可以看出，岩石经激光扫射处理过后，岩石的渗透率提高了30%左右。这是由于激光高能量的作用，岩石在受激光照射前后，岩石内部的温度场发生剧烈变化，从而导致热影响区附近的岩石存在着宏观裂纹发育现象，致使岩石的孔隙度增加，渗透率提高。另外，由于在激光照射岩石的过程中，岩石成分在高温的作用下发生化学反应，在岩石内部生成大量气体。这些气体在析出的过程中，需要穿过一定厚度的岩石熔浆，有利于在激光射孔的热影响区附近孔隙度的增加，使该区域的渗透率得到提高。

表2　砂岩及碳酸盐岩岩样渗透率测试结果

类别		渗透率/cm²			平均值
		实验1	实验2	实验3	
砂岩	激光照射后	4.047×10^{-11}	3.444×10^{-11}	3.652×10^{-11}	3.714×10^{-11}
	激光照射前	3.052×10^{-11}	2.497×10^{-11}	2.546×10^{-11}	2.698×10^{-11}
碳酸岩	激光照射后	8.446×10^{-15}	7.972×10^{-15}	8.263×10^{-15}	8.227×10^{-15}
	激光照射前	8.153×10^{-15}	7.707×10^{-15}	7.862×10^{-15}	7.907×10^{-15}

2.3　激光对岩石弹性模量和泊松比的影响

由图7单轴压缩前后比较可以看出，岩样在压缩过程中形成了几个明显的局部断裂面。

(a)砂岩　　　　　　　　　　　　　　　　　　(b)碳酸盐岩

图7　单轴压缩前后比较

由图8可以看出，碳酸盐岩经激光照射后，岩石的弹性模量、泊松比、剪切模量都有不同程度的降低。其中，岩样的弹性模量和剪切模量降低近50%，泊松比降低约30%。这是激光产生的高温弱化了岩石，高温使岩石裂纹发育、生长，并使矿物脱水、汽化，引发岩石弱化，从而增加了孔隙空间，而岩石内部孔隙度的增加必然导致岩石在各个方向承受的载荷能力降低，进而降低岩石的剪切模量和弹性模量。而岩石的泊松比取决于岩石的横向应变与纵向应变的比值，根据曲线的走势，可推断岩石在压缩过程中，由于轴向力的作用，纵向变形程度比较大些。

由图9可以看出，砂岩经激光照射以后，其弹性模量和剪切模量降低50%左右，泊松比变化不大。弹性模量和剪切模量的变化趋势呈明显的下降趋势，变化的趋势与碳酸盐岩的原因类同，激光功率加大，岩石从激光辐射中得到能量越多，岩石的孔隙度变化越大。

通过碳酸盐岩和砂岩力学性能对比可以发现，碳酸盐岩的剪切模量、弹性模量远远大于砂岩的剪切模量、弹性模量。有两方面原因可以解释，一是岩石的成因不同，碳酸盐岩是由于生物的化学沉积作用形成的沉积岩，相对比较致密，而砂岩主要是由于石粒经过水冲蚀沉淀于河床上，经千百年的堆积变得坚固而成，砂粒比较粗大，相对而言，砂岩的孔隙度较大；二是碳酸盐岩的低导热性，导致传递的热量较少，因而孔隙度变化也较小，砂岩则相反。

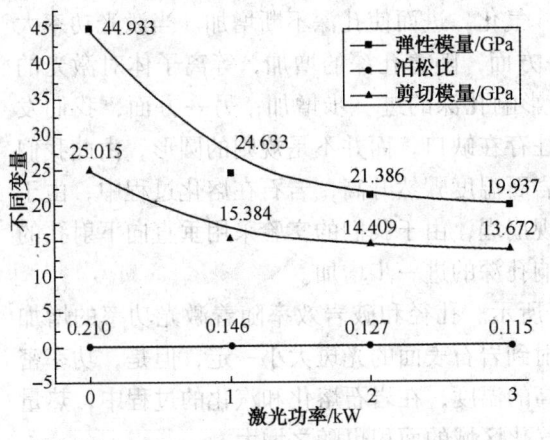

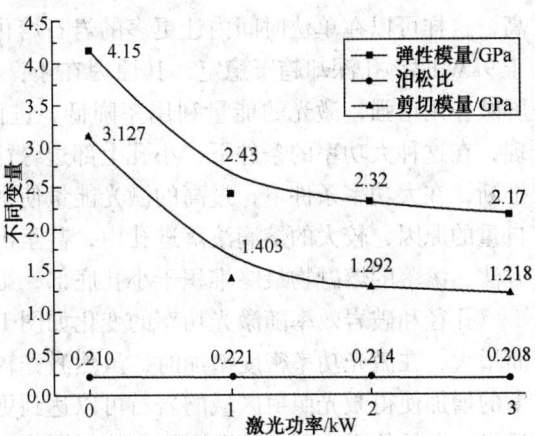

图 8　碳酸盐岩的弹性模量、泊松比和
　　　剪切模量随功率的变化

图 9　砂岩的弹性模量、泊松比和
　　　剪切模量随功率的变化

3　激光射孔工艺参数对射孔孔眼尺寸的影响

3.1　激光功率的影响

激光破岩效率（cm^3/s）是指单位时间内去除的岩石体积。激光功率是影响孔眼深度和孔径的重要因素，实验中，采用离焦量 50mm、照射时间 7s。分别测得小孔的孔深、孔径以及小孔的体积，并按照如下公式算得其破岩效率：

$$破岩效率 = 射孔孔眼体积/照射时间 \qquad (1)$$

实验所得结果如图 10、图 11 所示。

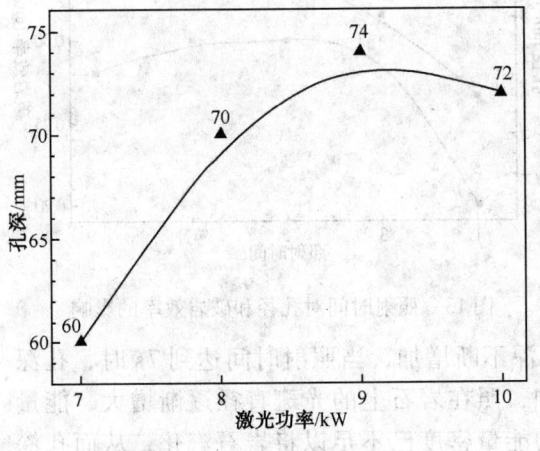

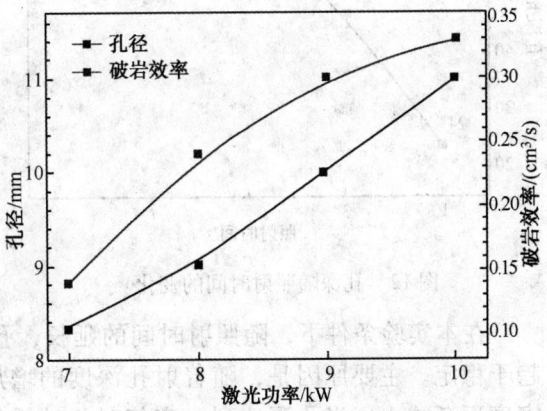

图 10　孔深随激光功率的变化

图 11　激光功率对孔径和破岩效率的影响

孔深随激光功率的变化如图 10 所示。当离焦量和辐射时间一定时，随着激光功率的不断增加，激光射孔的孔深呈现先增加后稳定的趋势，而并不是功率越大则小孔越深。在本实验条件下，当激光功率小于 9kW 时，由于激光功率的增加导致更多的热量用于岩石，单位面积上的激光能量密度不断增加，岩石吸收更多的光子能量可以使岩石内部的温度进一步升高，这样可以在单位时间内让更多的岩石熔化、气化，进而使孔深不断增加。当激光功率大于 9kW 时，孔深却趋于稳定，其原因在于：一方面，随着孔深的增加，等离子体对激光的屏蔽作用增强，激光的能量利用率降低，进而影响孔深的进一步增加；另一方面，我们发现，在这种大功率的条件下，小孔上部边缘往往存在缺口，而并不是规则的圆形，由此我们推断，在大功率条件下，过高的激光能量使得岩石温度骤然升高，岩石在熔化过程中，由于自重的原因，较大的熔滴滚落进孔内，甚至出现崩塌，由于我们的实验采用垂直向下射孔的方法，滚落的熔融物最终堆积于小孔底部，影响孔深的进一步增加。

孔径和破岩效率随激光功率的变化如图 11 所示。孔径和破岩效率随着激光功率的增加而增大，在激光功率密度增加时，虽然激光辐射到岩石表面的光斑大小一定，但是，功率密度的增加使得激光照射区域的岩石可以达到更高的温度，在岩石熔化和汽化的过程中，热量沿径向向外传递，更大的温度梯度使得熔化和气化区域的面积也随之增大。

由破岩效率的定义，我们可以知道，破岩效率与照射时间、孔径和孔深直接相关。在照射时间一定时，破岩效率在一定程度上由孔径和孔深决定。图 11 表明在时间一定时，破岩效率随激光功率的增加而提高，这与理论相符。

3.2 照射时间的影响

照射时间是影响射孔孔眼形成的另一重要因素，照射时间与激光功率一起决定了激光器能量输出的大小。在本实验中，功率为 9kW，离焦量为 50mm，照射时间分别取 1s、3s、5s、7s、9s。所得实验结果如图 12、图 13 所示。

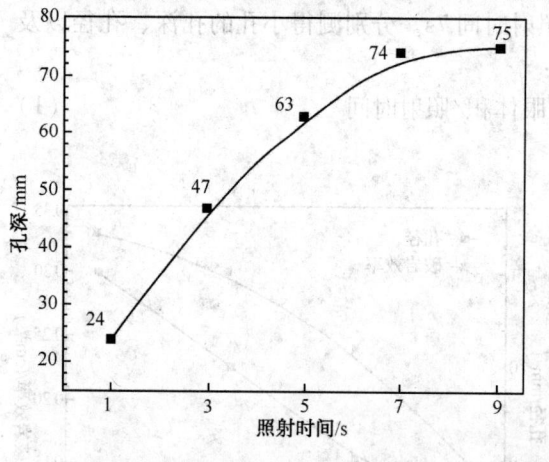

图 12 孔深随照射时间的变化

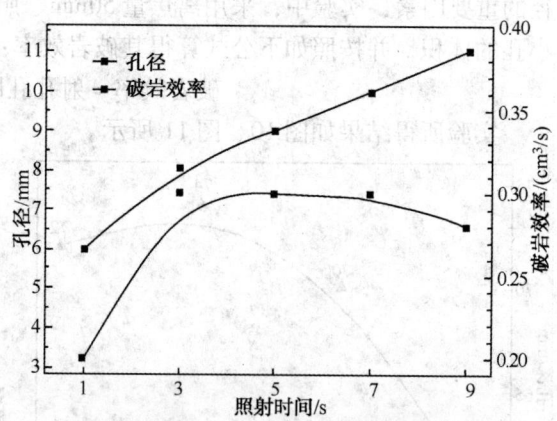

图 13 照射时间对孔径和破岩效率的影响

在本实验条件下，随照射时间的延长，孔深不断增加，当照射时间达到 7s 时，孔深趋于稳定。主要原因是，随着射孔深度的增加，照在岩石上的光斑直径逐渐增大，能量密度逐渐减小，当孔深达到一定值时，过低的能量密度已不足以将岩石汽化，从而孔深趋于稳定。

孔径随照射时间的延长而增大(图 13)。这是由于，一方面，孔径的大小由激光直接照射在岩石表面的光斑大小和能量密度决定；另一方面，被汽化的高温岩石蒸汽，在由小孔内部溢出的过程中，会将部分热量传导至孔壁，使孔径进一步增大。因此随着时间的延长，大量的高温蒸汽持续地将热量传导至孔壁，使得孔径随照射时间的延长而不断增大。

从图13中还可以看出，随着照射时间的延长，破岩效率先增加后减小。这是由于随着时间的延长，作用于小孔底部的光斑直径不断增大，导致破岩速度降低。

3.3 离焦量的影响

研究发现，除了激光功率和照射时间外，离焦量也是决定激光能量密度的重要参数。在激光射孔过程中，较小的离焦量可以在较小的激光功率和较短照射时间下，获得可观的深度，也就是说在降低能耗的同时，可以提高效率。但是，较小的离焦量使得光斑直径较小，射孔直径不能得到保证，这样的射孔在实际油气井中容易受到阻塞，在实际油气井中，射孔直径一般不小于 $8 \sim 10\text{mm}$。不同离焦量下的射孔孔眼如图14所示。同时，较小的离焦量意味着激光头与工件距离较近，这对设备的防护也提出了较高的要求。因此，在实验过程中选择合适的离焦量，不仅有利于获得满意的孔深和孔径，也有利于降低设备维护成本。

 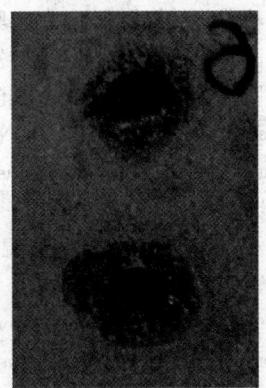

(a)离焦量为60mm的射孔孔眼　　(b)离焦量为50mm的射孔孔眼

图14　不同离焦量下的射孔孔眼

4 结论

（1）岩石在受激光照射后，岩石的渗透率提高了30%左右，其弹性模量和剪切模量降低50%左右，泊松比变化不明显。

（2）在激光射孔过程中，激光功率和照射时间决定能量总输出的大小，是影响孔径和孔深的最主要因素。离焦量可用于调节光斑和有效功率密度的大小，以期获得满意的孔深和孔径。

（3）随着激光功率的增大和照射时间的延长，射孔深度呈现先增加后稳定的趋势。在 9kW、9s、离焦量 50mm 的参数下达到最大深度 75mm，这与实际需求还有一定的差距。可见，仅仅增加功率和时间并不能有效增加射孔深度，针对影响射孔深度的因素，采取必要的措施是增加射孔深度的关键。

（4）随着激光功率的增大和照射时间的延长，孔径逐渐增大，破岩效率呈现不同的趋势。这与激光头的聚焦特性和岩石蒸汽的活动有关。

参 考 文 献

1 科学出版社名词室合编. 物理学词典[M]. 北京：科学出版社，1988
2 周敦忠. 光学[M]. 兰州：兰州大学出版社，1988
3 陈继明. 激光微技术的发展现状[J]. 激光与光电子学进展，2006，43(9)：25～29
4 李松柏. 光纤激光器的研究及其进展[J]. 重庆科技学院学报(自然科学版)，2008，10(4)：98～102
5 甘云雁，陈利. 新型钻井技术——激光钻井的研究进展[J]. 科技导报，2005，23(3)：37～40
6 Richard A. Parker 著，樊玉译. 高能激光对岩性的影响[J]. 国外油田工程，2003，19(10)：23～25
7 陈海燕. 利用激光钻井[J]. 现代物理知识，2003，16(2)：48～49
8 韩长省. 激光钻井技术展望[J]. 西安石油学院院报，2000，15(12)：38～41
9 于泳，赵天博等. 激光钻井与微钻井技术发展[J]. 石油钻采工艺，2000，22(5)：39～40
10 Brian C. Gahan 等著，张丽君译. 激光射孔可以替代常规井眼射孔技术[J]. 测井与射孔，2004，04：44～48
11 王海东，孙新波. 国内外射孔技术发展综述[J]. 爆破器材，2006，35(3)：33～36
12 王永青等. 射孔完井中储层损害机理分析及保护技术[J]. 西部探矿工程，2006，10：114～116
13 丁黎光，丁伟. 大功率激光束光纤传输的实验研究[J]. 装备制造技术，2004，04：11～13
14 马卫国等. 国内外激光钻井破岩技术研究与发展[J]. 石油矿场机械，2008
15 易先中，高德利，明燕等. 激光破岩的物理模型研究[J]. 天然气工业，25(8)：62～65，2005
16 Bjorndalen N，Belhaj H，A g ha K R，et al. Numerical Investigation of Laser Drilling [C]. SPE 84844, presented at the SPE Eastern Regional/ A AP G Eastern Section Joint Meeting held in Pittsburgh, Pennsylvania, U S A，6～10 September 2003
17 易先中，祁海鹰，易先彬等. 激光破岩温度场的数学模型[J]. 石油天然气学报，27(6)：885 887，2005
18 S Batarseh. Well Perforation Using High－Power Laser. SPE84418
19 Brian C Gahan. Analysis Of Efficient High Power Laser Of Well Perforation. PE90661
20 易先中，张世兴等. 激光破岩温度场的数学模型[J]. 江汉石油学院学报，2005，27(06)：855～857
21 易先中，高得利. 高能激光破岩的热传学特性研究[J]. 光学与光电技术，2005，3(01)：11～13

聚羧酸分散剂在油井水泥中的应用研究

曾 敏 刘 伟 张明昌 周仕明

（中国石化石油工程技术研究院）

摘 要 本文研究了聚羧酸类分散剂 TH – 103 对含有不同降失水剂的水泥浆流变性能影响，同时与磺化醛酮缩聚物分散剂的分散效果进行对比。另对其耐温性进行了评价，并应用于高密度体系中。实验表明，对于两种水泥浆体系，聚羧酸分散剂均表现出了优良的分散性能，优于醛酮缩聚物分散剂，能够满足一般固井需求。

关键词 水泥浆流变性能；聚羧酸；分散剂；固井

前言

水泥浆是一种兼有弹性、黏性和塑性的高浓度悬浮体系，其流变性能的好坏是考察水泥浆体系性能好坏的重要指标之一。固井用水泥浆往往因为加入降失水剂、加重剂、减轻剂等添加剂导致其流变性能较差，需加入分散剂进行改善。

常见的油井水泥分散剂有木质素磺酸盐及其衍生物、磺化醛酮缩聚物、多环芳基磺酸盐甲醛缩合物、水溶性密胺树脂及多羟基羧酸(盐)等[1]。在实际使用过程中发现，这些分散剂往往存在某些条件下分散效果较差、加量过大、与其他外加剂不匹配等缺点。

聚羧酸分散剂已成为混凝土分散剂的研究热点[2~5]，与常规分散剂相比，聚羧酸分散剂具有掺量低、分散性能高、相容性强，并且在生产过程中无毒无害，是新一代环保型产品。它是由含羧基的不饱和单体与其他单体共聚，得到带聚氧乙烯侧链的梳状结构聚合物。聚羧酸分散剂具有很强的分子设计性，可通过调整单体的种类与比例调节聚羧酸分散剂的性能。因此国外公司已将聚羧酸分散剂引入固井水泥使用[6]，目前国内中海油服已在固井现场应用[7]。

本文通过实验考察聚羧酸分散剂 TH – 103 对 FSAM（交联 PVA 类降失水剂）及 DZJ – Y（AMPS 共聚类降失水剂）水泥浆流变性能影响，并对实验结果进行分析，阐述了聚羧酸分散剂 TH – 103 在水泥浆中的适应性和作用机理。

1 实验部分

1.1 实验材料

G 级油井水泥，四川夹江规矩特性水泥有限公司；聚羧酸分散剂 TH – 103，清华大学；PVA 降失水剂 FSAM、AMPS 共聚类降失水剂 DZJ – Y、缓凝剂 DZH – 2、胶乳消泡剂、铁矿粉、硅粉和微硅均为德州大陆架公司生产。

1.2 实验仪器

主要仪器：OWC-2250型常压稠化仪，沈阳石油仪器研究所；DFC-0705型高温高压降失水仪，沈阳航空学院；7222型高温高压稠化仪，美国CHANDLER公司；ZNN-D6A六速旋转黏度计，青岛海通达专用仪器厂。

1.3 实验方法

油井水泥取样按GB 10238进行，固体油井水泥外加剂的取样按GB 6679进行，液体油井水泥外加剂的取样按GB 6680进行，水泥浆性能按API规范10"油井水泥材料和实验规范"的规定测试。

2 分散剂性能评价

水泥是"水+水泥+外加剂"相互作用的复杂体系。王子明[8]指出，在新拌合的水泥中，水泥颗粒作为主要组分，并非以单个颗粒形态彼此分散，而是在其中包裹了大量拌合水，这种絮凝体是新拌合水泥分散体系的主要分散相。而体系中另一重要组分水则有4种存在形式：吸附水，附着在水泥颗粒表面的水；絮凝水，絮凝结构中包含的水；水化水，水泥水化产物中的化学结合水；自由水，除去以上3种水外在体系中能自由流动的水。

曹恩祥[9]指出，在新拌水泥浆中，水泥水化程度较低，水化水忽略不计。新拌水泥浆体微结构如图1(a)所示，所有的水泥颗粒表面均吸附有一层水膜；大部分的水泥颗粒团聚形成包裹絮凝水的絮凝结构；絮凝结构在水中均匀分散。加入分散剂后，分散剂吸附到水泥颗粒表面，在静电作用及空间位阻作用下打破絮凝结构，释放大量絮凝水，使体系中自由水量增大，从而达到分散效果。体系微结构如图1(b)所示。

▨：自由水 ▨：吸附水 ▨：絮凝水 ⬡：水泥颗粒

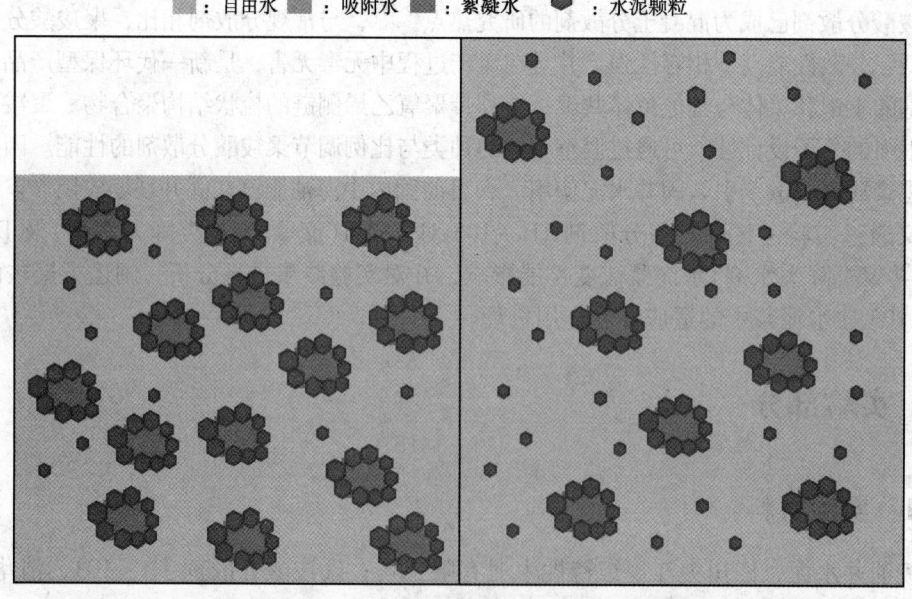

(a)未加入分散剂   (b)加入分散剂

图1　新拌水泥浆体微结构示意图

分散剂的分散机理如图2所示。醛酮为高分子缩合物，在水泥颗粒表面呈刚性吸附，使水泥颗粒表面为电负性，在静电斥力下使水泥颗粒分散。聚羧酸类分散剂是梳状聚合物，主链带羧基、磺酸基，侧链为聚醚。聚羧酸分散剂的分子中的羧基、磺酸基作为"锚固"基团[10]，使TH－103在水泥颗粒表面形成齿轮形或引线形吸附。聚羧酸分散剂的羧基、磺酸基提供静电斥力，而聚醚侧链使颗粒表面溶剂化层增厚，吸附水增加，起空间位阻作用。在两者共同作用下，聚羧酸减水剂使水泥颗粒分散而稳定。

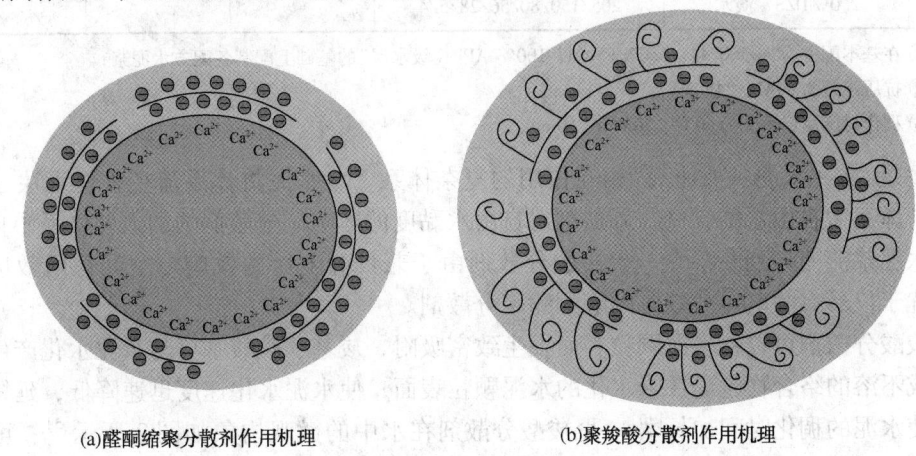

(a)醛酮缩聚分散剂作用机理　　　　　　　　(b)聚羧酸分散剂作用机理

图2　醛酮缩聚分散剂与聚羧酸分散剂的分散机理

2.1　分散剂对FSAM水泥浆流变性能影响

FSAM水泥浆是指以交联聚乙烯醇(PVA)为降失水剂的水泥浆。聚乙烯醇是由聚醋酸乙烯酯经部分水解得到的水溶性聚合物，聚乙烯醇中的羟基与交联剂之间发生反应，由线性结构变为空间网状结构。存在于水泥浆中的交联聚乙烯醇通过分子中大量的羟基与水中钙离子形成离子键、与自由水形成氢键。研究发现[11]，添加此类降失水剂的水泥浆在水泥浆灌注到地层时，会在水泥浆与地层之间形成一层致密的薄膜，阻止水泥浆中的水向地层中漏失。目前，化学交联聚乙烯醇类是固井主要降失水剂之一。

按水灰比0.44、交联聚乙烯醇类降失水剂FSAM6.0%(BWOC)及表1的各配方配置水泥浆，测定其流变性、API失水、稠化时间、24h抗压强度，结果如表1所示。由表1可以看出，在FSAM水泥浆中，聚羧酸类降失水剂TH－103与磺化甲醛缩聚物DZS均能在不影响浆体稳定性的基础上改善浆体流变性，TH－103的加量远小于DZS的加量，说聚羧酸分散剂的分散性能优于醛酮缩聚物；TH－103、DZS均有缓凝作用，TH－103的缓凝效果较强；TH－103的加入有助于降低浆体API失水，TH－103对水泥浆24h抗压强度影响较小。

表1　在FSAM水泥浆中TH－103、DZS的性能评价结果

编号	配方	流变性		API失水/mL	稠化时间/min	抗压强度/MPa
		$\varphi_{600}/\varphi_{300}/\varphi_{200}/\varphi_{100}/\varphi_6/\varphi_3$				
0	淡水	225/138/103/68/27/25		28	53	32.2
1	0.15% TH－103＋淡水	209/136/86/54/4/3		21	93	30.6

续表

编号	配方	流变性		API 失水/mL	稠化时间/min	抗压强度/MPa
		$\varphi_{600}/\varphi_{300}/\varphi_{200}/\varphi_{100}/\varphi_{6}/\varphi_{3}$				
2	1.0% TH – 103 + 淡水	145/70/25/19/2/1				
3	1.0% DZS + 淡水	227/189/103/65/9/7		32	84	25
4	2.0% DZS + 淡水	205/150/80/56/28/5/4				

注：① 在基本配方为"w/c 0.44，6.0% FSAM，100% API G 级水泥"的基础上配制各配方水泥浆；
② 抗压强度为 60℃、24h 养护；
③ 稠化时间测定条件为 60℃、50MPa、60min。

水泥是"水 + 水泥 + 外加剂"相互作用的复杂体系[8]，水泥将体系流变性能取决于两方面因素：体系中自由水的含量、外加剂对自由水黏度的影响。分散剂的加入使体系中自由水增多，水泥浆流变得到改善[9]。聚羧酸分散剂由于兼具静电斥力效应与空间位阻效应，分散效果优于仅具有静电斥力效应的醛酮缩聚分散剂。

聚羧酸分散剂可以在水泥颗粒表面发生致密吸附，羧基、磺酸基可与水泥水化产生的钙离子形成不溶的络合物包裹在未水化的水泥颗粒表面，使水泥水化速度迅速降低，延缓水化反应，使水泥的稠化时间加长[10]。聚羧酸分散剂在水中的微观构象如图3所示[5]，可以看出在水中聚醚侧链发生卷曲，亲水的 – O – 在外，疏水的 – CH₂ – 在里，卷曲的线团内部形成一定的疏水区域，阻止自由水通过。加入 TH – 103 对 API 失水有改善作用。

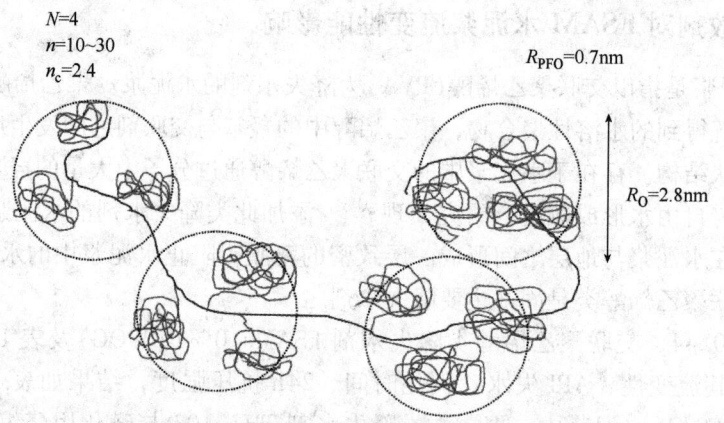

图3　聚羧酸分子在水溶液中的构象示意图

2.2　分散剂对 DZJ – Y 水泥浆流变性能影响

DZJ – Y 水泥浆是指以 DZJ – Y 为降失水剂的水泥浆。DZJ – Y 是由 AMPS/AM/AA 三者经过水溶液共聚而成。其降失水机理为吸附作用，DZJ – Y 分子通过"锚固基团"羧酸基和磺酸基吸附在水泥颗粒的表面，而发挥降失水作用[12,13]。DZJ – Y 由于其优异的耐温、耐盐性能而广泛应用于 HTHP 井中。

按水灰比 0.44、交联聚乙烯醇类降失水剂 DZJ – Y5.0%（BWOC）及表2的各配方配置水泥浆，测定其流变性、API 失水、稠化时间、24h 抗压强度，结果如表2所示。

表 2　在 DZJ – Y 水泥浆中 TH – 103、DZS 的性能评价结果

编号	配方	流变性 $\varphi_{600}/\varphi_{300}/\varphi_{200}/\varphi_{100}/\varphi_6/\varphi_3$	API 失水/mL	稠化时间/min	抗压强度/MPa
0	淡水	300 + /300 + /155/124/6/5	40	113	34.5
1	0.3% TH – 103 + 淡水	300 + /180/130/69/3/2	20	190	32.1
2	0.5% TH – 103 + 淡水	289/164/110/56/3/2			
3	1% TH – 103 + 淡水	300 + /227/158/82/4/2			
4	2.0% DZS + 淡水	300 + /201/136/69/4/1	45	84	26
5	半饱和盐水	244/134/93/49/4/1			
6	饱和盐水	231/127/87/45/2/1			
7	0.5% TH – 103 + 半饱和盐水	197/105/69/35/2/1			
8	0.5% TH – 103 + 饱和盐水	185/100/67/34/2/1			

注：① 在基本配方为"w/c 0.44，5.0% DZJ – Y，100% API G 级水泥"的基础上配制各配方水泥浆，其中盐含量不算入水分或灰分；

② 抗压强度为 60℃、24h 养护；

③ 稠化时间测定条件为 60℃、50MPa、60min。

由编号 0 ~ 3 的实验可以看出，在淡水配制的 DZJ – Y 水泥浆中，不加分散剂的水泥浆流变性能较差，在高转速下切力高，低转速下切力低。加入聚羧酸分散剂 TH – 103 与醛酮缩聚分散剂 DZS 均能达到改善流变性的作用，但 TH – 103 在加量远小于 DZS 加量的情况下使水泥浆获得了更为优异流变性能。TH – 103 的加入使稠化时间延长，API 失水降低，对抗压强度影响不大。加入过量的 TH – 103 水泥浆的流变性能变差。

由编号 0、5 ~ 8 的实验可以看出，在饱和、半饱和盐水配置的水泥浆中，随着盐含量的增加，水泥浆流变性能变好。但加入 TH – 103 对饱和、半饱和盐水体系流变性仍有改善作用，体系的含盐量对 TH – 103 的分散性能影响不大。

关于分散剂与降失水剂 DZJ – Y 的匹配性问题，Plant[12~16]等人认为：AMPS 类降失水剂机理为吸附机理，在 DZJ – Y 配成的水泥浆中存在水泥颗粒表面的"竞争吸附"现象。在水泥浆体系中，各外加剂一般多为带极性基团的聚合物或小分子，极性基团包括羟基、羧基、磺酸基、磷酸基、酰胺基、醚基、氨基等，这些极性基团作为"锚固基团"使外加剂分子吸附水化后的水泥颗粒表面。由于极性基团与水泥水化后产生的钙离子螯合能力不同及外加剂分子大小、电荷密度的差异，造成了不同外加剂在表面水化而带电荷的水泥颗粒表面吸附能力的不同。在水泥水化初期，带电荷的水泥颗粒在体系中的总量一定，不同外加剂之间存在竞争吸附现象。竞争吸附现象不仅包括在刚水化的水泥颗粒表面吸附，还包括吸附能力更强的外加剂分子取代吸附能力较差的外加剂分子。锚固基团的强弱顺序为磷酸基 > 羧酸基 > 磺酸基。

降失水剂 DZJ – Y 是由 AMPS/AM/AA，其锚固基团为羧酸基与磺酸基。DZJ – Y 自身带有负电荷吸附在水泥颗粒表面时由于静电斥力作用，会起到一定分散效果。TH – 103 的锚固基团同样是羧酸基与磺酸基。这样一来两者的吸附能力大小主要取决于分子量大小与电荷密度差异，TH – 103 的分子量小于 DZJ – Y，电荷密度大于 DZJ – Y，故吸附能力优于 DZJ – Y。优先在水化水泥颗粒表面吸附，达到分散效果。

2.3 分散剂 TH－103 的耐温性能

取 500g 夹江 G 级油井水泥按水灰比为 0.44，加入 PVA 类降失水剂 FSAM、聚羧酸分散剂 TH－103、缓凝剂 DZH－2 配置水泥浆。依次测量浆体在 20℃、40℃、60℃、80℃、95℃ 的流变性能，以考察分散剂 TH－103 的耐温性能。实验结果如图 4 所示，实验配方如下：100%JJG＋6%FSAM＋0.15%TH－103＋0.5%DZH－2＋44%H$_2$O，密度 1.9g/cm^3。

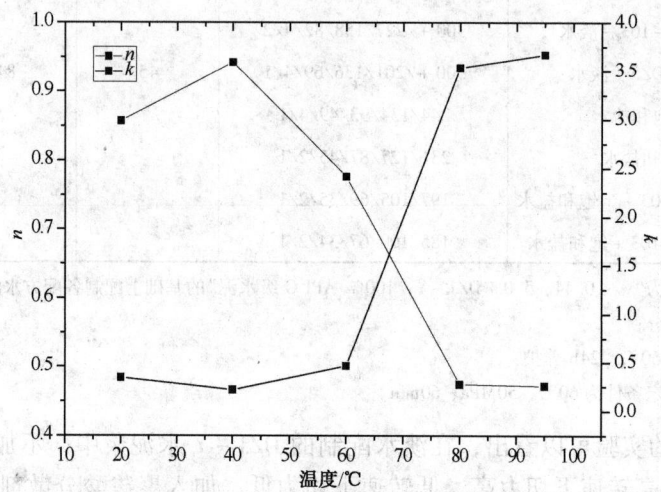

图 4 温度对水泥浆流变性能影响

由图 4 可看出，水泥浆的 n 值随温度的升高而降低，k 值随温度升高而升高，其中 n、k 值均在 80℃ 出现突变，故怀疑减水剂的耐温上限为 60℃。

这是因为聚羧酸分散剂中含有聚氧乙烯侧链，在 70～80℃ 的碱性溶液中，聚氧乙烯侧链易发生水解，聚氧乙烯侧链水解后分散剂只剩下聚丙烯酸主链，分散性能大大下降。可从提高聚醚的水解温度入手提高聚羧酸分散剂的耐温性能。

目前聚羧酸分散剂在国内固井中的应用温度未见文献报道，在斯伦贝谢聚醚分散剂的专利[6]中应用于 4～30℃。

2.4 分散剂在加重体系中的应用

若地层压力高，则需要使用高密度水泥浆固井，加入加重剂后，往往造成水泥浆体增稠，泵送困难，因此需加入分散剂对水泥浆流变性进行调节。在 60℃ 下分别对加入 0.4% TH－103 与加入 2%DZS 的加重体系进行性能评价，实验结果如表 3 所示，实验配方如下：

1#：JJG＋120%铁矿粉＋5%微硅＋30%硅粉＋8%FSAM＋0.4%TH－103＋33%水；

2#：JJG＋120%铁矿粉＋5%微硅＋30%硅粉＋8%FSAM＋0.4%DZS＋33%水。

表 3 TH－103 在加重体系中的应用(60℃)

配方	密度/ (g·cm^{-3})	φ_{100}	φ_{200}	φ_{300}	n	K/Pa·s^n	稠化时间/ min	24h 强度/ MPa	API 失水/ mL
1#	2.33	80	151	221	0.92	0.35	84	21.8	13
2#	2.33	108	225	300＋	\	\	80	22.5	13

从表 3 可以看出，当分散剂 TH－103 加量为 0.4％时，水泥浆流性指数与稠度系数分别为 0.92，0.35Pa · s^n，分散剂 TH－103 调节流变的能力要优于 DZS。同时分散剂 TH－103 对于高密度水泥浆的 API 失水量、稠化时间、抗压强度等性能没有明显影响，适用于高密度水泥浆的配制。

3 结论

(1) 聚羧酸分散剂 TH－103 与 FSAM 水泥浆体系匹配性能良好。加入 TH－103 能显著改善 FSAM 水泥浆流变性能，改善其降失水能力。加量远小于常用醛酮缩聚分散剂 DZS。

(2) 聚羧酸分散剂 TH－103 与 DZJ－Y 水泥浆体系匹配性能良好。加入 TH－103 能显著改善 DZJ－Y 水泥浆流变性能，改善其降失水能力。盐含量对 TH－103 分散性能影响不大。

(3) 聚羧酸分散剂 TH－103 的耐温性能较差，适用温度为 70℃以下，须调整分子结构进一步改善。

(4) 分散剂 TH－103 在高密度水泥浆中性能优良，使用效果好于目前常用的醛酮缩聚物类分散剂。

参 考 文 献

1 赵福麟. 油田化学[M]. 石油大学出版社，2000 年：86～87

2 邱晨. 掺加聚羧酸减水剂的混凝土性能研究 [D]. 大连理工大学，2012

3 李国松. 醚型聚羧酸减水剂的合成及其性能研究 [D]. 大连理工大学，2012

4 Shan H, Xiangming K, Enxiang C. Effects of Chemical Structure on the Properties of Polycareboxylatetype Superplasticizer in Cementitious Systems [J]. Journal of the Chinese Ceramic Society, 2010, 38(9)

5 曹恩祥. 聚羧酸减水剂对水泥净浆体系流变性能的作用机理研究 [D]. 清华大学，2011

6 Volpert E. Cementing Compostions Including a Dispersant Agent for Cementing Operation in Oil Wells. US, 6953091 [P], 2005

7 张浩，符军放，冯克满. 新型油井水泥分散剂 PC－F42L 的研制与应用[J]. 钻井液与完井液，2012，29 (4)：55～58

8 王子明. 水泥－水－高效减水剂系统的界面化学现象与流变性能[D]. 北京工业大学博士论文，2006

9 曹恩祥，张艳荣，孔祥明. 减水剂作用下的新拌水泥浆体微结构模型[J]. 混凝土，2012(8)

10 李崇智. 新型聚羧酸系减水剂的合成及其性能研究[J]. 清华大学博士论文，2004

11 陈涓，彭朴，汪燮卿. 化学交联聚乙烯醇的降滤失机理[J]. 油田化学，2001，19(2)：101～104，117

12 Johann Plank, etal. Adsorption behavior and effectiveness of poly(N, N－dimethylacrylamide－co－Ca 2－acrylamido－2－methylpropanesulfonate) as cement fluid loss additive in the present of acetone－formaldhyde sulfite dispersant[J]. Journal of applied polymer science, 2006, 102: 4341～4347

13 Johann Plank, etal. Effect of different anchor groups on adsorption behavior and effectiveness of poly(N, N－dimethylacrylamide－co－Ca 2－acrylamido－2－methylpropanesulfonate) as cement fluid loss additive in the present of acetone－formalddhyde sulfite dispersant[J]. Journal of applied polymer science, 2007, 106: 3889～3894

14 Johann Plank, etal. Modification of the molar anionic charge density of acetone－formaldehyde－sulfite disper-

sant to improve adsorption behavior and effectiveness in the presence of CaAMPS – co – NNDMA cement fluid loss polymer[J]. Joural of applied polymer science, 2008, 111: 2018~2024

15　Johann Plank, etal. Impact of the steric position of phosphonate groups in poly(N, N – dimethylacrylamide – co – Ca 2 – acrylamido – 2 – methylpropanesulfonate) on its adsorbed conformation on cement: comparison of vinylphosphonic acid and 2 – acrylamido – 2 – methylpropanesulfonate modified terpolymers[J]. Journal of applied polymer science, 2009, 115: 1785~1768

16　Johann Plank, etal. Competitive adsorption between an AMPS – based fluid loss polymer and welan gum biopolymer in oil well cement[J]. Journal of applied polymer science, 2010, 116. 2913~2919

伊朗雅达油田 $4\frac{1}{2}$in 尾管固井技术

魏浩光[1]　刘小刚[2]　杨红歧[1]

[1. 中国石化石油工程技术研究院；2. 中国石油大学(北京)石油工程学院]

摘　要　针对伊朗雅达油田 $4\frac{1}{2}$in 尾管固井技术难点，提出防腐防窜胶乳水泥浆体系。室内测试分析表明：在水泥浆液柱压力等于地层压力时，未见气窜发生；在室内模拟的 H_2S 强腐蚀条件下，水泥石强度和渗透率变化程度低，仍能保持致密的微观结构；水泥石的抗冲击能力强。为提高洗井质量和水泥浆顶替效率，率先将旋转尾管固井技术应用于 $4\frac{1}{2}$in 尾管固井中。同时，采用先导浆工艺和提高套管居中度技术，达到提高顶替效率的目的。上述措施的实施，为解决伊朗雅达 $4\frac{1}{2}$in 尾管固井难题做出有益的尝试，取得了较好的现场应用效果。

关键词　小井眼；防腐蚀；抗冲击；旋转尾管固井

1　工程地质简况

伊朗雅达油田位于伊朗境内胡泽斯坦省，距离阿瓦兹市 70km 处。构造位置属于中东波斯湾盆地扎格罗斯山前褶皱和阿拉伯地台东缘的过渡带[1]。Fahliyan 油层是雅达油田的主力油层之一，埋深 3950~4600m，井下静止温度可达 140℃，地层压力系数 1.3~1.7，油气层活跃，产出物中 H_2S 气体含量高，H_2S 分压为 0.13~0.29MPa，为典型的高含硫腐蚀环境[2,3]。Fahliyan 油层用直井开采，悬挂器坐挂位置为 3500~3900m，油层尾管下深在 4400~4600m，本开次理论井眼直径为 $5\frac{7}{8}$in，套管直径为 $4\frac{1}{2}$in。

2　$4\frac{1}{2}$in 尾管固井技术难点

伊朗雅达油田 $4\frac{1}{2}$in 尾管固井存在着一些难题及问题，主要表现在以下几个方面：

(1) 深井、小井眼、小间隙固井。$4\frac{1}{2}$in 尾管下深在 4600m 左右，井下静止温度可达 140℃，对添加剂耐高温性能要求高。本开次固井的理论环空间隙只有 17.45mm，存在着小井眼、小间隙固井难题，主要包括：循环摩阻大，不能充分清洗井眼；环空间隙小，泵压高，替浆排量低，顶替效率低，水泥浆不能均匀分布；水泥浆的常规性能和防窜性能要求高；水泥环薄，抗冲击力差等问题[4]。

(2) 沥青侵蚀泥浆严重。本开次泥浆密度 1.65~1.70g/cm³，沥青侵蚀泥浆，部分井所出沥青可将振动筛糊死。沥青极易黏附在第一、二界面上，很难清洗干净，影响水泥环的胶结质量。

(3) 高含硫。Fahliyan 油层产出流体含 H_2S、CO_2 气体。水泥石发生 H_2S 腐蚀的门限分

项目来源：国家重大科技专项"中东富油气区复杂地层井筒关键技术"(项目编号：2011ZX05031-004)。

压为 0.000345MPa，发生 CO_2 腐蚀的门限分压为 0.21MPa[5]。Fahliyan 油层产出物分析表明：H_2S 摩尔百分数为 0.5~0.9，分压为 0.13~0.29MPa，为发生 H_2S 腐蚀门限分压 376.8~840.5倍；CO_2 摩尔百分数为 3.21~3.73，分压为 0.85~1.2MPa，为发生 CO_2 腐蚀门限分压的 4.0~5.7 倍。H_2S 与 CO_2 相处于同一个环境中，H_2S 腐蚀程度会更高，且地层水与 H_2S 共存。因此，固井水泥环以受 H_2S 腐蚀为主。

3 水泥浆技术

依据胶乳水泥浆体系通常具有较好的胶结能力、防腐性、韧性、低失水等特点，利用伊朗的原材料，通过添加配套外加剂，提出了防腐防窜胶乳水泥浆体系。

3.1 常规性能

按 API 标准要求，进行防腐防窜胶乳水泥浆体系测试。其主要的常规性能为：密度 $1.86g/cm^3$ 流性指数 0.87，稠度系数 $0.34mPa \cdot s^n$，API 失水 24mL，稠化时间（115℃，60MPa，60min）248min，过渡时间 13min，水泥浆防窜系数 SPN 值为 1.8，24h 顶部强度 22MPa，自由液 0mL，水泥浆配方如表 1 所示。

表 1 130℃水泥石 H_2S 腐蚀 10d 前后强度、渗透率的变化

水泥浆体系	密度/(g/cm³)	强度/MPa			渗透率/$10^{-5}\mu m^2$	
		腐蚀前	腐蚀后	变化率/%	腐蚀前	腐蚀后
常规水泥浆体系	1.86	34.26	21.89	36.11↓	0.327	1.273
防腐防窜胶乳水泥浆体系	1.86	29.69	25.37	14.56↓	0.356	0.423

水泥浆配方：德黑兰 G 级水泥 + 35% 硅粉 + 10% DC206 + 3% FSAM + 12% DC200 + 1.5% SD - 2 + 1.5% DZS + 0.8% SD - 3 + 0.7% DZH + 1% DZX + 61% H_2O 其中 DC206 - 防腐剂，DC200 - 胶乳

3.2 防窜能力

DC200 胶乳粒径为 0.05~0.5μm，比水泥颗粒粒径（一般约在 20~50μm）小得多，胶粒具有弹性，水泥浆形成滤饼时一部分胶粒挤塞、填充于水泥颗粒间的空隙中使滤饼的渗透率降低。另一方面，胶粒在压差的作用下在水泥颗粒间聚集成膜，这层覆盖在滤饼表面的膜，阻止气窜的发生。因此，具有"成膜"防窜和"颗粒"防窜的双重功能。

利用气窜模拟分析仪进行胶乳水泥浆防气窜性能室内实验。由气窜测试曲线可以看出，130℃条件下，水泥浆液柱压力等于地层压力时，没有收集到气窜量，说明胶乳水泥浆体系是具有良好的防窜能力。

3.3 防腐能力

水泥石的渗透性是腐蚀发生的关键因素。由于胶乳柔性填充于水泥石中的孔隙，水泥石渗透性小，有利于防止 H_2S 向水泥石内部扩散[6]。火山灰质材料 DC206 可以有效地吸收水

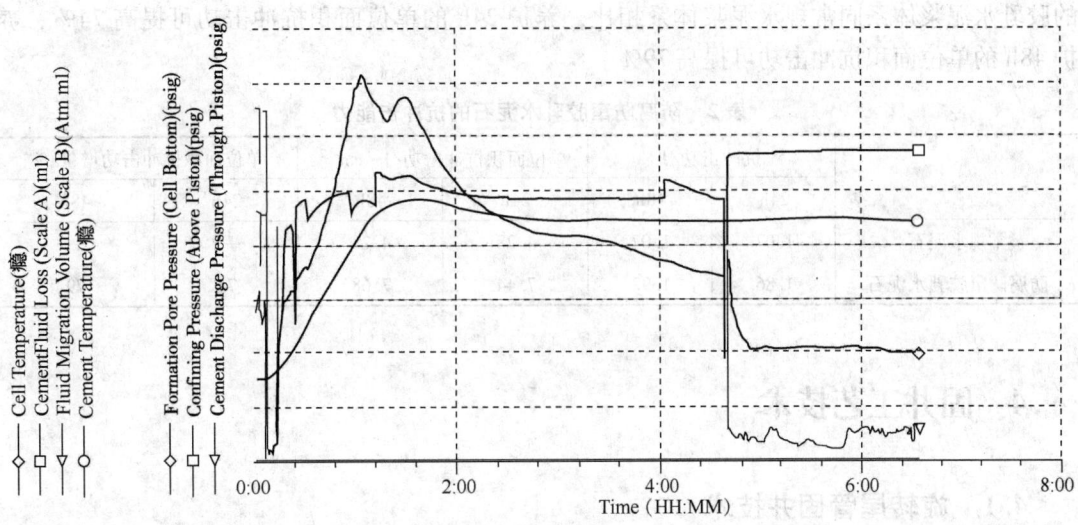

图 1 防腐防窜胶乳水泥浆体系在 130℃ 防气窜性能测试

泥中水化产物 CH，抑制了 C2SH 生成，在硬化水泥浆体中，C2SH 是影响渗透率的重要因素，C2SH 含量高，腐蚀试样渗透率增加。因此，DC206 与胶乳的可以加入有效地提高水泥石的防腐能力。

(a) 常规水泥石腐蚀后微观结构

(b) 防腐胶乳水泥石腐蚀后微观结构

图 2 常规水泥石与防腐胶乳水泥石腐蚀后微观结构

为加快腐蚀速度，实验用纯 H_2S 气体在 130℃ 条件下对水泥石进行腐蚀实验，腐蚀时间 10d。表 1 说明防腐防窜胶乳水泥浆体系在实验室腐蚀条件下强度仅下降了 14.6%，渗透率仅增加了 18.8%，而常规水泥浆体系在实验室腐蚀条件下强度下降了 36.1%，渗透率增加了 289.3%。

利用电镜扫描仪可以观察水泥石被腐蚀后的微观结构。图 2 表明，防腐防窜胶乳水泥浆体系转化形成的水泥石经纯 H_2S 在 140℃ 条件下腐蚀 10d 后仍能保持致密的微观结构。而常规水泥浆体系转化形成的水泥石在相同的腐蚀条件下腐蚀后的具有较多的孔隙。

3.4 抗冲击能力

小井眼固井的水泥环薄，抗冲击能力低，在射孔、压裂等作业中因产生剧烈冲击极易破碎。普通水泥石的抗冲击能力有限，而胶乳水泥浆水化产物形成的空间网状结构中有胶乳颗粒所形成的网状结构，胶乳水泥浆体系所形成的水泥石具有更好的韧性和抗冲击能力。

实验室内将常规水泥浆体系与防腐防窜胶乳水泥浆体系在模拟井底静止温度 130℃ 条件下养护 24h 与 48h，应用霍布金森实验装置测试它们的抗冲击能力。由表 2 可知，雅达油区的胶乳水泥浆体系同常规水泥浆体系相比，养护24h的单位面积抗冲击功可提高74%，养护48h的单位面积抗冲击功可提高79%。

表2　防腐防窜胶乳水泥石的抗冲击能力

	抗冲击功/J		单位面积抗冲击功/J·cm⁻²		单位面积抗冲击功增量/%	
	24h	48h	24h	48h	24h	48h
常规水泥石	1.07	1.07	4.28	4.28	—	—
防腐防窜胶乳水泥石	1.86	1.92	7.44	7.68	74	79

4　固井工艺技术

4.1　旋转尾管固井技术

旋转尾管并结合循环冲洗，有利于冲洗井壁上的滤饼。应用旋转尾管固井技术，可以提高水泥自身的胶结、水泥与套管的胶结以及水泥与井壁的胶结。水泥在尾管环空流动过程中，加上尾管的转动作用，可以使窄间隙处的泥浆参与流动，提高顶替效率，使水泥浆在套管旋转过程中能够均匀分布在套管周围。

4.2　先导浆技术

由于钻井液在钻进过程中受地层中沥青、油、气等介质的侵蚀污染，不利于提高界面胶结质量。为此，配制性能良好的低切力钻井液，一般使用20~30m³左右，注水泥作业时注在冲洗液的前面，很好的驱替被污染的钻井液及泥皮，以提高水泥环的胶结质量。

4.3　提高套管居中度

应用固井计算机软件进行套管扶正器安放位置优化设计，计算表明裸眼段每3根套管加一只聚酯螺旋减阻刚性套管扶正器，能保证套管居中度大于80%，提高顶替效率。

5　现场应用实例

F31井深4590m，套深4589.15m，裸眼段长597m，封固段长719m，泥浆密度1.68g/cm³，使用旋转尾管固井技术，在裸眼段每3根套管加一个聚酯螺旋减阻刚性扶正器。注入密度为1.68g/cm³的低黏低切先导浆19.8m³，注入1.8m³密度为1.75g/cm³的加重冲洗型隔离液，注入11.3m³防腐防窜胶乳水泥浆，平均密度为1.86g/cm³，替浆29.3m³，替浆排量为0.76m³/min，尾管悬挂器转速为15r/min，替浆结束后加压坐封封隔器。候凝48h后测井，固井声幅合格率为100%。

6　结论

（1）4½in尾管固井具有深井、小井眼、小间隙、沥青侵蚀泥浆严重、高含硫固井的特点，对水泥浆体系和固井工艺技术要求高。

（2）为伊朗雅达油区优选的防腐防窜胶乳水泥浆体系具有过渡时间短，零自由液、流变性好、强度高和防窜能力强的特点。转化形成的水泥石抗冲击能力强，在实验室模拟的强腐蚀条件下强度下降幅度低，渗透率增加程度小，能保持致密的微观孔隙结构。

（3）综合应用防腐防窜胶乳水泥浆体系，旋转尾管固井技术、先导浆技术以及提高套管居中度技术，为解决了该区块 $4\frac{1}{2}$ in 尾管固井技术难题做出了有益的尝试，但尚需进一步完善，以形成配套技术。

参 考 文 献

1 何汉平，吴俊霞，黄健林等. 伊朗雅达油田完井工艺[J]. 石油钻采工艺，2012，34(4)：26～60

1 He Hanping, Wu Junxia, Huang Jianlin, et al. Well completion technique in Yada field in IRAN[J]. Oil Drilling & Production Technology, 2012, 34(4)：26～60

2 任立伟，夏柏如，唐文泉等. 伊朗Y油田深部复杂地层钻井液技术[J]. 石油钻探技术，2013，41(04)：92～96

2 Ren Liwei, Xia Bairu, Tang Wenquan, et al. Drilling Fluid Technology for Deep Troublesome Formation of Y Oilfield in Iran[J]. Petroleum Drilling Techniques, 2013, 41(04)：92～96

3 鲍洪志，杨顺辉，侯立中等. 伊朗Y油田F地层防卡技术[J]. 石油钻探技术，2013，41(03)：67～72

3 Bao Hongzhi, Yang Shunhui, Hou Lizhong, et al. Pipe Sticking Prevention Measures in F Formation of Iranian Y Oilfield[J]. Petroleum Drilling Techniques, 2013, 41(04)：92～96

4 黄柏宗，吕光明，刘平. 小井眼固井技术[J]. 钻井液与完井液，1999，16(2)：28～34

4 Huang Baizong, Lu Guangming, Liu Ping. Cementing technology for slim hole drilling：part I [J]. Driuing Fluid and Completion Fluld, 1999, 16(2)：28～34

5 丁士东，周仕明，陈雷. 川东北地区高温高压含硫气井配套固井技术[J]. 天然气工业，2009，29(2)：58～60，75

5 Ding Shidong, Zhou Shiming, Chen Lei. Cementing technology for "three highs" gas wells in northeast Sichuan basin[J]. Nature Gas Industry, 2009, 29(2)：58～60，75

6 高辉，彭志刚. 胶乳水泥浆的室内研究及应用[J]. 钻井液与完井液，2011，28(4)：54～56

6 Gao Hui, Peng Zhigang. Study and application of latex cement slurry system[J]. Driuing Fluid and Completion Fluld, 2011, 28(4)：54～56

多组分油井水泥石弹性模量预测模型

刘　建

（中国石化石油工程技术研究院）

摘　要　针对目前多组分油井水泥石弹性模量测试的复杂性和重复性差，弹性模量预测缺乏理论模型的现状，本文利用高精度抗压抗折一体机探索多组份油井水泥石弹性模量变化规律，建立多组分油井水泥石弹性模量预测模型。通过实验数据验证模型的可行性，实验发现：对于两组分油井水泥石弹性模量的计算只需要测定弹性材料体积分数为 0 和 0.2 两个端点的弹性模量大小，根据线性关系就可以建立在整个 [0, 0.2] 区间内油井水泥石弹性模量预测模型。而多组分油井水泥石弹性模量变化规律在 [0, 0.2] 区间内呈非线性变化，通过反推法和相关系数法确定多组分油井水泥石弹性模量的预测模型参数。该模型对于减少实验工作量和进行深入的理论研究具有重要的借鉴意义。

关键词　多组分；油井水泥石；弹性模量；相关系数法；预测模型

前言

水泥石的力学性能决定了水泥环的承载能力和形变能力，是影响水泥环胶结、封固质量的重要参数指标。水泥石力学性能差将导致水泥与套管胶结界面的破坏或水泥环本体破坏，形成微间隙造成封固失效[1,2]。而随着页岩井水平井勘探开发的推进，对水泥石的力学性能提出了更高的要求：固井后形成的水泥环有很高的弹塑性，能满足后期射孔、酸化压裂等开采的需求[3,4]。因此，测试水泥石的弹性模量则是研究的重点，通过优选弹性材料设计满足固井及后续压裂酸化所需要的水泥浆体系。目前还没有简单实用的水泥石弹性模量预测模型，本文通过实验，建立 G 级水泥石弹性模量预测模型，直观简单预测添加弹性材料的油井水泥石的弹性模量变化趋势。

1　实验方法和过程

1.1　实验仪器

高速瓦楞搅拌器、4cm×4cm×16cm 标准模具、水浴锅、德国 ToniProx 高精度抗压抗折一体机、振实台。

1.2　实验材材料

纯水泥石 A、减轻材料 B、弹性材料 C、油井水泥缓凝剂 G_1、分散剂 G_2 和降滤失剂 G_3。

1.3 实验方法

参照 GB/T 50081 - 2002 普通混凝土力学性能试验方法标准对油井水泥配浆、养护、脱模和弹性模量测试。

2 实验结果与讨论

2.1 弹性模量的理论预测模型

对不同材质的弹性模量预测模型前人做过很多研究[5,6]，涉及的领域包括：金属、非金属和高分子化合物等几乎所有的材料学领域，自然界中没有绝对纯净的物质，因为对于材料弹性模量的预测都是建立在两种或者多种简单纯净物上的理论预测模型，通过实际测量值对模型进行修正。

1. 复合材料等效弹性模量混合定律

简单来说就是建立复合材料弹性模量的上下限，利用 Voigt[7] 的等应变假设可以得到复合材料的弹性模量上限：

$$E_0 = (1 - X_i)E_1 + X_iE_i \tag{1}$$

利用 Reuss[8] 的等应力假设可以得到复合材料弹性模量的下限：

$$\frac{1}{E_0} = \frac{1 - X_i}{E_1} + \frac{X_i}{E_i} \quad 即 \quad E_0^{-1} = (1 - X_i)E_1^{-1} + X_iE_i^{-1} \tag{2}$$

式中，E_0 为复合材料的弹性模量；E_1 为本体材料弹性模量；E_i 为非本体材料弹性模量；X_i 为弹性添加材料的体积分数。虽然利用 Voigt 等应变假设和 Reuss 等应力假设求取复合材料弹性模量的上、下限最为简单，但是只能给出 E_0 的近似值，而且 Voigt - Reuss 近似解忽略了各向异性非均匀体的研究，是一个不全面的结果[9,10]。

2. 多组分油井水泥石弹性模量混合定律

从水泥浆体系组成和满足固井施工的需要的角度，能反应实际情况，预测结果准确且简单的公式，才是工程上最有价值的公式。该等效模型的建立需要以下假设，以抽象化数学模型：①研究对象设定为纯水泥石、减轻材料和弹性材料固体组成；②研究对象的体积简化为纯水泥石、减轻和弹性材料体积之和；③研究对象中纯水泥石、减轻和弹性材料为各向均质体系。

建立多组分油井水泥石弹性模量的预测模型，减少实验工作量，为后续的水泥石力学性能深入研究奠定基础。本文提出新的多组分油井水泥石弹性模量预测模型：

$$E_0^k = \sum_{i=1}^{n} X_iE_i^k \tag{3}$$

$$K = \alpha \cdot \mathrm{Exp}(\beta \cdot E_1 \cdot E_2 \cdots E_i) \tag{4}$$

公式(3)为多组分油井水泥石弹性模量表达式，公式(4)则是工程性能参数相关系数表达式。当 $K = 1$ 时，即为多组分油井水泥石弹性模量理论值上限，$K = -1$ 时，即为多组分油井水泥石的弹性模量理论值下限，而满足工程性能参数相关系数的实测值则是介于[−1，1]的任意数，α和β则是与水泥石、减轻材料和弹性材料弹性模量相关的系数。

2.2 两组分油井水泥石弹性模量变化规律

本文的研究对象主要是弹性材料的加入对于水泥石弹性模型的影响规律研究，模型中弹性材料的体积百分数是自变量，水泥石的弹性模量是因变量。通过查表1，得到纯水泥石、减轻材料和弹性材料的真密度和弹性模量，然后理论算出水泥石弹性模型的上、下限，通过对比实际测量值，建立预测模型。

表1 不同材料的真密度和弹性模量

材料	真密度/(g/cm³)	弹性模量/GPa	材料	真密度/(g/cm³)	弹性模量/GPa
纯水泥石 A	1.90	13	弹性材料 C	1.5	0.008
减轻材料 B	0.7	2.0			

对于不同的弹性材料，当弹性材料与水泥石的弹性模量相差较大时，实际测量值趋近于弹性模量上限，即 K 趋近于1；当弹性材料与水泥石的弹性模量相差较小时 K 趋近去弹性模量下限，即 K 趋近于−1(表2、图1)。因此可以推断：K 是一个与水泥石、减轻材料和弹性材料弹性模量相关的参数，建立多组分油井水泥静态石弹性模量的预测模型就需要找到 K 的变化关系式。

表2 两组分水泥石弹性模量测试结果

序号	体积百分数 Xc	纯水泥石弹性模量 Ea/GPa	弹性材料弹性模量 Ec/GPa	水泥石弹性模量上限/GPa	水泥石弹性模量下限/GPa	实际测量值/GPa
1	0	13	0.008	13	13	13
2	0.1	13	0.008	11.7	0.08	8.1
3	0.2	13	0.008	10.4	0.04	4.4
4	0.3	13	0.008	9.1	0.026	2.8
5	0.4	13	0.008	7.8	0.019	1.8
6	0.5	13	0.008	6.5	0.016	1
7	0.6	13	0.008	5.2	0.013	0.3
8	0.7	13	0.008	3.9	0.011	0.1
9	0.8	13	0.008	2.6	0.009	0.01
10	0.9	13	0.008	1.3	0.008	0.009
11	1	13	0.008	0.008	0.008	0.008

对于两组分的油井水泥石，在弹性材料体积分数在[0，0.2]区间范围内，弹性模量变化趋势表现为线性变化(曲线拟合相似度达0.99)，而(0.2，1.0)区间范围内变化趋势则表现为非线性，因此对于两组分油井水泥石弹性模量的计算只需要测定弹性材料体积分数为0和0.2两个端点的弹性模量大小，根据线性关系(图2)就可以建立整个[0，0.2]区间内油井水泥石弹性模量预测模型。

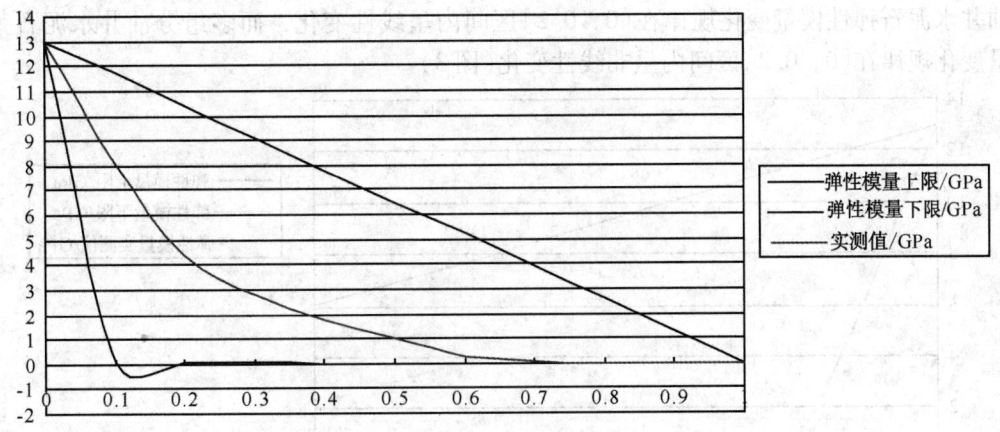

图1　两组分油井水泥石弹性模量变化曲线

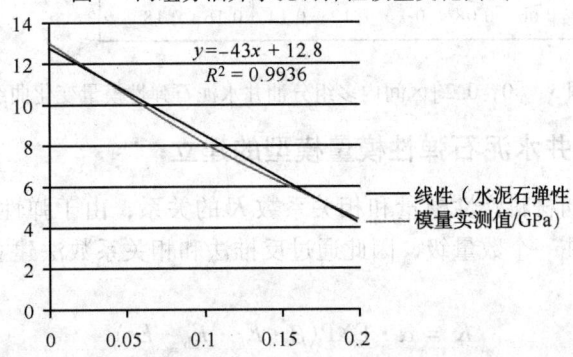

图2　[0，0.2]区间内两组分油井水泥石弹性模量变化曲线

2.3　多组分油井水泥石弹性模量变化规律

为满足不同井深和地层当量密度的要求，水泥浆体系并非两组分而是由多组分组成。添加减轻外掺料降低水泥浆的密度，添加弹性材料降低水泥石的弹性模量，形成水泥石的密度范围，即$1.2 \sim 1.9 \mathrm{g/cm^3}$。对于多组分油井水泥石弹性模量变化规律研究：弹性材料为自变量，油井水泥石弹性模量为因变量，当弹性材料体积分数超过0.2时，水泥石的抗压强度已经满足不了工程应用的需要，因此，自变量变化区间为[0，0.2]；弹性模量变化范围：$2 \sim 15 \mathrm{GPa}$(表3)。

表3　多组分水泥石弹性模量测试结果

序号	体积百分数 X_a	体积百分数 X_b	体积百分数 X_c	纯水泥石弹性模量 E_a/GPa	减轻材料弹性模量 E_b/GPa	弹性材料弹性模量 E_c/GPa	水泥石弹性模量上限/GPa	水泥石弹性模量下限/GPa	实际测量值/GPa
1	1	0	0	13	2	0.008	13	13	13
2	0.85	0.1	0.05	13	2	0.008	11.2504	0.16	8.3
3	0.7	0.2	0.1	13	2	0.008	9.5008	0.08	5.7
4	0.55	0.3	0.15	13	2	0.008	7.7512	0.058	3.9
5	0.4	0.4	0.2	13	2	0.008	6.0016	0.04	2.2

多组分油井水泥石弹性模量变化规律与两组分油井水泥石弹性模量变化规律不同，两组

分油井水泥石弹性模量变化规律在$[0，0.2]$区间内呈线性变化，而多组分油井水泥石弹性模量变化规律在$[0，0.2]$区间内呈非线性变化(图3)。

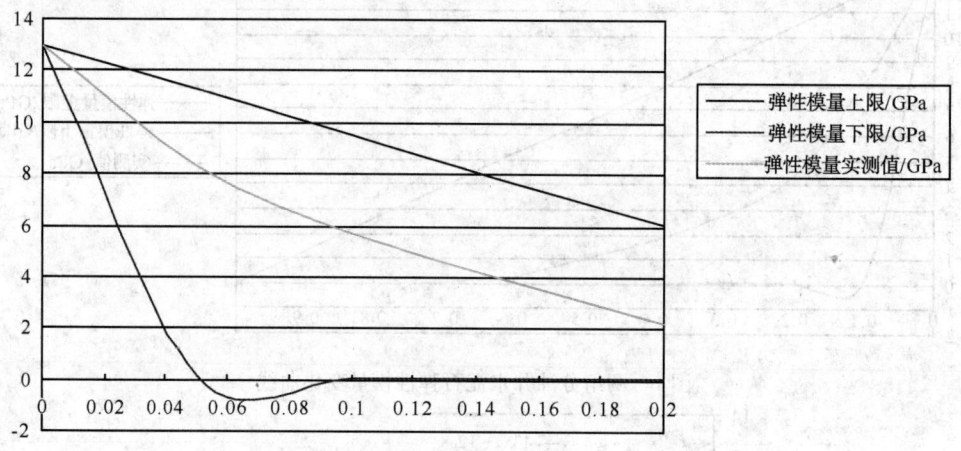

图3　$[0，0.2]$区间内多组分油井水泥石弹性模量变化曲线

2.4　多组分油井水泥石弹性模量模型的建立

本文是要建立不同材料弹性模量和相关系数K的关系，由于弹性材料和纯水泥石及减轻材料的弹性模量不在一个数量级，因此通过反推法和相关系数法建立E_a、E_b、E_c和K之间的关系式：

$$K = \alpha \cdot \text{EXP}(\beta \cdot E_a \cdot E_b \cdot E_c) \tag{5}$$

当弹性材料的体积分数线性增加时，实际测量值和理论值的拟合曲线如图4中$f(x_2)$和$f(x_1)$所示，其中$f(x_2) = 194x^2 - 91x + 13$，$f(x_1) = -35x + 13$。定义$K$为工程性能参数相关系数，即曲线积分面积比，计算公式如式(5)所示，式中$F(x_i)$为$f(x_i)$对应的原函数。

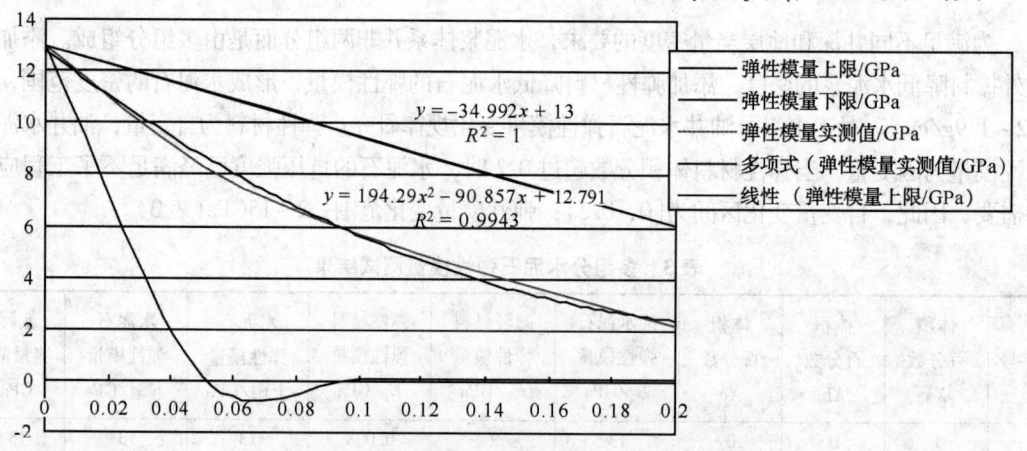

图4　多组分水泥石弹性模量理论值和实测值拟合曲线

$$K = \frac{S_{f(x_2)} = \int_0^{0.2} f(x_2)\,dx_2}{S_{f(x_1)} = \int_0^{0.2} f(x_1)\,dx_1} = \frac{F_{x_2}(0.2) - F_{x_2}(0)}{F_{x_1}(0.2) - F_{x_1}(0)} \tag{6}$$

通过计算得到多组分油井水泥石的弹性模量预测模型中的相关系数 $K = 0.89$，它的物理意义是多组分油井水泥石的弹性模量实际测量整体变化是理论值的 0.89 倍。

当不加弹性材料时，即 $E_c = 1$，实际测量值和理论值的拟合曲线如图 2 中 $f(x_2) = -43x + 13$ 和图 4 中的 $f(x_1) = -35x + 13$，通过计算 $K = 0.92$。通过计算得到最终的多组分油井水泥弹性模量预测模型中相关系数 K 的表达式：

$$K = 0.88 \cdot \exp(0.0013 \cdot E_a \cdot E_b \cdot E_c) \tag{7}$$

将 K 值带入预测模型(3)，其中 $i=3$，就能对多组分油井水泥弹性模量变化规律进行预测。以此类推当油井水泥石的组分 $i = N$ 时，按照同样的方法可以进行分析和预测，该方法对于减少实验工作量、误差和进行深入的理论研究具有重要的借鉴意义。

3 结论

(1) 通过抽象和假设建立多组分油井水泥石弹性模量的预测模型，减少实验工作量和误差，为后续的水泥石力学性能深入研究奠定基础。

(2) 通过实验验证和分析多组分油井水泥石弹性模量的预测模型的可行性，实验发现：对于两组分油井水泥石弹性模量的计算只需要测定弹性材料体积分数为 0 和 0.2 两个端点的弹性模量大小，根据线性关系就可以建立在整个 [0, 0.2] 区间内油井水泥石弹性模量预测模型。

(3) 多组分油井水泥石弹性模量变化规律在 [0, 0.2] 区间内呈非线性变化，通过反推法和相关系数法建立多组分油井水泥石弹性模量的预测模型的未知参数。

(4) 多组分油井水泥石弹性模量的预测模型对于减少实验工作量和进行深入的理论研究具有重要的借鉴意义。

参 考 文 献

1 刘崇建，黄柏宗，徐同台等. 油气井注水泥理论与应用[M]. 北京：石油工业出版社，2001：316~317

2 张德润，张旭. 固井液的设计及应用(下册)[M]. 北京：石油工业出版社，2000

3 林波. 岩石力学性能与井下工况条件适应性研究[D]. 保存地点：东北石油大学，2011

4 步玉环，郭辛阳，李娟等. 水泥石动静态机械性能相关关系试验研究[J]. 石油钻探技术，2010，38(2)：51~53

5 柏振海，黎文献，罗兵辉等. 一种复合材料弹性模量的计算方法[J]. 中南大学学报(自然科学版). 2006，37(2)：438~443

6 王毅，陈大钧，余志勇等. 水平井水泥石力学性能的实验评价[J]. 天然气工业，2012，32(10)：63~66

7 Clyne T W, Withers P J. An introduction to metal – matrix composites [M]. London：Cambridge University Press，1992

8 Marur P R. An engineering approach for evaluating effective elastic module of particulate composites [J]. Materials Letters，2004，58：3971~3975

9 范建华，许庆余. 复合材料弹性模量的等效微分计算[J]. 工程数学学报，2003，20(1)：92~98

10 杨大鹏，刘新田. 复合材料有效弹性模量的上、下限的求解[J]. 郑州大学学报：工学版，2002，23(2)：106~109

自愈合水泥石单一裂缝渗流
规律及其自愈合机理研究

曾 敏 王其春 刘 伟

（中国石化石油工程技术研究院）

摘 要 本文采用不同压差下的渗油实验研究了柴油在自愈合水泥石单一裂缝的渗流规律及裂缝的自愈合性能。研究发现柴油在水泥石单一裂缝中的渗流符合平面层流的泊肃叶定律，由此可计算得到有效裂缝宽度。通过在静态柴油中浸泡及动态柴油中的渗流实验研究了水泥石裂缝的自愈合性能。单一裂隙水泥石无论是在静态柴油浸泡还是在动态柴油连续渗流过程中均能发生自愈合现象；愈合速度与压差有关；低压差下已经愈合的裂缝存在临界渗流压差，当压差超过临界压差时可重新发生渗流。自愈合水泥裂缝修复是由颗粒堆积、裂缝表面自愈合粒子膨胀与水泥石内部自愈合粒子膨胀带动水泥石膨胀 3 个因素共同完成。

关键词 水泥石；裂缝；渗流规律；自愈合

前言

油气井的固井技术采用注水泥浆充填于地层井壁与套管之间，硬化后的水泥石起到胶结固定油井套管、封闭阻隔地层油、气、水等流体的无序窜流、保护油井钢套管免受井下腐蚀介质的侵蚀作用。然而由于钻井过程中试压、钻井液密度变化、顶替效率差等，开发过程中射孔、压裂等后续增产措施，井下温度的较大变化使得水泥石这种脆性材料产生微裂缝或者微间隙，造成油气井水泥环的完整性破坏。[1] 油井水泥环开裂或者水泥环与黏结表面形成的环隙导致油气渗漏是一个世界性的问题，带来了巨大的经济损失。仅在美国，每年为解决修复油井水泥环开裂破坏耗费的费用就超过 5000 万美元。

自愈合材料是指材料发生破坏时，材料能识别破坏的出现，并实现自我修复愈合的一种新型材料[4~7]。水泥石属于脆性材料，易因材料形变或者外力作用引发微裂缝，若不加以控制，微裂缝会逐步发展为裂纹，造成水泥石结构性能失效。

P Cavanagh、C R Johnson A 等人研制了一种新型的自修复响应材料（SHC），材料直接加入到油井水泥浆中，在水泥浆凝固后因固井水泥环损伤并出现油气窜时能够被激活，触发反应，使水泥环产生微膨胀，自动修复裂缝和间隙，封闭气窜的通道。该技术在加拿大阿尔伯塔一个油田进行了实施，并取得很好的效果[15,16]。

油气触发自修复技术是在油井水泥浆中加入多种可由油气刺激引发体积膨胀的自修复材料，当水泥环完整性遭到破坏产生微裂缝和微间隙时，油气会沿微裂缝或者微间隙窜流激活自修复材料，自修复材料体积膨胀，通过密封应力的增加迅速堵塞窜流通道，实现水泥环微间隙和微裂缝的快速自修复。

本文针对油井水泥环套管的开裂渗流这一问题，采用 G 级油井水泥制得硬化水泥石，研究了水泥石单裂隙中柴油的渗流规律。通过测试质量、流量的变化来评价水泥石在不同压差下的自愈合性能，并试图通过静态体积膨胀实验、吸油质量测定与孔隙分布测试来说明自愈合水泥石的自愈合机理。

1 实验

1.1 实验材料

G 级油井水泥，四川夹江规矩特性水泥有限公司；10#柴油，燕山石化；自愈合粒子 OSP – 16，自制；胶乳稳定剂 SD – 2，自制；促凝剂 LHJS，自制；降失水剂 DZJ – Y、分散剂 DZS、胶乳消泡剂均为德州大陆架公司生产。

1.2 实验仪器

遇油自愈合水泥石的自愈合性能研究主要采用自制的渗流装置进行渗流实验以及自制静态体积膨胀评价仪器进行静态体积膨胀实验。

渗流装置(图 1)主要包括 3 个单元：压力储油单元、渗流单元与流量测试单元。

静态体积膨胀评价仪器(图 2)包括两个单元：盛放柴油和水泥石试样的容器以及用于测量纵向形变的千分表。

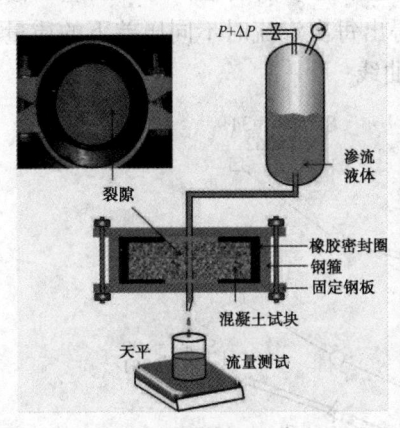

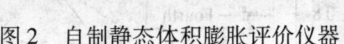

图 1　自制渗流装置　　　　图 2　自制静态体积膨胀评价仪器

1.3 实验方法

1. 渗流实验：

按水灰比 0.44 制备水泥浆，在其中分别添加不同含量的 OSP – 12 自愈合粒子、1.5% 胶乳稳定剂 SD – 2、3%降失水剂 DZJ – Y、0.15%促凝剂 LHJS、1%分散剂 DZS。用水泥浆搅拌机(NJ – 160B，沧州路达建筑仪器厂)低速搅拌 150s，然后浇筑入内径为 10cm、高为 11cm 的 PVC 塑料管模具中，在 80℃水浴中养护 3d 后拆模，用岩石切割器(CB6610V1，北京兴东翰科技有限公司)将硬化水泥石切割制成高度为 3cm、直径 1cm 的圆柱水泥块。干燥后用切割机在水泥块一个表面上沿直径切出深为3mm的切痕,用电液伺服压力机(YAW－2000A,济南试金集团有限公司)按照三点抗弯实验方法,将水泥块从切痕处折断,然后将两块折断的半圆饼水泥块沿断裂处拼合,装于如图1所示的模具中。这样在重新拼合的圆柱体水泥块中便制得一个沿直径纵向贯穿的裂缝。裂缝形貌与水泥石中自然产生的裂缝类似。

将制好的试块首先置入80℃的烘箱中干燥,将此时的裂缝宽度及裂缝渗流值作为初始值。采用如图1所示的装置测试水在水泥石裂缝中的渗流规律。渗流压差可以通过氮气瓶调压控制。本实验测试的渗流压差控制在0.02~0.12MPa之间。渗流压差调整稳定后,保持油连续渗流50min,通过与电脑连接的电子天平(梅特勒－托利多公司)每30s采集渗流质量,以计算获得渗流速度。

2. 静态体积膨胀实验

制浆方法同前所述。按照配方将水泥浆加入到制样仪器中,80℃水浴养护4d。拆模,取出水泥试块,待其冷却,用天平称量其质量,然后放入测量仪器中,开始测量其整体纵向变形,测量环境为80℃。测试2d后,向试块所在圆筒内加入柴油,使试块处于完全浸没的状态,继续测量其整体纵向变形及质量变化。

2 结果与讨论

2.1 空白水泥块单一裂缝中柴油的渗流规律

用空白水泥块进行4次0.02~0.12MPa逐渐升高压差下的渗油实验,每一压差下渗流约50min,记录流出质量与时间的关系,通过计算斜率得出每次渗流时不同压差下的质量流量,得出图3所示的每次渗流时质量流量随压差的变化曲线。

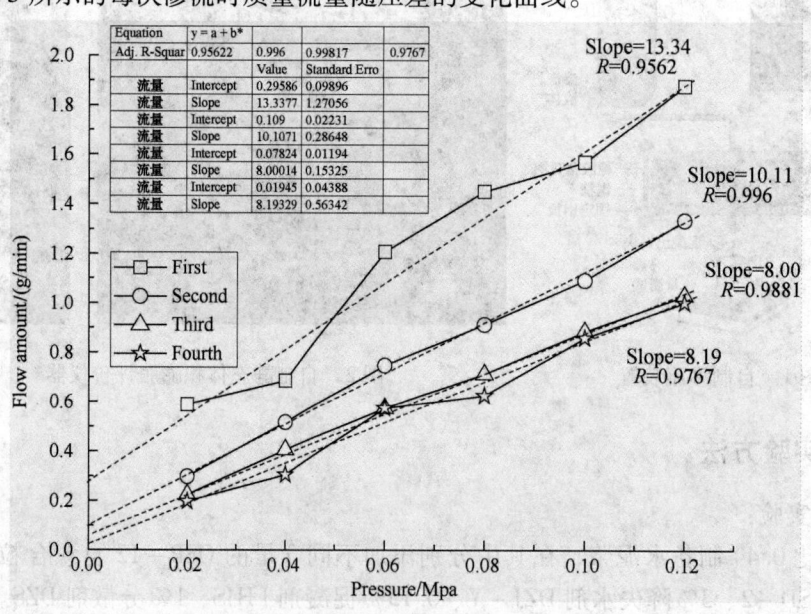

图3 空白水泥块单一裂缝渗流实验柴油质量流量与压差的关系

从4次冲刷过程中可以看出质量流量随压差的变化基本呈线性关系,随着冲刷过程数的增加,曲线直线的截距与斜率有逐渐减小趋势,第一次时曲线较曲折且斜率明显高于其他三次，说明存在颗粒逐渐堆积现象且颗粒堆积会起到一定的自愈合效果；至第三次与第四次时截距已较接近于零且斜率基本一样，说明此时颗粒堆积达到了一个稳定的状态，渗流稳定，因油不存在与水泥石的相互作用，因此此时没有显示出愈合效果。从四条曲线的截距上看为逐渐接近于零，推断为稳定渗流时应符合质量流量与压差成过原点的线性关系这一实验结果，不同于低渗多孔介质渗流时流量与压差拟合曲线偏离坐标原点存在临界压差的现象[11,12]。单一裂隙水泥石质量流量与压差拟合曲线呈过原点的线性关系，这是由于与多孔介质相比，裂隙连通性更好，柴油在裂隙中流动度更大，临界压差可以忽略[13,14]。泊肃叶定律[Poiseuille law，见公式(1)]描述了两静止平行板之间液体的流动规律：

$$Q = D\frac{W^3 \Delta P \rho}{12\mu L} \qquad (1)$$

式中，Q 为质量流量，g/s；D 为裂缝长度，cm；ΔP 为上下表面压力差，Pa；ρ 为流体密度，此处为柴油 0.86g/cm³；μ 为流体的黏度，此处为柴油黏度 0.56252Pa·s；L 为裂缝深度，cm。

由图 2 可见，经过 4 次冲刷后，水泥石裂缝中柴油的渗流较好地满足了泊肃叶定律，即流量与压差成正比。

2.2 静态柴油中不同压差下裂缝自愈合

本文采用硬化水泥石裂缝中柴油的渗流实验测得质量流量来表征裂缝的遇柴油自愈合性能，并以此来评价水泥石的自愈合性能。含 10% 自愈合粒子试块不同浸泡时间下测得不同压差下的自愈合参数如表 1 所示。

表 1　含 10% 自愈合粒子试块不同浸泡时间下测得不同压差下的自愈合参数

柴油中浸泡天数/d	0.02MPa			0.04MPa			0.06MPa		
	流速/(×10⁻²g·min)	流速减少/(×10⁻²g·min)	愈合程度/%	流速/(×10⁻²g·min)	流速减少/(×10⁻²g·min)	愈合程度/%	流速/(×10⁻²g·min)	流速减少/(×10⁻²g·min)	愈合程度/%
0	18.795	—	—	37.082	—	—	58.000	—	—
2	3.944	14.850	79.013	20.681	16.402	44.230	29.083	28.917	49.856
4	0.699	18.096	96.283	12.521	24.562	66.236	21.274	36.726	63.321
6	0.047	18.748	99.751	6.589	30.493	82.231	12.055	45.945	79.216
8	0.027	18.767	99.854	0.055	37.027	99.852	0.274	57.726	99.528
柴油中浸泡天数/d	0.08MPa			0.1MPa			0.12MPa		
	流速/(×10⁻²g·min)	流速减少/(×10⁻²g·min)	愈合程度/%	流速/(×10⁻²g·min)	流速减少/(×10⁻²g·min)	愈合程度/%	流速/(×10⁻²g·min)	流速减少/(×10⁻²g·min)	愈合程度/%
0	73.589	—	—	92.000	—	—	108.67	—	—
2	57.319	16.270	22.109	66.250	25.750	27.989	93.472	15.199	13.986
4	24.753	48.836	66.363	42.959	49.041	53.306	54.548	54.123	49.805
6	17.164	56.425	76.675	19.219	72.781	79.110	24.986	83.685	77.007
8	15.151	58.438	79.412	21.438	70.562	76.697	25.740	82.932	76.314

如前所述，经过四次冲刷后，裂缝中的颗粒堆积达到了一个稳定的状态，渗流稳定。定义第四次冲刷的流速定为初始流速，将试块在柴油中浸泡一定时间，采用不同压差渗流实验得到的有效裂缝宽度均值随在静态柴油中浸泡时间的变化(结果如图4、表1所示)。由表1可见，流速随着在柴油中浸泡时间的延长逐渐减小，表明裂缝发生了明显的自愈合现象。

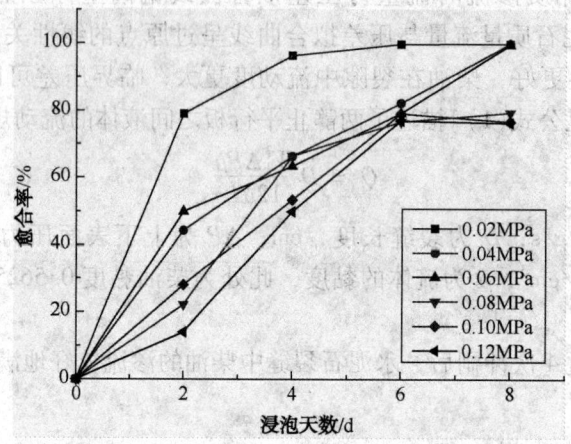

图4　含10%自愈合粒子试块不同浸泡时间下测得不同压差下的自愈合参数

将流速的减小值比初始流速$(Ve_t - Ve_0)/Ve_0$定义为愈合率。由图3可见，对于同一试块，在0.67MPa/m下浸泡4d后接近完全愈合，但当增大渗流压差时，仍然可见明显的渗流现象。表明愈合后的裂缝在较大的压力下，可能会发生愈合层的破坏从而重新产生渗流，并且压差越大，裂缝宽度会稍有增大。因此，裂缝的自愈合现象与裂缝两侧的压差有关，压差增大可以促进渗流。同时裂缝愈合是一个长期过程，在一定压力下停止渗流的裂缝在压力升高时下仍有可能发生渗流，这也意味着随着裂缝不断愈合，渗流过程出现临界压差，只有压差大于此临界压差时，渗流才能重新开始，这可能与愈合过程降低了裂隙内部连通性，增大流动阻力有关。

2.3　动态柴油中恒定压差下裂缝自愈合

采用前文所述方法分别测量自愈合粒子含量30%的试块在0.02MPa(0.67MPa/m)下的渗流数据，数据如图5所示。

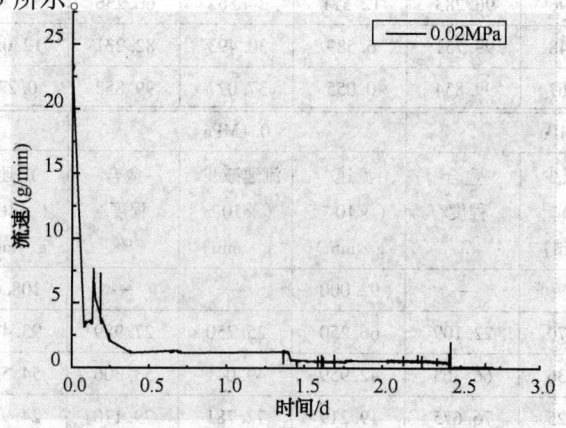

图5　含30%自愈合粒子试块在0.02Mpa下连续渗流曲线

从图 4 中可见，在 0.5d 时间里，通过裂缝的渗流流体质量流速由 22g/min 迅速降低至 1.5g/min，这说明着这一过程中裂缝宽度迅速减少，这既是因为在连续冲刷的过程中颗粒在裂缝中逐渐堆积，也是因为裂缝表面的自愈合颗粒遇油膨胀。在 0.5d 到 2.5d 时间里，流量从 1.5g/min 逐渐减少为 0，可能原因是随着时间的增加，柴油延裂缝表面逐渐渗入至试块深部，使得试块内部的自愈合粒子遇油膨胀，进而带动试块膨胀，裂缝宽度进一步降低。由于柴油在水泥石中的渗透速度很慢，致使这一阶段的自愈合速度较前一阶段相比显著降低。

2.4　柴油中自愈合水泥石自愈合机理研究

将空白水泥石试样与自愈合水泥石试样浸泡在柴油中，在 80℃ 的温度下测量其纵向变形与吸油质量，结果如图 6、图 7 所示。

由图 6 可以看出自愈合水泥石与空白水泥石在柴油中浸泡均会产生纵向变形。纵向变形曲线分为两个阶段，随时间的变化，纵向变形先迅速再迟缓。对应图 7 也可以看出，空白水泥石与自愈合水泥石吸油导致的质量变化随时间增加也是先迅速再迟缓。无论是纵向应变或是吸油导致的质量变化，自愈合水泥石都要大于空白水泥石。这与图 3 中对应的自愈合两个阶段相互呼应，进一步验证了如图 6 所示自愈合水泥石自愈合机理。

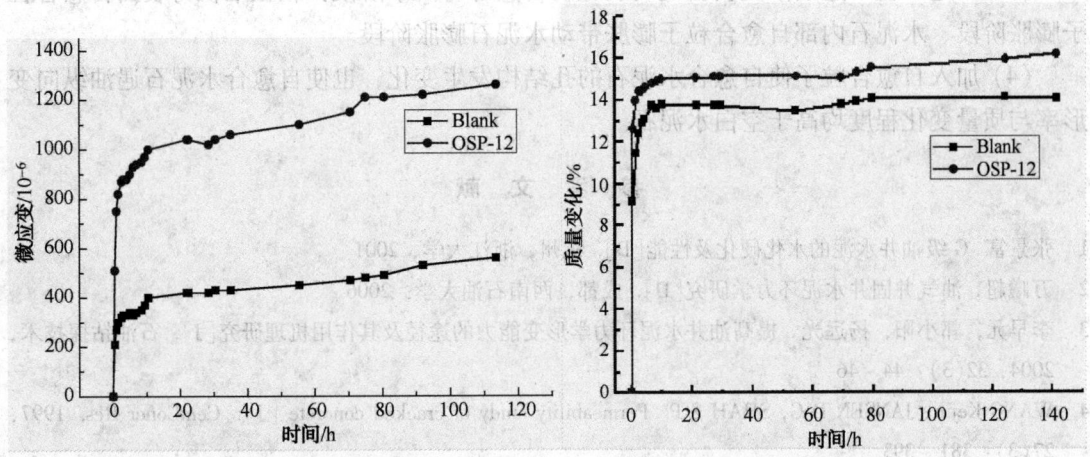

图 6　空白水泥石试块与含 10% 自愈合粒子试块在柴油中的微应变曲线　　图 7　空白水泥石试块与含 10% 自愈合粒子试块在柴油中的质量变化曲线

图 8 为空白水泥石与自愈合水泥石试样的孔径分布微分图与积分图。二者在微分图中均只有一个峰，峰值所对尺寸直径在 40 ~ 55nm 之间。总孔隙体积上，由于样品水灰比相同，因此总孔隙体积基本一样。从孔隙率来看加入乳液后降低了孔隙率。但从孔隙分布来看，加入自愈合颗粒后，提高了凝胶孔（<10nm）与大毛细孔（>50nm）的数量，而降低了细小毛细孔的数量。所以自愈合水泥石的纵向变形远大于空白水泥石，但在吸油质量变化中两者差异并不明显。

3　结论

（1）冲刷的过程中由于颗粒堆积，裂缝逐渐变窄，经过四次冲刷后，裂缝中的颗粒堆积达到了一个稳定的状态。

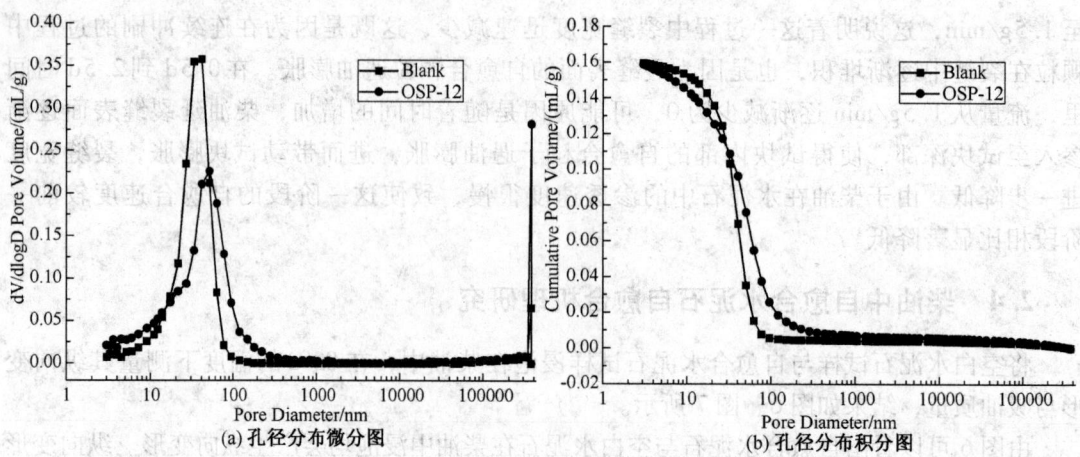

(a) 孔径分布微分图　　　　　　　　　　　(b) 孔径分布积分图

图8　空白水泥石试块与含10%自愈合粒子试块孔径分布图

（2）自愈合水泥石试样中的质量流速随着在柴油中浸泡时间的延长逐渐减小，裂缝发生了明显的自愈合现象。自愈合速度随裂缝两侧压力增加而降低。

（3）固定压差下连续渗流实验说明裂缝的自愈合有两个阶段：颗粒堆积与表面自愈合粒子膨胀阶段、水泥石内部自愈合粒子膨胀带动水泥石膨胀阶段。

（4）加入自愈合粒子使自愈合水泥石的孔结构发生变化，也使自愈合水泥石遇油纵向变形率与质量变化程度均高于空白水泥石。

参 考 文 献

1　张景富. G级油井水泥的水化硬化及性能[D]. 杭州，浙江大学，2001

2　万曦超. 油气井固井水泥环力学研究[D]. 成都，西南石油大学，2006

3　李早元，郭小阳，杨远光. 提高油井水泥环力学形变能力的途径及其作用机理研究[J]. 石油钻探技术，2004，32(3)：44~46

4　WANG Kejin, JANSEN D C, SHAH S P. Permeability study of cracked concrete [J]. CemConcr Res. 1997, 27(3)：381~393

5　YI Seong－tae, HYUN Tae－yang, KIM Jin－keun. The effects of hydraulic pressure and crack width on water permeability ofpenetration crack－induced concrete [J]. Constr Build Mater. 2011(25)：2576~2583

6　马明军. 水泥基材料单—裂缝表面流体流动规律研究[D]，北京，清华大学，2008

7　李克非，马明军，王晓梅. 水泥基材料裂隙水流动规律的试验研究[J]. 工程力学，2010，27(11)：229~233

8　刘承超. 自修复混凝土的工作机理及试验研究[D]. 福州，福州大学，2004

9　HANS－WOLF Reinhardt, MARTIN Jooss. Permeability and self－healing of cracked concrete as a function of temperature and crack width [J]. CemConcr Res. 2003(33)：981~985

10　R Gagne, M Argouges. A study of the natural self－healing of mortars using air－flow measurements [J]. Mater Struct, 2012(45)：1625~1638

11　薛芸，石京平，贺承祖. 低速非达西流动机理分析[J]. 石油勘探与开发，2001，28(5)：102~104

12　LI Song－quan, CHENG Lin－song, LI Xiu－sheng, et al, Nonlinear seepage flow of ultralow permeability reservoirs[J]. Petroleum Exploration and Development, 2008, 35(5)：606~612

13 PRADA Alvaro, CIVAN Faruk. Modification of Darcy's law for the threshold pressure gradient[J]. J Pet Sci Eng, 1999 (22): 237~240

14 黄琨. 孔隙介质渗流基本方程的探索[D]. 中国地质大学(武汉), 2012

15 MEHEUST Y, SCHMITTBUHL J. Scale Effects Related to Flow in Rough Fractures [J]. Pure ApplGeophys, 2003(160): 1023~1050

16 范晓明, 李卓球, 宋显辉等. 混凝土裂缝自修复的研究进展[J]. 混凝土与水泥制品, 2006(4): 13~16

新型抗高温苯丙胶乳的室内研究

汪晓静　王其春　曾　敏

（中国石化石油工程技术研究院）

摘　要　针对传统的苯丙胶乳适用温度较低，不能满足高温固井的需要，本文采用预乳化工艺和接枝共聚的方法，以苯乙烯、丙烯酸丁酯为主要原料，2－丙烯酰胺－2－甲基丙磺酸、甲基丙烯酸羟乙酯、甲基丙烯酸二甲基氨基乙酯为改性单体，合成了一种新型抗高温苯丙胶乳。考察了软硬单体配比、改性单体配比、乳化剂加量、引发剂加量、合成温度等因素对苯丙胶乳性能的影响，确定了最佳的合成参数。室内评价了苯丙胶乳的抗高温性能，综合性能。结果表明：改性后的苯丙胶乳抗高温能力达到130℃，并且具有良好的降失水、防气窜效果；苯丙胶乳水泥浆的综合性能满足固井施工要求。

关键词　苯丙胶乳；油井水泥；改性；合成；高温

前言

胶乳作为一种油井水泥添加剂，具有良好的降滤失、防气窜、防腐蚀等性能[1]，对于确保固井施工安全、防止地层流体窜槽和改善界面胶结情况[2]，具有非常重要的作用。早期应用于油井水泥的胶乳是聚偏二氯乙烯[3]、聚醋酸乙烯酯、聚乙烯醇[4]、聚苯丙乳液体[5]系，其合成工艺简单、效果较好，但限于50～90℃使用。为了克服苯丙胶乳耐温能力差的缺点，本文对苯丙胶乳进行改性研究，主要从以下两方面进行：一是引入改性单体（2－丙烯酰胺－2－甲基丙磺酸、甲基丙烯酸羟乙酯、甲基丙烯酸二甲基氨基乙酯），二是采取预乳化工艺以及接枝共聚的乳液聚合方法，得到了一种新型抗高温苯丙胶乳，抗温能力达到130℃，并考察了其相关性能。

1　实验部分

1.1　实验材料

苯乙烯（ST）、丙烯酸丁酯（BA）、2－丙烯酰胺－2－甲基丙磺酸（AMPS）、甲基丙烯酸羟乙酯（HEMA）、甲基丙烯酸二甲基氨基乙酯（DMAM）、乳化剂、引发剂、去离子水、分散剂 USZ、缓凝剂 DZH、稳定剂 WJ、嘉华 G 级油井水泥、硅粉。

1.2　实验仪器

高温高压失水仪、胶凝强度分析仪、六速旋转黏度计、增压稠化仪、高温高压养护釜、抗压强度测试仪、四口烧瓶、搅拌器、恒温水浴锅。

1.3 实验方法

水泥外加剂、外掺料的加量按照水泥质量的百分数计算。水泥浆配浆及基本性能评价按照 API 标准进行。

1.4 合成方法

在烧杯中加入部分乳化剂、引发剂、去离子水，搅拌分散均匀，然后加入配方量的单体，搅拌预乳化 20min。在四口烧瓶中加入剩余量的乳化剂、引发剂，搅拌升温，水浴至设定温度时，匀速滴入预乳化液，反应一定时间后冷却至室温，调节 pH 值，得到改性后的抗高温苯丙胶乳。

2 实验结果与讨论

2.1 苯丙胶乳改性机理

2 - 丙烯酰胺 - 2 - 甲基丙磺酸(AMPS)内含有磺酸基团和羧酸基团等水化能力较强的基团，通过静电与水泥颗粒相互作用吸附，表现出很好的抗盐性、耐高温性[6]；含有酰胺基团，具有较好的水解稳定性，抗酸碱及热稳定性。甲基丙烯酸二甲基氨基乙酯(DMAM)内含有大量酯基、氨基等极性基团，能在分子内和分子间形成氢键，增加分子间作用力；苯丙胶乳和甲基丙烯酸二甲基氨基乙酯接枝后，使其耐温性能、抗剪切性能得到提高。另外，甲基丙烯酸羟乙酯(HEMA)具有交联性，增强了苯丙胶乳水泥浆的致密性。因此，接枝改性后的苯丙胶乳综合了各改性单体的优点，提高了共聚物的性能。

2.2 软硬单体配比对苯丙胶乳性能的影响

苯乙烯作为聚合硬单体[7]，赋予乳液较高的使用温度和一定的抗剪切性能；丙烯酸丁酯作为聚合软单体赋予胶乳膜一定的柔韧性和黏结性。软硬单体的合成配比控制适当，则可以很好地把各种单体的特有性质综合到胶乳内部。本文考察了不同的软硬单体配比对苯丙胶乳性能的影响，结果如表 1 所示。

表1 软硬单体配比对苯丙胶乳性能的影响

序号	软硬单体配比(ST: BA)	实验温度/℃	失水量/mL	流动度/cm
1	1:1	80	—	水泥浆凝固，无流动性
2	1:1	95	—	水泥浆凝固，无流动性
3	2:1	80	45	22
4	2:1	95	71	20
5	3:1	80	48	17
6	3:1	95	63	14

水泥浆配方：嘉华 G 级油井水泥 + 5% 苯丙胶乳 + 2% WJ + 0.5% USZ + 44% 水；流动度测定：在设定温度下养护 20min，测量水泥浆的流动度。

由表 1 可知，ST：BA 为 1：1 时，苯丙胶乳水泥浆在 80℃、95℃下养护 20min 后，浆体已凝固，无流动性；ST：BA 为 3：1 时，苯丙胶乳水泥浆在 80℃、95℃下的失水量分别为 48mL、63mL，但是高温养护后的浆体流动性较差。因此，本文将苯乙烯（ST）、丙烯酸丁酯（BA）的比例定为 2：1。

2.3 改性单体配比对苯丙胶乳性能的影响

3 种改性单体的投料比直接影响苯丙胶乳中的亲水基团和吸附基团的比例，得到不同的反应产物，通过测定水泥浆的表观黏度和降失水性能（实验数据如表 2 所示），确定了改性单体的最佳配比。

表 2   改性单体配比对苯丙胶乳性能的影响

序号	改性单体配比（AMPS：HEMA：DMAM）	API 失水量（100℃）/mL	表观黏度/mPa·s
1	70：10：20	121	111
2	70：20：10	94	107
3	60：15：25	72	70
4	60：25：15	44	89
5	50：25：25	50	91
6	40：20：40	310	137
7	40：30：30	252	142

水泥浆配方：嘉华 G 级油井水泥 +5% 苯丙胶乳 +2% WJ +0.5% USZ +44% 水。

由表 2 可知，改性单体配比不同，合成出的苯丙胶乳对水泥浆的高温失水量和表观黏度有很大的影响：AMPS 比例增大，浆体的失水量减小；HEMA 比例减大，浆体的失水量减小。因此，本文将 AMPS、HEMA、DMAM 的比例定为 60：25：15。

2.4 乳化剂加量、引发剂加量、合成温度对苯丙胶乳性能的影响

乳化剂、引发剂、合成温度是影响胶乳粒径、聚合速率、聚合度、稳定性的关键因素，因此也影响了苯丙胶乳的性能。按照 ST、BA 的比例为 2：1，AMPS、HEMA、DMAM 的比例为 60：25：15，利用正交实验，在不同乳化剂加量、不同引发剂加量、不同合成温度下合成了一系列样品，并进行苯丙胶乳水泥浆的高温失水量评价，实验数据如表 3 所示。由表 3 中均值分析可知，最佳合成条件为：乳化剂加量为 2.5%、引发剂加量为 2.0%、合成温度为 75℃。

表 3   乳化剂加量、引发剂加量、合成温度对苯丙胶乳性能的影响

序号	乳化剂/%	引发剂/%	合成温度/℃	API 失水量（100℃）/mL
1	1.5	1.0	75	44
2	1.5	2.0	85	50
3	2.5	1.0	85	46

续表

序号	乳化剂/%	引发剂/%	合成温度/℃	API 失水量(100℃)/mL
4	2.5	2.0	75	62
均值1	47	45	53	
均值2	54	56	48	
极差	7	11	5	

水泥浆配方：嘉华 G 级油井水泥 + 5% 苯丙胶乳 + 2% WJ + 0.5% USZ + 44% 水。

3　新型抗高温苯丙胶乳的性能评价

3.1　抗高温性能评价

为了考察改性后的苯丙胶乳的抗高温性能，测试该新型苯丙胶乳的温度适用范围，本文分别在 90℃、110℃、130℃ 温度下对苯丙胶乳水泥浆进行抗高温降失水性能评价以及 110℃ 高温防气窜评价，结果如图 1、图 2 所示。

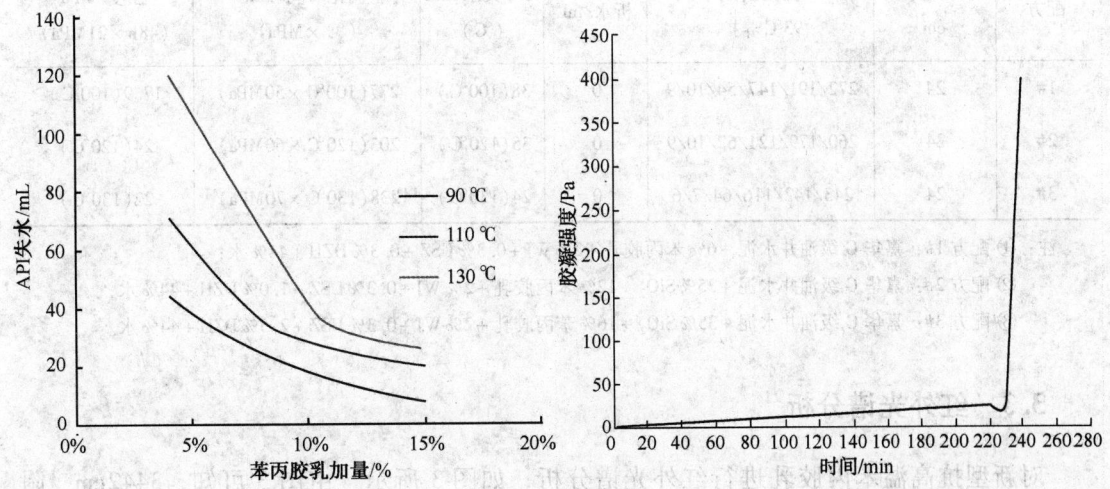

图 1　新型苯丙胶乳的抗温性能　　　　　图 2　新型苯丙胶乳的防窜性能

图 1 表明，随着苯丙胶乳加量的增大，水泥浆失水量逐渐减小；在相同加量条件下，随着温度的升高，水泥浆的失水量有所增大；但在 130℃ 温度下，苯丙胶乳加量达到 10% 之上，水泥浆的失水量仍然控制在 50mL 之内；这表明改性后的苯丙胶乳抗温能力达到 130℃。实验配方：嘉华 G 级油井水泥 + (4~15)% 苯丙胶乳 + 2% WJ + 0.5% USZ + 44% 水；实验温度 ≥110℃ 时，加入 35% 硅粉。

图 2 表明，新型苯丙胶乳水泥浆静胶凝强度从 18Pa 到 240Pa 的时间仅为 20min 左右，胶凝强度增加迅速，减小了环空窜流的概率。另外，加有苯丙胶乳的水泥浆在较长时间内处于液态，传递着水泥浆的液柱压力，有助于"压稳"地层。

由此可知，改性后的新型苯丙胶乳不仅具有很好的抗温降滤失作用、而且具有优异的防气窜效果。其中主要原因为苯丙乳胶束在压差下聚集，形成有一定强度的乳胶膜[8]，该高分子膜与水泥水化产物的单元网络结构相互胶接而形成胶饼，降低了体系的渗透率，阻止水泥浆的失水，防止气体侵入到水泥浆中。另外，水泥浆的静胶凝强度形成后，苯丙胶乳粒子填充于水泥颗粒的空隙中，减少了水泥水化造成的微裂隙，进一步降低了渗透率，有效的防止固井段的气窜发生，提高了油气井固井质量。

3.2 综合性能评价

本文对加有新型苯丙胶乳的水泥浆体系进行了综合性能评价，如表4所示。由表4可知，苯丙胶乳稳定性好，抗温能力达到130℃；苯丙胶乳与其他油井水泥外加剂的配伍性优异；加有苯丙胶乳的水泥浆体系失水量控制在50mL以内；体系无析水，流动性能良好，便于施工泵送；苯丙胶乳水泥石的48h强度达到17MPa以上，满足现场对强度的需求。由此可见，加有新型抗高温苯丙胶乳的水泥浆体系的各项技术指标均能达到固井施工要求。

表4 新型抗高温苯丙胶乳水泥浆体系的综合性能评价

配方	流动度/cm	流变读数 93℃养护	析水/mL	API失水/mL (℃)	稠化时间/min (℃×MPa)	强度/MPa (48h×21MPa)
1#	24	272/191/147/54/10/9	0	38(100℃)	277(100℃×50MPa)	17.9(100℃)
2#	24	260/179/121/62/10/9	0	35(120℃)	203(120℃×60MPa)	24(120℃)
3#	24	243/142/116/64/7/6	0	24(130℃)	238(130℃×70MPa)	22(130℃)

注：① 配方1#：嘉华G级油井水泥+6%苯丙胶乳+2%WJ+0.3%USZ+0.3%DZH+44%水；
② 配方2#：嘉华G级油井水泥+35%SiO₂+12%苯丙胶乳+2%WJ+0.3%USZ+1.0%DZH+44%水；
③ 配方3#：嘉华G级油井水泥+35%SiO₂+16%苯丙胶乳+2%WJ+0.3%USZ+2.5%DZH+44%水。

3.3 红外光谱分析

对新型抗高温苯丙胶乳进行红外光谱分析，如图3所示。由图3可知，3442cm⁻¹附近是丙烯酸羧基中O—H的伸缩振动特征吸收峰，2849～3081cm⁻¹处是甲基(—CH₃)和亚甲基(—CH₂)的伸缩振动吸收峰，1663cm⁻¹处是甲基丙烯酸二甲基氨基乙酯(DMAM)中C=O的伸缩振动吸收峰，1363cm⁻¹和1183cm⁻¹处是酯基的碳氧键的对称伸缩振动峰，1068cm⁻¹是2-丙烯酰胺-2-甲基丙磺酸(AMPS)中磺酸基的特征峰，908cm⁻¹处是丁酯的特征峰，1601cm⁻¹和1450cm⁻¹处是甲基丙烯酸羟乙酯(HEMA)中COO-的变形和伸缩振动峰，698cm⁻¹处是苯环的变形振动峰，755cm⁻¹处是苯环中C—H的面弯曲特征峰。这表明苯乙烯、丙烯酸丁酯、2-丙烯酰胺-2-甲基丙磺酸(AMPS)、甲基丙烯酸羟乙酯(HEMA)、甲基丙烯酸二甲基氨基乙酯(DMAM)均参加了反应，生成了新型抗高温苯丙胶乳。

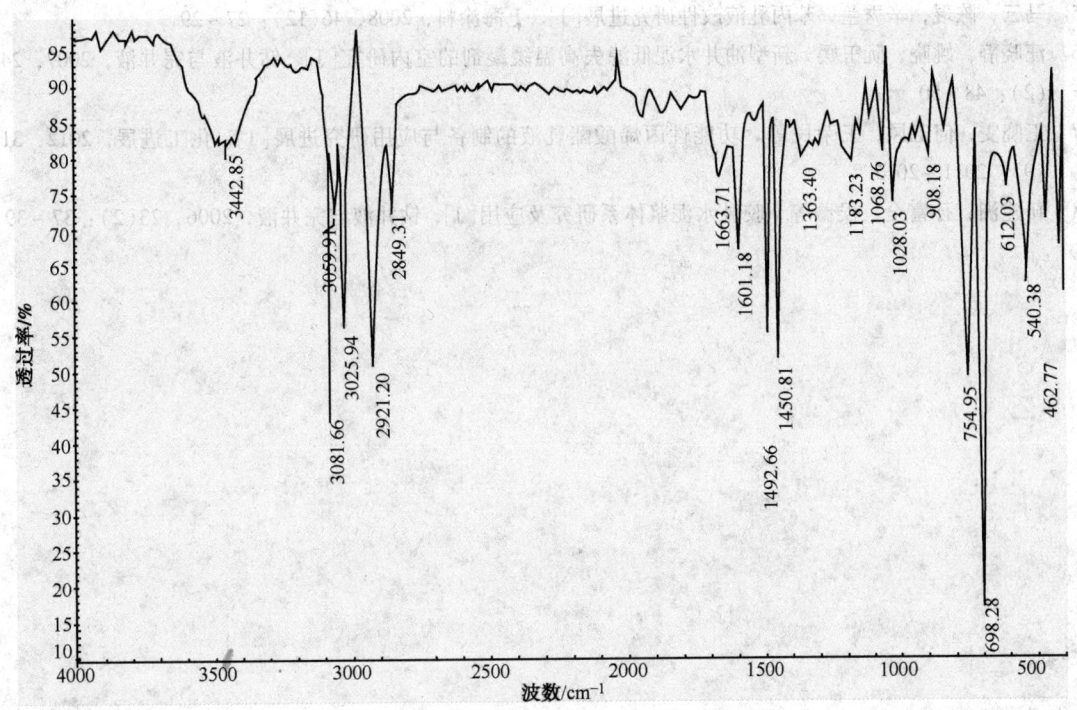

图 3　新型苯丙胶乳的红外光谱图

4　结论

（1）本文采用预乳化接枝共聚的方法，以 2 – 丙烯酰胺 – 2 – 甲基丙磺酸（AMPS）、甲基丙烯酸羟乙酯（HEMA）、甲基丙烯酸二甲基氨基乙酯（DMAM）为改性单体，合成了一种新型抗高温苯丙胶乳。

（2）本文将 ST、BA 的比例定为 2∶1；AMPS、HEMA、DMAM 的比例定为 60∶25∶15；乳化剂加量为 2.5%、引发剂加量为 2.0%、合成温度为 75℃。

（3）改性后的苯丙胶乳在 130℃温度条件下的失水量控制在 50mL 之内，静胶凝强度增加迅速，与油井水泥外加剂配伍性良好；加有苯丙胶乳的水泥浆体系的综合性能均能满足固井现场施工需求。

参 考 文 献

1　许明标，彭雷，张春阳等 . 聚合物胶乳水泥浆的流体阻隔性能研究［J］. 油田化学，2009，26（1）：15 ~ 17

2　丁士东，周仕明，陈雷 . 川东北地区高温高压高含硫气井配套固井技术［J］. 天然气工业，2009，29（2）：58 ~ 61

3　邹建龙，屈建省，许涌深等 . 油井水泥降滤失剂研究进展［J］. 油田化学，2007，24(3)：277 ~ 282

4　丁岗，倪红坚，武红卫等 . 胶乳对油井水泥浆作用机理的实验研究［J］. 石油大学学报（自然科学版），2001，25(2)：16 ~ 18

5 马云，陈琨，辛秀兰. 苯丙乳液改性研究进展[J]. 上海涂料，2008，46(12)：27~29

6 汪晓静，姚晓，阮玉媛. 新型油井水泥低滤失高温缓凝剂的室内研究[J]. 钻井液与完井液，2007，24(2)：48~50

7 王晓雯，何玉凤，王荣民等. 功能性丙烯酸酯乳液的制备与应用研究进展[J]. 化工进展，2012，31(9)：2011~2015

8 靳建洲，孙富全，侯薇等. 胶乳水泥浆体系研究及应用[J]. 钻井液与完井液，2006，23(2)：37~39

制备 SCMS 纳米 SiO$_2$ 防窜乳液的化学工艺研究

魏浩光[1]　杨红歧[1]　刘小刚[2]

(1 中国石化石油工程技术研究院；2 中国石油大学(北京))

摘　要　本文以高能球磨为实验方法，以流变学特征、粒径分析、稳定性分析等测试方法为表征手段，研究了制备 SCMS 纳米 SiO$_2$ 防窜乳液的化学工艺。结果表明：纳米二氧化硅乳液的 pH 值应在 11～12 之间，颗粒间的静电斥力强，乳液的平均粒径小、表观黏度低；电解质存在压缩双电层效应，可大幅度降低纳米颗粒间的静电斥力，制备纳米 SiO$_2$ 防窜乳液应避免引入电解质；空间位阻型分散剂 SCNF 加量达到 5% 时就接近饱和吸附量，当分散剂加量过大后，只能对外相水产生增黏作用；加入稳定剂 XY 增加了纳米 SiO$_2$ 颗粒的布朗运动阻力，可以大幅度提高纳米防窜乳液的稳定性。所制备的纳米二氧化硅乳液具有粒径小于 200nm 的特征，固含达到了 45%，室温下存放半年后底部无沉淀、基本无析水，达到了国外同类产品的性能。

关键词　纳米二氧化硅；化学分散；分散剂；静电斥力；空间位阻；稳定性

前言

纳米 SiO$_2$ 防窜乳液是将活性纳米 SiO$_2$ 颗粒通过特殊工艺与水混合形成的分散液，主要用于防气窜固井和增加水泥浆体系的稳定性，其防气窜能力可与胶乳防气窜剂相媲美[1]。这类产品含有 50% 左右的活性二氧化硅颗粒，具有很好的流变性，储存稳定性可达半年以上[2~4]。

纳米 SiO$_2$ 颗粒表面存在非常多的硅羟基，极易团聚在一起[5]，团聚后的粒径与水泥颗粒粒径在同一数量级。制备纳米防窜乳液需要同时使用物理工艺技术与化学工艺技术才能使这些团聚颗粒在水中分散开，并保持很长的稳定性[6]。物理工艺技术主要是借助物理能把团聚体打开，如超声分散技术、搅拌分散技术与球磨分散技术等[7,8]。化学工艺技术主要是利用化学剂在纳米颗粒表面形成静电排斥作用、空间位阻作用或电位阻作用，使纳米颗粒保持长期的分散性和稳定性[9~11]。化学工艺技术是制备纳米 SiO$_2$ 防窜乳液的核心技术。本文基于高能球磨分散，开展了 pH 值、矿化度、分散剂、稳定剂对纳米 SiO$_2$ 防窜乳液分散性和稳定性的影响，形成了制备 SCMS 纳米 SiO$_2$ 防窜乳液的化学工艺技术。

1　实验方法

1.1　实验材料

实验选用纯度为 95.43% 的微硅(产地新疆)，其 BET 粒径为 143nm，组分如表 1 所示。

其他实验材料为：矿化度调节剂 CaCl$_2$，位阻型分散剂 SCNF（液体，相对分子质量 500 ~ 600），稳定剂 XY（粉剂，生物聚合物），pH 值调节剂盐酸、氢氧化钠、蒸馏水。

表 1　微硅组分

S$_i$O$_2$/%	Al$_2$O$_3$/%	Fe$_2$O$_3$/%	CaO/%	MgO/%	K$_2$O/%	Na$_2$O/%	其他/%
95.57	0.21	0.03	0.32	0.99	1.05	0.45	1.38

1.2　实验方法

本文使用高能球磨进行物理分散，二氧化锆球磨罐容积为 500mL，球磨罐中装有直径 3mm 的二氧化锆磨球 450g，再加入磨料，料球比 1:1.6，磨料有效固含量 45%。球磨分散机转速为 180r/min，球磨时间 25min，球磨后即可制得纳米防窜乳液。为了研究制备纳米防窜乳液的化学工艺，以上球磨分散工艺参数保持不变，通过调节 pH 值、矿化度、分散剂加量、稳定剂加量来确定最优化学工艺参数。

1.3　表征方法

（1）表观黏度。通过测定纳米防窜乳液的表观黏度可以确定分散剂的最佳用量，控制黏度还可以缩小每一批纳米防窜乳液性质间的差别。影响表观黏度的主要因素有：①纳米防窜乳液的固相含量。一般情况下，随着固体颗粒逐渐增多，颗粒的总表面积不断增大，颗粒间的内摩擦力增加，表观黏度越大。②纳米防窜乳液中固相的分散程度。当固相含量相同时，分散度越高，表观黏度越小。③纳米防窜乳液外相的黏度。纳米防窜乳液的外相是水，水的黏度越高，乳液的表观黏度越高。

（2）粒径分析。体系的分散程度越高，激光粒度分析结果就越接近 BET 粒径。

（3）稳定性。将纳米防窜乳液静止放置，考察其析水量占乳液体积的百分数。

2　实验结果与讨论

2.1　pH 值

图 1 说明，在本文的实验条件下，pH 值对 SCMS 纳米 SiO$_2$ 防窜乳液的流变特征影响非常大。当 pH 值小于 12 时，pH 值越大，流动性越好；pH 值为 4 时，体系还不具有流动性；pH 值为 5 时，表观黏度为 40mPa·s；pH 值为 12 时，体系的表观黏度只有 16.5mPa·s。图 2 表明，随着 pH 值增加，乳液的平均粒径由 2700nm 大幅度减小至 181nm。

纳米 SiO$_2$ 表面的硅羟基与水中的 OH$^-$、H$^+$ 相互作用带电：Si - OH$_{(表面)}$ + OH$^-$ ←→Si - O$^-$ + H$_2$O，Si - OH$_{(表面)}$ + H$^+$ ←→SiOH$_2^+$。pH 值不同，纳米 SiO$_2$ 表面所带电荷不同。图 2 为纳米 SiO$_2$ 样品颗粒的 zeta 电位与 pH 值之间关系，纳米 SiO$_2$ 样品的等电点为 pH = 2.8，当 pH 值大于等电点后，随着 pH 值增加，颗粒表面所带电荷数量越多，颗粒间的静电斥力越大，球磨过程中的颗粒间的团聚被打开后更趋向于分散状态，而不易再次团聚，颗粒间更多的束缚水转化为外相水，改善了体系的流变特征。胶体理论认为，纳米颗粒的 Zeta 电位

> ｜±60mV｜,可形成反絮凝体系,即颗粒间通过静电斥力可以达到较长的稳定期。实验结果也表明,当 pH 值达到 11 后,纳米 SiO₂ 颗粒间的 zeta 电位 > ｜-61mV｜,形成反絮凝体系,纳米二氧化硅在水中的分散程度好,稳定周期长。当 pH 值过大,达到 12.5 后,进行 pH 值调节需要过量的氢氧化钠,存在电解质压缩双电层效应,无流动性。

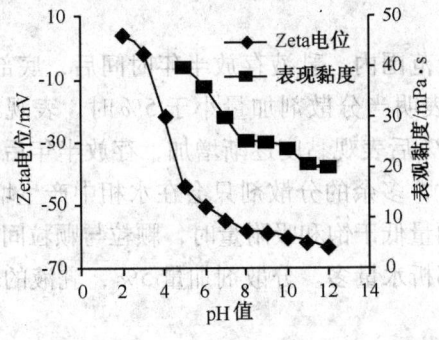
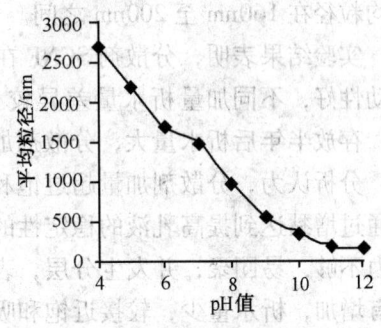

图 1　pH 值与纳米 SiO₂Zeta 电位、乳液表观黏度的关系　　图 2　pH 值与乳液平均粒径的关系

2.2　电解质

图 3 说明加入电解质 CaCl₂ 后,SCMS 纳米防窜乳液的表观黏度增加,分散程度降低。当 CaCl₂ 的浓度达到 500mg/L 时,表观黏度增加了一倍左右,CaCl₂ 的浓度达到 800mg/L 时,乳液失去流动性。

高价 Ca²⁺(或者电解质),起到压缩双电层的作用,使纳米二氧化硅颗粒的 Zeta 电位减小,颗粒间的静电斥力作用减弱,颗粒的分散效果差。二氧化硅颗粒的 Zeta 电位随着水相矿化度的增加而产生显著减小,使二氧化硅颗粒间的静电斥力作用减弱。当水相的矿化度大于 100mg/L 时,Zeta 电位 < ｜±60mV｜,不能形成反絮凝体系。SCMS 纳米防窜乳液的制备过程中应避免引入电解质。

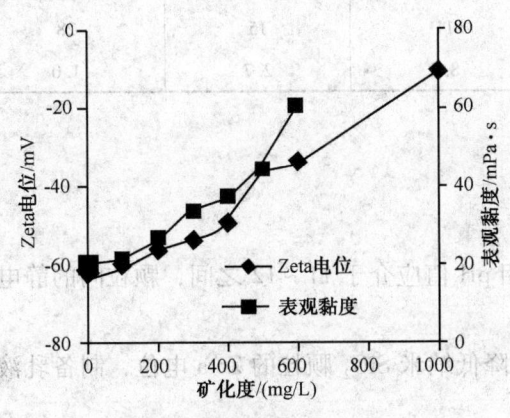
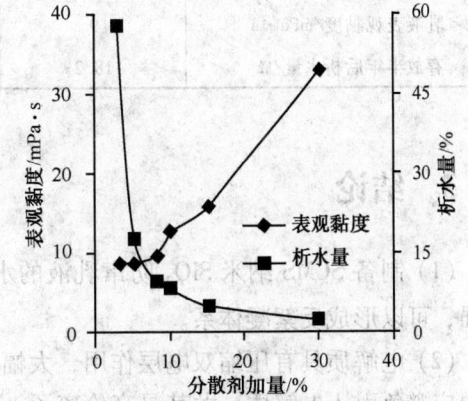

图 3　矿化度与纳米 SiO₂Zeta 电位、　　　图 4　分散剂 SCNF 加量与乳液表观黏度、
乳液表观黏度的关系　　　　　　　　　半年后析水量的关系

2.3　分散剂

分散剂 SCNF 端基带有可水解的硅烷键 –Si(–O – CH₃)₃,分子链上含有亲油官能团和

亲水官能团，分子链长度为 4nm，属于直链型的高分子型超分散剂。分散剂遇水后水解产生硅羟基，即 $-Si(-O-CH_3)_3 \rightarrow -Si(-OH)_3$，与纳米 SiO_2 表面的硅羟基形成化学键作用，使分散剂牢固地包覆纳米 SiO_2 表面，形成空间位阻作用，提高纳米防窜乳液的分散效果和稳定效果。在 pH 值为 11.4，矿化度为 0mg/L 的条件下，实验的分散剂加量范围内，乳液的平均粒径在 160nm 至 200nm 之间。

实验结果表明，分散剂 SCNF 在实验加量范围内，乳液存放半年时间后，底部无沉淀，流动性好，不同加量析水量差异较大。图 3 表明当分散剂加量小于 5% 时，表观黏度不增加，存放半年后析水量大，分散剂加量大于 5% 后表观黏度逐渐增加，存放半年后的析水量少。分析认为，分散剂加量超过饱和吸附量时，多余的分散剂只会在水相中产生增黏效应，并通过增黏达到提高乳液的稳定性的效果。加量低于饱和吸附量时，颗粒与颗粒间空间位阻斥力不够，易团聚，并发生分层，表现为上部析水量多。分散剂加量 5%，乳液的表观黏度没有增加，析水量少，较接近饱和吸附量。

2.4　稳定剂

本文使用的稳定剂 XY 为一种生物类聚合物，增黏效果好，热稳定性好。由表 2 可以看出，稳定剂加量越大，水相增黏效果越好，乳液的稳定性越好，析水量越少。稳定剂只需加入 0.12%，水相的黏度即可提高 10 倍，乳液的表观黏度仅提高 1.7 倍，乳液存放半年后的析水量减少了 85.2%。

高固含高分散纳米防窜乳液颗粒间呈布朗运动。增加水相黏度，可以增加乳液颗粒布朗运动的摩擦阻力，降低布朗运动程度，达到提高乳液的稳定性降低析水量的目的。

表 2　稳定剂 XY 加量与乳液性能的关系

稳定剂加量/%	0	0.06	0.12	0.18
水相黏度/mPa·s	1.0	4.8	10.2	17.4
乳液表观黏度/mPa·s	9	11	15	28
存放半年后析水量/%	18.2	8.3	2.7	1.0

3　结论

（1）制备 SCMS 纳米 SiO_2 防窜乳液的水相 pH 值应介于 11~12 之间，颗粒间的静电斥力强，可以形成反絮凝体系。

（2）电解质具有压缩双电层作用，大幅度降低纳米 SiO_2 颗粒的 Zeta 电位，制备乳液过程中应避免引入电解质，尤其是高价离子。

（3）SCNF 位阻型分散剂对纳米 SiO_2 颗粒具有很好的分散作用与阻聚作用，乳液存放半年后均没有沉淀。分散剂的加量接近于饱和吸附量即可，当加量过大时，只会起到对水相的增黏作用。

（4）稳定剂 XY 可以增加纳米颗粒的布朗运动摩擦阻力，适当的加量可以大幅度提高乳液的稳定性，降低乳液的析水量。

参 考 文 献

1 邱燮和，王良才，郭广平. Microblock 液硅的评价及在中国油田的应用. 钻井液与完井液，2010，27 (4)：68～70

2 Jan Pieter Vijn, Bach Dao. Storable Water – Silica Suspensions and Methods[J]. US7238733B2, Jul, 3, 2007

3 Jiten Chatterji, Ronney R Koch, Bobby J King. Methods, Cement Compositions and Oil Suspensions of Silica Powder[J]. US6983800B2, Jan, 10, 2006

4 Jan Pieter Vijn, Bach Dao. Storable Water – Microsphere Suspensions for Use in Well Cements and Methods[J]. US6644405B2, Nov, 11, 2003

5 纪守峰，李桂春. 超细粉体团聚机理研究进展. 中国矿业，2006，15(8)：54～56，90

6 任俊，沈健，卢寿慈. 颗粒分散科学与技术. 北京：化学工业出版社，54～168

7 孙玉利，左敦稳，祝晓亮等. 高能球磨法对水相介质中微米 α——Al_2O_3 分散性能的影响. 功能材料. 2013，1(44)：107～110

8 徐勇，黄高山，杨毅等. 纳米 SiO_2 在水基体系中的分散稳定性研究. 上海涂料，2009，47(6)：30～32

9 崔洪梅，刘宏，王继扬等. 纳米粉体的团聚与分散. 机械工程材料. 2004，28(8)：38～41

10 冯拉俊，刘毅辉，雷阿利. 纳米颗粒团聚的控制. 微纳电子技术. 2003，7(8)：536～539，542

11 陈凯玲，赵蕴慧，袁晓燕. 二氧化硅粒子的表面化学修饰——方法、原理及应用. 化学进展. 2013，25(1)：95～104

哈萨克斯坦 Ashikol S 油田清蜡剂实验研究

刘欢乐

（中国石化石油工程技术研究院）

摘　要　为了能够有效地解决哈萨克斯坦 Ashikol S 油田油井结蜡问题，研制了适用于该油田的清蜡剂配方。基于从该油田 A 井中取得的实际蜡样，在选择清蜡剂单剂的实验中，共选用了 12 种常规化学试剂对蜡样的溶解速度研究，结合单剂的携蜡能力，筛选最佳的清蜡单剂。通过对 3 种溶剂进行复配实验，先将苯系的溶剂进行复配，再用苯系混合物与石油醚以 5:5 混合进行复配实验及表面活性剂优选实验，形成了最终的清蜡剂配方。在此基础上开展清蜡剂对温度和浓度的敏感性评价，保证清蜡剂能够发挥最大的效用。研制的清蜡剂密度为 $0.835 \mathrm{g/cm^3}$，溶蜡速率为 $6.74 \mathrm{mg/min}$。由敏感性评价结果可知化学清蜡药剂保持在 $50℃$ 左右，浓度控制在 1.5% 左右时清蜡效果最好，所做的研究为清蜡剂现场应用提供了科学理论依据。

关键词　清蜡剂；蜡样；复配；性能；评价

前言

对于清蜡剂的研究，许多专家和学者在这方面做过很多工作。王彪[1]在调研国内外清防蜡剂的基础上概述了蜡的基本组成、影响结蜡的因素以及各种化学清蜡剂和防蜡剂及其作用的基本原理；王备战等人[2]在分析了油田开发后期油井的结蜡机理和影响因素的基础上指出了只有正确认识油田开发规律，采取有针对性的清防蜡方法，才能保证油田的正常生产；李明忠等人[3]为了研制出溶蜡性能好、密度高的油基清蜡剂，在考察了 23 种溶剂后发现单一的油基溶剂都难以达到清蜡剂的要求的基础上，最终组合形成一种密度高、清蜡性能好、价廉的油基清蜡剂；陈波君[4]采取了以物理、化学清防蜡为主，热洗清蜡为辅的清防蜡措施，同时开展超导热洗车洗井、强磁防蜡技术和固体防蜡的现场试验，最终摸索出适合某油田特征的油井清防蜡技术及方法；唐小斌等人[5]针对赵凹油田安棚区块原油性质、地层特点及油井结蜡规律，研制开发出 AF 型清防蜡剂及配套的加药工艺，并且在赵凹油田的 63 口高含蜡油井中成功应用；郑延成等人[6]采用溶液法合成了苯乙烯 – 马来酸高碳醇酯 – 丙烯酰胺三元共聚物，通过评价清蜡、分散和防蜡性能筛选出表面活性剂，在优选出的表面活性剂型清蜡分散体系中加入不同量的三元共聚物制备出了清防蜡剂。

本文在前人研究的基础上，针对哈萨克斯坦 Ashikol S 油田油井的实际情况，研制出了一种适用于该区块油井的清蜡剂配方。

1　油田概况

哈萨克斯坦 Ashikol S 油田的油藏埋藏浅，目前投入开发油层段井深在 570~980m 之间，饱和压力在 2.00~7.55MPa 之间，油层温度在 27.7~30.8℃ 之间。油井在投产初期大多自喷生产，地层压力下降快，油井结蜡严重。该油田试采井目前达到 18 口，日产液约为 153.1m³，日产油约为 134.5m³，综合含水约为 12%。其中自喷井 10 口，机械清蜡周期为 10~15d，螺杆泵井 8 口，热洗清蜡周期为 30d。蜡卡现象时有发生，由于人员少，机械清蜡和热油反循环洗井清蜡[7]工作量大，劳动强度大，已严重影响到油井的正常生产，给日常管理带来了很大困难。而化学清蜡可以降低劳动强度，因此，迫切需要研制出一种高效的清蜡剂[8]来解决油井的结蜡问题。

2　清蜡剂的室内研制

A 井是该油田的一口结蜡井。从 A 井中取得的蜡样呈灰黄色，局部略黑，有强烈刺激性气味，常温下可塑变形，质地松软，热熔后上部较黑下部灰白，呈现出明显不均匀的特性。它是由不同的碳组分[9~10]所组成的，具体分布如图 1 所示。

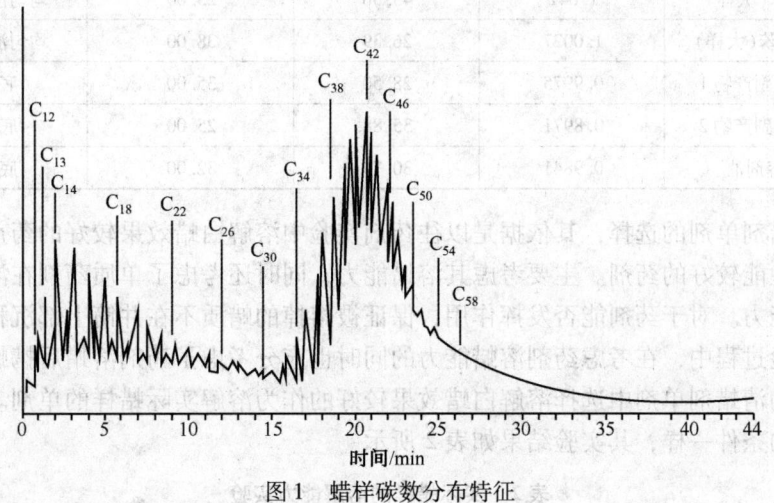

图 1　蜡样碳数分布特征

经实验测得，凝固点 71℃，倾点 72.5℃，该蜡样的凝固点相对含胶质沥青质较高的蜡样较低。从图中可以看出，蜡样中 C_{34}~C_{54} 含量相对较高，蜡样富含高碳正构烷烃，即具有很长碳链的直链正构烷烃的结构，这样结构的蜡的分子间距小，各分子链很容易扭结在一起形成体积大而且刚性也大的蜡晶体。从总体碳数分布看，主要为蜡质。

2.1　清蜡剂的单剂筛选

在选择清蜡剂单剂的实验中，共选用了 12 种常规化学试剂[11~16]。对于被溶解的物质，首先选择白蜡蜡样，因为利用它可以初步判断化学试剂溶蜡的溶蜡速度。其主要的实验操作步骤如下：

（1）溶失实验：将白蜡蜡样溶化后倒入两个半球形金属模具中，冷却 1min 后，再将两个半球形金属模具合为一体压紧。装入小烧杯中，放入温度为 58~60℃ 的恒温水浴中，10min 后取出，待蜡完全冷却后，轻轻转动模具，取出蜡球称其重量。

（2）溶失速度实验：将恒温水浴温度控制在 45℃（误差在 1℃ 以内），在 50mL 比色管中加入15mL清蜡剂，放入水浴中。待比色管中的清蜡剂恒温后，将蜡球放入比色管中，观察并记录蜡球溶完所用的时间，精确到1min。

不同清蜡剂的溶解能力如表1所示。

表1 白蜡蜡样的溶解性能实验

序号	名 称	蜡样失重/g	蜡球溶解时间/min	溶蜡速度/(mg/min)	药剂溶后携蜡能力
1	石油醚(90~120#)	1.0146	53.01	19.14	溶液底部10%全部沉积
2	石油醚(60~90#)	1.026	39.00	26.31	均匀澄清透明液体
3	二甲苯	1.0347	22.00	47.03	均匀澄清透明液体
4	三甲苯	1.0299	19.00	54.21	均匀略浑浊溶液
5	丙酮	0.0372	60.00	0.62	蜡球明显存在
6	煤油	0.8694	60.00	14.49	溶液底部10%全部沉积
7	汽油	0.9834	49.00	20.07	溶液底部10%全部沉积
8	混苯(大样)	1.042	45.30	23.00	均匀澄清透明液体
9	二甲苯(大样)	1.0027	26.39	38.00	均匀澄清透明液体
10	燕山副产物1	0.9975	28.50	35.00	底部有沉积
11	燕山副产物2	0.8971	35.88	25.00	底部有沉积
12	溶剂油	0.9841	30.75	32.00	底部有沉积

对于清蜡剂单剂的选择，其依据是以往药剂实验中溶解白蜡效果较好的药剂及相关标准中提到溶蜡性能较好的药剂。主要考虑其溶蜡能力，同时还考虑了单质药剂在溶蜡后降温过程中的携蜡能力。对于药剂能否发挥作用，保证被熔掉的蜡质不在井筒上部沉积具有重要意义。因此实验过程中，在考虑药剂溶蜡能力的同时也充分考虑了药剂溶蜡后携蜡能力。

从以上的清蜡剂单剂中选择溶解白蜡效果较好的作为溶解实际蜡样的单剂。实验的条件与溶解白蜡的条件一样，其实验结果如表2所示。

表2 实际蜡样的溶解能力实验

序号	名 称	蜡样失重/g	蜡球溶解时间/min	溶蜡速度/(mg/min)	溶后蜡质分散稳定性（降至室温后）
1	石油醚90~120#	0.3231	73	4.37	溶液浑浊
2	石油醚60~90#	0.4169	74	5.63	均匀澄清透明液体
3	二甲苯	0.358	74	4.84	溶液有部分浑浊现象
4	三甲苯	0.4339	74	5.86	溶液有部分浑浊现象
5	煤油	0.0534	77	0.69	蜡样球无明显变化
6	汽油	0.4604	78	5.90	下部有凝固现象
7	重苯	0.0816	80	1.02	下部有沉积

由于煤油在低温下黏度较大，不利于蜡分子扩散，对蜡样的溶解速率最低；汽油对蜡样的溶解速率最高(5.9mg/min)，但溶解不完全，底部有凝固，且携蜡能力较差；重苯密度高，其溶蜡的效果较差；而苯系和石油醚对蜡样的溶解能力和携蜡能力均较强。通过实验优选出三种溶剂石油醚60~90#、二甲苯、三甲苯作为复配单剂。

2.2 清蜡剂复配

为了考察各清蜡剂相互间的协同作用，对三种溶剂进行复配实验，先将苯系的溶剂进行复配，其复配结果如表3所示。

表3 混苯蜡样溶解能力实验

三甲苯：二甲苯	蜡样失重/g	蜡球溶解时间/min	溶蜡速度/(mg/min)	溶后蜡质分散稳定性（降至室温后）
4：6	0.3577	73	4.90	溶液有部分浑浊现象
5：5	0.3989	74	5.39	溶液有部分浑浊现象
6：4	0.4277	74	5.78	溶液有部分浑浊现象
7：3	0.4366	74	5.90	溶液有部分浑浊现象

从上表中可以看出，三甲苯与二甲苯混合以7：3时溶蜡速率较快，此时体系密度为 $0.8683g/cm^3$。将优选出的石油醚溶剂与苯系混合复配，实验结果如表4所示。

表4 蜡样溶解能力实验

苯系混合：石油醚	蜡样失重/g	蜡球溶解时间/min	溶蜡速度/(mg/min)	溶后蜡质分散稳定性（降至室温后）
4：6	0.4490	73	7.25	均匀澄清透明液体
5：5	0.4758	74	7.45	均匀澄清透明液体
6：4	0.4984	80	7.13	均匀澄清透明液体

由表4可知，苯系混合与石油醚以5：5混合时溶蜡速率较快，考虑成本，选择4：6比例作为清蜡剂的主要溶剂部分。此时体系密度为 $0.7747g/cm^3$。

在研制清蜡剂时，将低密度溶剂和高密度溶剂进行了复配，利用低密度溶剂来保持清蜡剂溶蜡性能，利用高密度溶剂来提高清蜡剂密度。此时体系密度为 $0.7447g/cm^3$，为了提高体系的密度，考虑加入成本较低的重苯（密度为 $1.1654g/cm^3$）来调节，体系与重苯比例为8：2时密度可达 $0.825g/cm^3$，溶蜡速率为6.74mg/min，最后，将此配方作为最终的清蜡剂成品。

综合以上实验结果，最终确定清蜡剂配方：29.35%二甲苯+12.58%三甲苯+14%辛烷+41.93%2#白矿油+0.67%活性剂341+1.1%正辛醇+0.055%正戊醇（%均为体积分数），最终清蜡剂配方物性如表5所示。

表5 清蜡剂配方物性

外 观	清蜡速度/(mg/min)	密度/(g/cm³)	闪点/℃	硫含量/(μg/g)	氯含量/(mg/L)	凝点/℃
淡黄色液体	9.56	0.815	28	0.5	2.503	< -60

3 清蜡剂的性能评价实验

3.1 不同温度下药剂的溶蜡性能实验

由于不同温度条件下，清蜡剂对油井管壁上析出蜡的溶解及携带性能不同，为了进一步了解研制的清蜡剂在投加入油井后，在井筒内不同深度处温度对溶蜡速率的影响，进行了不同温度条件下清蜡剂的溶蜡性能敏感性实验，如表6实验。

表6 不同温度下药剂蜡样溶解能力实验

序号	温度/℃	溶蜡速度/(mg/min)	分散稳定性
1	20	1.96	静置下层沉积，3h后20%分层可流动
2	25	2.94	流动性较好，室温下流动性也较好
3	30	3.56	室温下部有一层沉积物
4	35	3.75	分层下部沉积，振荡混匀，分层10%~20%
5	40	4.46	分层下部沉积振荡混匀，分层大于60%
6	50	15.64	室温下可流动，全部基本为沉积层
7	55	18.07	蜡球全部溶完，全部为沉积层

实验结果表明：①温度对药剂的溶蜡速率影响较大，温度范围从20~55℃递增时，溶蜡速率变化值较大，从最低值1.96mg/min到最高值18.07mg/min；②当温度上升到50℃后，药剂溶蜡速度从4.46mg/min迅速上升到15.64mg/min，此温度为药剂溶蜡性能突变点，实验温度最好保持在50℃左右。

3.2 不同药剂投加量下药剂的溶蜡性能实验

在现场加药的过程中，不同浓度的清蜡剂清蜡的效果不同。为此，通过室内实验，得出温度在50℃时，不同浓度下清蜡剂的溶蜡速度。具体结果如表7所示。

表7 不同浓度下的溶蜡能力实验

序号	药剂浓度/%	温度/℃	蜡球原重/g	失重/g	溶蜡速度/(mg/min)
1	0	50	1.5501	0.03	0.08
2	0.25	50	1.4851	0.01	0.13
3	0.5	50	1.4670	0.00	0.14
4	1	50	1.5497	0.05	0.73
5	1.5	50	1.5855	0.08	1.39
6	2	50	1.4500	0.10	1.60
7	2.5	50	1.5164	0.16	1.62
8	3	50	1.4859	0.22	1.71

药剂浓度与溶蜡速度之间的关系如图2所示。

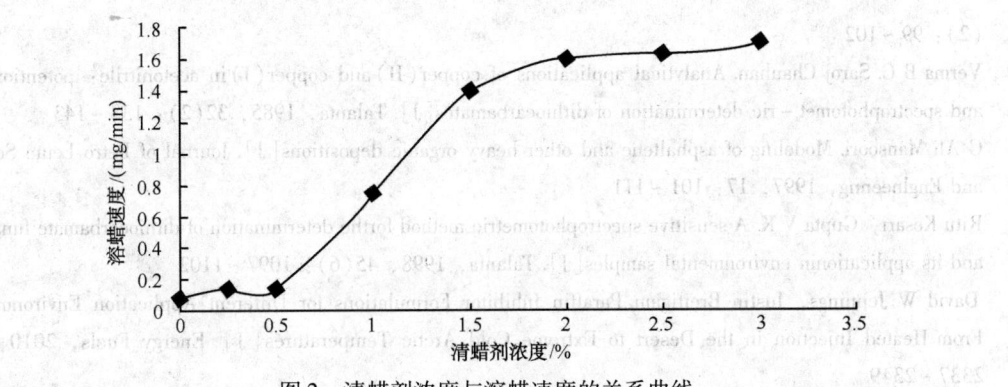

图 2　清蜡剂浓度与溶蜡速度的关系曲线

从表 7 和图 2 中可以看出：①在温度为 50℃ 且动态搅拌的条件下，如果溶液中不投加清蜡剂，蜡样基本不溶解；②在药剂浓度较低的情况下，溶液溶蜡性能相对较低，但在浓度为 0.5% ~ 1.5% 的上升过程中，溶液的动态溶蜡性能明显提高，因此，清蜡剂的浓度最好保持在 1.5% 左右。

4　研究结论

通过研究，可以得出如下结论：

（1）确定了适用于 Ashikol S 油田的清蜡剂具体配方，清蜡剂的密度为 $0.835g/cm^3$，溶蜡速率为 6.74mg/min。

（2）为了提高化学清蜡剂的的清蜡效果，其温度应该保持在 50℃ 左右，浓度应该控制在 1.5% 左右。

参 考 文 献

1　王彪. 油井结蜡和清防蜡剂[J]. 精细石油化工，1994，10(6)：64 ~ 71

2　王备战，邹远北，周隆斌. 油田开发后期油井清蜡防蜡方法[J]. 油气地质与采收率，2003，10(3)：26 ~ 27

3　李明忠，赵国景，张贵才，等. 油基清蜡剂性能研究[J]. 石油大学学报，2004，28(2)：61 ~ 63

4　陈波君. 油井结蜡机理及清防蜡技术[J]. 科学技术，2011，3(5)：10 ~ 19

5　唐小斌，王维. AF 型清防蜡剂的研制及在赵凹油田的应用[J]. 石油地质与工程，2011，25(3)：131 ~ 135

6　郑延成，李卫晨，侯玲玲. 准噶尔盆地春光油田清防蜡剂试验研究[J]. 石油天然气学报，2012，34(2)：144 ~ 149

7　宋昭峥，柯明，蒋庆哲，等. 降凝剂对原油蜡相变的影响[J]. 石油化工高等学校学报，2005，18(2)：40 ~ 44

8　国家能源局. SY/T 6300—2009 采油用清防蜡剂通用技术条件[S]. 2009(12)

9　侯帅军，肖虎，常国栋，等. 孤岛外围油田清防蜡工艺[J]. 油气田地面工程，2006，25(7)：65 ~ 67

10　张立. 不同热洗工艺技术效果浅析[J]. 油气田地面工程，2009，28(6)：38 ~ 39

11　李长书，张世东，宋义斌. 塔河油田四、六区清防蜡及降黏工艺研究[J]. 石油钻探技术，2001，29(3)：61 ~ 62

12　刘向军，葛际江，毛源等. 油溶性清蜡剂中二硫化碳的测定方法[J]. 油气地质与采收率，2013，20

(2): 99~102

13　Verma B C. Saroj Chauhan. Analytical applications of copper(II)and copper(I)in acetonitrile: potentiometric and spectrophotomet - ric determination of dithiocarbamates[J]. Talanta, 1985, 32(2): 138~143

14　G Ali Mansoori. Modeling of asphaltene and other heavy organic depositions[J]. Journal of Petro Leum Science and Englneenng, 1997, 17: 101~111

15　Ritu Kesari, Gupta V K. A sensitive spectrophotometric method forthe determination of dithiocarbamate fungicide and its applicationin environmental samples[J]. Talanta, 1998, 45(6): 1097~1102

16　David W Jennings, Justin Breitigam. Paraffin Inhibitor Formulations for Different Application Environments: From Heated Injection in the Desert to Extreme Cold Arctic Temperatures[J]. Energy Fuels, 2010, 24: 2337~2349

地热井内插管降低热损完井设计与分析

李晓益　段友智

（中国石化石油工程技术研究院）

摘　要　采用 pipesim 软件拟合了 JT1 地热井生产后的井温曲线，根据拟合过程修正的模型数据，计算并对比分析了不同套管尺寸下地热井的井温曲线，根据对比分析的结果发明了内插管式隔热完井方法，给出了地热井内插管封隔环空隔热完井方法的设计思路及设计草图；基于修正后的模型数据计算了地热井内插管封隔环空隔热完井方式生产的井温曲线，验证了内插管封隔环空隔热完井方式的可行性和有效性；研究表明，相同条件下，大直径套管相对小直径套管沿程热损失更大，采用内插管封隔环空隔热完井方法能在常规完井方法的基础上较大幅度的减少沿程热损失，提高地热井出口热水温度。

关键词　地热井；内插管；隔热完井；井温曲线；封隔环空

前言

地热资源具有绿色、环保、低能耗、可持续利用等特点，随着我国能源需求的急剧增大以及雾霾等恶劣天气带来的环境问题的思考，地热资源的开发越来越受到我国的重视[1~3]。考虑到地热井开发数目的逐年增加以及地热资源开发低成本的原则，如何在尽量不增加成本的基础上，降低地热井井筒热损失，提高井口出水问题，成为地热资源开发一道迫切而有意义的难题。笔者针对这一难题，拟合了中东部常规地热井的井温曲线数据，提出了地热井内插管封隔环空隔热完井方法，基于拟合过程中修正的模型数据，计算论证了此完井方法对降低地热井井筒热损失、提高出口地热水温度的有效性和可行性，并提出优选了内插管管材的基本原则。

1　常规地热井分析

1.1　井身结构

目前的地热开发根据储层类型主要采用以下两种完井井身结构：①砂岩地热储层：一开下套管固井，二开直接下套管，仅封固一开与二开套管重叠区域的部分层段，三开悬挂筛管或滤水管取水；②基岩地热储层：一开及二开下套管固井，三开裸眼段取水[4~6]。

1.2　生产过程井温曲线拟合

目前地热资源的开发过程中，地面可用地热水热能由地层地热水温度和传输过程中热损失、流量等因素共同决定[7~10]。图 1 为 JT1 地热井井身结构、成井前测井温度曲线和成井后自喷生产情况下测井温度曲线。由于此井为我国中东部地区，具有浅层冷水层的砂岩孔隙型热储地热井的典型代表井，且在成井前后都测取了井筒温度，因此参考该井，设定基础参数（表1），采用 pipesim 软件拟合 JT1 井生产后井温曲线，修正模型数据，拟合后的井温曲线如图2所示。从图2可以看出，拟合后 JT1 井从地热水顶层 2200～400m 深泵室段底部的井温曲线，与实测的自喷生产情况下测井温度大致吻合。

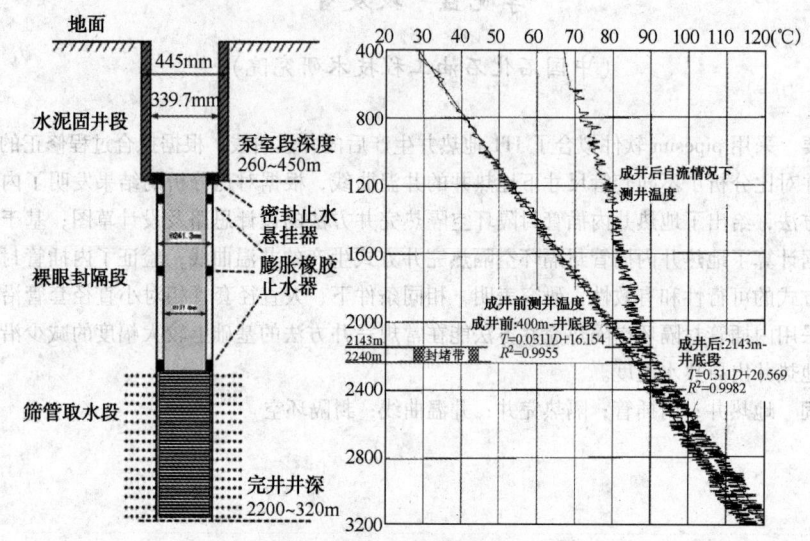

图1 JT1 井井身结构和测井温度

表1 基础参数

水 层 参 数		井 参 数		热 参 数	
水层顶深/m	2200	井深/m	3200	套管热传导率/[w/(m·℃)]	43.2
水层厚度/m	1000	泵室管外径/mm	339.7	水泥环热传导率/[w/(m·℃)]	0.35
渗透率/mD	200	泵室管内径/mm	320.4	地层热传导率/[w/(m·℃)]	1.7
孔隙度/%	30	套管外径/mm	177.8	比热容/[10³J/(kg·℃)]	4.2
压力系数	1.5	套管内径/mm	159.4		
地热系数/(℃/100m)	3.11	相对粗糙度	0.0001		
井口温度/℃	20.569	产量/m³	2000		

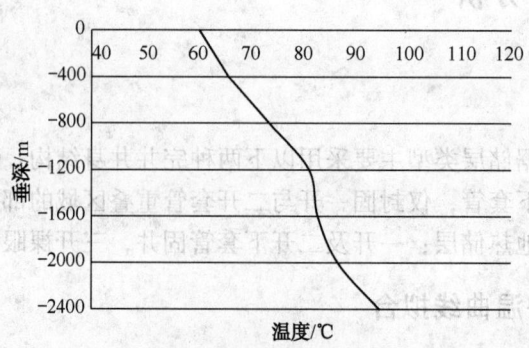

图2 JT1 井生产过程中地热水顶层至井口井温拟合曲线

1.3 不同内径套管生产时的井温曲线

根据拟合 JT1 井修正的模型数据，分别计算了采用一开完井结构、不固井以及套管外径、内径分别为 177.8mm、159.4mm 和 339.7mm、320.4mm 时生产条件下的井温曲线（图3）。从图3可以看出，相同条件下，当采用大直径套管完井时，相对采用小直径套管完井沿程热损失更大。

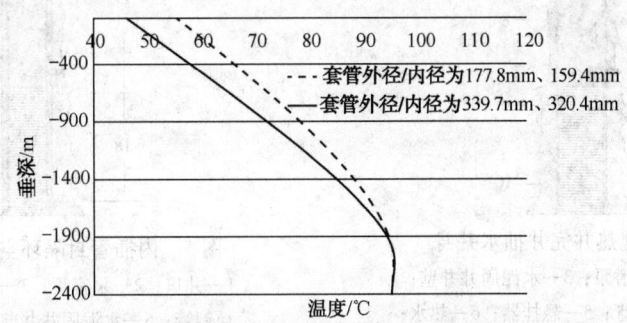

图3 一开完井结构套管外径、内径分别为 177.8mm、159.4mm 和
339.7mm、320.4mm 时生产井温曲线

2 内插管封隔环空隔热完井方法设计与论证

2.1 设计原理及结构

基于 1.3 中得出的结论，得出了内插管封隔环空隔热完井方法的设计原理，即减小抽水管材与外部的接触面积，增大与抽水管材接触的材料的热阻。本设计在地热井完井时，可以不改变目前地热井井身结构（图4）的前提下，利用现有的井身结构及泵室管（油管）完井采液管柱，通过在现有电潜泵基础上稍加改造，实现电潜泵下可加挂泵室管（油管），泵室管（油管）下部接有与二开段套管内径相匹配的皮碗封插管，实现直接从二开段采液，提高采液温度。隔热完井管柱，具体插管封隔环空隔热完井方法如图5所示。

2.2 工作原理及主要参数

（1）泵室管（油管）隔热完井管柱结构从下至上为引鞋带扶正器 + 皮碗封插管 + 单管泵室管（油管） + 单流阀短接 + 单管泵室管（油管） + 内流式电潜泵 + 单管泵室管（油管）。

（2）引鞋采用锥形管，下部采用大倒角管柱均可，其作用包括以下几个方面：①引导及确保皮碗封插管插入二开套管段；②保护皮碗封插管上的密封件，防止其磨损。

（3）皮碗封插管采用已成熟应用的皮碗封隔器结构，并将其硫化，作用是封隔开二开段与一开段，使地热水从泵室管（油管）产出，皮碗封插管可根据井况采用多级管，相对套管内径具有一定过盈量，外径为 110～200mm，耐压达到 5～20MPa 即可满足使用需求。

（4）单流阀短接是侧壁单流阀，其作用是实现液体从环空单向进入泵室管（油管），采用大功率鼓风机连接井口套管闸门，泵室管（油管）闸门打开，从套管闸门打压，将环空液体压入泵室管（油管）内，利用井内套管、泵室管（油管）及其环空之间的空气在整个一开段形

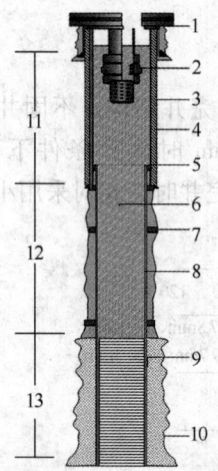

图4　常规地热井完井抽水井身

1—井口；2—电潜泵；3—水泥固井井壁；

4—13⅜in 表层套管；5—悬挂器；6—热水；

7—止水器；8—7in 二开套管；9—7in 筛管

或打孔管；10—地热储层；11—泵室段；

12—裸眼封隔段；13—取水段

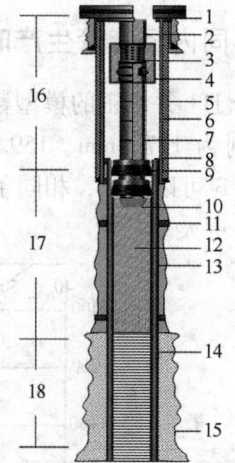

图5　内插管封隔环空隔热完井井身

1—井口；2—泵室管；3—电潜泵；4—大通
径钢管；5—水泥固井井壁；6—13⅜in 表层
套管；7—法兰接头或接箍；8—悬挂器；
9—皮碗封隔器；10—引鞋；11—止水器；
12—地热水；13—7in 二开套管；14—7in 筛
管或打孔管；15—地热储层；16—泵室段；
17—裸眼封隔段；18—取水段

成保温层。

（5）泵室管（油管）的外径采用 4in 以上，其自重足以克服产液对泵室管柱产生的上顶力，将皮碗封隔器压入井内。其作用一是形成采液通道；二是与套管间组合形成保温室。泵室管（油管）可根据实际地热井起下作业具体工况，可以采用法兰或密封接箍连接，若采用法兰密封应加密封圈。

（6）内流式电潜泵是举升地热水，通过目前地热井常规采用的热水电潜泵简单改造而成。热水电潜泵上下部各焊接接一段打孔管，并将焊接有打孔管的热水电潜泵封装在大通径钢管中，该大通径钢管小于泵室段套管内径，上下部各留有接头可与泵室管（油管）连接，打孔管封装在大通径钢管内部。

（7）地热水通过引鞋进入下部隔热泵室管（油管），经过下部花管进入电潜泵大通径腔体内，经电潜泵举升至上部泵室管（油管）内，完成地热水在泵室内的隔热保温作用，避免地热能的损失。

2.3　理论论证及内插管材料优选

基于修正的模型数据，另取水的导热系数为 $0.5W/(m \cdot ℃)$，空气导热系数为 $0.023W/(m \cdot ℃)$，计算采用内插管封隔环空隔热完井方式、不同内插管材料以及不同封闭环空介质条件下生产时的井温曲线（图6）。对比图6和图2可以看出，采用4in（外径、内径为 101.6mm、82.2mm）内插管封隔环空隔热完井方法时，相对传统的地热井完井方法，可以提高地热井出水温度 5~8℃，在较少增加成本的基础上，极大的提高了地热井能效，证明了内插管封隔环空隔热完井方法得可行性和有效行。从图6可以看出，相同内插管尺寸和外部环空条件下，采用导热系数较小的 PVC 管材，相对导热系数较大的刚质油管时，更能降低地热井沿程热损失，但是在此完井方式下，因为泵室段的长度相对较短，热损耗差别不大。

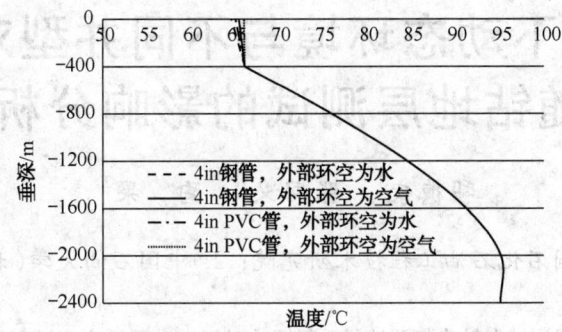

图6 不同内插管材料及不同环空条件生产时井温曲线对比

3 结论

（1）相同条件下，大直径套管相对小直径套管沿程热损失更大，基于不同管径条件下地热井生产井温曲线对比，首次提出了内插管封隔环空隔热完井方法。

（2）给出了地热井内插管封隔环空隔热完井方法的设计原理、主要结构、工作原理和主要参数。

（3）地热井采用内插管封隔环空隔热完井方法时，相对常规完井方式可以大幅度的降低泵室段热损失，提高地热井出口热水温度。

（4）计算论证了地热井内插管封隔环空隔热完井方法的可行性和有效性，采用低导热系数的材料作为内插管管材时，更能降低泵室段的热损失。

参 考 文 献

1 王洋，张可霓，Allan D Woodbury 等. 加拿大温尼伯 IKEA 场地开环地热系统数值模拟[J]. 可再生能源，2013，31(8)：123～128

2 马致远，侯晨，席临平等. 超深层孔隙型热储地热尾水回灌堵塞机理[J]. 水文地质工程地质，2013，40(5)，133～139

3 刘春明. 地热井及水文孔止水工艺探讨[J]. 中国煤炭地质，2013，25(9)：68～70

4 Ronald James Robinson. A Study of the Effects of Various Reservoir Parameters on the Performance of Geothemal Reservoirs[D]. Texas A&M University，1974

5 John Wirt Hornbrook. The Effects of Adsorption on Injection into and Production from Vapor Dominated Geothermal Reservoirs[D]. Stanford University，1994

6 Hiroshi Ohkuma B S M S. Numercal Simulation of Geopressured Geothermal Aquifer Phenomena[D]. The University of Texas at Austin December，1986

7 范喜群. 隔热套管完井工艺技术[J]. 石油天然气学报，2009，31(4)：328～330

8 王理学，刘清良. 高真空隔热油管隔热机理及隔热结构的研究[J]. 山东理工大学学报(自然科学版)，2003，17(4)：93～95

9 欧阳波，陈书帛，刘东菊. 氮气隔热助排技术在稠油开采中的应用[J]. 石油钻采工艺，2003，25(增刊)：1～3

10 张波. 稠油热采井筒隔热技术研究与应用[J]. 化学工程与装备，2012，9：98～100

井下动态环境与不同井型对
随钻地层测试的影响分析

邸德家[1] 张同义[1] 陶 果[2]

(1. 中国石化石油工程技术研究院；2. 中国石油大学(北京))

摘 要 随钻地层测试在钻头打开地层后很短的时间内进行压力测试和流体取样，泥浆刚刚发生侵入，泥饼没有完全形成，地层压力还不稳定，井下环境处于动态变化过程中，因此研究井下动态环境对压力测试和流体取样的影响就显得格外重要。本文通过有限元数值模拟，分析了泥饼性质和泥浆侵入对不同渗透性地层超压、压力测试和流体取样的影响。研究结果表明，泥饼的密封性越好，井筒附近地层的超压越小，流体取样的时间越短，取样质量越好；泥浆侵入对低渗储层影响较大，侵入越深，越难以获取原状地层压力。最后模拟了在地层渗透率各向异性情况下，双封隔器模式和探针模式在不同井型的压力响应，研究结果表明，不同井型对双封隔器模式的压力测试有非常大的影响，对探针模式影响较小。

关键词 随钻地层测试；地层超压；压力测试；流体取样；有限元方法

前言

随钻地层测试器是在钻杆地层测试器(DST)和电缆地层测试器(WFT)基础上发展起来的一种新型随钻测井仪器。随钻地层测试器除了具有电缆地层测试器流体取样、压力和温度测量等功能外，它还具有实时测量地层孔隙压力，优化钻井泥浆，保障钻井安全的功能。通过多点的压力测量能够计算压力梯度，用于识别流体界面、判断储层间的连通性，进行地质导向。另外，它适用于大位移井和水平井的地层测试，节省钻井时间和后续电缆地层测试的花费，并且可以避免钻井后由于泥浆的侵入时间过长，使得泥岩膨胀造成电缆地层测试仪器卡在井下和打捞所造成的问题[1~11]。目前国际市场服务上的随钻地层测试器主要有哈里伯顿公司研发的 Geo - Tap 仪器、斯伦贝谢公司研发的 StethoScope 仪器和贝克休斯公司研发的 TesTrak 仪器。国内各大测井公司和科研单位也大力发展随钻测试仪器，具有代表性为大庆钻井工程技术研究院研制的随钻压力温度测量系统(SDC - I)和中国石油集团钻井工程技术研究院自主研制的随钻井底环空压力测量(CPWD)仪器。目前，中国石化石油工程技术研究院正在积极研发具有自主知识产权的随钻压力测试系统[12~20]。

随钻地层测试在钻头打开地层很短的时间内进行压力测试和流体取样，泥浆刚刚发生侵入，泥饼没有完全形成，地层压力还不稳定，容易产生超压，这与电缆地层测试的井下环境有很大的差别，因此研究泥饼的不同性质和泥浆不同侵入深度对压力测试和流体取样的影响就显得格外重要。Jaedong Lee 和 Amit K. Sarkar 等人通过有限元数值模拟，分析了泥饼质量、泥浆侵入深度和地层各向异性等对电缆地层测试流体取样的影响[21,22]，但是并没有深入分析泥饼不同参数和泥浆不同侵入深度对超压的影响。随钻地层测试器不仅可以应用于直井，还可以应用于大位移井和水平井等特殊井型，但是不同井型对预测试的压力响应将产生不同程度的影响，因此有必要研究不同井型对地层测试的影响。Onur 和 Hegeman 等通过球形流数学模型和解析解分析了电缆地层测试器双封隔器模块在斜井中不同情况的压力响应[23]。解析解只能在特定的情况下进行计算，对于地层、井筒和探针三者接触面极为复杂，解析解计算并不准确。有限元方法具有较好的处理复杂几何形状问题的能力和较高的计算精度，因此本文通过本实验室开发的油水两相有限元模拟软件[24~30]，分别模拟不同泥饼参数、不同泥浆侵入深度和不同地层渗透率对地层超压和流体取样的影响，最后分析了不同井型对随钻地层测试双封隔器模式和探针模式压力测试的影响。

1 数学模型的建立

随钻地层测试器在测试过程中抽吸地层流体，实际上是一个渗流过程。在实际测量时，井筒附近由于泥浆侵入，因此井筒附近的含水饱和度与地层流体的含水饱和度不同，测试过程中抽吸探针附近必然会存在两相的共渗带，因此地层测试的过程是一个同时含油和水两相渗流的问题。根据渗流力学原理推导了随钻地层测试器测试过程的油水两相数学模型（公式1）。

$$
\begin{cases}
\nabla \cdot \left[\left(\dfrac{K \cdot K_{ro}(S_w)}{\mu_o} + \dfrac{K \cdot K_{rw}(S_w)}{\mu_w} \right) \nabla P_o \right] - \nabla \cdot \left[\dfrac{K \cdot K_{rw}(S_w)}{\mu_w} \nabla P_c(S_w) \right] = \phi C_f(S_w) \dfrac{\partial P_o}{\partial t} \\
\nabla \cdot \left[\dfrac{K \cdot K_{ro}(S_w)}{\mu_o} (\nabla P_o) \right] = \phi \dfrac{\partial S_o}{\partial t} + \phi S_o C_{fo} \dfrac{\partial P_o}{\partial t} \\
P_o \big|_{t=0} = P \big|_{\text{无穷远处}} = P_{oi} \\
- K \left(\left(\dfrac{K_{ro}(S_w)}{\mu_o} + \dfrac{K_{rw}(S_w)}{\mu_w} \right) \nabla P_o - \dfrac{K_{rw}(S_w)}{\mu_w} \nabla P_c(S_w) \right) \cdot \pi r_s^2 \Big|_{\text{抽吸探针处}} = q
\end{cases} \tag{1}
$$

式中，K 为绝对渗透率；K_{ro}、K_{rw} 分别为油相和水相的相对渗透率；μ_o、μ_w 分别为油相和水相的黏度；P_o 是油相压力；S_w 为地层中水的饱和度；ϕ 为地层孔隙度；C_{fo} 为油相的压缩系数；C_f 为地层总的压缩系数；P_{oi} 为测试之前和地层无穷远处油相的压力；r_s 为探针半径；q 为探针的抽吸流量。

由于测试的数学模型中压力场方程为椭圆形方程，适合用 Garlerkin 方法求解有限元模型[公式(2)]。

$$
\iiint_{\Omega_e} \left(\dfrac{K \cdot K_{rw}}{\mu_w} + \dfrac{K \cdot K_{ro}}{\mu_o} \right) \cdot \nabla P_o \cdot \nabla N_{pi} \cdot d\Omega + \iiint_{\Omega_e} \Phi \cdot C_f \dfrac{\partial P_o}{\partial t} \cdot N_{pi} \cdot d\Omega_e
$$
$$
= \oint_{\Gamma_e} - \dfrac{q}{\pi r_s^2} \cdot N_{pi} \cdot \vec{n} \cdot d\Gamma_e + \iint_{\Omega_e} \dfrac{K \cdot K_{rw}}{\mu_w} \nabla P_c \cdot \nabla N_{pi} \cdot d\Omega_e \tag{2}
$$

式中，$i = 1, 2, 3, \ldots, n$；Ω_e 单元所在区域；$\vec{n}$ 是边界的法线；N_{pi} 为压力场的形函数。

对于饱和度方程，用 Garlerkin 法建立的有限元格式中刚度矩阵为病态矩阵，使其所建立的求解方程为病态方程组，因此考虑采用最小二乘方法建立饱和度场的有限元模型，经过整理可得饱和度场方程的等效积分弱形式（公式3）。

$$\iiint_{\Omega}\left[\left(\phi+\phi C_{\text{fo}}\frac{\partial P_{\text{o}}}{\partial t}\cdot dt\right)\cdot S_{\text{wi}}^{t+1}\right]\cdot\left[\left(\phi+\phi C_{\text{fo}}\frac{\partial P_{\text{o}}}{\partial t}\cdot dt\right)\cdot\left(N_{\text{sw}}^{t+1}\right)^{T}\right]\cdot d\Omega=$$

$$\iiint_{\Omega}\left[\phi S_{\text{w}}^{t}+\phi C_{\text{fo}}\frac{\partial P_{\text{o}}}{\partial t}\cdot dt-\nabla\left(\frac{K\cdot K_{\text{ro}}}{\mu_{\text{o}}}\nabla P_{\text{o}}\right)\cdot dt\right]\cdot\left[\left(\phi+\phi C_{\text{fo}}\frac{\partial P_{\text{o}}}{\partial t}\cdot dt\right)\cdot\left(N_{\text{sw}}^{t+1}\right)^{T}\right]\cdot d\Omega \quad (3)$$

式中：$i=1,2,3,\cdots,n$；N_{sw}为饱和度场的形函数。

由于地层测试油水两相渗流的数学模型是非线性耦合方程，很难求出其三维情况下的解析解，因此为了进行验证，将模型退化到存在解析解的单相渗流情况进行对比。假设地层初始压力 5000psi，地层渗透率为 0.1mD，地层测试器泵抽的流量为 1mL/s，泵抽 20s 后停止，将模型退化到存在解析解各向同性地层单相渗流情况来验证模型的准确性。如图 1 所示，用上述模型计算的数值解与解析解相对比可以看出，用有限元方法计算的值（压力响应）与解析模型所计算的值很接近（0.1% 以内），因此所建立的模型是可靠的。

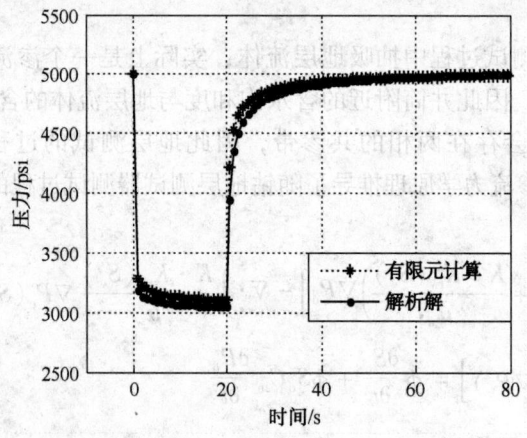

图 1　解析解与有限元计算比较（单相流）

2　泥饼和地层性质对地层超压和流体取样的影响

根据泥浆侵入和地层超压的实际情况，在有限元模拟软件中设置了二维轴对称模型（图 2），其中井眼半径为 0.1m，模型长为 10m，高为 5m。在井筒附近设置了泥饼、侵入带、过渡带和原状地层。根据井下实际情况和模拟计算的需要，分别设置了泥饼、泥浆、侵入带、过渡带和原状地层的各项参数。

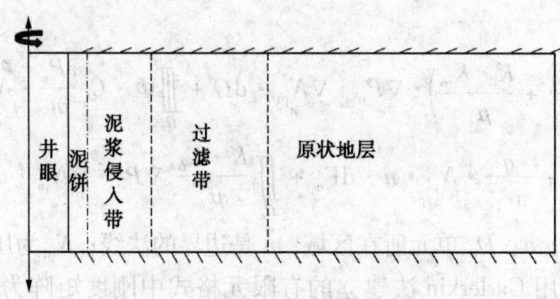

图 2　二维轴对称几何模型

2.1 泥饼密封性对超压的影响

首先模拟了泥饼具有不同渗透性时井筒附近地层的超压情况。首先设定泥饼厚度为0.5cm，地层渗透率为1mD，井筒内静液柱压力为5500psi，地层原始压力为5000psi，其他参数如表1所示。如图3所示，泥饼具有一定渗透性时，越靠近井筒，超压越严重，泥饼的渗透率为0.01mD时，井壁岩石面的压力超出原状地层压力308psi。随着与井筒径向距离的增加，地层超压越来越小。在距离井壁5m的地层，当泥饼的密封性较差时，井筒内的压力对地层压力的影响也非常小。从图3也可以看到，随着泥饼密封性的增加，井壁附近地层的超压越来越小，泥饼的渗透率为10^{-5}mD时，井壁附近地层的超压基本可以忽略，这是因为致密的泥饼阻止了井筒与地层间的压力连通，泥浆侵入停止，井筒内泥浆静液柱的压力对井壁附近地层影响较小。

表1 模型参数设置

参 数	地 层	泥 饼	泥浆滤液
孔隙度	0.3	0.15	
渗透率/mD	1.0	$10^{-2} \sim 10^{-5}$	
流体密度/(kg/m³)	800		1000
流体黏度/cP	1.0	1.0	0.5
压缩系数/(1/psi)	3×10^{-6}	0.1	
压力/psi	5000		5500
泥饼厚度/cm		0.5~2.0	

随钻地层测试在钻头打开地层后很短的时间内进行地层压力测试，此时泥饼还没有完全形成，泥饼的密封性较差，井壁附近的地层容易形成超压，这对随钻地层压力测试是个不利因素。因此，测试之前需要根据井下实际情况，寻找泥饼密封性比较好、压力相对稳定的位置进行测试。另外，后续的数据处理解释也需要考虑地层可能存在超压的情况。

2.2 泥饼厚度对超压的影响

在泥饼存在一定渗透性的情况下，模拟了不同泥饼厚度对井筒附近地层超压的影响。模型设定泥饼渗透率为10^{-3}mD，地层渗透率为1mD，其他参数如表1所示。如图4所示，泥

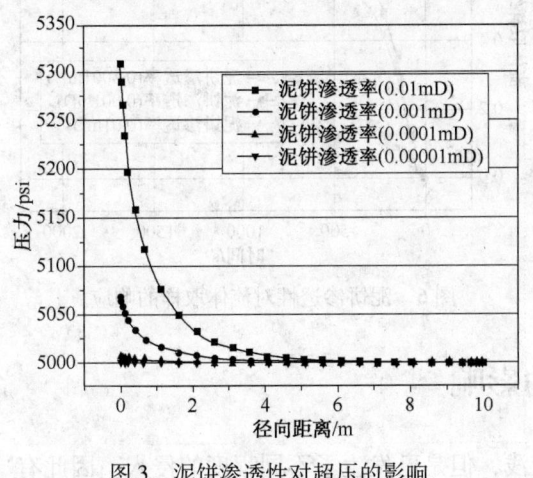

图3 泥饼渗透性对超压的影响

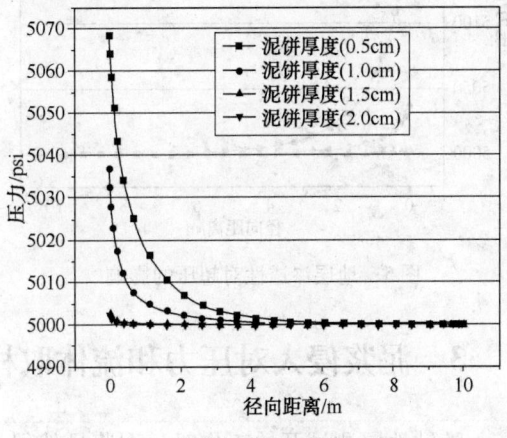

图4 泥饼厚度对超压的影响

饼具有一定渗透性时，越靠近井筒，超压越严重，在距离井壁径向距离 5m 的位置，地层的压力基本不受泥饼厚度的影响。从图 4 可以得到，泥饼的厚度为 0.5cm 时，井壁上的压力超过原状地层压力 69psi；当泥饼厚度为 2.0cm 时，超压基本可以忽略，这是由于泥饼越厚，封隔井筒与地层的效果越好，井筒内静液柱的压力对地层压力影响越小。因此，在压力测试之前，应尽量选择泥饼厚度较大的位置进行测试。

2.3　地层渗透率对超压的影响

在泥饼存在一定渗透性的情况下，模拟了地层不同渗透率对井筒附近地层压力的影响。模型设置泥饼渗透率为 10^{-3} mD，厚度为 1cm。从图 5 可看出：当泥饼具有一定渗透性时，越靠近井筒，超压越严重；当地层渗透率为 0.1mD 时，井筒附近地层的压力超过原状地层压力为 225psi。随着地层渗透率的增加，井筒附近地层的超压越来越小，并且当地层渗透率为 10mD 时，超压基本可以忽略。根据模拟得到的结果，压力测试点应尽量选在地层渗透性比较高的位置。

2.4　泥饼密封性对流体取样的影响

最后模拟了泥饼不同密封性对流体取样的影响。模型设置侵入带为 100% 的泥浆滤液，泥饼厚度为 1cm，泥浆侵入深度为 15cm，探针抽吸流量为 15mL/s。图 6 的横轴表示抽吸流体的时间，纵轴表示抽吸到原状流体的百分含量。从图中可得，泥饼密封性对流体取样影响非常大。当泥饼的渗透率为 0.01mD 时，流体取样的质量非常差，在流体取样 20L 后，甚至发生了新的泥浆滤液达到的情况（地层流体样品质量缓慢下降）。当泥饼渗透率为 0.001mD 和 0.0001mD 时，流体取样的质量比较好，并且两者取样质量的差异较小。这说明随着泥饼的密封性的增加，流体取样的时间变短、纯度变高。因此在流体取样之前，需要寻找泥饼密封性比较好的位置进行流体取样。

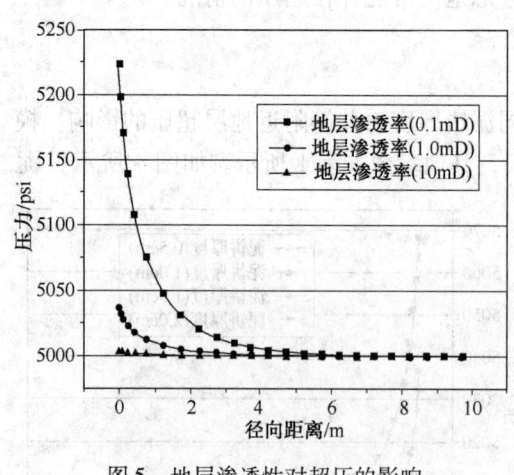

图 5　地层渗透性对超压的影响　　　　图 6　泥饼渗透性对流体取样的响应

3　泥浆侵入对压力和流体取样的影响

随钻地层测试开始工作时，泥浆虽然侵入较浅，但是已发生了不同程度的侵入。因此有必要进一步研究泥浆不同侵入深度对压力测试和流体取样的影响。在有限元软件中，根据泥浆侵入的实际情况，几何模型中分别设置了侵入带、过渡带和原状地层（图2），同时在模型中分别设置了不同区域的物性参数（表2）。

表2　模型参数设置

参　　数	原状地层	侵入带地层	过渡带
孔隙度	0.3	0.3	0.3
压力/psi	5000	5500	5300
流体密度/(kg/m³)	800	900	850
流体黏度/cP	1.0	0.5	0.6
综合压缩系数/(1/psi)	3×10^{-6}	3×10^{-6}	3×10^{-6}

3.1　泥浆侵入对低渗储层压力测试的影响

首先模拟了在低渗储层中不同泥浆侵入深度对压力测试的影响。本次模拟，原状地层、侵入带和过渡带的渗透率都设为0.1mD，没有考虑泥浆侵入对储层渗透率的影响，其他参数如表2所示。图7表明，当泥浆侵入地层的径向距离为10cm时，压力降最大，当停止流体抽吸后，压力在80 s时刻恢复到原地层压力；当泥浆侵入为20cm和30cm时，由于超压带的增加，压力降明显减小，停止抽吸流体在后续压力恢复过程中，没有测量到原状地层压力。这说明在低渗地层中，随着泥浆侵入深度的增加，越难以测试得原状地层压力。随钻压力测试时，泥浆侵入较浅，因此有利于原状地层压力的测量。

3.2　泥浆侵入对渗透率较高储层压力测试的影响

然后模拟了在地层渗透率为10mD时，不同泥浆侵入深度压力测试的变化。本次模拟考虑了泥浆侵入对储层渗透率的影响，分别设置了侵入带渗透率为5mD、过渡带渗透率为8mD。从图8可得，不同泥浆侵入深度对压降有一定的影响，随着泥浆侵入的增加（5~15cm），压力降逐渐增大，这是由于泥浆的侵入造成了储层的伤害，使井筒附近的渗透率变低；泥浆侵入越深，压力降越大。但是压力恢复在40s后并没有明显的变化，在80s时刻各

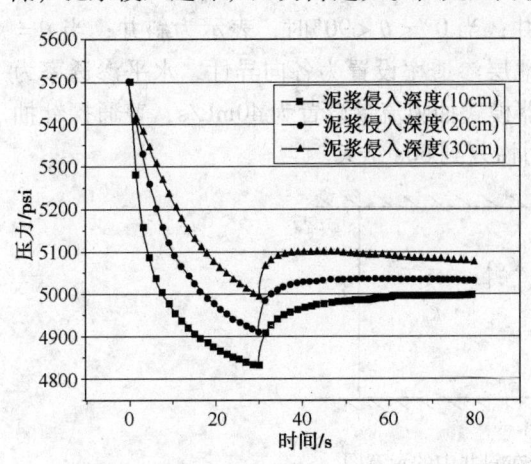

图7　泥浆侵入深度对压力测试的影响

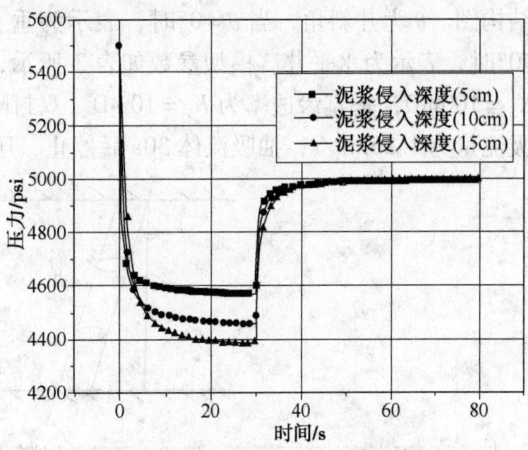

图8　泥浆侵入深度对压力测试的影响

条曲线都恢复到原地层压力。说明当地层的渗透性较大时，泥浆侵入对原状地层压力的测量影响较小。

3.3 泥浆侵入对流体取样的影响

最后模拟了泥浆不同侵入深度对流体取样的影响。模型设置侵入带为100%的泥浆滤液，侵入深度分别为10cm、15cm和25cm，泥饼没有渗透性，地层渗透率为10mD，抽吸流量为15mL/s。图9的横轴表示抽吸流体的时间，纵轴表示抽吸原状流体的百分含量。从图中可得，泥浆侵入越深，流体取样的时间越长，并且取样的质量越差。这是因为泥浆侵入越深，清除泥浆滤液的时间越长，原状地层流体经过混合带的距离也越长。由于随钻流体取样时，泥浆侵入的深度较浅，因此在较短时间内，可以取到纯度较高的地层流体。

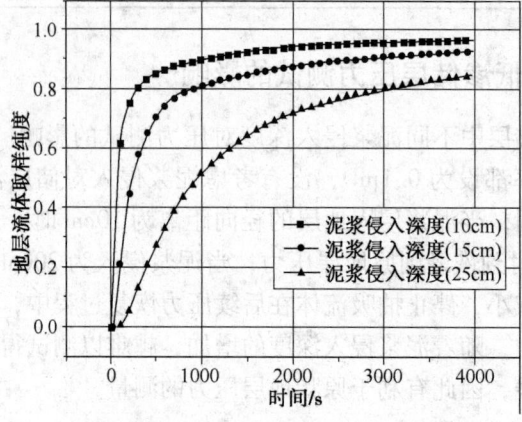

图9　泥浆侵入深度对流体取样的影响

4　不同井型对压力测试的影响

随钻地层测试器可以应用于不同井型，在地层渗透率各向异性的情况下，必将对压力测试产生不同影响。本文分别模拟了双封隔器模式和普通探针在垂直井、斜井和水平井预测试的压力响应，并进行了对比分析。图10表示了随钻地层测试器在储层厚度（h）为3m的井型结构图。θ为井斜角，当$\theta = 0°$时，表示为垂直井；当$0° < \theta < 90°$时，表示为斜井；当$\theta = 90°$时，表示为水平井。模型参数如表3所示，地层渗透率设置为各向异性，水平渗透率为$K_h = 100\text{mD}$，垂直渗透率为$K_v = 10\text{mD}$。双封隔器模式抽吸流量设置为40mL/s，普通探针抽吸流量为1.25mL/s，抽吸流体30s后停止，压力恢复到60s结束。

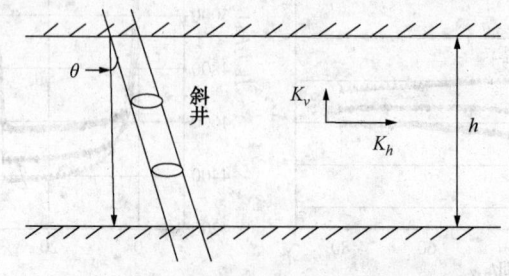

图10　随钻地层测试器在斜井中的示意图

表 3　模型参数设置

模 型 参 数	值
孔隙度	0.3
渗透率/mD	$K_h = 100$，$K_v = 10$
压力/psi	10000
流体密度/(kg/m³)	800
流体黏度/cP	1.0
综合压缩系数/(1/psi)	3×10^{-6}

4.1　双封隔器模式在斜井中的压力响应

　　根据双封隔器模式，模拟了地层上下边界为定压边界的压力响应，图 11 显示了上下边界的压力为 10000psi 的压力响应。根据模拟结果，压力测试在垂直井中的压力降最小，压力恢复最慢；随着井斜角的增加，压力降增大、压力恢复变快；水平井的压降最大，压力恢复最快。这是由于在渗透率各向异性地层中，初始阶段垂直井的压力传播主要沿着水平方向，主要受水平渗透率的影响，由于水平渗透率较大，因此压降较小；当井发生倾斜时，斜井的压力传播受水平和垂直渗透率的共同影响，并且随着井斜角的增加，垂直渗透率的贡献更大，地层垂直渗透率较小，因此压降增加；水平井的压力传播主要受水平渗透率和垂直渗透率的共同影响，$K = \sqrt{K_v \cdot K_h}$，因此压降最大。

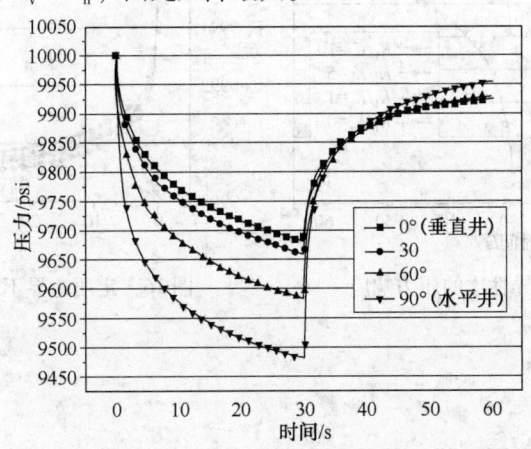

图 11　上下边界为定压边界不同井型的压力响应

　　图 12、图 13 和图 14 分别表示了在定压边界情况下，垂直井、斜井和水平井在 60s 时刻的压力分布图，可以看到不同井型的压力波传播方向不同，因此地层渗透率各向异性对不同井型压力的测试有非常大的影响。

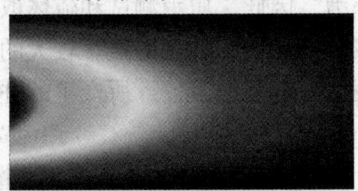

图 12　垂直井压力分布云图

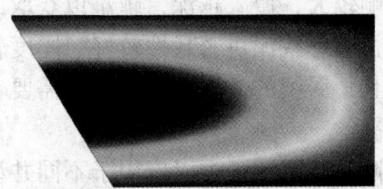

图 13　斜井压力分布云图

然后，模拟双封隔器模式在井斜角为 45°时不同渗透率各向异性比的压力响应。首先，设定地层垂直渗透率为 10mD，然后改变水平渗透率的大小。从图 15 可看出，当地层渗透率的各向异性比改变时，地层测试的压力响应发生了明显的变化。各向异性比较高时(水平渗透率较大)，压力下降小，压力恢复快；各向异性比降低时(水平渗透率较小)，压力降增大，压力恢复变慢，这说明双封隔器模式的压力响应对地层各向异性非常敏感。

图 14　水平井压力分布云图

4.2　探针模式在斜井中的压力响应

最后模拟了探针模式的压力响应。从图 16 可看出，直井、斜井和水平井在测试过程中，不同井型的压力响应差异较小，这说明不同井型对探针模式的压力变化影响并不大。主要原因是探针的抽吸流量有限，在较短时间内，地层的各向异性对探针处的压力测试影响有限。

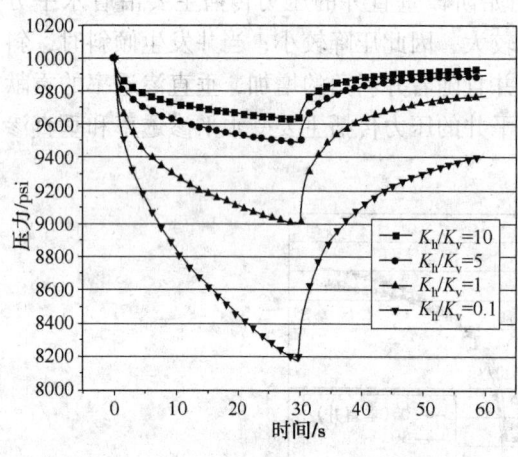

图 15　地层不同各向异性比的压力响应

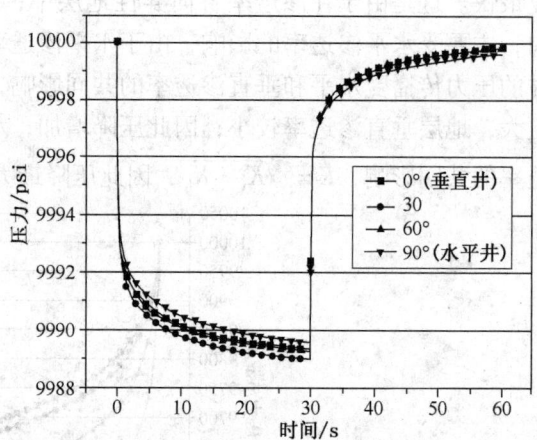

图 16　定压边界不同井型的压力响应

5　结论

本文通过油水两相有限元模型模拟了随钻地层测试井下动态环境和不同井型对地层测试的影响，分别研究了泥饼和地层性质对井筒附近地层超压的影响，泥浆侵入对压力测试和流体取样的影响和不同井型对压力测试的影响。研究结果表明，泥饼性质对超压和流体取样影响大，泥饼的密封性越好，超压越小，流体取样的时间越短，取样质量越好；泥浆侵入对低渗储层影响较大，侵入越深，越难以获取原状地层压力。因此，压力测试和流体取样应根据井下实际情况寻找泥饼密封性较好、厚度较大、泥浆侵入较浅和地层渗透率较大的位置进行测试。并且，后续的数据处理解释也需要考虑由于泥饼渗漏和泥浆侵入所产生的井筒附近地层超压情况。

根据随钻地层测试可以应用于不同井型的特点，模拟了在地层渗透率各向异性情况下，双封隔器模式和探针模式在不同井型的压力响应。研究结果表明，不同井型对双封隔器模式的压力响应影响非常大，对探针模式影响较小。因此在处理双封隔器模式测试的压力数据时，需要考虑不同井型对测试数据的影响。

参 考 文 献

1 邱德家，陶果，孙华峰等. 随钻地层测试技术的分析与思考[J]. 测井技术，2012，36(3)：294~299

2 Mark Proett, Jim Fogal. Formation Pressure Testing In the Dynamic Drilling Enviroment [C]. SPE 87090 prepared for presentation at the SPE Annual Technical Conference and Exhibition held in Dallas, Texas, USA, 2~4 March 2004

3 Mark Proett, Mike Walker. Formation Testing While Drilling, a New Era in Formation Testing [C]. SPE 84087 prepared for presentation at the SPE Annual Technical Conference and Exhibition held in Denver, Colorado, USA, 5~8 October 2003

4 Scott Fey, Abdul Fareed, Hussen Mansur, et al. Reducing the Risks and Costs of Highly Deviated and Extended Reach Drilling Through the Application of Formation Pressure While Drilling [C]. SPE 141487 prepared for presentation at the SPE EUROPED/EAGE Annual Conference and Exhibition held in Vienna, Austria, 23~26 May 2011

5 Mark A Proett, Sami Eyuboglu, Jim Wilson, et al. New Sampling and Testing – While – Drilling Technology, A Safe, Cost – Effective Alternative [C]. SPE/IADC 140337 prepared for presentation at the SPE/IADC Drilling Conference and Exhibition held in Amsterdam, The Netherlands, 1~3 March 2011

6 Mark Proett, David Welshans, Kris Sherrill, et al. Formation Testing Goes Back To The Future [C]. SPWLA 51th Annual Logging Symposium held Perth, Australia, 19~23 June 2010

7 Masoud R, Gyllensten A, Amari K, et al. Using Formation – Testing – While – Drilling Pressures to Optimize a Middle East Carbonate Reservoir Drilling Program [C]. SPE 120715 Prepared for presentation at the 2009 SPE Middle East Oil & Gas Show and Conference held in the Bahrain International Exhibition Centre, Kingdom of Bahrain, 15~18 March 2009

8 Douglas J Seifert, Saleh Al – Dossari. Application for Formation Testing While Drilling in the Middle East [C]. SPE 93392 prepared for presentation at the 14 SPE Middle East Oil & Gas Show and Conference held in Bahrain International Exhibition Centre, Bahrain, 12~15 March 2005

9 Joseph M Finneran, Haavard Roed. Formation Tester While Drilling Experience in Caspian Development Projects [C]. SPE 967819 prepared for presentation at the SPE Annual Technical Conference and Exhibition held in Dallas, Texas, USA, 9~12 Octorber 2005

10 Pop J, Laastad H, Eriksen K O, et al. Operation Aspects of Formation Pressure Measurements While Drilling [C]. SPE/IADC 92494 prepared for presentation at the SPE/IADC Drilling Conference held in Amsterdam, The Netherlands, 23~25 February 2005

11 Lee H, Proett M, Weintraub P, et al. Results of Laboratory Experiments to Simulate the Downhole Enviroment of Formation Testing While Drilling[C]. SPWLA 45th Annual Logging Symposium, 6~9, June, 2004

12 刘建立，陈会年，高炳堂. 国外随钻地层压力测量系统及其应用[J]. 石油钻采工艺，2010，32(1)：94~98

13 赵志学，韩玉安，高翔等. SDC——I型随钻地层压力测试器[J]. 石油机械，2011，39(2)：52~54

14 王华，陶果，张绪健. 随钻声波测井研究进展[J]. 测井技术，2009，33(3)：197~203

15 李梦刚，万长根，白彬珍. 随钻压力测量技术现状及应用前景[J]. 断块油气田，2008，15(6)：123~126

16 张辛耘，郭彦军，王敬农. 随钻测井的昨天、今天和明天[J]. 测井技术，2006，30(6)：487~492

17　杨利，田树宝. 新型随钻地层压力测试工具[J]. 国外油田工程，2005，21（11）：20～23

18　侯喜茹，刘玉锋，郝立军. 动态钻井环境中的地层压力测试[J]. 国外油田工程，2005，21（2）：13～18

19　苏义脑，窦修荣. 随钻测量、随钻测井与录井工具[J]. 石油钻采工艺，2005，27（1）：74～78

20　任国富，马建国. 随钻地层测试技术及其应用[J]. 测井技术，2005，29（4）：385～387

21　Lee J, Kasap E. Fluid Sampling from Damaged Formations［C］. SPE 39817 prepared for presentation at the 1998 SPE Permian Basin Oil and Gas Recovery Conference held in Midland, Texas, 25～27 March, 1998

22　Sarkar A K, Lee J, Kasap E. Adverse Effect of Poor Mud Cake Quality：A Supercharging and Fluid Sampling Study［C］. SPE 48958 prepared for presentation at the 1998 SPE Annual Technical Conference and Exhibition held in New Orleans, Louislana, 27～30 September, 1998

23　Onur M, Hegeman P S and Kuchuk F J. Pressure - Transient Analysis of Dual Packer - Probe Wireline Formation Testers in Slanted Wells［C］. SPE 90250 prepared for presentation at the SPE Annual Technical Conference and Exhibition held in Houston Texas, USA, 26～29 September, 2004

24　谷宁，陶果，刘书民. 电缆地层测试器在渗透率各向异性地层中的响应[J]. 地球物理学报，2005（1）：229～234

25　谷宁，陶果，刘书民. 电缆地层测试器测量的油水两相有限元模型[J]. 地球物理学进展，2005，20（2）：337～341

26　Di Dejia, Tao Guo, Wang Hua, et al. Finite Element Simulation of Wireline Formation Tester Applied in Fractured Reservoir［J］. The Open Petroleum Engineering Journal, 2012, 5：138～145

27　邸德家，陶果，叶青. 电缆地层测试在低渗储层应用方法的研究[J]. 地球物理学进展，2012，27（6）：2518～2525

28　周波，莫修文，陶果. 电缆地层测试器的有限元数值模拟[J]. 吉林大学学报：地球科学版，2007，37（3）：629～632

29　易绍国，吴锡令，金振武. 电缆地层测试器压力响应的数值模拟研究[J]. 测井技术，1997，21（5）：16～20

30　周波，陶果，刁顺. 考虑管储效应的电缆地层测试器的近似解析解[J]. 测井技术，2003（1）：27～29

测录井技术

应用偶极子声波测井评价储层压裂效果

李永杰

（中国石化石油工程技术研究院）

摘 要 低孔低渗致密砂岩储层正成为各个油田增储上产的主要领域，而压裂是建产、增产的重要措施，而如何应用测井资料进行地层力学参数计算、压裂高度预测和评价储层压裂效果逐步成油田勘探开发中的重要组成部分。本文首先对偶极子声波测井的原理进行介绍，通过镇泾油田××268井测井实例，对偶极子声波的应用进行阐述，应用准确的纵、横波时差结合常规储层测井参数进行岩石力学计算，为压裂提供破裂压力、闭合压力等参数；应用储层压裂压力变化进行压裂高度预测；重点通过对比压裂前后偶极子声波测井取得的地层各项异性、快慢横波分离的变化、变密度形态变化、声波幅度衰减等成果，进行压裂高度分析，并对压裂效果进行评价。

关键词 偶极子；声波测井；储层评价

前言

水力压裂是改造低渗透油气藏的重要手段，通过压裂可在地下形成人工裂缝，改善地层的渗流条件、疏通堵塞，提高油井的产能，使得储量得到动用，油田做到经济、有效开发，从而获得较好的经济效益和社会效益。但在对低孔、低渗储层进行压裂过程中，存在如何进行压裂设计和压裂后裂缝检测两方面的难题。如果压裂设计不当，泵压偏小则不能达到压裂目的，而泵压偏大又会沟通附近的水层，均影响压裂或生产井油气开采，因此需要对岩石力学参数进行分析，对储层水力压裂裂缝高度进行预测[1]。同时，压裂效果评价同样重要，压裂后是否产生裂缝、裂缝的高度、裂缝的有效性、裂缝的延伸方向均对油气产能有较大的影响。近年来，裂缝检测技术已有多方面的发展，如应用检测压裂前后井温[2]、示踪剂[1]、声波全波列[3]、微地震[4]等方法对压裂效果进行评价，但均存在一定的局限性。

经过研究，利用压前偶极子声波测井资料可以有效进行压裂缝高度的预测，通过对比压裂前后的偶极子声波测井资料，可以有效评价裂缝高度、裂缝有效性与延伸方向等。

1 正交偶极子声波测井原理

1.1 声波测井

声波在不同介质中传播时，速度、幅度及频率的变化等声学特性各不相同[5]，声波的传播速度取决于岩石的密度和动态弹性系数等力学特性，而被流体饱和的岩石中，其力学特性取决于所含流体的类型、数量、岩石颗粒构成、胶结程度等[6]。在地层和井眼传播的声波主要包括体波（纵波、横波）和导波（瑞利波、斯通利波），体波沿地层中传播，幅度存在几何频散，速度频散可以忽略；导波沿井壁传播速度最大，进入地层和井内流体迅速衰减，相速度有频散。

1.2 单极子声波测井原理

常规声波测井仪采用单极子技术，声波发射器向井周全方位发射声波，声波脉冲由井内流体折射进入地层时[图1(a)]，使井壁周围产生轻微的膨胀，在地层中产生纵波和横波。

在硬地层中，由于纵波、横波速度明显高于斯通利波速度，所测各波波列特征明显(图1(b))，能够准确提取纵波、横波、斯通利波时差和幅度。

软地层中声速相对较慢，横波速度小于井内流体声速，横波首波与井中钻井液一起传播，不能产生临界折射的滑行横波，使得单极声波测井无法测出横波的首波[图1(c)]，只能测量纵波、斯通利波。

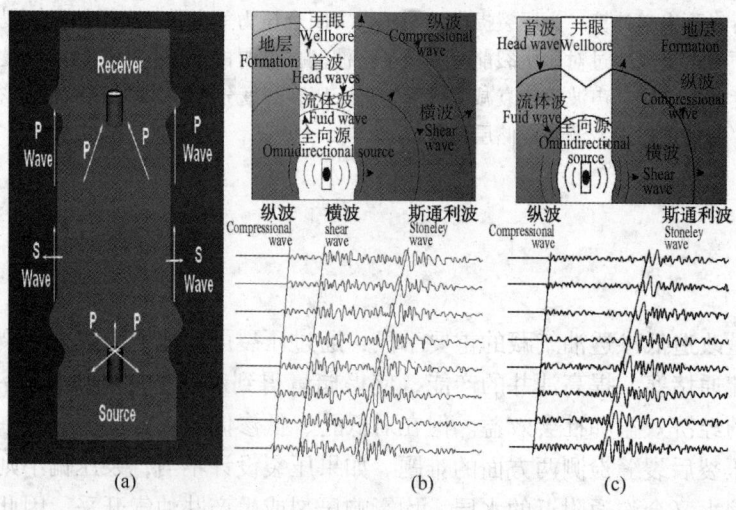

图1 单极子声波测井模式及波列特征

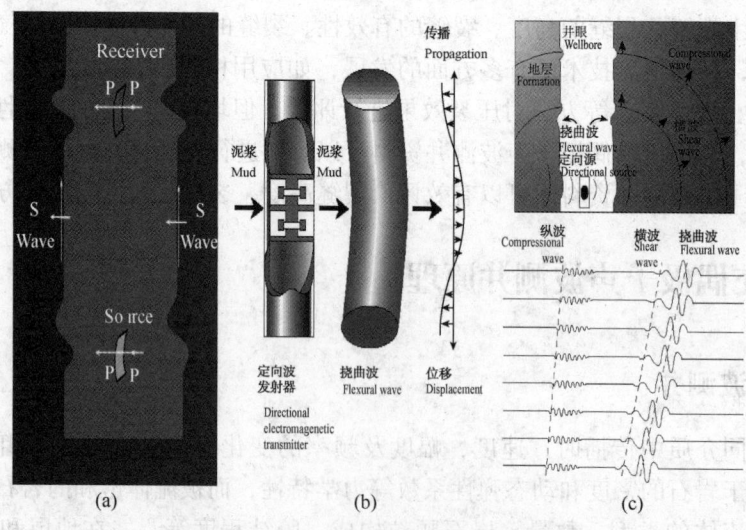

图2 偶极子声波测井模式及波列特征

1.3 偶极子声波测井原理

偶极子声波测井采用偶极声波源，这种偶极声波源可以被看作是两个相距很近、强度相同、相位相反的点声源组合。当偶极子源振动时，很像一个活塞，能使井壁一侧的压力增加，而另一侧压力减小，使井壁产生扰动，形成轻微的扰曲[图2(a)、图2(b)]，产生剪切扰曲波，剪切扰曲波的振动方向与井轴垂直，传播方向与井轴平行。偶极子声波在地层中直接激发出纵波和横波，沿井眼还存在剪切扰曲波[图2(b)]的传播。剪切扰曲波具有频散特性，高频时传播速度低于横波速度，低频时(<1.2kHz)传播速度趋近于横波，偶极声波测井实际通过扰曲波来计算横波速度[图2(c)]。

在构造应力不均衡或裂缝性地层中，横波在传播过程中通常分离成快横波、慢横波，且快、慢横波速度通常显示出方位各向异性，质点平行于裂缝走向振动、方向沿井轴向上传播速度比质点垂直于裂缝走向振动、方向沿井轴向上传播的横波速度要快，以上就称之为地层横波速度的各向异性。偶极子声波测井资料可以定量计算地层横波速度各向异性的方向和大小，各向异性的方向和大小在砂岩层往往与地应力和裂缝系统有关。而在在裂缝不发育地层中，其速度各向异性主要由于地应力的不均衡所致，快横波的方位代表最大水平主应力的方向。

目前具代表性的偶极子声波测井仪有斯伦贝谢偶极横波测井仪(DSI)、贝克－休斯公司正交偶极阵列声波成像(XMAC－II)、哈里伯顿公司交叉偶极子声波测井仪(WaveSonic)。

2 储层破裂压力预测

××268井位于鄂尔多斯盆地西南缘镇泾油田中部，延长组长8段是其主要含油气层段，主砂体为2188～2205m，自然伽马低值，自然电位明显负异常，声波时差较高，测井解释油层2层、差油层1层，平均孔隙度9%～11%，渗透率$0.2 \times 10^{-3} \sim 0.6 \times 10^{-3} \mu m^2$，属于低孔、超低渗致密砂岩储层。为了为水力压裂提供压力参数及压裂高度预测，检验压裂效果，分别在压前、压后进行了偶极子声波XMAC－II测井。

2.1 储层岩石力学参数计算

根据偶极子测井提取的纵、横波时差，结合常规测井的地层密度、中子、孔隙度、泥质含量等测井资料，利用Express测井解释系统岩石特性分析模块计算地层纵横波速度比、泊松比、杨氏模量、切变模量、体积弹性模量、体积压缩系数等岩石物理参数；利用确定的岩石物理参数计算出地层破裂压力梯度、闭合压力梯度、破裂压力、闭合压力等岩石力学参数。图3为××268井长8段岩石力学参数计算成果图，其中第5、6、7道为所计算岩石物理参数，第8、9道为计算破裂压力、闭合压力及梯度。长8段主砂体第20、21(2)层油层段破裂压力为35～40MPa，闭合压力24～26MPa；中部泥质砂岩段及21(3)层破裂压力增高；长8段主砂体上部、下部泥岩均为应力高层，破裂压力大于40MPa。

2.2 压裂高度预测

在水力压裂过程中，当井中的压力大于地层的破裂压力时，地层开始破裂。地层初始压

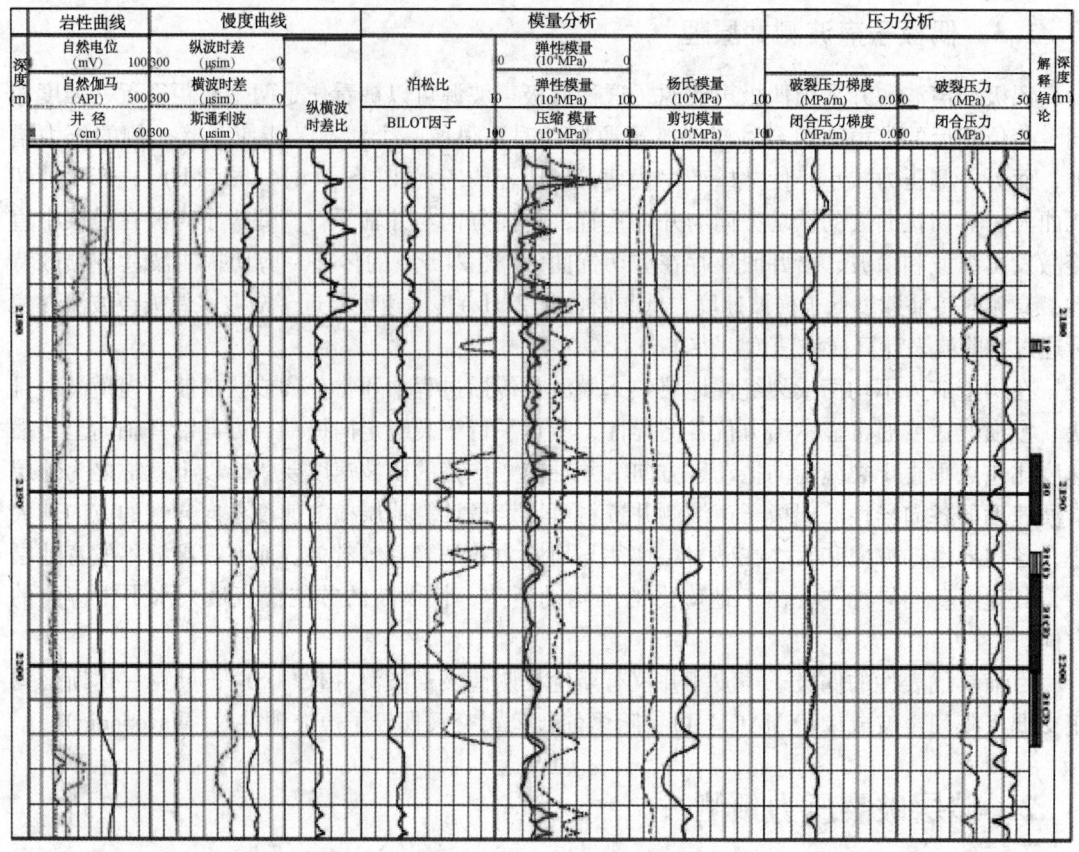

图3　××268井长8段岩石力学参数计算成果图

裂后，连续泵入的压裂液将导致裂缝沿着平行于最大应力和垂直于最小应力方向的平面延伸。这种连续性压裂的压力将低于起始压裂的压力，而大于最小水平应力（闭合压力）。因此，一旦裂缝已经压开，为了保持裂缝开口所需要的压力，在垂直裂缝的情况下，至少将等于最小总水平应力，在一般的情况下，岩石破裂的闭合压力与地层的闭合应力相等，即等于地层最小水平应力。

长8段偶极子声波压裂高度预测图（图4）上可以看出在2188~2205m层段的破裂压力为34~38MPa，闭合压力为26~34MPa，向上、向下都存在着应力高层。在压裂高度预测分析图上，计算初始压裂压力为35.7MPa，明确压力步长为0.4MPa。一个压力步长时，可将2189~2204m地层基本全部压开；2~8个压力步长时，压裂压力为36.5~38.9MPa时，压裂缝仅向下向上延伸至2188~2205m，不能突破砂体，故压裂泵压在35~36MPa时即可压开主要储层段。

××268井长8段实际压裂施工层段为2193~2199m，射孔时间2009年12月22日，压裂时间2009年12月24日，加砂量52m³，破裂压力35.2MPa，关井压力25.1MPa。测井分析与实际破裂压力基本一致，误差仅为0.5MPa，误差1.6%，说明偶极子声波测井计算破裂压力可靠。

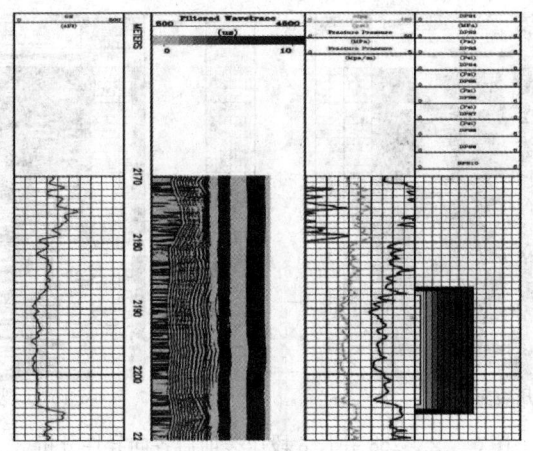

图4　××268井长8段压裂高度预测成果图

3　压裂效果分析

偶极子声波测井能够反映地层各向异性、地层应力、地层力学等性质，当地层被压裂后，受压井段的地层上述性质均会发生不同程度改变。××268井在2188～2205m井段进行了水力压裂施工，通过检测压裂前后所进行的偶极子声波测井，可以对压裂效果进行评价。

3.1　各向异性分析

对压裂前后两次的快慢横波资料进行对比分析发现，在压裂井段2185～2205m，第二次测井(图5)出现了明显的快、慢横波分离，快慢横波方位存在明显的差异。分析各向异性和方位频率统计图(图6)可以看到原始地层快横波方向基本保持一致，为北东－南西向，即最大主应力方向为北东－南西向，图形显示各向异性大小亮度均匀，指示本井压裂裂缝方向为北东－南西向；压裂后，地层应力场发生变化，表现为快横波方向变化大，图形显示各向异性大小突变较多，地层原来存在的各向异性产生了改变。

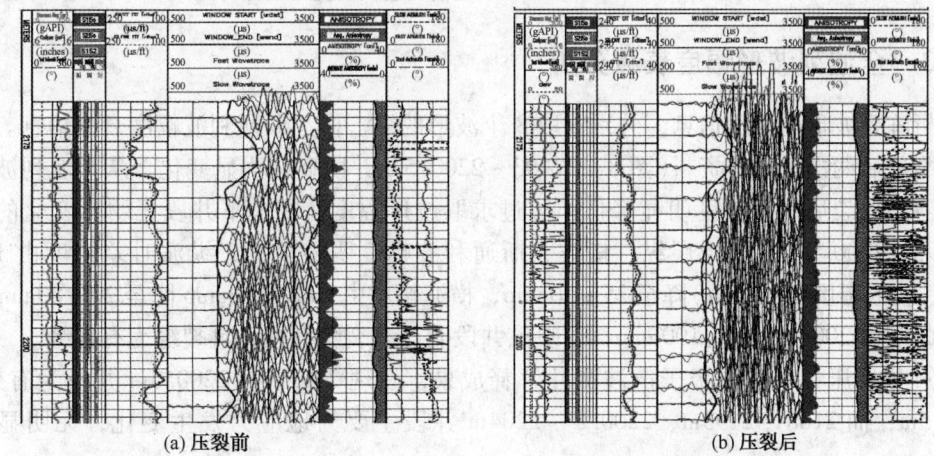

(a) 压裂前　　　　　　　　　　　　　　(b) 压裂后

图5　××268井长8段压裂前后快慢波分离分析

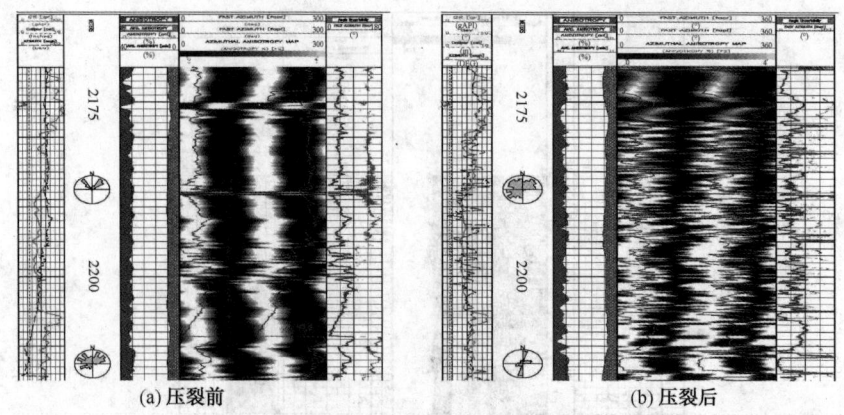

(a)压裂前   (b)压裂后

图6   ××268井长8段压裂前后各向异性分析

3.2   全波列变密度分析

通过对比压裂前后两次的测井资料 VDL 变密度图(图7)可看出，压裂前储层变密度波形形态清晰，波形无干涉；压裂后波列衰减，纵横波干涉较多，且在 2190～2195m 井段，变密度存在两个明显的"人"字波，反映该段存在裂缝。

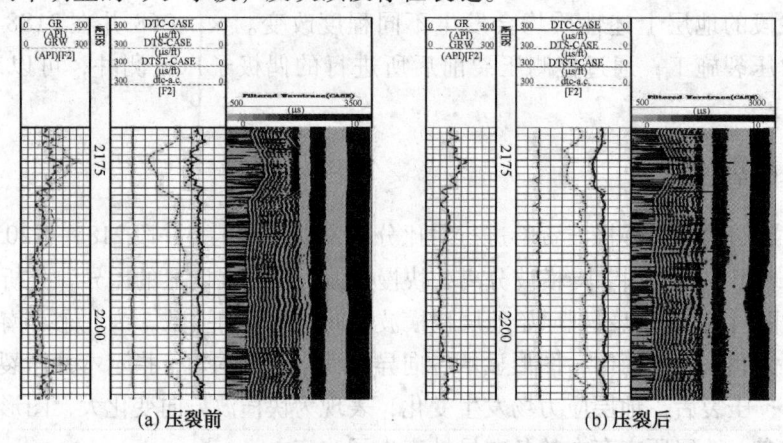

(a)压裂前   (b)压裂后

图7   ××268井长8段压裂前后全波列变密度分析

3.3   全波列波形幅度衰减分析

分析阵列波形的幅度信息，分别求取8个波形的纵、横、斯通利波幅度衰减信息。对比分析压裂前后两次的测井资料(图8)，2193～2200.5m 井段存在明显变化，从全波列波形图上可以看出压裂后波形幅度明显降低；通过求取波形幅度，在上下井段无明显变化的情况下，2193～2200.5m 井段地层纵、横波、斯通利波幅度明显降低，纵波时差幅度由 100～150amp(波形幅度相对单位)降至 25～50amp，横波幅度由 100～200amp 降至 20～80amp，斯通利波幅度由 200amp 降至 100amp，反映该井段明显有裂缝存在，且裂缝为有效缝。

通过分析压裂前后偶极子声波测井解释成果，发现 2193.0～2200.5m 井段为有效缝，缝高 7.5m；而 2188～2193m、2200.5～2204m 井段主要为地应力发生变化，无明显压裂裂缝。

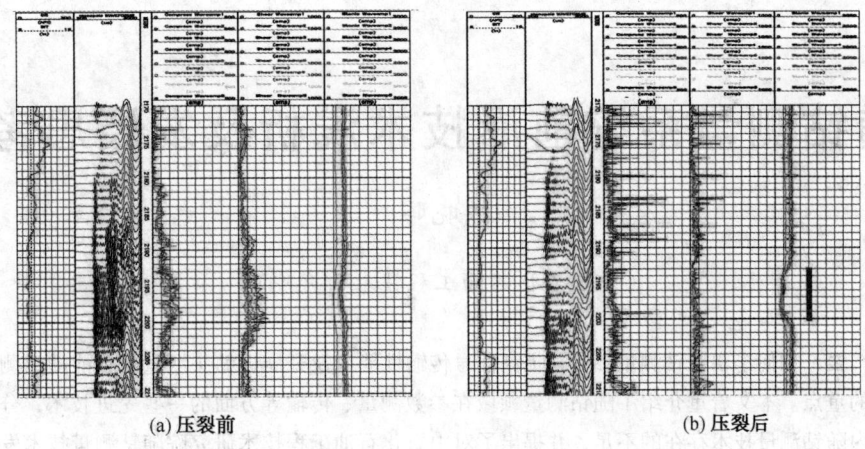

(a) 压裂前   (b) 压裂后

图 8 ××268 井长 8 段压裂前后波形衰减分析

4 结论

(1) 通过分析, 应用偶极子声波测井计算的储层岩石力学参数准确可靠, 并可进行压裂高度预测。

(2) 应用偶极子声波快慢横波各向异性原理, 可以识别地层最大主应力方向, 从而判别压裂裂缝方向。

(3) 对比压裂前后偶极子声波测井全波列波形衰减、幅度变化, 快慢横波各向异性方位和大小变化幅度, 全波列变密度干涉等资料, 可以判断受压井段的地层各向异性、地层应力、地层力学性质变化, 定性判断压裂裂缝高度。

(4) 应用求取的偶极子声波测井波形幅度衰减变化可以判断裂缝的有效性, 幅度衰减越大裂缝越发育, 压裂效果越好。

参 考 文 献

1 易新民, 唐雪萍, 梁涛等. 利用测井资料预测判断水力压裂裂缝高度[J]. 西南石油大学学报(自然科学版), 2006, 31(5): 21~24

2 单大卫, 刘继生, 吕秀梅等. 测井技术在水力压裂设计及压裂效果评价中的应用[J]. 测井技术, 2006, 30(4): 357~360

3 李唯彦, 楚泽涵, 王书贤. 用套管井中声波全波列测井资料评价压裂效果[C]. 1996 年中国地球物理学会第十二届学术年会论文集, 2006: 77

4 王治中, 邓金根, 赵振峰等. 井下微地震裂缝监测设计及压裂效果评价[J]. 大庆石油地质与开发(自然科学版), 2006, 25(6): 76~79

5 王群, 庞彦明, 郭洪岩等. 矿场地球物理[M]. 北京: 石油工业出版社, 2002: 53~60

6 沈琛. 测井工程监督[M]. 北京: 石油工业出版社, 2005: 156~164

随钻测量系统前沿技术浅析及发展思考

陈晓晖

（中国石化石油工程技术研究院）

摘　要　如何丰富随钻测量参数、提高信号传输性能以及开展近钻头测量是目前随钻测量领域研究的重点。本文着重介绍了随钻测量领域在参数测量、传输等方面的一些先进技术，分析了目前国内随钻测量技术存在的不足，并提出了对中石化石油工程技术研究院随钻测量技术发展的认识和建议。

关键词　随钻测量；测量参数；近钻头；传输性能；发展趋势

前言

随着石油勘探开发不断深入，薄油层、难动用储层等非常规油气层的开发已经启动。为了提高油田开发效果和开发效益，超深井、水平井及欠平衡钻井等特殊工艺井技术相继出现并受到广泛重视。这类井的钻井施工难度大，钻井作业时需要及时得到地层、井眼轨迹、钻头位置的准确信息，才能实时调整井眼轨迹，提高中靶率。随钻测量技术(Measurement While Drilling，简称 MWD)是一种实现井下信息与地面监测设备的实时信息交互的技术，能够实时监测井下工程、地质参数，并将测量结果及时传输到地面，为现场工程师准确判断井眼轨迹发展趋势提供参考。随钻测量技术是钻井信息化、智能化的重要技术支持，也是石油工程技术发展的一个重要方向。

1　国外先进随钻测量系统

随钻测量技术的研究最早可以追溯到 20 世纪 30 年代，20 世纪 70 年代成功实现了商业化的生产和应用。80 年代以来，随钻测量技术进入了快速发展时期，Schlumberger、Halliburton、BakerHughes、Weatherford 等大型石油技术服务公司相继推出了一系列产品，使随钻测量技术迅速在多个国家和地区推广应用。

最初，随钻测量产品只有随钻测量仪器(MWD)，只能对井斜、方位角、工具面等工程参数进行测量；随后出现了随钻测井仪器(LWD)，除了测量工程参数，还能测量伽马、中子孔隙度、地层电阻率等地质参数；随着随钻测量技术的不断发展，陆续出现了随钻地震监测(SWD)、随钻压力测量(PWD)等随钻测量工具，测量参数越来越全面。具有代表性的产品包括：Schlumberger 公司的 E – Pluse、Vision 和 Scope 系列，Halliburton 的 Geo – Pilot、Sperry – sun 系列，BakerHughes 的 AziTrak 系列，GE 的 Geolink MWD 系列等。

目前国际随钻测量技术的研究热点主要集中在以下几个方面：

（1）增加测量工具种类，丰富测量参数，以便更全面的为现场工程师提供具有指导意义的信息。

（2）测量工具尽可能靠近钻头，以便消除测量盲区，防止井眼轨迹发展趋势误判。

（3）提高信号传输性能，包括加快传输速率，增大传输距离，增强传输可靠性等，使大量测量结果能够实时送回地面进行处理。

1.1 测量工具多样化、模块化、系列化

随着测量工具种类不断增多，模块化、系列化是随钻测量系统的发展趋势。Schlumberger、Halliburton、BakerHughes 等国外著名石油服务公司生产的随钻测量工具都是一个个独立的功能模块，分别针对不同参数进行测量，这些测量工具短节具有统一的接口和通信协议，能够互相兼容。用户可以根据现场需要，灵活选择不同的工具短节挂接在钻铤上对井下环境进行测量，测量到的参数统一通过遥测系统传输到地面上来。目前各石油服务公司仍在不断开发各种新型随钻测量工具，旨在更准确、更全面的为钻进作业提供参考。下面介绍几种比较先进的随钻测量技术。

1. 全方位电阻率测井技术

实际地层结构中，没有裂缝带、相对完整的区域可以看作地层特性近似的层，表现为各向同性。而大多数区域并不具备地质特性各项均匀的完整性，而是存在很多不同的裂缝带。真实的地层结构可以简化为无数个排列无序的层状结构，而储油层是具有某些特定条件的特殊储集层。最优的油田开发是要求钻井工具准确钻到储油层，并将井布在油藏内合理的位置。油水界面或油顶深度上几米的误差，就可能导致这一部分储量在近期内难以开发，造成不可估量的损失。随钻测量技术的目的，就是综合多套实时测量数据和图像，对钻井工具进行准确指导。

传统的随钻电磁波电阻率仪器能够识别径向地层的电阻率变化，但不能识别方位变化。如图 1（a）所示，假设油层电阻率为 $10\Omega \cdot m$，油层上方是电阻率 $1\Omega \cdot m$ 的页岩层，油层下方是电阻率 $1\Omega \cdot m$ 的水层。无论钻头接近油层下边缘马上进入水层，还是钻头接近油层上边缘马上进入页岩层，传统随钻电磁波电阻率仪器测量到的电阻率曲线是一样的。因此在水平井中，使用传统随钻电磁波电阻率测量仪器很容易造成对井眼轨迹发展趋势的误判，作出错误的调整方案导致钻头钻出储层，而及时发现错误后立刻调整也会造成局部油层层段的损失。

近年来，更先进的全方位电阻率测井技术迅速得到认可。这种技术将传统电阻率发射 - 接收天线系中的一个或多个接收天线倾斜安装，使发射和接收线圈直接形成一个不为 90°的角度。测量时多个接收线圈同时工作，每个线圈都有自己的灵敏范围，在两个线圈之间的灵敏范围交叠的区间，灵敏度增强。钻进时测量仪器随钻具旋转，当仪器处在各向同性地层环境中时，旋转过程中接收天线收到的电磁信号强度和相位不变。当仪器处在各向异性环境中时，旋转过程中不同方位分区接收到的电磁信号强度和相位将发生改变，越接近两个地层边界，这种改变越明显，从而实现定向测量。同时利用这个角度，可以分别计算两个相互垂直方向上的水平电阻率、垂直电阻率和储层倾角，实现各向异性识别。图 1（b）描述了在图 1（a）所示的地层环境中，使用全方位电阻率测量仪获得的电阻率曲线，通过对比上下接收线圈系所获得到电阻率曲线，能够准确判断钻头的前进趋势。

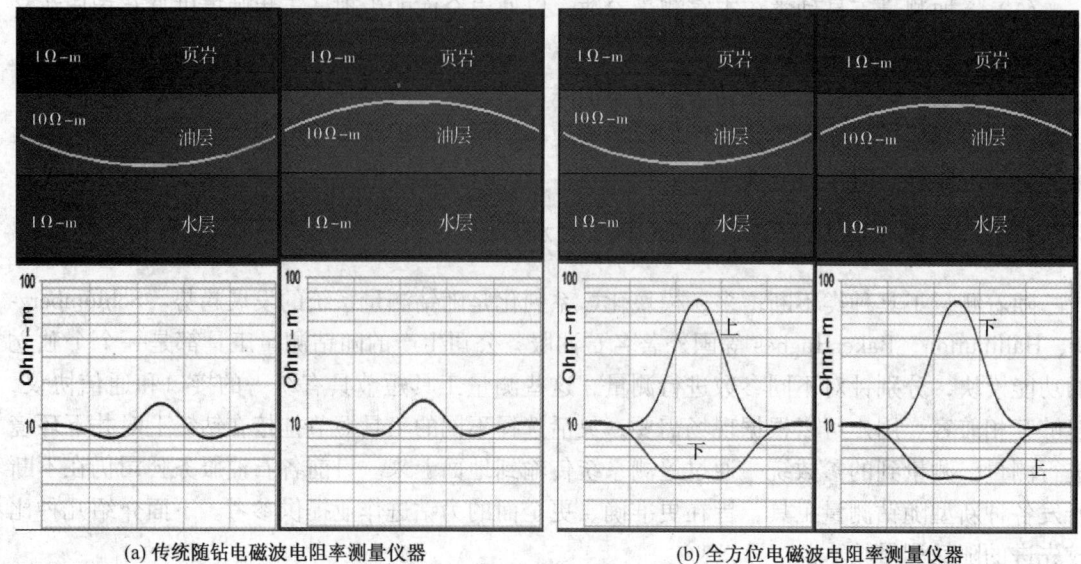

(a) 传统随钻电磁波电阻率测量仪器　　　　　(b) 全方位电磁波电阻率测量仪器

图1　不同电磁波电阻率测量仪器电阻率曲线比较

Halliburton 公司的 Azimuthal Deep Resistivity ADR™（图2）首次使用了全方位电阻率测量技术[1,2]，该仪器单体长度 7.6m，拥有 121mm 和 171mm 两种外径尺寸，125k、500k、2M 三种发射频率，提供具有 205mm 垂直分辨率的相移补偿和衰减电阻率曲线，还有范围从 410mm~5.5m 的 14 个探测深度，具有实时方位成像、实时地质导向、实时地质模型和实时储集层评价等功能。此后 Schlumberger 以及 Baker Hughes 公司也相继推出了自己全方位电阻率测量产品，如 Schlumberger 的 Periscope™、Baker Hughes 的 ᴬziTrak™。

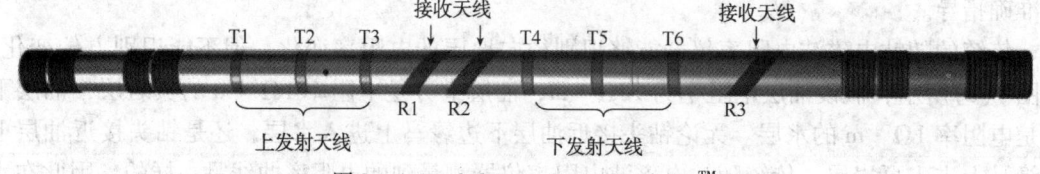

图2　Azimuthal Deep Resistivity ADR™

图3描述了哈里伯顿公司的 ADR 仪器在某井的实测数据，包括了地层密度成像、电阻率曲线、伽马曲线、井眼轨迹等。使用全方位电阻率测量技术，根据探测到的深部地层方位电阻率的信息，在轨迹出储层之前就能很好地实时预测出最合理的调整方案，确保轨迹在储层里行进。

2. 随钻地层流体采样技术

地层流体取样工具能够在井下不同深度（也可以是同一深度）处抽吸，起到高压物性取样的效果，并获得多个地层流体样品。通过对流体样品进行分析，能够定性或定量了解地层的流体性质，获得地下流体压力信息，计算地层渗透率，从而帮助判断油气水层，了解储层油气性质以及帮助对疑难解释层的认识，在探井、评价井及对疑难层的评价中有着极高的应用价值。

常规地层流体取样工具是通过电缆下放至井内，此时地层已经钻开很长一段时间，取得的样品已被钻井液污染，导致评价结果不够准确。随钻获取地层流体样品是岩石物理学家和油藏工程师多年的梦想，但由于钻井过程中井下空间狭小、温度压力高、很难满足仪器大功

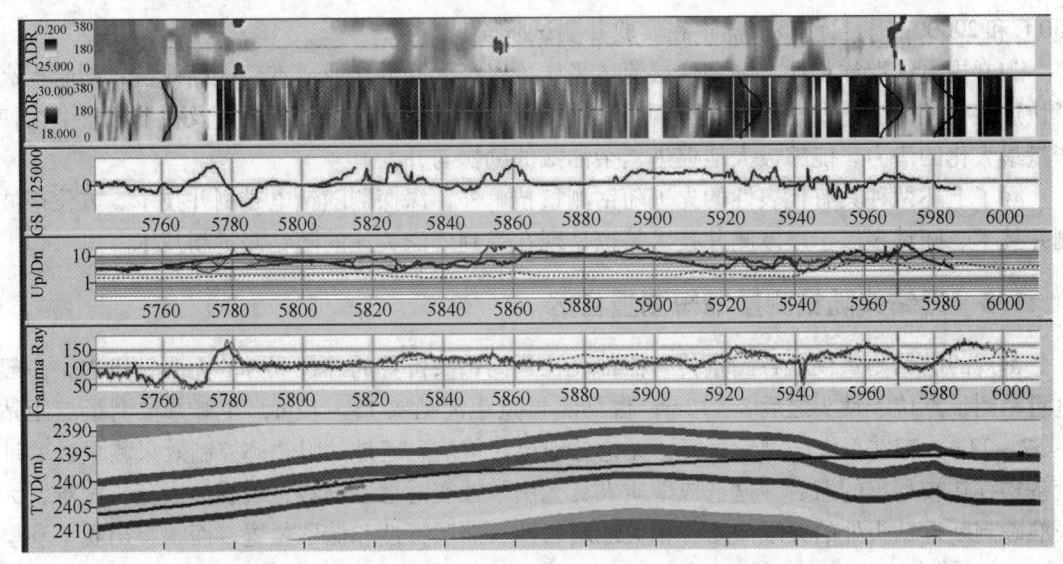

图3　哈里伯顿公司 ADR 仪器在某井实测数据

率供电需求等因素的制约，一直没有商业化产品问世。直到 2010 年，哈里伯顿公司才研制出了安装在钻铤内的世界第一套随钻地层流体识别与取样工具 GeoTap IDS[3]，并于 2010 年 5 月 3 日率先宣称成功完成了 GeoTap IDS 的现场测试，在 BG Norge 公司位于挪威海上的 34/5－1 S Blåbær 探井中成功采集了地层流体样品。GeoTap IDS 可一趟钻获取 15 个以上的流体试样以及不限次数的压力测试。操作该装置的动力由依靠钻井液循环驱动的涡轮发电机提供。第一套装置安装在 Φ171.45mm 的钻铤内，额定压力 172.38MPa。图 4 为哈里伯顿公司的 GeoTap IDS 传感器。

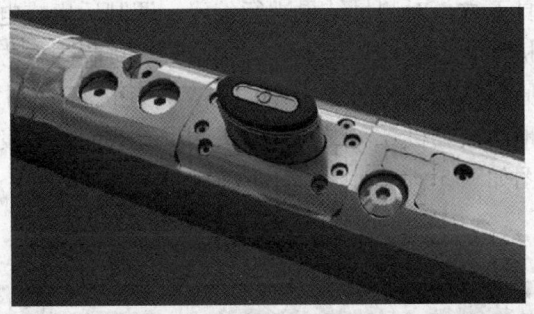

图4　GeoTap IDS 随钻地层流体识别与取样工具

随钻地层流体采样技术是地下油气流体采样技术的革命性突破。应用该项技术能够在钻井暂停期间采集地层流体样品，非常适合高成本钻井环境（如深水探井）下采集地层流体样品。此时地层刚被钻开数小时，被钻井液污染程度较轻，降低了井眼损害的可能性，能够取得更清洁的样品。同时使用随钻地层流体采样技术，无需进行钻后电缆流体采样作业，节省钻机时间和成本，加速油藏表征进程。

目前随钻地层流体采样技术已成为国内外研究的热点，继哈里伯顿之后，斯伦贝谢公司也宣称正在进行随钻地层采样仪器的实验测试研究。斯伦贝谢公司的随钻采样仪器由以下几个部分组成：探头模块、抽汲模块（含流体性质传感器——电阻率单元和 10 道光谱仪）、多个采样模块（每个模块装配 3 个 450cm³ 的采样瓶）和动力模块，额定温度和压力分别为

150℃和20000psi。目前该仪器正在实验井测试阶段。

与常规电缆取样相比，随钻地层流体采样可以极大降低作业成本、提高效益，同时提高了快速表征流体变化及指示油藏分割情况的能力。它具有优化井眼位置以及在油藏寿命内使产量最大化的潜力，能够极大地促进复杂油藏的勘探与开发。

除了上述两种具有代表性的先进随钻测量技术外，深探测随钻电磁测井技术、方位声波测井技术、随钻多极子声波测井技术等也是现在受到广泛关注的随钻测量新技术。

1.2　近钻头随钻测量缩短测量盲区

常规的随钻测量仪器各测量传感器都装在远离钻头位置的螺杆上方的无磁钻铤内，一般电阻率测量点位于钻头之后 8～12m，伽马测量点距离钻头 13～15m，井斜方位测量点距钻头 17～22m，存在很大的测量盲区，无论是地层评价信息还是井眼轨迹控制效果测量、验证设备均存在较严重的滞后。这造成地质人员无法掌握实时地层资料，现场地层分析困难，无法准确判断近钻头处的井眼倾角、相关地层岩性、储层特性和储层位置。而一旦出现不利层位，钻进10余米滞后才会被发现，即便立即调整井眼轨迹也会造成至少30m以上的进尺损失，特别是在地层非均质性较为严重、有较多夹层分布的地区，这种现象更加明显。调整后的井眼轨迹也呈波浪式形态，影响后期钻井安全和完井作业质量。

近钻头随钻测量技术的出现弥补了常规随钻测量仪器的不足。近钻头随钻测量仪器的各参数传感器都安装在靠近钻头的位置，能够对伽马、电阻率、井斜、方位角等工程参数、地质参数进行测量，然后使用无线短传技术（目前常用电磁无线传输方式）使测量结果跨过螺杆钻具、泥浆马达等导线无法穿过的仪器或设备，发送给上方的 MWD[4]。

近钻头随钻测量技术的工作原理是将近钻头传感器采集到的数据传输给信号发射机。信号发射机安装在螺杆钻具下方，对测量结果进行编码、调制后生成电磁信号，通过发射天线将数据输出；信号接收机安装在螺杆钻具上方，接收天线接收到电磁信号后经前置放大、滤波、解调解码后，将还原后的测量传输给上端的 MWD，由 MWD 利用泥浆脉冲或者电磁传输等方式将数据发送至地面接收机，实现了近钻头测量参数向地面发送的全过程。近钻头随钻测量仪器的结构示意图如图 5 所示。

图 5　近钻头随钻测量仪器结构示意图

目前国外大型石油技术服务公司都推出了自己的近钻头随钻测量产品，如 Schlumberger 公司的 PowerDrive 系列[5]、Halliburton 的 Sperry 系列、BakerHughes 的 AutoTrak 系列等都能实现近钻头位置处工程、地质参数的实时测量。

1.3　传输性能不断优化

随着测量参数种类的不断增多，井下向地面实时传输的数据也越来越多。但由于受到数据传输速度的限制，大量数据存储在井下仪器的存储器中，起钻后才能回放。同时随着深井、超深井技术的不断发展，对随钻信息传输距离的要求也不断提高。因此如何优化传输性能提高传输速度、增大信号传输距离成为随钻测量技术研究的关键问题之一。

目前存在的随钻信息传输方式主要包括光纤、特种钻杆等有线传输方式和钻井液脉冲、电磁波、声波等无线传输方式。表 1 对这些传输方式的传输性能进行了比较。其中光纤和特种钻杆虽然拥有很高的传输速率，容易实现双向通讯，但前者非常细小、易磨损，只适合短时间内使用，目前传输距离直到达 915m，仍处在研究和试验阶段；后者的商业化产品包括美国 Intelliserv 公司的智能钻杆系统和 Reelwell 公司的实时钻杆遥测系统，但使用智能钻杆需要对所有钻杆进行改造，开发成本很高；使用声波传输的随钻测量产品最具代表性的是哈里伯顿公司的 Dynalink 声波遥测系统[6]，声波传输开发成本较低，但井眼产生的低强度信号和钻井设备产生的声波噪声使信号探测非常困难，码间干扰、噪音、声波能量的衰减等方面的研究尚不成熟。因此目前随钻测量产品大多采用钻井液脉冲和电磁波无线传输。

表1　随钻信息传输方式比较

传输方式	传输介质	传输深度/m	传输速率/(bit/s)	钻井液介质	开发成本
有线传输	光纤	1000	1M	不需要	高
	特种钻杆	6000	1～2M	不需要	高
无线传输	钻井液脉冲	>6000	1～50	必需	中等
	电磁波	600～6000	1～120	不需要	中等
	声波	1000～4000	100	不需要	较低

钻井液脉冲无线传输技术传输距离远，可靠性高，目前已经很成熟，广泛应用于随钻测井。但钻井液脉冲的数据传输速率较低，一般为 4～16bit/s，目前最新的钻井液脉冲遥测系统传输速率能够达到 50bit/s，而且这种传输方式需要钻井液作为传输介质。随着测量参数的逐渐增多和欠平衡钻井、气体钻井技术的广泛应用，钻井液脉冲传输将逐渐无法适应现场应用的需求。

电磁波无线传输以钻柱为天线，通过绝缘段将钻柱分为上下两段，电磁波激励信号加到上下两端钻杆之间，在地层中形成一定的电磁场，通过检测地面上的电极感应的电势差的变化来接收井下发射的数据信息。它的传输速率比泥浆脉冲传输速率高(目前斯伦贝谢公司的电磁遥测系统能达到 120bit/s)，同时能实现双向通讯，不用开停泵即可传输信息，能够用于空气、泡沫或泥浆的欠平衡钻井。这些优点势必使电磁传输在将来的随钻测量中起到越来越重要的积极作用。目前有代表性的电磁随钻测量系统包括 Schlumberger 的 E－Pulse XR 电磁遥测系统、GE Sondex plc 公司的 Geolink MWD 系统、Weatherford 研制的 TrendSET? 等。但是电磁传输的传输距离一直是桎梏电磁随钻测量系统广泛应用的原因。电磁波信号在地层中传输时会发生衰减，低阻层衰减现象更加严重。同时提高信号载波频率，也就是加快传输速率，也会加速电磁波信号的衰减速度。因此目前电磁传输速率较低，同时传输深度一般只能达到三千多米，仅能在较浅的井中得到比较好的效果。

因此在提高传输速率的同时延长传输距离是目前电磁波遥测系统研究的重点。这只能依赖于地面微弱信号检测及处理技术的研究以及井下电磁信号中继器的开发。

地面微弱信号检测及处理技术旨在提高地面接收机从大量环境噪音中提取非常微弱信号的能力，从而更有效地从噪音中鉴别有用信号，实现测量结果的还原，从而扩展信号传输距离。2011年2月，美国sharewell公司推出了新型sharewell EM – MWD电磁遥测系统，该系统利用星际深空导航和导弹制导系统相关的新技术，系统的关键部件是数据融合接收器，它采用数据融合技术，利用多个输入道将各种输入 – 接收源融入单一可解码信息包，从而能够大大提高系统抗噪能力，与其他电磁系统相比，可以在更大深度上传输数据。

而井下电磁信号中继技术率先由哈里伯顿公司实现了商业应用。井下电磁信号中继器主要用于实现井下电磁信号的接收、放大和转发。中继器接收机接收到电磁随钻测量系统发射出来的电磁信号后，对信号进行放大、解码、解调等处理将信号还原，获得井下参数的测量结果，然后将测量结果经过重新编码调制，以不同的载波频率发送给地面接收机，实现了井下信号的中继、转发。使用中继器可以打破载波频率和地层电阻率对电磁信号传输距离的桎梏。信号可以使用较高的载波频率进行发射，拥有较高的传输速率，信号衰减到一定程度时就使用中继器进行转发，多级中继器连用可以大大提高仪器传输距离。目前井下电磁中继技术在国际上是非常前沿的技术，商业化产品只有哈里伯顿公司的Mercury™ EM遥测系统，该系统使用中继器后传输距离由原来的10000ft（3048m）扩展到18000ft（5486m）。目前斯伦贝谢公司也正在进行井下电磁中继器的研究和试验，但尚无产品问世。

2 随钻测量系统国内研究现状及发展思考

2.1 国内研究现状

国内各大石油单位和研究院所也早已意识到随钻测量技术的重要性，并纷纷开展随钻测量专项技术的研究，国内随钻测量技术发展十分迅速[7,8]。

表2描述了目前国内主要的随钻测量产品，其中中石油钻井工程技术研究院[9]和中石化胜利钻井院先后开发了目前比较先进的近钻头地质导向钻井系统，前者测量传感器距离钻头不到3m，后者传感器与钻头只相距0.8m。信号传输方面，国内随钻测量产品大多采用泥浆脉冲传输，中石化工程技术研究院研制了国内第一台电磁随钻测量系统CEM – 1 EM – MWD[10]，传输距离达3090m；此后胜利钻井院也开展了电磁随钻测量和信号传输钻杆技术的相关研究工作。

虽然国内随钻测量技术发展比较迅速，也取得了一定的成果，但由于起步较晚，在提高现有技术应用能力以及发展配套技术等方面仍然有巨大的空间。现有随钻测量技术存在的问题主要有以下几点：

（1）测量参数比较单一。国内产品大多只能够对井斜、方位角、地层电阻率、伽马等常见的工程、地质参数进行测量，目前随钻压力测量、随钻流体分析、深探测电阻率等先进随钻测量技术国内仍是一片空白。同时国内产品还没有建立产品系列化的概念，他们大多尚未提出通讯协议和接口方面的企业标准，而是将仪器所需的多种测量传感器都集成在仪器中，测量工具没有独立化、模块化。这样很难在不改动仪器结构的前提下实现测量参数的扩充，也对仪器维修、维护造成了不便。

（2）测量可靠性相对不足。随钻测量可靠性包括测量设备可靠性和测量曲线有效性两个方面。经过多年不断改进、完善，现有国产随钻测量设备的可靠性已经有了很大提高，但由于国内机加工能力、装配精度等方面水平的制约，相对于国外同类设备，国产测量装备不能正常工作的比例仍然较大，仍然需要在结构设计、元器件性能、现场应用规范等方面继续改进。目前国产测量设备大多只能提供伽马、电阻率等参数各一条曲线，进入储层后很难判别有利层位相对于正钻井眼的空间关系，急需提升同时提供深浅层多条随钻测量曲线的能力。

（3）传输性能较低。目前国内产品无论是泥浆脉冲传输还是电磁波传输传输速率大多只有 1 ~ 12 bit/s，远远无法满足现场数据传输的需要。同时电磁随钻测量作为唯一能够应用于欠平衡钻井的商业化产品，传输距离只有三千多米，无法满足深井的需要。因此提高信号传输速率、增大电磁信号传输距离也是我国随钻测量设备急需解决的技术问题。

（4）随钻解释能力相对欠缺。随钻测量的目的就是实时采集井下的工程、地质参数，并根据测量结果对钻进方向进行指导。而目前我国随钻测井资料实时解释的能力相对较弱，随钻解释指导作用难以发挥。因此需要增加随钻测量设备的深度测量层次，尽可能随钻与钻头的测量间距，同时形成三维随钻解释能力，从而实现对井眼轨迹调整的直观指导作用。

表2 国内随钻测量技术研究现状

单位名称		仪器名称	测量参数	传输方式
中石化	石油工程技术研究院	CEM - 1 电磁随钻测量仪	井斜、方位角、工具面、温度	电磁波（12bit/s）
	胜利钻井院	SL - MWD 地质导向系统	随钻地震、伽马、电磁波电阻率、密度、中子	泥浆正脉冲电磁波
		SL - NBGST 近钻头地质导向系统	井斜、多扇区方位伽马	
中石油	随钻仪器制造中心	FELWD 三参数地层评价随钻测井仪	居中伽马、方位伽马电阻率、电磁波电阻率、伽马侧向、可控源中子	泥浆脉冲（2bit/s）
	钻井工程技术研究院	CGDS172NB 近钻头地质导向钻井系统	电阻率、方位电阻率、方位自然伽马、井斜、方位角、温度	泥浆脉冲
	渤海钻探	德玛 - LWD 地质评价无线随钻测井仪器	工程参数、地质参数评价	泥浆正脉冲
中海油	LWD 系统 2010 年现场测试成功			
胜利伟业、大庆钻探、航空航天部、海蓝、普利门等也正在开展随钻测量专项技术研究				

2.2 对工程院随钻测量技术发展的认识

中石化石油工程技术研究院在国内电磁随钻测量研究领域起步较早，2004 年就已租用俄罗斯 ZTS 电磁随钻测量系统在胜利油田辛 110 - 斜 8 井开展现场试验，开始了对电磁随钻传输技术的调研工作。2006 年起工程院便投入了电磁随钻测量系统的自主研发工作，设计定型了我国第一台自主研发的电磁随钻测量系统 CEM - 1 型电磁随钻测量仪，并在多口井进行了实钻应用试验，都收到了不错的现场应用效果。2010 年 9 ~ 10 月，CEM - 1 型电磁随钻测量仪在大牛地气田 D66 - 129 定向井和 DPS - 2 水平井进行了实钻应用试验，仪器累计入井工作时间 344.3h，纯钻时间达 245.8h，信号传输深度达到 3090.38m[11]，整套仪器的性能指标已达到国际同类产品的先进水平。现在工程院正在开展新型地面接收机、井下电磁信号中继器、随钻压力测量等领域的研究工作，其中中继器已基本完成研发工作，将于今年进入现场试验阶段，新型地面接收机和随钻压力测量方面的工作也已取得了一定进展。可以预见，井下信号中继器和新型地面接收机现场实钻试验一旦获得成功，即可打破地层电阻率对电磁信号传输速度和传输距离的限制，标志着中石化石油工程技术工程院的电磁随钻信息传输技术已达到了国际领先水平。

但不可讳言的是，我院的随钻测量系统仍存在一些问题：

（1）测量参数单一，只能对井斜、工具面、方位角等工程参数进行测量。如要扩大 CEM – 1 型电磁随钻测量仪的应用范围，必须不断开发新的测量功能模块，提高仪器测量能力，完善仪器性能。为了多个功能模块能够互相兼容、灵活组合和协调工作，必须首先制订接口和通讯协议的企业化标准，并按标准开展多种测量工具的研发工作，实现各测量工具短节之间的互连互通。

（2）开展近钻头随钻测量技术研究。目前 CEM – 1 型电磁随钻测量仪的测量探管安装在动力钻具上方的无磁钻铤内，距离钻头距离比较远，测量盲区较大。如要提高产品现场指导作用，须攻克井下信号短传技术，实现参数近钻头测量。

（3）目前 CEM – 1 型电磁随钻测量仪传输速率一般只有 10bit/s 左右，为了实现更高的传输速率，除了使用电磁信号中继器外，还需对井下信号发生器的工作频率和效率不断优化。

（4）需进一步对信号双向通讯、高温高压随钻测量等技术开展研究工作，进一步缩短与国外随钻测量产品的差距。

3 结论与建议

（1）目前国际随钻测量产品拥有以下共性需求：测量工具种类丰富，测量参数更全面，最大限度的实现近钻头测量以及尽可能的提高数据传输性能。

（2）我国随钻测量仪器丰富程度和可靠性与国外同类产品有较大差距，现阶段我国随钻测量技术发展的重点仍然是现有技术应用能力的提高以及随钻测量工具、仪器的开发与配套。

（3）我院电磁随钻信息传输技术已取得了重要成果，但测量参数种类和近钻头测量等方面仍然存在不足，为了提高产品应用范围，值得开展相关研究。

（4）随钻测量技术是钻井、测井、机械、电子等专业知识和技术的综合应用，它的发展需要开展跨专业、跨部门的密切合作，可以考虑通过更灵活的组织形式进行技术攻关。

参 考 文 献

1 Michael Harris, David Byrd, Mike Archibald, et al. Real – Time Decisions with Improved Confidence using Azimuthal Deep Resistivity and At – Bit Gamma Imaging While Drilling[A]. Proceeding of SPE Offshore Europe Oil & Gas Conference & Exhibition [C]. Aberdeen, UK, 8 ~ 11, September, 2009

2 Roland Chemali, Michael Bittar, Bronwyn Calleja, et al. Real Time Deep Electrical Images, a Highly Visual Guide for Proactive Geosteering[A]. Proceeding of AAPG GEO 2010 Middle East Geoscience Conference & Exhi-

bition[C]. Manama, Bahrain, 7～10, March, 2010

3　Linda Hsieh. Fluid Sampling[J]. Drilling Contractor, 2009, 03/04：20, 26

4　Timothy M. Price, Donald H. Van Steenwyk, Harold T. Buscher. Electric Field Communication for short range data transmission in a borehole[P]. US：2009/0153355 A1, 2009

5　http：//www. slb. com/services/drilling/directional_ drilling/powerdrive_ family/powerdrive_ x5. a － spx

6　http：//www. halliburton. com/public/ts/contents/Data_ Sheets/web/H/H04930. pdf

7　武磊. 随钻测井技术新进展[J]. 工业技术, 2010, 30：56

8　郭彦军, 张辛耘等. 对我国发展随钻测井技术和装备的思考[J]. 石油仪器, 2007, 21(2)：1～4

9　李林. 随钻测量数据的井下短距离无线传输技术研究[J]. 石油钻探技术, 2007, 01：45～48

10　刘修善, 杨春国, 涂玉林. 我国电磁随钻测量技术研究进展[J]. 石油钻采工艺, 2008, 30(5)：1～5

11　刘科满, 牛新明, 杨春国等. CEM1 型 MWD 在鄂北地区的现场应用研究[A]. 2011SPE 著名演讲人讲学及学术研讨会论文集[C]. 中国, 溧阳, 2011

镇泾油田致密砂岩钻井泥浆侵入正、反演计算

廖东良[1,2]   肖立志[1]

（1. 油气资源与探测国家重点实验室；2. 中国石化石油工程技术研究院）

摘 要 钻井泥浆侵入到地层中会影响储层的饱和度和地层电阻率，通过油、水两相渗流模型和混合流体模型正演出泥浆侵入后的地层饱和度和电阻率分布，反演过程采用最优化方法来完成，并对混合流体正演模型和反演模型进行了修正，修正后的模型计算结果更准确。本文通过镇泾油田致密砂岩泥浆侵入深度和电阻率的正、反演计算结果发现，泥浆的侵入深度与钻井泥浆滤失量、地层孔隙度和持水率有关，泥浆侵入深度的复杂性与地层孔隙结构的复杂性是一致的。

关键词 致密砂岩；孔隙结构；侵入；正、反演；渗流模型；电阻率

前言

钻井泥浆滤失到地层中会对地层产生伤害，预测泥浆侵入深度对储层的开发具有重要的意义。泥浆滤失存在动滤失和静滤失，动滤失是在泥饼形成之前，通常这个时间是在钻开地层 2 ~ 3h 之间，此时泥浆滤失速度很快，泥饼形成后达到一个稳定的渗流速度[1,2]。这个过程在实验中容易实现，但在钻井过程使用的泥浆量较大，不利于确定每个地层的泥浆滤失速度，本文通过滤失到地层的总泥浆量来计算泥浆侵入深度，该方法更具有可操作性和容易实现。同时，利用混合流体电阻率模型来计算泥浆侵入后的地层电阻率分布，在计算混合流体电阻率时，通常用束缚水饱和度模型[3,4]，但该模型不适用于冲洗带混合流体电阻率的计算，采用持水率计算模型能很好地表述泥浆侵入过程中混合流体电阻率大小。泥浆侵入深度的计算可以通过阵列型电阻率测井资料反演得到[5~8]，反演效果取决于反演结果稳定性、反演速度和反演质量，本文利用最优化算法进行反演，并对反演模型进行修正，取得了良好效果。

镇泾油田致密砂岩具有低孔、低渗透的特点，砂岩孔隙结构复杂，泥浆侵入深度变化较大，研究其侵入深度的变化规律对了解致密砂岩的孔隙结构、选择钻井泥浆体系和制定储层的开发方案具有积极意义。

1 镇泾油田致密砂岩孔隙结构

镇泾油田位于鄂尔多斯盆地西南部，目前发现的主要含油气地层为侏罗纪的延安组延 8、延 9 及三叠纪的延长组长 9、长 8、长 6。镇泾油田储层孔隙度、渗透率较低，孔隙度平均为 9.0%，渗透率平均为 $0.4 \times 10^{-3} \mu m^2$，属于低孔、低渗的致密砂岩储层。砂岩的岩石类型以石英砂岩、长石砂岩、岩屑砂岩为主，岩性主要以细砂岩为主，填充物主要有伊利石、自生黏土、高岭石、方解石、硅质等，填充物平均含量 5.5%。岩石磨圆度以次棱角状

为主、分选中等至较好、接触关系主要为点－线和线状接触，胶结类型以薄膜－孔隙式和孔隙式为主。

孔隙类型主要以原生粒间孔、粒内溶孔为主(图1)，裂缝较发育。裂缝主要以高角度裂缝为主，裂缝角度为60°～90°(图2)。镇泾油田致密砂岩孔隙类型为孔隙型和孔隙－裂缝性，孔隙结构较复杂，通过核磁共振研究能清晰地描述其孔隙结构。

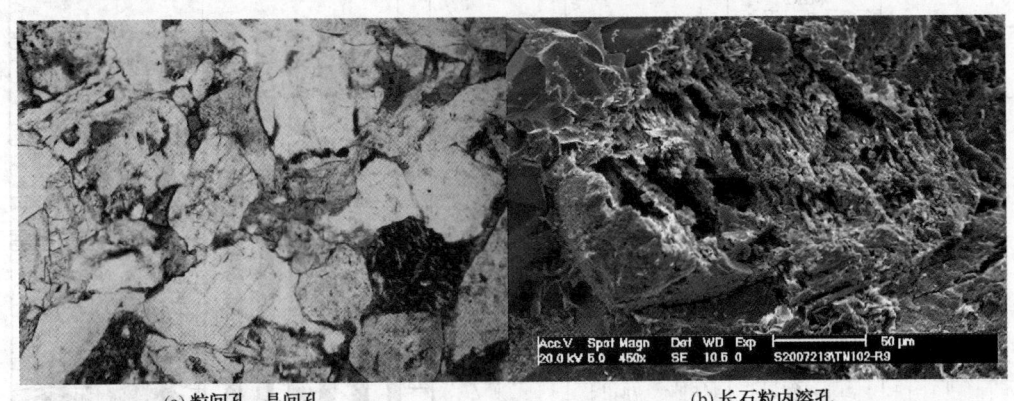

(a) 粒间孔、晶间孔   (b) 长石粒内溶孔

图1 不同类型孔隙结构

通过气驱前、后岩心核磁共振测试对比发现，镇泾油田致密砂岩 T2 谱结构通常为双峰和三峰孔隙结构(图3、图4)，气驱后 T2 谱结构为单峰或双峰，图3中由气驱前的三个 T2 谱峰变为气驱后的一个 T2 谱峰，说明有效孔隙流体被完全驱出，留下的是束缚流体。而图4 中气驱前有二个 T2 谱峰，气驱后仍然是二个 T2 谱峰，说明部分有效孔隙流体被驱出，留下的除束缚流体之外，还有裂缝存在(图2 中2125.7m)，由于裂缝的存在使气驱后的核磁共振 T2 谱呈现双峰特征。

2 钻井泥浆侵入正演计算

由于镇泾油田中裂缝普遍为高角度裂缝，相比低角度裂缝而言，其裂缝渗透率较低，在钻井过程中对泥浆侵入的影响不如低角度裂缝影响大，因此在计算过程中对裂缝不需要单独考虑。假设不考虑重力的影响，油、水两相渗流的数学模型为：

$$- \nabla(\rho_i \vec{\nu_i}) = \frac{\partial(\phi \rho_i S_i)}{\partial t} \tag{1}$$

式中，i 为油/水相。假设流体密度保持不变、孔隙度不可压缩性，则可以写成：

$$\begin{cases} - \nabla(\vec{\nu_w}) = \phi \dfrac{\partial(S_w)}{\partial t} \\ - \nabla(\vec{\nu_o}) = \phi \dfrac{\partial(S_o)}{\partial t} \end{cases} \tag{2}$$

由于 $S_w + S_o = 1$，则式(2)中两者相加得：$\nabla(\vec{\nu_w}) + \nabla(\vec{\nu_o}) = 0$。

在极坐标下写成：

$$\frac{1}{r} \frac{\partial}{\partial r}(r\nu_w + r\nu_o) = 0 \tag{3}$$

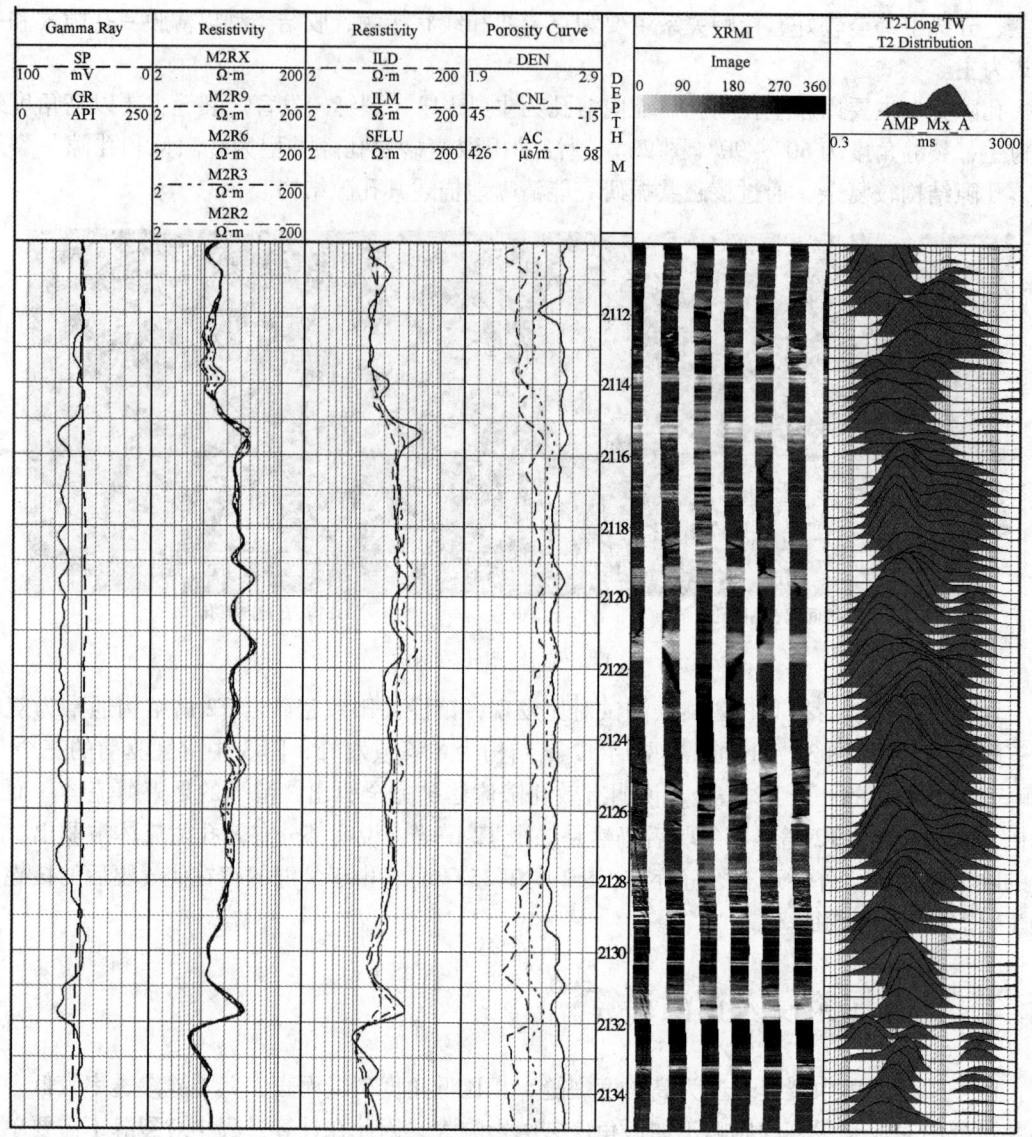

图2 致密砂岩高角度裂缝示意图

式中：ν_o、ν_w 为油、水相渗透速度，由式（3）知（$r\nu_w + r\nu_o$）是与空间位置无关的常数。假设 $\nu_w + \nu_o = \nu_t$，$\nu_w/\nu_t = f_w$，得出 $r\nu_w = r\nu_t f_w$，其中 f_w 为持水率，满足关系式：$f_w = 1/\left(1 + \dfrac{\mu_w K_o}{\mu_o K_w}\right)$，则有 $\dfrac{\partial r\nu_w}{\partial r} = r\nu_t \dfrac{\partial f_w}{\partial S_w}\dfrac{\partial S_w}{\partial r}$，代入式（2）水相模型得出：

$$\nabla(\vec{\nu}_w) = \frac{1}{r}\frac{\partial r\nu_w}{\partial r} = \nu_t \frac{\partial f_w}{\partial S_w}\frac{\partial S_w}{\partial r} = -\phi\frac{\partial S_w}{\partial t} \tag{4}$$

由于地层中的含水饱和度为一常数，则 $dS_w = 0$，即 $dS_w = \dfrac{\partial S_w}{\partial r}dr + \dfrac{\partial S_w}{\partial t}dt = 0$，进一步化简得 $\dfrac{dr}{dt} = -\dfrac{\partial S_w}{\partial t}\bigg/\dfrac{\partial S_w}{\partial r}$，用式（4）代入得：

$$\frac{\mathrm{d}r}{\mathrm{d}t} = -\frac{\nu_t \frac{\partial f_w}{\partial S_w}}{\phi} \tag{5}$$

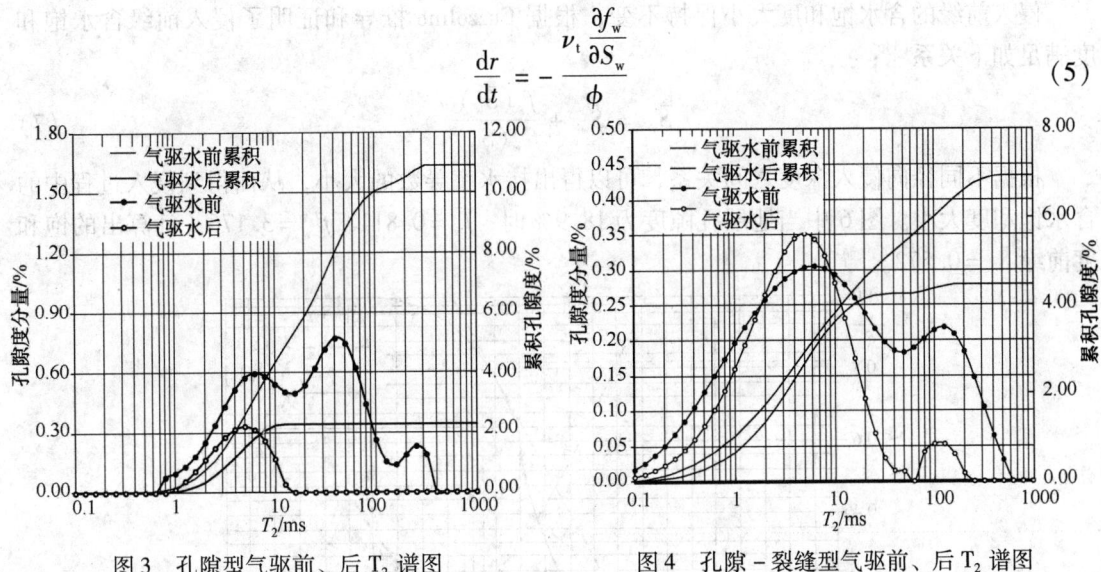

图 3   孔隙型气驱前、后 T_2 谱图   图 4   孔隙－裂缝型气驱前、后 T_2 谱图

假设 $f'_w = -\frac{\partial f_w}{\partial S_w}$，则有 $\frac{\mathrm{d}r}{\mathrm{d}t} = \frac{\nu_t f'_w}{\phi}$。假设 $q(t)$ 为 t 时刻的泥浆侵入量，r 为井眼半径，则有 $\frac{\mathrm{d}r}{\mathrm{d}t} = \frac{q(t)f'_w}{2\pi rh\phi}$，进一步积分得：

$$r^2 = r_0^2 + \frac{f'_w}{\pi h\phi}W(t) \tag{6}$$

式中，$W(t)$ 为 t 时刻内总的泥浆侵入量，$\mathrm{m^3/d}$。式（6）为泥浆侵入深度与钻井泥浆量之间的关系，侵入深度与渗透性地层的孔隙度、井眼半径和钻井泥浆滤失量等有关，由于 f'_w 与含水饱和度有关，因此可以得到在径向上的渗透层含水饱和度分布，图 5 中某地层残余油饱和度为 21%，束缚水饱和度为 31%，原状地层含水饱和度为 35%，侵入过程中井壁处含水饱和度为 79%，在泥浆滤失量一定的情况下，孔隙度越小，泥浆在地层径向方向上侵入深度越深，对于同一孔隙度，随着泥浆的侵入，含水饱和度逐渐减小，在泥浆侵入前缘部位存在一个含水饱和度的突变，这个前缘含水饱和度并不随着孔隙度的变化而变化[7]。

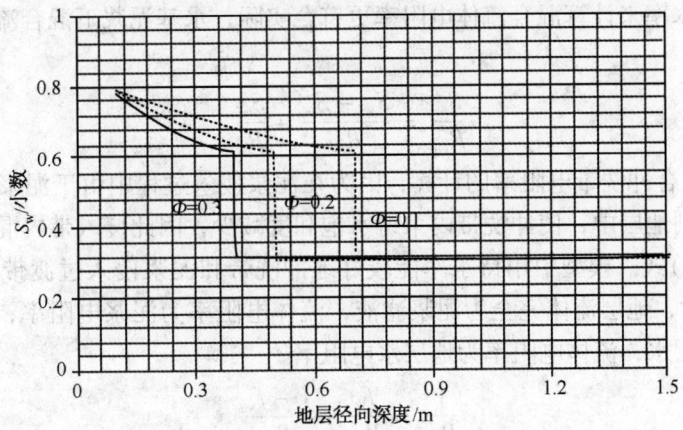

图 5   不同孔隙度条件下泥浆侵入在径向方向上的含水饱和度分布

侵入前缘的含水饱和度大小保持不变，根据 Cozzolino 推导和证明了侵入前缘含水饱和度满足如下关系[3]：

$$\overline{S}_w = S_{wi} + \frac{f_w(\overline{S}_w)}{f_w'(\overline{S}_w)} \tag{7}$$

根据不同径向侵入深度之间关系，可以得出持水率导数的大小，从而得到侵入过程中的含水饱和度大小。图 6 中当地层孔隙度为 18.9% 时，$f_w = 0.811$，$f_w' = 3.176$，计算出的饱和度前缘 $\overline{S}_w = 0.572$。

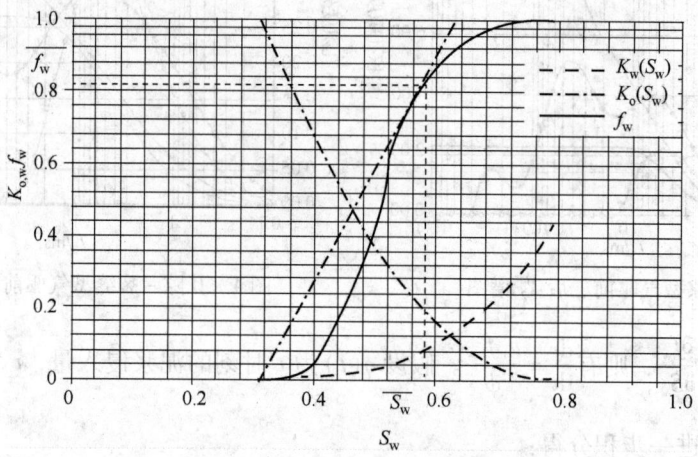

图 6 泥浆侵入前缘含水饱和度示意图

计算出泥浆侵入径向方向上的含水饱和度和混合流体电阻率后，根据阿尔奇公式就可以计算地层径向方向的电阻率分布。

$$R(r) = \frac{aR_{eq}}{\phi^2 S_w^2(r)} \tag{8}$$

式中，R_{eq} 为混合流体电阻率，许多文献采用 (9) 式计算 R_{eq}。当泥浆电阻率比地层水电阻率高许多时，冲洗带的混合流体电阻率接近地层水的电阻率，这与测井资料不符，因为非润湿相泥浆侵入油、水地层时，在压差作用下泥浆会把非润湿相的残余油驱替到更深的地层中，在冲洗带范围内束缚水的影响是减少的，而 (9) 式包含了全部束缚水对冲洗带混合流体的影响。本文利用持水率来计算混合流体电阻率更符合实际，水基泥浆下混合流体电阻率满足关系式为 (10) 式。

$$\frac{S_w}{R_{eq}} = \frac{S_w - S_{wi}}{R_{mf}} + \frac{S_{wi}}{R_w} \tag{9}$$

公式 (9) 不适合冲洗带电阻率的计算，因为在泥浆侵入过程中由于泥浆冲刷作用，一部分束缚水被冲刷到地层中，使冲洗带内束缚水饱和度减少，因此侵入带内混合流体电阻率计算模型修正为 (10) 式。模型中用持水率能较好地冲洗带和泥浆侵入过渡带内混合液电阻率情况，当 $f_w = 1$ 时，地层流体完全为泥浆滤液，流体电阻率为泥浆电阻率；当 $f_w = 0$ 时，地层流体完全为地层水，流体电阻率为地层水电阻率。

$$\frac{1}{R_{eq}} = \frac{f_w}{R_{mf}} + \frac{1 - f_w}{R_w} \tag{10}$$

图 7 中地层孔隙度为 30%，束缚水饱和度为 31%，残余油饱和度为 21% 时，泥浆循环

侵入 24h 后，泥浆侵入深度为 1.16m，侵入前缘含水饱和度为 49.3%。根据公式(9)、(10)分别计算了混合流体电阻率[图7(a)为(9)式计算结果，图7(b)为(10)式计算结果]，然后根据(8)式计算了泥浆侵入地层电阻率分布。

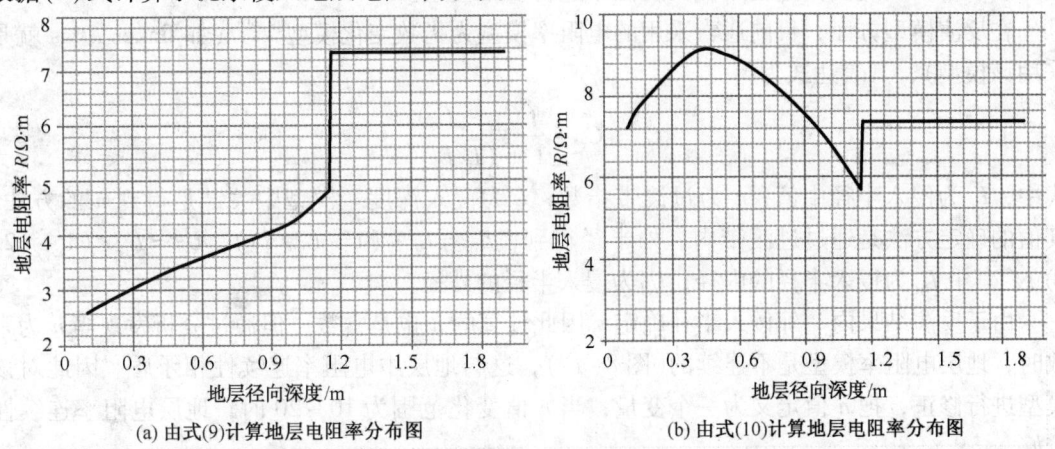

(a) 由式(9)计算地层电阻率分布图　　　　(b) 由式(10)计算地层电阻率分布图

图 7　由公式(9)、公式(10)分别计算的地层电阻率分布图

对于图 2 中镇泾油田某井，通过分析钻井泥浆数据发现，在 2115~2130m 井段泥浆滤失量在 $0.2~0.3\text{m}^3$，该地层平均孔隙度为 8.6%，根据(6)式计算出泥浆侵入深度范围为 $0.45~0.56\text{m}$。

3　钻井泥浆侵入反演计算

钻井泥浆的侵入深度可以用阵列型测井仪器来反演，本文以阵列感应测井曲线来反演钻井泥浆侵入深度。反演效果好坏通常取决于反演模型和算法两个方面，在反演算法方面采用最优化反演算法，在反演模型方面对原有的模型进行了进一步的修改，使其有广泛适用性。

根据非线性加权最小二乘原理与误差理论来建立阵列感应最优化测井解释目标函数的数学模型为[9~11]：

$$\min F(x,a) = \min \sum_{i=1}^{m} \frac{[a_i - f_i(x,z)]^2}{\sigma_i^2 + \tau_i^2} + \sum_{j=1}^{p} \frac{g_j^2(x)}{\tau_j} \tag{11}$$

式中　a_i——经过环境校正的电阻率测井值向量，如阵列感应曲线；

x——反演变量；

z——测井深度点位置；

$f_i(x, z)$——第 i 条不同探测深度的阵列感应测井响应方程；

σ_i——第 i 种实际阵列感应测井值的测量误差；

τ_i——第 i 条阵列感应测井响应方程的误差；

$F(x, a)$——最优化测井解释的目标函数；

$g_j(x)$ 与 τ_j——对 x 的第 j 种不等式约束及其误差。

在最优化反演算法方面采用一维搜索和多维搜索相结合的算法[11]，一维搜索算法采用抛物线插值法。一维搜索算法目的是计算反演变量变化过程中的最佳步长，求出该抛物线的极小点，从阵列感应测井曲线反演目标函数(11)看出他是一个二次抛物线方程，因此在选择一维搜索算法中采用的是抛物线插值搜索算法，该算法能有效地和目标函数相适应，有利于快速提高搜索速度。多维搜索算法中由于变尺度法校正矩阵不易变为奇异矩阵，而且具有全局收敛性，因此反演过程用变尺度法来进行多维搜索。

在反演模型方面，目前通常采用的电阻率模型为指数变化模型[9~10]（如 Baker Atlas 就是采用该模型），其表达式为：

$$C = C_t + \frac{(C_{xo} - C_t)}{1 + (L/L_i)^n}$$

式中，L_i 为侵入半径中值；n 为过渡带指数，L 为侵入深度。模型中关键是得到 n 的方法，其值的确定方法是通过过渡带内、外半径得到，$L_{i1} = L_i \cdot (1 - (2/n))$，$L_{i2} = L_i \cdot (1 + (2/n))$。其中 L_{i1} 为侵入半径的内径；L_{i2} 为侵入半径的外径。

由于反演结果内、外侵入半径确定，因此计算的 n 也是常数，但通过分析发现当 n 为常数时，地层电阻率模型是不连续的(图8(a))，这与地层中电阻率连续性相矛盾。因此对该模型进行修正，把 n 值定义为一个变量，当 n 值变化范围为 10~20 时，地层电阻率连续性较好。

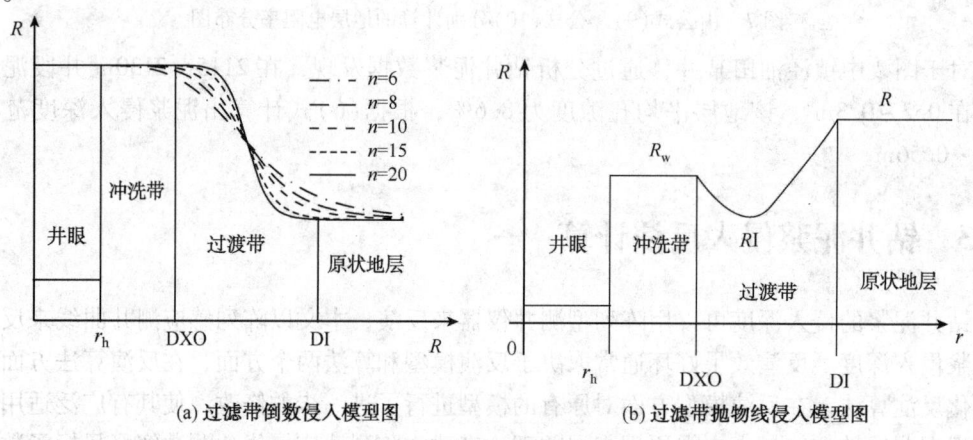

(a) 过滤带倒数侵入模型图　　　　(b) 过滤带抛物线侵入模型图

图8　过渡带侵入模型图

由于泥浆侵入地层不但存在高侵和低侵现象，也存在过渡带电阻率可能会出现侵入带电阻率低于或者高于冲洗带与原状地层电阻率的情况，即高阻环带或低阻环带现象，这时指数模型和倒数模型就不适合，因此运用抛物线模型，如图8(b)所示。

过渡带电阻率抛物线模型可表示为：

$$C = ar^2 + br + c$$

该抛物线模型可以进一步表示为：

$$C = a(r - L_m)^2 + R_{Im}$$

式中，R_{Im} 为抛物线的极值；a 为模型的二次项系数；L_m 为过渡带内极值电阻率的泥浆侵入深度。

抛物线电阻率模型比其他模型更符合过渡带内电阻率的实际变化情况，还有利于发现泥浆侵入过程中形成的低阻环带或高阻环带。

对于通常情况下应用的指数模型，由于其径向电阻率是连续的，因此可以直接计算其测井响应。但对于抛物线模型下，阵列感应测井响应考虑冲洗带、过渡带和地层真电导率和对应的几何因子乘积之和，如下所示：

$$f = G_{XO} \cdot C_{XO} + (G_I - G_{XO}) \cdot C_I + (1 - G_I) \cdot C_t \quad\quad (12)$$

式中，f、C_{XO}、C_I、C_t 分别表示响应方程中电导率、冲洗带电导率、侵入带电导率和地层真电导率；C_{XO}、G_I 分别表示冲洗带几何因子、侵入带几何因子，与地层深度和仪器结构有关。

构造好了阵列感应测井响应方程后，就可以利用最优化算法进行反演求解。对镇泾油田同一口井阵列感应测井资料进行了反演，反演结果如图 9 所示。从图中看出在 18 号层的上部，深度为 2115 ~ 2124m 泥浆冲洗带非常浅，泥浆侵入深度为 0.3 ~ 0.4m 之间；而在 2124 ~ 2128m 井段，泥浆冲洗带深度在 0.15 ~ 0.29m 之间，泥浆侵入深度为 0.45 ~ 0.5m 之间。这个反演结果跟正演计算的泥浆侵入深度基本一致，从该井的成像测井资料发现在 2124 ~ 2128m 井段明显比 2115 ~ 2124m 井段裂缝发育多，由于裂缝的发育导致泥浆的冲洗深度和侵入深度增加。

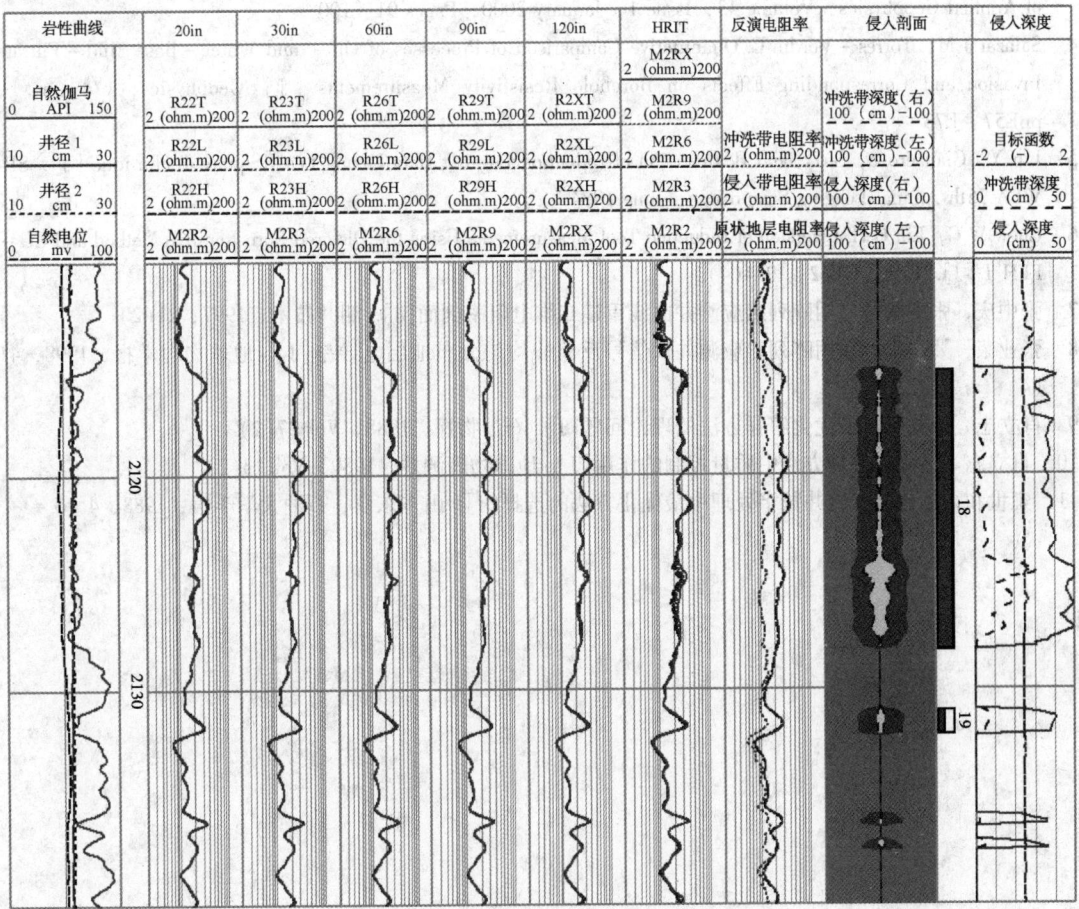

图 9　阵列感应测井反演泥浆侵入深度示意图

4　结论

（1）镇泾油田致密砂岩孔隙结构复杂，孔隙类型主要以原生粒间孔、粒内溶孔为主，裂缝主要以高角度裂缝为主，泥浆侵入深度。

（2）通过分析钻井泥浆的滤失量、地层孔隙度和持水率计算泥浆的侵入深度，相对于地层的侵入速度，该方法更具有可操作性和容易实现。

（3）利用持水率计算混合流体电阻率模型能很好地适应冲洗带、过渡带和原状地层流体电阻率，根据该模型计算地层电阻率更符合实际。

（4）阵列感应反演模型用抛物线模型时，具有更广泛的适用性，能反演出高阻环带和低阻环带现象。

参 考 文 献

1 焦棣. 动态滤失过程中泥饼形成的研究[J]. 钻井液与完井液，1995，12(1)，9~12

2 焦棣. 低渗地层动态泥饼形成的研究[J]. 钻井液与完井液，1995，12(3)，22~25

3 K Cozzolino. A new look at multiphase invasion with application to borehole resistivity interpretation [J]. Journal of Applied Geophysics, Volume 43, Issue 1, January 2000, Pages 91~100

4 Salazar J M, Torres – Verdín C. Quantitative Comparison of Processes of Oil – and Water – Base Mud – Filtrate Invasion and Corresponding Effects on Borehole Resistivity Measurements [J]. Geophysics, v74, no.1, ppE57~E73

5 Lin Y, Gianzero S, Strik land R. Inversion of Induction Logging Data U sing Least Square Techn ique [J]. SPWLA 25th Annual Logging Symposium, June 1984

6 Chew W C, Liu Q H. Inversion of Induction Tool Measurements Using the Distored Born Iterative Method and CG – FFH T [J]. IEEE, GE32, 1994(4)

7 张中庆，张庚骥等. 用阵列感应测井曲线重建二维电阻率剖面[J]. 测井技术，1997，21(2)

8 张业荣，聂在平. 利用阵列感应测井仪信号反演非均匀分布地层电导率[J]. 地球物理学报，1998，41(4)

9 肖立志. 测井资料最优化解释方法的理论问题[J]. 石油物探，1988，Vol.27(2)

10 肖立志. 最优化解释方法中质量控制的作用[J]. 地球物理测井，1989，Vol.13(2)

11 雍世和，孙建孟. 测井数字处理中最优化方法的选择[J]. 山东东营，石油大学学报，1988，4~5

成像测井资料在油气勘探工程中的应用分析

谢关宝　李三国　秦黎明

（中国石化石油工程技术研究院）

摘　要　测井技术是石油天然气勘探与开发重要石油工程技术之一。随着测井技术的进步与发展，成像测井在生产中的比例越来越大，如何充分发挥成像测井技术在工程中的应用，是摆在测井与工程技术人员面前的共同挑战。文中从钻井工程、储层压裂改造及开发工程中3个方面出发，详细阐述了各种成像测井技术在其中的应用；展望成像测井资料在工程中的应用，其提供了解决油气田勘探开发中遇到的工程技术问题新途径，同时通过测井及工程人员的共同努力也可推动成像测井资料解释处理技术及仪器技术的发展。

关键词　成像测井；油气勘探工程；井眼稳定性；压裂高度预测；套损检测

前言

测井是石油天然气勘探与开发重要石油工程技术之一。国内外众多学者在发挥测井资料在测井资料工程应用方面取得显著成绩。Alford P M、唐晓明等研究了利用声波测井资料评价地层各向异性的方法，利用地层各向异性参数和快横波方位指示地层的裂缝和地应力信息[1~8]；J Durhuus、刘之的、苏静、黄华等研究了利用成像测井资料计算地应力的方法[9~15]；唐林、徐绍成等利用超声波技术预测岩石力学强度的原理和模型[16]；朴玉芝、赵素红等利用测井资料和力学理论相结合确定合理钻井液密度的方法[17]；Papamichos E、金衍、王力、刘春雨、杨锐等通过研究测井资料与计算井壁稳定性所需的岩石各弹性参数间的关系，分析利用测井资料计算井壁稳定条件[18~20]。

随着测井技术的进步与发展，各类测井参数都由二维向三维成像发展，井眼覆盖率也进一步提高，蕴含的地层信息也更为丰富，因此，如何综合利用各类成像资料解决工程技术难题是未来测井资料工程应用的发展方向之一。文中详细叙述了成像测井资料在油气勘探工程中综合应用实例。

1　在钻井工程中的应用

1.1　地层缝洞识别与定量分析

利用声、电成像测井资料，可以直观反映地层缝洞发育情况，分析地层缝洞特征参数（面孔率、裂缝宽度、裂缝孔隙度等），分析地层地层各向异性大小与方向，进而指导分析钻井过程的参数变化，为钻井安全钻进提供科学依据。

如图1所示，塔河地区奥陶系碳酸盐岩地层，有效裂缝以北西倾向裂缝为主，因此水平井的井眼如果能垂直或接近垂直穿过这些北西倾向的裂缝时，油井的产量最高[21]。

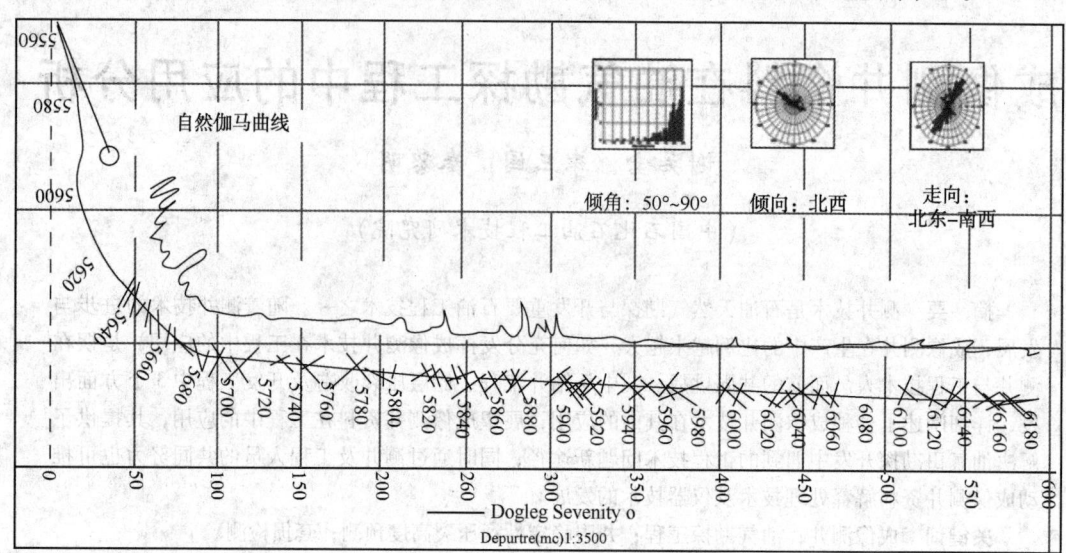

图1　TK457井奥陶系泥微晶灰岩地层有利储层发育段分布图

根据成像测井解释，TK457井水平井眼垂直穿过裂缝，裂缝、溶洞都比较发育，具有良好的储集性，其中5809.0~5974.0m井段储层裂缝孔洞发育最好(图2)。该井在5597.97~6193.57m井段进行了原钻具测试求产，平均日产液稳定在108m³。通过在该地区应用成像测井与地震资料相结合，综合指导塔河地区奥陶系侧钻井钻进，使该地区建产率达到70%以上。

1.2　井眼稳定性分析

对于已经完钻的井眼，利用纵、横波时差和密度等曲线以及地层评价成果，建立解释模型来计算泊松比、杨氏模量、切变模量、体积弹性模量等岩石力学参数[22]，在此基础上进行井眼稳定性分析，得到全井段的孔隙压力梯度、坍塌压力梯度、漏失压力梯度、破裂压力梯度等重要参数，建立钻井液水力以及力学安全窗口来分析实际钻井液密度对井眼的影响，用于指导后续区域钻井的工程设计，包括选用合适的套管程序、合适的钻井液密度，特别是针对地下复杂压力系统，解决窄泥浆密度窗口难题，达到平衡、安全、快速钻进，防止油气层污染和井眼垮塌或地层压漏造成的钻井工程事故。

以LS101井为例(图3)，从评价结果看出井壁坍塌压力梯度分布在1.4~1.8g/cm³，地层孔隙压力梯度分布在1.5~1.8g/cm³，裂缝漏失压力梯度分布在1.9~2.2g/cm³，井壁破裂压力梯度分布在2.3~2.6g/cm³。本井井眼稳定性评价井段钻井液密度为1.93~1.98g/cm³，大于地层坍塌压力梯度且小于地层破裂压力梯度，位于力学安全窗口内，可以保证井壁的力学稳定性，井径比较规则。钻井过程中4284~4301m曾发生过漏失，根据井眼稳定性评价结果分析原因如下：4131~4165m、4268~4324m井段内所用的钻井液密度接近甚至略大于地层裂缝性漏失压力梯度，在渗透性层段极易发生钻井液漏失；除此之外，如果钻井液循环起来后，其环空的当量循环密度很有可能超过破裂压力梯度，形成压裂缝，从而导致钻井液漏失，成像图上确实看到了对称分布的垂直压裂诱导缝。

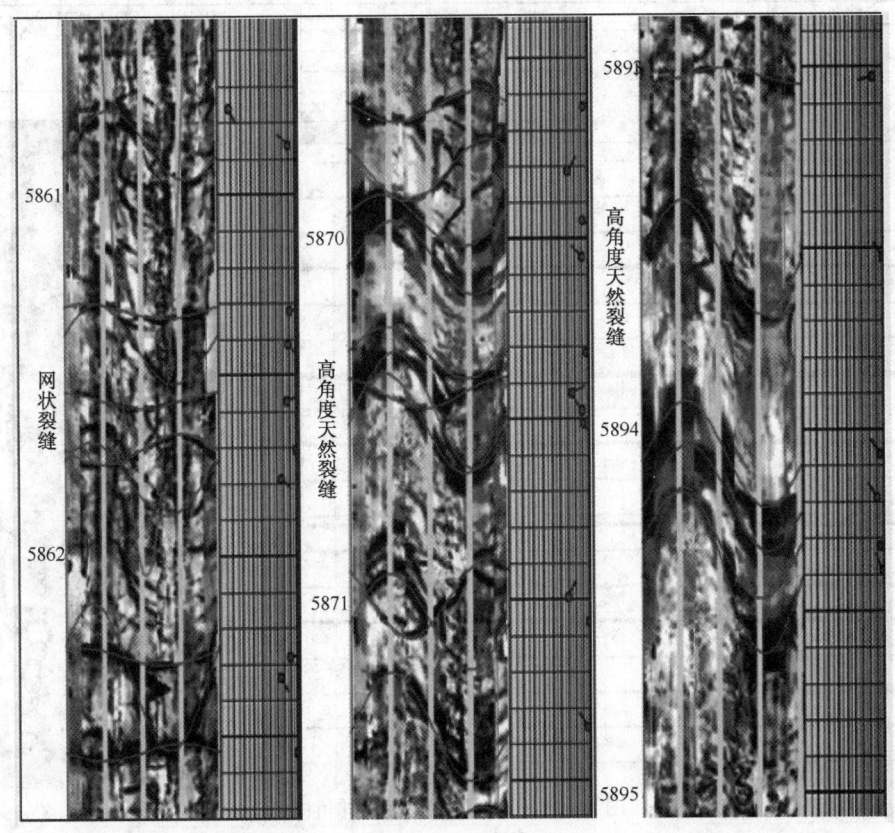

图 2　TK457 井天然裂缝特征(5860.0 ~ 5895.0m)

1.3　地应力方向判断

　　测井资料可以准确判断现今地应力方向，通过地应力方向的研究，可以优化井位部署。针对水平井、侧钻井钻探，利用测井资料判断地层最大主应力方向和裂缝走向已成为水平井、侧钻井轨迹设计关键环节，对今后的水平井、侧钻井的钻进方向具有指导意义。除此之外，根据理论和实际资料证实，地层被压开后裂缝的方向与现今地层最大主应力方向一致，因此现今最大主应力方向是部署压裂开发井网的重要依据。

　　Y935 井成像用井壁崩落法、诱导缝法确定地层最大水平主应力方向为 N125°E，各向异性法确定地层最大水平主应力方向为 N115°E，压裂后用微地震法监测计算出的压裂裂缝方位 N122.6°E，三者之间具有很好的对应性(图 4)，从而验证了利用各向异性法预测压裂缝方向的可靠性。

1.4　随钻地质导向

　　在钻井过程中使用了随钻测井进行地质导向，可以保证实时井眼轨迹的精确控制，确保水平井眼一直处于油层的有利部位。目前有比较完整的随钻电、声、核测井系列，随钻地层压力、随钻核磁共振测井以及随钻地震等。

　　图 5 是 TK238H 井使用随钻测井实时调控的井眼轨迹图。从图 5 可以看出，该井水平段

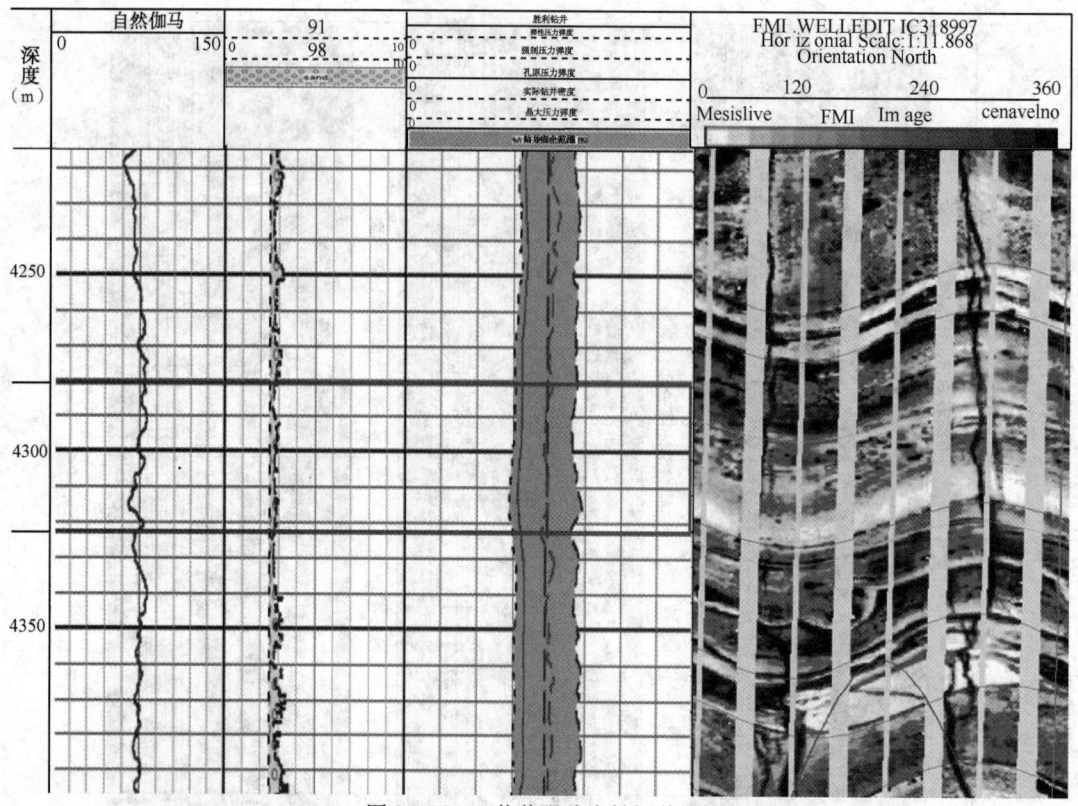

图3 LS101井井眼稳定性评价图

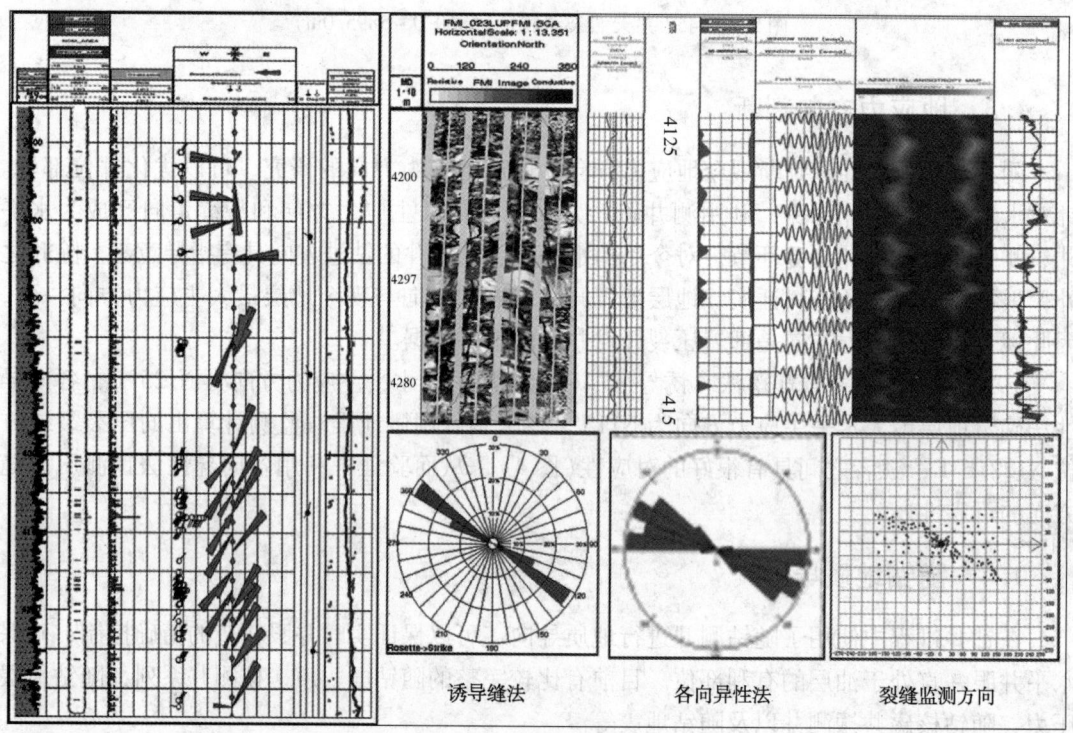

图4 Y935地应力方向预测对比图

钻遇 4 段油层，3 段低渗透泥质粉砂岩夹层。在 300m 的水平段中，钻遇含油砂岩 276m，钻遇率为 92%。

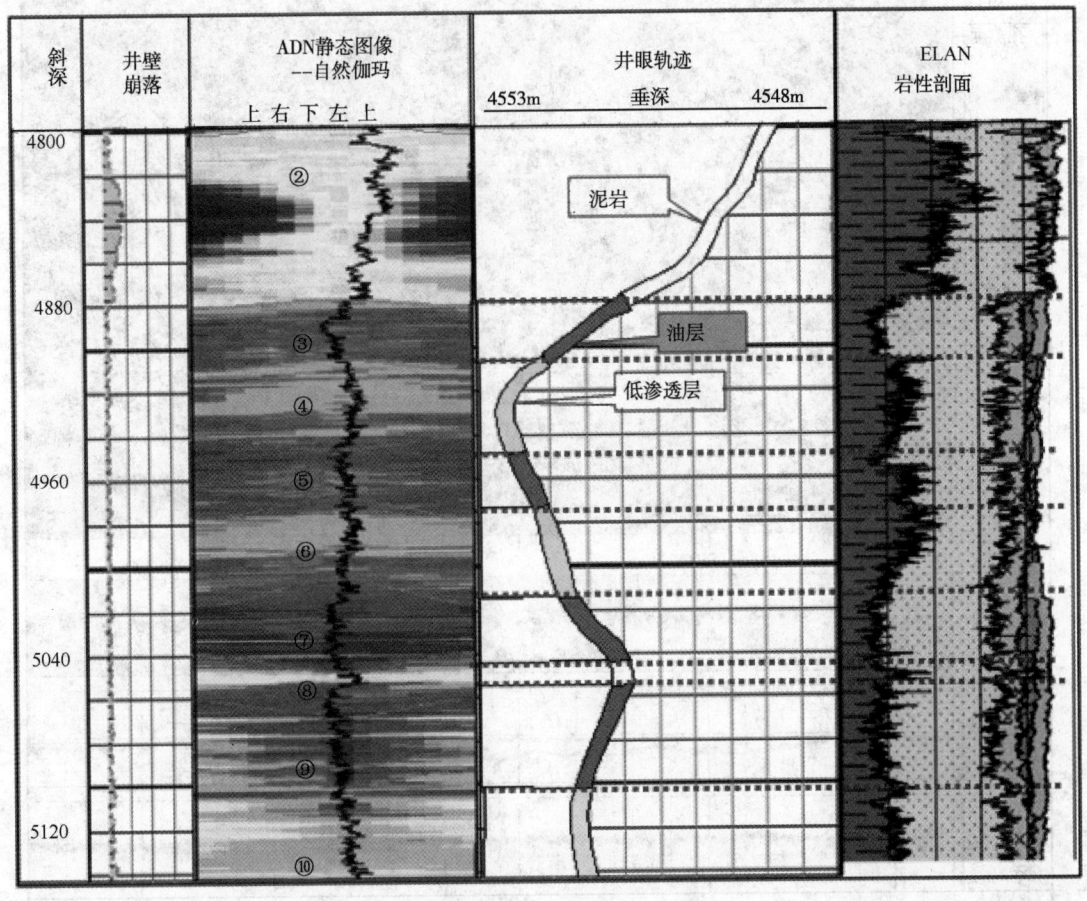

图 5 随钻测井调控的井眼轨迹图

图 6 是使用随钻测井的孔隙度绘制的油藏剖面图。图 6 显示，实钻中目的层界面与设计有误差，实际垂深比设计的低近 5m，在斜深 4880m 钻出泥岩，进入含油砂岩，在 4885m 钻进低渗透层，后上翘，再返回油层。图 6 的色标代表地层孔隙度。

2 在储层压裂改造中的应用

2.1 储层压裂缝高的预测

在试油和酸化压裂时都要对层位泵入压力进行预测，泵入压力过小，不能压裂储层，达不到压裂的目的；泵入压力太大，可能会把邻近水层压透，造成油水窜槽。此外，对于岩石力学特性差异较大的目的层，不能同时进行压裂，必须进行单压。压裂高度预测就是利用岩石力学计算得到地层最小破裂压力及在一定的等效压力递增下，相应的压裂缝的纵向延伸高度以及方向。

图 7 是 GBG1 井压裂高度预测成果图，对 37 号、38 号气层进行压裂预测结果表明，压

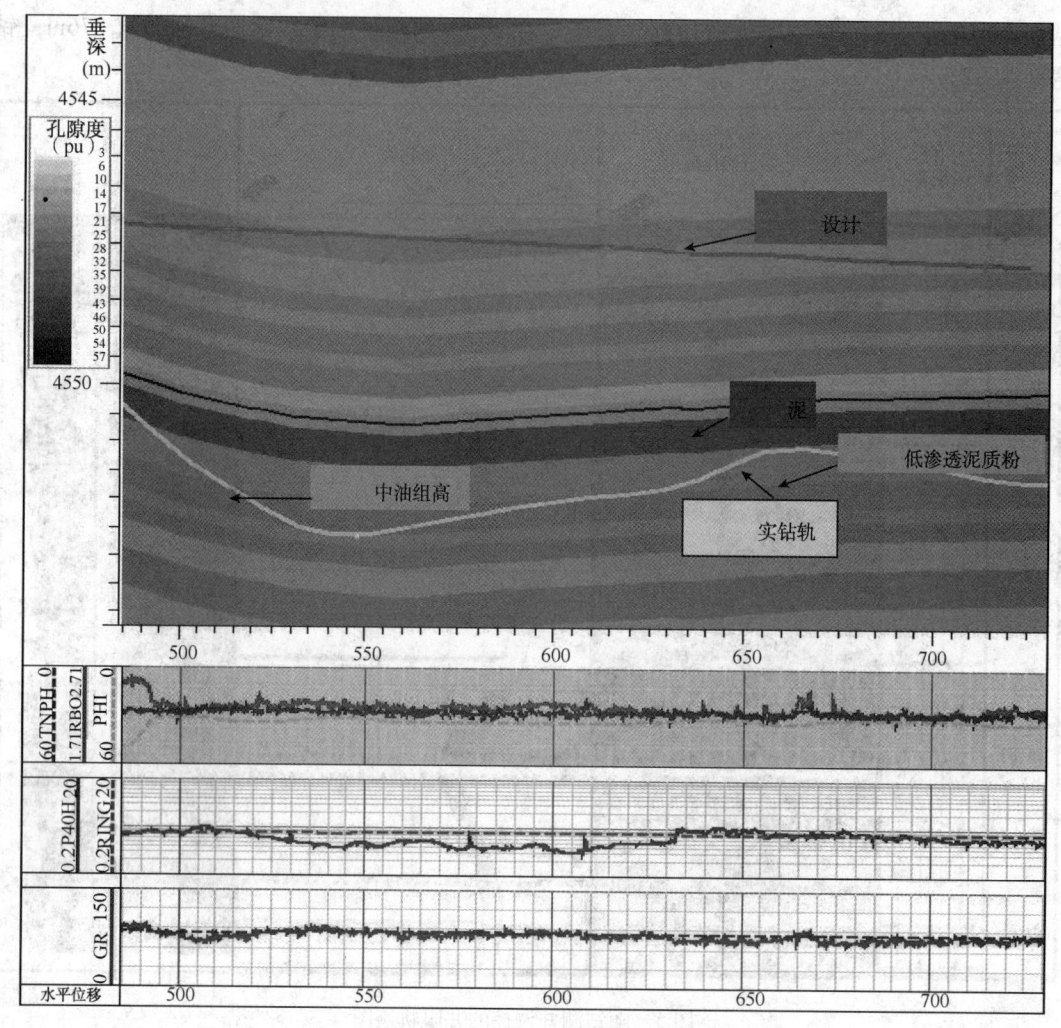

图6　TK238H井随钻测井绘制的油藏剖面图

力步长选用1.0MPa，地层初始破裂压力为69.1MPa，38号层被首先压开，增加4个压力步长即73.2MPa时，两个层37、38号层被连通压开，预测压裂缝走向为近东西方向。完井压裂设计工程破裂压力为69.3~73.4MPa，压裂获得成功，获日产气流$11.6 \times 10^4 m^3$。这说明，利用正交多极子阵列声波测井资料进行压裂施工压力设计及缝高预测，效果明显。

2.2　压裂高度检测技术

地层中的裂缝可以产生各向异性，对于天然裂缝不发育的致密地层，压裂改造后形成的裂缝应该在偶极声波测井上表现为较强的快慢横波能量差[5]，压裂前后各向异性大小会有明显的变化，而发生明显变化的井段就反映了压裂缝延伸的高度。Y937井压裂井段为3132~3140m，压裂前后对比发现，3126~3139m井段压裂前后各向异性有明显的变大趋势，由此判定压裂缝上下延伸高度为3126~3139m（图8）。该井段压裂前压裂高度预测结果显示，破裂压力52.71MPa时可将油层完全压开，压裂缝高为3129.6~3141.5m，实际施工泵压为49.93~52.04MPa，压裂缝延伸高度为3126~3139m，与预测结果较为接近（图9）。

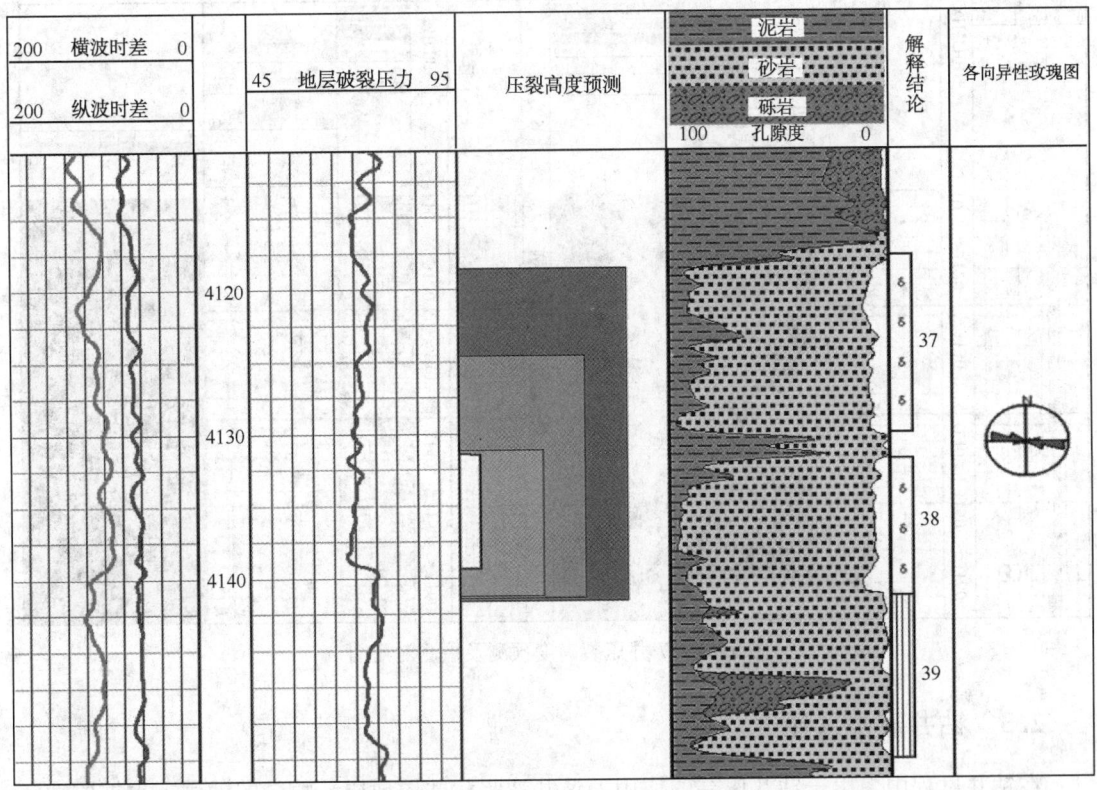

图 7　GBG1 井压裂高度预测成果图

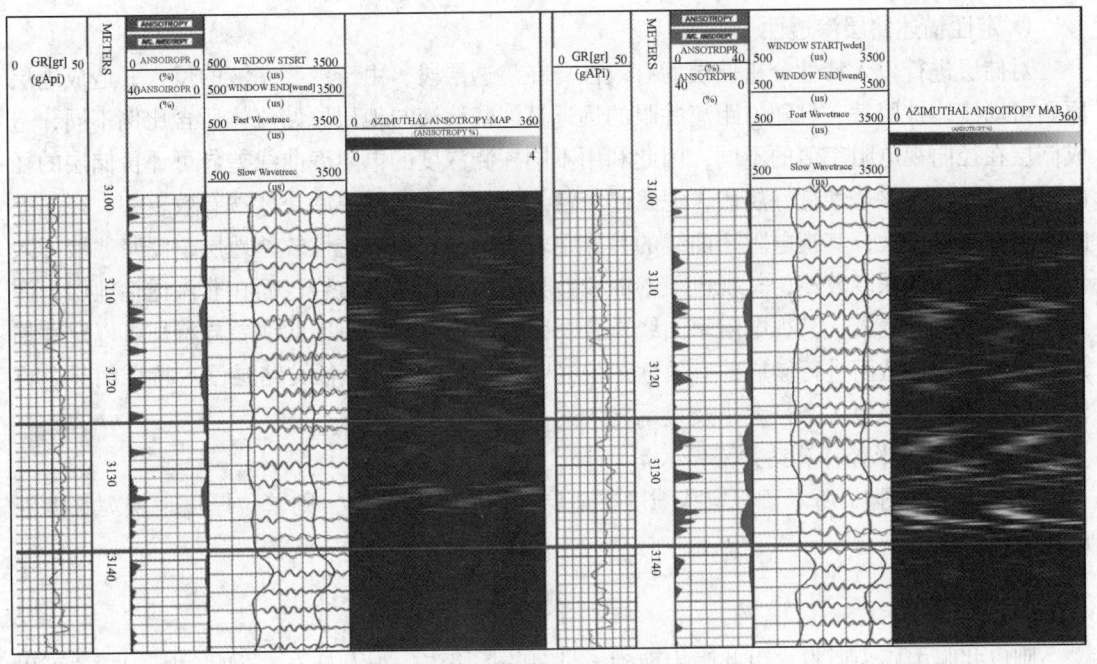

图 8　Y937 井压裂高度检测成果图

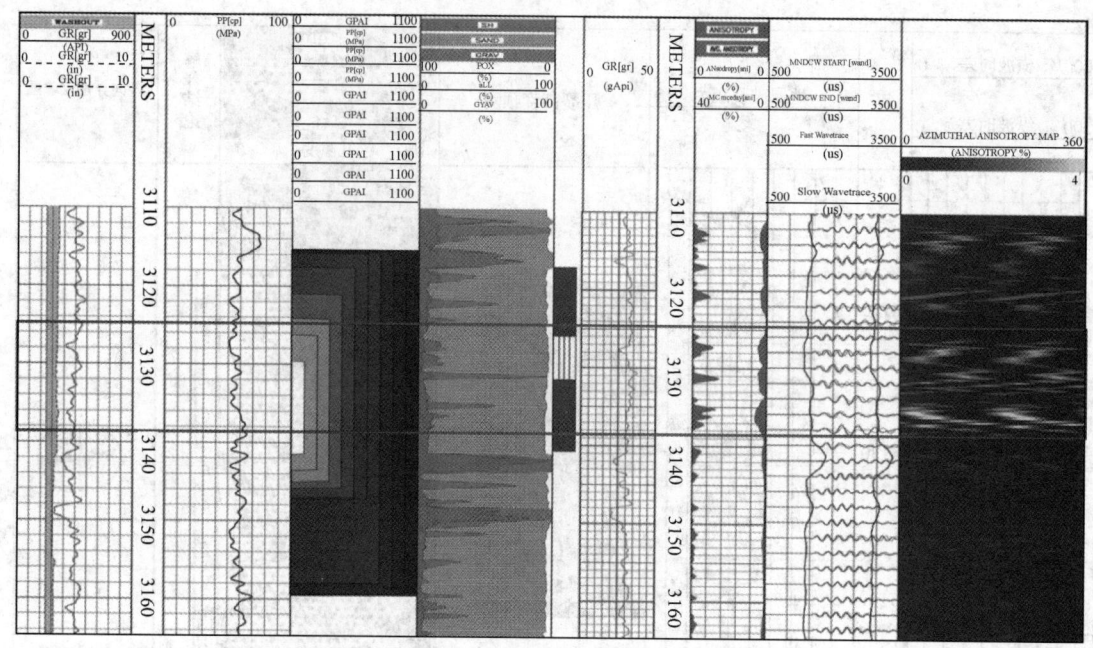

图 9　Y937 井压裂高度预测及检测对比图

2.3　钻井液侵入评价

在钻井过程中，由于钻井压差的作用，钻井液驱替井周地层孔隙中的油气，占据原油气空间，造成井眼周围电阻率值的变化，利用不同探测深度的电阻率测井，探测不同深度地层电阻率，从而评价地层的流体变化情况，达到评价钻井液侵入的目的。

1. 定性描述储层渗透性

对储层进行侵入特性分析储层的有效性。在渗透层段，由于泥浆滤液的侵入，造成地层原始可动流体被驱替，且随着距离井眼的远近其泥浆滤液与地层原始流体所含比例不同，造成储层在径向视电阻率值的不同，因此利用不同探测深度的电阻率曲线差异可评价储层的径向侵入特征。在渗透性良好层段，泥浆滤液侵入量较大，地层原始流体被有效驱替，径向上的电阻率差异较大，其视电阻率曲线的差异也较为明显；在渗透性较差地层，泥浆滤液侵入量较少，其侵入深度较浅，其视电阻率曲线差异较小或者基本重合；而在非渗透性地层，泥浆滤液基本没有侵入，其视电阻率曲线重合。因此，根据视电阻率曲线差异特征可以定性描述储层渗透性，从而进行储层的有效性评价[23]。如图 10 所示，各类储层侵入特征明显，可清楚反映各储层的侵入半径大小及显示侵入剖面。

2. 利用侵入半径计算钻井液侵入量

井眼模型如图 11 所示，假定孔隙度在地层径向上是不变的，则单位厚度地层泥浆滤液的侵入体积 V_{mf} 为：

$$V_{mf} = \int \phi S_{mf} \Delta V \tag{1}$$

则以井眼中心为原点，由井眼表面到 r_2 求积分，设定 $a = 1$ 且 $m = n$ 时，则(ϕS_{mf})可以用(R_{mf}/R_f)$^{1/n}$代替，式中 R_f 是给定半径处地层的电阻率，则通过阿尔奇公式变化可得到：

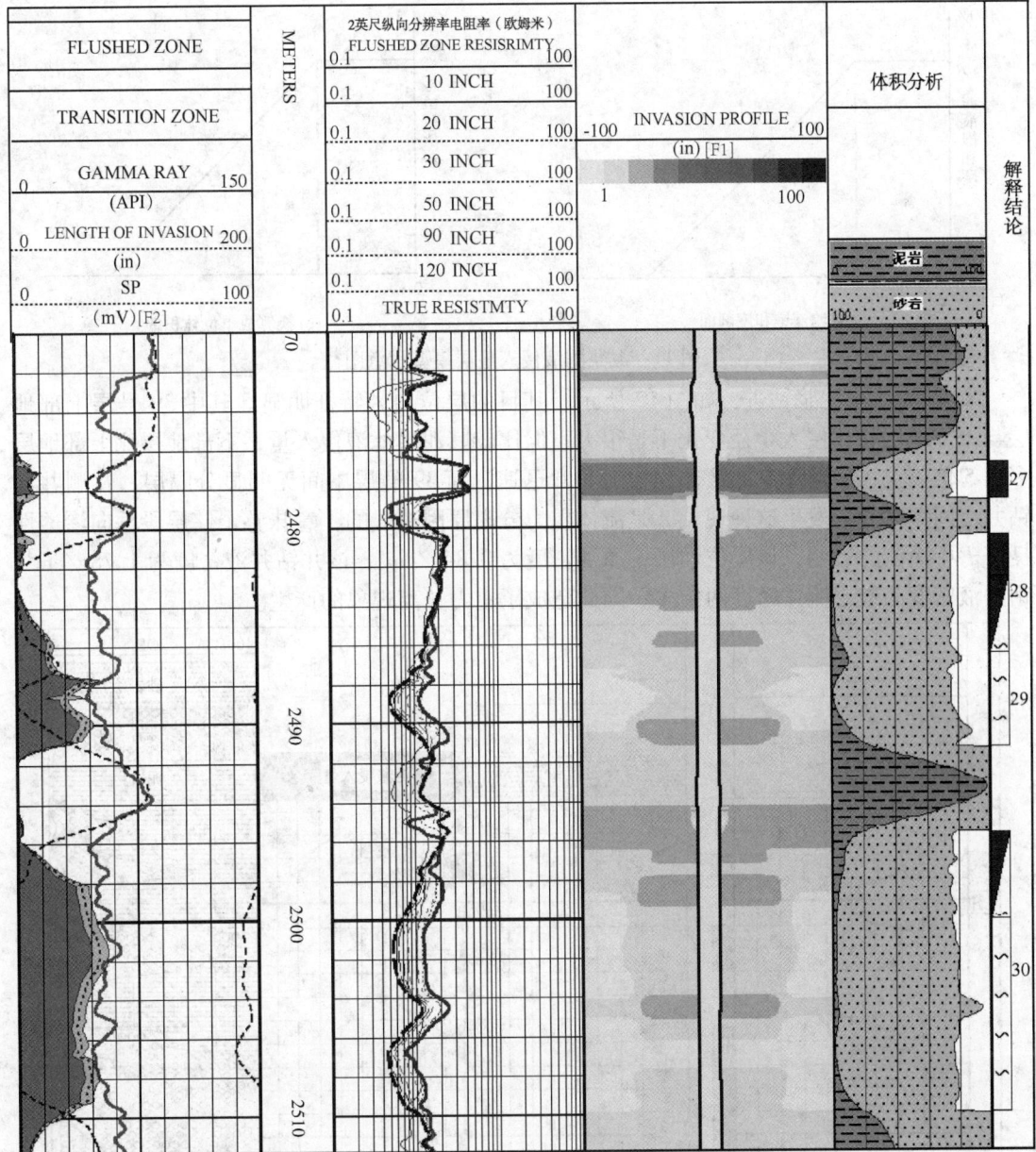

图 10　X2 井侵入剖面综合图

$$V_{\mathrm{mf}} = \int \left(\frac{R_{\mathrm{mf}}}{R_{\mathrm{f}}} \right)^{\frac{1}{n}} \mathrm{d}V \tag{2}$$

则可得到简化的计算泥浆滤液侵入量公式:

$$V_{\mathrm{mf}} = \frac{\pi}{3} \left[\left(\frac{R_{\mathrm{mf}}}{R_{\mathrm{XO}}} \right)^{\frac{1}{n}} \right] \left[r_1^2 + r_1 \cdot r_2 + r_2^2 - 3r_{\mathrm{b}}^2 \right] \tag{3}$$

高分辨率阵列感应测井给出 6 种探测深度的曲线,因此可用四参数模型进行反演[23],从而得出原状地层电阻率 R_{t}、冲洗带电阻率 R_{XO}、冲洗带半径 r_1 和过渡带半径 r_2,利用体积模型结合 r_1、r_2 根据公式(5)可计算储层钻井液侵入量。

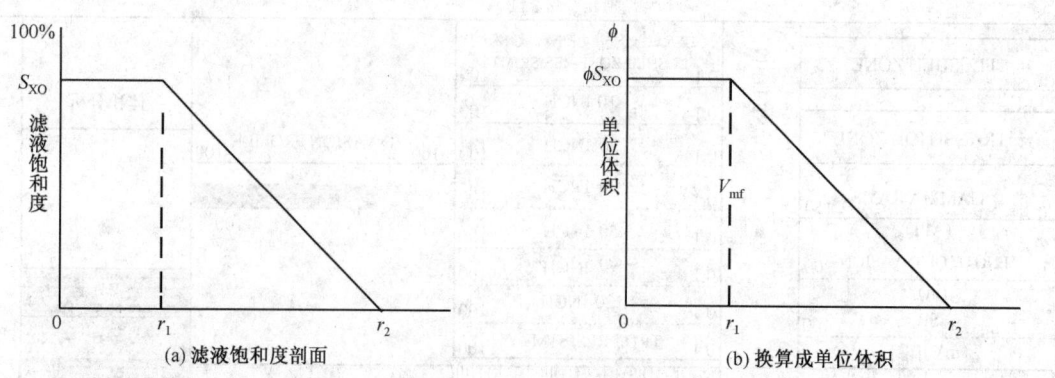

图 11　泥浆滤液侵入地层模型示意图

X3 井为淡水泥浆钻进，如图 12 所示，其目的层位侵入特征明显。其中 39 号层上部地层与下部地层相比侵入半径变化不是很大，但比较其泥浆滤液侵入量，下部地层比上部地层多出 5 倍以上，底部泥浆滤液体积增加非常迅速。而 39 号层中间无明显分隔层，在测井与钻井之间短时间内发生这种现象，是流体重力分离原因造成的，意味整个储层段垂向渗透性良好。中途测井表明，该层位油层，原油密度为 0.84g/cm^3，该井钻井液密度为 1.78g/cm^3，钻井液密度为地层流体密度两倍多，因此造成了重力分离现象的产生。

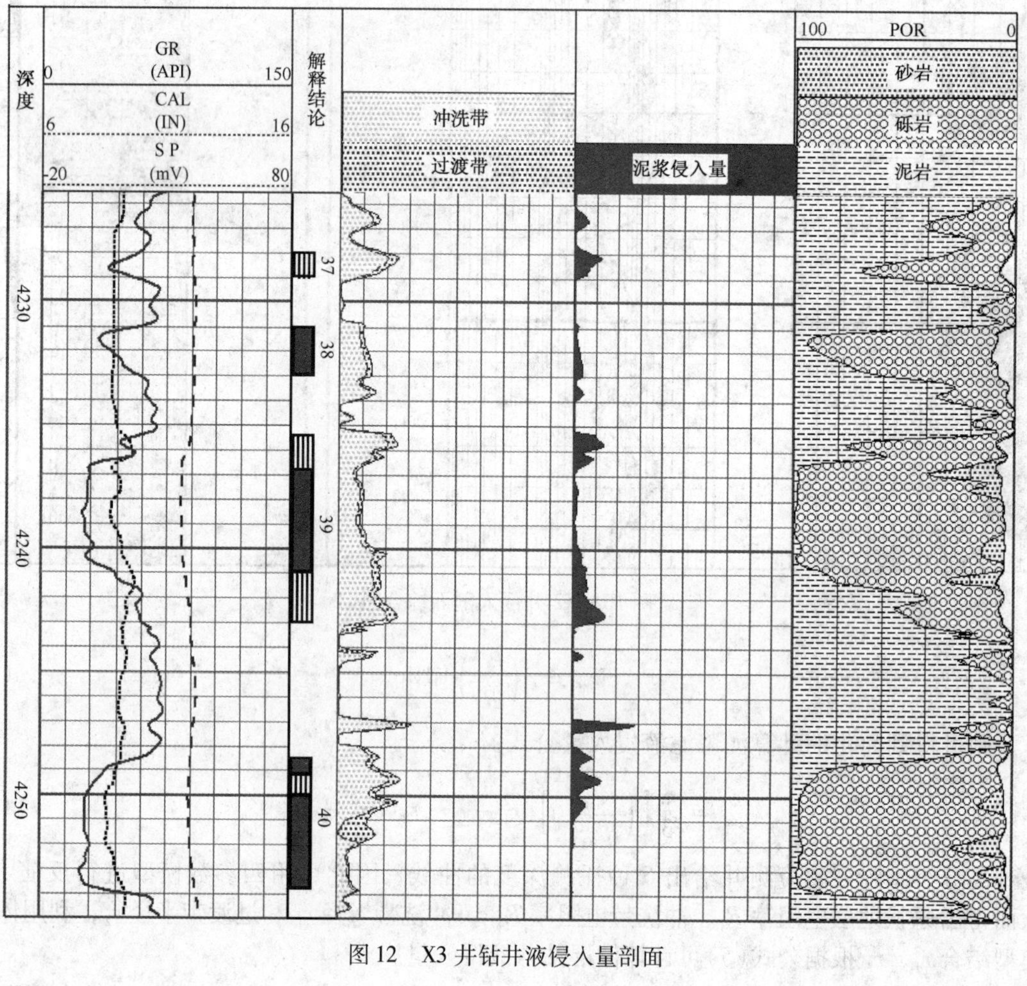

图 12　X3 井钻井液侵入量剖面

3 在开发工程中的应用

3.1 固井质量评价

固井质量评价已由管外固井质量宏观平均评价，提升为管外 360°全方位评价。SBT 作为第三代固井质量评价技术，具有对油气井管外全方位评价能力。由 SBT 测井资料显示（图 13），在 A、B 段的管外全方位第一、二界面固井质量良好（在八扇区声波水泥胶结成果图上呈现黑色图像，表示水泥胶结良好），两个界面水泥胶结良好的井段厚度分别为 7.0m 和 8.0m，完全有能力封隔油层上下两个方向的水层，可以对 2 号油层射孔完井。

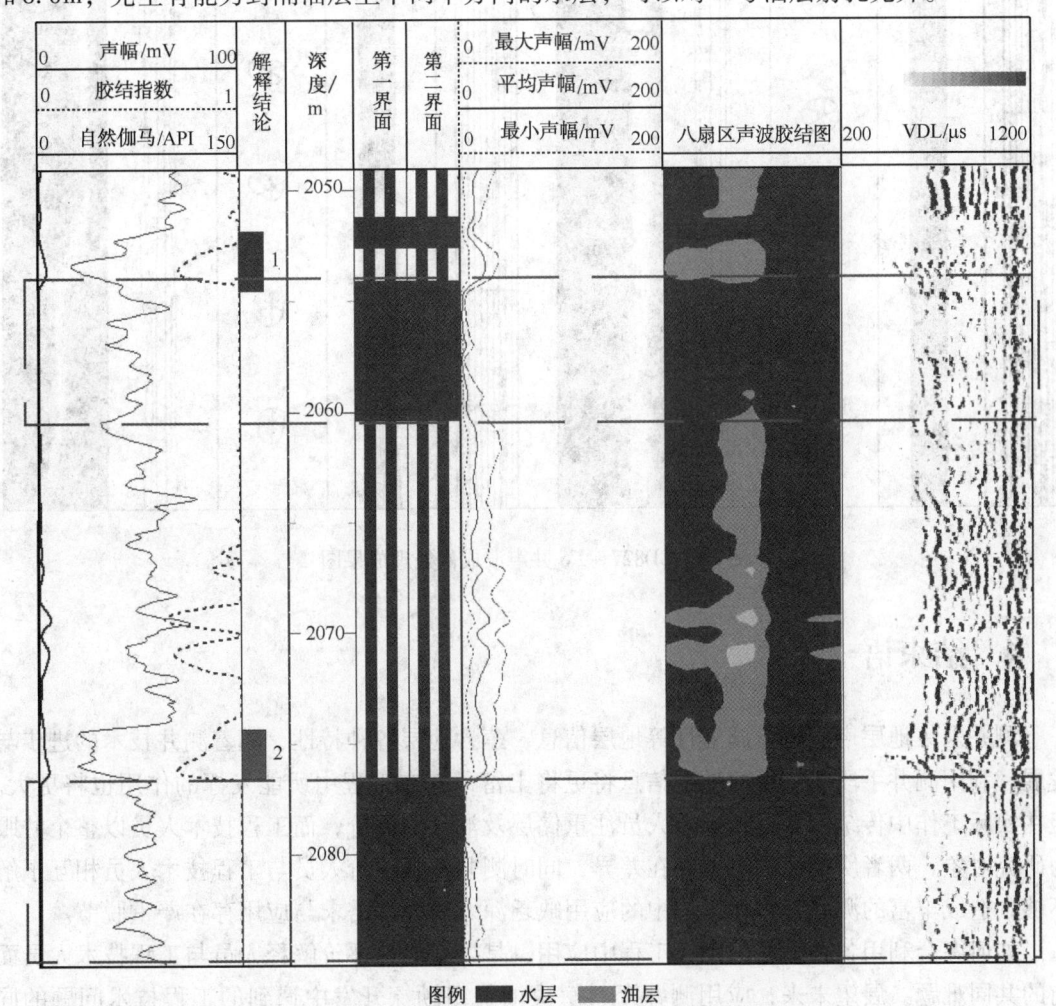

图 13 H136 井声幅－变密度与 SBT 固井质量评价对比图

3.2 套损检测

声波成像测井仪在测井过程中采用换能器连续向井壁发射超声波，并连续地接收井壁反射波的幅度和回波时间，其采集的数据经过图像处理，然后进行颜色刻度，黑－棕－黄－白代表回波声幅从小到大，井径由大变小。由此可得到整个井壁高分辨率井径成像，从而反映套管井壁的声阻抗等声学特性。

若套管受到损伤，必然导致井径发生变化，从而引起回波幅度及传播时间的变化。图 14 是 GD827 – X6 井声波成像处理成果图，左图为套管未发生变形处，图像干净，井径横截面为正圆，右图为套管受挤压变形处，横截面为椭圆，图像上有暗色带状特征，由此可确定套管变形处。

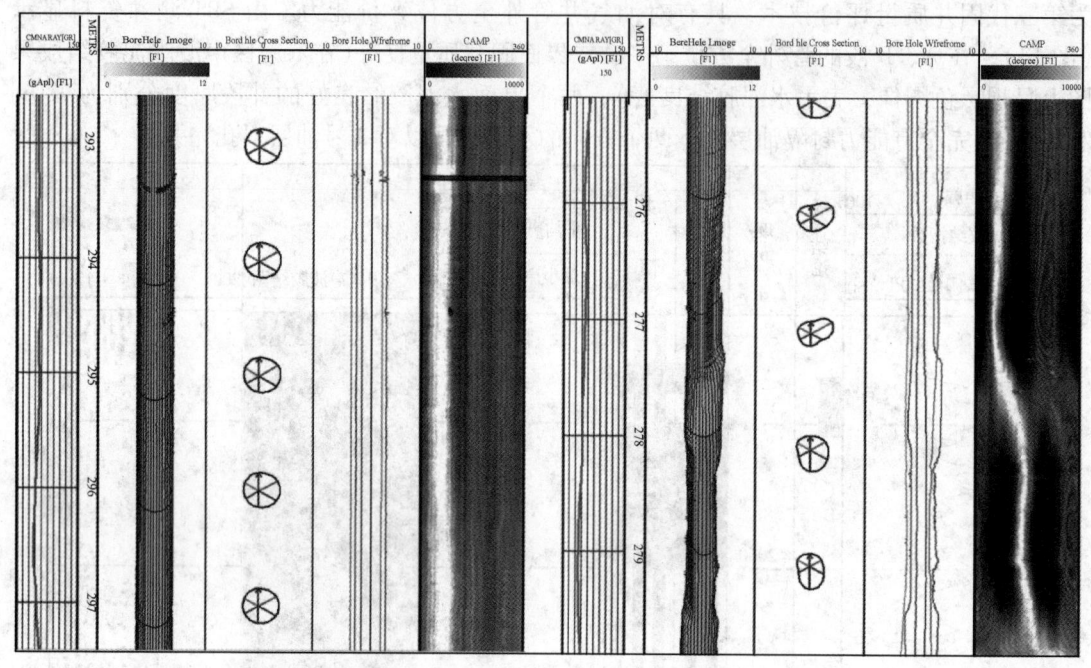

图 14　GD827 – X6 井声波成像处理成果图

4　结束语

测井采集地层声、电、放射性等地层信息，蕴含地层各种特性，随着测井技术的进步与发展，利用测井手段所获得的地层信息将更将丰富，其在工程中所能发挥的作用也将更大。但在实际工作中传统测井资料评价人员注重储层及油气的评价，而工程技术人员以整个井眼为研究对象，两者所关注的对象存在差异，同时测井资料评价人员与工程技术人员相互了解不够，造成丰富的测井资料在工程中的应用缺乏深入研究，需求与应用存在严重脱节。

如何综合利用各种测井信息在工程中应用，是摆在测井评价解释人员与工程技术人员面前的共同难题。展望未来，应用测井资料解决油气田勘探开发中遇到的工程技术问题的同时，也可有力推动测井资料解释处理技术及仪器技术的发展。

参　考　文　献

1　Tang C A. Numerical simulation on progressive failure lead – ing to collapse and associated seismicity ［J］. International Journal of Rock Mechanics and Mining Science，1997，34（2）：249～261

2   Esmersoy C，Kane M，Boyd A，et al. Fracture and stress evaluation using dipole – shear anisotropy logs［J］. SPWLA 36th Annual Logging Symposium，1995：1～12

3   Tang X M，Chunduru R K. Simultaneous inversion of formation shear – wave anisotropy parameters from cross – dipole acoustic – array waveform data［J］. Geophysics，1999，64(5)：1502～1511

4   秦绪英，陈有明，陆黄生. 井中应力场的计算及其应用研究［J］. 石油物探，2003，42(2)：271～275

5   时军虎，徐锐，李亚平. 测井资料在岩石力学中的应用［J］. 国外测井技术，2003，18(3)：22～24

6   刘景武. 多极子声波测井资料在辽河油田硬地层中的应用［J］. 现代地质，2004，18(3)：378～382

7   赵静. 正交偶极子声波测井在西峰油田的应用研究［J］. 国外测井技术，2004，19(5)：37～40

8   苏远大，乔文孝，孙建孟等. 正交偶极声波测井资料在评价地层各向异性中的应用［J］. 石油物探，2005，44(4)：409～412

9   J Durhuus，B S Aadnoy. In situ stress from inversion of fracturing data from oil wells and borehole image logs［J］. Journal of Petroleum Science and Engineering. 2003，38：121～130

10 SPWLA. Borehole imaging［M］. SPWLA Reprint Volume，1990

11 刘之的，夏宏泉，汤小燕等. 成像测井资料在地应力计算中的应用［J］. 西南石油学院学报，2005，27(4)：9～12

12 黄华. FMI 成像测井技术在塔中碳酸盐岩中的应用［J］. 资源环境与工程，2008，22(1)：92～95

13 苏静，范翔宇，刘跃辉等. 地层倾角测井的地质应用研究［J］. 国外测井技术，2009，171：12～15

14 朱文娟. 成像测井资料在裂缝识别中的应用［J］. 石油仪器，2009，23(3)：45～47

15 赵永强. 成像测井综合分析地应力方向的方法［J］. 石油钻探技术，2009，37(6)：39～43

16 唐林，徐绍成. 利用超声波预测井壁岩石力学参数［J］. 钻井液与完井液，1997，14(4)：3～4

17 朴玉芝，赵素红. 利用测井资料确定合理钻井液密度方法的研究［J］. 钻采工艺，1998，21(5)：20～22

18 Papamichos E，Vardoulakis I，Sulem J. Generalized Continuum Models for Borehole Stability Analysis. SPE/IS-RM－28 025

19 金衍，陈勉. 工程井壁稳定分析的一种实用方法［J］. 石油钻采工艺，2000，22(1)：31～33

20 王力，刘春雨，杨锐等. 利用测井资料计算井壁稳定条件研究［J］. 西部探矿工程，2003，90(11)：59～63

21 蔡希源，运华云，李保同等. 现代测井技术应用典型实例［M］. 北京：中国石化出版社，2009

22 测井学编写组. 测井学［M］. 北京：石油工业出版社，1998

23 谢关宝，范宜仁，吴海燕等. 储层泥浆侵入深度预测方法研究［J］. 测井技术，2006，30(3)：240～242

页岩地层地质甜点测、录井
资料综合评价方法研究

廖东良

（中国石化石油工程技术研究院）

摘　要　页岩地层地质甜点是页岩评价中的重要部分，地质甜点不仅包含页岩地层孔隙度、渗透率、含气饱和度，还包括有机碳、游离气和吸附气含量。由于页岩地层矿物类型和含量复杂、性质不稳定、含气量及其赋存状态多样，因此测井响应不仅受复杂岩性和含气量影响，而且受有机碳或干酪根的影响，测井响应与常规储层有很大不同。本文应用地质录井中岩性分析和地化分析数据作为测井解释约束条件进行页岩地层地质甜点评价，解释出页岩地层的孔隙度、含气饱和度、有机碳、游离气和吸附气含量。实际研究结果表明测井解释评价只有在地质约束条件下才能取得理想的效果，有效提高测井评价的准确率。

关键词　地质录井；测井；矿物含量；干酪根；地质甜点

前言

页岩地层矿物类型和含量复杂，不仅有黏土矿物（高岭石、伊利石、绿泥石和蒙脱石），而且也有其他碎屑岩和碳酸盐等矿物，这些矿物尤其是黏土矿物岩石物理性质的不确定性对测井曲线有很大影响；另一方面由于受到有机质的影响，页岩地层中的孔隙度、含气饱和度等参数求取比较难，很多模型在页岩地层中变得不适用。准确确定页岩地层矿物类型和含量通常需要通过岩心分析实验来进行解释约束。矿物类型和含量通常用 ECS 测井资料解谱后得到地层元素含量，再利用氧闭合模型用元素含量转换成氧化物，通过数学方法计算地层矿物含量[1,2]。国内高楚桥（1999 年）提出用线性规划算法用于元素反演，用国外文献数据点得出地层矿物含量[3]。准确确定页岩地层矿物含量是进行页岩地层地质甜点评价的基础，因此页岩地层矿物含量对页岩地层评价具有重要意义。页岩地层由于受到有机质或干酪根含量和纳米级孔隙结构的影响，很多解释模型在页岩地层中变得不适用。页岩地层中的孔隙度、含气饱和度等参数求取比较难，在页岩地层中需要建立新的物理和数学模型，利用测井资料进行综合解释评价孔、渗、饱参数。

页岩地层中气体赋存状态及其含量是地质甜点的重要内容，气体含量与 TOC 含量、干酪根类型和总有效孔隙度密切相关，通过岩石热解法实验得到页岩地层的地化参数能有效确定其 TOC 含量、干酪根类型和生烃能力。根据页岩地层地化参数能确定其生烃能力，同时可以用来确定页岩地层不同类型，从而进一步确定其吸附气含量；游离气含量与地层中有效孔隙度密切相关，利用核磁测井资料能有效地求出页岩地层有效孔隙大小，从而确定游离气含量大小。测井资料和地质录井资料相结合能有效评价出孔、渗、饱参数来确定页岩地层的地质甜点。

1 岩性分析与元素测井相结合评价页岩矿物

页岩地层主要包含页岩矿物成分、干酪根和气、水含量。矿物成分通常包含伊利石、绿泥石、高岭石和蒙脱石等黏土矿物，还存在石英、长石、方解石、白云岩、云母、黄铁矿及安山岩等矿物。通过 X 矿物衍射分析可以确定主要的矿物类型和含量。

页岩地层矿物类型和含量评价方法采用 ECS 资料反演或多矿物解释评价方法来完成。应用多矿物解释方法是由于页岩地层黏土类矿物性质不稳定，骨架参数难以选准确，通常难以得到理想的结果。采用 ECS 资料反演过程是通过构造地层不同矿物模型下的元素测井响应方程，反演过程中不断计算构造响应方程的理论测井值，并与实际测井值比较，一旦两者充分逼近且满足误差条件，则此时计算理论测井值所采用的求解参数就能充分反映实际地层模型中矿物类型和含量大小。这种求解方法存在多解性，因此需要根据 X 矿物衍射分析结果来确定页岩地层中矿物的类型，一般情况可以实验数据约束页岩地层计算矿物类型设置 5~8 种矿物。通过实际矿物类型的约束能准确地计算页岩地层矿物含量大小，为页岩地层地质甜点评价和工程开发提供基础。

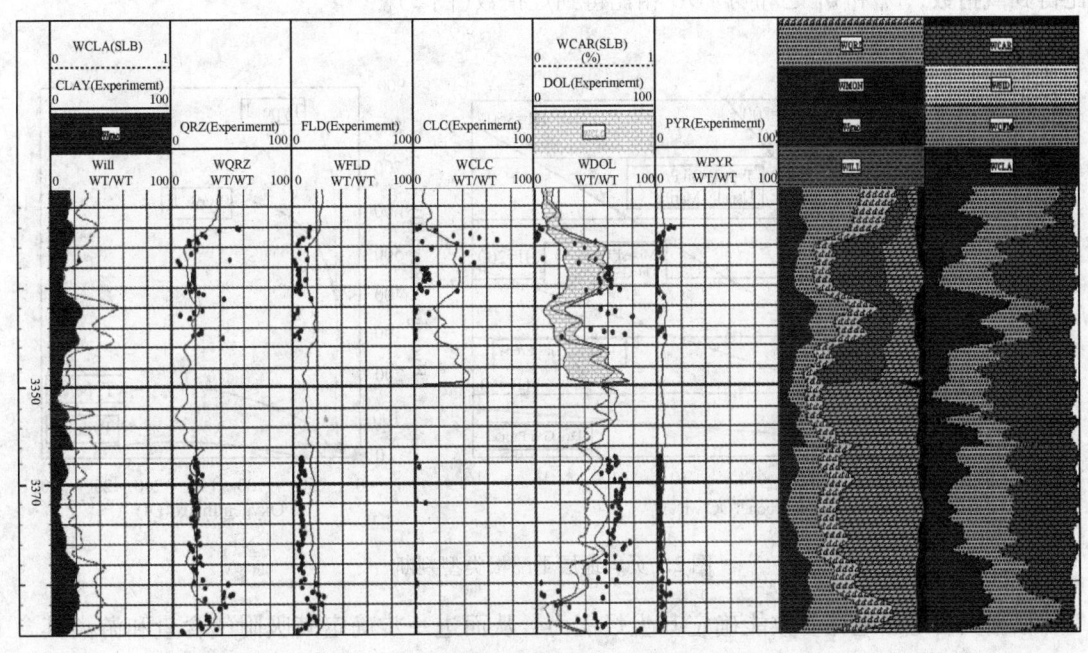

图 1 根据 ECS 资料评价页岩地层矿物含量

应用岩石实验数据确定页岩地层类型，利用 ECS 资料进行矿物含量计算(图 1)，图中前 6 道数据为计算结果与实验结果相比较，第 7 道和第 8 道分别为本文计算结果和斯伦贝谢计算结果，从图中看出本文结果更接近于实验结果。

2 地化分析参数与常规测井相结合评价有机质含量和含气量

确定了页岩地层矿物类型和含量大小才能进行页岩地层测井解释评价，否则对于复杂岩性的页岩地层无法计算其他的参数。

地层孔隙度评价方法通常用三孔隙度测井曲线或用核磁测井方法。三孔隙度方法在考虑页岩地层复杂矿物基础计算各自的孔隙度大小，然后用孔隙度实验数据进行三孔隙度刻度，统计回归得到页岩地层的孔隙度；用核磁测井方法可以直接得出页岩地层的总孔隙度，但由于页岩地层的纳米级孔隙内核磁信号表现为受限扩散，干酪根的存在使表面驰豫增强，一维核磁信号并不能完全确定页岩地层中的可动流体体积和有机质或干酪根的体积，从而不能确定页岩地层的吸附气和自由气含量。在有效求取孔隙度的基础上结合地化实验和测井资料来综合计算页岩地层的有机碳含量和含气量。

页岩地层地化实验参数采用岩石热解法确定生油岩分析参数、含气态烃量 S_0（mg/g）、含游离烃量 S_1（mg/g）、热解烃量 S_2（mg/g）、二氧化碳量 S_3（mg/g）、残余有机碳量 RC、热解烃峰顶温度 T_{max}（℃）。根据 S_0、S_1、S_2 可以计算有效碳含量，与残余有机碳量相加就得到总有机碳量 TOC（wt%），热解烃量 S_2 与 TOC 相比得到氢指数，二氧化碳量 S_3 与 TOC 相比得到氧指数，S_0 和 S_1 之和与 TOC 相比得到烃指数（图2）。

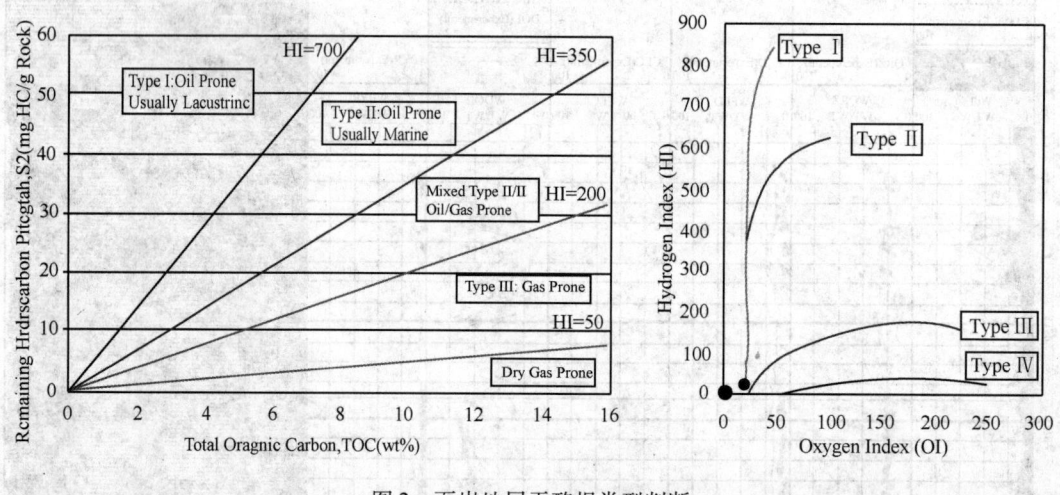

图2　页岩地层干酪根类型判断

根据页岩地层地化参数能确定其生烃能力，从而进一步确定其吸附气含量和游离其含量。因此首先利用 ECS 元素测井资料能计算出页岩地层矿物类型及其质量含量，结合其他测井资料计算出页岩地层矿物体积、TOC 或干酪根体积和饱和度大小，根据该结果结合岩心实验数据进一步评价出页岩地层渗透率、吸附气和游离气含量大小（图3），图中 2140～2160m 为页岩地层的地质甜点区。

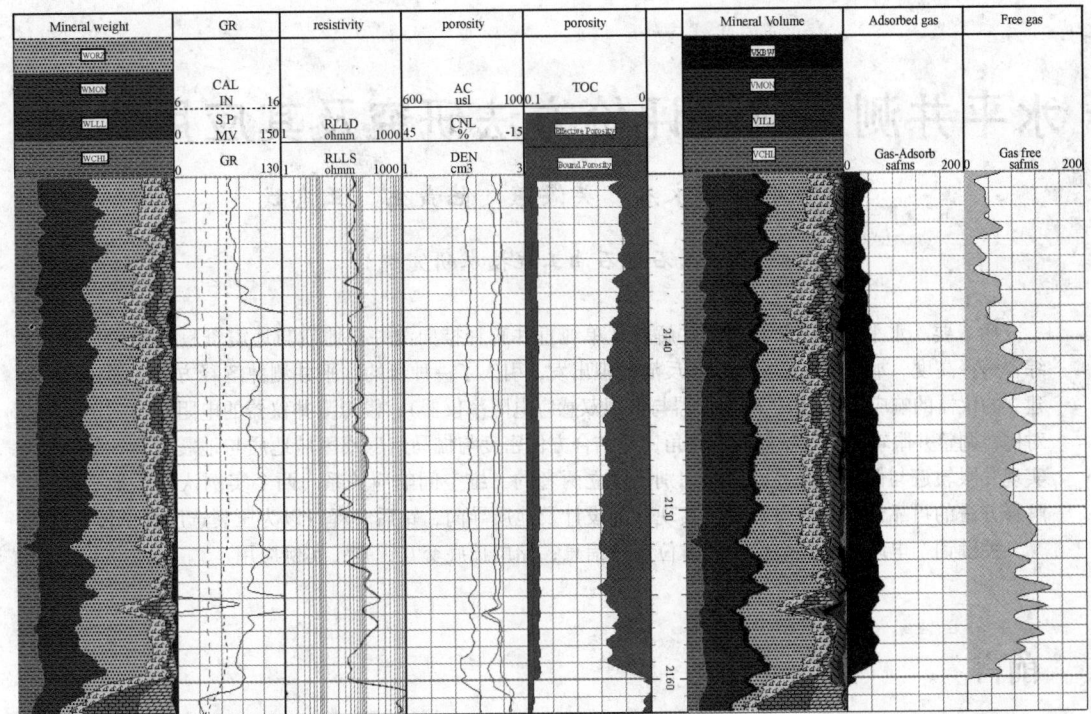

图3 页岩地层矿物体积、干酪根、含气饱和度、游离气和吸附气含量解释成果图

3 结论

利用X矿物衍射分析结果确定页岩地层矿物类型,再根据 ECS 元素测井资料准确计算矿物含量,确定页岩地层中矿物含量有利于准确评价储层参数和地质甜点;利用测井资料能有效计算出页岩地层中矿物、干酪根、游离气、束缚水和可动水体积含量,结合地化实验结果可以进一步用来计算页岩地层的 TOC、吸附气和游离气含量等参数,确定页岩地层的地质甜点,为页岩地层的工程施工提供依据。

参 考 文 献

1 Cao Minh C, Crary S, Zielinski L, et al. 2D – NMR Apllocation in Unconventional Reservoirs[J]. SPE Journal, 30 October – 1 November 2012

2 John Quirein, Jim witkowsky, David Spain, et al. Integrating core Data and wireline geochemical data for formation evalution and characterization of shale gas reservoirs[J]. SPE Journal, 2010, September, 19~22

3 高楚桥. 利用地球化学测井信息反演岩石矿物含量的一种优化算法[J]. 江汉石油学院学报, 1999, 21 (4): 21~28

水平井测井解释评价方法研究及其应用实例

秦黎明　李永杰　吴海燕　陆黄生　王志战

（中国石化石油工程技术研究院）

摘　要　水平井测井解释将测井解释从单纯直井解释推向测井、地质与地震资料一体化二维综合解释高度。本文从电阻率响应正反演模拟出发，引入了一种新的水平井测井解释方法，通过已建立的仪器的响应模型（包括随钻仪器与常规双感应电阻率仪器），模拟测井仪器的电阻率与实测值对比，调整井眼轨迹与地层界面视倾角，并结合方位密度与伽马信息或区域地质与地震信息，最终实现井眼轨迹与储层顶底界面交互识别，建立两者的二维空间响应关系。两个实例认证了水平井解释方法的可靠性。通过方法可以实现钻前设计及地质导向，钻后解释可以为压裂选层提供依据。

关键词　电阻率正反演模拟；方位成像信息；储层顶底交互识别；实例应用

前言

2000年以来，随着电子信息、计算机及通讯技术等高新技术的发展，国外水平井测井工艺技术实现了较大飞跃，三大服务公司（斯伦贝谢、哈里伯顿及贝克休斯）已经形成随钻测井技术系列（如斯伦贝谢的Scope与Vision系列、哈里伯顿的Sperry Drilling系列、贝克休斯的OnTrak系列），已经形成了声、电、核磁及方位伽马、密度及电阻率随钻测井系列，并且还出现了远探测声波与深探测电磁波测井系列，与其相匹配的水平井地质导向解释相关成果发表在SPWLA、SPE、Geophysics等国际会议与期刊。此外，针对水平井测井解释，美国Maxwell公司开发了水平井解释一体化平台，可利用三大服务公司随钻测井数据进行水平井实时地质导向，钻前设计及钻后评价。国内的水平井测井解释评价研究较早，但发展缓慢，1993年9月由石油测井学会主办的"水平（大斜度）井测井射孔（取心）资料解释技术交流会"，表明我国各大油田及科研院所已开始全面深入地调研分析和引进消化水平井技术，开始查阅与翻译国外的文献资料，编译成书[1~5]，2000年到现今，国内的学者对于水平井的研究增多，长江大学汪中浩教授及其团队[6,7]开始探索水平井段常规测井资料校正、地层电阻率的各向异性及地质解释应用，其余研究人员也根据实验资料对水平井的电阻率各向异性进行校正[8,9]。国内目前的成果研究表明，水平井解释主要集中于水平段常规测井的水平与垂直方向测井资料计算，而对于井眼轨迹与地层界面、岩石物理空间关系及LWD测井曲线的响应方面并未深入研究，并且未结合地震资料信息，仅仅是成果图件的显示，使得测井解释精度较低，不能满足石油工程的需要。在本文中，采用水平井测井信息的正反演技术，研究了水平井测井解释评价方法，并将此方法成功应用于两口井。

1　水平井测井响应特征

常规测井与LWD仪器的测井响应往往受井斜的影响。在电缆感应测井聚焦算法中一般隐含假设井眼与地层界面是垂直的，而这在斜井中是不适用的，会引起异常的测井曲线值及排列方式，Barber and Howard[10]早已指出感应测井易受井斜的影响。近年来，部分研究人员也探索了一些减小倾角对聚焦感应测井曲线敏感性的方法，但是并不常用。对于 LWD 电阻率曲线，在斜井中，LWD 传播电阻率仪器经过地层界面时会产生尖角效应[11]。这种尖角效应往往首先考虑的是用于仪器接近或经过地层时的地质导向，实际上，尖角效应在储层的岩石物理定量评价方面极其有用，一些在直井中不明显的现象（比如地层的各向异性）在斜井中极其明显[12]。要更为恰当的解释斜井中的测井曲线，必须首先了解井眼与地层界面或储层顶底的几何关系。只有几何关系更为可视化，使用正反演方法来模拟或反演测井曲线，才能获取更为合适的储层物性性质及相对的井眼位置。因此，可以利用仪器响应与视倾角的关联函数，通过模拟与拟合与仪器的响应特征一致，能够获取井眼与地层之间的几何关系。几何关系可以用 β 表示，对于视倾角的定义如图1所示，为井眼轨迹与地层界面法线方向的夹角。当 $\beta = 0°$ 时，井眼轨迹与地层界面垂直；而当 $\beta = 90°$ 时，井眼轨迹与地层界面垂直。

1.1 电阻率响应及视倾角的获取

为了证实倾角 β 与 LWD 传播电阻率响应之间的关系，可以设计一种简单的 LWD 仪器，频率为 2MHz，发射线圈与接收线圈的线圈间距分别为 36in、4in，在软件里已经建立了此仪器的模型响应。假设井眼穿过一水平的地层，地层模型为 3 套地层，自上而下地层的真电阻率值分别为 3Ω·m、30Ω·m、3Ω·m，设定井眼轨迹与地层法向夹角 β 分别为 30°、45°、60°、70°、80° 及 87°，模型如图 2 所示，模拟的结果如图 3

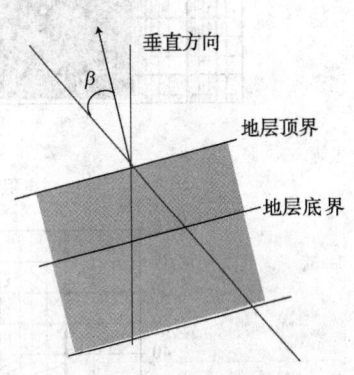

图 1 视倾角 β 的定义

所示。响应的特征分析表明：①随钻传播电阻率相位差（R_p）与幅度比（R_a）电阻率值在不同的视倾角的条件下明显与地层真电阻率值（R_t）存在差异；②同一对相位比与幅度比电阻率在不同视倾角下也不同；③幅度差与相位比电阻率值幅度与相位电阻率值之间受视倾角的影响也明显不同；④倾角越大，幅度差与相位比电阻率值影响越大，并且当倾角大于 70° 以上时，电阻率出现尖角效应。反之，利用建立的测井响应特征调整地层模型去拟合与模拟 LWD 实际测量的 R_a 与 R_p，实际上获取了地层的视倾角 β，也就是明确了井眼轨迹与储层顶底界面的关系。通过前期的数值响应模拟与计算可以得到：①在高角度区域测井曲线差异较大（当倾角大于 80°），倾角精确度可以达到 1°；②在中等倾角度范围内，倾角分辨率变化大一些，倾角精确度在 ±5° 范围内；③在低角度区域时测井曲线之间差异较小，倾角角度在 0°～30° 内，测井曲线响应一致，无倾角分辨率。

同样的，对于多间距线圈的仪器也可以进行响应分析与模拟（图 4），实现不同倾角的模拟与计算。反之，通过 LWD 获取的 R_a 与 R_p 电阻率系列曲线与实测的进行拟合，可以获取井眼轨迹与地层界面的视倾角 β，来进行井眼轨迹与储层顶底关系的确定。

对于常规的双感应的仪器也可以建立测井响应模型，但是常规的双感应曲线不同于随钻的幅度比与相位差电阻率曲线，对倾角的响应敏感性较差（图 5）。可以看到，在倾角小于 70° 时，双感应曲线与实测的电阻率曲线基本一致；当倾角大于 70° 时，双感应电阻率曲线比实测的地层真电阻率要小一些，存在尖角效应。总体上认为，双感应曲线的倾角分辨率较

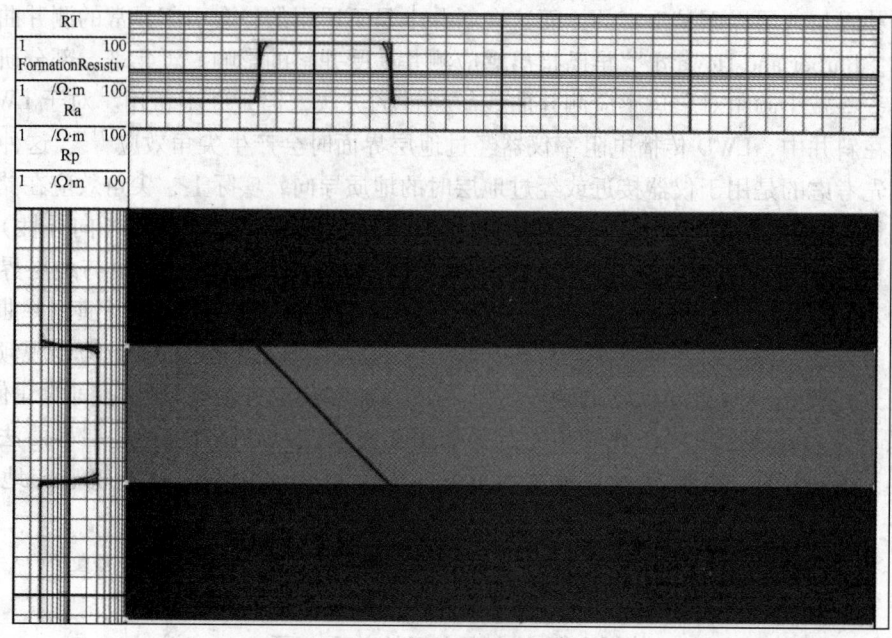

图 2　简单的地层模型

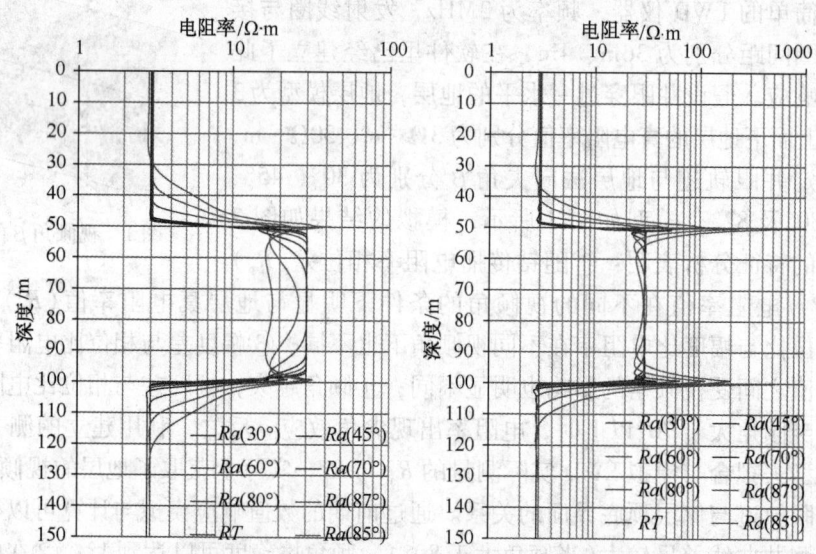

图 3　单一间距仪器的不同倾角的相位比与幅度差电阻率与真电阻率对比

低，在倾角大于 80° 以上时才有倾角分辨率，在进行井眼轨迹与储层顶底界面识别时需要结合区域地质资料与地震的资料，实现模拟电阻率与地层真电阻率的一致性。

1.2　方位伽马与密度成像信息

视倾角 β 确定之后，仅仅确定了井眼轨迹与地层界面法向的夹角，还不能确定井眼轨迹与地层的空间关系，必须有方位信息，因为井眼轨迹自下而上穿过地层与自上而下穿过地层时，β 角存在相同的情形，而方位密度与伽马成像可以解决这一问题（图 6、图 7）。图 6 显示的是井眼自地层上部到下部再到上部的成像信息，通过井眼与地层的成像投影，以井眼上

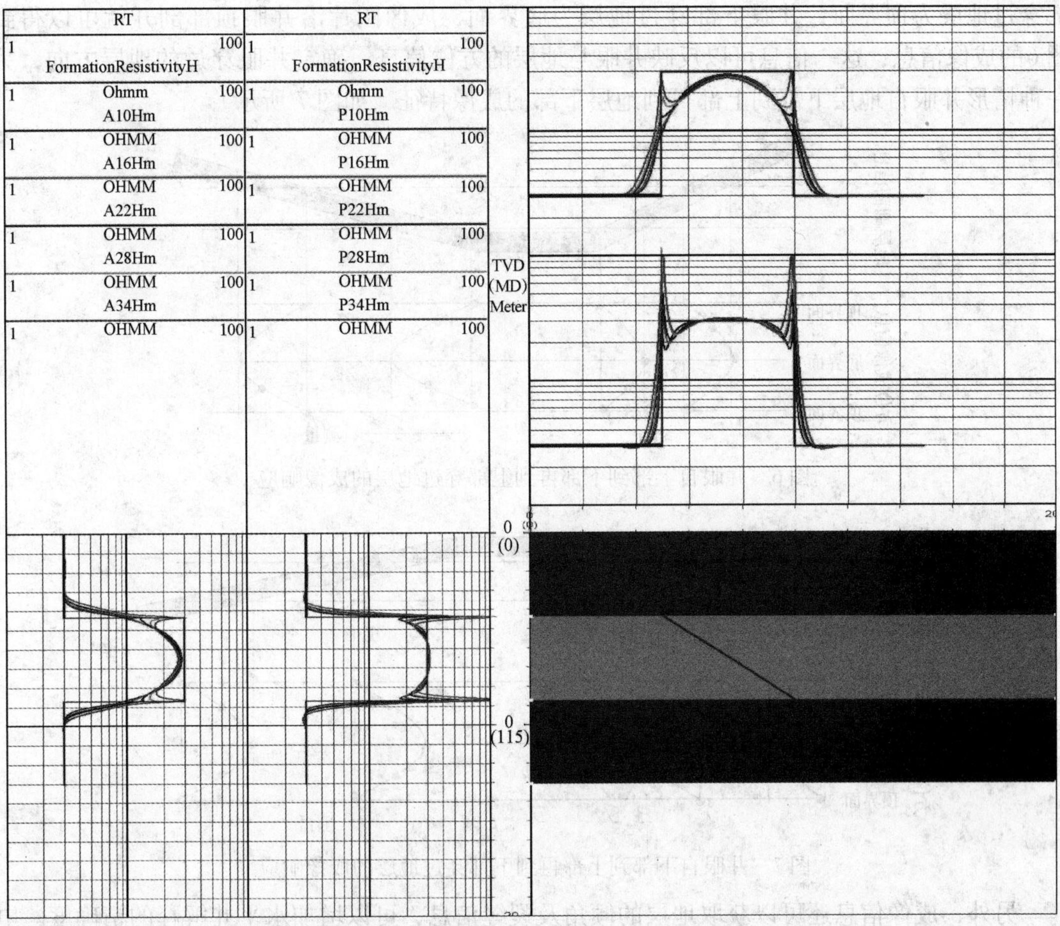

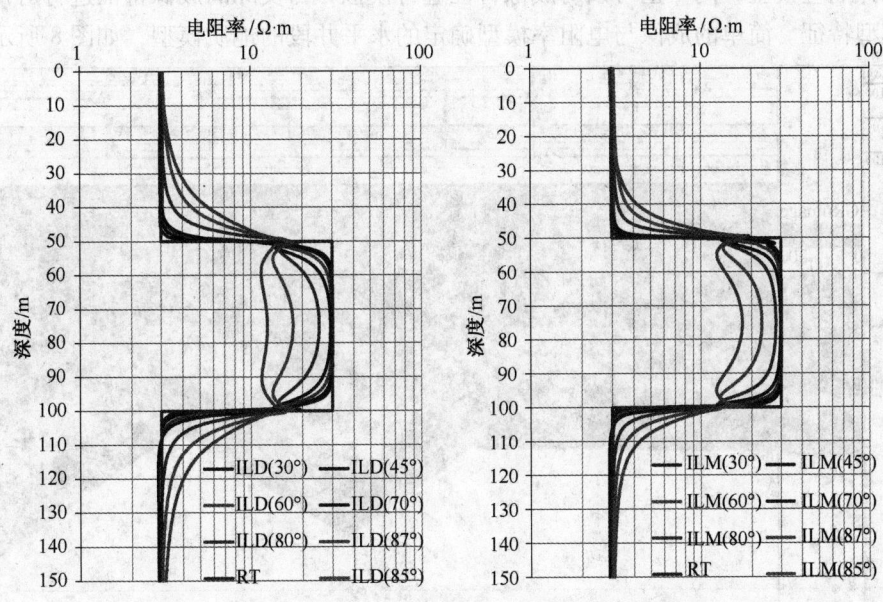

RT			RT		
1		100	1		100
	FormationResistivityH			FormationResistivityH	
1	Ohmm	100	1	Ohmm	100
	A10Hm			P10Hm	
1	OHMM	100	1	OHMM	100
	A16Hm			P16Hm	
1	OHMM	100	1	OHMM	100
	A22Hm			P22Hm	
1	OHMM	100	1	OHMM	100
	A28Hm			P28Hm	
1	OHMM	100	1	OHMM	100
	A34Hm			P34Hm	
1	OHMM	100	1	OHMM	100

图 4　多间距线圈倾角 85°时的 R_a 与 R_p 系列模拟电阻率响应

电阻率/Ω·m　　　　　电阻率/Ω·m

图 5　双感应仪器的不同倾角电阻率的与真电阻率值对比

ILD(30°) ILD(45°) ILD(60°) ILD(70°) ILD(80°) ILD(87°) RT ILD(85°)

ILM(30°) ILM(45°) ILM(60°) ILM(70°) ILM(80°) ILM(87°) RT ILM(85°)

部穿过地层为顶界面，井眼下部穿过地层为底界面，成像图片沿井眼顶部剖开就可以得到图6的成像信息，这一信息可以反映井眼与地层的方位信息，确定井眼穿过的地层方向，另一种情形井眼自地层下部到上部再到地层下部的成像特征，如图7所示。

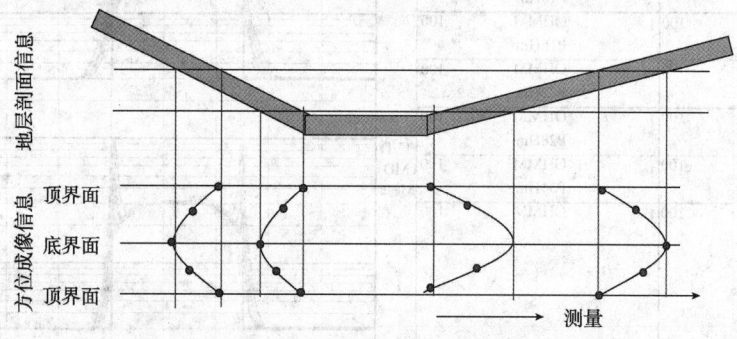

图6　井眼自上部到下部再到上部穿过地层的成像响应

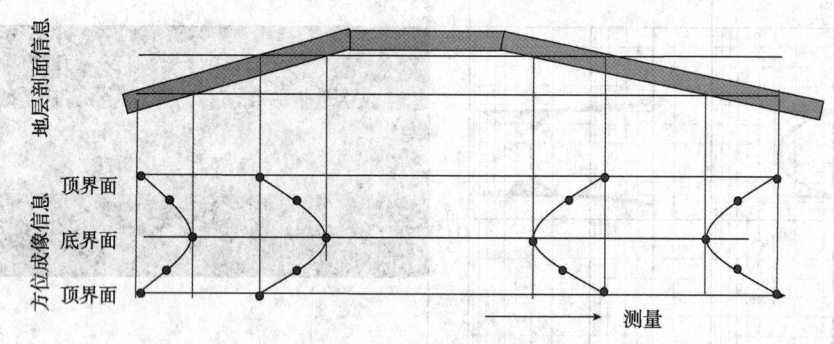

图7　井眼自下部到上部再到下部穿过地层的成像响应

另外，成像信息还可以获取地层的倾角及裂缝信息，可以增加水平井解释的精确度。电阻率的测井响应模型，同样也可以对成像特征进行模拟，与实际的成像特征进行对比，以符合地质模型特征。简单的成像与电阻率模型确定的水平井段的地质模型，如图8所示。如果

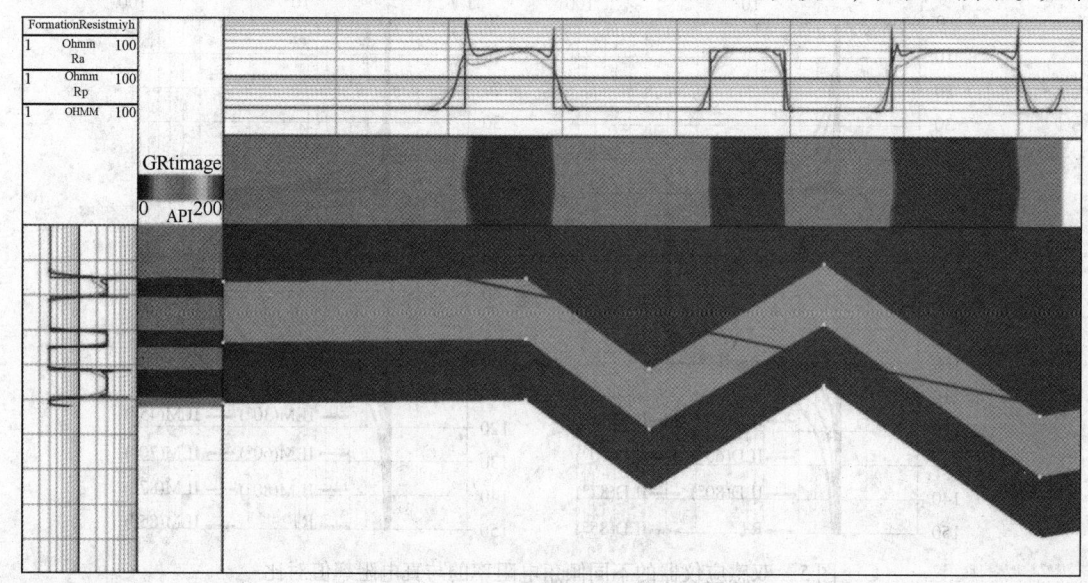

图8　随钻水平段简单的地质模型

没有成像信息，可通过区域的地质特征及地震资料也可对地层的方位进行大致判断，实现水平段的地质模型的交互识别。

2 实例应用

2.1 随钻测井的实例应用

随钻测井的数据相对缺乏，自己设计了一口水平井的导眼井(P1)与水平井(H1)，导眼井数据为常规的双感应曲线、声波密度及中子值，随钻测井数据包括相位与幅度电阻率及自然伽马值。按照上述方法，首先通过导眼井的深感应电阻率建立基本的地层电阻率标准剖面，根据导眼井的解释结果确定标志层与目的层，之后将模型导入到水平井模型中，通过调整地层界面信息实现水平井幅度与相位电阻率值与导眼井的模型一致，再根据此模型模拟随钻仪器的电阻率响应，地层界面交互直至模拟电阻率与实测电阻率响应一致，成果如图9所示，由于没有后期的相关解释模型及岩石物理数据，在此不再赘述。

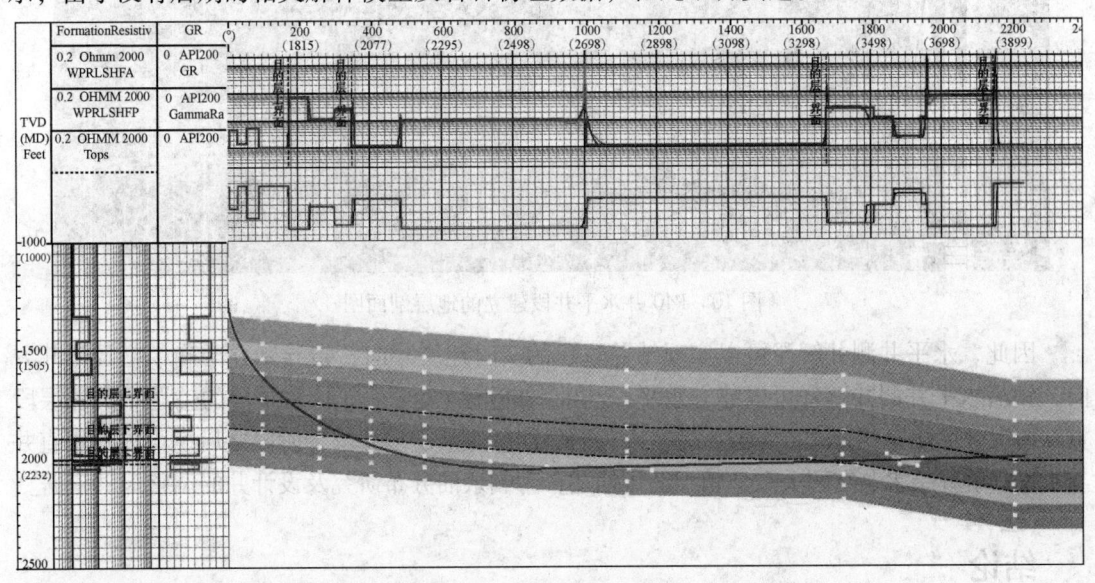

图9 随钻测井水平井段建立的地层剖面图

2.2 常规测井数据的应用

水平井段如果无随钻测井数据，也可以通过常规测井数据来进行地层界面的交互识别。选取了某地区一口常规测井水平段的水平井 P40 井，此井导眼井数据较全，包括常规测井曲线 GR、CAL、SP、CNL、DEN、AC、ILD、ILM 及阵列感应数据，水平段靶点 A 段与 B 段测井曲线有 GR、SP、CAL、AC、DEN 及双感应 ILD 与 ILM。同样的方法，采用导眼段的深感应电阻率建立地质模型，将模型导入至水平井中，由于水平井段为常规双感应数据，对倾角的敏感性较差，结合地震与区域资料进行地层界面的交互识别，之后模拟双感应的电阻率曲线与实测对比，直至响应一致。此外，在本井中，充分利用去界面响应的电阻率的信息，建立了水平段的储层含油性的解释模型(图10)。此井水平段与导眼井解释对比，井眼轨迹上下储层段存在含油水层、油水同层、差油层及干层四段，井眼轨迹穿过了底部的油水同层、中间的差油层及上部的干层。从导眼段的岩性显示，自下而上岩性从细砂岩过渡到泥质粉砂岩，再到上部的泥岩，沉积体系颗粒变细，沉积相从三角洲前缘过渡到半深湖相沉积，正好与流体性质的变化相匹配。从储层含油性认为，测深 2239～2390m 井段的含油性最好，压裂资料显示共布 5 个点，实际上结合储层的含油性认为，第 1 个点与第 5 个点压裂并不合适，第 1 个点在油水同层底部含油水较高，而第 5 个点在干层段。从压裂试产看出，早期压裂以产水为主，这是由于第 1 个压裂点产水率较高，水的流动性比油要强，导致早期产能为100% 含水，而后期随着产水率较低，油才能产出，产水率逐渐低，为 30% 左右。

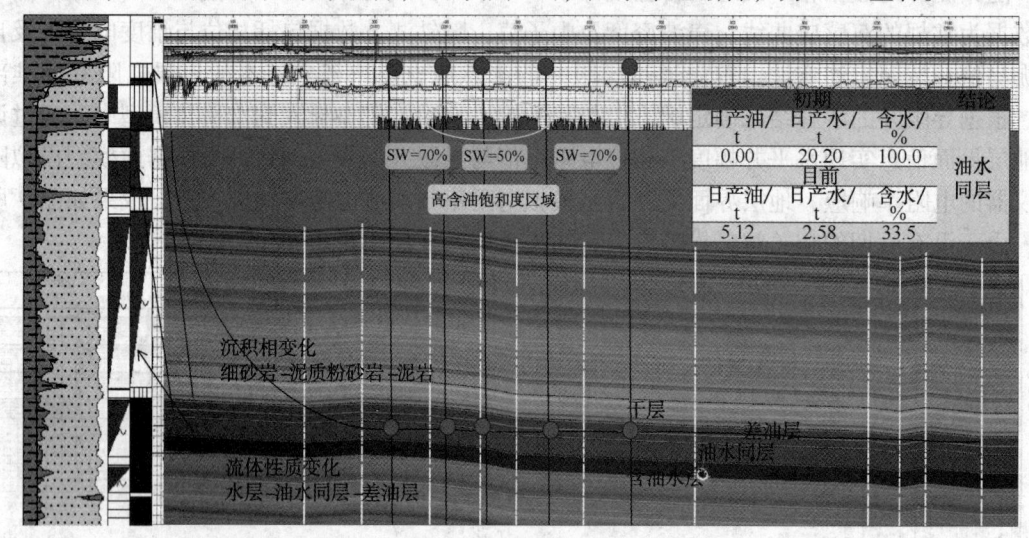

图 10　P40 井水平井段建立的地层剖面图

因此，水平井测井解释可以实现钻井过程的实时地质导向，指导钻井准确中靶及钻井方向，钻后水平井测井解释可以建立水平段与油藏的空间关系，评价水平段的钻遇率及各层段贡献情况，优化完井方式，优选压裂层段，而后期区块处于多井解释阶段之后，可以根据直井与水平井解释结果及空间关系，精细油藏描述，为剩余油分布研究及设计井的调整提供依据。

结论

（1）随钻传播相位与幅度电阻率对视倾角具有较好的敏感性，在不同的视倾角的条件下，模拟实测的传播电阻率与实测的电阻率曲线拟合，建立仪器的响应的模型，反之利用此仪器的响应模型，可以调整地层界面的视倾角来与实测电阻率拟合，实现井眼轨迹与地层界面的交互识别。此外还得结合地层的方位信息，利用方位伽马与密度成像可以获取地层界面方位及裂缝信息，提高地层解释的可靠性。常规双感应信息也可采用此方法，但是需要结合地震与区域地质信息，以提高地层界面的可靠性。

（2）两个实例认证了此水平井解释方法的可靠性，第一个随钻测井实时解释实例，可以实现钻井在进入靶点目的层之前能够准确预测储层段与井眼估计视倾角及地层方位，正确指导钻井中靶及钻井方向；而第二个常规测井水平井解释实例可以实现井眼轨迹与油藏的空间关系，评价水平段有效层段钻遇率及各层产能贡献，优化压裂选层层段。

参 考 文 献

1　周成当，朱德怀. 国外水平井测井与解释技术[J]. 国外测井技术，1992，7(2)：80～90

2　刘志平. 水平井应用及进展[M]. 北京：石油工业出版社，1997

3　朱桂清. 水平井测井技术译文集[M]. 北京：石油工业出版社，1994

4　齐军位. 水平井测井评价中的几个重要因素[J]. 国外测井技术，1994，9(3)：60～66

5　张建国. 水平井测井面临的问题[J]. 测井译丛，1992，1(1)：34～40

6　汪中浩，易觉非，赵乾富等. 水平井测井资料地质解释应用[J]. 江汉石油学院学报，2004，26(3)：70～72

7　罗少成，汪中浩，唐冰娥，等. 水平井地层电阻率各向异性校正方法研究[J]. 测井技术，2009，33(2)：126～147

8　陈冬，王彦春，汪中浩，等. 水平井地层电阻率各向异性研究[J]. 物探与化探，2007，31(3)：233～235

9　赵江青，王成龙，叶青竹. 岩石各向异性在水平井测井解释中的应用[J]. 测井技术，1998，22(1)：36～41

10　Barber T D，Howard A Q. Correcting the induction log for dip Effect[C]. SPE 19607，Presented at 64th Annual Technical Conference and Exhibition of the Society of Petroleum Engineers，1989

11　Wu J Q，Wisler M，Barnett WC. Bed boundary detection using resistivity sensor in drilling horizontal wells[C]. SPWLA 1991，32nd SPWLA Annual Logging Symposium，1991，Midland，Texas

12　Zhou Q. Log interpretation in high - deviation wells through user - friendly tool - response processing[C]. SPWLA 49th Annual Logging Symposium，2008，Edinburgh，Scotland

基于 RFID 随钻传输技术研究

倪卫宁　李继博　张　卫

（中国石化石油工程技术研究院）

摘　要　针对现有随钻信息传输技术难以实现快速、低成本的进行井下与地面的数据交互，难以满足随钻测井的需求。本文设计了一种 8Kbits 大容量的微型 RFID 标签。通过在井口向钻杆内投掷微型 RFID 标签，跟随泥浆循环到井下的 RFID 读写短节。RFID 读写短节把其他随钻短节测量的信息注入到微型 RFID 标签，微型 RFID 标签继续跟随泥浆经过水眼到达环空，并最终返回到地面。还可以通过在 RFID 读写短节上设计存储腔体，在下井前将大量微型 RFID 标签安置在该腔体。RFID 读写短节根据井下随钻测量情况把测量数据注入微型 RFID 标签，定时或不定时地向环空释放，通过泥浆循环把微型 RFID 标签带回地面。两种微型 RFID 标签已经设计完成，圆盘形直径为 9mm，圆柱形长度为 11mm。这两种都具备了过多数水眼和大量存储在短节腔体的条件。此外还完成了应用智能滑套的 RFID 信息传递系统样机和模拟实验。

关键词　随钻测井；RFID；泥浆循环；环空；滑套

前言

在油井开发过程的各个阶段，都需要进行地面与井下的信息交互。其中最典型的电缆测井，需要把测井仪器采集到的大量井下地层信息传输到地面，此时的信息传输是通过下放专门的多芯电缆来完成信息的传递。而在油井开发的其他环节，由于安全和成本的考虑，不合适布置多芯电缆在井筒里面。例如随钻测井过程中，很少采用有线的方式传输井下工具采集的信号。为了随钻测井过程中能够把井下信息传递到地面，目前已经研制了多种无线传输方法，主要有泥浆脉冲传输、低频电磁波传输和声波传输[1~5]，此外智能钻柱也是解决方案之一[6]。目前应用最广泛、最成熟的是泥浆脉冲传输法，其次是低频电磁波传输法，其他方法由于成本和安全等原因，投入生产服务的非常少。泥浆脉冲传输和低频电磁波传输目前存在最大的问题是传输速率太低，以泥浆脉冲为例，目前服务的产品很难超过 10bits/s，这与电缆测井都在 100000bits/s 以上相差太远。因此，国内外各家研究机构都在开展更高速传输方法的研究。

1　RFID 系统工作基本原理

典型的 Radio Frequency Identification(RFID)系统包括可编程数据的电子标签，读写器以及处理数据的远端计算机 3 个部分[7]。电子标签也就是射频卡，具有智能读写及加密通信的能力。电子标签包含天线、匹配网络、续电模块、中央控制器、通讯算法模块、存储器等。读写器由天线、无线控制模块和接口电路组成，通过调制的 RF 信号向标签发出请求信号，标签回答识别信息，然后读写器把信号送到计算机或者其他数据处理设备。

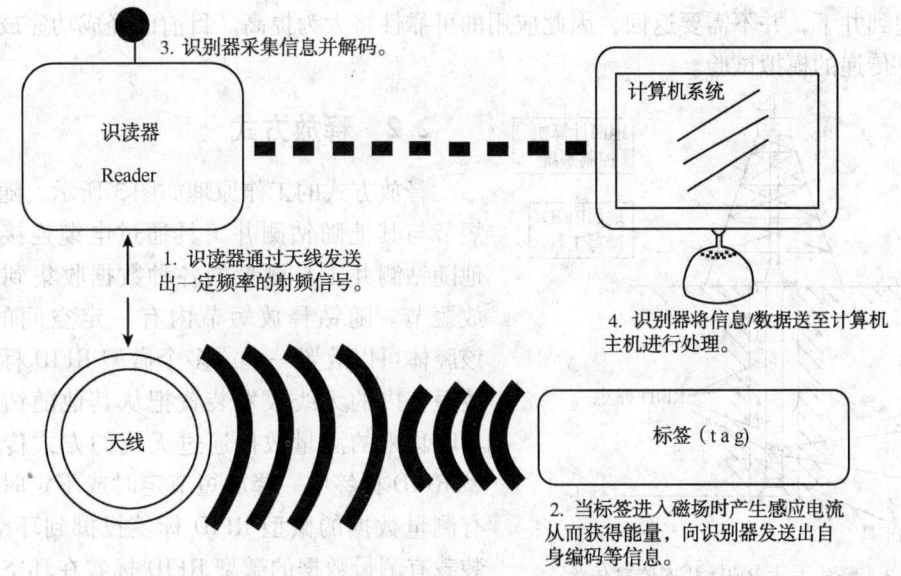

图 1 RFID 系统工作基本原理

2 应用 RFID 进行信息传输原理

国外近几年已经开展了 RFID 技术在井下数据的应用[8~10]，并对这些技术进行持续改进、研究和试验，设计了两种基于 RFID 的井下与地面进行信息传输系统。

2.1 投掷方式

投掷方式的工作原理如图 2 所示，通过使用一个或多个微型 RFID 标签跟随钻井泥浆循环，井下 RFID 读写短节通过有线方式把井下随钻测量仪器测量的数据收集到该工具。当微型 RFID 标签循环到井下 RFID 读写短节处时进行无线数据传输，数据传输完成后微型 RFID 标签继续跟随泥浆循环，并把井下的数据携带到地面。也可以实现在地面把控制指令等数据输入到微型 RFID 标签，然后下传到井下 RFID 读写短节，进一步传递到其他井下工具。由于微型 RFID 标签和井下 RFID 读写短节是短距离的无

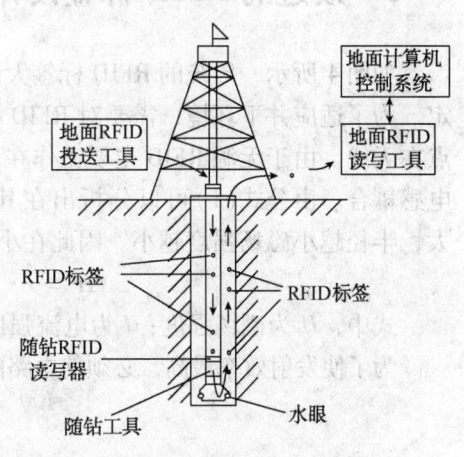

图 2 投掷方式 RFID 井下信息传输

线数据传输，其传输速度比泥浆脉冲、低频电磁波和声波等传输方式要快很多。通过专门的安装在地面泥浆循环管道上的 RFID 标签投掷装置，持续向井里掷微型 RFID 标签可实现连续数据传输。以已经设计的 8Kbits RFID 标签为例，1min 投掷一个，等效的传输速率可以达到 8Kbits/min，约为 133bits/s。

该方法在随钻传输应用时，由于微型 RFID 标签要经过钻头水眼和动力钻具，因此 RFID 标签的体积和耐磨性要求较高。特别是经过涡轮钻具时，被搅碎的风险非常大。

此外，该方式稍作调整，可以应用于地面向井下传递控制指令等信息。由于仅仅需要把

信息传递到井下，并不需要返回，因此应用的可靠性将大为提高。目前已经成功完成了智能滑套信息传递的模拟试验。

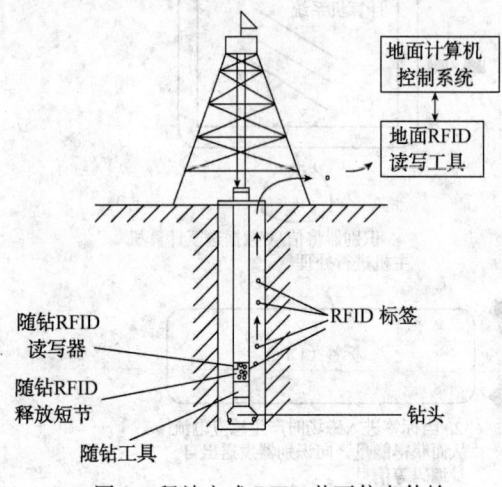

图3　释放方式 RFID 井下信息传输

2.2　释放方式

释放方式的工作原理如图 3 所示，随钻释放短节与其他随钻测井工具通过电缆连接，把其他随钻测井工具测量的各种数据收集到随钻释放短节。随钻释放短节内有一定空间的腔体，该腔体可以放置一个或多个微型 RFID 标签，释放短节内的无线收发装置把从其他随钻测井工具收集来的测量数据通过无线的方式传输到微型 RFID 标签中。释放短节定时或不定时把装载有测量数据的微型 RFID 标签投掷到环空当中，装载有测量数据的微型 RFID 标签在环空中跟随泥浆循环到地面。地面的接收装置再把加载了测量数据的微型 RFID 标签的数据接收下来。微型 RFID 标签不需要经过钻头水眼，其体积可以做得较大，其通讯效率更高。随钻投掷短节通过定时或不定时地连续向环空投掷微型 RFID 标签可实现准连续数据传输。

3　改进的 RFID 标签设计

如图 4 所示，传统的 RFID 标签大多做成卡片的形式，卡片的大小主要由天线的尺寸决定。为了适应井下环境，需要对 RFID 标签重新设计和封装。考虑到尺寸的要求，设计的重点在天线。由于无源 RFID 主要工作在几百 kHz 到十几 MHz，这个频段的天线主要依靠线圈电感耦合。由公式(1)可以分析出在其他条件不变的前提下，线圈的匝数越多磁场强度越大，半径越小磁场强度越小。因此在小尺寸的约束下，尽可能的增加匝数来提高磁场强度。

$$H = I \cdot N \cdot R^2 / [2(R^2 + x^2)^3] \tag{1}$$

式中，H 为磁场强度；I 为电流强度；N 为线圈匝数；R 为天线半径；x 为作用距离。

为了使发射效率最高，必须使电路的谐振频率与工作频率一致，因此要满足公式(2)。

$$f = \frac{1}{2\pi \sqrt{LC}} \tag{2}$$

式中，f 为工作频率；C 为 RFID 标签电容；L 为天线电感。

$$L = (0.01D \cdot N^2)/(l/D + 0.44) \tag{3}$$

式中，L 为线圈电感量；D 为线圈直径；N 为线圈匝数；l 为线圈长度。

由公式(2)和公式(3)可以推出，线圈匝数必须在一定的范围内，以确保线圈电感量 l 在谐振频范围内。结合公式(1)、公式(2)和公式(3)，对 13.56MHz 工作频率的 RFID，选取 50 匝，直径 8mm 的天线作为 RFID 标签的耦合天线。对 134kHz 工作频率的 RFID，选取 100 匝直径 2mm 的天线作为 RFID 标签的耦合天线。

研制的微型 RFID 标签如图 5 所示，内部包含有天线、匹配网络、续电模块、中央控制器、通讯算法模块、存储器等部件，并提供 8Kbits 的数据存储空间。最后封装的两种 RFID 标签如图 6 所示，经过读写试验，两种 RFID 标签读写性能良好。

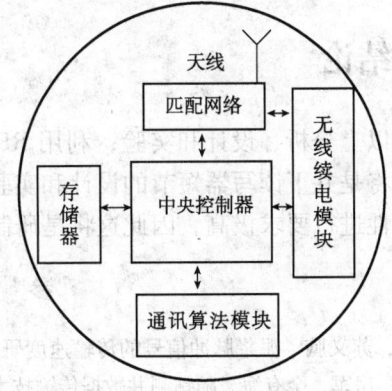

图 4　传统 RFID 标签卡　　　　　图 5　RFID 标签结构框图

4　改进的 RFID 读写器设计

井下 RFID 读写器短节的设计包括读写电路系统的设计和天线的设计。由于读写电路系统在井下由电池供电，且要长期工作，所以读写电路系统的设计重点是低功耗和小尺寸。目前已经设计的读写电路系统如图 7 所示，尺寸为 $30\mathrm{cm}\times4\mathrm{cm}$，功耗为 15mW，该电路系统封装在短节内，天线安装在短节内壁，总长度约 1m。

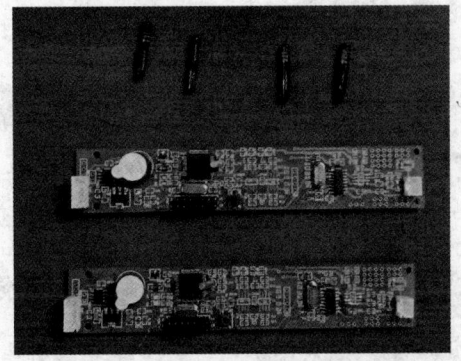

图 6　适应井下环境的微型 RFID 标签　　　　图 7　井下 RFID 读写电路系统

5　应用实验结果

针对应用于随钻数据传输的 RFID 系统，已经完成了功能性实验，可以实现 RFID 的数据读写。配合智能滑套的 RFID 系统已完成地面模拟实验和部分可靠性实验，主要实验结果如下：在空气中 10.5m/s 的自由落体试验中，标签模块读取率 100%；在水中 3m/s 的泵送实验中，标签模块读取率 67%（其中部分标签模块损坏未能读取）。另外还做了 RFID 标签模块的 70MPa 耐压、100℃ 耐温可靠性实验，经过上述可靠性实验 RFID 标签模块都完好无损。

通过实验，RFID 通讯系统已经初步具备为井下工具提供指令信息传递的能力，能够满足现场应用可靠性要求。下一步，对 RFID 标签模块进行加固封装、优化天线短节设计以及研制入井通讯单元原理样机。

6 结论

经过以上分析、设计和实验，利用 RFID 技术进行井下信息传输是完全可行。下一步，研究重点将是井下读写器短节的设计和实验。特别是针对井下的恶劣工作环境，对读写器短节的可靠性进行要求极高，因此这将是研制工作的重点。

参 考 文 献

1 刘修善，苏义脑. 泥浆脉冲信号的传输速度研究[J]. 石油钻探技术，2000，28(5)：24～26

2 刘新平，房军，金有海. 随钻测井数据传输技术应用现状及展望[J]. 测井技术，2008，32(3)：249～253

3 刘修善，候绪田，涂玉林等. 电磁随钻测量技术现状及发展趋势[J]. 石油钻探技术 2006，34(5)：4～9

4 朱军. 钻井液连续压力波 QPSK 信号的构及沿定向井筒传输特性的研究[D]. 山东：中国石油大学(华东)，2010

5 李超. 基于钻柱的随钻数据声波传输技术的研究与开发[D]. 山东：中国石油大学(华东)，2010

6 刘选朝，张绍槐. 智能钻柱信息及电力传输系统的研究[J]. 石油钻探技术，2006，34(5)：10～13

7 彭敏. 一种用于 RFID 电子标签的完整单芯片设计[D]. 上海：上海交通大学，2011

8 P M Sinder，Tom Doig. Rfid Actuation of Self Powered Downhole Tools SPE 2008

9 Daniel Purkis. Switching Device for and a Method of Switching a Downhole Tool. US20110248566[P]. 2011

10 Daniel Purkis. Apparatus and method for downhole communication. US20120146806，2012

基于井下释放射频标签的随钻传输技术

倪卫宁　李继博　张　卫

（中国石化石油工程技术研究院）

摘　要　泥浆脉冲、低频电磁波等随钻数据传输方式难以实现井底大数据量的上传，不能充分满足随钻测井和地质导向对随钻测量数据的需求。本文设计了一种通过井下释放射频标签的方式实现井下大数据量的上传。在下井前将一定量微型射频标签安置在释放短节腔体，根据井下随钻测量情况把测量数据注入微型射频标签，定时或不定时地向环空释放，通过泥浆循环把微型射频标签带回地面。为了拓展射频标签的存储空间，设计一个无线充电大容量射频标签，该标签内置了微处理器和扩张存储器。射频标签可以直接从释放短节的射频读写器发射的射频信号获取电能，为射频标签的微处理器和扩张存储器供电。释放短节可以按照协议读写扩张存储器，实现了大量随钻测量数据的传输。

关键词　随钻测井；射频标签；泥浆循环；环空；存储

中图分类号：TH810　　　　**文献标识码**：A

前言

在钻井过程中，井底到地面的数据传输一直是制约随钻测量、测井应用的瓶颈问题。在钻井完成以后进行电缆测井时，通过下放专门的多芯电缆来完成信息的传递，这种方式由于由于安全和成本的考虑，不合适在钻井过程中应用。为了随钻测井过程中能够把井下信息传递到地面，目前已经研制了多种无线传输方法，主要有泥浆脉冲传输、低频电磁波传输和声波传输[1~5]。此外智能钻柱也是解决方案之一[6]。目前应用最广泛、最成熟的是泥浆脉冲传输法，其次是低频电磁波传输法，其他方法由于成本和安全等原因，投入生产服务的非常少。泥浆脉冲传输和低频电磁波传输目前存在最大的问题是传输速率太低，以泥浆脉冲为例，目前服务的产品大多在1bit/s左右，这个与电缆测井都在100000bits/s以上相差太远。国际上三大公司和研究机构一直在这方面投入相当多的研究。其中之一就是应用无线射频识别（RFID：Radio Frequency Identification）技术，实现井底数据上传。

1　RFID系统工作基本原理

完整的低频RFID系统包括电子标签，读写器以及远端数据处理计算机3个部分[7]，其工作原理如图1所示。电子标签也就是RFID射频卡，具有智能读写及加密通信的能力。电子标签包含天线、匹配网络、充电模块、传输算法模块、存储模块等。低频读写器由天线、无线匹配模块、读写器芯片和微处理器组成，通过调制的射频信号向标签发出请求信号，标签回答识别信息，然后读写器把信号送到计算机或者其他数据处理设备。

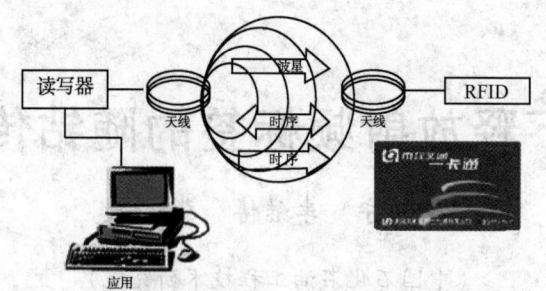

图 1　RFID 系统工作基本原理

2　应用 RFID 进行信息传输原理

国外近几年已经开展了 RFID 技术在井下数据的应用[8~10]，通过对这些技术进行消化吸收和持续改进，并进行相关关键技术的研究和试验，设计了一种基于 RFID 的井下与地面进行信息传输系统。

2.1　释放方式

释放方式的工作原理如图 2 所示，随钻释放短节与其他随钻测井工具通过电缆连接，把其他随钻测井工具测量的各种数据收集到随钻释放短节。随钻释放短节内有一定空间的腔体，该腔体可以放置一个或多个微型 RFID 标签，释放短节内的无线收发装置把从其他随钻测井工具收集来的测量数据通过无线的方式传输到微型 RFID 标签中。释放短节定时或不定时把装载有测量数据的微型 RFID 标签投掷到环空当中，装载有测量数据的微型 RFID 标签在环空中跟随泥浆循环到地面。地面的接收装置再把加载了测量数据的微型 RFID 标签的数据接收下来。微型 RFID 标签不需要经过钻头水眼，其体积可以做得较大，其通讯效率更高。随钻投掷短节通过定时或不定时地连续向环空投掷微型 RFID 标签可实现准连续数据传输。

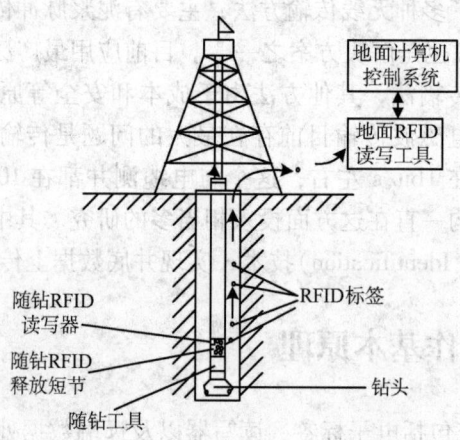

图 2　释放方式 RFID 井下信息传输

2.2　释放结构设计

释放短节包括信号接收天线、储存舱、控制舱、数据读写天线、释放执行机构和释放口，信号接收天线用于接收地面的释放指令，储存舱用于储存微芯片存储器，控制舱用于安装存储器释放控制电路板，数据读写天线用于对存储器进行数据读写，释放执行机构用于提供存储器的释放力，存储器最终由释放孔释放到环空中，伴随着钻井液返回到地面。

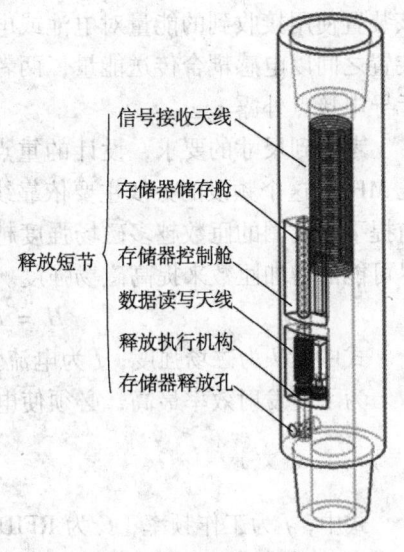

图3　释放短节结构图

信号接收天线
存储器储存舱
释放短节
存储器控制舱
数据读写天线
释放执行机构
存储器释放孔

释放短节的主要工作原理是采用钻柱内外的泥浆压差提供微存储器的释放力，主要工作过程是：当需要将井下大量随钻数据向地面进行传输时，在地面向井下投入载有随钻数据发送指令的信息标签，待信息标签随钻井液循环到信号接收天线时，信号天线通过 RFID 技术读取信息标签中释放，控制舱中的控制电路依据接收到的信号通过数据读写天线进行微存储器随钻数据的井下高速写入和释放指令的下达，释放执行机构接收到释放指令之后完成存储器向释放孔的输送，同时将存储器释放孔内外钻井液导通，完成一次释放动作。

3　无线充电大容量射频标签设计

如图4所示，传统的射频标签大多做成卡片的形式，卡片的大小主要由天线的尺寸决定。这种标签本身就具备无线充电能力，在工作时，首先通过无线方式将其充电，使其内部电路启动完成身份识别等功能。但是由于应用需求，这些射频标签的存储量相对比较小，最大的只有64Kbit，不能满足随钻传输需求。因此为了应用到随钻传输上，需要外挂存储器，拓展存储空间。

因为用于随钻传输的射频标签需要进入井底，其耐压、寿命和温度等要求比较严格。使用电池供电的话可行性不大，且难以重复利用，因此为了实现拓展存储空间所设计的微处理器和存储器有效工作，必须提供电源。为了提供这个电源，设计实现了一种借助射频射频信号的无线充电技术，如图5和图6所示的无线充电大容量射频标签。

图4　传统 RFID 标签卡

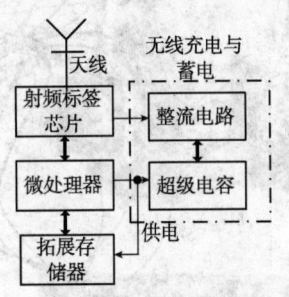

图5　无线充电大容量
RFID 标签功能框图

图6　无线充电大容量 RFID 标签样品

无线充电技术，源于无线电力输送技术。无线充电，又称作感应充电、非接触式感应充电，是利用近场感应，也就是电感耦合，由供电设备（充电器）将能量传送至用电的装置，该装置使用接收到的能量对电池或电容充电，并同时供其本身运作之用。由于充电器与用电装置之间以电感耦合传送能量，两者之间不用电线连接，因此充电器及用电装置都可以做到无导电接点外露。

考虑到尺寸的要求，设计的重点在天线。由于无源射频标签主要工作在几百 kHz 到十几 MHz，这个频段的天线主要依靠线圈电感耦合。由公式(1)可以分析出在其他条件不变的前提下，线圈的匝数越多磁场强度越大，半径越小磁场强度越小。因此在小尺寸的约束下，尽可能的增加匝数来提高磁场强度。

$$H = I \cdot N \cdot R^2 / [2(R^2 + x^2)^3] \tag{1}$$

式中，H 为磁场强度；I 为电流强度；N 为线圈匝数；R 为天线半径；x 为作用距离。

为了使发射效率最高，必须使电路的谐振频率与工作频率一致，因此要满足公式(2)。

$$f = \frac{1}{2\pi\sqrt{LC}} \tag{2}$$

式中，f 为工作频率；C 为 RFID 标签电容；L 为天线电感。

$$L = (0.01 \cdot D \cdot N^2) / (l/D + 0.44) \tag{3}$$

式中，L 为线圈电感量；D 为线圈直径；N 为线圈匝数；l 为线圈长度。

由公式(2)和公式(3)可以推出，线圈匝数必须在一定能的范围内，以确保线圈电感量 l 在谐振频范围内。结合公式(1)、公式(2)和公式(3)，对 13.56MHz 工作频率的 RFID，选取 50 匝，直径 8mm 的天线作为 RFID 标签的耦合天线。对 134kHz 工作频率的 RFID，选取 100 匝，直径 2mm 的天线作为 RFID 标签的耦合天线。

4 射频标签传输技术的其他应用

井下射频标签读写器短节的设计包括读写电路系统的设计和天线的设计。由于读写电路系统在井下由电池供电，且要长期工作，所以读写电路系统的设计重点是低功耗和小尺寸。目前已经设计的读写电路系统如图 7 所示，尺寸为 30cm×4cm，功耗为 25mW，该电路系统封装在短节内，天线安装在短节内壁，总长度约 1m。

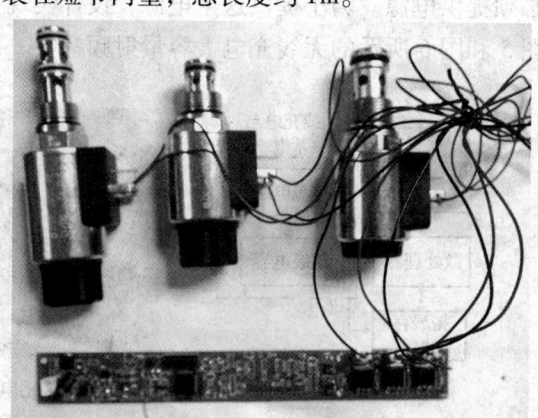

图7 井下射频标签读写电路系统

针对应用于智能滑套系统的射频标签读写电路系统，已经完成了联调试验，实现了标签指令的读取到驱动电磁阀，完成压力转换推动滑套打开和关闭。通过试验，我们设计的射频通讯系统已经初步具备为井下工具提供指令信息传递的能力，能够满足现场应用可靠性要求。下一步，将拓展到不同井下工具的应用，例如扩眼器等。

5 结论

经过以上分析、设计和试验，利用射频标签技术进行井下信息传输完全可行。下一步，研究重点将是井下释放短节的加工和试验。特别是针对井下的高温高压环境环境，对释放短节的可靠性进行要求极高，因此这将是研制工作的重点。

参 考 文 献

1 刘修善，苏义脑. 泥浆脉冲信号的传输速度研究[J]. 石油钻探技术，2000，28(5)：24～26

2 刘新平，房军，金有海. 随钻测井数据传输技术应用现状及展望[J]. 测井技术，2008，32(3)：249～253

3 刘修善，候绪田，涂玉林等. 电磁随钻测量技术现状及发展趋势[J]. 石油钻探技术，2006，34(5)：4～9

4 朱军. 钻井液连续压力波 QPSK 信号的构及沿定向井筒传输特性的研究[D]. 山东：中国石油大学(华东)，2010

5 李超. 基于钻柱的随钻数据声波传输技术的研究与开发[D]. 山东：中国石油大学(华东)，2010

6 刘选朝，张绍槐. 智能钻柱信息及电力传输系统的研究[J]. 石油钻探技术 2006，34(5)：10～13

7 彭敏. 一种用于 RFID 电子标签的完整单芯片设计[D]. 上海：上海交通大学，2011

8 P M Sinder, Tom Doig. Rfid Actuation of Self Powered Downhole Tools SPE 2008

9 Daniel Purkis. Switching Device for and a Method of Switching a Downhole Tool. US20110248566[P]. 2011

10 Daniel Purkis. Apparatus and method for downhole communication. US20120146806, 2012

储层改造技术

水平井分段压裂工艺技术新进展

秦钰铭

（中国石化石油工程技术研究院）

摘　要　近年来国内水平井数量快速增长，低渗透水平井比例越来越高，而水平井分段压裂技术是大幅提高低渗透水平井单井产量，使其获得高效开发的有效手段。本文调研了国内外水平井分段压裂工艺技术的最新进展，详细介绍了裸眼封隔器分段压裂、水力喷射分段压裂、连续油管喷砂射孔环空压裂和泵送可钻式桥塞分段射孔压裂等四种分段压裂主体工艺技术的工艺特点、施工步骤及存在的不足，以期为国内各油田选用水平井分段压裂技术与开展水平井分段压裂技术攻关研究提供参考。

关键词　水平井；分段压裂；特低渗透；裸眼完井；水力喷射

前言

水平井技术于1928年提出，经过80年的迅猛发展，如今日臻完善和系统化，已经成为提高单井产能、提高储量动用率、提高采收率、提高经济效益的重要手段。中国目前的水平井数量接近5000口，并且每年以20%到30%的速度递增，需要增产改造的水平井数量亦快速增长，特别是在页岩气藏开发领域，水平井分段压裂技术发挥着巨大的作用（美国85%的页岩气藏通过水平井分段压裂开发）。据计算结果表明[1]，我国主要盆地和地区的页岩气资源量约为$(15 \sim 30) \times 10^{12} \, m^3$，与美国的$28.3 \times 10^{12} \, m^3$大致相当。可以预见，水平井分段压裂技术将成为中国低渗透油气藏与非常规油气资源开发的重要手段。

1　国内外水平井分段压裂技术新进展

水平井分段压裂技术研究起于20世纪80年代，经过近30年的发展、试验、改进与完善，业已形成针对各种完井方式系列配套的水平井分段压裂工艺技术，归纳目前国外和国内水平井分段压裂技术，主要分为4类：①机械封隔分段压裂工艺技术，包括多级滑套封隔器分段压裂技术、遇油膨胀封隔器分段压裂技术和桥塞封隔分段压裂技术；②水力喷射分段压裂技术，该技术为水力喷砂压裂，负压封堵，分为拖动管柱和滑套式不动管柱两种；③连续油管分段压裂技术，包括连续油管与水力喷射相结合的连续油管喷砂射孔环空加砂压裂技术；④化学胶塞封堵分段压裂技术。国内外水平井分段压裂技术如表1、表2所示。

表1 国外水平井分段压裂技术

分段压裂技术	水平井分压工具	适用完井方式
多级滑套分段压裂	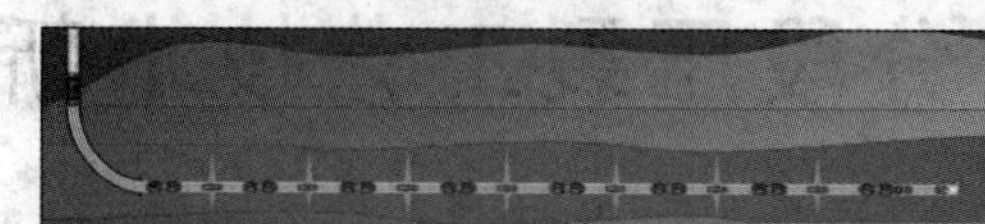	套管与裸眼
裸眼封隔器完井分段压裂		裸眼
水力喷射拖动管柱分段压裂		套管、筛管及裸眼
泵送可钻式桥塞分段射孔压裂	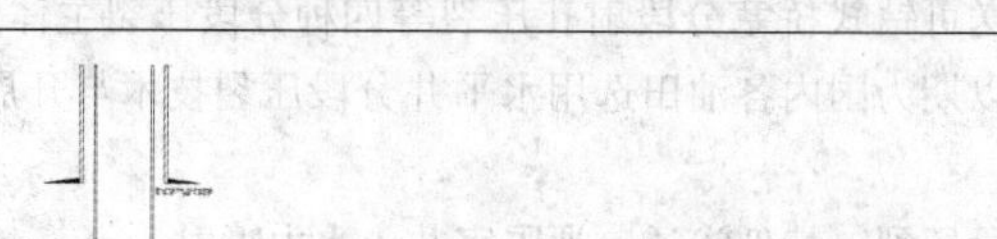	套管
连续油管喷砂射孔环空压裂	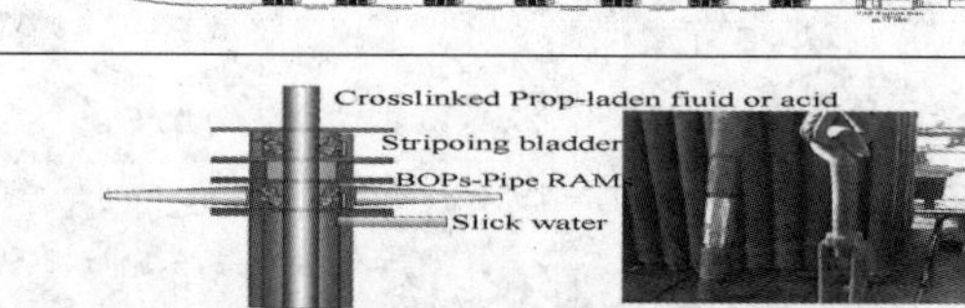	套管

表2 国内水平井分段压裂技术

分类	分段压裂技术	水平井分压工具	适用完井方式
机械封隔器	环空封隔器压裂	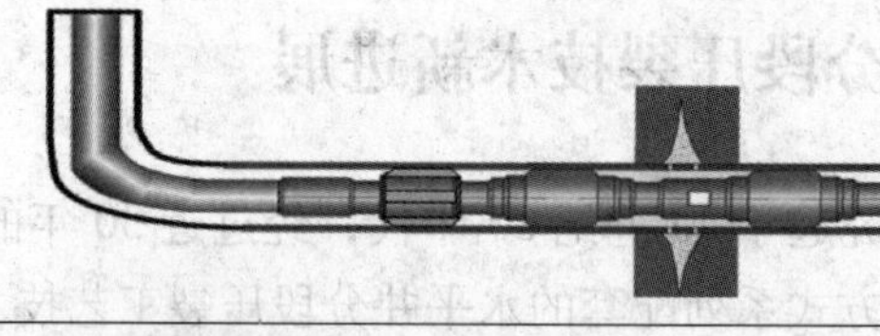	套管
	双封隔器双封单压	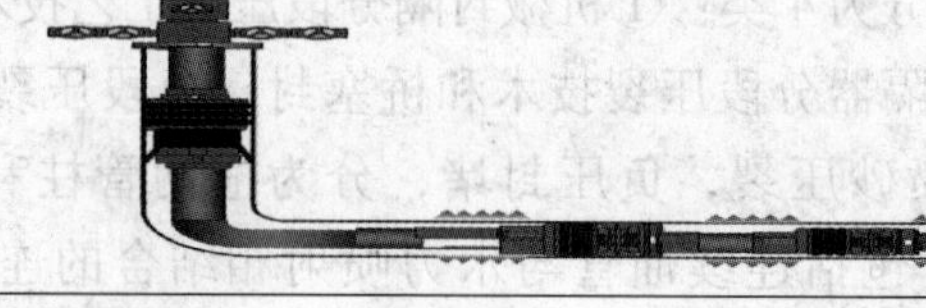	套管
	滑套封隔器	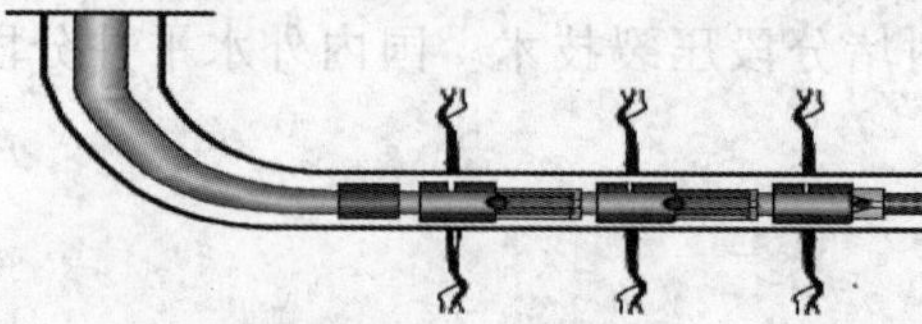	套管
水力喷射	水力喷射分段压裂	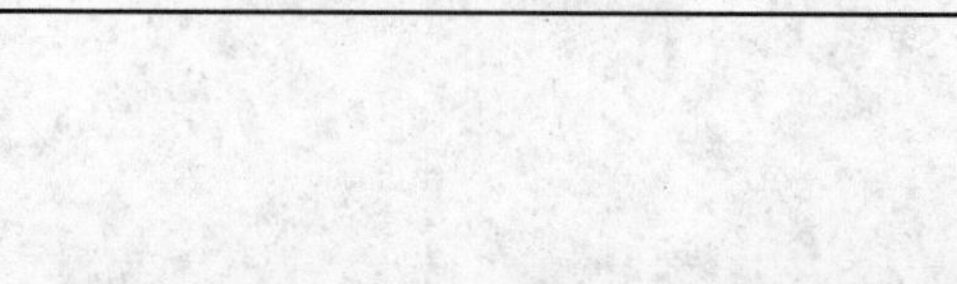	套管、裸眼

续表

分类	分段压裂技术	水平井分压工具	适用完井方式
化学暂堵	胶塞分段压裂		套管

2 水平井分段压裂主体技术

上述各种工艺技术中，裸眼封隔器完井分段压裂、水力喷射分段压裂、连续油管喷砂射孔环空压裂和泵送可钻式桥塞分段压裂技术已经成为水平井分段压裂主体技术。

2.1 裸眼封隔器完井分段压裂技术[2]

该工艺适用于水平井段裸眼完井，采用悬挂封隔器 + 裸眼封隔器 + 投球滑套压裂系统。工具一次入井，通过逐级投球打开滑套实现分段压裂的目的。施工完毕后，水平段管柱将永久作为生产管柱。该套工艺技术主要是为国外技术服务公司贝克休斯、斯伦贝谢所掌握。

关键工具包括：悬挂封隔器、投球滑套、裸眼封隔器、压力滑套、球座总成和 V 型浮鞋(图 2)。

施工步骤：

(1) 整套工具一次入井，通过投放坐封球，进行裸眼封隔器和悬挂封隔器的坐封；

(2) 通过油管泵注液体，管内憋压，打开第一段压裂的通道——压力滑套，进行第一段的压裂施工；

(3) 在第一段压裂施工顶替完毕后，投球打开第二段的滑套，进行第二段的压裂施工；

(4) 依次类推，压裂所有设计井段；

(5) 最后一段压裂施工完毕后，放喷，施工球返到地面，各施工段合层排液合层开采。

施工球的最小直径为 1in，一般每级球的尺寸差别为 0.25in(图 1)。分压段数视裸眼直径大小而定。目前利用该技术最多进行过 24 段的压裂改造。

图 1 施工球示意图

工艺技术优点：

(1) 缩短钻机/修井机使用时间

① 不固井、避免水平井固井质量差的问题；

② 工具一次入井，投球逐级压裂，减少压裂作业时间；

③ 不需要钢丝作业和射孔作业。

(2) 增加投资回报率

① 提高产量；

② 增加采收率；

③ 降低作业成本。

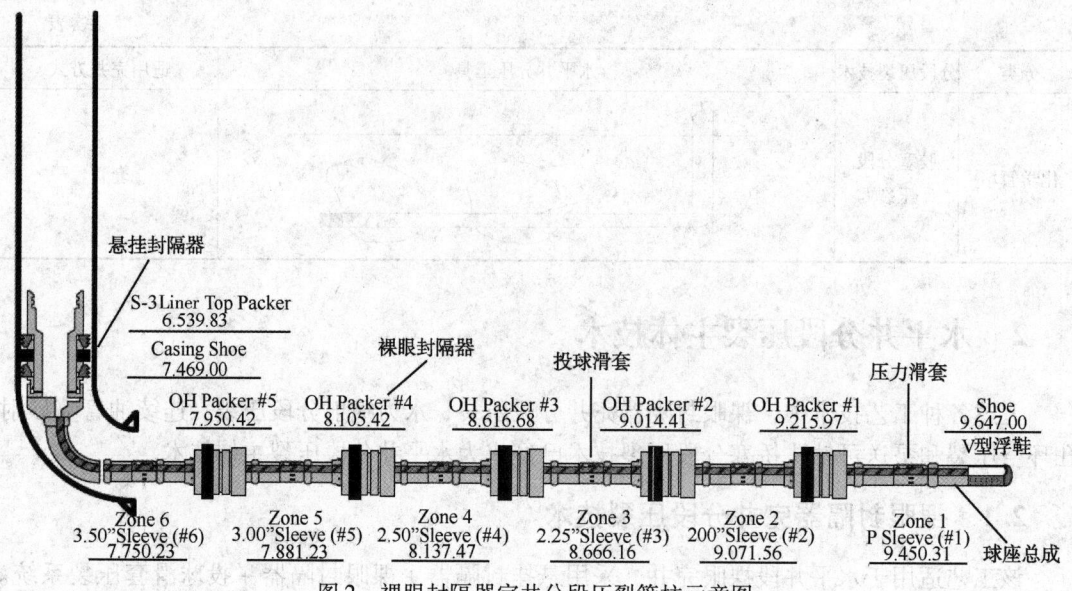

图 2 裸眼封隔器完井分段压裂管柱示意图

工艺技术风险：

（1）对井眼要求比较高。裸眼段井眼规则，防止封隔器卡住或提前坐封；

（2）加砂施工有风险。施工过程中一旦砂堵，需用连续油管进行冲砂，过程复杂。

产品规格系列：

目前技术服务公司提供的产品系列主要是以下四种，现场最常用的是③和④。以③为例说明：直井段采用 7in 套管固井，水平段采用 6in 钻头钻井，以裸眼方式完井，工具采用 4½in 的接口连接，裸眼段井眼尺寸在 6¼in 到 6½in 之间可满足封隔器的承压能力。

① 2⅞in Liner × 4½in CSG × (3⅞in to 4¼in) OH

② 3½in Liner × 5½in CSG × (4½in to 4¾in) OH

③ 4½in Liner × 7.00in CSG × (6¼in to 6½in) OH

④ 5½in Liner × 9⅝in CSG × (8½in to 8¾in) OH

2.2 水力喷射分段压裂技术

水力喷射分段压裂是近年来兴起的一项新型增产改造技术，1998 年由 J. B. Surjaatmadja 等为主的哈利伯顿公司工程技术人员首先提出了水力喷射压裂思想和方法，并由哈利伯顿公司首次成功应用。目前，水力喷射压裂技术已经在全世界范围内施工了近千口水平井，几百口直井。2005 年 12 月，由长庆油田分公司与哈利伯顿能源服务公司合作，在靖安油田靖平 1 井和庄平 3 井顺利完成增产作业，这是该工艺在国内首次试验，随后在国内多数油田得到了应用。

水力喷射分段压裂[8]是集射孔、压裂、隔离、不压井作业装置一体化的新型增产措施，通过专用喷射工具产生高速流体穿透套管、岩石，形成孔眼，随后流体在孔眼深部产生高于破裂压力的压力，压开地层形成裂缝。国外目前采用的仍然是拖动管柱的方式，而国内的技术发展更进一步，研发形成了滑套式水力喷砂压裂技术，不动管柱通过投球打开滑套分压各段。

工艺技术优点：

（1）定点喷射，控制裂缝起裂位置；

（2）无需封隔器和桥塞即可有效实施分段压裂；

（3）不动管柱逐级投球方式，不压井作业，储层伤害小；

（4）射孔压裂一体，减少射孔程序，节约射孔费用，缩短试油周期；

（5）水力喷砂射孔优于常规聚能炮弹射孔，避免压实带污染，有利于提高近井筒地带渗透率；

（6）适应性广，适用于套管、筛管及裸眼直井、水平井等多种井况条件下的酸压及加砂压裂。

工艺技术缺点：

（1）喷嘴具有较大的压降，不宜在深井、裂缝延伸梯度大的井施工；

（2）油管施工排量小，施工规模受到限制；

（3）施工后需要更换管柱。

2.3　连续油管喷砂射孔环空压裂技术

连续油管喷砂射孔环空加砂压裂[3,9,10]（图3）是应用在水平井套管完井的分段压裂技术，集不压井作业、水力喷射射孔、分段压裂于一体化的高效增产改造技术，它借助连续油管将高压携砂液（一定浓度的石英砂）送入到改造层段后，通过喷嘴，实现高压射流能量转换产生的高速流体冲击套管和岩石形成一定直径和深度的射孔通道，完成水力射孔，通过环空进行加砂压裂。

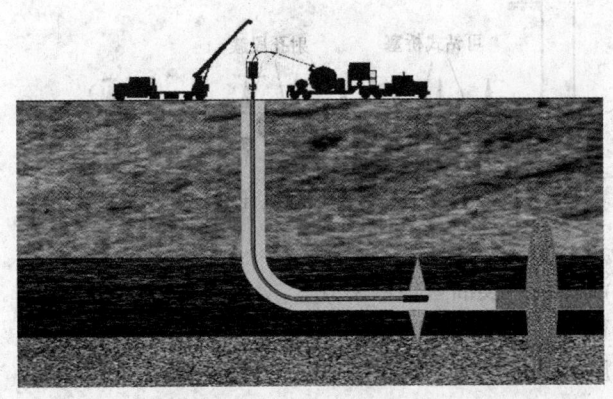

图3　连续油管喷砂射孔环空压裂工艺示意图

施工工序：

（1）利用连续油管置放喷射工具到目的层段；

（2）通过连续油管泵注喷砂液，完成第一段喷砂射孔；

（3）上提连续油管至直井段，通过环空进行加砂压裂；

（4）利用欠顶替施工，在第一射孔层段与第二射孔层段之间形成砂塞；

（5）下放连续油管，喷嘴对准第二目的层段，进行第二段的喷砂射孔；

（6）重复（1）~（6）工序，实现多段分压；

（7）完成所有目的层段压裂，冲砂清理井筒；

（8）下生产管柱，准备投产。

工艺技术优点：

（1）采用小尺寸连续油管喷砂射孔，简单易行；

（2）采用套管进行压裂施工，降低地面施工压力；

（3）施工规模不受注入管柱影响，可满足大型压裂的需要。

工艺技术要求：

（1）套管满足环空加砂压裂的耐压强度；

（2）喷嘴具有较强的耐冲蚀性能，满足多段喷砂射孔的需要；

（3）连续油管下到水平段，具有准确定位功能；

（4）施工后需要下生产管柱。

2.4 泵送可钻式桥塞分段射孔压裂技术

泵送可钻式桥塞分段射孔压裂工艺技术（图4）适用于套管水平井完井，采取压裂改造一层、封堵一层的工艺，逐层上返改造，直至全井水平段改造完毕，一次性钻掉全部桥塞，合层生产。

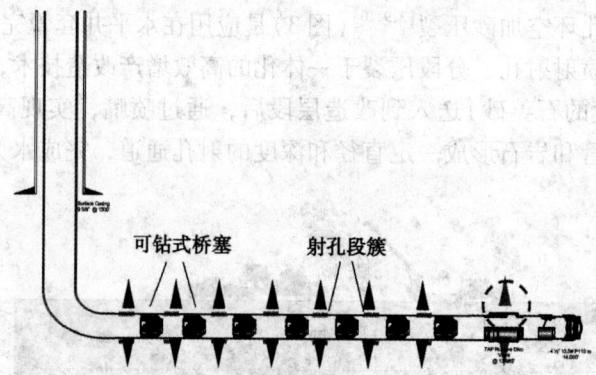

图4 泵送可钻式桥塞分段射孔压裂工艺技术示意图

施工工序：

（1）第一段采用油管或连续油管传输射孔；

（2）通过套管进行第一段压裂；

（3）完成第一段压裂，用电缆送入桥塞；

（4）坐封桥塞（约过射孔段25m），试压；

（5）拖动电缆带射孔枪至射孔段，射孔，拖出电缆；

（6）压裂第二层，重复步骤（3）～（6），实现多层分段压裂；

（7）一次性钻掉全部桥塞，返排；

（8）下生产管柱，合层生产。

工艺技术优点：

（1）施工工艺简单，易于实现，施工风险较小；

（2）套管压裂，可进行大规模压裂改造；

（3）不限段数。

工艺技术缺点：

（1）多次电缆传送桥塞、射孔，施工周期较长；

（2）施工后需要重新下生产管柱。

3 认识与建议

（1）国外水平井分段压裂技术起步早、发展快，主体技术业已形成，工艺与工具系列配套，而国内分段压裂技术与国外存在巨大差异，特别在井下工具方面。

（2）不同的储层条件应优选不同的分段压裂工艺技术。对于页岩气藏，由于储层低压、特低孔、超低渗透率，吸附气和游离气并存，渗流阻力大，需要产生网络裂缝以波及更大的储集空间，提高采收率。因此，采用泵送可钻式桥塞分段射孔压裂技术可实现水平井段超大规模的分段压裂改造，形成网络裂缝，提高改造体积，提高开发程度。对于水平井裸眼段较长的碳酸盐岩储层，由于非均质较强，油水关系复杂，可采用水力喷射定点分段酸压，采用泡沫清洁自转向酸，混入相渗调节剂（RPM）——遇水膨胀，遇油不变化，从而形成主导裂缝，均匀刻蚀，提高酸蚀导流能力。

（3）水平井分段压裂技术将向不限段数、超大规模和多井同步压裂等体积改造方面发展。

参 考 文 献

1 张金川，徐波，聂海宽等. 中国页岩气资源勘探潜力[J]. 天然气工业，2008，28(6)：136~140

2 Don R Watson, Doug G Durst, Travis Harris, et al. One – Trip Multistage Completion Technology for Unconventional Gas Formations [R]. SPE 114973 – MS

3 B W McDaniel, E Marshall, L East, et al. CT – Deployed Hydrajet Perforating in Horizontal Completions Provides New Approaches to Multistage Hydraulic Fracturing A pplications [R]. SPE 100157 – MS

4 陈作，王振铎，曾华国. 水平井分段压裂工艺技术现状及展望[J]. 天然气工业，2007，27(9)：78~80

5 张子明. 水平井压裂技术发展现状[J]. 中外能源，2009，14(9)：39~44

6 张怀文，张继春，胡新玉. 水平井压裂工艺技术综述[J]. 新疆石油科技，2005，15(4)：30~33

7 春兰，何骁，向斌等. 水力压裂技术现状及其进展[J]. 天然气技术，2009，3(1)：44~47

8 刘永亮，王振铎，胥云等. 水平井储层改造新方法——水力喷射压裂技术[J]. 2008，31(1)：71~73

9 王腾飞，胥云，蒋建方等. 连续油管水力喷射压空压裂技术[J]. 天然气工业，2010，30(1)：65~67

10 田守嶒，李根生，黄中伟等. 连续油管水力喷射压裂技术[J]. 天然气工业，2008，28(8)：61~63

页岩气储层改造关键技术研究

王海涛 蒋廷学 贾长贵

（中国石化石油工程技术研究院）

摘 要 水力压裂是页岩气开发的主体技术，如何压开并有效支撑复杂裂缝系统，获得较高的储层改造体积(SRV)是页岩气开采的关键。由于国内目前针对页岩气探井采用的压裂技术大多参照国外经验，针对性不强，缺少对页岩气储层改造目标的总体认识，压裂关键技术单一，缺少设计优化依据。根据数值模拟结果，确定了页岩气储层改造目标及关键点－复杂缝网和裂缝内流动稳定性；基于此，结合国外相关技术经验结合页岩气井 A 的压裂实施，确定了制约缝网形成和压裂效果的影响因素，在此基础上提出了射孔工艺选择依据及其标准，塑、脆性地层压裂工艺选择依据及工艺方法。通过页岩气井 A 的压裂实施及效果分析表明，针对页岩矿物组成、天然裂缝及诱导裂缝的分布、岩石脆性、原地应力大小及各向异性等特征参数对压裂效果的影响而作出的射孔及压裂工艺优化具有较强的针对性，为实现人工缝网提供了参数优化依据。

关键词 页岩气；缝网；导流能力；压裂效果；射孔；压裂

前言

在最近页岩气藏开发的 10 年里，页岩气设计最终采收率已经从 2% 增加至 50% 左右，这主要是通过技术的发展和革新得到的[1]。革新的技术包括水平井、复杂结构井钻井技术及水平井多段压裂、超低黏度滑溜水压裂、同步压裂等储层改造技术[2]，这些技术通过在气藏内部打开天然裂缝，以增加裂缝体系与地层的接触表面积(最高至 $9.2 \times 10^6 m^2$)，极大地促进了页岩气的泄流和产量的迅速提升[3]。储层改造技术水平某种意义上决定着页岩气储层的可采价值。文中围绕页岩气储层改造的基本目标，逐一对页岩气储层改造效果的影响因素及设计要素展开探讨。

1 页岩气储层改造的目标

页岩气储层是一种自生自储式的非常规储层，多以中－微孔为主，渗透率比常规砂岩储层低数十到数千倍数量级不等，尤其在裂缝不发育的条件下很难依靠原生孔喉提供有效的气体储渗空间，一般需要采取水力压裂改造后才能正常投产。与常规低渗透砂岩气储层改造不同的是，常规砂岩立足于"在保证一定裂缝导流能力的前提下，尽可能地造长缝"；而页岩改造则立足于"同时保证裂缝的复杂性和裂缝内流动的稳定性"。

1.1 裂缝复杂性——人工缝网

基于微地震监测结果，在天然裂缝较发育的页岩地层实施大规模滑溜水压裂，其改造体积(SRV)显著高于常规交联瓜胶压裂改造体积[4](图1)。基本上，微地震监测的页岩气藏改造体积越大，裂缝形态则越复杂，相应的裂缝暴露面积也越大，产量越高[5,6](图2)。因此，页岩气储层改造应以尽可能增大压裂改造体积和裂缝复杂性为首要目标。

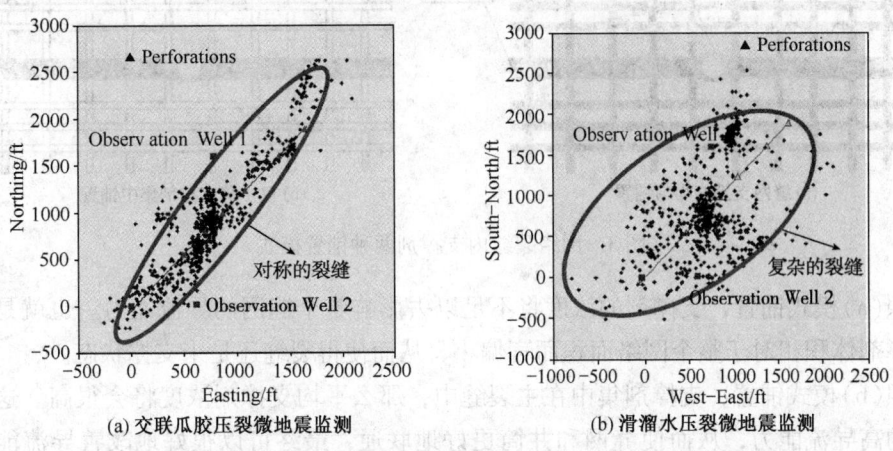

(a) 交联瓜胶压裂微地震监测　　　　(b) 滑溜水压裂微地震监测

图1　滑溜水压裂比交联瓜胶压裂更容易产生较大的改造体积

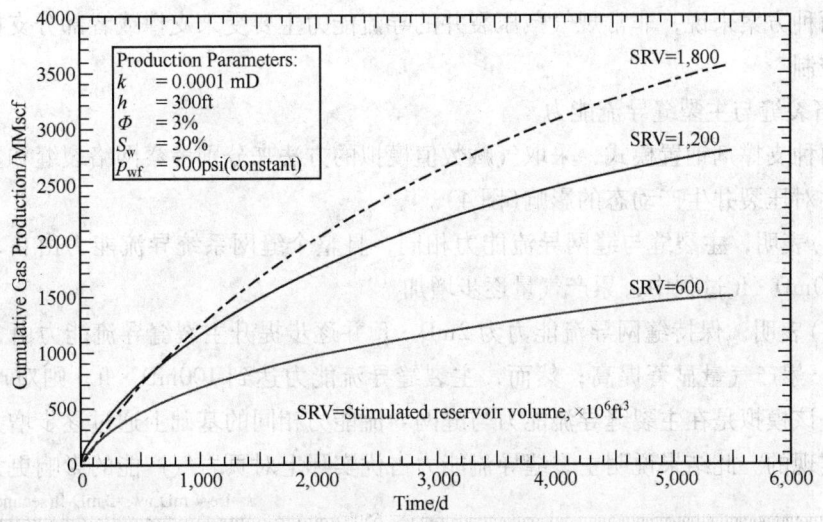

图2　页岩气储层压裂改造缝网体积对累产气量的影响

1.2　裂缝内流动稳定性——导流能力

尽管微地震图片能提供页岩气藏压裂过程中裂缝增长情况，然而压裂作业的有效性仅靠微地震形态图是难以确定的。对于一口页岩气井压后生产动态及压裂有效性的描述，很大程度上取决于裂缝内气体的流动能力或裂缝网络及主裂缝的导流能力[7]。

1. 支撑剂的铺置模式

压裂产生的人工裂缝与地层中的天然裂缝相互交织构成网状裂缝，随压裂过程中支撑剂的泵入，可能部分张开缝能够得到充填和支撑。简化起见，认为支撑剂发生运移沉降后的分布情况大致分为两种(图3)：第一种情况(a)，是支撑剂在裂缝网络中均匀铺置；第二种情况(b)，是支撑剂集中在主裂缝中而复杂缝网中没有支撑剂铺置。

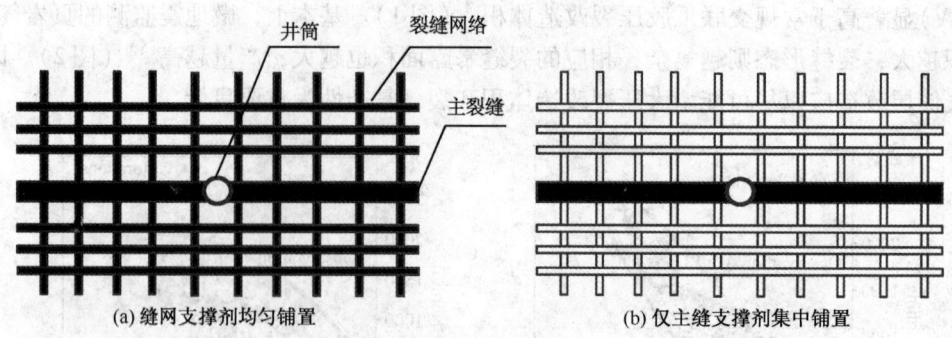

图 3　网络裂缝内支撑剂两种铺置模式

按照(a)模式铺置，支撑剂的浓度将不足以去影响整个缝网的导流能力。也就是说，这部分支撑剂体积相对于整个网络面积而言偏小，从而使得裂缝还是未支撑状态。

按照(b)模式铺置，支撑剂集中在主裂缝中，那么平均支撑剂浓度将会很高。这会导致主裂缝的高导流能力，从而使缝网和井筒更好地联通，最终可以很好地改善导流能力。然而，该种情况缝网中却没有支撑剂。

针对两种方案来说，非常规气藏压裂井的导流能力主要受未支撑或者部分支撑的缝网的导流能力控制。

2. 网络裂缝与主裂缝导流能力

针对两种支撑剂铺置模式，采取气藏数值模拟的方法来分别考察网络裂缝和主裂缝导流能力占优时对压裂井生产动态的影响(图4)。

图4(a)表明，主裂缝与缝网导流能力相同，且整个缝网系统导流能力由 0.5mD·ft 逐步提升至 50mD·ft 过程中，累产气量逐步增加。

图4(b)表明，保持缝网导流能力为 2mD·ft 并逐步提升主裂缝导流能力由 2mD·ft 到 500mD·ft，累产气量显著提高；然而，主裂缝导流能力达到 100mD·ft，则对产量增加无太大帮助。该模拟是在主裂缝导流能力与缝网导流能力相同的基础上通过逐步增大主裂缝导流能力来实现的。此结果说明主裂缝导流能力占优实际上对页岩气产能的影响更大[8]。

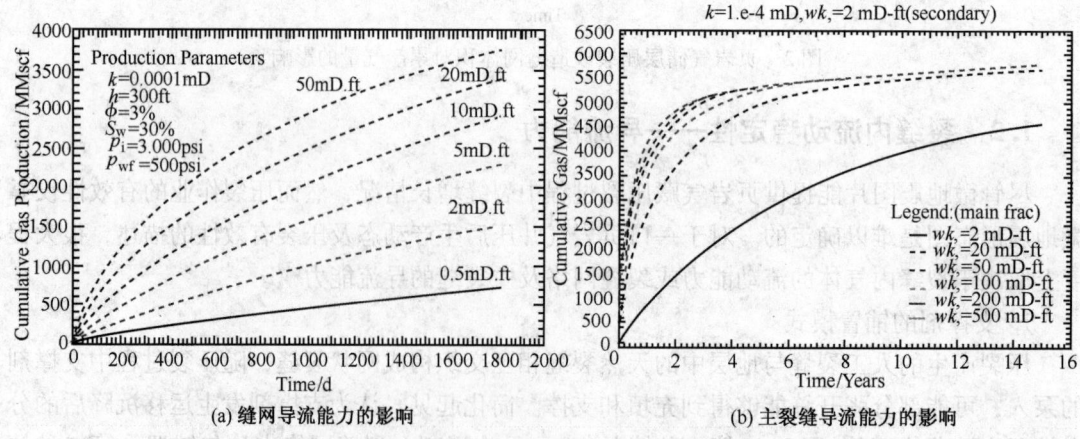

图 4　网络裂缝和主裂缝导流能力占优时对压裂井生产动态的影响

以上分析可见，页岩气储层改造除了需要尽可能增加裂缝的复杂性之外，裂缝内流动稳定性对页岩气生产的影响也极为关键，是页岩气储层改造另一个基本目标。了解缝网和主裂缝导流能力的重要性，从而在压裂设计上可以考虑采用低密度、高强度、小粒径的支撑剂以及混合粒径支撑剂，可以改善缝网和主裂缝的导流能力，以提高页岩气在裂缝内的流动性。

2 制约缝网及改造效果的影响因素

页岩压裂改造体积和是否形成具有流动稳定性的缝网是页岩气储层压裂成功的关键，然而二者同时受到页岩矿物组成、天然裂缝及诱导裂缝的分布、岩石脆性、原地应力大小及各向异性等特征参数的影响，这些因素控制着压裂的成功率和压裂效果。

2.1 页岩矿物组份的影响

页岩储层的矿物组成除常见的黏土矿物（伊利石、蒙皂石、高岭石）外，还混杂有石英、长石、云母、方解石、白云石、黄铁矿、磷灰石等矿物[9]。黏土矿物由于具有较多的微孔隙和较大的表面积，对气体有较强的吸附能力，黏土含量与吸附气含量具有一定的关系。当黏土含量较高时，页岩表现为塑性特征，不利于产生复杂缝网，影响压后产气；石英、长石等脆性矿物含量的增加将提高岩石的脆性[10]，有利于裂缝张开，影响裂缝扩展和形态。然而，石英和碳酸盐矿物含量较高时，将降低页岩的孔隙，使游离气的储集空间减少，特别是方解石在埋藏过程的胶结作用，将进一步减少孔隙，若此时吸附气含量不高，则压后很难见气。

因此，从影响压裂效果的角度考虑，必须在黏土矿物、石英、碳酸盐矿物含量与含气性之间寻找一种平衡。有利目标的选择必须考虑储层的潜力（游离气 + 吸附气）与易压裂性的匹配关系[11]。黏土矿物含量超过 30% ~40% 时，一般不建议采取水力压裂措施。

2.2 天然裂缝和诱导裂缝的影响

水力压裂过程中无论是因胶结而封闭的天然裂缝还是被钻井泥浆充填的诱导裂缝，一旦被压裂裂缝缝穿过，便会在净压力作用下重新打开，与人工主裂缝沟通形成复杂的网络裂缝。一般，天然和诱导裂缝条数越多，走向越分散，连通性越好，压后页岩气产量越高。

此外，人工裂缝与天然裂缝的夹角也影响裂缝的复杂性进而影响压裂效果。当人工裂缝和天然裂缝在夹角较小的情况下（ <30°）：无论水平应力差多大，天然裂缝都会张开，改变原有的延伸路径，为形成缝网创造了条件。在夹角为中等情况下（30° ~ 60°）：在水平低应力差情况下，天然裂缝会张开，具有形成缝网的条件，而在高应力差情况下天然裂缝将不会张开，不具有形成缝网的条件。对于夹角较大的情况下（ >60°）：无论水平应力差多大，天然裂缝都不会张开，改变原有的延伸路径，人工裂缝直接穿过天然裂缝向前延伸，不具有形成缝网的条件。

2.3 岩石脆性的影响

页岩矿物组分不同，表现出来的脆性及压后效果也存在较大差别，如表 1 所示。

表1 页岩脆性及对压裂效果的影响

韧 性 页 岩	脆 性 页 岩
天然和诱导缝趋于消除	趋于天然形成裂缝天然裂缝增加烃储藏和流动能力
应力各向异性高	容易压裂
高扭曲	低扭曲
高嵌入度	低嵌入度
双翼(单)裂缝	复杂的裂缝网络
储藏接触体积最小	储藏接触体积最大

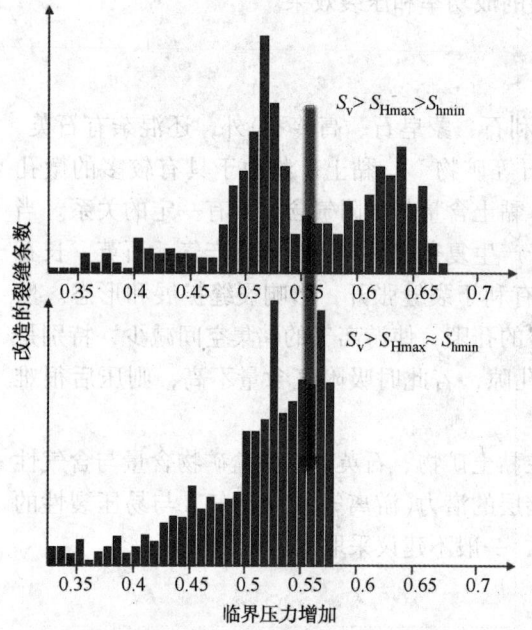

图5 常见页岩气藏造成裂缝滑移的压力
与就地应力状态有很大关系

2.4 地应力大小的影响

地应力大小及分布是决定天然裂缝开启方式及开启难易程度的重要指标。图5表示的是页岩气藏中地应力状态对天然裂缝可改造性的影响。裂缝性质(强度、分布和走向)相同,但在上图中水平地应力差较大,而下图中两个水平应力相差不大而且远低于垂向应力。当两个水平地应力都低时,即使压力低于最小主应力,气藏中的天然裂缝几乎都可以得到改造,这种适度压力和长泵注时间往往可以大大增加地层渗透率。另外一种情况,如果最大水平主应力近似垂向应力,则在压开和裂缝延伸前仅有一部分天然裂缝的得到改造。

2.5 地层各向异性的影响

页岩由于呈层状,在横向上具有很强的各向异性(特别是含有延展性的黏土或有机质),这导致了水平方向和垂直方向上横波速度、杨氏模量、泊松比等参数的巨大差异。一般,黏土质页岩各向异性强于硅质页岩,在假设上覆岩层应力和原始地层应力相同的条件下,各向异性导致黏土质页岩的最小水平主应力高于硅质页岩,对应的地层破裂压力较高,压裂难度相应增加。应力各向异性越小(0~5%),裂缝越容易发生扭曲或转向,同时产生多裂缝;应力各向异性增大(5%~10%)可能产生大范围的网络裂缝;应力各向异性进一步增大(>10%),裂缝发生部分扭曲,主要形成两翼裂缝(图6)。

2.6 其他因素的影响

形成人工缝网是改善页岩气压裂效果的必要条件,除了以上各种不可控影响因素外,具体压裂工艺选择、压裂设计、支撑剂压实、压裂液返排等也同样影响压裂效果。通过压裂方案优化可以人为地对这些影响因素加以控制。

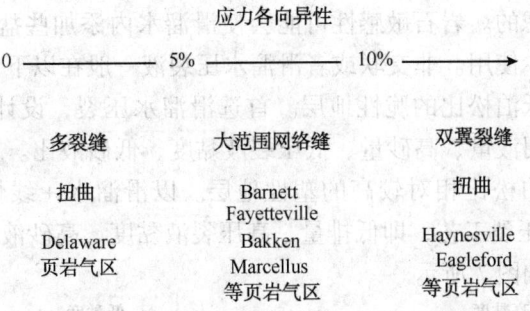

图6　地应力各向异性与裂缝复杂程度对应关系

3　缝网压裂关键技术

页岩气缝网压裂的两方面关键技术包括：定向射孔和压裂工艺。定向射孔针对页岩目的层低应力、高孔隙度、石英富集、干酪根高含量区进行集中式簇射孔，确保裂缝起裂和必要时辅助裂缝转向；压裂工艺则针对不同岩性页岩层设计选择合适的压裂液体系、压裂施工排量、砂液比等，确保形成人工主裂缝的同时开启天然裂缝和诱导裂缝，以最终形成具有稳定流动特征的网络裂缝[12]。

3.1　射孔工艺的选择

射孔工艺主要考虑射孔方位、孔密、孔眼尺寸对裂缝起裂及其扩展的影响。

（1）射孔方位　由于水力裂缝总是在最小水平主应力方向张开，沿最大主应力方向延伸。所以一般情况下，射孔方位和最大水平主应力方向一致有利于诱导裂缝启裂。

（2）射孔相位角　射孔的相位角一般有0°、60°、120°、180°等系列。页岩气藏主要采用60°或者180°相位角。对于天然裂缝不发育、地层不出砂、杨氏模量小、水平应力相差大的页岩层优先选用60°相位角；天然裂缝发育、杨氏模量大、水平应力差小、地层未固结的页岩层优先选用180°相位角。

（3）孔眼尺寸　孔眼尺寸包括炮眼直径和深度，其大小主要由射孔枪决定。考虑到支撑剂的输送，孔眼直径一般取支撑剂粒径的8倍以上，孔眼穿透深度为井眼半径的3倍即可。

（4）孔眼密度　孔眼密度对支撑剂沉降速度有重要影响。在排量和孔径一定的情况下，经过孔眼时的压裂液流速取决于启裂孔眼的个数。如果孔眼过密，则流速可能降低到支撑剂沉降速度以下，造成井眼砂堵。另一方面，如果孔眼密度过小，则流速大，造成炮眼摩阻高。推荐孔眼密度应该满足炮眼流速在$0.159 \sim 0.318 m^3/min$，同时为保证套管强度，密度应不超过39孔/m。

（5）射孔簇间距　页岩气压裂中，合适的簇间距能够避免单个裂缝之间的窜通，在不用控制裂缝延伸的条件下就可以形成多条平行裂缝，裂缝产生同步竞争，就会有利于裂缝在正交方向延伸[13]。经大量研究证实，最佳的簇间距应该大于1.5倍裂缝高度。为了满足这一要求，一般每一射孔段的簇数为1~2簇。

3.2　压裂工艺的选择

针对不同地质特征的页岩层，采用滑溜水或者交联压裂液主要是依据控制滤失的必要性和裂缝导流能力加以考虑的。岩石敏感性可能会使滑溜水内添加些盐，可以控制黏土膨胀，一般在低黏土页岩中很少使用。非交联或者滑溜水压裂液一般在以下情况会优先考虑：

（1）高杨氏模量、低泊松比的脆性地层。首选滑溜水压裂，设计采用"三高两低"的施工工艺，即高排量、高用液量、高砂量、低压裂液黏度、低砂液比。

（2）低杨氏模量、泊松比相对较高的塑性地层。以滑溜水 + 线性胶"混合压裂"为主，设计采用"两高一低"的压裂工艺，即低排量、高压裂液黏度、高砂液比。

压裂工艺选择依据如图 7 所示。

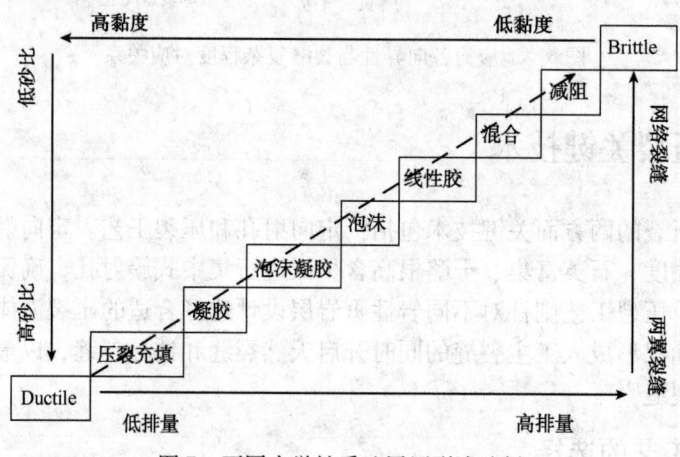

图 7　不同力学性质地层压裂液选择

4　缝网压裂现场应用

某井 A 是一口页岩气探井，目的层 2450～2540m，页岩测井响应特征明显，具有"三高两低"的特征——高伽马、高声波、高中子、低电阻、低密度；页岩石英、长石、碳酸岩等脆性矿物含量高达 73.47%，黏土矿物含量 20.15%；试验测试孔隙度 6.67%，渗透率 0.000227mD；TOC 1.30%～4.35%，平均 2.54%；ECS 计算吸附气量为 1.1～2.3m³/t，平均 1.7m³/t；总含气量为 2.0～5.3m³/t，平均 3.3m³/t；热演化程度 0.52%～1.08%；杨氏模量 23～31GPa，泊松比 0.21～0.24。

（1）射孔方案。根据地质要求，射孔段选择有机碳含量高、石英含量高、裂缝发育、低地应力部位：2488～2498m；分 3 簇射孔：2488～2490m、2492～2494m、2496～2498m；孔密 16 孔/m，相位 60°，孔径 12.5mm，螺旋布孔。

（2）压裂方案。除考虑大排量，低砂比外，还要考虑支撑剂在滑溜水的沉降、传输。采用段塞式设计思路，以降低支撑剂沉积坡度，减少桥堵。设计液量 2008m³，阶段砂量（100 目粉陶 +40～70 目低密度陶粒）60m³，排量 10m³/min，最高砂比 11%。

该井累积注入滑溜水压裂液 2280m³；低密度陶粒 40/70 目 65m³，100 目粉陶 10m³；最高排量达 10.7m³/min；最高砂比 11%；段塞数达 16 个。经计算，两向水平主应力差异系数 0.14，两向水平应力差值在 3.17～3.88MPa 之间（图 8），应力差异较小。经小型测试压裂表明，压裂过程中多裂缝开启特征明显（图 9）。这样，利于页岩压裂形成"缝网"的两个必要条件：较小的水平应力差异和开启的天然微裂隙同时存在。压后出页岩油，最高日产油 5.68m³/d，稳定在 3.0m³/d 以上（图 10）。

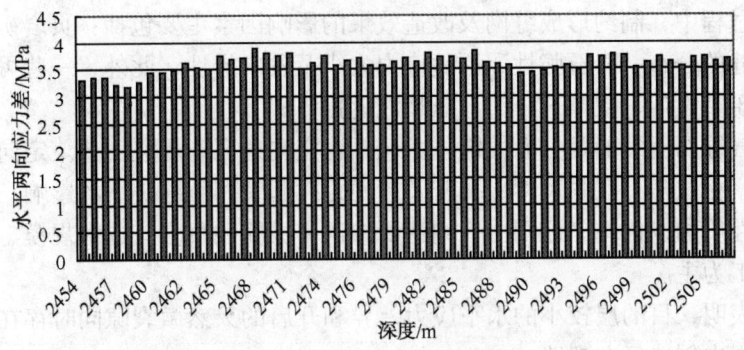

图 8　A 井目的层段水平两向应力差变化幅度

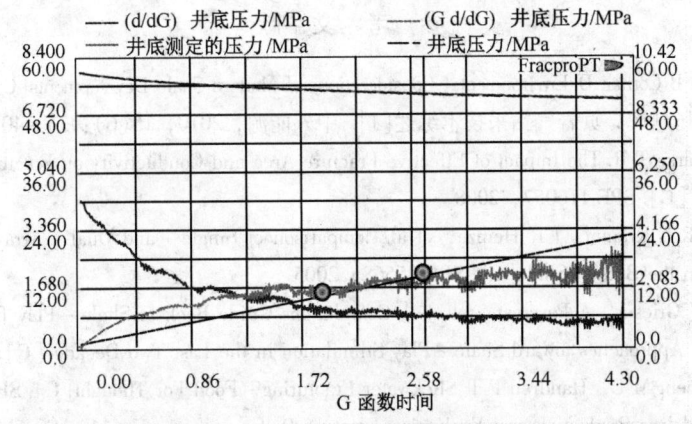

图 9　A 井小型测试压裂 G 函数曲线

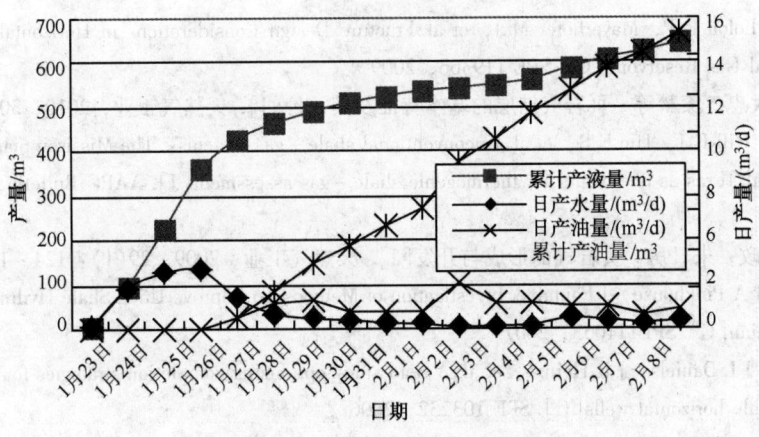

图 10　A 井压后生产动态曲线

5　结论

（1）页岩气储层改造的目标是通过水力压裂产生具有稳定流动能力的非平面网络裂缝系统增加气藏 SRV，实现增产。

（2）数值模拟表明，理想的网络裂缝系统导流能力取决于主裂缝占优，而非支撑剂在裂缝内均匀铺置，压后页岩气产量很大程度上取决于未支撑裂缝的条数及其复杂性。

（3）压裂过程中，制约形成缝网及改造效果的影响因素主要包括：页岩矿物组成、天然裂缝及诱导裂缝的分布、岩石脆性、原地应力大小及各向异性；此外，一些可控因素包括压裂工艺选择、压裂设计、支撑剂压实、压裂液返排等。

（4）页岩气缝网压裂的两方面关键技术包括：定向射孔和压裂工艺。定向射孔应当充分考虑孔眼方位、相位角、孔眼尺寸、孔密及簇间距对起裂和裂缝扩展的影响；压裂工艺视地层物性及力学性质加以优选。原则上，纳达西渗透率级脆性页岩首选大规模、大排量、低砂液比滑溜水施工为主。

（5）实例表明，目的层较小的水平应力差异和开启的天然微裂隙同时存在时，更有利于滑溜水压裂过程中创造复杂裂缝。

参 考 文 献

1 Arthur J D, Bohm B Cornue D. Environmental Considerations of Modern Shale Developments[C]. SPE 122931, 2009

2 张卫东，郭敏，杨延辉. 页岩气钻采技术综述[J]. 中外能源, 2010, 15(6)：35～40

3 Brannon H D, Starks T R. The Impact of Effective Fracture Area and Conductivity on Fracture Deliverability and Stimulation Value [C]. SPE 116057, 2008

4 N R Warpinski, R C Kramm, J R Heinze, et al. Comparison of Single – and Dual – Array Microseismic Mapping Techniques in the Barnett Shale[C]. SPE 95568, 2005

5 K K Chong, W V Grieser, A Passman, et al. A Completions Guide Book to Shale – Play Development：A Review of Successful Approaches toward Shale – Play Stimulation in the Last Two Decades[C]. SPE 133874, 2010

6 Palisch T T, Vincent M C, Handren P T. Slickwater Fracturing – Food For Thought[C]. SPE115766, 2008

7 Cipolla, C. L. Modeling Production and Evaluating Fracture Performance in Unconventional Reservoirs[C]. SPE 118536, 2009

8 Cipolla C L, Lolon E P, Mayerhofer M J, et al. Fracture Design Considerations in Horizontal Wells Drilled in Unconventional Gas Reservoirs[C]. SPE 119366, 2009

9 蒋裕强，董大忠，漆麟等. 页岩气储层的基本特征及其评价[J]. 天然气工业, 2010, 30(10)：7～12

10 Daniel M J, Hill R J, Tim E R, et al. Unconventional shale – gas systems：The Mississippian Barnett Shale of north – central Texas as one model for thermogenic shale – gas assessment[J]. AAPG Bulletin, 2007, 91(4)：475～499

11 张林晔，李政，朱日房. 页岩气的形成与开发[J]. 天然气工业, 2009, 29(1)：124～127

12 J Paktinat, J A Pinkhouse, J Fontaine. Investigation of Methods To Improve Utica Shale Hydraulic Fracturing in the Appalachian[C]. SPE111063, 2007

13 A A Ketter, J L Daniels, J R Heinze, et al. A field study optimizing completion strategies for fracture initiation in Barnett shale horizontal wells[C]. SPE 103232, 2006

页岩油压裂技术初步进展及下步发展趋势

李双明 蒋廷学 贾长贵 王海涛

（中国石化石油工程技术研究院）

摘 要 页岩油与页岩气储层的地质特征与开发技术有明显差异，目前美国的 Bakken 油田、EagleFord 油田以及中国的泌阳坳陷、济阳坳陷等处均有较为丰富的页岩油资源。国外在页岩油储层压裂上主要技术是水平井多段混合压裂液压裂，其工艺技术与页岩气储层压裂相似，主要包括：裸眼滑套＋封隔器分段压裂、泵送桥塞分段压裂技术和高导流水力通道压裂技术等，与页岩气压裂设计不同之处包括变排量、交联液为主、大粒径支撑剂和平均砂浓度高等特点。在借鉴国外基础上，中国石化也针对页岩油储层进行了初期探索试验，压裂了三口井，基本沿用 Barnett 页岩气的压裂思路，其主要做法是大液量、大排量、低砂比和多段塞加砂方式。压后取得了一定的效果，但也存在一些问题，包括加砂难度大、产量低和产量递减快等。结合中石化页岩油储层特点，中石化页岩油储层压裂技术的下步发展趋势为：缩小裂缝间距以产生诱导应力干扰；多口井同步压裂以增加产生诱导裂缝的机率；高通道压裂技术以提高裂缝导流能力；无水压裂以降低对储层的伤害和加强对水资源的环境保护等。与页岩气相比上述技术在参数优化及现场实施方法方面有显著差异，预计将逐步改善中石化页岩油储层的改造效果和开发水平。

关键词 页岩油 滑溜水；压裂页岩气；无水压裂；水平井；裸眼滑套；泵送桥塞；高导流压裂

1 页岩油区块特征

美国是最早开发页岩油的国家，目前其页岩油主要地层是 Bakken 页岩、Eagleford 页岩和 Monterey 页岩。图 1 描述了 Eagleford 区块近三年页岩油生产情况，油井数与油井产量以及单井产油量均呈现快速增加趋势。

图 1 近三年 Eagleford 页岩油产量

页岩油相比于页岩气成熟度较低，介于 0.6 ~ 1.0 间，低于 0.6 就是油页岩。就地质参数而言，与页岩气储层相比，物性较好，孔隙度较高，有机碳偏高，石英含量和杨氏模量偏低，油气黏度差别较大。美国页岩气储层和页岩油储层特征对比如表 1 所示[1~6]，Barnett 属于页岩气储层。

表 1　页岩气与页岩油储层特征对比

参　数	Barnett	Bakken	EagleFord
厚度/m	61 ~ 91	3.0 ~ 23.7	122 ~ 366
深度/m	1981 ~ 2591	3401 ~ 3448	1219 ~ 3048
渗透率/$10^{-3} \mu m^2$	0.000250	<0.01	0.00004 ~ 0.0013
孔隙度/%	4.0 ~ 9.6	7.0 ~ 12.0	3.4 ~ 14.6
平均有机碳含量/%	4.5	11.0	6.5
热成熟度	1.0 ~ 1.74	1.0	1.0 ~ 1.27
平均石英含量/%	41.2	30.0	20.0
平均碳酸盐岩含量/%	13.5	10.0	67.0
平均黏土含量/%	23.0	44.0	7.5
流体黏度/mPa·s	<0.01(气)	0.36(油)	0.36(油)
杨氏模量/MPa	33000.0	10350.0	13800.0
泊松比	0.2 ~ 0.3	0.25 ~ 0.26	0.3

2　国外页岩油储层压裂技术

国外页岩油储层开发主要采用水平井钻井和水平井分段压裂技术，技术特点是：

（1）最小主应力方向部署 1200 ~ 2000m 水平段。

（2）"分段多簇"射孔（9 ~ 26 段，每段 3 ~ 10 簇）。

（3）工艺：泵送可钻桥塞技术/多级滑套 + 裸眼封隔器分段压裂/水力通道压裂技术。

（4）变排量、大规模、高砂比、小粒径 + 大粒径；。

（5）滑溜水 + 线性胶压裂液 + 交联压裂液。

表 2 列举国外主要页岩气及页岩油区块，压裂施工参数对比[7]，其中 Barnett、Haynesville、Marcellus 和 Woodford 是页岩气储层，Bakken 为页岩油储层，Eagleford 既产油也产气，以油为主，从中可看出页岩油储层压裂相对分段段数更多、平均砂比更高、粒径更大，且均用混合压裂液，主要为提高裂缝导流能力设计。表 3 是 Eagleford 页岩油储层压裂的常用泵注程序[8]，其中显示变排量技术较多，平均砂比较高，基本采用滑溜水 + 线性胶压裂液 + 交联压裂液液体体系，且粒径较大。

表 2　页岩气与页岩油储层压裂参数对比

	Barnett	Haynesville	Marcellus	Woodford	Bakken	Eagleford
垂深/m	2134 ~ 2438	3048 ~ 4572	1981 ~ 2286	2134 ~ 3962	2271 ~ 3356	1829 ~ 3962
水平长度/m	914 ~ 1524	1219 ~ 2316	1219 ~ 1676	914 ~ 1524	1219 ~ 3048	1067 ~ 1372
段数	4 ~ 6	10 ~ 18	6 ~ 19	6 ~ 12	5 ~ 37	7 ~ 17
每段液量/m^3	2719	1685	1590	2703	286	1988
每段滑溜水量/m^3	557	557	636	557	239	398
排量/(m³/min)	11 ~ 12.7	11	12.7	11 ~ 14.3	2.4 ~ 3.2	5.6 ~ 16

	Barnett	Haynesville	Marcellus	Woodford	Bakken	Eagleford
平均施工压力/MPa	21~34	72~96	45~60	34~90	19~55	62~86
平均砂比/(kg/m³)	68	300	300	120	240~300	120~180
压裂液类型	滑溜水，线性胶	滑溜水，线性胶，交联液	滑溜水，线性胶，交联液	滑溜水，线性胶	混合压裂液，交联液	滑溜水，线性胶，交联液
支撑剂类型	100目 40/70目砂 30/50目砂	100目 40/70目复合树脂 40/70目 30/50复合树脂	100目 40/70目砂 30/50目砂	100目 40/70目砂 40/70目陶粒	100目 20/40目砂 40/70目砂 20/40目陶粒	100目 40/70目砂 30/50目砂

表3 Eagleford 页岩油储层压裂泵序

	段数	排量/(m³/min)	支撑剂浓度/(kg/m³)	净液量/m³	每段时长/min	累计时长/(min: sec)	流体类型	支撑剂类型
滑溜水	注水	3.2	0	19	5.95	5:57	滑溜水	
	注水	2.4	0	7.6	3.17	9:07	滑溜水	
	前置液	7.2	0	76	10.58	19:42	滑溜水	
	段塞	7.2	120	19	2.78	22:29	滑溜水	100目
	携砂液	7.2	0	76	10.58	33:04	滑溜水	
	段塞	7.2	120	19	2.78	35:51	滑溜水	100目
	携砂液	7.2	0	76	10.58	46:26	滑溜水	
	段塞	7.2	120	19	2.78	49:13	滑溜水	100目
线性胶	携砂液	7.2	0	68	9.52	58:44	线性胶	
	携砂液	6.4	0	7.6	1.19	59:56	线性胶	
	携砂液	6.4	30	19	3.01	62:56	线性胶	30/50目
	携砂液	6.4	0	19	2.98	65:55	线性胶	
	携砂液	7.2	60	19	2.69	68:36	线性胶	30/50目
	携砂液	7.2	0	19	2.65	71:15	线性胶	
	携砂液	7.2	90	34	4.88	76:08	线性胶	30/50目
	携砂液	7.2	0	19	2.65	78:47	线性胶	
	携砂液	7.2	120	34	4.92	83:42	线性胶	30/50目
交联液	携砂液	4.0	0	76	19.05	102:45	交联液	
	携砂液	4.8	120	57	12.47	115:13	交联液	20/40目
	携砂液	4.8	240	76	17.37	132:35	交联液	20/40目
	携砂液	5.6	360	95	19.41	152:00	交联液	20/40目
	携砂液	6.4	480	57	10.61	162:37	交联液	20/40目
	顶替	7.2	0	83	11.64	174:15	滑溜水	
	关井	0.0	0	0	5.00	179:15	关井	

2.1　页岩油储层压裂工具

1. 裸眼封隔器 + 滑套分段压裂技术

该技术国内外应用较多，其中使用的工具由四部分组成：顶部衬管封隔悬挂器、裸眼封隔器、球座开启型滑套和液压开启型滑套[9]（图2）。球座开启型滑套和压力开启型滑套会顺序的开启，投球座封，可以隔离下部层位，再加上滑套在两个裸眼封隔器之间，因此可以有效的对每个层段施工。

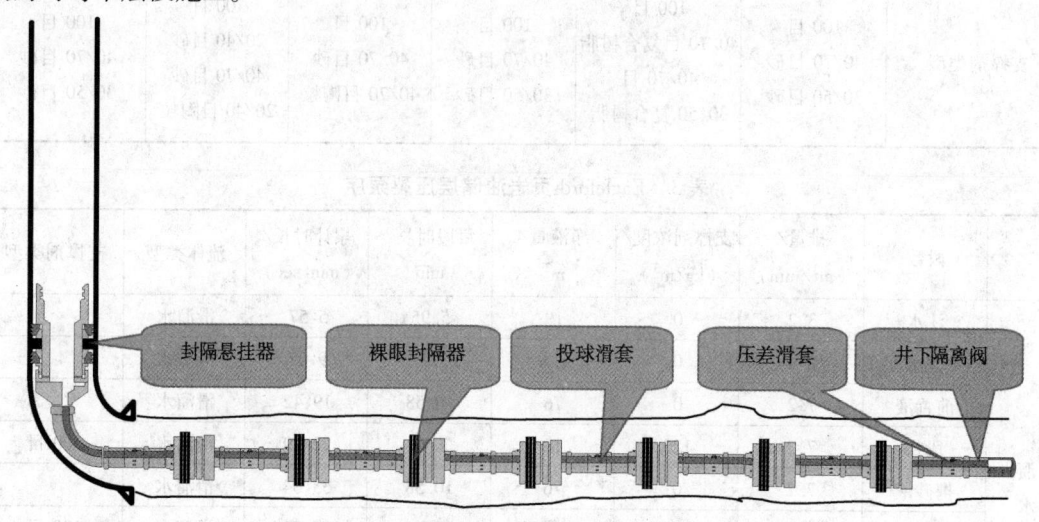

图2　裸眼封隔器 + 滑套分段压裂技术管柱图

截至2008 年为止[10]，在巴肯上部页岩地层有10 余口水平井使用了裸眼封隔器 + 滑套分段压裂技术，主要使用的是贝克休斯公司提供的工具。其中一口井水平段长2359m，采用8 段压裂，所采用的遇油膨胀封隔器，管柱下到井底，从油套环空中注入煤油，随后油管中投球，环空中注满煤油后，球落入球座，顶部衬管封隔悬挂器可以坐封在套管壁上，随后封隔器坐封，坐封结束后，就进行压裂施工。当管内压力达到27.6MPa 时，开启压差式滑套，压裂施工，随后的7 段均采用投球开启滑套的方式进行分段施工，8 段施工在10h 内完成，共加入862000kg 石英砂。平均施工压力为31MPa，最大施工压力是49.6MPa，平均施工排量为6.2m³/min。施工结束后一天内的初期产量原油为210m³/d，天然气56634m³/d，在随后的30d 内，原油平均产量130m³/d，天然气平均产量为23446m³/d。

2. 电缆泵送桥塞分段压裂技术

该技术在美国开展应用较多，主要是套管完井中电缆下入桥塞和射孔联做工具[11]，至预定位置，地面引爆导火索，使桥塞坐封在套管内壁上，然后上提射孔枪，地面引爆射孔，上提射孔枪至地面进行水力压裂，可以无限级次压裂，然而施工时间较长，通常一天内压裂1 ~ 3 段，该技术在中石化页岩油井也有应用，是容易实施的压裂工艺技术。

3. 高导流水力通道压裂技术

该技术由斯伦贝谢公司研发，命名为HiWAY[12]，公司内部历时7 年进行技术论证和先导试验，直到2010 年投入商业化应用。目前已经在美国、加拿大、阿根廷、俄罗斯和墨西哥等8 个国家和地区的30 多家作业公司进行了超过3000 级压裂，无论是应用在直井还是水平井增产效果都非常显著，目前正在进行全球化推广。

该技术主要是在裂缝内产生开启的流动通道，相比常规压裂会产生较高的裂缝导流能力，其中支撑剂以支撑剂骨架的形式非均匀的铺置在开启通道周围，此时支撑剂不再充当导流介质，而是作为支撑结构(图3)。其原理如下：

(1) 使用高浓度凝胶压裂液和高强度支撑剂，将添加支撑剂和不添加支撑剂的压裂液以高频率间歇性注入，即一段净液一段携砂液，在支撑剂充填层中产生高导流能力的通道网，从而成倍地增加裂缝导流能力。

(2) 使用成团的可降解纤维材料，在从作业设备注入地层的过程中增加束缚力，防止支撑剂段塞分散，提高支撑剂分布的可靠性。

(3) 采用簇射孔技术，辅助支撑剂段塞分散到地层中。

(4) 建立地质力学模型进行压裂通道设计，该模型通过给定的支撑剂段塞频率和储层条件等参数，可以预测稳定的可连通通道的分布和运移状况，从而优选参数形成稳定的高速液流通道网络。

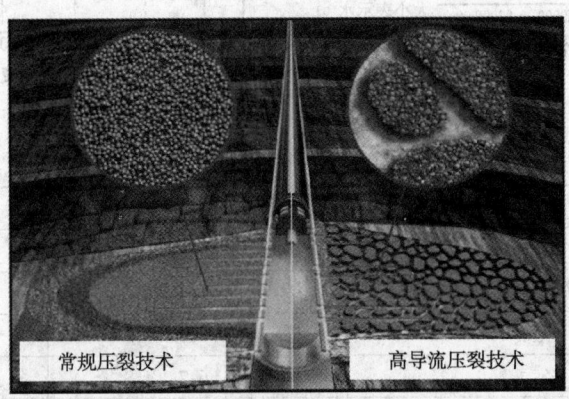

图3　高导流压裂技术

该技术在 Eagleford 页岩油储层得到应用，该地区共计 5 口井使用了水力通道压裂技术，平均 $Sg\Phi h$ 为 39.12，8 口井在相邻位置使用常规压裂技术，平均 $Sg\Phi h$ 为 43.66。观察发现 180d 后，水力通道压裂技术要比常规压裂技术的产量高 26%。

2.2　页岩油储层压裂材料

页岩油储层压裂常用的是线性胶压裂液；支撑剂的粒径主要是 20～40 目。巴肯油田页岩段压裂的压裂液类型、支撑剂类型与压裂井的产量关系如图4所示[11]。图中显示压裂施工时常采用膨胀式封隔器施工，线性胶压裂液使用较多，支撑剂常采用石英砂，粒径主要以 20～40 目为主。

3　中石化页岩油储层压裂

最近几年，中石化大力关注页岩油的开发，初步确定了两个页岩油区块：泌阳凹陷和济阳坳陷，两个区块页岩油储层特征见表4。在两个区块内中石化部署压裂施工了 3 口页岩油井，直井 A 井、水平井 B 井和 C 井。

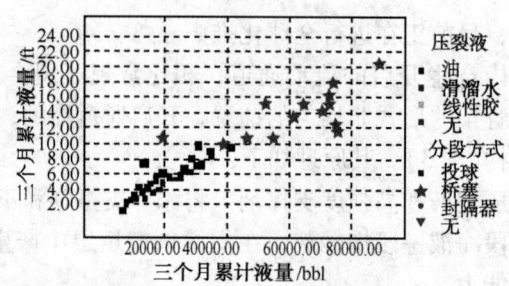

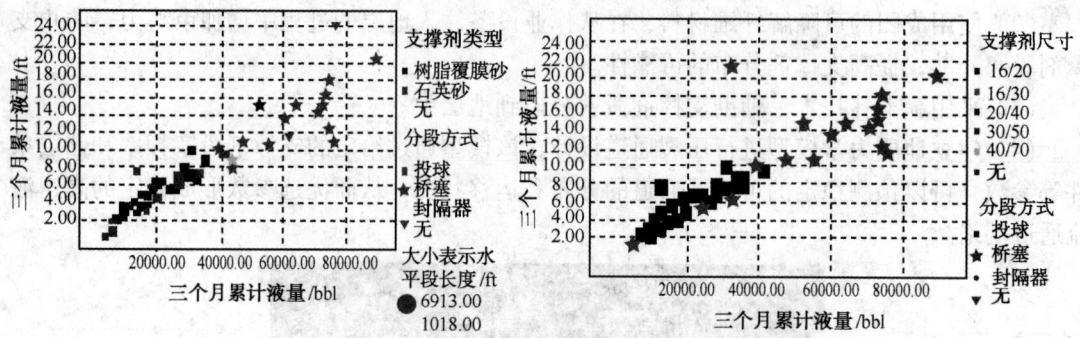

图4　支撑剂类型与压裂井的产量关系

表4　泌阳凹陷和济阳坳陷页岩油储层特征

参　　　数	泌阳凹陷核桃园组	济阳坳陷
厚度/m	1.5 ~ 10.7	55 ~ 75
深度/m	2397 ~ 2478	2900 ~ 2970
渗透率/$10^{-3}\mu m^2$	0.00023	—
孔隙度/%	6.7	—
有机碳含量/%	2.3	—
热成熟度/%	0.52 ~ 1.08	—
平均石英含量/%	20.0	14.0
平均碳酸盐岩含量/%	28.0	60.0
平均黏土含量/%	25.0	20.0
破裂压力梯度/(MPa/m)	0.0244	0.0250
初始孔隙压力梯度/(MPa/m)	0.0105	0.0100
储层温度/℃	111.3	108.0
原油黏度/mPa·s	8.36(90℃)	—
杨氏模量/MPa	20000 ~ 63000	39200.0
泊松比	0.25 ~ 0.35	0.2

河南泌阳凹陷直井 A 井基本采用国外 Barnette 页岩气压裂思路。不同之处采用多次停泵减少水平应力差异的方法，以期实现裂缝转向。水平井 B 井采用可钻桥塞15段分段压裂技术，主要采用施工参数灵活调整的策略，包括簇射孔参数变化，压裂液组合模式变化及注入参数调整等，逐步摸索适合该盆地储层特点的分段压裂方法及参数。

济阳坳陷水平井 C 井采用策略 C 井设计采用10段可钻桥塞分压的思路，由于施工完第

一段发现含 H_2S 而终止后续施工。

3.1　河南泌阳凹陷直井 A 压裂施工

A 井压裂施工曲线见图 5。直井 A 目的层段为核桃园三段，为 2450～2540m 位置，岩性为黑色页岩夹深灰色泥岩。该井于 2011 年 1 月 23 日施工，施工总液量为 2280.65m³，全部为滑溜水，其中前置液 1116.63m³，携砂液 1124.79m³，共加入支撑剂 75.21m³，100 目粉陶 10m³，40～70 目 65.21m³，平均砂比 6.69%，最高砂比 12.39%，施工排量介于 9～10.7m³/min 间，集中射孔 96 个，该井压后一天产 1～2m³ 油，产量较低，且下降较快。

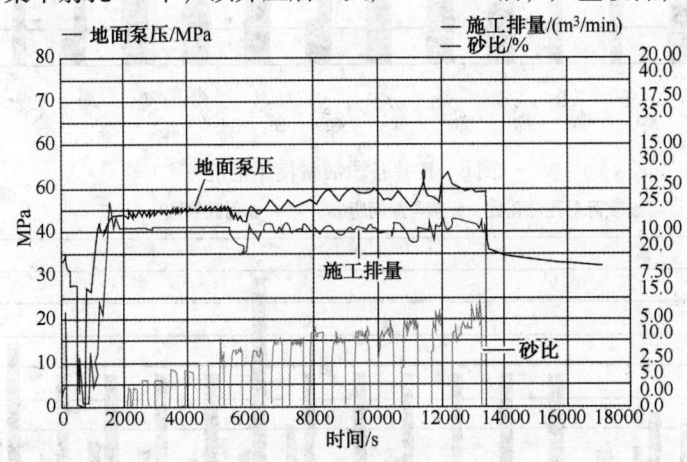

图 5　A 井压裂施工曲线

3.2　河南泌阳凹陷水平井 B 压裂施工

水平井 B 核三 3 段 2397～2478m 井段发现一套 81m 厚的含油气页岩储层，该井垂深 2550m，测深 3722m 水平段长 1044m，目的层段基质孔隙度为 5.3%，渗透率 0.00025×$10^{-3}\mu m^2$，有机碳含量为 1.08%～4.96%。2011 年 12 月 27 日开始分 15 段光套管压裂（5.5in.），采用电缆传送桥塞和射孔枪，坐封桥塞，然后上提射孔枪射孔，再投球封堵压裂，该井施工总液量 22138m³，包括滑溜水液量和线性胶液量，如图 6 所示。施工支撑剂量 800t，其中 100 目粉陶 225t，40～70 目陶粒 545t，每段平均砂比 0.83%～9.34%，排量在 10～14m³/min，地面施工压力介于 48～68MPa 范围内。采用集中射孔、两簇射孔和三簇射孔，如图 7 所示。其中第 1 段、第 2 段和第 3 段砂堵，第 9 段和第 10 段加砂困难。

该井施工后试采采用 8mm 油嘴最大产油量为 22.6m³/d，初期稳产 12～14m³/d 范围内，三个月后降至 4～5m³/d，稳产时间短，下降较快。

3.3　济阳凹陷水平井 C 井压裂施工

水平井 C 在沙三下段页岩富含油气，目的层段垂深 2969.49m，测深 4335.54m，水平段长 1175.82m，目的层段裂缝较为发育，该井计划用泵送桥塞分段压裂 9 段，液体为滑溜水＋线性胶＋交联液，支撑剂为 100 目＋40～70 目＋30～60 目，每段分两簇射孔，排量设计为 8～9m³/min。

该井于 2012 年 2 月 8 日进行第一段压裂施工，该段压裂液总量为 1008m³，其中滑溜水

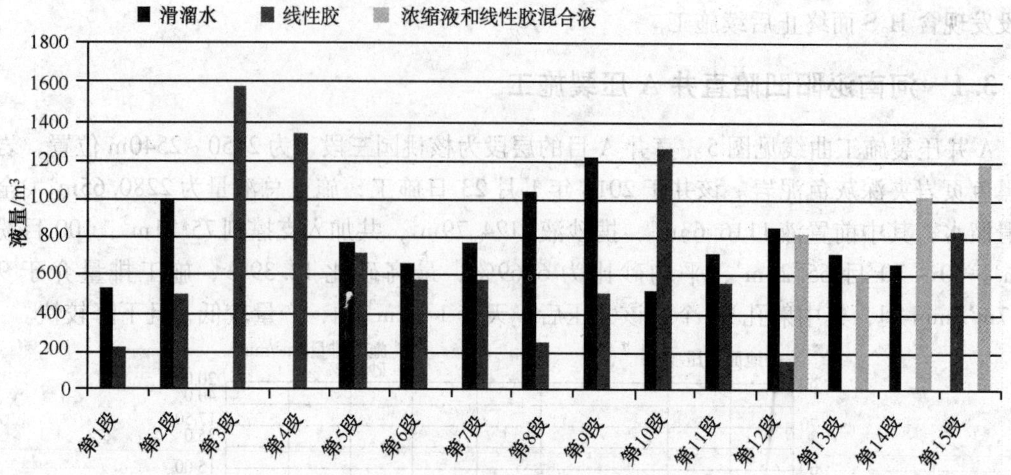

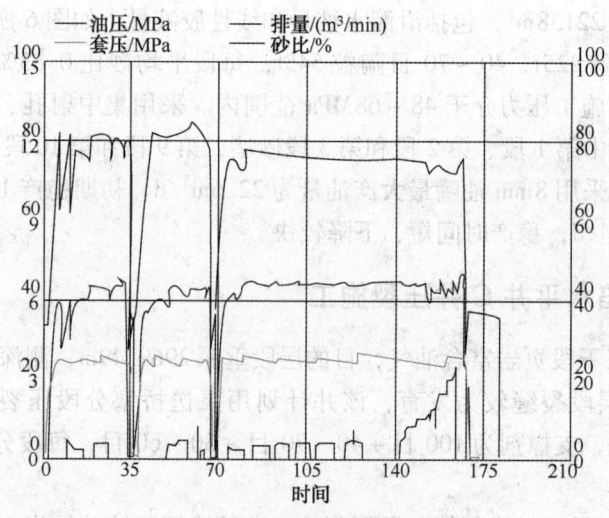

图6　B井各段液量使用情况

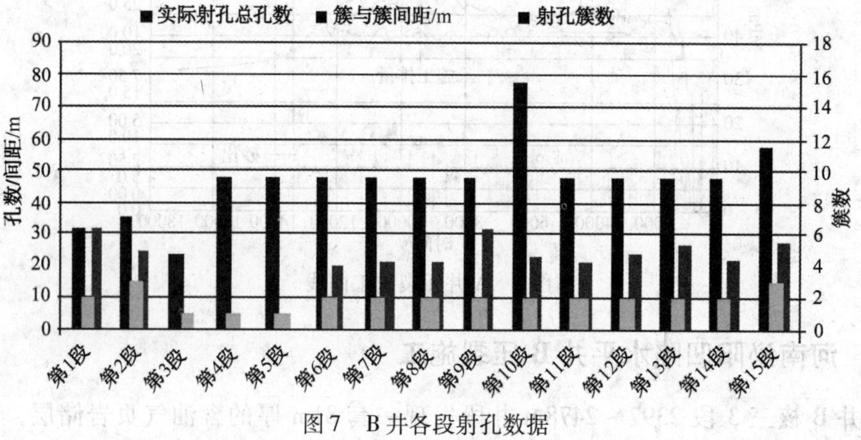

图7　B井各段射孔数据

346m³，线性胶为559m³，交联液为81m³。添加支撑剂56.93t，其中100目粉陶9.48t，40～70目陶粒32.35t，30～60目陶粒15.1t，施工曲线如图8所示。该井第一段压裂后遇到 H_2S 气体停止施工。

图8　C井压裂施工数据

4 页岩油压裂技术的发展展望

目前已有的页岩油储层压后效果可见，中石化已压裂页岩油井加砂难度大，产量较低，压后稳产时间短，主要存在以下几个问题：

(1) 天然裂缝发育程度不好或储层无天然裂缝，不利于形成网缝。

(2) 压裂参数(射孔、排量、砂比、导流能力优化、支撑剂粒径、压裂液类型)设计偏向于页岩气思路。

(3) 压裂完井效率不高，主要采用套管完井和泵送桥塞方式，施工周期长。

(4) 混合压裂液尚未考虑全井段统一破胶设计，影响压后返排效果。

下步的技术发展方向应该为：

(1) 充分改造人工裂缝，并在段距上进一步缩小，以增加主裂缝间的诱导应力干扰或叠加的可能性，多口井同步压裂以增加产生诱导裂缝的机率。

(2) 如有一定天然裂缝，适当增加滑溜水的比例，并适时增加粉砂或粉陶的用量。目的是充分沟通延伸天然裂缝系统。然后，适时停泵增加裂缝内净压力诱导裂缝转向，再配合低伤害线性胶或冻胶延伸主裂缝，最终形成主裂缝(一条或多条)为主，并深部沟通各天然裂缝系统的复杂裂缝形态，增加裂缝的改造体积。

(3) 页岩气储层压裂裂缝以剪切缝为主，支撑缝为辅；而页岩油储层压裂裂缝以支撑缝为主，剪切缝为辅。因此，液体和支撑剂的选择、施工注入参数的优选及压裂液的返排控制技术等方面，都有一定的差异性。

(4) 目前在页岩气上提出的高通道压裂及无水压裂(LPG)也同样适合页岩油压裂技术，但在技术细节上应有不同的要求，如高通道压裂技术在液体黏度及纤维用量上有更高要求；无水压裂用的 LPG 在流变性能上要求更高。

(5) 为了实现页岩油储层长、宽、高三维上的体积改造的目的，考虑到储层厚度大及部分储层天然裂缝发育等实际情况，可综合考虑变排量技术、混合粒径加砂技术及二次加砂技术等的应用可行性。

(6) 考虑到页岩油储层一般具有高黏土含量的特征，兼之注入参数与储层参数的匹配性问题，裂缝扩展压力可能较高，因此，缝壁压实效应比页岩气储层更加突出，尤其是近井地带，可综合考虑后置酸的处理工艺，以疏通储层基质与人工裂缝间的流动通道。

(7) 多段压裂液的同步破胶问题要基于裂缝温度场的研究，不同段压裂时每一段的温度场差异很大。要达到同步破胶，每段压裂液的配方及滑溜水的应用比例应是不同的。

(8) 压后的排液及后期生产的管理问题，要结合裂缝内支撑剂层的力学稳定性分析，防止排液及生产制度的不合理，导致过早破坏裂缝内支撑剂层的力学稳定性问题，使支撑剖面再次发生不利的运移分布。

参 考 文 献

1 B Miller, J Paneitz, Sean Yakely. Unlocking Tight Oil: Selective Multi – Stage Fracturing in the Bakken Shale. 2008. SPE 116105

2 M Tababaei, D Mack, R Daniels. Evaluating the performance of Hydraulically Fractured Horizontal Wells in the

Bakken Shale Play. 2009. SPE 122570

3 F Mcneil, W Harbolt, Eric Bivens. Low – Rate Fracture Treatment in the Bakken Shale Using State – of – the – Art Hybrid Coiled – Tubing System. 2011. SPE 142774

4 Sergio Centurion. Eagle Ford Shale：A Multi – Stage Hydraulic Fracturing, Completion Trends And Production Outcome Study Using Practical Data Mining Techniques［J］. 2011. SPE 149258

5 G D Vassilellis, C Li, R Seager. Investigating the Expected Long – Term Production Performance of Shale Reservoirs［J］. TheThe Canadian Unconventional Resources&International Petroleum Conference held in Calgary, Alberta, Canada, 19～21 October 2010. SPE 138134

6 J. Mullen. Petrophysical Characterization of the Eagle Ford Shale in South Texas［J］. The Canadian Unconventional Resources&International Petroleum Conference held in Calgary, Alberta, Canada, 19～21 October 2010. SPE 138145

7 K K Chong, W V Grieser, A Passman. A Completions Guide Book to Shale – play Development：A Review of Successful Approaches Towards Shale – Play Stimulation in the Last Two Decades［J］. The Canadian Unconventional Resources&International Petroleum Conference held in Calgary, Alberta, Canada, 19～21 October 2010. SPE 133874

8 N A Stegent, A L Wagner, J Mullen. Engineering a Successful Fracture – Stimulation Treatment in the Eagle Ford Shale［J］. 2010. SPE136183

9 詹鸿运, 刘志斌, 程智远等. 水平井分段压裂裸眼封隔器的研究与应用［J］. 石油钻采工艺, 2011, 33 (1)：123～125

10 刘刚, 杨光炼, 卢秀德. 角64－2H 井新工艺技术实施与认识［J］. 油气井测试, 2010, 19(2)：66～67

11 Mansoor Ahmed, Amjad Hussain Shar, Muzammil Ahmed Khidri, . Optimizing Productio of Tight Gas Wells by Revolutionizing Hydraulic Fracturing［J］. The SPE Projects and Facillties Challenges Conference at METS held in Doha, Qatar, 13～16 February 2011

12 B Mille, J Paneitz, M Mullen. The Successful Application of a Compartmental Completion Technique Used to Isolate Multiple Hdraulic – Fracture Treatments in the Horizontal Bakken Shale Wells in North Dakota［J］. The 2008 SPE Annual Technical Conference and Exhibition held in Denver, Colorado, USA, 21～24 September 2008. SPE 116469

高能电弧脉冲压裂前瞻性研究

周　健　李洪春

（中国石化石油工程技术研究院）

摘　要　为了深入的开发和掌握高能电弧脉冲压裂技术的基本原理，研究影响其压裂效果的关键参数，开展了高能电弧脉冲压裂技术的理论分析和室内实验研究。通过理论分析可知，高能电弧脉冲压裂所产生的冲击波压力与放电电压、脉冲能量和放电时间有关。实验结果显示，电弧压力脉冲在井壁上造成 3~4 条裂缝，呈径向分布，近井筒裂缝无明显弯曲。实验中由于采用不同的放电电压和脉冲能量，单翼裂缝的高度介于 25~32cm 之间；井筒的脉冲峰值压力介于 15.06~42.87MPa 之间。研究结果表明，在高能电弧脉冲压裂中，随着放电电压和单次能量增高，产生的脉冲压力峰值也会增加，在实验中造成的电弧脉冲裂缝的缝高和缝长也会增大。此外，对电弧冲压裂裂缝进行了裂缝表面三维形貌测试，结果表明裂缝表面具有一定的粗糙度，因此在压裂后可以形成一定的导流能力。高能电弧脉冲压裂技术是新型压裂技术，为页岩油气、致密气和煤层气等储层的压裂增产作业提供了一个新的技术途径。

关键词　电弧脉冲压裂；机理研究；放电电压；脉冲峰值压力；电弧裂缝；缝高

前言

　　高能电弧脉冲压裂技术是指采用高电压大电流在井下脉冲放电一段时间后，在储层中造出一定长度的裂缝，从而提高油气井产量的技术。该技术具有储层伤害低，无需消耗大量的水等特点。美国矿务局石油研究中心[1]曾经进行过一系列电弧脉冲压裂技术的室内实验和页岩储层现场井组实验。室内实验结果表明，电弧在页岩露头内部造成了明显的裂缝；现场试验表明，4 口实验井井壁上产生了明显的电弧脉冲压裂裂缝，通过电弧脉冲压裂前后氮气注入、产出对比发现，电弧脉冲压裂试验后页岩储层的氮气产量是试验前的 8 倍。Ronghai 和 Hans[2]的室内研究表明，在模拟地应力（3~4MPa）条件下，高能电弧脉冲压裂造缝效果，除了与电参数有关之外，还与储层岩性有关。国外公司目前也在进行高能电弧脉冲压裂技术的前瞻性研究[3]。国内的相关技术有电脉冲采油技术，它是以近井筒解堵为目的，能量较低，作用范围较短[4,5]。本文结合理论分析和实验验证的方法，进行了高能电弧脉冲压裂造缝机理研究，研究了放电电压、单次能量和裂缝高度等参数之间的关系。

　　为了深入的开发和掌握高能电弧脉冲压裂技术的基本原理，研究影响其压裂效果的关键参数，开展了高能电弧脉冲压裂技术的相关理论和室内实验研究。

1　高能电弧脉冲压裂放电和造缝理论研究

　　电弧造缝的原理是通过高能大电流在有限空间液体中进行瞬间放电，造成储层基质孔隙中流体介质发生"闪蒸"效应，由此产生高温高压，达到造缝效果。电弧高温引起通道内压力升高，形成冲击压力波，产生的压力幅值可达几十至数百兆帕。当放电发生在有限空间内时，由于井壁的限制，容易造成较高的压力。当放电产生的压力大于材料（岩石等）的抗压强度时，材料便会产生裂纹并破碎。前人的研究表明，有限空间液电介质冲击波压力的经验公式[6]：

$$p_m = \beta \sqrt{(\rho W)/(\tau T)} \tag{1}$$

式中，p_m 为冲击波的波前最大压力，Pa；β 为无因次的复杂积分函数，无因次；ρ 是流体密度，kg/m^3；W 是放电通道单位长度的脉冲总能量，J/m；τ 为压力波前时间，s；T 为脉冲能量的持续时间，s。

Ronghai 和 Hans 的实验研究表明，能量在数百焦耳至几千焦耳时，放电产生的压力可达到 $30 \sim 40MPa$（与放电回路的电感和电阻密切相关）。

冲击波理论认为，在岩石上把压力转换为应力的效率取决于微爆炸和岩石之间的阻抗的比值。相对较小的爆炸与岩石的阻抗的比值能够更加有效的把压力转换成应力，其弹性理论的关系如下[7]：

$$\sigma_{PF} = 2P_m(1 - Z) \tag{2}$$

式中，σ_{PF} 为在岩石上产生的应力，MPa；P_m 为冲击波（微爆）压力，MPa；Z 为微爆能量与岩石的阻抗之间的比值，无因次。

通过理论分析可知，高能电弧脉冲压裂放电所产生的冲击波压力与放电电压、脉冲能量和放电时间有关。放电电压越大、能量越高，放电时间越短，那么产生冲击波的压力也越高。

2　高能电弧脉冲压裂放电实验方案

采用具有自主知识产权的高能电弧原理样机（图1）进行高能电弧脉冲压裂室内实验，样机主要包括：充电控制与触发技术、储能技术、开关技术、电能传输与电弧生成技术及安全保护技术等部分。该原理样机的电容器储能最高 40kJ，最高工作电压 20kV，放电电流的波形和脉冲宽度可根据需要进行调节，电流幅值最高可达 70kA。

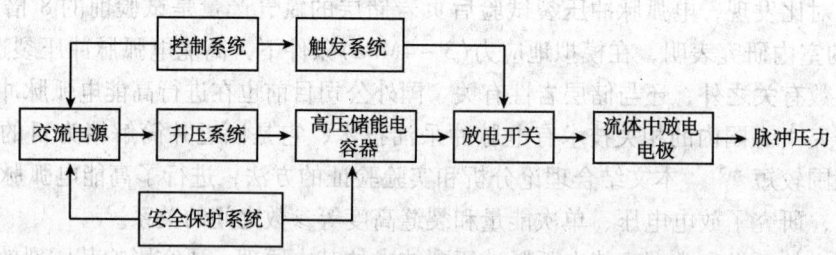

图1　高能电弧原理样机示意图

采用混凝土试样进行电弧脉冲压裂实验。试样的尺寸为直径 48cm 的圆柱体，高度为 50cm，模拟井筒内径为 6cm，高度为 25cm。每次电弧脉冲压裂实验之前，模拟井筒中都充满了水，密度为 $1000kg/m^3$，放电电缆长度为 15m。试样由于水泥和砂子的配比不同分为两种，力学参数测定结果如表1所示。

表 1　试样力学参数

水泥与砂配比	单轴强度/MPa	杨氏模量/MPa	泊松比
2∶1	43.63	12298	0.21
1∶1	37.92	10843	0.20

采用变电压和变能量的方法进行电弧脉冲压裂室内实验，考察上述电弧脉冲参数与裂缝参数(如缝高)之间的相互关系。

3　电弧脉冲压裂试验结果及分析

3.1　典型造缝效果和典型波形特征

Ronghai 和 Hans[2]的室内实验研究表明，在模拟三向地应力条件下，多次脉冲放电后，电弧脉冲压裂裂缝在井筒附件呈多方向起裂，在相对较远的区域，电弧脉冲压裂裂缝垂直于最小主应力方向延伸。

在本文的研究中，因为没有模拟三向地应力，所以最有可能出现的电弧脉冲压裂裂缝形态是多方向起裂和扩展。图2是高能电弧脉冲压裂后典型的裂缝形态。电极在充满水的模拟井筒中放电后，裂缝主要沿着3个主要方向起裂和延伸，电弧裂缝无明显的近井筒扭曲。每个电弧裂缝都延伸到了试样的外边缘，如图2中所示的3~4条径向电弧裂缝。单条缝长都是为22cm(从模拟井筒延伸到试样外表面)，缝高略有差异。

在实验过程中，在模拟井筒电极放电放置电压测量传感器记录放电电压，同时也通过示波器记录放电电流的波形。图3是记录的典型电流波形和放电电压数据，记录的是图2中的电弧脉冲压裂实验数据，其中黄线是电流数据，蓝线是电压数据。数据表明，当充电电压达到设定放电电压(5kV)后，进行脉冲放电实验，电压150μs后下降至充电前的0V，同时电流在100μs内完成了一个完整的放电波形，期间放电电流最高峰值为18.48kA。

图2　电弧脉冲压裂后典型裂缝形态

3.2　高能电弧脉冲压裂室内实验结果

采用混凝土试样，水泥与砂配比分别为1∶1和2∶1，试样尺寸：直径48cm、高50cm、中心钻孔直径6cm、深25cm。实验分成两大部分，包括低电压部分(表2)和高电压部分(表3)，同时表中也统计了实验后每个试样的裂缝高度；脉冲峰值压力是采用实验结果，根据公式(1)计算得到。

在实验中，发现随着放电次数增多，电弧裂缝的缝长和缝高会相应的动态增长。在实验中表现为裂缝在长度方向上延伸到岩样的外表面(图2)。如试样 H、1#、4#和 D。在高能电

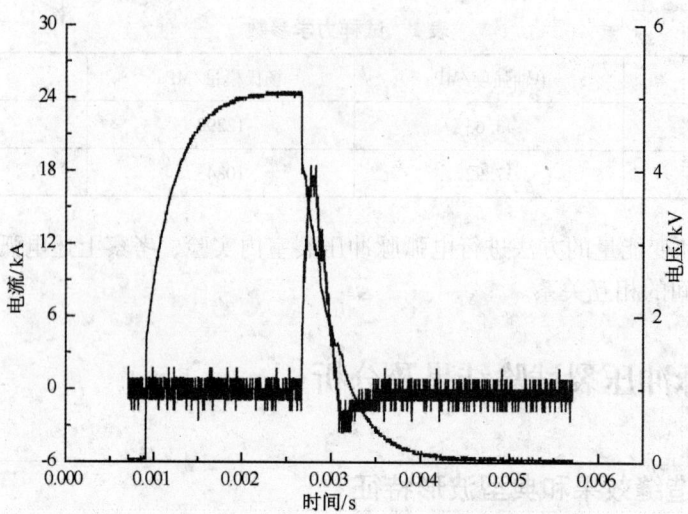

图3 典型的电流波形和放电电压(5kV)

弧脉冲压裂后,通过对剖开的裂缝观察(图4)发现,裂缝表面相对平滑,具有一定的粗糙度,近井筒裂缝无明显弯曲。

表2 实验结果(低压)

实施例	水泥与砂配比	充放电电压/kV	裂缝条数/条	单翼裂缝长度/cm	单翼裂缝高度/cm	单次放电能量/kJ	脉冲峰值压力/MPa	放电次数
7#	1:1	5	4	22	25	12.5	15.06	1次
H	2:1	5	3	22	25	12.5	15.06	5次
2#	1:1	9	4	22	28	40	26.94	1次
F	2:1	9	3	22	27	40	26.94	1次

表3 实验结果(高压)

实施例	水泥与砂配比	充电电压/kV	裂缝条数/条	单翼裂缝长度/cm	单翼裂缝高度/cm	单次放电能量/kJ	脉冲峰值压力/MPa	放电次数
1#	1:1	12	4	22	30	14.4	27.11	4次
B	2:1	12	4	22	26	14.4	27.11	1次
3#	1:1	15	4	22	30	22.5	33.89	1次
A	2:1	15	4	22	31	22.5	33.89	1次
4#	1:1	18	4	22	25	6.5	34.34	3次
D	2:1	18	4	22	28	6.5	34.34	4次
6#	1:1	19	4	22	32	36.0	42.87	1次爆裂
E	2:1	19	4	22	32	36.0	42.87	1次爆裂

3.3 放电电压、单次放电能量、脉冲峰值压力、电弧裂缝高度之间的关系

理论分析表明，电弧脉冲压裂形成裂缝的效果与单次放电的最高电压、单次能量、放电次数有关。实验结果表明，单次放电的电压越高，单次储能越大，放电次数越多，电弧脉冲压裂所产生的电弧裂缝效果越好，即裂缝长度越长，缝高越高。下面两图的混凝土试样的数据结果印证了上述结论。电弧脉冲压裂所形成的电弧裂缝，在所有混凝土试样近井筒区域，均无明显的裂缝近井筒扭曲现象。

图 4 电弧脉冲压裂后沿井壁径向裂缝表面

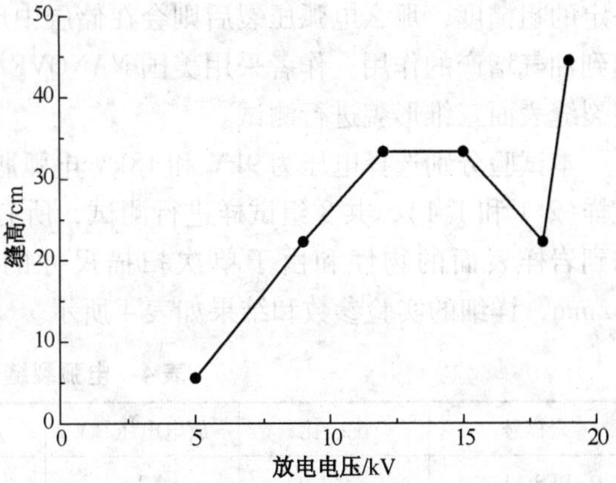

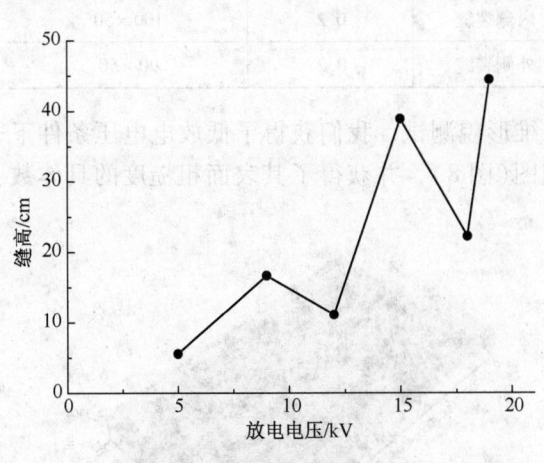

图 5 缝高与放电电压的关系图（混凝土试样比例 1:1）。随着放电电压的增高，裂缝高度总体上也在增高

电弧脉冲产生的峰值压力理论上可以从公式(1)计算得出，根据实验具体条件，通过计算可以看出峰值压力受到放电电压和单次能量的影响。采用的实验中 3 组实验数据进行计算，分别得出不同的脉冲峰值压力数值，图 7 显示了放电电压、单次能量与脉冲峰值压力的关系。

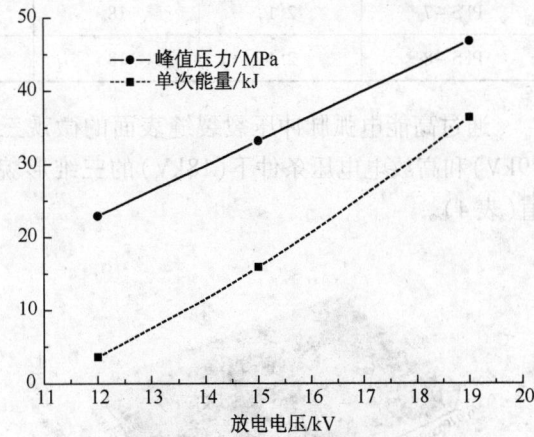

图 6 缝高与放电电压的关系图（混凝土试样比例 2:1）。随着放电电压的增高，裂缝高度总体上也在增高

图 7 放电电压、单次能量和计算得到的峰值压力关系。随着放电电压和放电单次能量的增高，峰值压裂在增高

从图 7 中看出，随着放电电压和单次能量的增高，在模拟井筒中所造成的电弧脉冲峰值压力也在不断增大，从最低的 27MPa，增长到最高 43MPa。结合之前放电电压与缝高的实验

结果(图5、图6),可以得出在其他条件相同的情况下,放电电压越高、单次能量越高,那么产生的电弧脉冲峰值压力也越高,造缝的效果也越好。

4 电弧脉冲压裂裂缝表面三维形貌测试

高能电弧脉冲压裂裂缝表面的微观三维形貌直接影响了电弧压裂以后的油气增产效果:如果裂缝表面非常光滑,类似于刀切裂缝,则对压裂后的油气增产作用有限;如果裂缝具有一定的粗糙度,那么电弧压裂后则会在储层中形成具有一定导流能力的电弧裂缝,从而能够起到油气增产的作用。作者采用美国 NANOVEA 的 ST400 三维表面形貌测试仪对电弧脉冲压裂裂缝表面三维形貌进行测试。

本试验分别选择电压为 9kV 和 18kV 电弧脉冲压裂后,在两种水泥混凝土中产生的裂缝试样(2:1 和 1:1),共 8 组试样进行测试,所有裂缝表面都无填充物,其形貌真实可靠。考虑到岩样表面的物性和由于单次扫描尺寸的限制,我们设定每一点之间的扫描步长为 0.2mm,详细的实验参数和结果如表4所示。

表4 电弧裂缝表面扫描参数

岩样号	配 比	放电电压/kV	裂缝类型	步长/mm	扫描尺寸/(mm×mm)
PFS-1	1:1	9	内侧裂缝	0.2	90×60
PFS-2	1:1	9	外侧裂缝	0.2	90×60
PFS-3	2:1	9	内侧裂缝	0.2	90×50
PFS-4	2:1	9	外侧裂缝	0.2	100×50
PFS-5	1:1	18	内侧裂缝	0.2	90×50
PFS-6	1:1	18	外侧裂缝	0.2	90×50
PFS-7	2:1	18	内侧裂缝	0.2	100×50
PFS-8	2:1	18	外侧裂缝	0.2	90×50

通过高能电弧脉冲压裂裂缝表面的微观三维形貌测试,我们获得了低放电电压条件下(9kV)和高放电电压条件下(18kV)的三维形貌图(图8),并获得了其表面粗糙度的具体数值(表4)。

图8 PFS-3号和PFS-8号试样三维形貌图

表5 电弧裂缝表面扫描参数设置

岩样号	配比	放电电压/kV	扫描尺寸/(mm×mm)	步长/mm	平均粗糙度/mm
PFS-1	1:1	9	90×60	0.2	0.760
PFS-2	1:1	9	90×60	0.2	0.734
PFS-3	2:1	9	90×50	0.2	0.697
PFS-4	2:1	9	100×50	0.2	0.897
PFS-5	1:1	18	90×50	0.2	1.075
PFS-6	1:1	18	90×50	0.2	0.843
PFS-7	2:1	18	100×50	0.2	0.961
PFS-8	2:1	18	90×50	0.2	0.430

从三维形貌测试的结果来看，无论是低电压9kV所产生的电弧裂缝，还是高电压所产生的18kV电弧裂缝，都具有一定的裂缝粗糙度，因此在压裂后裂缝能够形成一定的导流能力，电弧裂缝的表面粗糙度和岩性相关，与放电电压无明显关系。

5 结论和建议

（1）通过理论分析和室内实验研究，从机理上揭示了高能电弧脉冲压裂技术造缝的可行性，并对影响电弧脉冲压裂裂缝形态的关键因素进行了分析。

（2）在不考虑地应力的影响条件下，采用不同的放电电压（5~19kV），高能电弧在混凝土试样中造成非常明显的电弧裂缝，近井筒区域裂缝呈径向多条裂缝扩展形态（3~4条），裂缝具有一定长度和高度，近井筒裂缝无明显的扭曲。

（3）混凝土实验的结果表明，随着放电次数增多，电弧裂缝的缝长和缝高会相应的动态增长。在实验中表现为裂缝延伸到岩样的外表面。

（4）研究结果表明，电弧脉冲压裂裂缝的参数与单次放电的放电电压、放电次数有关。实验结果表明，单次放电的电压越高，所产生的脉冲峰值压力也越大，放电次数越多，所造成的裂缝的缝高也越高。

（5）采用混凝土岩样测试条件下，电弧裂缝的表面平均粗糙度在0.430~1.075mm之间，因此能够形成一定的导流能力，电弧裂缝的表面粗糙度和岩性相关，与放电电压无明显关系。

（6）高能电弧脉冲压裂技术具有低伤害、不消耗水等特点，发展成熟后可以作为页岩油气、致密气和煤层气等特殊储层的有效增产的手段之一；某些特定条件下也可以与传统的水力压裂技术互相配合使用。

参 考 文 献

1 Noel M Melton, Theodore S Cross. Fracturing oil shale with electricity [R]. SPE 1969, was Presented at Fourth Symposium on Oil Shale at Colorado School of Mines, Golden. Colo., April 6~7, 1967: 1~5

2 Ronghai Mao, Hans de Pater, Jean Francois Leon, et al. Experiments on pulse power fracturing [R]. SPE 153805, SPE Western Regional Meeting held in Bakersfield, California, USA, 19~23 March 2012: 1~16

3 Jean Francois Leon, Le Bouscat, Joseph Henry Fram。Pulse Fracturing Device and Method[R].U. S Patent 2011/0011592 A1, 2011：1～9

4 班志强，姚建豪，补福. 井下低频电脉冲技术在河南油田的应用[J]. 测井技术，2002，26（3）：238～241

5 易兵，董启山，董瑞春等. 吉林油田大功率直流电场强化采油技术研究进展[J]. 地球物理学进展，2006，21（3）：898～901

6 秦曾衍，左公宁，王永荣等. 高压强脉冲放电及其应用[M]. 北京工业大学出版社，2000：111

7 Water E Stack. Apparatus for generating hydraulic shock waves in a well[R]. U. S Patent 4997044, 1991：1～8

新型疏水缔合聚合物压裂液性能研究

杜　涛　姚奕明　蒋廷学

（中国石化石油工程技术研究院）

摘　要　聚合物压裂液具有耐温、耐盐、耐剪切性能好，破胶后几乎无残渣，对储层及支撑裂缝伤害小等优点。该领域的研究已经成为国内外压裂液研究的热点。本文制备了一种新型疏水缔合聚合物压裂液体系（SRFP），评价了该体系的耐温耐剪切性能、静态悬砂性能、破胶性能和静态滤失性能；考察了该压裂液滤液对岩心基质伤害率及 SRFP－1 增稠剂的降阻率；比较了 SRFP 压裂液和市售两种聚合物压裂液的流变性能。结果表明：SRFP 压裂液在 140℃、170 S^{-1} 条件下具有良好的流变性能；24h 和 48h 内的沉降速率分别为 4.6×10^{-4} mm/s 和 6.9×10^{-4} mm/s；在 80℃，破胶剂加入量为 0.01% 条件下，1h 即可破胶，破胶液黏度为 3.84mPa·s，破胶液表面张力为 26.5mN/m，破胶液基本无残渣；初滤失量为 1.289×10^{-2} m^3/m^2，滤失系数为 8.47×10^{-4} m/min$^{0.5}$，滤失速率为 2.63×10^{-4} m/min；压裂液滤液对岩心基质伤害率为 10.25%；SRFP－1 增稠剂的降阻率为 60.15%；自制 SRFP 压裂液流变性能好于市售两种聚合物压裂液流变性能。

关键词　疏水缔合聚合物压裂液；流变性；携砂性能；破胶性能；静态滤失性能

前言

随着我国低渗透，超低渗透油气田开采的需求，开发高效及价格低廉的压裂液成为目前压裂研究的主要问题[1,2]。疏水缔合聚合物压裂液具有耐温、耐盐、耐剪切性能好、水不溶物含量少、破胶后几乎无残渣等优点，已经受到国内外学者的广泛关注[3~8]。该类型压裂液是一种亲水性大分子链上带有少量疏水基团的水溶性聚合物，其特有的两亲分子结构使溶液具有独特的增稠、抗温和抗盐性能[9]，国内外学者一直十分关注该领域的研究。其合成方法主要包括本体聚合法、悬浮聚合法、乳液聚合法和溶液聚合法等[10]。

本文制备了一种新型疏水缔合聚合物增稠剂（SRFP－1），主要以丙烯酰胺、丙烯酸钠等为原料，按照溶液聚合法制备成凝胶，经过造粒、干燥、粉碎和过筛操作后得到白色粉末状固体；合成了一种非金属化合物的交联剂（SRFC－1）；SRFP－1 增稠剂和 SRFC－1 交联剂按照一定浓度制备成 SRFP 压裂液体系；评价了该压裂液的耐温耐剪切性能、静态悬砂性能、破胶性能和静态滤失性能；考察了压裂液滤液对岩心基质伤害率及 SRFP－1 增稠剂的降阻率；比较了 SRFP 压裂液和市售两种聚合物压裂液的流变性能。

基金项目：（1）国家重大科技专项"大型油气田及煤层气开发——复杂地层储层改造关键技术"（合同编号：2011ZX05031－004－003）资助。

（2）中国石化石油工程技术服务有限公司重点项目"合成聚合物压裂液开发与应用"（合同编号：10010099－13－ZC0607－0037）资助。

1 实验部分

1.1 主要实验样品

SRFP-1增稠剂，自制；SRFC-1交联剂，自制；氯化钾，分析纯；过硫酸铵，分析纯；20/40目陶粒，江苏宜兴东方石油支撑剂有限公司生产。

1.2 主要实验仪器

HAAKE MARS Ⅲ型流变仪，德国Thermo Fisher公司生产；ZNN-D12型数显旋转黏度计，青岛宏祥石油机械制造有限公司生产；IKA RW20 digital数显型顶置式机械搅拌器，德国艾卡公司生产；K100型全自动表面界面张力仪，德国克吕氏公司生产；Ling Li LDZ5-2型离心机，北京京立离心机有限公司；高温高压动态滤失仪，江苏华安石油科研仪器有限公司；酸蚀管路摩阻测量仪，山东中石大石仪科技有限公司。

1.3 SRFP压裂液基液及冻胶制备

向一定量的水中加入1%的KCl，充分搅拌2min，再加入一定量的SRFP-1增稠剂，充分搅拌0.5h制备SRFP压裂液基液。向上述基液中加入一定量的SRFC-1交联剂，搅拌1min形成SRFP压裂液冻胶。

1.4 SRFP压裂液评价实验

1. 耐温耐剪切实验

采用HAAKE MARS Ⅲ型流变仪评价压裂液的流变性能，流变仪程序设定分以下3步：①25℃稳定5min；②以3℃/min的升温速率从25℃开始升温至实验温度；③稳定实验温度直至实验结束。按照石油天然气行业标准SY/T 5107—2005《水基压裂液性能评价方法》进行SRFP压裂液流变性能评价[11]。

2. 静态悬砂实验

取一定量20~40目的陶粒，加入到盛有100mL压裂液的烧杯中，搅拌充分以分散支撑剂，然后置于250mL量筒中，观察并记录支撑剂沉降情况。

3. 破胶及残渣实验

取一定量的SRFP压裂液，置于80℃的恒温水浴中，加入一定量的破胶剂(过硫酸胺)，做破胶实验。将50mL压裂液置于120℃干燥箱中，恒温2h，取出后置于离心机中离心作用60min，离心机转速为3000r/min。将上层清液倒出后，留下残渣，将残渣置于100℃干燥箱中，干燥2h。

4. 静态滤失实验

在测试筒中加入一定量的SRFP压裂液，放置2片圆形滤纸，装好滤筒开始实验，实验压力为3.5MPa，滤液开始流出，同时记录时间，测定时间为36min[11]。

5. 压裂液滤液对岩心基质伤害实验

选取直径为2.5cm、长度为3.75cm的天然岩心，采用高温高压动态滤失仪，按照SY/T

5107—2005 中 6.10 评价方法[11]，测定压裂液滤液对岩心基质伤害率，按照式(1)计算结果。

$$\eta_d = \frac{K_1 - K_2}{K_1} \times 100\% \tag{1}$$

式中　η_d——岩心基质伤害率，%；

　　　K_1——岩心挤压裂液滤液前的基质渗透率，μm^2；

　　　K_2——岩心挤压裂液滤液后的基质渗透率，μm^2。

6. 降阻率实验

采用酸蚀管路摩阻测量仪，分别测定清水、SRFP-1 增稠剂和胍胶流经管路时的摩阻，按照式(2)计算降阻率。

$$\phi = \left(1 - \frac{P_{DR}}{P}\right) \times 100\% \tag{2}$$

式中　ϕ——样品相对清水的降阻率，%；

　　　P——清水流经管路时的摩阻压降，Pa；

　　　P_{DR}——SRFP-1 增稠剂或胍胶流经管路时的摩阻压降，Pa。

2　结果与讨论

2.1　耐温耐剪切性能

随着温度升高，一方面疏水缔合聚合物分子热运动加剧，导致溶液非结构黏度下降，另一方面促使分子链间的缔合作用增加，导致溶液结构黏度增加。疏水缔合聚合物压裂液的耐温耐剪切性能由这两个方面共同作用[12]。本研究保持 SRFP-1 增稠剂浓度 0.5%，SRFC-1 交联剂浓度 0.1% 和 KCl 含量 1% 不变，考察 100℃、120℃、140℃ 和 160℃ 不同温度对 SRFP 压裂液表观黏度的影响，结果如图 1 所示。

由图 1 可知，保持增稠剂浓度、交联剂浓度和 KCl 含量不变，当温度为 100℃，剪切 2h 后表观黏度为 99mPa·s；当温度为 120℃，剪切 2h 后表观黏度为 56mPa·s；当温度为 140℃ 剪切 2h 后，表观黏度为 62mPa·s；当温度为 160℃，剪切 2h 后表观黏度为 45mPa·s。依据文献[11]行业标准，结果表明：SRFP 压裂液体系耐温性能可以达到 140℃，表现出良

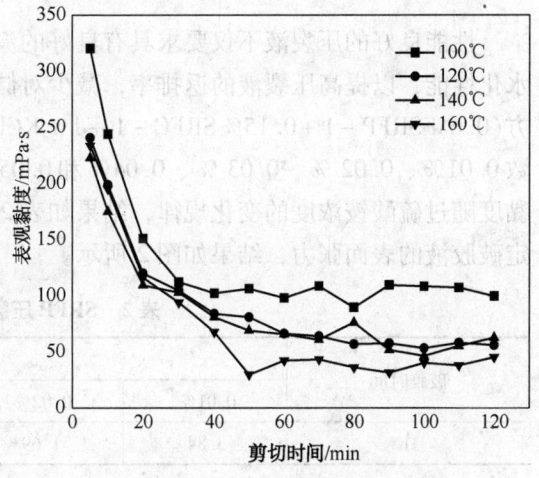

图 1　不同温度对 SRFP 压裂液表观黏度的影响

好的耐温性能。依据西南石油大学罗平亚院士对"可逆结构溶液"研究成果表明[13]：疏水缔合压裂液在黏度大于 30mPa·s，即可满足压裂施工要求。由此可知，SRFP 压裂液亦可满足 160℃ 储层温度压裂施工要求。实验现象解释为疏水缔合作用是一个吸热过程，温度缓慢上升，有利于分子内和分子间的疏水缔合作用；随着温度继续升高，疏水官能团的运动幅度增

加，破坏了分子内的缔合作用，增强了分子间的缔合作用，宏观表现为表观黏度随着温度的升高而缓慢变化。

2.2 静态悬砂性能

压裂液的悬砂性能指压裂液对支撑剂的悬浮能力。悬砂能力越强，压裂液所能携带的支撑剂粒度和砂比越大，携入裂缝的支撑剂分布越均匀。如果悬砂性能差，容易形成砂卡和砂堵，造成压裂施工失败[14]。以140℃配方(0.6% SRFP－1＋0.15% SRFC－1＋1% KCl)作为研究对象，按照40%砂比(体积比)称量20～40目陶粒，依据上述实验步骤进行静态悬砂性能测试。结果如表1所示。由表1可知，24h和48h沉降速度分别为4.6×10^{-4}mm/s和6.9×10^{-4}mm/s。国外报道认为，压裂液静态悬砂实验中砂子的自然沉降速度小于8×10^{-3}mm/s时，悬砂性能较好[15]，结果表明SRFP压裂液具有良好的携砂性能。现场压裂施工过程中，压裂液在井筒和裂缝中流动时，由于存在剪切作用(压裂液经过炮眼时的剪切速率可以达到$12000s^{-1}$)，使得现场压裂施工中陶粒沉降速度远低于实验室测量的静态沉降速度，这更有利于提高压裂液携带支撑剂的能力。

表1 SRFP压裂液静态悬砂性能实验结果

SRFP压裂液配方	砂比(体积比)	沉降速度/mm·s^{-1}	
		24h	48h
0.6% SRFP－1＋0.15% SRFC－1＋1% KCl	40%	4.6×10^{-4}	6.9×10^{-4}

2.3 破胶性能及残渣分析

性能良好的压裂液不仅要求具有良好的流变性能和悬砂性能等，还必须具有良好的破胶水化性能，以提高压裂液的返排率，减少对储层的伤害。本研究在80℃条件下，以140℃配方(0.6% SRFP－1＋0.15% SRFC－1＋1% KCl)作为研究对象，进行破胶实验。按照质量分数0.01%、0.02%、0.03%、0.04%和0.05%加入破胶剂(过硫酸铵)，考察破胶液的表观黏度随过硫酸铵浓度的变化规律，结果如表2所示；采用K100型全自动表面界面张力仪测定破胶液的表面张力，结果如图2所示。

表2 SRFP压裂液破胶性能评价

破胶时间	破胶液表观黏度/mPa·s				
	0.01%	0.02%	0.03%	0.04%	0.05%
1h	3.84	1.69	1.41	1.07	1.35

由表2可知，对于SRFP压裂液体系，在80℃温度条件下，当过硫酸铵加入量为0.01%时，破胶时间为1h，破胶液的表观黏度为3.84mPa·s。由图2可知，SRFP破胶液的平均表面张力为26.5mN/m，符合行业标准SY/T 6376—2008要求[16]。由于SRFP破胶液的表面张力较低，有利于克服水锁及贾敏效应，降低毛细管阻力，增加破胶液的返排能力[1]。将破胶液高速离心60min，烘干后称量离心管上的残渣含量，用万分之一天平称量离心前后$m_2 - m_1 = 0$，表明该体系基本无残渣。

2.4　静态滤失性能

压裂液的滤失受自身黏度,在地层中流体的粘弹性以及地层流体的造壁性能及配伍性影响。一种理想的压裂液应该具有较低的滤失量,才能在地层中形成延伸的裂缝[14]。对140℃配方(0.6% SRFP-1+0.15% SRFC-1+1% KCl)做静态滤失实验,结果如表3所示。由表3可知,SRFP压裂液初滤失量为 $1.289 \times 10^{-2}\,m^3/m^2$,滤失系数为 $8.47 \times 10^{-4}\,m/min^{0.5}$,滤失速率为 2.63×10^{-4} m/min,上述数据符合行业标准SY/T 6376-2008要求[16],结果表明该压裂液体系能有效降低滤失。

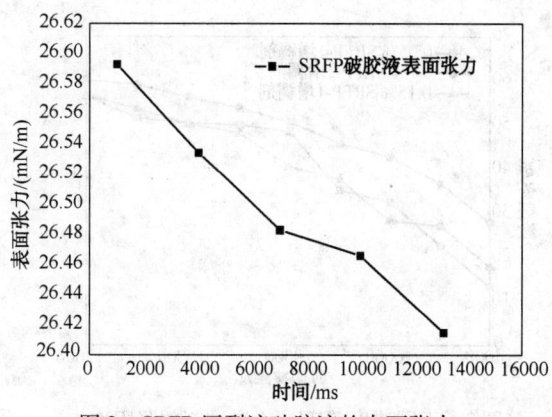

图2　SRFP压裂液破胶液的表面张力

表3　SRFP压裂液静态滤失实验

压裂液	初滤失量/(m^3/m^2)	滤失系数/$(m/min^{0.5})$	滤失速率/(m/min)
SRFP压裂液	1.289×10^{-2}	8.47×10^{-4}	2.63×10^{-4}
SY/T 6376-2008标准	$\leqslant 5 \times 10^{-2}$	$\leqslant 9 \times 10^{-3}$	$\leqslant 1.5 \times 10^{-3}$

2.5　岩心基质伤害实验

压裂液滤液对岩心基质的伤害以岩心渗透率的变化来表征,影响因素主要有岩心的矿物组成,岩心渗透率大小和压裂液破胶程度等。本研究利用高温高压酸化滤失仪测定压裂液滤液对岩心基质的渗透率,从而计算伤害率,岩心基质伤害实验如表4所示。由表4数据可知,SRFP压裂液滤液对岩心基质伤害前的渗透率为 $3.9 \times 10^{-3}\,\mu m^2$,伤害后渗透率为 $3.5 \times 10^{-3}\,\mu m^2$,代入公式(2)计算伤害率为10.25%,符合行业标准SY/T 6376—2008要求[16]。文献报道[17],有机硼交联的羟丙基胍胶压裂液(HPG)的伤害率为35.1%。由此可见,SRFP压裂液滤液对储层伤害远远小于HPG对储层的伤害。

表4　SRFP压裂液对岩心基质伤害实验

压裂液	岩心基质渗透率/μm^2		伤害率/%	技术指标/%
	伤害前	伤害后		
SRFP压裂液	3.9×10^{-3}	3.5×10^{-3}	10.25	$\leqslant 20$

2.6　降阻率实验

为了有利于压裂液造缝和携砂,通常需要较高的泵注排量,在高排量下压裂液的摩阻问题需要解决。地层破裂压力为一定值时,压裂液摩阻越大,要求压开地层造缝的地面设备的泵压越高,因此现场压裂施工过程中要求压裂液摩阻损失尽可能低。疏水缔合聚合物可以作为高分子降阻剂,少量的加入可以使管道中流体的湍流流动阻力减少50%甚至80%[10]。按照上述实验方法评价不同浓度SRFP-1增稠剂的降阻率,比较了相同浓度的SRFP-1增稠剂和胍胶降阻率,结果如图3、图4所示。

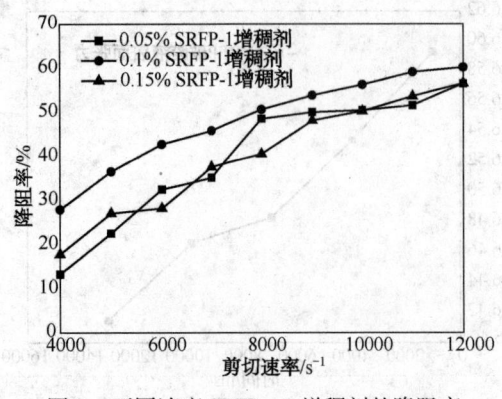

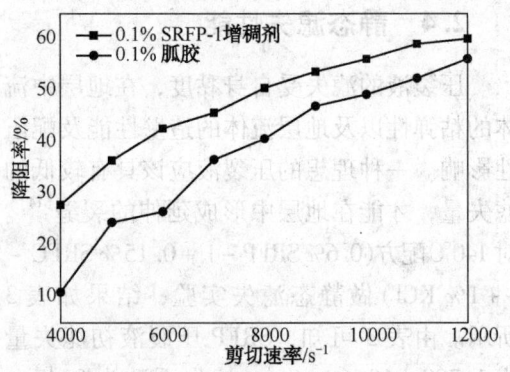

图3 不同浓度 SRFP－1 增稠剂的降阻率 随剪切速率的变化规律

图4 SRFP－1 增稠剂和胍胶的降阻率 随剪切速率的变化规律

由图3可知，随着 SRFP－1 增稠剂浓度从 0.05% 增加到 0.15%，降阻效果表现为先增加后减小。这是因为 SRFP－1 增稠剂能在管道内形成弹性底层，随着浓度从 0.05% 增加到 0.1%，弹性底层变厚，降阻效果变好[18]。当 SRFP－1 增稠剂浓度增加到 0.1% 后，弹性底层达到管轴心，降阻率达到最大值。由图4可知，随着剪切速率增加，SRFP－1 增稠剂和胍胶的降阻效果增加，当剪切速率增加到 $12000s^{-1}$ 时，SRFP－1 增稠剂的降阻率为 60.15%，胍胶的降阻率为 56.26%。结果表明 SRFP－1 增稠剂降阻效果明显好于胍胶，该增稠剂在现场施工过程中，更有利于降低地面设备泵压。

2.7 不同聚合物压裂液流变性能比较

流变性能是衡量压裂液性能优劣的最重要指标之一。本研究选择市售 DH－DB 压裂液和 APCF 压裂液作为研究对象。在相同实验条件下（增稠剂浓度 0.5%，交联剂浓度 0.1% 和 KCl 含量 1%），比较上述两种压裂液与 SRFP 压裂液的流变性能，结果如图5所示。从图5可知，在 120℃，剪切 2h 条件下，DH－DB 压裂液表观黏度为 35mPa·s，APCF 压裂液表观黏度为 47mPa·s，SRFP 压裂液表观黏度为 56mPa·s。3 种压裂液流变性能大小顺序为：SRFP 压裂液 ＞ APCF 压裂液 ＞ DH－DB 压裂液，其中 SRFP 压裂液黏度大于 50mPa·s，符合文献[11]行业标准。DH－DB 压裂液和 APCF 压裂液的流变性能有待进一步提高。

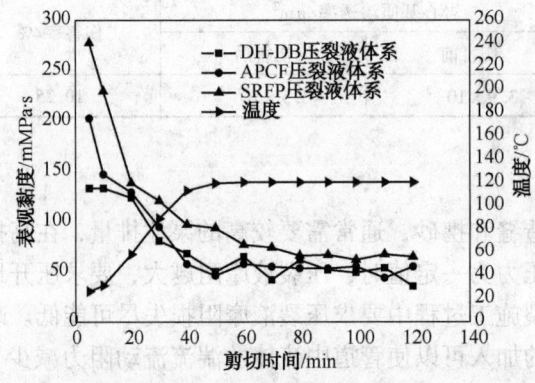

图5 三种不同聚合物压裂液体系的流变性能比较

3 结论

(1) SRFP 压裂液在 140℃、170s^{-1}、剪切 2h 条件下，表观黏度为 62mPa·s，流变性能良好；当砂比为 40%（体积比）时，24h 和 48h 内的沉降速率分别为 4.6×10^{-4}mm/s 和 6.9×10^{-4}mm/s，携砂性能良好。

(2) 在 80℃，破胶剂加入量为 0.01% 时，破胶时间为 1h，破胶液黏度为 3.84mPa·s，破胶液平均表面张力为 26.5mN/m，破胶液基本无残渣。

(3) SRFP 压裂液初滤失量为 1.289×10^{-2}m³/m²，滤失系数为 8.47×10^{-4}m/min$^{0.5}$，滤失速率为 2.63×10^{-4}m/min；压裂液滤液对岩心基质伤害率为 10.25%；SRFP-1 增稠剂的降阻率为 60.15%。

(4) 在相同实验条件下，自制 SRFP 压裂液流变性能好于 DH-DB 和 APCF 压裂液。

参 考 文 献

1 刘现军，李小瑞，丁里等. CHJ 阴离子子清洁压裂液的性能评价[J]. 油田化学，2012，29(3)：275~277
2 方娅，马卫. 90 年代压裂液添加剂的现状及展望[J]. 石油钻探技术，1999，27(3)：42~46
3 何春明，陈红军，刘超等. 高温合成聚合物压裂液体系研究[J]. 油田化学，2012，29(1)：65~68
4 杨振周，陈勉，胥云等. 新型合成聚合物超高温压裂液体系[J]. 钻井液与完井液，2011，28(1)：49~51
5 刘雨文. 矿化度对疏水缔合聚合物溶液黏度的影响[J]. 油气地质与采收率，2003，10(3)：62~63
6 Holtsclaw Jeremy, Funkhouser Gary. A Crosslinkable Synthetic Polymer System for High-Temperature Hydraulic Fracturing Applications [J]. SPE125250, 2009
7 Funkhouser Gary P, Norman Lewis R. Synthetic Polymer Fracturing Fluid for High-Temperature Applications [J]. SPE 80236, 2003
8 徐生，郭玲香. 丙烯酰胺/二甲基二烯丙基氯化铵共聚物的反相微乳液聚合研究[J]. 精细石油化工，2006，23(1)：22~25
9 唐善法，罗平亚. 疏水缔合水溶性聚合物的研究进展[J]. 现代化工，2002，22(3)：10~15
10 张怀平，许凯，曹现福. 疏水缔合水溶性聚合物聚合方法的研究进展[J]. 石油化工，2006，35(7)：695~700
11 SY/T 5107—2005 水基压裂液性能评价方法[S]
12 冯茹森. 一种油气开采用新型耐温抗盐聚合物的设计、合成及溶液性质研究[D]. 成都：西南石油大学，2005
13 罗平亚，郭拥军，刘通义. 一种新型压裂液[J]. 石油与天然气地质，2007，28(4)：511~515
14 丁昊明，戴彩丽，由庆，等. 耐高温 FRK-VES 清洁压裂液性能评价[J]. 油田化学，2011，28(3)：318~321
15 欧阳传湘，张昕，柯贤贵等. APV 缔合型清洁压裂液室内评价[J]. 天然气与石油，2012，30(2)：68~71
16 SY/T 6376—2008 压裂液通用技术条件[S]
17 张劲，李林地，张士城等. 一种伤害率极低的阴离子型 VES 压裂液的研制及其应用[J]. 油田化学，2008，25(2)：122~125
18 刘通义，向静，赵众人等. 滑溜水压裂液中减阻剂的制备及特性研究[J]. 应用化工，2013，42(3)：484~487

页岩气多段压裂水平井产量递减规律初探

卞晓冰[1]　贾长贵[1]　王　雷[2]

(1. 中国石化石油工程技术研究院；2. 中国石油大学(北京)石油工程学院)

摘　要　目前国内页岩气井尚没有实际的产量递减规律可借鉴，针对页岩气水平井压裂砂液比实际施工情况，进行了低铺砂浓度下的长期导流能力实验，结果表明，支撑剂的嵌入及破碎导致前 2d 导流能力降幅较高，4d 后导流能力则降低很小。将实验结果应用到 JY1HF 井数值模拟模型中，恒定导流能力方案产量为考虑长期导流能力方案的 2～3 倍，10 年生产动态预测结果显示，JY1HF 井生产周期可分为 3 个阶段：①前 2 年产量递减率高达 42%～46%；②第 3～4 年产量递减率平稳至 27%～37%；③第 5～10 年产量递减率缓慢至 4% 以内。据此可为 JY1HF 井下一步的措施调整提供理论依据。

关键词　页岩气；水平井；长期导流能力；产量递减　数值模拟

前言

页岩气是典型的"自生自储"式气藏，基质渗透率一般在 $10～10^{-6}\mu m^2$ 之间，属于纳达西数量级，其中以吸附相态存在的天然气可占赋存总量的 20%～85%[1~3]。超低的孔渗特征及气体储存方式，决定了页岩气具有生产周期长、开发成本高的特点。页岩气井压后初产高，随之产量递减迅速，以美国 Barnett 区块为例，单井产量在第一年中会降低 50%～60%，随着开发年限的增加，解吸附的天然气使得产量递减渐趋平缓[4,5]。当达不到经济开发需求时，一般都需要进行重复压裂作业，这就需要对页岩气水平井产量递减规律有清晰的认识。国内页岩气开发起步较晚，页岩气井的长期生产动态只能通过模拟手段得出。本文以焦石坝区块 JY1HF 井为例，建立了考虑页岩裂缝长期导流能力衰减规律的压后排采模型，对多段压裂水平井产量递减规律进行了初步研究。

1　人工裂缝导流能力衰减规律

压裂形成的人工裂缝体系是地下流体的流动通道，导流能力是评价裂缝体系最重要的指标。在实际生产过程中，由于支撑剂嵌入和脱落、液体伤害以及交变应力等原因，压裂井人工裂缝的导流能力不再是定值，而是随时间不断降低的。有学者对于常规导流能力实验进行过大量的研究[6~9]，所用支撑剂的铺砂浓度一般为 $10kg/m^2$ 左右，导流能力随时间的变化可根据实验数据进行回归，常见的有对数形式表达式、指数形式表达式及幂乘表达式，如式(1)～式(3)所示。

基金项目：中国石化科技攻关项目(涪陵区块页岩气层改造技术研究)。

$$F_{RCD} = 1 - B\ln(T) \tag{1}$$

式中，F_{RCD}为无量纲裂缝导流能力，为不同时间导流与初始导流的比值；B为导流能力随时间的递减指数，无因次（$B=0$表明导流能力不递减）；T为压裂后在裂缝有效期内的生产时间，d。

$$F_{RCD} = F_{RCD_0}e^{-cT} \tag{2}$$

式中，F_{RCD}、F_{RCD_0}分别为裂缝导流能力和裂缝初始导流能力，$\mu m^2 \cdot cm$；c为相应的实验回归系数，$1/d$。

$$F_{RCD} = aT^{-b} \tag{3}$$

式中，a和b为相应的实验回归系数，无因次；其他参数与式（2）相同。

2 页岩裂缝长期导流能力实验

2.1 实验仪器及原理

实验使用的是美国Core-Lab公司生产的FCES-100裂缝导流仪，该仪器可以模拟地层条件，对不同类型支撑剂进行短期或长期导流能力评价，为选择支撑剂材料提供一个衡量的标准。该仪器按照API标准设计，图1为API支撑剂导流室解剖图。

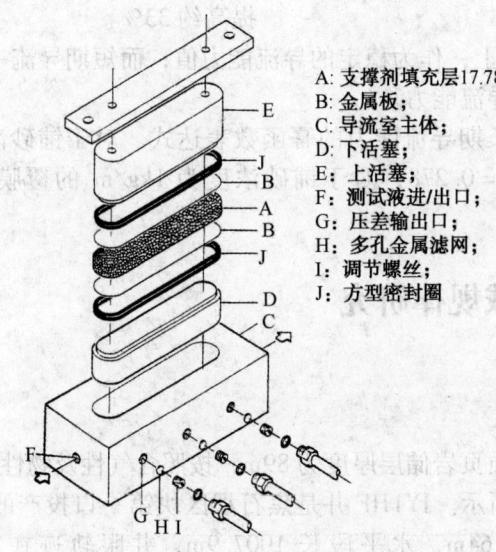

A：支撑剂填充层17.78cm×3.81cm×W_f(cm)；
B：金属板；
C：导流室主体；
D：下活塞；
E：上活塞；
F：测试液进/出口；
G：压差输出口；
H：多孔金属滤网；
I：调节螺丝；
J：方型密封圈

图1　API支撑剂导流室解剖图

实验原理基于达西定律[式（4）]。

$$k = \frac{Q\mu L}{A\Delta P} \tag{4}$$

式中，k为支撑裂缝渗透率，μm^2；Q为裂缝内流量，cm^3/s；μ为流体黏度，$mPa \cdot s$；L为测试段长度，cm；A为支撑裂缝截面积，cm^2；ΔP为测试段两端的压力差，atm。

FCES-100型导流仪使用API标准导流室，并严格按照API的程序操作，支撑剂渗透率及导流能力计算公式可以进一步表达为式（5）。

$$F_{RCD} = kW_f = \frac{5.411 \times 10^{-4} \mu Q}{\Delta p} \tag{5}$$

式中，W_f 为充填裂缝缝宽，cm；其他参数与式（4）相同。

因此，实验中只需测得压差及流量即可求得支撑剂的导流能力。

2.2　实验结果分析

在研究长期导流能力变化规律时，选用焦石坝区块压裂用的 40～70 目覆膜砂作为实验用支撑剂。页岩的铺砂浓度要远小于常规低渗透油气藏，根据 JY1HF 井压裂施工情况，铺砂浓度采用 2.5kg/m² 和 1kg/m² 两种，闭合压力为 52MPa，测试时间为 7d，流体速度 2～5mL/min。

长期裂缝导流能力实验结果如图 2 所示，两种铺砂浓度下导流能力曲线随时间变化规律基本相同。导流能力在前 2d 下降幅度较大，与初期相比约降低 43%，这主要是因为覆膜砂颗粒相互黏结，嵌入及破碎主要发生在实验开始后 2d 内，因此导流能力下降较快；但 4d 后曲线已经接近水平，此时导流能力共下降约 61%。当铺砂浓度从 1kg/m² 增加到 2.5kg/m² 时，覆膜砂导流能力大幅度提高约 33%。

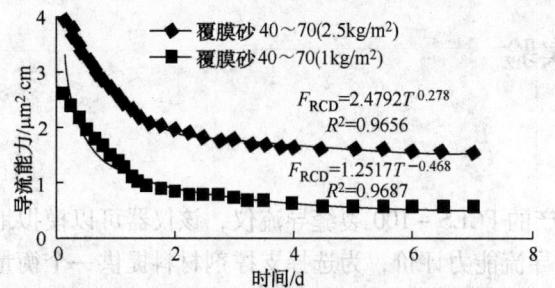

图 2　40～70 目覆膜砂在不同铺砂浓度下的长期导流能力

因此每个压力点应测试 4d 以上，作为稳定的导流能力值；而短期导流一般只测试 1h 左右，并不能准确反应裂缝真实的导流能力。

根据实验结果，回归出页岩长期导流能力的幂函数表达式。对于铺砂浓度为 2.5kg/m² 的覆膜砂支撑剂，$a = 2.4792$，$b = 0.278$；对于铺砂浓度为 1kg/m² 的覆膜砂支撑剂，$a = 1.2517$，$b = 0.468$。

3　JY1HF 井产量递减规律研究

3.1　压裂井排采模型

焦石坝区块龙马溪组下部优质页岩储层厚度为 89m，按照含气性及物性差异可进一步细分为 4 套层系，基础数据如表 1 所示。JY1HF 井是焦石坝区块第一口投产的页岩气水平井，完钻斜深 3653.99m，垂深 2416.64m，水平段长 1007.9m，井眼轨迹在第 4 层系穿行。JY1HF 井共压裂 15 段，施工总液量 19972.3m³，总砂量 968.82m³。

表 1　JY1HF 井地层基础数据表

层　系	深度/m	含气性/(m³/t)	吸附气/(m³/t)	游离气/(m³/t)	渗透率/mD	孔隙度/%
第 1 层系	2326～2337.5	0.53	0.212	0.318	0.001～1	6
第 2 层系	2337.5～2352	0.77	0.308	0.462	0.001～1	6
第 3 层系	2352～2377	1.5	0.6	0.9	0.001～0.1	3
第 4 层系	2377～2415	4.6	1.84	2.76	0.001～1	5

按照文献[10]的方法，应用 Eclipse 数值模拟软件建立 JY1HF 水平井多段压裂数值模型（图 3），模型考虑了长期导流能力实验的递减规律。根据 JY1HF 井投产后 8 个月的排采数据来看，其压后产水量少，返排率仅 0.36% 左右，因此可以不考虑产水量拟合。从产气量和井底流压历史拟合结果（图 4）来看，该模型能真实反应 JY1HF 井的生产动态。

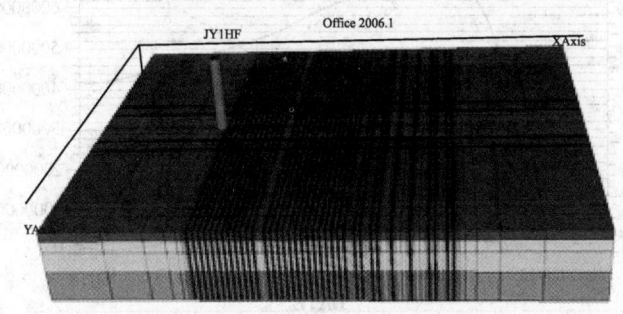

图 3　JY1HF 水平井多段压裂气藏模型

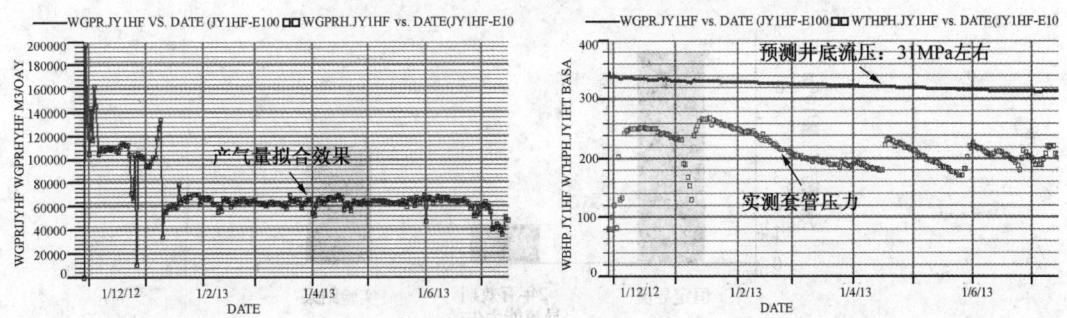

图 4　JY1HF 井生产历史拟合结果

3.2　长期导流能力对产量的影响

在不考虑缝间干扰的情况下，模拟导流能力的衰减对单条裂缝生产动态的影响。模拟方案如下：①导流能力恒定不变；②导流能力按对数形式递减，其中式（1）中导流递减指数 $B = 0.152$（失效时间 2 年）；③导流能力按 2.2 节中铺砂浓度 $1 kg/m^2$ 的实验结果递减。

日产（累产）气曲线如图 5 所示，不同导流能力递减规律下的累产气量如图 6 所示。由模拟结果可知导流能力的变化对产量具有极大的影响：对于恒定导流能力方案，其峰值产气量是导流能力衰减方案下峰值产气量的 2~3 倍；5 年累产气量是导流能力衰减方案下累产气量的 2~4 倍。尤其对于导流能力失效时间为 2 年的方案，生产 4 年时产量已降为峰值的 14%。

3.3　生产动态预测

鉴于长期导流能力对页岩气井产量具有巨大影响，整个压裂流程都必须考虑裂缝的长期导流能力，以期为压裂设计及产量预测提供可靠依据。但现场很难测定施工后裂缝导流能力的数值大小，而常规数值模拟中导流能力的选取一般即为压裂方案设计中的恒定导流能力，这会导致对压后动态的预测存在较大误差。对于高开发成本的页岩而言，较为准确地预测产量递减规律对判断一口页岩气井的生命周期尤为重要。

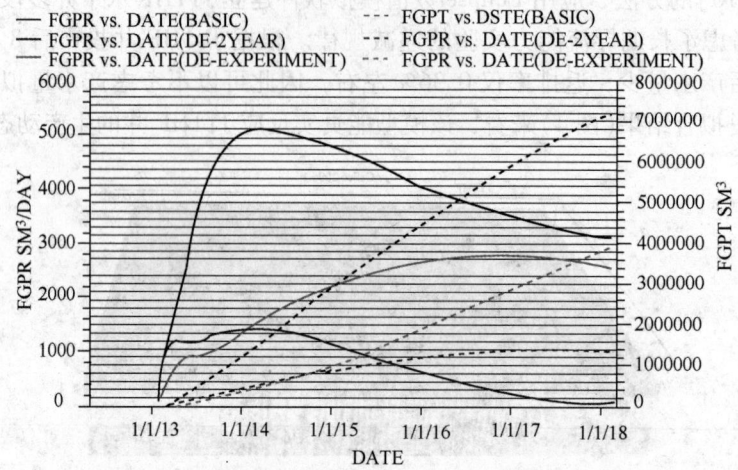

图 5　不同导流能力递减规律下日产气与累产气动态

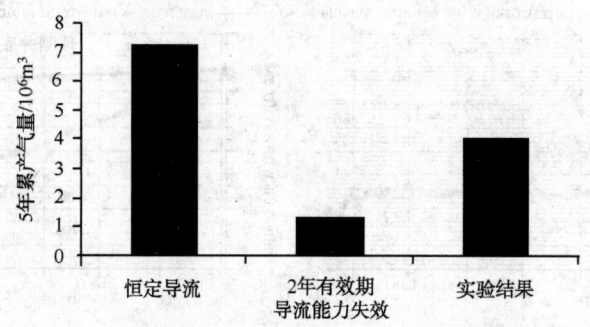

图 6　不同导流能力递减规律下 5 年累产气量

JY1HF 井 10 年的生产动态预测结果如图 7 所示，生产数据如表 2 所示，预测模型中裂缝的导流能力衰减规律由 $1kg/m^2$ 铺砂浓度的实验结果确定，产量递减率的计算方式为当年产量相较于上一年产量的降低比率。由结果知，JY1HF 井生产周期可分为 3 个阶段：①前 2年为第一阶段，特征是产量递减速度较快，递减率达到 42% ~ 46%，此时游离气被大量采出；②第 3 ~ 4 年为第二阶段，特征是产量递减速度开始减缓，递减率为 27% ~ 37%；③第5 ~ 10 年为第三阶段，尤其是 5 年之后，产量仅逐年降低 4% 以内，此时产出气主要为地层中不断解吸出来的吸附气。可以看出，前两个阶段为 JY1HF 井生产的高峰期，当页岩气井产量达不到经济下限要求时，可考虑重复压裂等措施对其进行进一步改造，产量递减规律预测结果可为 JY1HF 井下一步的措施调整提供理论依据。

表 2　JY1HF 井产量递减规律预测

时间/年	日产量/(m^3/d)	累产量/m^3	产量递减率/%
0	105076	432430	0.00
1	56443	23535494	46.28
2	32708	38060344	42.05
3	20356	45862468	37.76

续表

时间/年	日产量/(m³/d)	累产量/m³	产量递减率/%
4	14811	51638936	27.24
5	13288	57834996	10.29
6	12780	62494756	3.82
7	12510	67030304	2.11
8	12359	71497392	1.21
9	12274	75925952	0.69
10	12246	80334736	0.23

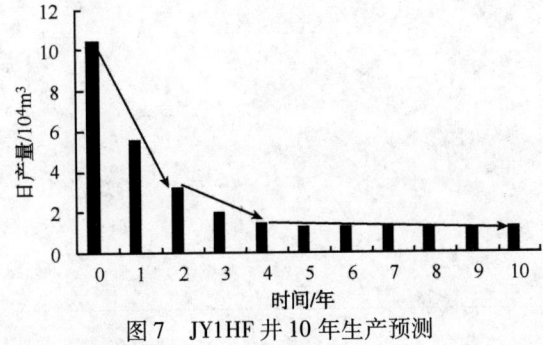

图7　JY1HF 井10年生产预测

4　结论和建议

（1）进行了 40~70 目覆膜砂在 2.5kg/m² 和 1kg/m² 两种铺砂浓度下的页岩长期导流能力实验，结果表明在前 2d 导流能力降幅度高达 43%，4d 后导流能力降低很小，可视为稳定的导流能力值。

（2）回归出页岩长期导流能力的幂函数表达式，并应用到 JY1HF 井压后动态模拟模型中，与恒定导流能力相比，考虑导流能力的衰减会极大地降低压后产气量。

（3）把 JY1HF 井生产周期可分为 3 个阶段，前 2 年为产量递减率达到 42%~46% 的第一阶段，第 3~4 年为产量递减率为 27%~37% 的第二阶段，第 5~10 年为产量递减率为4% 以内的第三阶段，产量递减规律预测结果可为 JY1HF 井下一步的措施调整提供理论依据。

（4）本文对 JY1HF 井产量递减规律做了初步研究，建议建立焦石坝区块相应的产量递减模型。

参 考 文 献

1　陈尚斌，朱炎铭，王红岩等．中国页岩气研究现状与发展趋势[J]．石油学报，2010，31(4)：689~694

2　薛承瑾．页岩气压裂技术现状及发展建议[J]．石油钻探技术，2011，39(3)：24~29

3　William J D. Stochastic modeling of Two-Phase flowback of multi-fractured horizontal wells to estimate hydraulic fracture properties and forecast production [R]. SPE 164550, 2013

4　Songru Mu, Shicheng Zhang. Numerical simulation of shale gas production [J]. Advanced Materials Research,

2012，402(12)：804～807

5　蒋廷学．页岩油气水平井压裂裂缝复杂性指数研究及应用展望[J]．石油钻探技术，2013，41(2)：7～12

6　温庆志，张士诚，李林地．低渗透油藏支撑裂缝长期导流能力实验研究[J]．油气地质与采收率，2006，13(2)：97～99

7　高旺来，何顺利，接金利．覆膜支撑剂长期导流能力评价[J]．天然气工业，2007，27(10)：100～102

8　杨振周，陈勉，胥云等．火山岩岩板长期导流能力试验[J]．天然气工业，2010，30(10)：42～44

9　杨立峰，安琪，丁云宏等．一种考虑长期导流的人工裂缝参数优化方法[J]．石油钻采工艺，2012，34(3)：67～72

10　蒋廷学，卞晓冰，王海涛等．页岩气水平井分段压裂排采规律研究[J]．石油钻探技术，2013，41(5)：21～25

涪陵海相页岩压裂施工反应特征分析

李双明　贾长贵　蒋廷学　卞晓冰

（中国石化石油工程技术研究院）

摘　要　中石化涪陵海相页岩气开发一年以来，已压裂20多口水平井，日产量已达200多万方，取得了非常突出的效果。由于水平井段钻井轨迹进入不同页岩层位，不同层位施工反应差异性较大，究其原因，通过施工曲线分析和测试压裂等分析手段，得出不同层位，其地层的脆性和层理发育程度对施工反应特征有较大的影响。根据施工反应特征的不同，针对轨迹进入龙马溪组和五峰组层位建立了不同压裂模型，对模型进行了拟合分析，结合现场数据分析，所形成的压裂模型与现场施工有较好的吻合性。为区别常规砂岩压裂，引入"改造宽度"的概念，通过该模型，进行了规模、段长与布井间距之间关系进行了探讨，为该区布井设计、压裂设计和压后分析提供了重要支撑。

关键词　涪陵；海相；改造宽度；页岩气；水力压裂；脆性；压裂模型；龙马溪；五峰

前言

页岩气水平井钻井技术和分段压裂技术促使了北美页岩油气的大规模开发[1~5]，2011年北美页岩气产量高达 $1800 \times 10^8 m^3$，同期我国页岩气产量几乎没有，经过两年的攻关研究，中石化率先提出了网络裂缝压裂技术[6~7]，建立了相应的模型和复杂指数[8~10]，同时吸取了前期17口页岩气井经验和教训，中石化在焦石坝焦页1HF井获得重大突破，压裂15段测试产量 $20.3 \times 10^4 m^3/d$，该井已稳产480多天，日产量 $6 \times 10^4 m^3$，累产量已超 $3000 \times 10^4 m^3$，经历了第一口井的成功后，中石化2013年超前部署，在涪陵区全年压裂了17口井，测试产量平均达到 $34 \times 10^4 m^3/d$，逐步认识了地层，提高了效果，降低了成本。

1　涪陵地区层位特征

涪陵海相页岩气层位主要为龙马溪组底部和五峰组，通过焦页1井取芯研究分析，页岩厚度为89m，其中优质页岩厚度为底部38m，龙马溪组33m，五峰组5m，根据岩性特点和分析，地质专家将下部38m厚度分为5个小层，如图1所示。

优质页岩脆性矿物自上而下呈现逐渐增加趋势，总量介于 33.9% ~ 80.3%，平均为 56.53%，层理缝从上而下呈现越来越发育趋势，到五峰组极发育。

2　不同层位施工反应特征

目前，涪陵水平井段钻井轨迹基本控制在38m优质页岩中，由于地层存在一定的角度，

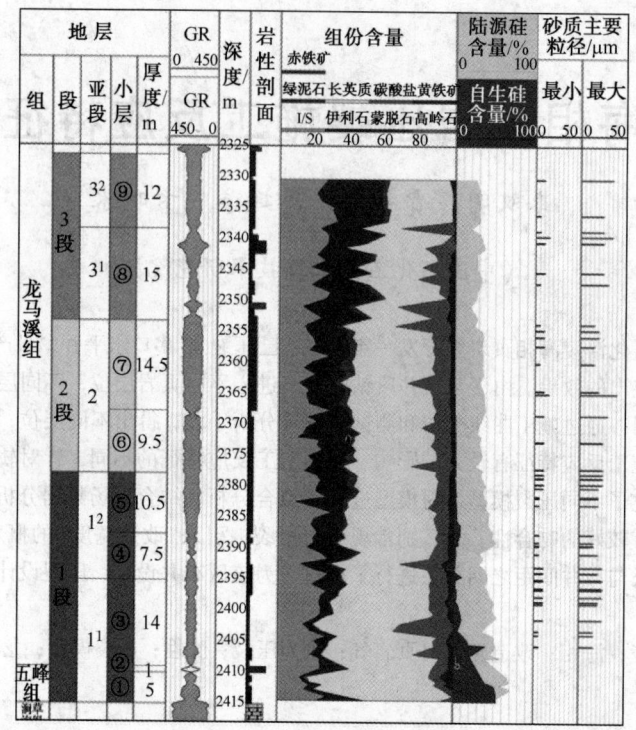

图 1　焦页 1 井页岩剖面

轨迹较难把握，轨迹在①~⑤号层均有分布，总结多口井在五峰组和龙马溪组压裂施工反应有较大的不同，总体满足从上到下，加砂敏感性越来越强的趋势，将反应特征分为两类：一类是①~②号层五峰组，层理极发育，脆性较好；二类是龙马溪④~⑤号层，层理发育，脆性相对较低，③号层介于一类和二类之间，暂归位二类。总结两类具体施工特征有 4 个不同点。

替酸过程：五峰组替酸时有明显破裂，反映其脆性很强，压力逐步降低，反映其滤失较大；龙马溪组替酸时压力基本不变，反映低排量没有明显破裂，显示脆性相对较差，滤失相对较低，如图 2 所示。

提排量阶段：五峰组压力上升较慢，滤失量大，龙马溪组压力上升较快，滤失相对较低。

加砂过程：五峰组加入粉陶打磨作用不明显，支撑剂进入地层后，压力上升，反映粉陶降滤失有一定作用，对低砂比敏感，反映缝宽较窄，裂缝延伸受限，加入胶液后，压力上升明显，反映黏度增加，缝内摩阻加大，脆性破裂缝宽一般较窄；龙马溪组粉陶打磨作用较为明显，易加砂，反映缝宽较大，微裂缝相对较少，主裂缝延伸正常，加入胶液，压力有正常上涨，反映井筒摩阻增加；地层脆性越强，层理越发育，对砂比越敏感。

停泵压降阶段：五峰组停泵压力较高，压力下降较快，反映滤失较大，显示脆性较好，层理极发育；龙马溪组停泵压力一般在 29~32MPa，压降较慢，滤失较小，层理发育程度低，如图 3 所示。

射孔位置为龙马溪组，通过多口井显示，单段三簇簇间距设置 20m（段长 70m），龙马溪组各段施工停泵压力正常，段间几乎无影响，结合施工曲线判断裂缝以向前延伸为主，横向

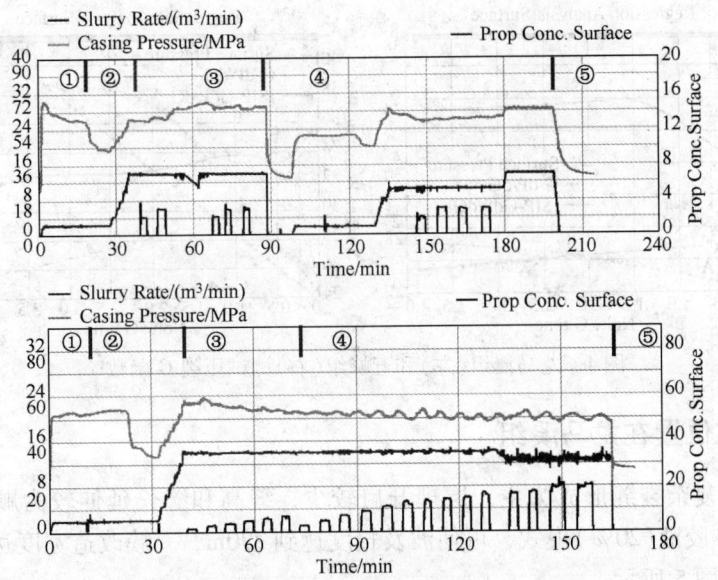

图 2　五峰组（上）和龙马溪组（下）施工典型曲线

（①—替酸；②—提排量阶段；③和④—加砂阶段；⑤—停泵压降）

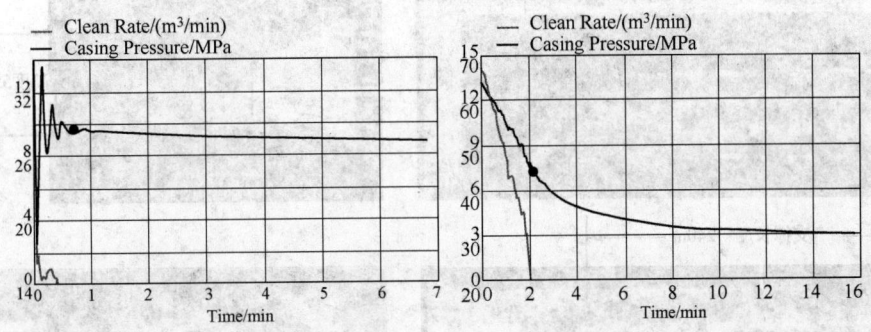

图 3　龙马溪组（左）和五峰组（右）停泵压降曲线（红点表示停泵）

扩展范围不超过设计段长。

射孔位置为五峰组，通过多口井五峰组施工反映，三簇簇间距设置 20m（段长 71m），停泵压力异常，且邻段施工砂比敏感性强，单段簇数由 3 簇降为 2 簇时（段长 75m），加砂相对较好，结合施工曲线分析判断裂缝延伸长度方向受限，裂缝横向扩展范围超过设计值。

射孔位置为龙马溪组时，通过测试压裂分析，显示龙马溪组施工停泵后存在一个分支裂缝闭合点，形成复杂裂缝，如图 4 所示。

射孔位置为五峰组时，通过测试压裂分析，显示五峰组施工停泵后存在多个分支裂缝闭合点，结合压裂曲线反映，横向扩展明显，形成了较大范围的网络裂缝。

3　建立压裂模型

根据施工的反应特征，结合拟合情形，针对两类层，建立两套压裂模型，在此引入改造宽度概念，指页岩压裂中，层理、脆性及天然裂缝发育层位，压裂改造在其宽度方向上波及的长度，为该区优化设计提供基础，为水平井穿行轨迹、布缝和布井间距提供参考依据。

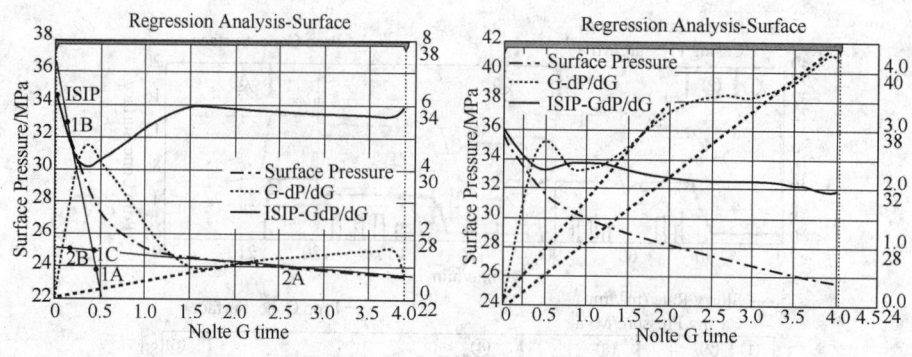

图4 龙马溪组(左)和五峰组(右)测试压裂 G 函数

3.1 射孔位置在龙马溪组

龙马溪组以复杂裂缝形成为主,层理开启较少,缝高和缝长延伸较为顺畅,拟合现场 1800m³ 减阻水 + 胶液(20%)模式,可使波及长度达到290m,三簇改造宽度达到67m,缝高可扩展55m,如图5所示。

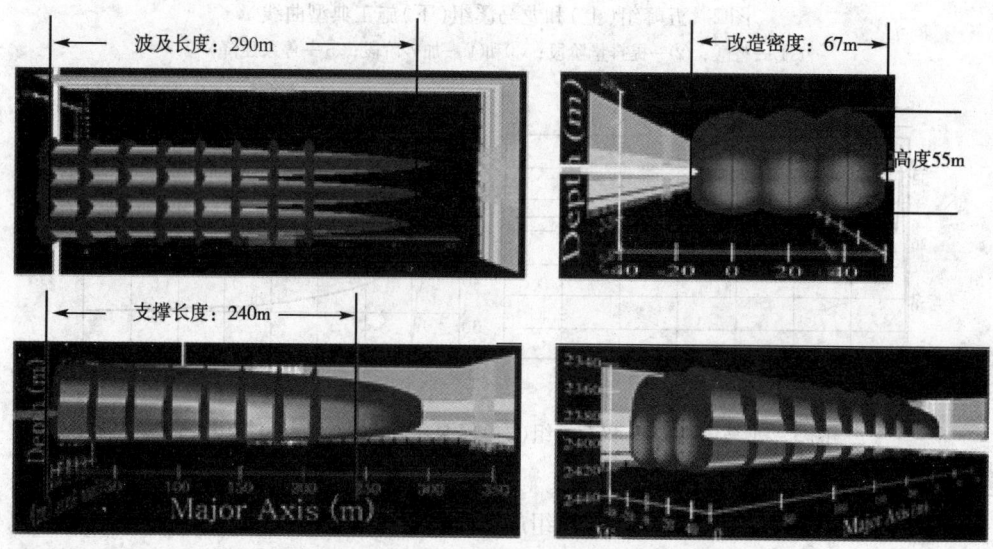

图5 龙马溪组裂缝扩展示意图

根据拟合模型进行优化设计,优化 1400m³、1600m³、1800m³、2000m³ 减阻水 + 胶液(20%)模式,分单段3簇和单段2簇模式,单段3簇结果:液量 1400 ~ 2000m³,波及缝长 240 ~ 310m,改造宽度 60 ~ 71m;单段两簇结果:液量 1400 ~ 2000m³,波及缝长 275 ~ 365m,改造宽度 45 ~ 60m;若水平井水平间距为600m,采用单段3簇和单段2簇模式均可,规模设计不同,三簇按照1800m³液量设计,两簇按照1400m³设计,如图6所示。

3.2 射孔位置为五峰组压裂模型

五峰组以网络裂缝形成为主,层理开启较多,缝高和缝长延伸受限,拟合现场 1800m³ 减阻水 + 胶液(20%)模式,波及长度达到240m,三簇改造宽度达到93m,缝高可扩展40m,如图7所示。

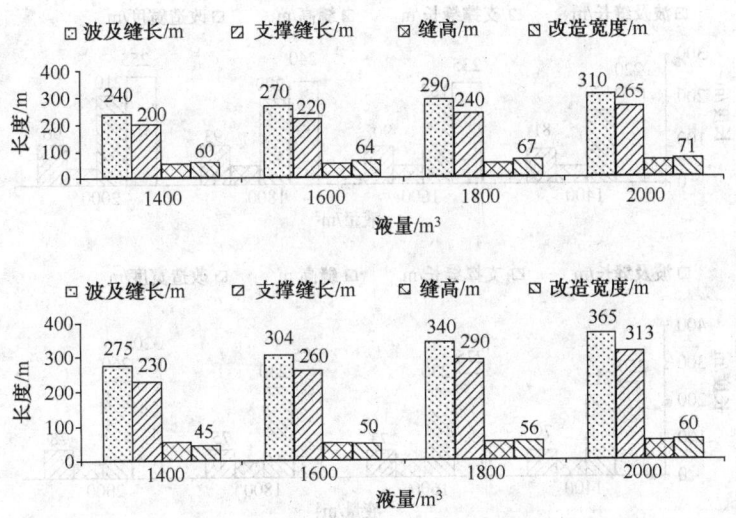

图6　射孔位置为龙马溪模拟结果（上图为单段三簇，下图为单段两簇）

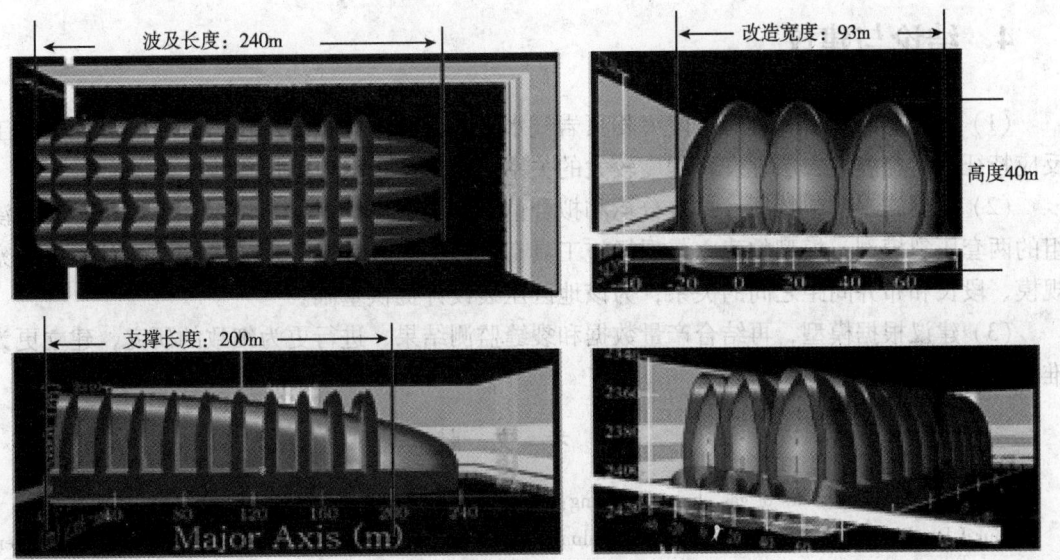

图7　射孔位置为五峰组模型

根据拟合模型进行优化设计，优化 1400m³、1600m³、1800m³、2000m³ 减阻水＋胶液（20%）模式，分单段 3 簇和单段 2 簇模式，单段 3 簇结果：液量 1400~2000m³，波及缝长 220~255m，改造宽度 81~96m；单段两簇结果：液量 1400~2000m³，波及缝长 250~320m，改造宽度 70~78m，如图 8 所示。若水平井段间距为 600m，推荐单段 2 簇模式，1000m 水平段长可设计为 13 段。

因此，水平井段轨迹在 38m 范围内时，可根据其处在龙马溪和五峰组的具体位置，进行规模和段长的设计，规模、段长与布井井距存在一定的匹配关系，可达到效益最大化。

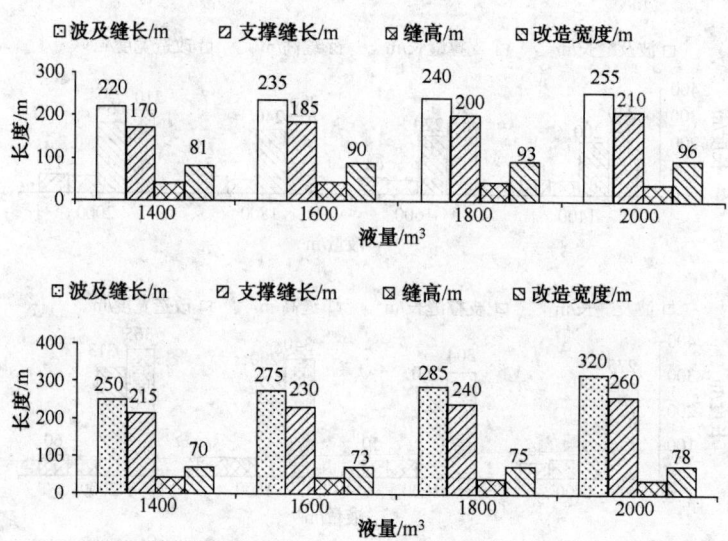

图8　射孔位置为五峰组模拟结果(上图为单段三簇,下图为单段两簇)

4　结论与建议

(1)通过总结分析,针对涪陵海相页岩气水平井穿越不同页岩层位,分析了其压裂施工反应特征,均与脆性、层理发育程度较大的关系,已形成了对应的压裂施工对策。

(2)根据施工反映特征,结合分析和拟合情形,形成了针对射孔位置在五峰组和龙马溪组的两套压裂模型,模型的建立与现场施工具有较高的吻合性,根据压裂模型设计,可考察规模、段长和布井间距之间的关系,为该地区压裂设计提供基础。

(3)建议根据模型,再结合产量数据和裂缝监测结果,进行更为细致的研究,建立更为准确的模型。

参 考 文 献

1　King George E. Thirty years of gas shale fracturing: what have we learned[R]. SPE 133456, 2010

2　Arthur J D, Bohm B, Coughlin B J, et al. Evaluating Implications of Hydraulic Fracturing in Shale Gas Reservoirs[C]. SPE 121038, 2009

3　Cipolla C L. Modeling Production and Evaluating Fracture Performance in Unconventional Reservoirs[C]. SPE 118536, 2009

4　Rickman R, Mullen M, Petre E, et al. A Practical Use of Shale Petrophysics for Stimulation Design Optimization: All Shale Plays are Not Clones of the Barnett Shale[C]. SPE 115258, 2008

5　Waters G, Dean B, Downie R, et al. Simultaneous Hydraulic Fracturing of Adjacent Horizontal Wells in the Woodford Shale[C]. SPE 119635, 2009

6　蒋廷学,贾长贵,王海涛等.页岩气网络压裂设计方法研究[J].石油钻探技术,2011,39(5):36~40

7　贾长贵,李双明,王海涛等.页岩储层网络压裂技术研究与试验[J].2012,14(6):106~111

8　蒋廷学,页岩油气水平井压裂裂缝复杂性指数研究[J].2013,41(2):7~12

9　王海涛,页岩气探井测试压裂方案设计与评价[J].2012,40(1):12~16

10　蒋廷学,卞晓冰,王海涛等.页岩气水平井分段压裂排采规律研究[J].2013,41(5):21~25

井下工具与仪器

尾管顶部封隔器技术现状与发展趋势

郭朝辉　马兰荣　杨德锴

（中国石化石油工程技术研究院）

摘　要　在尾管固井作业中，使用尾管顶部封隔器可以封隔尾管——套管环空，避免异常地层压力或因水泥浆失重，致使高压油气水侵入尚未完全凝固的水泥浆而形成窜流通道，并且承受较大的正负压差作用。本文详细介绍了尾管顶部封隔器的结构组成和工作原理，并重点介绍了国外多家公司的尾管顶部封隔器的最新技术现状及工具特点，并结合国内尾管顶部封隔器技术的研究现状，为我国尾管顶部封隔器技术的发展提出建议。

关键词　尾管；固井；尾管顶部封隔器；坐封；橡胶

中图分类号：G350　　　　**文献标识码**：A

前言

在尾管固井作业中，由于尾管与套管重叠段的间隔小，水泥封固质量差，难以保证有效密封，造成下部高压流体上移在水泥环中形成气窜，致使油气井在后期钻进或生产中井口带压影响施工，其中最严重的后果是高压油气在井口造成压力并形成气流造成全井报废。而通常采用的尾管顶部挤水泥补救措施效果往往不够理想，主要原因是：难以准确判断气窜位置；由于窜槽通常很窄，因此难以挤进水泥；有时挤水泥压力过高反而破坏水泥的胶结甚至压裂地层，从而使井下窜通更为严重[1]。

为提高尾管固井质量，阻断悬挂器处上、下环空井段的压力传递和阻止环空气窜向上部运移，国内外主要固井工具厂商（包括大陆架、贝克、TIW、威德福、哈里伯顿等）均研制开发了适用于高压油气井的尾管顶部封隔器，以适应复杂的高压深井尾管固井施工要求。

1　尾管顶部封隔器结构组成与工作原理

封隔式尾管悬挂器结构如图1所示。按功能可分为五部分：送入工具、密封总成、回接筒、封隔器总成、悬挂器总成。

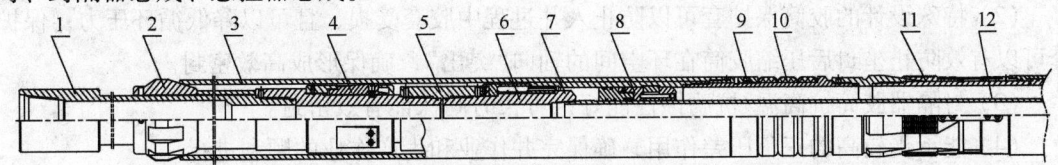

图1　封隔式尾管悬挂器结构组成

1—送入工具总成；2—塞帽；3—回接筒；4—坐封总成；5—倒扣上接头；6—倒扣总成；
7—倒扣下接头；8—密封总成；9—锁紧装置；10—封隔器总成；11—悬挂器总成；12—中心管

送入工具主要组成零部件：提升短节、塞帽、坐封总成、倒扣总成及中心管等。主要作用：实现尾管的送入、坐挂，封隔器的坐封，及实现送入工具与尾管串的"丢手"。

其中，坐封封隔器的坐封总成由坐封接头、坐封挡块及坐封套筒组成。它上连提升短节，下接倒扣总成。在组装状态时，挡块收缩在回接筒内，固井完毕后，上提送入钻具将坐封总成提出回接筒，坐封挡块在弹簧的作用下打开，下放钻具，坐封挡块便坐在回接筒上端面，下放一定的钻具悬重，坐封封隔器。

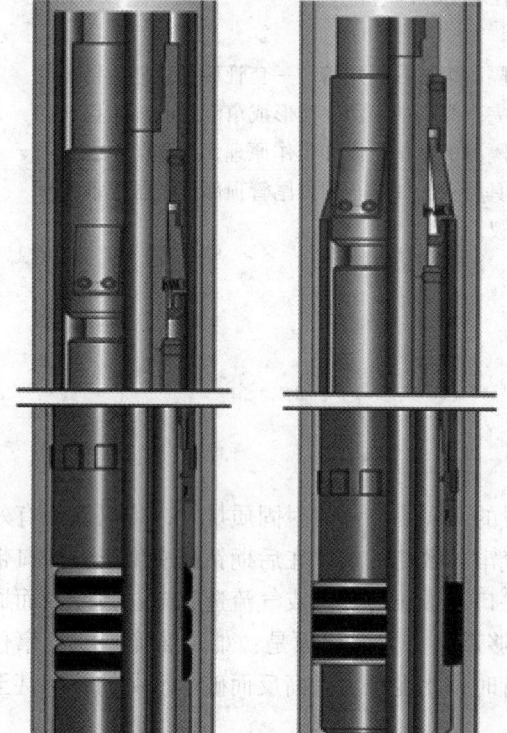

图 2　封隔器坐封前、后对比图

封隔器总成包括封隔器本体、胶筒、锁紧装置、剪钉等。封隔器本体的上端连接密封总成，下端连接悬挂器总成；锁紧装置及封隔胶筒依次套装在封隔器本体上，锁紧装置只能沿本体单向下行，从而保证封隔胶筒涨封后压紧胶筒而不回退，如图 2 所示。

通常的入井管串为：送入钻具 + 封隔式尾管悬挂器 + 尾管串 + 球座 + 尾管 + 浮箍 + 尾管 + 浮鞋。

尾管顶部封隔器是设计在普通的机械式或液压式尾管悬挂器的悬挂单元和回接筒之间的装置。当尾管串和悬挂器下放到坐挂位置，首先完成正常的悬挂器单元的坐挂、丢手和注水泥作业；然后上提送入钻具使送入工具上的坐封挡块提出回接筒，坐封挡块在弹簧作用下张开，再下放送入钻具加压，通过送入工具上的坐封挡块，将送入钻具的重力通过回接筒传递到尾管顶部封隔器上，压紧封隔器的密封元件封住套管环空。在下放送入钻具坐封封隔器的同时，封隔器上的锁紧机构锁死从而实现封隔器的永久坐封，阻断封隔器处上、下压力的传递，阻止环空气窜向上运移，提高固井质量[2]。

封隔式尾管悬挂器在具备常规尾管悬挂器特点的基础上，还具备以下突出特点：

（1）具有注水泥前坐挂尾管、注水泥后立即封隔尾管——套管环空的功能，避免油、气、水窜。

（2）特殊设计的胶筒保护套可以防止入井过程中胶套受损，且可以降低循环压力；保护套可以有效防止坐封后压缩胶筒在环空间的轴向"突出"，确保形成高效密封。

（3）封隔器胶筒抗高温/抗腐蚀性能好，可长时间保证有效密封。

（4）能承受较高的正负压差作用，确保完井作业和生产作业的顺利进行。

（5）可在多种类型的井内与多种类型的尾管悬挂器配套应用。

2 国外尾管顶部封隔器的发展现状

国外一些知名的石油工具公司，如 TIW、Weatherford、LC、Baker 等对尾管顶部封隔器技术均有一定的研究，并且形成了种类多、规格齐全的系列封隔器产品，可应用于深井、超深井、大位移井、大斜度井和水平井等各种复杂井的尾管固井作业[3]。

2.1 软金属防突型蓄能尾管顶部封隔器

TIW 的 HLX 型尾管顶部封隔器的耐温可达 150℃，耐压达到了 35MPa，可与 TIW 公司的种尾管悬挂器组合应用于深井、超深井及大位移井等多种尾管固井或完井作业中。

HLX 型尾管顶部封隔器属于压缩胶筒式，主要由回接筒、密封外壳、封隔器本体、蓄能弹簧、防顶卡瓦、锁紧卡簧、HSN 型封隔元件等零部件组成，如图 3 所示。

HLX 型封隔器采用带有端部防突环的单胶筒设计，端部防突环采用铜、铅等软金属制成。该设计提高了封隔器胶筒的防护性能，防止封隔器入井过程中的损伤，并且提高了环空流速，降低了循环压力，防止压裂敏感底层；其主要作用是防止坐封后的封隔器胶筒向套管环空的流动，提高了封隔器胶筒与外层套管和封隔器本体的挤压应力，达到提高密封能力的目的。

HLX 型封隔器设计了 3 种防止坐封后胶筒松弛的装置，分别是蓄能弹簧、防顶卡瓦、锁紧卡簧。蓄能弹簧的作用是确保通过回接筒传递的坐封力持续地施加到封隔器胶筒上，并防止后续作业中因为温度和压力变化而引起的胶筒松弛；防顶卡瓦和锁紧卡簧避免了坐封后的封隔器胶筒的松弛，并防止在管内压力的作用下坐封后的封隔器上移，确保了密封的稳定性和可靠性。

2.2 膨胀环防突型蓄能尾管顶部封隔器

TSP 型尾管顶部封隔器可作为一个整体与 Weatherford 公司的多种尾管悬挂器、回接工具配套应用到深井、超深井、大斜度井、大位移井等多种复杂井况，还可以应用到尾管钻井和筛管完井等其他钻井作业。该封隔器的密封能力达到了 35MPa，耐温 190℃。

TSP 型尾管顶部封隔器本体采用一体式设计，允许管串入井过程中通过旋转增强尾管串的下入能力。在该型封隔器上设计有利于防止出现提前坐封的挡块装置，防止封隔器与送入工具丢手前由于外部受力造成的封隔器提前坐封，如图 4 所示。

TSP 型尾管顶部封隔器同样采用了单胶筒结构，有效地降低了封隔器入井过程中的抽吸作用，提高了管串的下入速度和循环效率，帮助洗井过程中钻屑的通过和提高水泥浆的顶替效率。在封隔器下入到设计位置后，通过钻具下压坐封封隔器，封隔器上的 XYLAN 型膨胀防突环径向支撑到外层套管上，将压缩胶筒封闭到封隔器本体与外层套管之间的环空中，形成牢固的密封防止水泥浆胶结时的气体或液体运移。XY-

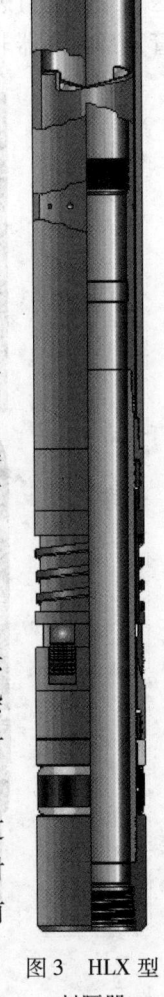

图 3　HLX 型封隔器

LAN 型膨胀防突环同时具备了保护胶筒的功能，并且膨胀环上面带有降低摩擦阻力的涂层，降低了封隔器的坐封力，确保封隔器在大位移井中的有效坐封。

TSP 型尾管顶部封隔器带的胶筒上部的防顶卡瓦和集束式蓄能弹簧机构为坐封后的封隔器的松弛和上移，蓄能弹簧同时具备防止坐封过程中橡胶的瞬时应力集中损伤胶筒，并且在后期的作业中保持变化温度和压力下封隔器胶筒的牢固坐封。

2.3 卡瓦内藏式尾管顶部封隔器

Liner Tools LC 的 GorillaPak Ⅱ型尾管顶部封隔器具有和 Weatherford 公司的 TSP 型尾管顶部封隔器相似的封隔胶筒结构，其坐封原理和特点基本相同，如图5、图6 所示。该型尾管顶部封隔器的最大特点是拥有一组内藏式防顶卡瓦，并且该型封隔器的坐封是通过专用的送入工具进行憋压坐封，而不需要释放钻具重量压缩坐封封隔器。因此，GorillaPak Ⅱ型尾管顶部封隔器非常适用于大斜度井和大位移井的尾管固、完井作业。

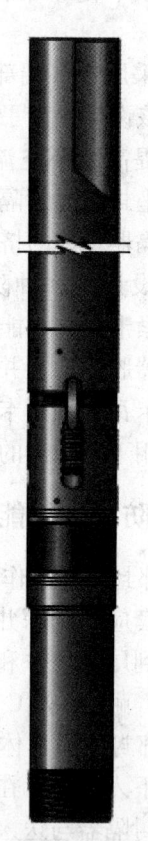

图 4　TSP 型封隔器　　　　　　　　　图 5　GorillaPak 型封隔器

GorillaPak Ⅱ型尾管顶部封隔器的内藏式卡瓦设计有效地减小了封隔器外径，增加了环空过流面积，且保护了入井过程中的卡瓦组，防止出现碰损和提前坐挂。该型卡瓦有效地增加了卡瓦与上层套管之间的接触面积，降低了卡瓦与上层套管之间的接触应力，防止高压差作用下的上层套管物理损伤。

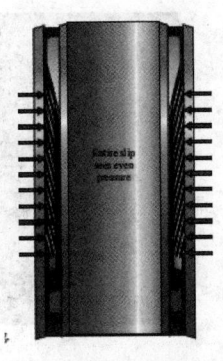
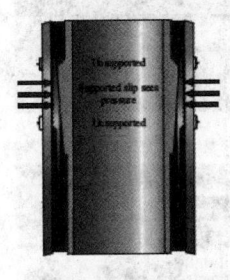

图6　新型卡瓦与常规卡瓦应力对比

2.4　膨胀式尾管顶部封隔器

Baker 公司的 ZXP 型尾管顶部封隔器利用金属膨胀技术推出了革命性的环空封隔技术。该封隔器的密封单元采用经过退火处理的金属骨架，并在骨架上面包覆橡胶材料。这种封隔器结构拥有较小的外形尺寸，抑制了在高循环排量下的胶筒的抽吸作用，其井下环空流体循环效率可达 $2.7m^3/min$，并且降低了封隔器胶筒在入井过程中的机械损坏几率，如图 7 所示。ZXP 型尾管顶部封隔器在近 10 年内成功应用了 20000 井次。

ZXP 型尾管顶部封隔器的封隔器元件是由可膨胀金属材料加工而成，该可膨胀金属骨架外面加工了多个环状凸起，并在环状凸起之间硫化了一定厚度的橡胶层。在送入钻具重力的作用下封隔器的膨胀锥套下移楔入到可膨胀金属骨架内，迫使金属骨架发生径向形变紧贴到上层套管内壁上，将橡胶层挤压到可膨胀金属骨架和上层套管间形成可靠的环空密封；可膨胀金属骨架上的环状凸起起到了防止压缩橡胶突出的作用，如图 8 所示。ZXP 型尾管顶部封隔器的耐温性能达到了 204°C，耐压达到了 70MPa。

2.5　膨胀式一体化尾管顶部封隔器

DRIL – QUIP 的 LS – 15 型尾管顶部封隔器是一种适用于大位移井、大斜度井、水平井和极端恶劣尾管完井施工的工具。LS – 15 型尾管顶部封隔器的封隔元件采用了和 Baker 公司的 ZXP 型封隔器相同的金属密封结构，但是，LS – 15 型尾管顶部封隔器的可膨胀金属骨架上加工了多条纵向开口，以此来降低封隔器的坐封力，如图 9 所示。

LS – 15 型尾管顶部封隔器是一种结构紧凑，性能优良的耐高温、高压封隔器，将悬挂器与封隔器有机地结合在了一起，整体抗扭能力达到了 $50000N \cdot m$，使该型封隔器非常适用于尾管钻井施工作业中。

LS – 15 型尾管顶部封隔器同样具有了很大的环空过流面积并可承受较大的环空流速，提高了尾管下入速度并降低了循环压力。

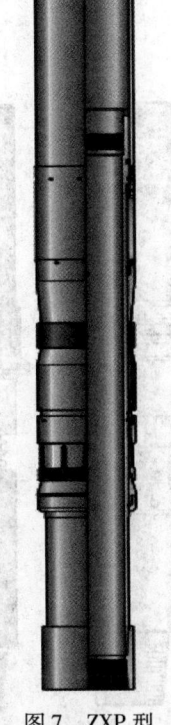

图 7　ZXP 型
封隔器

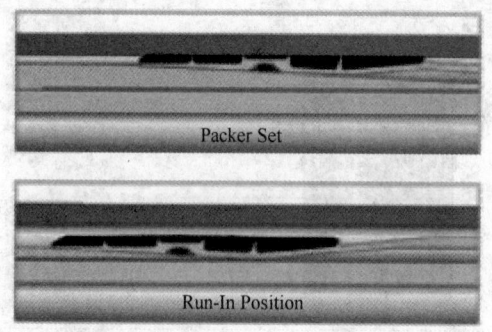

图8　坐封前后对比

图9　LS-15型封隔器单元

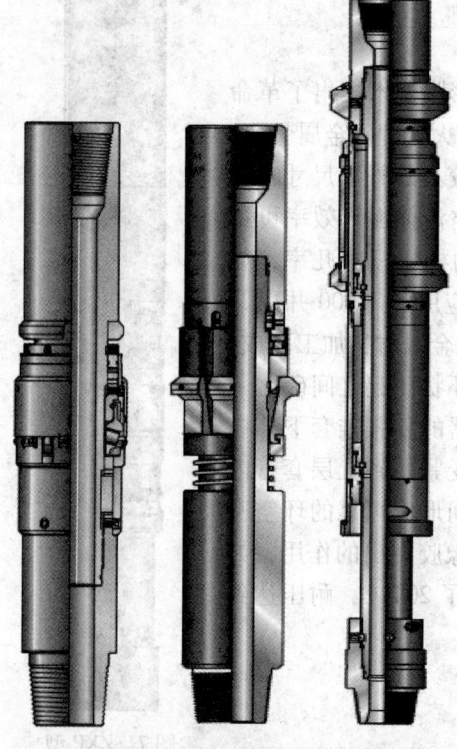

图10　尾管顶部封隔器坐封工具

2.6　尾管顶部封隔器的坐封工具

随着尾管顶部封隔器在越来越广泛的井况下的应用，其配套的坐封工具也由早期的结构简易、功能简单的机械式坐封工具发展成了机械多功能和液压式坐封工具，如图10所示。

其中机械式坐封工具在具备用于传递钻具重力的坐封挡块机构的同时，在坐封接头上还增加了旋转轴承机构，以此来增强大位移井、大斜度井和水平井中的送入钻具重力的下压传递效果。并且将挡块设计了保护套和保护螺钉，避免坐封挡块对回接筒内壁的划伤，从而影响后期的回接作业。

液压式坐封接头主要应用在筛管或不注水泥尾管固、完井作业中，当然，也可在注水泥尾管固井中应用，但是在注水泥过程必须保持送入工具与尾管的连接，存在一定的施工风险。液压式坐封接头在大位移井、水平井或送入钻具较短的尾管固、完井施工中应用较多，这样方便了封隔器的坐封操作，并减少对送入钻具的重力传递依赖。为了提高在安全作业压力下的坐封载荷，Weatherford 公司的液压坐封工具采用两级液缸设计，在相同的施工压力下提供了两倍的坐封力，保证了封隔器的有效坐封。

2.7　封隔器的橡胶材料选择

封隔器主要依靠橡胶密封元件(俗称胶筒)实现封隔套管与套管之间的环空，隔绝环空压力传递，防止油、气、水窜的出现。因此，使用不同的耐温、耐压、抗剪切性能好、耐腐蚀(H_2S、CO_2、氯化物等)的橡胶材料制成密封元件[4]，并采用特殊的防突保护装置和肩部保护装置，以适应不同的流体条件，实现高温、高压下封隔器的封隔功能。目前，国内尾管顶部封隔器主要采用的橡胶材料是丁腈橡胶，在高温高压井中采用氢化丁腈或氟橡胶，而国外的 Baker、Weatherford、LC 等公司大多选用综合性能更为优良的 Aflas 橡胶和 Kalrez 橡胶。其中，Aflas 橡胶的耐温达到了 250℃，Kalrez 橡胶的耐温能力更是达到了 300℃以上，如表 1 所示。

表 1　各种橡胶材料的物理性能对比

项　　目	丁腈橡胶	氢化丁腈	氟橡胶	Aflas	Kalrez
拉伸强度	≥19.2	≥23.5	≥11	≥18	≥17.9
耐温	120℃	150℃	200℃	250℃	300℃
硬度	72	70±5	70±5	70±5	75
扯断伸长率	≥400	≥506	≥300	≥280	≥160
压缩永久变形	≤18	≤12	≤30	≤25	≤15

3　我国尾管顶部封隔器的研究现状

20 世纪 70 年代，四川、华北等许多油田的科研机构在引进国外尾管悬挂器技术的基础上，相继开展了该技术的研究，研制出了以轨道管机械式和普通的液压式为主导的尾管悬挂器。但是，直到 21 世纪初，尾管悬挂器仍然不具备环空封隔功能。进入 21 世纪，大陆架石油工程技术有限公司在国内率先开展了尾管顶部封隔器的研究工作，并于 2003 年成功研制出 SYX——AF 型尾管顶部封隔悬挂器，如图 2 所示，随后在国内的塔河、胜利、四川、渤海、南海等油田和国外的缅甸 Pyay 油田、沙特阿美油田等油田推广应用，截止 2008 年底成功应用 330 余套，包括 10¾in×7in、9⅝in×7in、7in×5in 等多种规格，并于近年开展了超高压尾管顶部封隔器的研发[5,6]。

国内的其他工具研发单位在近年也开展了尾管顶部封隔器技术的研究，如克拉玛依钻井工艺研究院固井技术服务公司于 2008 年也研发出了尾管顶部封隔器，在重 32 井区 FHW1208 井实验获得成功；川庆钻探井下作业公司于 2009 年研发出了 WGF－9⅝in×7in 尾管顶部封隔器，并在天东 026－2 井首次应用成功。

3.1　组合胶筒尾管顶部封隔器

组合胶筒尾管顶部封隔器由 3 个胶筒组成，中间胶筒硬度较低，上下两侧胶筒硬度较高。坐封时，中间胶筒起主要密封作用，而两侧胶筒可膨胀至上层套管内径尺寸，对中间胶筒起支撑和防突作用，提高封隔器密封时的最大接触应力，从而提高其密封压差能力，如图 11 所示。组合胶筒尾管顶部封隔器在国内外已经拥有多次应用经验，均取得了良好的效果。

沙特 HWYH－560 井和 HWYH－561 井是沙特阿美公司的两口观察井，两口井均为高压气井，H_2S 和 CO_2 含量较高，因

图 11　组合胶筒尾管
顶部封隔器

此要求在确保尾管重叠段密封效果的同时，工具要具备防腐能力。根据 HWYH – 560 和 HWYH – 561 井的实际井况，分别设计了适用于壁厚为 15.11mm 和壁厚为 8.94mm 两种 9⅝in 套管的封隔式悬挂器。HWYH – 560 井使用带尾管顶部封隔器的 XGFG – ASS 型 9⅝in × 7in 尾管悬挂器进行尾管固井，坐封位置为 635m，坐封载荷 20t，成功封隔套管环空，取得了良好的应用效果。

YAGYI – 1 井是中石化布置在缅甸 D 区块的一口重点探井，井深 4938m，四开井段发现多套油气层。该井为高压气井，钻井过程中漏失严重、漏层多，水泥浆顶替效率低，固井质量难以保证。为解决上述问题，该井采用带尾管顶部封隔器的 XGFG – AS 型 9⅝in × 7in 尾管悬挂器进行尾管固井，在井下泥浆高密度、高黏度和高含砂等恶劣条件下，封隔器顺利地下至设计深度，坐封位置为 3078m，坐封载荷 40t，成功实现了重叠段环空的有效封隔，大大降低了漏失的程度，提高了固井质量。

3.2　超高压尾管顶部封隔器

膨胀锥套

外层胶筒

膨胀套筒

图12　超高压封隔器

为解决高压复杂油气区块尾管固井作业中存在的尾管重叠段难封固，油、气、水窜易发生等固井难题，大陆架公司研制了超高压尾管顶部封隔器。超高压尾管顶部封隔器采用金属骨架支撑外层密封胶筒的结构，其承受压差能力达到 70MPa，如图 12 所示。可用于川东北地区的河坝、元坝油气区块以及海外雅达地区等存在高温、高压、多种压力体系并存的复杂井况，为解决高压油气区块的固井难题提供了可靠的工具。

在保证承受压差能力的前提下尽量减小坐封压力是超高压尾管顶部封隔器设计过程中的关键所在，为解决坐封压力与承受压差能力之间的矛盾，进行了多次改进与试验：

（1）计算合理的膨胀锥体锥度：

膨胀锥体的锥度是影响膨胀套筒受力方向的重要因素，选择合理的锥度可大大减小套筒膨胀时所需要的分力，从而减小坐封压力。

（2）膨胀套筒选用屈服强度低，塑性韧性好的不锈钢材料，进行退火处理，进一步降低屈服强度，提高塑性韧性，减小套筒发生塑性变形所需的膨胀力，从而减小坐封压力。

（3）优化膨胀套筒的结构，使其在能承受轴向坐封载荷分力的前提下，尽量减小套筒壁厚，从而减小膨胀力及坐封压力。

通过膨胀锥体锥度的优化及套筒材料及结构的优选，在保证密封压差能力不变的前提下，降低了坐封载荷 53%，达到了 9⅝in × 7in 尾管顶部封隔器现场应用要求的不高于 30t 的坐封压力。9⅝in × 7in 超高压尾管顶部封隔器已经进行了地面试验，在坐封压力 < 30t 的情况下，在壁厚 13.84mm 的 9⅝in 套管中密封压差能力 ≥70MPa。

4　我国尾管顶部封隔器发展建议

虽然国内尾管顶部封隔器技术已取得了较大进步，但与国外同类产品相比还存在着一定的差距，主要表现在：

（1）封隔器耐压、耐温性能较低。

（2）应用范围较为单一，主要是尾管固井作业。

（3）封隔器和坐封工具功能单一，缺少保护装置、旋转坐封功能。

（4）尺寸规格不全，尤其缺少大尺寸和特殊规格尺寸的产品。

因此，国内尾管顶部封隔器技术研究工作应以国外先进技术为基础，开展先进的尾管顶部封隔器技术的深化研究，重点开展以下研究工作：

（1）研制应用于深井、超深井、高温/高压井的新型尾管顶部封隔器，重点进行耐高温/高压型尾管顶部封隔器的研究。

（2）扩大尾管顶部封隔器在钻井、完井等施工中的应用范围，如尾管钻井、水平井压裂、筛管完井及深水固井、完井施工等。

（3）针对小间隙井、大位移井、水平井等特殊井况研制尾管顶部封隔器及配套坐封工具，尤其是复合密封胶筒和胶筒防突机构的研究、坐封胶筒的防松弛机构的研究，以及可旋转和液压坐封工具的研究。

（4）选择高性能的弹性体（橡胶），以具备更高的耐温及防腐能力。随着复杂井数量的增多，井下温度将会进一步提高、环境更加恶劣，尾管顶部封隔器应向能适应更高温度和能抵抗各种化学腐蚀的方向发展，以满足日益增加的复杂井况的需要。

参 考 文 献

1 张益，李相方，李军刚等．膨胀式尾管悬挂器在高压气井固井中的应用[J]．天然气工业，2009，29（8）：57～59

2 马兰荣，郭朝辉，姜向东等．新型封隔式尾管悬挂器的开发与应用[J]．石油钻探技术，2006，34（5）：54～56

3 马开华，朱德武，马兰荣．国外深井尾管悬挂器技术研究新进展[J]．石油钻探技术，2005，33（5）：52～55

4 孙莉，黄晓川．国外高含硫气田固井技术和工具的新进展[J]．钻采工艺，2007，30（4）：42～45

5 马开华．关于国内尾管悬挂器技术发展问题的思考[J]．石油钻采工艺，2008，30（6）：108～112

6 马开华，马兰荣，姜向东等．国内特殊尾管悬挂器研制现状与发展趋势[J]．石油钻采工艺，2004，26（4）：16～19

远程控制旋转水泥头技术现状及分析

张金法　尹慧博　戴文潮

（中国石化石油工程技术研究院）

　　摘　要　旋转水泥头远程控制技术是利用远程控制系统，施工人员在远离钻台的控制室中，通过操作控制面板来实现管线阀门开合、投球、释放胶塞、替浆等固井作业，国外的远程控制水泥技术已经顺利实现工业应用，开发了各具特色的远程控制水泥头，本文详细介绍了水泥头的远程控制技术的工作原理，对气动控制和电动阀控制作了对比，并指出了下一步的发展趋势。

　　关键词　远程控制；气动阀；工作原理；旋转

前言

　　随着钻井技术从浅井、中深井向深井、超深井发展，固井作业环境越来越复杂，固井管串的长度越来越长，固井水泥头的工作压力逐渐提高，人工操作难度相应增大，固井作业时施工人员的危险性也越来越大。开展远程控制及人机交互，利用新技术、新装备实现固井施工时水泥头操作的远程化、自动化来充分保证固井人员作业安全，能够从根本上保证固井质量，提高生产效率。同时旋转尾管固井技术及顶驱控制技术进一步普及，都需要具有旋转功能的远程控制水泥头来提供可靠的保证。

　　旋转水泥头远程控制技术是利用远程控制系统，施工人员在远离钻台的控制室中，通过操作控制面板来实现旋转、替浆、释放胶塞、投球等固井作业。可以有效地解决常规水泥头在复杂井况下、高压环境中依靠手动完成固井作业所带来的操作不方便、作业时间长、固井效率低等固井难题，同时避免了由于顶替压力过高或水泥头安装位置过高等不安全因素带来的固井施工风险。既节省时间，又达到安全操作的目的，可以安全高效的进行固井施工作业[1]。远程控制水泥头具有常规水泥头无法比拟的优势，日益受到世界石油固井行业的重视，与常规水泥头相比其优点在于：

　　（1）现场操作简捷，可以自动控制胶塞释放、投球等工序，保证了固井施工的连续性，提高了固井作业效率，降低了作业成本。

　　（2）远离钻台，可以在控制室里通过远程控制系统完成释放胶塞、投球等固井作业，节省时间的同时降低了施工风险，尤其适合深井、超深井等复杂井况的固井施工。

　　（3）现场施工压力较高时能够最大限度的保障施工人员的安全，提高了操作安全性。

　　（4）具有远程控制的旋转钻杆水泥头具有旋转功能，能够利用顶驱或是转盘带动钻具旋转，保障旋转尾管固井的安全、顺利施工。

1 国外典型技术

1.1 Weatherford 公司远程控制水泥头

Weatherford 公司 RC－TDH 系列远程控制水泥头技术已经比较成熟，包括旋转机构、挡销机构，投球机构。RC－TDH 系列水泥头可以预先放置憋压球，钻杆胶塞或者 FLWP 型胶塞。通过 TDH 顶驱水泥头连接到顶驱或者水泥车，循环结束进行投球作业时，推动控制面板中的投球气动阀，旋转投球机构的活塞杆，把球推到主通道中释放憋压球，活塞杆并没有进入胶塞容腔，不会阻挡胶塞通过。钻杆胶塞或者 FLWP 胶塞通过旋转胶塞释放机构来释放。挡杆关闭旁通通道，替浆液压住胶塞下行，通过胶塞下落指示器，完成胶塞的释放（图1）。

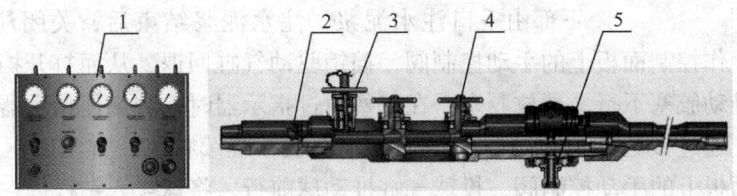

图 1　RC－TDH 系列水泥头

1—远程控制柜；2—旋转由壬接口；3—胶塞挡销机构；4—投球器；5—指示器

1.2 Baker 公司远程控制旋转水泥头

Baker hughe 公司的 Pneumatic TD2（Top Drive）Cementing System 系列远程控制水泥头已经发展到第二代，成为更加方便和可靠的地面顶驱固井设备。该种水泥头省掉了所有的组件间的接头连接，总长度明显缩短。且结构紧凑，易于运输，减少井口作业的安装时间。

该系列水泥头包含旋转单元，单个或两个胶塞融腔，一个投球总成和一个指示器总成，底部通过接头连接，如图 2 所示。上述胶塞释放单元与投球单元与旋转单元内筒连接一起旋转。通过控制气缸推杆使内筒固定，利用杠杆原理使挡块一端卡入外筒内侧抬肩下，挡块另一端支撑胶塞重量阻挡下行，胶塞释放前液体通过内筒上部窗口经内筒与外筒间环空流出，保证循环通畅。控制气缸推杆收缩，胶塞带动内筒下行，而挡块在胶塞及上部液体压力下转动 90°从而释放胶塞，此时当内筒与外壳间的环形空间被封闭，此时液体通过管串内腔顶替胶塞下行（图2）。

该种水泥头的投球机构具有拆卸方便，远程控制等功能，如图3所示。该投球装置和水泥头本体通过由壬方式的连接在一起，方便拆装。在工作时，当远程控制给出信号后，气体进入气缸，推动球向前运动，当球和球框一起进入筒体后，球落入井内，球框缩回投球装置，投球动作完成。

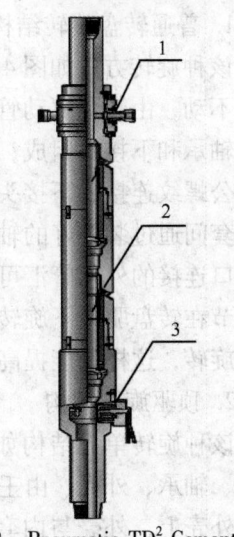

图 2　Pneumatic TD² Cementing System 水泥头

1—旋转由壬出口；2—胶塞指示触点；3—投球机构

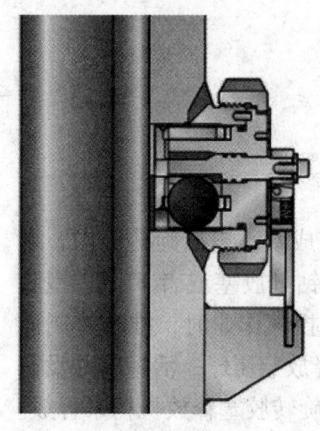

图3 投球机构

2 远程控制旋转水泥头关键技术

2.1 工作原理

远程控制旋转水泥头的控制系统主要由气源、水泥头主体、挡销机构、投球机构、旋转机构以及远程控制系统组成[4,5]。

其工作原理是在固井施工前，接通气源、气动三联件，在控制室中操作控制面板上的手动控制阀，使挡销及投球装置回复原位，挡销及投球装置处于关闭状态，将胶塞及球预置于水泥头内，并装上顶盖。接好注水泥、替浆管线。打开旋塞阀从下部由壬口注水泥浆，注水泥浆结束后，关闭注水泥浆管线。

打开旋塞阀，操作控制面板上的手动控制阀，挡销驱动气缸回退，从而打开挡销，通过上部由壬口替浆，推动胶塞下行，释放胶塞，在胶塞通过指示器时，胶塞使指示器楔块旋转带动外部手柄旋转，通过接近开关将信号反馈回操作面板，继续替浆，直至碰压。当需要投球时，操作控制面板上的手动控制阀，投球气缸推动球前行，将球投入钻杆内，泵送球至球座位置，直至碰压，完成固井作业。在挡销及投球前进、回退的过程中可以通过调速阀调节气缸的活塞的前进、后退速度。在此操作过程中可以连续的进行旋转尾管等固井作业。

2.2 旋转机构

远程控制旋转水泥头的旋转方式可分为普通转盘旋转和顶驱旋转两种结构方式，下面将分别对这两种方式的旋转原理进行介绍[6,7]。

1. 普通转盘旋转结构

该种旋转方式如图4所示，其最大特点就是水泥头本体固定不动，由转盘驱动管串旋转。旋转短接主要由外壳、内套、轴承和下接头组成，外壳端部留有母螺纹接口与水泥头下端公螺纹连接，下接头公螺纹端连接至固井管串上，外壳与内套间通过装配好的轴承进行旋转，这样水泥头和通过由壬接口连接的外部管汇可固定不动，固井作业时管串通过旋转短节在转盘驱动下旋转。固井作业投放胶塞或投球时管串仍可旋转，这样既能提高固井质量又能节省时间。

2. 顶驱旋转结构

该种旋转单元结构如图5所示，主要组成部分为内套、端盖、轴承、外壳、由壬接口、密封圈等组成。由壬接口焊接在外壳上，外壳与内套通过上下两组轴承实现相对转动。内套上下两端分别留有母螺纹和公螺纹用于连接顶驱、胶塞挡销单元、固井管串或者其他组件。

在由壬口同一高度处内套上开有一定尺寸的环形凹槽，

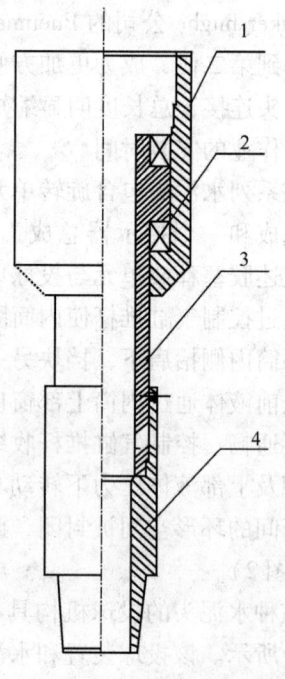

图4 普通转盘旋转
1—外壳；2—轴承；3—内套；
4—下接头

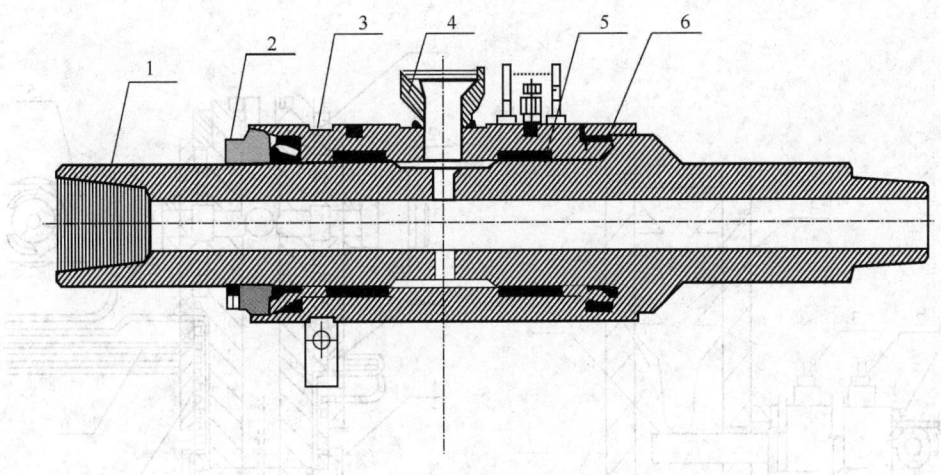

图 5　顶驱旋转单元
1—内套；2—端盖；3—外壳；4—由壬接口；5—组合密封；6—轴承

用以缓冲经由壬口流入的液体，凹槽上开有两孔洞，内套相对外壳旋转时，外部管汇液体经由壬口进入凹槽空间，再由凹槽上孔洞流入管串内腔，从而实现边旋转管串边注入液体的目的。整个管串与内套连接一起相对外部管汇转动，因此此种旋转方式不仅能通过顶驱驱动水泥头旋转，也可通过普通钻机转盘驱动水泥头带动管串旋转。

2.3　胶塞控制机构

远程控制旋转水泥头在执行释放胶塞时能够在安全区域操控胶塞在旋转过程中自动释放，既能保证人身安全又能够保证作业过程中管串连续旋转。

如图 6 所示，气缸挡销伸出阻挡胶塞下放，远程控制的主要对象是气缸挡销的伸缩，其主要原理是通过远程控制气源入口和气源出口的气压，操作气缸实现气缸挡销的伸缩从而实现胶塞通路的开、闭状态。

远程控制执行器气缸的气源流通线路如图 7 所示，外部气源由管线引入旋转单元外壳接口接入，由旋转接触面处的通路引入旋转内套壁内气源或油源通道，安装在旋转内套或管串上的执行器气源接入此通道从而实现管串旋转时也能控制执行器操作的目的。

2.4　气动控制系统

一般简单的控制系统由气源、控制面板、气动三联件、气动开关、换向阀、调速阀、气缸以及气路管线构成[8,9,10]，激动控制原理如图 8 所示。在固井施工工程中，需要外接现场气源，一般现场气源压力为 0.6～0.8MPa，接通现场气源后，通过管路中的三连件，清理气体回路中的杂质，首先打开提拉顶盖预置好胶塞，同时打开预置投球装置顶盖将球放入投球器中，接通气源，通过操作控制面板上的手柄打开胶塞释放气动开关，控制两位四通换向阀换向驱动挡销气缸活塞杆后退到位，注入水泥浆，当胶塞释放结束后，通过操作控制面板上的手柄关闭胶塞释放气动开关，控制两位四通换向阀驱动挡销气缸活塞杆伸出复位，完成释放胶塞作业。当需要投球作业时，通过操作控制面板上的手柄打开投球气动开关，控制两位四通换向阀驱动投球气缸活塞杆伸出，推动球框前进到位投球，然后操作控制面板上的手柄关闭投球气动开关，控制两位四通换向阀驱动投球气缸活塞杆带动球框回退到位，完成投球作业。

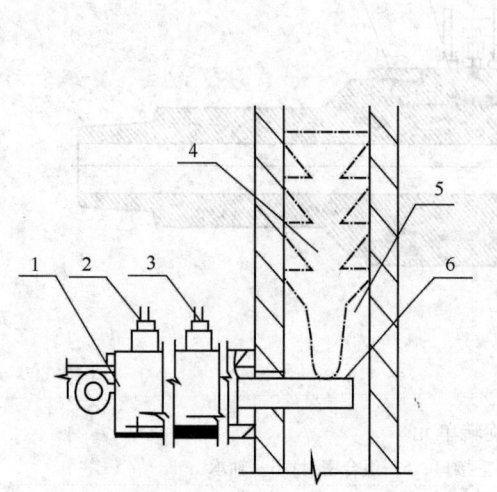
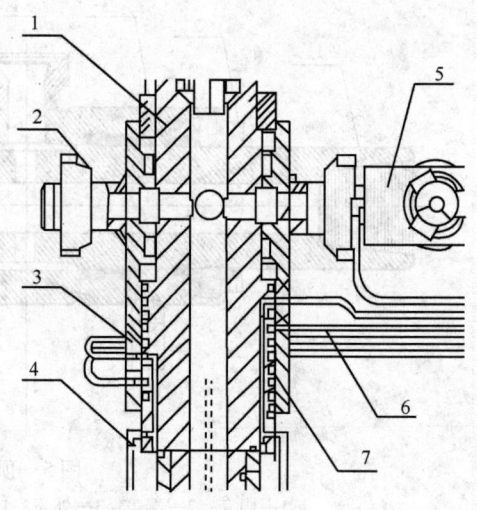

图 6　胶塞气动控制机构　　　　　图 7　远程控制气源线路

1—气缸；2—气源入口；3—气源出口；　　1—内套；2—由壬接口；3—外筒；4—气路出口；

4—胶塞；5—胶塞容腔；6—气缸挡销　　5—旋塞阀；6—气控管线；7—气源通道

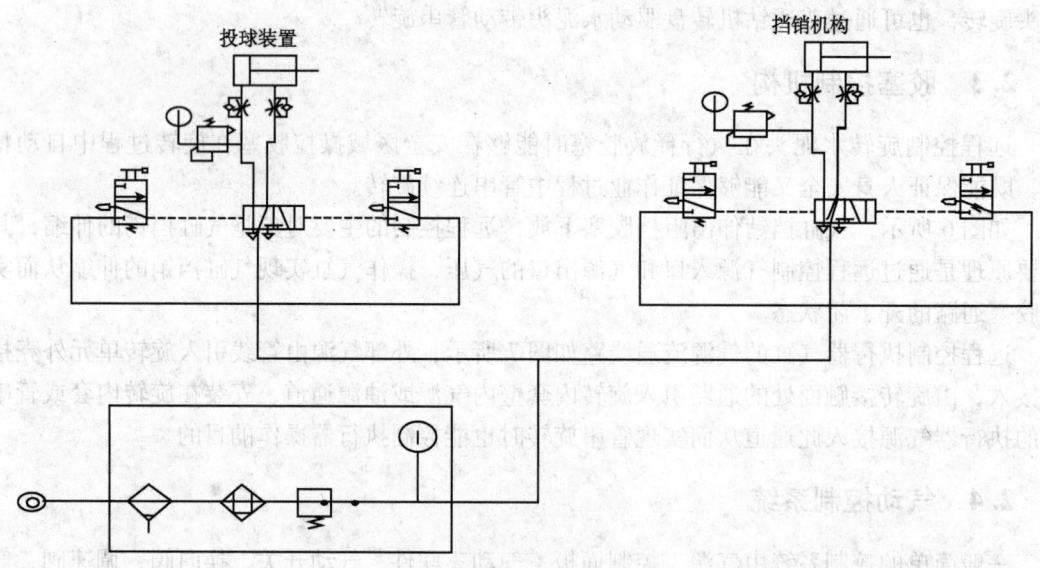

图 8　控制系统系统原理图

2.5　控制机构的发展趋势

随着控制技术的发展，在石油行业中控制阀慢慢从气动、液动向电动控制的方向发展。目前，在远程控制水泥头所使用的控制方式几乎全部都是气动控制阀门。气动控制和电动控制相比较各有以下优缺点：

（1）气动阀门响应灵敏，安全可靠，为了保证远程控制水泥头的控制准确性，很多对控制要求高的石油公司专为气动仪表控制元件设置压缩空气站。

（2）电动控制阀安装方便，无需外接气源、液源等动力源，操作使用方便，但油田现场对电动阀的防爆措施要求较高。

随着电动控制阀的安全性能的提高，电动阀凭着操作简单，无须外接气源或油压源，安装方便等特点将会得到了广泛应用。

3 结论及建议

（1）随着石油勘探开发向着更深地层方向发展，现场施工压力的等级不断提高，安全操作越来越受关注，远程控制水泥也朝着自动、安全、可靠的方向发展。

（2）随着各功能模块的逐步完善，远程控制水泥头将实现全部动作的智能控制，例如实现管线阀门开合、投球及胶塞释放等动作的全部自动化，可以达到安全、高效固井施工的目的。

（3）随着油田现场防爆措施的加强，电动阀正逐渐向电动控制方向发展。

参 考 文 献

1 http：//www. seawellcorp. com/drilling_ services/cementing_ tools/cement_ head/remote_ control_ cement_ head
2 http：//www. bakerhughes. com/products – and – services/completions/well – completions/liner – systems – and – wellbore – isolation/surface – cementing – equipment
3 Swivel Cementing Head with Manifold Assembly having Remote Control Valves and Plug Release Plungers. HalliburtonCompany, Duncan, Okla, Appl, No.：835, 170
4 Plug – Dropping Container for Relsasing a plug into a wellbore Weatherford/Lamb, Inc Appl. No.：10/616, 643
5 Safety Cement Plug Launch System. BJ Services Company, Appl. No.：11/786, 418
6 张金法，马兰荣，吴姬昊等. 国内外水泥头现状及发展[J]. 石油矿场机械. 2009. 38(10)：24～26
7 陈汉超，盛永才. 气压传动与控制[M]. 北京工业学院出版社, 1987
8 陆鑫盛，周洪. 气动自动化系统的优化设计[M]. 上海科学技术文献出版社, 2000

多级滑套可分解憋压球材料研究初探

魏 辽 郭朝辉 高 原

(中国石化石油工程技术研究院)

摘 要 多级滑套配套使用的常规憋压球受压时易变形，水平井趾端小直径憋压球返排难度大，下入钻具进行磨铣会延长施工周期，增加施工成本与风险。同时，进一步缩小球体级差对材料强度提出了更高要求。本文通过调研、分析国外用于多级滑套憋压球的可分解金属材料发展现状及其分解机理，研究了一种微观核壳结构金属材料，主要以 X 金属为基体、Y 金属为包覆层，同时添加一定体积分数 β 相金属元素制成金属复合粉末，采用粉末冶金合成方式制备成坯体材料，并测试材料抗压强度达到 300MPa。将坯体制备成 Φ38.1mm 直径憋压球后测试耐压性能达 70MPa，并在 93℃、3% 浓度氯化钾溶液中分解性能达 0.2g/h，为解决常规憋压球现存问题，并进行可分解憋压球现场推广应用提供技术参考。

关键词 多级滑套；憋压球；粉末冶金；核壳金属材料；电化学腐蚀

前言

多级滑套分段压裂技术主要应用于页岩气和低渗透储层的定向井、水平井压裂增产改造。投球式压裂滑套作为分段压裂技术中的关键工具，如图 1 所示，依靠井口依次投入直径由小到大的憋压球将滑套打开，再进行后续压裂施工。待全部产层压裂结束后，憋压球在地层压力作用下返排出井口，或下入钻具将滑套及憋压球钻掉，以利于后期油气井生产[1,2]。常规憋压球受压时易变形，水平井趾端小直径憋压球返排难度大[3]，下入钻具进行磨铣延长施工周期，增加施工成本与风险。加之，随着分段压裂级数不断增加，小级差(1.6mm)憋压球对材料强度提出了更高要求。因此，开展了多级滑套高强度可分解憋压球材料的研究，以期为解决常规憋压球现存问题提供技术参考。

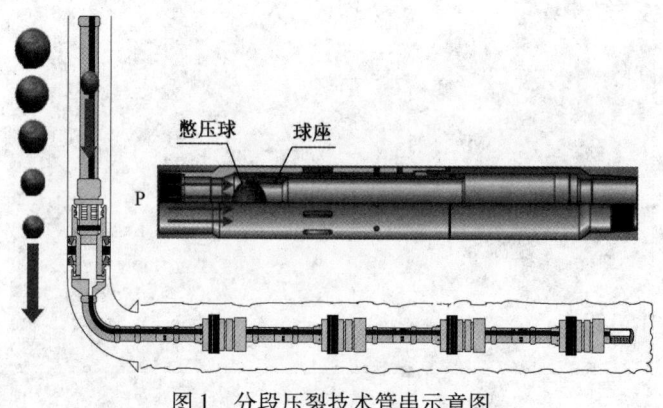

图1 分段压裂技术管串示意图

1 分段压裂可分解材料发展现状

截至目前，分段压裂技术配套的投球式压裂滑套已在国内外非常规油气开发中应用越来越广泛，憋压球材料研究一直处于领先水平。BakerHughes 公司 In – Tallic 憋压球和 Schlumberger 公司憋压飞镖在井下流体环境中均可实现分解，并已在现场成功应用。国内采用滑套进行储层分段压裂正处于起步发展阶段，对于可分解憋压球材料的研制尚属空白。

BakerHughes 公司 In – Tallic 可分解憋压球（图 2）于 2011 年 3 月研发成功[1]，并于当年在美国巴肯页岩气储层分段压裂开发中成功应用 500 多段。In – Tallic 可分解憋压球材料主要采用一种称之为"可控电解"材料，其密度为 $1.7 \sim 2.7g/cm^3$，具有高强度、轻质量、可控分解的特点。

采用"可控电解"材料制备成的憋压球最大直径达到 $\Phi88.9mm$，耐压达到 70MPa，在 93℃、3% 浓度氯化钾溶液中分解速率达 $450mg/cm^2 \cdot h$。"可控电解"材料憋压球应用时分为两阶段（图 3），憋压球入井后至压裂施工时承受压力，球体分解

图 2 BakerHughes 公司 In – Tallic
可分解憋压球

速率较慢，球体强度较高，确保了很好的承压效果；在压裂结束至后期油气生产时，球体在压裂液及地层水环境下分解速率加快，确保尽快实现压裂后投产。

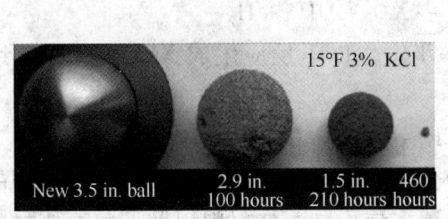

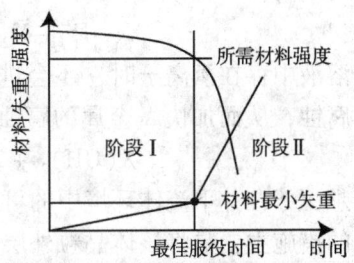

图 3 憋压球分解速率示意图

此外，Schlumberger 公司的 TAP 完井系统[4]中也采用了可分解飞镖（图 4）。压裂施工时井口投入飞镖，隔离下部储层，压裂施工结束后飞镖在油气井环境中实现自行分解，保持管柱通径。可分解飞镖采用 Y 合金材料，最大外径达到 $\Phi85.1mm$，承受压差 70MPa，适用温度最高达到 163℃，可在井下流体环境中实现 72h 之内完全分解。

2 可分解憋压球材料分解机理

通过前文叙述得知，应用于分段压裂技术的可分解憋压球，主要满足耐高压、可分解的要求，因此需选用具有一定活性和强度的金属材料，并进行材料改性达到所需性能。同时，压裂施工时，井内流体环境复杂，主体成分为压裂液和地层水，其中含有较高浓度 Cl^-，可借此实现金属在该环境下的分解。通过研究得知，优选 X、Y、Z 等材料或合金为核体材料

（图5），并在基体金属晶粒包覆一层与核体具有一定氧化电位差的壳体材料，使得核体和壳体材料在含有 Cl^- 的电解质溶液中形成微电池而产生强烈的电化学反应，从而实现材料可分解。以 X 为例，其标准电极电位为 $-2.37V$，腐蚀电位一般在 $0.5 \sim -1.65V$ 之间，腐蚀主要以单价的 X 离子与水反应生成更加稳定的二价 X 产物，并放出氢气，其分解反应过程如式（1）~式（5）所示[5~8]，反应图解如图6所示。

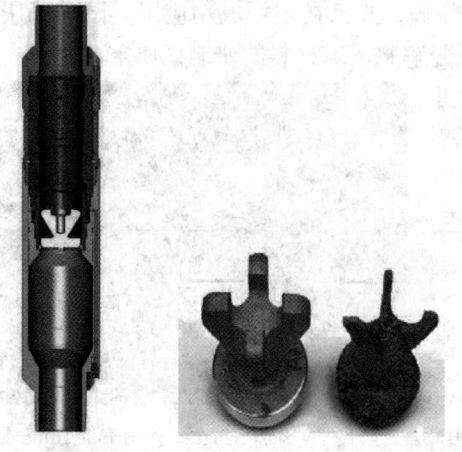

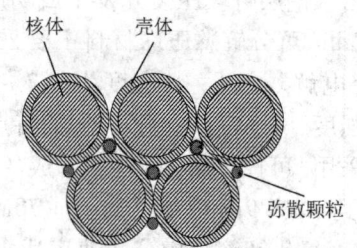

图4　Schlumberger 公司 TAP 阀及可分解飞镖　　　　图5　核壳结构材料微观组织示意图

阳极反应：
$$X \rightarrow X^+ + e \tag{1}$$

阴极反应：
$$2H^+ + 2e \rightarrow H_2 \tag{2}$$

生成分解产物的反应：
$$2X + 2H_2O \rightarrow 2X^+ + 2OH^- + H_2 \tag{3}$$

总反应：
$$X + H^+ + H_2O \rightarrow X^{2+} + OH^- + H_2 \tag{4}$$

当碱性溶液中存在氯离子时，还会进一步发生以下反应生成 XCl_2，从而导致金属表面迅速发生点腐蚀，从而加快 X 金属的腐蚀：
$$X(OH)_2 + 2Cl^- \rightarrow XCl_2 + 2OH^- \tag{5}$$

为实现憋压球在井下流体环境中的可控分解，以满足不同应用阶段球体不同的分解速率要求，采取的措施主要是将核体晶粒外层包覆多层不同壳体材料以及调整壳体材料厚度来实现，如图7所示。壳体材料一般可选用 Y、Mo、Cu、Fe、Ca、Co 等金属元素及氧化物[9,10]，通过壳体材料之间的腐蚀电位差异，在 Cl^- 溶液中由表及里进行金属电化学腐蚀，由于壳体

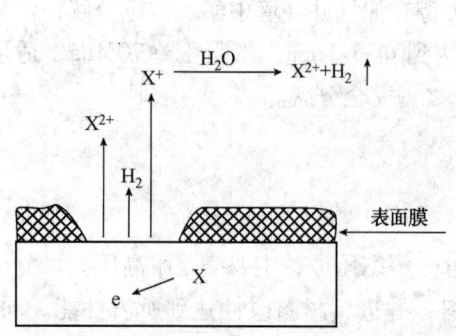

图6　X 金属腐蚀机理示意图

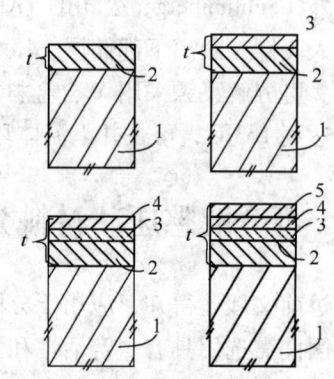

图7　核壳金属层理结构

1—核体材料；2~5—壳体材料；t—壳体厚度

之间厚度的差别、腐蚀电位的差别，产生了各壳体材料不同的腐蚀速率，从而实现了憋压球可控降解，同时也为憋压球分解速率"前慢后快"提供了材料基础。

可分解憋压球材料中主体成分为核体材料，一般以 X、Y 及其合金为主，但是，此类材料一般强度较低，因此需要通过添加一定量的 β 相金属元素，主要有 Ni、W、Fe 等，如图 5 中所示的弥散颗粒，以增强核体材料强度。根据研究得知，X、Y 合金化以后，通过添加 β 相金属元素，也会促进 X、Y 的分解，因 X、Y 与其他金属接触时，一般作为阳极发生电偶腐蚀，对于氢过电位较低的 β 相金属，在合金内部与 X 或 Y 构成腐蚀微电池，导致 X 合金发生严重的电偶腐蚀，从而在宏观上表现为全面腐蚀，使得憋压球既具有较好的可分解性能又具有较高的耐压强度。

3　可分解憋压球材料设计与制备成形

3.1　可分解憋压球材料设计

通过研究可分解憋压球材料分解原理，对于多级滑套憋压球来说，务必兼备球体耐压强度和分解性能要求，对材料设计是一个挑战。前文所述 X、Y 及合金可作为憋压球基体材料，结合憋压球使用工况，优选密度更小、活性更好的 X 作为基体材料。由于纯 X 的抗压强度只有 110～130MPa，且核体晶粒尺寸大小对材料性能有很大影响，因此需要通过细化核体材料晶粒，提高 X 基材料强度。然而，晶粒过小增加了生产成本，过大又降低了材料的强度，因此通过优选、平衡、评估确定核体材料直径约为 60～100μm。

为了保证憋压球材料具有一定的耐压强度的同时，又具有一定的可控分解性能，必需对壳体材料进行优化设计。首先，壳层材料必须具有一定的抗腐蚀性能，而且腐蚀速率应低于核体部分材料，壳体材料必须与 X 核体材料形成一定的电化学腐蚀电位差，才能保证核体材料具有较好的腐蚀分解性能，因此优先采用 Y 及 Y_2O_3；其次，壳体厚度也要进行有效控制，厚度太薄不利于腐蚀速率控制，过厚对材料制备产生不利影响，优选壳体厚度≤10μm；仅有核体、壳体材料进行合成亦难以达到憋压球所需的较高耐压强度，必须添加一定体积分数的 β 相金属元素，并均匀分布于基体材料中。考虑到核体材料与 β 相金属元素的相容性以及材料合成工艺的复杂性，考虑采用 Fe 和 Cu 元素。通过材料设计、优选，最终定型可分解憋压球材料金相模型如图 8 所示。

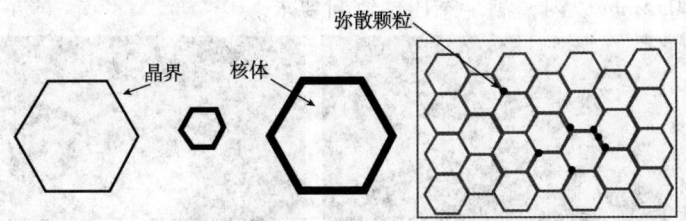

图 8　可分解憋压球材料金相模型

3.2　可分解憋压球材料制备与成形

可分解憋压球材料设计采用了核壳层理结构，再添加 β 相金属元素起到弥散强化作用，需要将至少 3 种以上不同金属混合制备成一体，以保证材料强度和分解性能。并且纯 X 基体材料具有较强的活性，燃点较低，难以将材料在熔融状态下进行合成。为克服上述困难，采用粉末冶金合成方式将核体材料、壳体材料、β相金属元素制备成一体。首先用机械法或者化学法制备取得的符合粒径要求的 X、Y 合金粉末在球磨机内进行核壳包覆[11]，并控制壳体厚度，再将 β 相金属元素添加至复合粉末中并混合均匀。

将复合粉末混合、筛分、添加成型剂、润滑剂后末置于模具中并在压力机上压制成型。在粉末体成型过程中，随着成型压力的增加，孔隙减少，压坯逐渐致密化，由于粉末颗粒之间联结力作用的结果，压坯的强度也逐渐增大。为使得憋压球有较好的耐压强度，压坯成型时需要控制压力大小，以使得材料孔隙度较小，密度达到预定要求。

压制成型后的坯体在真空烧结炉内加热到 400~600℃再保温，然后冷却到室温。在这过程中，发生一系列物理和化学的变化，X、Y 金属粉末颗粒的聚集体变成为金属晶粒的聚结体，烧结体的强度增加，孔隙度进一步提高至 98%，从而获得具有较好耐压、分解性能的憋压球坯体材料。

经过上述三道工序后，可分解憋压球材料制备基本完成。为研究的需要，通过采用不同的成型工艺参数，先期合成了直径为 Φ45mm、长 40mm 的柱状坯体 X1# 和直径为 Φ45mm、长 20mm 的柱状坯体 X2#，如图 9 所示，并采集了 X1# 坯体材料的金相显微组织，经测量得知，成型材料金属晶粒为 60~80μm，符合预期设计要求。

图 9　核壳可分解金属坯体材料及金相显微组织图（500 倍）

多级滑套可分解憋压球直径范围为 38.1~88.9mm，需将 X1# 加工成 Φ38.1mm 憋压球。由于 X 合金具有低热容量的特性，当加工温度超过 480℃，细切屑极易燃烧起火。因此，保持刀具锋利和磨光，避免使用钝、有缺口或崩刃的刀具，切削速度低于 3.5m/min，切削深度最好大于 0.05mm，且不喷洒任何切削液，这样即可保证球体表面加工光洁度和避免球体表面氧化及其他安全事故的发生。加工成形后的憋压球如图 10 所示，其表面粗糙度达到3.2，直径公差在 0.5mm 以内，满足憋压球密封要求。

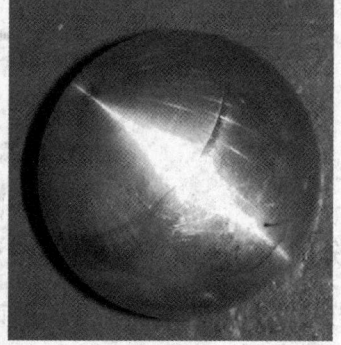

图 10　憋压球加工成形

4 可分解憋压球材料性能分析

4.1 材料耐压性能分析

为保证可分解憋压球材料耐压性能指标符合预期，需要对 Φ38.1mm 憋压球进行有限元数模分析，初步确定其最大承压能力。材料选用纯 X 材料，其杨氏模量为 44.8GPa，泊松比为 0.35，球座体内径 Φ35mm，假设球体在球座上的耐压过程发生塑性变形。经分析，当球体承受 70MPa 压力时，最大应力处为球体与球座表面接触点（图 11），其最大应力值为 288MPa。

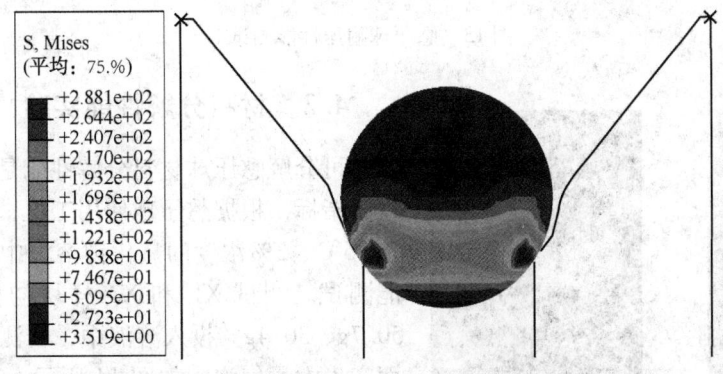

S, Mises
(平均: 75.%)

+2.881e+02
+2.644e+02
+2.407e+02
+2.170e+02
+1.932e+02
+1.695e+02
+1.458e+02
+1.221e+02
+9.838e+01
+7.467e+01
+5.095e+01
+2.723e+01
+3.519e+00

图 11　Φ38.1mm 憋压球应力云图

试制棒材 X1# 和 X2# 进行抗压性能实验，其最大抗压能力均超过了 300MPa，如图 12 所示，大于憋压球与球座在 70MPa 压力下产生的理论接触应力，据此表明，该材料试制成憋压球后可满足 70MPa 的承压要求。选取 X1# 样块材料制成 Φ38.1mm 憋压球，在如图 13（a）所示实验装置中进行了常温下的憋压性能测试。经测试，X1# 样块憋压球耐压达到 70MPa，球体表面虽有压痕，如图 13（b）、（c）所示，但未见球体发生破裂和解体，表明样块材料达到了憋压球耐压性能指标。

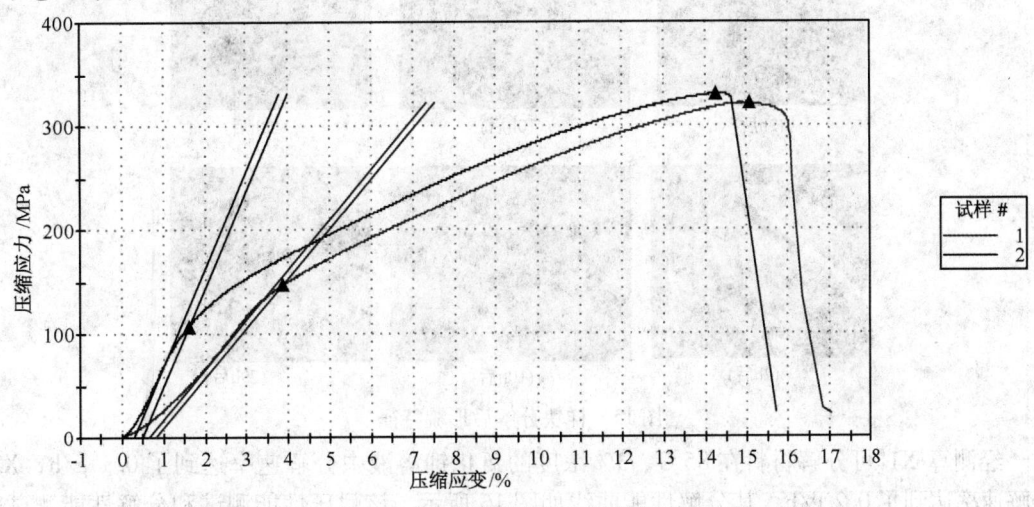

图 12　X 合金样块抗压强度测试

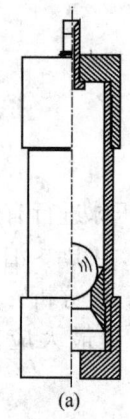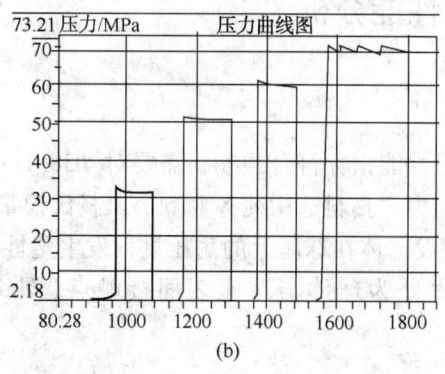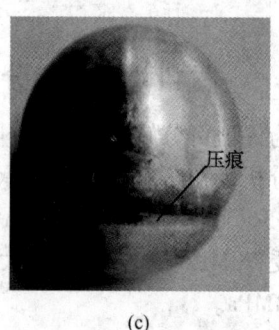

(a)   (b)   (c)

图13　憋压球耐压性能测试

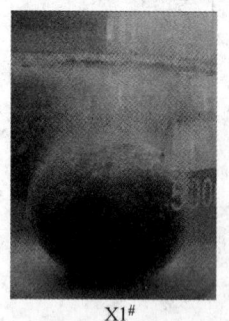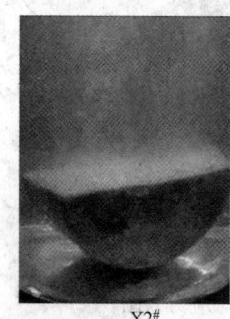

X1#　　　　　　　X2#

图14　分解性能实验

4.2　材料分解性能实验

可分解憋压球材料分解性能是该材料的一项重要指标，根据憋压球使用工况，将憋压球材料在85℃、3%浓度的氯化钾溶液中进行了分解性能测试。测试 X1# 和 X2# 样块初始质量分别为50.7g、30.4g。投入溶液中，目测可发现材料表面产生大量气泡，如图14所示。2h后，材料表面产生大量白色氧化物，经29h后，X2# 样块全部解体，X1# 样块剩余质量为48.7g，表面堆积大量氧化物，如图15所示。

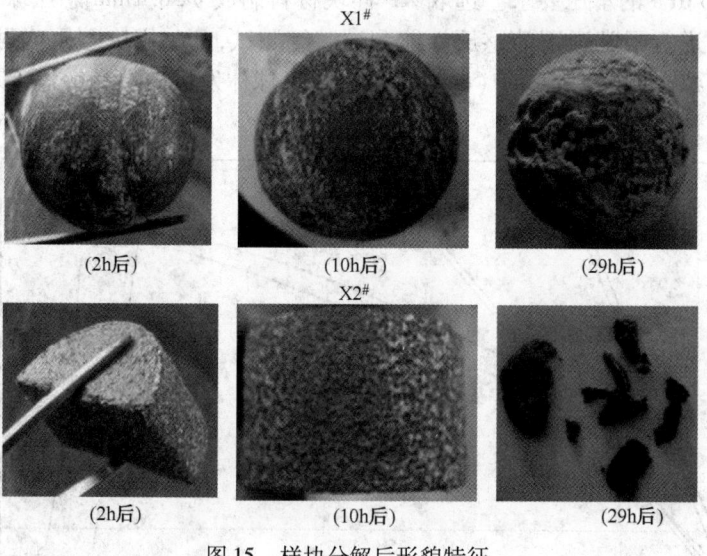

图15　样块分解后形貌特征

经测算 X1# 可分解材料在85℃、3%浓度的氯化钾溶液中分解速率达到了0.1 g/h，X2# 分解速率达到了0.2 g/h，其分解性能曲线如图16所示。该耐压性能测试和分解性能测试表明，可分解憋压球材料设计、合成等方式均合理，基本实现了憋压球耐高压、可分解的要求。

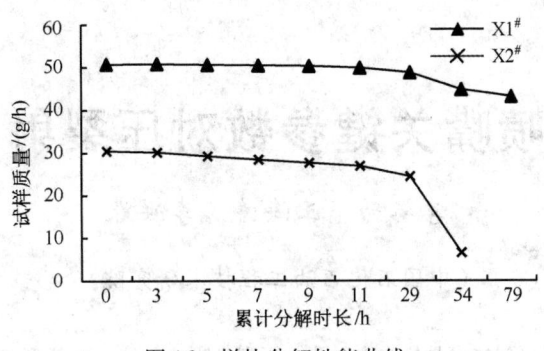

图16 样块分解性能曲线

5 结论与建议

（1）采用粉末冶金方法制备了一种微观核壳层理结构的可分解憋压球材料，实现了憋压球耐压70MPa，在85℃、3%浓度氯化钾溶液中分解速率达到0.2g/h，为解决常规憋压球强度低、易变形、返排难的问题提供了技术参考。

（2）经研究实验表明采用X金属为核体，并通过控制核体粉末粒径、烧结温度等粉末冶金合成工艺措施制备成的可分解憋压球材料具有较高的强度，满足了非常规油气分段压裂改造所需的压力要求；优选出Y金属壳体材料和β相添加金属元素，通过控制壳体材料厚度和β相含量，确保了材料分解性能，且分解速率达到了使用要求。

（3）建议继续优选核壳材料配方，优化材料合成工艺，以进一步提高坯体材料强度，有望实现小级差（1.6mm）、多段数滑套分段压裂对憋压球材料提出的更高耐压强度要求以及筛选、试验和总结材料配方对分解速率影响因素，达到材料分解速率可控的目的。

参 考 文 献

1 Don R Watson, Doug G Durst, Travis Harris, et al. Al. One – trip multistage completion technology for unconventional gas formations[J]. SPE 114973

2 C Franco, R Solares, H Marri, H Hussain. The use of stagefrac new technology to complete and stimulate horizontal wells[J]. Field case, SPE 120806

3 Zhiyue Xu, Gaurav Agrawal, Bobby J Salinas. Smart nanostructured materials deliver high reliability completion tools for gas shale fracturing [J]. SPE 146586

4 Gary Rytlewski. Multiple – Layer cosmpletions for efficient treatment of multilayer reservoirs [J]. IADC/SPE 112476

5 何胜英. 生物可降解 Mg – Zn 系合金及其复合材料研究[D]. 天津：天津理工大学硕士研究生学位论文，2011

6 郑润芬. 纯镁及镁合金大气腐蚀和化学氧化工艺研究[D]. 大连：大连理工大学，2007

7 雷路. 医用植入 Mg – Zn – TCP 复合材料制备及其相关性能的研究[D]. 长沙：中南大学，2010

8 李龙川，高家诚，王勇. 医用镁合金的腐蚀行为与表面改性[J]. 材料导报，2003，17(10)：29~32

9 Zhiyue Xu, Gaurav Agrawal. Nanomatrix powder metal compact：US, 2011/0132143A1. 2011 – 06 – 09 [2012 – 05 – 25]. http：//global. soopat. com/Patent/Patent/72790414

10 Gaurav Agrawal, Zhiyue Xu. Multi – component disappearing tripping ball and method for making the same：US, 2011132621A1. 2011 – 06 – 09 [2012 – 05 – 25]. http：//global. soopat. com/Patent/Patent/72790898

11 黄伯云. 粉末冶金原理[M]. 北京：冶金工业出版社，1997

水力喷射器喷嘴关键参数对压裂射孔影响研究

李奎为　王海涛　李洪春

（中国石化石油工程技术研究院）

摘　要　水力喷射压裂技术是集水力射孔、压裂、隔离一体化的新型增产改造技术，喷射器的喷嘴作为压力能和动能的转换元件，是水力喷射器的核心，其性能的优劣决定着喷射射孔压裂效果。喷嘴内流道关键参数入射角、直管段长径比对能量转换效率有较大影响，本文运用 gambit 软件对喷嘴内流道建模并划分网格，用 Fluent 软件对喷射射流束的流场进行数值模拟分析，得到喷射器喷嘴最优入射角及长径比参数。

关键词　喷嘴；长径比；高压射流；数值模拟

前言

水力喷射压裂技术（HJF）是国外应用比较广泛的压裂技术，是集水力射孔、压裂、隔离一体化的新型增产改造技术。水力喷射压裂技术具有以下优点：①在水平井射孔上，水力喷砂射孔比常规射孔弹射孔简单便捷、安全、效果好、射孔深度大、孔眼周围无压实带，特别是射孔压裂联作，减少了水平段射孔需油管传输的麻烦；②一次管柱可进行多段压裂，简化了施工程序，缩短了施工工期；③水力喷砂射孔压裂不需要机械封隔，能够自动隔离，钻具结构简单，降低了井下复杂事故的发生率，降低了成本；④可用于裸眼、筛管完井和套管完井；⑤可进行定点喷射压裂，准确造缝。

喷射器喷嘴是压裂用水力喷射器射流发生的核心部件，喷嘴内部流道参数差异必然影响高速射流流场。喷射器喷嘴结构参数有：喷嘴入射角 α、出口直径 d、直管段长度 l 与直管段直径 d 的比值等，喷嘴内流道结构参数如图 1 所示。其中最关键参数是喷嘴入射角 α、直管段长度 l 与直径 d 的比（长径比）。本文就压裂时高压高速情况下喷嘴关键参数入射角与长径比对压裂作业射穿套管的影响，以确定压裂作业用喷射器喷嘴的入射角与长径比最佳取值。

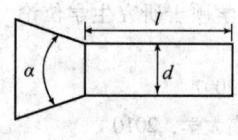

图 1　喷嘴内孔结构示意图

水力喷射器喷嘴流道参数优化研究方法包括传统的物理模拟方法和数值软件模拟方法。物理模拟方法会受到客观现实条件限制，如实验室条件与实际条件的差异、试验装置尺寸规格、传感器精度等，很难通过物理模拟的实验方法获得准确结果，况且物理模拟费用高且试验周期时间长。CFD 软件的出现与推广正好解决了实验方法无法解决的问题。流体分析软件 Fluent 可以模拟射流喷嘴喷射过程中整个流场的所有细节，克服了传统理论分析与实验方法的不足，并为工程应用中喷嘴流道参数的选取奠定一定的基础。

本文数值模拟软件采用 ANSYS 公司开发的 Fluent 分析软件。该软件设计是基于"CFD 计算机软件群的概念",针对不同流动的物理特点,选用适合于该流动问题的数值分析计算方法,在运算速度、收敛稳定性和结果精度等方面协调达到最佳效果,从而高效率地解决各个领域的复杂流动计算问题。上述优点使 Fluent 在能量转换与层流湍流、传热导热与相变流动、反应燃烧与多相流、旋转机械与材料加工等方面有广泛应用。与此同时 Fluent 开发了适用于不同领域的模拟软件,各模拟软件都采用了统一的网格划分技术和相同的界面窗口,他们之间的区别仅在于应用的工业背景不同,因此大大方便了用户。

1 流体流动控制方程

流体流动规律要受多个物理守恒定律的影响,基本的守恒定律包括:质量守恒定律、动量守恒定律和能量守恒定律。如果流体包括不同组分的混合或相互作用,系统还要遵守组分守恒定律。如果流动处于湍流状态,系统还要遵守附加的湍流输运方程。控制方程就是这些守恒定律的总体结合的数学描述。

在轴对称柱坐标下,目前最常用的湍流 $K - \varepsilon$ 二方程模型封闭的方程组可以写成下面的统一形式:

$$\frac{1}{r}\Big[\frac{\partial}{\partial x}(r\rho u\Phi) + \frac{\partial}{\partial r}(r\rho v\Phi)\Big] = \frac{1}{r}\Big[\frac{\partial}{\partial x}\Big(r\Gamma_\Phi\frac{\partial\Phi}{\partial x}\Big) + \frac{\partial}{\partial x}\Big(r\Gamma_\Phi\frac{\partial\Phi}{\partial x}\Big)\Big] + S_\Phi \tag{1}$$

式中　K——湍流动能;

　　　ε——动能黏性耗损率;

　　　u——轴向速度;

　　　v——径向速度;

　　　ρ——流体的密度;

　　　Φ——代表变量 u、v、K、ε;

　　　S_Φ——Φ 方程的源项。

式(1)中的各项具体表达式可参照表1。

表1　控制方程中各项的具体表达式

方　程	Φ	Γ_Φ	S_Φ
连续性方程	l	0	0
x 动量方程	u	u_{eff}	$-\frac{\partial p}{\partial x} + \frac{\partial}{\partial x}\Big(u_{\text{eff}}\frac{\partial u}{\partial x}\Big) + \frac{1}{r}\frac{\partial}{\partial r}\Big(ru_{\text{eff}}\frac{\partial v}{\partial x}\Big)$
r 动量方程	v	u_{eff}	$-\frac{\partial p}{\partial r} + \frac{\partial}{\partial x}\Big(u_{\text{eff}}\frac{\partial u}{\partial r}\Big) + \frac{1}{r}\frac{\partial}{\partial r}\Big(ru_{\text{eff}}\frac{\partial v}{\partial r}\Big) - 2u_{\text{eff}}\frac{v}{r^2}$
K 方程	K	$u + \frac{u_t}{\sigma_K}$	$G - \rho\varepsilon$
ε 方程	ε	$u + \frac{u_t}{\sigma_\varepsilon}$	$C_1\frac{\varepsilon G}{K} - C_2\frac{\rho\varepsilon^2}{K}$

其中：$u_t = \dfrac{C_u \rho K^2}{\varepsilon}$，$u_{eff} = u + u_t$，

$$G = u_{eff} \left\{ 2 \left[\left(\frac{\partial u}{\partial x} \right)^2 + \left(\frac{\partial v}{\partial r} \right)^2 + \left(\frac{v}{r} \right)^2 \right] + \left(\frac{\partial u}{\partial r} + \frac{\partial v}{\partial x} \right)^2 \right\},$$

$C_u = 0.09$，$C_1 = 1.44 \sim 1.47$，$C_2 = 1.92$，$\sigma_K = 1.0$，$\sigma_\varepsilon = 1.3$。

2　数值模拟计算条件

喷嘴流道参数除了入射角与长径比，其他模拟条件均相同：喷嘴直圆管段内径 $d = 6mm$，喷嘴入射角 α 取 $6°$、$10°$、$15°$、$20°$、$30°$、$40°$、$50°$、$60°$，长径比 l/d 分别取值为 0.5、1、2、3、4、5 进行数值模拟分析。

喷嘴采用 gambit 软件对喷嘴进行建模，并在计算域内划分结构化网格。湍流模型采用 $K-\varepsilon$ 模型。入口边界条件：压力入口条件，压力为 15MPa；出口边界条件：压力出口条件，压力为 1MPa；壁面条件：无滑动壁面条件，设置为默认；材料特性设置：水，密度为 998.2kg/m³，黏度为 0.001003kg/m－s，求解器参数设定为非耦合隐式求解，二阶迎风格式，其他参数设置为默认。

3　数值模拟结果分析

3.1　入射角对压裂射孔影响分析

影响喷射射孔的冲击效果因素主要有：喷嘴喷射流体的速度、喷嘴等速射流核心冲击面积。由于喷嘴喷孔是圆形的，可用喷嘴等速射流核心的半径来表征。

本部分研究水力喷射器喷嘴的入射角对射孔的影响分析，图 2(a) ~ (h) 选择喷嘴直径 $d = 6mm$，长径比取值为 $l/d = 3$，入射角分别取值为 $6°$、$10°$、$15°$、$20°$、$30°$、$40°$、$50°$、$60°$ 进行数值模拟分析。Fluent 模型计算域网格采用结构网格划分，喷嘴的初始条件相同，湍流模型采用 $K-\omega$ 模型。入口边界条件：压力入口条件，压力出口条件，压差为 15MPa；壁面条件：无滑动壁面条件，设置为默认；材料特性设置：水，密度为 998.2kg/m³，黏度为 0.001003kg/m－s，解算器参数设定为非耦合隐式求解，二阶迎风格式，其他参数设置为默认。

从图 2(a) ~ (h) 可以看出，射孔液进入喷嘴后逐渐加速，射孔液在喷嘴内流道入射角段产生射流束收缩现象，速度开始增大，逐渐过渡到直管段速度达到最大值。入射角取 $6°$ ~ $40°$ 喷嘴出口处射流核心速度呈现增长趋势，从 168m/s 增加到 174m/s。而当入射角取值大于 $50°$ 时射流核心速度开始从 168m/s 减小到 167m/s。

仔细分析喷嘴流道速度分布图看出，当入射角大于 $50°$ 时，喷嘴流道内最大速度出现在入射角与直管段转折处，高速射孔液对此处的冲蚀最严重，是喷嘴内部的薄弱点。在进行水力喷射器喷嘴设计时，喷嘴的入射角尽量取值小于等于 $40°$，鉴于喷射核心速度随着入射角增大，速度增大的规律，因此，建议喷嘴入射角取值 $30°$ ~ $40°$。

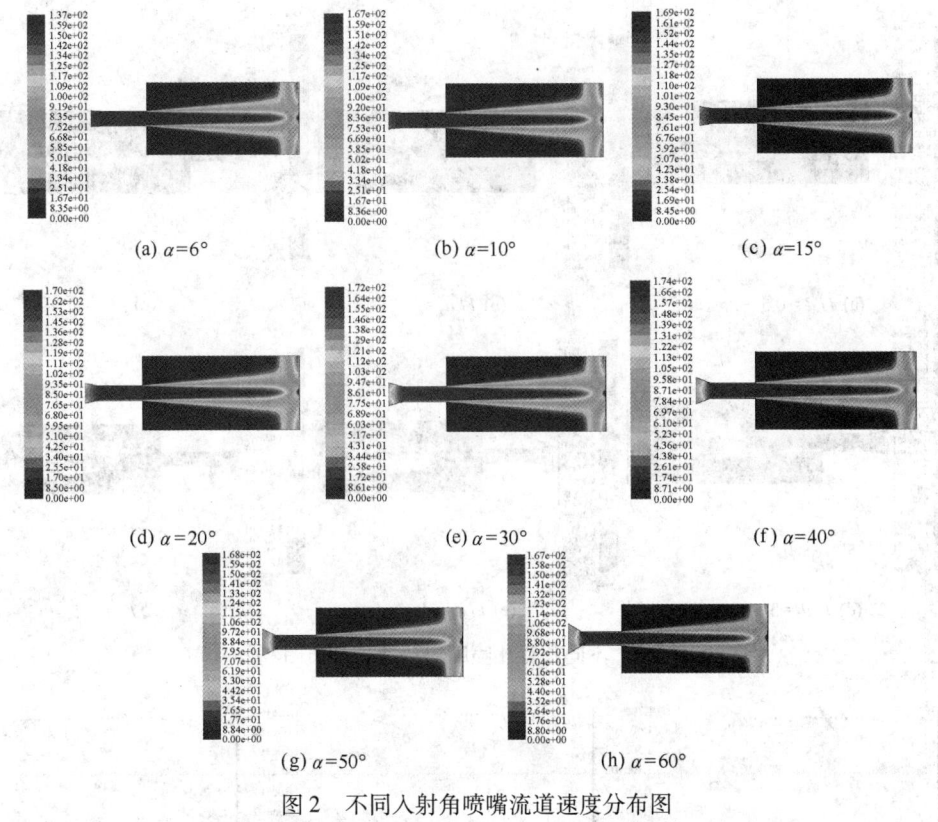

图2　不同入射角喷嘴流道速度分布图

3.2　长径比对压裂射孔影响分析

本部分研究水力喷射器喷嘴的长径比对射孔的影响分析，图3(a)~(f)选择喷嘴直径 d =6mm，入射角取值为30°，长径比分别取值为0.5、1、2、3、4、5进行数值模拟分析。Fluent 模型计算域网格采用结构网格划分，喷嘴的初始条件相同，湍流模型采用 $k-\omega$ 模型。入口边界条件：压力入口条件，压力出口条件，压差为15MPa；壁面条件：无滑动壁面条件，设置为默认；材料特性设置：水，密度为998.2kg/m³，黏度为0.001003kg/m-s，解算器参数设定为非耦合隐式求解，二阶迎风格式，其他参数设置为默认。

通过对图3模拟分析结果可以看出，长径比 l/d 取6组数值0.5、1、2、3、4、5，从整个喷嘴喷射流场来看，喷嘴出口的最大速度分别为173m/s、173m/s、173m/s 、172m/s、171m/s、171m/s，出口的最高速度变化很小；对图中的计算结果进行测量分析，可以得到射流的等速核心长度与喷嘴直径的比值为8.8左右，几乎没有变化。由上述分析可以得出如下两个结论：①喷嘴出口速度受长径比影响较小；②等速核心长度受喷嘴长径比影响较小。

对上述结果进行理论解释如下：在出入口压差相同、喷嘴的入射角和喷嘴直径相同的情况下，流体流经喷嘴圆柱管段时，能量损失差别较小(转化为热能，而非转化为动能)，因此依据能量守恒原则和伯努利方程，在喷嘴其他部分相同的情况下，在工程上可以认为喷嘴长径比与出口速度无关。

图4是喷嘴出口截面直径方向喷嘴速度分布图，其中喷嘴圆心位置周围速度几乎不变，即所谓的等速射流核心，而靠近喷嘴壁位置，速度逐渐降低。对图4中6条点曲线进行分析

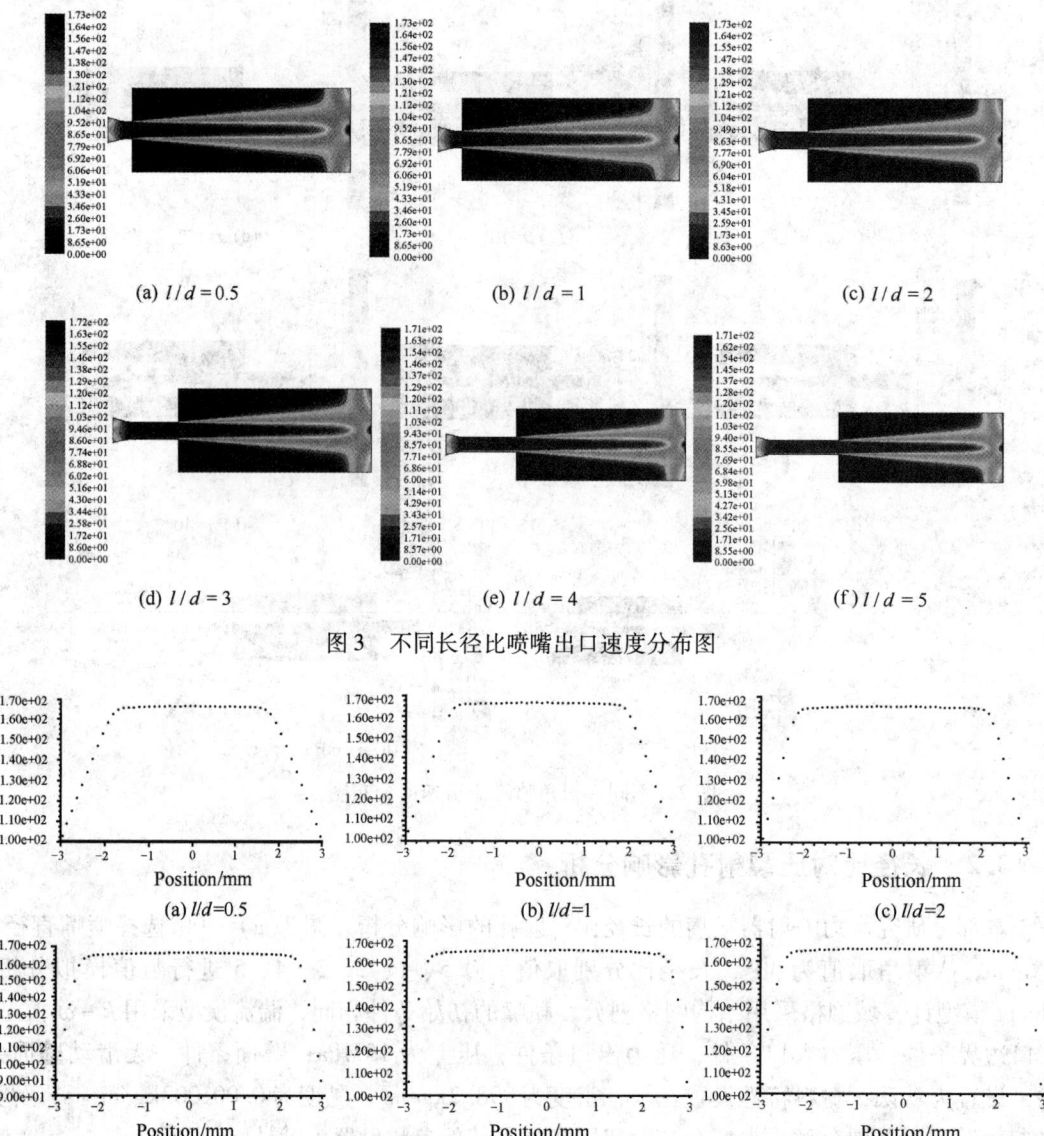

图3 不同长径比喷嘴出口速度分布图

图4 喷嘴出口截面直径方向喷嘴速度分布图

得到图5。图5为喷嘴出口处等速核心半径与喷嘴半径比随着长径比的变化曲线，从曲线上分析可以得出，在长径比 $l/d < 2$ 时，喷嘴出口处，等速核心直径小于喷嘴直径的 $2/3$，因此通过喷嘴的有效输出功率较小；$l/d > 3$ 时，喷嘴出口处，等速核心直径明显大于喷嘴直径的 $2/3$，直到喷嘴 $l/d > 4$ 以后，变化不明显。考虑到实际喷嘴 l 越大，流体通过 l 时，能量损失也越大，并且在井下压裂使用时，喷嘴的长度受限，喷嘴可靠性要求更高。

目前喷射压裂用喷嘴由耐磨陶瓷加工制造，如果喷嘴长度过长对喷嘴的制造工艺要求更高，加工成品率就会降低，提高了喷嘴的生产成本，因此建议在实际使用中，再考虑其他客观因素，建议长径比 l/d 取值 $3 \sim 4$。

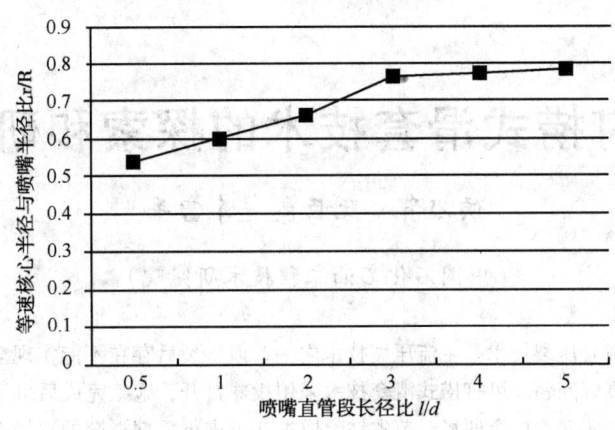

图 5　喷嘴出口处等速核心与喷嘴半径比随 l/d 变化曲线

4　结论

（1）通过本文模拟结果，可得出在高压高速射流时，喷嘴的出口最大喷射速度、等速核心长度受喷嘴的长径比影响较小。

（2）喷嘴长径比大于 3 时，喷嘴出口处等速核心的半径明显大于喷嘴直径的 2/3，喷嘴的喷射有效功率较大，继续增大长径比，喷嘴出口处等速核心的半径和喷嘴的喷射有效功率增大不明显。

（3）在喷射射孔作业中使用的喷射器，喷嘴内流道入射角取值 30°～40°。

（4）考虑井下压裂时，井筒空间有限，喷嘴长度受限，喷嘴可靠性要求高，以及经济成本考虑，喷嘴直管段长度 l 不能太大，建议长径比 l/d 取值 3～4。

参 考 文 献

1　沈忠厚. 水射流理论与技术[M]. 东营：石油大学出版社，1998.3

2　王瑞金，张凯，王刚. FLUENT 技术基础与应用实例[M]. 北京：清华大学出版社，2007.2

3　王乐勤，林思达，田艳丽等. 基于 CFD 的大流量喷嘴喷射性能研究[J]. 流体机械，2008，11(36)：17～22

4　于勇. FLUENT 入门与进阶教程[M]. 北京：北京理工大学出版社，2008.9

5　郭仁宁，王若旭，陈扬. 磨料水射流喷嘴的流场数值模拟[J]. 化工进展，2009，28(增刊)：443～446

6　于洪，陆庭侃. 高压水射流切割喷嘴的结构设计和参数优化数值模拟研究[J]. 机床与液压，2009，37(11)：90～92，135

7　李智，胥云，王振铎等. 水力喷砂压裂工具喷嘴磨损分析[J]. 石油矿场机械，2010，39(11)：25～28

可打捞式滑套技术的探索和研发

侯乃贺　阮臣良　李富平

（中国石化石油工程技术研究院）

摘　要　投球滑套压裂技术是主流压裂技术之一，但压裂后存在不能实现全通径、球座钻除困难、钻除成本较高等问题。可打捞式滑套技术采用投球打开，施工完成后可采用专用工具将球座等一次全部捞出，实现管柱全通径，节省钻除成本并可进行后期滑套的选择性打开和关闭，实现全井最大产能。本文对可打捞式滑套技术在国内外的应用情况进行调研和分析，探索其技术要点和施工工艺，提出了两种新型可打捞式滑套结构，分别为带旁通孔结构和需返排整压球结构，介绍了其核心部件及其结构特点，并结合施工流程详细介绍了打捞滑套的工作原理。

关键词　水平井分段压裂；可打捞球座；滑套结构

前言

近年来，非常规储层成为油气勘探开发的热点，而压裂作业是非常规油气开发的必经之路[1,2]。裸眼水平井投球多级滑套 + 裸眼封隔器压裂技术，采用预制管柱施工，一次下入，连续投球作业的方式，具有施工方便、节约施工时间等优点而成为非常规油气开发的利器，在各大油气田广泛应用[3,4]。但投球式压裂滑套具有以下技术不足：①施工完成后，只能将球洗出，滑套和球座被留在井底，无法实现井筒的全通径，限制了油气井产量；或选择将球座钻除，将花费大量钻除时间，提高了钻除成本和施工风险。表1给出了调研得到的华北分公司井下作业大队连续油管作业队磨铣球座数据表，从中可以看出球座磨铣需花费的时间和费用成本。②压裂层段的生产无法控制，易形成层段间干扰。压裂完成后，如果压裂段出水则无法实现对压裂段的封堵，很大程度上影响产量甚至造成油层水淹或报废。③无法进行后期措施，分段压裂完毕投产后无法实现二次压裂，或测井及其他增产措施。

表1　华北分公司多级滑套压裂球座磨铣数据表

调研单位：华北分公司井下作业大队连续油管作业队			
单个球座磨铣时间/min	整个施工用时/天	使用磨鞋数量/个	全部费用/万元
20～30	5～10	2～4	50～100

鉴于投球式压裂滑套工艺技术上的不足，提出了可打捞式滑套技术。该技术在预制管柱下入及投球压裂过程中与常规投球滑套具有相同的施工工艺，但施工结束后可使用专用工具将球座一次性打捞出来，大大降低了将球座和底座钻除的时间和成本，缩短了施工周期。球座提出后井筒形成通径，可最大程度发挥井的产能，并且不影响后续井下作业和测试工具的使用。同时，可打捞式滑套可根据后期生产需要进行任意打开和关闭，实现生产自主控制。目前国外多家工具服务公司已开发出了相应技术，并进入现场应用阶段，而国内还没有公司

进行相应技术的开发和研制。目前该技术较成熟的有 COMPASS 公司和 LOGAN 公司，两家公司开发了不同结构的工具，采用不同的施工工艺，均成功实现了球座打捞（或下推）作业。本文将通过对 COMPASS 公司和 LOGAN 公司的可打捞滑套技术的应用情况和现场施工工艺进行分析，并根据现场施工情况提出了两种可打捞滑套结构方案，对两种结构的核心部件及工作原理进行了详细介绍和分析。

1 可打捞式滑套技术应用情况及施工工艺分析

可打捞式滑套施工工艺包括压裂施工和滑套打捞两部分。其压裂施工工艺与普通投球式压裂滑套工艺相同，所用工具构成包括：丢手/回接机构、顶部封隔器、裸眼封隔器、可打捞式滑套、压差滑套、座封球座及浮鞋等。打捞工具包括：连续油管/普通油管及配套设备、连续油管/油管连接器、安全装置（液压丢手装置＋安全循环短节等）（图1）及打捞头等。下面将以核心工具可打捞式滑套为主对 COMPASS 公司和 LOGAN 公司工具施工工艺进行介绍和分析。

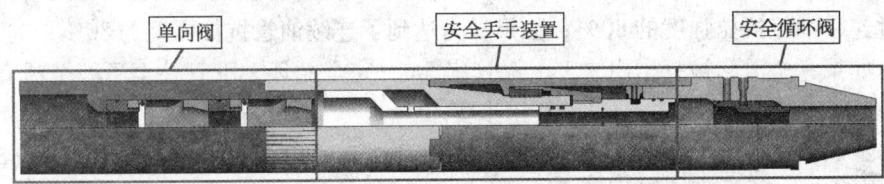

图1 可打捞式滑套安全装置

1.1 COMPASS 公司可打捞式滑套技术

COMPASS 公司是最早进行可打捞式滑套技术开发的公司，已具有较成熟的工具和施工工艺。目前该技术 2012 年在国外已进行 30 余口井施工，打捞成功率 92%；在国内华北分公司红河油田进行了 8 口井的施工，在西南以及长庆油田也分别进行了 2 口井施工，成功率 66.7%。其可打捞式滑套及打捞完成后实际效果如图2、图3所示。

图2 COMPASS 公司可打捞式滑套

图3 COMPASS 公司球座打捞实际效果

COMPASS 公司可打捞式滑套具有以下特点：

（1）具有内部旁通循环结构，无需返排憋压球即可进行球座打捞作业。

（2）采用连续油管进行打捞，施工速度较快。

（3）一趟管柱完成全部球座打捞作业，滑套球座下端为打捞爪结构，完成该级打捞后，球座即成为下级滑套的打捞工具。

（4）目前最高施工级数 30 级，施工压力 70MPa。

（5）采用冲洗液（压裂液或清水）和氮气混注的方式进行循环洗井，可以在液体排量 50L/min 的情况下达到 500L/min 排量的冲洗效果，能很好的进行冲砂并节约液体。

滑套打捞工艺流程：

（1）按要求对所有打捞工具进行组装并检测。

（2）下入工具，采用冲洗液和液氮混注的方式进行循环洗井，在打捞至顶部滑套前，要进行充分循环，确保将井底沉砂循环洗出。

（3）在接近各滑套位置时，要进行重点冲洗。

（4）插入球座后进行下压，加压 2~4t 确保打捞工具与球座插入成功，上提管串，确保不要超过连续油管抗拉强度的 80%；如果拉力达到了连续油管抗拉强度的 80%，向下回放。

（5）如果一个滑套被打捞出来，上提管串 5m，完全循环，下管柱至下一个滑套，重复以上打捞步骤。

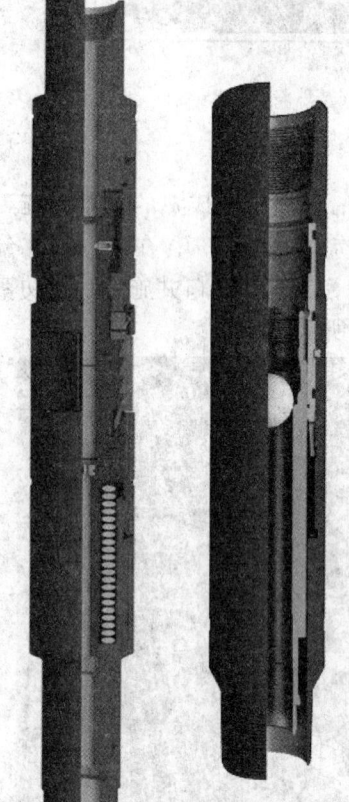

图 4　LOGAN 公司可打捞式滑套

在华北分公司红河油田两口井成功施工了滑套打捞作业，球座被一次成功打捞出来。而对于施工失败的两口井进行分析，通过对比发现，其使用的小尺寸连续油管（1.5″和 1.75″）下推力不足以及打捞前球座处沉砂冲洗不干净造成打捞工具与滑套无法很好的啮合造成的。因此分析其打捞过程中对管柱下推力及滑套冲洗效果要求较高。

1.2　LOGAN 公司可打捞（下推）式滑套技术

LOGAN 公司开发了另一种结构的可打捞式滑套技术（图 4）并于 2013 年在红河油田进行了 2 口井的应用，与 COMPASS 公司工具不同的是，虽然结构上可以进行打捞，但由于打捞难度较大，其进行应用的两口井主要采用将球座下推至井底后丢手的方式进行。

LOGAN 公司可打捞式滑套具有以下特点：

（1）一趟管柱完成全部球座下推至井底，滑套球座下端与打捞（或下推）工具结构一致，完成该级打捞（或下推）后，球座即成为下级滑套的打捞（或下推）工具。

（2）采用常规油管进行打捞，可提供足够下推力。

（3）采用压裂液或清水进行冲洗，增加了用液量。

（4）井筒沉砂全部被推至井底，达到了清理井筒的目的。

（5）将内球座等推至井底后丢手将管串留在井底，因此完钻时必须预留足够长口袋。

滑套打捞工艺流程：

（1）按要求对所有打捞工具进行测量、检查，并进行组装。

（2）下入工具，采用液体循环洗井，在下放至顶部滑套前，要进行充分循环，确保将井底沉砂循环洗出。

（3）在接近各滑套位置时，要进行重点冲洗。

（4）工具下放至第一个滑套位置时，下压并进行多次震击，直至移除滑套为止。

（5）继续下放并冲洗，以与（4）相同的方法对下一个滑套进行震击并移除。

（6）继续下放，将工具送至井底后投球蹩压丢手，上提管柱，球座下推成功。

LOGAN 公司可打捞式滑套结构相对简单，两次应用均为滑套下推至井底作业。虽然没有实现滑套的提出，但最终仍然实现了井筒全通径的目的。

2 可打捞式滑套技术的研发

通过对两家公司可打捞式滑套技术现场应用工艺的分析，得出可打捞滑套必须满足以下技术要求：

（1）必须一趟管柱完成全部球座的打捞（或下推）作业。

（2）打捞完成后必须实现井筒的全通径。

在满足以上技术要求的同时，根据滑套打捞过程中是否进行蹩压球返排分别进行结构设计方面的探索，提出了具有旁通孔结构滑套和需返排蹩压球结构滑套等两种结构方案，以下将分别进行详细介绍。

2.1 带旁通孔可打捞式滑套结构

1. 结构

带旁通孔可打捞式滑套结构如图 5 所示。该结构在打捞球座前不需要进行放喷和返排蹩压球即可进行滑套打捞，其结构主要包括本体、上滑套、打捞套、下滑套、连接套、卡簧、下接头、球座以及上下剪钉等组成。

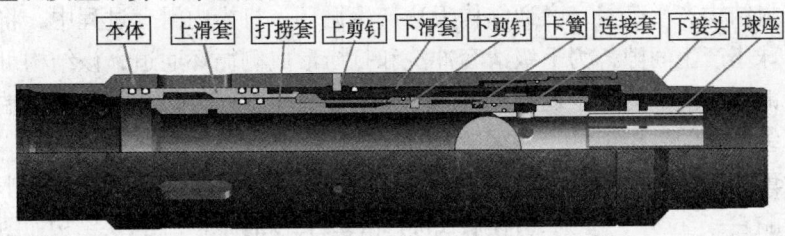

图5 带旁通孔可打捞式滑套结构

2. 工作原理

以下将通过滑套各工作过程来介绍带旁通孔蹩压球可打捞滑套结构的工作原理。

压裂过程：投相应尺寸蹩压球，蹩压球到位后与球座密封，推动球座下行，球座与连接套通过螺纹相连接，连接套带动上下滑套及打捞套一起下行，剪断上剪钉，直到下滑套与下接头接触，产生限位，从而实现了本体循环孔的完全打开，球座打开状态如图6所示。

打捞过程：压裂施工完成后，不进行返排，此时压裂球在滑套处。下入打捞工具，边下

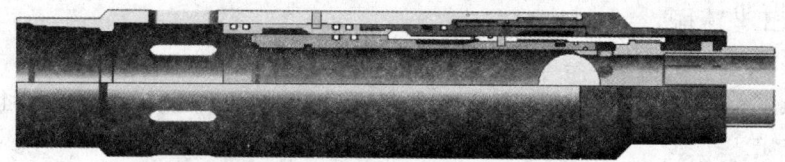

图6 带旁通孔可打捞式滑套打开状态

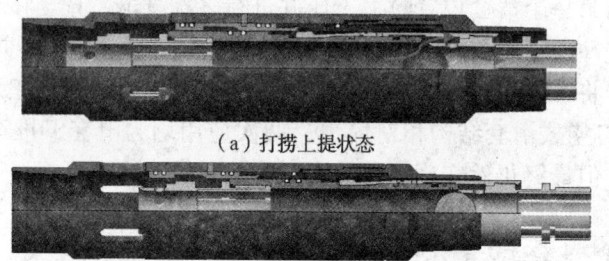

（a）打捞上提状态

（b）打捞下压状态

图7 带旁通孔可打捞式滑套打捞过程

入边进行冲洗。打捞工具上打捞外爪下压，与打捞套上打捞内爪相啮合，加压保证两者啮合牢固。打捞工具上提，带动打捞套上提，剪断下剪钉。连接套弹性爪为初始收缩结构，组装后受到打捞套支撑而处于张开状态，此时当上提打捞套至凹槽处时，连接套弹性爪失去支撑自动收回至打捞套凹槽内，从而失去与上下滑套连接。继续上提，卡簧与连接套接触，带动连接套一起上行，实现与整体滑套的脱离，上提过程如图7(a)所示。上提过程中，打捞套与球座产生相对移动，从而形成如图7(a)箭头所示循环通道。

上提一定距离后，打捞工具下压，此时，打捞套凹槽端面与连接套弹性爪端面相接触，推动与滑套脱离的连接套和球座下行，从而顺利脱出球座，如图7(b)所示。该级滑套打捞完成后球座作为打捞下级滑套的打捞爪，继续下一级打捞施工。

3. 关键技术分析

在该结构设计中，主要有以下关键技术：

（1）具有旁通循环孔和打捞爪结构的压裂球座。球座结构如图8所示，在压裂时球座与内滑套处有密封结构产生密封，旁通结构无法产生循环，打捞内滑套过程中，将滑套提起将使得内滑套与球座产生间隙，为下级滑套冲洗和打捞形成侧循环通道，该结构可以在不返排的情况下进行滑套冲洗，避免了返排造成的大量出砂情况；同时每一级球座下端具有打捞爪结构，作为下级滑套的打捞工具，使得滑套打捞可连续进行。

（2）外滑套与下接头间可通过螺纹齿进行锁定，防止在内滑套打捞过程中外滑套再次关闭，同时锁定结构可在一定拉力下解锁，方便后期进行滑套打开和关闭。下接头结构如图9所示。

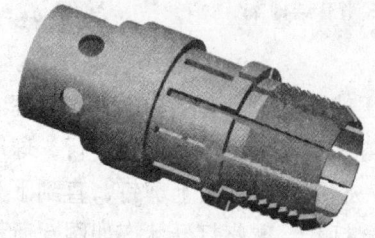

图8 球座结构图

图9 下接头结构图

（3）采用大间隙密封技术。大间隙密封技术指在具有相对滑套的零件间采用较大间隙以保证相对运动，同时采用 X、Y 形密封圈等进行有效密封的技术手段。在本结构中，在打捞套与上滑套、连接套与下滑套等具有相对运动的零件间均采用大间隙密封技术，以利于滑套打捞施工。

2.2　需返排可打捞式滑套结构

1. 结构

需返排可打捞式滑套结构如图 10 所示，相比于无需返排可打捞式滑套接头，其结构相对简单，主要包括外筒、上接头、下接头、支撑套、挠性套、内套、卡簧及上下剪钉等。该结构没有旁通循环通道，压裂施工完成后需将整压球返排出才能进行打捞作业，以下将通过滑套各工作过程来介绍其工作原理。

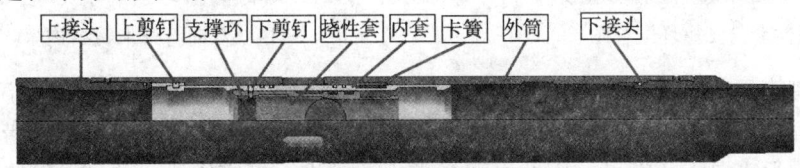

图 10　带旁通孔可打捞式滑套结构

2. 工作原理

压裂过程：投相应尺寸整压球，整压球到位后与挠性套内球座孔密封，推动挠性套带动内套下行，剪断上剪钉。直到内套与下接头接触，产生限位，从而实现了外筒循环孔的完全打开，球座打开状态如图 11 所示。

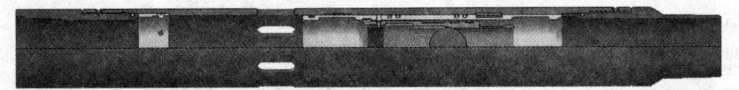

图 11　需返排可打捞式滑套打开状态

打捞过程：压裂施工完成后，进行放喷和返排整压球作业。捕球完成后下入打捞工具，边下入边进行冲洗。挠性套的弹性爪初始为收缩状态，组装时在支撑环的支撑下处于张开状态，打捞工具下至柔性套后下压，推动支撑环下行，剪断下剪钉，此时挠性套的挠性爪失去支撑套支撑，收缩在打捞头上，从而失去与内套间连接，打捞管串继续下行，带动挠性套下行，该级滑套打捞完成，打捞过程如图 12 所示。该级滑套打捞完成后球座作为下级滑套的打捞工具，继续下一级打捞施工。

图 12　需返排可打捞式滑套打捞过程

3. 关键技术分析

该结构主要有以下关键技术：

（1）采用支撑环与收缩性弹性爪结构，如图 13 所示，施工中不需进行上提作业，只需在滑套处进行下压或震击即可，操作相对简单。

（2）采用可双向打开的卡簧结构，如图 14 所示，可实现滑套的多次打开和关闭。

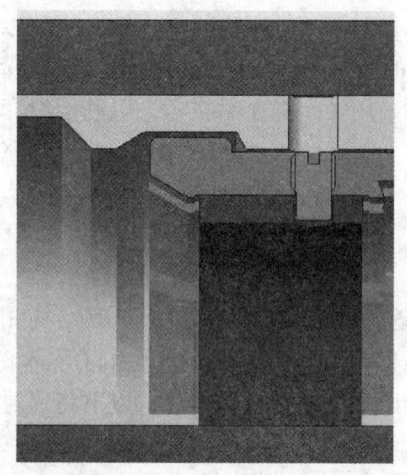

图 13   挠性套与支撑环配合图

图 14   双向打开卡簧结构

由于打捞施工前需进行蹩压球返排，因此会加重井筒沉砂，对打捞前的冲洗要求较高，否则打捞过程中可能会因沉砂冲洗不干净而出现较大的下推阻力。由于滑套打捞过程中不需要上提下放，只需要下压即可，因此可选择常规油管进行打捞作业，并且可借鉴将滑套下推至井底施工方式。

3   结论与建议

综上所述，得出以下结论：

（1）可打捞式滑套技术可将球座等一次提出或推至井底，免除了钻除滑套带来的施工成本和风险，实现井筒的全通径，优化了后期作业工序并降低了作业成本。

（2）分析了 COMPASS 公司和 LOGAN 公司两种结构可打捞式滑套工具，总结了现场施工流程和可打捞式滑套的技术要求。

（3）提出了一种带旁通孔的可打捞式滑套结构，可实现在蹩压球不返排情况下球座的打捞施工，并对其结构及工作原理进行了详细的介绍和分析。

（4）提出了一种需返排可打捞式滑套，采用收缩式弹性爪和支撑环结构，在返排完蹩压球的情况下可实现滑套的打捞或下推施工作业，结构简单，并可采用常规油管进行打捞作业。

鉴于可打捞式滑套技术的施工优势，提出以下建议：

（1）建议继续进行结构改进和优化工作，并完成对优选结构方案的样机制作和相关性能实验。

（2）根据实验确定施工参数，制定完成与结构相适应的施工工艺，以配合现场施工。

参 考 文 献

1   王建军，于志强. 水平井裸眼选择性分段压裂完井技术及工具[J]. 石油机械，2011，39(3)：59～62
2   闫建文，张玉荣. 水平井分段压裂可钻式投球滑套的研制与应用[J]. 石油机械，2012，40(12)：21～24
3   艾志久，王琴，李永革等. 水平井分段压裂投球滑套球座冲蚀分析[J]. 石油机械，2011，39(10)：61～63
4   徐建国，王峰，刘长宇，等. 水平井滑套分压工艺技术及现场应用[J]. 钻采工艺，2008，31：54～56

新型免钻全通径滑套技术研究

朱玉杰

（中国石化石油工程技术研究院）

摘　要　投球式滑套压裂技术是目前应用最广泛的压裂技术之一，但压裂后存在不能实现全通径、球座钻除困难、钻除成本高等问题。基于此，多种全通径压裂滑套技术应运而生，如机械开关式滑套技术、液压式平衡滑套技术和可打捞式滑套技术等，但这些滑套技术均需起下钻开关滑套或打捞球座，增加了施工周期和施工难度。本文提出了两种新型的免钻除全通径滑套技术——等通径键槽式滑套和同尺寸球打开滑套，该两种滑套压裂后无需下钻钻除球座或打捞球座即可实现管柱内全通径，节省了施工时间和成本。本文主要介绍了两种滑套的结构组成、功能特点及工艺原理，并通过地面试验进行了功能验证。

关键词　分段压裂；全通径；免钻除；滑套；憋压球

前言

多级滑套分段压裂技术是近年来油气井工程技术领域发展迅猛的一项完井技术，采用预制管柱施工、一次下入、连续投球作业的方式，具有施工方便、可靠性高、节约施工时间等优点，广泛应用于页岩气和低渗透产层的定向井、水平井的压裂增产改造[1~5]。但投球式压裂滑套具有以下技术不足：①施工完成后，只能将球返排出，滑套和球座被留在井底，无法实现井筒的全通径，限制了油气井产量；或选择将球座钻除，将花费大量钻除时间，提高了钻除成本和施工风险。②压裂层段的生产无法控制，易形成段间干扰。压裂完成后，如果压裂段出水则无法实现对压裂段的封堵，很大程度上影响产量甚至造成油层水淹或报废。

鉴于投球式滑套技术的不足，国外多家公司相继开发了多种全通径压裂滑套技术，如机械开关式滑套技术、液压式平衡滑套技术和可打捞式滑套技术等，这些滑套技术无需进行球座钻除作业，即可实现管柱内全通径，但均需起下钻开关滑套或打捞球座，同样增加了施工周期和施工难度[6~10]。本文通过对各公司的全通径滑套技术的结构特点和工作原理进行分析，提出了两种新型的免钻全通径滑套技术——等通径键槽式滑套和同尺寸球打开滑套。这两种滑套分别通过泵送专用胶塞和憋压球打开滑套，施工快捷迅速，且压后无需下钻钻除球座或打捞球座即可实现管柱内全通径，节省了施工时间和成本。本文对两种结构的功能特点及工艺原理进行了详细介绍和分析，并进行了试验验证。

1　全通径压裂滑套技术

与常规投球式压裂滑套技术不同，全通径压裂滑套技术主要由滑套及配套工具组成，通过配套工具打开、关闭滑套或打捞（下推）球座，进而实现管柱内的全通径。目前国外各大公司都有了自己各具特色的全通径滑套技术，按照工具结构和施工工艺的不同，可分为 Weatherford 公司的机械开关式滑套技术、BJ 公司的液压式平衡滑套技术和 COMPASS、LOGAN 公司的可打捞式滑套技术等。

1.1 机械开关式滑套技术

Weatherford 公司的机械开关式滑套技术主要应用于北美地区，包括滑套和配套连续油管开关工具，如图 1 所示。滑套结构主要由本体和内套组成，设计了内套向上开启和向下开启两种结构形式，且内套上带有弹性锁定机构，防止其在开关位置发生移动影响密封性能。滑套与 $\Phi114.3mm$、$\Phi139.7mm$ 套管配套使用，耐压强度最高达到 134MPa，适用井下温度最高达到 163℃。

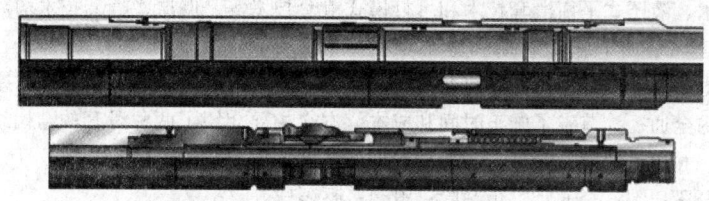

图 1 机械开关式滑套和开关工具

工艺原理是：滑套与套管连接并一趟下入井内，压裂施工时，利用连续油管将配套的开关工具下入井内滑套安装位置，油管内开泵循环产生节流压差，开关工具锁块外凸，与滑套内套台肩配合并锁紧，通过上提或下放管柱开启滑套，停泵，锁块收回，开关工具与内滑套脱离，即可提出管串进行压裂施工。当一级压裂施工结束后下入开关工具关闭滑套，并开启下一级滑套，直至施工结束。

机械开关式滑套具有压裂级数不受限制，管柱内全通径，无需钻除作业等优点；如遇产层出水等特殊情况，则可下入开关工具将滑套关闭，以封堵底水。但该技术要求滑套和开关工具有较好的配合，对开关工具的性能和稳定性要求较高，且需多次起下管柱进行施工，增加了施工周期、施工难度和风险。

1.2 液压式平衡滑套技术

BJ 公司的 OptiPort 滑套主要包括压裂滑套和井下组合工具（BHA），如图 2 所示。滑套采用液压开启方式，外壳与本体之间形成液缸，内套在液压力驱动下滑动，开启滑套。BHA 工具主要包括接箍定位器、节流阀、锚定装置和管内封隔器，主要功能是实现压裂管串定位、锚定以及管串与套管环空封隔。

图 2 液压打开式滑套

工艺原理是：预制滑套管柱下入到位后，使用连续油管将 BHA 工具送入井内；接箍定位器确定滑套所在位置，然后向连续油管内加压，坐封封隔器，锚定装置坐挂，锚定 BHA

工具管串；再往连续油管与套管环空内加压，开启滑套，并进行储层压裂改造。压裂结束后，停泵泄压，封隔器解封，锚定装置解挂，上提管柱，进行下一层压裂。

该滑套压裂级数不受限制，但需多次起下连续油管进行滑套打开操作，增加了施工周期，且连续油管管串连接工具较多，施工复杂。此外，如遇产层出水等情况，该滑套滑套不能进行关闭操作。

1.3 可打捞式滑套技术

可打捞式滑套技术主要包括滑套和打捞工具。目前该技术较成熟的有 COMPASS 公司和 LOGAN 公司，两家公司开发了不同结构的工具，采用不同的施工工艺，均成功实现了球座打捞（或下推）作业。其中有 COMPASS 公司的打捞式滑套（图3）采用连续油管进行打捞，一趟管柱完成全部球座打捞作业，滑套球座下端为打捞爪结构，完成该级打捞后，球座即成为下级滑套的打捞工具；滑套具有内部循环旁通结构，无需返排憋压球即可进行球座打捞作业。

可打捞式滑套施工工艺包括压裂施工和滑套打捞两部分，其压裂施工工艺与普通投球式压裂滑套工艺相同，打捞工艺流程是：连续油管下入打捞工具，并充分循环确保将井底沉沙循环洗出；打捞工具插入球座后进行下压，加压 2 ~ 4t 确保打捞工具与球座插入成功，上提管串；如果一个滑套被打捞出来，上提管串5m，完全循环，下管柱至下一个滑套，重复以上打捞步骤。

图3　COMPASS 公司可打捞式滑套

可打捞式滑套技术降低了钻除球座的时间和成本，球座提出后井筒形成通径，可最大程度发挥井的产能，并且不影响后续井下作业和测试工具的使用。同时，可打捞式滑套可根据后期生产需要进行任意打开和关闭，实现生产自主控制。但该技术仍需起下钻进行打捞施工，增加了施工周期，且在国内华北分公司红河油田的施工成功率仅为 50%，可靠性有待提高。

2　新型免钻全通径滑套技术

虽然上述3种滑套技术可以实现管柱内全通径，但均需下钻进行滑套打开作业或打捞滑套，增加了施工周期、施工成本和难度。基于此，提出了两种新型的免钻全通滑套技术——等通径键槽式滑套和同尺寸球打开滑套，该技术必须满足以下技术要求：①通过泵送滑套配套工具打开滑套，施工快捷方便；②无需下钻即实现管柱内全通径。

以下将分别对两种新型滑套技术的结构组成和工艺原理进行详细介绍。

2.1　等通径键槽式滑套技术

1. 结构组成

等通径键槽式滑套技术主要包括键槽式滑套和专用胶塞，分别如图4、图5所示。滑套主要由上接头、外壳、内套、键槽结构、卡簧和下接头组成。内套内部设有均布的键槽结构，且键槽结构上下均为斜面，起导向作用；内套上下两端设有滑套开关定位槽，用于下入滑套开关工具进行开关。专用胶塞主要由导向头、胶碗和导向块组成。导向头和胶碗主要用于专用胶塞的扶正、并且利于专用胶塞的泵送到位及返排。导向块上设有均布的键，键两端均设有倒角，利于导入滑套键槽内。

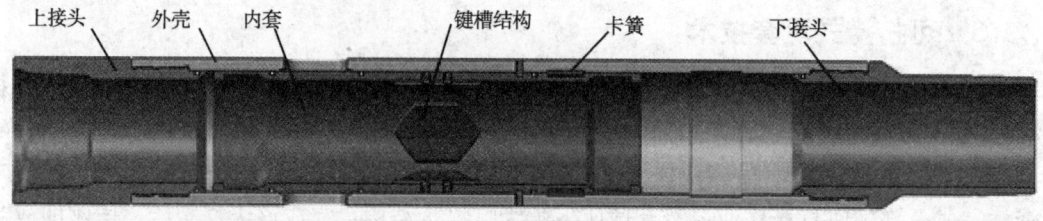

图 4　等通径键槽式滑套

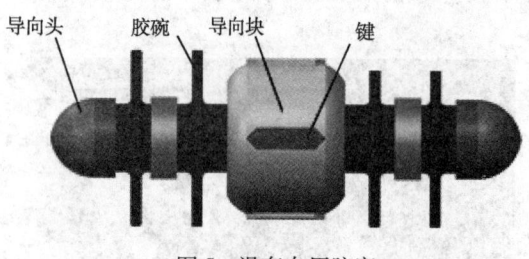

图 5　滑套专用胶塞

2. 工艺原理

滑套专用胶塞周向上均布的键与对应滑套内部的键槽配合，实现滑套的打开操作。每一级滑套的内径相同，但滑套的键槽宽度不同，相应的每级滑套配套的专用胶塞的键宽不同，一个专用胶塞只能对应着打开一个分段压裂滑套，且能通过上一级滑套。

等通径键槽式滑套的施工流程：根据油气藏产层情况，确定滑套安放位置后，将多个滑套与套管管柱一趟下入井内；压裂施工时，在井口投入滑套专用胶塞，通过泵送使其到达对应的压裂滑套位置；在专用胶塞到达对应滑套位置前，均能通过上一级滑套，如图 6 所示；泵送到位后，专用胶塞的键与滑套上的键槽结构配合，如图 7 所示，实现憋压，当压力达到一定值时，滑套打开，内套下移，压裂孔开启，开始进行压裂施工。按照同样的方式可以完成其余地层的压裂。压裂施工结束后，在地层压力下，所有滑套专用胶塞均返排出井口。

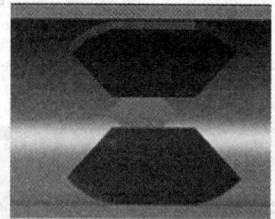

图 6　键通过键槽

图 7　键与键槽配合

等通径键槽式滑套通过泵送对应的专用胶塞憋压打开，压裂结束后可实现管柱内全通径，无需进行钻除作业，具有结构简单、快速压裂、施工周期短等优点，可广泛应用于各种油气井的分段压裂改造作业。

2.2　同尺寸球打开滑套技术

1. 结构组成

与常规的投球式滑套憋压球存在级差、滑套通径逐级递减不同，同尺寸球打开滑套技术的每一级滑套内径相同，同样对应的憋压球尺寸相同、无级差，而且该技术不同于一球打开多级滑套（簇式压裂）技术，在施工过程中可实现打开一级、压裂一级。其结构如图8所示，主要由上接头、外壳、内套、弹性套、捕球座、限位环、弹簧、下接头和憋压球等组成。其中弹性套是滑套结构的关键部件，弹性套的双弹性爪移位结构设计实现了同尺寸球逐级打开滑套；巧妙的弹簧结构设计，实现了压裂后捕球座的复位，进而实现了管柱内的全通径；通过调节滑套外壳上凹槽的数量，理论上可实现同尺寸球打开无限级数滑套，且压裂结束后可实现滑套内全通径，无需进行钻除作业，节省了施工周期和成本。

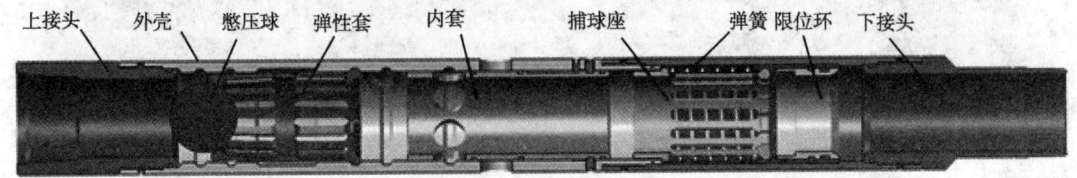

图8　同尺寸球打开滑套

2. 工艺原理

每一级滑套的弹性套在外壳上的位置不同，憋压球每通过一级滑套，弹性套向下移动一次，直至憋压球到达对应的打开滑套位置，如图8所示。当憋压球到达滑套时，座入弹性套收缩的上弹性爪位置，并推动弹性套下行，同时下弹性爪收缩，上弹性爪张开，憋压球通过并座入下弹性爪，继续推动弹性套下行，同时上弹性爪收缩，下弹性爪张开，憋压球通过滑套，并到达下一级滑套，如图9所示。

图9　憋压球到达下一级滑套

压裂施工时，当憋压球通过滑套，到达最后一级滑套位置时，憋压球推动弹性套下行与内套贴合，憋压至20MPa作用时剪断剪钉，内套与弹性套下行打开滑套。在滑套打开过程中，内套推动捕球座下行，捕球座下端弹性爪收缩形成球座。当滑套完全打开后，弹性套的上下弹性爪均张开至凹槽内，同时憋压球下行至捕球座形成的球座内，如图10所示。

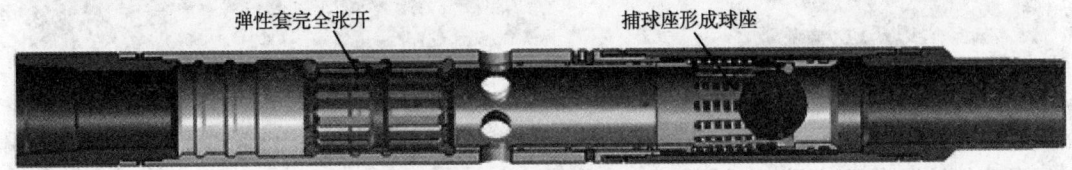

图10　滑套打开，憋压球座入捕球座

滑套打开后进行压裂施工，在压开地层或压裂施工过程中，憋压球承压，压力达到8～10MPa时，剪断限位环上的剪钉，憋压球推动捕球座及限位环下行至下接头，并压缩弹簧，如图11所示。

第一级压裂结束后，再次分别投入同尺寸的憋压球，完成其余地层的压裂施工。压裂结束后进行返排作业，憋压球返排至井口。同时在弹簧的作用下，捕球座上行复位，捕球座弹性爪张开，从而实现管柱内全通径，如图12所示。

图 11 捕球座下行，压缩弹簧

图 12 憋压球返排，捕球座复位

3 试验研究

为验证等通径键槽式滑套的性能是否满足设计要求，加工试制了工具原理样机，并分别进行了专用胶塞通过性能试验和滑套打开性能试验。

3.1 通过性能试验

组装完成键槽式滑套和专用胶塞后，连接试验管串。试验管串结构：5½″由壬封头 + 5½″套管 + 键槽式滑套。滑套内套的键槽结构和组装好的专用胶塞分别如图 13、图 14 所示，其中滑套键槽宽 20mm、胶塞键宽 19mm。

图 13 内套键槽结构

图 14 滑套专用胶塞

将专用胶塞装入试验管串内，开启泥浆泵，调节泵的排量至 0.5m³/min，试验结果表明专用胶塞能够顺利通过滑套，且泵压无变化。

3.2 滑套打开性能试验

组装滑套专用胶塞（键宽 24mm），装入管串后，开启泥浆泵，逐渐调节泵的排量至 1m³/min，泵压达到 10MPa 时，滑套完全打开（图 15），拆卸滑套后，专用胶塞的内套键槽的配合状态如图 16 所示。试验结果表明，专用胶塞能在设定压力下打开对应滑套。

图 15　滑套完全打开

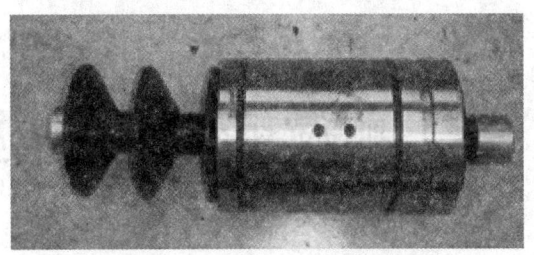

图 16　专用胶塞与内套键槽配合

4　结论

（1）国外公司的机械开关式滑套技术、液压式平衡滑套技术和可打捞式滑套技术可实现管柱内全通径，但均需起下钻开关滑套或打捞球座，增加了施工周期和施工难度。

（2）等通径键槽式滑套通过泵送对应的专用胶塞憋压打开，压裂结束后可实现管柱内全通径，无需进行钻除作业，具有结构简单、快速压裂、施工周期短等优点。

（3）同尺寸球打开滑套技术理论上可实现同尺寸球打开无限级数滑套，且压裂结束后可实现滑套内全通径，无需进行钻除作业，节省了施工周期和成本。

（4）等通径键槽式滑套专用胶塞能够顺利通过滑套，并在设定压力下顺利打开滑套，满足了设计要求。

参 考 文 献

1　王建军，于志强．水平井裸眼选择性分段压裂完井技术及工具[J]．石油机械，2011，39（3）：59～62

2　闫建文，张玉荣．水平井分段压裂可钻式投球滑套的研制与应用[J]．石油机械，2012，40（12）：21～24

3　艾志久，王琴，李永革等．水平井分段压裂投球滑套球座冲蚀分析[J]．石油机械，2011，39（10）：61～63

4　徐建国，王峰，刘长宇等．水平井滑套分压工艺技术及现场应用[J]．钻采工艺，2008，31：54～56

5　韩永亮，刘志斌，程智远等．水平井分段压裂滑套的研制与应用[J]．石油机械，2011，39（2）：64～65

6　Jesse J Constantine. Selective production of horizontal openhole completions using ECP and sliding sleeve technology[J]. SPE 55618

7　Weatherford. ZoneSelect system accessories [EB/OL]. [2011 - 6 - 3]. http：// www. weatherford. com/ dn/ www021406

8　G Rytlewski, J Lima, B Dolan. Novel Technology replaces perforating and improves efficiency during multiple Layer fracturing operations [J]. SPE 107730

9　G L Rytlewski, J M Cook. A study of fracture initiation pressures in cemented cased - hole wells without perforations[J]. SPE 100572

10　王迁伟，何青等．可打捞滑套分段压裂技术在红河油田的应用[J]．石油钻采工艺，2013，35（3）：78～79

耐温抗盐遇水膨胀橡胶性能评价

张 磊 许婵婵 彭志刚 王绍先

（中国石化石油工程技术研究院胜利分院）

摘 要 自膨胀橡胶的耐温抗盐性能决定该类封隔器的密封效果。利用丙烯酸钠与丙烯酰胺共聚制备出吸水树脂，将其与氢化丁腈橡胶混制得到耐盐吸水膨胀橡胶。室内评价了盐溶液种类、浓度以及环境温度对该类橡胶吸水膨胀倍率的影响。结果表明：合成的交联型膨胀橡胶耐温抗盐性良好，在矿化度 50000mg/L 地层水中的吸水倍率为 600%；盐溶液中阳离子浓度越大，化合价越高，膨胀橡胶的吸水性能越差；在 120℃ 时橡胶的吸水膨胀性较好，当温度达到 175℃ 时，其达到失水平衡。

关键词 吸水膨胀橡胶 吸水树脂 耐温性 抗盐性

前言

目前，自膨胀封隔器是完井封隔器的热门研究方向[1,2]，其关键部位是由自膨胀橡胶制成的胶筒，因此膨胀橡胶的性能对封隔器的效果起决定作用。国外公司已开发出适应于多种井况的自膨胀封隔器，但其应用效果还需进一步验证[3]，加之价格昂贵，在国内的推广受到影响[4,5]。国内石油公司和科研院所对该类封隔器的研究多注重于其整体性能测试，罕有对胶筒专用膨胀橡胶的性能机理进行深入研究，而其他领域使用的膨胀橡胶不适于钻完井井况。笔者通过分析膨胀橡胶吸水机理，合成出一种吸水材料，室内评价了由吸水材料制备的遇水膨胀橡胶的性能，希望能够满足现场应用要求。

1 膨胀橡胶吸水机理[6~8]

高吸水性树脂为交联的三维网络结构，其吸水过程是高聚物的溶胀过程。目前，较为通用的离子网络理论认为，在水中高吸水树脂水分子氢键与高吸水树脂的亲水基团作用，离子型的亲水基团遇水开始离解，阴离子固定于高分子链上，阳离子可以移动。随着亲水基团的不断离解，阴离子数目增多，离子间的静电斥力增大，致使树脂网络扩张。为了维护电中性，阳离子不能向外部溶剂扩散，导致树脂网络内可移动的阳离子浓度增大，网络内外的渗透压差增加，水分子进一步渗入。随着吸水量的增大，网络内外的离子浓度差逐渐减少，渗透压差趋于零。同时，随着网络的扩张，其弹性收缩力增加，进而逐渐抵消阴离子的静电斥力，最终达到吸水平衡。

基金项目：中石化集团公司科技攻关"水平井智能完井分段控流关键技术研究"（JP12009）和国家科技重大专项"低渗油气田完井关键技术"（编号：2008ZX05022－006）中的部分研究成果。

膨胀橡胶吸水组分 SAP 的吸水过程复杂。SAP 分子中含有亲水和疏水基团，并具有一定的交联度。与水接触时，离子型亲水基团发生电离，离子间的静电斥力使网络结构发生扩张，而为了维持电中性，游离离子不能向外部溶剂扩散，导致树脂网络内外的质量分数差增大，由此而产生的渗透压使水分子渗入，这样就可吸收大量的水分。定量表示膨胀橡胶吸水能力的 Flory 公式如下。

$$Q^{5/3} \approx \left[\left(i/2V_uS^{1/2} \right)^2 + \left(\frac{1}{2} - x_1 \right)/V_1 \right] / (V_E/V_o) \tag{1}$$

式中：Q 为吸水倍率；i/V_u 为固定在树脂上的电荷密度；V_u 为单体单元（结构单元）的摩尔体积；S 为外部溶液电解质的离子强度；$(1/2 - x_1)/V_1$ 为对水的亲和力；V_E/V_o 为交联密度。

公式(1)中的第 1 项为外部溶液对吸水组分倍率的影响，离子强度 S 越大，吸水倍率越低。亲水基团对水的亲和力与吸水倍率成正比，某些亲水基团亲水能力的顺序为"— SO^{-3} > — COO— > — $CONH_2$ > — OH > — O —"。可以看出，强极性基团的亲水能力大于弱极性基团，极性基团的吸水能力大于非极性基团。所以，离子型树脂的吸水倍率大于非离子型树脂。

根据 Flory 公式，外部溶液的离子强度越大，树脂的吸收能力越低，远远低于去离子水。其作用机理有两方面：一方面，吸收盐水时网络内外的渗透压减小；另一方面，外部离子的存在抑制了离子基团的离解，网络结构由扩展状态转变为蜷曲态，即所谓的盐效应和同离子效应。

吸水材料包括高吸水性树脂、聚氨酯类、白炭黑及膨润土等。其中吸水性树脂吸水倍率高，最为常用。吸水性树脂有多种类型，每种类型的吸水机理有所不同，从而影响吸水性能及其与橡胶的配伍性。研究发现，当吸水树脂与橡胶的共混物中含有非离子型亲水化合物时，共混物吸收盐水的比率显著上升[9]。

2 膨胀橡胶制备

主要原料：2 - 丙烯酰胺基 - 2 - 甲基丙磺酸（AMPS），河南辉县化工厂；丙烯酸（AA），天津市福晨化学试剂厂；二甲基 - 二烯丙基氯化铵（DMDAAC），北京汇成万泰科技有限公司；分散剂 Span80，Tween80 天津市兴泰试剂厂；N - N′- 亚甲基双（丙烯酰胺），中国医药集团上海化学试剂公司；氢化丁腈橡胶（NBR），JSR 株式会社。

在 250mL 的 3 口烧瓶中加入一定量的环己烷、分散剂 Span80、交联剂 N - Nc - 亚甲基双（丙烯酰胺）、引发剂（$K_2S_2O_8$）和单体 AA（部分中和）、AMPS、DMDAAC，70℃下反应3h，然后冷却、抽滤、洗涤、干燥，最终得到白色粉末状的高吸水树脂（SAP）；按一定比例向一定量干燥的 SAP 粉末中加入改性单体丙烯酸（AA）和丙烯酸丁酯（BA），搅拌均匀并充分溶胀后，再加入引发剂和交联剂，一定量分散剂，通氮驱氧，加入过硫酸铵并滴入少量亚硫酸氢钠溶液，搅拌均匀后滴加单体溶液和剩余的亚硫酸氢钠溶液；搅拌均匀后置于 40 ~ 60℃下反应，最后在 60℃下烘干至恒重得到改性高吸水树脂。停止反应，加入甲醇直至不再产生白色沉淀；取出沉淀物，烘干至恒重，得到白色半透明晶体的高吸水树脂，粉碎后密封保存。在开炼机上塑炼 HNBR，依次加入改性高吸水树脂、硬脂酸、氧化锌、硫磺、炭黑和促进剂，混炼均匀后薄通数次后下片，停放 8h 后在平板硫化机上硫化成型。硫化温度 150℃，成型压力 10MPa，硫化时间 10min。

3 膨胀橡胶性能评价

3.1 红外光谱分析

红外光谱在聚合物研究中占有十分重要的地位，可为聚合物的化学性质、立体结构、构象取向等提供丰富的信息，在鉴定聚合物的主链结构、取代基位置、双键位置、侧链结构等方面已得到广泛的应用[10~12]。为鉴定合成的产物是否具有所需要的基团，对产物进行红外光谱分析，结果如图 1 所示。

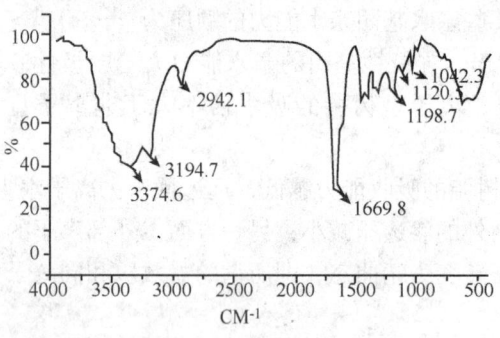

图 1　膨胀橡胶吸水组分的红外谱图

由图中可见：在 1198.7cm^{-1}、1120.5cm^{-1}、1042.3cm^{-1} 处有—SO$_3$—的对称和不对称特征吸收峰；1670cm^{-1} 处强而尖锐的峰为羰基的特征吸收峰范围，但其波数较低，通常是酰胺的—C＝O 吸收峰；2942.1cm^{-1} 有—CH$_3$ 的特征吸收峰；3194.7cm^{-1} 处是仲酰胺的—NH 基团的伸缩振动峰；3374.6cm^{-1} 处是伯酰胺的—NH$_2$ 基团的伸缩振动峰。说明产物中存在亲水基团—CONH$_2$，为膨胀橡胶的吸水性能提供了保证。

3.2 膨胀性能

将吸水膨胀橡胶 WSR 试样（20mm × 10mm × 2mm）浸入盛有地层水盐溶液（矿化度 50000mg/L）的高压釜中，在一定温度下每隔一定时间取出，迅速吸去试样表面的水分并称重，直到吸水达到饱和。膨胀橡胶在地层水中的实验结果如图 2、图 3 所示。普通膨胀橡胶在油田地层水中的最大体积膨胀率为 300%，而耐盐型膨胀橡胶的体积膨胀率则达到 600%。

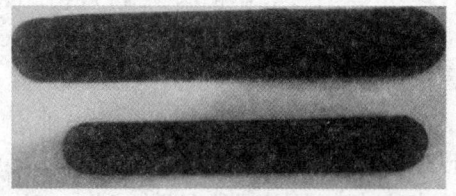

图 2　普通膨胀橡胶在地层水中的膨胀效果

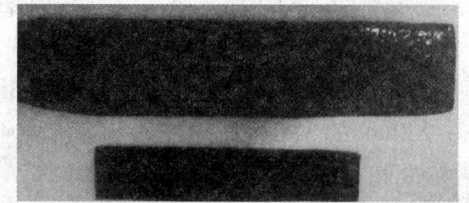

图 3　耐盐膨胀橡胶在地层水中的膨胀膨胀效果

3.3 抗盐性能

在盐水中，亲水基团的电性被小分子盐屏蔽，使得吸水组分聚合物分子链发生卷曲，由此造成聚合物黏度降低，且水解度越大，黏度降低越严重。随着温度的升高，聚合物的水解速率迅速加快，导致聚丙烯酰胺失去耐温抗盐的特性。由于油藏温度高、地层水矿化度高，为了保证聚丙烯酰胺类驱油剂达到理想效果，膨胀橡胶必须具备耐温抗盐性能。将最优条件下的产物剪成小块并分别放入含有 Ca^{2+}、Mg^{2+}、Na^+ 盐的模拟地层水（矿化度 50000mg/L）中，室温下浸泡一定时间后取出，用滤纸吸干表面水分，称量质量，考察其抗盐性能[12]。结果表明，在 $NaCl$、$MgCl_2$、$CaCl_2$ 水溶液配置的模拟地层水中浸泡后，膨胀橡胶的结构紧凑不散乱，富有弹性，强度较好，说明其抗盐性好。

3.4 吸水性能

1. 不同盐溶液浓度的影响

不同浓度的模拟地层盐溶液对 WSR 吸水膨胀性能的影响如表 1 所示。可以看出，随着模拟地层水溶液浓度的增加，WSR 吸液膨胀速率下降。其主要原因是 WSR 吸液膨胀性能取决于其中的 SAP 粒子，而聚丙烯酸类 SAP 对盐溶液较敏感。此外，渗透压也决定 SAP 的膨胀率，溶液盐浓度越高，渗透压越小，吸液性能越差，膨胀性能降低导致 SAP 粒子之间不能很好地在 WSR 内膨胀连通及传递水分子，进而不能充分起到吸水作用，进一步降低了 WSR 的膨胀性能。

表 1　模拟地层水含盐浓度对膨胀橡胶膨胀性能的影响

时间/d	不同浓度盐水中的膨胀率/%			
	1	2	3	4
1	120	110	105	105
2	150	132	110	108
3	200	182	152	142
4	260	234	200	185

2. 不同盐溶液的影响

在不同种类的盐溶液中，WSR 吸水膨胀性能如表 2 所示。可以看出：在不同种类的盐溶液中，阳离子价态较高的溶液，WSR 的吸水膨胀率较低，吸液速率较慢；同一种盐溶液中，由于外部阳离子的同离子效应，WSR 中 SAP 吸液渗透压降低导致吸液膨胀率降低，由于二价离子的交联作用，提高了交联密度，所以 WSR 在二价离子溶液中的膨胀率更小。不同二价离子其膨胀率也不相同。此外，由于 SAP 没有达到充分吸水膨胀，SAP 和橡胶基体间相对位移较小，二者间作用力削弱较小，SAP 脱落少，流失率降低。

表 2　模拟地层水含盐种类对膨胀橡胶膨胀性能的影响

时间/d	不同盐溶液中的膨胀率/%			
	K^+	Na^+	Ca^{2+}	Mg^{2+}
1	122	111	106	104
2	151	133	109	107
3	203	183	142	130
4	264	236	195	183

3. 环境温度的影响

环境温度对 WSR 吸水膨胀率的影响如图 4 所示。可以看出：温度升高，WSR 达到膨胀平衡所需要的时间减少，吸水速率提高；温度低于120℃时，WSR的平衡吸水膨胀率随温度的升高而增加，其原因是环温度升高，橡胶链段单元运动加快，SAP的束缚力有所降低，导致吸水膨胀率增加；当温度超过120℃时，WSR的平衡吸水膨胀率随温度的升高有所降低，其原因是环境温度进一步提高，分子运动加剧，SAP与水分子形成的氢键束缚作用被削弱，链间疏水作用增强，水分被释放出来。同时，随着温度的上升，SAP和橡胶间的作用力被削弱，易于从橡胶中脱落，流失率增大，导致WSR的平衡率膨胀降低。当温度升到175℃时，WSR达到失水平衡。

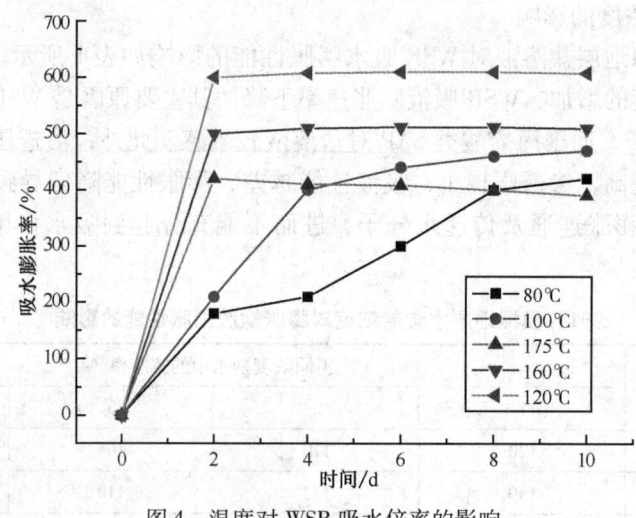

图4 温度对WSR吸水倍率的影响

4 结论

（1）吸水组分中大分子基团间的氢键、库仑力与疏水缔合等作用力使聚合物在溶液中具有特定的分子结构与超分子结构，保证了膨胀橡胶具有良好的耐温抗盐性能。

（2）在矿化度50000mg/L的地层水中，耐盐膨胀橡胶的体积膨胀率达到600%。

（3）WSR吸水膨胀性能受盐溶液浓度和阳离子化合价数的影响较大，电解质溶液中阳离子浓度越高，化合价数越高，WSR吸水性能越差。盐的种类对其膨胀性能也有影响。

（4）WSR的吸水性能受环境温度的影响较大，在120℃时WSR的平衡吸液膨胀率最大，在175℃达到失水平衡。

参 考 文 献

1 潘美，郝明芝，张玉玲等．特种防水材料——遇水膨胀橡胶[J]．橡胶工业，1997，44(6)：369～372

2 张群，王振华，方伟等．吸水膨胀橡胶的研究进展[J]．世界橡胶工业，2010，37(3)：19～24

3 李建颖．高吸水和高吸油性树脂[M]．北京：化学工业出版社，2005：415

4 马斐，程冬炳，王颖等．聚丙烯酸类高吸水性树脂的合成及吸水机理研究进展[J]．武汉工程大学学报，2011，33(1)：4～9

5 Tanaka Toyoich, Zhang Yong－Qing. Salt Tolerant Superabsorbent：US 5274018[P]. 1993－12－28

6 Procter, Gamble, Palumbo Gianfranco. Absorbent Material：WO 1996015163 A1[P]. 1996－05－23

7　王兆会，曲从锋．遇油气膨胀封隔器在智能完井系统中的应用[J]．石油机械，2009，37(8)：96～98

8　韩旭，李锐，靳宝军等．膨胀橡胶封隔器在油气井固井中的应用现状[J]．钻采工艺，2011，34(2)：15～17

9　沈泽俊，高向前，童征等．遇油自膨胀封隔器的研究与应用[J]．石油机械，2010，38(1)：39～40，43

10　沈泽俊，童征，张国文等．遇水自膨胀封隔器研制及在水平井中的应用[J]．石油矿场机械，2011，40(2)：38～41

11　Miyata M，Yokoyama M，Sakata I. Properties of Highly Water – Absorptive Hydroxyethyl – Cellulose Graft Co-polymers：Viscoelasticity and Moisture Sorption［J］. Journal of Applied Polymer Science，1995，55(2)：201～208

12　胡海华，李锦山，王振华等．高吸水膨胀橡胶的研制[J]．世界橡胶工业，2008，35(10)：24～27

尾管固井用牵制短节的研制与应用

冯丽莹

（中国石化石油工程技术研究院）

摘　要　海上及新疆等地存在大斜度井固井及轻尾管固井，为解决轻尾管固井中存在的悬挂尾管轻，丢手不易判断易导致尾管串随送入工具提出井眼等固井难题，开展了牵制短节的研究。该工具包括本体、液缸、卡簧、调整环、锥套和解锁环等部件，创新研究了锁定机构和解锁机构，可实现限制尾管悬挂器及整个尾管串上移，可解决尾管串随送入工具提出的难题。对牵制短节关键部件进行了优化设计及有限元分析，并进行了工具的地面性试验和室内评价。在中海油湛江基地及冀东油田成功地实现了三井次的现场应用，应用结果表明，牵制短节顺利地实现了锁定功能，锁定压力为 12~14MPa，保证了尾管悬挂器实现了坐挂、丢手操作一次性成功。

关键词　尾管固井；牵制短节；锁紧机构；轻尾管

前言

海上及新疆等地存在大斜度井固井及轻尾管固井，由于悬挂尾管短、重量轻，大斜度井摩阻大，尾管浮重和摩阻相当，上提送入工具时，重力指示不明显，丢手不易判断，导致尾管悬挂器及尾管串随送入工具提出事故发生，单独使用常规尾管悬挂器不能满足其固井需求。此种井况需增加一个配套的装置给尾管悬挂器及尾管串提供一个向上的牵制力，能够在上提送入工具时，锁定住尾管悬挂器及尾管串，明确指示丢手判断，防止事故发生。为解决以上固井难题，笔者开展了牵制短节的研究，创新研究了锁定机构及解锁机构，并进行了关键技术分析及结构优化设计。

1　技术分析

深井、超深井、大位移井存在着轻尾管丢手判断困难的问题，容易导致尾管悬挂器及尾管串随送入工具提出井眼，甚至在提出中途掉入井内。牵制短节是一种具有锁定、解锁功能的辅助丢手判断工具，既可以给尾管悬挂器及尾管串提供一个向上的牵制力，能够在上提送入工具时，锁定住尾管悬挂器及尾管串，明确指示丢手判断，又可以在牵制短节提前锁定时通过上提送入工具一定的载荷进行解锁。

1.1　结构组成

牵制短节包括本体、液缸、卡簧、调整环、锥套和解锁环等部件，结构如图 1 所示。
扶正机构设计为两体式，由扶正环和卡环组成，这样设计的好处是方便组装工具，其位于心轴的下部，直径最大，起扶正作用，同时可以保护液缸，避免液缸在入井过程中受到碰

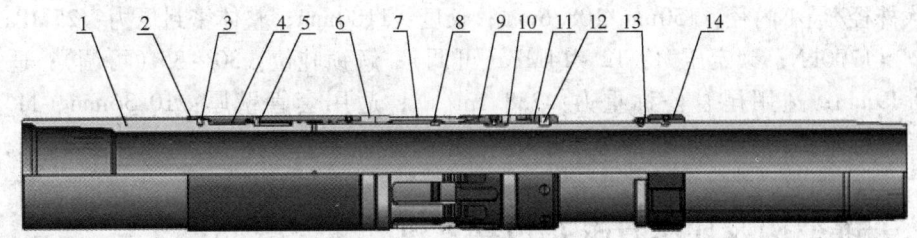

图1　牵制短节结构示意图

1—本体；2—液缸；3—锁定剪钉；4—卡簧；5—导向螺钉；6—调整环1；7—卡瓦；
8—卡环；9—锥套；10—调整环2；11—解锁环；12—解锁剪钉；13—卡环；14—扶正环

撞。液缸和卡瓦依次套在本体上，液缸位于上部，与本体以剪钉相连。卡瓦为内嵌式，下入过程中可有效地起到保护卡瓦的作用。液缸与本体间设计有密封圈，并形成一个密闭容腔，当锁定时，高压液体可通过本体上的传压孔进入容腔内，当压力达到13~14MPa时，液缸锁定剪钉剪断，液体推动液缸、卡瓦支撑套和卡瓦一起上行实现锁定。卡瓦和锥套锁定时接触方式为面接触，且卡瓦牙面保持水平，此种结构设计增大了锁定时卡瓦与上层套管的接触面积，使锁定更可靠。

1.2　工作原理

牵制短节连接在尾管悬挂器的下方与尾管悬挂器配套使用，采用牵制短节与尾管悬挂器固井，入井管串排列为：送入工具 + 密封总成 + 尾管悬挂器 + 牵制短节 + 尾管胶塞 + 尾管串 + 球座 + 尾管 + 浮箍 + 尾管 + 浮鞋。下面结合尾管固井程序说明其工作原理。

将管串下入井内，在入井过程中如遇阻，可通过旋转尾管协助解阻。当尾管到达设计位置并循环后，从井口投球，球会在钻具中自由下落，此时也可以进行泵送操作。当球到达球座位置时，将循环通道堵死，继续开泵，压力开始上升，高压液体可通过悬挂器本体上的传压孔进入液缸内，当压力达到7.5~8MPa时，悬挂器液缸上的剪钉被剪断，高压液体推动液缸及卡瓦上行直至卡瓦楔紧在锥体与上层套管间。下放尾管，坐挂尾管悬挂器。确保坐挂成功后，下压钻具50~100kN，继续憋压至14MPa左右，牵制短节液缸上的剪钉剪断，高压液体推动牵制短节液缸及整体卡瓦下行直至整体卡瓦楔紧在锥套与上层套管间，实现锁定功能，限制尾管悬挂器及尾管的上行。有效避免较轻的尾管串在井内移动的问题。然后进行倒扣，实现送入工具与尾管串分离；丢手成功后，继续憋压20MPa，球从胶塞下部脱出，下落到套管底部的承托座上，循环畅通后，注水泥，当注水泥量达到设计值时，压入钻杆胶塞。之后钻杆胶塞将与中心管下部的尾管胶塞复合，当复合胶塞运行至碰压座位置时，实现碰压。待注完水泥浆并替浆完成后，上提送入工具，密封挡块脱离密封外壳，解除密封循环出多余的水泥浆。待循环完毕后，起钻，候凝。若牵制短节提前锁定需要解锁时，则上提送入工具，上提载荷超过30t时，（不包括浮重）解锁剪钉剪断，解锁机构下行至扶正环处，此时卡瓦下行至限位卡环处，与锥套分离并保持一定距离，牵制短节解锁。

1.3　主要技术参数

经过系列的参数优化，最终确定的 QD – A 型 127mm 牵制短节的主要技术参数如下。

最大外径/最小内径：150mm/108.6mm；长度：1180mm；整体密封压力：25MPa；轴向抗拉力：>1700kN；锁定压力：12~14MPa(可调)；解锁吨位：30~35t(可调)；适用尾管壁厚：9.19mm；适用尾管公称重力：258.1m/kN；适用套管壁厚：10.36mm、11.51mm；适用套管公称重力：432m/kN、476.6m/kN。

2 关键结构设计及有限元仿真分析

2.1 锁定结构设计

卡瓦和锥套组成锁定机构(图2)，是牵制短节中最重要的零部件，具体结构如图3、图4所示。卡瓦片为整体式，且与锥套接触的面为平面，卡瓦牙与整个机构轴线成一定的角度，这样的设计为补偿角度设计。在卡瓦片根部设计有倒角，可避免应力集中。锥套与卡瓦接触的面为平面，保证在牵制短节锁定状态时，卡瓦和锥套之间形成面面接触，承载面增大，使锁定更为可靠。圆周上铣有8个过流槽，增大锁定前后的过流面积。

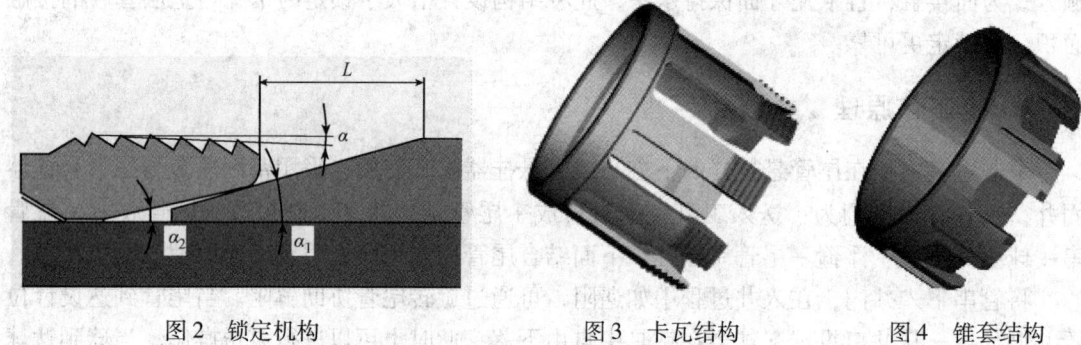

图2 锁定机构　　　　　图3 卡瓦结构　　　　　图4 锥套结构

1. 补偿角度设计

因为此种结构的卡瓦相对尾管悬挂器的卡瓦刚性小，弹性较大，所以采用补偿角度的设计方法，补偿角度设计的优点是在牵制短节锁定时，可使卡瓦牙和上层套管内壁更好地接触，且接触面积大，从而使锁定更加可靠。

卡瓦牙所在直线与整个机构轴线所成夹角为 α，卡瓦爬行斜面与水平面所成夹角为 α_1，锥套斜面与水平面所成夹角为 α_2，卡瓦到锥套最高点爬行距离为 L，卡瓦外径 D_1，上层套管内径 D_2。补偿角度($\alpha_2 - \alpha_1 = \alpha$)，卡瓦爬至锥套最高点的直径为 $2 \times L \times \tan\alpha_2 + D_1$，当 $2 \times L \times \tan\alpha_2 + D_1 > D_2$ 时，即满足锁定要求。

2. 卡瓦内嵌的结构设计

卡瓦内嵌的结构设不仅可以对卡瓦起到很好的保护作用，还可以增大牵制短节锁定后的环空过流面积[3]，较同规格的常规尾管悬挂器坐挂后的过流面积增加了15%。

2.2 解锁结构设计

根据施工工艺及牵制短节工作原理，解锁环上设计有10个解锁剪钉孔，可以根据现场解锁吨位的大小来调整解锁剪钉数量。解锁原理是牵制短节本体相对卡瓦和锥套发生相对位移，当上体吨位达到解锁吨位时，解锁剪钉剪断，解锁机构下行。卡瓦和锥套脱离，实现解锁。

2.3 锁定结构有限元仿真分析

根据牵制短节的工作原理，利用有限元分析软件 ABAQUS 对卡瓦、锥套以及上层套管锁定状态进行有限元分析。由于卡瓦、锥套及上层套管均为对称结构，为减少仿真分析的时间，简化有限元分析模型，笔者取 1/2 模型进行分析(图5)。另外为提高工作效率及计算精度，上层套管采用映射网格划分，卡瓦、锥套由于结构比较复杂，采用自由网格划分，建立的有限元分析模型如图6所示。

 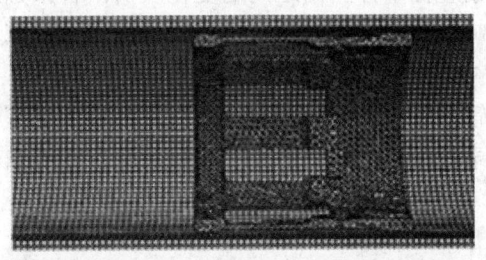

图5 牵制短节锁定机构三维模型　　　　图6 锁定机构有限元分析模型

根据牵制短节锁定机构的工作原理，上层套管及锥套右端面施加轴向约束，整个锁定机构 1/2 剖面施加轴对称约束，在卡瓦左端面施加轴向位移载荷。由于牵制短节在工作的过程中，卡瓦和锥套、上层套管接触位置时时变化，因此需要定义卡瓦斜面与锥套斜面之间的接触和卡瓦牙顶与上层套管内表面之间的接触。通过有限元分析计算，锁定机构的应力云图如图7所示。从图中可以看出锁定机构的最大应力发生在卡瓦根部，最

图7 牵制短节锁定机构应力云图

大应力2479MPa，卡瓦材料选为一种中淬透性渗碳钢，其淬透性较高，在保证淬透情况下，具有较高的强度和韧性，在表面渗碳硬化处理后，具有良好的加工性，加工变形微小，抗疲劳性能相当好。屈服强度835MPa，卡瓦根部发生塑性变形。卡瓦牙顶最大应力400MPa，安全系数 $n = 835/400 = 2.09$，满足设计要求。

3 室内性能评价

为了保证牵制短节能够达到设计要求，满足现场施工需要，研究人员对牵制短节进行了功能验证及室内评价。根据施工工艺制定采用液压方式验证牵制短节锁定功能，采用拉伸试验机模拟上提的机械方式来验证牵制短节的解锁功能。分别从单元试验及与悬挂器的联机试验两方面进行了地面性能试验，检验工具的各项技术指标。试验方案如图8所示。

上面的试验方案显示的是采用了液压和机械两种方式进行牵制短节解锁验证。方式一：首先从打压上封头打压，打压至 12～14MPa，牵制短节锁定，其次将加压管线移至打压下封头，加压至 10MPa 左右，将液体的压力转化为对牵制短节向上的推力，模拟过提，可通过

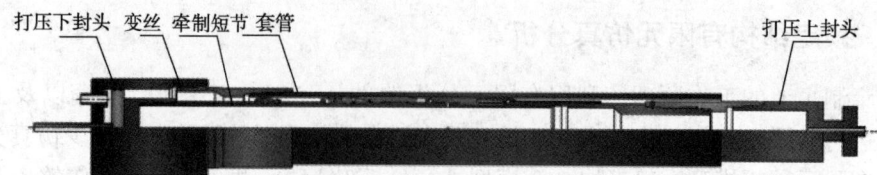

图8　牵制短节试验方案图

观察左侧量杆露出距离的变化及听声音来判断锁定剪钉剪断，牵制短节实现解锁功能。解锁的吨位可通过活塞环形面积及打压压力换算出来；方式二：首先从打压上封头打压，打压至13~14MPa，牵制短节锁定，卸下加压管线，将整个试验装置平放在拉伸试验机上，固定好套管及打压上封头的提拉处，启动拉伸试压机，对牵制短节施加拉力，直至解锁剪钉剪断，记录拉伸机上瞬间最大的显示数值，即为牵制短节的解锁吨位。

3.1　单元试验

由于牵制短节在反向锁定后依然要承受液压力，因此研究人员针对该种受力状态在地面进行了整体密封试验，试验时将牵制短节放置在高压试验槽中，采用清水为循环介质，连接气动试验泵，开泵加压至35MPa，稳压15min，试验压力曲线如图9所示。试验结果显示，牵制短节无压降，密封良好，整体密封能力可达35MPa。

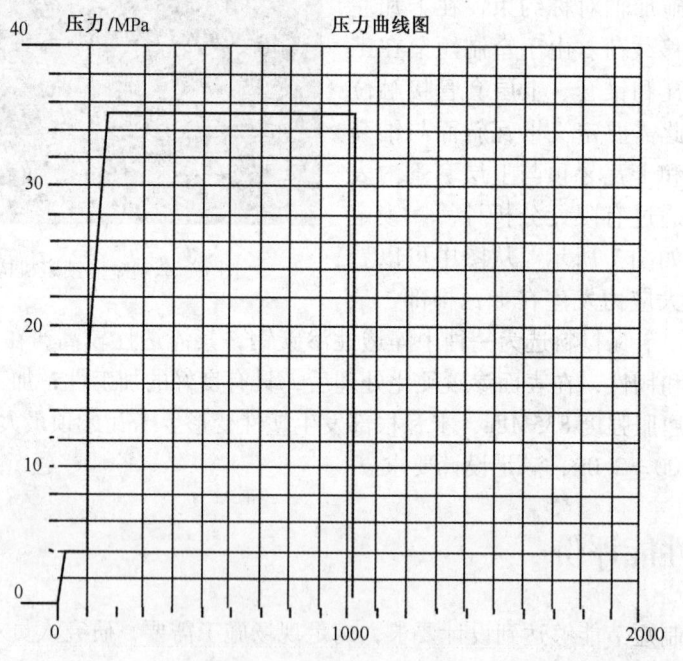

图9　牵制短节密封能力试验曲线

将连接好上下封头及加压管线的牵制短节，安放在模拟井眼（内径为155mm/157mm的Φ177.8mm套管）内，模拟井眼放置在拉伸试验机上，从牵制短节打压下封头加压，压力至18MPa，在12~14MPa时，压力会突然下降并有响声，判断锁定剪钉剪断，牵制短节实现锁定功能。卸下水嘴，用拉伸试验机拉牵制短节上封头提拉处，通过模拟上提解锁牵制短节；

当加载为 30 ~ 35t 时，有一响声，判断解锁剪钉剪断。

研究人员共进行了 5 次单元性能试验，分别验证了牵制短节在内径为 Φ155mm、Φ157mm 的 7in 套管中的锁定功能及解锁功能。单元试验记录的详细数据如表 1 所示。

表 1　5 次单元试验试验结果

序号	锁定压力/MPa	解锁吨位/t	解锁剪钉数量/个	打至最高压力/MPa	试验套管内径/mm
1	10.6	30	10	14.4	155
2	14.0	31	10	16	155
3	14.8	31.5	10	16.2	155
4	10.4	31.5	10	16.5	155
5	13.8	33	10	16.2	157

每次试验后，将模拟井眼一端抬高，牵制短节可自动滑出井眼，且解锁环相对扶正环的位置缩小，可判断牵制短节解锁。解锁后卡瓦和锥套完好，且卡瓦最大外径小于锥套和扶正环最大外径，卡瓦和锥套可重复使用。

3.2　联机试验

为了更好地验证牵制短节的各项指标是否达到设计要求，进行了 5 次联机试验，与常规尾管悬挂器及内嵌卡瓦尾管悬挂器联机，在 7in 常规套管中，验证了牵制短节可顺利实现锁定及解锁功能。

将牵制短节连接在尾管悬挂器的下方，连接好上下封头及加压管线，将试验装置一并安放在模拟井眼(内径为 157mm ~ 158mm 的 Φ177.8mm 常规套管)内，从牵制短节打压下封头加压，压力至 18MPa，在 7 ~ 8MPa 时，压力突然下降，并有响声，判断尾管悬挂器坐挂剪钉剪断，尾管悬挂器坐挂。在 12 ~ 14MPa 时，压力会突然下降并有响声，判断牵制短节锁定剪钉剪断，牵制短节实现锁定功能。卸下水嘴，用拉伸试验机拉尾管悬挂器上封头提拉处，通过模拟上提解锁尾管悬挂器及牵制短节组成的管串；当加载为 30 ~ 35t 时，听见一响声，判断为牵制短节解锁，试验后整个管串可顺利移出模拟井眼，实现了整个管串的解锁。联机试验记录的详细数据如表 2 所示。

表 2　5 次联机试验试验结果

序号	悬挂器坐挂剪钉剪切压力/MPa	锁定压力/MPa	打至最高压力/MPa	解锁吨位/t	解锁剪钉数量/个	试验套管内径/mm
1	5.9	12.7	16.3	35.3	10	157 ~ 158
2	8.5	11.8	16.3	35.3	10	157 ~ 158
3	7.8	11.6	20	25	9	157 ~ 158
4	6.5	11.7	13	23.5	8	157 ~ 158
5	8.2	13.4	14	23.5	8	157 ~ 158

每次试验中，尾管悬挂器和牵制短节依次坐挂及锁定，试验后将模拟井眼一端抬高，牵制短节可自动滑出井眼，且解锁环相对扶正环的位置缩小，可判断牵制短节解锁。解锁后卡瓦最大外径小于锥套和扶正环最大外径，并且卡瓦和锥套可重复使用。

4 现场应用

在牵制短节完成了地面试验及性能评价后，研究人员进行了现场试验的前期准备，完成现施工方案设计及现场应急预案。2012 年 12 月 ~ 2013 年 10 月，牵制短节与尾管悬挂器配合使用，成功应用于 WZ12 – 1 – B3S1、WZ12 – 1 – B15S1 及 NP36 – P3001 井，通过这 3 口井的试验，初步验证了牵制短节锁定能力。

中海油湛江的 WZ12 – 1 – B3S1 与 WZ12 – 1 – B15S1 是两口调整井，上层套管外径 177.8mm，内径 157mm，悬挂器下深 2140m ~ 2796m。首先进行 7in 尾管悬挂，然后再进行 $4\frac{1}{2}$in尾管悬挂进行固井，其中 $4\frac{1}{2}$in 尾管十分轻，套管入井后称重仅有 4.4t，由于两口井均是定向井，钻具在上提下放过程中称重时摩阻高达 29.5t。该井存在以下固井难点：①钻具变径接头转换较多，容易卡住小胶塞，环空间隙小，套管到位后开泵困难且泵压较高，容易在悬挂处发生憋堵，精确碰压困难；②摩擦阻力大，丢手不易判断。采用的牵制短节主要技术参数如下：牵制短节规格：Φ177.8mm × 127mm；锁定压力：12 ~ 14MPa；解锁吨位：30 ~ 35t；上层套管内径：Φ157mm；牵制短节最大外径：Φ150mm。

现场施工中尾管悬挂器坐挂压力 10MPa，牵制短节锁定压力 15MPa，坐挂、锁定、丢手操作一次性成功。丢手过程中，可明显指示丢手判断，验证了牵制短节锁定能力。

目前，规格为 Φ177.8mm × Φ127mm 的牵制短节与常规尾管悬挂器及内嵌卡瓦悬挂器联机装置已经现场应用三井次，最大井斜 88°，泥浆密度最高值为 1.49g/cm³，摩阻最高达 29.5t，固井作业成功率 100%，验证了牵制短节与常规尾管悬挂器及内嵌卡瓦尾管悬挂器组成的新型上锁紧尾管悬挂器在小尺寸轻尾管固井作业中的可行性和可靠性。

5 结论和建议

（1）通过结构优化设计及地面性能试验，验证了牵制短节可以顺利实现锁定及解锁功能，密封能力达 35MPa，锁定压力 12 ~ 14MPa，上提载荷 30 ~ 35t 时，牵制短节解锁，其性能满足轻尾管固井的技术要求。

（2）在中海油湛江的 WZ12 – 1 – B3S1 与 WZ12 – 1 – B15S1 井，悬挂尾管轻，摩阻高，丢手不易判断。冀东油田的 NP36 – P3001 井是开发井，井斜较大，最大井斜达 88°，丢手困难。牵制短节顺利实现了锁定功能，保证了尾管悬挂器实现了坐挂、丢手操作一次性成功，验证了牵制短节结构的合理性及功能的可靠性；牵制短节可以解决轻尾管固井中遇到的丢手不易判断、尾管随送入工具提出等固井难题，提高了施工可靠性。

（3）建议进行牵制短节的系列化工作，在大尺寸轻尾管固井作业中进行推广应用，使其发挥更多的优势，目前已完成 $9\frac{5}{8}$in × $8\frac{1}{8}$in 的牵制短节地面性能试验工作。

参 考 文 献

1 任钦平等. 云安 21 井 127mm 超短尾管固井技术[J]. 钻采工艺, 2006, 29(3)：110 ~ 112
2 林强等. 非常规短尾管固井技术在大斜度井的应用[J]. 天然气工业, 2005, 25(10)：49 ~ 51
3 阮臣良, 冯丽莹, 张金法等. 内嵌卡瓦尾管悬挂器的研制与应用[J]. 石油机械, 2012, 40(8)15 ~ 18, 23

深井、深水尾管快速作业关键技术研究

李 芬

（中国石化石油工程技术研究院）

摘 要 深水钻完井作业存在着作业日费高，地层空隙压力窗口窄易漏失等问题。传统的下尾管作业时为防止产生过高的激动压力并平衡管内外压力，下尾管速度往往较慢且需周期性的灌浆作业，降低了作业效率。采用快速下尾管技术可明显降低激动压力防止压漏地层并节省灌浆时间，可迅速而安全的通过窄压力窗口井段及缩颈井段。本文介绍尾管快速下入系统的原理，并分别介绍了几个公司尾管快速下入系统并系统比较了它们的优缺点，为此项技术在国内的开展提供有力的依据。

关键词 尾管快速下入；激动压力；窄压力窗口

前言

下尾管是一种既耗时间又存在极大风险的现场作业[1~4]，窄压力窗口井段尾管下入作业为了控制风险避免产生过大的激动压力压漏地层，往往要严格控制下尾管速度，并且周期性的灌浆作业也严重拖缓了作业进程，这极大的增加了作业成本尤其对日费巨大的海上平台作业。作业时间越长，缩颈井段尾管下入作业遇阻的风险也会越大。为了解决上述尾管下入作业存在的问题，国外公司开发了快速下尾管技术，在原有的自动灌浆浮箍的基础上，开发了相关的导流阀以及短节组成尾管快速下入系统，进一步提升了下尾管作业的效率，并取得了较好的现场应用效果。目前国内尾管快速下入技术局限与仅使用自动灌浆浮箍，由于缺少泥浆的止回导流系统造成泥浆散落在钻台，给钻井施工带来诸多不便[5~8]。本文介绍尾管快速下入系统的原理，并介绍了几种尾管快速下入系统并比较了它们的优缺点，为此项技术在国内的开展提供有力的依据。

1 尾管快速下入系统原理

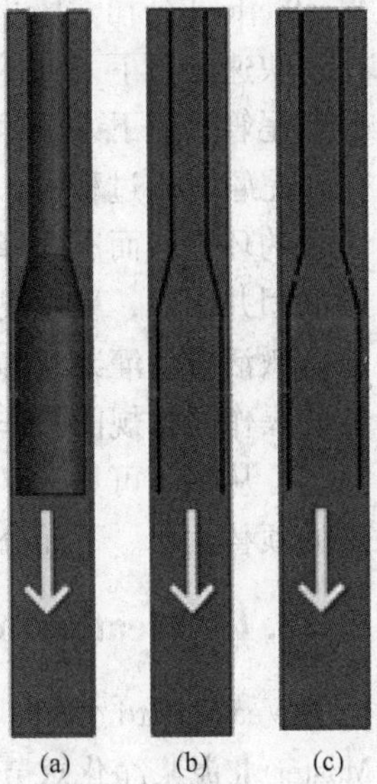

尾管快速下入系统主要包括导流短节、自动灌浆浮箍以及配套的引鞋等组成。

图1(a)表示常规的尾管下入作业，在尾管下入过程中，流体通过尾管与井壁之间的环空上返，由于环空较小，根据节流效应尾管下方的井壁将承受较大的压力；图1(b)表示在有自动灌浆浮箍的尾管下入系统，此系统的浮箍在下入过程中可允许上返的流

图1 尾管下入系统示意图
(a)常规尾管下入；
(b)带自动灌浆浮箍的尾管下入；
(c)尾管快速下入

体进入尾管内部，在很大程度上缓解了由于节流效应对下部井壁产生的压力，并可实现自动灌浆的功能，但当流体从套管段进入钻杆段时，由于钻杆的内径小于套管内径，在此处也将产生节流压差，并且由于缺少止回与导流机构，泥浆将散落在钻台上；图1(c)表示快速下入系统，此系统的最大特点是在套管与钻杆的节流处安装有短节，短节上有旁通孔，流体在此进入钻杆与上层套管的环空，缓解此处的节流压差，进一步降低下入过程中，对下部井壁的压力，并且流体通过旁通孔进入环空上返进入泥浆池，很大程度改善了泥浆散落在钻台上的情况。

2　国内尾管快速下入技术进展

目前国内针对尾管下入快速下入技术的研究较少，仅自动灌浆浮箍在现场取得一定的应用。文献5中涉及4种自动灌浆浮箍中，ZG-1型自动灌浆浮箍取得良好的现场应用效果，其特点是碰压时自动关闭溢流阀使浮箍恢复单向的功能。长江大学石油工程学院张世文设计了带锁紧块的弹簧阀应用于自动灌浆浮箍，其特点是无需投球使浮箍恢复单向功能，只需流量达到预先设定的额定流量值，就可使锁紧块自动脱落，从而使浮箍恢复单向的功能。中石化石油工程技术研究院以内中石化科技部嵌卡瓦旋转尾管悬挂器项目为依托，开展了相关技术的基础性研究，建立数学模型研究尾管下入过程中激动压力及其影响因素。

3　国外尾管快速下入技术进展

尾管快速下入技术在国外取得了较好的现场应用效果，目前此项技术应用较好的公司有Weatherford公司、Halliburton公司、Baker Hughes公司以及TIW公司，同常规的尾管下入相比，快速尾管下入技术在工艺上稍有不同，以Weatherford公司的尾管快速下入系统为例，介绍尾管快速下入技术的现场应用工艺。

尾管下入过程中，流体从自动灌浆浮箍上返，导流短节发生作用，流体进入钻杆与上层套管的环空从而有效降低下放的激动压力，当尾管到位后，需永久关闭导流孔使其不影响后续的固井作业，采用投球憋压的方式实现永久关闭导流孔，球落在自动灌浆浮箍后，继续憋压，激活自动灌浆浮箍的单向阀功能，保证后续的固井顺利进行。当上述的操作完成后，后续的操作同常规固井作业完全一致。图2是Weatherford公司的尾管快速下入的应用工艺示意图，从图中可见，Weatherford公司采用双塞系统，有效隔离泥浆与水泥浆，并提高水泥浆的顶替效率。下面分别介绍各个公司尾管快速下入系统。

3.1　Weatherford公司尾管快速下入系统[9,10]

Weatherford公司的尾管快速下入系统包括：SurgeMasterII 循环孔常闭式短节、Mud-Master Ⅱ泥浆净化短节以及配套的浮箍引鞋。

1. SurgeMaster Ⅱ循环孔常闭式短节

图3为Weatherford公司的SurgeMaster循环短节。图3(a)为短节处于导流孔关闭状态情况，单向阀系统与剪脱套以及挡孔滑套连接在一起，挡孔滑套上端安装有压缩弹簧，压缩弹簧的上端限定在本体上。在下入过程中，导流孔由于单向阀过流孔的节流作用，流体推动单

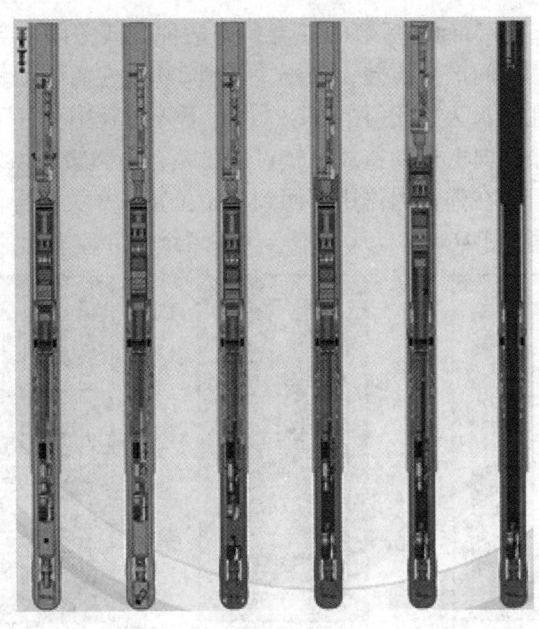

图2　尾管快速下入应用示意图

向阀以及与单向阀连接的滑套系统上行，挡孔滑套上行露出导流孔[图3(b)]，此时流体分流，一部分进入钻杆与上层套管的环空，一部分通过单向阀的过流孔，降低了下放的激动压力并实现自动灌浆。若在下入过程中遇阻需要进行建立循环，只要停止下放，压力平衡导流孔关闭，流体可通过单向阀进入下部进而进入环空[图3(c)]。

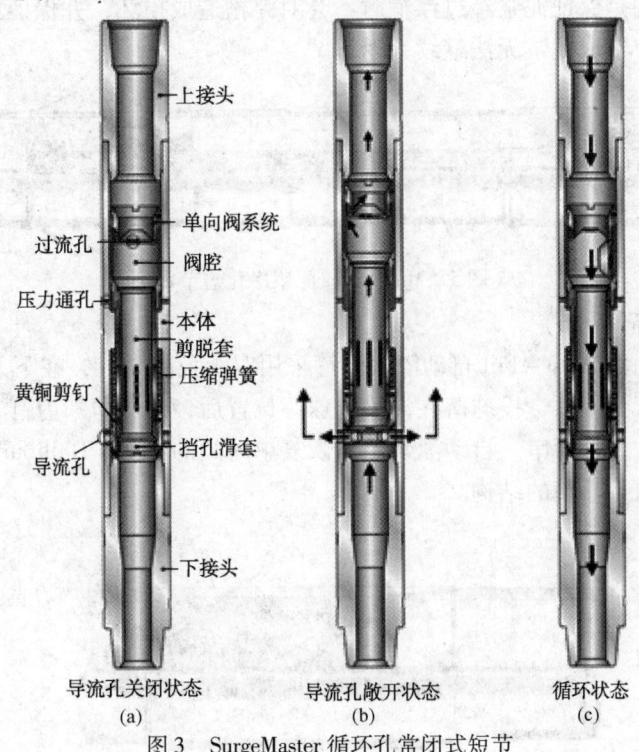

导流孔关闭状态　　　导流孔敞开状态　　　循环状态

　　(a)　　　　　　　　(b)　　　　　　　(c)

图3　SurgeMaster 循环孔常闭式短节

Weatherford 公司的 SurgeMaster 短节的导流孔有两种方式关闭。当尾管到位后，投球憋压，在剪脱套与挡孔滑套之间产生压差，当压差达到 2MPa 左右，剪钉剪断，挡孔滑套与剪脱套之间脱离，实现了孔的永久关闭[图 4(b)]；在下入过程中，井下由于各种原因出现较大的激动压力，单向阀系统向上运动造成弹簧过度压缩，当弹簧的恢复力超过剪钉的剪切压力时，剪钉剪断，挡孔滑套在弹簧的作用下回到初始位置永久关闭导流孔，剪脱套在流体作用下依然处于上行的位置[图 4(c)]，从而不会影响后续的井控方面的作业。

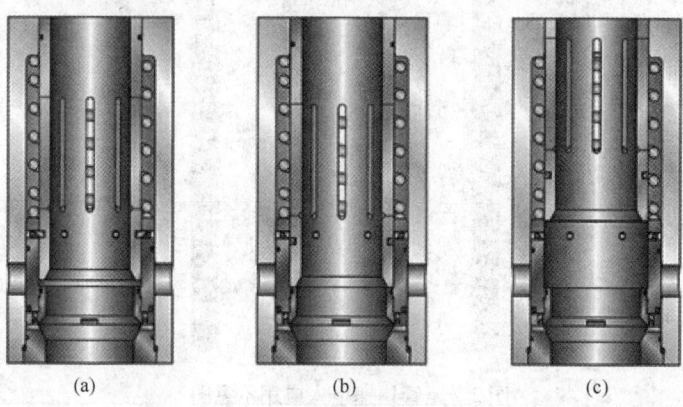

图 4　SurgeMaster 循环孔关闭原理

2. MudMaster Ⅱ泥浆净化短节(图 5)

Weatherford 公司的 MudMaster Ⅱ泥浆净化短节安装在引鞋上方，它的主要部件是筛管，作用是当携砂或其他杂物的泥浆从引鞋上返时，经过筛管的过滤作用，保证上部管串内的泥浆的清洁，主要目的是保证泥浆经过浮箍时不会对浮箍造成损坏，并保证单向阀的过流孔不被砂粒等杂物堵塞，造成泥浆无法继续上返。

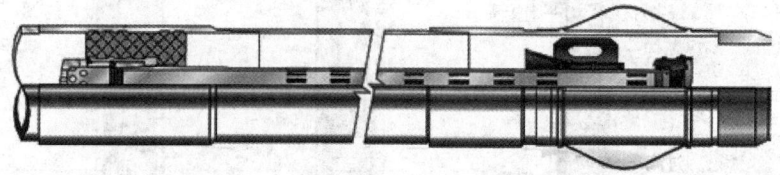

图 5　MudMaster 泥浆净化短节

3. Auto – Fill 浮箍(图 6)

Weatherford 公司的 Auto – Fill 自动灌浆浮箍采用双阀板的设计，在下入过程中始终保持畅通的状态，当尾管到位后，投球落在浮箍的球座位置后，憋压剪断剪钉，球连同下放的球座花篮一起下行进入下部管串，自动灌浆浮箍恢复单向阀的功能。Halliburton 以及 TIW 公司都采用类似的自动灌浆浮箍的结构。

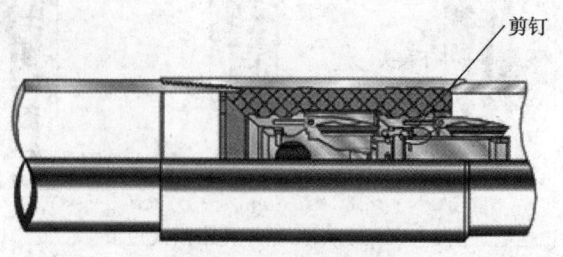

图 6　Auto – Fill 浮箍

4. 现场应用

现场参数如下：尾管尺寸：$11\frac{3}{4}$in；上层套管尺寸：14in；钻井深度：8713m；钻具组合：$6\frac{5}{8}$in 钻杆；SurgeMasterII：$9\frac{1}{4}$in 尾管坐挂位置：6365m；测试范围：6600～6850m 为窄压力窗口；压力窗口：泥浆当量密度为 1.68～1.76g/cm³。

通过与邻近井的不同下入方式的比较，在窄压力窗口下尾管，采用常规方法速度极慢，若采用尾管快速下入系统将极大加快下放速度，约为常规下放速度的 166 倍（表 1），Weatherford 公司估算直接节省成本达 35 万美元。

表 1 尾管下入速度对比

	常规下入/(ft/min)	仅自动灌浆浮箍/(ft/min)	尾管快速下入系统/(ft/min)
下放速度	0.3(0.09m/min)	23(7m/min)	50(15m/min)

3.2　Halliburton 公司尾管快速下入系统[11]

Halliburton 公司的尾管快速下入系统包括：SuperFill 分流短节、SuperFill 确认短节以及配套的浮箍引鞋，其配套的浮箍结构与 Weatherford 公司 Auto－Fill 浮箍相似。

1. SuperFill 分流短节

图 7 是 Halliburton 公司的 SuperFill 分流短节，其功能同 Weatherford 公司的循环短节一样，流体通过导流槽孔进入钻杆与上层套管的环空，Halliburton 在短节内采用膨胀式球座结构，下入过程中，膨胀式球座可产生节流效应，将流体挤入环空，尾管到位后投球，当球到达膨胀式球座后，憋压剪钉剪断，带动关闭套关闭导流孔；继续憋压，球座膨胀球座通径增大，球继续下落实现后续操作。Halliburton 在早前分流短节的基础上进行改进，增加了扶正滑动衬套，当下入过程中需要循环时，上提钻井分流短节本体上行，扶正衬套堵住导流孔。

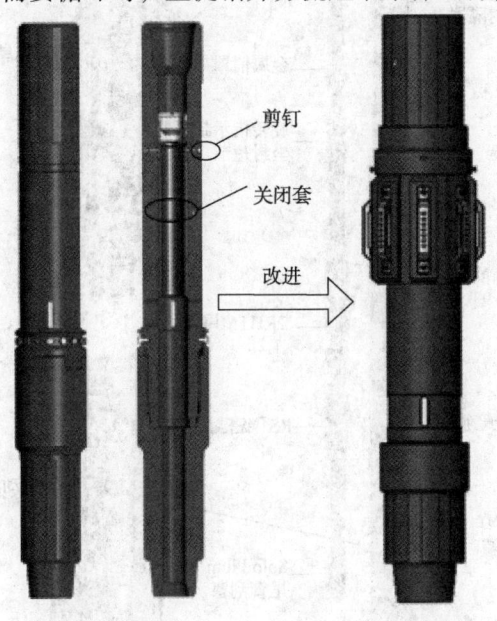

图 7　SuperFill 分流短节

2. SuperFill 确认短节

Halliburton 公司在 SuperFill 分流短节下 1~2 根钻具后安装确认短节，当球通过 SuperFill 分流短节后，落在确认短节的膨胀球座上，继续憋压球才能通过确认短节，在地面上将会观察到明显的压力变化，由此判断球是否成功通过分流短节，进而可判断是否关闭套是否下行关闭了导流孔。

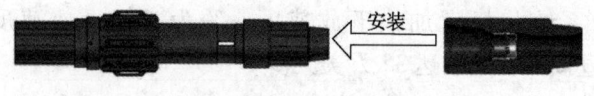

图 8　SuperFill 确认短节

3.3　Baker Huges 公司尾管快速下入系统[12]

Baker Huges 公司的尾管快速下入系统包括：Hyflo 导流阀、Hyflo 自动灌浆浮箍及配套引鞋。

1. Hyflo 导流阀

图 9 是 Baker Huges 公司的尾管快速下入系统示意图，从图中可以看到，Hyflo 的导流阀起到 Weatherford 与 Halliburton 公司的分流短节作用，其结构同 Halliburton 公司的 SuperFill 分流短节基本相同，都采用膨胀式球座加关闭套的结构。不同在于 Hyflo 导流阀在下入过程中导流孔处于常开的状态，不能实现遇阻循环的功能。

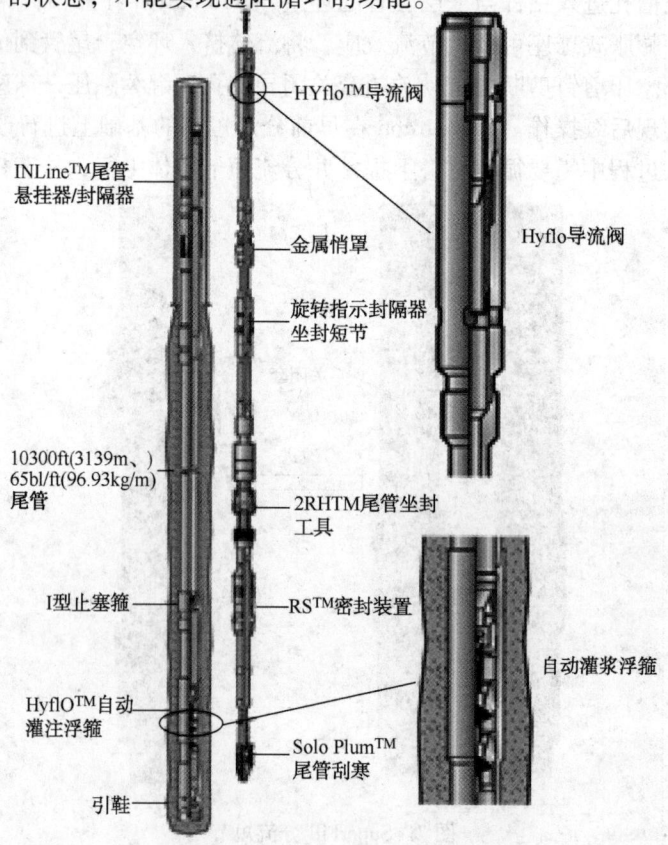

图 9　Baker Huges 尾管快速下入系统

2. Hyflo 自动灌浆浮箍

图 10 为 Baker Huges 的 Hyflo 自动灌浆浮箍示意图，浮箍的上端为球座，球座侧端配有剪钉，导杆下端压在浮箍的凡尔上使凡尔弹簧处于压缩状态，导杆顶在弹性机构的斜面上，弹性机构外侧被卡箍固定住。在下入过程中，浮箍处于这种敞开式的状态。

如图 11(a)所示，当球下落到浮箍的球座上后，憋压剪段剪钉，球座同敞开式花篮下行，花篮压在卡箍上，带动导管下行，如图 11(b)所示。继续压缩弹簧，当凡尔弹簧的恢复力大于卡箍和弹性机构斜面对导杆上端的限制力时，导杆脱离卡箍与弹性机构的束缚上行，进入敞开式花篮中，使浮箍回复单向功能，如图 11(c)所示。

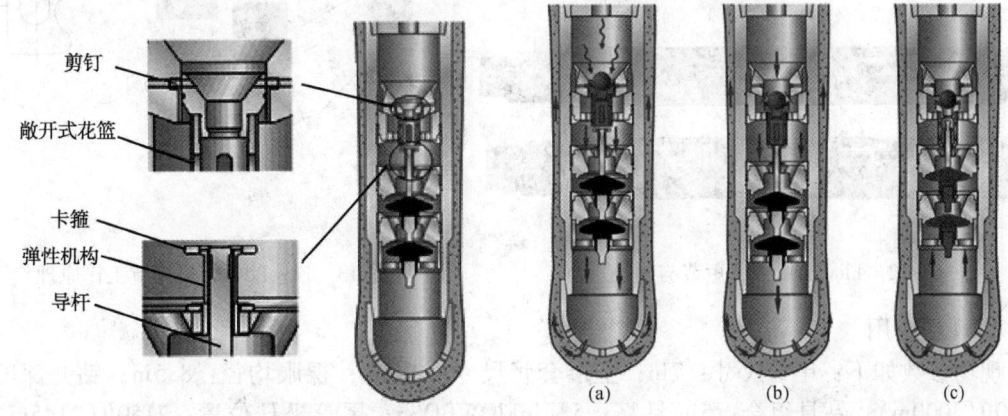

| 剪钉 |
| 敞开式花篮 |
| 卡箍 |
| 弹性机构 |
| 导杆 |

图 10　Hyflo 自动灌浆浮箍　　　　图 11　Hyflo 自动灌浆浮箍动作原理

3. 现场应用

现场参数如下：尾管尺寸：7in；上层套管尺寸：9⅝in；裸眼均径：8.5in；钻井深度：10600ft(3180m)；钻具组合：4½in 钻杆：5inHyflo；尾管坐挂位置：7150ft(2145m)；测试范围：9000～9450ft；压力窗口：14.3～15.3ppg(1.7～1.84g/cm³)。

通过对比，Baker Huges 的 Hyflo 尾管快速下入系统可将下发速度提升 25 倍左右(表 2)，有效的节省了尾管下入的作业时间。

表 2　尾管下入速度对比

	常规下入/(ft/min)	仅自动灌浆浮箍/(ft/min)	尾管快速下入系统/(ft/min)
下放速度	15(4.5m/min)	92(27.5m/min)	380(114m/min)

3.4　TIW 公司尾管快速下入系统[13]

1. FlowBoss 尾管快速下入短节

图 12 是 TIW 公司的导流短节 FlowBoss，图 12(a)表示分流短节，图 12(b)表示确认短节，区别仅在于确认短节无导流孔以及关闭衬套，FlowBoss 的特点在于它采用了 TIW 公司特色的可翻转球座技术，当球下落在球座上，憋压使球座下行，球座可翻转使球掉入下部管柱继续下行，确认短节的作用同 Halliburton 的确认短节作用相同。

当球下落到 FlowBoss 的球座位置后，憋压剪断上剪钉，球座带动关闭衬套、翻转衬套以及球座衬套下行，关闭衬套下行至本体内台阶处停止，关闭导流孔；继续憋压下剪钉剪断，球座带动球座衬套下行，由于球座侧边与翻转衬套的凸轮配合结构使得球座翻转90°，球掉入下部管柱继续下行，掉入确认短节重复上述动作后继续下行。球座翻转后，内通径增大。FlowBoss 分流短节工作原理如图 13 所示。

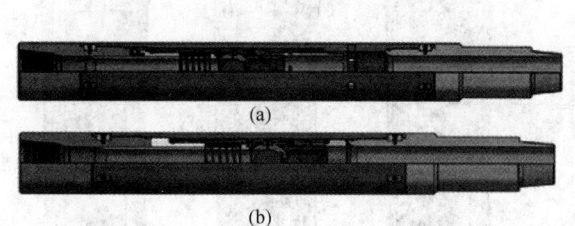

图 12　FlowBoss 分流短节与确认短节

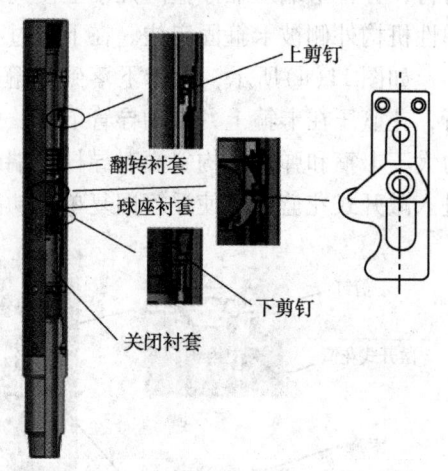

图 13　FlowBoss 分流短节工作原理

2. 现场应用

现场参数如下：尾管尺寸：7in；上层套管尺寸：9⅝in；裸眼均径：8.5in；钻井深度：10000ft(3000m)；钻具组合：5in 钻杆；5½inFLOWBOSS；尾管坐挂位置：7150ft(2145m)；测试范围：8500～9000ft；压力窗口：11.1～12.4ppg(1.7～1.84g/cm³)。

表3　尾管下入速度对比

	常规下入/(ft/min)	仅自动灌浆浮箍/(ft/min)	尾管快速下入系统/(ft/min)
下入速度	9(2.7m/min)	104(31m/min)	175(52.5m/min)

通过对比，TIW 的 FlowBoss 尾管快速下入系统可将下放速度提升 19 倍左右，有效的节省了尾管下入的作业时间。

4　结论

（1）国内主要应用自动灌浆浮箍实现尾管的快速下入，虽可提高下入速度降低激动压力但由于缺少止回装置或导流装置，在实际过程中会造成泥浆从井口溢出，国外采用自动灌浆浮箍加导流短节或导流阀实现尾管快速下入，可改善泥浆溢出的情况并进一步的降低激动压力。

（2）国内的自动灌浆浮箍如 ZG-1 型自动灌浆浮箍以及带弹簧阀自动灌浆浮箍虽无需投球憋压的操作即可恢复单向功能，但 ZG-1 浮箍存在需要碰压才能恢复单向功能，弹簧阀浮箍存在需要严格控制循环排量等问题。国外的自动灌浆浮箍都需投球憋压操作才能恢复单向功能，Hyflo 自动灌浆浮箍结构复杂，对内部关键零件如卡箍以及弹性机构的设计要求高，以 Weatherford 公司 Auto-Fill 为代表的自动灌浆浮箍采用阀板设计，对于零件设计要求小易于实现。

（3）比较各个公司的导流短节可见，Weatherford 公司的 SurgeMaster 导流短节考虑了井控方面的需要，适用性更广，但其结构复杂并且缺少导流孔关闭确认机构；Halliburton 的 SuperFill 分流短节采用可膨胀球座技术简化了短节结构，但是为满足下入过程中建立循环的要求加入了扶正滑动衬套，这增加了流体上返的阻力；Baker Hughes 公司的 Hyflo 导流短节循环孔在下入过程中处于常开的状态，不能满足遇阻循环的要求；TIW 公司采用独特的可翻转球座技术，但使其整体结构复杂化，并且也不能满足遇阻循环的要求。

（4）由于地层特性以及自身结构的不同，几个公司的尾管快速下入系统的现场的应用表现也各不相同，从给定条件下表现可见，Weatherford 公司的尾管快速下入系统将提升下入速度达 100 多倍，其次是 baker 公司与 TIW 公司，分别将速度提升 25 倍与 19 倍。

参 考 文 献

1 付华才，刘洋，孙政，马勇等. 套管下入激动压力计算模型及影响因素分析[J]. 石油钻采工艺，2013，36(3)15～17

2 戴金玲. 套管最大安全下放速度的确定与监控[J]. 石油矿场机械，2011，40(2)：65～67

3 陶谦，夏宏南，彭美强等. 高温高压油井套管下放波动压力研究[J]. 断块油气田，2006，13(4)：58～60

4 管志川，宋洵成等. 波动压力约束条件下套管与井眼之间环空间隙的研究[J]. 石油大学学报，1999，23(6)：33～35

5 应保庆. 自动灌浆浮箍现场应用及评价[J]. 石油钻探技术，1996，24(2)：31～33

6 张世文. 自动灌浆浮箍浮鞋的设计[J]. 科技信息，2009，23：43～44

7 钱峰. 下套管自动灌浆技术的探讨[J]. 西部探矿工程，1997，9(1)：16

8 丁柯宇，程智远，汤新国等. 新型下套管自动灌浆装置研制与应用[J]. 石油矿场机械，2012，41(11)：59～60

9 Thad Scott，Michael LoGiudice，Greg Gaspard. Multiple – Opening Diverter Tool Reduces Formation Surge Pressure and Increases Running Speeds for Casing and Liners [R]. SPE 135178

10 SurgeMaster II Multiple – Opening Diverter Tool. Weaherford Service. www. weatherford. com

11 Casing Equipment Catalog Sec 10 SuperFill Surge Reduction Equip. Halliburton Service. www. halliburton. com

12 Baker Oil Tools Liner Hanger 2006. Baker Hughes Service. www. bakerhughes. com

13 FlowBoss Surge Reduction Tool With Maxbore Technology. TIW Service. www. tiwtools. com

增塑剂对吸水膨胀封隔器性能的影响

刘 阳 杨德锴

(中国石化石油工程技术研究院)

摘 要 以丁腈橡胶(NBR)和吸水树脂为主体材料,通过物理共混法制备的遇水膨胀橡胶,针对其补强和吸水组分较多、加工性能较差的问题,通过添加增塑剂,对其力学性能、膨胀性能以及加工性进行了研究。结果表明,增塑剂的种类和用量对吸水膨胀橡胶以及封隔器的力学性能、膨胀性能和加工成形性能有直接影响。以 3 种常用的丁腈橡胶增塑剂作为研究对象,在实验范围内,吸水树脂含量不变(60 份)的情况下,邻苯二甲酸二辛酯(DOP)的加入对吸水膨胀橡胶的增塑效果适度,强度衰减较小,对该类橡胶是一种均衡的增塑剂,当 DOP 含量达到 10 份时,综合性能达到最佳值,拉伸强度为 7.6MPa,拉断伸长率为 591%,邵尔 A 硬度为 75,常温蒸馏水中体积膨胀率为 470%。

关键词 吸水膨胀橡胶;增塑剂;丁腈橡胶;膨胀封隔器

前言

吸水膨胀橡胶作为一种新型高分子材料,通过在普通橡胶中增加了吸水体系合成而制得,以其独特的弹性密封堵水特性,在隧道盾构、油田井下工具等不规则空间的密封作业中起到了日益重要的作用。亲水性物质混入到疏水的橡胶材料后,当水接触时,水分子通过扩散、毛细以及表面吸附等物理作用进入橡胶内,与橡胶中的亲水性基团形成极强的亲和力。吸水聚合物在吸水前为一种高分子固态网状结构,其中的亲水官能团与水分子之间具有极强的吸引力和结合力,当遇水膨胀橡胶浸入水中时,亲水性官能团与水分子发生水合作用,使高分子网束张展,并在网束内外形成离子浓度差,使网络结构内外产生渗透压,水分子在渗透压作用下向网络结构内部渗透[1]。

吸水膨胀封隔器是一种用于通过在芯轴上缠绕吸水膨胀橡胶而制成的油田井下封堵工具,通过橡胶吸收井下液体产生体积膨胀来密封环空[2],具有结构简单、操作简便的特点,尤其适用于不规则井筒密封。国内对吸水膨胀橡胶的研究大多停留在对吸水聚合物的研究阶段,对工程应用中混炼胶的加工操作性能提升研究甚少,为了使橡胶产生足够的膨胀并起到密封作用,加入了大量的吸水膨胀剂和补强剂,混炼胶的含胶量较低,尚存在硬度高、操作性较差的问题。增塑剂的添加能够改善橡胶加工性能,但同时也降低了硫化胶的硬度,对吸水膨胀封隔器的密封性产生了一定影响[3~5]。如何提高操作性,改善胶料流动性,防止硬度不足,成为吸水膨胀橡胶以及封隔器制备的关键。

1 实验条件

1.1 主要原材料

NBR 橡胶,牌号 1043N,台湾南帝化工;炭黑 N774,天津市金秋实化工;白炭黑,

JF666，重庆建峰沉淀法白炭黑；防老剂 4010NA，上海方锐达；氧化锌，天津市福晨化学试剂厂；吸水树脂，自制；邻苯二甲酸二丁酯（DBP），北京化工厂；邻苯二甲酸二辛酯（DOP），北京化工厂；偏苯三甲酸三辛酯（TOTM），天津通达化工有限公司。

1.2 主要设备和仪器

双辊筒炼塑机 XK - 160，平板硫化机 XLB - 300 × 300，电子拉力机等。

1.3 试样制备

1. 基本配方

定量：NBR，100（质量份，下同）；炭黑，20；白炭黑，40；防老剂，2；氧化锌，3；吸水树脂，60。

变量：DOP，0 ~ 20；DBP，0 ~ 20；TOTM，0 ~ 20。

2. 工艺流程

称量→塑炼→混炼→压片→测试。

3. 工艺控制

（1）称量，根据配方称取胶料以及各组分，各组分搅拌均匀。

（2）塑炼，NBR 通过开炼机塑炼，停放 8h 待混炼。

（3）混炼，分两段混炼，一段混炼加入除硫化剂外的配合剂，胶料停放 8h 以上进行二段混炼，二段混炼加入硫化剂，混炼胶在开炼机上下片，停放 8h 待压片。

（4）压片，停放后的混炼胶在平板硫化机上硫化，硫化条件 146℃ × 60min。

1.4 性能测试

强度、硬度、扯断伸长率、压缩永久变形以及膨胀率是决定吸水膨胀橡胶综合性能的主要参数。硫化胶的物理性能参照 GB/T 528—2009、GB/T 529—2008 以及 GB/T 7759—1996 室温条件下进行。由于吸水膨胀橡胶作为一种特种橡胶，目前国家以及行业尚未颁布相关的标准，在测试时，90℃蒸馏水中，对橡胶样块以及吸水膨胀封隔器的体积变化进行测试，以观察其体积膨胀率。

2 增塑剂种类对橡胶物理以及膨胀性能影响

吸水膨胀橡胶的流动性，除了由 NBR 橡胶自身丙烯腈含量不同造成的门尼黏度差异决定，主要取决于占较大份数的吸水树脂以及白炭黑的数量[6]。吸水树脂的混入对 NBR 橡胶没有补强作用，会使硫化胶的力学性能下降，因此需要白炭黑和炭黑作为补强剂。使用增塑剂的目的是通过增塑剂分子插入到聚合物分子链之间，增大分子间距，削弱分子链间的应力来增加移动性，从而降低材料的硬度，提高材料的扯断伸长率和柔软性[7]，其相对分子质量、化学结构及用量是影响增塑效果的 3 个重要因素。DOP、DBP 以及 TOTM 作为常用的 3 种 NBR 橡胶增塑剂，相对分子量从 280 ~ 550 不等，在隔离 NBR 橡胶大分子链的同时，其极性部分还可与 NBR 中的氰基耦合，弱化了 NBR 橡胶中极性基团的连接作用，减少了大分子链间的连接点[8~10]，这使得吸水膨胀橡胶的撕裂性能出现不同程度的降低，对吸水橡胶综合性能的影响也有一定差异。

一般情况下，未添加增塑剂的遇水膨胀橡胶邵尔 A 硬度高于 85，在相同增塑剂的用量（10 份）下，偏苯三甲酸三辛酯（TOTM）的增塑作用最明显，硬度降至 61，邻苯二甲酸二辛酯（DOP）作用次之，可使硬度降至 75，邻苯二甲酸二丁酯（DBP）作用最弱，如图 1 所示。图 1 同时反映不同增塑剂对橡胶膨胀率的影响。加入增塑剂后，混炼胶的可操作性明显提升，带来不同程度的硬度降低，硫化胶的吸水膨胀率也随之提高。

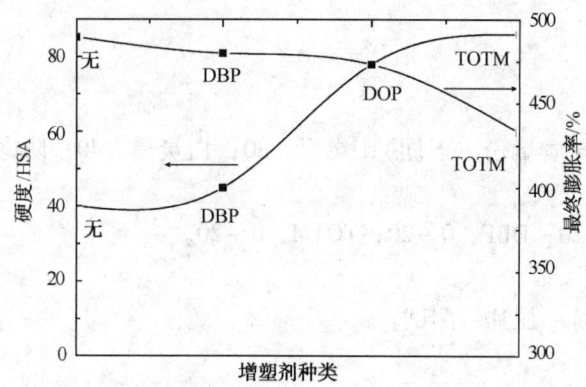

图 1　增塑剂用量与硫化胶硬度以及膨胀率关系

二丁酯（DBP 相对分子质量 280）对降低硬度贡献较小，在该份数下，硫化胶硬度降低仅为 5%，因此对橡胶操作加工性能的改善非常有限。

二辛酯（DOP 相对分子质量 390）与吸水树脂的配伍性好，对吸水树脂的分散均匀有一定的帮助，对降低硬度贡献要比 DBP 大，能够改善橡胶的加工性能，在保证硬度和良好流动性的基础上，兼顾提高了橡胶的膨胀性能。

偏苯三甲酸三辛酯（TOTM 相对分子质量 550）兼具单体型增塑剂与聚酯增塑剂的特性，由于在苯环上有数目较多的脂基，极性强，与 NBR 相容性好，增塑效果好，但是由于相对分子质量大，相对于 DOP 和 DBP，更难在共混胶网络中分布，这将使分子链在被拉伸过程中不容易发生链段滑移，对橡胶的扯断伸长率降低非常明显。

对比发现，DOP 增塑效果介于 DBP 和 TOTM 之间，更容易在橡胶网络中分散，能够提高吸水膨胀橡胶伸长率以及吸水膨胀率，对强度的降低不明显，是一种综合性能较好的增塑剂。

3　增塑剂对封隔器成形以及膨胀封压性能影响

3.1　成形设备以及工艺

加工设备：XK - 450 型开炼机，大连华韩；GK - 222 型硫化仪，北京橡胶工业研究设计院；QLB - 50 型平板硫化机；WQB - 2500B 型摆锤式拉力机；对辊成形机。

NBR 橡胶的配料、混炼过程均按照《GB/T 6038—2006 橡胶试验胶料的配料、混炼和硫化设备及操作程序》规定的程序进行。硫化条件参照《GB/T 16584—1996 橡胶　用无转子硫化仪测定硫化特性》中的规定，用硫化仪测定正硫化时间，结合硫化罐的升温速度，确定封隔器的硫化条件。加工工艺流程为：NBR 橡胶塑炼并停放 8h→混炼→下片停放 24h→薄通

→包贴法成形。

注：（1）为使 NBR 橡胶与吸水组分均匀混合，同时防止炭黑的高结构性破坏，混炼辊温控制 70~80℃，时间 30min，辊距 5mm 左右。

（2）为防止胶烧，硫化剂须在冷辊中加入，温度控制 60~70℃，辊距 5mm。

（3）由于吸水膨胀橡胶中混入了较大份数的吸水组分，含胶量较低，流动性差，为防止成形过程中层间夹杂气泡，需要在出片成形前对橡胶进行多次薄通，出片厚度≤4mm。

（4）封隔器胶辊胶料分底胶和面胶，面胶强度、硬度均较高，压变小；底胶强度、硬度低，提供膨胀力大[11]，硫化后不车磨外表面。

3.2 增塑剂对封隔器成形以及膨胀性能影响

在吸水组分不变的情况下，确定 DOP 用量对封隔器胶辊性能的影响，如表 1 所示，DOP 用量从 2 份到 20 份时，出片表面质量提高，厚度均可控制在 ±1mm，硫化后封隔器胶辊表面质量逐渐变好，但表面硬度降低。最终体积膨胀率也随着硬度的降低而提升，最终趋于平缓。可见 DOP 含量在 10 份左右时，吸水膨胀橡胶吸水膨胀橡胶硬度以及拉伸强度适中，胶料流动性改善，适合封隔器胶辊成形以及膨胀密封。

表 1　DOP 用量对成形以及膨胀性能影响

DOP 用量	拉伸强度/MPa	出片厚度/mm	表面质量/个	最终膨胀率/v%	硬度/HSA
2	11.7	5.3	5	345	87
5	9.3	4.8	5	395	83
10	7.6	4.4	3	435	81
15	5.2	4.5	1	470	73
20	3.5	4.4	0	490	62

表面质量表征方法：封隔器胶辊表面不允许出现裂痕等明显缺陷，但在不影响密封的前提下，允许胶筒表面有轻微的明疤、凹凸不平和气泡等缺陷，这些缺陷主要就是出片过程中的缺陷，经过硫化后放大造成的。依据石油行业标准《石油天然气工业　井下工具　遇油遇水自膨胀封隔器》，在长 100cm，宽为 50cm 的检验框内，缺陷的数量即反映表面质量的好坏。

膨胀率与时间关系曲线如图 2 所示，随着 DOP 用量增加，封隔器膨胀达到密封内径（体积膨胀率 180%）的时间由 8d 减为 5d，DOP 用量过多，会导致吸水聚合物的析出，降低膨胀率。DOP 份数为 10 份时，吸水膨胀橡胶强度 7.6MPa，硬度 HSA75，永久压缩变形 24%。

3.3 封隔器胶辊密封性能试验

对封隔器进行膨胀以及密封试验，试验环境以及所用产品规格如表 2 所示。

表 2　封隔器规格以及测试条件

型号	SZF - 58 - 300	型号	SZF - 58 - 300
胶筒内径/mm	15	胶筒外径/mm	58
胶筒长度/mm	300	试验套管内径/mm	100
试验介质	清水	试验温度/℃	90

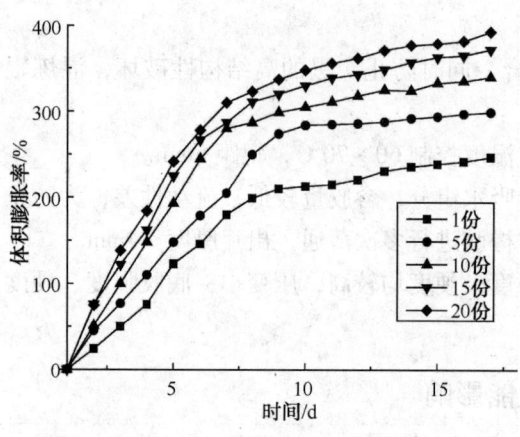

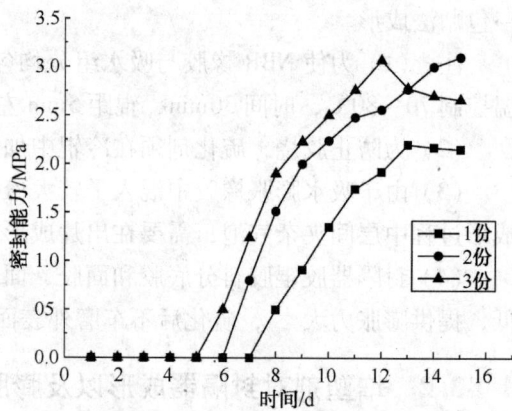

图2　DOP用量与封隔器胶辊体积膨胀率关系　　　　图3　DOP用量与封隔器耐压差关系

　　封隔器胶辊的膨胀密封性能与橡胶提供的膨胀率和胶筒硬度有关，DOP 含量为 1 份、10 份和 15 份的试验样机的密封试验结果如图 3 所示，当 DOP 含量较低时，对膨胀速度的提升几乎没有影响，当 DOP 含量超过 15 份时，膨胀速度明显加快，但由于胶筒表面硬度较低，密封能力减弱。

4　结论

　　遇水膨胀橡胶作为一种特种橡胶材料，在保证其膨胀性能、强度和硬度 3 个主要指标的前提下，可以通过添加增塑剂来改善胶料性能、提高封隔器胶辊的成形效率和成形质量。

　　通过对比 DOP、DBP 以及 TOTM 3 种增塑剂对遇水膨胀橡胶增塑效果的影响，与 DBP 和 TOTM 相比，DOP 是一种对遇水膨胀橡胶综合性能改善最好的增塑剂，可制备出强度高、硬度适中、膨胀性好、流动性能好且具有良好操作性的遇水膨胀橡胶以及封隔器胶辊。

参 考 文 献

1　杨德锴，马兰荣，郭朝辉等. 遇水膨胀橡胶的膨胀性能研究[J]. 弹性体，2013，23(1)：80～84

2　徐鑫，魏新芳，余金陵. 遇油遇水自膨胀封隔器的研究与应用[J]. 石油钻探技术，2009(6)：67～69

3　韩燕蓝，王群，何培新. 吸水膨胀橡胶的改性研究进展[J]. 橡胶工业，2005，52(4)：251～254

4　周爱军，杨鹏，刘长生等. 改性组分对遇水膨胀橡胶吸水膨胀性能影响的逾渗理论分析[J]. 弹性体，2008(4)：15～21

5　孟德勇，崔磊. 改性吸水树脂的合成及其在吸水膨胀橡胶中的应用[J]. 橡胶工业，2013，60(8)，468～472

6　武爱军，王振华，郑文挺等. SBR/NBR 吸水膨胀橡胶的研制[J]. 橡胶工业，2010，57(10)，618～622

7　邹嘉佳，游峰，苏琳等. 中国流变学研究进展(2010)：PVC 增塑体系温度依赖性的动态流变学表征[J]. 浙江杭州：中国化学流变学专业委员会、中国力学学会流变学专业委员会，2010

8　刘春林，邓涛. TOTM/DOP 并用比对 CM/EVM 共混胶性能的研究[J]. 橡塑资源利用，2012，5：1～4

9　郭双华，管彩云. 打印机送纸胶辊胶料的研制[J]. 橡胶工业，2010，57(10)，235～237

10　张成龙，白延光. 古马隆树脂对 HNBR 性能的影响[J]. 特种橡胶制品，2012，33(1)：6～8，22

11　哈利伯顿能源服务公司. 可膨胀式的封隔器结构：美国得克萨斯州，200680055799.8[P]. 2008，3，20

固井滑套分段压裂工具耐冲蚀技术研究

魏 辽[1] 韩 峰[1] 朱玉杰[1] 郭朝辉[1,2]

(1. 中国石化石油工程技术研究院；2. 中国石油大学(北京)机械与储运工程学院)

摘 要 为分析套管固井滑套分段压裂工具经大排量、高砂比、长时间固液两相流冲蚀后的磨损情况及可靠性，本文从冲蚀理论分析、滑套带孔短节内部流场数值模拟等方面开展了固井滑套分段压裂工具的冲蚀磨损研究，分析了滑套孔眼冲蚀磨损速率与孔眼数量、砂比及排量的关系，通过研制一套整机试验装置，模拟了在特定工况条件下的滑套带孔短节冲蚀磨损情况。通过研究得知，滑套带孔短节孔眼过流能力影响其冲蚀磨程度，当滑套孔眼数量为2时，含砂流体排量达到5m³/min以上，砂比大于20%时，流体对孔眼周边冲蚀磨损异常严重。同时，结合数值分析和试验数据，得到了A型材质滑套短节冲蚀磨损系数。此研究成果为评估现场压裂施工排量、压裂液含砂比等因素对套管固井滑套分段压裂工具冲蚀磨损速率影响及工具可靠性提供理论基础和依据，指导滑套压裂工具的现场应用。。

关键词 固井滑套；冲蚀磨损；数值模拟；试验研究

前言

随着低渗透油藏、非常规油气藏的储层改造技术不断发展与进步，目前已经形成了裸眼封隔器分段压裂完井、固井滑套分段压裂完井、连续油管分段喷射环空压裂完井、套管桥塞分段压裂完井等水平井分段压裂完井工艺[1~7]。套管固井滑套在压裂施工时需经受大排量、高砂比压裂液的长时间冲蚀，为验证工具在严苛工况条件下的耐冲蚀性能，笔者从冲蚀磨损理论、数值模拟和试验研究方面开展了针对固井滑套分段压裂工具的冲蚀磨损性能分析与研究，以期获取压裂工具在井下工况条件下的功能可靠性和采用A型材质并经特殊表面处理工艺的滑套短节冲蚀磨损系数。

1 套管固井滑套分段压裂工艺原理

套管固井滑套分段压裂是一种新兴的储层改造技术，其工艺原理是[1~2]：根据油气藏改造需求将多个针对不同产层的滑套随套管一趟下入井内，然后实施常规固井后，通过特定方式逐级打开滑套、逐层压裂。压裂时受固井水泥环及地层破裂压力影响，滑套孔眼相对的岩层中会形成两条主裂缝，从而提高油气井产量。该技术具有施工流程简单、费用低廉、管柱保持通径、生产后期可对滑套选择性关闭等诸多特点，在非常规油气藏压裂改造中具有较好的应用前景。

基金项目：中国石化科技部重点攻关项目"套管固井滑套分段压裂工具研制"(项目编号：P12070)。

2 冲蚀磨损模型[8,9]

压裂液中的支撑剂颗粒对滑套内壁的冲蚀考虑了碰撞速度、角度、颗粒形状、质量流量等因素，具体模型为：

$$C^* = \frac{R'_{\text{erosion}}\rho_{\text{wall}}}{\sum\limits_{p=1}^{N_{\text{particles}}} \dfrac{\dot{m}_p C(d_p) f(a) V_p^{b(V_p)}}{A_{\text{face}}}} \tag{1}$$

式中，$C(d_p)$ 是与固体颗粒粒径相关的函数；$f(a)$ 是与膨胀角度相关的函数；V_p 是颗粒的膨胀速度；$b(V_p)$ 是与颗粒速度相关的函数；A_{face} 是壁面计算单元的面积；$\dot{m}_p$ 为颗粒 p 的质量流速；$N_{\text{particles}}$ 为发生碰撞的颗粒数量。上述参数全部为数值模拟软件中设置或软件系统默认取值。为表达不同材料的抗冲蚀能力，引入 R'_{erosion} 为滑套材料的实际磨损率，可通过试验测得，单位为 m/s；C^* 为与材料性质及热处理工艺相关的冲蚀磨损系数；ρ_{wall} 为滑套材料的密度，kg/m^3。

3 固井滑套带孔短节内部流场模拟及冲蚀磨损分析

3.1 带孔短节模型建立

采用软件建立滑套流体域模型，滑套内径为 $\phi121.4mm$，孔眼尺寸为 $90mm \times 40mm$，滑套总长为 $900mm$，采用自由网格的形式将流体域划分网格如图 1 所示。

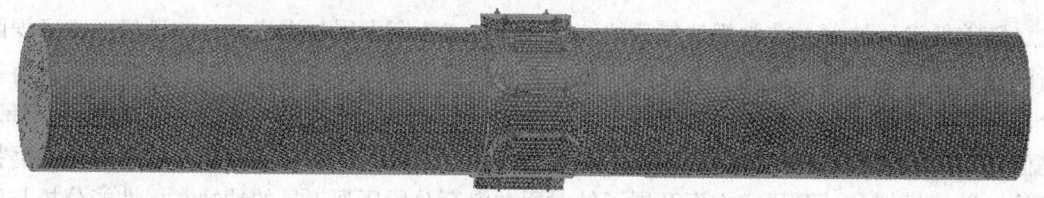

图 1 固井压裂滑套过流空间模型

3.2 冲蚀磨损计算结果分析

根据固井滑套带孔短节压裂孔眼数量、砂比、流速等的不同，将数值模拟分为表 1 所示工况进行模拟。

表 1 数值模拟参数表

参数	砂比/%	孔眼数量/个	密度/(g/cm³)	砂粒径/m	流量/(m³/min)
值	10、20、30	2、4、6	1.65	6×10^{-4}	2、4、6

以 $6m^3/min$ 排量，砂比 20%，带孔短节孔数为 2 时为例，数值模拟的压裂孔眼出口处流速分布及冲蚀磨损速率如图 2 所示。

由图 2 可以看出，固井滑套孔眼处受节流作用影响，流体速度增加，流体流经滑套孔眼

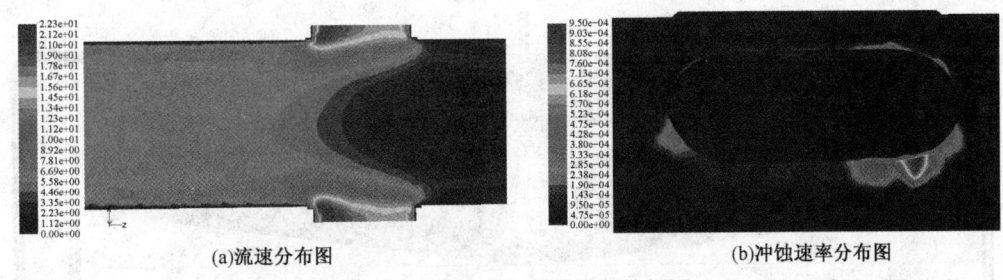

(a)流速分布图　　　　　　　　　　　　　　　(b)冲蚀速率分布图

图2　固井滑套孔眼数值模拟分析图

处时流场和流速均发生改变，据此可以判断流体对孔眼周边材料冲蚀磨损速率增大，而且根据分析得知滑套孔眼处冲蚀磨损速率与滑套孔眼数量、砂比及排量相关，如图3所示。

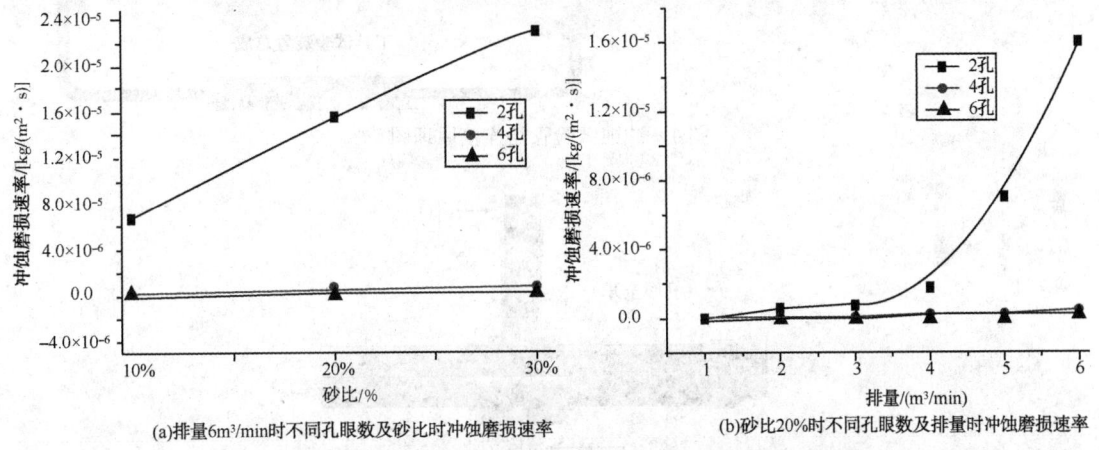

(a)排量6m³/min时不同孔眼数及砂比时冲蚀磨损速率　　　(b)砂比20%时不同孔眼数及排量时冲蚀磨损速率

图3　滑套压裂孔眼数量、砂比、排量与冲蚀磨损速率关系曲线

图3表明当滑套压裂孔眼为2时，冲蚀磨损速率随着砂比、排量增加而显著增加，经数据拟合表明，滑套孔眼为2时，其冲蚀磨损速率在特定工况条件下可采用如公式(2)进行计算。

$$R_{erosion} = 4.4 \times 10^{-7} \times (e^{0.9Q} - 1)(\theta - 0.016) \tag{2}$$

式中，$R_{erosion}$ 为压裂孔眼冲蚀磨损速率，$kg/(m^2 \cdot s)$；θ 为砂比，%；Q 为排量，m^3/min。

而当滑套压裂孔眼数量为4和6时，由于其孔眼过流能力已经大于滑套内通径过流能力，因此孔眼处冲蚀磨损速率很小，且基本不随砂比、排量发生变化。

4　固井滑套分段压裂工具冲蚀磨损试验

为测试滑套压裂孔眼处冲蚀磨损情况，求取滑套材料冲蚀磨损系数，结合固井滑套现场应用工况，通过模拟滑套仅有两个对称孔眼处通过流体，并在地层中产生对称的两条主裂缝这一极端工况，设计一套冲蚀磨损整机试验装置，开展了工具冲蚀试验研究。

4.1　试验原理及试验管柱结构

固井滑套分段压裂工具试验原理如图4所示，主要具体采用双泵串联后再并联的四泵系统作为循环动力，通过吸入搅拌池内一定砂比含砂液体，并以大排量循环方式冲蚀固井滑套分段压裂装置，实现工具在现场条件下的冲蚀模拟，其中冲蚀试验装置管柱如图5所示。

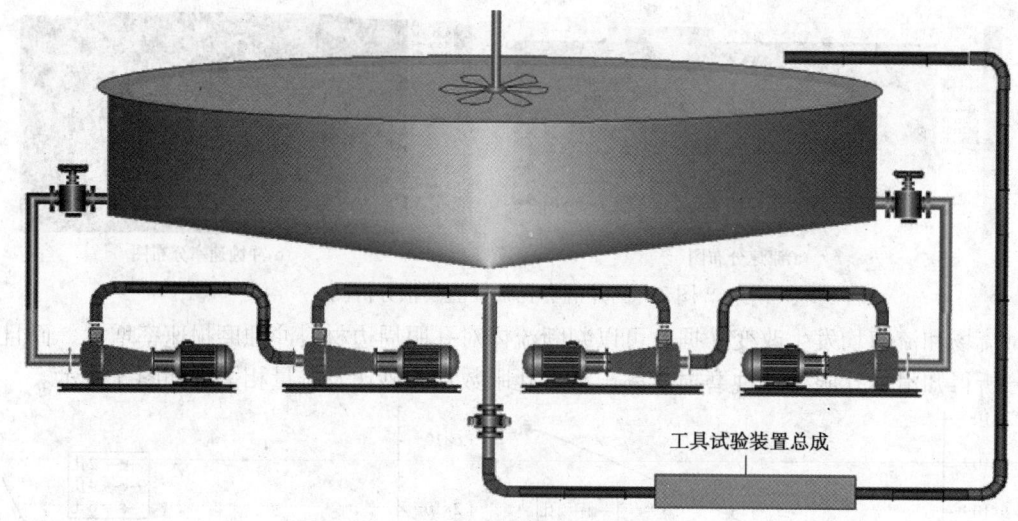

图 4　冲蚀试验管路连接原理图

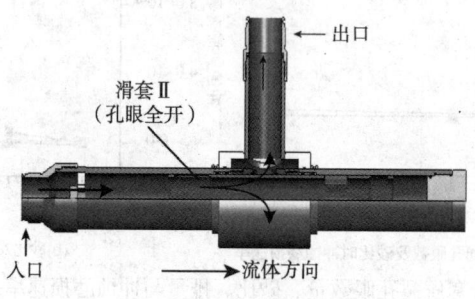

图 5　工具试验装置总成图

4.2　带孔短节冲蚀磨损试验分析

在平均排量约为 5.5m³/min，砂比约为 24% 的试验条件下，对滑套中的 2 孔带孔短节进行了冲蚀磨损性能测试。从图 6 和表 2 中可得出，滑套压裂孔眼周缘磨损较为严重，且前 4h 冲蚀磨损主要在孔眼长度方向，如图 6(a) 所示。根据前文数值模拟结果分析，在同等试验条件下后延长冲蚀时间至 8h 后发现，冲蚀磨阻集中在孔眼宽度方向，如图 6(b) 所示，短节综合磨损率达到 51.4g/h。经分析长度方向冲蚀磨损至壁厚较厚处[如图 6(c) 中黄色箭头所示位置]时，冲蚀速率降低，从而增大了孔眼宽度方向上的磨损速率。

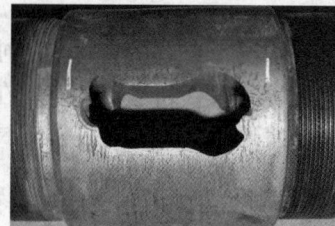

(a)冲蚀6h后孔眼形貌　　　　(b)冲蚀8h后孔眼形貌　　　　(c)冲蚀8h后内部形貌

图 6　2 孔短节冲蚀后形貌

表2　2孔短节冲蚀试验数据

冲蚀时长/h	排量/(m³/min)	砂比/%	孔眼长度最大磨损量/mm	孔眼宽度最大磨损量/mm	累计失重/g
4	5.1	24.0	14.3	0.2	507
8	5.8	24.1	22.4	15.7	820

　　结合前文的数值模拟分析结果，带孔短节所用 A 型材料并经材料表面特殊处理后，其数值模拟分析取得的在排量 $6m^3/min$，砂比 20% 时滑套短节磨损速率为 $1.6 \times 10^{-5} kg/(m^2 \cdot s)$，试验测定的短节平均冲蚀磨损率为 $8.85 \times 10^{-7} m/s$，材料密度为 $7.85 \times 10^3 kg/m^3$，按照前文所述冲蚀磨损模型计算方法，可以得到 A 型材料的冲蚀磨损系数为 $C^* = 434$。

5　结论

　　（1）通过对套管固井滑套分段压裂工具数值模拟分析可知，滑套孔眼数量为 2，并通过拟合得出在特定工况条件下时砂比、排量对冲蚀磨损速率的影响曲线。通过试验研究得知，当含砂流体排量达到 $5m^3/min$ 以上，砂比大于 20% 时，流体对孔眼周边蚀磨损严重，当滑套孔眼过流能力大于等于滑套内径后含砂流体对孔眼冲蚀磨损影响大大降低。

　　（2）通过数值分析和试验研究，采用 A 型材料并经表面特殊处理后加工而成的滑套带孔短节冲蚀磨损系数为 434，可用于对同种材料工具在其他工况条件下的冲蚀情况进行有效预测及可靠性评估。

参 考 文 献

1　董云龙，唐世忠，牛艳花等.水平井套管固井滑套分段压裂完井存在问题及对策[J].石油钻采工艺，2013，1(35)：28~30

2　郭朝辉，魏辽，马兰荣.新型无级差套管滑套及其应用[J].石油机械，2012，40(10)91~99

3　田守嶒，李根生，黄中伟等.水力喷射压裂机理与技术研究进展[J].石油钻采工艺，2008，30(2)：58~62

4　王建军，于志强.水平井裸眼选择性分段压裂完井技术及工具[J].石油机械，2011，39(3)：59~62

5　韩永亮，刘志斌，程智远等.水平井分段压裂滑套的研制与应用[J].石油机械，2011，39(2)：64~65

6　柴国兴，刘松，王慧莉等.新型水平井不动管柱封隔器分段压裂技术[J].中国石油大学学报(自然科学版)，2010，34(4)：141~145

7　Neil Stegent and Matt Howell. Continuous multistage fracture – stimulation completion process in a cemented wellbore[J]. SPE 125365

8　吴波.渣浆泵固液两相三维湍流及冲蚀磨损特性研究[D].长沙：中南大学，2010

9　王尊策，王森，徐艳等.基于 Fluent 软件的喷砂器磨损规律数值模拟[J].石油矿场机械，2012，41(8)：11~14

信息与管理

利用影响因子评价科技期刊的
消极影响及应对措施

令文学

（中国石化石油工程技术研究院）

摘　要　影响因子作为标准评价科技期刊的最重要的指标之一，不但各评价机构对此给予很高的权值，社会对其的认可度也很高。从影响因子的含义和科技期刊的效用两方面入手，指出了其因科学性、合理性和有用性等而对期刊发展起到的积极作用，同时详细分析了其不可忽视的片面性、误差性和差异性等局限性，及因片面追求高影响因子而可能带来的消极作用。并以正确认识影响因子、合理利用影响因子为主旨，探讨了期刊评价机构应该努力的方向，及在影响因子作为重要评价指标的情况下，科技期刊提高期刊质量的有效措施。

关键词　影响因子；科技期刊；学术论文；评价指标；措施

前言

对科技期刊的评价有各种各样的方法，各评价机构如美国科技信息研究所（ISI）、中国科技信息研究所、中国学术期刊（光盘版）电子杂志社文献检索分析中心等，都有自己不同的指标和评价方法。但是，尽管方法不同，评价体系上却是一致的，总体来看，这些机构都把期刊的影响因子作为评价科技期刊的一项重要指标。不过，从目前的形势来看，各期刊评价机构都是用多种指标联合对期刊进行量化评价，但在社会这一边，却只拿影响因子值的大小来论期刊质量的高低，这将带来一系列问题，其中包括为片面追求高影响因子而"急功近利"地去办科技期刊。为此，笔者在前人研究的基础上，结合自己的工作实践，讨论了期刊影响因子的局限性及其消极影响，提出了期刊评价机构在期刊评价指标方面应该改进的地方，及在影响因子作为重要评价指标的情况下，期刊主办者提高科技期刊质量的措施。

1　影响因子的含义

影响因子（Impact Factor，IF）是 1972 年美国人加菲尔德（Garfield）提出的，现已成为国际上通行的一个期刊评价指标[1]。影响因子指什么呢？就是期刊近两年的平均被引率，即该期刊前两年发表的论文在评价当年被引用的平均次数。用公式表示就是[1]：

$$\text{影响因子} = \frac{\text{该刊前 2 年所发表的论文在第 3 年被引用的次数}}{\text{该刊前 2 年内所发表的论文总数}}$$

从这个定义可知，影响因子有 3 个决定因素，分别是：时间（2 年）；论文总数（连续 2 年内所发表的论文总数）；被引用次数（上述论文在第 3 年被引用的总次数）。

同时表明：当论文总数不变时，影响因子的高低取决于被引频次的多少。由此可见，影响因子的本质意义为期刊论文的平均被引率，它是一个文献计量统计指标。

2　用影响因子评价科技期刊的科学性和客观性

2.1　影响因子的科学性[2]

国际著名的科学计量学专家普赖斯经过大量的文献统计后得出结论认为，科学论文发表后的两年是论文被引用的高峰期。因此期刊的影响因子用期刊论文两年后的平均被引率，揭示了学术思想传播的深度和广度，它使期刊学术质量的评价变得可以用量化的方法加以测试。由于期刊影响因子能够从总量上把握某一期刊及其所刊载的论文客观被关注的程度，能够从总量上计算出某一期刊上发表文章被引用的次数，从而为人们提供了该刊发表的文章所代表的学术观点和学术思想被传播的深度和广度的定量测度，也为人们通过该评价指标值的大小找到当今世界某一学科领域的前沿和热点提供了可能。

2.2　影响因子的客观性[3]

对科技期刊学术水平的评价目前比较常用的方法有3种：一是按照被引频次和影响因子的大小对期刊进行评价，期刊的影响因子越大表明它的影响力越大；二是按照一组专家的判断来对论文和期刊进行直接评价，虽然可以通过确定一些指标来尽可能客观地进行评价，但是，在这种方法中人为的主观判断起着主导作用；三是在第一种方法的基础之上结合一组专家的意见进行评价，这种方法的主观人为因素仍占很大比重，不能算是一种科学的方法。相对而言，用影响因子这种基于文献计量学的方法评价期刊是比较客观的，是期刊评价的重要指标之一。

3　影响因子评价科技期刊的局限性及其消极影响

3.1　影响因子的局限性[2,4,5]

1. 检索系统收录期刊源的差异性

（1）不同检索系统所统计源期刊库的数量及侧重点有所不同，因而所计算的影响因子也有所差异；同一期刊在不同的检索系统中，其影响因子的排序有很大差异；不同的学科领域由于统计源期刊的数量和引文习惯的差异，使得期刊的影响因子有数倍的差异。

（2）学科设置的缺陷又导致了期刊统计源的结构存在着严重的问题，使得一些学科的统计源期刊数量特别巨大，从而期刊的影响因子较高，而有些学科其统计源期刊数量很少，致使这些学科期刊的影响因子非常低。

（3）在学科分类方面，如果一种期刊涉及多个学科，这种期刊就会被分别列入多个学科的期刊排序表中。如果相关学科的整体影响因子高，就会出现相关学科期刊因影响因子大而排在本领域主要专业期刊之前的不合理现象，其实不同学科期刊的影响因子是不可比较的。

2. 学术评价的误差性

著名数学家、中国科学院院士杨乐指出，用影响因子评价科技期刊，至少经过了4次近似过程，每次近似都有着很大的误差。比如，要评估一篇论文 P 的质量，可以用它被摘引的次数来确定；又进一步假设，这篇论文的被摘引次数可由发表该论文的期刊 J 所有论文被引用次数的平均数代替，但是这个期刊 J 可能有上百年的历史，要检验它全部论文的被引用次数是十分困难的。为此，又进行了简化：要寻求此期刊 J 在 Y 年的影响因子，仅仅考虑期刊 J 在 Y－1 年与 Y－2 年所发表的论文在 Y 年各期刊的平均引用次数。事实上，他们计算 J 在 Y 年的平均引用次数只能考虑"源期刊" Y 年各卷期上对 J 在 Y－1 年与 Y－2 年的引用。然而，在所有的科学领域中，世界各国以各种文字出版和引用的期刊多如牛毛，这个"源期刊"在 Y－1 年与 Y－2 年的引用统计是很难付诸实施的。所以，这个影响因子的计算值与实际值有很大的误差，其学术评价当然存在很大的误差。

3. 影响因子的间接性

同一刊物上不同的论文引用频次有较大的差异，好的刊物并不能提高一般水平论文的被引频次，影响因子只能大致反映期刊的总体情况，不能反映每篇论文的质量水平。再从影响因子提出的目的、概念的内涵和计算来看，它与论文学术水平的评价并无直接关系，即论文被引证次数的多少实际上说明的是论文的被利用频次，其本身并不能反映论文的学术水平。也就是说，影响因子的值可以作为期刊被利用的指标，不能作为学术价值评价的指标。

3.2 影响因子的消极影响

1. 滋生人为引文

影响因子和文章的被引频次直接相关，但它不区分"自引"和"他引"。所以，如果人为提高自己期刊的"自引"较容易操作，但事实是，不合理的自引文献会降低科技期刊评价的权威性，对科技期刊评价产生负面影响。

2. 隐没期刊的实际输出量

科技期刊的功能价值并不在于其本身，而在于它对于科技事业前进和经济发展中所做贡献的大小。但是，影响因子的提出主要是基于平衡和消除由于不同载文量的期刊对被引频次所形成的差异。因此，这种补偿结果实际上是重对内（期刊）效益的高低，而轻对外（科技）输出量的大小。

3. 误导或者诱导期刊畸形发展[6]

综述性文章是对有关研究领域历史、现状、发展趋势的全面反映，是对以前文献的总结，具有较大的信息量和较高的学术水平，能启迪科研人员做出正确的选题判断，能吸引更多的读者，所以被引频次一般比较高。因此，科技期刊刊发综述性文章，能提高科技期刊的被引频次，继而提高科技期刊的影响因子。这样，有可能促使一些期刊加大综述性文章的发表数量，而减少、压缩原创性和基础性研究文章的发表，从而降低了科技期刊的技术含量，改变了办刊宗旨。

4 避免影响因子消极影响及提高期刊质量的措施

4.1 期刊评价机构的改进措施[7]

要让自己的评价结果科学、准确、公信力好，期刊评价机构须不断优化自身的评判指标，应该使用多种指标，从不同角度评价一个期刊的质量。分析现在评价机构所运用的各种评价指标可知(表1)[8]，不管是影响因子、总被引频次、他引率、自引率等，还是 H 指数，其实都是评价期刊中论文的被引用次数的，这些指标的同质化非常严重，所以，现在各期刊评价机构亟待解决的是怎样评价科技期刊所发论文的学术水平和社会效益的问题，亟待引进一项表针这方面水平的指标。

表1　中国科技信息研究所评价科技期刊的指标

期刊类别	期刊名称	总被引频次	影响因子	即年指标	他引率	引用刊数	学科影响指标	学科扩散指标	被引半衰期	H 指数
石油、天然气工业	石油规划设计	204	0.245	0.010	0.98	122	0.43	1.58	5.78	4
	石油化工	2059	0.996	0.142	0.81	429	0.42	5.57	5.20	8
	石油沥青	267	0.368	—	0.86	110	0.08	1.43	5.18	4
	石油炼制与化工	1029	0.500	0.061	0.88	241	0.42	3.13	6.26	6
	石油商技	90	0.173	0.057	0.81	49	0.12	0.64	4.42	2
	石油物探	1423	1.618	0.190	0.72	135	0.34	1.75	4.63	8
	石油学报	3240	1.702	0.177	0.84	347	0.71	4.51	5.90	11
	石油学报(石油加工)	744	0.698	0.126	0.88	236	0.40	3.06	5.73	6
	石油钻采工艺	953	0.441	0.027	0.87	160	0.49	2.08	6.27	6
	石油钻探技术	1052	1.079	0.182	0.60	127	0.49	1.65	4.11	7
	世界石油工业	85	0.103	0.158	1.00	51	0.32	0.66	9.25	2

除此而外，评价机构需要做的就是将各评价指标(包括可以评价期刊学术水平和社会经济效益的指标)优化组合，用加权平均的方法计算出一项新的指标值，并冠以参数名，然后用这个值来评价期刊，给期刊排名，并弱化影响因子的效应。

4.2　期刊主办方的应对措施

在现有评价体系下，期刊主办方应该做的不是"投机取巧"，而是老老实实做好各项基础工作，来稳步提高期刊质量。期刊质量上去了，用什么评价方法评价，结果都不会太差。需要做好的工作可归纳为如下几个方面[9~10]：

(1) 准确定位。要将科技期刊办出特色，首先必须对自己的期刊定位。而定位要做到三点：一是要明确，有强烈的定位意识，高度重视定位的重要性；二是要准确，能充分利用自身的优势，寻找有利的发展空间，或者是做到人无我有，或者是做到人有我优；三是要落实，如果不能落实，一切都是空谈。

(2) 争取优秀论文。期刊是由论文组成的，要提高期刊质量，就必须提高论文质量。一个期刊应该在紧紧围绕刊物总体定位的基础上，利用互联网、电视、报刊等，搜集与本刊有关的学术上的信息，加以分析、整理，形成本编辑部的选题信息库，并及时向学科带头人及专家约稿，争取获得其研究成果或阶段性成果的首发权。

(3) 严把论文质量关。聘请学问精深，学风严谨的专家审稿，以确保每一篇要发表的论文都有相当的刊用价值。杜绝人情稿件。

（4）多交流。多和作者沟通：编辑和作者共同努力，消除文章中可能存在的各种错误，将文章打磨到最理想的效果；多和同行交流：交流心得，互通有无，共同进步。

（5）缩短论文的发表时滞。在科学飞速发展的今天，科技成果的发表周期严重影响着该成果的创新程度。一项创新性很强的科研成果，在编辑部里经历了一年甚至更长的时间后再发表，可能就会变成了无新意的垃圾信息。

（6）规范论文摘要和参考文献。摘要反映作者的主要研究成果，提供论文的主要定量或定性信息，参考文献也直接关系到检索和统计的准确性。因此，必须严格执行国家标准，规范编辑，做到完全、完整、准确。

（7）注意期刊的印刷装潢和对外宣传，大力提高期刊的发行量和发行广度。

笔者将上述 7 项措施做适当拓展后，绘制成提高科技期刊质量必须要做好的各项基础工作示意图（图 1）。

分析图 1 可知，这各项基础工作，或者说提高科技期刊质量的种种措施，可概括为"内抓质量，外树形象"八个字。

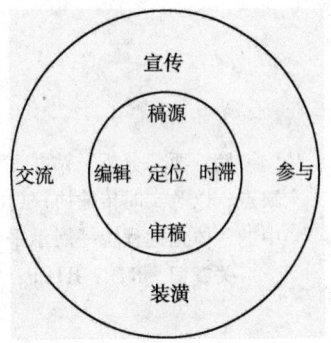

图 1　提高科技期刊
质量的基础措施

5　结论与建议

（1）在运用影响因子评价科技期刊时，首先须正确认识影响因子，然后合理利用影响因子，使之发挥科学性和客观性的作用，而规避其局限性和消极影响。

（2）影响因子只是科学评价期刊的指标之一，应该早日创立并推广综合了各类评价指标的新指标，以弱化影响因子的影响力，使期刊评价更科学，更有利于期刊发展。

（3）作为期刊编辑人员，我们应该采取务实的态度，积极贯彻落实上面所列各项提高期刊质量的措施（诸如期刊定位、争取优质稿件等），以推进科技期刊的发展。

参 考 文 献

1　刘炳琪，张知侠．期刊影响因子的概念及意义[J]．畜牧兽医杂志，2008，27（3）：102

2　史庆华．影响因子评价专业学术期刊的科学性与局限性[J]．现代情报，2006，26（1）：35～36，40

3　刘笑达，牛艳萍，王雅利等．影响因子对科技期刊评价的客观性分析[J]．太原科技，2009（8）：55～57

4　周兴旺．科技期刊影响因子的偏差分析[J]．四川文理学院学报，2010，20（2）：26～27

5　贾志云．期刊影响因子的学科差异、领域差异以及绩效考核[J]．中国科学院院刊，2009（9）：525～529

6　周全．论科技期刊中刊发综述性文章与影响因子的关系[J]．现代交际，2009（11）：135～136

7　罗臻，刘莉．基于影响因子与 h 系列指数的期刊学术水平综合评价指标研究[J]．情报杂志，2010，29（3）：79～82

8　中国科学技术信息研究所．2009 年版中国科技期刊引证报告（扩刊版）[M]．北京：科学技术文献出版社，2009：142

9　李勤．提高学术期刊影响因子的途径[J]．今传媒，2007（9）：52～53

10　蒋永忠，许才明，戴起伟等．提高科技期刊影响因子的有效措施分析[J]．农业图书情报学刊，2009（12）：172～176

多媒体传输协议在钻井远程
专家决策系统中的应用展望

张 成

（中国石化石油工程技术研究院）

摘 要 分析了钻井远程专家决策系统中传输的具体数据类型，提出了现用的通讯协议的优缺点，以及实时传输协议（RTP）的基本概念和运行机理，并针对钻井专家远程决策系统（RSDE）中的一体化远程统一展示平台建设，讨论了 RTP 在钻井信息传输领域的应用前景。

关键词 RTP；RTCP；钻井专家远程决策系统

前言

在钻井远程专家决策系统中，中心决策人员对数据的实时性、平滑性提出了相当高的要求，而传统的 TCP 协议的重传机制和拥塞机制决定了它不适合于实时的多媒体传输，对新型的高速的网络协议的需求被提上了日程。与此同时，实时传输协议（RTP），随着流媒体技术的发展，作为专门的为网络多媒体应用设计的核心协议，逐渐进入了大家的视线。

1 在钻井远程专家决策系统中的需求分析

钻井远程专家决策系统主要是有 3 个部分构成：数据中心、一体化远程展示平台和钻井作业支持系统。数据中心是系统的基础，里面包含有决策支持项目库、钻井综合数据库和实时库。我们在数据中心的基础上，利用已有成果结合最新的网络传输协议、投影成像工具构建出一体化远程展示平台。最终的目的就是为了将钻井工程设计与预测、实时监控与决策等环节有机地结合起来，形成钻井作业支持系统。本文主要讨论的是第二部分的技术需求。

到现在为止，主要有三类数据是实时性的通过各种信道传入并展示在一体化远程平台上的。

井场监控视频。通过分布在井场各个角落的工业电视设备对钻井现场进行实时监控，讲得到的图像实时传输给远程展示平台，供各位专家监控、管理和决策。现有的工业电视设备主要分布在：井架二层台（监控对象为整个钻井工作区）、钻井绞车（监控对象为绞车大绳）、钻井泵（监控对象为钻井泵气缸）、井场制高点（监控对象为整个井场，为了获得广阔的可以变幻的视角，此摄像机应安装云台控制器）。

钻井实时参数。钻井实时参数包括井下工具和设备（如 MWD，LWD，PWD，SWD，FEWD 等）采集到的各种井身参数、地质参数等，以及钻井参数仪采集到的各种实时钻井工程参数。井下参数主要有：钻头位置、井斜角、方位角、地层电阻率、自然伽马、岩石孔隙度、孔隙压力等;地方工程参数主要包括:井深、钻时、钻压、大钩负荷、立压、套压、转速、扭矩、钻井液池体积、排量、流量、钻井液出入口温度、钻井液密度、电导率等。

管理型生产数据。在远程展示平台接收的数据中,还有一部分属于无法自动采集的动态生产数据,包括日报、班报等[1]。

我们旧有的传输链路系统是在构建在 TCP/IP 协议之上的,其中 TCP/IP 协议是异种网络操作系统互连和通信的工业标准。系统构建在 TCP/IP 之上,可以拓宽其应用范围。TCP/IP 协议一度依靠它的重传机制、拥塞机制和建立连接机制,成为了现在所有可靠性网络连接的基础。一开始 TCP/IP 就不是为实时数据传输设计的,到现在面对井场视频、钻井实时参数和管理型生产数据这些视频和音频相结合的实时流媒体信息,它曾经的优点成为了它在多媒体传输中应用的最大制约。我们接下来分析一下 TCP 为什么不适合于视音频信息的实时传输。

1.1 TCP 的重传机制

我们知道,在 TCP/IP 协议中,当发送方发现数据丢失时,它将要求重传丢失的数据包。然而这将需要一个甚至更多的周期(根据 TCP/IP 的快速重传机制,这将需要 3 个额外的帧延迟),这种重传对于实时性要求较高的视音频数据通信来说几乎是灾难性的,因为接收方不得不等待重传数据的到来,从而造成了延迟和断点(音频的不连续或视频的凝固等等)。

1.2 TCP 的拥塞控制机制[2]

TCP 的拥塞控制机制在探测到有数据包丢失时,它就会减小它的拥塞窗口。而另一方面,音频、视频在特定的编码方式下,产生的编码数量(即码率)是不可能突然改变的。正确的拥塞控制应该是变换音频、视频信息的编码方式,调节视频信息的帧频或图像幅面的大小等等。

1.3 TCP 报文头的大小

TCP 不适合于实时视音频传输的另一个缺陷是,它的报文头比 UDP 的报文头大。TCP 的报文头为 40 个字节,而 UDP 的报文头仅为 12 个字节。并且,这些可靠的传输层协议不能提供时间戳(Time Stamp)和编解码信息(Encoding Information),而这些信息恰恰是接收方(即客户端)的应用程序所需要的。

1.4 启动速度慢

即便是在网络运行状态良好、没有丢包的情况下,由于 TCP 的启动需要建立连接,因而在初始化的过程中,需要较长的时间,而在一个实时视音频传输应用中,尽量少的延迟正是我们所期望的。

从上面 4 个方面的分析,可以看出 TCP 协议是不适合用来传输实时视音频数据的,为了实现视音频数据的实时传输,我们需要寻求其他的途径。

2 RTP 协议[3]

RTP 协议是专门为交互式话音。视频,仿真数据等实时媒体应用而设计的轻型传输协议。它为应用提供端到端的实时网络传输。但 RTP 协议本身并不提供对实时媒体应用的服务质量保证。需要下层协议提供支持。

RTP 协议具有以下特点：

（1）轻型的传输协议：RTP 提供端到端的实时媒体传输功能。但并不提供机制来确保实时传输和服务质量保证。协议本身相对轻型，快捷。由于 RTP 没有像 TCP/IP 那样完整的体系框架。只是一个轻型的传输协议。主要与具体应用结合在一起来实现。

（2）灵活性：体现在把协议机制与控制策略的具体算法分开协议本身只提供完成实时传输的机制，对控制策略的有头算过实现不作具体规定，开发者可以根据不同的应用环境。选择实现效率较高的算法与合适的控制策略。

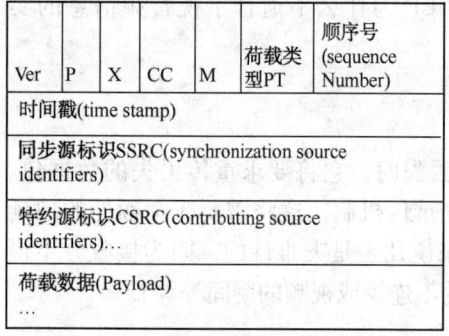

图 1　RTP 数据帧格式

（3）协议独立性：RTP 协议与下层协议无关，可以在 UDP/IP，IPX，ATM 的 AAL 层上实现。

（4）扩展性：既支持传统的单播（Unicast）应用又支持新出现的组播（Multicast）应用。

RTP 数据帧由 RTP 头和不定长的连续媒体数据组成。其中固定的 RTP 头为 12 字节，媒体数据可以是编码数据。RTP 头结构如图 1 所示。

RTP 提供足够的机制来适应传输实时数据，例如用时间戳及其控制机制来对一些具有时间特质的数据流进行同步。为了更高层次的同步以及同步不是周期传输的媒体流，RTP 使用了一个线性单调的时钟，它的增长比媒体流的最小的数据块的增长还要快，例如音频的采样率。初始时钟值是随机的。一些串行的 RTP 包的时间戳如果在时间上是同时发生的，则应该相等。例如，那些属于同一个视频帧的包；一些串行的 RTP 包的时间戳也可以是非单调。

如果它们不按顺序传送，例如 MPEG 的交插帧，但其顺序号必须是单调的。

3　RTP 的控制协议——RTCP[3]

RTP 提供了一个控制协议——RTCP，基于向会话的所有参加方周期性地发送控制分组，使用和数据分组相同的分发机制。对应于不同应用的控制，RTCP 信息由若干堆栈式的包组成，每个包有其自己的类型码和长度指示，其包格式和 RTP 数据包类似。RTCP 包周期性地在会话成员之间组播，起着会员活动指示器的作用。常用的 RTCP 包有下列几类：①SR：源报告包，用于发送和接收活动源的统计信息；②RR：接收者报告包，用于接收非活动站的统计信息；③SDES：源描述包，用于报告和站点相关的信息；④BYE：站点离开系统报告包；⑤APP：特殊应用包。

RTCP 主要有下列 4 大功能，

（1）提供数据传输质量的反馈信息，主要通过发送方报告（SR，Sender Report）和接收方报告（RR，Receiver Report）来实现。这些反馈信息与流量控制和拥塞控制密切相关。也可以直接用于故障诊断。

（2）对每一个 RTP 信息源，RTC 带有一致的传输层标识，称为通用名 CNAME（Canonical Name）。当同步源标志 SSRC 在由于冲突而发生改变时接收方需要 CNAME 标识来区分多个媒体流中给定应用的应用成员。

（3）当前参加成员的动态估计，可以用来计算数据发送速率，并且在成员动态变化时对速率进行动态地调整以合理利用网络资源。

（4）传送最少量的控制信息以保证系统可以容易地扩展成为大规模的松散耦合系统。RTCP 控制分组和 RTP 媒体数据分组同属于一个群组。但使用不同的协议端口号来区分。群组的发送方和接收方都周期组播 RTCP 分组，来提供实时重传需要的不同服务，如参加成员用 RTCP 分组的源描述符（SDES）标识。接收方用 BR 发达 QOS 报告，发送上以 SR 来辅助媒体之间的同步等。这些控制信息对基于发送方的速率自适应，网络监控和会议控制都很关键。

4 RTP 协议在钻井远程决策系统中的应用分析和展望[4]

一个一体化远程展示平台包括底层网络和多媒体通信接口层。底层网络是基于没有 QOS 保证的分组交换网络，如企业网和 Internet 网，多媒体通信接口层提供系统的网络互联能力和通用的网络接口。为使传输井场视频监控、井场实时参数和管理型生产数据等信号时的时延最小，在 UDP 上利用 RTP/RTCP 对媒体（音频和视频）流的封装，媒体流的同步和控制流封装，控制信息的格式，进行媒体流的打包与同步。

发送端的编码器输出的井场数据流经过成帧算法后，形成适合于 RTP 协议格式的封装，递交 RTP 分组处理模块，加上此协议的分组包头，并根据当前的采样时钟打上时间戳，标记顺序号，并给定帧频，分辨率、相应的压缩格式等参数，经多目地址传输来完成。

接收端在实时井场数据到达后，去掉该层协议的头标，根据应用的端口号向上层递交。RTP 分组模块处理递交的数据分组，根据其会话标识和序列号进行鉴别，将有效的分组传递给相应的解码缓冲区，实现数据流内部和数据流间的同步。

媒体传输建立的过程中，通过 RTCP 控制分组，将本地的描述信息传达给其它具有相同组播地址的节点，同时接收来自其它节点的描述信息，形成初步的连接状态表，并根据和节点的退出或加入状况，对连接状态表进行维护，从而及时反映当前和节点的连接状况。各节点根据反馈信息来调整数据的编码格式，检测，定位网络故障，监控网络的传输状况，驱动视频编码模块进行响应，提高或降低实时数据的产生速率。

随着节点的加入/退出及当前网络活动的状况，各节点间的数据流和控制流都要进行用户管理。因此必须在 IP 多播成员之间交换一些必要的信息，通过 RTCP 协议包对各节点的信息传送和接收管理。各节点在系统初启时，向约定的 Multicast 地址自动发送一个 SDES 类型的 RTCP 包，将本端点信息通报给所有参与通信的站点。SDES 包中包含通信人姓名、IP 地址、编码标志、端口号和类名等与站点相关的信息。所有站点需同期性地向约定的 Multicast 地址发送一个 SDES 类型的 RTCP 包并当有媒体状态变化时也需立即发送。一方面通报自己仍在通信过程中，另一方面把参与 IP 多播的人员信息及时告知新加入的站点，如果超过规定时间内还未收到某个站点的 SDES 包，则作超时失效处理。如果以后又收到该站信息，则重置相应的记录有效。而退出以前以"BYE"包的形式通报给系统，各站点收到 BYE 包后置相应站点的退出标记。

5 结论

随着钻井远程专家决策系统的统一展示平台不断发展完善，对接受信息和实现实时控制的要求也会越来越高，传统的 TCP 协议终将被 RTP 协议替代。我们信息与标准化研究所立志从钻井远程专家决策系统开始，把信息和标准化做成中国工程铁军的杀手锏技术，超越欧美国家，达到世界超一流水准。

参 考 文 献

1 苏勘华. 多媒体技术在石油工程中的应用及前景分析[J]. 石油钻探技术，2005，33(6)：35
2 张占军，韩承德. 多媒体实时传输协议 RTP[J]. 计算机功能与应用，2001，4(11)：35～36，40
3 吴昱军. 多媒体实时传输协议及在视频传输系统中应用[J]. 微计算机信息：测控自动化，2003，19(10)：75～76
4 高旭，沈苏彬，顾冠群. 网络多媒体实时传输协议浅析[J]. 计算机应用研究，2000，17(2)：6～8

基于 PowerVM 虚拟化技术的云管理平台研究

王玉娟

（中国石化石油工程技术研究院）

摘　要　随着大数据的兴起以及云计算技术的发展，云管理技术也变得越来越重要。目前已有许多云管理技术，但现存的云管理平台大多使用不同的标准和技术，而且在提供云服务的时候难以兼顾安全性；IBM 的 PowerVM 虚拟化技术很好地解决了这一问题。本文以 PowerVM 虚拟化技术为基础，实现的云管理平台具有较好的管理效果，同时解决了安全性问题。

关键词　PowerVM；虚拟化；云管理平台

前言

大数据技术的兴起从另一方面使得云管理技术变得越来越重要。虽然现在市场上有不同的云管理技术，但它们大多使用不同的标准和技术，而且在提供云服务的时候难以兼顾安全性；IBM 的 PowerVM 虚拟化技术很好地解决了这一问题。本文介绍以 PowerVM 虚拟化技术为基础实现的云管理平台。

1　PowerVM 技术

PowerVM 是在 IBM POWER 处理器的硬件平台上提供的包含一系列硬件和软件特性的品牌，其虚拟化技术允许系统在不同的工作负载下更好的使用。PowerVM 虚拟化技术主要包括逻辑分区技术（logical partitioning）、微分区技术（Micro‐Partitioning）、虚拟 I/O 服务器（Virtual I/O）、虚拟 LAN（vlan）等[1]。

逻辑分区（LPAR）可以被看作一个逻辑服务器，它能够运行 Unix、Linux 等操作系统，并在其中支持工作负载。分区中包含一系列的系统资源，如内存、虚拟 I/O、cpu 等。分区的资源分配被 PowerVM 技术视作是一项逻辑任务，所以各个分区的资源数目可能根据需要而不同。逻辑分区可以作为专用的处理器分区，也可以作为共享的处理器分区。专用的处理器分区按整个处理器的增量来分配处理资源，而共享的处理器分区使用微分区技术。

微分区技术允许给逻辑分区分配处理器，它可以分配给逻辑分区的最小处理器单元是 0.1 个 cpu，最大处理器单元是系统的 cpu 总数，期望处理器个数是逻辑分区运行工作负载需要的最佳处理器数目；分配处理器资源的时候，微分区技术允许以 0.01 的单位进行增减，所以分配给逻辑分区的处理器资源可能出现 0.76，2.54 等情形。使用微分区时，可以将一组处理器分配到共享处理器池（SPP），逻辑分区根据其优先级决定分配处理器。

虚拟 I/O 服务器（VIO Server）也是一种特殊的分区，它提供了在多个 LPAR 之间共享 I/O

资源的能力，要实现 I/O 共享，需要在 VIO Server 上定义虚拟以太网（Virtual Ethernet）和磁盘设备（Virtual SCSI），并将它们设置为对其他 LPAR 可用，如果不这样设置，每个 LPAR 都将需要自己连接网卡和磁盘设备，无疑增加了成本开销。因此，通过使用 VIO LPAR，可以用少量的以太网卡和磁盘控制器来承载大量的 LPAR。

PowerVM 虚拟化技术中有两类分区管理工具[2]：IVM 和 HMC。HMC 管理工具可以定义虚拟 LAN，从而可以借助内存而不是以太网卡连接多个 LPAR。这样做的好处是，适配器传输的速度是以内存传输速度进行的，优于物理 LAN 连接分区间的以 LAN 传输的速度。

2 虚拟化云管理平台

虚拟化技术把物理资源进行抽象化，访问抽象资源的方式和访问物理资源一样。系统虚拟化是虚拟化技术中主要的一种，它将一台物理计算机上的物理资源抽象后，供多个虚机使用，每个虚机所处的环境是相互独立的，所以可以认为是 PowerVM 中的 partition。基于 PowerVM 虚拟化技术的云管理平台可以方便地管理这些运行不同工作负载的逻辑分区，对操作系统内部的应用系统来说，这种效果和使用安装在物理机上的操作系统没有区别。

本文实现的虚拟化云管理平台主要的功能模块有节点调度和虚拟机管理。节点调度又分 3 种情形：启动虚拟机时的节点调度、关闭虚拟机时的节点调度和重启虚拟机时的节点调度。虚拟机生命周期管理包括启动虚拟机、关闭虚拟机、重启虚拟机、迁移虚拟机以及虚拟机监控。

启动虚拟机时节点调度的策略如下：首先检查虚拟机启动参数是否合法，合法的话就准备 IP 等网络资源，并根据预先设置的节点调度策略为虚拟机选择合适的节点；然后调用 fork 创建子进程，完成向节点控制器发送启动网络、启动虚拟机的请求，与此同时父进程完成保存虚拟机相关信息的任务。最后父进程在虚拟机集群中添加初始化的结构体，并修改与之相关的节点控制器内的可用资源。

关闭虚拟机时的节点调度策略比启动虚拟机时调度节点简单，首先根据要关闭的虚拟机的 ID，在结构体中查找此虚拟机的相关信息，如果找到虚拟机就进行后续操作，否则的话直接将结果置 0 并报错退出；然后释放找到的虚拟机占用的网络资源，如果此时虚拟机处于不可停止状态，就将结果置 0 并报错退出。

如果要在重启虚拟机时调度节点，首先要根据虚拟机的 ID 在结构体中查找相关信息，找到虚拟机后获取此虚拟机所在节点控制器的网络服务地址，并设置响应超时时间；如果找到虚拟机的相关信息，就向虚拟机所在的节点控制器发送重启虚拟机的请求；如果没有找到虚拟机就向云管理平台中的所有节点控制器发送重启虚拟机的请求，并等待服务响应，直到超时为止。迁移虚拟机时调度节点的策略和重启虚拟机时调度节点的策略类似。

启动虚拟机的实现过程如下：①根据系统配置文件中的设置，调用启动虚拟机的函数；②判断要启动的虚拟机是否已经启动，如果有的话，就不能执行启动操作，如果没有的话，将虚拟机的状态置为 Starting；③创建一个子进程，为虚机挂载镜像文件，并创建资源配置文件；④启动虚机，将虚拟机的状态设置为 Booting。关闭虚拟机时，首先根据虚机 ID 查找虚机，如果指定的虚机不存在，则报错退出；然后调用关闭虚拟机的函数，关闭虚机后还要释放虚拟机占用的资源。

重启虚拟机的过程比较复杂，首先调用重启虚拟机的函数，根据虚拟机的 ID 在节点控制器上找到虚拟机，并创建子进程，由子进程完成后续任务；子进程接下来读取虚拟机的资源配置文件，并查找虚机的 ID，找到后调用函数关闭虚机，并释放虚机占用的资源；然后读取资源配置文件，为虚机分配资源，并启动虚机。

实现的云管理平台中，虚拟机管理的界面如图 1 所示。

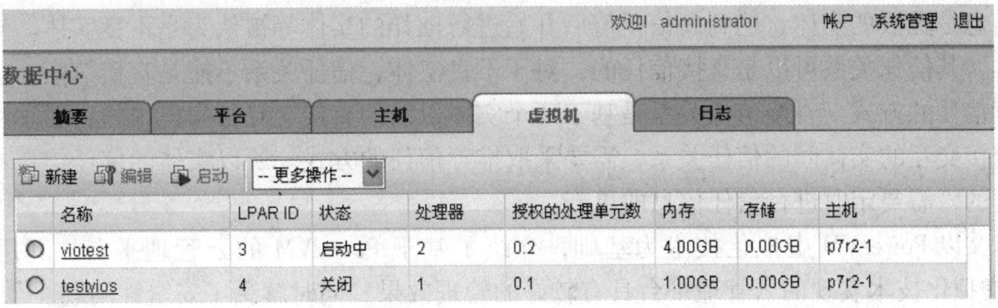

图 1　虚拟机管理

3　云管理平台的安全性

虚拟化技术在实现一些共享性的功能时，不可避免地会带来新的安全问题[3]：①虚拟化产品自身的漏洞可能遭受拒绝服务攻击以及伪造 RSA 密钥特征等；②虚拟机存在不安全的部署，而且其低间隔难以完成内存间的隔离；③大量的虚拟机会存在虚机蔓延。针对以上问题，需要对虚机进行动态监控，所以有必要在基于虚拟化技术的云管理平台上引入云计算监控技术。云计算监控技术的目的是监控云管理平台上的虚拟化资源，包括物理资源和虚拟资源，然后将监控信息返回到云管理平台，以便在恰当的时机作出虚拟机资源调度策略，并平衡合理利用资源。

连接虚拟机时会用到密钥，密钥管理模块的作用就是管理所有密钥，因为虚拟机在启动时已经将公钥信息写到操作系统镜像文件中，而用户的私钥在本地保存，所以当用户使用远程连接工具连接虚拟机时，需要提供私钥信息。除了密钥管理外，在分布式应用中还可以借助基于角色的委托机制来实现云管理平台的安全监控。基于角色的委托机制利用 RTBC（Role – based Trusted Delegation model for Cloud）模型使委托者可以把自己的权限委托给他人，从而代替自己操作某些任务，使云平台的安全管理更加灵活。

RTBC 模型由元素和元素间的关系集合组成，元素的类型包括用户、角色、权限、信任级别、会话、会话历史、对象、操作等[4]。多个元素组成对应的角色，比如用户集合、角色集合等。用户及信任等元素是分布到各个节点上的，而角色以及权限等元素都是集中存储到云管理中心节点上。其中角色包括普通角色和委托角色，反应了用户和权限的对应关系。信任指的对节点身份的认可，在不同的时间段和特定环境下，信任是不同的；可以用度量值来衡量信任，用[0，1]区间上的取值来表示，值越大代表越可信，0 代表完全不可信，1 代表完全可信。会话被认为是用户到它所拥有的角色子集的映射，同一个用户可以与多个会话相连，反之同一个会话也可以同多个角色相连。约束是用户执行角色和权限操作时所要满足的条件。

值得注意的是，此处的"信任"并不完全等同于安全，而是一种增强安全的选择，利用"信任"机制可以为云计算管理平台提供更好的保护。针对信任机制在云计算管理平台上的应用，需要关注如下两个问题：信任机制对云管理平台抗攻击能力的影响、信任机制对云管理平台作业请求响应的影响。云管理平台中的所有资源、用户或服务都可以认为是云计算实体，其中服务质量好的实体以及提供的服务信息是真实的实体可以认为是善意实体；提供的服务信息是虚假的实体、达到高信任值后开始进行欺诈的实体等被认为是不良实体。对于善意实体，其信任关系可以是直接信任的，对于不良实体，信任关系不能是直接信任，只能采取推荐信任的方式。直接信任关系是基于两个实体以前的直接交互行为得出的；对于从未发生过直接交互的实体间的信任关系，需要采取推荐信任的方式。所以实体的信任信息不是一成不变的，需要定时进行信任信息的更新。

本文以 PowerVM 虚拟化技术为基础，介绍了基于 PowerVM 的云管理平台，利用 PowerVM 虚拟化技术实现的云管理平台具有较好的管理效果，同时解决了安全性问题。

参 考 文 献

1 郑伟伟. IaaS 云管理平台的设计与实现[D]. 北京邮电大学，2012

2 冯伟. 企业云管理系统资源监控模块的设计与实现[D]. 中山大学，2012

3 林强；罗欢. 跨数据中心一体化协同分布式云管理平台建设[J]. 广东科技，2012(05)

4 纪海. 基于云计算的产品平台设计服务研究.[D]. 机械科学研究总院，2012

垂直钻井技术应用综合评价研究

闫 娜

（中国石化石油工程技术研究院）

摘 要 针对自动垂直钻井技术的应用效果，参考石油工程技术经济评价标准，从施工质量、作业效率、技术应用经济效益、安全性、环保性5个方面建立了石油工程技术经济评价的三级评价指标体系。运用层次分析法的基本原理，建立了自动垂直钻井技术应用的综合评价模型；针对钻井施工费用中心的特点，探索了自动垂直钻井技术应用经济效益测算方法；应用以上方法对铁北1井垂直钻井技术的应用效果进行了综合评价。

关键词 垂直钻井技术；经济效益；综合评价；井斜；钻井周期；机械钻速

前言

井斜是钻井工程中最古老的经典问题，井斜问题不仅会引起钻速低、钻井周期延长、钻井成本升高，而且往往造成井眼尺寸大、井身质量差，极易发生井下复杂事故，严重时导致中途填井重钻或报废，甚至达不到预定的勘探开发目的。在遇到易井斜地层时经常要牺牲钻压和钻速来保证井斜控制质量，这种方式非但不能从根本上解决井斜问题，且严重制约了钻井速度的提高。

为了提高防斜效果、提高钻井速度，中国石化引进了自动垂直钻井系统，自动垂直钻井技术在川东北的应用表明：采用自动垂直钻井技术能够有效连续控制井斜，保持井眼垂直；可以提高机械钻速，有效缩短钻井工期；所钻井眼质量连续光滑，井径扩大率小，井壁稳定性好，减少了因井壁垮塌所带来的一系列复杂事故的发生；为以后完井、采油(气)及修井作业等提供了便利，降低了钻具扭矩和摩阻，减少钻具磨损，降低钻具扭断落井风险；有效降低对套管的磨损，技术效益显著。但是，由于目前该技术由国外公司所垄断，技术服务都收取高额的服务费，使用该项技术容易导致钻井成本的上升。

从勘探开发对钻井工程的需求来看，钻井既要按设计要求钻到目的层位，提供合格的井眼，在钻井过程中还要控制时间和原料的消耗，实现效益最大化，同时还要兼顾健康、环保和安全方面的更高要求。这些要求互相关联，互相牵制，有些同向升降，有些此消彼长，共同决定这钻井技术的应用效果。目标和效果都具有多维性的系统，追求的是效果的整体优化，而不是某一项或几项指标的最优，单纯基于技术应用效果或财务指标的考核，不能体现技术应用的全部效果，对于垂直钻井技术应用的综合评价必须要结合勘探开发对钻井的需求，对技术应用效果进行全方位、多角度的考察。本文探索利用层析分析法建立垂直钻井技术应用评价模型，对垂直钻井技术应用效果进行综合评价研究，为进一步提升技术应用的效果提供分析依据，为选择技术适用、经济合理的技术选择提供决策基础。

1 综合评价模型的建立

层次分析法是美国著名的运筹学专家 T1L1 Seaty 于 20 世纪 70 年代提出的层次排序法（AHP 法），原理简单，有较严格的数学依据，广泛应用于复杂系统的分析与决策。层次分析法是把复杂的问题分为若干有序的层次，然后根据对一定客观现实的判断，就每一层次各元素的相对重要性给出定量表示，即所谓构造判断矩阵。AHP 的关键在于利用判断矩阵，通过求解最大特征根及其对应的特征向量，来确定表达每一层次元素相对重要性的权值，通过各层次的分析，进而导出对整个问题的分析。AHP 的实施过程如图 1 所示。

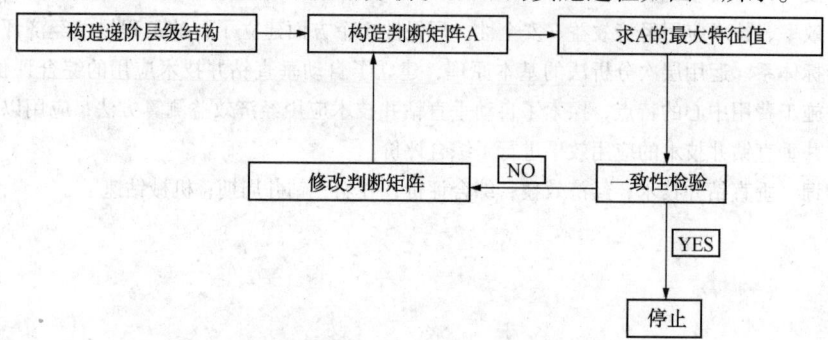

图 1　层次分析法建立模型过程示意图

1.1　模型构建思路

模型构建的具体思路是：第一，在垂直钻井技术应用效果分析的基础上，设计出各子系统的评价指标，按照技术先进性和经济合理性相统一、经济效益和社会效益相结合的原则从多个视角和层次反映垂直钻井技术的应用效果。包括定性和定量两种指标，并选取数据；第二，运用层次分析法对子系统及其构成要素确定权重，相对于某种评价目的来说，评价指标相对重要性是不同的。权重系数确定的合理与否，关系到综合评价结果的可信程度。指标权数的确定过程是综合评价过程中的核心环节，评价指标的权重是对各个评价指标在整个评价指标体系中相对重要性的数量表示，权重确定的科学合理与否对综合评价结果和评价工作质量有决定性的影响。第三是指标值的综合集成。通过一定的数学模型将多个评价指标值"合成"为一个整体性的综合评价值，对目标技术进行综合评价。

1.2　综合评价指标体系

技术经济问题一般是多因素的复杂的综合性问题，评价经济效果很难用一个数学公式或某一个指标来概括，必须建立一套用来衡量和表示经济效果的指标体系，这些指标既独立又相互联系、相互制约，从不同的角度、根据不同的需要定性或定量地反映投资效益。结合勘探开发对石油工程的需求和石油工程的发展方向，本着科学性、系统性、动态性、可比性、定量与定性相结合的原则，针对石油工程成本费用中心的特点，参考石油工程技术经济评价标准，从质量、效率、经济性、安全、环保五个方面建立了石油工程技术经济评价的三级评价指标体系。

一级指标：石油工程技术经济综合评价指数，综合反应技术应用的施工效果和经济效益。

二级指标包括：

质量指标：反应新技术应用对钻井施工质量的影响。

效率指标：反应施工效率，包括机械运作效率和组织效率。

经济性指标：反应垂直钻井技术应用所产生的经济效益，包括总量指标和效率指标。

安全性指标：从垂直技术应用的异常时效来反应其对安全性的影响。

环保指标：反应垂直技术对于环保状况的影响。

每个二级指标都有自己对应的三级指标，指标体系的具体内容如图 2 所示。

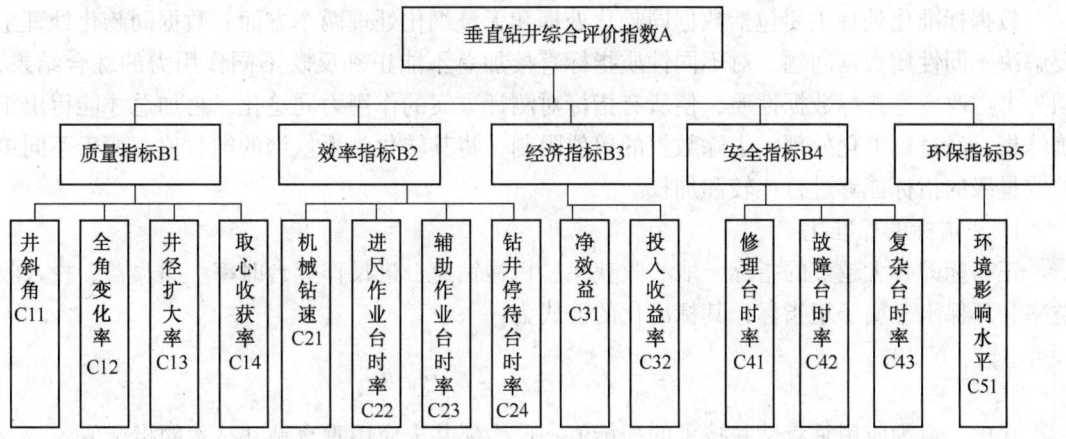

图 2 　垂直钻井技术综合评价指标体系

1.3 　指标值的确定

1. 质量、效率、安全指标的确定

质量指标、效率指标和安全指标可钻井记录和井史资料上直接获得。

2. 经济指标的确定

石油工程的产出为钻井进尺或者井筒，钻井承包商与石油公司以钻井消耗加适当利润的方式结算，所以，石油工程的产出不能像其他产品一样具有盈利功能，其财务现金流量不能全面、真实地反映其产出的经济价值。另外，对于石油公司来说，石油工程属于费用中心，费用中心具有只考虑成本费用、只对可控成本承担责任的特点。钻井工程的这两个特点，决定了常用的以折现现金流为核心的经济评价方法不能用于垂直钻井经济效益的评价，其应用经济效益的评价应该围绕其对钻井成本产生的影响来进行。

石油工程技术经济评价的理论前提是费用与效益的对称关系，即放弃的效益就是成本，而避免的成本就是效益。明确基本目标是识别成本与收益的基本前提。效益与费用是相对于目标而言的，效益是对目标的贡献，费用是为实现目标所付出的代价。就垂直钻井技术而言，目标是在技术水平提高的基础上，实现降本增效，费用是指由于使用垂直钻井技术而增加的支出，效益则是其使用所带来的支出的减少，两者的差额为技术应用的净收益。

根据成本发生的动因，可将钻井工程发生的成本划分为 4 种形式：一是与时间无关而与口井数有关的费用，如施工补偿费、水电讯工程、设备校安费等；二是材料费，这类成本费用的特点是能量价分离，数量多费用高、数量少费用低，如钻头、套管、水泥、泥浆材料等；三是与时间有关的费用，时间消耗多费用高，时间消耗少则费用低，如钻机日费；四是按直接费用的一定比率计提的费用，如企业管理费、风险、利润等。

经过这样的划分，垂直钻井技术应用的经济效益就可以根据应用后各成本动因的变动来推算成本的增减，进而可以确定其应用所取得的经济效益。

3. 环保指标的确定

环保指标由专家根据技术的特性和应用效果判断来确定。

1.4 指标数据的标准化

数据标准化处理主要包括数据同趋化处理和无量纲化处理两个方面。数据同趋化处理主要解决不同性质数据问题，对不同性质指标直接加总不能正确反映不同作用力的综合结果，须先考虑改变逆指标数据性质，使所有指标对测评方案的作用力同趋化，再加总才能得出正确结果。经过标准化处理，去除数据的单位限制，将其转化为无量纲的纯数值，便于不同单位或量级的指标能够进行比较和加权。

1. 正指标的标准化

正指标即越大越好的指标，取心收获率、机械钻速、进尺作业台时率、净收益、投入收益率、环保水平属于正指标，其标准化的公式为：

$$u_i = \frac{x_i}{x_1}, \quad i = 1, 2, \cdots, n$$

式中，x_i 为应用垂直钻井技术的指标值；x_1 为邻井未应用垂直钻井技术的指标值。

2. 逆指标的标准化和正向化

逆指标即越小越好的指标。井斜角、全角变化率、井径扩大率、辅助作业台时率、钻井停待台时率、修理台时率、故障台时率、复杂台时率为逆指标，其标准化和正向化的公式为：

$$u_i = \frac{x_1}{x_i} \quad i = 1, 2, \cdots, n$$

式中，x_i 为应用垂直钻井技术的指标值；x_1 为邻井未应用垂直钻井技术的指标值。

3. 经济、环保指标的标准化

经济指标采用分级法进行标准化。

净收益标准化分级如表1所示。

表1 净收益标准化分级

净收益等级标准/万元	得分值（合计1分）	净效益等级标准/万元	得分值（合计1分）
>32500	1	< -32500	-1
+2000	0.01	-2000	-0.01
12500	0.9	-12500	-0.9
+1000	0.01	-1000	-0.01
2500	0.8	-2500	-0.8
+100	0.01	-100	-0.01
500	0.6	-500	-0.6
+20	0.01	-20	-0.01
100	0.4	-100	-0.4
+2.5	0.01	-2.5	-0.01
0	0		0

投入收益率标准化分级如表 2 所示。

表 2 投入收益率标准化分级

投入收益率等级标准	得分值(合计 1 分)	投入收益率等级标准	得分值(合计 1 分)
>220	1	<-220	-1
220	0.9	-220	-0.9
+20	0.01	-20	-0.01
20	0.8	-20	-0.8
+5	0.01	-5	-0.01
10	0.6	-10	-0.6
+0.4	+0.01	-0.4	-0.01
2	0.2	-2	-0.2
+0.1	+0.01	-0.1	-0.01
≤0	0		

环境影响水平指标由专家根据技术的性质和作用,作出分级打分,如表 3 所示。

表 3 环境影响打分标准

有利程度	得分	有利程度	得分
非常有利	0.8	很有利	0.4
有较小有利影响	0.2	无影响	0
有较小不利影响	-0.2	很不利	-0.4
非常不利	-0.8		

1.5 权重的确定

运用层次分析法计算确定的各级指标的权重如表 4 所示。

表 4 层次分析法确定的各级指标的权重

一级	二级	权重	三级	权重
石油工程技术经济评价综合指数 A	质量指标 B1	0.2341	井斜角 C11	0.1484
			全角变化率 C12	0.1945
			井径扩大率 C13	0.4258
			取心收获率 C14	0.2312
	效率指标 B2	0.3587	机械钻速 C21	0.4779
			进尺作业台时率 C22	0.3768
			辅助作业台时率 C23	0.1034
			钻井停待台时率 C24	0.0419
	经济静态指标 B3	0.2279	技术应用经济效益 B31	0.6667
			投入收益率 B32	0.3333
	安全指标 B4	0.1115	修理台时率 B41	0.5584
			故障台时率 B42	0.1220
			复杂台时率 B43	0.3196
	环境影响指标 B5	0.0677	环保水平 B51	1

确定各级指标的权重后，即可建立综合评价模型：

综合评价指数 $= (0.1484C11 + 0.1945C12 + 0.4258C13 + 0.2312C14) \times 0.0341 +$

$0.5587 \times (0.4779C21 + 0.3768C22 + 0.1034C23 + 0.0419C24) +$

$0.2279 \times (0.6667C31 + 0.333C32) +$

$0.1115 \times (0.5584C41 + 0.122C42 + 0.3196C43) + 0.0677C51$

2 综合评价模型试算

2007 年 7 月 14 日至 17 日，川东北工区铁北 1 井 1913.68 ~ 1979.04m 井段采用德国贝克休斯公司 V er t iT rak 垂直钻井技术施工，井斜由 1824m 的 3.92°降至 1972ITI 时的 0.61°；铁北 1 井垂直钻井技术使用井段为，进尺 65.36m，时间段 2007 年 7 月 4 日 16：00 ~ 2007 年 7 月 18 日 10：00，作业时间 88h，待命时间 242h，全角变化率为 0.02，井径扩大率为 3.23%，平均机械钻速 2.33m/h。

垂直钻井动迁费 1.5 万美元，作业费为 341.67 美元/h，同时收取 63 美元/m 的米费，待命费 245.83 美元/h，小于最小工作量 15 万美元按 15 万美元结算，运用该项技术导致钻井成本增加了 118.8 万元。

运用前文介绍的方法计算铁北 1 井垂直钻井技术应用综合评价指数为 1.34，这说明，运用垂直钻井技术的应用使得钻井施工的综合水平比邻井相比提升了 0.34，主要来源于施工质量的提升，由于垂直钻井服务费价格高昂，服务时间待命时间长，使得经济指标均为负值。

3 结论

（1）运用层次分析法的基本原理建立垂直钻井技术应用综合指标体系，不仅可以提供综合评价，还可以提供多方面的子评价，形成全面科学的评价体系。

（2）通过建立垂直钻井技术应用综合评价模型，可以在不同井次之间进行对比，为进一步分析技术的适用性，提升技术应用的效果提供基础。

参 考 文 献

1 刘伟，李晓亮等. 垂直钻井技术在川东北的应用[J]. 石油矿场机械，2008，37(4)：75 ~ 77

2 刘磊，刘志坤，高晓荣. 垂直钻井系统在塔里木油田应用效果及对比分析[J]. 西安石油大学学报(自然科学版)，2007，22(1)：79 ~ 83

3 丁旭庄，聂翠平. 川东北探区垂直钻井技术经济评价[J]. 内蒙古石油化工，2008，16(2)：23 ~ 24

4 徐泓. VTK 垂直钻井系统在大湾 1 井的应用[J]. 钻采工艺，2010，33(6)：134 ~ 136

5 李杰，翟芳芳，袁骐骥. 贝克休斯垂直钻井系统在大湾 1 井的应用[J]. 天然气技术，2009，3(6)：29 ~ 30

6 韩来聚，马广军，赵金海. 川东北优快钻井技术[J]. 中国工程科学，2010，12(10)：44 ~ 48

7 杨春旭，韩来聚，步玉环等. 现代垂直钻井技术的新进展及发展方向[J]. 石油钻探技术，2007，35(1)：16 ~ 19

8 张绍槐. 深井、超深井和复杂结构井垂直钻井技术[J]. 石油钻探技术, 2005, 33(5): 11~15

9 王春生, 魏善国, 殷泽新. PowerV 垂直钻井技术在克拉 2 气田中的应用[J]. 石油钻采工艺, 2004, 26(6): 4~8

10 汪海阁, 苏义脑. 直井防斜打快理论研究进展[J]. 石油学报, 2004, 25(3): 86~90

11 孙建国, 吕洪泉, 基于层次分析法的建设项目投资决策[J]. 中国有色冶金, 2009, 12(6): 44~48

12 卓云, 张杰, 王天华等. VTK 垂直钻井技术在川东地区的应用[J]. 钻井工程, 2011, 31(5): 1~4

基于 VIS 系统的企业数据中心架构设计与应用研究

敬明昊

(中国石化石油工程技术研究院)

摘 要 随着企业信息技术资源基础硬件设施及其应用的日益增长，如何搭建合理的资源管理基础架构已经成为企业数据中心亟待解决的问题。各项应用资源需要有效地集成，科学合理地分配以及统一部署。虚拟集成系统(VIS)是解决应用集成的一种思路，它适用于构建计算机系统资源的统一管理平台。本文首先介绍虚拟集成系统的概念及其基础架构，接着分别介绍了虚拟集成系统的体系结构以及应用实现，最后描述虚拟集成系统在企业数据中心里承担的主要作用和经济影响。

关键词 数据中心；虚拟集成系统；网络存储虚拟化；资源管理；云计算

前言

随着企业内部信息系统资源的基础构架日趋庞大，各种专业软件的使用率也在逐年增加。以石化行业为例，大量的石油工程数据资源服务于不同的研究单位，多种服务器系统并存，使得管理非常复杂，资源利用率低下。另外，随着各项专业应用的需求不断改变，这种动态的环境要求各企业及其分支机构的信息中心能够对各类数据资源进行灵活、快速、动态的调度分配。因此，如何构建一个高效、科学、合理的资源管理基础架构，使其能够把各项资源系统有效地统一管理和按需服务，已经成为企业数据中心发展中亟待解决的基础问题。

在资源的有效管理和动态调度技术领域，信息技术行业提出许多相关的理念和解决方案，其技术理论基础是按需计算(on - demand computing)和效用计算(utility computing)。IBM 公司早在 2002 年就提出了一个远景目标，通过这两项技术，任何设备、任何网络和任何数据都可以方便地共享与交换。这一技术能帮助企业全面集成其范围内的各项应用，企业也因此能更加快速、灵活地面对各项需求。很多公司如戴尔、惠普和 IBM 在虚拟集成系统领域进行了广泛研究，将按需计算和效用计算应用在他们的技术解决方案里，如何将此系统与企业的数据中心相结合将成为未来企业信息化发展的新目标。

1 企业信息技术现状与困境

1.1 全球信息化发展

全球信息化在人类进入 21 世纪后开始迅猛发展，高速的信息时代已经来临，2010 年互联网上一天的流量就相当于美国国会图书馆 200 年所积累信息的 100 倍，但这仅仅是一个开始。未来的十年，首先，整个网络世界的用户数量可以达到 75 亿；其次，围绕物联网就有超过 500 亿的连接。另一方面，过去内容都是由各种机构产生的，而现在 75% 的内容由用户自己产生的。未来十年整个信息产业的信息量还会增长 270 倍，这是虚拟化和云计算产生时代的背景。

1.2　企业信息化发展

随着信息技术的高速发展，国有大中型企业信息化建设也同时取得了长足的进步，面对经济全球化和社会信息化的挑战，国有企业也不得不把信息化作为技术创新、管理创新和体制创新的重要手段，以信息化改造传统模式，提高企业的综合竞争能力。就石化行业而言，大部分企业和研究院已部署了相当规模的网络应用，建立了完善的 OA 系统、文档库系统、ERP 系统、合同管理系统、企业制度管理系统等。有些企业甚至搭建了具有自主知识产权的软硬件平台。企业信息化建设水平的不断提高，对日常办公、科研、生产的影响也越来越大。企业数据中心对于企业的重要性不言而喻，其主要承载着数据应用、提取、备份的重要职责。随着企业的高度信息化，数据中心的大规模建设已经逐渐成为企业信息管理部门发展的重要一环。

1.3　现状与困境

以石化行业为例，石化行业是高科技密集型行业，与其他传统行业相比，信息化在石化行业的生产运行和管理中起着非常重要的作用，信息化实施的程度和实施的成效，在很大的程度上影响着石化行业的竞争能力。

中国大部分石化企业经过几年的信息化建设，已使各个部门基本实现了内部高效管理。然而，由于石化行业的产业链长、关联行业多、经营单位分布广、企业规模大、管理庞杂且缺乏有效的一体化 IT 应用解决方案，相对独立的信息系统建设，致使业务密切相关的各个部门各自为政，丰富的信息资源难以最大限度发挥作用。在信息化建设不断深入和普及的情况下，很多部门具有独立的业务系统，这些系统都属于业务处理系统，业务数据庞杂分散，主要是为了及时快速满足业务操作的需要，综合性、全局性的分析查询难以实现。而且，各个应用系统之间相对独立，石油工程方面的数据不能共享，数据信息缺乏全局性的统一数据标准，无法保证其一致性，同时信息汇总的渠道和时间有差异，这就造成了决策分析的数据口径不一致，信息系统"孤岛"现象较突出。

随着石化企业信息化建设的推进和业务复杂性的不断提升，现有的基础信息系统架构主要面临如下挑战。企业数据中心服务器在部署应用时，物理机服务器之间的资源利用率及其不均衡，很多服务器性能高，但利用率低下。以 ERP 应用为例，当多个模块需要同时部署的时候，很多时候采取的措施是用多台物理机服务器采用多个模块部署，即采取传统的"竖井式"的业务部署架构。每当企业提出新的业务功能建设需求的时候，则又会新增一套系统，并单独建设系统硬件设备及相关资源，部署网络架构、安全策略，从功能和硬件上采用简单累加建设方式。

因此，石化企业把 80% 的人力与物力用于维护已有的 IT 环境，仅仅 20% 用于战略性的投资以改善业务。这样造成了行业内的 IT 需求不断增加，预算不断减少，运行业务的战略性投资有限，不停地做低效率的投入，容易形成恶性循环。而未来石化企业需要解决的问题是通过虚拟化和云计算提高企业资源的利用率，降低成本进而增加业务性投资。

2 虚拟集成系统模型

2.1 概念

虚拟集成系统是一种以虚拟化技术为基础，融入自主调度技术，统一管理和使用接口的资源管理架构模型。虚拟集成系统由多个资源管理系统组成，每个资源管理系统提供一种虚拟资源服务，这些虚拟资源服务包括虚拟存储服务、虚拟服务器服务、虚拟文件系统服务、虚拟集群系统服务、虚拟用户系统服务等。虚拟集成系统将这些虚拟资源服务系统的管理功能统一到一致的管理平台，并能够提供灵活地、快速地、动态地多种资源服务，能够为企业的数据中心提供合理统一的系统资源管理基础构架。

虚拟集成系统实现的两个目标是：①数据资源的统一管理；②资源的按需服务和动态调度。资源的统一管理是指将数据资源集中进行管理或使用，各个资源系统之间具有统一的管理接口，从而减轻管理复杂度。资源的按需服务和动态调度是指能够按需分配资源，能够在同一个虚拟集群中动态调度，智能地提供资源服务，以满足应用对资源需求的变化，降低资源使用风险。

2.2 虚拟化技术

虚拟化技术是实现资源的统一管理和按需服务的基础。它有两方面的功能：①将物理资源虚拟化成统一的逻辑资源视图；②提供组合而成的高级资源形式。用户不仅能获取单一类型的资源（比如存储空间和计算能力），也能快速获得组合类型或更高级形式的资源（比如用户环境、商务环境）。无论单一类型还是组合类型，它们都具有统一的逻辑视图，因而可以统一管理。统一管理使得资源很容易被分配或调度，从资源"数量"的角度支持了资源的按需服务。多种资源的快速组合和获取，则从资源"类型"的角度支持了资源的按需服务。

目前，企业数据中心虚拟化技术多用在服务器和存储。服务器虚拟化是作为服务器扩容的一种常见手段，随着存储数据的爆炸式增长，存储空间的需求也十分迫切，虚拟存储技术作为一种较先进的虚拟化技术已经开始逐渐广泛地应用到存储系统中，极大提升了存储资源的利用率。

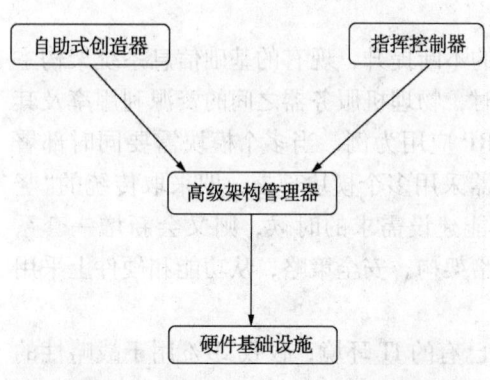

图1　虚拟集成系统体系结构示意图

2.3 虚拟集成系统的基础架构

虚拟集成系统由3个主要组件构成：高级架构管理器、指挥控制器和自助式创造器。其体系结构如图1所示。

1. 高级架构管理器

能够提供统一的视图来查看数据中心资源，并在整个信息技术基础架构中充当物理资源和虚拟资源的单一管理点。因为高级架构管理器在设计过程中就注重与基于业界标准的服务器（包括机架式服务器和刀片式服务器)、以太网交换机和网络存储设备的协同，所以它能够保护用户现有信息技术的价值，加快硬件资源和应用程序的重新定位，同时增强基础架构的效率和灵活性。

2. 指挥控制器

能够为虚拟环境提供一个前瞻的、功能完善的 IT 运营中心。借助先进的分析方法，指挥控制器可对即将发生的性能和可用性方面的问题提供值得信赖的、有预见性的报警，从而能够加快问题的解决速度，并能运用精确的、可付诸行动的信息。此外，指挥控制器能够使信息技术团队动态地优化数据中心的性能和资源利用率，同时精准地进行信息技术的规划，以满足未来业务对信息技术容量的需求。

3. 自助式创造器

可以提供自动化的自助服务工具，使经授权的用户能够部署和监控计算资源，可帮助信息管理部门加快响应速度和加强控制能力。此工具还提供创新的虚拟桌面基础架构(VDI)功能，使信息部门能够避免一次性构建情况的发生，并能够控制服务器的无序扩张，充分发挥现有信息技术投资的作用。

以上这些虚拟集成系统组件可提供智能化级别的管理，可自动执行和精简重复的任务，并可提高信息基础架构的可见度。

3 基于虚拟集成系统的基础架构实现

3.1 数据中心的运营实现

根据虚拟集成系统的基础架构，可以实现基于网络存储的虚拟管理架构系统。虚拟集成系统通过对基础架构的资源进行抽取以及各种流程的自动化，可实现数据中心运行方式的变革，可增强数据中心的灵活性和响应能力，从而能够帮助企业满足不断变化的业务需求。通过精简那些复杂的虚拟基础架构部署工作，虚拟集成系统还能够提升企业 IT 部门的生产效率。

3.2 简化虚拟系统的部署和管理

要创建动态的基础架构，需要跨众多服务器、网络和存储连接来协同进行供应和配置管理。因此，在创建虚拟环境过程中，第一步是要盘点和评估企业中所有正在使用的硬件、软件和网络。以往，IT 人员要为虚拟化做好准备，通常只能用手工方式来评估设备和应用情况。这样的工作流程既费时，又容易出错。虚拟集成系统能够以自动的方式来发现和融合当前环境中的服务器、存储设备和网络。

3.3 自助供应功能的实现

在石化企业内部，为了能够敏捷地把握石油工程的各项应用，最终用户需要即时的 IT 资源访问能力。然而，传统的供应方法离这种快速的访问能力相去甚远。例如，在某些企业中，当应用发生故障时，可能需要最终用户向数据中心中的三个不同 IT 群体——服务器、存储设备以及网络发出故障查询。之后，须要好几名 IT 管理员重点对某台服务器进行纠错更改。而虚拟集成系统则能使 IT 专业人士从解决最终用户日常服务请求中解脱出来，精简相关流程，并加快解决故障的进度。

3.4 常见用例的实现

1. 私有云

私有云是为单个独立客户单独使用而构建的，因而它可以提供对数据、安全性和服务质量的最有效控制。企业拥有基础设施，并可以随时随地控制在此基础设施上部署应用程序的方式。私有云可部署在企业数据中心的防火墙内，也可以将它们部署在一个安全的主机托管场所。虚拟集成系统通过将数据中心中的服务器、存储设备和网络虚拟化到单一的计算资源池中，实现资源部署工作和精简管理。

2. 灾难恢复

灾难恢复系统在企业数据中心十分重要。灾难恢复一般是指自然或人为灾害后，信息系统的数据能够重新启用，硬件及软件设备也能够及时恢复正常运作。其核心是对企业或机构的灾难性风险做出评估、防范，特别是对关键性业务数据、流程予以及时记录、备份、保护。虚拟集成系统能够简化灾难恢复工作，可以自动检测服务器故障，将出故障服务器的镜像重新定位到可用的物理备用盘或虚拟备用盘，并可以为备用服务器建立网络和存储连接。

3. 高可用性或自动化故障转移

计算机系统的可靠性一般用平均无故障时间（MTTF）来度量，即计算机系统平均能够正常运行多长时间，才发生一次故障。系统的可靠性越高，平均无故障时间越长。由此可见，计算机系统的可用性定义为系统保持正常运行时间的百分比。当数据中心在服务器出现宕机或网络元件出现故障从而造成运行中断的情况下，虚拟集成系统能够支持应用程序的高可用性。自动的故障转移能够减少与组件故障恢复相关的手动工作量。

4. 数据中心整合和与技术更新

虚拟集成系统可以通过自动发现基础架构元件和以精简的方式部署虚拟的资源，简化数据中心更新流程。

5. 桌面虚拟化

自助式创造器能够跨多个虚拟桌面和服务器提供供应和管理功能，并能与桌面生态系统紧密集成。通过精简多个异构环境的实施和管理工作，虚拟集成系统能够简化上述用例的操作。同时，还能够跨多个数据中心基础架构来提升效率、自动化水平和透明度。

4 主要作用和经济影响

4.1 主要作用

构建高效的企业数据中心要从奠定牢固的技术基础入手。为了帮助企业达成这一目标，虚拟集成系统可精简 IT 资源池的虚拟化工作和多个异构数据中心环境的管理。通过跨越众多虚拟机管理程序、服务器、存储设备和网络构成的异构环境来管理物理机和虚拟机，它能够简化工作负载的重新定位并且支持快速的服务器供应、物理和虚拟服务器故障转移以及高效的资源共享，从而能够最大限度提升 IT 基础架构的效率。此外，虚拟集成系统的自助式创造器能够将供应资源的响应时间减至最少，并允许最终用户访问他们所需的众多资源，而无需多余设备和人员介入其中。通过使用这些工具实现手动流程的自动化，企业能够将信息管理人员解放出来，使他们能够将工作重点放在战略性的重要项目，而不是把精力全部放在维护现有基础架构上。

4.2　价值

虚拟集成系统为企业带来的价值有如下4个方面。一是降低数据中心的整体成本，整合服务器，提高资源利用率，降低能耗；二是提升业务的可靠性，避免计划的宕机时间，减少非计划的宕机时间，提供灾难保护；三是加速企业新业务上线，减少物理设备的准备时间，迅速部署新业务系统；四是减少业务上线时间，增强可管理性，虚拟化环境IT管理更加标准化，简化和自动化并降低企业管理成本。

4.3　总体经济影响

总体经济影响主要体现在虚拟集成系统带给企业的收益。系统在IT生产力和成本规避节约方面能够带来如下几项收益。这些量化收益包括：①通过标准化实现的资源生产力节约，减少不必要的数据中心重复性建设，维持服务器及其存储系统的一致性；②更高的运营效率，简化运营流程，使信息技术人员更高效地实现数据的统一管理；③更快的事件响应速度；④硬件成本节约，大规模的服务器通过高度虚拟化集成使得数据中心机房硬件设备数量大幅减少，有效地节约了企业在信息系统建设方面的成本；⑤获得先进的灾难恢复流程。

5　结束语

虚拟集成系统模型能够为企业数据中心建立一个合理的统一的资源管理基础构架，能够对资源和资源系统进行统一的管理和使用，能够提供资源的按需服务，从而实现系统资源的有效管理，为实现企业的按需计算或效用计算提供系统基础。虚拟集成系统的各服务间具有良好的互操作性和可管理性，提高了系统集成度，降低了管理复杂度。虚拟集成系统具有良好的扩展性，新的资源管理服务可以很容易加入到虚拟管理架构中来。基于虚拟集成系统的资源管理基础架构能更好地提高资源利用率、减小管理复杂度、降低管理成本和提高企业整体效率。

参 考 文 献

1　Farooq A Khan，Hamad Muhawes. Real – Time Database Inventory Model，KPI and Application for Intelligent Fields[J]. SPE 160874，2012
2　高巍. 服务器虚拟化技术在中型企业数据中心运用的研究[J]. 科技资讯，2011，19
3　王敏，李静，范中磊等. 一种虚拟化资源管理服务模型及其实现[J]. 计算机学报，2005，5
4　谢世诚. 戴尔虚拟集成系统方案受青睐[J]. 中国信息界——e制造：学术交流，2010，12
5　魏一鸣，徐伟宣. 虚拟企业及其智能化管理[J]. 中国管理科学，2008，12
6　杨宗博，郭玉东. 提高存储资源利用率的存储虚拟化技术研究[J]. 计算机科学与设计，2008，12

压裂实时数据采集及远程
决策支持系统的设计与实现

赵 勇

（中国石化石油工程技术研究院）

摘 要 压裂施工技术含量高、难度大，需要石油工程、地质等多学科的专家联合决策。压裂施工现场环境复杂、噪音大、通讯条件差，施工地点非常分散，这为专家实地联合决策或通过电话等传统通讯工具进行远程决策带来了很大的困难。为解决这一问题，本文综合利用各种信息技术手段，设计了一套压裂实时数据采集及远程决策支持系统。该系统拟实现压裂施工数据、微地震裂缝数据及音视频数据的实时传输，建立实时压裂信息可视化及预警功能，为压裂施工远程决策提供信息技术支撑。从数据模型角度来说，本系统实现了本文所提出的统一共享资源池模型，为压裂施工实时数据的组织与管理提供了新的解决方案；从系统功能角度来说，本系统已实现压裂施工数据的实时截取与远程传输、施工曲线的实时展示与历史回放以及施工记录文件的导出等功能，同时探索出工控机安装软件模式及串口外接模式两种应用模式；从应用效果来看，本系统已在中石化东北局彰武工区完成了第一次现场试验，跟踪服务 ZW2-2-5 井第 1、2 段及 ZW2-9-4 井第 1、2、3 段的压裂施工，实现了油压、套压、砂比、排量、总砂量、总液量等压裂施工数据的实时传输以及远程音视频的交互。

关键词 压裂；实时采集；远程决策

前言

压裂施工主要通过仪表车实时采集、监测、显示压裂参数，并对施工全过程进行分析记录。目前，领导专家必须在狭小的仪行表车内进行现场决策指挥，非常不便，很难发挥专家团队作用和异地专家的作用。因此，有必要将压裂施工数据、微地震裂缝数据及音视频数据进行实时传输，建立实时压裂信息可视化及预警功能，进而实现压裂施工远程决策。

1 国内外相关研究现状

近年来，随着信息技术的高速发展，多元化的数据采集手段、远程传输方案及系统应用模式在地质勘探、石油工程等相关领域发挥了越来越大的作用，为现场数据的采集、传输、记录、处理乃至专家远程协同决策提供了重要技术支撑[1]。

实时数据采集与远程决策支持的相关工作在国外起步较早。Zachariah John 等综合利用 InterACT 等技术，实现了钻井数据的远程传输[2]；Andrew Ray 等在 AMADEUS 项目中综合利用激光扫描、数码成像、层析技术及其他采样方法获取洞室开挖过程中的地学数据，并为施工过程构建了实时、自适应的虚拟仿真环境[3]；Saad Saeed 等设计并实现了一套欠平衡钻井数据实时采集与监测系统[4]；A. Alanazi 等将实时数据与历史统计数据相结合，利用人工神经网络方法来生成裂缝网络[5]。

近年来，我国也相关领域取得了不少突破。中石油西南分公司与壳牌中国合作，在四川地区开展了压裂施工过程中微地震数据的实时监测[6]。王维波等开发了一套地面微地震监测系统，该系统采用多站点独立工作方式，在川渝地区进行了 19 井次的气井压裂微地震监测[7]；叶勤友等实现了一套压裂酸化远程指挥系统并在吉林油田取得了应用[8]；邱峰等在 Visual Studio 平台下采用三层架构研发出一套压裂酸化施工远程指挥决策系统[9]；为提高施工安全性和施工效率，张禾等利用 GPRS/CDMA 无线网络移动运营商实现了对压裂酸化井场施工作业的远程实时监控[10]；赵政超等实现了一套压裂液智能返排实时监控系统，该系统能够自动控制压裂液返排流量大小，同时将返排过程中的压裂、排量等数据进行远程传输[11]。

2 系统设计方案

2.1 设计原则

压裂实时数据采集及远程决策支持系统应具有良好的安全性、稳定性及通用性。

1. 安全性

压裂实时数据是由压裂施工现场的传感器采集并传送到压裂仪表车上的，而压裂仪表车一般无法直接接入中石化内网，因此从压裂仪表车将实时数据传送到中石化内网数据库必须经过公网链路，在此过程中，实时数据包可能被他人截获，从而带来数据安全隐患。本系统需要采用合理的安全机制，保证实时数据传输的安全性。

2. 稳定性

压裂施工现场软硬件条件有限，尤其是网络链路具有信号稳定性差、带宽窄的特点。本系统需要采取合适的数据传输策略，建立有效地容错机制，保证实时数据传输的稳定性及系统的鲁棒性。

3. 通用性

压裂仪表车型号各异，数据接口和传输格式不尽相同，因此需要为本系统设计统一的实时数据模型和调用接口，探索系统的标准化部署方案及应用模式，屏蔽压裂仪表车的底层硬件差异，提升系统的通用性。

2.2 需求分析

根据压裂施工的特点与专家远程决策的实际需要，本系统的需求分析如下：

（1）砂比、油压、套压及排量等压裂施工数据的实时采集与传输。

（2）压裂施工曲线的实时展示与历史回放。

（3）压裂施工记录文件的导出。

（4）压裂施工实时预警。

（5）微地震裂缝数据的实时采集与传输。

（6）微地震裂缝数据的三维可视化。

（7）语音与视频的实时交互。

2.3 总体框架设计

根据 2.2 节中的需求分析，本系统的总体功能框架设计如图 1 所示。

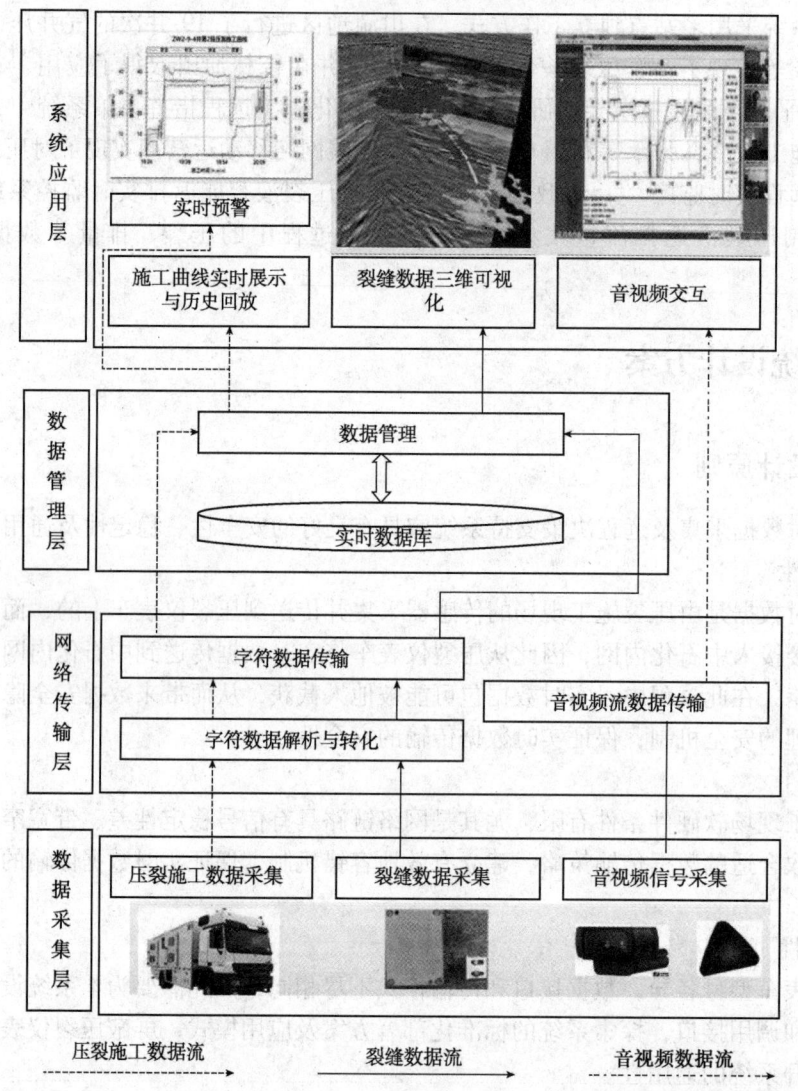

图 1　系统总体框架图

　　本系统以压裂施工数据、裂缝数据及音视频数据为应用对象，根据各自的类型特点及应用场景，可将其划分为以下 4 个功能层次。

　　1. 数据采集层

　　数据采集层是本系统的实现基础，其核心功能是从压裂仪表车的串口（或压裂施工软件）中截取砂比、油压、套压及排量等实时施工数据；从裂缝数据采集软件中读取微地震事件点的经度、维度、深度及事件可信度等裂缝数据；从摄像头、麦克风等音视频采集设备中捕获音视频流。

2. 网络传输层

网络传输层是连接压裂施工现场与远程决策后方的信息基础设施。针对字符数据（压裂施工数据及裂缝数据），本系统会按照规定的数据格式对其进行解析并根据统一的实时数据结构将其转化为相应的数据对象，然后再通过网络以密文形式将其传输到数据管理层；针对音视频流数据，本系统将通过网络直接将其传输到系统应用层。

3. 数据管理层

数据管理层提供对实时数据库的管理功能。一方面，数据管理层接收来自网络传输层的字符数据（压裂施工数据及裂缝数据），并将其存储到实时数据库中；另一方面，数据管理层为系统应用层提供数据访问接口，为上层应用提供基础数据支持。

4. 系统应用层

系统应用层是远程决策支持功能的汇集，具体包括以下功能：①压裂施工曲线实时展示、历史回放与实时预警功能；②裂缝数据的三维可视化功能；③音视频的交互功能。

2.4 实时数据模型设计

1. 统一共享资源池模型

上文提到，本系统所采集的压裂实时施工数据与裂缝数据都是指定格式的字符数据，由于现场仪器设备的生产厂家和型号各异，数据格式也不尽相同，为了方便实时数据的传输、管理及上层的决策应用，有效屏蔽底层数据格式的差异性，在本系统中设计了一种实时数据模型——统一共享资源池模型 USRPM（Unified Shared Resource Pool Model）。

USRPM 由数据和作用于数据的操作构成，数据及操作应满足以下约束条件：

条件1：数据可按照创建时间的先后分条排序，每条数据具有相同的结构。

条件2：有且只有两个作用于每条数据的写操作，其一为该数据的初始化操作；其二为该数据的删除操作；允许有多个相互独立的读操作且必须发生在数据的初始化操作之后，另外在所有读操作执行完毕后，必须执行数据的删除操作。

满足条件1的每条数据项称为一个数据资源（Data Resource，记作 R），每一个数据资源是由一系列意义不同的元素（记作 r）组成的集合。按创建时间的先后为一组数据资源排序，其结果所构成的向量称为数据集（Data Set，记作 S）。

满足条件2的操作（Manipulation）可划分为以下三类：数据的初始化操作（记作 m_0）、数据的删除操作（记作 m_{-1}）以及数据的读操作（记作 m_i，$i > 0$）。

标记读操作 m_i 当前所作用的数据资源 R_j 的标识符称为游标（Cursor，记作 $c_i = j$），数据集 S 与游标集合 C 共同构成一个资源池（Resource Pool，记作 P）。

为说明 USRPM 的工作流程，现假定：当前资源池 P 中已存在数据集 $S = (R_1, R_2, R_3, \cdots, R_{n-1})$，系统中作用于各数据资源的操作集合 $M = \{m_0, m_1, \cdots, m_k, m_{-1}\}$，其对应的游标集合为 $C = \{c_1, c_2, \cdots, c_k\}$。

这时，若在当前的数据集 S 中加入一个新的数据资源 R_n，USRPM 的工作流程如下：

（1）执行操作 m_0 初始化数据资源 R_n，将其插入到数据集 S 的末尾，使 R_n 进入资源池 P［图2(a)］。

（2）多线程并发执行读操作 m_1，m_2，$\cdots$，m_k，对于任意读操作 m_i（$0 < i < k+1$）：①若 $c_i < n$，则读操作 m_i 挂起；②若 $c_i = n$，则执行读操作 m_i，成功执行完毕后，将 c_i 的值修改

为 $n+1$ [图 2(b)]。

（3）当任意游标值 $c_i > n(0 < i < k+1)$ 时，执行操作 m_{-1} 将数据资源 R_n 从数据集 S 中删除，使 R_n 退出资源池 P[图 2(c)]。

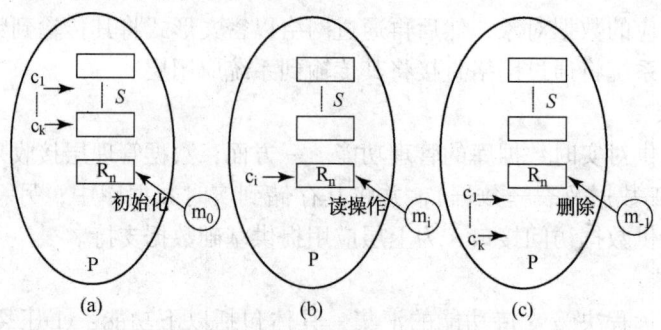

图 2　统一共享资源池模型

2. 压裂施工实时数据模型

显然，经过解析后的压裂实时施工数据与裂缝数据都可以满足上文的条件 1，而作用于每条数据项的操作也满足上文的条件 2，因此 USRPM 符合本系统对实时数据建模的要求，由于篇幅有限，下面仅给出本系统数据采集端压裂施工实时数据模型的设计要点：

（1）数据资源 R 是由采集时间、排量、砂比、套压、油压、总砂量及总液量等元素组成的集合。

（2）对数据资源 R 的读操作 m 包括：数据传输与入库、实时曲线绘制以及施工记录文件导出。

该模型 C#类的定义如图 3 所示。

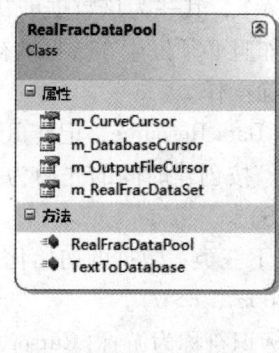
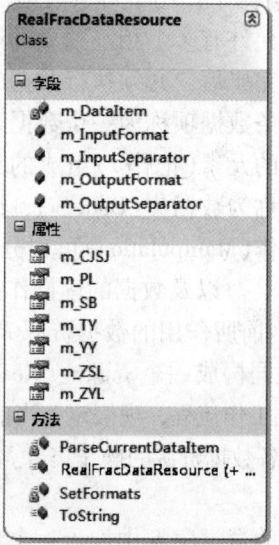

图 3　压裂施工实时数据模型 C#类图

USRPM 为压裂实时施工数据与裂缝数据的计算机建模提供了一种新的解决方案。一方面，该模型为数据格式不同的实时数据建立了统一的数据结构，为后续数据传输、管理及决策应用提供了统一的数据访问接口；另一方面，该模型对共享资源的管理保证了数据传输、曲线绘制及施工记录文件导出等操作在多线程并发执行过程中的同步与协同。

2.5 系统部署方案设计

1. 网络架构设计

本系统在应用过程中，需要通过 3G 网络将压裂现场的实时施工数据与音视频数据传输到公网上，然后通过防火墙进入中石化内网。为了保存实时施工数据，必须通过 IP 映射方式为实时数据库分配外网访问 IP。而部署在中石化内网的决策终端则可以直接通过内网 IP 访问实时数据库。本系统的网络架构如图 4 所示。

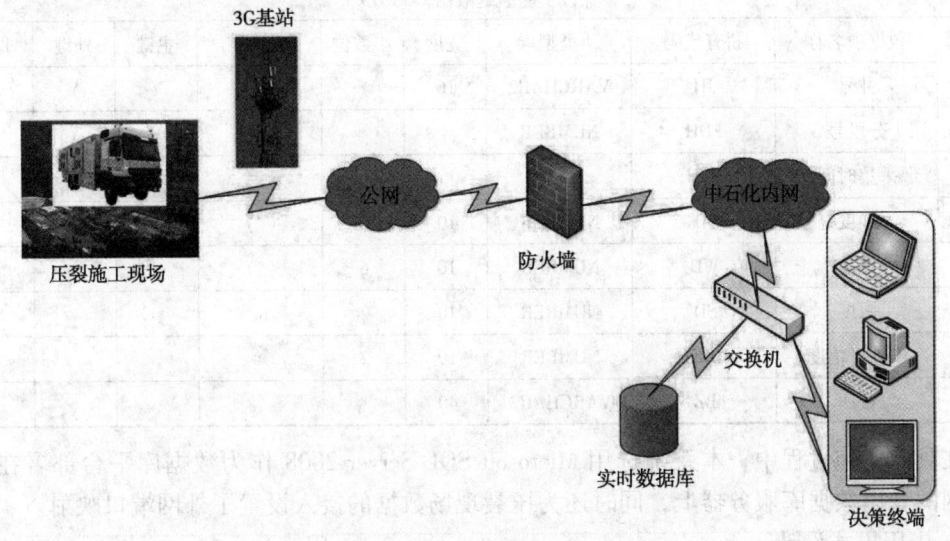

图 4　系统网络架构图

2. 实时数据库设计

为合理存储和管理压裂实时施工数据与裂缝数据，参考《SYT5289—2008 油、气、水井压裂设计与施工及效果评估方法》、《Q – SHXB 0034—2008 酸化压裂施工规范》等行业标准与企业标准，本系统设计了压裂施工实时数据库，将压裂实时施工数据与裂缝数据存储在两个不同的数据表中，其数据字典如表 1、表 2 所示。

表 1　储改实时施工数据表

序号	数据项名称	拼音代码	类型	宽度	小数位	单位	主键	外键	非空值
1	井号	JH	VARCHAR2	16			Y	Y	Y
2	分段号	FDH	NUMBER	4			Y	Y	Y
3	采集时间	CJSJ	DATE				Y	Y	Y
4	油压	YY	NUMBER	10	2	MPa			
5	套压	TY	NUMBER	10	2	MPa			
6	排量	PL	NUMBER	10	2	m^3/min			

储改实时施工数据 CGSG12

续表

储改实时施工数据 CGSG12

序号	数据项名称	拼音代码	类型	宽度	小数位	单位	主键	外键	非空值
7	砂比	SB	NUMBER	10	2	%			
8	总砂量	ZSL	NUMBER	10	2	m^3			
9	总液量	ZYL	NUMBER	10	2	m^3			
10	备注	BZ	VARCHAR2	40					

表2 储改实时裂缝数据表

储改实时裂缝数据 CGSG13

序号	数据项名称	拼音代码	类型	宽度	小数位	单位	主键	外键	非空值
1	井号	JH	VARCHAR2	16			Y	Y	Y
2	分段号	FDH	NUMBER	4			Y	Y	Y
3	采集时间	CJSJ	DATE				Y	Y	Y
4	经度	JD	NUMBER	10	6	(°)			
5	纬度	WD	NUMBER	10	6	(°)			
6	深度	SD	NUMBER	10	2	m			
7	事件可信度	SJKXD	NUMBER	10	2				
8	备注	BZ	VARCHAR2	40					

在具体实施过程中，本系统选用 Microsoft SQL Server 2008 作为数据库平台部署在中石化内网的专用数据库服务器上，同时还为压裂现场数据的接入设置了外网端口映射。

3. 应用模式设计

根据国内常见压裂仪表车的配置状况，本系统设计了两种应用模式。

1）工控机预装软件模式

工控机预装软件模式需要将本系统的实时采集模块预装到压裂仪表车的副工控机上，并在副工控机的 USB 口上插入 3G 无线网卡，另外还要将本系统的实时可视化模块预装到决策终端上。该模式的部署方案如图 5 所示。

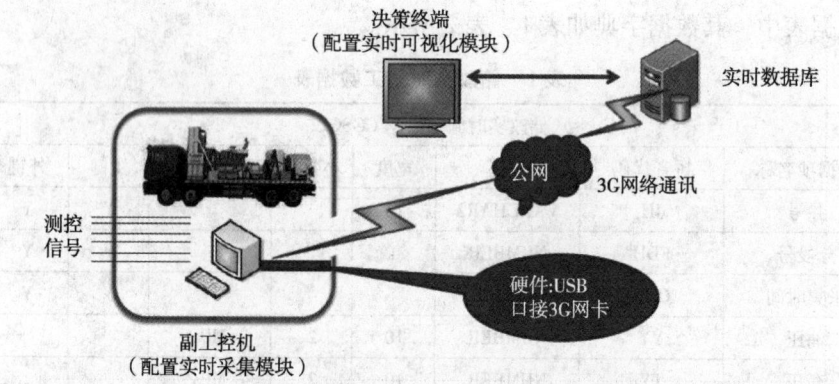

图5 工控机预装软件模式部署方案

根据以上部署方案将本系统配置成功后，本系统将按如图 6 所示的工作流程运行。

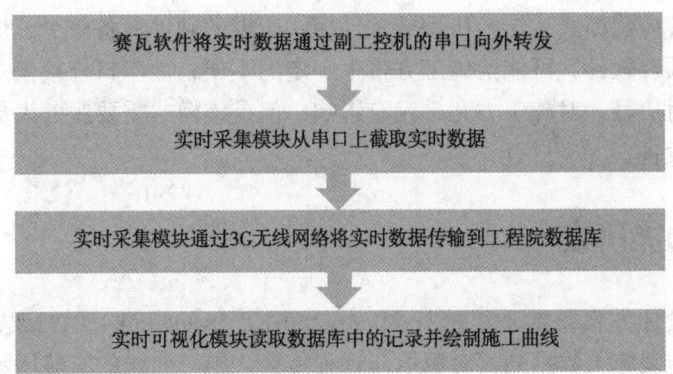

图6　工控机预装软件模式工作流程

2）串口外接模式

在串口外接模式下，需要预先准备一根串口交叉线、一个串口－USB口转换头以及一台笔记本电脑。串口交叉线的一端接压裂仪表车内壁的串口，另一端与串口－USB口转换头的串口端相连，而串口－USB口转换头的USB端则与笔记本的USB口相连。此外，笔记本还需预装本系统的实时采集模块并另选USB口插入3G无线网卡。与此同时，后方的决策终端需要预装本系统的实时可视化模块。串口外接模式的部署方案如图7所示。

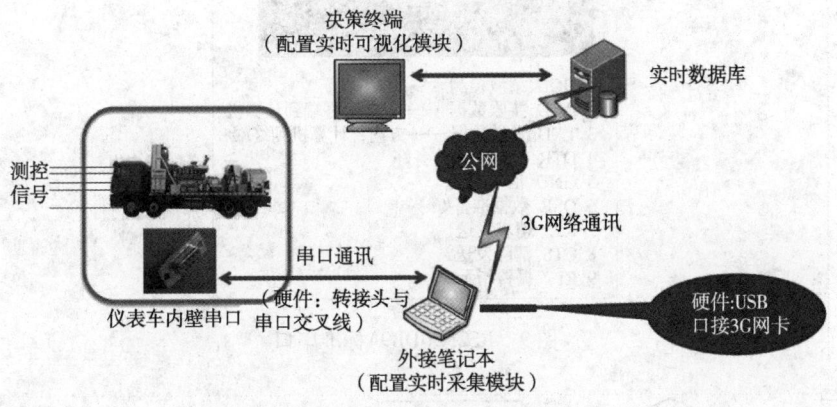

图7　串口外接模式部署方案

根据以上部署方案将本系统配置成功后，本系统将按如图8所示的工作流程运行。

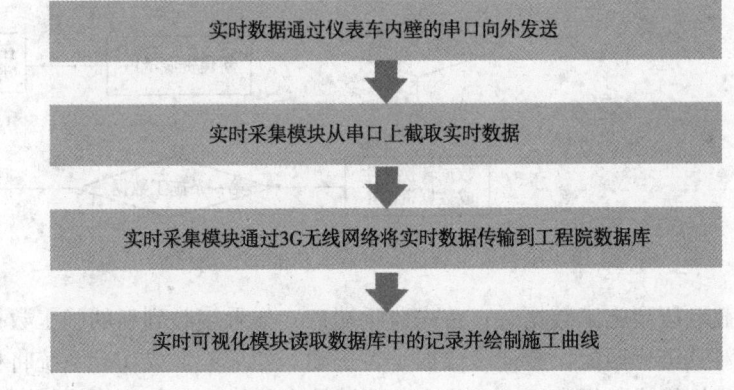

图8　串口外接模式工作流程

对比以上两种应用模式，工控机预装软件模式所需的硬件设备较少，但需要在压裂仪表车的副工控机上预装软件，可能给施工方带来一定的不便；而串口外接模式只是通过一根串口交叉线分出实时信号，对施工方几乎没有影响，但是该模式需要服务人员自备数据线和笔记本电脑等硬件设备。

3　系统功能研发

根据上文的设计方案，本系统依托 Microsoft. NET Framework4.0 框架，采用 C#语言开发，目前已实现压裂施工数据的实时截取与远程传输、施工曲线的实时展示与历史回放以及施工记录文件的导出等功能。

3.1　压裂施工数据的实时截取

本系统实现了对压裂仪表车 RS232(DB9)标准串口(图 9)输出数据的实时截取，其功能流程如图 10 所示。

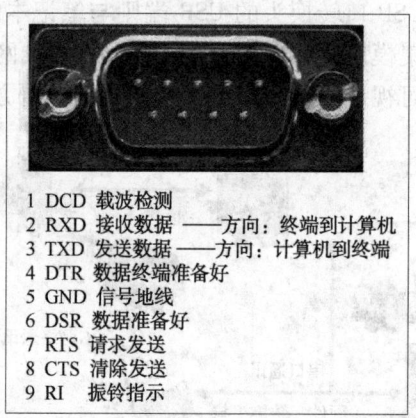

1 DCD 载波检测
2 RXD 接收数据——方向：终端到计算机
3 TXD 发送数据——方向：计算机到终端
4 DTR 数据终端准备好
5 GND 信号地线
6 DSR 数据准备好
7 RTS 请求发送
8 CTS 清除发送
9 RI 振铃指示

图 9　RS232(DB9)标准串口

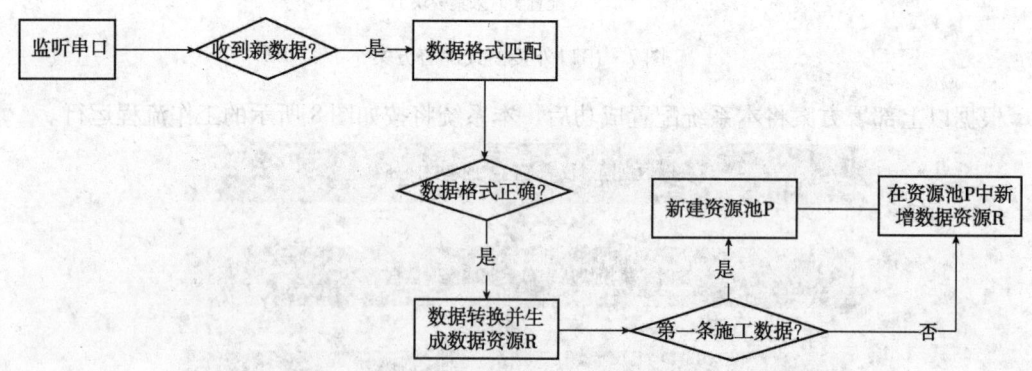

图 10　压裂施工数据实时截取功能的实现流程

本系统实时截取压裂施工数据时，首先监听端口，如果接收到新的施工数据，需要按照预先约定的格式对其进行匹配，验证该数据是否正确。如果验证成功，系统将根据上文定义的数据结构，将其转换成数据资源 R。若这条数据是当前的第一条施工数据，系统将新建一个共享资源池 P，然后将数据资源 R 存储到池中；若这条数据不是当前的第一条施工数据，则无需新建共享资源池，直接将该数据资源存储到资源池 P 中即可。

图 11 给出了一个实时数据截取的实例。

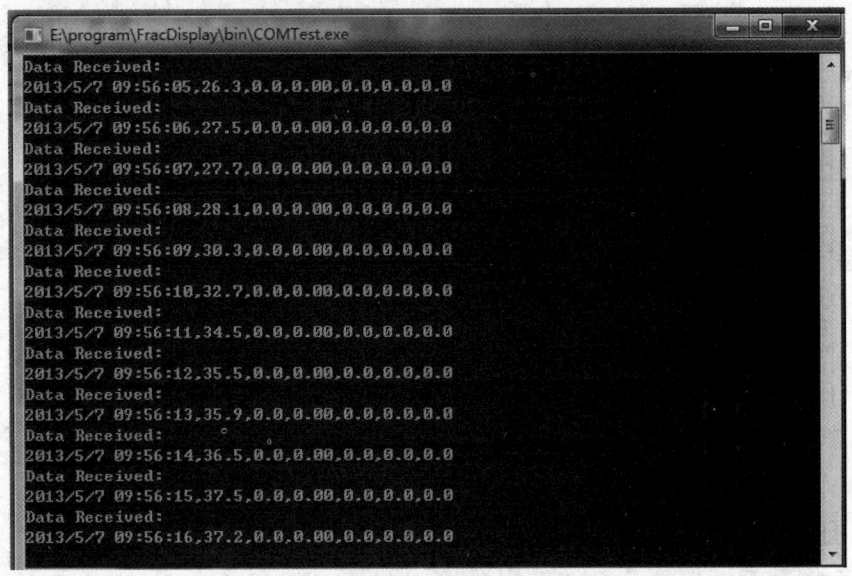

图 11　压裂施工数据实时截取实例

3.2　压裂施工数据的远程传输

本系统通过 3G 无线网络传输实时数据，同时还提供了定时轮询、断点续传等机制保证数据的网络传输质量，其功能流程如图 12 所示。

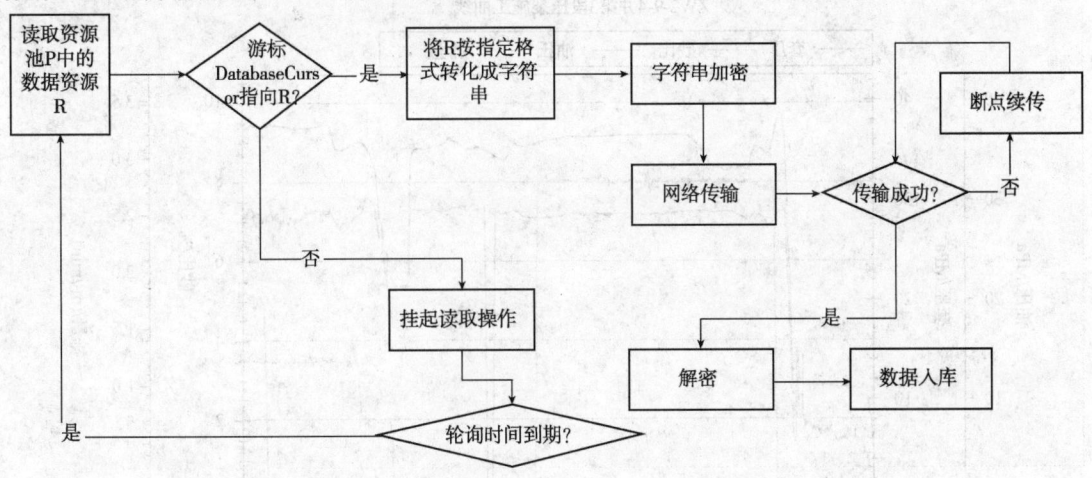

图 12　压裂施工数据远程传输功能的实现流程

压裂施工数据在远程传输过程中，本系统首先尝试读取共享资源池 P 中的数据资源 R，若游标 DatabaseCursor 当前正好指向 R，则按指定格式将 R 转换成字符串；若游标 Database-Cursor 未指向 R，则挂起读取操作，等待轮询时间到期后再尝试读取数据资源 R。数据资源

R 转换成字符串以后，采用 DES 算法对字符串加密，然后将加密消息通过 3G 无线网络发送到后台服务器，若出现网络掉线等问题导致传输失败，则启用断点续传机制。最后，后台服务器对消息解密，并按格式将实时数据存储到实时数据库中（图 13）。

	JH	FDH	CJSJ	YY	TY	PL	SB	ZSL	ZYL
1	ZW2-9-4井	1	2013-05-13 14:13:33.000	0.00	13.97	0.00	0.00	0.26	3.44
2	ZW2-9-4井	1	2013-05-13 14:13:34.000	0.00	13.98	0.00	0.00	0.26	3.44
3	ZW2-9-4井	1	2013-05-13 14:13:35.000	0.00	13.98	0.00	0.00	0.26	3.44
4	ZW2-9-4井	1	2013-05-13 14:13:36.000	0.00	13.99	0.00	0.00	0.26	3.44
5	ZW2-9-4井	1	2013-05-13 14:13:37.000	0.00	13.99	0.00	0.00	0.26	3.44
6	ZW2-9-4井	1	2013-05-13 14:13:38.000	0.00	13.99	0.00	0.00	0.26	3.44
7	ZW2-9-4井	1	2013-05-13 14:13:39.000	0.00	14.00	0.00	0.00	0.26	3.44
8	ZW2-9-4井	1	2013-05-13 14:13:40.000	0.00	14.00	0.00	0.00	0.26	3.44
9	ZW2-9-4井	1	2013-05-13 14:13:41.000	0.00	14.01	0.00	0.00	0.26	3.44
10	ZW2-9-4井	1	2013-05-13 14:13:42.000	0.00	14.01	0.00	0.00	0.26	3.44
11	ZW2-9-4井	1	2013-05-13 14:13:43.000	0.00	14.01	0.00	0.00	0.26	3.44
12	ZW2-9-4井	1	2013-05-13 14:13:44.000	0.00	14.02	0.00	0.00	0.26	3.44

图 13　压裂实时施工数据入库

3.3　压裂施工曲线的实时绘制

与 3.2 节中压裂施工数据的远程传输功能类似，施工曲线实时绘制的实现流程如下：本系统首先尝试读取共享资源池 P 中的数据资源 R，若游标 CurveCursor 当前正好指向 R，则将数据资源 R 解析成施工曲线图上的一组坐标点数据，然后将该组坐标点绘制在实时曲线上；若游标 CurveCursor 未指向 R，则挂起读取操作，等待轮询时间到期后再尝试读取数据资源 R。图 14 给出了一个实时压裂施工曲线的示例。

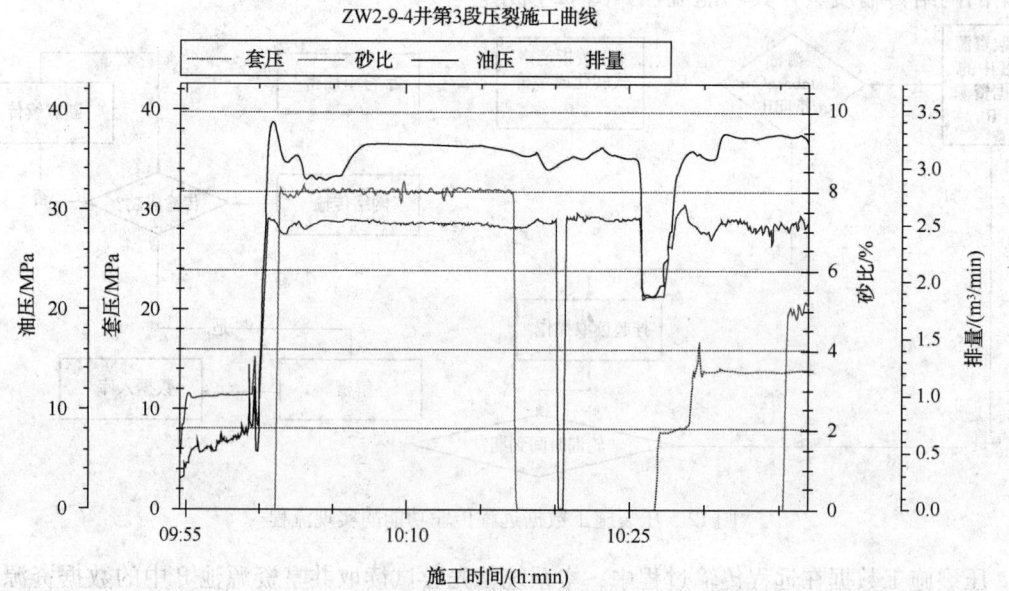

图 14　实时压裂施工曲线示例

3.4 压裂施工曲线的历史回放与施工记录文件的导出

本系统还支持压裂施工曲线的历史回放及施工记录文件的导出功能(图15)。

2013年5月30日施工记录.txt - 记事本						
文件(F) 编辑(E) 格式(O) 查看(V) 帮助(H)						
采集时间	油压	套压	排量	砂比	总砂量	总液量
2013/5/14 9:54:35	2.75	0	0.16	0	0	0.01
2013/5/14 9:54:36	3.01	0	0.23	0	0	0.01
2013/5/14 9:54:37	2.84	0	0.34	0	0	0.02
2013/5/14 9:54:38	2.92	0	0.44	0	0	0.03
2013/5/14 9:54:39	3.14	0	0.52	0	0	0.03
2013/5/14 9:54:40	3.19	0	0.6	0	0	0.05
2013/5/14 9:54:41	3.18	0	0.66	0	0	0.06
2013/5/14 9:54:42	3.17	0	0.7	0	0	0.07
2013/5/14 9:54:43	3.18	0	0.73	0	0	0.08
2013/5/14 9:54:44	3.18	0	0.73	0	0	0.1
2013/5/14 9:54:45	3.17	0	0.73	0	0	0.11
2013/5/14 9:54:46	3.23	0	0.73	0	0	0.12
2013/5/14 9:54:47	3.28	0	0.73	0	0	0.13
2013/5/14 9:54:48	3.32	0	0.73	0	0	0.14
2013/5/14 9:54:49	3.36	0	0.73	0	0	0.16
2013/5/14 9:54:50	3.38	0	0.73	0	0	0.17
2013/5/14 9:54:51	3.34	0	0.74	0	0	0.18
2013/5/14 9:54:52	3.28	0	0.75	0	0	0.19
2013/5/14 9:54:53	3.44	0	0.75	0	0	0.21
2013/5/14 9:54:54	4.21	0	0.75	0	0	0.22
2013/5/14 9:54:55	4.59	0	0.76	0	0	0.23
2013/5/14 9:54:56	4.37	0	0.79	0	0	0.24

图15　压裂施工记录文件示例

4　现场试验

目前,本系统已在中石化东北局彰武工区完成了第一次现场试验,跟踪服务 ZW2 - 2 - 5 井第1、第2段及 ZW2 - 9 - 4 井第1、第2、第3段的压裂施工。本次试验所用的压裂仪表车型号为四机赛瓦 SERV5140TYB(图16)。

图16　四机赛瓦 SERV5140TYB 型压裂仪表车

本次现场试验取得的成果(图17)如下:

(1)实现了 ZW2 - 2 - 5 井及 ZW2 - 9 - 4 井压裂施工数据(油压、套压、砂比、排量、总砂量、总液量等)的实时传输与展示。

(2) 实现了与现场技术服务人员的语音视频交互。

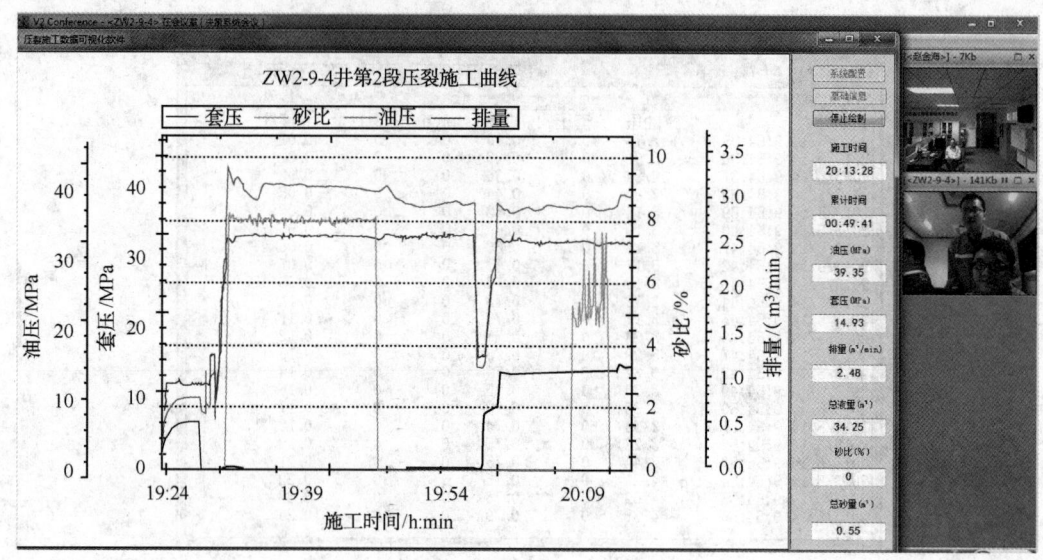

图 17　现场试验截图

5　下一步研究工作

为进一步完善现有系统，现拟定以下研究计划：

(1) 数据采集接口扩展研究：选择其他型号的压裂仪表车，开展现场试验，完善现有软件，提升软件的通用性。

(2) 远程传输网络试验比选：比选并确定无线网络解决方案，提升远程传输性能。

(3) 系统功能扩展完善：继续调研国际先进技术，与相关业务单位结合，调研应用需求，扩展实时数据的种类，提升完善压裂施工数据的实时展示功能，形成一套功能比较全面的产品。

6　结论

压裂实时数据采集及远程决策支持系统采用先进的信息技术手段，实现了压裂施工数据、裂缝数据及音视频数据的采集、传输与可视化，为压裂施工远程决策提供了信息技术支撑。本系统已在中石化东北局彰武工区完成了第一次现场试验，达到了预期的试验效果。可以预见，经过后期完善，本系统将有较好的推广应用前景。

参 考 文 献

1　Richard M Bateman. Petrophysical Data Acquisition, Transmission, Recording and Processiong：A Brief History of Change From Dots to Digits[J]. Spwla 50th Annual Logging Symposium：June 21~24, 2009

2　Zachariah John, Abul Ahsan, Ian Reid. Optimized Decision Making Through Real Time Access to Drilling and

Geological Data from Remote Wellsites[J]. SPE Asia Pacific Oil and Gas Conference and Exhibition：October 8~10，2002

3 Andrew Ray, Jeramy Decker, Sotirios Vardakos, etal. A Virtual Environment for Visualizing Fractures During Tunneling[J]. The 41st U. S. Symposium on Rock Mechanics（USRMS）：June 17~21，2006

4 Saad Saeed, Christopher Niedz. Optimized Data Acquisition Systems for UBD Applications in Remote Locations Onshore and Offshore[J]. The Offshore Technology Conference：May 5~8，2003

5 A Alanazi, T Babadagli. Use of Real－Time Dynamic Data to Generate Fracture Network Models[J]. The International Petroleum Technology Conference：December 4~6，2007

6 Fa Dwan, J Qiu, M Zhou, etal. Sichuan Shale Gas Microseismic Monitoring：Acquisition, Processing, and Integrated Analyses[J]. The 6th International Petroleum Technology Conference：Mar 26~28，2013

7 王维波，春兰，桑宇等. 气井压裂地面微地震监测系统开发及其应用[J]. 油气藏监测与管理国际会议论文集，2011

8 叶勤友，王庆来，王鸿伟等. 压裂酸化远程指挥系统的应用[J]. 中国石油和化工，2013

9 邱峰，徐占东，何建军等. 压裂酸化施工远程指挥决策系统设计方案研究[J]. 中国石油和化工，2011

10 张禾，姚绍雄，康桂琼. 压裂酸化施工远程监控系统设计[J]. 机械工程师，2012

11 赵政超，吴应湘. 压裂液智能返排实时监控技术研究[J]. 特种油气藏，2007

恶劣海况下地基土液化监测评估

刘海超

(中国石化石油工程技术研究院胜利分院)

摘 要 浅海海底土液化可导致平台偏移、海底管线上浮等危害。文章探讨了波浪作用下的海底土液化机理，提出了基于孔压发展变化规律的海底土液化判别准则，研发出一种评价系统。现场试验结果表明，系统实时监测出风浪变化引起的孔隙水压力变化，且工作稳定，信号传输效果良好，满足实际使用要求。

关键词 浅海；波浪作用；地基土液化；监测系统；实时监测

前言

随着近海油气资源勘探开发和海上管线的铺设，由波浪作用引起的浅海海底土液化及由此导致的平台偏移、海底管线上浮等危害逐渐为人们所重视，实时监测海底土在海洋水动力环境下的液化成为海洋技术发展的一个重要方向。现有的海底土液化问题研究多建立在现场宏观调查的基础上，根据断裂、土层性质、动力地貌特征、地下水及动力载荷等因素进行分析，其中土体在动力和静力载荷作用下的响应机制是判别土体液化的关键。在海工结构设计中，评估海洋环境外载通常采用静态分析方法，而对于动力响应问题的研究主要停留在地震影响下的土体特性变化。相对于地震荷载，波浪荷载作用下的土体衰化更为严重[1]，但这一问题的研究仅刚刚起步。

目前，还没有专门判别海底土层液化的公式，但研究表明，砂土是否液化与土体在波浪作用下的孔隙水压力变化特征直接相关。测量土体孔隙水压力主要包括室内模拟实验和现场原位测量两种方法。由于技术条件的限制和土体非线性性质等因素的影响，室内模拟实验结果与实际情况存在较大出入。现场原位测量是主要的研究方向，但现有的地质调查中通常采用静力触探试验(CPT)或标贯试验(SPT)等经验估计法，难以满足恶劣海况下砂性土液化评价要求。针对这些难题，笔者进行了相关的研究和试验，希望有助于提高海底土液化实时监测精度。

1 地基土液化判别原理

地基土液化判别方式很多，在具体工作中可根据不同的地区经验选用不同的判别方式，获得初步判定结果后，从定性、定量两个方面考虑，加大液化判定的准确性，为消除液化提供基础保证，减少液化土层对工程建设的影响[2]。

当饱和土体受到外部载荷作用时，荷载由土体颗粒和孔隙水共同承担，此时土体颗粒产生的有效应力为总应力与孔隙水压力(孔隙水压力沿深度向下逐渐增大)之差[3]。由于液态水不能承受剪力，当土体承受剪切作用时，土体的抗剪强度主要取决于有效应力。如果饱和土体承受循环荷载作用，在振动荷载的作用下土体颗粒趋于固结和密实，颗粒之间的孔隙水被排出。若外动力作用时间过短，孔隙水无法排出，必然导致孔隙水压力增大，当其超过土层的总应力时，土壤颗粒的准稳定结构崩溃，土体发生液化[4]。

20世纪60年代，Seed研究了循环荷载作用下饱和土体的液化问题。他利用动力三轴试验，在等压固结不排水的情况下，基于孔压比和振次比的关系曲线提出了Seed孔压发展曲线，即

$$\frac{u}{\sigma'_3} = \frac{2}{\pi}\arcsin\left(\frac{N}{N_\mathrm{f}}\right)^{\frac{1}{2\theta}} \tag{1}$$

式中，u 为孔隙水压力，$\mathrm{N/m^3}$；σ'_3 为动三轴试验围压，$\mathrm{N/m^3}$；N 为循环次数；N_f 为破坏循环次数；θ 为循环频率，$\theta = 0.7$。

在此之后，其他学者研究孔压发展变化的方法略有改变，但趋势基本一致，主要观测土体在循环荷载作用下的孔压变化及变形特征。

根据上述理论，笔者在室内对胜利埕岛海域粉质土进行了波浪水槽实验，利用孔隙水压力传感器探测了土体在波浪载荷作用下的孔压变化，分析了孔压变化规律(图1)，完善了土体液化判别原理。

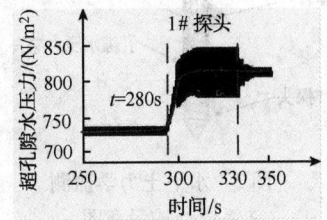

图1 波浪作用下土体孔压随时间的变化曲线(波高 H = 16cm)

由分组实验结果可知：孔压的发展变化规律基本趋同，在波浪对海底的循环荷载作用下，如果孔压不增大，海底土体不会发生液化；当孔压增长时，随着其增长幅度的加大和增长速度的加快，海底土体趋向液化的危险程度增大。

据此，现场监测时，通过孔压增长变化趋势可以判断土体液化的可能性，并根据孔压增长变化率判断土体趋向液化的危险程度。

2 地基土液化监测系统

目前，判别海底土层是否液化没有专门的公式，也缺乏研究和试验，工程应用中通常采用已有的陆地上地震液化判别方法。海上施工实践证明，采用标准贯入试验法、静力触探试验法、抗液化剪应力法和波浪荷载作用法可以进行综合判别，通过对比认证得出最终的综合结论。然而，上述各种方法均存在一定的局限性。如：进行海底土层液化判别时，没有考虑海水压力和周期性波浪动荷载的影响；若综合考虑海水压力和周期性波浪动荷载两方面因素的影响，海底浅层土体液化的可能性增加，但较深土层液化的可能性降低[5]。胜利钻井工艺研究院在充分调研胜利埕岛海域的海底地质特点和水动力环境的基础上，根据工程依托单位的监测要求及室内孔隙水压力测定方法，研制出一种"海底土孔压监测系统"。

2.1 结构原理

海底土孔压监测系统包括水下探测系统和平台预警监控系统(图2)，前者由土力学测量探杆(简称探测杆)、数据舱、孔压传感器探头、锥端阻力探头、数据测控单元组成，后者由平台数据采集和存储硬件、数据分析与预警判别软件组成。数据采集、存储、通讯控制模

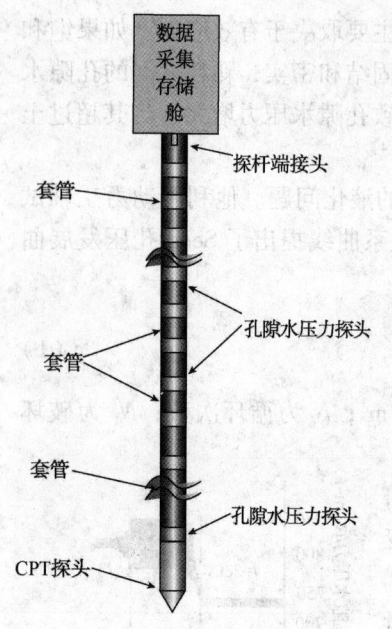

图2　水下土力学监测
系统结构示意图

块和电池装在探测杆顶部的数据舱内，通过有线数据缆与无线声学两种方式与平台进行实时数据传输。为满足工程需要，水下探测系统配套了探杆海底贯入装置。

系统使用时，将探测杆装入海底贯入装置并将其吊放至海底，海底贯入装置将探测杆贯入海底土层中(推进过程中产生的反力通过探测杆锁紧装置传递给贯入装置的框架及配重，并由框架及配重加以平衡)，探测杆端部CPT探头测量海底土的锥端阻力，获得土体力学性质；探测杆贯入至预定深度时，其锁紧装置全部打开，贯入装置与探测杆分离，探测杆留在海底，贯入装置被回收到作业平台；连接探测杆与平台监测系统的数据传输电缆和声学通讯，采集和监测不同深度的土层孔隙水压力对波浪和潮汐的响应状况，据此进行预警评估。

2.2　评估方法

1. 查找孔压波峰波谷

参照图3，根据波浪统计方法，从孔压记录中查找第1个波动孔压的波峰(A1)、波谷(B1)及其中点时间(t1)；继续查找第2个波动孔压的波峰(A2)、波谷(B2)及其中点时间(t2)；依次寻找并记录。

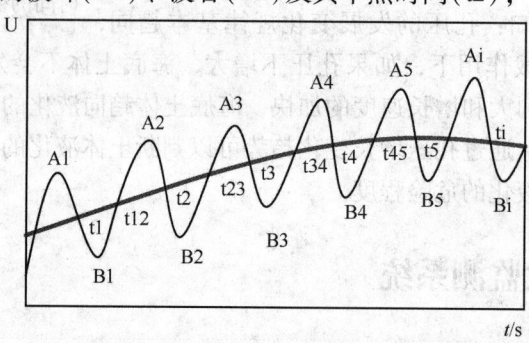

图3　波动孔压曲线及超静孔压

u代表孔隙水压力

寻找波峰或波谷在算法上采用对比某一时刻前后时间点孔压数据的方法，当某时刻获得的孔压均大于其前(n个数据)、后(n个数据)的孔压值时，将其记录为波峰值。同理，当某时刻获得的孔压小于其前(n个数据)、后(n个数据)的孔压值时，将其记录为波谷数值。

2. 计算超静孔压(孔压平均值)

孔压平均值计算公式为：

$$u_{12} = [(A1 + A2) - (B1 + B2)]/2 \tag{2}$$

$$u_{23} = [(A2 + A3) - (B2 + B3)]/2 \tag{3}$$

$$u_{34} = [(A3 + A4) - (B3 + B4)]/2 \tag{4}$$

······

多个波动孔压的平均值为：

$$u_{1-n} = \left[(A1 + A2 + \cdots + An) - (B1 + B2 + \cdots + Bn) \right]/n \tag{5}$$

3. 计算孔压变化率

随时间变化的超静孔压变化率：

$$k_{14} = (u_{34} - u_{12})/(t_{34} - t_{12}) \tag{6}$$

依次向下推算超静孔压变化率。

4. 对比孔压变化率与安全阈值

安全阈值根据土体性质及经验给出。如果变化率低于安全阈值，系统不预警；如果变化率略高于安全阈值，系统给出低级别的警报；如果变化率很高，系统发出高级别的警报。

3 地基土液化监测试验

地基地液化监测试验在胜利海上油田某作业平台一侧的海底进行。在平台上组装监测探杆、数据舱、安装贯入装置的护杆架和吊架；在平潮时段将监测探杆和贯入装置放入海底（图4），通过数据缆传输信号确定 CPT 探头和孔隙水压力传感器工作正常、贯入装置坐底倾斜5.7°；启动贯入装置，将监测探杆贯入海底土中，当贯入深度达到4m之后，松开3套卡具，将贯入装置缓慢提升至海面；实时动态监测海底土孔隙水压力变化情况。某一时段监控试验界面截图如图5所示。可以看出，风浪变化可以直接引起孔隙水压力传感器数值产生波动，其中通道6可测出海浪脉动的变化。

本次现场试验共进行了17d。在此过程中，水下探测系统不仅将监测数据顺利地反馈到平台预警监控系统，而且土力学贯入装置与监测系统的密封性能和机电控制能力良好，实时动态监测系统工作稳定，信号传输效果良好，满足实际使用要求。

图4　监测探杆海底贯入

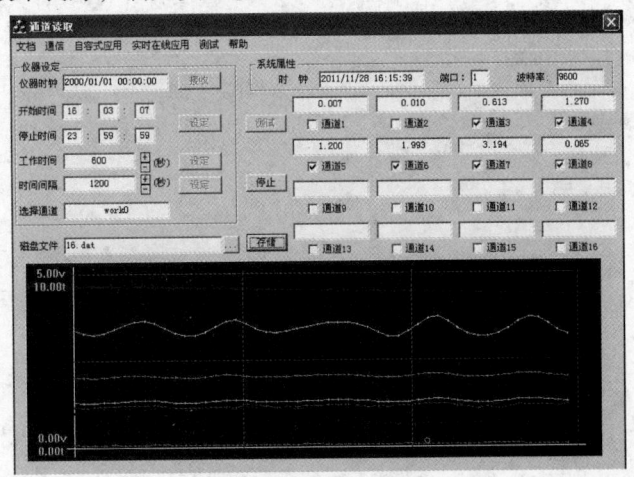

图5　实时动态监测界面

4 结论

（1）浅海海底土液化监测以试验结果为依据，以地基土液化评价方法为技术核心，实现监测系统研发、配套装置研制、海上现场监测试验与应用，证实了整套系统的可行性和实用性。

（2）海底土液化动态监测系统具有海底动态实时监测、数据无线传输等特点，可为海洋工程构筑物（特别是海上油气开发浅基础平台和输油管线）的地基稳定性评价提供依据。

参 考 文 献

1 黄博，陈云敏，姬美秀. 海浪循环载荷下海洋土的液化[R]. 北京：第九届中国土木工程学会，2003，10(25)：191~194

2 梅志华. 如何进行地基土的液化判别[J]. 中小企业管理与科技，2010，2：209~211

3 牛志伟，李同春，李宏恩. 基于广义塑性理论的土体液化分析方法[J]. 水力发电学报，2012，31(1)：99~107

4 杨少丽，沈渭铨，杨作升. 波浪作用下海底粉砂液化的机理分析[J]. 岩土工程学报，1995，17(4)：28~37

5 牟晓东. 胜利油田浅海趋于海底土层的液化判别方法分析[J]. 海洋科学进展，2006，24(2)：220~227

利用桌面云终端替代传统
台式计算机的技术初探

敬明昊　肖　莉

（中国石化石油工程技术研究院）

摘　要　随着桌面终端种类日趋繁杂，数量不断增多，科研人员在桌面安全、管理和人工运维成本上面临很大挑战，传统模式的桌面应用具有服务维护管理成本高、数据安全性不强、资源浪费严重等问题。本文提出了基于桌面云的应用服务模式，结合石油工程研究院科研工作现状，探讨利用云计算和大数据技术，替代传统台式计算机，搭建科研工作基础信息平台，实现桌面应用系统和数据的统一部署、集中管控和安全存储。

1　传统桌面管理模式存在的问题

目前传统的桌面应用服务提供模式是在本地计算机上安装应用程序。随着 PC（Personal Computer）的普及和处理性能的快速提升，应用程序需要用户自己在本地终端上进行安装，同时将相应的应用服务处理数据保存在本地终端中。这种传统的应用服务提供模式具有一定的封闭性，且弊端明显：一是维护管理成本高；二是数据安全性不强；三是资源浪费严重；四是灵活性、可移植性差；五是数据处理能力有限。

在桌面技术领域，用户操作上的灵活性与信息部门的控制力一直是一对矛盾体，前者可以提高工作效率和业务的竞争力，用户要求对应用和数据可以随时访问，并且访问不受地点和设备的限制。与此同时，为管理越来越多的设备信息管理部门需要保持不断的投入以确保数据安全和应用系统使用的合规性和稳定性，于是对于信息管理部门产生了如下 3 类问题。首先是安全问题，科研数据安全问题是科研单位亟待解决的敏感问题和头等大事。以石油工程技术研究院（以下简称工程院）为例，工程院是中国石化直属重点科研单位，主要针对石油化工上游业务板块，如钻井、钻井液、固完井、储层改造等方面的研究，同时，随着移动终端设备的不断丰富，桌面计算机更加难于管理，造成极大的安全隐患。研究数据和成果的安全性对于科研人员来讲是非常重要的，传统个人计算机上的数据和成果文档可以随意拷贝，科研成果不能有效管理，而桌面云可以很方便地解决这个问题。对于存储在云端的数据所进行的所有操作，都可以有效地记录和管理并妥善保存。

其次是工作效率的问题。桌面计算设备的激增让信息管理部门很难管理终端科研人员的上网行为，如访问与业务无关的互联网站、文件下载、网络聊天、网络游戏、视频等，造成工作效率的降低和科研生产力的损失，互联网的过度访问也会造成工程院网络带宽的浪费，对正常的网络访问造成影响。

第三是运维问题，随着工程院科研领域的扩大和科研人员的不断增多，终端计算机数量也不断增加，目前有台式计算机 400 多台，笔记本电脑 600 多部，由于桌面计算机的分散性，桌面运维人员并不能保证所有终端设备都安装了合规的杀毒软件和防火墙，并实时更新。同时，大量分散的桌面计算机为系统的升级、补丁和软件的更新带来了困难，工程院数百台桌面计算机软硬件的升级，补丁的更新和日常维护需要消耗信息管理部门大量的时间和人力。同时，大量的桌面计算设备为工程院在科研信息安全方面带来了巨大的安全隐患，科研人员不得不面对大量病毒、木马和安全漏洞的威胁。

最后是成本问题。随着工程院信息化程度的不断提升，科研人员对专业软件运行环境的要求也越来越高，桌面计算机的报废更新速度逐年加快，桌面硬件设备的采购成本与管理成本不断加大。据埃森哲咨询公司 2013 年度 IT 企业生产报告显示："全球桌面硬件设备的采购成本与管理成本为 1∶3"[1]。意味着我们在付出采购成本的同时，未来我们需要付出 3 倍的费用用于管理。

那么在桌面领域如何保障科研人员在操作上的灵活性以及科研工作中的安全性又能使信息管理部门在管理、成本上可控，则是我们需要共同解决的难题。

2 桌面云平台管理模式

2.1 云计算相关知识

云计算是以互联网为基础，以虚拟化技术为核心，将大量的计算资源、存储资源和软件资源整合在一起，形成巨大的共享虚拟资源池，打破传统的本地用户一对一服务模式，并把大量的软件和网络基础设施当成一种资源向外提供服务，真正实现了资源的按需分配，按使用量付费的一种新的计算模式和服务提供方式。它消除了各类终端在 CPU 处理能力、存储能力等方面的差异，并且还具高安全性、高可用性、可扩展性、低成本和易维护等特点。这就像是由一家一口水井吃水的模式转向自来水厂集体供水的模式，它意味着计算能力、存储空间可以像水电一样作为一种商品进行流通。用户可以通过连接网络终端设备(PC 机、笔记本电脑、手机等)访问服务器端，获得所需要的服务[2]。

2.2 桌面云介绍

桌面云的定义是利用虚拟化技术，用户通过接入网络的终端设备(如 PC、笔记本电脑、智能手机等)访问云端，获得所需要的服务，甚至可以访问跨平台的应用程序以及整个客户桌面[3]。也就是说我们只需要一个瘦客户端设备——不需要较高性能(如可连接网络的一体机)，通过专用程序或者浏览器，就可以访问驻留在服务器端的个人桌面以及各种应用，诸多复杂的计算与处理都将转移到云上去完成，用户所需要处理的数据也无需存储在本地终端中，而是保持在云上，用户体验和使用传统的个人计算机是一模一样的。信息管理部门负责对云进行管理和维护，并保证应用服务质量。能够看到，与传统的应用部署模式不同，在这种应用模式下，数据从分散到集中，桌面云使用户计算更加灵活并且更具弹性。图 1 是典型的桌面云架构示意图[4]。

2.3 桌面云应用服务提供模式

桌面云应用服务提供模式的基本设计思想是：在云中为用户提供远程的计算机桌面

服务，服务提供者在数据中心服务器上运行所需的操作系统和应用软件，然后采用远程桌面协议（RDP）将操作桌面视图以图像的形式传送到终端设备上；同时，服务器对终端的各类输入信息进行采集处理，并根据具体的处理情况随时更新桌面视图的内容[5]。

　　由于所有的计算都在服务器上进行，所以对终端设备的要求较低，只需将客户端接入网络访问云端，便可以进行相应的操作并享受相应的服务；利用此种应用服务提供模式，可以通过某些设备，不受时间和空间的控制访问存储在网络上的属于个人的桌面系统并进行操作。图 2 是基于云桌面的应用服务器提供模式的拓扑结构示意图。

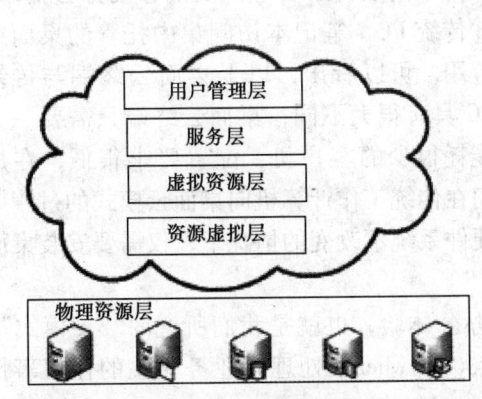

图1　云计算架构示意图

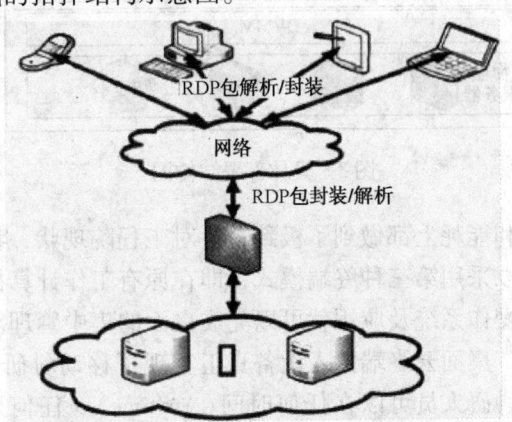

图2　云桌面拓扑结构示意图

3　基于云桌面的科研基础信息平台搭建

　　以工程院为例，随着科研人员和科研项目数量的不断增加，科技文献、专业软件等信息资源也随之不断增长，科研数据存储、专业软件运行和数据库服务给 IT 基础设施的运行带来日趋严重的压力，致使一些计算机终端无法满足应用系统的正常运行和大数据交换访问的需求。在系统压力过大时，甚至会出现无响应甚至宕机的情况发生。

　　基于云桌面的科研基础信息平台是以万兆网络传输为基础，运用虚拟化等现代信息技术构建开放的科研基础设施和科学实验体系，可以实现科研数据共享、科技文献推送服务、实验仪器设施管理共用、科研专业软件共享服务等。本文将讨论采用云桌面的解决方案，将工程院科研基础信息平台架构分成 3 个部分：终端层、虚拟桌面层和后台应用层，各部分之间使用防火墙严格隔离，只开放访问必须的端口。将用户终端隔离后可以对后台应用防火墙严格隔离后可以对后台应用服务器起到很好的保护作用，用户所有的个人桌面、应用和文档被集中控制在虚拟桌面层。

　　访问流程：用户通过终端设备连接到接入服务器（WI），通过 AD 域控制服务器验证身份，在虚拟服务器集群的调控下，访问分配给他对应权限的虚拟桌面或虚拟应用，透过该桌面或应用访问后台系统。从服务器网段到终端网段所有的通信都安全地接入网关设备并封装在加密通道中。这样的架构既保证了网络层的传输安全，又保护了科研人员的数据安全。具体部署结构如图 3 所示。

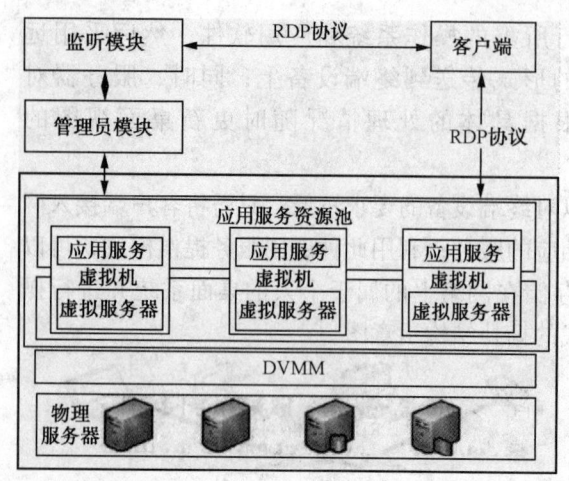

图3　具体部署结构图

3.1　终端层

包括各类接入设备，主要分为以下几类：①瘦客户机（一体机），具有独立的嵌入式操作系统，通过 ICA 显示协议连接到桌面云中授权的桌面；②平板电脑（支持苹果 IOS、谷歌 Android 等主流操作系统）使用专用 APP 连接到虚拟桌面或虚拟应用，以支持中高层科研管理人员的移动办公需求；③传统 PC、笔记本访问集中托管的桌面或应用。可以看出，以上桌面云终端与传统 PC 具有很大不同，桌面云终端只需要一个能耗很少的客户机，配置要求很低，在成本和能耗上都做到了极致。针对工程院现状，我们在传统工作计算机向桌面云模式的过渡期可以采用第三种终端模式，即在原有工作计算机硬件系统不改变的情况下，仅需要安装桌面云操作系统及应用就可以完成桌面的集中管理。

桌面云终端接入设备真正实现了移动科研和办公体验，也就是我们所说的"3A 模式"，及科研人员可以在任何时间（Anytime）、任何地点（Anywhere）处理与业务相关的任何事情（Anyting）[6]。

3.2　虚拟桌面层

基础架构服务器集群主要为实现桌面云的身份认证、相关配置信息、资源池管理、应用与桌面虚拟化的管理等功能。它包括数据库服务器、应用虚拟化服务器、活动目录、数据库服务器、应用虚拟化服务器、桌面虚拟化控制器等。

虚拟桌面承载服务器底层采用服务器虚拟化技术，支持 VMWare、Hyper - V 等虚拟技术，每台物理机上虚拟出一定数量的虚拟桌面，虚拟桌面以 Windows7 操作系统为主。

3.3　后台应用层

后台应用层由应用软件系统和数据库管理系统组成。应用软件部署在虚拟服务器集群，为科研人员提供多样化的应用软件推送、安装和共享。科研人员可以根据不同的应用服务器请求。动态地实现虚拟应用资源到物理机的映射，具有较好的灵活性，极大地提高计算资源的利用率。同时，通过虚拟服务器与客户端信息地不断交互，客户端对各类输入信息进行采集处理并发送给虚拟服务器，虚拟服务器根据具体的操作处理情况随时更新科研人员桌面视图的内容，实现了资源的动态调配。

4　应用价值

基于桌面云的科研工作基础信息平台的搭建可以为工程院产生很多的应用价值，主要表现在以下几个方面。

4.1　优化科研人员对桌面操作的体验

通过桌面云，科研人员可以在不同位置不同终端访问自己的工作桌面。例如：科研人员可以在异地随时通过工作桌面查阅科技文献，下载和使用专业共享软件，访问应用数据库。业务连续性得到加强，实现了科研人员对资源的"按需分配"管理。

4.2　数据及科研成果的集中化管理

对于信息管理人员来讲，在传统桌面运维中，应用程序的安装部署需要在每一个桌面上进行，工作量非常大。桌面云改变了传统桌面管理模式，统一了科研人员操作系统的安装配置、升级以及漏洞补丁修复，实现应用软件和数据资源一体化，桌面管理的集中化，信息管理人员通过控制中心管理几百台虚拟桌面，所有软件的安装、更新都只需要更新一个"基础镜像"即可，大大节约了管理成本。在科研成果管理方面，由于数据和文档类资源都保存在同一服务器系统里，科研人员可以方便地对各种科研数据进行上传、下载和共享更新。科研专业软件的集中共享管理也使科研人员对软件的需求更为明确，应用更加集约，大大提高了科研人员对软件的使用效率。

4.3　提高科研工作平台的安全性

安全是科研工作中一个非常重要的方面，对于工程院而言，科研数据、专业软件、涉密文档等资源是生存之本。如何保护这些关键数据不被外泄是工程院面临的一个挑战。通过桌面云解决方案，所有的数据以及应用程序都在服务器端进行，客户端只是显示其变化的影像而已，因此不需要担心终端资料的非法窃取。其次，信息管理人员可以根据安全形势制定不同的规则，这些规则可以迅速作用于每个桌面。

4.4　降低总体科研成本

IT资产成本包括计算机采购成本，运行维护成本、能量消耗成本以及软件采购和更新升级成本。相比传统桌面而言，桌面云在整个生命周期中的管理、维护、能量消耗等方面成本大大降低。传统个人计算机的耗电量十分惊人，一般来说，每台计算机的功耗在200W左右，即使处于空闲状态耗电量也至少在100W左右，按照每天10h、每年240d工作来计算，每台计算机桌面耗电量在480度左右。桌面云大大减少了传统PC计算机的数量，另外采用瘦客户端替代方案耗电量只有16W左右，只有原来传统PC机的8%，所产生的热量大大减少。IT资产成本的降低意味着有更多的资金投入到科研工作中。

4.5　应用更环保

云桌面模式由于可以采用瘦客户机方式，每个客户端耗电量低，产生的热量也大大减少，同时对空调制冷的要求也大大降低，从而实现"绿色桌面，节能环保"。

5　结语

通过桌面云构建的科研工作基础信息平台能够保证工程院的核心设计信息驻留在后台，

消除信息泄露隐患。前台多人能够同时共享后台昂贵的专业软件和高性能计算设备，无需为每个科研人员单独配置工作计算机，有效降低采购成本，实现终端桌面的统一管理，大大提高桌面管理和运维效率，为工程院的日常科研工作打下坚实的基础。

参 考 文 献

1 YingxiaoXu，Prasad Calyam，David Welling，etal. Human–centric Composite Quality Modeling andAssessment for Virtual Desktop Clouds. SPE 12389. 2013，8

2 李伟波，董林，何频. 桉树私有云计算平台的搭建与应用[J]. 武汉工程大学学报，2013，4

3 王敏，李静，范中磊等. 一种虚拟化资源管理服务模型及其实现[J]. 计算机学报，2005，5

4 王帅. 基于云计算的应用服务提供模式研究[J]. 中原工学院学报：学术交流，2013，（4）

5 姚利军. 桌面云在长沙烟草信息化的应用[J]. 硅谷，2011，11

6 杨宗博，郭玉东. 提高存储资源利用率的存储虚拟化技术研究[J]. 计算机科学与设计，2008，12